土木工程专业毕业设计指导与实例

（第2版）

主　编　吴东云

武汉理工大学出版社
·武汉·

内 容 简 介

本书采用模块的方式以土木工程专业本科毕业设计中常见的结构类型:混凝土框架结构、剪力墙结构、框架-剪力墙结构为主要代表结构,依据现行的建筑设计、结构设计规范规程、施工手册、施工技术规程、施工图预算与清单计价等相关的法定技术文件,对建筑结构设计、施工组织设计及工程造价计算三个方面进行了系统介绍。不仅以最新的技术规范规程介绍了设计和计算理论,还以准确的计算和较为完整的叙述呈现了翔实的工程设计实例。

本书主要内容包括:建筑设计,混凝土框架结构设计,混凝土框架结构设计实例,混凝土剪力墙结构设计,混凝土框架-剪力墙结构设计,基于PKPM混凝土框架结构电算实例,混凝土结构工程施工组织设计,框架结构工程施工组织设计编制实例,工程量清单计价,工程量清单应用软件计价编制实例,BIM技术工程应用。

本书内容丰富,技术理论先进,与行业联系紧密,难易适中,可作为普通高等院校土木工程专业本科学生毕业设计指导用书,也可作为工程管理、工程造价等土木工程相关专业本科学生毕业设计的参考用书,还可供从事土木工程及相关专业的建筑设计、结构设计、施工、造价管理等的技术人员学习参考。

图书在版编目(CIP)数据

土木工程专业毕业设计指导与实例/吴东云主编.—2版.—武汉:武汉理工大学出版社,2022.12

ISBN 978-7-5629-6648-7

Ⅰ.①土… Ⅱ.①吴… Ⅲ.①土木工程—毕业设计—高等学校—教学参考资料 Ⅳ.①TU

中国版本图书馆CIP数据核字(2022)第139263号

项目负责人:汪浪涛　高　英　戴皓华
责任编辑:刘　凯
责任校对:夏冬琴
排版设计:正风图文
出版发行:武汉理工大学出版社
地　　址:武汉市洪山区珞狮路122号
邮　　编:430070
网　　址:http://www.wutp.com.cn
经 销 者:各地新华书店
印 刷 者:武汉市洪林印务有限公司
开　　本:787×1092　1/16
印　　张:31.75
插　　页:1
字　　数:790千字
版　　次:2022年12月第2版
印　　次:2022年12月第1次印刷
印　　数:1～2000册
定　　价:85.00元

凡购本书,如有缺页、倒页、脱页等印装质量问题,请向出版社发行部调换。
本社购书热线电话:027-87523148　027-87391631　027-87165708(传真)

·版权所有,盗版必究·

第2版前言

本书自2018年首版发行后，受到众多院校师生及其他读者的关注与厚爱，经过几年的使用与反馈，在收获积极肯定的同时，也被寄予更多的期待，被提出更高的要求。特别是在近几年高校积极开展工程教育专业认证教学改革的大背景下，本着"以学生为中心，以成果为导向，持续改进"的教学理念，并结合高校土木工程专业培养计划的要求，密切关注国家发展大局，以二十大报告精神为引领，推动绿色发展，强化工程建设的智慧化、绿色化、低碳化，为国家实现碳达峰碳中和目标，积极研究行业需求，加强毕业设计教学与行业需求发展紧密联系，以期培养学生的工程意识，达到提高其知识运用水平与工程能力，进而提升工程伦理与专业素质的目的。本书在内容上进行了大幅增加与修订：

(1)增加第1章"建筑设计"模块内容。以最新的设计规范强化土木工程专业学生建筑设计相对薄弱的环节，也使本书内容体系更加系统、完善与丰富。

(2)增加第6章"基于PKPM混凝土框架结构电算实例"模块内容。增加了行业结构设计计算软件应用技术的内容，意在提升学生建筑结构设计的技术应用能力。

(3)增加第10章"工程量清单应用软件计价编制实例"模块内容。增加工程量清单计价实例及电算内容，意在加强与提升学生的软件应用能力，以快速适应行业对招投标管理人才的需求。

(4)增加第11章"BIM技术工程应用"模块内容。BIM技术应用日益广泛，将对行业产生深远影响。本书引入BIM技术在建筑设计、施工管理及造价计算等方面的资源共享与信息管理技术，意在培养行业高素质人才。

(5)依据最新颁布实施的《工程结构通用规范》(GB 55001—2021)、《混凝土结构通用规范》(GB 55008—2021)、《建筑结构可靠性设计统一标准》(GB 50068—2018)等建筑结构设计规范，对"混凝土框架结构设计""混凝土剪力墙结构设计"及"混凝土框架-剪力墙结构设计"模块内容进行了修订，并对第3章"混凝土框架结构设计实例"模块内容按新规范进行了重新计算修订。

(6)对原书中"施工图预算""工程量清单计价"及"框架结构工程造价编制实例"三章内容进行了整合，以适应工程建设对工程造价计算及工程管理人才的需求，意在训练与提升学生的工程管理能力。

修订后的内容更加丰富，知识体系更为全面、系统、合理，知识点更新且实用性、应用性更强，与实际工程联系更紧密，难易适中。新理念、新规范的融入运用为促进国家"双碳"目标实现奠定基础。内容表述依旧保持理论与工程实例相结合的风格，重在提升学生的工程实践能力。

本书各章工程实例的编写者依然本着高度敬业的态度，根据多年指导毕业设计以及与工程实践相结合的经验，从实际工程中选题、提炼确定出来的，这其中付出了大量的辛苦与劳动，终不负教师使命，使得本书得以完成。

本书由天津城建大学吴东云教授任主编，天津城建大学吴泳川教授主审。天津城建大学王玉良、陈烜、赵延辉、赵爱民、李桂茹、吕岩、巴盼峰老师参与编写，各章节内容编写人员如下：吕岩编写第1章；吴东云编写第2章、第3章；王玉良编写第4章、第5章；李桂茹编写第6章；陈烜编写第7章和第8章中8.2～8.6节；赵爱民编写第9章；赵延辉编写第8章中8.1节、第10章；巴盼峰编写第11章。

在本书的编写过程中，依然得到了天津城建大学丁克胜教授、杨宝珠教授以及众多同仁的协助和帮助。研究生柳晓科，本科生李超凡、董聿霖、成思汗、黄邦贤同学也为书中插图的绘制付出了辛苦劳动，正是由于大家一如既往的鼎力支持，才使得本书顺利完成，在此一并深表谢意！

限于本书编写时间较紧，书中难免有不足、不妥之处，恳请广大读者批评指正。

编　者

2022年11月

第1版前言

毕业设计是土木工程专业本科培养计划中最重要的实践性教学环节，它开设于教学进程中的最后一个学期，课时多，周期长，难度大，且由于毕业设计课题的理论性、实践性及综合性均较强，因此，这一环节的训练对学生专业知识水平与工程应用能力的提高有着至关重要的作用。《土木工程专业毕业设计指导与实例》一书正是基于此目的，并根据当前高等学校土木工程专业本科培养计划中有关毕业设计的要求而编写的。

本书的编写力求实现知识性、系统性、综合性、实用性与实践性的统一，其知识点要新，并应具有一定的前瞻性及鲜明的工程特性。在内容上涵盖了土木工程专业建筑工程方向毕业设计选题的主要结构类型，如混凝土框架结构、混凝土剪力墙结构、混凝土框架-剪力墙结构这三大结构类型。编写中依据现行的工程结构设计规范规程、施工技术规范规程、施工图预算定额与清单计价规范等法定文件，从建筑结构设计、施工组织设计、工程造价计算三个方面进行了较为全面、系统的介绍，旨在为本科学生开展毕业设计提供思路及方法上的正确指导，以及细节设计的正确表达。

本书内容丰富，知识体系相对全面、系统，知识点新且适用，与实际工程联系紧密且难易适中。在每部分内容中不仅详尽介绍了有关的设计和计算理论，且都给出了详细完整的工程实例，力求使读者在正确掌握理论知识的基础上，将理论与工程实际联系起来，从而为尽快提高学生的工程实践能力，缩短理论与工程实际的距离提供帮助。

各工程实例的编写均是参编教师根据多年指导毕业设计以及与工程实践相结合的经验，从实际工程中选题、提炼，从而一一确定方案计算出来的，参编教师在这其中付出了大量的辛苦与劳动，终不负教师使命，使得本书得以完成。

本书由天津城建大学吴东云教授任主编，天津城建大学王玉良、陈烜、赵延辉、赵爱民副教授参与编写，各章节内容编写人员如下：吴东云编写第1章、第4章；王玉良编写第2章、第3章；陈烜编写第5章、第6章中6.2～6.6节；赵延辉编写第6章中6.1节、第7章、第9章中9.1节；赵爱民编写第8章，第9章中9.2节。

本书由天津城建大学吴泳川教授主审，吴泳川教授以严谨的治学态度和丰富的专业知识，从严把关，使得本书能以较高的水平和大家见面。

在本书的编写过程中，还得到了天津城建大学丁克胜教授、杨宝珠教授以及众多同仁的协助，研究生柳晓科也为书中插图的绘制付出了辛勤劳动。正是由于大家的鼎力支持，本书才得以顺利完成，在此一并深表谢意！

限于本书编写时间较紧，书中难免有不足、不妥之处，恳请广大读者批评指正。

编　者

2016年8月

目　录

1 建筑设计

建筑是为人类日常的工作、生活提供活动空间的遮蔽物；或者是为人类进行各种活动而建造的一种人为环境。建筑首先要满足一定的功能需求，不同的建筑有不同的使用要求。如大型的公共建筑，影剧院要求有良好的视听环境，火车站要求人流线路流畅；工业建筑则要求符合产品的生产工艺流程等；一般的办公楼、教学楼要满足单位办公或服务于教学的需求。建筑设计应以安全、适用、经济、美观为原则，即"实用、坚固、美观"为构成建筑的三要素。因此，房屋建筑设计一般应从建筑功能设计、立面设计、细部设计几个方面来进行。

1.1 建筑功能设计

功能是从古至今人们对建筑物的首要需求，建筑功能的设计也是进行建筑设计面临的首要问题。建筑设计应确立以人为本的理念，从满足人体活动尺度、人的生理和心理的要求出发，为人们创造一个舒适、安全、卫生的环境，以满足相应的使用功能要求。为此，建筑功能设计应从建筑的平面设计、剖面设计来进行。

建筑功能即建筑的使用要求，如居住、饮食、娱乐、会议等各种活动对建筑的基本要求，是决定建筑形式的基本因素，建筑物中各房间的大小，相互间的联系方式等，都应该满足建筑的功能要求。各种建筑的基本出发点应是使建筑物表现出对使用者的最大关怀。如设计一个图书馆，不仅要考虑它的性质和容量，而且要考虑它的管理方式是闭架管理还是开架管理，因为使用要求关系到图书馆的空间构成、各组成部分的相互关系和平面空间布局。此外，还要考虑使用者的习惯、爱好、心理和生理特征。这些都关系到建筑布局、建筑标准和内部设施等。解决建筑功能问题，主要可从以下几个方面入手。

1.1.1 平面设计

平面设计包括平面总体布局设计即平面组合设计及各房间的设计。平面组合设计主要考虑各层主要房间的布局，面积和间数要求；辅助房间的组成；各房间在平面图中的位置及其功能等。

平面设计是建筑方案设计的关键，它集中反映了建筑平面各组成部分的特征及其相互关系，使用功能的要求，是否经济合理等。简单的民用建筑，如办公楼、单元式住宅等，其平面布置基本上能反映建筑空间的组合。无论是由几个房间组成的小型建筑物或是由几十个甚至上百个房间组成的大型建筑物，从组成平面各部分的使用性质来分析，均可归纳为使用部分和交通联系部分。

使用部分是指各类建筑物中的主要使用房间和辅助使用房间。主要使用房间是建筑物的核心，由于它们的使用要求不同，形成了不同类型的建筑物，如住宅中的起居室、卧室，教学楼中的教室、办公室，商业建筑中的营业厅，影剧院的观众厅等都是构成各类建筑的基本空间。辅助使用房间是为保证建筑物主要使用要求而设置的，与主要使用房间相比，它属于建筑物的次要部分，如公共建筑中的卫生间、储藏室及其他服务性房间，住宅建筑中的厨房、卫生间，一些建筑物中的各种电气、水、采暖、空调通风、消防等设备用房。

交通联系部分是建筑物中各房间之间、各楼层之间及室内与室外之间联系的空间，如各类建筑物中的门厅、走道、楼梯间、电梯间等。

1. 使用部分

1）主要使用房间

(1) 住宅卧室、起居室

住宅是供家庭日常生活居住的建筑物，根据不同家庭需求，住宅有不同套型。住宅应按套型设计，每套住宅应设卧室、起居室（厅）、厨房和卫生间等基本功能空间。由卧室、起居室（厅）、厨房和卫生间等组成的套型，其使用面积不应小于 30 m^2；由兼起居的卧室、厨房和卫生间等组成的最小套型，其使用面积不应小于 22 m^2。

根据《住宅设计规范》(GB 50096—2011) 的规定，双人卧室的使用面积不应小于 9 m^2，单人卧室的使用面积不应小于 5 m^2，兼起居的卧室的使用面积不应小于 12 m^2。卧室平面布置可参考图 1.1。

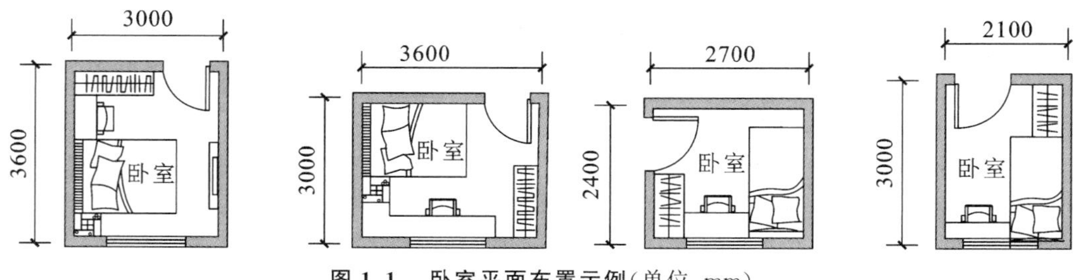

图 1.1 卧室平面布置示例（单位：mm）

起居室（厅）的使用面积不应小于 10 m^2，设计时应减少直接开向起居室的门的数量。为便于家具的布置，起居室（厅）内布置家具的墙面直线长度宜大于 3 m。无直接采光的餐厅、过厅等，其使用面积不宜大于 10 m^2。起居室布置可参考图 1.2。

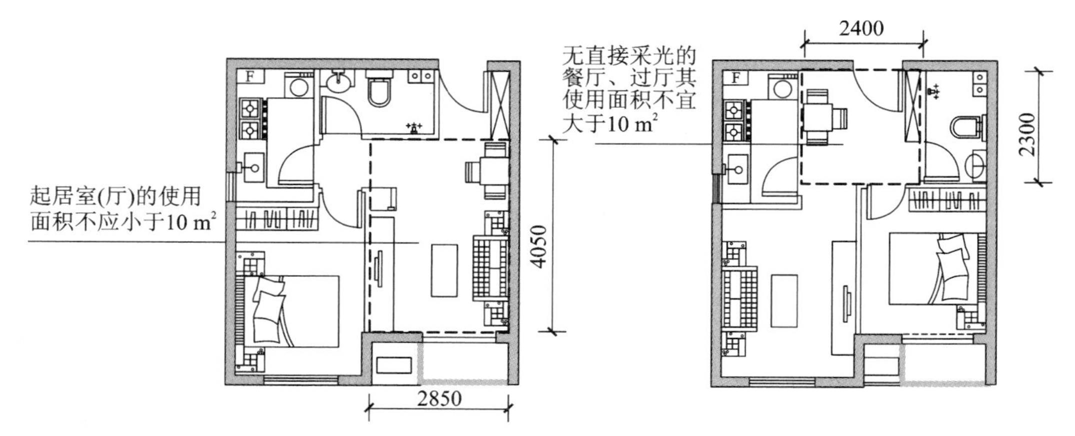

图 1.2 起居室平面布置图（单位：mm）

(2) 办公室

办公建筑中办公室用房一般包括普通办公室和专用办公室。办公室用房宜有良好的天然采光和自然通风，并不宜布置在地下室。办公室宜有避免西晒和眩光的措施。

普通办公室每人使用面积不应小于 4 m²，单间办公室净面积不应小于 10 m²。开放式和半开放式办公室在布置吊顶上的通风口、照明、防火等设施时，宜为自行分隔或装修创造条件，有条件的工程宜设计成模块式吊顶。带有独立卫生间的单元式办公室和公寓式办公室的卫生间宜直接对外通风采光，条件不允许时，应有机械通风措施。机要部门办公室应相对集中，与其他部门宜适当分隔。值班办公室可根据使用需要设置；设有夜间值班室时，宜设专用卫生间。

设计绘图室或研究工作室等专用办公室应符合以下要求：设计绘图室宜采用开放式或半开放式办公室空间，并用灵活隔断、家具等进行分隔；研究工作室（不含实验室）宜采用单间式；自然科学研究工作室宜靠近相关的实验室。设计绘图室，每人使用面积不应小于 6 m²；研究工作室每人使用面积不应小于 5 m²。

（3）会议室

会议室根据需要可分设中、小会议室和大会议室，应根据需要设置相应的贮藏及服务空间。中、小会议室可分散布置；小会议室使用面积宜为 30 m²，中会议室使用面积宜为 60 m²；有会议桌的中、小会议室每人使用面积不应小于 1.80 m²，无会议桌的不应小于 0.80 m²。

大会议室应根据使用人数和桌椅设置情况确定使用面积，平面长宽比不宜大于 2∶1；所在层数、面积和安全出口的设置等应符合国家现行有关防火规范的要求。

（4）教学用房及教学辅助用房

中小学校的教学及教学辅助用房应包括普通教室、专用教室、公共教学用房及其各自的辅助用房。普通教室与专用教室、公共教学用房间应联系方便。教师休息室宜与普通教室同层设置。各专用教室宜与其教学辅助用房成组布置。教研组教师办公室宜设在其专用教室附近或与其专用教室成组布置。中小学校的教学用房及教学辅助用房宜多学科共用。主要教学用房的使用面积指标应符合《中小学校设计规范》（GB 50099—2011）的规定（表 1.1）。

表 1.1　主要教学用房的使用面积指标　　单位：m²/座

房间名称	小学	中学	备注	房间名称	小学	中学	备注
普通教室	1.36	1.39	—	书法教室	2.00	1.92	—
科学教室	1.78	—	—	音乐教室	1.70	1.64	—
实验室	—	1.92	—	舞蹈教室	2.14	3.15	宜和体操教室共用
综合实验室	—	2.88	—	合班教室	0.89	0.90	—
演示实验室	—	1.44	若容纳 2 个班，则指标为 1.20	学生阅览室	1.80	1.90	—
史地教室	—	1.92	—	教师阅览室	2.30	2.30	—
计算机教室	2.00	1.92	—	视听阅览室	1.80	2.00	—
语言教室	2.00	1.92	—	报刊阅览室	1.80	2.30	可不集中设置
美术教室	2.00	1.92	—				

注：1. 表中指标是按完全小学每班 45 人、各类中学每班 50 人排布测定的每个学生所需使用面积；如果班级人数定额不同时须进行调整，但学生的全部座位均必须在“黑板可视线”范围以内；

2. 体育建筑设施、劳动教室、技术教室、心理咨询室未列入此表，另行规定；
3. 任课教师办公室未列入此表，应按每位教师使用面积不小于 5.0 m² 计算。

各教室的窗端墙、窗间墙的长度，黑板的高度等应符合规范规定；教学用房及学生公共活动区的墙面宜设置墙裙。

① 普通教室

普通教室内应为每个学生设置一个专用的小型储物柜，单人课桌的平面尺寸应为 0.60 m×0.40 m。

中小学校普通教室课桌椅的排距、走道宽度、视角等细部尺寸如图 1.3 所示。

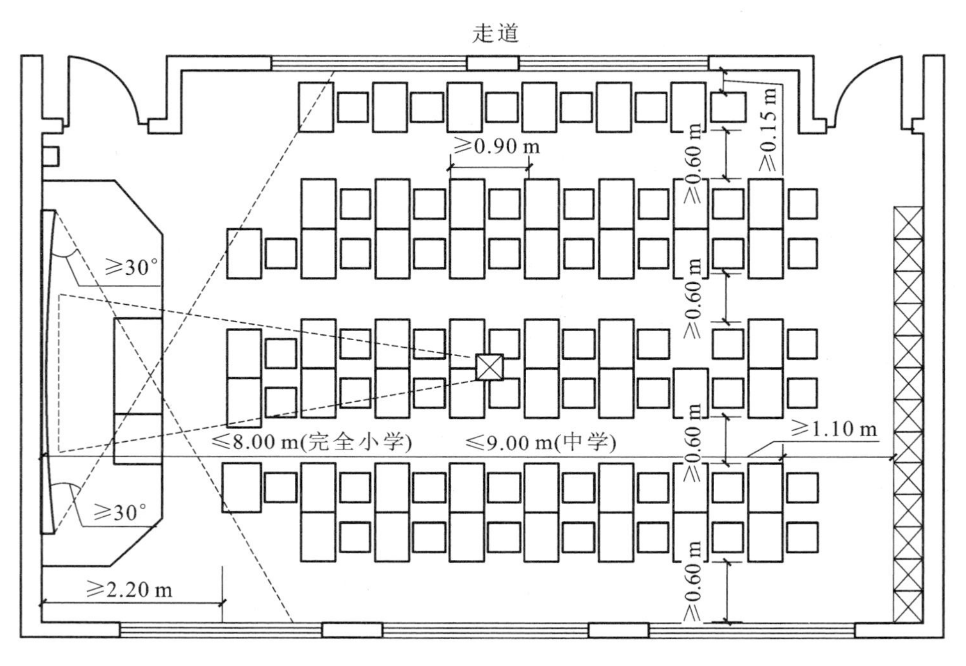

图 1.3　普通教室细部尺寸

② 合班教室

各类小学宜配置能容纳 2 个班的合班教室。当合班教室兼用于唱游课时，室内不应设置固定课桌椅，并应附设课桌椅存放空间。兼作唱游课教室的合班教室应对室内空间进行声学处理。

各类中学宜配置能容纳一个年级或半个年级的合班教室。

容纳 3 个班及以上的合班教室应设计为阶梯教室。阶梯教室梯级高度依据视线升高值确定。阶梯教室的设计视点应定位于黑板底边缘的中点处。前后排座位错位布置时，视线的隔排升高值宜为 0.12 m。

合班教室宜附设 1 间辅助用房，储存常用教学器材。

合班教室课桌椅的布置应注意：每个座位的宽度不应小于 0.55 m，小学座位排距不应小于 0.85 m，中学座位排距不应小于 0.90 m；教室最前排座椅前沿与前方黑板间的水平距离等细部尺寸如图 1.4 所示。

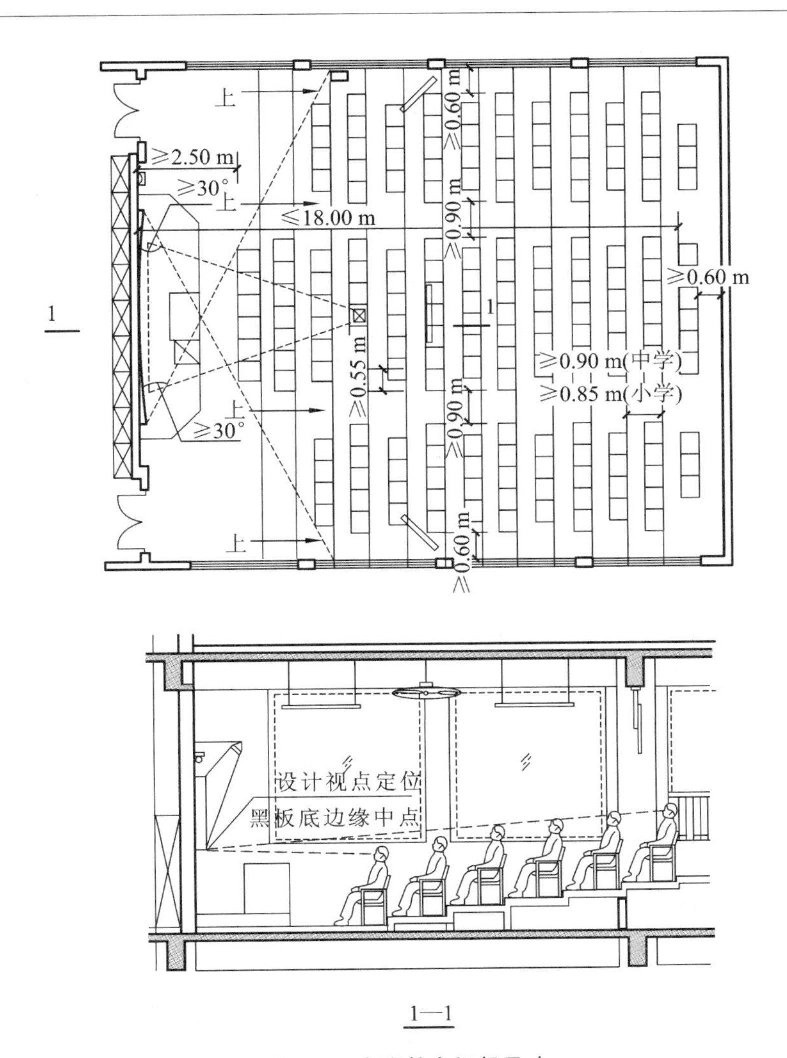

图 1.4 合班教室细部尺寸

合班教室墙面及顶棚应采取吸声措施。教室内设置视听器材时，宜设置转暗设备，并宜设置座位局部照明设施。

③ 科学教室、实验室

科学教室和实验室均应附设仪器室、实验员室、准备室。科学教室和实验室的桌椅类型和排列布置应根据实验内容及教学模式确定。

科学教室或实验室的实验桌平面尺寸应符合规范规定的相应尺寸要求，见表 1.2。

表 1.2 实验桌平面尺寸

单位：m

类别	长度	宽度	类别	长度	宽度
双人单侧实验桌	1.20	0.60	气垫导轨实验桌	1.50	0.60
四人双侧实验桌	1.50	0.90	教师演示桌	2.40	0.70
岛式实验桌(6 人)	1.80	1.25			

科学教室、实验室细部尺寸如图 1.5 所示。

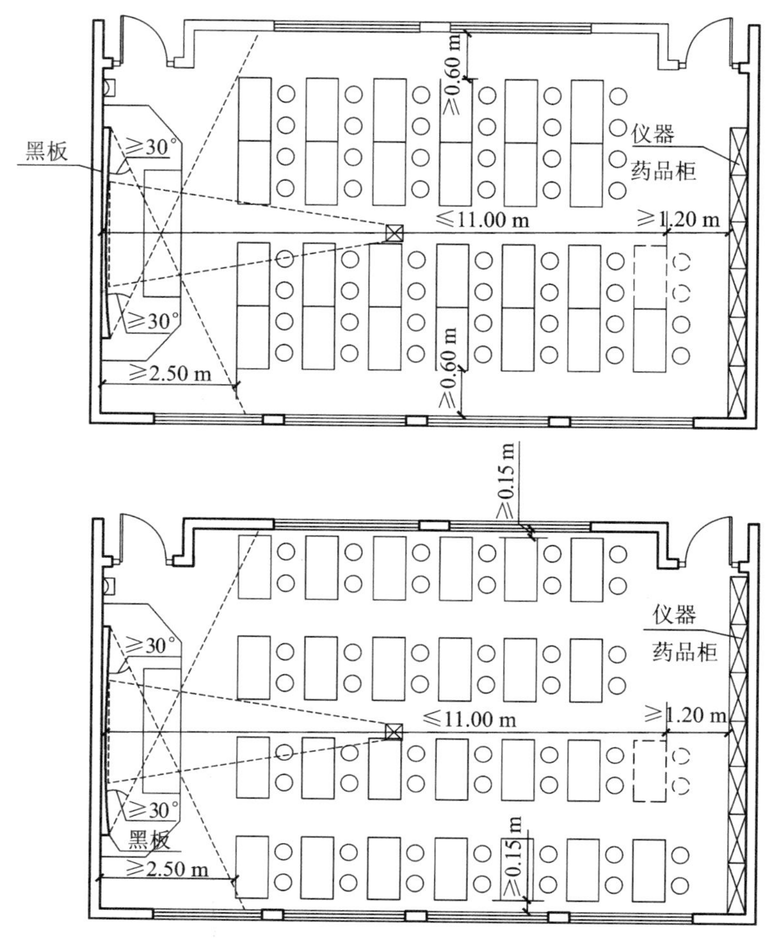

图 1.5　科学教室、实验室细部尺寸

科学教室内实验桌椅的布置可采用双人单侧的实验桌平行于黑板布置，或采用多人双侧实验桌成组布置。科学教室内应设置密闭地漏。

化学实验室宜设在建筑物首层，宜采用易冲洗、耐酸碱、耐腐蚀的楼地面做法；并应附设药品室；药品柜内应设通风装置。

④ 计算机教室

计算机教室应附设一间辅助用房供管理员工作及存放资料，如图 1.6 所示。计算机教室的单人计算机桌平面尺寸不应小于 0.75 m×0.65 m。前后桌间距离不应小于 0.70 m；学生计算机桌椅可平行于黑板排列，也可顺侧墙及后墙向黑板成半围合式排列；课桌椅排距不应小于 1.35 m；纵向走道净宽不应小于 0.70 m；沿墙布置计算机时，桌端部与墙面或壁柱、管道等墙面突出物间的净距不宜小于 0.15 m。

计算机教室宜设通信外网接口，并宜配置空调设施。计算机教室的室内装修应采取防潮、防静电措施，并宜采用防静电架空地板，不得采用无导出静电功能的木地板或塑料地板。当采用地板采暖系统时，楼地面须采用与之相适应的材料及构造做法。

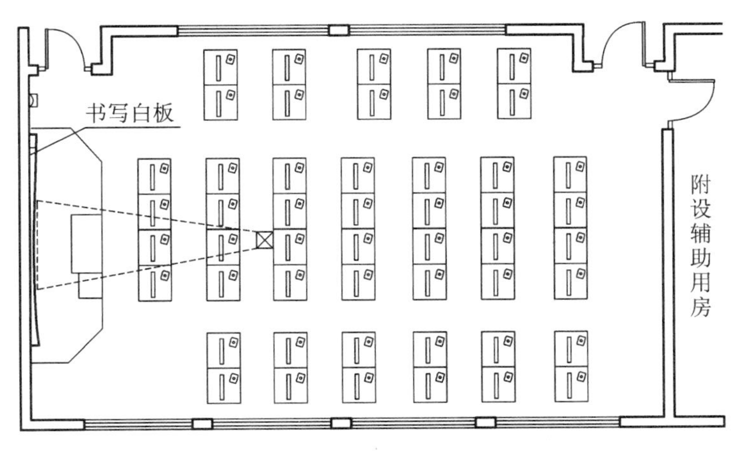

图 1.6 计算机教室平面布置

⑤ 语言教室

语言教室应附设视听教学资料储藏室。中小学校设置进行情景对话表演训练的语言教室时，可采用普通教室的课桌椅，也可采用带书写功能的座椅；并应设置面积不小于 20 m^2 的表演区。语言教室平面布置如图 1.7 所示。

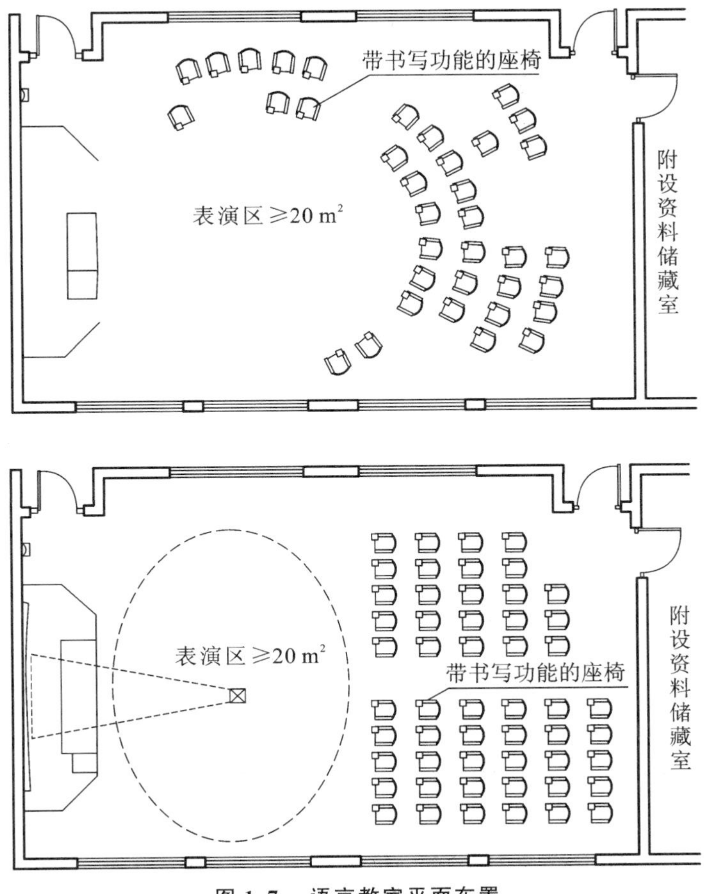

图 1.7 语言教室平面布置

语言教室宜采用架空地板。不架空时，应铺设可敷设电缆槽的地面垫层。

⑥ 美术教室、书法教室

美术教室应附设教具储藏室，宜设美术作品及学生作品陈列室或展览廊。中学美术教室空间宜满足一个班的学生用画架写生的要求。学生写生时的座椅为画凳时，所占面积宜为2.15 m^2/生；用画架写生时所占面积宜为2.50 m^2/生。

美术教室应有良好的北向天然采光，墙面及顶棚应为白色。当采用人工照明时，应避免眩光。美术教室应设置书写白板，宜设存放石膏像等教具的储藏柜。在地质灾害多发地区附近的学校，教具储藏柜应与墙体或楼板有可靠的固定措施。美术教室平面布置如图1.8所示。

小学书法教室可兼作美术教室。书法教室可附设书画储藏室。书法条案的平面尺寸宜为1.50 m×0.60 m，可供2名学生合用；条案宜平行于黑板布置；条案排距不应小于1.20 m。纵向走道宽度不应小于0.70 m。

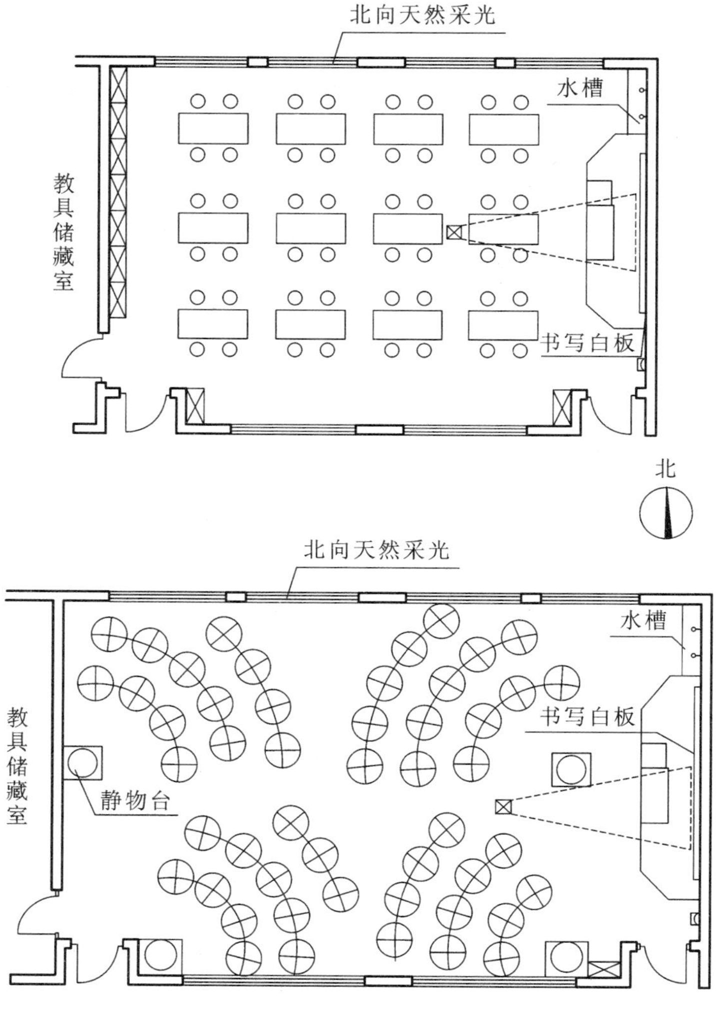

图1.8　美术教室平面布置

⑦ 音乐教室

音乐教室应附设乐器存放室。各类小学的音乐教室中，应有 1 间能容纳 1 个班的唱游课，每生边唱边舞所占面积不应小于 2.40 m^2。音乐教室讲台上应布置教师用琴的位置。音乐教室平面布置如图 1.9 所示。

中小学校应有 1 间音乐教室能满足合唱课教学的要求，宜在紧接后墙处设置 2～3 排阶梯式合唱台，每级高度宜为 0.20 m，宽度宜为 0.60 m。音乐教室应设置五线谱黑板。音乐教室的门窗应隔声，墙面及顶棚应采取吸声措施。

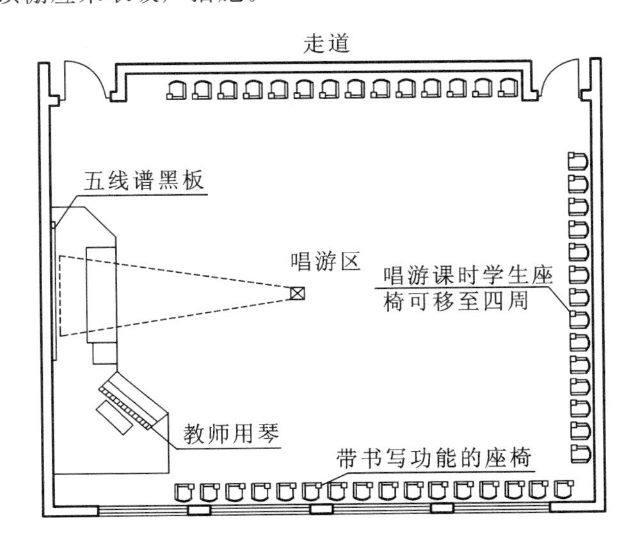

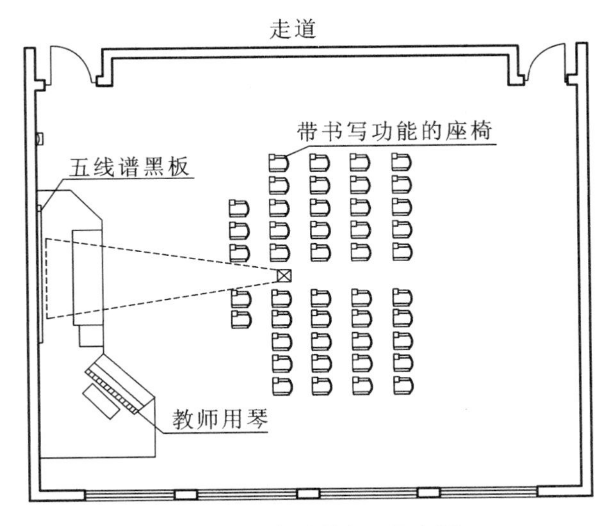

图 1.9 音乐教室平面布置

⑧ 图书室

中小学校图书室应包括学生阅览室，教师阅览室，图书杂志及报刊阅览室，视听阅览室，检录及借书空间，书库，登录、编目及整修工作室，并可附设会议室和交流空间。图书室应位于学生出入方便、环境安静的区域。教师与学生的阅览室宜分开设置；中小学校的报刊阅览室可以独立设置，也可以在图书室内的公共交流空间设报刊架，开架阅览。视听阅览室布置如图 1.10 所示。

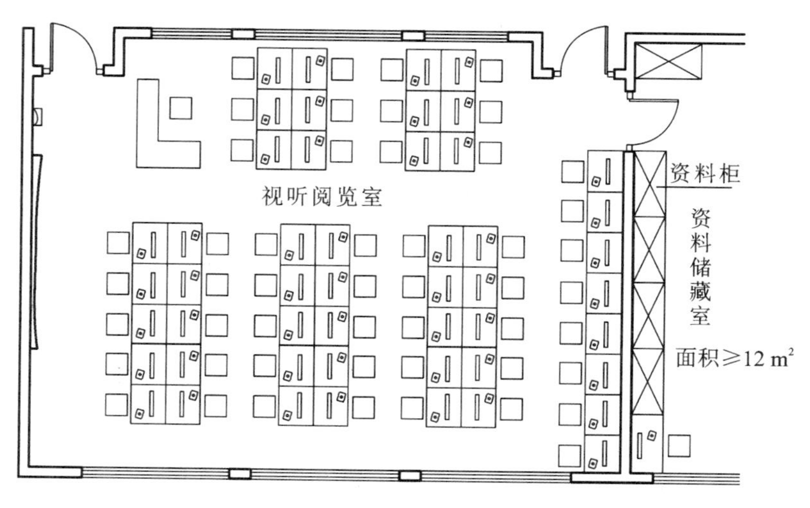

图 1.10　视听阅览室平面布置

书库使用面积宜按规定计算后确定：开架藏书量为 400 ～ 500 册/m^2；闭架藏书量为 500 ～ 600 册/m^2；密集书架藏书量为 800 ～ 1200 册/m^2。借书空间的使用面积不宜小于 10.00 m^2。

(5) 旅馆用房

旅馆，也称为酒店、饭店、宾馆、度假村，通常由客房部分、公共部分、辅助部分组成，是为客人提供住宿及餐饮、会议、健身和娱乐等全部或部分服务的公共建筑。客房部分是旅馆建筑内为客人提供住宿及配套服务的空间或场所。

① 客房

客房不宜设置在无外窗的建筑空间内。考虑到噪声影响，客房、会客厅不宜与电梯井道贴邻布置。客房内应设有壁柜或挂衣空间，多床客房内床位数不宜多于 4 床。

无障碍客房应设置在距离室外安全出口最近的客房楼层，并应设在该楼层进出便捷的位置。公寓式旅馆建筑客房中的卧室及采用燃气的厨房或操作间应直接采光、自然通风。

客房净面积不应小于表 1.3 的规定。

表 1.3　客房净面积

单位：m^2

旅馆建筑等级	一级	二级	三级	四级	五级
单人床间	—	8	9	10	12
双床或双人床间	12	12	14	16	20
多床间(按每床计)	每床不小于 4			—	—

注：客房净面积是指除客房阳台、卫生间和门内出入口小走道(门廊)以外的房间内面积(公寓式旅馆建筑的客房除外)。

② 餐厅

旅馆建筑应根据性质、等级、规模、服务特点和附近商业饮食设施条件设置餐厅。可分别设中餐厅、外国餐厅、自助餐厅(咖啡厅)、酒吧、特色餐厅等。

对于旅客就餐的自助餐厅(咖啡厅)座位数,一级、二级商务旅馆建筑可按不低于客房间数的20%配置,三级及以上的商务旅馆建筑可按不低于客房间数的30%配置;一级、二级的度假旅馆建筑可按不低于房间间数的40%配置,三级及以上的度假旅馆建筑可按不低于客房间数的50%配置。

对于餐厅人数,一级至三级旅馆建筑的中餐厅、自助餐厅(咖啡厅)宜按1.0～1.2 m^2/人计;四级和五级旅馆建筑的中餐厅、自助餐厅(咖啡厅)宜按1.5～2.0 m^2/人计;特色餐厅、外国餐厅、包房宜按2.0～2.5 m^2/人计。旅馆内对外营业的餐厅应对外独立开门,外来人员就餐不应穿越客房区域。

③ 宴会厅、会议室和多功能厅

旅馆建筑的宴会厅、会议室、多功能厅等应根据用地条件、布局特点、管理要求设置。会议室宜与客房区域分开设置。宴会厅、多功能厅的人流应避免和旅馆建筑其他流线相互干扰,并宜设独立的分门厅。

宴会厅、多功能厅应设置前厅,会议室应设置休息空间,并应在附近设置有前室的卫生间;宴会厅、多功能厅应配专用的服务通道,并宜设专用的厨房或备餐间,并宜在同层设储藏间。

宴会厅、多功能厅的人数宜按1.5～2.0 m^2/人计;会议室的人数宜按1.2～1.8 m^2/人计。当宴会厅、多功能厅设置能灵活分隔成相对独立的使用空间时,隔断及隔断上方封堵应满足隔声的要求,并应设置相应的音响、灯光设施。

2) 辅助使用房间

民用建筑除了主要使用房间以外,还有很多辅助性房间,如厕所、盥洗室、浴室、厨房、通风机房、水泵房、配电房、锅炉房等。辅助用房的设计是建筑设计中不可忽视的一部分。由于辅助使用房间中大都布置有较多的管道、设备,因此,房间的大小及布置均受到设备尺寸的影响。

(1) 卫生间

卫生间按其使用特点又可分为公用卫生间和专用卫生间。

① 公用卫生间

公用卫生间应设置前室,如商场、教学楼、办公楼、影剧院等公共场所的公用卫生间,可以改善通往卫生间的走道和过厅的卫生条件,并有利于卫生间的隐蔽。前室内一般设有洗手盆及污水池,为保证必要的使用空间,前室的深度应不小于1.5 m,一般为1.5～2.0 m。

教学用建筑每层均应分设男、女学生卫生间及男、女教师卫生间。当教学用建筑中每层学生少于3个班时,男、女生卫生间可隔层设置。中小学校应采用水冲式卫生间,卫生间外窗距室内楼地面1.70 m以下部分应设视线遮挡措施。学生卫生间应具有天然采光、自然通风的条件,并应安置排气管道。卫生间位置应方便使用且不影响其周边教学环境卫生。

学生卫生间卫生洁具的数量按男生应至少为每40人设1个大便器或1.20 m长大便槽,每20人设1个小便斗或0.60 m长小便槽;女生应至少为每13人设1个大便器或1.20 m长大便槽，每 40 ～ 45 人设 1 个洗手盆或 0.60 m 长盥洗槽；卫生间内或卫生间附近应设污水池。

中小学校的卫生间内，厕位蹲位距后墙不应小于 0.30 m，各类小学大便槽的蹲位宽度不应大于 0.18 m，厕位间宜设隔板，隔板高度不应低于 1.20 m。中小学校的卫生间应设前室。男、女生卫生间不得共用一个前室。

旅馆建筑公共部分的卫生间应设前室，三级及以上旅馆建筑男女卫生间应分设前室；四级和五级旅馆建筑卫生间的厕位隔间门宜向内开启，厕位隔间宽度不宜小于 0.90 m，深度不宜小于 1.55 m。公共部分卫生间洁具数量应符合表 1.5 的规定。

表 1.5　公共部分卫生间洁具数量

房间名称	男		女
	大便器	小便器	大便器
门厅（大堂）	每 150 人配 1 个；超过 300 人，每增加 300 人增设 1 个	每 100 人配 1 个	每 75 人配 1 个；超过 300 人，每增加 150 人增设 1 个
各种餐厅（含咖啡厅、酒吧等）	每 100 人配 1 个；超过 400 人，每增加 250 人增设 1 个	每 50 人配 1 个	每 50 人配 1 个；超过 400 人，每增加 250 人增设 1 个
宴会厅、多功能厅、会议室	每 100 人配 1 个；超过 400 人，每增加 200 人增设 1 个	每 40 人配 1 个	每 40 人配 1 个；超过 400 人，每增加 100 人增设 1 个

注：1. 本表假定男、女各为 50%，当性别比例不同时应进行调整。
2. 门厅（大堂）和餐厅兼顾使用时，洁具数量可按餐厅配置，不必叠加。
3. 四、五级旅馆建筑可按实际情况酌情增加。
4. 洗面盆、清洁池数量可按现行行业标准《城市公共厕所设计标准》（CJJ 14—2016）配置。
5. 商业、娱乐加健身的卫生设施可按现行行业标准《城市公共厕所设计标准》（CJJ 14—2016）配置。

办公建筑内的公用卫生间距离最远工作点不应大于 50 m，并应设前室。公用卫生间宜天然采光、通风；条件不允许时，应有机械通风措施；门不宜直接开向办公用房、门厅、电梯厅等主要公共空间。卫生洁具数量应符合现行行业标准《城市公共厕所设计标准》（CJJ 14—2016）的规定。设有大会议室（厅）的楼层应相应增加厕位。

② 专用卫生间

这类卫生间由于使用的人少，往往是由盥洗、浴室、厕所三个部分组成，如住宅、旅馆等的卫生间。

每套住宅均应设卫生间，卫生间不应直接布置在下层住户的卧室、起居室（厅）、厨房和餐厅的上层。当卫生间布置在本套内的卧室、起居室（厅）、厨房和餐厅的上层时，应有防水和便于检修的措施。

卫生间可根据使用功能要求组合不同的设备。不同组合的空间使用面积应符合规定：设便器、洗面器时不应小于 1.80 m^2；设便器、洗浴器时不应小于 2.00 m^2；设洗面器、洗浴器时不应小于 2.00 m^2；设洗面器、洗衣机时不应小于 1.80 m^2；单设便器时不应小于 1.10 m^2。三件卫生设备集中配置的卫生间的使用面积不应小于 2.50 m^2。

无前室的卫生间的门不应直接开向起居室（厅）或厨房。每套住宅应设置洗衣机的位置及具备安装条件。常用住宅卫生间平面布置可参考图 1.7。

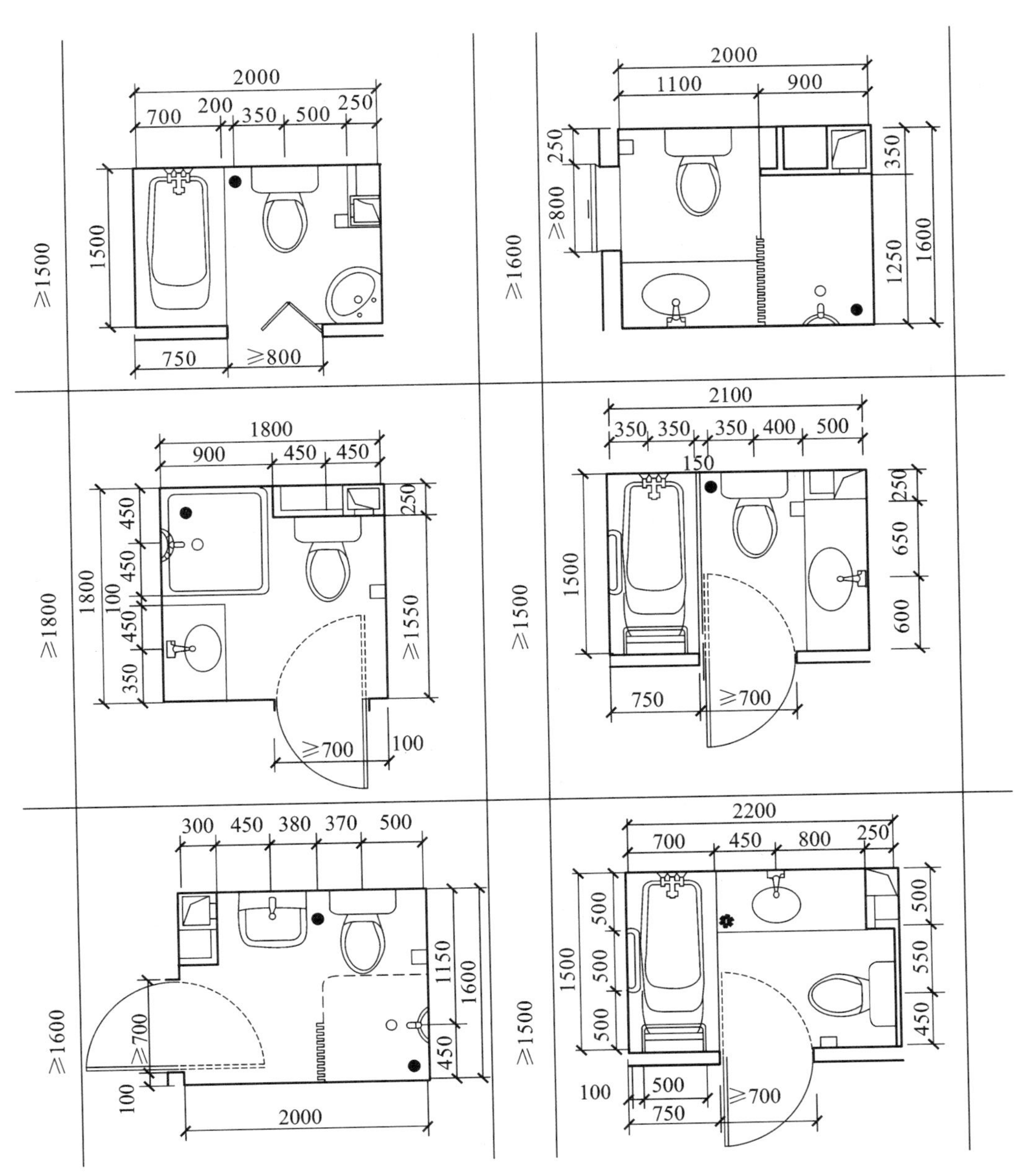

图 1.7 住宅卫生间平面图示例(单位:mm)

旅馆客房附设卫生间应满足表 1.6 的规定。

表 1.6 客房附设卫生间

旅馆建筑等级	一级	二级	三级	四级	五级
净面积/m²	2.5	3.0	3.0	4.0	5.0
占客房总数百分比/%	—	50	100	100	100
卫生器具/件	2		3		

注:2 件指大便器、洗面盆,3 件指大便器、洗面盆、浴盆或淋浴间(开放式卫生间除外)。

公共卫生间和浴室不宜向室内公共走道设置可开启的窗户，客房附设的卫生间不应向室内公共走道设置窗户。上下楼层直通的管道井，不宜在客房附设的卫生间内开设检修门。

(2) 厨房

民用建筑的厨房包括住宅、公寓内每户使用的专用厨房和食堂、餐厅、饭店的厨房两类。这里主要介绍前者，而后者的基本原理和设计方法与其相同。

厨房承担着家庭生活的重要内容，是住宅的重要组成部分。厨房在使用过程中会产生大量油烟和蒸汽，因此厨房设计应考虑良好的采光和通风条件。厨房宜布置在套内近入口处。厨房应设置洗涤池、案台、炉灶及排油烟机、热水器等设施或为其预留位置。厨房应按炊事操作流程布置。排油烟机的位置应与炉灶位置对应，并应与排气道直接连通。

厨房内的烹饪设备和物品众多，设计过程应有效利用厨房内部空间，布置足够的储藏设施。根据《住宅设计规范》(GB 50096—2011) 的规定，厨房的使用面积应符合以下规定：由卧室、起居室(厅)、厨房和卫生间等组成的住宅套型的厨房使用面积，不应小于 4.0 m^2；由兼起居的卧室、厨房和卫生间等组成的住宅最小套型的厨房使用面积，不应小于 3.5 m^2 。

常用的厨房平面布置形式有单排、双排、L形、U形等几种，如图1.8所示。单排布置设备的厨房净宽不应小于 1.50 m；双排布置设备的厨房其两排设备之间的净距不应小于 0.90 m。

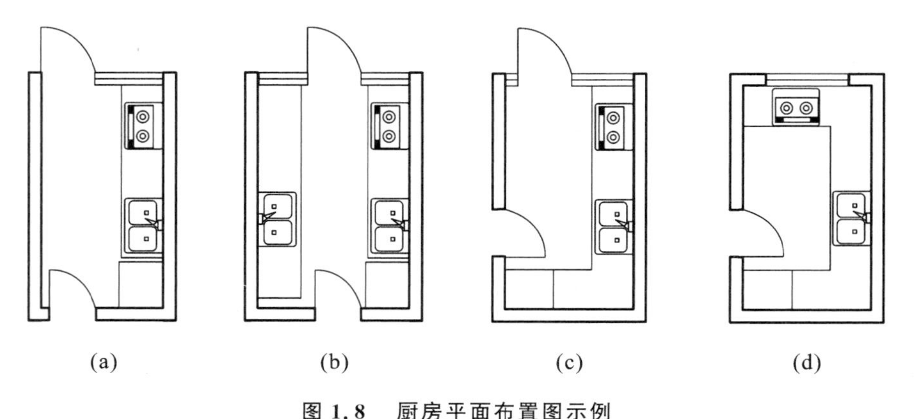

图 1.8　厨房平面布置图示例

(a) 单排布置；(b) 双排布置；(c)L 形布置；(d)U 形布置

旅馆建筑的厨房设计应符合现行行业标准《饮食建筑设计标准》(JGJ 64—2017) 中有关规定。厨房的位置应与餐厅联系方便，并应避免厨房的噪声、油烟、气味及食品储运对餐厅及其他公共部分和客房部分造成干扰；设有多个餐厅时，宜集中设置主厨房，并宜与相应的服务电梯、食梯或通道联系。

厨房的平面布置应符合加工流程，避免往返交错，并应符合卫生防疫要求，防止生食与熟食混杂等情况发生；厨房进、出餐厅的门宜分开设置，并宜采用带有玻璃的单向开启门，开启方向应同流线方向一致。

(3) 开水间

办公楼、教学楼等公共建筑的开水间宜分层或分区设置。开水间宜直接采光通风，条件不允许时应有机械通风措施。开水间应设置洗涤池和地漏，并宜设洗涤、消毒茶具和倒茶渣的设施。厨房、卫生间、盥洗室等有水房间与相邻房间的隔墙、顶棚应采取防潮或防水措施；并且此类有水房间与其下层房间的楼板应采取防水措施。

2. 交通联系部分

建筑物中的交通联系包括水平交通空间(走道)、垂直交通空间(楼梯、电梯、自动扶梯、坡道)和交通枢纽空间(门厅、过厅)等。一幢建筑物是否适用、舒适,在很大程度上取决于主要使用房间、辅助使用房间与交通联系部分的相互位置是否恰当,以及交通联系部分的设计是否合理。

交通联系部分的设计要求有足够的通行宽度,联系便捷,互不干扰。此外,在满足使用需要的前提下,要尽量减少交通面积以提高平面的利用率。

(1) 安全出口、门厅

门厅作为建筑物的交通枢纽,其主要作用是接纳、分配人流,过渡室内外空间及衔接各方面交通(过道楼梯等)。门厅作为建筑物的主要出入口,是建筑设计重点处理的部分,其不同空间处理可体现出不同的意境和形象,如庄严、雄伟与小巧、亲切等不同气氛。此外,根据建筑物使用性质不同,门厅还兼有其他功能,如医院门厅常设挂号、收费、取药的房间,旅馆门厅兼有休息、会客、接待、登记等功能。

门厅的大小应根据各类建筑的使用性质、规模及质量标准等因素来确定,设计时可参考有关面积定额指标。表 1.7 为部分民用建筑门厅面积参考指标。

表 1.7　部分民用建筑门厅面积设计参考指标

建筑名称	面积定额	备注	建筑名称	面积定额	备注
中小学校	0.06 ~ 0.08 m^2/生		旅馆	0.2 ~ 0.5 m^2/床	
食堂	0.08 ~ 0.18 m^2/座	包括洗手间、小卖部	电影院	0.13 m^2/观众	
城市综合医院	11 m^2/日百人次	包括衣帽间和问询室			

门厅设计应注意以下几个方面。

① 门厅应处于总平面中明显而突出的位置,一般应朝向主干道,方便人流出入;门厅内部设计要有明确的导向性,交通流线组织简明醒目,减少相互干扰或迂回拥堵现象。

② 由于门厅是人们进入建筑物时首先接触、经常停留的空间,因此门厅的设计,除了合理地解决好交通枢纽等功能要求外,还应做好门厅内的空间组合和建筑造型设计。

③ 考虑到防火要求,门厅对外出口的宽度按防火规范的要求不得小于通向该门厅的走道、楼梯宽度的总和。外门的开启方向一般宜向外或采用弹簧门。

④ 办公建筑的门厅内可附设传达、收发、会客、服务、问询、展示等功能房间(场所)。根据使用要求也可设商务中心、咖啡厅、警卫室、衣帽间、电话间等。楼梯、电梯厅位置宜邻近门厅,并应满足防火疏散的要求。严寒和寒冷地区的门厅应设门斗或其他防寒设施。

⑤ 校园内除建筑面积不大于 200 m^2,人数不超过 50 人的单层建筑外,每栋建筑应设置 2 个出入口。非完全小学内,单栋建筑面积不超过 500 m^2,且耐火等级为一、二级的低层建筑可只设 1 个出入口。

教学用房在建筑的主要出入口处宜设门厅。教学用建筑物出入口净通行宽度不得小于 1.40 m,门内与门外各 1.50 m 范围内不宜设置台阶。

⑥ 旅馆建筑的主要出入口应有明显的导向标识,并应能引导旅客直接到达门厅,并应根据使用要求设置单车道或多车道满足机动车上、下客的需求。旅馆建筑门厅(大堂)内各功能

分区应清晰，交通流线应明确，有条件时可设分门厅。门厅(大堂)内或附近应设总服务台、旅客休息区、公共卫生间、行李寄存空间或区域。总服务台位置应明显，其形式应与旅馆建筑的管理方式、等级、规模相适应，台前应有等候空间，前台办公室宜设在总服务台附近。乘客电梯厅的位置应方便到达，不宜穿越客房区域。

⑦ 对于10层以下的住宅建筑，当住宅单元任一层的建筑面积大于650 m²，或任一套房的户门至安全出口的距离大于15 m时，该住宅单元每层的安全出口不应少于2个。

对于10层及10层以上且不超过18层的住宅建筑，当住宅单元任一层的建筑面积大于650 m²，或任一套房的户门至安全出口的距离大于10 m时，该住宅单元每层的安全出口不应少于2个。安全出口应分散布置，两个安全出口的距离不应小于5 m。楼梯间及前室的门应向疏散方向开启。

(2) 走道

走道，又称为过道、走廊。走道是用来联系同层内各大小房间的，有时也兼有其他的从属功能，如教学楼中的走道除作为学生课间休息活动的场所外，还可布置陈列橱窗及黑板，医院门诊部走道除人流通行之外还可供患者候诊之用。走道的宽度和长度主要根据人流通行、安全疏散、防火规范、走道性质、空间感受来综合考虑。

为了满足人的行走和紧急情况下的疏散要求，我国《建筑设计防火规范》(GB 50016—2014)规定学校、商店、办公楼等建筑的疏散走道、楼梯、外门的各自总宽度不应低于表1.8所示指标。

表1.8　疏散走道、安全出口、疏散楼梯和房间疏散门的净宽指标　　单位:m/百人

建筑层数		建筑的耐火等级		
		一、二级	三级	四级
地上楼层	1～2层	0.65	0.75	1.00
	3层	0.75	1.00	—
	≥4层	1.00	1.25	—
地下楼层	与地面出入口地面的高差 $\Delta H \leqslant 10$ m	0.75	—	—
	与地面出入口地面的高差 $\Delta H > 10$ m	1.00	—	—

综上所述，一般民用建筑常用走道宽度可根据经验值选取。当走道两侧布置房间时，学校楼内走道净宽不小于2.40 m，门诊部为2.40～3.00 m，办公楼为2.10～2.40 m，旅馆为1.50～2.10 m；当走道一侧布置房间时，其走道的宽度应适当减小。

对于公寓式旅馆、住宅建筑，公共走道、套内入户走道净宽不宜小于1.20 m；通往卧室、起居室(厅)的走道净宽不应小于1.00 m；通往厨房、卫生间、储藏室的走道净宽不应小于0.90 m。

走道的长度应根据建筑性质、耐火等级及防火规范来确定。按照《建筑设计防火规范》(GB 50016—2014)(2018年版)的要求，直接通向疏散走道的最远一点房间疏散门至最近的外部出口或封闭楼梯间的距离必须控制在一定的范围内，如图1.9和表1.9所示。

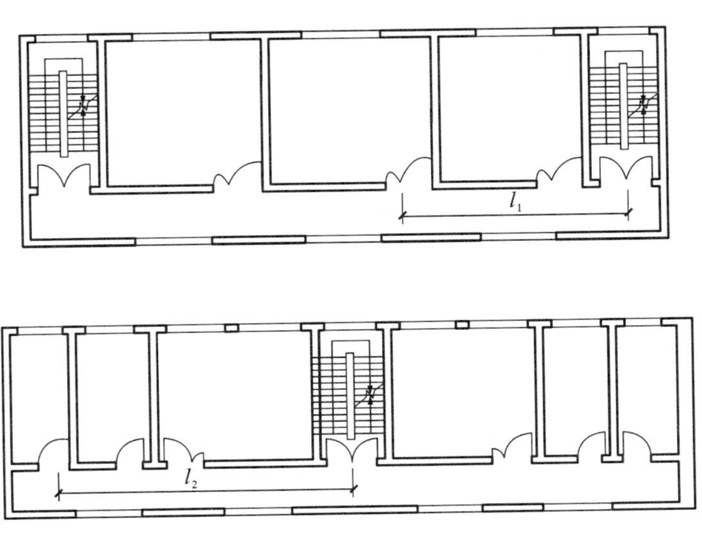

图 1.9　走道长度的最大距离

表 1.9　直接通向疏散走道的房间疏散门至最近安全出口的最大距离　　单位:m

名称			位于两个安全出口之间的疏散门			位于袋形走道两侧或尽端的疏散门		
			一、二级	三级	四级	一、二级	三级	四级
托儿所、幼儿园、老年人照料设施			25	20	15	20	15	10
歌舞娱乐放映游艺场所			25	20	15	9	—	—
医疗建筑	单、多层		35	30	25	20	15	10
	高层	病房部分	24	—	—	12	—	—
		其他部分	30	—	—	15	—	—
教学建筑	单、多层		35	30	25	22	20	10
	高层		30	—	—	15	—	—
高层旅馆、展览建筑			30	—	—	15	—	—
其他建筑	单、多层		40	35	25	22	20	15
	高层		40	—	—	20	—	—

注:建筑内的观众厅、展览厅、多功能厅、餐厅、营业厅或阅览室等,其室内任何一点到最近安全出口的直线距离不宜大于 30.0 m。

教学用建筑的走道疏散宽度内不得有壁柱、消火栓、教室开启的门窗扇等设施。中小学校的建筑物内,当走道有高差变化应设置台阶时,台阶处应有天然采光或照明,踏步级数不得少于 3 级,并不得采用扇形踏步。当高差不足 3 级踏步时,应设置坡道。

(3) 楼梯

楼梯是多高层建筑中常用的垂直交通联系方式。楼梯应根据使用要求选择合适的形式并布置在恰当的位置进而根据使用性质、人流通行情况及防火规范综合确定楼梯的宽度及数量。

疏散楼梯不得采用螺旋楼梯和扇形踏步。

楼梯宽度为 2 股人流时，中小学校的楼梯应至少在一侧设置扶手；楼梯宽度达 3 股人流时，两侧均应设置扶手；楼梯宽度达 4 股人流时，应加设中间扶手。

一般民用建筑楼梯的最小净宽应满足 2 股人流疏散要求，但住宅内部楼梯可减小到 750 ～900 mm，如图 1.10 所示。所有楼梯梯段宽度的总和应按照《建筑设计防火规范》(GB 50016—2014) 的最小宽度进行校核，详见表 1.8、表 1.10。

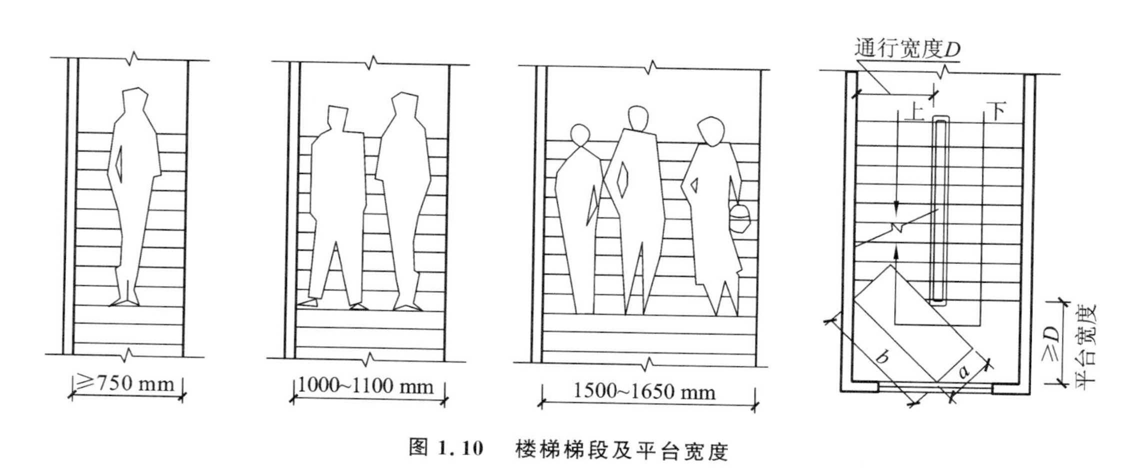

图 1.10　楼梯梯段及平台宽度

表 1.10　疏散楼梯的最小净宽度

建筑类别	疏散楼梯的最小净宽度 /m
高层医疗建筑	1.30
高层居住建筑	1.10
其他高层建筑	1.20

楼梯的数量应根据使用人数及防火规范要求来确定，必须满足走道内房间门至楼梯间的最大距离的限制，如表 1.9 所示。在通常情况下，每一幢公共建筑均应设两个楼梯。每个梯段的踏步级数不应少于 3 级，且不应多于 18 级；楼梯的坡度在实际应用中均由踏步高宽比决定，常用的坡度为 1：2 左右。人流量大，安全要求高的楼梯坡度应该平缓一些；反之坡度可大一些，以利节约楼梯间面积。

楼梯踏步的高和宽的尺寸一般根据经验数据和规范要求确定，如表 1.11 所示。

表 1.11　楼梯踏步最小宽度和最大高度

单位：m

楼梯类别	最小宽度	最大高度
住宅共用楼梯	0.26	0.175
幼儿园、小学学校等楼梯	0.26	0.15
电影院、剧场、体育馆、商场、医院、旅馆和大、中学学校等楼梯	0.28	0.16
其他建筑楼梯	0.26	0.17

续表 1.11

楼梯类别	最小宽度	最大高度
人防专用疏散楼梯	0.25	0.18
住宅套内楼梯	0.22	0.20

楼梯平台分为中间平台和楼层平台，对于平行双跑和折行多跑等类型楼梯，其中间平台宽度应不小于梯段宽度，并不得小于1200 mm，以保证通行顺畅。楼层平台宽度，则应比中间平台更宽松一些，以利人流分配和停留。

梯井是指梯段之间形成的空档，此空档从顶层到底层贯通。在平行双跑楼梯中，梯井宽度应以 60 ～ 200 mm 为宜，若大于 200 mm，则应考虑安全措施。

楼梯栏杆扶手高度应从踏步前缘线垂直量至扶手顶面。其高度一般不宜小于 900 mm，供儿童使用的楼梯应在 500 ～ 600 mm 高度增设扶手，杆件或花饰的镂空处净距不得大于 0.11 m。当楼梯栏杆水平段长度超过 500 mm 时，扶手高度不应小于 1050 mm。室外楼梯的栏杆因为临空，需要加强防护。当临空高度小于 24 m 时，栏杆高度不应小于 1050 mm；当临空高度大于或等于 24 m 时，栏杆高度不应小于 1100 mm。

① 教学楼

中小学校建筑中疏散楼梯的设置应符合现行国家标准的有关规定。楼梯梯段宽度不应小于 1.20 m，并应按 0.60 m 的整数倍增加梯段宽度。每个梯段可增加不超过 0.15 m 的摆幅宽度；楼梯的坡度不得大于 30°。

楼梯两梯段间楼梯井净宽不得大于 0.11 m；大于 0.11 m 时，应采取有效的安全防护措施。两梯段扶手间的水平净距宜为 0.10 ～ 0.20 m。

中小学校室内楼梯扶手高度不应低于 0.90 m，室外楼梯扶手高度不应低于 1.10 m；水平扶手高度不应低于 1.10 m。中小学校的楼梯栏杆不得采用易于攀登的构造和花饰，楼梯扶手上应加装防止学生溜滑的设施。

② 住宅

住宅楼梯梯段净宽不应小于 1.10 m，不超过 6 层的住宅，一边设有栏杆的梯段净宽不应小于 1.00 m。楼梯平台的结构下缘至人行通道的垂直高度不应低于 2.00 m。入口处地坪与室外地面应有高差，并不应小于 0.10 m。楼梯井净宽大于 0.11 m 时，必须采取防止儿童攀滑的措施。

对于 5 层及 5 层以上办公建筑、7 层及 7 层以上住宅需设电梯，电梯数量应满足使用要求。电梯候梯厅深度不应小于多台电梯中最大轿箱的深度，且不应小于 1.50 m。

(4) 无障碍设计要求

公共建筑及 7 层以上的住宅，应对建筑入口、入口平台、电梯候梯厅和公共走道部位进行无障碍设计。住宅建筑入口设台阶时，应同时设置轮椅坡道和扶手。坡道的坡度应符合表1.12 的规定。

表 1.12 坡道的坡度

坡度	1∶20	1∶16	1∶12	1∶10	1∶8
最大高度 /m	1.5	1	0.75	0.6	0.35

供轮椅通行的门净宽不应小于 0.8 m。7 层及 7 层以上住宅建筑入口平台宽度不应小于 2.00 m，7 层以下住宅建筑入口平台宽度不应小于 1.50 m。

4. 建筑平面组合

每一幢建筑物都是由若干房间组合而成，即由若干主要房间和若干辅助房间组成。建筑平面的组合，实际上是建筑空间在水平方向的组合。进行建筑平面组合设计时，必须综合分析各种制约因素，分清主次，认真处理好建筑内部与总体环境的关系，建筑物内部各房间与整个建筑之间的关系，建筑使用要求与物质技术、经济条件之间的关系等，将单个房间与交通联系部分组合起来，使建筑物成为一个使用方便、结构合理、体型简洁、构图完整、造价经济及与环境协调的整体。

(1) 影响平面组合的因素

① 使用功能

不同的建筑，有不同的功能要求。一幢建筑物的合理性不仅体现在单个房间的设计上，而且在很大程度体现在各种房间按功能的组合上。如教学楼设计中，虽然教室、办公室本身的大小、形状、门窗布置均满足使用要求，但它们之间的相互关系及走道、门厅、楼梯的布置不合理，就会造成人流交叉、使用不便。因此，使用功能是平面组合设计的核心。

平面组合的优劣主要体现在合理的功能分区及明确的流线组织两个方面，并综合考虑采光、通风、朝向等方面的要求。

合理的功能分区是将建筑物若干部分按不同的功能要求进行分类，并根据它们之间的密切程度加以划分，使之分区明确，联系方便，既满足联系密切的要求，又能创造相对独立的使用环境。例如，商业建筑中的营业厅，影剧院中的观众厅、舞台皆属主要房间。在平面组合中，一般是将主要使用房间布置在朝向较好的位置，靠近主要出入口，并有良好的采光通风条件，次要房间可布置在条件较差的位置，如图 1.11 所示。

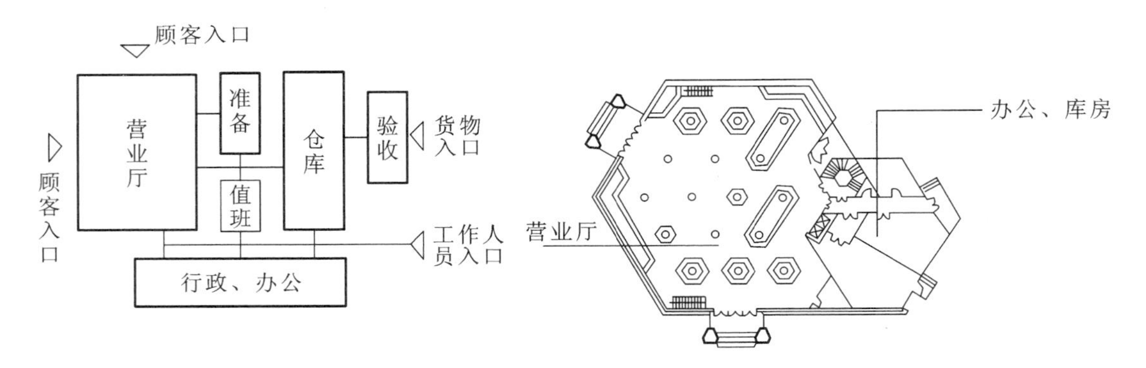

图 1.11　商业建筑房间的主次关系

(a) 功能分析图；(b) 平面图

在分析建筑功能关系时，常根据房间的使用性质如“闹”与“静”、“洁”与“污”等特性进行功能分区，使其既互不干扰，又有适当的联系。如教学楼中的普通教室和音乐教室同属教室，它们之间联系密切，但为防止声音干扰，必须适当隔开。教室与办公室之间要求方便联系，但为了避免学生影响教师的工作，须适当隔开，如图 1.12 所示。

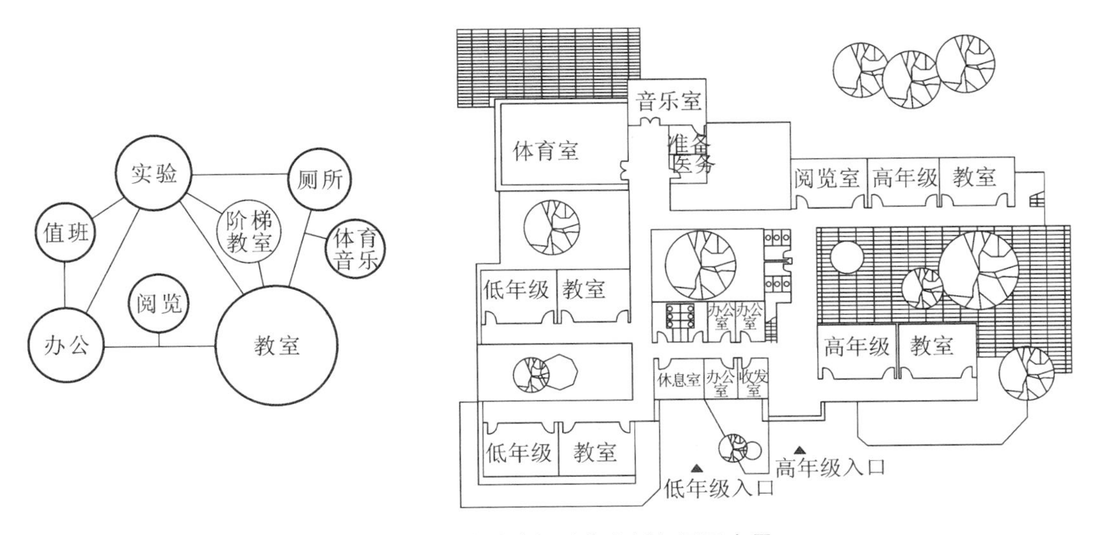

图 1.12　教学楼房间功能分析与平面布置

(a) 教学楼各房间功能分析;(b) 某小学体育室、音乐室布置在教学楼一端

流线组织明确,即要使各种流线简捷、通畅,不迂回逆行,尽量避免相互交叉。流线分为人流及货流两类。

在建筑平面设计中,各房间一般是按使用流线的顺序有机地组合起来的。如展览馆建筑,各展室常常是按人流参观路线的顺序连贯起来。火车站建筑有旅客进出站路线、行包线,人流路线按先后顺序为到站 — 问询 — 购票 — 候车 — 检票 — 上车;出站时经由站台验票出站。火车站建筑在平面布置时以人流线为主,如图 1.13 所示,使进出站及行包线分开并尽量缩短各种流线的长度。

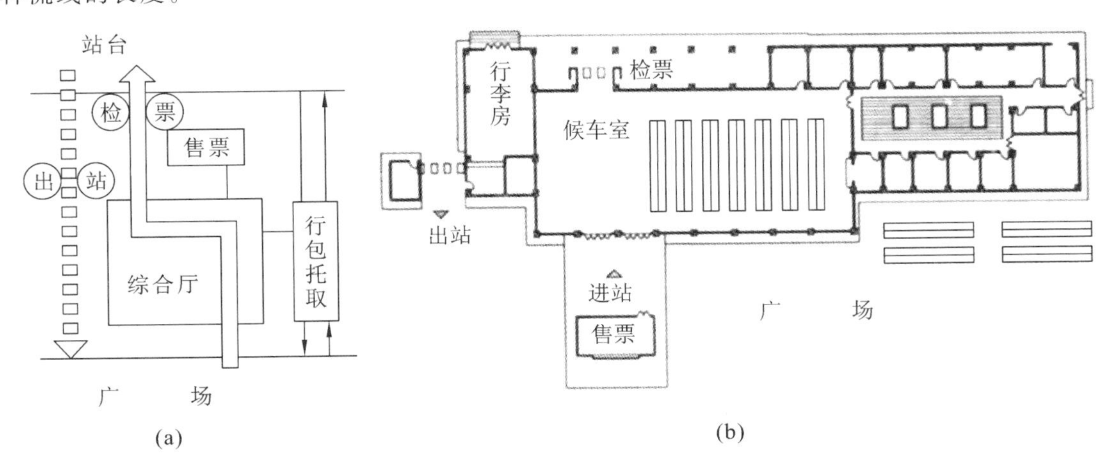

图 1.13　火车站流线关系分析及平面图

(a) 小型火车站流线分析;(b) 火车站设计方案平面图

② 结构类型

建筑结构与材料是构成建筑物的物质基础,在很大程度上影响着建筑的平面组合。因此,平面组合在考虑满足使用功能要求的前提下,应选择经济合理的结构方案,并使平面组合与结

构布置协调一致。

③ 设备管线

民用建筑中的设备管线主要包括给水排水、采暖、空气调节以及电气照明、通信等所需的设备管线，它们都占有一定的空间。在进行平面组合时，对于设备管线比较多的房间，如住宅中的厨房、厕所，学校、办公楼中的厕所、盥洗间，旅馆中的客房卫生间、公共卫生间等，在满足使用要求的同时，应尽量将设备管线集中布置、上下对齐、方便使用，有利施工和节约管线。

(2) 平面组合的形式

各类建筑由于使用功能不同，房间之间的相互关系也不同。平面组合就是根据使用功能特点及交通路线的组织，将不同的房间组合起来。平面组合大致可以归纳为四种形式：走道式组合、套间式组合、大厅式组合和单元式组合。

① 走道式组合。其特点是使用部分与交通联系部分明确分开，各房间沿走道（走廊）一侧或两侧并列布置，房间门直接开向走道，通过走道相互联系；各房间基本不被交通线穿越，能较好地保持相对独立性。走道式组合广泛应用于一般性的民用建筑，特别适用于房间面积不大，数量较多的重复空间组合，如学校、宿舍、医院、旅馆等，如图 1.14 所示。其优点是：各房间有直接的天然采光和通风，结构简单，施工方便等。

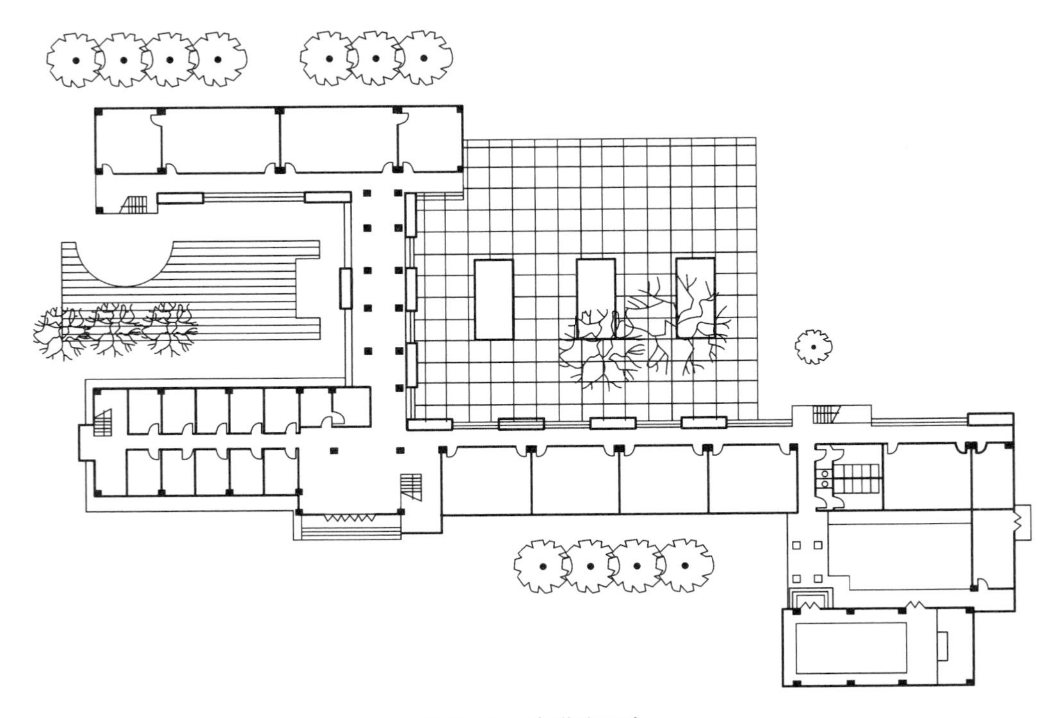

图 1.14　走道式组合

② 套间式组合。其特点是用穿套的方式按一定的顺序组织空间，房间与房间之间相互穿套，不再通过走道联系。这种形式适用于房间的连续性较强，使用房间不需要单独分隔的情况下，如展览馆、火车站、浴室等建筑类型。套间式组合形式又可分为串联式和放射式两种。串联式是按一定的顺序关系将房间连接起来，如图 1.15 所示；放射式是将各房间围绕交通枢纽呈放射状布置，如图 1.16 所示。

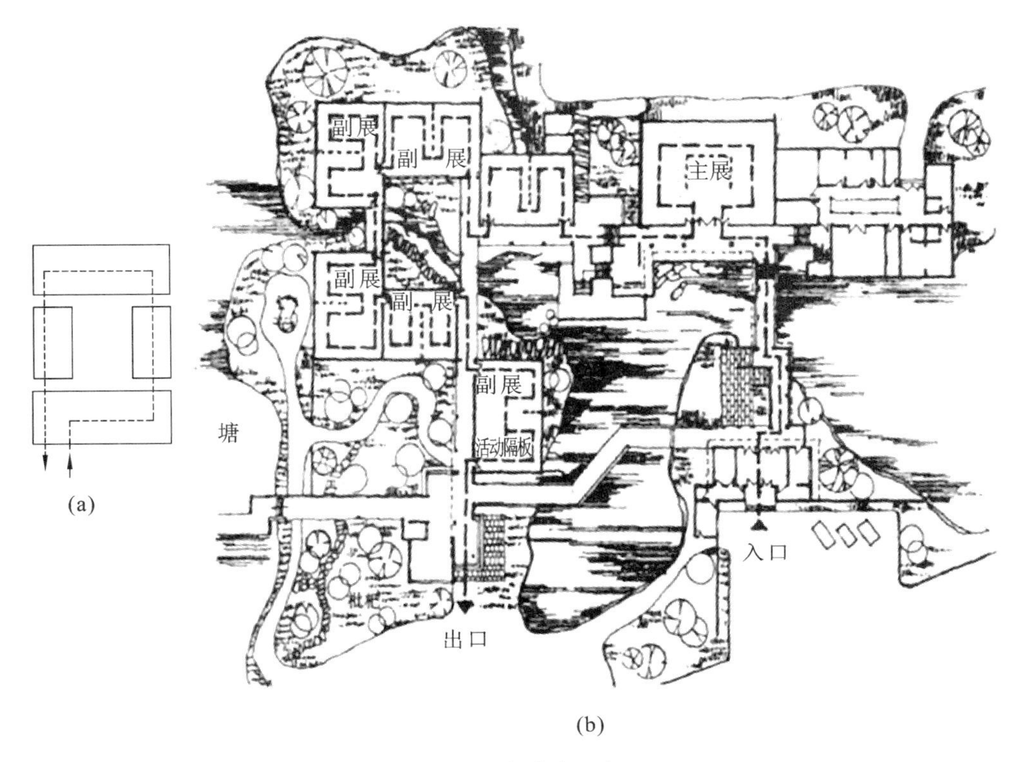

图 1.15 串联式组合

(a) 串联式空间组合示意图;(b) 某展览馆平面布置图

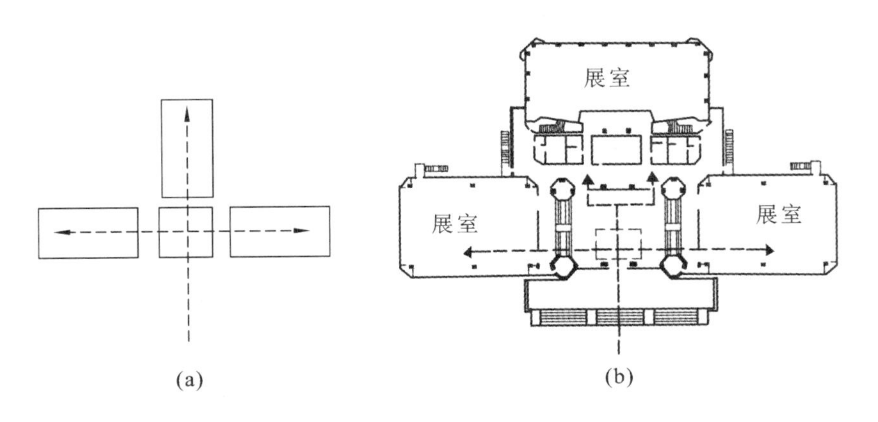

图 1.16 放射式组合

(a) 放射式空间组合示意图;(b) 某纪念馆平面布置图

③ 大厅式组合。该组合形式以公共活动的大厅为主要使用房间,穿插布置辅助房间。这种组合的特点是主体房间使用人数多、面积大、层高大,辅助房间与大厅相比,尺寸大小悬殊,常布置在大厅周围,并与主体房间保持一定的联系,如体育馆、影剧院等。

④ 单元式组合。将关系密切的房间组合在一起成为一个相对独立的整体,称为单元。将一种或多种单元按地形和环境情况在水平或垂直方向重复组合起来成为一幢建筑,称为单元式组合,如图 1.17 所示。单元式组合的优点是能提高建筑标准化,节省设计工作量,简化施工,同

时建筑空间功能分区明确，平面布置紧凑，单元与单元之间相对独立，互不干扰。因此，单元式组合广泛用于住宅、学校医院等。

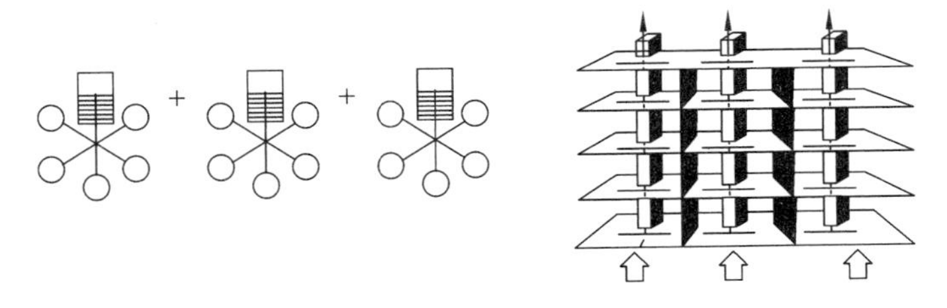

图 1.17　单元式组合及交通组织

任何建筑物都处于特定的环境之中，它在基地上的位置、形状、平面组合、朝向、出入口的布置及建筑造型等都必然受到总体规划及基地条件的制约。为使建筑既满足使用要求，又能与基地环境协调一致，应根据使用功能要求，结合城市规划的要求、场地的地形地质条件、朝向、绿化以及周围建筑等因地制宜地进行总体布置。

5. 建筑平面图绘制

建筑平面图是使用一个假想空间平面经门窗洞口将房屋剖开，移去剖切面上方的部分，将剖切面以下的部分向下作正投影得到的水平剖视图。

建筑平面图应反映房屋的平面形状、大小和房间的布置，墙或柱的位置、大小、厚度和材料，门窗的类型和位置等情况。建筑物有几层就画几张建筑平面图；当楼层平面布置相同时，可只画一张标准层平面图。

建筑平面图的绘制需要注意以下几个方面：

① 建筑平面图的比例宜采用 1∶50、1∶100、1∶200。图纸中比例注写在图名的右侧，字的基准线应取平；比例的字高宜比图名的字高小一号或二号，如图 1.18 所示。比例的符号应为"∶"，比例应以阿拉伯数字表示。

平面图　1∶00　　　⑥ 1∶20

图 1.18　比例的注写

② 横向轴线编号应用阿拉伯数字按从左到右的顺序编写；纵向轴线编号应用大写英文字母，从下至上顺序编写，如图 1.19 所示。注意英文字母的 I、O、Z 不得用作轴线编号避免与数字混淆。当字母数量不够使用时，可增用双字母或单字母加数字注脚。定位轴线的编号应注写在轴线端部的圆圈内。圆圈应使用细实线绘制，直径为 8 ～ 10 mm。

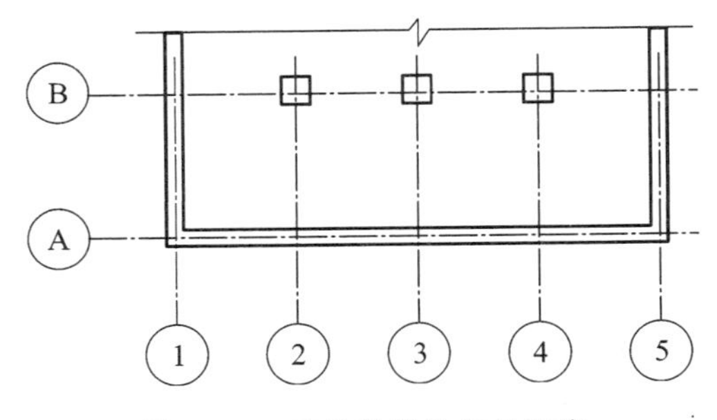

图 1.19　定位轴线的编号顺序

③ 附加定位轴线的编号，应以分数形式按规定编写。两根轴线之间的附加轴线，分母表示前一轴线的编号，分子表示附加轴线的编号，编号宜用阿拉伯数字顺序编写；1 号轴线或 A 号

轴线之前的附加轴线的分母应以 01 或 0A 表示，如图 1.20 所示。

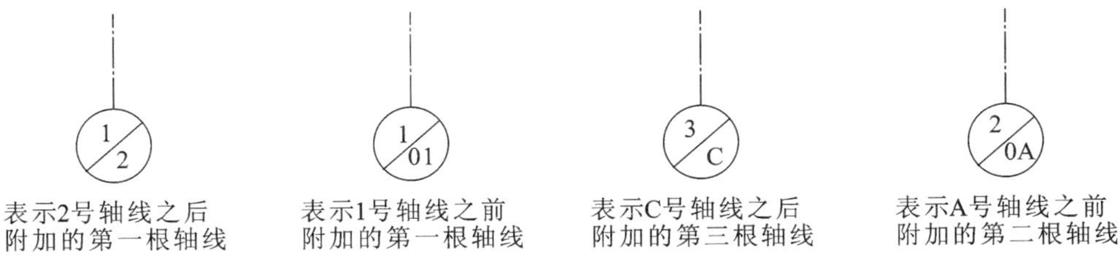

图 1.20　附加轴线编号

④ 底层建筑平面图需要画指北针。指北针的圆直径宜为 24 mm，用细实线绘制；指针尾部的宽度宜为 3 mm，指针头部应注"北"或"N"字。如需用较大直径绘制指北针，指北针尾部的宽度宜为直径的 1/8。

⑤ 建筑平面图剖切面轮廓为粗实线，可见轮廓为细实线，门线为中粗线。注意，图线不得与文字、数字或符号重叠、混淆，不可避免时，应首先保证文字的清晰。在平面图中各种线型规定，如图 1.21 所示。

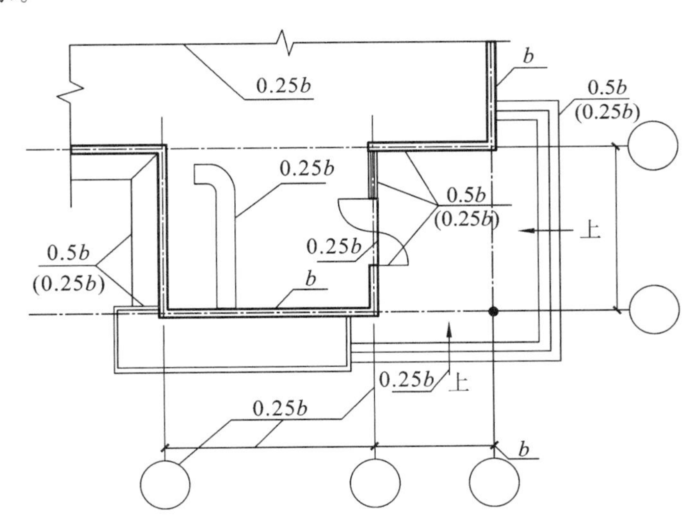

图 1.21　建筑平面图线型示例

⑥ 建筑工程图标高符号应以等腰直角三角形表示，并应按图 1.22(a) 所示形式用细实线绘制，如标注位置不够，也可按图 1.22(b) 所示形式绘制。标高符号的具体画法如图 1.22(c)、(d) 所示。

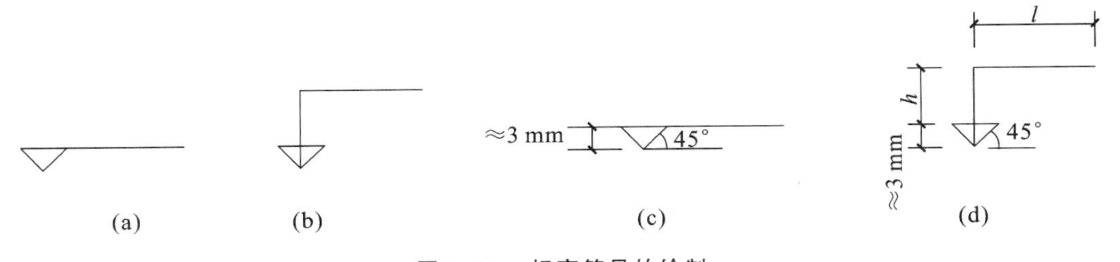

图 1.22　标高符号的绘制

l— 取适当长度注写标高数字；h— 根据需要取适当高度

总平面图室外地坪标高符号宜用涂黑的三角形表示，具体画法如图 1.23 所示。标高符号的尖端应指到被注高度的位置。一般尖端应向下，如注写数字空间不足，也可将标高符号尖端向上。标高数字应注写在标高符号的上侧或下侧，如图 1.24 所示。

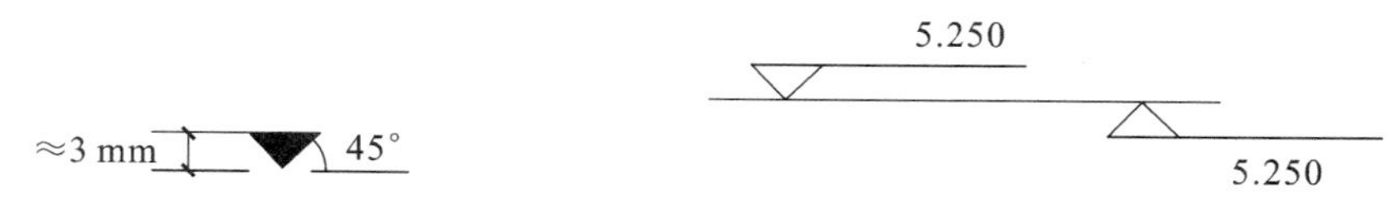

图 1.23　总平面图室外地坪标高符号　　图 1.24　标高的指向

标高数字应以米为单位，注写到小数点以后第三位。在总平面图中，可注写到小数点以后第二位。零点标高应注写成 ±0.000，正数标高不注“+”，负数标高应注“−”，例如 3.000、−0.600。

如果需要在图样的同一位置表示几个不同标高时，例如标准层平面图的楼面标高，标高数字可按图 1.25 的形式注写。

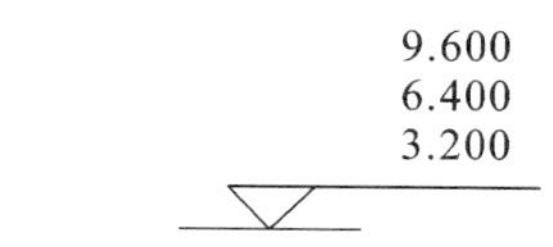

图 1.25　同一位置注写多个标高数字

⑦ 工程图纸上常用的文字有汉字、阿拉伯数字、拉丁字母，有时也用罗马数字、希腊字母。图纸上所需书写的文字、数字或符号等，均应笔画清晰、字体端正、排列整齐；标点符号应清楚正确。图样及说明中的字母、数字宜优先采用 Roman 字体书写，汉字应写成长仿宋体。

绘制建筑平面图时，建议首先绘制轴网，墙身和门窗；然后加粗加深轮廓线；再标注内外尺寸；最后标注标高、剖切符号、指北针、注写图名比例。建筑平面图样例见第 3 章图 3.1 至图 3.4。

1.1.2　剖面设计

进行建筑剖面设计的目的是确定建筑物各部分高度、建筑层数、建筑空间的竖向组合与利用，以及建筑剖面中的结构、构造关系等。剖面设计与平面设计是从两个不同的方面来反映建筑物内部空间的关系，两个方面同样都涉及建筑的使用功能、技术经济条件、周围环境等问题。剖面设计是反映建筑物内部空间在垂直方向上房屋各部分的组织关系。

1. *确定房间的剖面形状*

房间的剖面形状可分为矩形和非矩形两类，大多数民用建筑均采用矩形，如办公楼、教学楼、住宅等。矩形剖面简单、规整，便于竖向空间的组合，容易获得简洁而完整的体型，同时结构简单，施工方便。非矩形剖面常用于有特殊要求的房间，如影剧院、礼堂、体育馆等。

此外，不同的结构类型对房间的剖面形状有着一定的影响，大跨度建筑的房间剖面由于结构形式的不同而形成与砖混结构完全不同的空间特征，如采用三铰拱钢桁架的体育馆比赛大厅。土木工程专业本科毕业设计较少涉及大跨度建筑，房间剖面形状以矩形为主。

2. *房间的高度*

进行建筑剖面设计，首先需要确定房间的净高和层高。房间的净高应按楼地面完成面至吊顶或楼板或梁底面之间的垂直距离计算。层高是指该层楼地面到上一层楼面之间的距离，如图 1.26 所示。通常情况下，房间高度的确定主要考虑以下几个方面。

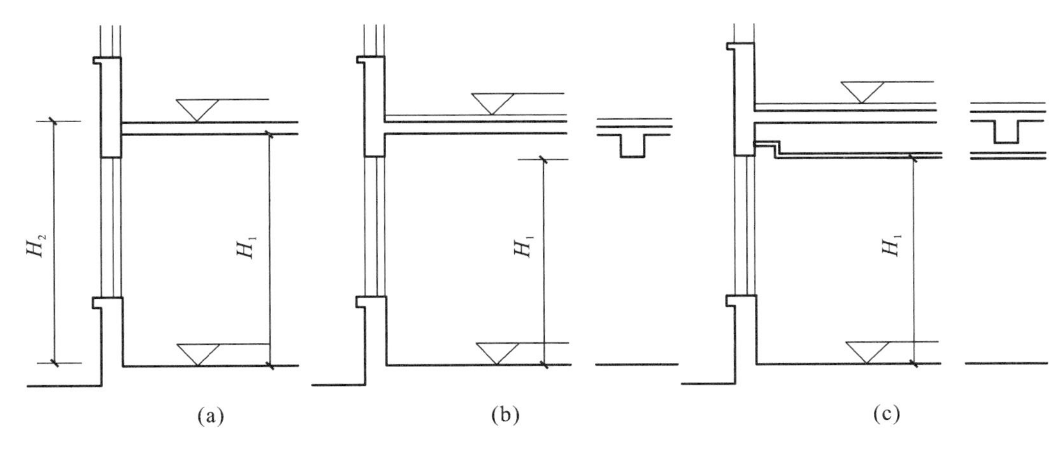

图 1.26 净高与层高

H_1—净高；H_2—层高

(1) 人体活动及家具设备的要求

房间的净高与人体活动尺度有很大关系。为保证人们的正常活动，一般情况下，室内最小净高应使人举手不接触到顶棚为宜。为此，房间净高应不低于 2.20 m。

不同类型的房间，由于使用人数不同、房间面积大小不同，对房间的净高要求也不相同。

住宅使用人数少、面积不大、又无特殊要求，故净高常取 2.8 ～ 3.0 m，卧室、起居室（厅）的室内净高不应低于 2.40 m，局部净高不应低于 2.10 m，且局部净高的室内面积不应大于室内使用面积的 1/3。当利用坡屋顶内空间作卧室、起居室（厅）时，至少有 1/2 的使用面积的室内净高不应低于 2.10 m。厨房、卫生间的室内净高不应低于 2.20 m。厨房、卫生间内排水横管下表面与楼面、地面净距不得低于 1.90 m，且不得影响门、窗扇开启。

办公建筑房间净高不应低于 2.50 m。教室使用人数多，面积相应增大，净高宜增大，一般常取 3.30 ～ 3.60 m。中小学校主要教学用房的最小净高应符合表 1.13 的规定。

表 1.13 中小学校主要教学用房的最小净高 单位：m

教室	小学	初中	高中
普通教室，史地、美术、音乐教室	3.00	3.05	3.10
舞蹈教室	4.50		
科学教室、实验室、计算机教室、劳动教室、技术教室、合班教室	3.10		
阶梯教室	最后一排（楼地面最高处）距顶棚或上方突出物最小距离为 2.20 m		

风雨操场的净高应取决于场地的运动内容。各类体育场地最小净高应符合表 1.14 的规定。

表 1.14　各类体育场地的最小净高　单位:m

体育场地	田径	篮球	排球	羽毛球	乒乓球	体操
最小净高	9	7	7	9	4	6

公共建筑的门厅是接纳、分配人流及联系各部分的交通枢纽,人流较多,高度可较其他房间适当提高;商店营业厅净高受房间面积及客流量多少等因素的影响,国内大中型营业厅(无空调设备的)底层层高为 4.2 ～ 6.0 m,二层层高为 3.6 ～ 5.1 m。

除此以外,房间的家具设备以及人们使用家具设备所必要的空间,也直接影响到房间的净高和层高。图 1.27 表示家具设备和使用活动要求对房间高度的影响。学生宿舍通常设有高低床,考虑床的尺寸及必要的使用空间,净高应比一般住宅适当提高,结合楼板层高度考虑,层高不宜小于 3.25 m,如图 1.27(a) 所示;演播室顶棚下装有若干灯具,要求距顶棚有足够的高度,同时为避免灯光直接投射到演讲人的视野范围内而引起严重眩光,灯光源距演讲人头顶距离保持 2.0 ～ 2.5 m 为宜,这样,演播室的净高不应小于 4.5 m,如图 1.27(b) 所示。

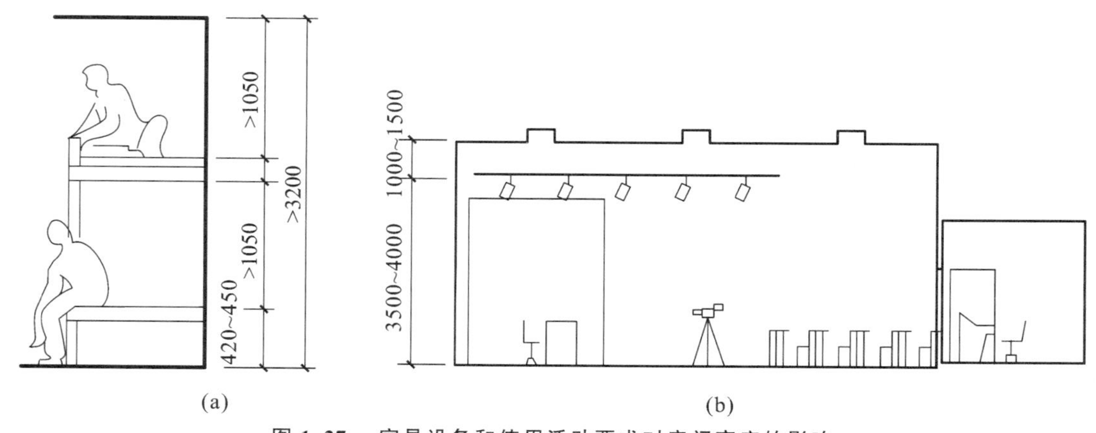

图 1.27　家具设备和使用活动要求对房间高度的影响

(a) 宿舍;(b) 中学演播室

(2) 采光要求

房间的高度应有利于天然采光和自然通风,以保证房间内必要的学习、生活及卫生条件。室内光线的强弱和照度是否均匀,除了和平面中窗户的宽度及位置有关外,还和窗户在剖面中的高低有关。当房间采用单侧采光时,通常窗户上沿离地的高度应大于房间进深长度的一半,如图 1.28(a) 所示。当房间允许两侧开窗时,房间的净高不小于总深度的 1/4,如图 1.28(b) 所示。

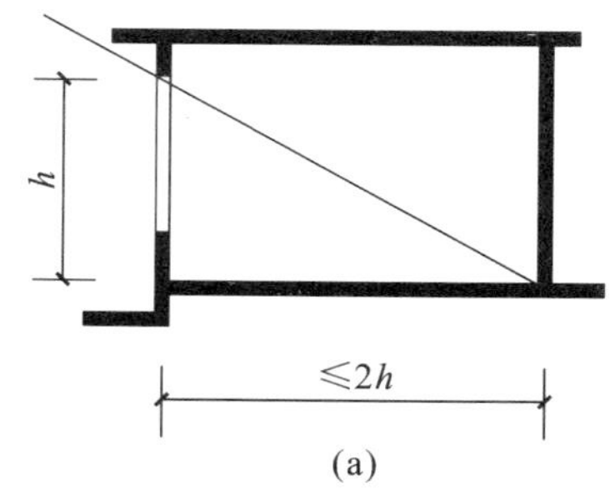

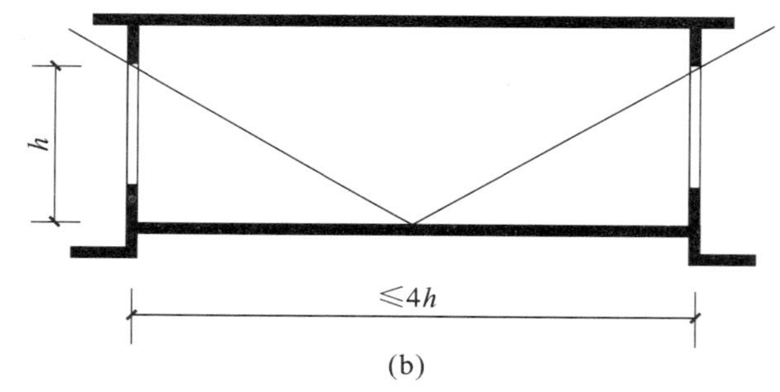

图 1.28　采光方式对房间高度与进深的影响

(a) 单侧采光;(b) 双侧采光

(3) 结构高度及其布置方式的影响

从图 1.26 中可以看出，层高等于净高加上楼板层(或屋顶结构层)的高度。结构层愈高，则层高愈大。一般住宅建筑由于房间开间进深小，多采用墙体承重，即在墙上直接搁板，因其结构高度小，所以层高较小，如图 1.29(a) 所示。随着房间面积加大，如教室、餐厅、商店等，多采用梁板布置方式，即板搁置在梁上，梁支承在墙或柱上，其结构高度较大，确定层高时，应考虑梁所占的空间高度，如图 1.29(b) 所示。

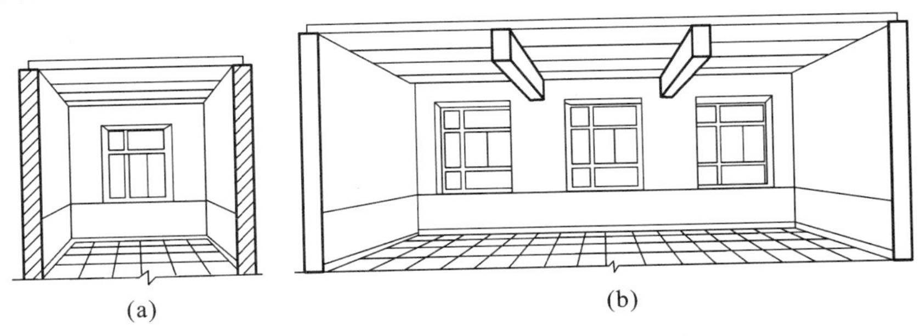

图 1.29　结构层高度对房间层高的影响

3. 窗台高度

窗台高度与使用要求、人体尺度、家具尺寸及通风要求有关。大多数的民用建筑，窗台高度主要考虑方便人们工作、学习，保证书桌上有充足的光线，一般常取 900 ～ 1000 mm，如图 1.30(a) 所示。

对于有特殊要求的房间，如厕所、浴室的窗台可提高到 1800 mm 左右，以保护隐私，如图 1.30(b)。托儿所、幼儿园窗台高度应考虑儿童的身高及较小的家具设备，医院儿童病房为方便护士照顾病儿，窗台高度均应稍低一些，如图 1.30(c)、(d) 所示。

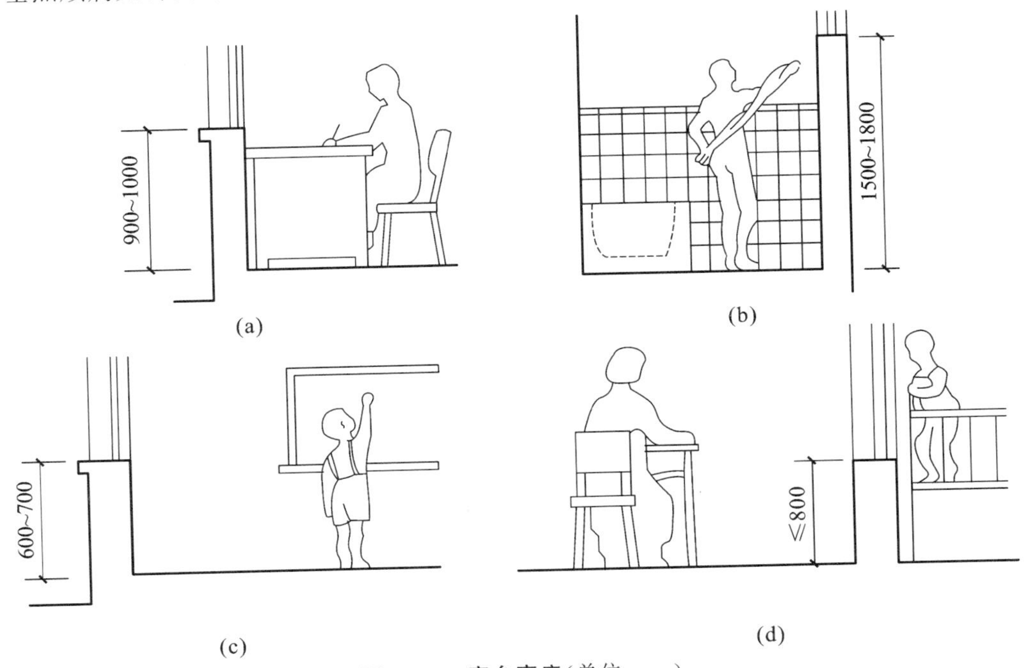

图 1.30　窗台高度(单位：mm)

(a) 一般民用建筑；(b) 卫生间；(c) 托儿所、幼儿园 ；(d) 儿童病房

对于某些公共建筑的房间，如餐厅、休息厅、娱乐活动场所，以及疗养建筑和旅游建筑，为使室内阳光充足和便于观赏室外景色，丰富室内空间，常将窗台做得很低，甚至采用落地窗。但必须注意，当临空的窗台高度小于 0.8 m 或住宅窗台高度小于 0.9 m 时，必须有安全防护措施，如护窗栏杆等。

住宅楼梯间、电梯厅等共用部分的外窗，若窗外无阳台或平台，且窗台距楼面、地面的净高小于 0.90 m 时，应设置防护设施。外廊、内天井及上人屋面等，临空处的栏杆净高，6 层及 6 层以下不应低于 1.05 m，7 层及 7 层以上不应低于 1.10 m。防护栏杆必须采用防止儿童攀登的构造，栏杆的垂直杆件间净距不应大于 0.11 m。放置花盆处必须采取防坠落措施。

设有中庭的旅馆，中庭栏杆或栏板高度不应低于 1.20 m，并应以坚固、耐久的材料制作，应能承受现行国家标准《建筑结构荷载规范》(GB 50009—2012) 规定的水平荷载。

4. 室内外地面高差

为了防止室外雨水流入室内，并防止墙身受潮，一般民用建筑常把室内地坪适当提高，使建筑物室内外地面形成一定高差。

对于一般住宅、商店、医院等建筑，室外踏步的级数常以不超过四级，即室内外地面高差不大于 0.6 m 为宜。对于仓库类建筑，为便于运输，在入口处常设置坡道，为不使坡道过长影响室外道路布置，室内外地面高差以不超过 0.3 m 为宜。

在建筑设计中，一般以底层室内地面标高为 ±0.000，高于它的为正值，低于它的为负值。住宅公共出入口台阶踏步宽度不宜小于 0.30 m，踏步高度不宜大于 0.15 m，并不宜小于 0.10 m，踏步高度应均匀一致，并应采取防滑措施。台阶宽度大于 1.80 m 时，两侧宜设置高度为 0.90 m 栏杆扶手。当公共出入口台阶高度超过 0.70 m 并侧面临空时，应设置防护设施，防护设施净高不应低于 1.05 m。办公建筑应进行无障碍设计，当两部分楼地面高差不足两级踏步时，不应设置台阶，应设坡道，其坡度不宜大于 1∶8。

5. 房屋的层数

影响确定房屋层数的因素很多，概括起来包括以下几个方面：

(1) 使用要求

住宅、办公楼、旅馆等建筑，使用人数不多，室内空间高度较低，大部分房间面积不大，即使是灵活分隔的大空间办公室，其空间高度、房间荷载也不大。因此，这一类建筑可采用多层和高层，利用楼梯、电梯作为垂直交通工具。

对于托儿所、幼儿园等建筑，考虑到儿童的生理特点和安全，同时为便于室内与室外活动场所的联系，其层数不宜超过 3 层。医院门诊部为方便病人就诊，层数也以不超过 3 层为宜。

影剧院、体育馆等一类公共建筑都具有面积和高度较大的房间，且人流集中，为迅速而安全地进行疏散，宜建成低层建筑。

(2) 建筑结构、材料的要求

建筑结构类型和材料是决定房屋层数的基本因素。砌体结构建筑一般宜为 1 ~ 6 层。而多层和高层建筑，可采用混凝土框架结构、剪力墙结构或框架 - 剪力墙结构等结构体系。表 1.15 为混凝土结构体系的适用层数。

表 1.15 各种结构体系的适用层数

体系名称	框架	框架-剪力墙	剪力墙	框筒	筒体	筒中筒	束筒	带刚臂框筒	巨形支撑
适用功能	商业、娱乐、办公	酒店、办公	住宅、公寓	办公、酒店、公寓	办公、酒店、公寓	办公、酒店、公寓	办公、酒店、公寓	办公、酒店、公寓	办公、酒店、公寓
适用层数（高度）	12 层（50 m）	24 层（80 m）	40 层（120 m）	30 层（100 m）	100 层（400 m）	110 层（450 m）	110 层（450 m）	120 层（500 m）	150 层（800 m）

如薄壳、网架、悬索等空间结构体系则适用于低层大跨度建筑，如影剧院、体育馆、仓库、食堂等。

（3）建筑防火要求

按照《建筑设计防火规范》(GB 50016—2014）的规定，建筑物层数应符合不同建筑耐火等级的规定。如一、二级的民用建筑物，原则上层数不受限制；三级的民用建筑物，允许层数为1～5层，见表1.16。

表 1.16 民用非高层建筑的耐火等级、层数和面积

耐火等级	最多允许层数	防火分区的最大允许建筑面积 /m^2	备注
一、二级	不限	2500	（1）体育馆、剧院的观众厅，展览建筑的展厅，其防火分区最大允许建筑面积可适当放宽； （2）托儿所、幼儿园的儿童用房和儿童游乐厅等儿童活动场所不应超过3层或设置在4层及4层以上楼层或地下、半地下建筑（室）内
三级	5	1200	（1）托儿所、幼儿园的儿童用房和儿童游乐厅等儿童活动场所，老年人建筑和医院、疗养院的住院部分不应超过2层或设置在3层及3层以上楼层或地下、半地下建筑（室）内； （2）商店、学校、电影院、剧院、礼堂、食堂、菜市场不应超过2层或设置在3层及3层以上楼层
四级	2	600	学校、食堂、菜市场、托儿所、幼儿园、老年人建筑、医院等不应设置在2层

（4）建筑基地环境与城市规划的要求

房屋的层数与所在地段的大小、高低起伏变化有关。如在相同建筑面积的条件下，基地范围小，则层数相应增多；若地形陡峭，为减少土石方量，且考虑平面布置灵活，则建筑物的开间、进深不宜过大，建筑物的层数也可相应增加。

此外，确定房屋的层数也不能脱离一定的环境条件。特别是位于城市街道两侧、广场周围、风景园林区等区域的建筑物，要符合各地区城市规划部门对整个城市面貌的统一要求。同时，做到建筑物与周围环境、道路、绿化景观等协调一致。

6. 建筑空间的组合

建筑空间组合就是根据内部使用要求，将各种不同形状、大小、高低的空间组合起来，使之

成为使用方便、结构合理、体型简洁完美的建筑整体。建筑空间组合包括水平方向及垂直方向的组合关系。前者除反映功能关系外,还反映结构关系以及空间的艺术构思,而剖面的空间关系也在一定程度上反映出平面关系,将两方面结合起来就成为一个完整的空间概念。

在进行建筑空间组合时,应根据建筑的使用性质和特点对房间进行合理的垂直分区,做到分区明确、使用方便、流线清晰,合理利用空间,同时应注意结构合理、设备管线集中。

(1) 重复小空间的组合

这类空间的特点是大小、高度相等或相近,在一幢建筑物内房间的数量较多,各房间的功能要求应相对独立。因此常采用走道式和单元式的组合方式,如住宅、医院、学校、办公楼等。组合中常将高度相同、使用性质相近的房间组合在同一层,以楼梯将各垂直排列的空间联系起来构成一个整体。空间的大小、高度相等,对于统一各层楼地面标高、简化结构是有利的。

有的建筑由于使用要求或房间大小不同,出现了高度差别。如学校中的教室和办公室,由于容纳人数不同,使用性质不同,教室的高度相应比办公室大些;为了节约空间、降低造价,可将它们分别集中布置,采取不同的层高,以楼梯或踏步来解决两部分空间的联系,如图 1.31 所示。

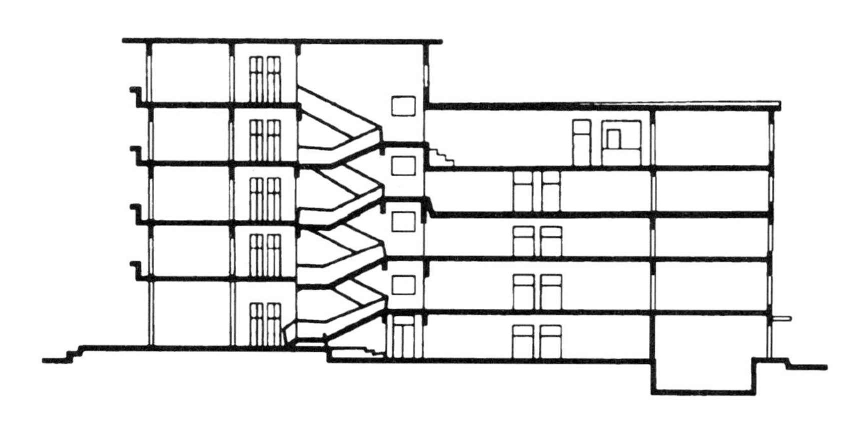

图 1.31 教学楼不同层高的处理

(2) 面积、高度相差悬殊的空间组合

影剧院、体育馆等建筑,虽然有多个空间,但其中一个面积和高度比其他空间大得多的空间起建筑的主要功能。因此,此类建筑空间组合常以大空间(观众厅和比赛大厅)为中心,在其周围布置小空间,或将小空间布置在大厅看台下面,充分利用看台下的结构空间,如图 1.32 所示。

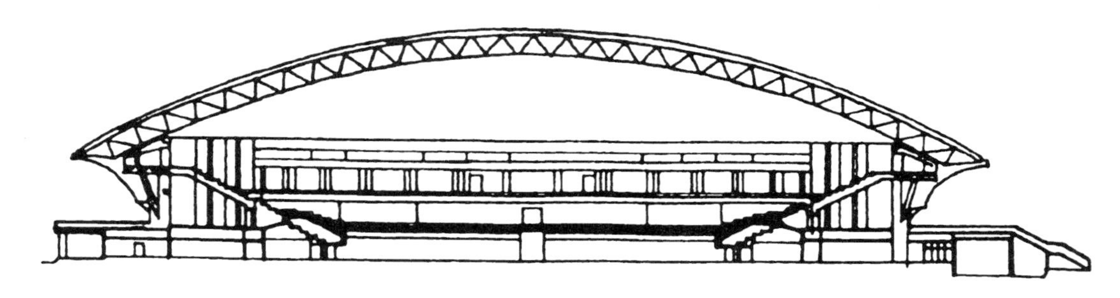

图 1.32 某体育馆剖面图

还有一些建筑，如教学楼、办公楼、旅馆、临街带商店的住宅等，虽然构成建筑物的绝大部分房间为小空间，但由于功能要求还需布置少量大空间，如教学楼中的阶梯教室、办公楼中的大会议室、旅馆中的餐厅、临街住宅中的营业厅等。因此，这类建筑在空间组合中常以小空间为主形成主体，将大空间附建于主体建筑旁，不受层高与结构的限制；或将大小空间上下叠合起来，分别将大空间布置在顶层或一、二层(图 1.33)。

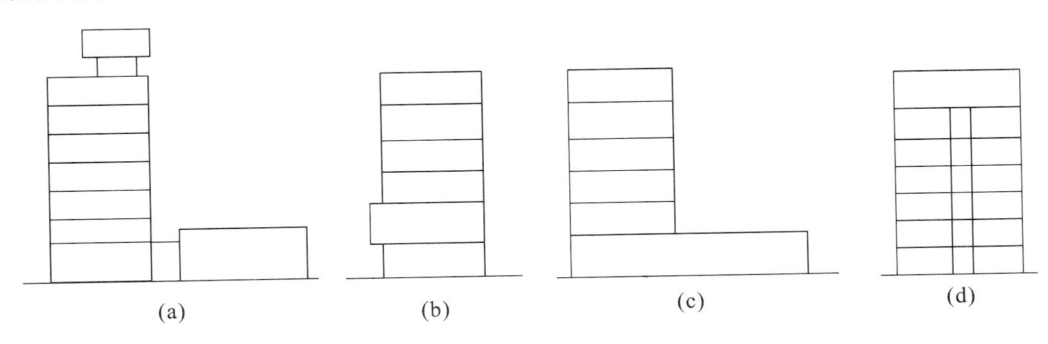

图 1.33 面积、高度不同的空间组合

(3) 综合性空间组合

某些建筑为了满足多种功能的要求，常由若干面积、高度不同的空间组合起来形成多种空间的组合形式。如文化宫建筑中既有较大空间的电影厅、餐厅、健身房等，又有阅览室、门厅、办公室等空间要求不同的房间。又如，图书馆建筑中的阅览室、书库、办公用房等在空间要求上也不一致。对于这一类复杂空间的组合不能仅局限于一种方式，必须根据使用要求，采用多种组合方式。

7. 建筑剖面图绘制

剖面图表示房间内部的结构或构造形式、分层情况和各部位的联系、材料及其高度等。剖切平面应选择剖到房屋内部构造复杂的部位，可横剖、纵剖或阶梯剖。剖切位置应在首层平面图中进行标注。

绘制建筑剖面图需要注意以下几个方面：

① 建筑剖面图比例宜采用 1∶50、1∶100、1∶200，视房屋的复杂程度，通常与建筑平面图相同或稍大。

② 建筑剖面图应标注外墙定位轴线编号、必要的尺寸和标高。外墙竖向尺寸需标注三道，分别是门窗洞口、窗间墙等细部的高度，层高，室外地面以上总高尺寸。此外，还需标注必要的局部尺寸，细部构配件的高度、形状和位置等。标高宜标注室外地坪、楼地面、地下层地面、阳台(平台)和台阶等处的完成面。

③ 绘制建筑剖面图时注意区分线型，如图 1.34 所示。用线宽为 $1.25b$ ~ $1.5b$ 的特粗线绘制室内外地坪线，用线宽为 b 的粗实线画剖切到的墙和楼板，用 $0.5b$ 的中粗线绘制可见轮廓线，用 $0.25b$ 的细实线绘制较小的建筑构配件轮廓线与装饰面层线。当以 1∶200 ~ 1∶100 的比例绘制建筑剖面图时，不必绘制抹灰层，但宜绘制楼地面的面层线，以便准确地表示出完成面的尺寸及标高。

绘制建筑剖面图时宜先绘制定位轴线、室内外地坪线、楼面线、屋面板顶面线、楼梯踏步起止点；其次，绘制主要构配件，如剖切到的墙身、楼板、屋面板、梁、楼梯及门窗洞口等；然后，绘制门窗图例、楼梯的栏杆扶手、踢脚板等细小构配件并标注标高、尺寸线、详图索引和说明等；最后一步是加粗加深剖切到的墙身轮廓线和室内外地坪线。建筑剖面图样例如第8章图8.8、图8.9所示。

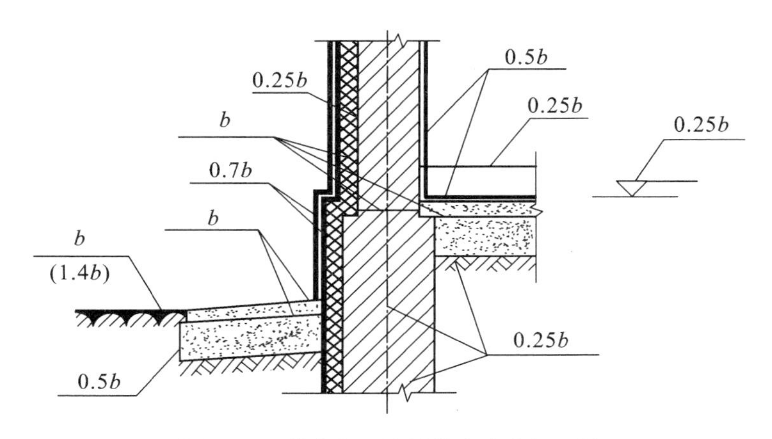

图1.34 墙身剖面图图线宽度选用示例

1.2 建筑体型及立面设计

建筑的美观主要是通过内部空间及外部造型的艺术处理来体现，同时也涉及建筑的群体空间布局，而其中建筑物的外观形象广泛地被人们所接触，对人的精神感受产生深刻的影响。比如轻巧、活泼、通透的园林建筑，雄伟、庄严、肃穆的纪念性建筑，朴素、亲切、宁静的居住建筑以及简洁、完整、挺拔的高层公共建筑，等等。

体型和立面设计着重研究建筑物的体量大小、体型组合、立面及细部处理等。通过运用不同的材料、结构形式、装饰细部、构图手法等创造出建筑物独有的表现力和感染力，从而给人以或巍峨庄严，或简洁明快，或亲切柔和的印象。

建筑体型和立面设计应与平、剖面设计同时进行，并贯穿整个设计的始终。在方案设计一开始，就应在功能、物质技术条件等制约下按照美观的要求考虑建筑体型及立面的雏形。随着设计的不断深入，在平面、剖面设计的基础上对建筑外部形象从总体到细部反复推敲、协调、深化，使之达到形式与内容完美的统一，这是建筑体型和立面设计的主要方法。

1.2.1 建筑体型设计方法

体型是指建筑物的轮廓形状，它反映了建筑物总的体量大小、组合方式以及比例尺度等；而立面是指建筑物的门窗组织、比例与尺度、入口及细部处理，装饰与色彩等。在建筑外形设计中，可以说体型是建筑的雏形，而立面设计则是建筑物体型的进一步深化。因此，只有将二者作为一个有机的整体统一考虑，才能获得完美的建筑形象。

1. 单一体型

单一体型是将复杂的内部空间组合到一个完整的体型中去。外观各面基本等高，平面多呈正方形、矩形、圆形、Y形等。这类建筑的特点是明显的主从关系和组合关系，造型统一、简洁、轮廓分明，给人以鲜明而强烈的印象；也可以将复杂的功能关系，多种不同用途的大小房间，合理、有效地加以简化，概括在简单的平面空间形式之中，以便采用统一的结构布置。美国杜勒斯航空港，如图 1.35 所示，将候机厅、贵宾接待室、餐厅、商店、宿舍、辅助用房等不同功能的房间组合在一个长方体的空间中，简洁的外形，四周有规律的倾斜列柱衬以大面积的玻璃窗，加上顶部的弧形大挑檐，形成了简洁、轻盈的外观形象。

2. 单元组合体型

单元组合体型是一般民用建筑，如住宅、学校、医院等常采用的一种组合方式。它是将几个独立体量的单元按一定方式组合起来，如图 1.36 所示。单元组合体型的特点是：

① 组合灵活。根据基地及周围环境的情况，建筑单元可随意增减、高低错落，既可形成简单的一字形体型，也可形成锯齿形或台阶式体型。

② 单元组合体型的建筑物没有明显的均衡中心及体型的主从关系。由于单元的连续重复，建筑可形成强烈的韵律感。

图 1.35 美国杜勒斯航空港

图 1.36 单元组合式住宅

3. 复杂体型

复杂体型是由两个以上的大体量的单元组合而成的，体型丰富，更适用于功能关系比较复杂的建筑物。由于复杂体型存在着多个体量不同的单元，在组合中应着重注意以下几个方面的问题：

① 根据功能要求将建筑物分为主要部分和次要部分，分别形成主体和附体。进行组合时应突出主体，形成主从分明的完整统一体。

② 运用建筑的大小、形状、方向、高低、曲直、色彩等方面的对比，突出主体，避免单调，从而取得造型丰富的效果。

4. 体量的连接

复杂体型中各单元的大小、高低、形状各不相同，如果连接不当，不仅影响到体型的完整，而且会直接损害到建筑的使用功能和结构的合理性。组合设计中常采取以下几种连接方式：

① 直接连接。在体型组合中，将不同体量的面直接相连为直接连接。这种方式具有体型分明、简洁、整体性强的优点，常用于功能要求各房间联系紧密的建筑，如图 1.37(a) 所示。

② 咬接。各体量之间相互穿插，体型较复杂，但组合紧凑，整体性强，较直接连接易于获得有机整体的效果，是组合设计中较为常用的一种方式，如图 1.37(b) 所示。

③ 以走廊或连接体相连。这种方式的特点是各体量之间相对独立又互相联系，走廊的开敞或封闭，单层或多层，常随不同功能、地区特点及创作意图而定，建筑给人以轻快、舒展的感觉，如图 1.37(c)、(d) 所示。

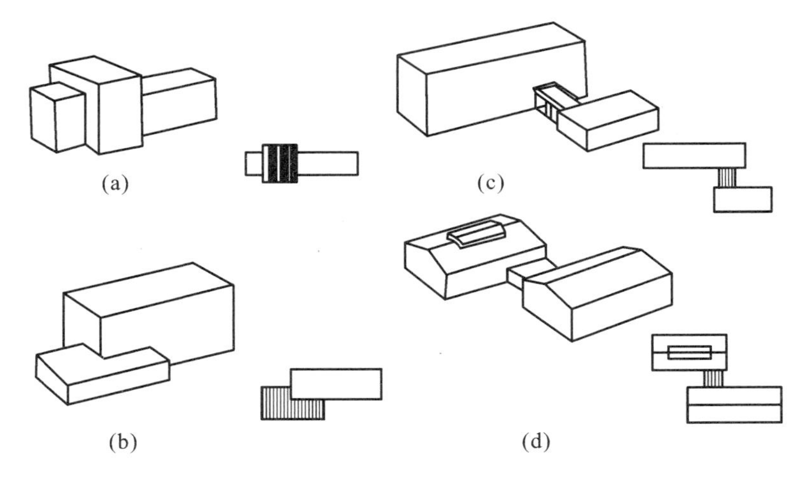

图 1.37　复杂体型各体量之间的连接方式

(a) 直接连接;(b) 咬接;(c) 以走廊连接;(d) 以连接体相连

1.2.2　立面设计

建筑立面由门窗、墙柱、阳台、遮阳板、雨篷、檐口、勒脚、花饰等组成。立面设计就是恰当地确定这些部件的尺寸大小、比例关系以及材料色彩等。通过形的变换、面的虚实对比、线的方向变化等,求得外形的统一与变化和内部空间与外形的协调统一。

1. 立面的比例与尺度

立面的比例和尺度的处理与建筑功能、材料性能及结构类型分不开,由于使用性质、容纳人数、空间大小、层高等的不同,会形成全然不同的比例和尺度关系。如砌体结构的建筑由于受结构和材料的限制,开间小、窗间墙又必须有一定的宽度,因而窗户多为狭长形、尺度较小;混凝土框架结构建筑的柱距大,柱子断面尺度小,窗户可以开得宽大而明亮。这两者在比例和尺度上显示出很大的差别。

建筑立面常借助门窗、细部等的尺度处理反映出建筑物的真实大小。如图 1.38 所示,某办公建筑通过对门窗细部的精细划分,从而获得应有的尺度感。

2. 立面的虚实与凹凸

建筑立面中的窗、空廊、凹廊等给人以轻巧、通透感觉的部分被称为“虚”的部分;墙、柱、屋面、栏板等给人以厚重、封闭的感觉的部分被称为“实”的部分。建筑外观的虚实关系主要是由功能和结构要求决定的,充分利用这两方面的特点,巧妙地处理虚实关系,可以获得轻巧生动、坚实有力的外观形象。

以虚为主,虚多实少的处理手法能获得轻巧的效果,常用于高层建筑、剧院门厅、餐厅、车站、商店等大量人流聚集的建筑。以实为主,实多虚少的处理手法能产生稳定、庄严、雄伟的效果,常用于纪念性建筑及重要的公共建筑。虚实相当的处理容易给人以单调、呆板的感觉。在功能允许的条件下,可以适当将虚的部分和实的部分集中,使建筑物产生一定的变化。

此外,建筑外立面常出现凸出的阳台、雨篷、遮阳板、挑檐、凸柱、凸出的楼梯间等,以及凹进去的凹廊、门洞等,通过凹凸关系的处理可以加强光影变化、增强建筑物的体积感、丰富立面的效果。住宅建筑常常利用阳台和凹廊来形成虚实和凹凸变化。

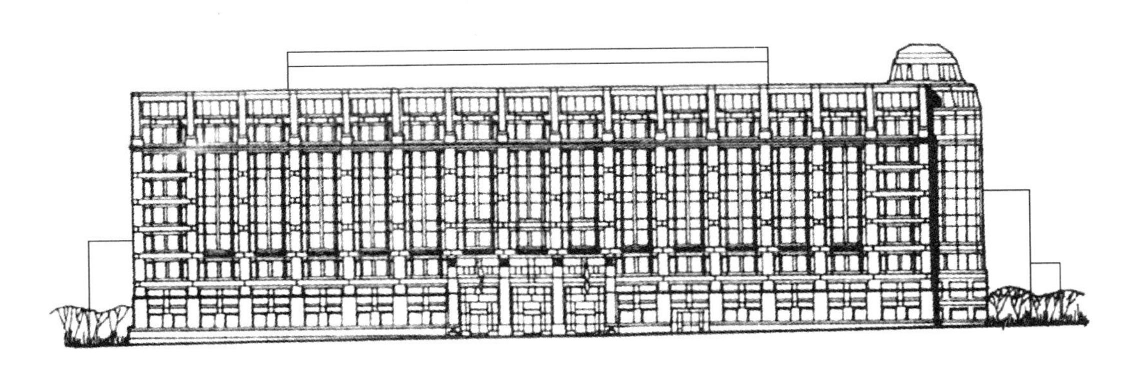

图 1.38 某办公楼建筑立面

3. 立面的线条处理

建筑立面上存在着各种各样的线条，如立柱、墙垛、窗台、遮阳板、檐口、通长的栏板、窗间墙、分格线等。建筑立面造型中千姿百态的形象正是通过各种线条在位置、粗细、长短、方向、疏密、曲直、凹凸等方面的变化而形成的。

任何线条本身都具有一种特殊的表现力和多种造型的功能。例如，垂直线能营造挺拔、高耸、向上的气氛；水平线使人感到舒展与连续、宁静与亲切；斜线具有动态的感觉；曲线给人以柔和流畅、轻快活跃的感觉。通过适当的线条的排列可以取得简洁、明快、优美的立面效果。

4. 立面的色彩与质感

色彩是材料所固有的特性，不同的色彩具有不同的表现力，给人以不同的感受。一般来说，以浅色或白色为基调的建筑给人以明快清新的感觉，深色显得稳重，橙黄等暖色调使人感到热烈、兴奋，青、蓝、绿等色使人感到宁静。运用不同色彩的处理，可以表现出建筑性格、地方特点及民族风格。

建筑立面由于材料的质感不同，也会给人以不同的感觉。如天然石材和砖的质地粗糙，具有厚重及坚固感；金属及光滑的表面具有轻巧、细腻的感觉。在立面设计中，常常利用质感的处理来增强建筑物的表现力。质感可以利用材料本身的特性，如大理石、花岗岩的天然纹理，金属、玻璃的光泽等；也可以通过施工方法获得某种特殊的质感，如仿石饰面砖、仿树皮纹理的粉刷等。一般来说，使用单一的材料易显得统一；运用不同材料，质感的对比则比较容易使建筑显得生动而富有变化。

5. 立面的重点与细部处理

根据功能和造型需要，在建筑物某些局部位置进行重点和细部处理，可以突出主体，打破单调感。立面的重点处理常常是通过对比手法取得的。建筑物重点处理的部位如下：

① 建筑物主要出入口及楼梯间是人流量最多的部位，要求明显突出，易于寻找。为了吸引人们的视线，常对这些部位进行重点处理，如图 1.39 所示。

② 根据建筑造型上的特点，重点表现有特征的部分，如体量中转折、转角，立面的凸出部分及上部结束部分，如机场瞭望塔、车站钟楼、商店橱窗、房屋檐口等。

③ 为了使建筑在统一中有变化，避免单调，以达到一定的美观要求，也常在反映该建筑性格的重要部位，如住宅阳台、凹廊，公共建筑中的柱头、檐部等，仔细推敲其形式、比例、材料、色彩及细部处理，对丰富建筑立面起到良好作用。

在立面设计中，对于体量较小或人们接近时才能看得清的部分，如墙面勒脚、花格、漏窗、檐口、窗套、栏杆、遮阳板、雨篷、花台及其他细部装饰等的处理称为细部处理。接近人群活动位置的细部处理应充分发挥材料色泽、纹理、质感和光泽度的美感作用；对于位置较高的细部，如檐口、柱头等，一般着重于总体轮廓和色彩、线条等大效果，不宜刻画得过于细腻。

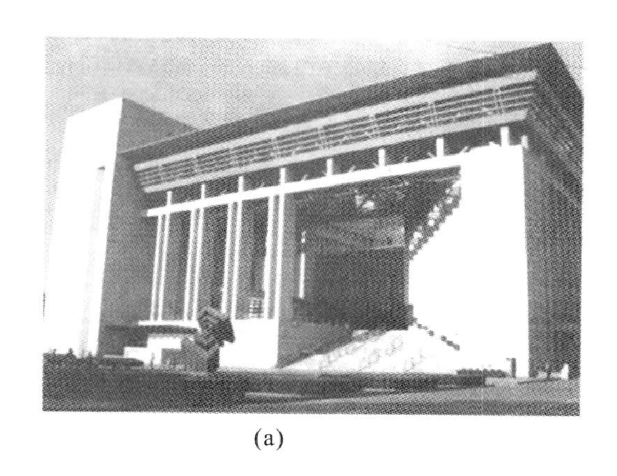

(a)

(b)

图 1.39　对建筑入口的重点处理

(a) 中国科学图书馆；(b) 法国巴士底歌剧院

进行建筑立面设计时，应注意以下几个方面。

① 建筑立面图是为满足施工要求而按正投影绘制的施工图，分别为正立面、背立面和侧立面。因此，在推敲建筑立面时不能孤立地处理每个面，必须注意几个面的相互协调和相邻面的衔接，以取得统一。

② 建筑造型是一种空间艺术，研究立面造型不能只局限在立面的尺寸大小和形状，应考虑到建筑空间的透视效果。例如，高层建筑的檐口处理，其尺度需要夸大；如果仍采用常规尺度，从立面图看虽然合适，但建成后在地面观看，由于透视效果，就会感到檐口尺度过小。

③ 立面处理是在符合功能和结构要求的基础上，对建筑空间造型的进一步深化。因此，建筑外形设计应着重于建筑物构件的直接效果、入口的重点处理以及少量装饰处理等。对于中小型建筑更应力求简洁、明朗、朴素、大方，避免烦琐装饰。

1.2.3　建筑立面图绘制

建筑立面图是沿着房屋某个方向的外墙面投影，直接作出沿投影方向可见的构配件的正投影图，建筑立面图样例见第 8 章图 8.4 至图 8.7。绘制建筑立面图时，需注意以下几个方面。

① 建筑立面图比例宜采用 1∶50、1∶100、1∶200，通常与建筑平面图比例相同。

② 在建筑立面图中一般只标注两端的定位轴线和编号，以便将立面图与平面图对应

阅读。

③ 建筑立面图的外轮廓为中粗实线，地坪线为特粗线。一般用线宽为 b 的粗实线绘制建筑立面的外轮廓；用线宽为 $0.5b$ 的实线绘制立面上凹进或凸出墙面的轮廓线、门窗洞口、较大的建筑构配件的轮廓线；用线宽为 $0.25b$ 的细实线绘制较小的建筑构配件或装修线；用线宽 $1.25b \sim 1.50b$ 的特粗线绘制地坪线。

④ 对于外墙面上的其他构配件、装饰物的形状、位置、用料和做法，以及立面上能够看到的细部，都应画出或进行注写。

绘制建筑立面图时宜首先绘制定位轴线、室外地坪线、楼面线和房屋外轮廓线；其次，绘制墙体转角线、屋面、门窗洞口、阳台、台阶等较大构配件的轮廓；接下来绘制窗台、雨水管、水斗、雨篷等较小构配件轮廓，以及门窗框、门窗扇、贴面等构配件细部；然后，进行标高、尺寸、详图索引和说明的注写，注意标高符号的顶点宜排列在一条铅垂线上，标高数字的小数点也按铅垂方向对齐；最后，进行室外地坪线和轮廓线的加粗加深。

1.3 房间门窗的设置

门的作用是供人出入和各房间交通联系，有时也兼采光和通风。窗的主要功能是采光、通风。同时门窗也是外围护结构的组成部分。因此，建筑物门窗设计是一个综合性问题，它的大小、数量、位置及开启方式直接影响到房间的通风和采光、人流活动及交通疏散、房间面积利用以及建筑外观等各个方面。

1.3.1 门

房间中门的最小宽度是由人体尺寸、通过人流股数及家具设备的大小决定的。门的最小宽度一般为 700 mm，最小高度为 2 m，常用于住宅中的厕所、浴室。住宅中卧室、厨房、阳台的门应考虑一人携带物品通行，卧室常取 900 mm，厨房可取 800 mm。住宅入户门考虑家具尺寸增大的趋势，常取 1000 mm。普通教室、办公室等的门应考虑一人正在通行，另一人侧身通行，常用宽度不小于 1000 mm，高度不小于 2.1 m。

当房间面积较大，使用人数较多时，单扇门宽度小，不能满足通行要求，为了开启方便和少占使用面积，当门宽大于 1000 mm 时，应根据使用要求采用双扇门、四扇门或者增加门的数量。双扇门的宽度可为 1200 ～ 1800 mm，四扇门的宽度可为 2400 ～ 3600 mm。

根据《建筑设计防火规范》(GB 50016—2014)(2018 年版)的要求，在公共建筑和通廊式居住建筑中，当房间使用人数超过 50 人，面积超过 60 m^2 时，至少需设两个门。对于人员密集的公共场所，如影剧院的观众厅、体育馆的比赛大厅等，由于人流集中，为保证紧急情况下人流迅速、安全地疏散，疏散门不应设置门槛，门的数量和总宽度应按每百人 600 mm 通行宽度计算，并结合人流通行方便分别设双扇外开门于通道外，门的净宽度不应小于 1400 mm，且紧靠门口内外各 1400 mm 范围内不应设置踏步。

1.3.2　窗

为获取良好的天然采光，保证房间足够的照度值，房间必须开窗。窗口面积大小主要根据房间的使用要求、房间面积及当地日照情况等因素来考虑。使用要求不同的房间对采光要求也不同。设计时可根据窗地面积比（窗洞口面积之和与房间地面面积比）估算窗口面积，也可先确定窗口面积，然后按表 1.17 中规定的窗地面积比值进行验算。

表 1.17　民用建筑采光等级表

采光等级	视觉工作特征		房间（车间）名称	窗地面积比
	工作或活动要求精确程度	要求识别的最小尺寸 d/mm		
Ⅰ	特别精细	$d \leqslant 0.15$	工艺品雕刻车间、刺绣车间、绘画车间、特别精密产品加工车间等	1/3
Ⅱ	很精细	$0.15 < d \leqslant 0.3$	设计室、绘图室、电子元器件车间、精密理化实验室、服装裁剪车间、印刷车间等	1/4
Ⅲ	精细	$0.3 < d \leqslant 1.0$	教室、实验室、办公室、会议室、诊室、药房、化验室、阅览室、开架书库、展厅、候机（车）厅	1/5
Ⅳ	一般	$1.0 < d \leqslant 5.0$	卧室、起居室、客房、厨房、餐厅、档案室、多功能厅、健身房、候诊室、门厅等	1/6
Ⅴ	粗糙	$d > 5.0$	走道、楼梯间、卫生间、库房	1/10

1.3.3　门窗位置

房间门窗位置直接影响家具布置、人流交通、采光、通风等。因此，合理地确定门窗位置是房间设计又一重要因素。

(1) 门窗位置应尽量使墙面完整

墙面完整，便于家具设备的布置和人行通道的合理组织。一般观众厅、卧室和集体宿舍门的位置如图 1.40 所示。

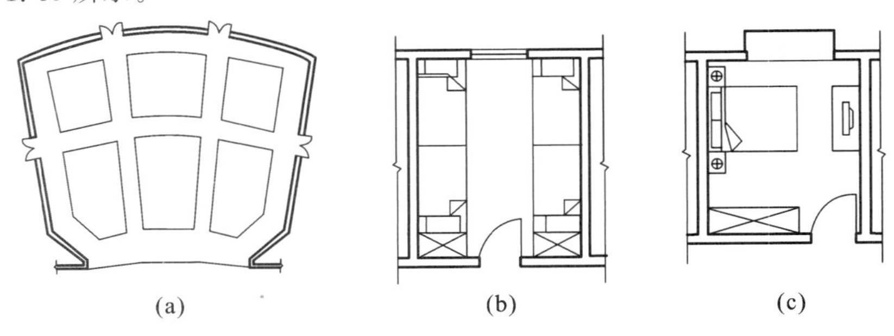

(a)　(b)　(c)

图 1.40　房间门的位置关系

(a) 观众厅；(b) 宿舍；(c) 卧室

(2) 门窗位置应有利于采光通风

窗口在房间中的位置决定了光线的方向及室内采光的均匀性。图 1.41 为普通教室窗的开设。该教室在外墙设普通侧窗。其中图 1.41(a)、(b) 三个窗相对集中,窗间设小柱或小段实墙,光线集中在课桌区内,暗角较小,对采光有利。图 1.41(c) 窗均匀布置在每个相同开间的中部,当窗宽不大时,窗间墙较宽,在墙后形成较大阴影区,影响该处桌面亮度。

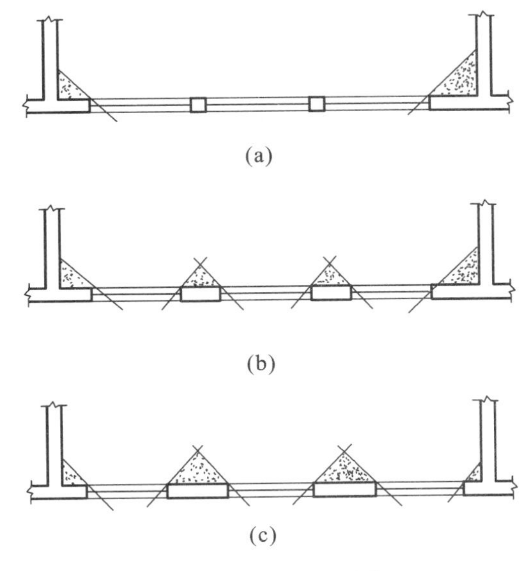

图 1.41 教室侧窗的布置

房间的自然通风由门窗来组织,门窗在房间中的位置决定了气流的走向,影响到室内通风的范围。因此,门窗位置应使气流通过活动区,加大通风范围,并应尽量使室内形成穿堂风。

(3) 门的位置应方便交通,利于疏散

在使用人数较多的公共建筑中,为便于人流交通和紧急情况下人们迅速、安全地疏散,门的位置必须与室内走道紧密配合,使通行线路简捷,如图 1.40(a) 所示。

1.3.4 门窗的开启方向

门窗的开启方向一般有外开和内开。大多数房间的门均采用内开式,可防止门开启时影响室外的人行交通。对于公用房间,如果面积超过 60 m^2,且容纳人数超过 50 人,如影剧院、候车厅、体育馆、商店的营业厅、合班教室以及有爆炸危险的实验室等,为确保安全疏散,这些房间的门必须向外开。

有的房间由于平面组合的需要,几个门的位置比较集中,并且经常需要同时开启,这时要注意协调几个门的开启方向,防止门相互碰撞和妨碍人们通行,如图 1.42 所示。

为避免窗扇开启时占用室内空间,大多数的窗常采用外开式。

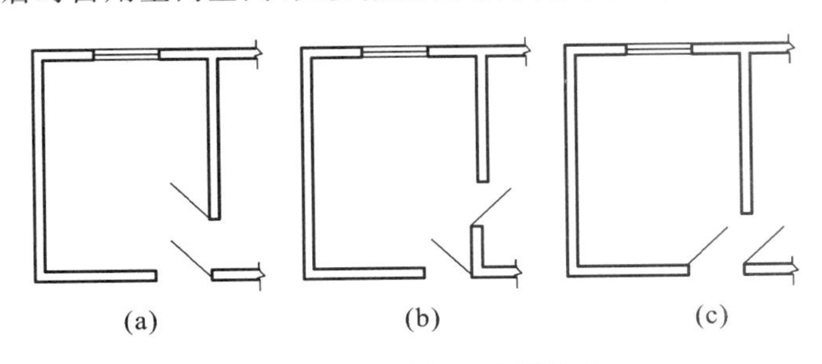

图 1.42 门的相互位置关系

(a) 不好;(b) 好;(c) 较好

1.3.5 门窗表

门窗表是建筑施工图的一个组成部分,主要反映建筑物门窗类型、编号、数量、尺寸规格、所在标准图集等相应内容，以备工程施工、结算需要。表 1.18 为门窗明细表示例。

表 1.18 门窗明细表

窗明细表

类型标记	尺寸 /mm		数量					类型注释
	宽度	高度	－1F	1F	2F	3F	合计	
C1212	1200	1200	0	1	0	0	1	单玻璃塑钢窗
C1821	1800	2100	6	0	42	17	65	三玻璃塑钢窗
C1824	1800	2400	0	16	0	4	20	三玻璃塑钢窗

门明细表

类型标记	尺寸 /mm		数量					类型注释
	宽度	高度	－1F	1F	2F	3F	合计	
FM乙1021	1000	2100	0	1	0	0	1	乙级防火门
M1027	1000	2700	3	3	8	2	16	实木门
M1227	1200	2700	3	10	24	2	39	实木门
M1827	1800	2700	0	2	0	3	5	实木门
M1833	1800	3300	0	7	0	0	7	氟碳门

1.4 建筑细部构造做法

1.4.1 屋顶檐口节点构造

屋顶是房屋建筑构造中的一个重要组成部分。它在建筑物中既起水平支承作用，也起覆盖、排水、保温、隔热等作用。对平屋面来说，至少应有一道卷材或涂膜防水层设防，或用两种防水材料复合使用。屋顶檐口按做法不同可分为女儿墙檐口和挑檐沟檐口两种。图 1.43 所示为卷材防水屋面檐口详图。其中除结构层需用粗实线表示外，其余各层均用细实线表示(防水卷材用加粗的实线表示)，标注时各行文字与构造层次应一一相互对应。

1.4.2 窗台剖面详图

窗台的作用是排除沿窗面流下的雨水，防止其渗入墙身，且沿窗缝渗入室内，同时避免雨水污染外墙面。窗台可以用砖砌挑出，也可以采用钢筋混凝土窗台。

砖砌挑窗台施工简单，应用广泛。根据设计要求分为 60 mm 厚平砌挑砖窗台及 120 mm 厚侧砌挑砖窗台，如图 1.44(a)、(b) 所示。悬挑窗台向外出挑 60 mm。窗台长度每边应超过窗宽 120 mm。窗台表面应做抹灰或贴面处理，做成一定的排水坡度。并应注意抹灰与窗下槛的交接处理，防止雨水渗入室内。挑窗台下做滴水槽或斜抹水泥砂浆，引导雨水垂直下落不致污染窗

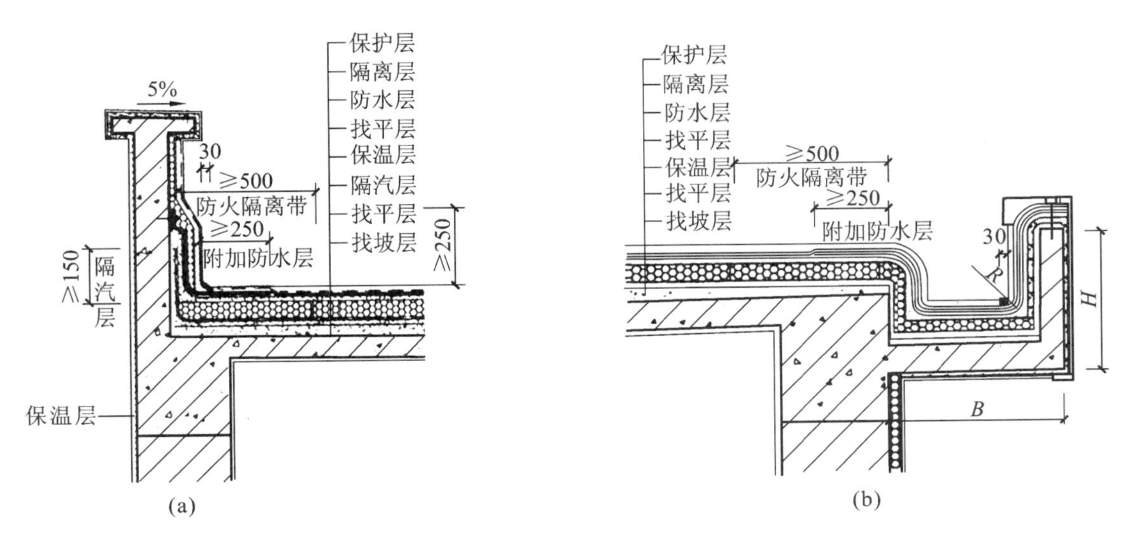

图 1.43　卷材防水屋面檐口详图(单位:mm)

(a) 卷材防水屋面女儿墙详图;(b) 卷材防水屋面檐沟详图

注:1. B、H 见单体工程设计。

2. R 为圆弧半径,高聚物改性沥青防水卷材的圆弧半径为 50 mm;合成高分子防水卷材的为 20 mm。

3. 当有防火要求时,应采用宽度不小于 500 mm 的不燃保温材料设置防火隔离带。

下墙面。预制钢筋混凝土窗台施工简单、速度快,其构造要点与砖砌窗台相同,如图 1.44(c)所示。

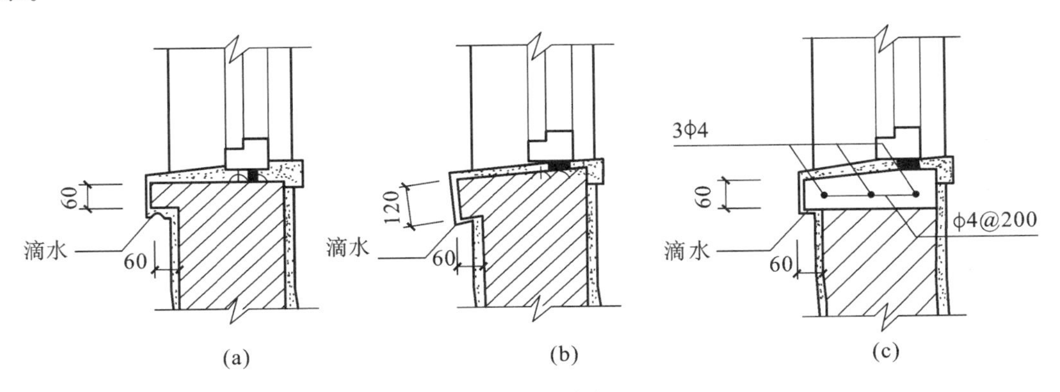

图 1.44　窗台(单位:mm)

1.4.3　墙身防潮、散水节点详图(墙脚构造)

建筑物在室内地面以下,基础以上的这段墙体被称为墙脚,外墙的墙脚被称为勒脚。由于砌体本身存在很多微孔以及墙脚所处的位置常有地表水和土壤中的水渗入,致使墙身受潮、饰面层脱落,影响室内卫生环境。因此,做好墙脚防潮,增强勒脚的坚固及耐久性,及时排除房屋四周地面水的措施非常重要。墙身详图在墙脚部位需要表明墙身防潮层、散水、勒脚、内外墙饰面等的构造层次、尺寸、材料和做法。墙身防潮层的位置和散水做法如图 1.45、图 1.46 所示。

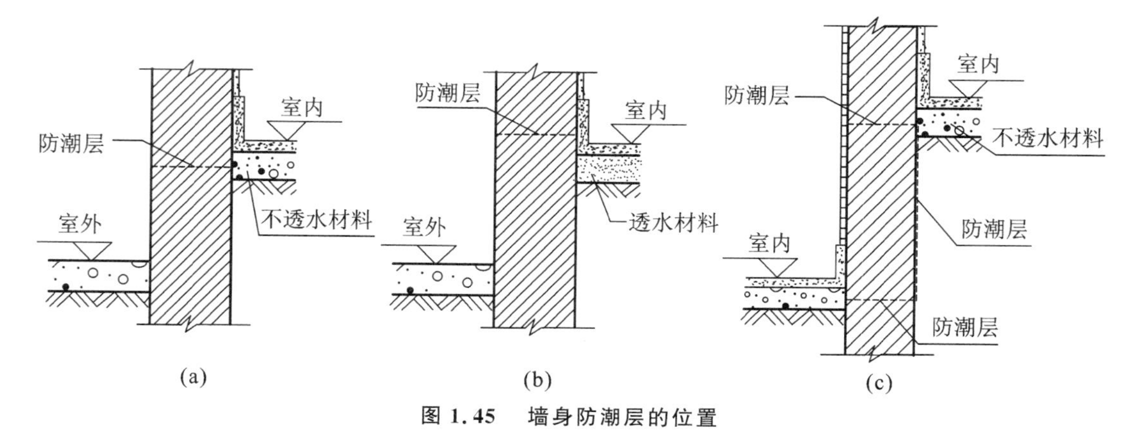

图 1.45　墙身防潮层的位置

(a) 室内地面垫层为密实材料；(b) 室内地面垫层为透水材料；(c) 室内地面有高差

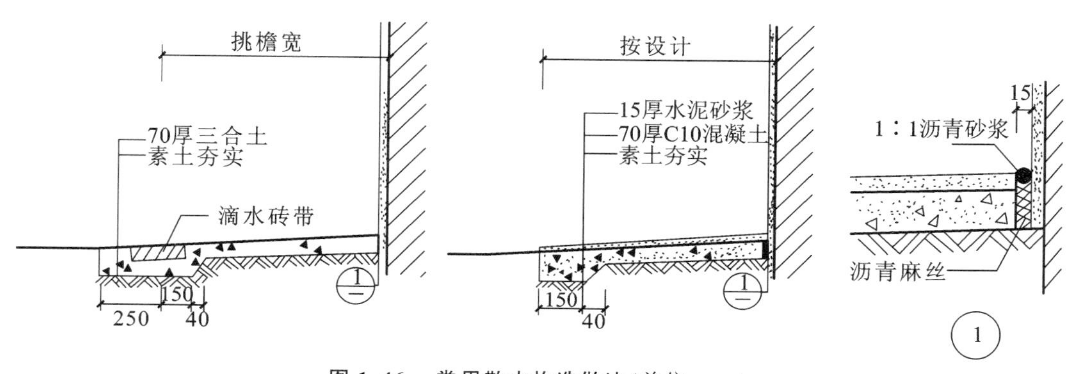

图 1.46　常用散水构造做法(单位:mm)

1.4.4　楼地面及顶棚

楼地面包括楼板层和地坪层，是建筑物中分隔水平方向房屋空间的承重构件。楼板层(又称楼盖)分隔上下楼层空间，地坪层分隔大地与底层空间。由于它们供人们行走接触使用，因而有相同的面层；但由于所处位置不同、受力不同，因而结构层有所不同。楼板层的结构层为楼板，楼板将所承受的上部荷载及自重传递给墙或柱，并由墙、柱传给基础，楼板层有隔声等功能要求；地坪层的结构层为垫层，垫层将所承受的荷载及自重均匀地传给夯实的地基，如图1.47所示。

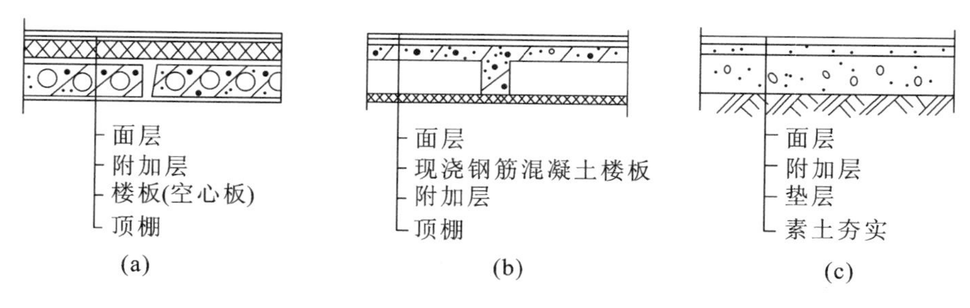

图 1.47　楼地面的组成

(a) 预制装配钢筋混凝土楼板；(b) 现浇钢筋混凝土楼板；(c) 地坪层

1.4.5 楼梯

楼梯是多、高层建筑中竖向交通和人员紧急疏散的主要交通设施。楼梯构造主要指楼梯的类型、结构形式、各部位尺寸及构造做法,须绘制楼梯详图表达清楚。楼梯详图一般包括楼梯平面图、剖面图及踏步、栏杆或栏板详图等,应尽可能绘制在同一张图纸内。为了便于相关技术人员对照看图,楼梯平面图和剖面图的比例应一致;踏步和栏杆详图比例可大一些。

每一层楼梯都应绘制一幅楼梯平面图。三层以上的房屋,若中间各层的楼梯位置及梯段数、踏步数和尺寸都相同,通常只需画出底层、中间层和顶层三个楼梯平面图即可。

楼梯平面图的剖切位置与建筑平面图剖切位置相同,通常将上行第一梯段截断,剖切位置用30°折断线表示,并使用长箭头加注“上 x 级”或“下 x 级”,级数为两楼层间的总踏步数。楼梯平面图应标注楼梯间定位轴线,楼地面、平台的标高及相关尺寸,并在底层平面图标注剖切符号。

楼梯平面图、剖面图的绘制方法与前文提到的建筑平面图、剖面图一致,注意事项大同小异,在此不再赘述,图 1.48 为某住宅楼梯详图。

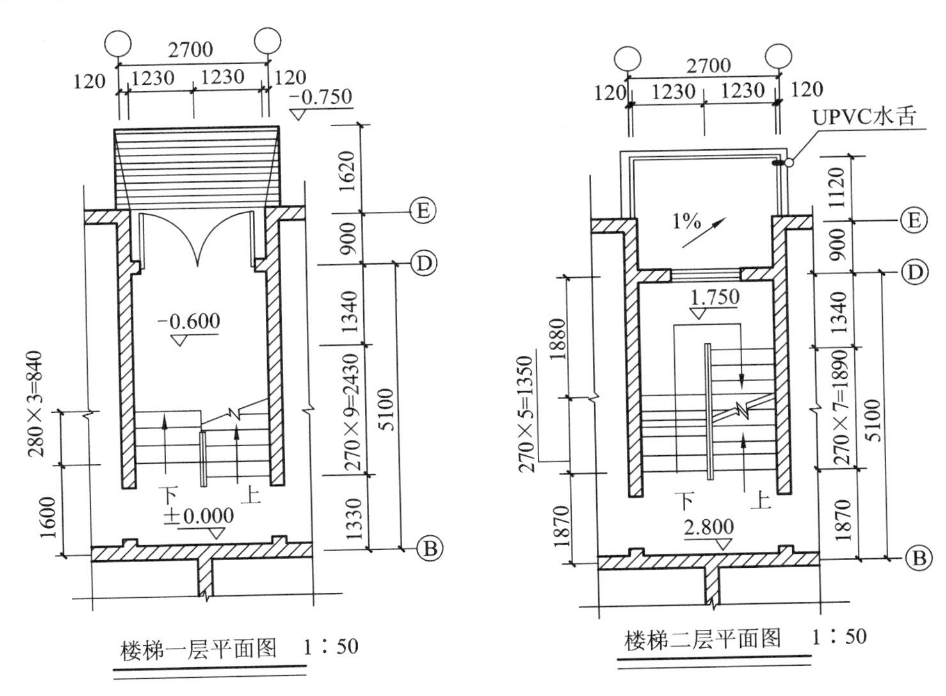

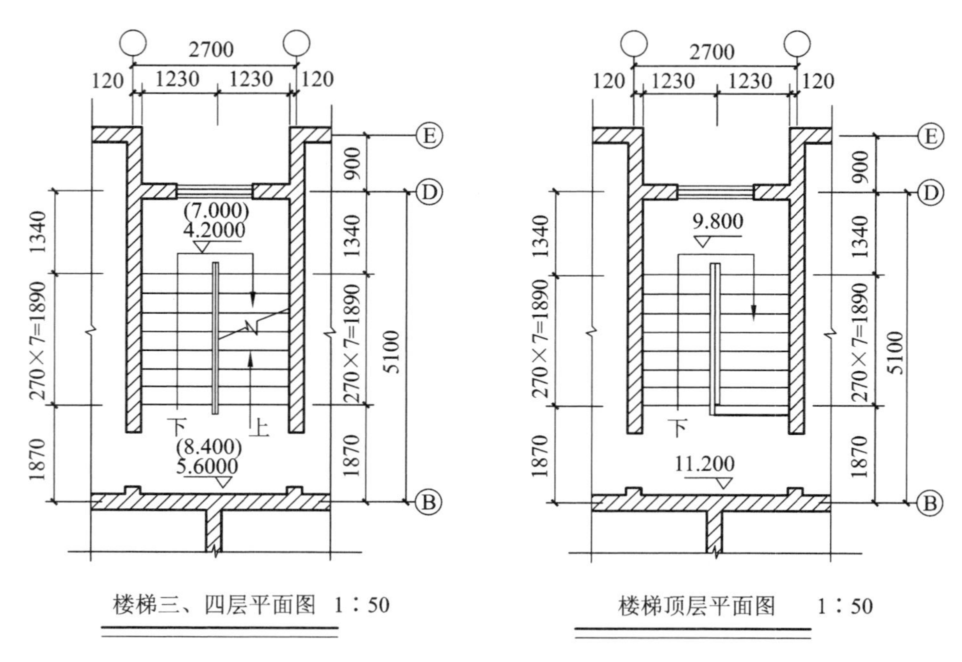

图 1.48　某住宅楼梯详图

1.4.6　建筑详图绘制

建筑详图是根据施工需要，将建筑平面图、立面图和剖面图中的某些细部、节点或建筑构配件用较大比例清晰表达出其详细构造，如形状、尺寸、材料和做法等的施工图。因此，建筑详图是建筑平、立、剖面图的必要补充。

绘制详图需要做到尺寸标注齐全，图文说明详尽、清晰。详图常用 1∶1、1∶2、1∶5、1∶10、1∶20、1∶50 等较大比例绘制，可根据具体情况选用适当比例。

绘制建筑详图时宜使用线宽为 b 的粗实线绘制建筑构配件的断面轮廓；使用线宽为 $0.25b$ 的细实线或线宽为 $0.5b$ 的中粗实线绘制构配件的可见轮廓；使用线宽为 $0.25b$ 的细实线绘制材料图例线。

1.5　建筑方案评价

建筑设计是指根据用户对功能的要求，具体确定建筑形式、结构形式、建筑物的空间和平面布置以及建筑群体组合的设计。建筑设计必须贯彻“安全、适用、经济、在可能条件下注意美观”的建设方针，它是评价设计方案的基本准则。

建筑设计需要创造性思维，要有新的立意。建筑不是纯艺术，受科学技术条件的影响，常将形象思维方法与抽象思维方法结合使用；既要有大胆的创新，又要有合乎逻辑的结论。

建筑设计需要深入完善，流线组织要合理化，造型需要仔细地推敲。平面设计主要考虑的是功能的分区和合理化，空间的构成和变化，流线应流畅而简捷；立面和造型设计要充分注意整体与协调，在融合周边建筑风格的同时大胆地创新，并注重细部的尺度与构造。

设计者的构思需要准确、规范的表达。表达构思的基本技能是设计者必备的，如必要的技术知识、结构选型能力、功能分析能力、良好的工程制图技巧，包括制图规范、较好的色彩知识等。

建筑设计方案的评价是以评价指标体系作为基础和依据的。评价指标体系按建筑功能指标和社会资源消耗指标两大类划分，每一大类指标再进一步分为相应的分指标。

不同的建筑物有不同的评价标准。居住小区设计方案的经济评价，主要应考察设计方案是否保证居民基本的居住生活环境，使用土地和空间的经济性、合理性和有效性。评价时应考虑人口与建筑密度、建筑群体的布置，建筑层数和间距，公共建筑、小区道路、管网、绿地的布局等，常用几项密度指标来衡量。

公共建筑是人们进行社会生活的活动场所，公共建筑类型繁多、功能各异，但技术经济指标是有一定共同性的。评价时应考虑建筑空间布局、建筑造型、功能分布、人员流线及交通组织、自然通风、采光、照明、空调、结构、环境等方面的因素。

2　混凝土框架结构设计

多、高层建筑结构设计的内容可概括为两大方面：概念设计与结构计算。概念设计是根据相关规范的规定和以往的设计经验，从宏观上确定结构设计中的基本问题，如结构的选型、结构的平面布置和竖向布置、主要构件材料的选择和截面的初选等，这些都是做好结构设计的前提，对于高层建筑结构设计尤为重要；结构计算是在结构基本方案确定以后，采用合理的计算方法，并按照相关规范的规定进行正确的设计计算和构件截面设计，为结构的安全可靠提供技术保障。最后，通过结构施工图的绘制，完成全部的结构设计。

2.1　结构方案选择

2.1.1　结构选型

建筑结构设计的首要环节是选择最佳结构体系，即结构选型。结构选型应遵循以下原则：满足建筑功能的要求，适应建筑造型的需要，充分发挥结构自身的优势，考虑材料和施工的条件，尽可能降低工程造价。

建筑结构体系的类型很多，按所用材料不同可分为砌体结构、钢筋混凝土结构、钢结构、索和膜结构、组合结构等。各类结构体系都有其各自特点并有一定的适用范围。

一般来说，砌体结构的整体性较差，抗震性能也相对较差，主要用于多层住宅楼、办公楼、教学楼等民用建筑以及小型单层工业建筑。钢结构自重轻、承载力很高、整体性很好，但造价也较高，多用于超高层和大跨度的民用建筑，以及有重型吊车或大跨度的工业厂房。而钢筋混凝土结构应用广泛，仍为目前建筑结构的主流。

钢筋混凝土结构的结构体系有框架结构、剪力墙结构、框架-剪力墙结构和筒体结构等。框架结构适用于多层建筑和建筑高度不大的高层建筑，其他结构体系则多用于高层建筑结构。

钢筋混凝土框架结构是由梁、柱构件刚性连接而成，且框架梁纵横向布置，形成双向抗侧力结构。它既能承受竖向荷载，又可承受水平荷载，空间整体性强。框架结构还具有以下主要特点：建筑平面布置灵活，建筑立面容易处理，因而其造型活泼多样；房屋的开间、进深均较大，能获得较大使用空间；自重较轻，结构整体性和抗震性能较好；节省材料，施工简便，在一定的高度、跨度范围内造价较低；但结构的抗侧移刚度较小，在水平荷载作用下侧移较大，所以房屋的高度不能很大。目前，框架结构广泛用于内部空间宽敞的多层办公楼、教学楼、商场等民用建筑和轻工业厂房。

钢筋混凝土框架结构按施工方法的不同又可分为以下几种类型：梁、板、柱全部现场浇筑的全现浇框架；楼板预制，梁、柱现场浇筑的现浇框架；梁、板预制，柱现场浇筑的半装配式框架；梁、板、柱全部预制的全装配式框架等。本章将介绍全现浇钢筋混凝土框架结构设计的有关内容。

2.1.2　框架结构布置

1. 一般规定

(1) 房屋适用最大高度和最大高宽比

依据我国现行国家标准《建筑抗震设计规范》(GB 50011—2010)(2016 年版）和行业标准《高层建筑混凝土结构技术规程》(JGJ 3—2010) 的规定，现浇钢筋混凝土框架结构房屋适用的最大高度和最大高宽比见表 2.1。表中抗震设防烈度参见《建筑抗震设计规范》中附录 A。对于平面和竖向均不规则的结构，宜适当降低高度。

表 2.1　现浇钢筋混凝土框架结构房屋适用的最大高度和最大高宽比

<table>
<tr><th rowspan="2">项　目</th><th rowspan="2">非抗震设计</th><th colspan="5">抗震设防烈度</th></tr>
<tr><th>6 度</th><th>7 度</th><th>8 度(0.20g)</th><th>8 度(0.30g)</th><th>9 度</th></tr>
<tr><td>最大高度 /m</td><td>70</td><td>60</td><td>50</td><td>40</td><td>35</td><td>24</td></tr>
<tr><td>最大高宽比</td><td>5</td><td>4</td><td>4</td><td>3</td><td>3</td><td>—</td></tr>
</table>

注：房屋高度指室外地面到主要屋面板板顶的高度(不包括局部凸出屋顶部分)。

(2) 框架结构的抗震等级

进行抗震设计的钢筋混凝土房屋应根据抗震设防烈度、结构类型和房屋高度采用不同的抗震等级，并应符合相应的计算和构造措施要求。依据上述《建筑抗震设计规范》的规定，一般现浇钢筋混凝土框架结构房屋的抗震等级应按表 2.2 确定。

表 2.2　现浇钢筋混凝土房屋的抗震等级

<table>
<tr><th colspan="2" rowspan="2">结构类型</th><th colspan="7">抗震设防烈度</th></tr>
<tr><th colspan="2">6 度</th><th colspan="2">7 度</th><th colspan="2">8 度</th><th>9 度</th></tr>
<tr><td rowspan="3">框架
结构</td><td>高度 /m</td><td>≤24</td><td>>24</td><td>≤24</td><td>>24</td><td>≤24</td><td>>24</td><td>≤24</td></tr>
<tr><td>框架</td><td>四</td><td>三</td><td>三</td><td>二</td><td>二</td><td>一</td><td>一</td></tr>
<tr><td>大跨度框架</td><td colspan="2">三</td><td colspan="2">二</td><td colspan="2">一</td><td>一</td></tr>
</table>

注：① 建筑场地为 Ⅰ 类时，除 6 度外应允许按表内降低 1 度所对应的抗震等级采取抗震构造措施，但相应的计算要求不应降低；

② 接近或等于高度分界时，应允许结合房屋不规则程度及场地、地基条件确定抗震等级；

③ 大跨度框架指跨度不小于 18 m 的框架。

2. 结构平面布置

框架结构的平面形状宜简单、规则，其刚度、质量宜均匀、对称，并尽量使结构的抗侧刚度中心、建筑平面形心、建筑物质量中心相重合，以减少扭转的影响。平面对称、长宽比较为接近，结构抗侧刚度均匀的结构，其抗震性能较好；对于不规则结构，可通过设置变形缝，使得各个独立的结构单元变得规则以符合要求。

(1) 柱网布置

① 柱网布置原则。

a. 柱网布置应满足建筑使用功能的要求。对于办公楼、教学楼、医院、旅馆等民用建筑，应以满足功能分区的平面布置要求为依据；对于多层工业厂房，应以满足生产工艺要求为主要依据。

b. 柱网布置应尽可能简单、规则、均匀、对称，使结构传力明确、受力合理。

c. 柱网布置应尽量减少构件的规格种类，以方便施工。

d. 柱网布置应经济合理，以降低工程造价。

② 柱网布置形式。民用建筑框架结构的柱网，通常可布置成内廊式、外廊式、等跨式和对称不等跨式等多种形式，如图 2.1 所示。对于内廊式布置，当房屋进深较小时，亦可取消中间一排柱子，布置成两跨框架。工业建筑中，框架结构常布置成等跨式的柱网。

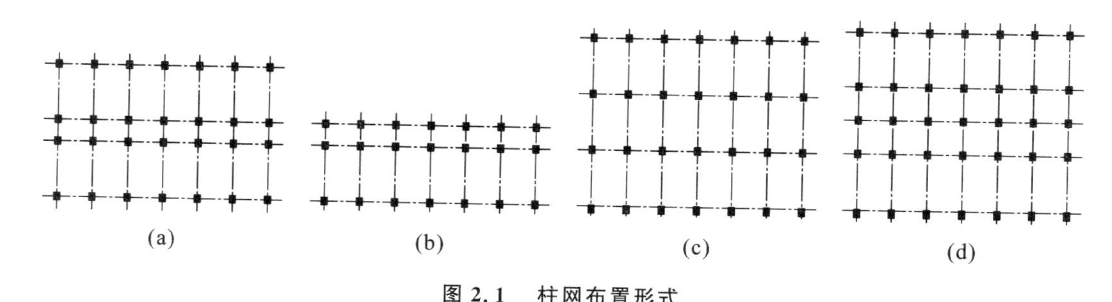

图 2.1　柱网布置形式

(a) 内廊式；(b) 外廊式；(c) 等跨式；(d) 对称不等跨式

③ 柱网尺寸。确定柱网尺寸，即根据所选择的柱网布置方案确定横向和纵向框架梁的跨度。一般情况下，框架梁的经济跨度为 6 ～ 8 m，不宜超过 9 m；对于内廊式、外廊式的柱网，走廊宽度常为 2.1 ～ 3.0 m。需要注意的是：在结构计算中，框架梁的跨度是指柱子中心线之间的距离。

(2) 结构承重方案

按楼面竖向荷载传递路线的不同，框架结构承重方案有横向框架承重、纵向框架承重、纵横双向框架承重三种，如图 2.2 所示。

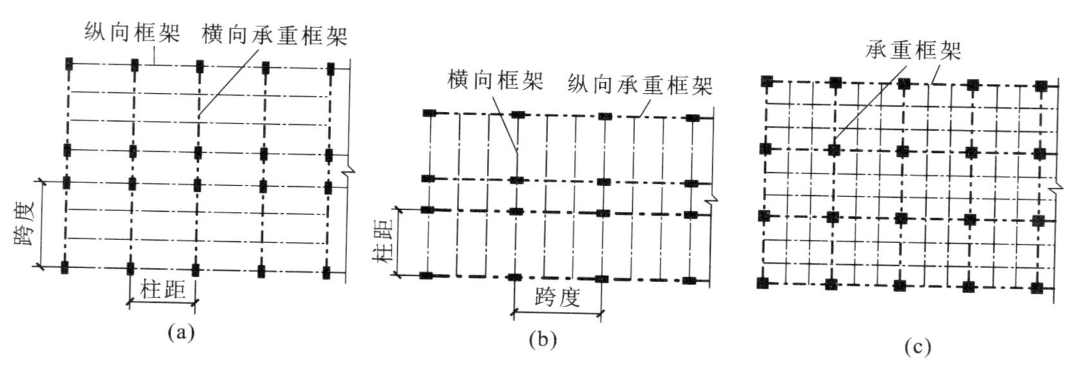

图 2.2　框架结构承重方案

(a) 横向框架承重；(b) 纵向框架承重；(c) 纵横双向框架承重

① 横向框架承重。该方案是在横向布置框架承重主梁，而在纵向布置连系梁和次梁，楼板为单向板，如图 2.2(a) 所示。此种结构布置的特点是：便于获得较大的房间进深；由于横向框架主梁截面高度大，有利于提高结构的横向抗侧刚度；而纵向框架梁即连系梁截面高度相对较小，这有利于在纵向开间开设位置较高的窗户，采光通风好。对于长宽比较大的条形建筑多采

用此方案。

② 纵向框架承重。该方案是在纵向布置框架承重主梁，而在横向布置连系梁和次梁，楼板为单向板，如图 2.2(b) 所示。此种结构布置的特点是：便于获得较大的房屋开间；由于横向框架梁截面高度较小，室内净空较高，有利于设备管道的穿行。但其缺点是结构的横向抗侧刚度相对较小，对于有抗震设防要求的结构在应用上有一定局限性。

③ 纵横双向框架承重。该方案是在纵横两向均布置框架承重主梁以共同承受楼面荷载，楼板为正方形或接近正方形的双向板，或为井格式楼盖，如图 2.2(c) 所示。此种结构布置的特点是：既能满足使用功能要求，又能获得较大的房屋净空；可使纵横两个方向均具有足够的强度和刚度，结构整体工作性能好，有利于结构抗震。当楼面荷载较大，或当柱网布置为正方形或接近正方形时，常采用此方案。

需要说明的是：当在横向布置框架承重主梁而纵向布置次梁，或纵向布置框架承重主梁而横向布置次梁时，若楼板为双向板，则亦应视为纵横双向框架承重。

(3) 次梁的布置

次梁一般支承在框架承重梁上，因而次梁的布置由结构承重方案确定，见图 2.2。当次梁的间距或次梁与连系梁的间距较小时，楼板多为单向板；而当间距较大时，楼板多为双向板。这将影响楼面荷载的传递途径，进而影响框架结构荷载的计算。

(4) 变形缝的设置

变形缝是伸缩缝、沉降缝、防震缝的统称。在多高层建筑结构中，应遵循尽量少设缝或不设缝的原则，以提高结构整体性及结构刚度，并可简化构造、方便施工、降低造价。为此，在建筑设计时，可采取调整平面形状、尺寸、体型等措施；在结构设计时，可采取选择适宜的节点连接方式、配置构造钢筋、设置刚性层等措施；在施工方面，可采取分段施工、设置后浇带、做好保温隔热层等措施。这些措施可防止由温度变化、不均匀沉降、地震作用等引起的结构或非结构构件的损坏。

① 伸缩缝的设置。伸缩缝的设置主要与结构的长度有关。根据现行国家标准《混凝土结构设计规范》(GB 50010—2015) 的规定，现浇式钢筋混凝土框架结构伸缩缝的最大间距是：在室内或土中为 55 m；露天环境中为 35 m；当采取减少温度变形的有效措施时，伸缩缝的最大间距可适当增大。

② 沉降缝的设置。沉降缝的设置主要与基础受到的上部荷载及场地的地质条件有关，当上部荷载差异较大，或地基土的物理力学指标相差较大时，则应设沉降缝。沉降缝可利用挑梁或搁置预制板、预制梁等方法形成。

伸缩缝与沉降缝的宽度一般不小于 50 mm。

③ 防震缝的设置。防震缝的设置主要与建筑物的平面形状、高差、刚度、质量分布等因素有关。设置防震缝后，应使各结构单元简单、规则，刚度和质量分布均匀，以避免地震作用下结构发生扭转破坏。依据《建筑抗震设计规范》的规定，框架结构防震缝的宽度，当高度不超过 15 m 时不应小于 100 mm；高度超过 15 m，抗震设防烈度为 6 度、7 度、8 度和 9 度时高度分别每增加 5 m、4 m、3 m 和 2 m，缝宽宜加宽 20 mm。

非抗震设计时的沉降缝，可兼作伸缩缝；抗震设计时，如设置伸缩缝或沉降缝，应符合防震缝宽度的要求，即二缝或三缝合一。当仅设置防震缝时，基础可不分开，但在防震缝处基础应加强构造和连接。

3. 结构竖向布置

多、高层建筑的竖向体型应力求规则、均匀，避免有过大的外挑和收进；避免有错层和局部夹层，同一层的楼面应尽量设置在同一标高处。结构沿竖向的强度和刚度宜下大上小，逐渐均匀变化，可采用竖向分段改变构件截面尺寸和混凝土强度等级的方法，但分段改变次数不宜过多。房屋的高宽比也应符合表 2.1 中的要求。

层高的确定首先应根据建筑方案要求，以及使用功能、采光、通风等要求来确定。框架的层高即框架柱的长度，应按相应的结构标高计算：底层的层高应取基础顶面至第二层楼板顶面的高度；其上各层的层高均取本层楼板顶面至上一层楼板或屋面板顶面的高度。对于全现浇框架，楼板顶面与梁顶面的标高相同。

4. 结构计算简图的绘制

为便于进行结构计算，应根据上述的结构平面布置和竖向布置，绘制相应的结构计算简图。平面结构计算简图应包括各纵向、横向框架梁的轴线编号和梁的跨度，以及次梁的位置等内容；竖向结构计算简图应包括毕业设计所需计算的某榀框架的各层层高（包括结构标高）和梁跨度等内容，如图 2.3 所示。

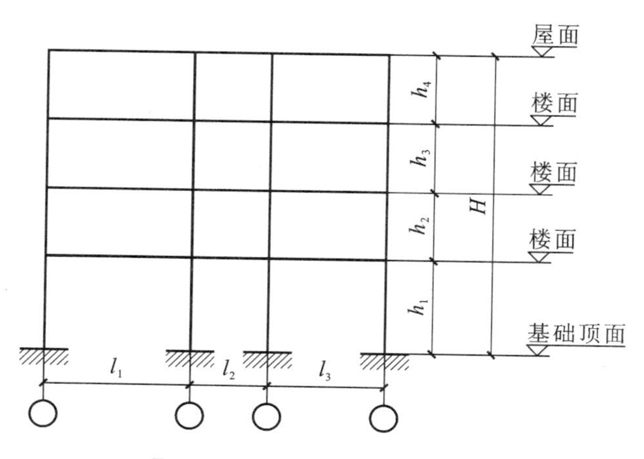

图 2.3　框架竖向结构计算简图

2.1.3　主要构件截面尺寸的初选

框架结构中，框架梁的截面形式一般为矩形，框架柱多为矩形或正方形。框架梁、柱、板等各类构件的截面尺寸应满足构件承载力、刚度及延性的要求，并考虑方便施工。

在《建筑抗震设计规范》和《高层建筑混凝土结构技术规程》中对框架梁、柱的截面尺寸都提出了要求。框架梁截面尺寸宜符合下列要求：① 梁截面高度可按计算跨度的$\frac{1}{18}\sim\frac{1}{10}$确定；② 梁的截面宽度不宜小于梁截面高度的$\frac{1}{4}$，也不宜小于 200 mm；③ 梁净跨与截面高度之比不宜小于 4。框架柱截面尺寸应符合下列要求：① 矩形柱截面的宽度和高度，非抗震设计时不宜小于 250 mm，抗震等级为四级或层数不超过 2 层时不宜小于 300 mm，一、二、三级抗震等级且层数超过 2 层时不宜小于 400 mm；② 柱的剪跨比宜大于 2；③ 柱截面高度与宽度之比不宜大于3。

通常，可按下述方法初步选定框架结构中各构件的截面尺寸。

1. 承重框架梁

纵横双向承重的框架梁，梁高：$h=\left(\frac{1}{18}\sim\frac{1}{10}\right)l$，$l$为梁或板的计算跨度（以下同）；

横向或纵向承重的框架梁，梁高：$h=\left(\frac{1}{12}\sim\frac{1}{10}\right)l$；

梁宽：$b=\left(\frac{1}{3}\sim\frac{1}{2}\right)h$，且不宜小于200 mm和$\frac{1}{2}$柱宽。

2. 非承重框架梁（即连系梁）

梁高：$h=\left(\frac{1}{18}\sim\frac{1}{12}\right)l$；

梁宽：$b=\left(\frac{1}{3}\sim\frac{1}{2}\right)h$，且不宜小于200 mm和$\frac{1}{2}$柱宽。

3. 楼面次梁

梁高：$h=\left(\frac{1}{18}\sim\frac{1}{12}\right)l$；

梁宽：$b=\left(\frac{1}{3}\sim\frac{1}{2}\right)h$。

4. 楼板

单向板的板厚：$h\geqslant\frac{1}{30}l$，且满足最小板厚60 mm的要求；

双向板的板厚：$h\geqslant\frac{1}{40}l$，且满足最小板厚80 mm的要求。

5. 框架柱

框架柱宜采用正方形或接近正方形的矩形，其截面尺寸可根据轴压比控制和保证柱的刚度选定。

（1）从轴压比控制考虑

$$\frac{N}{f_c bh}\leqslant[\mu_c] \tag{2.1}$$

式中　N——柱组合的轴向压力设计值。对进行地震作用计算的框架结构，应取地震作用组合的轴向压力设计值；而对抗震规范规定可不进行地震作用计算的结构，取持久状况下作用组合的轴向压力设计值。

f_c——混凝土轴心抗压强度设计值。

b,h——柱截面宽度、高度。

$[\mu_c]$——柱轴压比限值。非抗震设计时（即持久状况下）取1.0，抗震设计时一、二、三、四级抗震等级的框架柱分别取0.65、0.75、0.85、0.90。

结构方案设计阶段，柱的轴向压力设计值可按下式估算：

$$N=\gamma_G\omega Sn\beta_1\beta_2 \tag{2.2}$$

式中　γ_G——荷载分项系数，可取1.3；

ω—— 由楼面永久荷载和可变荷载产生的单位面积竖向荷载，框架结构的单位面积竖向荷载为 12 ～ 14 kN/m^2；

S—— 柱承载的楼面面积；

n—— 柱设计截面以上楼层数；

β_1—— 考虑地震作用组合的柱轴力增大系数，非抗震设计时取 1.0，抗震设计时角柱取 1.2，边柱取 1.1，中柱取 1.0；

β_2—— 考虑水平力影响的柱轴力增大系数，非抗震设计和抗震设防烈度为 6 度时取 1.0，抗震设防烈度为 7、8、9 度时，分别取 1.05、1.1、1.2。

(2) 从保证柱的刚度考虑

柱截面高度：$h_c = \left(\frac{1}{12} \sim \frac{1}{8}\right)H$，$H$ 为柱的计算高度；

柱截面宽度：$b_c = \left(\frac{1}{1.5} \sim 1\right)h_c$。

2.1.4　框架结构基础的选型

基础是承受上部结构传来的荷载并将这些荷载传递到地基的下部结构，基础设计应综合考虑建筑物的使用要求、上部结构的特点、场地的工程地质和水文条件、施工条件、工程造价等多方面因素，合理地选择基础方案。多层框架结构常用的基础形式有以下几种。

① 柱下独立基础。柱下独立基础是实际工程中最常用、也是毕业设计中常选用的基础形式之一，属于扩展基础中的一种。它适用于上部结构荷载不是很大、地基条件较好的框架结构。

② 柱下条形基础。当需要较大的底面积来满足地基承载力要求时，可将柱下独立基础的底板连接成条状，则形成柱下条形基础。柱下条形基础主要用于柱距较小的框架结构。它可以是单向设置，单向条形基础一般沿结构的纵向柱列布置。若单向条形基础仍不能满足地基承载力的要求，或者由于调整地基变形的需要，可以双向设置，即形成十字交叉条形基础。

③ 筏形基础。筏形基础是底板连成整片形式的基础，有平板式和梁板式两类。它的基础底面积较十字交叉条形基础的更大，能满足较软弱地基的承载力要求，并具有较大的整体刚度，在一定程度上能调整地基的不均匀沉降。筏形基础还能提供宽敞的地下使用空间，可设置地下室以满足建筑使用要求。

④ 桩基础。桩基础适用于土质较弱、地基持力层较深的框架结构，通常采用灌注桩和预制桩。桩的顶部需设置承台，承台的作用是将各根桩连接成整体，并把上部结构的荷载传至桩上。桩基承台可分为柱下独立承台、柱下条形承台(梁式承台) 和筏板承台等。

2.2　材料的选择

2.2.1　混凝土

《混凝土结构设计规范》中规定：钢筋混凝土结构的混凝土强度等级不应低于 C20；采用强度等级 400 MPa 及以上的钢筋时，混凝土强度等级不应低于 C25。

因此，对于一般多、高层框架中的柱和梁，混凝土强度等级不应低于 C25；而现浇板与梁连接为整体，故板的混凝土强度等级应与梁的相同；其他构件的混凝土强度等级则不应低于 C20。

2.2.2 钢筋

1. 钢筋的强度等级

《混凝土结构设计规范》中规定：纵向受力普通钢筋宜采用HRB400、HRB500、HRBF400、HRBF500钢筋，也可采用HPB300、RRB400钢筋；对于梁、柱纵向受力普通钢筋应采用HRB400、HRB500、HRBF400、HRBF500钢筋；箍筋宜采用HRB400、HRBF400、HPB300、HRB500、HRBF500钢筋。此外，对抗震结构还规定，受力钢筋宜采用热轧带肋钢筋。

在实际工程中：框架梁、柱的纵向受力钢筋通常选用HRB400、HRB500钢筋，楼板的钢筋通常选用HPB300、HRB400钢筋，梁、柱的箍筋通常也选用HPB300、HRB400钢筋。

2. 保护层厚度的确定

构件中钢筋的混凝土保护层厚度，与混凝土结构所处的环境类别、构件的种类有关。混凝土结构暴露的环境(指结构表面所处的环境)类别共划分为五类，毕业设计中常见的环境类别见表2.3。设计使用年限为50年的混凝土结构，最外层钢筋的保护层厚度应符合表2.4的规定，且构件中受力钢筋的保护层厚度不应小于钢筋的公称直径。

表2.3 混凝土结构的环境类别

环境类别	条件
一	室内干燥环境； 无侵蚀性静水浸没环境
二a	室内潮湿环境； 非严寒和非寒冷地区的露天环境； 非严寒和非寒冷地区与无侵蚀性的水或土壤直接接触的环境； 严寒和寒冷地区的冰冻线以下与无侵蚀性的水或土壤直接接触的环境
二b	干湿交替环境； 水位频繁变动环境； 严寒和寒冷地区的露天环境； 严寒和寒冷地区的冰冻线以上与无侵蚀性的水或土壤直接接触的环境

注：① 室内潮湿环境是指构件表面经常处于结露或湿润状态的环境；
② 严寒和寒冷地区的划分应符合现行国家标准《民用建筑热工设计规范》(GB 50176—2016)的有关规定。

表2.4 混凝土保护层的最小厚度 c 单位：mm

环境类别	板、墙、壳	梁、柱、杆
一	15	20
二a	20	25
二b	25	35

注：① 混凝土强度等级不大于C25时，表中保护层厚度数值应增加5 mm；
② 钢筋混凝土基础宜设置混凝土垫层，基础中钢筋的混凝土保护层厚度应从垫层顶面算起，且不应小于40 mm。

2.2.3　围护结构墙体

围护结构墙体是填充于框架结构房屋外围及内部的墙体，也称作填充墙，一般由建筑方案确定。抗震设计时，框架结构的填充墙应优先选用轻质墙体，采用砌体填充墙时，应符合下列要求。

（1）±0.000 以下砌体填充墙，宜采用烧结普通砖砌体，砖的强度等级不应低于 MU10，砌筑砂浆的强度等级不应低于 M7.5。

（2）±0.000 以上内、外砌体填充墙，砌体的砂浆强度等级不应低于 M5；实心块体（如加气混凝土砌块、粉煤灰砌块等）的强度等级不宜低于 MU2.5，空心块体（如烧结空心砖、轻骨料混凝土小型空心砌块、粉煤灰混凝土小型空心砌块等）的强度等级不宜低于 MU3.5；墙顶应与框架梁密切结合。

此外，砌体填充墙中拉结筋、钢筋混凝土构造柱、钢筋混凝土水平系梁等的设置，还应满足《建筑抗震设计规范》中有关基本抗震措施的各项要求。

2.3　竖向及水平荷载计算

框架结构中的竖向荷载包括由建筑物自重产生的属于永久荷载的自重荷载，以及楼面活荷载、屋面活荷载和雪荷载等可变荷载；水平荷载为风荷载。楼面活荷载、屋面活荷载和雪荷载的取值和计算均应符合现行国家标准《建筑结构荷载规范》(GB 50009—2012) 中的规定。需注意的是：屋面活荷载和雪荷载不同时考虑，持久状况设计时取两者中的较大值，在地震设计状况下进行抗震设计时仅考虑雪荷载而不考虑屋面活荷载。本章仅介绍永久荷载和风荷载的计算方法。

2.3.1　永久荷载标准值计算

属于永久荷载的自重荷载标准值应按各构配件的设计尺寸，查取《建筑结构荷载规范》中材料单位体积或面积的自重（kN/m^3 或 kN/m^2）计算确定。计算时宜分楼层进行，由顶层依次向下逐层计算，直至底层为止。通常，可按下述方法进行计算。

1. 顶层永久荷载标准值

顶层永久荷载指顶层楼面以上（不包括顶层楼面及楼板）所有构配件的自重，若屋盖以上有局部凸出的结构，其自重亦应包括在内。顶层永久荷载通常包括以下荷载。

（1）屋盖自重（G_1）

屋盖自重一般包括屋面防水层、找平层、保温层等构造层和结构层（混凝土屋面板）的重量。通常可按设计所采用的材料及设计厚度，先计算出各层的单位面积自重，并相加求出单位面积总重（kN/m^2）；再乘以屋面面积（m^2），计算出屋盖的总自重（kN）。计算中，若保温层的厚度随屋面排水坡度而变化，应取其平均厚度；若屋面板的厚度不同，应分别按其面积计算。

（2）屋面梁自重（G_2）

屋面梁自重包括纵向框架梁、横向框架梁、次梁及各小梁的重量。因现浇混凝土板的重量已计入屋盖自重内，故梁的截面高度应算至板的底面，即取其净高；而梁的长度应取柱侧面或主梁侧面之间的净长。计算时，可先统计出不同规格梁的根数，分别计算各规格梁的体积；进而汇总出屋面梁的总体积(m^3);最后再乘以材料的标准自重(kN/m^3),求出本层屋面梁的总自重(kN)。

(3) 屋盖下顶棚装饰自重(G_3)

顶棚装饰的自重应按房间分别计算。根据各房间顶棚装饰的做法及厚度分别计算出其单位面积自重(kN/m^2),乘以装饰层的面积(m^2)即可求得该房间顶棚装饰自重(kN)。计算中,梁两侧的抹灰面积应合并在内;为了简化计算,房间的面积可近似按轴线间尺寸计算。最后汇总得到本层顶棚装饰的总自重(kN)。

(4) 女儿墙自重(G_4)

女儿墙自重应包括女儿墙的墙体自重、混凝土压顶自重、装饰层自重等。可根据设计所采用的材料及设计尺寸分别计算各部分的自重(kN),再进行汇总得到女儿墙的总自重(kN)。

(5) 柱自重(G_5)

一般情况下,柱高应取本层楼板顶面至上层板底面的高度,即扣除柱顶现浇板的厚度。计算时,可先统计出不同规格柱的根数;由该规格柱的体积计算出其混凝土重量,并需计算出柱表面装饰层的重量,两者相加即可得出每种规格柱子的自重(kN);最后汇总得到本层柱子的总自重(kN)。

(6) 墙体自重(G_6)

墙体自重应包括框架填充墙自重、墙两侧装饰层自重及门窗自重等。计算时应注意区分外墙与内墙、不同材料的墙、不同厚度的墙,分别进行计算。对同材料、同厚度的外墙或内墙,可先计算出该类墙体单位面积的自重(包括装饰层在内,kN/m^2);再乘以该类墙体的总面积(m^2),计算出其自重(kN),计算墙体面积时应扣除门窗洞口所占面积。门窗自重的计算也应按材质不同分别计算。由不同材质门或窗单位面积的自重(kN/m^2),乘以该类门或窗的总面积(m^2),计算出其自重(kN)。最后,将各类墙体的自重与各类门窗的自重进行汇总,得到该层墙体的总自重(kN)。

综上,顶层永久荷载标准值为:

$$G_{k顶层} = G_1 + G_2 + G_3 + G_4 + G_5 + G_6$$

需要特别说明的是:对于设置有垂直电梯的结构,顶层的荷载中尚应考虑电梯荷载,电梯荷载仅作用于屋面顶板上,其他层不予考虑。电梯设备自重(属永久荷载)以及可变荷载的标准值,应根据电梯的类型、型号查取相关的技术参数确定。在毕业设计中,可采用简化方法进行估算:对于安装在多层结构的普通垂直电梯,其永久荷载标准值取 6.5 kN/m^2,可变荷载标准值取7.0 kN/m^2。

2. 中间层永久荷载标准值

中间层永久荷载指从该层楼面以上(不包括该层楼面及楼板)至上一层楼面之间的所有构配件自重。当中间若干层的建筑设计及结构设计均相同时,称作标准层,只需计算其中一层即可。中间层自重荷载通常包括以下荷载。

(1) 楼盖自重 G_1

同一层楼盖内各房间的楼面构造做法及楼板厚度可能不同,应分别进行计算。对于同一种做法的楼盖,可按其各构造层的材料和厚度以及楼板厚度,先计算出各层的单位面积自重,并相加求出单位面积总重(kN/m^2);再乘以此部分楼盖相应的面积(m^2),计算出其自重(kN);最后汇总各部分楼盖的自重,得到本层楼盖的总自重(kN)。

(2) 楼面梁自重 G_2

楼面梁自重的计算方法与前述屋面梁自重的计算方法相同。

(3) 楼盖下顶棚装饰自重 G_3

楼盖下顶棚装饰自重的计算方法与前述屋盖下顶棚装饰自重的计算方法相同。

(4) 柱自重 G_4

中间层柱自重的计算方法与前述顶层永久荷载标准值中的柱自重计算方法相同。

(5) 墙体自重 G_5

中间层墙体自重的计算方法与前述顶层永久荷载标准值中的墙体自重计算方法相同。

(6) 楼梯自重 G_6

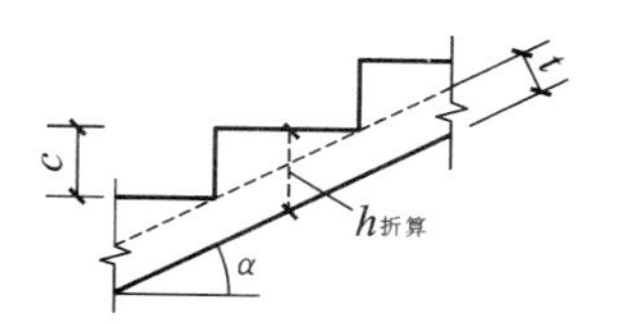

图 2.4　楼梯踏步板计算简图

楼梯自重的计算通常采用简化方法，将斜向的踏步板折算成等厚的水平板计算，计算简图如图 2.4 所示，计算公式如下：

$$h_{折算} = \frac{t}{\cos\alpha} + \frac{c}{2} \tag{2.3}$$

按此折算厚度可计算混凝土踏步板的自重，并考虑楼梯上下表面装饰层的自重，相加求出楼梯单位面积总重(kN/m^2)；再乘以楼梯水平投影面积(m^2)，计算出楼梯的自重(kN)。

综上，中间层永久荷载标准值为：

$$G_{k中间层} = G_1 + G_2 + G_3 + G_4 + G_5 + G_6$$

3. 首层永久荷载标准值

首层永久荷载指从基础顶面至第二层楼面之间所有构配件自重。首层永久荷载通常包括以下荷载。

(1) 楼盖自重 G_1

首层楼盖自重的计算方法与前述中间层楼盖自重的计算方法相同。

(2) 楼面梁自重 G_2

首层楼面梁自重的计算方法与前述屋面梁自重的计算方法相同。

(3) 楼盖下顶棚装饰自重 G_3

首层楼盖下顶棚装饰自重的计算方法与前述屋盖下顶棚装饰自重的计算方法相同。

(4) 柱自重 G_4

首层柱自重的计算高度应取基础顶面至首层板的高度，其余与各上层柱自重的计算方法相同。

(5) 墙体自重 G_5

首层墙体自重的计算高度宜从室外地坪算起。当 ±0.000 上、下墙体的材料、厚度不同时，可分别计算其自重，也可简化均按上部墙体的材料、厚度计算自重。其余与各上层墙体自重的计算方法相同。

(6) 楼梯自重 G_6

首层楼梯自重的计算方法与前述中间层楼梯自重的计算方法相同。

(7) 雨篷自重 G_7

雨篷自重应根据其结构材料、结构尺寸、装饰层做法等进行计算。在毕业设计中，对于悬挑的钢筋混凝土雨篷，也可按雨篷总自重标准值为 50 ～ 80 kN 进行估算。

综上，首层永久荷载标准值为：

$$G_{k首层} = G_1 + G_2 + G_3 + G_4 + G_5 + G_6 + G_7$$

2.3.2　风荷载标准值计算

《建筑结构荷载规范》中规定，垂直于建筑物表面上的风荷载标准值 w_k 应按下式计算：

$$w_k = \beta_z \mu_s \mu_z w_0 \tag{2.4}$$

式中　w_0—— 基本风压，kN/m^2；

　　β_z—— 高度 z 处的风振系数；

　　μ_s—— 风荷载体型系数；

　　μ_z—— 风压高度变化系数。

基本风压、风荷载体型系数、风压高度变化系数，均应按照该规范中的规定采用。对于高度不大于 30 m 或高宽比不大于 1.5 的房屋，可不考虑风振影响，即取 $\beta_z = 1$，多层框架结构一般符合此条件。对于高度大于 30 m 且高宽比大于 1.5 的房屋，风振系数 β_z 值的确定可参见该规范中的有关公式计算。

将由式(2.4) 所求得风荷载标准值 w_k 乘以房屋的受风面宽度，可求得沿房屋高度的线性分布风荷载(kN/m)；然后按静力等效原理将其换算为作用于框架每层标高处的集中荷载 F_i(kN)，以便于进行框架内力与位移的计算。

2.4　水平地震作用计算和抗震变形验算

2.4.1　地震作用计算和抗震变形验算的有关规定

对于需进行抗震设防的房屋建筑，应考虑建筑结构抵抗地震作用的能力。结构抗震设防的总目标可概括为“小震不坏、中震可修、大震不倒”，此目标也称为抗震设防的三水准。为此，结构抗震设计应采用两阶段设计方法。第一阶段设计是：首先按多遇地震(即小震）的地震动参数计算地震作用，并进行地震作用下结构内力分析；然后将此地震作用效应与其他荷载效应进行内力组合，验算结构构件的承载能力，以及在小震作用下验算结构的弹性变形，以满足第一水准抗震设防目标的要求；同时，相应地采取抗震构造措施以保证结构具有足够的延性，从而满足第二水准抗震设防目标的要求。第二阶段设计是：在罕遇地震作用(即大震）下验算结构的弹塑性变形，以满足第三水准抗震设防目标的要求。

根据《建筑抗震设计规范》，在进行地震作用计算与结构抗震变形验算时，应符合下列有关规定。

1. 重力荷载代表值

计算地震作用时，建筑结构的重力荷载代表值应取结构和构配件自重标准值和各可变荷载组合值之和。框架结构设计中，各可变荷载的组合值系数 Ψ，应按表 2.5 采用。

表 2.5　组合值系数 Ψ

可变荷载种类	组合值系数
雪荷载	0.5
屋面积灰荷载	0.5

续表 2.5

可变荷载种类		组合值系数
屋面活荷载		不计入
按实际情况计算的楼面活荷载		1.0
按等效均布荷载计算的楼面活荷载	藏书库、档案库	0.8
	其他民用建筑	0.5

2. 地震影响系数和特征周期

建筑结构的地震影响系数应根据地震烈度、场地类别、设计地震分组和结构自振周期以及阻尼比确定。其水平地震影响系数最大值 α_{max} 应按表 2.6 采用；特征周期 T_g 应根据场地类别和设计地震分组按表 2.7 采用，计算罕遇地震作用时，特征周期应增加 0.05 s。

表 2.6　水平地震影响系数最大值 α_{max}

地震影响	6 度	7 度	8 度	9 度
多遇地震	0.04	0.08(0.12)	0.16(0.24)	0.32
罕遇地震	0.28	0.50(0.72)	0.90(1.20)	1.4

注：括号中数值分别用于设计基本地震加速度为 0.15g 和 0.30g 的地区。

表 2.7　特征周期值 T_g　　单位：s

设计地震分组	场地类别				
	I_0	I_1	Ⅱ	Ⅲ	Ⅳ
第一组	0.20	0.25	0.35	0.45	0.65
第二组	0.25	0.30	0.40	0.55	0.75
第三组	0.30	0.35	0.45	0.65	0.90

3. 建筑结构地震影响系数曲线

建筑结构地震影响系数 α 值的曲线如图 2.5 所示。其阻尼调整和形状参数应符合以下要求：除有专门规定外，建筑结构的阻尼比应取 0.05，地震影响系数曲线的阻尼调整系数 η_2 应为 1.0，形状参数应符合下列规定：

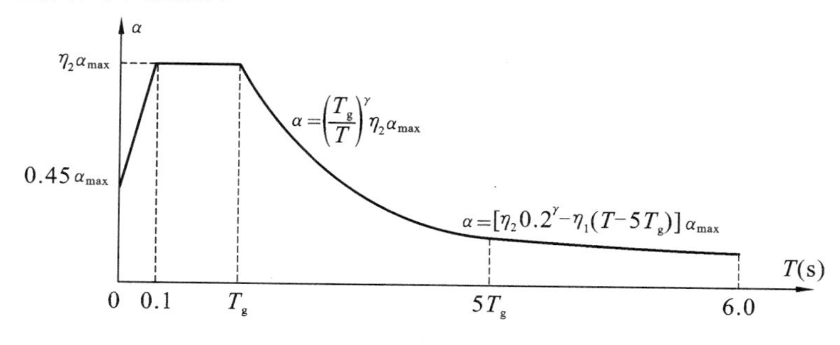

图 2.5　地震影响系数曲线

（1）直线上升段，周期小于 0.1 s 的区段。

（2）水平段，自 0.1 s 至特征周期（T_g）区段，应取最大值（α_{max}）。

（3）曲线下降段，自特征周期（T_g）至 5 倍特征周期（$5T_g$）区段，衰减指数应取 0.9。

（4）直线下降段，自 5 倍特征周期（$5T_g$）至 6 s 区段，下降斜率调整系数应取 0.02。

一般情况下，框架结构的地震影响系数 α 值处于水平段或曲线下降段。因阻尼调整系数 η_2 按 1.0 采用，故处于水平段时，应取 $\alpha = \alpha_{max}$；处于曲线下降段时，地震影响系数 α 值应按下式计算：

$$\alpha = \left(\frac{T_g}{T}\right)^{\gamma} \alpha_{max} \tag{2.5}$$

式中　α_{max}—— 地震影响系数最大值，取值见表 2.6；

T_g—— 特征周期，取值见表 2.7；

T—— 结构自振周期，对于多质点弹性体系，应为结构基本自振周期 T_1，T_1 的计算见 2.4.4 节中所述；

γ—— 曲线下降段的衰减指数，当阻尼比为 0.05 时，$\gamma = 0.9$。

4. 水平地震作用计算

建筑结构地震作用的计算方法有多种。《建筑抗震设计规范》规定：建筑结构的抗震计算，对于高度不超过 40 m，以剪切变形为主且质量和刚度沿高度分布比较均匀的结构，以及近似于单质点体系的结构，可采用底部剪力法等简化方法。

一般的多、高层框架结构当符合上述条件规定的要求时，可采用底部剪力法进行抗震计算。不符合上述条件规定要求的建筑结构，可视具体情况采用振型分解反应谱法或时程分析法进行计算。

采用底部剪力法计算框架结构的水平地震作用时，各楼层可仅取一个自由度，结构水平地震作用计算简图如图 2.6 所示。

（1）结构总水平地震作用标准值

结构总水平地震作用标准值 F_{Ek}，应按下式计算：

$$F_{Ek} = \alpha_1 G_{eq} \tag{2.6}$$

式中　α_1—— 相应于结构基本自振周期 T_1 的水平地震影响系数值，应按 2.4.1 节中第 3 条确定；

G_{eq}—— 结构等效总重力荷载，单质点应取总重力荷载代表值，多质点可取总重力荷载代表值的 85%，即 $G_{eq} = 0.85\sum G_i$。

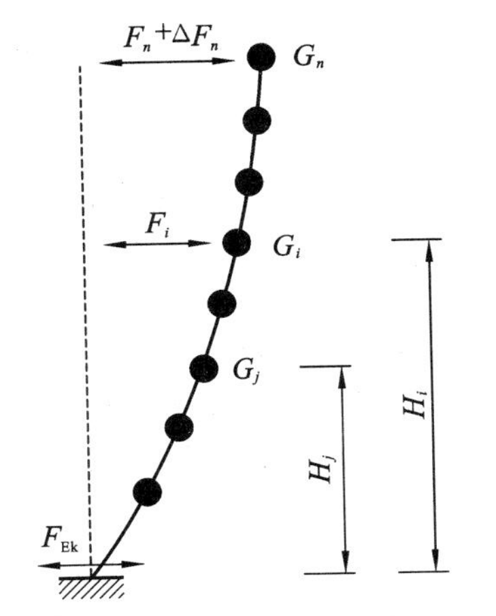

图 2.6　结构水平地震作用计算简图

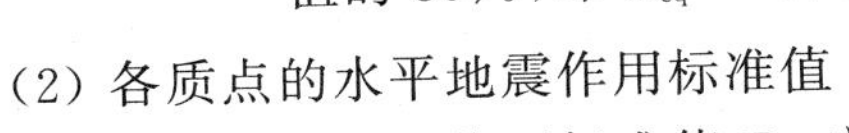

（2）各质点的水平地震作用标准值

质点 i 的水平地震作用标准值 F_i，应按下式计算：

$$F_i = \frac{G_i H_i}{\sum_{j=1}^{n} G_j H_j} F_{Ek}(1-\delta_n) \quad (i = 1,2,\cdots,n) \tag{2.7}$$

式中　G_i，G_j—— 集中于质点 i、j 的重力荷载代表值，应按 2.4.1 节中第 1 条确定；

H_i，H_j—— 质点 i、j 的计算高度；

δ_n—— 顶部附加地震作用系数，多层钢筋混凝土结构房屋可按表 2.8 确定。

表 2.8　顶部附加地震作用系数 δ_n

T_g/s	$T_1 > 1.4T_g$	$T_1 \leqslant 1.4T_g$
$T_g \leqslant 0.35$	$0.08T_1 + 0.07$	0.0
$0.35 < T_g \leqslant 0.55$	$0.08T_1 + 0.01$	
$T_g > 0.55$	$0.08T_1 - 0.02$	

注：T_1 为结构基本自振周期。

(3) 顶部附加水平地震作用标准值

主体结构顶部附加水平地震作用标准值 ΔF_n，应按下式计算：

$$\Delta F_n = \delta_n F_{Ek} \tag{2.8}$$

(4) 凸出屋面部分对地震作用效应的影响

采用底部剪力法时，为考虑地震作用的鞭端效应，凸出屋面的屋顶间、女儿墙、烟囱等的地震作用效应，宜乘以增大系数 3，此增大部分不应往下传递，但与该凸出部分相连的构件应予计入。

5. 结构的抗震变形验算

钢筋混凝土框架结构应进行多遇地震作用下的抗震变形验算，其楼层内最大的弹性层间位移应满足：

$$\Delta u_e \leqslant [\theta_e]h \tag{2.9}$$

式中　Δu_e—— 多遇地震作用标准值产生的楼层内最大的弹性层间位移，钢筋混凝土结构构件的截面刚度可采用弹性刚度；

$[\theta_e]$—— 弹性层间位移角限值，对钢筋混凝土框架结构取 $\frac{1}{550}$；

h—— 计算楼层层高。

2.4.2　计算简图的确定及重力荷载代表值计算

1. 计算简图的确定

《建筑抗震设计规范》中规定：一般情况下，应至少在建筑结构的两个主轴方向分别计算水平地震作用，各方向的水平地震作用应由该方向的抗侧力构件承担。毕业设计中，考虑到时间与手工计算的工作量，通常可仅计算横向框架的水平地震作用。

对于多层框架结构，如图 2.7(a) 所示，应按集中质量法将其简化为多质点弹性体系。即：将 i-i 和$(i+1)$-$(i+1)$ 之间的结构重力荷载代表值都集中作用于楼面和屋面标高处，每层简化为一个质点，并假设这些质点由无重量的弹性直杆支承于地面上，如图 2.7(b) 所示。这样，就可将多层框架结构简化为多质点弹性体系。一般来说，对于具有 n 层的框架，可以简化为 n 个多质点弹性体系。

当主体结构屋面上部有局部凸出的结构(如电梯机房、楼梯间、水箱间、女儿墙等)时，局部凸出结构是否作为一个质点，应视具体情况而定。一般来说：若其重力荷载小于标准层重力荷载的 $\frac{1}{3}$，可合并至主体结构顶层的重力荷载中，而不单独作为一个质点；若其重力荷载超过标准层重力荷载的 $\frac{1}{3}$，则应作为一个质点进行地震作用计算。

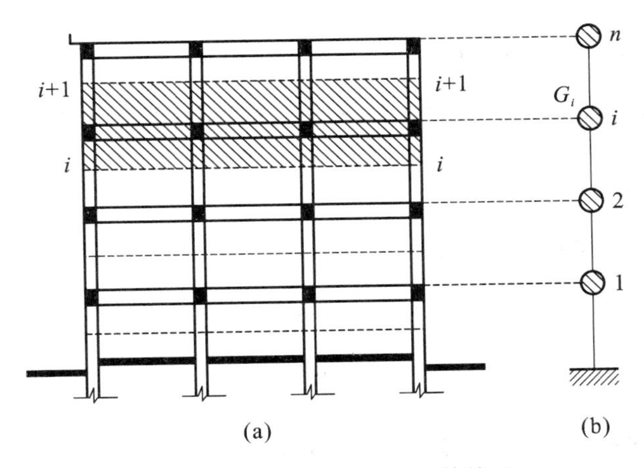

图 2.7 多质点弹性体系计算简图

(a) 多层框架结构；(b) 多质点弹性体系

2. 重力荷载代表值计算

根据 2.4.1 节中第 1 条所述，集中于各质点的重力荷载代表值应为：G_i = 结构和构配件自重标准值 + Ψ × 可变荷载标准值，组合值系数 Ψ 按表 2.5 确定。在 2.3.1 节中各层自重荷载标准值计算的基础上，集中于各层的重力荷载代表值可按下述方法计算。

(1) 顶层重力荷载代表值 G_n

① 顶层永久荷载标准值 = 屋盖自重 + 屋面梁自重 + 屋盖下顶棚装饰自重 + 女儿墙自重 + $\frac{1}{2}$(柱自重 + 墙体自重)。

② 屋面雪荷载组合值 = Ψ × 雪荷载标准值。

③ 合计：顶层重力荷载代表值 G_n = ① + ②(kN)。

(2) 中间层重力荷载代表值 G_i

① 中间层永久荷载标准值 = 楼盖自重 + 楼面梁自重 + 楼盖下顶棚装饰自重 + $\frac{1}{2}$ 本层(柱自重 + 墙体自重 + 楼梯自重) + $\frac{1}{2}$ 其上一层(柱自重 + 墙体自重 + 楼梯自重)。

② 楼面可变荷载组合值 = Ψ × 楼面可变荷载标准值。

③ 合计：中间层重力荷载代表值 G_i = ① + ②(kN)。

(3) 首层重力荷载代表值 G_1

① 首层永久荷载标准值 = 楼盖自重 + 楼面梁自重 + 楼盖下顶棚装饰自重 + $\frac{1}{2}$ 首层(柱自重 + 墙体自重 + 楼梯自重) + $\frac{1}{2}$ 第二层(柱自重 + 墙体自重 + 楼梯自重) + 雨篷自重。

② 楼面活荷载组合值 = Ψ × 楼面活荷载标准值。

③ 合计：首层重力荷载代表值 G_1 = ① + ②(kN)。

(4) 结构总重力荷载代表值

结构总重力荷载代表值等于各层重力荷载代表值之和，即：$\sum G_i = G_1 + G_2 + \cdots + G_i + \cdots + G_n$(kN)。

2.4.3　框架抗侧刚度计算

为了求出框架结构的自振周期，进而计算出作用于其上的水平地震作用，需首先计算出框架的抗侧刚度。

1. 梁、柱的线刚度

框架梁、柱的线刚度可按下式计算：

$$\left.\begin{aligned} i_b &= \frac{E_b I_b}{l_b} \\ i_c &= \frac{E_c I_c}{l_c} \end{aligned}\right\} \tag{2.10}$$

式中　i_b, i_c—— 框架梁、框架柱的线刚度，kN·m；

E_b, E_c—— 框架梁、框架柱混凝土的弹性模量，kN/m^2；

I_b, I_c—— 框架梁、框架柱截面的计算惯性矩，m^4；

l_b, l_c—— 框架梁、框架柱的计算长度，m。

需要说明的是：在计算框架梁截面的惯性矩时，应考虑现浇楼板对梁刚度的增大作用。对现浇混凝土框架及现浇混凝土楼盖，中间框架的框架梁按T形截面计算，取 $I_b = 2.0I_0$；边框架的框架梁按倒L形截面计算，取 $I_b = 1.5I_0$。此处 I_0 为矩形截面梁的惯性矩，即 $I_0 = \left(\frac{1}{12}\right)bh^3$。

2. 柱的抗侧刚度

柱的抗侧刚度是指，当柱上、下端产生单位相对侧向位移时，柱所承受的剪力。当采用改进反弯点法，即 D 值法进行计算时，第 i 层第 k 柱的抗侧刚度 D_{ik} 可按下式计算：

$$D_{ik} = \frac{V_{ik}}{\Delta u_i} = \alpha \frac{12 i_c}{h_i^2} \tag{2.11}$$

式中　α—— 考虑梁柱线刚度比 $\overline{K}$ 对柱抗侧刚度的修正系数，按表2.9确定；

h_i—— 第 i 层柱的计算高度，m。

表 2.9　柱抗侧刚度修正系数 α

楼层	简　图	$\overline{K}$	α
一般层	i_2, i_c, i_4；i_1, i_2, i_c, i_3, i_4	$\overline{K} = \frac{i_1 + i_2 + i_3 + i_4}{2i_c}$	$\alpha = \frac{\overline{K}}{2 + \overline{K}}$
底层	i_2, i_c；i_1, i_2, i_c	$\overline{K} = \frac{i_1 + i_2}{i_c}$	$\alpha = \frac{0.5 + \overline{K}}{2 + \overline{K}}$

在计算出各柱的抗侧刚度后，需汇总求出框架结构每层柱的总抗侧刚度，即 $D_i = \sum D_{ik}$。

2.4.4　框架结构基本自振周期计算

框架结构基本自振周期的计算方法，对于多层钢筋混凝土框架，一般采用能量法；对于高层钢筋混凝土框架，可采用顶点位移法。两种方法都是假想把集中在各层楼面处的重力荷载代表值 G_i 作为水平荷载作用于相应质点上，以求得各楼层处的侧向位移，从而进行周期的计算。

1. 假想侧向位移计算

结构假想侧向位移计算如图 2.8 所示，各楼层处的侧向位移可按下式计算：

$$u_i = u_{i-1} + \Delta u_i \tag{2.12}$$

式中　u_i, u_{i-1}—— 在水平荷载作用下结构第 i 层、第 $i-1$ 层的总侧向位移，m；

Δu_i—— 在水平荷载作用下结构第 i 层的层间侧向位移，m。

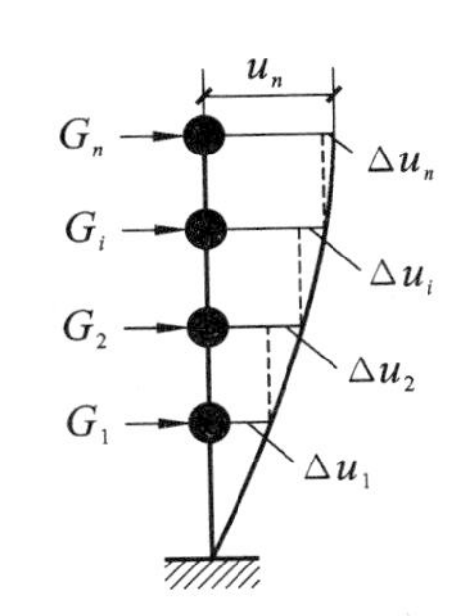

图 2.8　侧向位移计算示意图

层间侧向位移 Δu_i 的大小取决于作用于本层的楼层剪力及其抗侧刚度，可按下式计算：

$$\Delta u_i = \frac{V_i}{\sum D_i} \tag{2.13}$$

式中　V_i—— 第 i 层的水平剪力，此处 $V_i = \sum_i^n G_i$，kN；

$\sum D_i$—— 第 i 层的总抗侧刚度，kN/m。

2. 结构基本自振周期计算

采用能量法时，结构基本自振周期 T_1 按下式计算：

$$T_1 = 2\psi_T \sqrt{\frac{\sum G_i u_i^2}{\sum G_i u_i}} \tag{2.14}$$

采用顶点位移法时，结构基本自振周期 T_1 按下式计算：

$$T_1 = 1.7\psi_T \sqrt{u_T} \tag{2.15}$$

式中　ψ_T—— 结构基本自振周期考虑填充墙体影响的折减系数，民用框架结构取 0.6～0.7；

G_i—— 集中在各层楼面处的重力荷载代表值，kN；

u_i—— 假想把集中在各层楼面处的重力荷载代表值 G_i 作为水平荷载而求得的结构各层楼面处的位移，m；

u_T—— 假想把集中在各层楼面处的重力荷载代表值 G_i 作为水平荷载而求得的结构顶点位移，m。

2.4.5　多遇水平地震作用计算和位移验算

1. 多遇水平地震作用标准值计算

在求出框架结构的基本自振周期后，即可方便地进行以下计算：首先依据 2.4.1 节中图2.5 和式(2.5) 确定对应于框架结构基本自振周期 T_1 的地震影响系数 α_1，此时需以 T_1 之值替代式(2.5)中的 T 值，且地震影响系数最大值 α_{max} 应采用表 2.6 中多遇地震时的相应数值；然后采用底部剪力法，按照式(2.6)、式(2.7)、式(2.8)计算框架结构在多遇地震作用下的总水平地震作用标准值 F_{Ek}、作用于各楼层处的地震作用标准值 F_i 和顶部附加地震作用标准值 ΔF_n。

2. 楼层水平地震剪力验算

在《建筑抗震设计规范》中规定：抗震验算时，结构任一楼层的水平地震剪力应符合下式要求：

$$V_{eki} > \lambda \sum_{j=i}^{n} G_j \tag{2.16}$$

式中 V_{eki}——第 i 层对应于水平地震作用标准值的楼层剪力；

λ——剪力系数，不应小于表 2.10 中规定的楼层最小地震剪力系数值，对竖向不规则结构的薄弱层，尚应乘以 1.15 的增大系数；

G_j——第 j 层的重力荷载代表值。

表 2.10 楼层最小地震剪力系数值 λ

类　别	6 度	7 度	8 度	9 度
扭转效应明显或基本周期小于 3.5 s 的结构	0.08	0.016(0.024)	0.032(0.048)	0.064
基本周期大于 5.0 s 的结构	0.06	0.012(0.018)	0.024(0.036)	0.048

注：1. 基本周期介于 3.5 s 和 5 s 之间的结构，按插入法取值；
2. 括号内数值分别用于设计基本地震加速度为 $0.15g$ 和 $0.30g$ 的地区。

结构各楼层对应于水平地震作用标准值的楼层剪力 V_{eki}，可按下式计算：

$$V_{eki} = \sum_{j=i}^{n} F_j + \Delta F_n \tag{2.17}$$

式中 F_j——第 j 层的水平地震作用标准值。

3. 框架弹性层间位移验算

为进行 2.4.1 节中第 5 条所述框架结构在多遇地震作用下的抗震变形验算，即满足式(2.9)的要求，需计算楼层的弹性层间位移。多遇地震作用标准值产生的各楼层弹性层间位移 Δu_e 可按下式计算：

$$\Delta u_e = \frac{V_{eki}}{\sum D_i} \tag{2.18}$$

在按式(2.9)进行框架弹性层间位移验算时，应选择位移较大楼层或受力薄弱楼层。对于各层层高相同的规则均匀框架，位移较大楼层多位于底层或第二层。

2.5 水平荷载作用下框架内力计算

2.5.1 计算单元及计算方法

1. 计算单元的选取

框架结构是一个空间受力体系[图 2.9(a)]，但在工程设计中，一般都忽略结构横向和纵向之间的空间联系，忽略各构件的抗扭作用，将横向框架和纵向框架分别按平面框架进行分析[图 2.9(c)、(d)]。在水平荷载作用下，某一榀横向和纵向框架所承受的荷载范围为图2.9(b)中的阴影部分；而竖向荷载的负荷范围则需根据楼盖结构的布置方案确定。

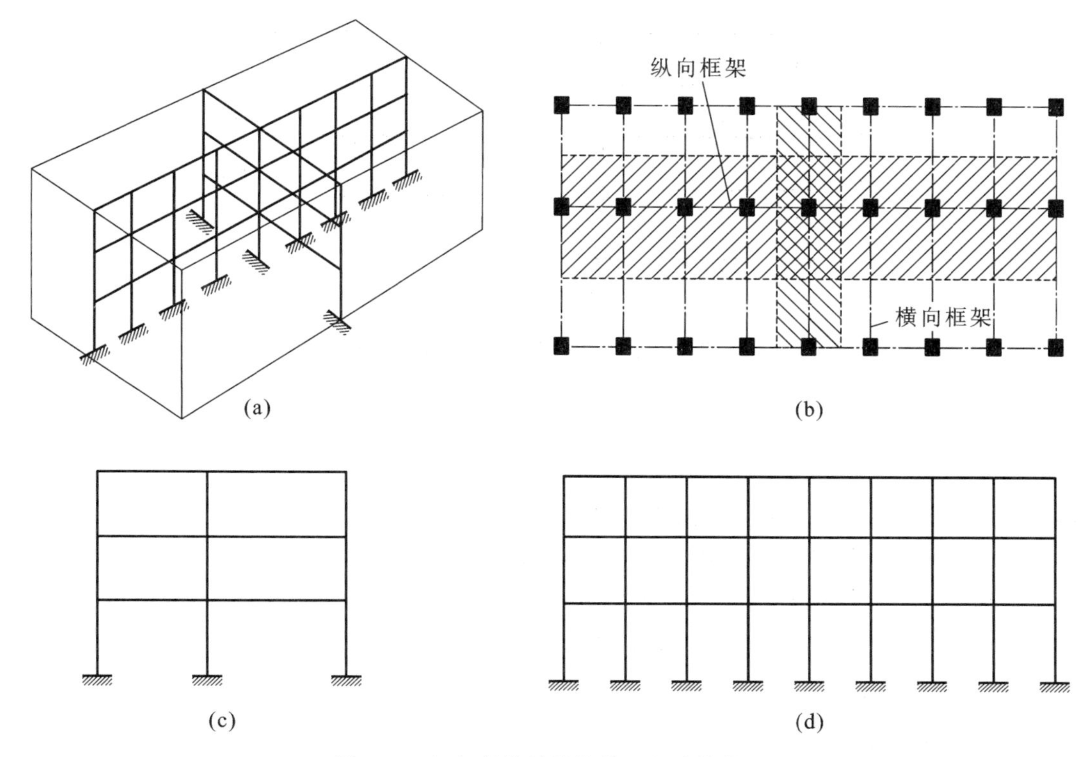

图 2.9　框架结构的计算单元和计算简图

在分析图 2.9 所示的各榀平面框架时，通常横向框架的刚度、间距和作用于其上的荷载均相同或有相同部分，可取中间有代表性的一榀横向框架作为计算单元，而纵向框架的间距和作用于其上的荷载往往各不相同，设计时应分别进行计算。本节以某一榀横向框架为例，介绍其内力的计算方法。

2. 计算方法的确定

风荷载或地震作用对框架结构的水平作用，一般都简化为作用于框架节点上的水平集中力。在水平集中力作用下框架结构内力计算的方法有反弯点法和 D 值法两种。

反弯点法首先假定梁与柱的线刚度之比为无限大，其次假定柱的反弯点高度为一定值，从而使框架结构在水平力作用下的内力计算大为简化，但这种方法的计算误差较大。

D 值法通过考虑梁柱线刚度之比、上下层横梁的线刚度之比、上下层层高的变化等因素，对柱抗侧刚度和反弯点高度的计算方法作了改进，提高了计算精度。改进后的柱抗侧刚度以符号 D 表示，故此方法称为 D 值法。本书仅介绍采用 D 值法计算框架内力的方法。

2.5.2　框架柱剪力和柱端弯矩标准值计算

1. 柱剪力标准值计算

框架结构在水平地震作用下，各楼层的层间总剪力标准值已按式(2.17) 确定；风荷载作用下楼层剪力标准值的计算与此相似，只需将作用于每层标高处的集中风荷载 F_i 之值代入即可。但对于所选取的计算单元中的每根柱，还需将总剪力在各柱之间分配，即计算各柱的剪力标准值。其剪力计算简图如图 2.10 所示，计算公式如下：

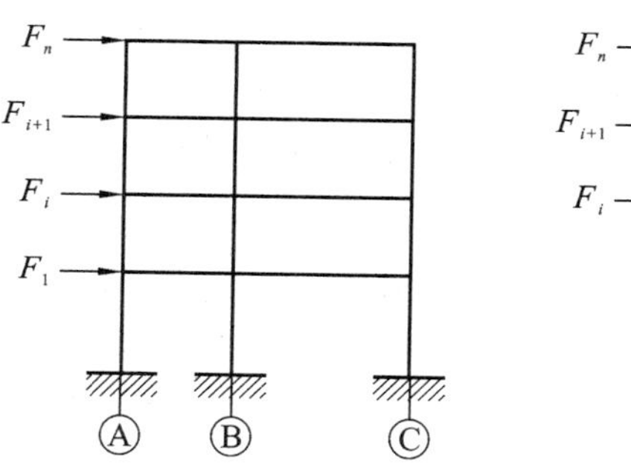

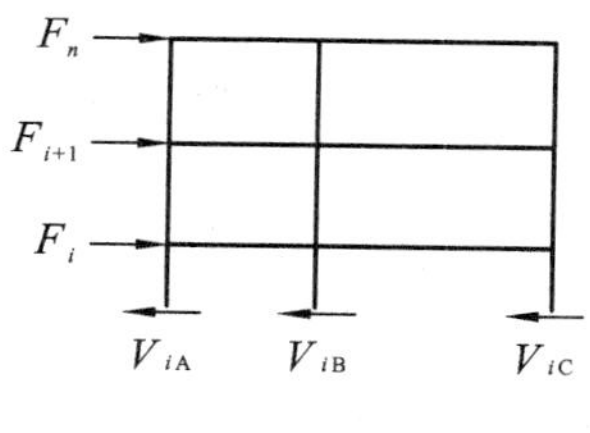

图 2.10　框架柱剪力计算简图

$$V_{ik} = \frac{D_{ik}}{\sum D_{ik}} V_i \tag{2.19}$$

式中　V_{ik}—— 第 i 层第 k 柱所承受的剪力，kN；

V_i—— 水平荷载在第 i 层所产生的层间总剪力，kN；

D_{ik}—— 第 i 层第 k 柱的抗侧刚度，kN/m；

$\sum D_{ik}$—— 第 i 层各柱的抗侧刚度之和，kN/m。

2. 柱的反弯点高度计算

柱的反弯点高度 yh 按下式计算，其计算简图如图 2.11 所示。

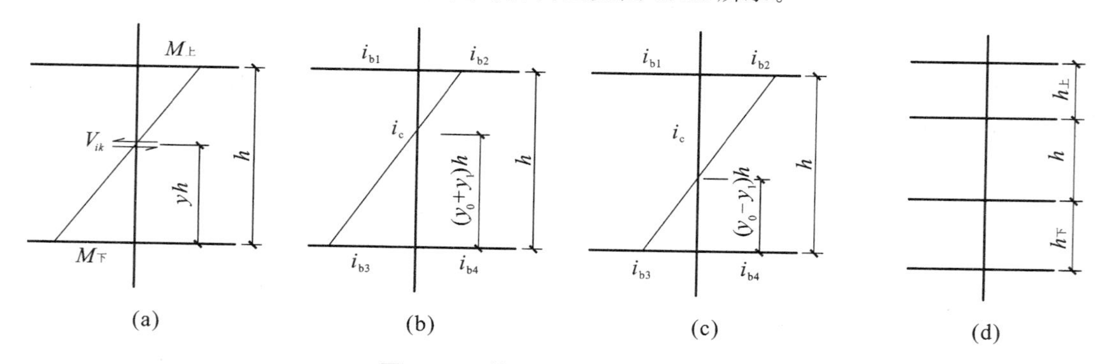

图 2.11　柱反弯点高度计算简图

(a) 柱端弯矩计算示意；(b) 反弯点上移示意；(c) 反弯点下移示意；(d) 上、下层层高影响示意

$$yh = (y_0 + y_1 + y_2 + y_3)h \tag{2.20}$$

式中　y_0—— 标准反弯点高度比，根据框架总层数 n、该柱所在层数 m、梁柱线刚度比 $\overline{K}$，风荷载作用下由表 2.11 查得，水平地震作用下由表 2.12 查得。

y_1—— 本层上、下梁线刚度不同时，反弯点高度比的修正值。当 $i_{b1} + i_{b2} < i_{b3} + i_{b4}$ 时，反弯点上移，令 $\alpha_1 = \dfrac{i_{b1} + i_{b2}}{i_{b3} + i_{b4}}$，根据 α_1 和梁柱线刚度比 $\overline{K}$ 由表 2.13 查得，y_1 取

正值[图 2.11(b)]；当 $i_{b1}+i_{b2}>i_{b3}+i_{b4}$ 时，反弯点下移，令 $\alpha_1=\dfrac{i_{b3}+i_{b4}}{i_{b1}+i_{b2}}$，根据 α_1 和梁柱线刚度比 $\overline{K}$ 仍由表 2.13 查得，y_1 取负值[图 2.11(c)]；α_1 总是小于 1，对于首层，不考虑 y_1 值。

y_2——上层层高 $h_{上}$ 与本层层高 h 不同时，反弯点高度比的修正值，根据 $\alpha_2=\dfrac{h_{上}}{h}$ 和梁柱线刚度比 $\overline{K}$ 由表 2.14 查得[图 2.11(d)]；对于顶层，不考虑 y_2 值。

y_3——下层层高 $h_{下}$ 与本层层高 h 不同时，反弯点高度比的修正值，根据 $\alpha_3=\dfrac{h_{下}}{h}$ 和梁柱线刚度比 $\overline{K}$ 仍由表 2.14 查得[图 2.11(d)]；对于首层，不考虑 y_3 值。

表 2.11　均布水平荷载作用下柱标准反弯点高度比 y_0（节选）

n	m	$\overline{K}$													
		0.1	0.2	0.3	0.4	0.5	0.6	0.7	0.8	0.9	1.0	2.0	3.0	4.0	5.0
1	1	0.80	0.75	0.70	0.65	0.65	0.60	0.60	0.60	0.60	0.55	0.55	0.55	0.55	0.55
2	2	0.45	0.40	0.35	0.35	0.35	0.35	0.40	0.40	0.40	0.40	0.45	0.45	0.45	0.45
	1	0.95	0.80	0.75	0.70	0.65	0.65	0.65	0.60	0.60	0.60	0.55	0.55	0.55	0.50
3	3	0.15	0.20	0.20	0.25	0.30	0.30	0.30	0.35	0.35	0.35	0.40	0.45	0.45	0.45
	2	0.55	0.50	0.45	0.45	0.45	0.45	0.45	0.45	0.45	0.45	0.45	0.50	0.50	0.50
	1	1.00	0.85	0.80	0.75	0.70	0.70	0.65	0.65	0.65	0.60	0.55	0.55	0.55	0.55
4	4	−0.05	0.05	0.15	0.20	0.25	0.30	0.30	0.35	0.35	0.35	0.40	0.45	0.45	0.45
	3	0.25	0.30	0.30	0.35	0.35	0.40	0.40	0.40	0.40	0.45	0.45	0.50	0.50	0.50
	2	0.65	0.55	0.50	0.50	0.45	0.45	0.45	0.45	0.45	0.45	0.50	0.50	0.50	0.50
	1	1.10	0.90	0.80	0.75	0.70	0.70	0.55	0.65	0.55	0.60	0.55	0.55	0.55	0.55
5	5	−0.20	0.00	0.15	0.20	0.25	0.30	0.30	0.30	0.35	0.35	0.40	0.45	0.45	0.45
	4	0.10	0.20	0.25	0.30	0.35	0.35	0.40	0.40	0.40	0.40	0.45	0.45	0.50	0.50
	3	0.40	0.40	0.40	0.40	0.40	0.45	0.45	0.45	0.45	0.45	0.50	0.50	0.50	0.50
	2	0.65	0.55	0.50	0.50	0.50	0.50	0.50	0.50	0.50	0.50	0.50	0.50	0.50	0.50
	1	1.20	0.95	0.80	0.75	0.75	0.70	0.70	0.65	0.65	0.65	0.55	0.55	0.55	0.55
6	6	−0.30	0.00	0.10	0.20	0.25	0.25	0.30	0.30	0.35	0.35	0.40	0.45	0.45	0.45
	5	0.00	0.20	0.25	0.30	0.35	0.35	0.40	0.40	0.40	0.40	0.45	0.45	0.50	0.50
	4	0.20	0.30	0.35	0.35	0.40	0.40	0.40	0.45	0.45	0.45	0.45	0.50	0.50	0.50
	3	0.40	0.40	0.40	0.45	0.45	0.45	0.45	0.45	0.45	0.45	0.50	0.50	0.50	0.50
	2	0.70	0.60	0.55	0.50	0.50	0.50	0.50	0.50	0.50	0.50	0.50	0.50	0.50	0.50
	1	1.20	0.95	0.85	0.80	0.75	0.70	0.70	0.65	0.65	0.65	0.55	0.55	0.55	0.55

注：n 为总层数；m 为所在楼层的位置；$\overline{K}$ 为平均线刚度比。

表 2.12　倒三角形水平荷载作用下柱标准反弯点高度比 y_0（节选）

n	m	$\overline{K}$													
		0.1	0.2	0.3	0.4	0.5	0.6	0.7	0.8	0.9	1.0	2.0	3.0	4.0	5.0
1	1	0.80	0.75	0.70	0.65	0.65	0.60	0.60	0.60	0.60	0.55	0.55	0.55	0.55	0.55
2	2	0.50	0.45	0.40	0.40	0.40	0.40	0.40	0.40	0.40	0.45	0.45	0.45	0.45	0.50
	1	1.00	0.85	0.75	0.70	0.70	0.65	0.65	0.65	0.60	0.60	0.55	0.55	0.55	0.55
3	3	0.25	0.25	0.25	0.30	0.30	0.35	0.35	0.35	0.40	0.40	0.45	0.45	0.55	0.50
	2	0.60	0.50	0.50	0.50	0.50	0.45	0.45	0.45	0.45	0.45	0.50	0.50	0.55	0.50
	1	1.15	0.90	0.80	0.75	0.75	0.70	0.70	0.65	0.65	0.65	0.60	0.55	0.55	0.55
4	4	0.10	0.15	0.20	0.25	0.30	0.30	0.35	0.35	0.35	0.40	0.45	0.45	0.45	0.45
	3	0.35	0.35	0.35	0.40	0.40	0.40	0.40	0.45	0.45	0.45	0.45	0.50	0.50	0.50
	2	0.70	0.60	0.55	0.50	0.50	0.50	0.50	0.50	0.50	0.50	0.50	0.50	0.50	0.50
	1	1.20	0.95	0.85	0.80	0.75	0.70	0.70	0.70	0.65	0.65	0.55	0.55	0.55	0.50
5	5	−0.05	0.10	0.20	0.25	0.30	0.30	0.35	0.35	0.35	0.35	0.40	0.45	0.45	0.45
	4	0.20	0.25	0.35	0.35	0.40	0.40	0.40	0.40	0.40	0.45	0.45	0.50	0.50	0.50
	3	0.45	0.40	0.45	0.45	0.45	0.45	0.45	0.45	0.45	0.45	0.50	0.50	0.50	0.50
	2	0.75	0.60	0.55	0.55	0.50	0.50	0.50	0.50	0.50	0.50	0.50	0.50	0.50	0.50
	1	1.30	1.00	0.85	0.80	0.75	0.70	0.70	0.65	0.65	0.65	0.65	0.55	0.55	0.55
6	6	−0.15	0.05	0.15	0.20	0.25	0.30	0.30	0.35	0.35	0.35	0.40	0.45	0.45	0.45
	5	0.10	0.25	0.30	0.35	0.35	0.40	0.40	0.40	0.45	0.45	0.45	0.50	0.50	0.50
	4	0.30	0.35	0.40	0.40	0.45	0.45	0.45	0.45	0.45	0.45	0.50	0.50	0.50	0.50
	3	0.50	0.45	0.45	0.45	0.45	0.45	0.45	0.45	0.45	0.50	0.50	0.50	0.50	0.50
	2	0.80	0.65	0.55	0.55	0.55	0.55	0.50	0.50	0.50	0.50	0.50	0.50	0.50	0.50
	1	1.30	1.00	0.85	0.80	0.75	0.70	0.70	0.65	0.65	0.65	0.60	0.55	0.55	0.55

注：n 为总层数；m 为所在楼层的位置；$\overline{K}$ 为平均线刚度比。

表 2.13　上下层梁线刚度比对 y_0 的修正值 y_1

α_1	$\overline{K}$													
	0.1	0.2	0.3	0.4	0.5	0.6	0.7	0.8	0.9	1.0	2.0	3.0	4.0	5.0
0.4	0.55	0.40	0.30	0.25	0.20	0.20	0.20	0.15	0.15	0.15	0.05	0.05	0.05	0.05
0.5	0.45	0.30	0.20	0.20	0.15	0.15	0.15	0.10	0.10	0.10	0.05	0.05	0.05	0.05
0.6	0.30	0.20	0.15	0.15	0.10	0.10	0.10	0.10	0.05	0.05	0.05	0.05	0	0
0.7	0.20	0.15	0.10	0.10	0.10	0.10	0.05	0.05	0.05	0.05	0.05	0	0	0
0.8	0.15	0.10	0.05	0.05	0.05	0.05	0.05	0.05	0.05	0	0	0	0	0
0.9	0.05	0.05	0.05	0.05	0	0	0	0	0	0	0	0	0	0

表 2.14　上下层层高变化对 y_0 的修正值 y_2 和 y_3

α_2	α_3	$\overline{K}$													
		0.1	0.2	0.3	0.4	0.5	0.6	0.7	0.8	0.9	1.0	2.0	3.0	4.0	5.0
2.0		0.25	0.15	0.15	0.10	0.10	0.10	0.10	0.10	0.05	0.05	0.05	0.05	0.0	0.0
1.8		0.20	0.15	0.10	0.10	0.10	0.05	0.05	0.05	0.05	0.05	0.05	0.0	0.0	0.0
1.6	0.4	0.15	0.10	0.10	0.05	0.05	0.05	0.05	0.05	0.05	0.05	0.05	0.0	0.0	0.0
1.4	0.6	0.10	0.05	0.05	0.05	0.05	0.05	0.05	0.05	0.05	0.0	0.0	0.0	0.0	0.0
1.2	0.8	0.05	0.05	0.05	0.0	0.0	0.0	0.0	0.0	0.0	0.0	0.0	0.0	0.0	0.0
1.0	1.0	0.0	0.0	0.0	0.0	0.0	0.0	0.0	0.0	0.0	0.0	0.0	0.0	0.0	0.0
0.8	1.2	−0.05	−0.05	−0.05	0.0	0.0	0.0	0.0	0.0	0.0	0.0	0.0	0.0	0.0	0.0
0.6	1.4	−0.10	−0.05	−0.05	−0.05	−0.05	−0.05	−0.05	−0.05	−0.05	−0.05	0.0	0.0	0.0	0.0
0.4	1.6	−0.15	−0.10	−0.10	−0.05	−0.05	−0.05	−0.05	−0.05	−0.05	−0.05	0.0	0.0	0.0	0.0
	1.8	−0.20	−0.15	−0.10	−0.10	−0.10	−0.05	−0.05	−0.05	−0.05	−0.05	−0.05	0.0	0.0	0.0
	2.0	−0.25	−0.15	−0.15	−0.10	−0.10	−0.10	−0.10	−0.05	−0.05	−0.05	−0.05	−0.05	0.0	0.0

3. 柱端弯矩标准值计算

根据各柱的剪力和反弯点位置即可按下列公式计算柱上、下端的弯矩标准值，如图 2.11(a) 所示：

$$M_{下} = V_{ik} \cdot yh \tag{2.21}$$

$$M_{上} = V_{ik} \cdot (1-y)h \tag{2.22}$$

2.5.3　框架梁端弯矩、剪力和柱轴力标准值计算

1. 梁端弯矩标准值计算

梁端弯矩标准值，可根据柱端弯矩标准值由节点弯矩平衡条件求得，节点左、右梁端的弯矩按各自线刚度进行分配。边节点、中间节点处的梁端弯矩计算简图如图 2.12 所示，计算公式如下。

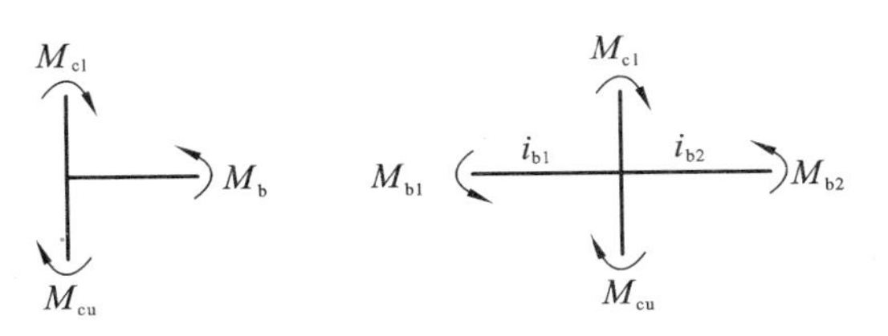

图 2.12　边节点、中间节点弯矩计算简图

边节点：

$$M_b = M_{c1} + M_{cu} \tag{2.23}$$

中间节点：

$$M_{b1} = \frac{i_{b1}}{i_{b1} + i_{b2}}(M_{c1} + M_{cu}) \tag{2.24}$$

$$M_{b2} = \frac{i_{b2}}{i_{b1} + i_{b2}}(M_{c1} + M_{cu}) \tag{2.25}$$

式中　M_{c1}，M_{cu}——节点处上、下柱的柱端弯矩，kN·m；

M_b——边节点处的梁端弯矩，kN·m；

M_{b1}，M_{b2}——中间节点处左、右梁的梁端弯矩，kN·m。

2. 梁端剪力标准值计算

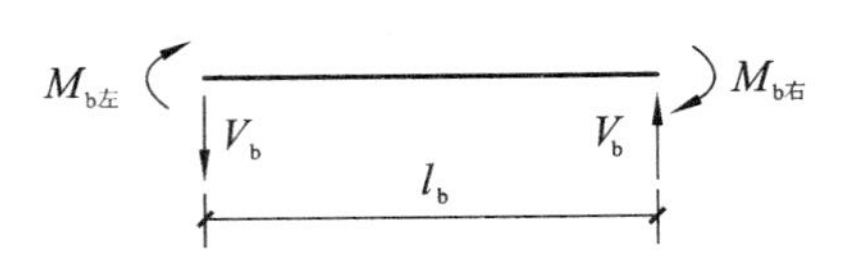

图 2.13　梁端剪力计算简图

在求得梁端弯矩标准值之后，以每根梁为隔离体，由杆件平衡条件即可求得梁的剪力标准值。梁端剪力计算简图如图 2.13 所示，计算公式如下。

$$V_b = \frac{M_{b左} + M_{b右}}{l_b} \tag{2.26}$$

式中　V_b—— 某根梁的剪力，kN；

$M_{b左}$，$M_{b右}$—— 某根梁左、右两端的弯矩，kN·m；

l_b—— 某根梁的计算长度，m。

3. 柱轴力标准值计算

柱轴力标准值，可根据梁端剪力标准值由节点力的平衡条件求得。计算时，可从顶层边节点、中间节点开始，自上而下逐层进行叠加。顶层、其下一层柱轴力的计算简图如图 2.14 所示。

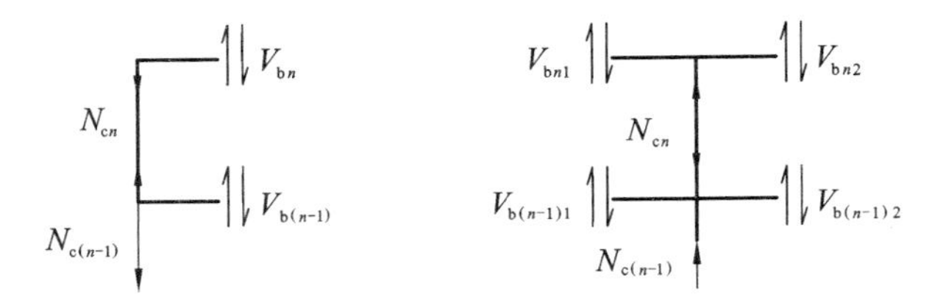

图 2.14　边节点、中间节点柱轴力计算简图

框架柱的轴力规定以承受压力为正、拉力为负，计算公式如下。

边节点：

$$\left.\begin{aligned} N_{cn} &= V_{bn} \\ N_{c(n-1)} &= N_{cn} + V_{b(n-1)} \end{aligned}\right\} \tag{2.27}$$

中间节点：

$$\left.\begin{aligned} N_{cn} &= V_{bn1} - V_{bn2} \\ N_{c(n-1)} &= N_{cn} + [V_{b(n-1)1} - V_{b(n-1)2}] \end{aligned}\right\} \tag{2.28}$$

式中　N_{cn}，$N_{c(n-1)}$—— 顶层、其下一层柱的轴力，kN；

V_{bn}，$V_{b(n-1)}$—— 顶层、其下一层边节点处梁的剪力，kN；

V_{bn1}，$V_{b(n-1)1}$—— 顶层、其下一层中间节点处左侧梁的剪力，kN；

V_{bn2}，$V_{b(n-1)2}$—— 顶层、其下一层中间节点处右侧梁的剪力，kN。

2.5.4　水平荷载作用下框架内力图的绘制

完成框架结构在风荷载或水平地震作用下的内力计算后，宜绘制相应的框架内力图，并在内力图上标明各内力的数值，以便于后面的设计计算。水平荷载作用下，框架柱剪力图的形状如图 2.15 所示，框架梁、柱弯矩图的形状如图 2.16 所示，框架各梁端剪力和柱轴力图的形状如图 2.17 所示。

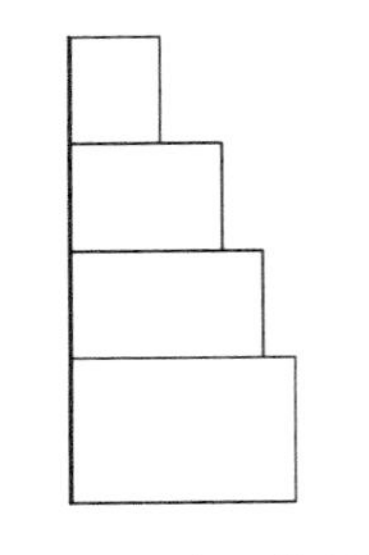

图 2.15　水平荷载作用下柱剪力示意图

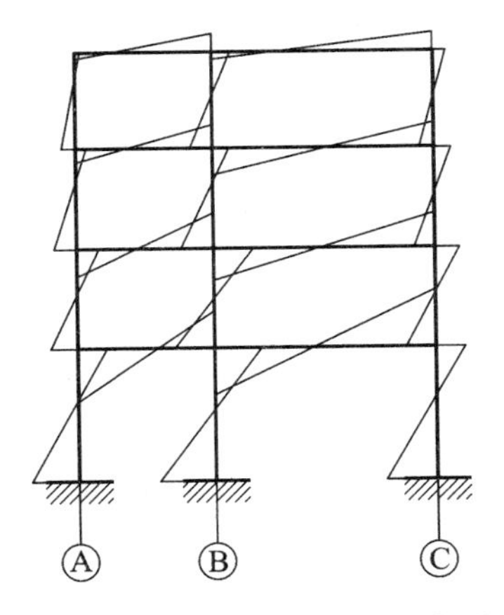

图 2.16　框架梁、柱弯矩示意图

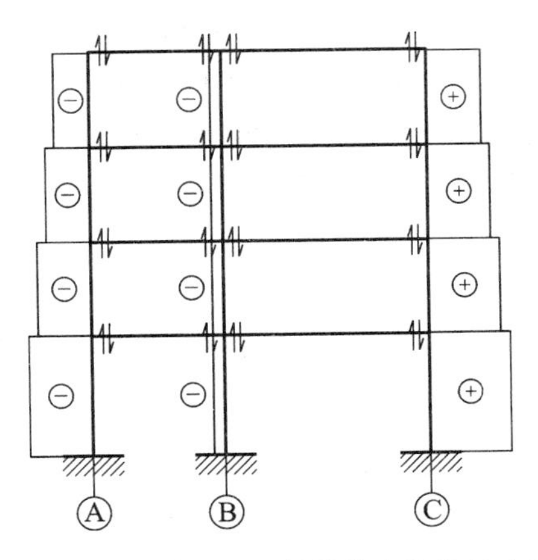

图 2.17　水平荷载作用下梁端剪力和柱轴力示意图

2.6　竖向荷载作用下框架内力计算

2.6.1　计算单元及计算方法

1. 计算单元的选取

前面 2.5 节中已说明，在进行框架内力计算时，一般将横向框架和纵向框架分别按平面框架进行分析(图 2.9)。竖向荷载作用下的内力计算单元，应与水平荷载作用下内力计算时选取同一榀框架。本节仍以某一榀横向框架为例，介绍其内力的计算方法。

2. 计算方法的确定

在进行竖向荷载作用下框架结构的内力分析时，一般不考虑框架侧移的影响，其计算方法通常可采用分层法或弯矩二次分配法。

分层法是把每层框架梁及与其相连的上、下层框架柱作为一个独立的计算单元，柱的远端按固定端考虑，先分别计算各独立单元在各自竖向荷载作用下的内力，然后叠加得到多层竖向荷载共同作用下的框架内力，计算中需采取一些修正措施以减小误差。这种方法一般用于高层或多跨框架。

弯矩二次分配法是先计算出各层框架梁在竖向荷载作用下的固端弯矩；然后将各节点的不平衡弯矩按梁、柱的转动刚度同时向梁、柱进行分配，并将此分配弯矩传递一次；而后对各节点的不平衡弯矩再作第二次分配；最后，将各杆端的固端弯矩、分配弯矩、传递弯矩相加，即得到各杆端弯矩。弯矩二次分配法也是一种近似计算方法，其计算精度比分层法稍高，已能满足工程需要。本书仅介绍采用弯矩二次分配法计算框架内力的方法。

2.6.2　永久荷载标准值作用下框架内力计算

1. 横向框架上永久荷载标准值计算

(1) 框架梁上永久荷载标准值计算

直接作用或由楼板传递到横向框架梁上的永久(自重) 荷载，根据结构平面布置的不同而不同。结构平面布置大致有以下几种情况。① 横向框架承重：横向框架梁为主梁，次梁沿纵向，楼板为单向板。② 纵向框架承重：纵向框架梁为主梁，次梁沿横向，楼板为单向板。③ 纵横双向框架承重：纵横两向框架梁均为主梁，楼板为双向板。④ 横向框架承重为主：横向框架梁为主梁，次梁沿纵向，但楼板为双向板。⑤ 纵向框架承重为主：纵向框架梁为主梁，次梁沿横向，但楼板为双向板。

对于上述第 ② 种纵向框架承重的情况，因自重荷载绝大部分作用于纵向框架梁，横向框架梁上的荷载很小，故不作为计算单元分析其内力。本书将分别分析其余四种情况下横向框架梁上的自重荷载。

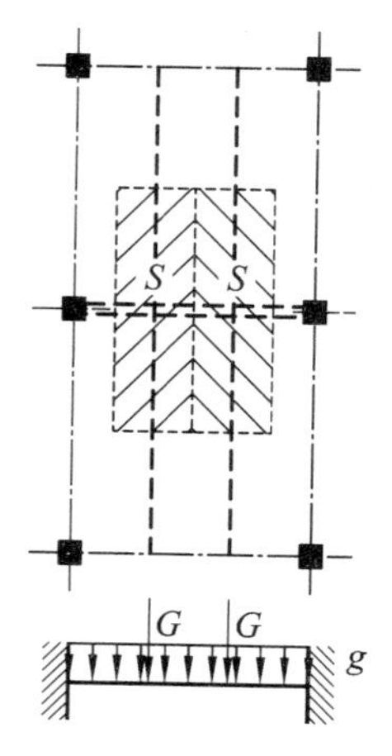

图 2.18　框架梁荷载计算简图 1

至于四边支承的现浇板对单向板和双向板的划分，应根据板的长边尺寸 l_2 与短边尺寸 l_1 的比值确定。在《混凝土结构设计规范》中规定：当$\frac{l_2}{l_1}\leqslant 2$时，应按双向板计算；当$2<\frac{l_2}{l_1}<3$时，宜按双向板计算；当$\frac{l_2}{l_1}\geqslant 3$时，宜按单向板计算。

在计算作用于框架梁上的分布荷载或集中力时，其计算数据均可采用 2.3.1 节永久荷载标准值计算中的相关数据。

① 横向框架承重且楼板为单向板

横向框架承重且楼板为单向板时，板和梁上所承受的自重荷载情况如图 2.18 所示。

梁上均布荷载(kN/m)：

$$g = \text{框架梁自重} + \text{梁上墙体自重}$$

次梁传来集中力(kN)：

$$G = (\text{屋盖或楼盖自重} + \text{顶棚装饰自重}) \times \text{框架梁负荷面积 } S + \text{次梁自重}$$

说明：a. 计算梁上均布荷载 g 时，框架梁自重应取净高，并包括梁两侧抹灰（以下计算相同）；梁上墙体自重应包括装饰层自重；若墙体非满跨布置，可近似取其平均值 $g=\frac{\text{墙体总重}}{\text{梁跨长}}$（以下计算相同）。

b. 计算次梁传来集中力 G 时，次梁自重的梁高取净高，梁长取净长，并包括梁两侧抹灰；若次梁上有墙，墙体及其装饰层自重亦应包括在内（以下计算相同）。

② 纵横双向框架承重且楼板为双向板

纵横双向框架承重且楼板为双向板时，板和梁上所承受的自重荷载情况如图 2.19 所示。

梁上均布荷载：

$$g = \text{框架梁自重} + \text{梁上墙体自重} + S\text{ 范围内(屋盖或楼盖自重} + \text{顶棚装饰自重)折算的等效均布荷载}$$

③ 横向框架承重为主且楼板为双向板

横向框架梁为主梁，次梁沿纵向，但楼板为双向板时，板和梁上所承受的自重荷载情况如图 2.20 所示。

梁上均布荷载：

$$g = \text{框架梁自重} + \text{梁上墙体自重} + S_1\text{ 范围内(屋盖或楼盖自重} + \text{顶棚装饰自重)折算的等效均布荷载}$$

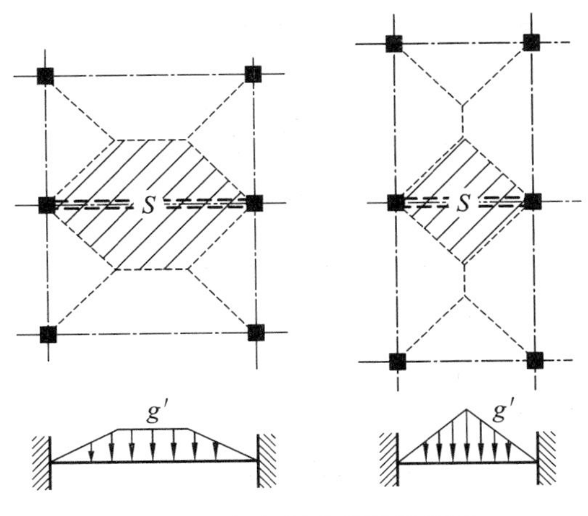

图 2.19 框架梁荷载计算简图 2

次梁传来集中力：

$G=$（屋盖或楼盖自重＋顶棚装饰自重）×次梁负荷面积 S_2＋次梁自重

④ 纵向框架承重为主且楼板为双向板

纵向框架梁为主梁，次梁沿横向，但楼板为双向板时，板和梁上所承受的自重荷载情况如图 2.21 所示。

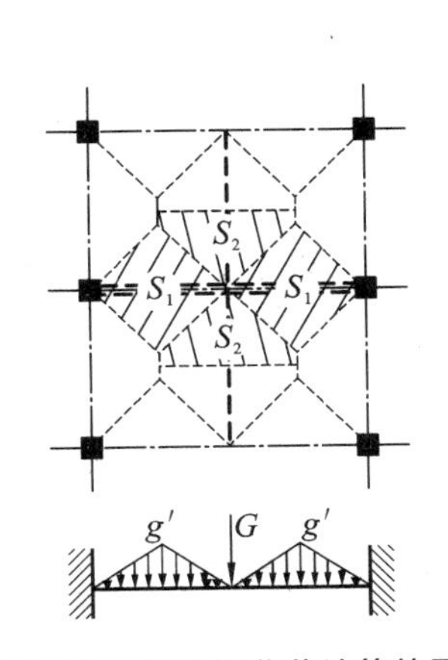

图 2.20 框架梁荷载计算简图 3

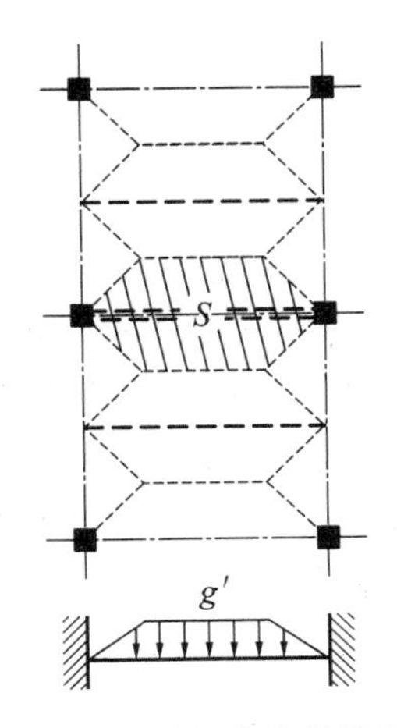

图 2.21 框架梁荷载计算简图 4

梁上均布荷载：

$g=$ 框架梁自重＋梁上墙体自重＋S 范围内（屋盖或楼盖自重＋顶棚装饰自重）折算的等效均布荷载

各种情况下的双向板，均需计算支承梁的等效均布荷载。当双向板上的分布荷载向四边支承梁传递时，一般可以角平分线为界，分别传至相应两侧的梁上。因此，短边支承梁承受三角形分布荷载，长边支承梁承受梯形分布荷载，如图 2.22 所示。两种分布荷载可按下列公式换算成等效均布荷载 q_e。

三角形荷载作用时：

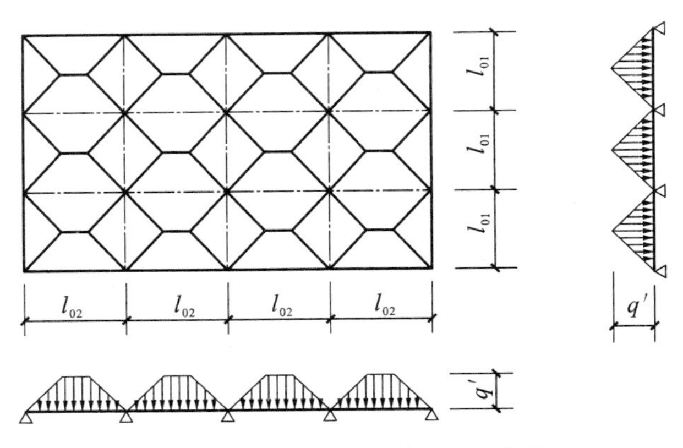

图 2.22　双向板支承梁承受的荷载简图

$$q_e = \left(\frac{5}{8}\right)q' \tag{2.29}$$

梯形荷载作用时：

$$q_e = (1 - 2\alpha^2 + \alpha^3)q' \tag{2.30}$$

式中　q'—— 作用在支承梁上的三角形或梯形分布荷载的最大值，$q' = q \times \frac{l_{01}}{2}$，kN/m；

q—— 双向板上的均布永久（自重）荷载 g 或均布可变荷载 p，kN/m^2；

α—— 系数，$\alpha = \frac{l_{01}}{2l_{02}}$；

l_{01}，l_{02}—— 双向板短跨、长跨的计算跨度，m。

（2）框架柱上永久荷载标准值计算

① 纵向梁传来的集中力 G_1

在计算纵向梁传至框架柱上的集中力时，可将纵向梁视为简支梁，求得该简支梁的支座反力，其反作用力即为作用于柱上的集中力。多数情况下，此集中力计算如下。

纵向梁传来的集中力：

G_1 =（纵向梁自重 + 梁上墙体自重）× 纵向梁负荷长度 L +（屋盖或楼盖自重 + 顶棚装饰自重）× 纵向梁负荷面积 S

说明：计算纵向梁自重时，梁高取净高，计算结果包括梁两侧抹灰；计算梁上墙体自重时，计算结果应包括装饰层自重。

在确定纵向梁的负荷面积 S 时，其计算原则是：在横向框架梁计算单元面积内，凡由楼板直接传至该框架梁或由次梁传至该框架梁上的荷载，均不应再考虑；其余面积内楼板上的分布荷载可将其分别传至与板相连的纵向梁上。

② 各层柱自重 G_2

计算各层柱自重 G_2 时，计算结果应包括混凝土框架柱自重和柱表面装饰层的自重。

2. 永久荷载标准值作用下框架梁、柱端弯矩计算

采用弯矩分配法计算框架梁、柱端弯矩的主要步骤是：计算节点各杆件的弯矩分配系数；计算梁的固端弯矩；对节点不平衡弯矩进行分配、传递、再分配；各弯矩代数和相加后得到杆端的最终弯矩。

(1) 荷载及计算简图

将上述各种结构平面布置时计算所得的永久(自重)荷载标准值绘制在框架计算简图上,并可对各节点进行编号,以方便计算,如图 2.23(a)、(c) 所示。若框架结构对称、荷载对称,且为奇数跨,可简化为半边结构进行计算,对称轴处的截面可取为滑动支座,如图 2.23(b)、(c) 所示。

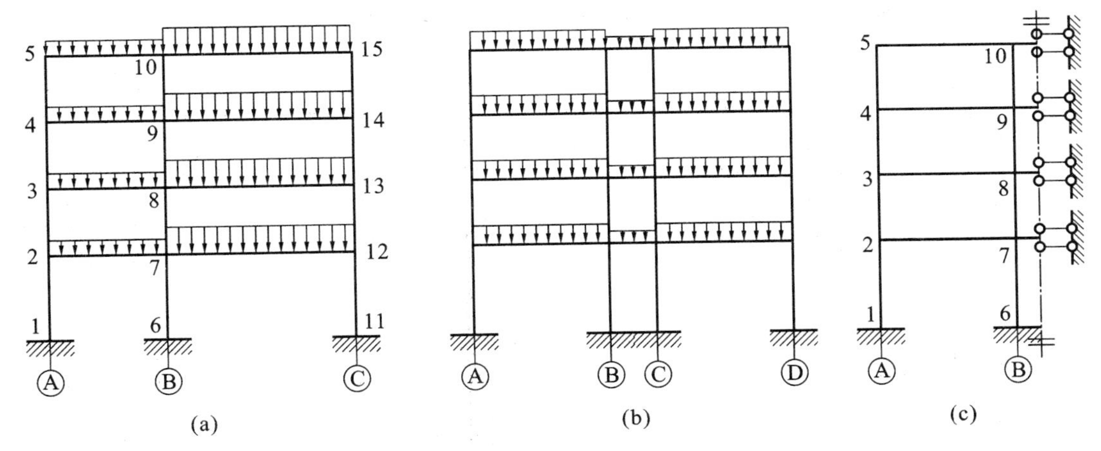

图 2.23　永久(自重)荷载标准值作用下框架弯矩计算简图示例

(a) 两跨不等跨计算简图;(b) 三跨对称计算简图;(c) 三跨对称简化计算简图

(2) 弯矩分配系数计算

① 梁、柱转动刚度 S 及相对转动刚度 S'

杆件转动刚度是指杆端产生单位转角时所需施加的力矩,它体现杆端对转动的抵抗能力。如 AB 杆 A 端的转动刚度用 S_{AB} 表示,它表示 A 点是施力端,B 点为远端。当远端为不同支承情况时,S_{AB} 的数值也不相同。对于现浇钢筋混凝土框架结构,各个节点均为刚性连接,各杆件均按固定支承考虑,故梁、柱转动刚度有以下两种情况:

当远端 B 为固定支座时,AB 杆 A 端的转动刚度为:$S_{AB}=4\left(\dfrac{EI}{l}\right)=4i_{AB}$;

当远端 B 简化为滑动支座时,AB 杆 A 端的转动刚度为:$S_{AB}=2\left(\dfrac{EI}{l}\right)=2i_{AB}$。

在对框架各杆件进行转动刚度计算时,为使后面的弯矩分配计算简便,往往计算其相对转动刚度 S'。若将框架结构中某杆件的转动刚度设为基数 1,其他各杆件与其的比值,即为相对转动刚度 S'。

② 弯矩分配系数

作用于框架节点的弯矩由汇交于该节点的各杆件共同承担,各杆端所承担的弯矩按其弯矩分配系数进行分配。弯矩分配系数则由其转动刚度的大小所决定,应按下式计算:

$$\mu_{ik}=\frac{S'_{ik}}{\sum S'_{ik}} \tag{2.31}$$

式中　μ_{ik},S'_{ik}—— 节点 i 第 k 根杆件的弯矩分配系数、相对转动刚度。

汇交于同一节点各杆件的弯矩分配系数之和应等于 1,体现了节点的平衡条件。

(3) 梁固端弯矩计算

现浇混凝土框架梁大多都是等截面超静定梁,对由各种荷载作用引起的等截面单跨超静定梁的固端弯矩计算式,可以从《静力计算手册》或《结构力学》教材的相应计算表中查得。计算中应注意,对弯矩正负号的规定是:对于杆端弯矩,顺时针方向转动的为正弯矩;逆时针方向转动的为负弯矩。

(4) 弯矩分配与传递、杆端弯矩计算

现以图 2.24 所示的框架为例,说明弯矩二次分配与传递的计算过程。

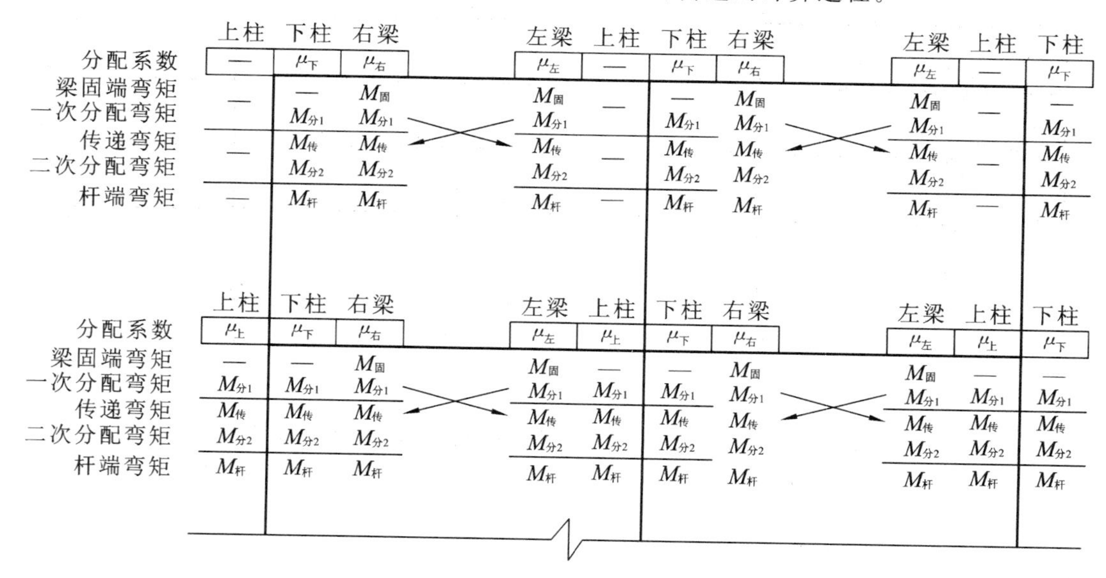

图 2.24　弯矩二次分配与传递过程示意图

① 首先将各节点的弯矩分配系数填写在节点上方相应的方框内,并将各梁固端弯矩的数值连同其正负号填写在框架梁两端的相应位置上。

② 第一次弯矩分配。将各节点的不平衡弯矩,反向改变其正负号,根据该节点各杆件的弯矩分配系数分配到各杆端,即“反号分配”。

③ 弯矩传递。将各杆端所分配到的弯矩向其远端进行传递,传递弯矩不改变正负号。传递系数是:远端为固定支座时传递系数为 0.5,远端为滑动支座时传递系数为 −1。

④ 第二次弯矩分配。对由弯矩传递引起的节点不平衡弯矩,进行第二次“反号分配”。

⑤ 将每一杆端的上述四项弯矩进行代数和相加,即得到该杆端的最终弯矩。每个节点上,各杆端的最终弯矩应平衡。

上述计算过程也可用下式表示:

节点第一次平衡:{ 梁固端弯矩
　　　　　　　　{ + 第一次分配弯矩(将节点不平衡弯矩反号分配)

节点第二次平衡:{ + 传递弯矩(传递系数 0.5,不变号)
　　　　　　　　{ + 第二次分配弯矩(将节点不平衡弯矩反号分配)

= 杆端最终弯矩

(5) 梁端弯矩的调幅

由于框架梁端的负弯矩较大,梁上部配筋较多而不便施工,考虑到超静定的框架梁具有塑性内力重分布的性质，为提高结构延性并便于施工，通常可对自重荷载作用下的梁端负弯矩进行调幅。调幅系数可取 0.8 ～ 0.9，当跨中弯矩较小时可取 0.8，当跨中弯矩较大或有集中力作用时，可取 0.9。梁端弯矩调幅后，还可以提高柱的安全储备，以体现“强柱弱梁”的框架设计原则。

3. 永久荷载标准值作用下框架梁端剪力、跨中弯矩和柱轴力、剪力计算

(1) 梁端剪力、跨中弯矩计算

在对梁端弯矩调幅后，从框架中截取梁为隔离体，根据静力平衡条件，按调幅后梁端弯矩以及作用于梁上的相应荷载，即可求得梁端剪力及跨中最大弯矩（或跨中点弯矩）的标准值。

(2) 柱轴力计算

永久荷载作用下，框架柱的轴力应由节点力的平衡条件求得。对于某层柱顶的轴力，应为以下三项力之和：① 该层上一层的柱底轴力；② 本层与柱相连的梁端剪力，对于中柱，应为柱左、右两侧的梁端剪力之和；③ 纵向梁传至该层柱的集中力。对于某层柱底的轴力，应为该层柱顶轴力与本层柱自重之和。计算时，可从顶层节点开始，自上而下依次进行叠加。

(3) 柱剪力计算

计算柱剪力时，可从框架中截取柱为隔离体，根据静力平衡条件，按该柱上、下端弯矩即可求得柱剪力的标准值。

4. 永久荷载标准值作用下框架内力图的绘制

根据以上框架结构的内力计算结果，可绘制相应的内力图，并在内力图上标明各内力的数值，以便于后面的设计计算。在永久荷载标准值作用下，框架梁、柱弯矩图的形状如图 2.25 所示，调幅后的梁端弯矩值和相应的跨中弯矩值可用括号表示；框架各梁端剪力和柱轴力图的形状如图 2.26 所示。

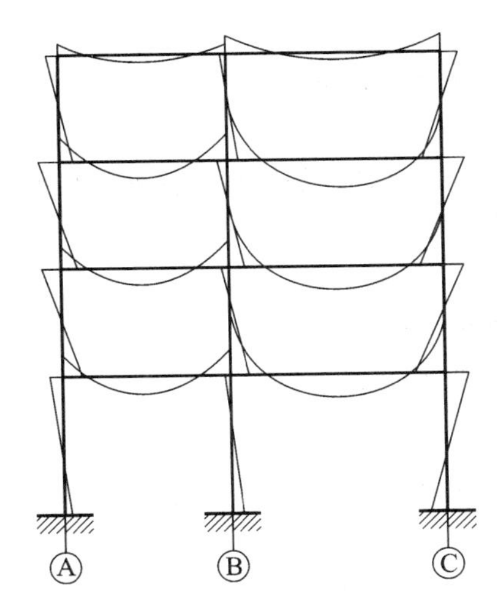

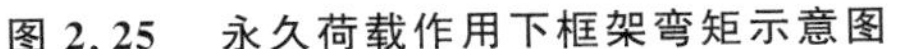
图 2.25 永久荷载作用下框架弯矩示意图

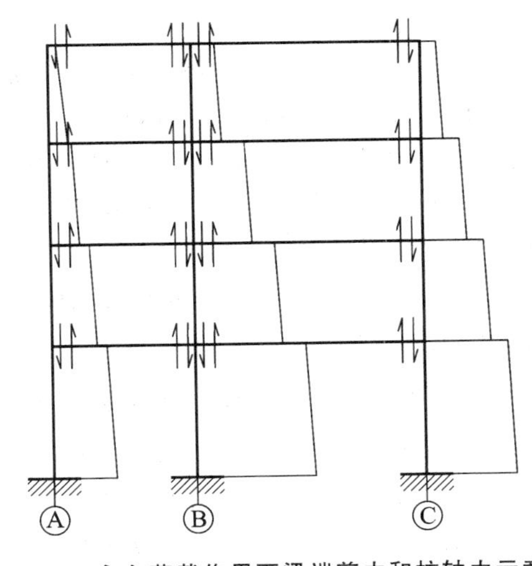

图 2.26 永久荷载作用下梁端剪力和柱轴力示意图

2.6.3 可变荷载标准值作用下框架内力计算

1. 横向框架上可变荷载标准值计算

作用于框架结构上的竖向可变荷载包括屋面活荷载或雪荷载，以及楼面活荷载。其中，屋

面活荷载和雪荷载不同时考虑，非抗震设计时取两者中的较大值，抗震设计时仅考虑雪荷载而不考虑屋面活荷载。设计时应根据具体情况确定。

（1）框架梁上可变荷载标准值计算

与 2.6.2 节中的计算相似，由楼板传递到横向框架梁上的可变荷载，也随着结构平面布置的不同而不同。现仍分别分析以下四种情况布置下横向框架梁所承受的可变荷载。

① 横向框架承重且楼板为单向板

横向框架承重且楼板为单向板时，板和梁上所承受的可变荷载情况如图 2.18 所示。

次梁传来集中力(kN)：

$$P = \text{可变荷载标准值} \times \text{框架梁负荷面积} S$$

② 纵横双向框架承重且楼板为双向板

纵横双向框架承重且楼板为双向板时，板和梁上所承受的可变荷载情况如图 2.19 所示。

梁上均布荷载(kN/m)：

$$p = S \text{范围内的可变荷载标准值折算的等效均布荷载}$$

③ 横向框架承重为主且楼板为双向板

横向框架承重为主且楼板为双向板时，板和梁上所承受的可变荷载情况如图 2.20 所示。

梁上均布荷载(kN/m)：

$$p = S_1 \text{范围内的可变荷载标准值折算的等效均布荷载}$$

次梁传来集中力(kN)：

$$P = \text{可变荷载标准值} \times \text{框架梁负荷面积} S_2$$

④ 纵向框架承重为主且楼板为双向板

纵向框架承重为主且楼板为双向板时，板和梁上所承受的可变荷载情况如图 2.21 所示。

梁上均布荷载(kN/m)：

$$p = S \text{范围内的可变荷载标准值折算的等效均布荷载}$$

（2）框架柱上可变荷载标准值计算

与 2.6.2 节中的计算相似，在计算由可变荷载产生并通过纵向梁传至框架柱上的集中力时，也可将纵向梁视为简支梁，一般情况下，此集中力计算如下。

纵向梁传来集中力(kN)：

$$P = \text{可变荷载标准值} \times \text{纵向梁负荷面积} S$$

此处，纵向梁的负荷面积 S 与 2.6.2 节中所计算的数值相同。

2. 可变荷载标准值作用下框架梁、柱端弯矩计算

（1）荷载及计算简图：将上述计算所得的可变荷载标准值绘制在框架计算简图上。

（2）弯矩分配系数：可直接采用 2.6.2 节中计算所得数据。

（3）梁固端弯矩计算：其计算方法与 2.6.2 节中的计算方法相同。

（4）弯矩分配与传递、杆端弯矩计算：其计算方法与 2.6.2 节中的计算方法相同。

（5）梁端弯矩的调幅：调幅系数可取 0.8～0.9。

3. 可变荷载标准值作用下框架梁端剪力、跨中弯矩和柱轴力、剪力计算

（1）梁端剪力、跨中弯矩计算：其计算方法与 2.6.2 节中的计算方法相同。

（2）柱轴力计算：在可变荷载作用下，框架各层柱顶与柱底的轴力值相等，其计算方法与

2.6.2 节中的计算方法相同。

(3) 柱剪力计算：其计算方法与 2.6.2 节中的计算方法相同。

4. 可变荷载标准值作用下框架内力图的绘制

根据以上框架结构的内力计算结果，可绘制相应的内力图。绘图内容有：框架梁、柱弯矩图，该弯矩图的形状与图 2.25 相似，调幅后的梁端弯矩和相应的跨中弯矩值亦可用括号表示；框架各梁端剪力和柱轴力图，该图的形状与图 2.26 相似，但各层各柱轴力在本层范围内数值不变，即柱上下端轴力相等。

2.7 框架内力组合

2.7.1 作用基本组合原则

1. 持久设计状况时

(1) 设计表达式

持久设计状况时，即结构使用时的正常情况，对于承载能力极限状态，应采用作用的基本组合计算作用组合效应的设计值，并应采用下列设计表达式进行设计：

$$\gamma_0 S_d \leqslant R_d \tag{2.32}$$

式中 γ_0——结构重要性系数，对安全等级为一级或设计使用年限为 100 年及以上的结构构件，不应小于 1.1；对安全等级为二级或设计使用年限为 50 年的结构构件，不应小于 1.0；对于地震设计状况时，应取 1.0。

S_d——作用组合的效应设计值，对持久设计状况应按作用的基本组合计算，对地震设计状况应按作用的地震组合计算。

R_d——结构构件抗力的设计值。

(2) 作用基本组合的效应设计值

当作用与作用效应按线性关系考虑时，作用基本组合的效应设计值，应按下式中最不利值进行计算：

$$S = \sum_{j=1}^{m} \gamma_{Gj} S_{Gjk} + \gamma_P S_P + \gamma_{Q1} \gamma_{L1} S_{Q1k} + \sum_{i=2}^{n} \gamma_{Qi} \gamma_{Li} \psi_{Ci} S_{Qik} \tag{2.33}$$

式中 γ_{Gj}——第 j 个永久作用的分项系数，当永久作用效应对结构不利时，应取 1.3；当永久作用效应对结构有利时，不应大于 1.0。

γ_{Qi}——第 i 个可变作用的分项系数，其中 γ_{Q1} 为主导可变作用 Q_1 的分项系数，一般情况应取 1.5，对于标准值大于 4 kN/m^2 的工业房屋楼面结构的可变作用，应取 1.3。

γ_{Li}——第 i 个可变作用考虑设计使用年限的调整系数，其中 γ_{L1} 为主导可变作用 Q_1 考虑设计使用年限的调整系数，对楼面和屋面可变作用考虑设计使用年限 50 年时为 1.0。

γ_P——预应力作用的分项系数，当作用效应对结构不利时，应取 1.3；当作用效应对结构有利时，不应大于 1.0。

S_{Gjk}——按第 j 个永久作用标准值 G_{jk} 计算的作用效应值。

S_{Qik}—— 按第 i 个可变作用标准值 Q_{ik} 计算的作用效应值，其中 S_{Q1k} 为诸可变作用效应中起控制作用者。

S_P—— 预应力作用有关代表值的效应。

ψ_{Ci}—— 第 i 个可变作用 Q_i 的组合值系数。

m,n—— 参与组合的永久作用数目、可变作用数目。

2. 地震设计状况时

对地震设计状况，应采用作用的地震组合。地震组合的效应设计值应符合现行国家标准《建筑抗震设计规范》(GB 50011—2010)(2016 年版）的规定。

(1) 设计表达式

结构构件的截面抗震验算，应采用下列设计表达式：

$$S \leqslant \frac{R}{\gamma_{RE}} \tag{2.34}$$

为了简化计算，可将上式改写为：

$$\gamma_{RE} S \leqslant R \tag{2.35}$$

式中　S—— 结构构件内力组合的设计值，包括组合的弯矩、轴向力和剪力设计值等；

γ_{RE}—— 承载力抗震调整系数，除另有规定外，应按表 2.15 确定；

R—— 结构构件承载力设计值。

表 2.15　承载力抗震调整系数（摘录）

材料	结构构件	受力状态	γ_{RE}
混凝土	梁	受弯	0.75
	轴压比小于 0.15 的柱	偏压	0.75
	轴压比不小于 0.15 的柱	偏压	0.80
	抗震墙	偏压	0.85
	各类构件	受剪、偏压	0.85

(2) 地震组合的效应设计值

结构构件的地震作用效应和其他荷载效应的基本组合，应按下式计算：

$$S = \gamma_G S_{GE} + \gamma_{Eh} S_{Ehk} + \gamma_{Ev} S_{Evk} + \psi_w \gamma_w S_{wk} \tag{2.36}$$

式中　γ_G—— 重力荷载分项系数，一般情况应取 1.3，当重力荷载效应对构件承载能力有利时，不应大于 1.0；

γ_{Eh}, γ_{Ev}—— 水平、竖向地震作用分项系数，应按表 2.16 确定；

γ_w—— 风荷载分项系数，应取 1.4；

S_{GE}—— 重力荷载代表值的效应，应按 2.4.1 节中所述规定和表 2.5 确定；

S_{Ehk}—— 水平地震作用标准值的效应，尚应乘以相应的增大系数或调整系数；

S_{Evk}—— 竖向地震作用标准值的效应，尚应乘以相应的增大系数或调整系数；

S_{wk}—— 风荷载标准值的效应；

ψ_w—— 风荷载组合值系数，一般结构取 0.0，风荷载起控制作用的建筑应取 0.2。

表 2.16　地震作用分项系数

地震作用	γ_{Eh}	γ_{Ev}
仅计算水平地震作用	1.3	0.0
仅计算竖向地震作用	0.0	1.3
同时计算水平与竖向地震作用(水平地震为主)	1.3	0.5
同时计算水平与竖向地震作用(竖向地震为主)	0.5	1.3

2.7.2　非地震区(结构不考虑抗震)设计时框架结构内力组合

对于非地震区的多层框架，按照不考虑抗震设计时作用基本组合的公式，考虑永久荷载、竖向可变荷载、风荷载的作用，其中可变荷载、风荷载的分项系数均为 1.5，而其组合值系数分别取 0.7、0.6，对安全等级为二级的一般民用或工业建筑，取 $\gamma_0=1.0$，则可按以下方法进行作用的内力组合，即最不利内力组合。

1. 梁的内力不利组合

(1) 梁弯矩的不利组合

① 梁端负弯矩组合的设计值，取下式两者中较大值：

$$\left.\begin{aligned}-M&=-(1.3M_{Gk}+1.5M_{Qk}+1.5\times0.6M_{wk})\\-M&=-(1.3M_{Gk}+1.5M_{wk}+1.5\times0.7M_{Qk})\end{aligned}\right\}\tag{2.37}$$

② 梁端正弯矩组合的设计值，按下式计算：

$$M=1.5M_{wk}-1.0M_{Gk}\tag{2.38}$$

③ 梁跨中正弯矩组合的设计值，取下式两者中较大值：

$$\left.\begin{aligned}M&=1.3M_{Gk}+1.5M_{Qk}+1.5\times0.6M_{wk}\\M&=1.3M_{Gk}+1.5M_{wk}+1.5\times0.7M_{Qk}\end{aligned}\right\}\tag{2.39}$$

式中　M_{Gk},M_{Qk},M_{wk}——由永久荷载、竖向可变荷载、风荷载标准值在梁内产生的弯矩标准值。

在永久荷载、竖向可变荷载作用下，梁跨内的最大弯矩可近似取跨中点的弯矩值，此两项弯矩值在 2.6.2 节和 2.6.3 节中已分别求出。风荷载产生的跨中弯矩，其计算示意图如图 2.27 所示，计算公式如下：

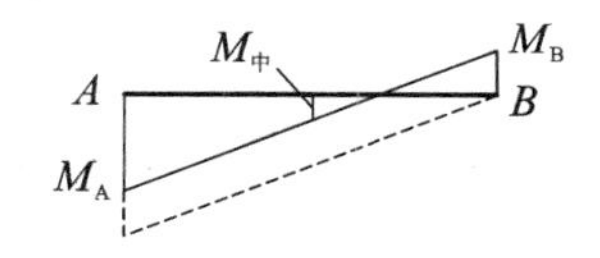

图 2.27　梁跨中弯矩计算示意图

$$M_{中}=\frac{M_A+M_B}{2}-M_B=\frac{1}{2}|M_A-M_B|\tag{2.40}$$

(2) 梁端剪力的不利组合

梁端剪力组合的设计值，取下式两者中较大值：

$$\left.\begin{aligned}V&=1.3V_{Gk}+1.5V_{Qk}+1.5\times0.6V_{wk}\\V&=1.3V_{Gk}+1.5V_{wk}+1.5\times0.7V_{Qk}\end{aligned}\right\}\tag{2.41}$$

式中　V_{Gk},V_{Qk},V_{wk}——由永久荷载、竖向可变荷载、风荷载标准值在梁端产生的剪力标准值。

2. 柱的内力不利组合

(1) 柱端弯矩和轴力的不利组合

柱端弯矩和轴力的组合，有两种组合方式；每种组合方式中尚应考虑柱弯矩、轴力的相关性，即考虑柱可能产生大偏心受压或小偏心受压时，其内力的最不利组合。在毕业设计中，为减少计算工作量，可按以下简化方法计算柱端弯矩和轴力组合的设计值，而后取各组计算式中的最不利者。

① 竖向可变荷载为主导可变荷载时

按大偏心受压组合：

$$\left.\begin{aligned} M_{max} &= 1.3M_{Gk} + 1.5M_{Qk} + 1.5 \times 0.6M_{wk} \\ N_{相应小} &= 1.0N_{Gk} + 1.0N_{Qk} + 1.5 \times 0.6N_{wk} \end{aligned}\right\} \tag{2.42.1a}$$

按小偏心受压组合：

$$\left.\begin{aligned} N_{max} &= 1.3N_{Gk} + 1.5N_{Qk} + 1.5 \times 0.6N_{wk} \\ M_{相应大} &= 1.3M_{Gk} + 1.5M_{Qk} + 1.5 \times 0.6M_{wk} \end{aligned}\right\} \tag{2.42.1b}$$

② 风荷载为主导可变荷载时

按大偏心受压组合：

$$\left.\begin{aligned} M_{max} &= 1.3M_{Gk} + 1.5M_{wk} + 1.5 \times 0.7M_{Qk} \\ N_{相应小} &= 1.0N_{Gk} + 1.0N_{wk} + 1.0 \times 0.7N_{Qk} \end{aligned}\right\} \tag{2.42.2a}$$

按小偏心受压组合：

$$\left.\begin{aligned} N_{max} &= 1.3N_{Gk} + 1.5N_{wk} + 1.5 \times 0.7N_{Qk} \\ M_{相应大} &= 1.3M_{Gk} + 1.5M_{wk} + 1.5 \times 0.7M_{Qk} \end{aligned}\right\} \tag{2.42.2b}$$

式中 M_{Gk}, M_{Qk}, M_{wk}——由永久荷载、竖向可变荷载、风荷载标准值在柱端产生的弯矩标准值；

N_{Gk}, N_{Qk}, N_{wk}——由永久荷载、竖向可变荷载、风荷载标准值在柱端产生的轴力标准值。

(2) 柱端剪力的不利组合

柱端剪力组合的设计值表达式与梁端剪力的表达式相同，见式(2.41)，此时式中各剪力值应为各相应荷载作用下的柱端剪力值。

2.7.3 地震区抗震设计时框架结构内力组合

对于地震区进行抗震设计的框架结构，多层框架在进行内力组合时，既要考虑在有地震作用时的水平地震作用与重力荷载代表值共同作用下的内力组合，又要考虑在无地震作用时即持久设计状况下的内力组合，取这两者的最不利内力值进行构件截面设计。对于前者，还需考虑水平地震作用时左震和右震的不同影响，其内力组合的示意图如图 2.28 所示。其中，重力荷载代表值是指结构和构配件自重标准值与各可变荷载组合值之和。由表 2.5 可知，雪荷载、一般情况下的楼面活荷载组合值系数多数为 0.5，故重力荷载代表值所产生的荷载效应可表示为 $S_{GE} = S_{Gk} + 0.5S_{Qk}$。

抗震设计时，按照有地震作用下以及无地震作用下即持久设计状况下作用基本组合的公式，对安全等级为二级的一般民用或工业建筑，取 $\gamma_0 = 1.0$，则可按以下方法进行起控制作用

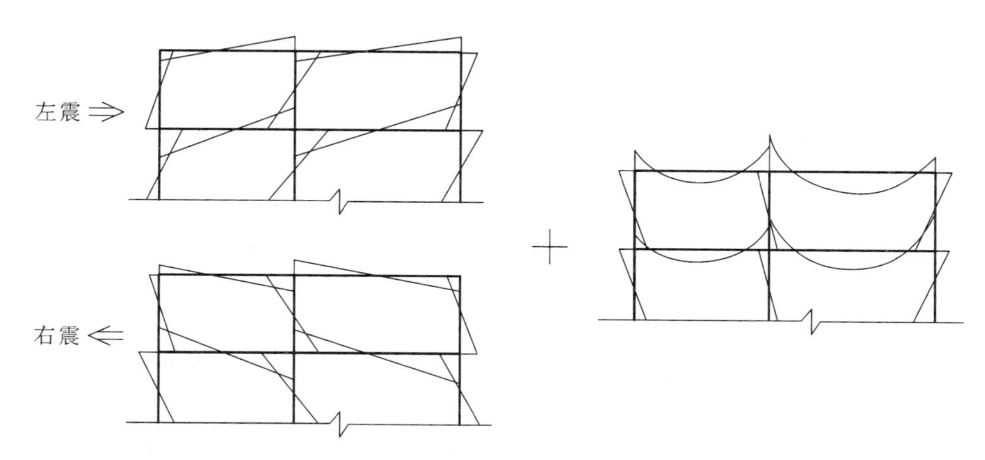

图 2.28　水平地震作用与重力荷载代表值共同作用下框架弯矩组合示意图

的内力组合，即最不利内力组合。

1. 框架梁的内力不利组合

(1) 梁弯矩的不利组合

① 梁端负弯矩组合的设计值，将相应的作用分项系数代入，取下式两者中较大值：

$$\left.\begin{aligned} -M &= -\gamma_{RE}[1.3M_{Ek}+1.3(M_{Gk}+0.5M_{Qk})] \\ -M &= -(1.3M_{Gk}+1.5M_{Qk}) \end{aligned}\right\} \tag{2.43}$$

② 梁端正弯矩组合的设计值，将相应的作用分项系数代入，按下式计算：

$$M = \gamma_{RE}[1.3M_{Ek}-1.0(M_{Gk}+0.5M_{Qk})] \tag{2.44}$$

③ 梁跨中正弯矩组合的设计值，将相应的作用分项系数代入，取下式两者中较大值：

$$\left.\begin{aligned} M &= \gamma_{RE}[1.3M_{Ek}+1.3(M_{Gk}+0.5M_{Qk})] \\ M &= 1.3M_{Gk}+1.5M_{Qk} \end{aligned}\right\} \tag{2.45}$$

式中　M_{Ek}, M_{Gk}, M_{Qk}——由水平地震作用、永久荷载、可变荷载(雪荷载或楼面活荷载)标准值在梁内产生的弯矩标准值。

当水平地震作用与重力荷载代表值组合时，跨中最大正弯矩 M_{max} 之值应采用解析法计算。现以框架梁上只承受均布荷载为例，说明其计算方法：取图 2.29 所示 AB 梁为隔离体，其上作用有均布重力荷载代表值的设计值 q，即 $q=1.2(g+0.5p)$；由重力荷载代表值在梁两端产生的弯矩设计值分别为 M_{GA} 和 M_{GB}；设地震作用为左震，地震作用在梁两端产生的弯矩设计值分别为 M_{EA} 和 M_{EB}。

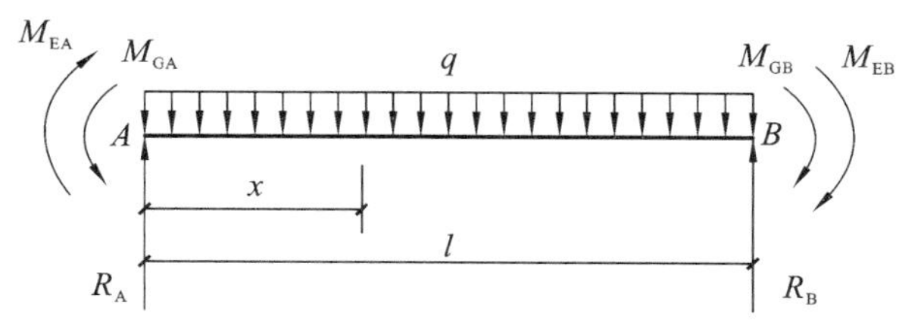

图 2.29　梁最大弯矩计算示意图

梁左端的支座反力 R_A 为：

$$R_A = \frac{ql}{2} - \frac{(M_{GB} - M_{GA} + M_{EA} + M_{EB})}{l}$$

最大弯矩距 A 端的距离为：

$$x = \frac{R_A}{q}$$

最大组合弯矩设计值即可按下式求得：

$$M_{max} = \frac{R_A^2}{2q} - M_{GA} + M_{EA} \tag{2.46}$$

当地震作用方向为右震时，支座反力 R_A 的计算中，M_{EA} 和 M_{EB} 应以负号代入。

(2) 梁端剪力的不利组合

在进行梁端剪力组合时，根据《建筑抗震设计规范》的规定，为了避免梁在弯曲破坏前发生剪切破坏，体现"强剪弱弯"的抗震设计原则，对一、二、三级抗震等级的框架梁，其梁端截面组合的剪力设计值应进行调整，乘以剪力增大系数。故梁端剪力组合的设计值，取下式两者中较大值：

$$\left.\begin{aligned} V &= \gamma_{RE}\left[\eta_{vb}\frac{(M_b^l + M_b^r)}{l_n} + V_{Gb}\right] \\ V &= 1.3V_{Gk} + 1.5V_{Qk} \end{aligned}\right\} \tag{2.47}$$

式中 l_n—— 梁的净跨；

V_{Gb}—— 梁在重力荷载代表值作用下，按简支梁分析的梁端截面剪力设计值(即应乘以 1.3 系数)；

M_b^l,M_b^r—— 梁左、右端逆时针或顺时针方向组合的弯矩设计值，一级框架两端弯矩均为负弯矩时，绝对值较小的弯矩应取零；

η_{vb}—— 梁端剪力增大系数，一级取 1.3，二级取 1.2，三级取 1.1。

2. 框架柱的内力不利组合

(1) 柱端弯矩和轴力的最不利组合

在进行柱端弯矩和轴力组合时，应分别考虑框架柱在地震作用下和无地震作用即持久设计状况时产生的大偏心受压、小偏心受压的作用效应。故柱端弯矩和轴力组合的设计值，取下列四组计算式中最不利者。

① 地震作用组合

按大偏心受压组合：

$$\left.\begin{aligned} M_{max} &= \gamma_{RE}[1.3M_{Ek} + 1.3(M_{Gk} + 0.5M_{Qk})] \\ N_{相应小} &= \gamma_{RE}[1.0N_{Ek} + 1.0(N_{Gk} + 0.5N_{Qk})] \end{aligned}\right\} \tag{2.48a}$$

按小偏心受压组合：

$$\left.\begin{aligned} N_{max} &= \gamma_{RE}[1.3N_{Ek} + 1.3(N_{Gk} + 0.5N_{Qk})] \\ M_{相应大} &= \gamma_{RE}[1.3M_{Ek} + 1.3(M_{Gk} + 0.5M_{Qk})] \end{aligned}\right\} \tag{2.48b}$$

② 持久设计状况(即无地震作用组合)

按大偏心受压组合：

$$\left.\begin{aligned} M_{max} &= 1.3M_{Gk} + 1.5M_{Qk} \\ N_{相应小} &= 1.0N_{Gk} + 1.0N_{Qk} \end{aligned}\right\} \tag{2.48c}$$

按小偏心受压组合：

$$\left.\begin{aligned} N_{\max} &= 1.3N_{\mathrm{Gk}} + 1.5N_{\mathrm{Qk}} \\ M_{\text{相应小}} &= 1.3M_{\mathrm{Gk}} + 1.5M_{\mathrm{Qk}} \end{aligned}\right\} \tag{2.48d}$$

式中　$M_{\mathrm{Ek}}, M_{\mathrm{Gk}}, M_{\mathrm{Qk}}$——由水平地震作用、永久荷载、雪荷载或楼面活荷载标准值在柱端产生的弯矩标准值；

$N_{\mathrm{Ek}}, N_{\mathrm{Gk}}, N_{\mathrm{Qk}}$——由水平地震作用、永久荷载、雪荷载或楼面活荷载标准值在柱端产生的轴力标准值。

此外，进行抗震设计时，为使在地震作用下塑性铰首先在梁中出现，避免或减少在柱中出现，以体现"强柱弱梁"的抗震设计原则，《建筑抗震设计规范》中作了以下规定。

① 一、二、三、四级抗震等级框架的梁柱节点处，除框架顶层和柱轴压比小于 0.15 者外，柱端组合的弯矩设计值应符合下式要求：

$$\sum M_{\mathrm{c}} = \eta_{\mathrm{c}} \sum M_{\mathrm{b}} \tag{2.49}$$

式中　$\sum M_{\mathrm{c}}$——节点上下柱端截面顺时针或逆时针方向组合的弯矩设计值之和，上下柱端的弯矩设计值可按弹性分析分配；

$\sum M_{\mathrm{b}}$——节点左右梁端截面逆时针或顺时针方向组合的弯矩设计值之和，一级框架节点左右梁端均为负弯矩时，绝对值较小的弯矩应取零；

η_{c}——框架柱端弯矩增大系数，一、二、三、四级可分别取 1.7、1.5、1.3、1.2。

② 一、二、三、四级抗震等级框架结构的底层柱下端截面组合的弯矩设计值，应分别乘以增大系数 1.7、1.5、1.3、1.2。

③ 一、二、三、四级抗震等级框架的角柱，经上述第 ①、② 条调整后的柱端组合弯矩设计值，尚应乘以不小于 1.1 的增大系数。

(2) 柱端剪力的不利组合

为了防止柱在压弯破坏前发生剪切破坏，体现"强剪弱弯"的设计原则，《建筑抗震设计规范》中规定：对一、二、三、四级抗震等级的框架柱的剪力设计值应进行调整，乘以剪力增大系数。故柱剪力组合的设计值，取下式两者中较大值：

$$\left.\begin{aligned} V &= \gamma_{\mathrm{RE}} \eta_{\mathrm{vc}} \frac{M_{\mathrm{c}}^{\mathrm{b}} + M_{\mathrm{c}}^{\mathrm{t}}}{H_n} \\ V &= 1.3V_{\mathrm{Gk}} + 1.5V_{\mathrm{Qk}} \end{aligned}\right\} \tag{2.50}$$

式中　H_n——柱的净高；

$M_{\mathrm{c}}^{\mathrm{t}}, M_{\mathrm{c}}^{\mathrm{b}}$——柱的上、下端顺时针或逆时针方向截面组合的弯矩设计值，应符合上述柱端弯矩组合中第 ①、② 条的规定；

η_{vc}——柱剪力增大系数，对一、二、三、四级的框架柱，可分别取 1.5、1.3、1.2、1.1。

此外，对一、二、三、四级抗震等级框架的角柱，经式(2.50) 中的第一式调整后的组合剪力设计值，尚应乘以不小于 1.1 的增大系数。

2.7.4　构件端部控制截面处弯矩和剪力计算

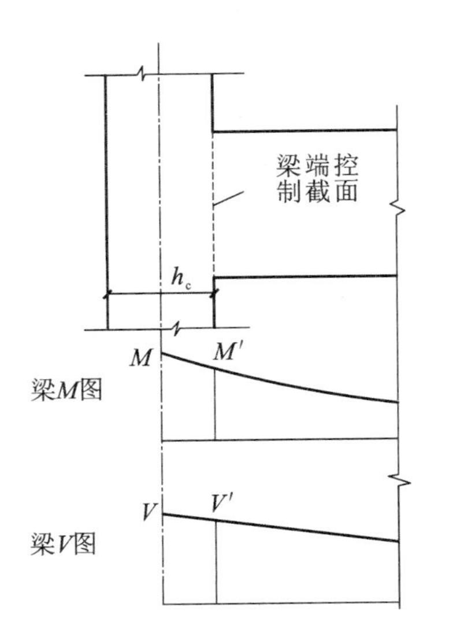

图 2.30　梁端部控制截面的弯矩和剪力

按上述内力组合求得的框架梁端弯矩和剪力，均为支座中心处即柱轴线处的弯矩和剪力。但在梁截面配筋计算中，应采用其控制截面即梁支座边缘截面的内力。由图 2.30 可见，梁支座边缘截面的弯矩和剪力均比柱轴线处的小，因此需求出梁在控制截面处的弯矩和剪力。此处内力可按下列公式计算。

持久设计状况时：

$$V' = V - \frac{(1.3g_k + 1.5q_k) \cdot h_c}{2} \tag{2.51}$$

地震作用时：

$$V' = V - \frac{1.3(g_k + 0.5q_k) \cdot h_c}{2} \tag{2.52}$$

两种情况下设计时：

$$M' = M - \frac{V' \cdot h_c}{2} \tag{2.53}$$

式中　V',M'——梁端部控制截面处的剪力、弯矩值；

V,M——内力组合得到的梁轴线处的剪力、弯矩值；

g_k,q_k——作用在框架梁上的永久荷载、可变荷载标准值；

h_c——柱截面高度。

框架柱支座边缘控制截面处的弯矩计算，可参照框架梁弯矩的计算方法进行。

2.8　框架梁、柱和节点的设计

2.8.1　一般设计原则

框架结构在进行构件截面设计时应遵循以下原则：

(1) 强柱弱梁。要控制梁、柱的相对强度，使塑性铰首先在梁中出现，尽量避免或减少在柱中出现。因为塑性铰在柱中出现，很容易形成几何可变体系，造成房屋结构倒塌。如前述采取梁端弯矩调幅，抗震设计时柱端弯矩乘以增大系数 η_c、底层柱下端截面弯矩乘以增大系数等，均为按此项原则的调整措施。

(2) 强剪弱弯。对于梁、柱构件而言，要保证构件出现塑性铰，而不过早地发生剪切破坏，这就要求构件的抗剪承载力大于塑性铰的抗弯承载力。为此，要提高构件的抗剪强度。如前述抗震设计时采取梁端剪力乘以增大系数 η_{vb}、柱剪力乘以增大系数 η_{vc} 等，均为按此项原则的调整措施。

(3) 强节点、强锚固。为了保证延性结构的要求，在梁的塑性铰充分发挥作用前，框架节点、钢筋的锚固不应过早地被破坏。

2.8.2　框架梁设计

1. 梁的正截面受弯承载力计算

(1) 设计要求

梁的纵向钢筋配置，除应符合《混凝土结构设计规范》中规定的各项计算和构造要求之外，根据《建筑抗震设计规范》的规定，抗震设计的框架梁，尚应符合下列各项构造措施要求：

① 梁端计入受压钢筋的混凝土受压区高度和有效高度之比$\left(即\ \xi=\dfrac{x}{h_0}\right)$，一级抗震等级时不应大于 0.25，二、三级抗震等级时不应大于 0.35。

② 梁端截面的底面和顶面纵向钢筋配筋量的比值，除按计算确定外，一级抗震等级时不应小于 0.5，二、三级抗震等级时不应小于 0.3。

③ 纵向受拉钢筋的配筋率不应小于表 2.17 规定的数值。

表 2.17　框架梁纵向受拉钢筋的最小配筋百分率　　单位：%

抗震等级	梁中位置	
	支座	跨中
一级	0.40 和 $80\dfrac{f_t}{f_y}$ 中的较大值	0.30 和 $65\dfrac{f_t}{f_y}$ 中的较大值
二级	0.30 和 $65\dfrac{f_t}{f_y}$ 中的较大值	0.25 和 $55\dfrac{f_t}{f_y}$ 中的较大值
三、四级	0.25 和 $55\dfrac{f_t}{f_y}$ 中的较大值	0.20 和 $45\dfrac{f_t}{f_y}$ 中的较大值

注：f_t 为混凝土轴心抗拉强度设计值；f_y 为钢筋抗拉强度设计值。

④ 梁端纵向受拉钢筋的配筋率不宜大于 2.5%。沿梁全长顶面、底面的配筋，一、二级抗震等级时不应少于 2Φ14，且分别不应少于梁顶面、底面两端纵向配筋中较大截面面积的$\dfrac{1}{4}$；三、四级抗震等级时不应少于 2Φ12。

⑤ 一、二、三级抗震等级的框架梁内贯通中柱的每根纵向钢筋直径，不应大于矩形截面柱在该方向截面尺寸的$\dfrac{1}{20}$。

(2) 承载力计算截面的确定

在根据内力组合结果进行框架梁的正截面受弯承载力计算，即梁的纵向钢筋配筋量计算时，通常需计算以下截面：对于梁顶面承受负弯矩的纵向钢筋，需分别计算梁左、右两端截面的配筋，且计算中应取梁支座边缘处的弯矩值，即式(2.53) 中的 M' 的数值；对于梁底面承受正弯矩的纵向钢筋，因为钢筋一般沿梁全长配置，故可取梁左、右两端正弯矩和跨中弯矩这三者中的最大值进行计算。所以，一般情况下，每跨框架梁均需进行三个截面的配筋计算。

(3) 承载力计算方法及计算公式

① 梁正弯矩配筋计算

对于现浇楼盖，正弯矩配筋计算应按 T 形截面考虑，计算简图如图 2.31 所示。

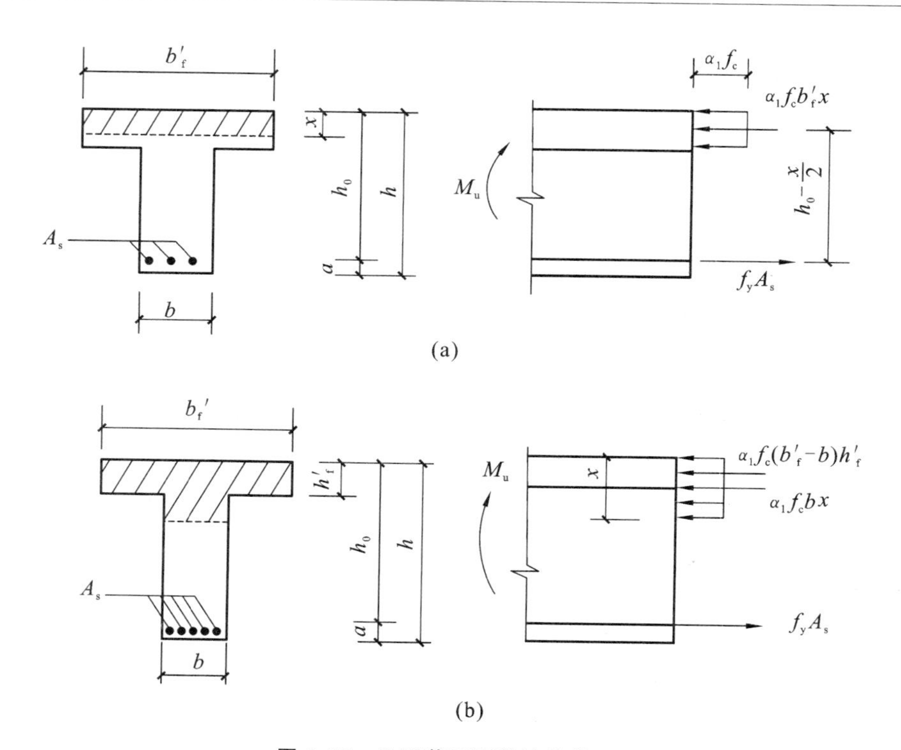

图 2.31　T 形截面配筋计算简图

(a) 第一类 T 形截面；(b) 第二类 T 形截面

a. 受压区翼缘计算宽度的确定。受压区翼缘计算宽度 b'_f，应取下列三项中的最小值。

按梁计算跨度 l_0 考虑：

$$b'_f = \frac{l_0}{3}$$

按梁净距 s_n 考虑：

$$b'_f = b + s_n$$

按翼缘高度 h'_f 考虑：

$$b'_f = b + 12h'_f$$

b. 判定 T 形截面计算类型。两类 T 形截面的界限弯矩为：

$$M^* = \alpha_1 f_c b'_f h'_f \left(h_0 - \frac{h'_f}{2}\right) \tag{2.54}$$

若梁截面弯矩 $M \leqslant M^*$，即混凝土受压区高度 $x \leqslant h'_f$，则属于第一类 T 形截面；

若梁截面弯矩 $M > M^*$，即混凝土受压区高度 $x > h'_f$，则属于第二类 T 形截面。

c. 计算公式

第一类 T 形截面($x \leqslant h'_f$)，应按宽度为 b'_f 的矩形截面计算。计算公式如下：

$$\alpha_1 f_c b'_f x = f_y A_s \tag{2.55a}$$

$$M \leqslant M_u = \alpha_1 f_c b'_f x\left(h_0 - \frac{x}{2}\right) \tag{2.55b}$$

由上两式可解得：

$$x = h_0 - \sqrt{h_0^2 - \frac{2M}{\alpha_1 f_c b'_f}} \tag{2.56a}$$

$$A_s = \alpha_1 f_c b'_f \frac{x}{f_y} \tag{2.56b}$$

第二类 T 形截面($x > h'_f$)，应按图 2.31(b) 的 T 形截面计算。计算公式如下：

$$\alpha_1 f_c (b'_f - b) h'_f + \alpha_1 f_c b x = f_y A_s \tag{2.57a}$$

$$M \leqslant M_u = \alpha_1 f_c (b'_f - b) h'_f \left(h_0 - \frac{h'_f}{2}\right) + \alpha_1 f_c b x \left(h_0 - \frac{x}{2}\right) \tag{2.57b}$$

由上两式可解得：

$$x = h_0 - \sqrt{h_0^2 - \frac{2\left[M - \alpha_1 f_c (b'_f - b) h'_f \left(h_0 - \frac{h'_f}{2}\right)\right]}{\alpha_1 f_c b}} \tag{2.58a}$$

$$A_s = \frac{\alpha_1 f_c (b'_f - b) h'_f + \alpha_1 f_c b x}{f_y} \tag{2.58b}$$

式中　M—— 弯矩设计值；

α_1—— 系数，当混凝土强度等级不超过 C50 时，α_1 取 1.0；

f_c—— 混凝土轴心抗压强度设计值；

f_y—— 钢筋抗拉强度设计值；

A_s—— 受拉区纵向钢筋的截面面积；

x—— 等效矩形应力图形的混凝土受压区高度；

b—— 矩形截面的宽度或 T 形截面的腹板宽度；

b'_f，h'_f——T 形截面受压区翼缘计算宽度、高度；

h_0—— 截面有效高度，$h_0 = h - a$；

h—— 截面高度；

a—— 受拉区纵向钢筋合力点至截面受拉边缘的距离。

d. 公式适用条件

$x \leqslant \xi_b h_0$，以防止梁发生超筋破坏；$\rho = \frac{A_s}{bh} \geqslant \rho_{min}$，以防止梁发生少筋破坏。

式中，ξ_b 为相对界限受压区高度，当混凝土强度等级不超过 C50 时，可按表 2.18 取值；ρ_{min} 为纵向受力钢筋的最小配筋率，最小配筋率应取 0.20 和 $45\frac{f_t}{f_y}$ 中的较大值；f_t 为混凝土轴心抗拉强度设计值。

表 2.18　混凝土强度等级不超过 C50 时的相对界限受压区高度 ξ_b

钢筋级别	HPB300	HRB400、HRBF400、RRB400	HRB500、HRBF500
ξ_b	0.576	0.518	0.482

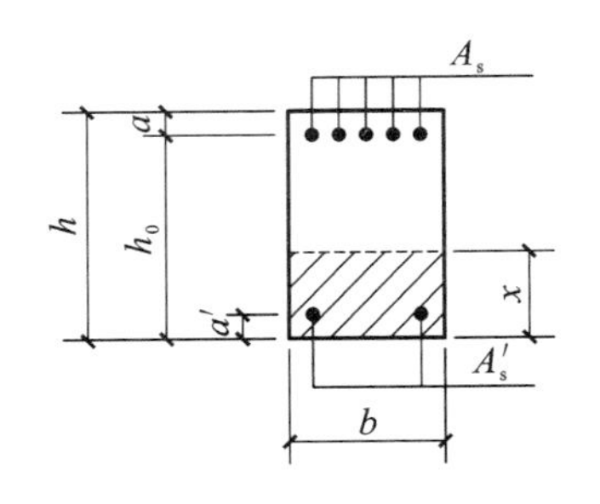

图 2.32 负弯矩时梁配筋计算简图

② 梁端截面负弯矩配筋计算

由于梁承受负弯矩时，翼缘位于受拉区，故仍按宽度为 b 的矩形截面计算。计算简图如图 2.32 所示。

a. 单筋矩形截面计算公式

单筋矩形截面的计算公式与第一类 T 形截面的相同，仅以截面宽度 b 代替公式中翼缘计算宽度 b'_f 即可。

b. 双筋矩形截面计算公式

当梁承受的负弯矩较大时，可将梁底面承受正弯矩时所需的纵向钢筋视为截面的受压钢筋，即按双筋矩形截面进行计算，以满足 2.8.2 节第 1 条第(1) 款中第 ① 项的构造措施要求。计算公式如下：

$$\alpha_1 f_c bx + f'_y A'_s = f_y A_s \tag{2.59a}$$

$$M \leqslant M_u = \alpha_1 f_c bx\left(h_0 - \frac{x}{2}\right) + f'_y A'_s(h_0 - a') \tag{2.59b}$$

由上两式可解得：

$$x = h_0 - \sqrt{h_0^2 - \frac{2[M - f'_y A'_s(h_0 - a')]}{\alpha_1 f_c b}} \tag{2.60a}$$

$$A_s = \frac{\alpha_1 f_c bx + f'_y A'_s}{f_y} \tag{2.60b}$$

式中 f'_y—— 钢筋抗压强度设计值；

A'_s—— 受压区纵向钢筋的截面面积；

a'—— 受压区纵向钢筋合力点至截面受压边缘的距离。

c. 公式适用条件

$x \leqslant \xi_b h_0$，以防止梁发生超筋破坏；抗震设计时，一级 $x \leqslant 0.25h_0$，二、三级 $x \leqslant 0.35h_0$；$x \geqslant 2a'$，以保证受压钢筋屈服。

d. 当不满足条件 $x \geqslant 2a'$ 时，梁端截面负弯矩配筋可按下式计算：

$$M \leqslant M_u = f_y A_s(h_0 - a') \tag{2.61}$$

③ 关于 a、a' 的取值

以上进行梁的正弯矩和负弯矩配筋计算时，均需确定受拉区、受压区纵向钢筋合力点至截面受拉、受压边缘的距离，即 a、a' 之值。此时先依据表 2.3 确定框架结构所处的环境类别。对于大多数处于一类环境下的结构，由表 2.4 可知：梁的混凝土净保护层厚度为 20 mm，则 a、a' 可按以下方法取值。

a. 对于梁底面的纵向钢筋：当为单排钢筋时，可取 $a = 40$ mm 或 $a' = 40$ mm；当为双排钢筋时，可取 $a = 65$ mm 或 $a' = 65$ mm。

b. 对于梁顶面承受负弯矩的纵向钢筋，因为框架梁的负弯矩筋位于板和次梁负弯矩筋的下面，故当为单排钢筋时，可取 $a = 55 \sim 65$ mm；当为双排钢筋时，可取 $a = 75 \sim 85$ mm。

(4) 框架梁纵向钢筋的选配

在根据计算结果确定梁底面、顶面纵向钢筋的实际配筋时，应注意以下几点：

① 钢筋的根数、直径、净间距等必须符合《混凝土结构设计规范》中的有关构造要求。对于

抗震设计的框架梁，尚应符合 2.8.2 节第 1 条(1) 中的各项构造措施要求。

② 对于贯通中柱的梁顶面的负弯矩钢筋，应按柱左、右梁端截面计算所得钢筋截面面积中的较大值来选配钢筋，并应同时考虑沿梁全长顶面的配筋，即部分负弯矩钢筋在适当位置截断后，角部钢筋可作为沿梁全长顶面通长配置的构造钢筋，以尽量减少不同直径钢筋的搭接。

③ 实际选配钢筋的截面面积应尽量接近其计算值，误差不宜过大，尤其是负误差应控制在 5% 以内。

④ 为便于施工，若选用不同直径的钢筋，其规格不宜过多，同一层框架梁内所选钢筋的直径规格不宜超过三种。

2. 梁的斜截面受剪承载力计算

(1) 设计要求

为避免框架梁过早地发生斜压破坏，必须对梁的剪压比加以限制，即限制梁的最小截面尺寸。梁的受剪截面应符合下列条件。

① 持久设计状况下的梁

当$\frac{h_w}{b} \leqslant 4$时：

$$V \leqslant 0.25\beta_c f_c b h_0 \tag{2.62}$$

当$\frac{h_w}{b} \geqslant 6$时：

$$V \leqslant 0.20\beta_c f_c b h_0 \tag{2.63}$$

当$4 < \frac{h_w}{b} < 6$时：按线性内插法确定。

式中　V—— 构件斜截面上的最大剪力设计值；

β_c—— 混凝土强度影响系数，当混凝土强度等级不超过 C50 时，β_c 取 1.0。

h_w—— 截面的腹板高度，当截面为矩形时，取有效高度 h_0。

② 地震设计状况下的梁

跨高比大于 2.5 时：

$$V \leqslant 0.20\beta_c f_c b h_0 \tag{2.64}$$

跨高比不大于 2.5 时：

$$V \leqslant 0.15\beta_c f_c b h_0 \tag{2.65}$$

(2) 承载力计算方法及计算公式

在根据内力组合结果进行框架梁的斜截面受剪承载力计算，即梁的箍筋配筋量计算时，由于同一跨梁的箍筋配置一般相同，故可取梁两端剪力组合设计值中的较大值进行计算，且计算中应取梁支座边缘处的剪力值，即式(2.51) 或式(2.52) 中的 V' 的数值。计算公式如下：

持久设计状况作用组合时：

$$V = 0.7 f_t b h_0 + f_{yv} \frac{n A_{sv1}}{s} h_0 \tag{2.66}$$

地震设计状况作用组合时：

$$V = 0.42 f_t b h_0 + f_{yv} \frac{n A_{sv1}}{s} h_0 \tag{2.67}$$

式中　f_{yv}—— 箍筋的抗拉强度设计值；

n—— 配置在同一截面内箍筋的肢数；

A_{sv1}—— 单肢箍筋的截面面积；

s—— 沿构件长度方向的箍筋间距。

(3) 抗震设计时框架梁箍筋的抗震构造措施

① 梁端箍筋应加密。梁端箍筋加密区的长度、箍筋最大间距和最小直径应按表 2.19 采用，当梁端纵向受拉钢筋配筋率大于 2% 时，表中箍筋最小直径数值应增大 2 mm。

表 2.19　梁端箍筋加密区的长度、箍筋的最大间距和最小直径　　单位:mm

抗震等级	加密区长度(采用较大值)	箍筋最大间距(采用最小值)	箍筋最小直径
一	$2h_b$,500	$h_b/4$,$6d$,100	10
二	$1.5h_b$,500	$h_b/4$,$8d$,100	8
三	$1.5h_b$,500	$h_b/4$,$8d$,150	8
四	$1.5h_b$,500	$h_b/4$,$8d$,150	6

注:① d 为纵向钢筋直径,h_b 为梁截面高度；

② 箍筋直径大于 12 mm、数量不少于 4 肢且肢距不大于 150 mm 时，一、二级的最大间距应允许适当放宽，但不得大于 150 mm。

② 梁端加密区长度内的箍筋肢距，一级抗震等级时不宜大于 200 mm 和 20 倍箍筋直径的较大值；二、三级时不宜大于 250 mm 和 20 倍箍筋直径的较大值；各级抗震等级下均不宜大于 300 mm。

③ 梁端设置的第一个箍筋距框架节点边缘不应大于 50 mm。非加密区的箍筋间距不宜大于加密区箍筋间距的 2 倍。沿梁全长箍筋的面积配筋率 ρ_{sv} 应符合下列规定：

一级抗震等级时：

$$\rho_{sv} \geqslant 0.30\frac{f_t}{f_{yv}} \tag{2.68}$$

二级抗震等级时：

$$\rho_{sv} \geqslant 0.28\frac{f_t}{f_{yv}} \tag{2.69}$$

三、四级抗震等级时：

$$\rho_{sv} \geqslant 0.26\frac{f_t}{f_{yv}} \tag{2.70}$$

(4) 框架梁箍筋的选配

在按照式(2.66)或式(2.67)进行梁斜截面受剪承载力计算时，通常可先初选箍筋的肢数和直径，即拟定公式中 n 和 A_{sv1} 的数值，此时应注意符合箍筋肢距和最小直径的构造要求；然后根据计算所得箍筋间距的数值确定实际选配箍筋的间距，此时应注意符合箍筋最大间距的构造要求，并考虑方便施工。对于抗震设计的框架梁，非加密区箍筋的直径和肢距宜与加密区箍筋的直径和肢距一致，以方便施工；并按式(2.68)或式(2.69)或式(2.70)验算箍筋的面积配筋率 ρ_{sv}，最终确定框架梁箍筋的配置方案。

3. 次梁两侧吊筋或附加箍筋计算

在次梁和框架主梁相交处，次梁传给主梁的集中荷载可能会在主梁内引起斜向裂缝。为了防止此种斜向裂缝的发生造成主梁的局部破坏，主梁中应设置附加横向钢筋。附加横向钢筋宜优先采用附加箍筋；集中荷载较大时宜采用附加吊筋或同时采用箍筋和吊筋。附加钢筋的数量按下式计算：

$$F \leqslant mnf_{yv}A_{sv1} + 2f_yA_{sb}\sin\alpha \tag{2.71}$$

式中　F——两侧次梁传给主梁的集中荷载设计值，应取 $F = 1.3F_{Gk} + 1.5F_{Qk}$，其中，$F_{Gk}$、$F_{Qk}$ 分别为永久荷载标准值、可变荷载标准值产生的集中力；

f_{yv}，f_y——附加箍筋、附加吊筋的抗拉强度设计值；

A_{sv1}，A_{sb}——单肢附加箍筋的截面面积、附加吊筋的截面面积；

m，n——附加箍筋的总数量、在同一截面内附加箍筋的肢数。

附加箍筋的规格和肢数宜采用按受剪承载力计算所配置箍筋的规格和肢数。

2.8.3　框架柱设计

1. 柱的正截面受压承载力计算

(1) 设计要求

柱的纵向钢筋配置，除应符合《混凝土结构设计规范》中规定的各项计算和构造要求之外，根据《建筑抗震设计规范》的规定，对抗震设计的框架柱，尚应符合下列各项构造措施要求：

① 轴压比限制。轴压比是影响柱延性的重要因素之一，在框架抗震设计中，必须限制柱的轴压比。柱的轴压比 μ_c 可按下式计算：

$$\mu_c = \frac{N}{f_cbh} \tag{2.72}$$

式中　N——柱组合的轴向压力设计值。

对于抗震等级分别为一、二、三、四级的框架结构，柱的轴压比限值分别为 0.65、0.75、0.85、0.90。

② 柱的纵向钢筋配置。柱的纵向钢筋宜对称配置。截面边长大于 400 mm 的柱，纵向钢筋间距不宜大于 200 mm。

③ 柱纵向钢筋配筋率限制：

a. 柱纵向受力钢筋的最小总配筋率：对框架结构的中柱和边柱，抗震等级分别为一、二、三、四级时，最小总配筋率分别为 1.0%、0.8%、0.7%、0.6%；对角柱还应分别增加 0.1%；钢筋强度标准值小于 400 MPa 时，上述各值还应增加 0.1%；钢筋强度标准值为 400 MPa 时，上述各值应增加 0.05%。

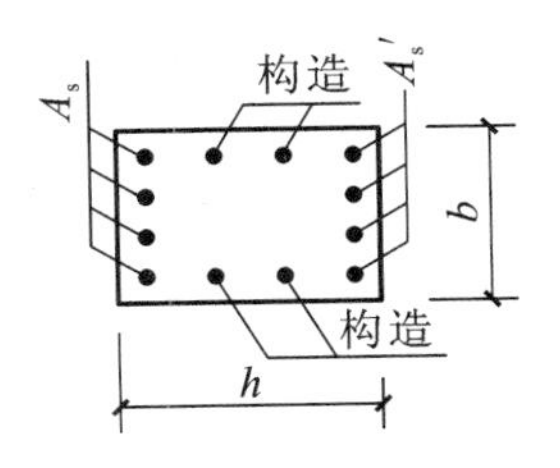

图 2.33　柱配筋示意图

b. 柱每一侧纵向受力钢筋的配筋率不应小于 0.2%。

c. 柱全部纵向钢筋（包括垂直于柱偏心方向设置的纵向构造钢筋，如图 2.33 所示）的总配筋率不应大于 5%；剪跨比不大于 2 的一级框架的柱，每侧纵向钢筋配筋率不宜大于 1.2%。

d. 边柱、角柱为小偏心受拉时，柱内纵筋总截面面积应比计算值增加 25%。

（2）柱轴压比验算

柱轴压比验算应按式(2.72)进行。若框架各层柱的截面尺寸和混凝土强度等级均相同，可仅验算轴压比最大的底层柱下端截面。验算时，柱组合的轴向压力设计值，应取地震作用组合与持久状况作用组合中的较大值，即取式(2.48b)中未乘 γ_{RE} 时的 N_{max} 值与式(2.48d)中的 N 值两者中的较大值。

（3）对称配筋柱最不利内力的选取

由于偏心受压柱有大偏心受压破坏和小偏心受压破坏两种破坏形态，在根据内力组合结果选取柱的最不利内力时，首先需判断柱的破坏形态，以便进行相应的选取。

当柱采用对称配筋时，其受压承载力计算公式为：$N = \alpha_1 f_c bx$。若令 $x = \xi_b h_0$，可求得柱大、小偏心受压破坏的界限轴力为：$N_b = \alpha_1 f_c b \xi_b h_0$。

若截面组合的内力设计值 $N \leqslant N_b$，即 $x \leqslant \xi_b h_0$，则可判断属于大偏心受压破坏。此时应取弯矩 M 较大而相应轴力 N 较小的一组内力为最不利内力。

若截面组合的内力设计值 $N > N_b$，即 $x > \xi_b h_0$，则可判断属于小偏心受压破坏。此时应取轴力 N 最大及其相应弯矩 M 也较大的一组内力为最不利内力。

当为非地震区不考虑抗震设计时，比较各层柱的上、下端截面中按式(2.42.1a)、式(2.42.1b)、式(2.42.2a)、式(2.42.2b)计算所得柱端弯矩和轴力组合的设计值，共8种情况下的内力，选取出 1 ～ 3 组最不利内力进行配筋量计算。

当为地震区进行抗震设计时，比较各层柱的上、下端截面中按式(2.48a)、式(2.48b)、式(2.48c)、式(2.48d)计算所得柱端弯矩和轴力组合的设计值，共 8 种情况下的内力，选取出 1 ～ 3 组 最不利内力进行配筋量计算。

（4）对称配筋柱承载力计算方法及计算公式

① 大偏心受压柱

a. 计算公式。对称配筋的大偏心受压柱正截面受压承载力，应按下列公式计算：

$$N = \alpha_1 f_c bx \tag{2.73}$$

$$Ne = \alpha_1 f_c bx \left(h_0 - \frac{x}{2}\right) + f'_y A'_s (h_0 - a') \tag{2.74}$$

$$e = e_i + \frac{h}{2} - a \tag{2.75}$$

$$e_i = e_0 + e_a \tag{2.76}$$

式中 N—— 轴向压力设计值；

α_1—— 系数，当混凝土强度等级不超过 C50 时，α_1 取 1.0；

e—— 轴向压力作用点至纵向受拉钢筋合力点的距离；

e_i—— 初始偏心距；

e_0—— 轴向压力对截面重心的偏心距，$e_0 = \dfrac{M}{N}$，当需要考虑二阶效应时，M 为按式(2.82)确定的弯矩设计值；

e_a—— 附加偏心距，其值应取 20 mm 和偏心方向截面最大尺寸的$\dfrac{1}{30}$两者中的较大值。

b. 公式适用条件

$x \leqslant \xi_b h_0$，以确定柱为大偏心受压，否则按小偏心受压柱计算；$x \geqslant 2a'$，以保证受压钢筋屈服。

c. 当不满足条件 $x \geqslant 2a'$ 时，柱正截面受压承载力可按下列公式计算：

$$Ne' = f_y A_s (h_0 - a') \tag{2.77}$$

$$e' = e_i - \frac{h}{2} + a' \tag{2.78}$$

式中　e'—— 轴向压力作用点至受压区纵向钢筋合力点的距离。

② 小偏心受压柱

对称配筋的小偏心受压柱，可按下列近似公式计算纵向钢筋截面面积：

$$\xi = \frac{N - \xi_b \alpha_1 f_c b h_0}{\dfrac{Ne - 0.43\alpha_1 f_c b h_0^2}{(\beta_1 - \xi_b)(h_0 - a')} + \alpha_1 f_c b h_0} + \xi_b \tag{2.79}$$

$$A'_s = \frac{Ne - \xi(1 - 0.5\xi)\alpha_1 f_c b h_0^2}{f'_y (h_0 - a')} \tag{2.80}$$

式中　β_1—— 系数，当混凝土强度等级不超过 C50 时，β_1 取 0.80。

③ 考虑二阶效应时的弯矩设计值

a. 偏心受压构件，当同一主轴方向的杆端弯矩比 $\frac{M_1}{M_2}$ 不大于 0.9，且轴压比 μ_c 不大于 0.9 时，若构件的长细比满足式(2.81)的要求，可不考虑轴向压力在该方向挠曲杆件中产生的附加弯矩影响；否则应考虑轴向压力在挠曲杆件中产生的附加弯矩影响。

$$\frac{l_0}{i} \leqslant 34 - 12\frac{M_1}{M_2} \tag{2.81}$$

式中　M_1,M_2—— 已考虑侧移影响的偏心受压构件两端截面的组合弯矩设计值，绝对值较大端为 M_2，较小端为 M_1，当构件按单曲率弯曲时 $\frac{M_1}{M_2}$ 取正值，否则取负值；

l_0—— 构件的计算长度，对现浇混凝土楼盖的框架结构，底层柱 $l_0 = 1.0H$（H 为从基础顶面到一层楼盖顶面的高度），其余各层柱 $l_0 = 1.25H$（H 为上、下两层楼盖顶面之间的高度）；

i—— 偏心方向的截面回转半径。

b. 偏心受压构件考虑轴向压力在挠曲杆件中产生的二阶效应后，控制截面的弯矩设计值 M，应按下列公式计算：

$$M = C_m \eta_{ns} M_2 \tag{2.82}$$

$$C_m = 0.7 + 0.3\frac{M_1}{M_2} \tag{2.83}$$

$$\eta_{ns} = 1 + \frac{1}{1300\dfrac{\dfrac{M_2}{N} + e_a}{h_0}}\left(\frac{l_0}{h}\right)^2 \zeta_c \tag{2.84}$$

$$\zeta_c = \frac{0.5 f_c b h}{N} \tag{2.85}$$

当 $C_m \eta_{ns}$ 小于 1.0 时取 1.0。

式中　C_m—— 构件端截面偏心距调节系数，当小于 0.7 时取 0.7；

η_{ns}—— 弯矩增大系数；

N—— 与弯矩设计值 M_2 相应的轴向压力设计值；

ζ_c—— 截面曲率修正系数，当计算值大于 1.0 时取 1.0。

④ 计算步骤

a. 首先根据柱两端弯矩比$\dfrac{M_1}{M_2}$之值、柱轴压比 μ_c 之值以及式(2.81)，判断其是否需要考虑轴向压力产生的附加弯矩影响。若无须考虑附加弯矩影响，则取弯矩设计值 $M = M_2$；若须考虑附加弯矩影响，则按照式(2.82) 至式(2.85) 计算弯矩设计值 M。

b. 假定柱为大偏心受压柱，按式(2.73) 计算混凝土受压区高度 x 之值。

c. 若 $x \leqslant \xi_b h_0$，且 $x \geqslant 2a'$，可确定柱为大偏心受压柱，则按式(2.74) 至式(2.76) 计算柱受压一侧的纵向钢筋截面面积 A_s'，并取 $A_s = A_s'$；若 $x \leqslant \xi_b h_0$，但 $x < 2a'$，可确定柱为大偏心受压柱，则按式(2.77)、式(2.78) 计算柱受拉一侧的纵向钢筋截面面积 A_s，并取 $A_s' = A_s$；若 $x > \xi_b h_0$，可确定柱为小偏心受压柱，此时需按式(2.79) 重新计算 ξ 之值，再按式(2.80) 计算柱受压一侧的纵向钢筋截面面积 A_s'，并取 $A_s = A_s'$。

(5) 框架柱纵向钢筋的选配

在根据计算结果确定柱内纵向受力钢筋以及构造钢筋的实际配置时，应注意以下几点：

① 钢筋的根数、直径、间距和配筋率等必须符合《混凝土结构设计规范》中的有关构造要求。对于抗震设计的框架柱，尚应符合 2.8.3 节第 1 条第(1) 款中的相应构造措施要求。

② 实际选配受力钢筋的截面面积应尽量接近其计算值，误差不宜过大，尤其是负误差应控制在 5% 以内。

③ 为便于施工，若选用不同直径的钢筋，其规格不宜过多，同一层框架柱内所选钢筋的直径规格不宜超过三种。

2. 柱的斜截面受剪承载力计算

(1) 设计要求

为避免框架柱过早发生剪切破坏，必须限制柱的剪压比，即限制柱的最小截面尺寸。柱的受剪截面应符合下列条件：

① 非抗震设计的柱：对其受剪截面的要求与梁相同，即按式(2.62) 或式(2.63) 进行验算。

② 抗震设计的柱：剪跨比大于 2 时，按式(2.64) 进行验算；剪跨比不大于 2 时，按式(2.65) 进行验算。剪跨比应按下式计算：

$$\lambda = \frac{M}{Vh_0} \tag{2.86}$$

式中 λ—— 柱的剪跨比，应按柱端截面组合的弯矩设计值 M、对应截面组合的剪力设计值 V 及截面有效高度 h_0 确定，并取上下端计算结果的较大值；反弯点位于柱高中部的框架柱，可取 $\lambda = \dfrac{H_n}{2h_0}$，$H_n$ 为柱净高。

(2) 承载力计算公式

① 柱的斜截面受剪承载力，应按下列公式计算：

持久设计状况作用组合时：

$$V \leqslant \frac{1.75}{\lambda + 1} f_t b h_0 + f_{yv} \frac{nA_{sv1}}{s} h_0 + 0.07N \tag{2.87}$$

地震作用组合时：

$$V \leqslant \frac{1.05}{\lambda+1} f_t b h_0 + f_{yv} \frac{nA_{sv1}}{s} h_0 + 0.056N \tag{2.88}$$

式中　λ——框架柱的计算剪跨比，按式(2.86)计算；当$\lambda < 1.0$时，取$\lambda = 1.0$；当$\lambda > 3.0$时，取$\lambda = 3.0$。

N——与剪力设计值V相应的轴向压力设计值；当$N > 0.3f_cA$时，取$N = 0.3f_cA$，A为构件的截面面积。

② 考虑地震作用组合的矩形截面框架柱，当出现拉力时，其斜截面抗震受剪承载力应按下式计算：

$$V \leqslant \frac{1.05}{\lambda+1} f_t b h_0 + f_{yv} \frac{nA_{sv1}}{s} h_0 - 0.2N \tag{2.89}$$

式中　N——考虑地震作用组合的框架柱轴向拉力设计值。

当上式右边的计算值小于$f_{yv} \frac{nA_{sv1}}{s} h_0$时，取等于$f_{yv} \frac{nA_{sv1}}{s} h_0$，且$f_{yv} \frac{nA_{sv1}}{s} h_0$值不应小于$0.36f_t b h_0$。

(3) 抗震设计时框架柱箍筋的抗震构造措施

① 柱箍筋在规定的范围内应加密，加密区的箍筋间距和直径，应符合下列要求：

a. 一般情况下，箍筋的最大间距和最小直径，应按表2.20采用。

表2.20　柱箍筋加密区的箍筋最大间距和最小直径　　单位：mm

抗震等级	箍筋最大间距(采用较小值)	箍筋最小直径
一	$6d$，100	10
二	$8d$，100	8
三	$8d$，150(柱根100)	8
四	$8d$，150(柱根100)	6(柱根8)

注：① d为柱纵筋最小直径；

② 柱根指底层柱下端箍筋加密区。

b. 一级抗震等级框架柱的箍筋直径大于12 mm且箍筋肢距不大于150 mm，以及二级框架柱的箍筋直径不小于10 mm且箍筋肢距不大于200 mm时，除底层柱下端外，箍筋最大间距应允许采用150 mm；三级框架柱的截面尺寸不大于400 mm时，箍筋最小直径应允许采用6 mm；四级框架柱剪跨比不大于2时，箍筋直径不应小于8 mm。

c. 剪跨比不大于2的框架柱，箍筋间距不应大于100 mm。

② 柱的箍筋加密范围，应按下列规定采用：

a. 柱端，取截面高度、柱净高的$\frac{1}{6}$和500 mm三者的最大值；

b. 底层柱的下端不小于柱净高的$\frac{1}{3}$；

c. 刚性地面上、下各500 mm；

d. 剪跨比不大于2的柱、因设置填充墙等形成的柱净高与柱截面高度之比不大于4的柱、一级和二级框架的角柱，取全高。

③ 柱箍筋加密区的箍筋肢距，一级抗震等级时不宜大于 200 mm，二、三级时不宜大于 250 mm，四级时不宜大于 300 mm。至少每隔一根纵向钢筋宜在两个方向有箍筋或拉筋约束，采用拉筋复合箍时，拉筋宜紧靠纵向钢筋并钩住箍筋。各类箍筋的形状，可参见图 2.34。

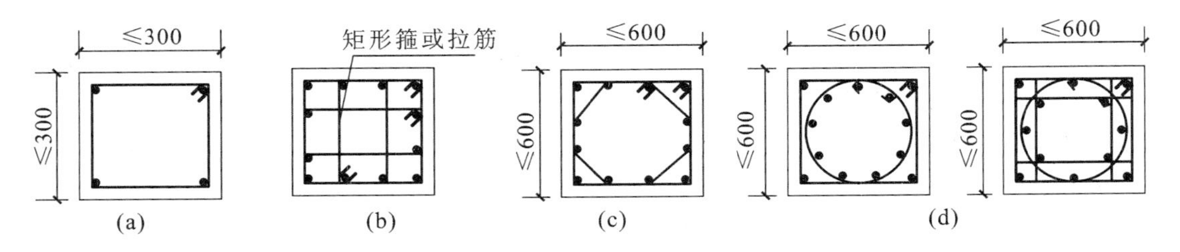

图 2.34　各类箍筋示意图

(a) 普通箍；(b) 井字形复合箍；(c) 多边形复合箍；(d) 方、圆形复合箍

④ 柱箍筋加密区的体积配箍率，应按下列规定采用：

a. 柱箍筋加密区的体积配箍率应符合下式要求：

$$\rho_v \geqslant \lambda_v \frac{f_c}{f_{yv}} \tag{2.90}$$

式中　ρ_v —— 柱箍筋加密区的体积配箍率，一级不应小于 0.8%，二级不应小于 0.6%，三、四级不应小于 0.4%；计算复合螺旋箍的体积配箍率时，其非螺旋箍的箍筋体积应乘以折减系数 0.8。

f_c —— 混凝土轴心抗压强度设计值，强度等级低于 C35 时，应按 C35 计算。

λ_v —— 最小配箍特征值，宜按表 2.21 采用。

表 2.21　柱箍筋加密区的箍筋最小配箍特征值 λ_v

抗震等级	箍筋形式	柱轴压比								
		≤0.3	0.4	0.5	0.6	0.7	0.8	0.9	1.0	1.05
一	普通箍、复合箍	0.10	0.11	0.13	0.15	0.17	0.20	0.23	—	—
	螺旋箍、复合或连续复合矩形螺旋箍	0.08	0.09	0.11	0.13	0.15	0.18	0.21	—	—
二	普通箍、复合箍	0.08	0.09	0.11	0.13	0.15	0.17	0.19	0.22	0.24
	螺旋箍、复合或连续复合矩形螺旋箍	0.06	0.07	0.09	0.11	0.13	0.15	0.17	0.20	0.22
三、四	普通箍、复合箍	0.06	0.07	0.09	0.11	0.13	0.15	0.17	0.20	0.22
	螺旋箍、复合或连续复合矩形螺旋箍	0.05	0.06	0.07	0.09	0.11	0.13	0.15	0.18	0.20

b. 剪跨比不大于 2 的柱宜采用复合螺旋箍或井字复合箍，其体积配箍率应不小于 1.2%，9 度一级时应不小于 1.5%。

c. 柱的体积配箍率可按下式计算：

$$\rho_{v}=\frac{A_{sv1}l_{k}}{b_{cor}h_{cor}s} \tag{2.91}$$

式中 A_{sv1}—— 单肢箍筋的截面面积；

l_k—— 配置在同一截面内各肢箍筋的总净长度，计算中应扣除重叠部分的箍筋长度；

b_{cor}—— 柱的核心截面宽度，取箍筋内表面范围内混凝土的宽度，即 $b_{cor}=b-2(c+d)$；

h_{cor}—— 柱的核心截面高度，取箍筋内表面范围内混凝土的高度，即 $h_{cor}=h-2(c+d)$；

c—— 混凝土保护层的厚度；

d—— 箍筋的直径。

⑤ 柱箍筋非加密区的体积配箍率不宜小于加密区的50%；箍筋间距，一、二级框架柱不应大于10倍纵向钢筋直径，三、四级框架柱不应大于15倍纵向钢筋直径。

(4) 框架柱箍筋的选配

在按照式(2.87)或式(2.88)或式(2.89)进行柱斜截面受剪承载力计算时，通常可先初选箍筋的肢数和直径，即拟定公式中 n 和 A_{sv1} 的数值，此时应注意符合箍筋肢距和最小直径的构造要求；然后根据计算所得箍筋间距的数值确定实际选配箍筋的间距，此时应注意符合箍筋最大间距的构造要求，并考虑方便施工。对于抗震设计的框架柱，非加密区箍筋的直径和肢距宜与加密区箍筋的直径和肢距一致，以方便施工；还需按式(2.90)、式(2.91)验算箍筋的体积配箍率 ρ_v，以最终确定框架柱箍筋的配置方案。

2.8.4 框架节点设计

1. 设计要求

在进行框架结构抗震设计时，除了要保证框架梁、柱具有足够的强度和延性外，还必须保证框架节点的强度，即体现"强节点"的设计原则。因此，《建筑抗震设计规范》中规定：一、二、三级框架的节点核芯区应进行抗震验算；四级框架节点核芯区可不进行验算，但应符合抗震构造措施的要求。

2. 框架梁柱节点核芯区截面抗震验算

(1) 节点核芯区组合的剪力设计值计算

一、二、三级框架梁柱节点核芯区组合的剪力设计值，应按下式确定：

$$V_{j}=\frac{\eta_{jb}\sum M_{b}}{h_{b0}-a'}\left(1-\frac{h_{b0}-a'}{H_{c}-h_{b}}\right) \tag{2.92}$$

式中 V_j—— 梁柱节点核芯区组合的剪力设计值；

h_{b0}—— 梁截面的有效高度，节点两侧梁截面高度不等时可采用平均值；

a'—— 梁受压钢筋合力点至受压边缘的距离；

H_c—— 柱的计算高度，可采用节点上、下柱反弯点之间的距离；

h_b—— 梁的截面高度，节点两侧梁截面高度不等时可采用平均值；

η_{jb}—— 强节点系数，一级宜取1.5，二级宜取1.35，三级宜取1.2；

$\sum M_b$—— 节点左右梁端逆时针或顺时针方向组合弯矩设计值之和，一级框架节点左右梁端均为负弯矩时，绝对值较小的弯矩应取零。

关于最不利节点的选取，应选取受力最大、最薄弱的节点。对一般的规则框架，可选取中柱的底层节点或二层节点进行计算。

（2）节点核芯区剪压比的控制

为了使节点核芯区的剪应力不致过高，避免过早地出现斜裂缝，应控制其剪压比，即控制节点的最小截面尺寸。节点核芯区组合的剪力设计值，应符合下式要求：

$$V_j \leqslant \frac{1}{\gamma_{RE}}(0.3\eta_j f_c b_j h_j) \tag{2.93}$$

式中　η_j—— 正交梁（对横向框架梁即指纵向梁）的约束影响系数；楼板为现浇、梁柱中线重合、四侧各梁截面宽度不小于该侧柱截面宽度的$\frac{1}{2}$，且正交方向梁高度不小于框架梁高度的$\frac{3}{4}$时，可采用1.5，9度的一级宜采用1.25；其他情况均采用1.0。

h_j—— 节点核芯区的截面高度，可采用验算方向的柱截面高度。

γ_{RE}—— 承载力抗震调整系数，可取0.85。

b_j—— 核芯区截面有效验算宽度。

（3）核芯区截面有效验算宽度 b_j 的确定

① 当验算方向的梁截面宽度不小于该侧柱截面宽度的$\frac{1}{2}$时，如图2.35(a)所示，可采用该侧柱截面宽度，即取 $b_j = b_c$；当小于柱截面宽度的$\frac{1}{2}$时，可采用下列二者的较小值：

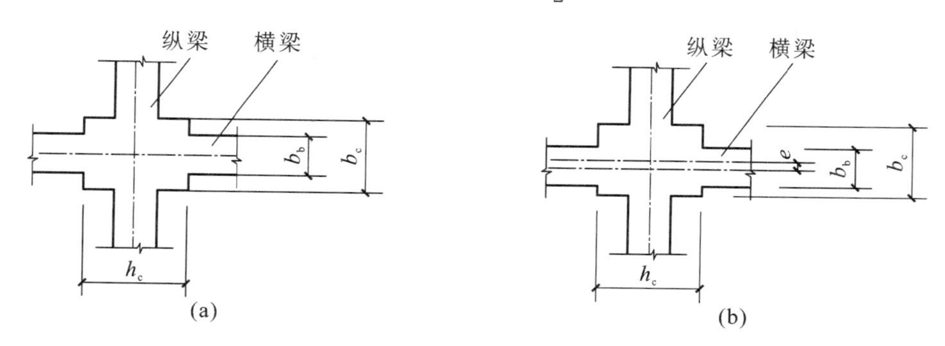

图2.35　核芯区截面有效验算宽度确定示意图

(a) 节点核芯区示意图；(b) 梁、柱的中线不重合示意图

$$\left.\begin{array}{l} b_j = b_b + 0.5h_c \\ b_j = b_c \end{array}\right\} \tag{2.94}$$

式中　b_j—— 节点核芯区的截面有效验算宽度；

b_b—— 梁截面宽度；

h_c—— 验算方向的柱截面高度；

b_c—— 验算方向的柱截面宽度。

② 当梁、柱的中线不重合且偏心距不大于柱宽的$\frac{1}{4}$时，如图2.35(b)所示，核芯区的截面有效验算宽度可采用式(2.94)和式(2.95)计算结果的较小值。

$$b_j = 0.5(b_b + b_c) + 0.25h_c - e \tag{2.95}$$

式中 e—— 梁与柱中线的偏心距。

(4) 节点核芯区截面受剪承载力验算

节点核芯区截面抗震受剪承载力,应采用下列公式验算:

9 度的一级框架:

$$V_j \leqslant \frac{1}{\gamma_{RE}}\left(0.9\eta_j f_t b_j h_j + f_{yv} A_{svj} \frac{h_{b0} - a'}{s}\right) \tag{2.96}$$

其他情况:

$$V_j \leqslant \frac{1}{\gamma_{RE}}\left(1.1\eta_j f_t b_j h_j + 0.05\eta_j N \frac{b_j}{b_c} + f_{yv} A_{svj} \frac{h_{b0} - a'}{s}\right) \tag{2.97}$$

式中 N—— 对应于组合剪力设计值的节点上柱组合轴向压力较小值,其取值应不大于 $0.5 f_c b_c h_c$,当 N 为拉力时,取 $N = 0$;

A_{svj}—— 核芯区有效验算宽度 b_j 范围内同一截面验算方向箍筋的总截面面积;

s—— 箍筋间距。

3. 节点核芯区箍筋的抗震构造措施

框架节点核芯区箍筋的最大间距和最小直径宜按表 2.20 采用,即按柱箍筋加密区的要求采用。一、二、三级框架节点核芯区的配箍特征值 λ_v 分别不宜小于 0.12、0.10 和 0.08,且体积配箍率 ρ_v 分别不宜小于 0.6%、0.5% 和 0.4%。柱剪跨比不大于 2 的框架节点核芯区,体积配箍率不宜小于核芯区上、下柱端的较大体积配箍率。

当框架各柱的截面尺寸、混凝土强度等级相同,且节点核芯区箍筋的直径、间距均相同时,通常可仅验算中柱首层节点箍筋的体积配箍率;若各节点核芯区箍筋的配置不同时,应分别进行验算。

2.9 框架结构施工图的绘制

实际工程设计和毕业设计中,在进行了一系列结构设计计算后,必须绘制相应的结构施工图,并将计算结果完整、正确地表达在设计图上,才算是完成了结构设计任务。结构施工图是实施工程的依据。

混凝土结构施工图的绘制可以采用平面整体表示方法,也可以采用结构平面图和竖向截面详图共同表示的方法。目前,在实际工程结构设计中,一般采用平面整体表示方法,作为有经验的工程技术人员,依据这种平法施工图和有关的技术规范,便可以正确地指导施工。但在毕业设计中,作为初学者,为了更直观地表达出框架结构中梁、柱和节点的尺寸、配筋等设计内容,更好地理解设计中应遵循的各项构造措施要求,宜绘制框架结构的竖向截面详图。本节将分别介绍此两种方法的制图规则。

2.9.1 用平面整体表示方法进行结构施工图的绘制

采用平面整体表示方法(以下简称"平法")绘制结构施工图,就是把结构构件的尺寸和配筋等,按照平法制图规则,整体直接表达在各类构件的结构平面布置图上,再与标准构造详图相配合,即构成一套完整的结构设计施工图。

平法施工图的绘制,应依据国家建筑标准设计图集《混凝土结构施工图平面整体表示方法制图规则和构造详图》(16G101) 进行。对于进行抗震设计的结构，还应符合《建筑物抗震构造详图》(20G329、11G329) 中的各项规定。

按平法绘制结构施工图时，应将所有柱、梁和板等构件进行编号，编号中含有类型代号和序号等。其中，类型代号主要是指明所选用的标准构造详图。同时，还应当注明包括地下和地上各层的结构层楼(地) 面标高、结构层高及相应的结构层号。结构层楼面标高是指将建筑施工图中的各层地面和楼面标高值扣除建筑面层及垫层做法厚度后的标高，结构层号应与建筑楼层号对应一致。

1. 柱平法施工图的绘制

柱平法施工图，是在柱平面布置图上采用列表注写方式或截面注写方式表达。柱平面布置图，应采用适当的比例绘制。在柱平法施工图中，应注明各结构层的楼面标高、结构层高及相应的结构层号，尚应注明上部结构嵌固部位的位置。

(1) 列表注写方式

列表注写方式，是在柱平面布置图上，分别在同一编号的柱中选择一个(有时需要选择几个) 截面标注几何参数代号；在柱表中注写柱编号、柱段起止标高、几何尺寸(含柱截面对轴线的偏心情况) 与配筋的具体数值，并配以各种柱截面形状及其箍筋类型图，来表达柱平法施工图。列表注写的内容规定如下。

① 注写柱编号。柱编号由类型代号和序号组成。框架柱的类型代号为 KZ，序号用 ×× 数字表示。

② 注写各段柱的起止标高。应自柱根部往上以变截面位置或截面未变但配筋改变处为界分段注写。框架柱的根部标高是指基础顶面标高。

③ 注写柱截面尺寸。对于矩形柱，应注写截面尺寸 $b \times h$ 及与轴线关系的几何参数代号 b_1、b_2 和 h_1、h_2 的具体数值，并需对应于各段柱分别注写。其中 $b = b_1 + b_2$，$h = h_1 + h_2$。

④ 注写柱纵筋。当柱纵筋直径相同，各边根数也相同时，将纵筋注写在“全部纵筋”一栏中；除此之外，柱纵筋分角筋、截面 b 边中部筋和 h 边中部筋三项分别注写(对称配筋的矩形截面柱可仅注写一侧中部筋，对称边省略不注)。

⑤ 注写箍筋类型号及箍筋肢数。根据具体工程所设计的各种箍筋类型图以及箍筋复合的具体方式，将其画在表的上部或图中的适当位置，并在其上标注与表中相对应的 b、h 和类型号。

⑥ 注写柱箍筋的钢筋级别、直径与间距。当为抗震设计时，用斜线“/”区分柱端箍筋加密区与柱身非加密区长度范围内箍筋的不同间距。当框架节点核芯区内箍筋与柱端箍筋设置不同时，应在括号中注明核芯区箍筋直径及间距。例如Φ10@100/200(Φ12@100)，表示柱中箍筋为 HPB300 级钢筋，直径为 10 mm，加密区间距为 100 mm，非加密区间距为 200 mm，框架节点核芯区箍筋为 HPB300 级钢筋，直径为 12 mm，间距为 100 mm。当箍筋沿柱高为一种间距时，则不使用“/”线。

采用列表注写方式表达的柱平法施工图示例，见图 2.36。

(2) 截面注写方式

截面注写方式，系在柱平面布置图的柱截面上，分别在同一编号的柱中选择一个截面，直接注写截面尺寸和配筋的具体数值，来表达柱平法施工图。

首先，对所有柱截面进行编号(编号规定与列表注写方式的相同)。然后，从相同编号的柱中选择一个截面，按另一种比例原位放大绘制柱截面配筋图，并在各配筋图上继其编号后再注

写截面尺寸 $b\times h$、角筋或全部纵筋、箍筋的具体数值（箍筋的注写方式与列表注写方式相同）。当纵筋采用两种直径时，需再注写截面各边中部筋的具体数值（对称配筋的矩形截面柱可仅注写一侧中部筋，对称边省略不注）。

在截面注写方式中，如柱的分段截面尺寸和配筋均相同，仅截面与轴线的关系不同时，可将其编为同一柱号，但此时应在未画配筋的柱截面上注写该柱截面与轴线关系的具体尺寸。

采用截面注写方式表达的柱平法施工图示例，见图 2.37。

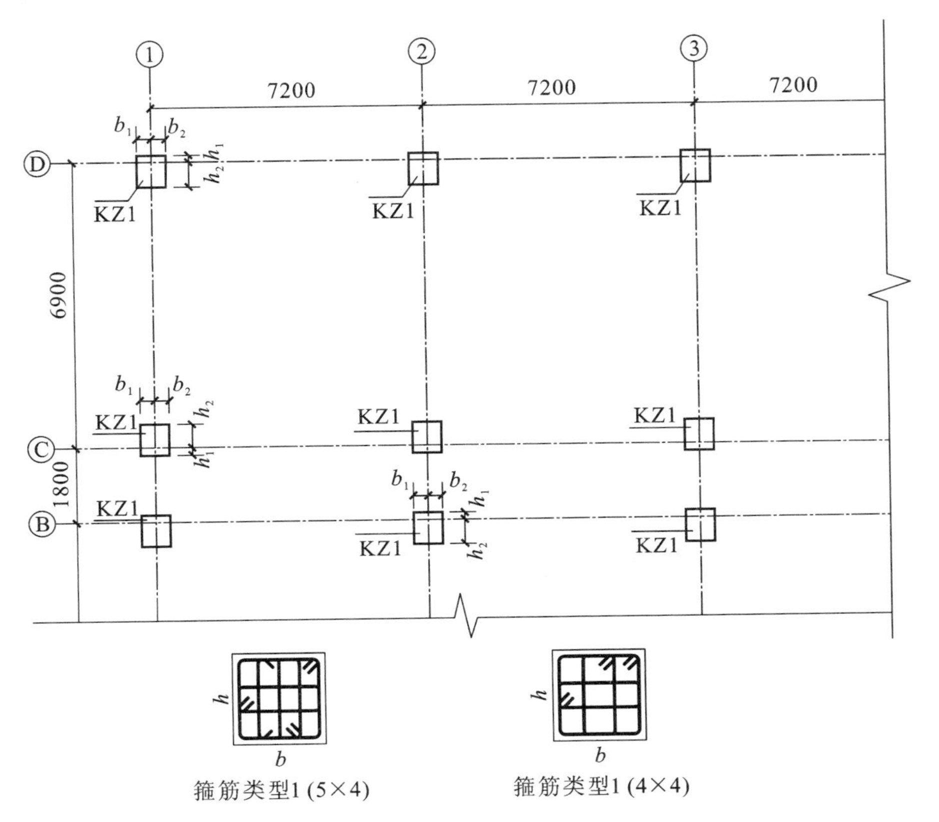

柱表

柱号	标高	$b\times h$	b_1	b_2	h_1	h_2	全部纵筋	角筋	b 边一侧中部筋	h 边一侧中部筋	箍筋类型号	箍筋
KZ1	−0.030 ～ 12.270	750×700	375	375	150	550	24Φ25				1(5×4)	Φ10@100/200
	12.270 ～ 19.470	650×600	325	325	150	450		4Φ22	5Φ22	4Φ20	1(4×4)	Φ10@100/200

图 2.36　柱平法施工图列表注写方式示例

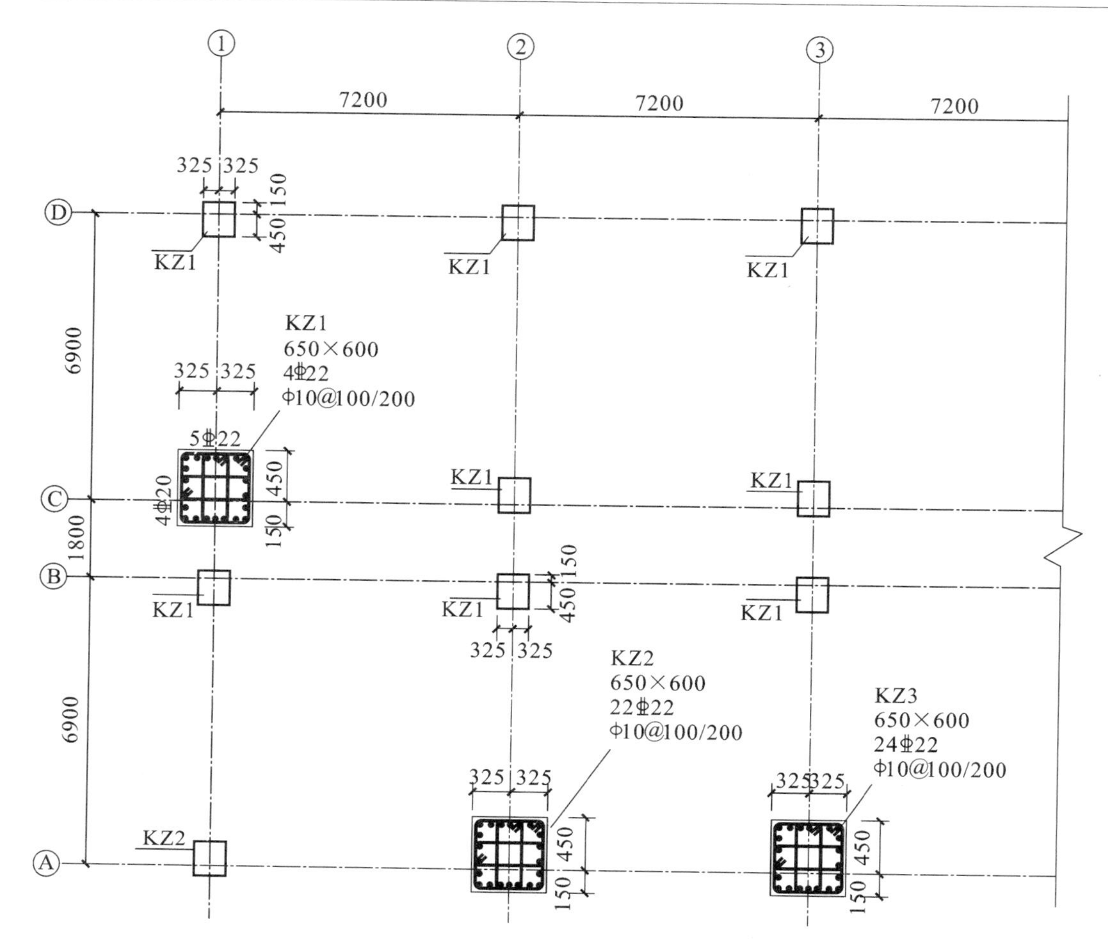

图 2.37　柱平法施工图截面注写方式示例

2. 梁平法施工图的绘制

梁平法施工图，是在梁平面布置图上采用平面注写方式或截面注写方式表达。梁平面布置图，应分别按梁的不同结构层(标准层)，将全部梁和与其相关联的柱、墙、板一起采用适当比例绘制。在梁平法施工图中，应注明各结构层的顶面标高及相应的结构层号。对于轴线未居中的梁，应标注其偏心定位尺寸(贴柱边的梁可不注)。

(1) 平面注写方式

平面注写方式，系在梁平面布置图上，分别在不同编号的梁中各选一根梁，在其上注写截面尺寸和配筋的具体数值，来表达梁平法施工图。

平面注写包括集中标注与原位标注。集中标注表达梁的通用数值，原位标注表达梁的特殊数值。当集中标注中的某项数值不适用于梁的某部位时，则将该项数值原位标注，如图 2.38 所示。施工时，原位标注取值优先。

① 梁集中标注的内容，有五项必注值及一项选注值，集中标注可以从梁的任意一跨引出，规定如下：

a. 梁编号，该项为必注值。梁编号由类型代号、序号、跨数及有无悬挑代号几项组成。其中：类型代号，楼层框架梁为 KL，屋面框架梁为 WKL，非框架梁为 L，悬挑梁为 XL，井字梁为

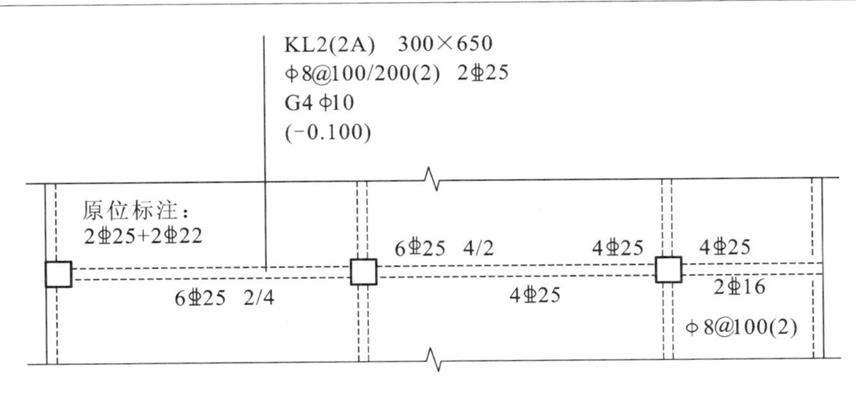

图 2.38　平面注写方式示例

JZL；序号用数字表示；跨数用(××) 表示，一端有悬挑为(×× A)，两端有悬挑为(×× B)，悬挑不计入跨数。例如：KL7(5A) 表示第 7 号框架梁，5 跨，一端有悬挑；L9(7B) 表示第 9 号非框架梁，7 跨，两端有悬挑。编号时，可按先纵向梁后横向梁，先上后下，先左后右的顺序依次编号。

b. 梁截面尺寸，该项为必注值。当为等截面矩形梁时，用 $b \times h$ 表示；当有悬挑梁且根部和端部的高度不同时，用斜线分隔根部与端部的高度值，即为 $b \times h_1/h_2$，例如 $300 \times 700/500$。

c. 梁箍筋，该项为必注值。应注写钢筋级别、直径、加密区与非加密区间距及肢数。箍筋加密区与非加密区的不同间距及肢数需用“/”分隔；箍筋肢数应写在括号内，当加密区与非加密区的箍筋肢数相同时，肢数仅注写一次。例如：Φ 10@100/200(4)，表示箍筋为 HPB300 级钢筋，直径 10 mm，加密区间距为 100 mm，非加密区间距为 200 mm，均为四肢箍；Φ 8@100(4)/150(2)，表示箍筋为 HPB300 级钢筋，直径 8 mm，加密区间距为 100 mm，四肢箍，非加密区间距为 150 mm，两肢箍。

d. 梁上部通长筋或架立筋配置，该项为必注值。应注写其规格与根数。当同排纵筋中既有通长筋又有架立筋时，表示成：通长筋＋(架立筋)；例如 2Φ22＋(4Φ12)，表示 2Φ22 为通长筋，4Φ12 为架立筋。当全部采用架立筋时，则将其写入括号内。

e. 梁侧面纵向构造钢筋或受扭钢筋配置，该项为必注值。纵向构造钢筋的表述以大写字母 G 打头，接续注写配置在梁两个侧面的总配筋值，且对称配置。例如：G4Φ12，表示梁的两侧共配置 4Φ12 的纵向构造钢筋，每侧各 2Φ12。当梁侧面需配置受扭纵向钢筋时，受扭钢筋的表述以大写字母 N 打头，接续注写配置在梁两个侧面的总配筋值，且对称配置。受扭纵向钢筋应满足梁侧面纵向构造钢筋的间距要求，且不再重复配置纵向构造钢筋。例如：N6Φ22，表示梁的两侧共配置6Φ22 的受扭纵向钢筋，每侧各 3Φ22。

对于梁侧面纵向构造钢筋配置的要求是：当梁的腹板高度 $h_w \geqslant 450$ mm时，在梁的两个侧面应沿高度配置纵向构造钢筋。每侧纵向构造钢筋(不包括梁上、下部受力钢筋及架立钢筋)的间距不宜大于 200 mm，截面面积不应小于腹板截面面积(bh_w) 的 0.1%，但当梁宽度较大时可以适当放松。此处腹板高度 h_w 的取值：矩形截面，取有效高度；T 形截面，取有效高度减去翼缘高度；I 形截面，取腹板净高。同时，还应相应配置拉结钢筋，拉结钢筋直径一般同箍筋，间距为箍筋间距的 2 倍。

f. 梁顶面标高高差，该项为选注值。梁顶面标高高差是指相对于结构层楼面标高的高差值，有高差时，需将其写入括号内，无高差时不注。当某梁的顶面高于所在结构层的楼面标高时，其标高高差为正值，反之为负值。

② 梁原位标注的内容，规定如下。

a. 梁支座上部纵筋，该部位包含通长筋在内的所有纵筋。当上部纵筋多于一排时，用“/”将各排纵筋自上而下分开；当同排纵筋有两种直径时，用“+”相连，注写时将角部纵筋写在前面；当梁中间支座两边的上部纵筋不同时，须在支座两边分别标注；当梁中间支座两边的上部纵筋相同时，可仅在支座的一边标注配筋值。

b. 梁下部纵筋，其标注方式同上部纵筋。当梁下部纵筋不全部伸入支座时，将梁支座下部纵筋减少的数量写在括号内，例如：梁下部纵筋注写为 2Φ25＋3Φ22(－3)/5Φ25，表示上一排纵筋为 2Φ25 和 3Φ22，其中 3Φ22 不伸入支座，下一排纵筋为 5Φ25，全部伸入支座。

c. 当在梁上集中标注的内容不适用于某跨或某悬挑部分时，则将其不同数值原位标注在该跨或该悬挑部位，施工时按原位标注数值取用。

d. 附加箍筋或吊筋，将其直接画在平面图中的主梁上，并用线引注总配筋值(附加箍筋的肢数注在括号内)。当多数附加箍筋或吊筋相同时，可在梁平法施工图上统一注明，少数与统一注明值不同时，再原位引注。

采用平面注写方式表达的梁平法施工图示例，见图 2.39。

(2) 截面注写方式

截面注写方式，系在梁平面布置图上，分别在不同编号的梁中各选择一根梁用剖面号引出配筋图，并在其上注写截面尺寸和配筋具体数值，来表达梁平法施工图。

首先，对所有梁进行编号，编号规定与平面注写方式相同。当某梁的顶面标高与结构层的楼面标高不同时，还应在其梁编号后注写梁顶面标高高差(注写规定与平面注写方式的相同)。然后，从相同编号的梁中选择一根梁，将“单边截面号”画在该梁上，再将截面配筋详图画在本图或其他图上。在截面配筋详图上，应注写截面尺寸 $b \times h$、上部钢筋、下部钢筋、侧面构造钢筋或受扭钢筋以及箍筋的具体数值，其表达形式与平面注写方式相同。

截面注写方式既可以单独使用，也可与平面注写方式结合使用。

采用截面注写方式表达的梁平法施工图示例，见图 2.40。

3. 有梁楼盖板平法施工图的绘制

有梁楼盖板平法施工图，是在楼面板和屋面板平面布置图上，采用平面注写的表达方式。板平面布置图，应分别按板的不同结构层(标准层)，将全部板和与其相关联的梁、柱、墙一起采用适当比例绘制。在板平法施工图中，应注明各结构层的顶面标高及相应的结构层号。板平面注写主要包括板块集中标注和板支座原位标注。

为便于设计表达和施工识图，规定结构平面的坐标方向为：当两向轴网正交布置时，图面从左至右为 X 向，从下至上为 Y 向。

(1) 板块集中标注

板块集中标注的内容为：板块编号、板厚、贯通纵筋，以及当板面标高不同时的标高高差。

对于普通楼面，两个方向均以一跨为一板块。所有板块应逐一编号，相同编号的板块可择其一做集中标注，其他仅注写置于圆圈内的板编号，以及当板面标高不同时的标高高差。

① 板块编号。板块编号由类型代号和序号组成。板的类型代号，楼面板为 LB，屋面板为 WB，悬挑板为 XB；序号用数字表示。

② 板厚。板厚注写为 $h=\times\times\times$(为垂直于板面的厚度)；当悬挑板的端部改变截面厚度时，用斜线分隔根部与端部的厚度值，注写为 $h=\times\times\times/\times\times\times$；当已在图注中统一注明板厚时，此项可不注。

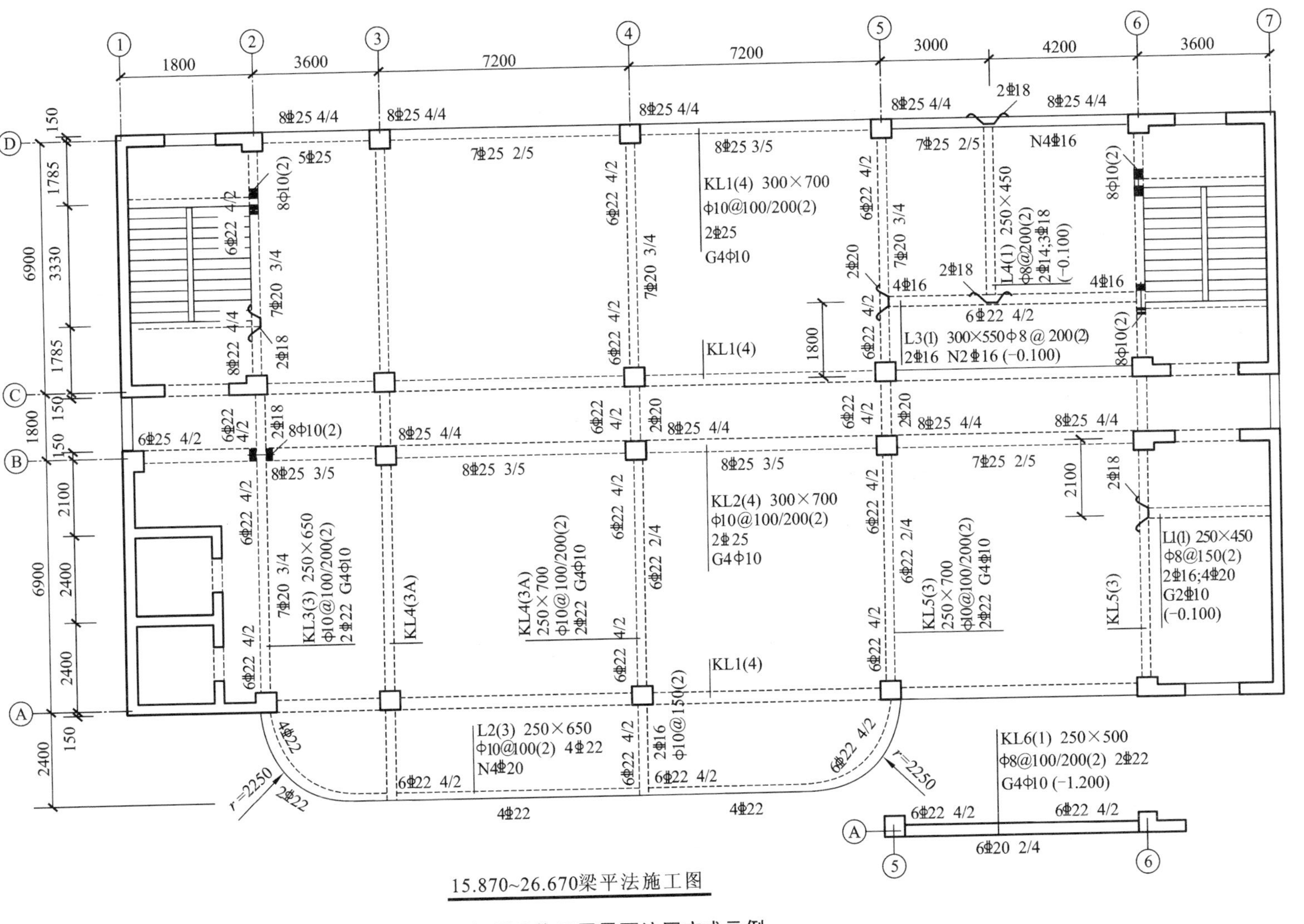

图2.39 梁平法施工图平面注写方式示例

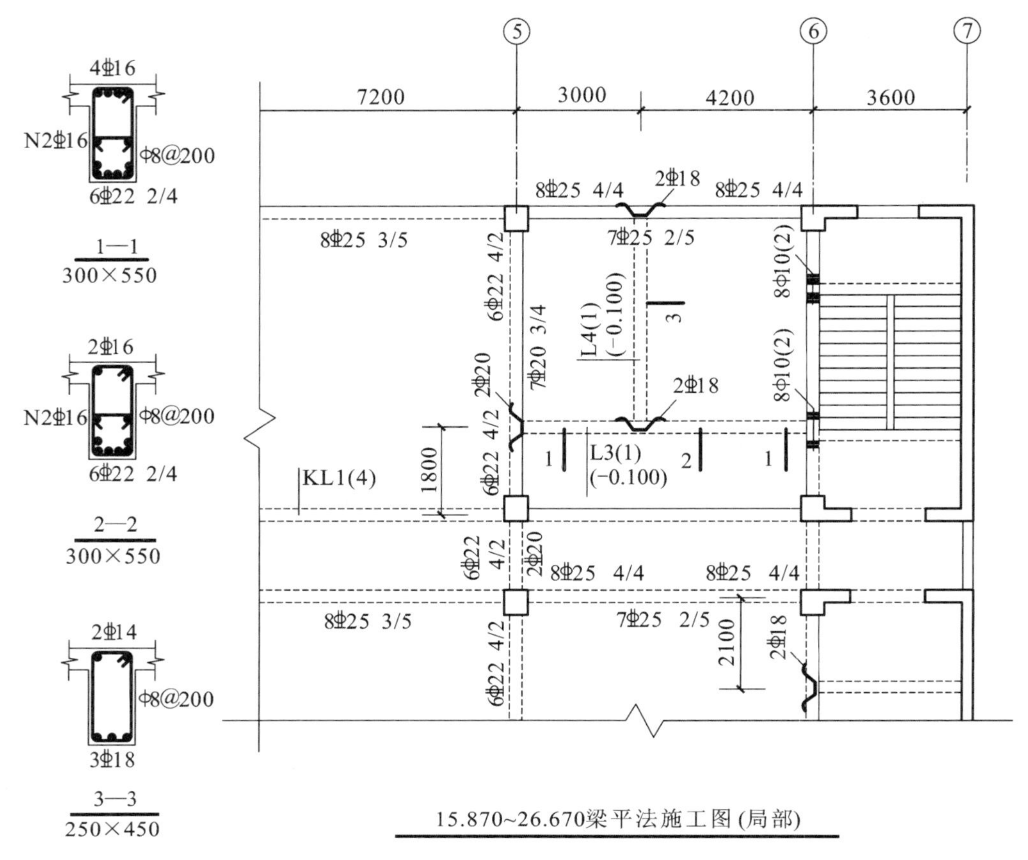

图 2.40 梁平法施工图截面注写方式示例

③ 贯通纵筋。贯通纵筋按板块的上部和下部分别注写(当板块上部不设贯通纵筋时则不注写),并以 B 代表下部,以 T 代表上部,B&T 代表下部与上部。X 向贯通纵筋以 X 打头,Y 向贯通纵筋以 Y 打头,两个方向贯通纵筋配置相同时则以 X&Y 打头。当为单向板时,分布筋可不必注写,而在图中统一注明。

④ 板面标高高差。板面标高高差系指相对于结构层楼面标高的高差,应将其注写在括号内,无高差不注。

例如:楼面板注写为LB5　$h = 110$

B:XΦ12@120;YΦ10@110

表示 5 号楼面板,板厚 110 mm,板下部配置的贯通纵筋 X 向为Φ12@120,Y 向为Φ10@110,板上部未配置贯通纵筋。

同一编号板块的类型、板厚和贯通纵筋均应相同,但板面标高、跨度、平面形状以及板支座上部非贯通纵筋可以不同,如同一编号板块的平面形状可为矩形、多边形和其他形状等。

(2) 板支座原位标注

板支座原位标注的内容为:板支座上部非贯通纵筋和悬挑板上部受力钢筋。标注方式规定如下:

① 板支座原位标注的钢筋,应在配置相同跨的第一跨表达(当在梁悬挑部位单独配置时则在原位表达)。表示方法是:垂直于板支座(梁或墙)绘制一段适宜长度的中粗实线(当该钢

筋通长设置在悬挑板或短跨板上部时，实线段应画至对边或贯通短跨），以该线段代表支座上部非贯通纵筋，并在线段上方注写钢筋编号（如①、②等）、配筋值、横向连续布置的跨数（注写在括号内，当为一跨时可不注），以及是否横向布置到梁的悬挑端。例如：(××)为横向布置的跨数，(××A)为横向布置的跨数及一端的悬挑梁部位，(××B)为横向布置的跨数及两端的悬挑梁部位。

② 板支座上部非贯通纵筋自支座中线向跨内的伸出长度，注写在线段的下方位置。当中间支座上部非贯通纵筋向支座两侧对称伸出时，可仅在支座一侧线段下方标注伸出长度；当向支座两侧非对称伸出时，应分别在支座两侧线段下方注写伸出长度；对贯通全跨或贯通全悬挑长度的上部通长纵筋，该侧的长度值不标注，只注明非贯通筋另一侧的伸出长度值。

③ 在板平面布置图中，不同部位的板支座上部非贯通纵筋及悬挑板上部受力钢筋，可仅在一个部位注写，对其他相同者仅需在代表钢筋的线段上注写编号以及横向连续布置的跨数即可。

④ 与板支座上部非贯通纵筋垂直且绑扎在一起的构造钢筋或分布钢筋，应在图中注明。

图 2.41 为有梁楼盖平法施工图。

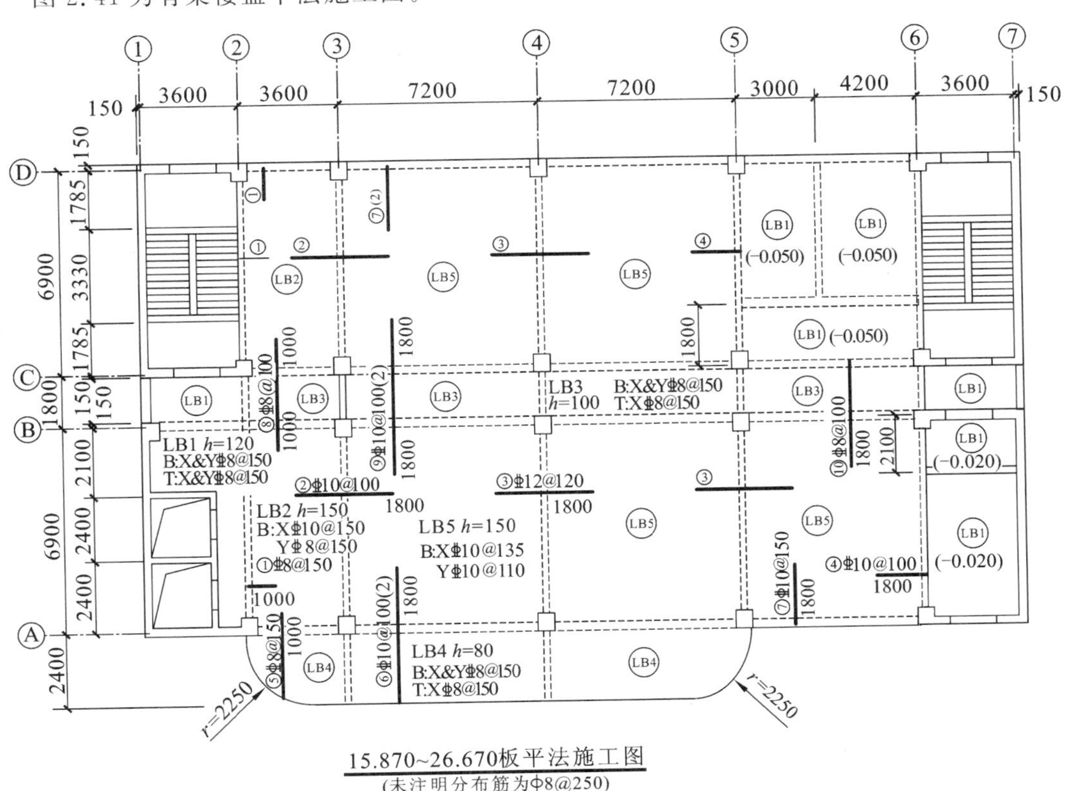

图 2.41 有梁楼盖平法施工图示例

4. 平法设计施工图中的说明

在工程设计中，除了正确绘制施工图之外，还必须写明以下与平法施工图密切相关的内容：

① 注明所选用平法标准图的图集号(如现浇混凝土框架、剪力墙、梁、板的图集号为16G101—1)。

② 当抗震设计时,应写明抗震设防烈度及抗震等级,以明确选用相应抗震等级的标准构造详图;当非抗震设计时,也应注明,以明确选用非抗震的标准构造详图。

③ 写明各类构件在不同部位所选用的混凝土强度等级和钢筋级别,以确定相应纵向受拉钢筋的最小锚固长度及最小搭接长度等。

④ 写明当柱纵筋、梁上部贯通筋等在工程中需接长时,所采用的连接形式及有关要求。

⑤ 写明结构不同部位所处的环境类别。

2.9.2　框架结构竖向截面详图的绘制

在毕业设计中,往往仅计算某一榀框架,所以不便采用通常用以完整表达全部框架结构设计的平面整体表示方法。在这种情况下,可以在结构平面布置图上,对所有框架按KJ××进行编号,相同的框架可采用相同编号;然后针对所设计计算的某一榀框架,按该榀框架梁、柱的设计尺寸以适当的比例绘制其竖向截面详图,以形象、直观地表达该榀框架中梁、柱的钢筋配置和各项配筋构造等内容。

1. 框架梁的绘制

(1) 竖向截面详图中框架梁的绘制

在竖向截面详图中,框架梁的绘制,应包括以下主要内容。

① 在每层梁的标高处绘制出各层梁的纵截面图,并在适当位置标注出各层梁的顶面标高。

② 绘制出每层梁上部纵筋和下部纵筋的配筋示意(可不引注纵筋的具体规格和根数),并标注出纵筋伸入框架柱内的锚固长度、非贯通纵筋的截断位置、不同直径钢筋的连接位置及搭接长度等内容。

③ 对各层梁中凡截面尺寸和配筋有不同之处均应进行横截面编号,并将“单边截面号”画在梁的上部或下部。对于虽不在同一层但截面尺寸和配筋均相同之处,可取相同截面编号,以减少截面的数量。

④ 在每层梁的下方标注出梁两端箍筋加密区和中部非加密区的长度,并在各区段内标注出该区段梁箍筋的级别、直径、间距等配置情况。

⑤ 用虚线绘制出纵向框架梁、次梁、板的形状和位置,并标注出次梁位置和具体数值。同时应绘制出次梁两侧的附加箍筋或吊筋,并用线引注其具体配筋规格和数量。

(2) 框架梁横截面配筋详图的绘制

框架梁各横截面的配筋详图应采用适当比例画在本图或其他图上。在横截面配筋详图上,应标注梁横截面编号、梁截面尺寸、板厚(当在图注中统一注明板厚时,此项可不注)等内容;绘制并用线引注梁上部纵筋、下部纵筋、侧面构造钢筋或受扭钢筋的具体规格和数量;绘制并用线引注箍筋和拉筋的级别、直径、间距等,加密区与非加密区的不同间距可用“/”分隔。各项标注应规范齐全。

(3) 框架梁纵向钢筋的构造

在绘制框架梁的竖向截面详图时,必须标注出钢筋配置的各项构造要求,尤其是纵向钢筋的锚固长度、非贯通纵筋的截断长度等构造要求。抗震设计时楼层框架梁、屋面框架梁的纵向钢筋构造分别如图2.42、图2.43所示,非抗震设计时楼层框架梁、屋面框架梁的纵向钢筋构造分别如图2.44、图2.45所示。各图中,跨度l_n为左跨l_{ni}和右跨l_{ni+1}之中的较大值,其中$i=1,2,3\cdots$

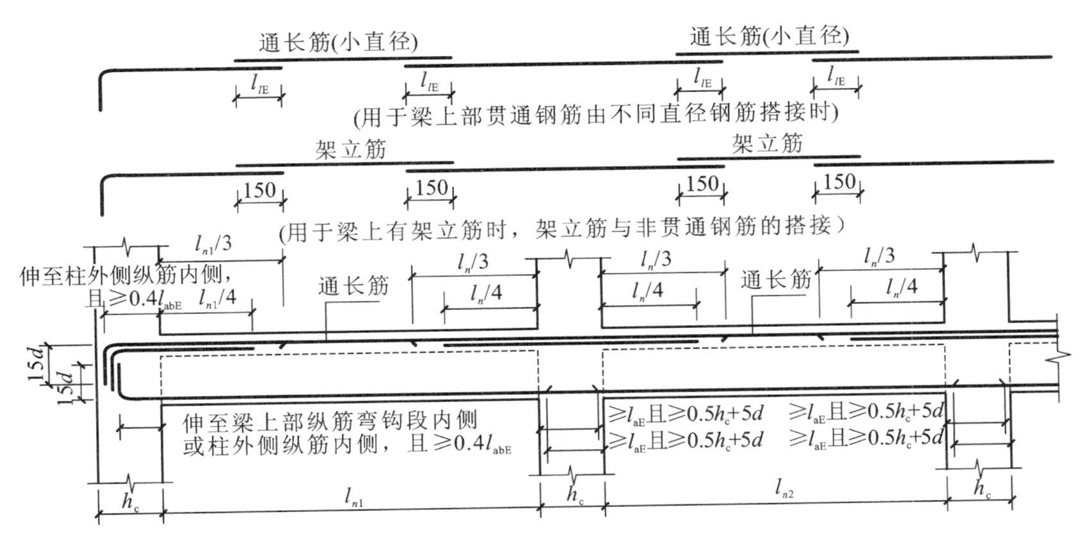

图 2.42　抗震楼层框架梁纵向钢筋构造

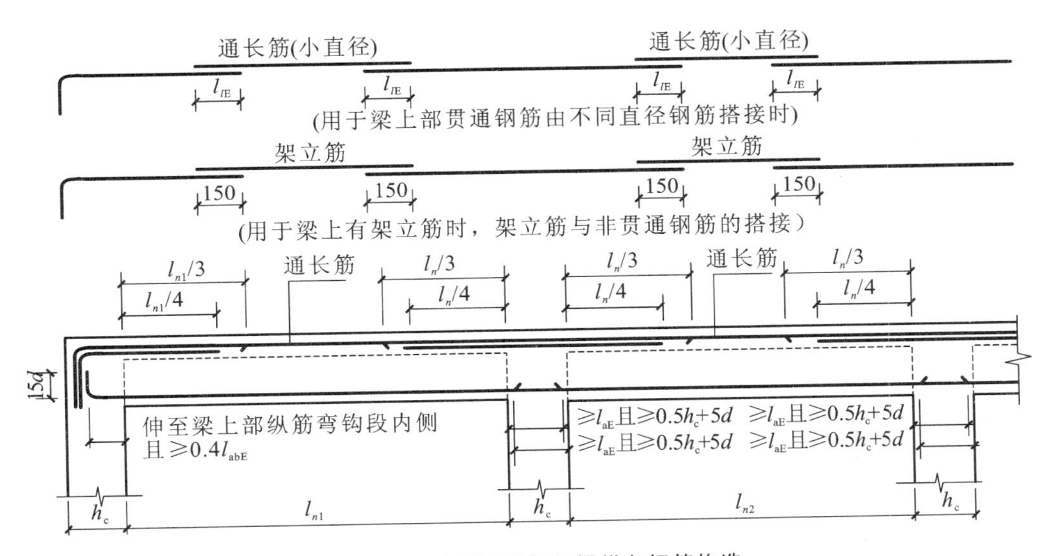

图 2.43　抗震屋面框架梁纵向钢筋构造

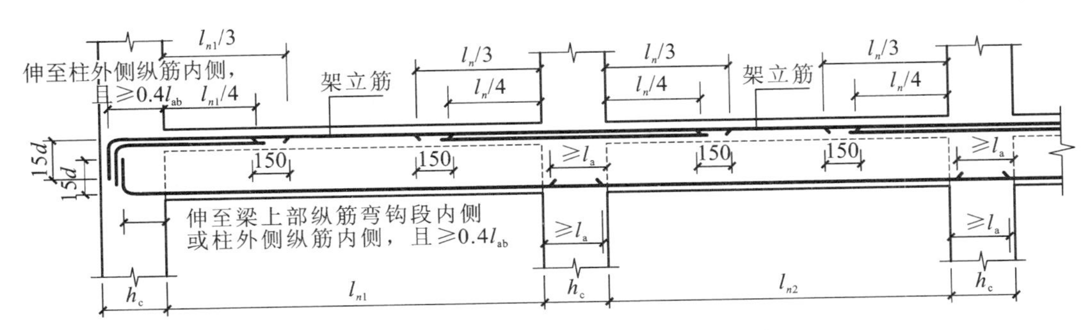

图 2.44　非抗震楼层框架梁纵向钢筋构造

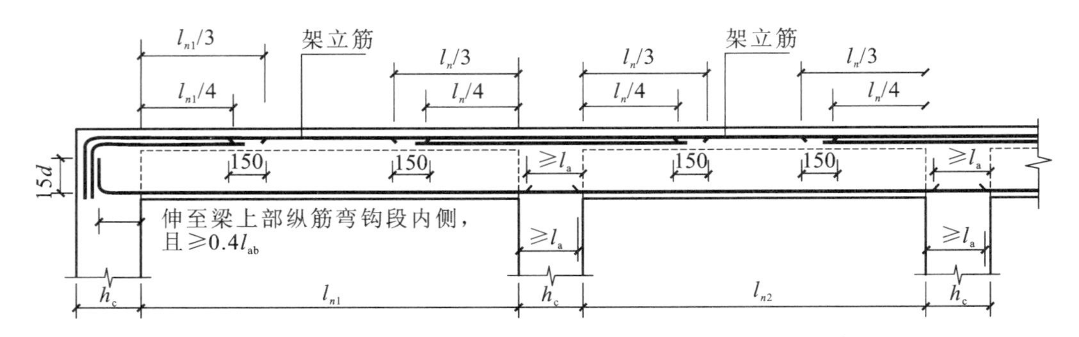

图 2.45　非抗震屋面框架梁纵向钢筋构造

2. 框架柱的绘制

(1) 竖向截面详图中框架柱的绘制

在竖向截面详图中，框架柱的绘制，应包括以下主要内容。

① 在每根柱的轴线位置绘制出柱的纵截面图，并标注出各柱的轴线编号和轴线间尺寸(即框架梁的跨距)，以及柱根部(即基础顶面)的标高。

② 绘制出每根柱中纵筋的配筋示意(可不引注纵筋的具体规格和根数)，并标注出纵筋在柱顶的锚固长度。

③ 对各根柱中凡截面尺寸和配筋有不同之处均应进行横截面编号，并将"单边截面号"画在柱的某一侧。每根柱每层均应画一个横截面编号，但截面尺寸和配筋均相同时可取相同编号，以减少截面的数量。柱的横截面编号可与梁的横截面编号连续，也可单独编号，但两者应有所区别。

④ 在适当位置标注出每根柱每层箍筋加密区(包括梁柱节点部位)和非加密区的长度，并在各区段内标注出该区段柱箍筋的级别、直径、间距等配置情况。

(2) 框架柱横截面配筋详图的绘制

框架柱各横截面的配筋详图应采用适当比例画在本图或其他图上。在横截面配筋详图上，应标注柱横截面编号、柱截面尺寸；绘制并用线引注柱四周纵向钢筋的具体规格和数量；绘制并用线引注箍筋和拉筋的级别、直径、间距等，加密区与非加密区的不同间距可用"/"分隔。各项标注应规范齐全。

(3) 框架柱纵向钢筋的构造

在绘制框架柱的竖向截面图时，应正确确定柱顶纵向钢筋伸入梁内的锚固长度。抗震设计时边柱和角柱柱顶、中柱柱顶纵向钢筋通常可分别采用图 2.46(a)、图 2.46(b)[或图 2.46(c)]所示的构造。非抗震设计时边柱和角柱柱顶、中柱柱顶纵向钢筋通常可分别采用图 2.47(a)、图 2.47(b)[或图 2.47(c)]所示的构造。

图 2.46(a) 和图 2.47(a) 中，当柱纵筋直径不小于 25 mm 时，在柱宽范围的柱箍筋内侧应设置间距大于 150 mm 但不少于 3Φ10 的角部附加钢筋。

3. 竖向截面详图的说明

在框架竖向截面详图中，亦应写明与该详图密切相关的内容。首先应注明所选用的框架构造详图的图集号，其余需说明的内容与平法设计施工图的说明内容相同，在此不赘述。

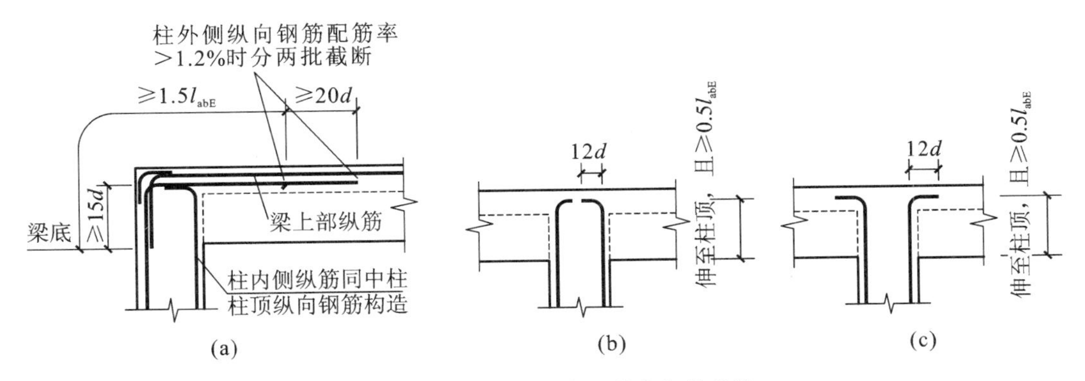

图 2.46 抗震设计时柱顶纵向钢筋构造

(a) 边柱和角柱；(b) 一般中柱；(c) 柱顶有不小于 100 mm 厚现浇板的中柱

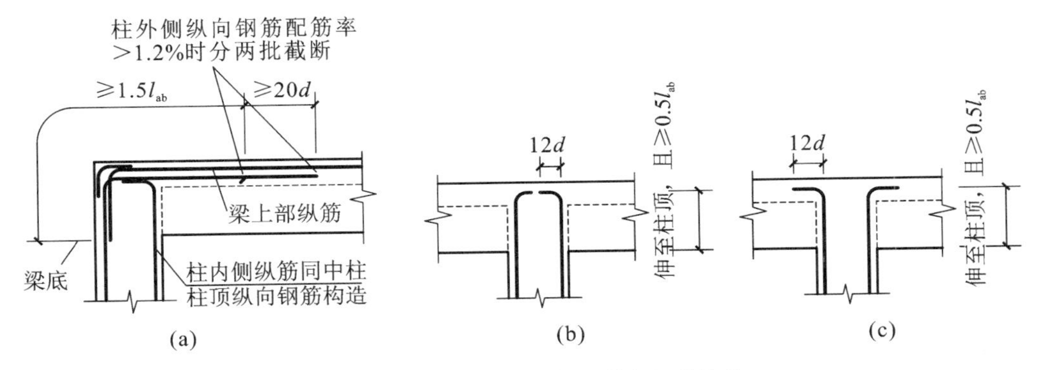

图 2.47 非抗震设计时柱顶纵向钢筋构造

(a) 边柱和角柱；(b) 一般中柱；(c) 柱顶有不小于 100 mm 厚现浇板的中柱

采用竖向截面详图表达的框架结构施工图示例，见第 3 章中图 3.23。

3　混凝土框架结构设计实例

3.1　工程设计资料

3.1.1　建筑设计概况

某高等职业学院拟新建一栋综合办公楼，建筑结构拟采用现浇钢筋混凝土框架结构。建筑物平面形状为矩形，长度58.6 m，宽度19.3 m；建筑物共四层，首层层高为4.2 m，2～4层层高均为3.9 m，总高度为17.9 m；建筑面积约为4524 m^2。建筑平面采用内廊式布置，如图3.1至图3.4所示，主要功能房间有办公室、会议室、阅览室、书库等。建筑立面和建筑剖面如图3.5和图3.6所示。

屋面防水等级为Ⅱ级。屋面工程做法从上至下依次为：1.5 mm厚高分子卷材防水层一道，上刷着色涂料保护层；3 mm厚高分子涂膜防水层一道；20 mm厚1∶3水泥砂浆找平层；1∶6水泥蛭石找坡，$i=2\%$，最薄处30 mm厚；100 mm厚挤塑型聚苯保温板保温。

房屋内、外填充墙均采用300 mm厚加气混凝土砌块砌体。外墙装饰采用混合砂浆抹底灰、水泥砂浆抹面，外刷彩色外墙涂料。女儿墙为高1.40 m、厚140 mm的钢筋混凝土墙体；其外饰面采用水泥砂浆抹面，外刷彩色外墙涂料；墙内侧在0.64 m高以下须铺贴防水层，刷着色涂料保护层。

各楼层各房间楼地面、墙面和顶棚的做法见表3.1。

表3.1　各房间楼地面、墙面和顶棚的做法

部位	办公室、会议室、书库	阅览室	走廊、门厅、餐厅	楼梯间	卫生间
楼地面	玻化砖面层	防静电架空地板面层	花岗岩面层	花岗岩面层	防滑玻化砖面层
墙面	混合砂浆抹灰，刷乳胶漆				釉面砖面层
顶棚	板底腻子刮平，刷乳胶漆	板底腻子刮平，刷乳胶漆	铝合金龙骨石膏板吊顶	板底腻子刮平，刷乳胶漆	铝合金龙骨塑料板吊顶

各房间门主要采用木质夹板门，窗采用彩色塑钢中空玻璃窗。

本工程室内地坪相对标高±0.000，相当于大沽水平高程4.800 m，室内外高差0.600 m。

3.1.2　其他设计资料

该建筑物设计使用年限为50年，建筑结构安全等级为二级，耐火等级为二级。

工程所在地区基本风压为0.50 kN/m^2，基本雪压为0.40 kN/m^2，冬季冻土深度为0.60 m。

建筑物所处地区为抗震设防区，建筑抗震设防类别为丙类，抗震设防烈度为7度，设计基本地震加速度值为0.15g，设计地震分组为第二组。建筑物所处的场地类别为Ⅱ类，属于非液化场地。

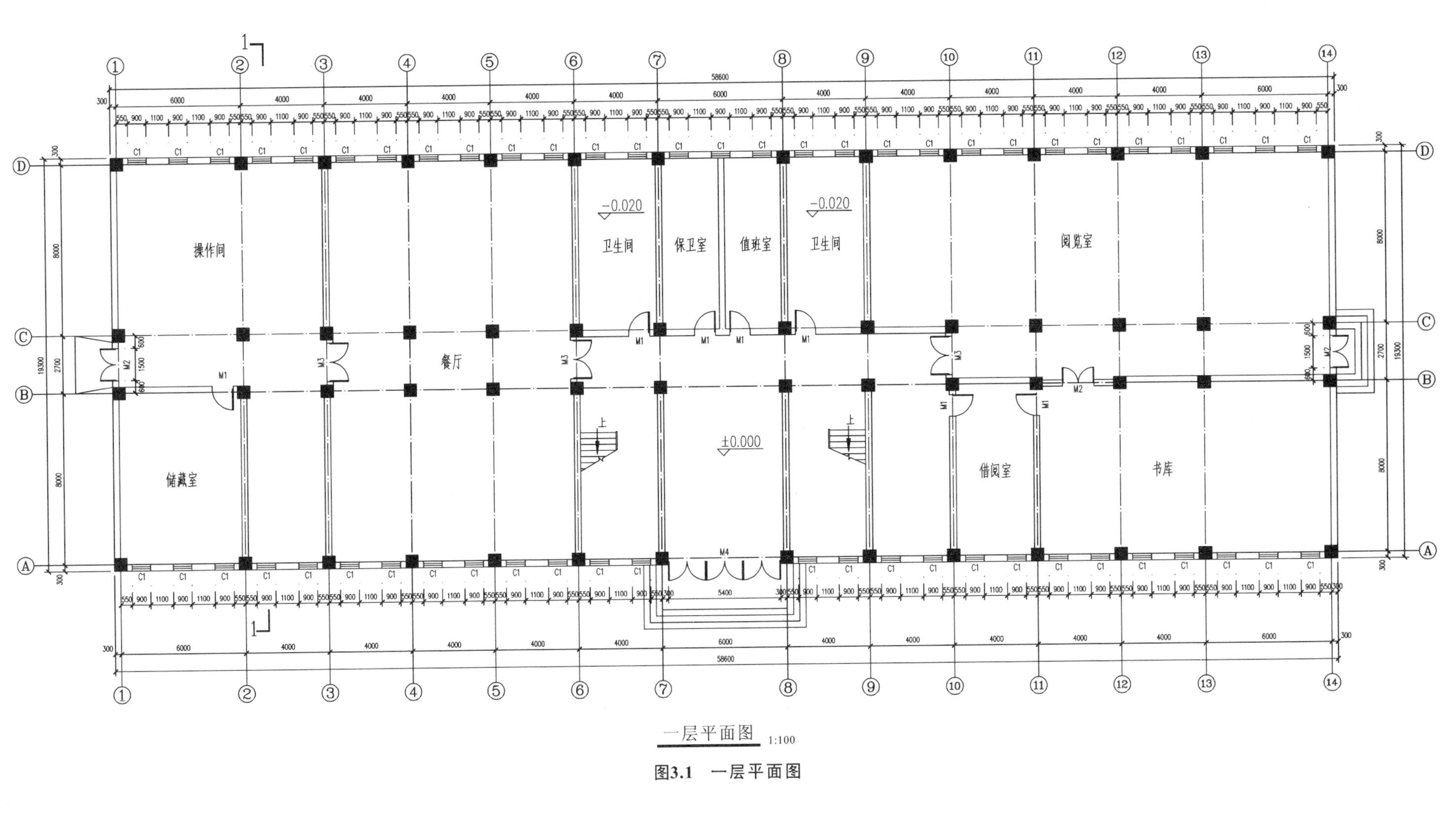

图3.1 一层平面图

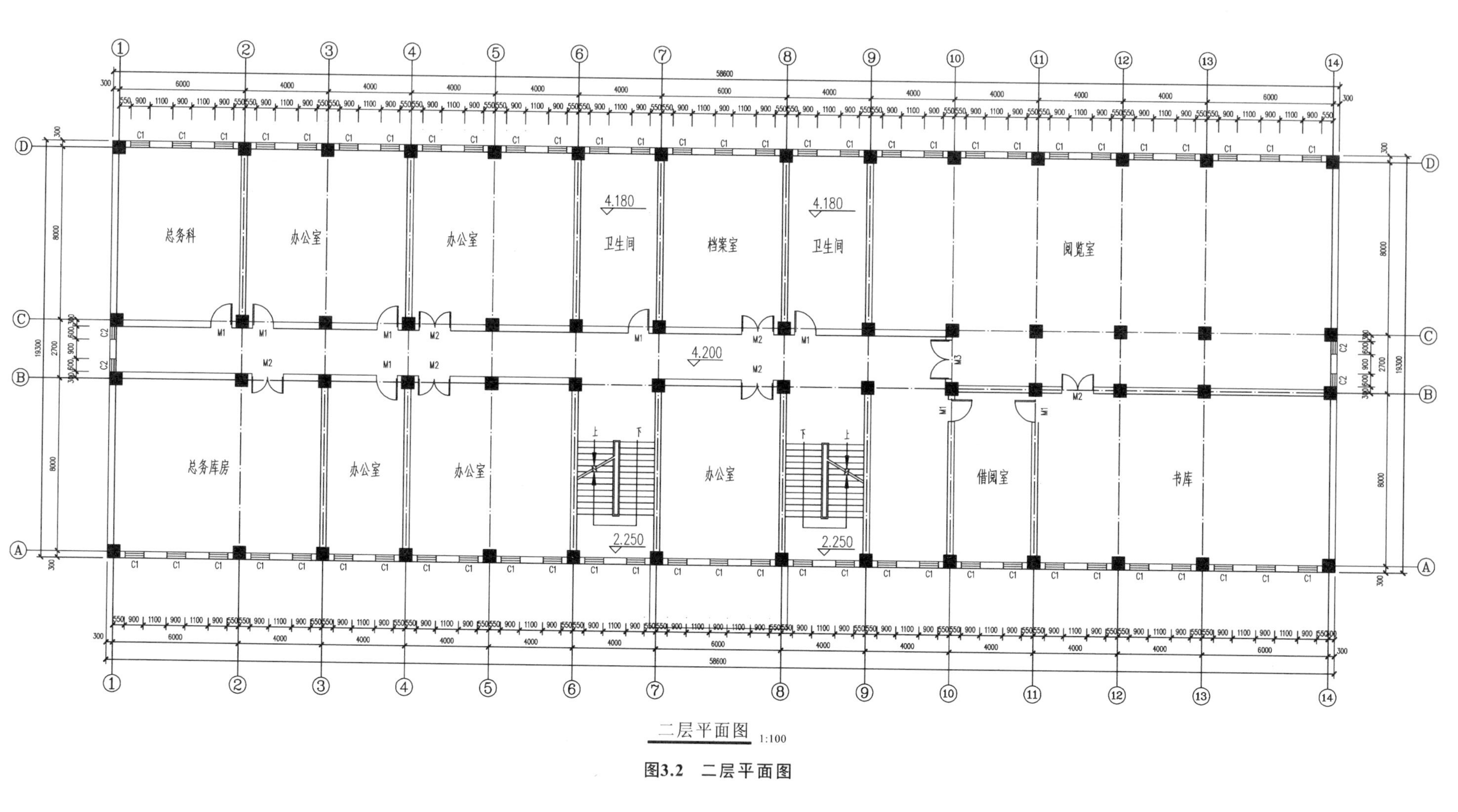

总务科
办公室
办公室
卫生间
档案室
卫生间
阅览室
总务库房
办公室
办公室
办公室
借阅室
书库
4.180
4.180
4.200
2.250
2.250
二层平面图 1:100

图3.2 二层平面图

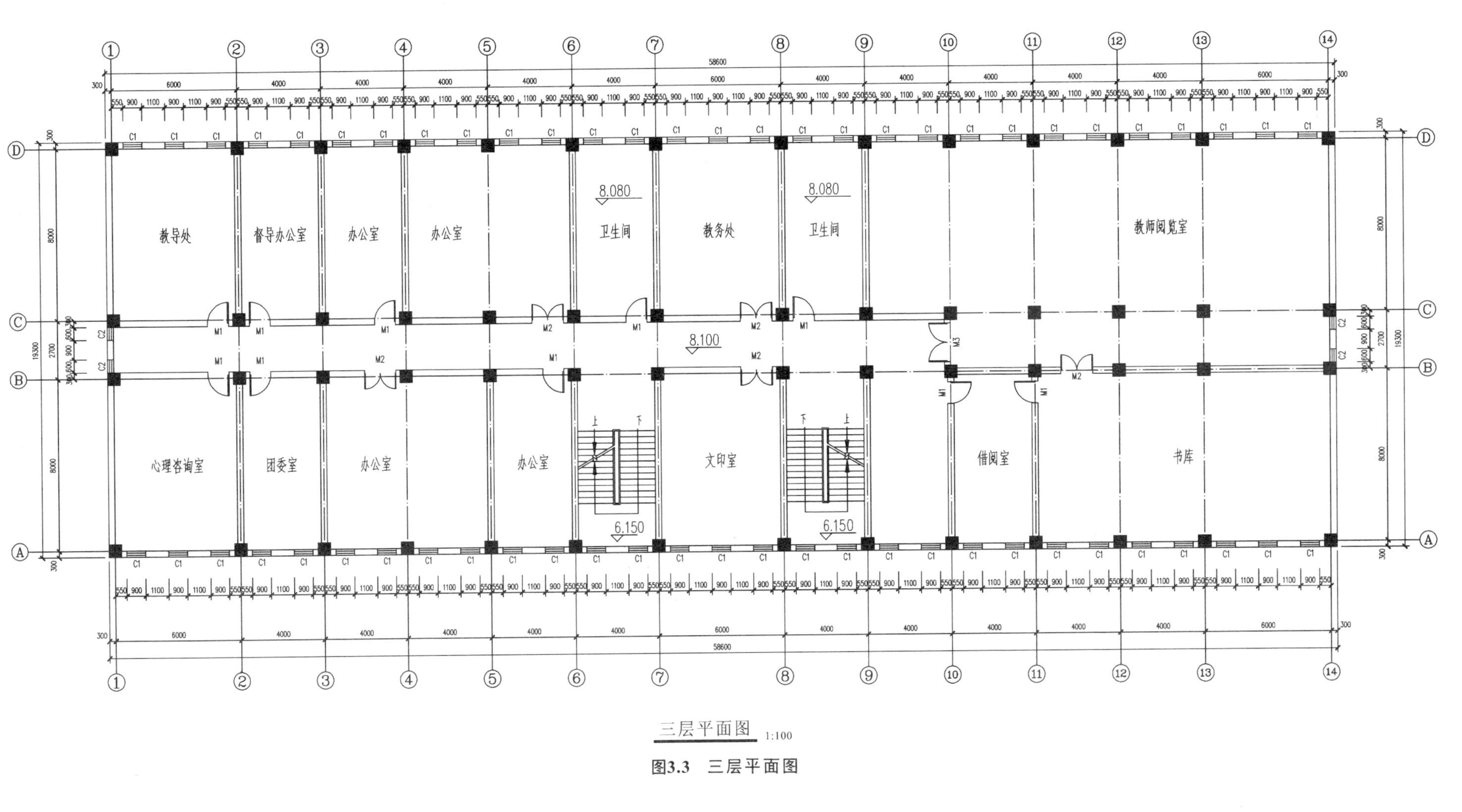
教导处
督导办公室
办公室
办公室
卫生间
8.080
教务处
卫生间
8.080
教师阅览室
8.100
心理咨询室
团委室
办公室
办公室
文印室
借阅室
书库
6.150
6.150
三层平面图 1:100

图3.3 三层平面图

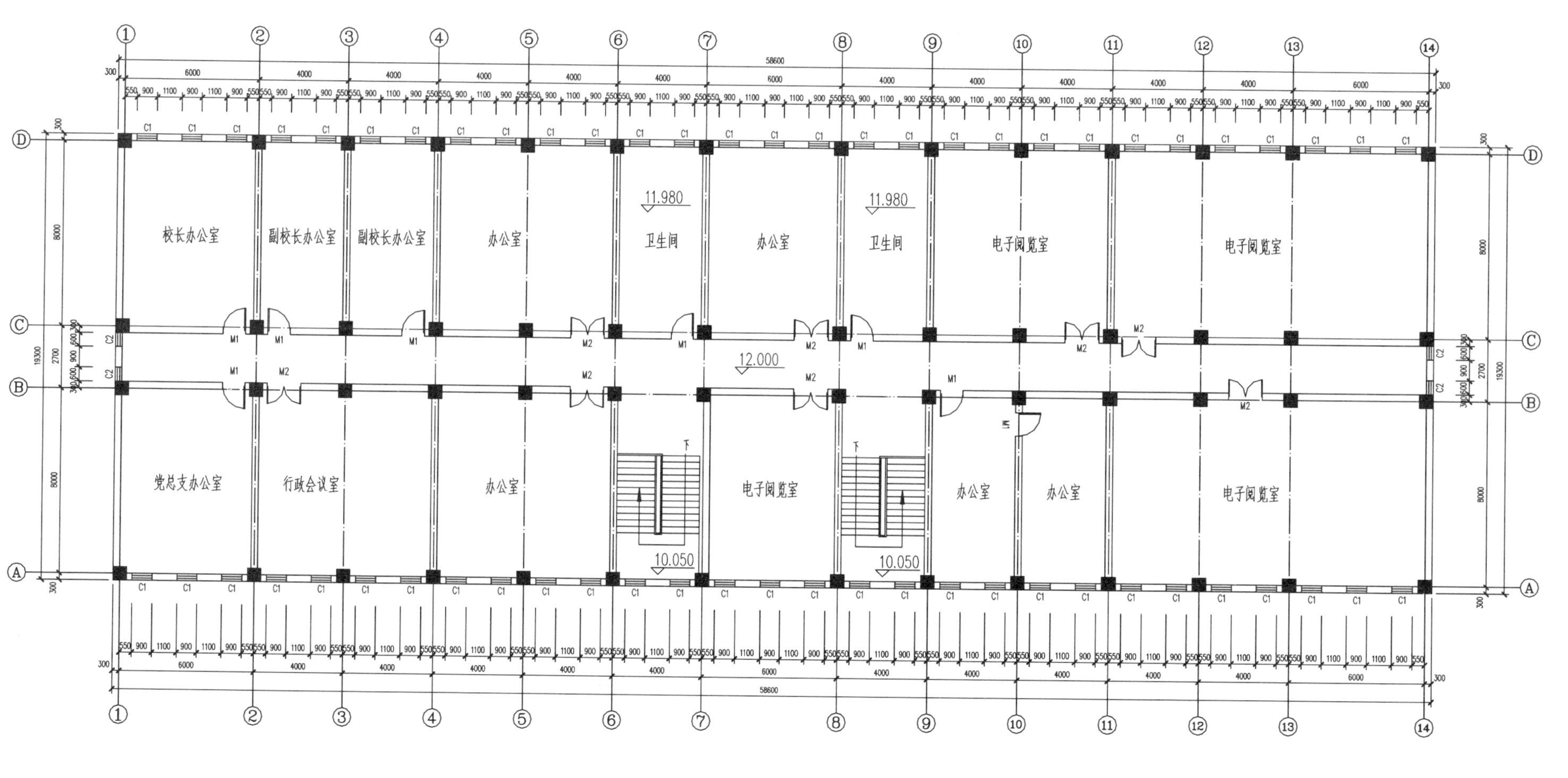
校长办公室
副校长办公室
副校长办公室
办公室
卫生间
办公室
卫生间
电子阅览室
电子阅览室
党总支办公室
行政会议室
办公室
电子阅览室
办公室
办公室
电子阅览室
11.980
11.980
12.000
10.050
10.050
四层平面图 1:100

图3.4 四层平面图

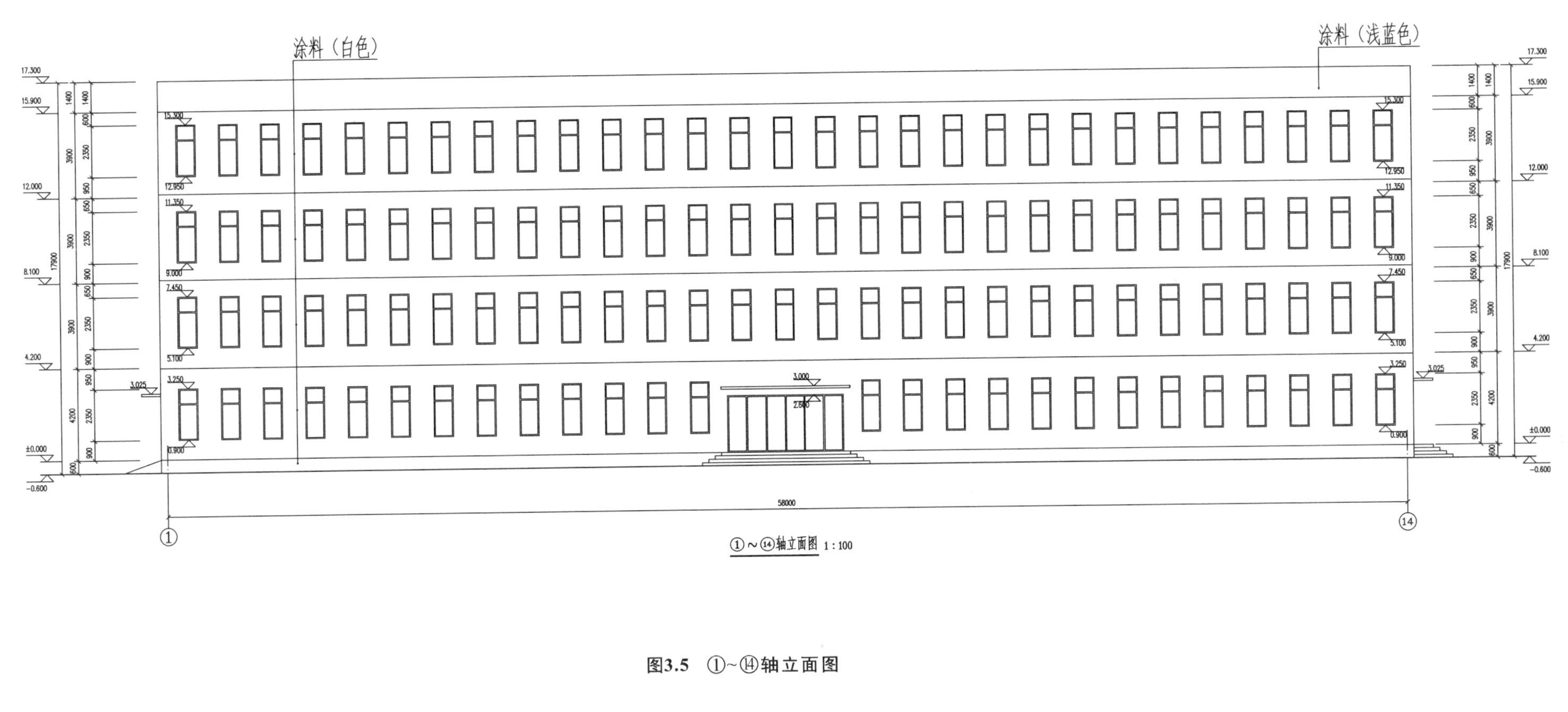

涂料（白色）
涂料（浅蓝色）
17.300
15.900
12.000
8.100
4.200
±0.000
-0.600
15.300
12.950
11.350
9.000
7.450
5.100
3.250
0.900
3.025
3.000
2.600
1400
600
2350
950
650
900
3900
4200
17900
58000
①～⑭轴立面图 1:100

图3.5 ①~⑭轴立面图

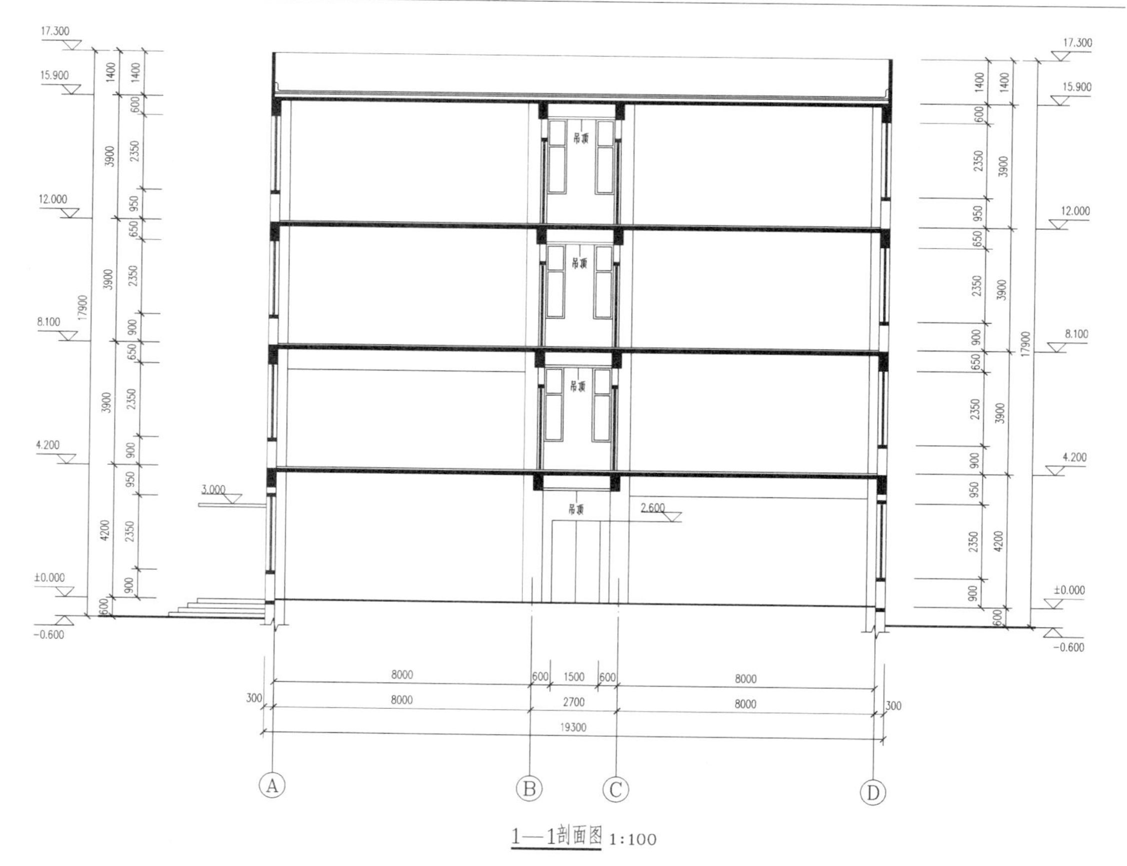

类型	设计编号	洞口尺寸(mm×mm)	数量					门窗材料
			1F	2F	3F	4F	合计	
普通门	M1	1000×2600	7	8	10	8	33	木门
	M2	1500×2600	3	6	5	8	22	木门
	M3	1800×2600	3	1	1	—	5	木门
	M4	5400×2600	1	—	—	—	1	塑钢
普通窗	C1	900×2350	55	58	58	58	229	塑钢
	C2	600×2350	—	4	4	4	12	塑钢

图 3.6　1—1 剖面图及门窗表

3.2　结构设计方案及材料的选择

3.2.1　结构设计方案

本工程处于抗震设防地区，考虑到建筑功能要求房屋开间较大以及房间布置的灵活性，因此选用现浇钢筋混凝土框架结构，且屋盖、楼盖也采用整体性、抗震性能较好的现浇混凝土板。基础根据场地工程地质条件及地基承载力情况综合考虑，采用桩承台独立基础，各承台之间设基础梁连接为整体结构。

1. 框架结构布置

由第 2 章表 2.1 可知，该框架结构房屋的高度、宽度符合相应规范中对房屋最大高度、最大高宽比的规定。由表 2.2 可知，该框架结构的抗震设计等级为三级。

（1）结构平面布置

① 柱网及框架梁布置。柱网布置应满足建筑使用功能要求并有利于结构抗震，应尽可能简单、规则、均匀、对称。本工程横向框架采用内廊式对称三跨布置，两边为跨距 8.0 m 的对称长跨，中间为跨距 2.7 m 的短跨，柱轴线与建筑轴线相重合；纵向框架布置为对称 13 跨，两端及正中间的跨距为 6.0 m，其余中部跨距均为 4.0 m，柱轴线与建筑轴线相重合；此布置可形成纵横双向框架，以抵抗两个方向的水平地震作用。横向框架梁的位置，两端 ① 轴、⑭ 轴边框架梁的外皮与柱外皮齐平，其余各中间框架梁的中线均与柱轴线相重合；纵向框架的位置，Ⓐ 轴、Ⓓ 轴梁的外皮与柱外皮齐平，Ⓑ 轴、Ⓒ 轴梁边线与柱边线在走廊一侧齐平。柱网及框架梁的具体布置如图 3.7 所示。

② 结构承重方案。在纵向框架 6.0 m 跨距的中部设置一道次梁（图 3.7），其余部位不设任何次梁。根据本工程现浇板长边与短边尺寸的比值，可判定板均为双向板受力，即框架为纵横双向混合承重结构。

③ 变形缝。本结构采取有效减小混凝土温度收缩的措施，故建筑物长度方向不设置变形缝。

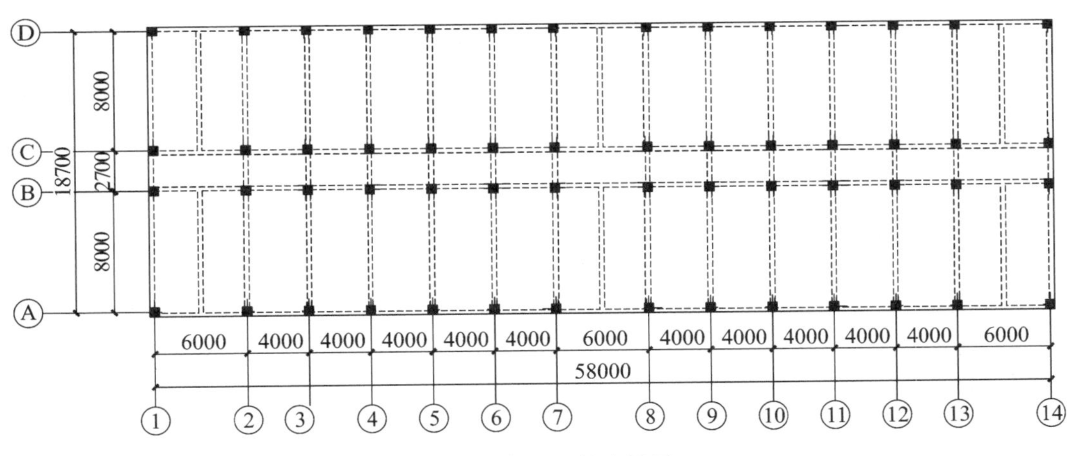

图 3.7　柱网及梁布置图

（2）结构竖向布置

根据建筑设计，本工程框架的层高即框架柱的长度确定如下：

首层层高应取基础顶面至第二层楼板顶面的高度。现拟定基础顶面标高为室外地坪以下 −0.5 m，已确定室内外高差为 0.6 m，第二层楼板顶面的标高为 4.2 m，则首层层高 $H_1 = 0.5 + 0.6 + 4.2 = 5.3$ m。

其余各层层高可取本层楼面至上一层楼面或屋面的高度，则 $H_2 = H_3 = H_4 = 3.9$ m。

（3）结构计算简图

本工程框架横向结构的计算简图，如图 3.8 所示。

2. 主要构件截面尺寸的初选

本工程框架梁截面选为矩形，框架柱截面为正方形。考虑到满足构件承载力、刚度、延性等

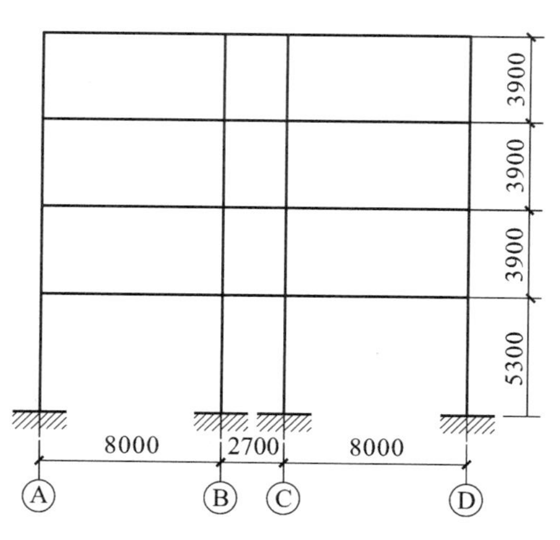

图 3.8　框架横向结构计算简图

要求且方便施工，各构件截面尺寸选择如下。

(1) 横向框架梁

① 长跨 AB、CD 跨

梁高度：$h=\left(\frac{1}{12}\sim\frac{1}{10}\right)l=\left(\frac{1}{12}\sim\frac{1}{10}\right)\times 8000=667\sim 800$ mm，取 $h=750$ mm；

梁宽度：$b=\left(\frac{1}{3}\sim\frac{1}{2}\right)h=\left(\frac{1}{3}\sim\frac{1}{2}\right)\times 750=250\sim 375$ mm，取 $b=300$ mm。

② 短跨 BC 跨

梁高度：$h=\left(\frac{1}{12}\sim\frac{1}{10}\right)l=\left(\frac{1}{12}\sim\frac{1}{10}\right)\times 2700=225\sim 270$ mm，考虑到其与长跨梁截面尺寸不应相差过大且便于施工，取 $h=600$ mm；

梁宽度：$b=\left(\frac{1}{3}\sim\frac{1}{2}\right)h=\left(\frac{1}{3}\sim\frac{1}{2}\right)\times 600=200\sim 300$ mm，取 $b=300$ mm。

(2) 纵向框架梁

梁高度：$h=\left(\frac{1}{12}\sim\frac{1}{10}\right)l=\left(\frac{1}{12}\sim\frac{1}{10}\right)\times 6000=500\sim 600$ mm，取 $h=600$ mm；

梁宽度：$b=\left(\frac{1}{3}\sim\frac{1}{2}\right)h=\left(\frac{1}{3}\sim\frac{1}{2}\right)\times 600=200\sim 300$ mm，取 $b=300$ mm。

(3) 楼面次梁

梁高度：$h=\left(\frac{1}{18}\sim\frac{1}{12}\right)l=\left(\frac{1}{18}\sim\frac{1}{12}\right)\times 8000=444\sim 667$ mm，取 $h=600$ mm；

梁宽度：$b=\left(\frac{1}{3}\sim\frac{1}{2}\right)h=\left(\frac{1}{3}\sim\frac{1}{2}\right)\times 600=200\sim 300$ mm，取 $b=300$ mm。

以上梁截面尺寸均满足梁宽度不宜小于 200 mm 的规范要求。

(4) 楼板

双向板的板厚：$h\geqslant\frac{1}{40}l=\frac{1}{40}\times 4000=100$ mm，且应满足最小板厚 80 mm 的要求，取 $h=120$ mm。

(5) 框架柱

① 按轴压比控制考虑

框架柱的尺寸应按式(2.1)、式(2.2)计算，现以承载楼面面积最大的门厅处柱子为例。

估算的柱轴力设计值 $N=\gamma_G\omega Sn\beta_1\beta_2$。其中：$\gamma_G=1.3$，取 $\omega=13$ kN/m²，$S=(3.0+2.0)\times(4.0+1.35)=26.75$ m²，$n=4$，$\beta_1=1.0$，$\beta_2=1.05$。代入各数值后可求得：$N=1.3\times 13\times 26.75\times 4\times 1.0\times 1.05=1898.72$ kN。

$\frac{N}{f_c bh}\leqslant[\mu_c]$。其中：三级抗震等级框架柱的轴压比限值为$[\mu_c]=0.85$，$f_c=14.3$ N/mm²。代入各数值后可求得：$bh\geqslant\frac{N}{f_c[\mu_c]}=1898.72\times\frac{10^3}{14.3\times 0.85}=156209$ mm²。

令 $b=h$，解得：$b=h\geqslant 395$ mm。

② 按保证柱的刚度考虑

柱截面高度：$h = \left(\frac{1}{12} \sim \frac{1}{8}\right) \times H = \left(\frac{1}{12} \sim \frac{1}{8}\right) \times 5300 = 442 \sim 663$ mm。

现取 $h = b = 600$ mm，满足以上两项要求，且满足多层框架柱 $h \geqslant 400$ mm 的要求。

3.2.2 材料的选择

1. 混凝土

本工程现浇框架柱、梁及板的混凝土，均采用强度等级为 C30 的混凝土。

2. 钢筋

本工程框架梁、柱的纵向钢筋均采用 HRB400 钢筋，其箍筋采用 HPB300 钢筋；混凝土板钢筋采用 HPB300 钢筋。

混凝土保护层厚度应根据结构所处的环境类别、构件种类等耐久性要求综合确定。查表 2.3、表 2.4 可知，本工程为一类环境，则框架梁、柱钢筋的保护层厚度取 20 mm，板钢筋的保护层厚度取 15 mm。

3. 围护结构墙体

±0.000 以下基础填充墙，采用 M10 水泥砂浆砌筑 MU10 烧结页岩普通砖砌体。

±0.000 以上内、外填充墙，采用 M5 混合砂浆砌筑 MU5 加气混凝土砌块砌体，砌块的容重应小于 7.5 kN/m^3，墙体中的构造柱与圈梁应按规范要求设置。

1.4 m 高、140 mm 厚的女儿墙采用 C30 钢筋混凝土墙体。

3.3 永久荷载标准值计算

对于本工程，永久荷载主要为结构自重荷载，其自重荷载标准值应按各构配件的设计尺寸，查取《建筑结构荷载规范》中材料单位体积或面积的自重计算确定。本工程各层结构自重标准值计算如下。

3.3.1 顶层（四层）永久（自重）荷载标准值

1. 屋盖自重

1.5 mm 厚高分子卷材防水层一道	0.05 kN/m^2
3 mm 厚高分子涂膜防水层一道	0.03 kN/m^2
20 mm 厚水泥砂浆找平层	$20 \times 0.02 = 0.40$ kN/m^2
水泥蛭石找坡 $i = 2\%$，最薄处 30 mm 厚	$6.2 \times \left(0.03 + 0.02 \times \frac{19.3}{4}\right) = 0.78$ kN/m^2
100 mm 厚挤塑聚苯保温板	$0.5 \times 0.1 = 0.05$ kN/m^2
120 mm 厚钢筋混凝土屋面板	$25 \times 0.12 = 3.00$ kN/m^2
小计	$\sum = 4.31$ kN/m^2

屋面面积：$S = 58.6 \times 19.3 = 1130.98$ m^2

屋盖自重：$G_{屋盖} = 4.31 \times 1130.98 = 4874.52$ kN

2. 屋面梁自重

纵向框架梁体积：$V_1 = [(4.0-0.6)\times 10\times 4+(6.0-0.6)\times 3\times 4)]\times 0.3\times(0.6-0.12) = 28.92\ \text{m}^3$

横向框架梁体积：$V_2 = (8.0-0.6)\times 0.3\times(0.75-0.12)\times 2\times 14+(2.7-0.6)\times 0.3\times(0.6-0.12)\times 14 = 43.39\ \text{m}^3$

次梁体积：$V_3 = (8.0-0.3)\times 0.3\times(0.6-0.12)\times 3\times 2 = 6.65\ \text{m}^3$

屋面梁自重：$G_{屋面梁} = 25\times(28.92+43.39+6.65) = 1974.00\ \text{kN}$

3. 屋盖下顶棚装饰自重(走廊、卫生间)

各房间、楼梯间顶棚装饰为混凝土板底用腻子刮平，其自重可忽略不计；走廊顶棚装饰为铝合金龙骨石膏板吊顶；卫生间面积很小，其顶棚装饰自重近似按走廊顶棚装饰计算。

顶棚装饰面积：$S = 58\times(2.7-0.6)+(4-0.3)\times 8\times 2 = 181.00\ \text{m}^2$

顶棚装饰自重：$G_{顶棚} = 0.12\times 181.00 = 21.72\ \text{kN}$

4. 女儿墙自重(墙体 1.4 m 高、140 mm 厚)

(1) 女儿墙混凝土墙体

$$G_{女1} = 25\times(58.6-0.14+19.3-0.14)\times 2\times 1.4\times 0.14 = 760.68\ \text{kN}$$

(2) 女儿墙内、外侧抹灰

18 mm 厚水泥砂浆抹灰单位面积自重：$20\times 0.018 = 0.36\ \text{kN/m}^2$

墙体内、外侧抹灰面积：$S_{女2} = (58.6+19.3)\times 2\times[1.4+(1.4-0.64)] = 336.53\ \text{m}^2$

墙体抹灰自重：$G_{女2} = 0.36\times 336.53 = 121.15\ \text{kN}$

(3) 女儿墙内侧铺贴防水层

1.5 mm 厚高分子卷材防水层一道	$0.05\ \text{kN/m}^2$
3 mm 厚高分子涂膜防水层一道	$0.03\ \text{kN/m}^2$
20 mm 厚水泥砂浆找平层	$20\times 0.02 = 0.40\ \text{kN/m}^2$
小计	$\sum = 0.48\ \text{kN/m}^2$

女儿墙内侧铺贴防水层面积：$S_{女3} = (58.6-0.14\times 2+19.3-0.14\times 2)\times 2\times 0.64 = 99.00\ \text{m}^2$

女儿墙内侧铺贴防水层自重：$G_{女3} = 0.48\times 99.00 = 47.52\ \text{kN}$

(4) 女儿墙总重

$$G_{女儿墙} = \sum G_{女i} = 760.68+121.15+47.52 = 929.35\ \text{kN}$$

5. 柱自重

柱体积：$V_{柱} = 0.6\times 0.6\times(3.9-0.12)\times 14\times 4 = 76.20\ \text{m}^3$

柱自重：$G_{柱} = 25\times 76.20 = 1905.00\ \text{kN}$

6. 墙体自重

(1) 门窗

门面积：$S_{门} = 2.6\times 1.0\times 8+2.6\times 1.5\times 8 = 52.00\ \text{m}^2$

窗面积：$S_{窗} = 2.35\times 0.9\times(9\times 2+20\times 2)+2.35\times 0.6\times 4 = 128.31\ \text{m}^2$

门窗自重：$G_{墙1} = 0.2\times 52.00+0.4\times 128.31 = 61.72\ \text{kN}$

(2) 填充墙砌体

外墙砌体面积：$S_{外} = (58.6 - 0.6 \times 14) \times (3.9 - 0.6) \times 2 + (8 - 0.6) \times (3.9 - 0.75) \times 4 + (2.7 - 0.6) \times (3.9 - 0.6) \times 2 - 128.31 = 310.11\ m^2$

内墙砌体面积：$S_{内} = [(6 - 0.6) \times 6 + (4 - 0.6) \times 18] \times (3.9 - 0.6) + (8 - 0.6) \times 16 \times (3.9 - 0.75) - 52.00 = 629.84\ m^2$

填充墙砌体自重：$G_{墙2} = 11.8 \times 0.3 \times (310.11 + 629.84) = 3327.42\ kN$

(3) 外墙面装饰

6 mm 厚水泥砂浆面层	$20 \times 0.006 = 0.12\ kN/m^2$
12 mm 厚水泥石灰混合砂浆底层和中层	$17 \times 0.012 = 0.204\ kN/m^2$
小计	$\sum = 0.324\ kN/m^2$

外墙面装饰面积：$S = (58.6 + 19.3) \times 2 \times 3.9 - 128.31 = 479.31\ m^2$

外墙面装饰自重：$G_{墙3} = 0.324 \times 479.31 = 155.30\ kN$

(4) 内墙面装饰(卫生间墙面所占面积很小，其墙面装饰近似按其他墙面装饰计算)

17 mm 厚水泥石灰混合砂浆抹灰单位面积自重：$17 \times 0.017 = 0.29\ kN/m^2$

内墙面装饰面积：$S = [(5.85 + 8) \times 2 \times 2 + (3.7 + 8) \times 2 \times 6 + (7.7 + 8) \times 2 \times 4 + (5.7 + 8) \times 2 \times 2 + (13.85 + 8) \times 2 \times 2 + (3.7 + 8.3 \times 2) \times 2 + (58 + 2.1) \times 2] \times (3.9 - 0.12) - 52.00 \times 2 - 128.31 = 2127.92\ m^2$

内墙面装饰自重：$G_{墙4} = 0.29 \times 2127.92 = 617.10\ kN$

(5) 墙体总重

$$G_{墙} = \sum G_{墙i} = 61.72 + 3327.42 + 155.30 + 617.10 = 4161.54\ kN$$

则顶层(四层)自重标准值：

$G_{自4} = 4874.52 + 1974.00 + 21.72 + 929.35 + 1905.00 + 4161.54 = 13866.13\ kN$

3.3.2　三层永久(自重)荷载标准值

1. 楼盖自重(四层楼面处)

计算楼盖自重时，各种做法的楼盖面积均按其相应楼板面积计算。

(1) 楼盖 ①(办公室、会议室、卫生间：玻化砖楼面)

12 mm 厚防滑玻化砖面层	$0.24\ kN/m^2$
18 mm 厚干硬性水泥砂浆结合层	$20 \times 0.018 = 0.36\ kN/m^2$
20 mm 厚水泥砂浆找平层	$20 \times 0.02 = 0.40\ kN/m^2$
120 mm 厚钢筋混凝土楼板	$25 \times 0.12 = 3.00\ kN/m^2$
小计：	$\sum = 4.00\ kN/m^2$

楼盖 ① 面积：$S_1 = (6.3 + 30) \times 8.3 + (6.3 + 24) \times 8.3 = 552.78\ m^2$

楼盖 ① 自重：$G_{楼盖1} = 4.00 \times 552.78 = 2211.12\ kN$

(2) 楼盖 ②(电子阅览室：防静电架空地板楼面)

180 mm 厚防静电架空地板及支架	$0.36\ kN/m^2$
20 mm 厚水泥砂浆找平层	$20 \times 0.02 = 0.40\ kN/m^2$

120 mm 厚钢筋混凝土楼板	$25 \times 0.12 = 3.00\ kN/m^2$
小计：	$\sum = 3.76\ kN/m^2$

楼盖②面积：$S_2 = (8 + 14.3) \times 8.3 + (6 + 14.3) \times 8.3 = 353.58\ m^2$

楼盖②自重：$G_{楼盖2} = 3.76 \times 353.58 = 1329.46\ kN$

(3) 楼盖③(走廊：花岗岩楼面)

20 mm 厚花岗岩面层	$0.56\ kN/m^2$
30 mm 厚干硬性水泥砂浆结合层	$20 \times 0.03 = 0.60\ kN/m^2$
120 mm 厚钢筋混凝土楼板	$25 \times 0.12 = 3.00\ kN/m^2$
小计：	$\sum = 4.16\ kN/m^2$

楼盖③面积：$S_3 = 58.6 \times 2.7 = 158.22\ m^2$

楼盖③自重：$G_{楼盖3} = 4.16 \times 158.22 = 658.20\ kN$

(4) 楼盖总重

$$G_{楼盖} = \sum G_{楼盖i} = 2211.12 + 1329.46 + 658.20 = 4198.78\ kN$$

2. 楼面梁自重

三层楼面梁自重同屋面梁自重：$G_{楼面梁} = 1974.00\ kN$

3. 楼盖下顶棚装饰自重(走廊、卫生间)

顶棚装饰面积：$S = (40 - 0.3) \times (2.7 - 0.6) + (4 - 0.3) \times 8 \times 2 = 142.57\ m^2$

顶棚装饰自重：$G_{顶棚} = 0.12 \times 142.57 = 17.11\ kN$

4. 柱自重

三层柱自重同四层柱自重：$G_{柱} = 1905.00\ kN$

5. 墙体自重

(1) 门窗

门面积：$S_{门} = 2.6 \times 1.0 \times 10 + 2.6 \times 1.5 \times 5 + 2.6 \times 1.8 \times 1 = 50.18\ m^2$

三层窗面积同四层窗面积：$S_{窗} = 128.31\ m^2$

门窗自重：$G_{墙1} = 0.2 \times 50.18 + 0.4 \times 128.31 = 61.36\ kN$

(2) 填充墙砌体

三层外墙砌体面积同四层外墙砌体面积：$S_{外} = 310.11\ m^2$

内墙砌体面积：$S_{内} = [(6 - 0.6) \times 5 + (4 - 0.6) \times 14] \times (3.9 - 0.6) + (8 - 0.6) \times 16 \times (3.9 - 0.75) + (2.7 - 0.6) \times 1 \times (3.9 - 0.6) - 50.18 = 575.89\ m^2$

填充墙砌体自重：$G_{墙2} = 11.8 \times 0.3 \times (310.11 + 575.89) = 3136.44\ kN$

(3) 外墙面装饰

三层外墙面装饰自重同四层外墙面装饰自重：$G_{墙3} = 155.30\ kN$

(4) 内墙面装饰

单位面积自重同四层：$0.29\ kN/m^2$

内墙面装饰面积：$S = [(5.85 + 8) \times 2 \times 2 + (3.7 + 8) \times 2 \times 7 + (7.7 + 8) \times 2 \times 2 + (5.7 + 8) \times 2 \times 2 + (21.85 + 10.4) \times 2 \times 1 + (13.85 + 8) \times 2 \times 1 + (3.7 + 8.3 \times 2) \times 3 +$

$(39.7+2.1)\times 2]\times(3.9-0.12)-50.18\times 2-128.31=1999.64\ \text{m}^2$

内墙面装饰自重：$G_{墙4}=0.29\times 1999.64=579.90\ \text{kN}$

(5) 墙体总重

$$G_{墙}=\sum G_{墙i}=61.36+3136.44+155.30+579.90=3933.00\ \text{kN}$$

6. 楼梯自重

楼梯采用板式楼梯，踏步高 150 mm、宽 280 mm，板倾斜角 $\cos\alpha=0.881$；取板厚 $t=120$ mm，按式(2.3)可求得踏步板折算厚度 $h_{折算}=\dfrac{t}{\cos\alpha}+\dfrac{c}{2}=\dfrac{120}{0.881}+\dfrac{150}{2}=211$ mm；楼梯装饰做法与走廊的相同。

20 mm 厚花岗岩面层(考虑踏步侧面装饰增大系数 1.5)　$1.5\times 0.56=0.84\ \text{kN/m}^2$

30 mm 厚干硬性水泥砂浆结合层

(考虑踏步侧面装饰增大系数 1.2)　$1.2\times 20\times 0.03=0.72\ \text{kN/m}^2$

211 mm 厚钢筋混凝土楼板　$25\times 0.211=5.28\ \text{kN/m}^2$

小计：　$\sum=6.84\ \text{kN/m}^2$

楼梯面积：$S=4\times 8.3\times 2=66.4\ \text{m}^2$

楼梯自重：$G_{楼梯}=6.84\times 66.4=454.18\ \text{kN}$

则三层自重标准值：

$G_{自3}=4198.78+1974.00+17.11+1905.00+3933.00+454.18=12482.07\ \text{kN}$

3.3.3 二层永久(自重)荷载标准值

1. 楼盖自重(三层楼面)

计算楼盖自重时，各种做法的楼盖面积均按其相应楼板面积计算。

(1) 楼盖 ①(办公室、卫生间、书库：玻化砖楼面)

单位面积自重同三层：$4.00\ \text{kN/m}^2$

楼盖 ① 面积：$S_1=(6.3+30)\times 8.3+(6.3\times 2+38)\times 8.3=721.27\ \text{m}^2$

楼盖 ① 自重：$G_{楼盖1}=4.00\times 721.27=2885.08\ \text{kN}$

(2) 楼盖 ②(阅览室：防静电架空地板楼面)

单位面积自重同三层：$3.76\ \text{kN/m}^2$

楼盖 ② 面积：$S_2=22.3\times 8.3+18.3\times 2.7=234.50\ \text{m}^2$

楼盖 ② 自重：$G_{楼盖2}=3.76\times 234.50=881.72\ \text{kN}$

(3) 楼盖 ③(走廊：花岗岩楼面)

单位面积自重同三层：$4.16\ \text{kN/m}^2$

楼盖 ③ 面积：$S_3=40.3\times 2.7=108.81\ \text{m}^2$

楼盖 ③ 自重：$G_{楼盖3}=4.16\times 108.81=452.65\ \text{kN}$

(4) 楼盖总重

$$G_{楼盖}=\sum G_{楼盖i}=2885.08+881.72+452.65=4219.45\ \text{kN}$$

2. 楼面梁自重

二层楼面梁自重同屋面梁自重：$G_{楼面梁}=1974.00\ \text{kN}$

3. 楼盖下顶棚装饰自重(走廊、卫生间)

顶棚装饰面积:$S=(40-0.3)\times(2.7-0.6)+(4-0.3)\times8\times2=142.57\ \text{m}^2$

顶棚装饰自重:$G_{顶棚}=0.12\times142.57=17.11\ \text{kN}$

4. 柱自重

二层柱自重同四层柱自重:$G_{柱}=1905.00\ \text{kN}$

5. 墙体自重

(1) 门窗

门面积:$S_{门}=2.6\times1.0\times8+2.6\times1.5\times6+2.6\times1.8\times1=48.88\ \text{m}^2$

二层窗面积同四层窗面积:$S_{窗}=128.31\ \text{m}^2$

门窗自重:$G_{墙1}=0.2\times48.88+0.4\times128.31=61.10\ \text{kN}$

(2) 填充墙砌体

二层外墙砌体面积同四层外墙砌体面积:$S_{外}=310.11\ \text{m}^2$

内墙砌体面积:$S_{内}=[(6-0.6)\times5+(4-0.6)\times14]\times(3.9-0.6)+(8-0.6)\times14\times(3.9-0.75)+(2.7-0.6)\times1\times(3.9-0.6)-48.88=530.57\ \text{m}^2$

填充墙砌体自重:$G_{墙2}=11.8\times0.3\times(310.11+530.57)=2976.01\ \text{kN}$

(3) 外墙面装饰

二层外墙面装饰自重同四层外墙面装饰自重:$G_{墙3}=155.30\ \text{kN}$

(4) 内墙面装饰

单位面积自重同四层:$0.29\ \text{kN/m}^2$

内墙面装饰面积:$S=[(5.85+8)\times2\times1+(7.7+8)\times2\times3+(3.7+8)\times2\times4+(5.7+8)\times2\times2+(21.85+10.4)\times2\times1+(13.85+8)\times2\times1+(3.7+8.3\times2)\times3+(9.85+8)\times2\times1+(39.7+2.1)\times2]\times(3.9-0.12)-48.88\times2-128.31=1885.82\ \text{m}^2$

内墙面装饰自重:$G_{墙4}=0.29\times1885.82=546.89\ \text{kN}$

(5) 墙体总重

$$G_{墙}=\sum G_{墙i}=61.10+2976.01+155.30+546.89=3739.30\ \text{kN}$$

6. 楼梯自重

二层楼梯自重同三层楼梯自重:$G_{楼梯}=454.18\ \text{kN}$

则二层自重标准值:

$G_{自2}=4219.45+1974.00+17.11+1905.00+3739.30+454.18=12309.04\ \text{kN}$

3.3.4　首层永久(自重)荷载标准值

1. 楼盖自重(二层楼面)

计算楼盖自重时,各种做法的楼盖面积均按其相应楼板面积计算。

(1) 楼盖①(办公室、卫生间、书库、总务库房:玻化砖楼面)

单位面积自重同三层:$4.00\ \text{kN/m}^2$

楼盖①面积:$S_1=(6.3+30)\times8.3+(6.3\times2+38)\times8.3=721.27\ \text{m}^2$

楼盖①自重:$G_{楼盖1}=4.00\times721.27=2885.08\ \text{kN}$

(2) 楼盖 ②(阅览室:防静电架空地板楼面)

单位面积自重同三层:3.76 kN/m^2

楼盖 ② 面积:$S_2 = 22.3 \times 8.3 + 18.3 \times 2.7 = 234.50$ m^2

楼盖 ② 自重:$G_{楼盖2} = 3.76 \times 234.50 = 881.72$ kN

(3) 楼盖 ③(走廊:花岗岩楼面)

单位面积自重同三层:4.16 kN/m^2

楼盖 ③ 面积:$S_3 = 40.3 \times 2.7 = 108.81$ m^2

楼盖 ③ 自重:$G_{楼盖3} = 4.16 \times 108.81 = 452.65$ kN

(4) 楼盖总重

$$G_{楼盖} = \sum G_{楼盖i} = 2885.08 + 881.72 + 452.65 = 4219.45 \text{ kN}$$

2. 楼面梁自重

首层楼面梁自重同屋面梁自重:$G_{楼面梁} = 1974.00$ kN

3. 楼盖下顶棚装饰自重(走廊、卫生间、门厅、餐厅)

顶棚装饰面积:$S = (12 - 0.3) \times 18.7 + (18 - 0.3) \times (2.7 - 0.6) + (6 - 0.3) \times 8.3 + (4 - 0.3) \times 8 \times 2 = 362.47$ m^2

顶棚装饰自重:$G_{顶棚} = 0.12 \times 362.47 = 43.50$ kN

4. 柱自重(柱高自基础顶面算起)

柱体积:$V_{柱} = 0.6 \times 0.6 \times (5.3 - 0.12) \times 14 \times 4 = 104.43$ m^3

柱自重:$G_{柱} = 25 \times 104.43 = 2610.75$ kN

5. 墙体自重

(1) 门窗

门面积:$S_{门} = 2.6 \times 1.0 \times 7 + 2.6 \times 1.5 \times 3 + 2.6 \times 1.8 \times 3 + 2.6 \times 5.4 \times 1 = 57.98$ m^2

窗面积:$S_{窗} = 2.35 \times 0.9 \times (9 + 6 + 20 \times 2) = 116.33$ m^2

门窗自重:$G_{墙1} = 0.2 \times 57.98 + 0.4 \times 116.33 = 58.13$ kN

(2) 填充墙砌体(高度从室外地坪算起)

① 室外地坪至 ±0.00 填充墙砌体为 360 mm 厚页岩砖基础。

外墙砌体面积:$S_{外} = [(58.6 - 0.6 \times 14) \times 2 + (8 - 0.6) \times 4 + (2.7 - 0.6) \times 2] \times 0.6 = 80.52$ m^2

内墙砌体面积:$S_{内} = [(6 - 0.6) \times 3 + (4 - 0.6) \times 6 + (8 - 0.6) \times 13 + 8 \times 1 + (2.7 - 0.6) \times 3] \times 0.6 = 88.26$ m^2

±0.00 以下填充墙砌体自重:$G_{墙21} = 18 \times 0.36 \times (80.52 + 88.26) = 1093.69$ kN

② ±0.00 以上填充墙砌体为 300 mm 厚加气混凝土砌块砌体。

外墙砌体面积:$S_{外} = (58.6 - 0.6 \times 14) \times 2 \times (4.2 - 0.6) + (8 - 0.6) \times 4 \times (4.2 - 0.75) + (2.7 - 0.6) \times 2 \times (4.2 - 0.6) - (116.33 + 2.6 \times 5.4 \times 1 + 2.6 \times 1.5 \times 2) = 340.51$ m^2

内墙砌体面积:$S_{内} = [(6 - 0.6) \times 3 + (4 - 0.6) \times 6] \times (4.2 - 0.6) + (8 - 0.6) \times 13 \times (4.2 - 0.75) + 8 \times 1 \times (4.2 - 0.6) + (2.7 - 0.6) \times 3 \times (4.2 - 0.6) - (2.6 \times 1.0 \times 7 + 2.6 \times 1.5 \times 1 + 2.6 \times 1.8 \times 3) = 478.99$ m^2

±0.00 以上填充墙砌体自重:

$$G_{墙22} = 11.8 \times 0.3 \times (340.51 + 478.99) = 2901.03 \text{ kN}$$

③ 填充墙砌体自重。

$$G_{墙2} = 1093.69 + 2901.03 = 3994.72\ \text{kN}$$

(3) 外墙面装饰

单位面积自重同四层：0.324 kN/m^2

外墙面装饰面积：$S = (58.6 + 19.3) \times 2 \times (4.2 + 0.6) - (116.33 + 2.6 \times 5.4 \times 1 + 2.6 \times 1.5 \times 2) = 609.67\ \text{m}^2$

外墙面装饰自重：$G_{墙3} = 0.324 \times 609.67 = 197.53\ \text{kN}$

(4) 内墙面装饰

单位面积自重同四层：0.29 kN/m^2

内墙面装饰面积：$S = [(9.85 + 18.7) \times 2 \times 1 + (11.7 + 18.7) \times 2 \times 1 + (3.7 + 8) \times 2 \times 3 + (2.7 + 8) \times 2 \times 2 + (21.85 + 10.4) \times 2 \times 1 + (13.85 + 8) \times 2 \times 1 + (3.7 + 8.3 \times 2) \times 3 + (5.7 + 8.3 \times 2) \times 1 + (5.85 + 8) \times 2 \times 1 + (17.7 + 2.1 \times 2)] \times (4.2 - 0.12) - [(2.6 \times 1.0 \times 7 + 2.6 \times 1.5 \times 1 + 2.6 \times 1.8 \times 3) \times 2 + (116.33 + 2.6 \times 5.4 \times 1 + 2.6 \times 1.5 \times 2)] = 1714.90\ \text{m}^2$

内墙面装饰自重：$G_{墙4} = 0.29 \times 1714.90 = 497.32\ \text{kN}$

(5) 墙体总重

$$G_{墙} = \sum G_{墙i} = 58.13 + 3994.72 + 197.53 + 497.32 = 4747.70\ \text{kN}$$

6. 楼梯自重

首层楼梯自重同三层楼梯自重：$G_{楼梯} = 454.18\ \text{kN}$

7. 雨篷自重

拟采用轻质钢架、钢化玻璃雨篷，估算雨篷总自重为 30.00 kN。

则首层自重标准值：

$$G_{自1} = 4219.45 + 1974.00 + 43.50 + 2610.75 + 4747.70 + 454.18 + 30.00 = 14079.58\ \text{kN}$$

3.4　水平地震作用计算和弹性变形验算

3.4.1　计算简图及重力荷载代表值计算

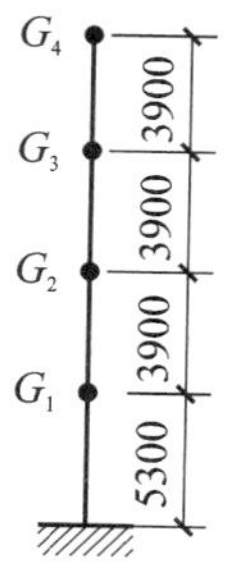

1. 计算简图

针对本工程的结构布置，作为示例，本书仅介绍横向框架水平地震作用的计算。

本工程横向框架的结构计算简图如图 3.8 所示。对于多层框架结构，在计算水平地震作用时，应按集中质量法将其简化为多质点弹性体系，故本工程可简化为具有 4 个质点的弹性体系，集中于各质点的重量为其重力荷载代表值，计算简图如图 3.9 所示。

图 3.9　重力荷载代表值计算简图

2. 重力荷载代表值计算

各质点重力荷载代表值 G_i = 结构和构配件自重标准值 + 组合值系数 $\Psi \times$ 可变荷载标准值。

本工程中，屋面基本雪压 $S_0 = 0.40\ kN/m^2$，$\Psi = 0.5$。楼面均布活荷载情况为：办公室、会议室、阅览室的标准值 $q_1 = 2.0\ kN/m^2$，$\Psi = 0.5$；走廊、卫生间的标准值 $q_2 = 2.5\ kN/m^2$，$\Psi = 0.5$；楼梯的标准值 $q_3 = 3.5\ kN/m^2$，$\Psi = 0.5$；书库、档案室、总务库房的标准值 $q_4 = 5.0\ kN/m^2$，$\Psi = 0.8$。各层重力荷载代表值 G_i 计算如下。

(1) 四层重力荷载代表值 G_4（屋面处）

① 四层自重标准值 = 屋盖自重 + 屋面梁自重 + 屋盖下顶棚装饰自重 + 女儿墙自重 + $\frac{1}{2}$ 四层（柱自重 + 墙体自重）$= 4874.52 + 1974.00 + 21.72 + 929.35 + \frac{1905.00 + 4161.54}{2} = 10832.86\ kN$

② 屋面雪荷载组合值 $= \Psi \times S_0 \times S_{屋面} = 0.5 \times 0.4 \times (58.6 \times 19.3) = 226.20\ kN$

③ $G_4 = 10832.86 + 226.20 = 11059.06\ kN \approx 11059\ kN$

(2) 三层重力荷载代表值 G_3（四层楼面处）

① 三层自重标准值 = 楼盖自重 + 楼面梁自重 + 楼盖下顶棚装饰自重 + $\frac{1}{2}$ 三层（柱自重 + 墙体自重 + 楼梯自重）+ $\frac{1}{2}$ 四层（柱自重 + 墙体自重）$= 4198.78 + 1974.00 + 17.11 + \frac{1905.00 + 3933.00 + 454.18}{2} + \frac{1905.00 + 4161.54}{2} = 12369.25kN$

② 楼面活荷载组合值 $= 0.5 \times (q_1 S_1 + q_2 S_2 + q_3 S_3) = 0.5 \times [2.0 \times (50 \times 8 \times 2) + 2.5 \times (58 \times 2.7 + 4 \times 8 \times 2) + 3.5 \times \frac{4 \times 8 \times 2}{2}] = 1131.75\ kN$

③ $G_3 = 12369.25 + 1131.75 = 13501\ kN$

(3) 二层重力荷载代表值 G_2（三层楼面处）

① 二层自重标准值 = 楼盖自重 + 楼面梁自重 + 楼盖下顶棚装饰自重 + $\frac{1}{2}$ 二层（柱自重 + 墙体自重 + 楼梯自重）+ $\frac{1}{2}$ 三层（柱自重 + 墙体自重 + 楼梯自重）$= 4219.45 + 1974.00 + 17.11 + \frac{1905.00 + 3739.30 + 454.18}{2} + \frac{1905.00 + 3933.00 + 454.18}{2} = 12405.89\ kN$

② 楼面活荷载组合值 $= 0.5 \times (q_1 S_1 + q_2 S_2 + q_3 S_3) + 0.8 \times q_4 S_4 = 0.5 \times [2.0 \times (50 \times 8 + 18 \times 2.7 + 36 \times 8) + 2.5 \times (40 \times 2.7 + 4 \times 8 \times 2) + 3.5 \times (4 \times 8 \times 2)] + 0.8 \times 5.0 \times (14 \times 8) = 1511.60\ kN$

③ $G_2 = 12405.89 + 1511.60 = 13917.49\ kN \approx 13917\ kN$

(4) 首层重力荷载代表值 G_1（二层楼面处）

① 首层自重标准值 = 楼盖自重 + 楼面梁自重 + 楼盖下顶棚装饰自重 + $\frac{1}{2}$ 首层（柱自重 + 墙体自重 + 楼梯自重）+ $\frac{1}{2}$ 二层（柱自重 + 墙体自重 + 楼梯自重）+ 雨篷自重 $= 4219.45 + 1974.00 + 43.50 + \frac{2610.75 + 4747.70 + 454.18}{2} + \frac{1905.00 + 3739.30 + 454.18}{2} + 30.00 = 13222.51\ kN$

② 楼面活荷载组合值 $= 0.5 \times (q_1 S_1 + q_2 S_2 + q_3 S_3) + 0.8 \times q_4 S_4 = 0.5 \times [2.0 \times (44 \times 8 +$

$18 \times 2.7 + 26 \times 8) + 2.5 \times (40 \times 2.7 + 4 \times 8 \times 2) + 3.5 \times (4 \times 8 \times 2)] + 0.8 \times 5.0 \times (6 \times 8 + 14 \times 8 + 10 \times 8) = 1895.60$ kN

③ $G_1 = 13222.51 + 1895.60 = 15118.11$ kN ≈ 15118 kN

(5) 结构总重力荷载代表值

$$\sum G_i = G_1 + G_2 + G_3 + G_4 = 15118 + 13917 + 13501 + 11059 = 53595 \text{ kN}$$

3.4.2　框架抗侧刚度计算

1. 梁、柱线刚度计算

框架梁、柱的线刚度按式(2.10)计算。其中：框架梁的计算惯性矩，对中间框架取 $I_b = 2.0I_0$，对边框架取 $I_b = 1.5I_0$，$I_0 = \frac{bh^3}{12}$；梁、柱杆件的计算长度如图 3.8 所示。梁、柱的线刚度计算详见表 3.2。

表 3.2　梁、柱线刚度计算表

杆件		截面		惯性矩 I/m^4		弹性模量 E /(kN·m^{-2})	计算长度 l /m	线刚度 $i = \frac{EI}{l}$ /(kN·m)
		h/m	b/m	$I_0 = \frac{bh^3}{12}$	计算 I			
AB、CD 跨梁	边框架梁	0.75	0.3	0.01055	0.01582	3.0×10^7	8.0	5.93×10^4
	中框架梁	0.75	0.3	0.01055	0.02109	3.0×10^7	8.0	7.91×10^4
BC 跨梁	边框架梁	0.6	0.3	0.00540	0.00810	3.0×10^7	2.7	9.00×10^4
	中框架梁	0.6	0.3	0.00540	0.01080	3.0×10^7	2.7	12.00×10^4
四、三、二层柱		0.6	0.6	0.01080	0.01080	3.0×10^7	3.9	8.31×10^4
首层柱		0.6	0.6	0.01080	0.01080	3.0×10^7	5.3	6.11×10^4

2. 柱的抗侧刚度计算

框架结构中各柱的抗侧刚度 D 值应按式(2.11)及表 2.9 计算。四、三、二层柱的抗侧刚度计算过程详见表 3.3，首层柱的抗侧刚度计算过程详见表 3.4。

表 3.3　四、三、二层柱抗侧刚度 D 值计算表

i_1 i_2 / i_c / i_3 i_4		根数	$\overline{K} = \frac{\sum i_b}{2i_c}$	$\alpha = \frac{\overline{K}}{2+\overline{K}}$	$D = \alpha \frac{12i_c}{h_i^2}$ /(kN·m^{-1})
A、D 轴柱	边框架柱	2+2	$\frac{5.93+5.93}{2\times 8.31} = 0.7136$	0.263	17243
	中框架柱	12+12	$\frac{7.91+7.91}{2\times 8.31} = 0.9519$	0.322	21111
B、C 轴柱	边框架柱	2+2	$2\times\frac{5.93+9.00}{2\times 8.31} = 1.7966$	0.473	31011
	中框架柱	12+12	$2\times\frac{7.91+12.00}{2\times 8.31} = 2.3959$	0.545	35731

表 3.4　首层柱抗侧刚度 D 值计算表

（i_1、i_2、i_c 示意图）		根数	$\overline{K}=\dfrac{\sum i_b}{i_c}$	$\alpha=\dfrac{0.5+\overline{K}}{2+\overline{K}}$	$D=\alpha\dfrac{12i_c}{h_i^2}$ /(kN·m^{-1})
A、D 轴柱	边框架柱	2+2	$\dfrac{5.93}{6.11}=0.9705$	0.495	12920
	中框架柱	12+12	$\dfrac{7.91}{6.11}=1.2946$	0.545	14225
B、C 轴柱	边框架柱	2+2	$\dfrac{5.93+9.00}{6.11}=2.4435$	0.662	17279
	中框架柱	12+12	$\dfrac{7.91+12.00}{6.11}=3.2586$	0.715	18663

各层柱的总抗侧刚度为：

四、三、二层柱总抗侧刚度 $\sum D_4=\sum D_3=\sum D_2=(17243\times2+21111\times12+31011\times2+35731\times12)\times2=1557224$ kN/m

首层柱总抗侧刚度 $\sum D_1=(12920\times2+14225\times12+17279\times2+18663\times12)\times2=910108$ kN/m

3.4.3　框架结构基本自振周期计算

1. 假想侧向位移计算

为计算框架结构的基本自振周期，假想把集中在各层楼面处的重力荷载代表值 G_i 作为水平荷载作用于相应质点上，以求得各楼层处的侧向位移。此假想侧向位移应按式(2.12)、式(2.13)计算，计算过程详见表 3.5。

表 3.5　各楼层处假想侧向位移计算表

楼层	G_i /kN	$\sum_i^n G_i$ /kN	$\sum D_i$ /(kN·m^{-1})	$\Delta u_i=\dfrac{\sum_i^n G_i}{\sum D_i}$/m	$u_i=\sum_{i=1}^{i}\Delta u_i$ /m	G_iu_i /(kN·m)	$G_iu_i^2$ /(kN·m^2)
4	11059	11059	1557224	0.0071	0.1065	1177.78	125.43
3	13501	24560	1557224	0.0158	0.0994	1342.00	133.39
2	13917	38477	1557224	0.0247	0.0836	1163.46	97.27
1	15118	53595	910108	0.0589	0.0589	890.45	52.45
$\sum$	53595	—	—	—	—	4573.69	408.54

2. 结构基本自振周期计算

对于多层框架，结构基本自振周期计算应采用能量法，即按式(2.14)计算。式中，考虑填充墙体影响的折减系数，因本工程填充墙为加气混凝土砌块砌体，刚度较小，故取 $\Psi_T=0.7$。

将表 3.5 中的计算结果 $\sum G_i u_i$、$\sum G_i u_i^2$ 的数值，代入式(2.14) 可求得：

$$T_1 = 2\Psi_T \sqrt{\frac{\sum G_i u_i^2}{\sum G_i u_i}} = 2 \times 0.7 \times \sqrt{\frac{408.54}{4573.69}} = 0.418 \text{ s}$$

3.4.4　多遇水平地震作用计算和位移验算

根据规范规定：建筑结构的抗震计算，对于高度不超过 40 m，以剪切变形为主且质量和刚度沿高度分布比较均匀的结构，可采用底部剪力法。本工程符合以上条件，故采用底部剪力法计算水平地震作用。

1. 多遇水平地震作用标准值计算

(1) 结构总水平地震作用标准值

结构的地震影响系数 α_1 的值应按图 2.5 和式(2.5) 确定。本工程抗震设防烈度为 7 度，设计基本地震加速度值为 0.15g，设计地震分组为第二组，Ⅱ 类场地，由表 2.6 查得多遇地震时水平地震影响系数 $\alpha_{\max} = 0.12$，由表 2.7 查得特征周期 $T_g = 0.40$ s。因 $T_1 = 0.418 \text{ s} > T_g = 0.40$ s，地震影响系数处于曲线下降段，代入式(2.5) 可求得：

$$\alpha_1 = \left(\frac{T_g}{T_1}\right)^{\gamma} \alpha_{\max} = \left(\frac{0.40}{0.418}\right)^{0.9} \times 0.12 = 0.115$$

结构总水平地震作用标准值 F_{Ek} 应按式(2.6) 计算，代入各数值后可求得：

$$F_{Ek} = \alpha_1 G_{eq} = 0.85\alpha_1 \sum G_i = 0.85 \times 0.115 \times 53595 = 5238.91 \text{ kN}$$

(2) 各质点的水平地震作用标准值

作用于各质点的水平地震作用标准值 F_i 应按式(2.7) 计算。因 $T_1 = 0.418 \text{ s} < 1.4T_g = 1.4 \times 0.40 = 0.56$ s，故不考虑顶部附加地震作用 ΔF_n，即顶部附加地震作用系数 $\delta_n = 0$。各质点的水平地震作用标准值 F_i 的计算过程详见表 3.6。

2. 楼层水平地震剪力验算

楼层水平地震剪力标准值 V_i 应按式(2.17) 计算，并按式(2.16) 进行验算，由表 2.10 查得楼层最小地震剪力系数 $\lambda = 0.024$。各楼层水平地震剪力标准值 V_i 的计算过程详见表 3.6。

表 3.6　各层地震作用标准值、楼层地震剪力标准值、层间弹性位移计算表

楼层	G_i /kN	h_i /m	H_i /m	G_iH_i/(kN·m)	$\sum G_iH_i$/(kN·m)	$F_i = \frac{G_iH_i}{\sum G_iH_i}F_{Ek}$ /kN	$V_i = \sum_{j=i}^{n} F_j$ /kN	$\lambda \sum_{j=i}^{n} G_j$ /kN	$\sum D_i$/(kN·m^{-1})	$\Delta u_e = \frac{V_i}{\sum D_i}$ /m
4	11059	3.9	17.0	188003	573027	1719	1719	265	1557224	0.0011
3	13501	3.9	13.1	176863		1617	3336	589	1557224	0.0021
2	13917	3.9	9.2	128036		1171	4507	923	1557224	0.0029
1	15118	5.3	5.3	80125		733	5240	1286	910108	0.0058

由表 3.6 中计算可知，各楼层地震剪力均符合式(2.16) 的要求，即满足 $V_i > \lambda \sum_{j=i}^{n} G_j$ 的要求。

3. 框架弹性层间位移验算

多遇地震作用标准值产生的各楼层弹性层间位移 Δu_e 应按式(2.18) 计算，计算过程详见表 3.6。

楼层内最大弹性层间位移应符合式(2.9) 的要求，因本工程二层以上各层层高均相同，故仅须验算位移较大的第二层和首层的弹性层间位移。

二层：$\Delta u_e = 0.0029\ \text{m} < [\theta_e]h = \left(\dfrac{1}{550}\right) \times 3.9 = 0.0071\ \text{m}$，故满足要求；

首层：$\Delta u_e = 0.0058\ \text{m} < [\theta_e]h = \left(\dfrac{1}{550}\right) \times 5.3 = 0.0096\ \text{m}$，故满足要求。

3.5 水平地震作用下框架内力计算

对于水平地震作用下框架内力的计算，依据本工程的建筑施工图，现选择第 ④ 轴横向框架作为计算单元，结构计算简图如图 3.8 所示。内力计算方法则采用 D 值法。

3.5.1 框架柱剪力和柱端弯矩标准值计算

水平地震作用下，各楼层的层间总剪力标准值 V_i 已在表 3.6 中求得，各框架柱的剪力标准值 V_{ik} 应按式(2.19) 计算；各柱的反弯点高度应按图 2.11、式(2.20) 和表 2.12 确定；柱上、下端弯矩标准值 M_{cEk} 应按式(2.21)、式(2.22) 计算。以上计算过程详见表 3.7。

表 3.7 水平地震作用下框架柱剪力和柱端弯矩标准值计算表

柱	楼层	h_i /m	V_i /kN	$\sum D_i$ /(kN·m^{-1})	D_{ik} /(kN·m^{-1})	$\dfrac{D_{ik}}{\sum D_i}$	$V_{ik}=\dfrac{D_{ik}}{\sum D_{ik}}V_i$ /kN	$\overline{K}$	$y=y_0+y_1+y_2+y_3$	$M_下$/(kN·m)	$M_上$/(kN·m)
AD轴	4	3.9	1719	1557224	21111	0.01356	23.31	0.9519	0.376	34.18	56.73
	3	3.9	3336	1557224	21111	0.01356	45.24	0.9519	0.45	79.40	97.04
	2	3.9	4507	1557224	21111	0.01356	61.11	0.9519	0.48	114.40	123.94
	1	5.3	5240	910108	14225	0.01563	81.90	1.2946	0.62	269.12	164.95
BC轴	4	3.9	1719	1557224	35731	0.02295	39.45	2.3959	0.45	69.23	84.62
	3	3.9	3336	1557224	35731	0.02295	76.56	2.3959	0.47	140.33	158.25
	2	3.9	4507	1557224	35731	0.02295	103.44	2.3959	0.50	201.71	201.71
	1	5.3	5240	910108	18663	0.02051	107.47	3.2586	0.55	313.28	256.32

3.5.2 框架梁端弯矩、剪力和柱轴力标准值计算

水平地震作用下，框架各梁端弯矩标准值 M_{bEk} 应按图 2.12 和式(2.23) 至式(2.25) 计算，梁端剪力标准值 V_{bEk} 应按图 2.13 和式(2.26) 计算，柱轴力标准值 N_{cEk} 应按图 2.14 和式(2.27)、式(2.28) 计算(规定柱以承受压力为正、承受拉力为负)。以上计算过程详见表 3.8。

表 3.8　水平地震作用下梁端弯矩、剪力和柱轴力标准值计算表

楼层	AB、CD 跨				BC 跨				柱轴力(左震)			
	l_b /m	$M_{bEk左}$ /(kN·m)	$M_{bEk右}$ /(kN·m)	V_{bEk} /kN	l_b /m	$M_{bEk左}$ /(kN·m)	$M_{bEk右}$ /(kN·m)	V_{bEk} /kN	A 柱 N_{Ek}/kN	B 柱 N_{Ek}/kN	C 柱 N_{Ek}/kN	D 柱 N_{Ek}/kN
4	8.0	56.73	33.62	11.29	2.7	51.00	51.00	37.78	−11.29	−26.49	26.49	11.29
3	8.0	131.22	90.38	27.70	2.7	137.10	137.10	101.56	−38.99	−100.35	100.35	38.99
2	8.0	203.34	135.89	42.40	2.7	206.15	206.15	152.70	−81.39	−210.65	210.65	81.39
1	8.0	279.35	181.97	57.67	2.7	276.05	276.05	204.48	−139.06	−357.46	357.46	139.06

3.5.3　水平地震作用下框架内力图

根据以上计算结果，水平地震作用下，框架各柱的剪力如图 3.10 所示，框架梁、柱的弯矩如图 3.11 所示，框架梁剪力、柱轴力如图3.12 所示。

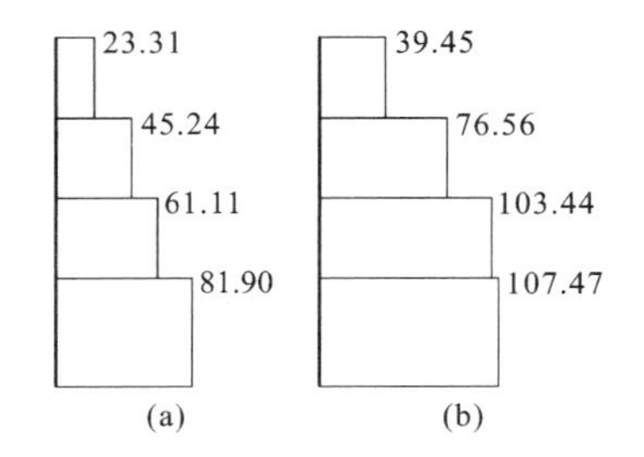

图 3.10　水平地震作用下框架柱剪力图(单位：kN)
(a)A、D 柱剪力图；(b)B、C 柱剪力图

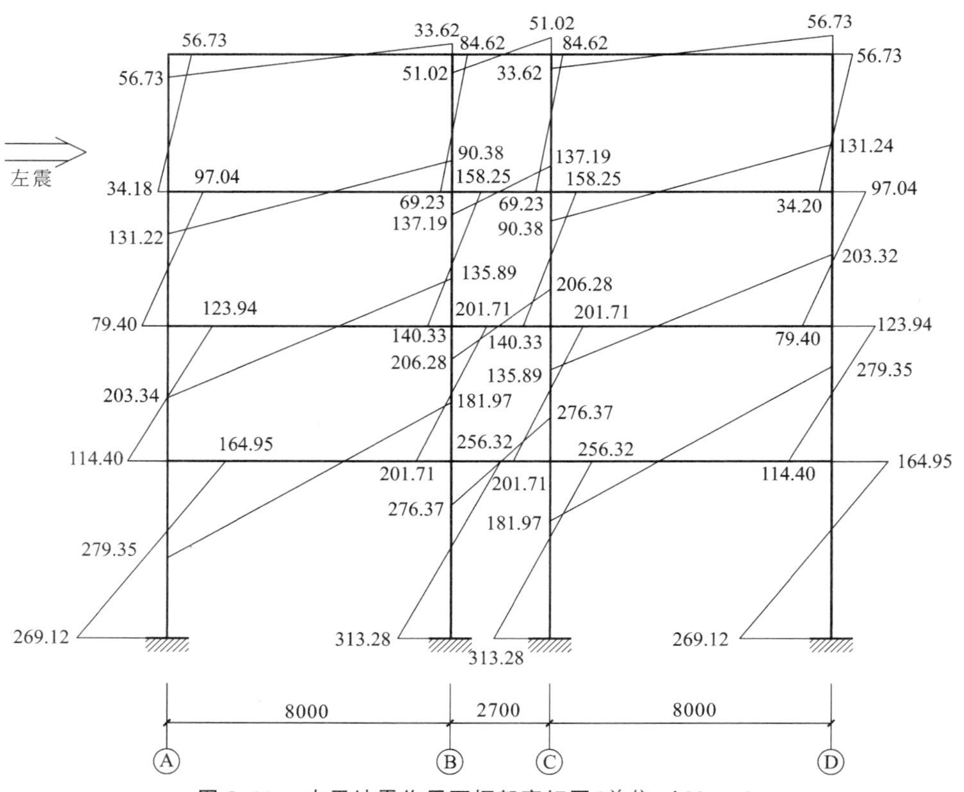

图 3.11　水平地震作用下框架弯矩图(单位：kN·m)

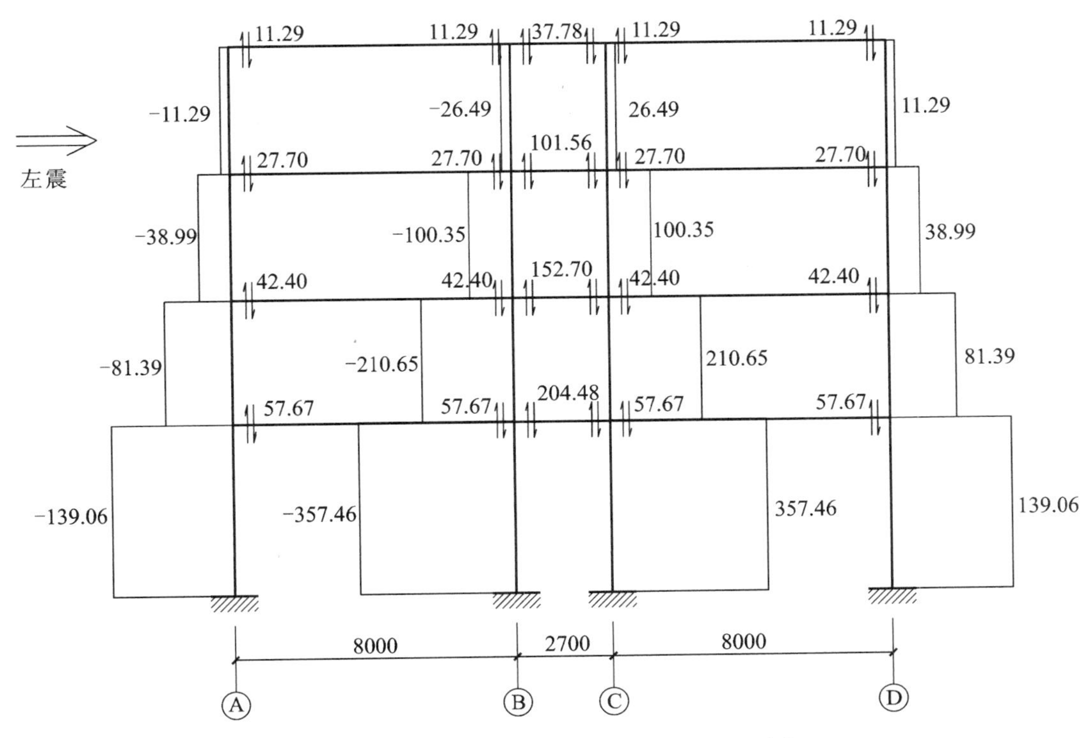

图 3.12 水平地震作用下框架梁剪力、柱轴力图(单位：kN)

3.6 竖向荷载作用下框架内力计算

竖向荷载作用下框架内力的计算单元应与水平荷载作用下计算时选取同一榀框架，即仍选择第④轴横向框架作为计算单元，结构计算简图如图 3.8 所示。内力计算方法则采用弯矩二次分配法。

3.6.1 永久荷载标准值作用下框架内力计算

1. 框架上永久(自重)荷载标准值计算

根据图 3.7 所示的柱网布置平面图，现截取第④轴横向框架及其左右相邻的框架进行竖向荷载分析，框架梁和框架柱上的荷载作用情况如图 3.13 所示。

(1) 框架梁上永久(自重)荷载标准值计算

由图 3.13 可看出，该框架为纵横双向框架梁承重且楼板均为双向板，AB、CD 跨梁承受梯形分布荷载，BC 跨梁承受三角形分布荷载，等效均布荷载的折算系数应分别按式(2.29)、式(2.30)计算。

三角形荷载作用时：折算系数 $\alpha_1 = \dfrac{5}{8} = 0.625$

梯形荷载作用时：$\alpha = \dfrac{l_{01}}{2l_{02}} = \dfrac{4}{2\times 8} = 0.25, \alpha_2 = 1-2\alpha^2+\alpha^3 = 1-2\times 0.25^2+0.25^3 = 0.8906$

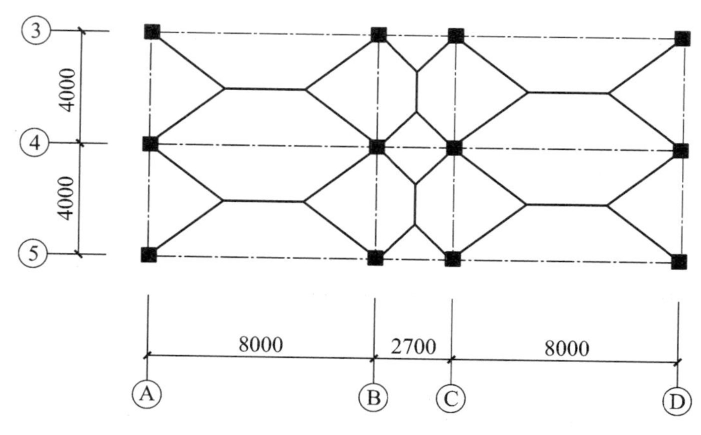

图 3.13　框架上荷载作用示意图

① 四层屋面梁上

a. AB、CD 跨梁

框架梁自重：$g_1 = (25 \times 0.3 + 2 \times 0.29) \times (0.75 - 0.12) = 5.09\ \text{kN/m}$

屋盖自重：$g' = g \times \dfrac{l_{01}}{2} = 4.31 \times \dfrac{4}{2} = 8.62\ \text{kN/m}$

$$g_2 = 2\alpha_2 g' = 2 \times 0.8906 \times 8.62 = 15.35\ \text{kN/m}$$

梁上均布荷载标准值：$g_{4AB} = g_{4CD} = g_1 + g_2 = 5.09 + 15.35 = 20.44\ \text{kN/m}$

b. BC 跨梁

框架梁自重：$g_1 = 25 \times 0.3 \times (0.6 - 0.12) = 3.60\ \text{kN/m}$

屋盖及顶棚装饰自重：$g' = g \times \dfrac{l_{01}}{2} = (4.31 + 0.12) \times \dfrac{2.7}{2} = 5.98\ \text{kN/m}^2$

$$g_2 = 2\alpha_1 g' = 2 \times 0.625 \times 5.98 = 7.48\ \text{kN/m}$$

梁上均布荷载标准值：$g_{4BC} = g_1 + g_2 = 3.60 + 7.48 = 11.08\ \text{kN/m}$

② 三层楼盖梁上(四层楼面处)

a. AB、CD 跨梁

框架梁自重：$g_1 = 5.09\ \text{kN/m}$

梁上墙体自重：$g_2 = (11.8 \times 0.3 + 2 \times 0.29) \times (3.9 - 0.75) = 12.98\ \text{kN/m}$

楼盖自重：$g' = g \times \dfrac{l_{01}}{2} = 4.00 \times \dfrac{4}{2} = 8.00\ \text{kN/m}$

$$g_3 = 2\alpha_2 g' = 2 \times 0.8906 \times 8.00 = 14.25\ \text{kN/m}$$

梁上均布荷载标准值：$g_{3AB} = g_{3CD} = g_1 + g_2 + g_3 = 5.09 + 12.98 + 14.25 = 32.32\ \text{kN/m}$

b. BC 跨梁

框架梁自重：$g_1 = 3.60\ \text{kN/m}$

楼盖及顶棚装饰自重：$g' = g \times \dfrac{l_{01}}{2} = (4.00 + 0.12) \times \dfrac{2.7}{2} = 5.56\ \text{kN/m}$

$$g_2 = 2\alpha_1 g' = 2 \times 0.625 \times 5.56 = 6.95\ \text{kN/m}$$

梁上均布荷载标准值：$g_{3BC} = g_1 + g_2 = 3.60 + 6.95 = 10.55\ \text{kN/m}$

③ 二层楼盖梁上（三层楼面处）

a. AB 跨梁

框架梁自重：$g_1 = 5.09\ \text{kN/m}$

楼盖自重：$g_2 = 14.25\ \text{kN/m}$

梁上均布荷载标准值：$g_{2AB} = g_1 + g_2 = 5.09 + 14.25 = 19.34\ \text{kN/m}$

b. CD 跨梁

梁上均布荷载标准值同三层楼盖梁上：$g_{2CD} = 32.32\ \text{kN/m}$

c. BC 跨梁

梁上均布荷载标准值同三层楼盖梁上：$g_{2BC} = 10.55\ \text{kN/m}$

④ 首层楼盖梁上（二层楼面处）

a. AB、CD 跨梁

梁上均布荷载标准值同三层楼盖梁上：$g_{1AB} = g_{1CD} = 32.32\ \text{kN/m}$

b. BC 跨梁

梁上均布荷载标准值同三层楼盖梁上：$g_{1BC} = 10.55\ \text{kN/m}$

(2) 框架柱上永久（自重）荷载标准值计算

在计算纵向梁传至框架柱上的自重荷载时，可将纵向梁视为简支梁。由图 3.13 可看出 A、B、C、D 各柱的负荷区域情况。

① 四层顶纵向梁传来集中力

a. A、D 柱顶

纵向梁自重：$G_1 = [(25 \times 0.3 + 0.29) \times (0.6 - 0.12) + 0.324 \times 0.6] \times (4.0 - 0.6) = 13.37\ \text{kN}$

女儿墙自重：$G_2 = [25 \times 0.14 \times 1.4 + 0.36 \times (2 \times 1.4 - 0.64) + 0.48 \times 0.64] \times 4.0 = 23.94\ \text{kN}$

纵向梁传来屋盖自重：梁负荷面积 $S = \frac{1}{2} \times 4.0 \times 2.0 = 4.0\ \text{m}^2$

$$G_3 = 4.31 \times 4.0 = 17.24\ \text{kN}$$

纵向梁传来集中力标准值：

$$G_{4A} = G_{4D} = G_1 + G_2 + G_3 = 13.37 + 23.94 + 17.24 = 54.55\ \text{kN}$$

b. B、C 柱顶

纵向梁自重：$G_1 = (25 \times 0.3 + 2 \times 0.29) \times (0.6 - 0.12) \times (4.0 - 0.6) = 13.19\ \text{kN}$

纵向梁传来屋盖自重：梁负荷面积 $S_{左侧} = 4.0\ \text{m}^2$，$S_{右侧} = \frac{1}{2} \times (4.0 + 1.3) \times 1.35 = 3.58\ \text{m}^2$

$$G_2 = 4.31 \times (4.0 + 3.58) = 32.67\ \text{kN}$$

纵向梁传来集中力标准值：$G_{4B} = G_{4C} = G_1 + G_2 = 13.19 + 32.67 = 45.86\ \text{kN}$

② 三、二、一层顶纵向梁传来集中力（上一层楼面处）

a. A、D 柱顶

纵向梁自重：$G_1 = 13.37\ \text{kN}$

梁上墙体自重：$G_2 = (11.8 \times 0.3 + 0.324 + 0.29) \times [(3.9 - 0.6) \times (4 - 0.6) - 2.35 \times 0.9 \times 2] + 0.4 \times (2.35 \times 0.9 \times 2) = 30.73\ \text{kN}$

纵向梁传来楼盖自重：梁负荷面积 $S = 4.0\ \text{m}^2$

$$G_3 = 4.00 \times 4.0 = 16.00\ \text{kN}$$

纵向梁传来集中力标准值：$G_{3A} = G_{3D} = G_1 + G_2 + G_3 = 13.37 + 30.73 + 16.00 = 60.10\ \text{kN}$

b. B、C 柱顶

纵向梁自重：$G_1 = 13.19\ \text{kN}$

梁上墙体自重：$G_2 = (11.8 \times 0.3 + 2 \times 0.29) \times [(3.9 - 0.6) \times (4 - 0.6) - 2.6 \times 1.0] + 0.2 \times (2.6 \times 1.0) = 36.03\ \text{kN}$

纵向梁传来楼盖自重：梁负荷面积 $S_{左侧} = 4.0\ \text{m}^2$，$S_{右侧} = 3.58\ \text{m}^2$

$$G_3 = 4.00 \times 4.0 + 4.16 \times 3.58 = 30.89\ \text{kN}$$

纵向梁传来集中力标准值：$G_{3B} = G_{3C} = G_1 + G_2 + G_3 = 13.19 + 36.03 + 30.89 = 80.11\ \text{kN}$

③ 各层柱自重

a. 四、三、二层柱

$G_{柱4} = G_{柱3} = G_{柱2} = [25 \times 0.6 \times 0.6 + 0.29 \times (4 \times 0.6 - 3 \times 0.3)] \times (3.9 - 0.12) = 35.66\ \text{kN}$

b. 首层柱

$G_{柱1} = [25 \times 0.6 \times 0.6 + 0.29 \times (4 \times 0.6 - 3 \times 0.3)] \times (5.3 - 0.12) = 48.87\ \text{kN}$

2. 永久(自重)荷载标准值作用下框架梁、柱端弯矩计算

(1) 荷载标准值及计算简图

将上述计算所得的自重荷载标准值绘制在框架计算简图上，并对各节点进行编号，如图 3.14 所示。

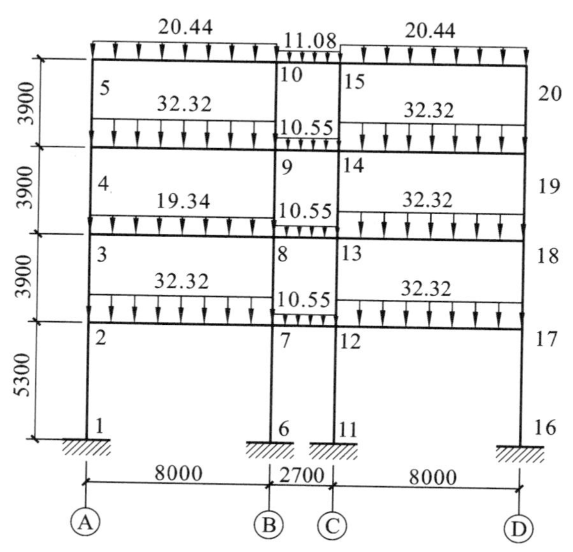

图 3.14　永久荷载标准值作用下框架计算简图(单位：kN/m)

(2) 弯矩分配系数计算

① 梁、柱转动刚度 S 及相对转动刚度 S'

本工程现浇混凝土框架各梁柱节点均按固定支承考虑，故各杆件转动刚度计算式为：

$$S = \frac{4EI}{l} = 4i$$

各梁、柱转动刚度及相对转动刚度的计算过程详见表 3.9。

表 3.9　梁、柱转动刚度及相对转动刚度计算表

杆件名称		转动刚度 S/(kN·m)	相对转动刚度 S'
框架梁	AB、CD 跨梁	$4i = 4 \times 7.91 \times 10^4 = 3.164 \times 10^5$	1.295
	BC 跨梁	$4i = 4 \times 12.00 \times 10^4 = 4.800 \times 10^5$	1.964
框架柱	四、三、二层柱	$4i = 4 \times 8.31 \times 10^4 = 3.324 \times 10^5$	1.360
	首层柱	$4i = 4 \times 6.11 \times 10^4 = 2.444 \times 10^5$	1.000

② 弯矩分配系数

汇交于同一节点各杆件的弯矩分配系数应按式(2.31)计算，即 $\mu_{ik} = \dfrac{S'_{ik}}{\sum S'_{ik}}$。图 3.14 所示框架结构各节点弯矩分配系数的计算过程详见表 3.10。

表 3.10　框架各节点弯矩分配系数计算表

节点	$\sum S'_{ik}$	$\mu_{左梁}$	$\mu_{上柱}$	$\mu_{下柱}$	$\mu_{右梁}$
5,20	$1.360 + 1.295 = 2.655$	0	0	0.51	0.49
4,19	$1.360 \times 2 + 1.295 = 4.015$	0	0.34	0.34	0.32
3,18	$1.360 \times 2 + 1.295 = 4.015$	0	0.34	0.34	0.32
2,17	$1.360 + 1.0 + 1.295 = 3.655$	0	0.37	0.27	0.36
10,15	$1.360 + 1.295 + 1.964 = 4.619$	0.28	0	0.29	0.43
9,14	$1.360 \times 2 + 1.295 + 1.964 = 5.979$	0.21	0.23	0.23	0.33
8,13	$1.360 \times 2 + 1.295 + 1.964 = 5.979$	0.21	0.23	0.23	0.33
7,12	$1.360 + 1.0 + 1.295 + 1.964 = 5.619$	0.23	0.24	0.18	0.35

(3) 梁固端弯矩计算

根据《静力计算手册》相应计算表可查得：均布荷载作用下，梁两端均为固定端时，其两端的固端弯矩均为 $\dfrac{ql^2}{12}$。各层、各跨框架梁固端弯矩的计算过程详见表 3.11。

表 3.11　永久荷载标准值作用下梁固端弯矩计算表

楼层	AB 跨梁				BC 跨梁				CD 跨梁			
	q/(kN·m^{-1})	l/m	M_{AF}/(kN·m)	$M_{B左F}$/(kN·m)	q/(kN·m^{-1})	l/m	$M_{B右F}$/(kN·m)	$M_{C左F}$/(kN·m)	q/(kN·m^{-1})	l/m	$M_{C右F}$/(kN·m)	M_{DF}/(kN·m)
4	20.44	8.0	−109.01	109.01	11.08	2.7	−6.73	6.73	20.44	8.0	−109.01	109.01
3	32.32	8.0	−172.37	172.37	10.55	2.7	−6.41	6.41	32.32	8.0	−172.37	172.37
2	19.34	8.0	−103.15	103.15	10.55	2.7	−6.41	6.41	32.32	8.0	−172.37	172.37
1	32.32	8.0	−172.37	172.37	10.55	2.7	−6.41	6.41	32.32	8.0	−172.37	172.37

(4) 弯矩分配与传递、杆端弯矩计算

框架弯矩二次分配与传递的具体计算过程详见图 3.15,图中各杆件的弯矩传递系数均为 0.5。

	A 上柱	A 下柱	A 右梁	B 左梁	B 上柱	B 下柱	B 右梁	C 左梁	C 上柱	C 下柱	C 右梁	D 左梁	D 上柱	D 下柱
4 层分配系数	0	0.51	0.49	0.28	0	0.29	0.43	0.43	0	0.29	0.28	0.49	0	0.51
			−109.01	109.01			−6.73	6.73			−109.01	109.01		
		55.60	53.41	−28.64		−29.66	−43.98	43.98		29.66	28.64	−53.41		−55.60
		29.31	−14.32	26.71		−19.09	21.99	−21.99		19.09	−26.71	14.32		−29.31
		−7.64	−7.35	−8.29		−8.59	−12.73	12.73		8.59	8.29	7.35		7.64
		77.27	−77.27	98.79		−57.34	−41.45	41.45		57.34	−98.79	77.27		−77.27
3 层分配系数	0.34	0.34	0.32	0.21	0.23	0.23	0.33	0.33	0.23	0.23	0.21	0.32	0.34	0.34
			−172.37	−172.37			−6.41	6.41			172.37	−172.37		
	58.61	58.61	55.16	−34.85	−38.17	−38.17	−54.77	54.77	38.17	38.17	34.85	−55.16	−58.61	−58.61
	27.80	17.54	−17.43	27.58	−14.83	−11.13	27.39	−27.39	14.83	19.09	−27.58	17.43	−27.80	−29.31
	−9.49	−9.49	−8.93	−6.09	−6.67	−6.67	−9.57	6.95	4.84	4.84	4.42	12.07	13.49	13.49
	76.92	66.66	−143.57	159.01	−59.67	−55.97	−43.36	40.74	57.84	62.10	−160.68	147.34	−72.92	−74.43
2 层分配系数	0.34	0.34	0.32	0.21	0.23	0.23	0.33	0.33	0.23	0.23	0.21	0.32	0.34	0.34
			−103.15	103.15			−6.14	6.41			−172.37	172.37		
	35.07	35.07	33.01	−20.32	−22.25	−22.25	−31.92	54.77	38.17	38.17	34.85	−55.16	−58.61	−58.61
	29.31	31.89	−10.16	16.51	−19.09	−19.92	27.39	−15.96	19.09	19.92	−27.58	17.43	−29.31	−31.89
	−17.35	−17.35	−16.33	−1.03	−1.12	−1.12	−1.61	1.50	1.04	1.04	0.95	14.01	14.88	14.88
	47.03	49.61	−96.63	98.31	−42.46	−43.29	−12.55	46.72	58.30	59.13	−164.15	148.65	−73.04	−75.62
1 层分配系数	0.37	0.27	0.36	0.23	0.24	0.18	0.35	0.35	0.24	0.18	0.23	0.36	0.37	0.27
			−172.37	172.37			−6.41	6.41			−172.37	172.37		
	63.78	46.54	62.05	−38.17	−39.83	−29.87	−58.09	58.09	39.83	29.87	38.17	−62.05	−63.78	−46.54
	17.54		−19.09	31.03	−11.13		29.05	−29.05	19.09		−31.03	19.09	−29.31	
	0.57	0.42	0.56	−11.26	−11.75	−8.81	−17.13	14.35	9.84	7.38	9.43	3.68	3.78	2.76
	81.89	46.96	−128.85	153.97	−62.71	−38.68	−52.58	49.80	68.76	37.25	−155.80	133.09	−89.31	−43.78
柱底	23.48 (Ⓐ)			−19.34 (Ⓑ)				18.63 (Ⓒ)				−21.89 (Ⓓ)		

图 3.15　永久荷载标准值作用下弯矩分配与传递计算(单位:kN·m)

(5) 梁端弯矩的调幅

考虑到框架梁具有塑性内力重分布的性质，为体现“强柱弱梁”的设计原则并便于施工，对梁端负弯矩进行调幅，取调幅系数为0.8。在后文图3.17所示的永久荷载标准值作用下框架弯矩图中，调幅后的弯矩用括号内数值表示。

3. 自重荷载标准值作用下框架梁跨中弯矩、梁端剪力和柱轴力、剪力计算

(1) 梁跨中弯矩计算

梁的跨中弯矩，可根据梁端弯矩及作用于梁上的相应荷载计算。为简化计算，本实例均计算各跨梁的跨中点弯矩，均布荷载作用时其计算式为：$M_{中}=\frac{ql^2}{8}+\frac{M_{左}+M_{右}}{2}$。式中$q$取图3.14中的永久荷载标准值，$M_{左}$、$M_{右}$均取调幅后梁左、右端的弯矩。各层框架梁跨中弯矩的计算过程详见表3.12。

表3.12 永久荷载标准值作用下梁跨中弯矩计算表

楼层	AB跨梁					BC跨梁					CD跨梁				
	q/(kN·m^{-1})	l/m	M_A/(kN·m)	$M_{B左}$/(kN·m)	$M_{AB中}$/(kN·m)	q/(kN·m^{-1})	l/m	$M_{B右}$/(kN·m)	$M_{C左}$/(kN·m)	$M_{BC中}$/(kN·m)	q/(kN·m^{-1})	l/m	$M_{C右}$/(kN·m)	M_D/(kN·m)	$M_{CD中}$/(kN·m)
4	20.44	8.0	−77.27×0.8	−98.79×0.8	93.10	11.08	2.7	−41.45×0.8	−41.45×0.8	−23.06	20.44	8.0	−98.79×0.8	−77.27×0.8	93.10
3	32.32	8.0	−143.57×0.8	−159.01×0.8	137.53	10.55	2.7	−43.36×0.8	−40.74×0.8	−24.03	32.32	8.0	−160.68×0.8	−147.34×0.8	135.35
2	19.34	8.0	−96.63×0.8	−98.31×0.8	76.74	10.55	2.7	−12.55×0.8	−46.72×0.8	−14.09	32.32	8.0	−164.15×0.8	−148.65×0.8	133.44
1	32.32	8.0	−128.85×0.8	−153.97×0.8	145.43	10.55	2.7	−52.58×0.8	−49.80×0.8	−31.34	32.32	8.0	−155.80×0.8	−133.09×0.8	143.00

(2) 梁端剪力计算

梁两端的剪力，亦可根据梁端弯矩及作用于梁上的相应荷载计算。均布荷载作用时其计算式为：

$$V_{左}=\frac{ql}{2}+\frac{M_{左}-M_{右}}{l}$$

$$V_{右}=\frac{ql}{2}-\frac{M_{左}-M_{右}}{l}$$

式中，q、$M_{左}$、$M_{右}$取值同表3.12中数值。各层框架梁两端的剪力计算过程详见表3.13。

表3.13 自重荷载标准值作用下梁端剪力计算表

楼层	AB跨梁				BC跨梁				CD跨梁			
	q/(kN·m^{-1})	l/m	V_A/kN	$V_{B左}$/kN	q/(kN·m^{-1})	l/m	$V_{B右}$/kN	$V_{C左}$/kN	q/(kN·m^{-1})	l/m	$V_{C右}$/kN	V_D/kN
4	20.44	8.0	79.61	83.91	11.08	2.7	14.96	14.96	20.44	8.0	83.91	79.61
3	32.32	8.0	127.74	130.82	10.55	2.7	15.02	13.46	32.32	8.0	130.61	127.95

续表 3.13

楼层	AB跨梁				BC跨梁				CD跨梁			
	q/(kN·m^{-1})	l/m	V_A/kN	$V_{B左}$/kN	q/(kN·m^{-1})	l/m	$V_{B右}$/kN	$V_{C左}$/kN	q/(kN·m^{-1})	l/m	$V_{C右}$/kN	V_D/kN
2	19.34	8.0	77.19	77.53	10.55	2.7	4.11	24.37	32.32	8.0	130.83	127.73
1	32.32	8.0	126.77	131.79	10.55	2.7	15.06	13.42	32.32	8.0	131.55	127.01

（3）柱轴力计算

框架柱的轴力，可根据横向框架梁的梁端剪力、纵向梁传至柱上的集中力以及柱的自重计算。本算例框架柱轴力计算截面位置的编号如图 3.16 所示。各层各柱轴力的计算过程详见表 3.14。

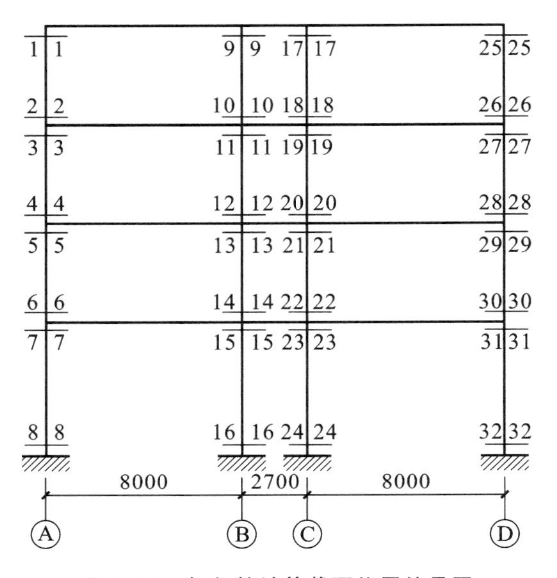

图 3.16　框架柱计算截面位置编号图

表 3.14　自重荷载标准值作用下柱轴力计算表

柱	楼层	截面	横梁剪力 V/kN	纵向梁传来集中力 G/kN	柱自重 $G_{柱}$/kN	ΔN/kN	柱轴力 N/kN
A轴	4	1—1	79.61	54.55	0	134.16	134.16
		2—2			35.66	169.82	169.82
	3	3—3	127.74	60.10	0	187.84	357.66
		4—4			35.66	223.50	393.32
	2	5—5	77.19	60.10	0	137.29	530.61
		6—6			35.66	172.95	566.27
	1	7—7	126.77	60.10	0	186.87	753.14
		8—8			48.87	235.74	802.01

续表 3.14

柱	楼层	截面	横梁剪力 V/kN	纵向梁传来集中力 G/kN	柱自重 $G_{柱}$/kN	ΔN/kN	柱轴力 N/kN
B轴	4	9—9	83.91＋14.96	45.86	0	144.73	144.73
		10—10			35.66	180.39	180.39
	3	11—11	130.82＋15.02	80.11	0	225.95	406.34
		12—12			35.66	261.61	442.00
	2	13—13	77.53＋4.11	80.11	0	161.75	603.75
		14—14			35.66	197.41	639.41
	1	15—15	131.79＋15.06	80.11	0	226.96	866.37
		16—16			48.87	275.83	915.24
C轴	4	17—17	14.96＋83.91	45.86	0	144.73	144.73
		18—18			35.66	180.39	180.39
	3	19—19	13.46＋130.61	80.11	0	224.18	404.57
		20—20			35.66	259.84	440.23
	2	21—21	24.37＋130.83	80.11	0	235.31	675.54
		22—22			35.66	270.97	711.20
	1	23—23	13.42＋131.55	80.11	0	225.08	936.28
		24—24			48.87	273.95	985.15
D轴	4	25—25	79.61	54.55	0	134.16	134.16
		26—26			35.66	169.82	169.82
	3	27—27	127.95	60.10	0	188.05	357.87
		28—28			35.66	223.71	393.53
	2	29—29	127.73	60.10	0	187.83	581.36
		30—30			35.66	223.49	617.02
	1	31—31	127.01	60.10	0	187.11	804.13
		32—32			48.87	235.98	853.00

(4) 柱剪力计算

框架柱的剪力，可根据柱上、下端的弯矩计算。其计算式为：$V_c = \dfrac{M_{c上} + M_{c下}}{H_c}$。各层各柱剪力的计算过程详见表 3.15。

表 3.15　永久荷载标准值作用下柱剪力计算表

柱	楼层	柱高度 H_c/m	柱端弯矩		柱剪力 V_c/kN
			$M_{c上}$/(kN·m)	$M_{c下}$/(kN·m)	
A 轴	4	3.9	77.27	76.92	39.54
	3	3.9	66.66	47.03	29.15
	2	3.9	49.61	81.89	33.72
	1	5.3	46.96	23.48	13.29
B 轴	4	3.9	57.34	59.67	30.00
	3	3.9	55.97	42.46	25.24
	2	3.9	43.29	62.71	27.18
	1	5.3	38.68	19.34	10.95
C 轴	4	3.9	57.34	57.84	29.53
	3	3.9	62.10	58.30	30.87
	2	3.9	59.13	68.76	32.79
	1	5.3	37.25	18.63	10.54
D 轴	4	3.9	77.27	72.92	38.51
	3	3.9	74.43	73.04	37.81
	2	3.9	75.62	89.31	42.29
	1	5.3	43.78	21.89	12.39

4. 永久(自重)荷载标准值作用下框架内力图的绘制

根据以上计算结果，永久荷载标准值作用下，框架梁、柱的弯矩图如图 3.17 所示，框架梁剪力、柱轴力图如图 3.18 所示。

3.6.2　可变荷载标准值作用下框架内力计算

1. 框架上可变荷载标准值计算

可变荷载作用下，第 ④ 轴横向框架梁和框架柱上的荷载作用情况如图 3.13 所示。

(1) 框架梁上可变荷载标准值计算

由本章 3.6.1 节第 1 条(1) 的计算得知：框架梁上为三角形分布荷载作用时，等效均布荷载折算系数 $\alpha_1 = 0.625$；梯形分布荷载作用时，等效均布荷载折算系数 $\alpha_2 = 0.8906$。

① 四层屋面梁上

雪荷载为 0.40 kN/m²，屋面活荷载为 0.50 kN/m²，为简化计算，取这两者中的较大值进行计算。

a. AB、CD 跨梁

屋面活荷载：$p' = p \times \frac{l_{01}}{2} = 0.50 \times \frac{4}{2} = 1.0$ kN/m

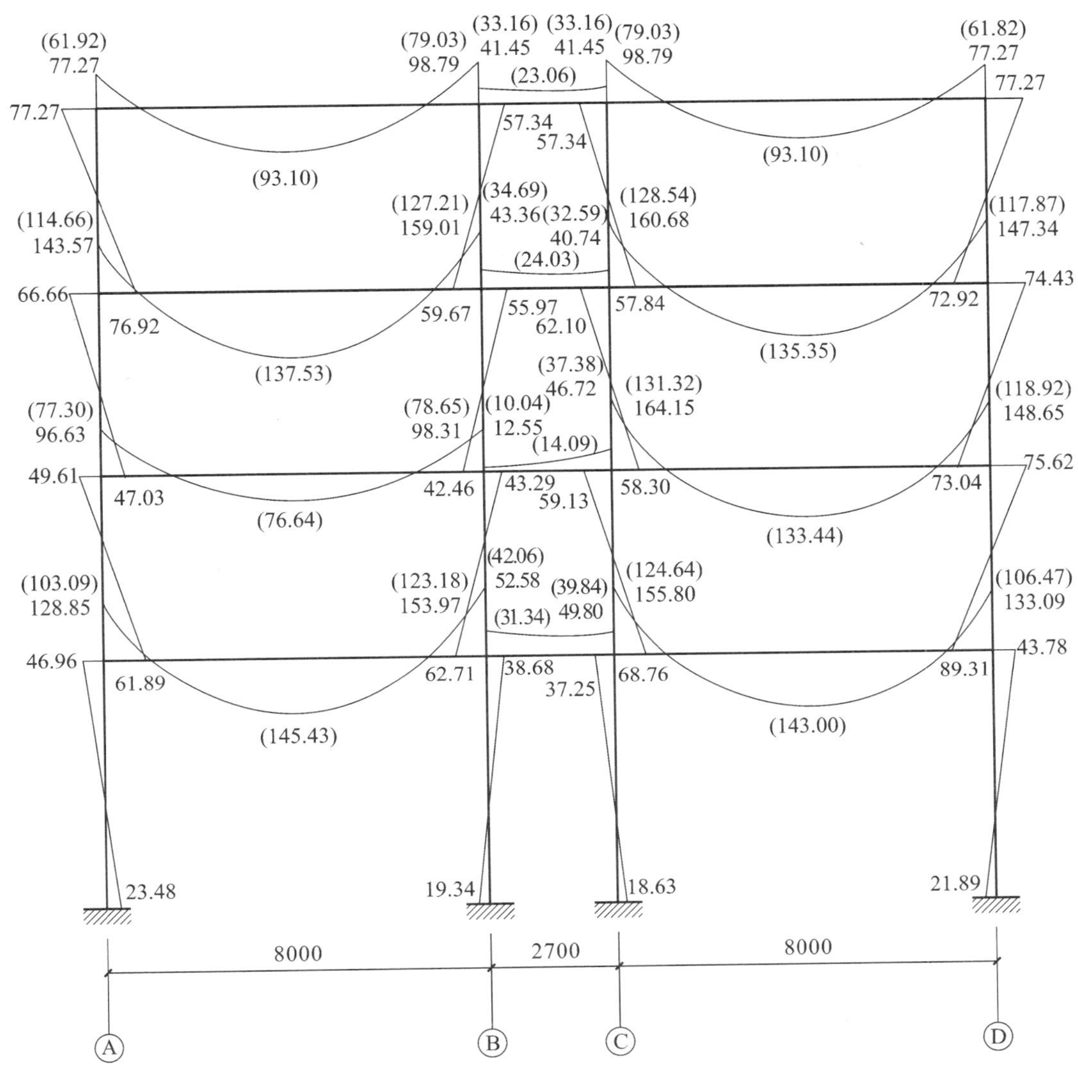

图 3.17 永久荷载标准值作用下框架弯矩图(括号内为调幅后数值，单位：kN·m)

梁上均布荷载标准值：$p_{4AB}=p_{4CD}=2\alpha_2 p'=2\times0.8906\times1.0=1.78$ kN/m

b. BC 跨梁

屋面活荷载：$p'=p\times\frac{l_{01}}{2}=0.50\times\frac{2.7}{2}=0.675$ kN/m

梁上均布荷载标准值：$p_{4BC}=2\alpha_1 p'=2\times0.625\times0.675=0.84$ kN/m

② 三、二、一层楼盖梁上

办公室楼面活荷载为 2.0 kN/m²，走廊楼面活荷载为 2.5 kN/m²。

a. AB、CD 跨梁

楼面活荷载：$p'=p\times\frac{l_{01}}{2}=2.0\times\frac{4}{2}=4.00$ kN/m

梁上均布荷载标准值：$p_{AB}=p_{CD}=2\alpha_2 p'=2\times0.8906\times4.0=7.12$ kN/m

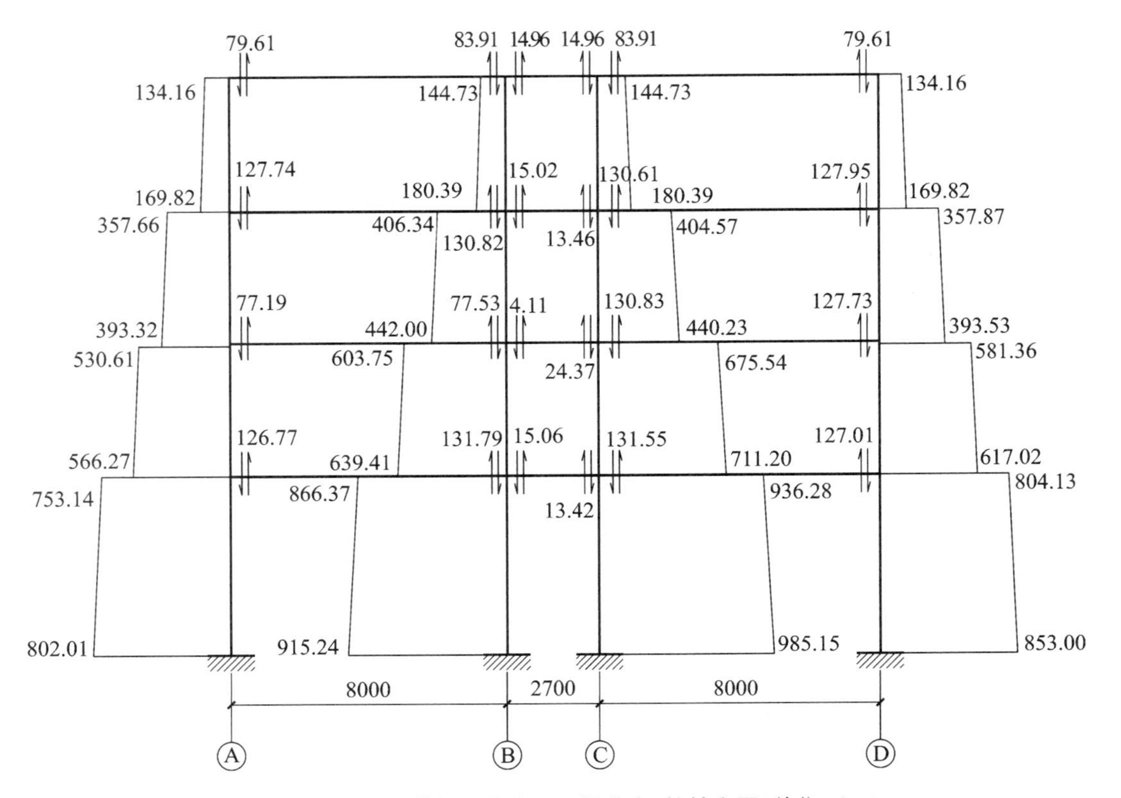

图 3.18　永久荷载标准值作用下梁剪力、柱轴力图(单位：kN)

b. BC 跨梁

楼面活荷载：$p' = p \times \frac{l_{01}}{2} = 2.5 \times \frac{2.7}{2} = 3.375\ \text{kN/m}$

梁上均布荷载标准值：$p_{\text{BC}} = 2\alpha_1 p' = 2 \times 0.625 \times 3.375 = 4.22\ \text{kN/m}$

(2) 框架柱上可变荷载标准值计算

① 四层顶纵向梁传来集中力

为简化计算，仍取雪荷载、屋面活荷载中的较大值进行计算。

a. A、D 柱顶

纵向梁负荷面积：$S = \frac{1}{2} \times 4.0 \times 2.0 = 4.0\ \text{m}^2$

纵向梁传来集中力标准值：$P_{4\text{A}} = P_{4\text{D}} = 0.5 \times 4.0 = 2.00\ \text{kN}$

b. B、C 柱顶

纵向梁负荷面积：$S_{左侧} = 4.0\ \text{m}^2$，$S_{右侧} = 3.58\ \text{m}^2$

纵向梁传来集中力标准值：$P_{4\text{B}} = P_{4\text{C}} = 0.5 \times (4.0 + 3.58) = 3.79\ \text{kN}$

② 三、二、一层顶纵向梁传来集中力

办公室楼面活荷载为 2.0 kN/m²，走廊楼面活荷载为 2.5 kN/m²。

a. A、D 柱顶

纵向梁负荷面积：$S = 4.0\ \text{m}^2$

纵向梁传来集中力标准值：$P_A = P_D = 2.0 \times 4.0 = 8.00$ kN

b. B、C 柱顶

纵向梁负荷面积 $S_{左侧} = 4.0$ m²，$S_{右侧} = 3.58$ m²

纵向梁传来集中力标准值：$P_B = P_C = 2.0 \times 4.0 + 2.5 \times 3.58 = 16.95$ kN

2. 可变荷载标准值作用下框架梁、柱端弯矩计算

(1) 荷载标准值及计算简图

将上述计算所得的可变荷载标准值绘制在框架计算简图上，如图 3.19(a) 所示。由该图可看出，此种情况下框架结构对称、荷载对称，且为奇数跨，故可将其简化为半边结构进行计算，对称截面处可取为滑动支座。对该简化框架各节点的编号，如图 3.19(b) 所示。

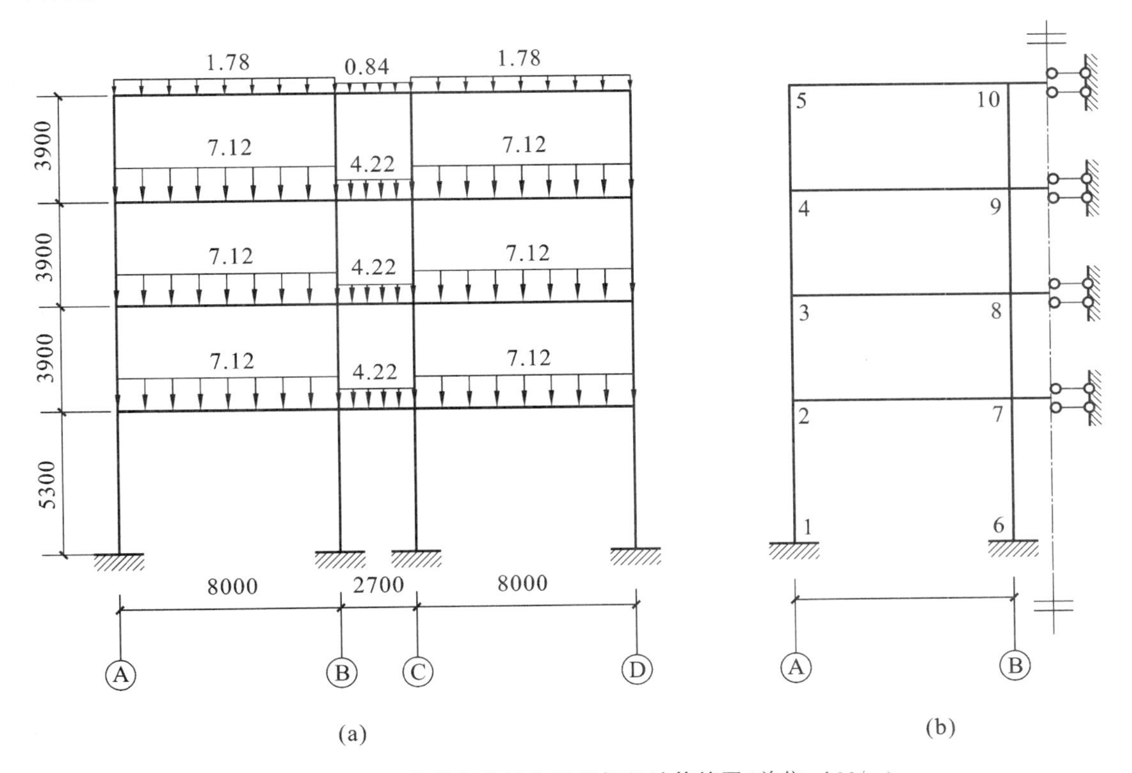

图 3.19　可变荷载标准值作用下框架计算简图(单位：kN/m)

(a) 原框架计算简图；(b) 简化框架计算简图

(2) 弯矩分配系数计算

① 梁、柱转动刚度 S 及相对转动刚度 S'

在图 3.19(b) 所示的简化框架结构中，远端为滑动支座时杆件的转动刚度为 $S = 2 \cdot \dfrac{EI}{l} = 2i$，其余各杆件的转动刚度均为 $S = 4 \cdot \dfrac{EI}{l} = 4i$。各梁、柱转动刚度及相对转动刚度的计算过程详见表 3.16。

表 3.16　梁、柱转动刚度及相对转动刚度计算表(简化结构)

杆件名称		转动刚度 S/(kN·m)	相对转动刚度 S'
框架梁	AB、CD 跨梁	$4i = 4 \times 7.91 \times 10^4 = 3.164 \times 10^5$	1.295
	BC 跨梁	$2i = 2 \times 12.00 \times 10^4 = 2.400 \times 10^5$	0.982
框架柱	四、三、二层柱	$4i = 4 \times 8.31 \times 10^4 = 3.324 \times 10^5$	1.360
	首层柱	$4i = 4 \times 6.11 \times 10^4 = 2.444 \times 10^5$	1.000

② 弯矩分配系数

汇交于同一节点各杆件的弯矩分配系数应按式(2.31)计算，图 3.19(b)所示简化框架结构各节点弯矩分配系数的计算过程详见表 3.17。

表 3.17　框架各节点弯矩分配系数计算表(简化结构)

节点	$\sum S'_{i\text{k}}$	$\mu_{左梁}$	$\mu_{上柱}$	$\mu_{下柱}$	$\mu_{右梁}$
5	$1.360 + 1.295 = 2.655$	0	0	0.51	0.49
4	$1.360 \times 2 + 1.295 = 4.015$	0	0.34	0.34	0.32
3	$1.360 \times 2 + 1.295 = 4.015$	0	0.34	0.34	0.32
2	$1.360 + 1.0 + 1.295 = 3.655$	0	0.37	0.27	0.36
10	$1.360 + 1.295 + 0.982 = 3.637$	0.36	0	0.37	0.27
9	$1.360 \times 2 + 1.295 + 0.982 = 4.997$	0.26	0.27	0.27	0.20
8	$1.360 \times 2 + 1.295 + 0.982 = 4.997$	0.26	0.27	0.27	0.20
7	$1.360 + 1.0 + 1.295 + 0.982 = 4.637$	0.28	0.29	0.22	0.21

(3) 梁固端弯矩计算

根据《静力计算手册》相应计算表可查得：均布荷载作用下，梁两端均为固定端时，其两端的固端弯矩均为$\frac{ql^2}{12}$；梁一端为固定端、一端为滑动支座时，其固定端的固端弯矩为$\frac{ql^2}{3}$。各层、各跨框架梁固端弯矩的计算过程详见表 3.18。

表 3.18　可变荷载标准值作用下梁固端弯矩计算表

楼层	AB 跨梁				BC 跨梁		
	q /(kN·m^{-1})	l /m	M_{AF} /(kN·m)	$M_{B左F}$ /(kN·m)	q /(kN·m^{-1})	l /m	$M_{B右F}$ /(kN·m)
4	1.78	8.0	−9.49	9.49	0.84	1.35	−0.51
3	7.12	8.0	−37.97	37.97	4.22	1.35	−2.56
2	7.12	8.0	−37.97	37.97	4.22	1.35	−2.56
1	7.12	8.0	−37.97	37.97	4.22	1.35	−2.56

(4) 弯矩分配与传递、杆端弯矩计算

在进行弯矩传递时应注意：不向滑动支座端传递，其余各杆件的传递系数均为 0.5。框架弯矩二次分配与传递的具体计算过程详见图 3.20。

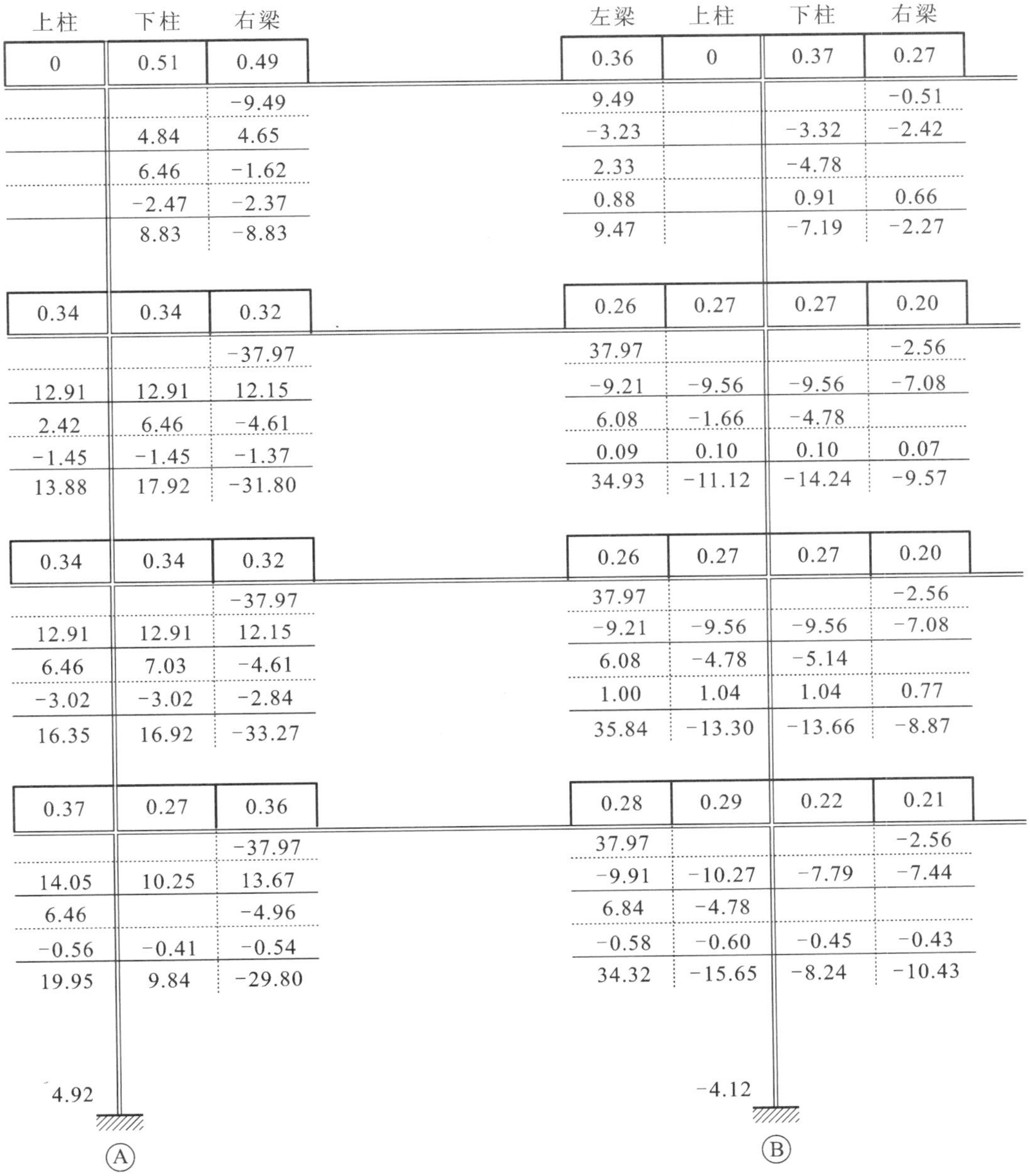

上柱	下柱	右梁	左梁	上柱	下柱	右梁
0	0.51	0.49	0.36	0	0.37	0.27
		-9.49	9.49			-0.51
	4.84	4.65	-3.23		-3.32	-2.42
	6.46	-1.62	2.33		-4.78	
	-2.47	-2.37	0.88		0.91	0.66
	8.83	-8.83	9.47		-7.19	-2.27

上柱	下柱	右梁	左梁	上柱	下柱	右梁
0.34	0.34	0.32	0.26	0.27	0.27	0.20
		-37.97	37.97			-2.56
12.91	12.91	12.15	-9.21	-9.56	-9.56	-7.08
2.42	6.46	-4.61	6.08	-1.66	-4.78	
-1.45	-1.45	-1.37	0.09	0.10	0.10	0.07
13.88	17.92	-31.80	34.93	-11.12	-14.24	-9.57

上柱	下柱	右梁	左梁	上柱	下柱	右梁
0.34	0.34	0.32	0.26	0.27	0.27	0.20
		-37.97	37.97			-2.56
12.91	12.91	12.15	-9.21	-9.56	-9.56	-7.08
6.46	7.03	-4.61	6.08	-4.78	-5.14	
-3.02	-3.02	-2.84	1.00	1.04	1.04	0.77
16.35	16.92	-33.27	35.84	-13.30	-13.66	-8.87

上柱	下柱	右梁	左梁	上柱	下柱	右梁
0.37	0.27	0.36	0.28	0.29	0.22	0.21
		-37.97	37.97			-2.56
14.05	10.25	13.67	-9.91	-10.27	-7.79	-7.44
6.46		-4.96	6.84	-4.78		
-0.56	-0.41	-0.54	-0.58	-0.60	-0.45	-0.43
19.95	9.84	-29.80	34.32	-15.65	-8.24	-10.43

4.92　　　　-4.12

Ⓐ　　　　Ⓑ

图 3.20　可变荷载标准值作用下弯矩分配与传递计算(单位：kN · m)

(5) 梁端弯矩的调幅

可变荷载作用下，梁端负弯矩的调幅系数取为 0.8。在图 3.21 所示的可变荷载标准值作用下框架弯矩图中，调幅后的弯矩用括号内数值表示。

3. 可变荷载标准值作用下框架梁跨中弯矩、梁端剪力和柱轴力、剪力计算

(1) 梁跨中弯矩计算

可变荷载作用下梁跨中弯矩的计算方法与永久荷载作用时相同，均布荷载作用时其计算

式为：$M_{中}=\frac{ql^2}{8}+\frac{M_{左}+M_{右}}{2}$。式中 q 取图 3.19 中的可变荷载标准值，$M_{左}$、$M_{右}$ 均取调幅后梁左、右端的弯矩。各层框架梁跨中弯矩的计算过程详见表 3.19。

表 3.19　可变荷载标准值作用下梁跨中弯矩计算表

楼层	AB、CD 跨梁					BC 跨梁				
	q/(kN·m^{-1})	l/m	M_A、M_D/(kN·m)	$M_{B左}$、$M_{C右}$/(kN·m)	$M_{AB中}$、$M_{CD中}$/(kN·m)	q/(kN·m^{-1})	l/m	$M_{B右}$/(kN·m)	$M_{C左}$/(kN·m)	$M_{BC中}$/(kN·m)
4	1.78	8.0	−8.83×0.8	−9.47×0.8	6.92	0.84	2.7	−2.27×0.8	−2.27×0.8	−1.05
3	7.12	8.0	−31.80×0.8	−34.93×0.8	30.27	4.22	2.7	−9.57×0.8	−9.57×0.8	−3.81
2	7.12	8.0	−33.27×0.8	−35.84×0.8	29.32	4.22	2.7	−8.87×0.8	−8.87×0.8	−3.25
1	7.12	8.0	−29.80×0.8	−34.32×0.8	31.31	4.22	2.7	−10.43×0.8	−10.43×0.8	−4.50

(2) 梁端剪力计算

可变荷载作用下梁两端剪力的计算方法与永久荷载作用时的相同，均布荷载作用时其计算式为：

$$V_{左}=\frac{ql}{2}+\frac{M_{左}-M_{右}}{l}$$

$$V_{右}=\frac{ql}{2}-\frac{M_{左}-M_{右}}{l}$$

式中 q、$M_{左}$、$M_{右}$ 取值同表 3.19 中数值。各层框架梁两端的剪力计算过程详见表 3.20。

表 3.20　可变荷载标准值作用下梁端剪力计算表

楼层	AB、CD 跨梁				BC 跨梁			
	q/(kN·m^{-1})	l/m	V_A、V_D/kN	$V_{B左}$、$V_{C右}$/kN	q/(kN·m^{-1})	l/m	$V_{B右}$/kN	$V_{C左}$/kN
4	1.78	8.0	7.06	7.19	0.84	2.7	1.13	1.13
3	7.12	8.0	28.17	28.79	4.22	2.7	5.70	5.70
2	7.12	8.0	28.22	28.74	4.22	2.7	5.70	5.70
1	7.12	8.0	28.03	28.93	4.22	2.7	5.70	5.70

(3) 柱轴力计算

可变荷载作用下框架柱轴力的计算方法与自重荷载作用时的相同，可根据横向框架梁的梁端剪力、纵向梁传至柱上的集中力计算。框架柱轴力计算截面位置的编号如图 3.16 所示。各层各柱轴力的计算过程详见表3.21。

表3.21　可变荷载标准值作用下柱轴力计算表

柱	楼层	截面	横梁剪力 V /kN	纵向梁传来集中力 P/kN	ΔN /kN	柱轴力 N /kN
A、D轴	4	1—1、25—25	7.06	2.00	9.06	9.06
		2—2、26—26				
	3	3—3、27—27	28.17	8.00	36.17	45.23
		4—4、28—28				
	2	5—5、29—29	28.22	8.00	36.22	81.45
		6—6、30—30				
	1	7—7、31—31	28.03	8.00	36.03	117.48
		8—8、32—32				
B、C轴	4	9—9、17—17	7.19＋1.13	3.79	12.11	12.11
		10—10、18—18				
	3	11—11、19—19	28.79＋5.70	16.95	51.44	63.55
		12—12、20—20				
	2	13—13、21—21	28.74＋5.70	16.95	51.39	114.94
		14—14、22—22				
	1	15—15、23—23	28.93＋5.70	16.95	51.58	166.52
		16—16、24—24				

(4) 柱剪力计算

可变荷载作用下框架柱剪力的计算方法与自重荷载作用时的相同，其计算式为：$V_c=\dfrac{M_{c上}+M_{c下}}{H_c}$。各层各柱剪力的计算过程详见表3.22。

表3.22　可变荷载标准值作用下柱剪力计算表

柱	楼层	柱高度 H_c/m	柱端弯矩		柱剪力 V_c/kN
			$M_{c上}$/(kN·m)	$M_{c下}$/(kN·m)	
A、D轴	4	3.9	8.83	13.88	5.82
	3	3.9	17.92	16.35	8.79
	2	3.9	16.92	19.95	9.45
	1	5.3	9.84	4.92	2.78

续表 3.22

柱	楼层	柱高度 H_c/m	柱端弯矩		柱剪力 V_c/kN
			$M_{c上}$/(kN·m)	$M_{c下}$/(kN·m)	
B、C 轴	4	3.9	7.19	11.12	4.69
	3	3.9	14.24	13.30	7.06
	2	3.9	13.66	15.65	7.52
	1	5.3	8.24	4.12	2.33

4. 可变荷载标准值作用下框架内力图的绘制

根据以上计算结果，可变荷载标准值作用下，框架梁、柱的弯矩如图 3.21 所示，框架梁剪力、柱轴力如图 3.22 所示。

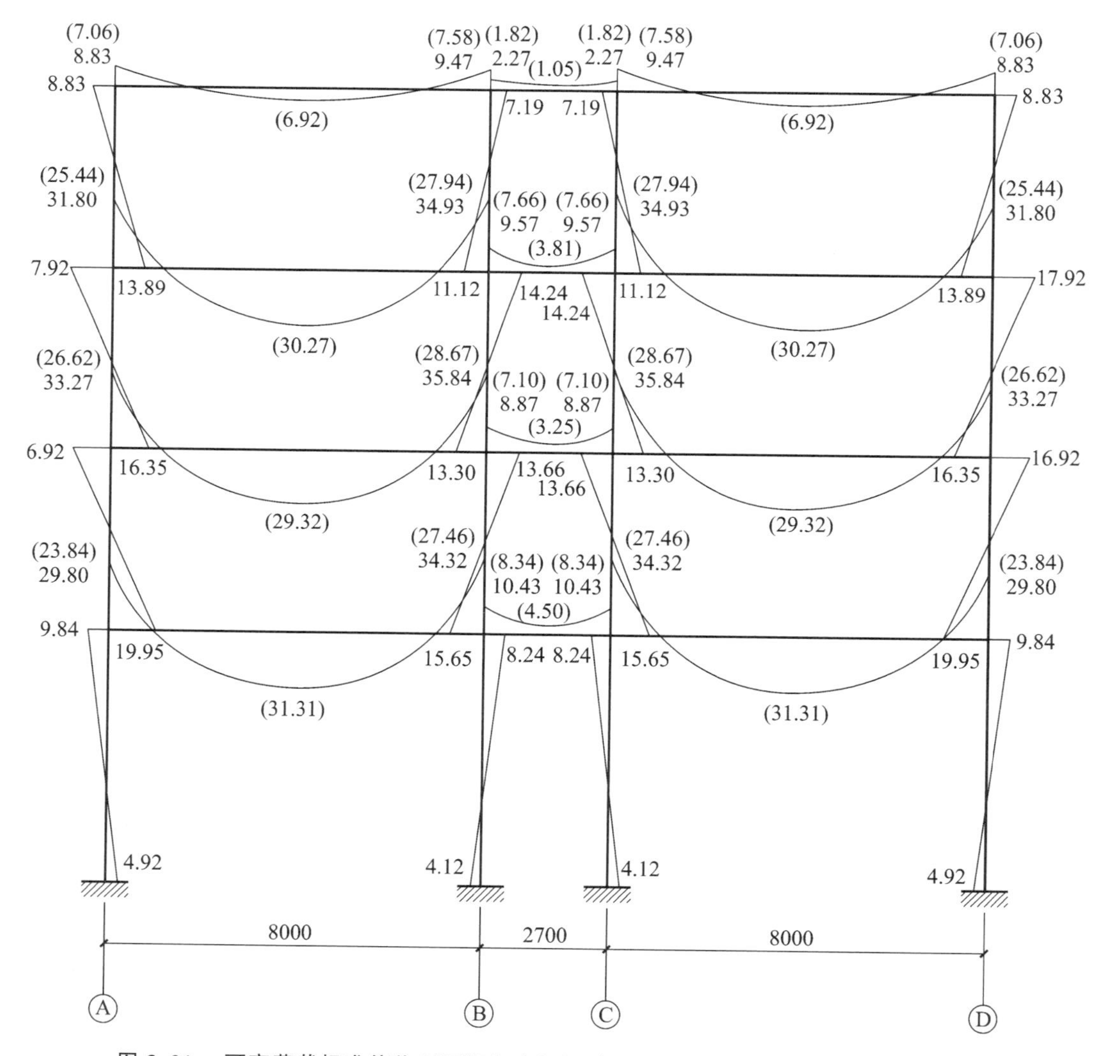

图 3.21　可变荷载标准值作用下框架弯矩图(括号内为调幅后数值，单位：kN·m)

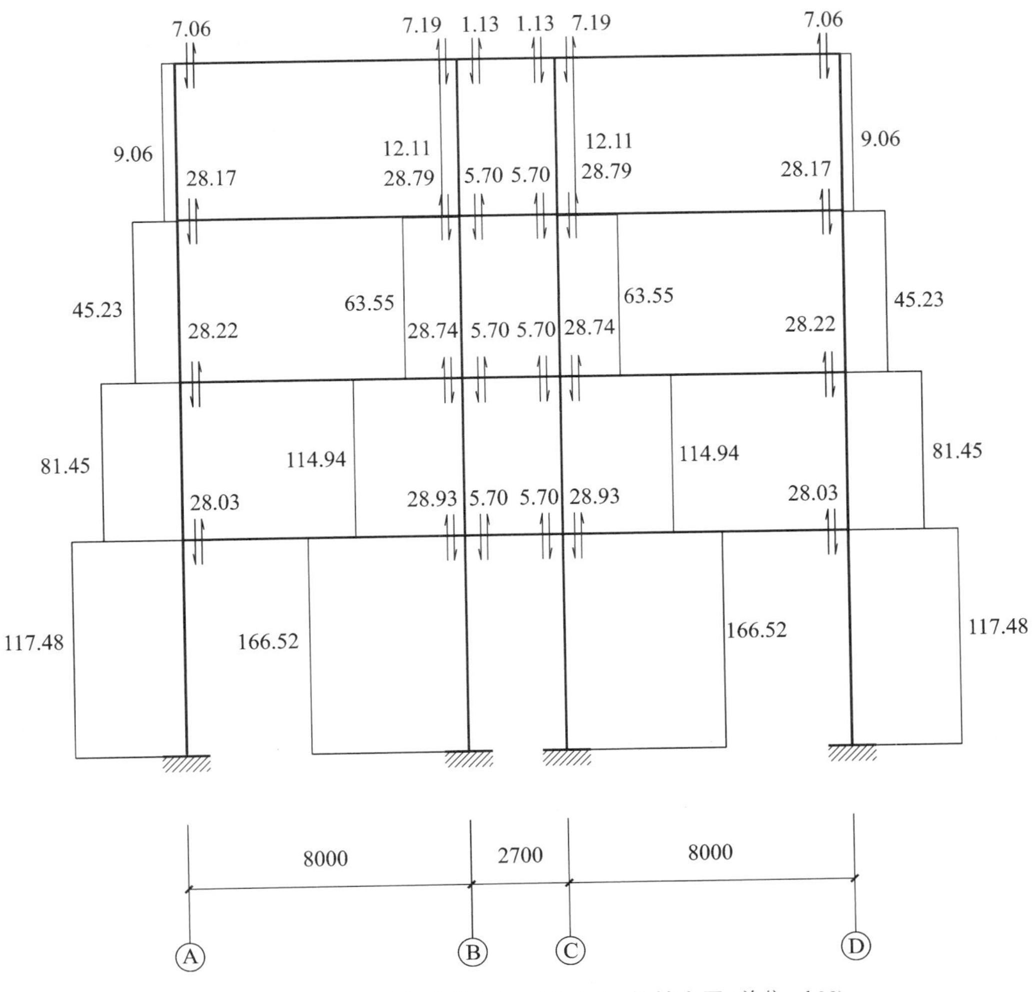

图 3.22 可变荷载标准值作用下梁剪力、柱轴力图(单位：kN)

3.7 框架内力组合

3.7.1 梁的内力不利组合

1. 梁弯矩的不利组合

(1) 梁端弯矩组合

抗震设计时，梁端负弯矩组合的设计值应按式(2.43)计算，梁端正弯矩组合的设计值应按式(2.44)计算。式中：M_{Ek}、M_{Gk}、M_{Qk}之值，分别为表3.8、表3.12、表3.19中各梁端弯矩值，即图3.11、图3.17、图3.21中所标注的各梁端弯矩值，且M_{Gk}、M_{Qk}均应取调幅后弯矩。查表2.15得知，$\gamma_{RE}=0.75$。AB跨梁、BC跨梁、CD跨梁各梁端弯矩组合设计值的计算过程详见表3.23至表3.25。

表 3.23　AB 跨梁梁端弯矩组合设计值计算表

梁端	楼层	M_{Ek}/(kN·m)	M_{Gk}/(kN·m)	M_{Qk}/(kN·m)	梁端负弯矩组合			梁端正弯矩组合	
					$-M=1.3M_{Ek}+1.3(M_{Gk}+0.5M_{Qk})$/(kN·m)	$-\gamma_{RE}M$/(kN·m)	$-M=1.3M_{Gk}+1.5M_{Qk}$/(kN·m)	$M=1.3M_{Ek}-1.0(M_{Gk}+0.5M_{Qk})$/(kN·m)	$\gamma_{RE}M$/(kN·m)
A	4	56.73	61.82	7.06	−158.70	−119.03	−90.96	8.40	6.30
	3	131.22	114.86	25.44	−336.44	−252.33	−187.48	43.01	32.26
	2	203.34	77.30	26.62	−382.14	−286.61	−140.42	173.73	130.30
	1	279.35	103.08	23.84	−512.66	−384.50	−169.76	248.16	186.12
$B_左$	4	33.62	79.03	7.58	−151.37	−113.53	−114.11	−39.11(取 0)	0
	3	90.38	127.21	27.94	−301.03	−225.77	−207.28	−23.69(取 0)	0
	2	135.89	78.65	28.67	−297.54	−223.16	−145.25	83.67	62.75
	1	181.97	123.18	27.46	−414.54	−310.91	−201.32	99.65	74.74

表 3.24　BC 跨梁梁端弯矩组合设计值计算表

梁端	楼层	M_{Ek}/(kN·m)	M_{Gk}/(kN·m)	M_{Qk}/(kN·m)	梁端负弯矩组合			梁端正弯矩组合	
					$-M=1.3M_{Ek}+1.3(M_{Gk}+0.5M_{Qk})$/(kN·m)	$-\gamma_{RE}M$/(kN·m)	$-M=1.3M_{Gk}+1.5M_{Qk}$/(kN·m)	$M=1.3M_{Ek}-1.0(M_{Gk}+0.5M_{Qk})$/(kN·m)	$\gamma_{RE}M$/(kN·m)
$B_右$	4	51.00	33.16	1.82	−110.59	−82.94	−45.81	32.23	24.17
	3	137.10	34.69	7.66	−228.31	−171.23	−56.59	139.71	104.78
	2	206.15	10.04	7.10	−285.66	−214.25	−23.70	254.41	190.81
	1	276.05	42.06	8.34	−418.96	−314.22	−67.19	312.64	234.48
$C_左$	4	51.00	33.16	1.82	−110.59	−82.94	−45.84	32.23	24.17
	3	137.10	32.59	7.66	−225.58	−169.19	−53.86	141.81	106.36
	2	206.15	37.38	7.10	−321.20	−240.90	−59.24	227.07	170.30
	1	276.05	39.84	8.34	−416.08	−312.06	−64.30	314.86	236.15

表 3.25 CD 跨梁梁端弯矩组合设计值计算表

梁端	楼层	M_{Ek}/(kN·m)	M_{Gk}/(kN·m)	M_{Qk}/(kN·m)	梁端负弯矩组合			梁端正弯矩组合	
					$-M=1.3M_{Ek}+1.3(M_{Gk}+0.5M_{Qk})$/(kN·m)	$-\gamma_{RE}M$/(kN·m)	$-M=1.3M_{Gk}+1.5M_{Qk}$/(kN·m)	$M=1.3M_{Ek}-1.0(M_{Gk}+0.5M_{Qk})$/(kN·m)	$\gamma_{RE}M$/(kN·m)
$C_右$	4	33.62	79.03	7.58	−151.37	−113.52	−114.11	−39.11(取 0)	0
	3	90.38	128.54	27.94	−302.76	−227.07	−209.01	−25.02(取 0)	0
	2	135.89	131.32	28.67	−366.01	−274.51	−213.72	31.00	23.25
	1	181.97	124.64	27.46	−416.44	−312.33	−203.22	98.19	73.64
D	4	56.73	61.82	7.06	−158.70	−119.03	−90.96	8.40	6.30
	3	131.22	117.87	25.44	−340.35	−255.26	−191.39	40.00	30.00
	2	203.34	118.92	26.62	−436.24	−327.18	−194.53	132.11	99.08
	1	279.35	106.47	23.84	−517.06	−387.80	−174.17	244.77	183.58

(2) 梁跨中弯矩组合

抗震设计时,梁跨中弯矩组合的设计值应按式(2.45)计算。式中:水平地震作用下梁跨中点的弯矩 M_{Ek} 应根据梁两端弯矩计算,计算式为 $M_中=\frac{1}{2}|M_左-M_右|$,而 $M_左$、$M_右$ 之值为表 3.8 中各梁端弯矩值,即图 3.11 中所标注的各梁端弯矩值;M_{Gk}、M_{Qk} 之值分别为表 3.12、表3.19 中各梁跨中弯矩值,即图 3.17、图 3.21 中所标注的各梁跨中弯矩值;$\gamma_{RE}=0.75$。AB 跨梁、BC 跨梁、CD 跨梁跨中弯矩组合设计值的计算过程详见表 3.26、表 3.27、表 3.28。

表 3.26 AB 跨梁跨中弯矩组合设计值计算表

楼层	M_{Ek}			M_{Gk}/(kN·m)	M_{Qk}/(kN·m)	$M=1.3M_中+1.3(M_{Gk}+0.5M_{Qk})$/(kN·m)	$\gamma_{RE}M$/(kN·m)	$M=1.3M_{Gk}+1.5M_{Qk}$/(kN·m)
	M_A/(kN·m)	$M_{B左}$/(kN·m)	$M_中$/(kN·m)					
4	56.73	33.62	11.56	93.10	6.92	140.56	105.42	131.41
3	131.22	90.38	20.42	137.53	30.27	225.01	168.76	224.19
2	203.34	135.89	33.73	76.74	29.32	162.67	122.00	143.74

续表 3.26

楼层	M_{Ek}			M_{Gk}/(kN·m)	M_{Qk}/(kN·m)	$M=1.3M_{中}+1.3(M_{Gk}+0.5M_{Qk})$/(kN·m)	$\gamma_{RE}M$/(kN·m)	$M=1.3M_{Gk}+1.5M_{Qk}$/(kN·m)
	M_A/(kN·m)	$M_{B左}$/(kN·m)	$M_{中}$/(kN·m)					
1	279.35	181.97	48.69	145.43	31.31	272.71	204.54	<u>236.02</u>

注：表中数字下画横线者为最不利内力组合值(以下各表相同)。

表 3.27　BC 跨梁跨中弯矩组合设计值计算表

楼层	M_{Ek}			M_{Gk}/(kN·m)	M_{Qk}/(kN·m)	$M=1.3M_{中}+1.3(M_{Gk}+0.5M_{Qk})$/(kN·m)	$\gamma_{RE}M$/(kN·m)	$M=1.3M_{Gk}+1.5M_{Qk}$/(kN·m)
	$M_{B右}$/(kN·m)	$M_{C左}$/(kN·m)	$M_{中}$/(kN·m)					
4	51.00	51.00	0	−23.06	−1.05	−30.66	−23.00	−31.55
3	137.10	137.10	0	−24.03	−3.81	−33.72	−25.29	−36.95
2	206.15	206.15	0	−14.09	−3.25	−20.43	−15.32	−23.19
1	276.05	276.05	0	−31.34	−4.50	−43.67	−32.75	−47.49

表 3.28　CD 跨梁跨中弯矩组合设计值计算表

楼层	M_{Ek}			M_{Gk}/(kN·m)	M_{Qk}/(kN·m)	$M=1.3M_{中}+1.3(M_{Gk}+0.5M_{Qk})$/(kN·m)	$\gamma_{RE}M$/(kN·m)	$M=1.3M_{Gk}+1.5M_{Qk}$/(kN·m)
	$M_{C右}$/(kN·m)	M_D/(kN·m)	$M_{中}$/(kN·m)					
4	33.62	56.73	11.56	93.10	6.92	140.56	105.42	<u>131.41</u>
3	90.38	131.22	20.42	135.35	30.27	222.18	166.64	<u>221.36</u>
2	135.89	203.34	33.73	133.44	29.32	236.38	177.29	<u>217.45</u>
1	181.97	279.35	48.69	143.00	31.31	269.55	202.16	<u>232.87</u>

2. 梁端剪力的不利组合

抗震设计时，梁端剪力组合的设计值应按式(2.47)计算。但在计算时应注意：若梁的 M^l、M^r 采用支座中心处弯矩而非梁端部截面处弯矩，则梁的跨度应相应取其计算跨度而非净跨，组合所得的剪力值亦为支座中心处剪力而非梁端部截面处剪力。式中：查表 2.15 得知，$\gamma_{RE}=0.85$，本工程为三级框架，故取 $\eta_{vb}=1.1$；M^l、M^r 之值分别为表 3.23、表 3.24、表 3.25 中计算所得各梁端正、负弯矩组合设计值；V_{Gk}、V_{Qk} 之值分别为表 3.13、表 3.20 中各梁端剪力值，即图 3.18、图 3.22 中所标注的各梁端剪力值。AB 跨梁、BC 跨梁、CD 跨梁各梁端剪力组合设计值的计算过程详见表 3.29、表 3.30、表 3.31。

表 3.29 AB 跨梁梁端剪力组合设计值计算表

梁端	楼层	q/(kN·m^{-1})	l/m	V_{Gb}/kN	M^l/(kN·m)	M^r/(kN·m)	$V=\eta_{vb}\frac{M^l+M^r}{l}+V_{Gb}$/kN	$\gamma_{RE}V$/kN	V_{Gk}/kN	V_{Qk}/kN	$V=1.3V_{Gk}+1.5V_{Qk}$/kN
A	4	20.44＋0.5×1.78	8.0	110.92	152.17	0	131.84	112.06	79.61	7.06	114.08
	3	32.32＋0.5×7.12	8.0	186.58	323.68	0	231.09	196.43	127.74	28.17	208.32
	2	19.34＋0.5×7.12	8.0	119.08	373.07	83.67	181.88	154.60	77.19	28.22	142.68
	1	32.32＋0.5×7.12	8.0	186.58	501.16	99.65	269.19	228.81	126.77	28.03	206.85
B左	4	20.44＋0.5×1.78	8.0	110.92	8.40	143.09	131.75	111.99	83.91	7.19	119.87
	3	32.32＋0.5×7.12	8.0	186.58	43.01	286.91	231.94	197.15	130.82	28.79	213.25
	2	19.34＋0.5×7.12	8.0	119.08	173.73	288.24	182.60	155.21	77.53	28.74	143.90
	1	32.32＋0.5×7.12	8.0	186.58	248.16	400.85	275.82	234.45	131.79	28.93	214.72

注：表中 V_{Gb} 为按简支梁计算的梁端剪力设计值(即已乘以分项系数 1.3)。

表 3.30 BC 跨梁梁端剪力组合设计值计算表

梁端	楼层	q/(kN·m^{-1})	l/m	V_{Gb}/kN	M^l/(kN·m)	M^r/(kN·m)	$V=\eta_{vb}\frac{M^l+M^r}{l}+V_{Gb}$/kN	$\gamma_{RE}V$/kN	V_{Gk}/kN	V_{Qk}/kN	$V=1.3V_{Gk}+1.5V_{Qk}$/kN
B右	4	11.08＋0.5×0.84	2.7	20.18	107.18	32.23	76.98	65.43	14.96	1.13	21.14
	3	10.55＋0.5×4.22	2.7	22.22	224.45	141.81	171.44	145.72	15.02	5.70	28.08
	2	10.55＋0.5×4.22	2.7	22.22	284.30	227.07	230.56	195.98	4.11	5.70	13.89
	1	10.55＋0.5×4.22	2.7	22.22	414.34	314.86	319.30	271.41	15.06	5.70	28.13
C左	4	11.08＋0.5×0.84	2.7	20.18	32.23	107.18	76.98	65.43	14.96	1.13	21.14
	3	10.55＋0.5×4.22	2.7	22.22	139.71	221.93	169.55	144.12	13.46	5.70	26.05
	2	10.55＋0.5×4.22	2.7	22.22	254.41	317.11	255.06	216.80	24.37	5.70	40.23
	1	10.55＋0.5×4.22	2.7	22.22	312.64	411.68	317.31	269.71	13.42	5.70	26.00

注：表中 V_{Gb} 为按简支梁计算的梁端剪力设计值(即已乘以分项系数 1.3)。

表 3.31　CD 跨梁梁端剪力组合设计值计算表

梁端	楼层	q/(kN·m^{-1})	l/m	V_{Gb}/kN	M^l/(kN·m)	M^r/(kN·m)	$V=\eta_{vb}\frac{M^l+M^r}{l}+V_{Gb}$/kN	$\gamma_{RE}V$/kN	V_{Gk}/kN	V_{Qk}/kN	$V=1.3V_{Gk}+1.5V_{Qk}$/kN
$C_右$	4	20.44＋0.5×1.78	8.0	110.92	143.09	8.40	131.75	111.99	83.91	7.19	119.87
	3	32.32＋0.5×7.12	8.0	186.58	288.51	40.00	231.75	196.99	130.61	28.79	212.98
	2	32.32＋0.5×7.12	8.0	186.58	351.44	132.11	253.07	215.11	130.83	28.74	213.19
	1	32.32＋0.5×7.12	8.0	186.58	402.61	244.77	275.59	234.25	131.55	28.93	214.41
D	4	20.44＋0.5×1.78	8.0	110.92	0	152.17	131.84	112.06	79.61	7.06	114.08
	3	32.32＋0.5×7.12	8.0	186.58	0	327.29	231.58	196.84	127.95	28.17	208.59
	2	32.32＋0.5×7.12	8.0	186.58	31.00	423.02	249.01	211.66	127.73	28.22	208.38
	1	32.32＋0.5×7.12	8.0	186.58	98.19	505.22	269.55	229.12	127.01	28.03	207.16

注：表 V_{Gb} 为按简支梁计算的梁端剪力设计值(即已乘以分项系数 1.3)。

3.7.2　柱的内力不利组合

1. 柱端弯矩和轴力的不利组合

框架结构的柱为偏心受压构件，抗震设计时，在进行柱端弯矩和轴力的不利组合时应考虑下列四种情况：第 1 组内力组合为在地震作用下大偏心受压，应按式(2.48a)计算；第 2 组内力组合为在地震作用下小偏心受压，应按式(2.48b)计算，但在计算中，为使组合的轴力值最大，若地震作用产生的弯矩与重力荷载代表值产生的弯矩方向相反，后者弯矩的分项系数应取为 1.0；第 3 组内力组合为持久设计状况(即无地震作用)时大偏心受压的作用效应组合，应按式(2.48c)计算；第 4 组内力组合为持久设计状况(即无地震作用)时小偏心受压的作用效应组合，应按式(2.48d)计算。式中：M_{Ek}、N_{Ek} 之值分别为表 3.7、表 3.8 中各柱端弯矩、轴力值，即图 3.11、图 3.12 中所标注的各柱内力值；M_{Gk}、N_{Gk} 之值分别为表 3.15、表 3.14 中各柱端弯矩、轴力值，即图 3.17、图 3.18 中所标注的各柱内力值；M_{Qk}、N_{Qk} 之值分别为表 3.22、表 3.21 中各柱端弯矩、轴力值，即图 3.21、图 3.22 中所标注的各柱内力值。

A、B、C、D 轴各柱端弯矩和轴力组合设计值的计算过程详见表 3.32、表 3.33、表 3.34、表 3.35，但各表中在地震作用下的第 1 组、第 2 组内力组合值均未乘以承载力抗震调整系数 γ_{RE}。

表 3.32　A 轴柱柱端弯矩、轴力组合设计值计算表

楼层	截面	M_{Ek}/(kN·m)	N_{Ek}(右震)/kN	M_{Gk}/(kN·m)	N_{Gk}/kN	M_{Qk}/(kN·m)	N_{Qk}/kN	第 1 组组合(右震,大)		第 2 组组合(右震,小)		第 3 组组合(大)		第 4 组组合(小)	
								M_{max}/(kN·m)	$N_{相应小}$/kN	N_{max}/kN	$M_{相应大}$/(kN·m)	M_{max}/(kN·m)	$N_{相应小}$/kN	N_{max}/kN	$M_{相应大}$/(kN·m)
4	1—1	56.73	11.29	77.27	134.16	8.83	9.06	179.94	149.98	194.97	179.94	113.70	143.22	188.00	113.70
	2—2	34.18		76.92	169.82	13.88		153.45	185.64	241.33	153.45	120.82	178.88	234.36	120.82
3	3—3	97.04	38.99	66.66	357.66	17.92	45.23	224.46	419.27	545.05	224.46	113.54	402.89	532.81	113.54
	4—4	79.40		47.03	393.32	16.35		174.99	454.93	591.41	174.99	85.66	438.55	579.16	85.66
2	5—5	123.94	81.39	49.61	530.61	16.92	81.45	236.61	652.73	848.55	236.61	89.87	612.06	811.97	89.87
	6—6	114.40		81.89	566.27	19.95		268.14	688.39	894.91	268.14	136.38	647.72	858.33	136.38
1	7—7	164.95	139.06	46.96	7533.14	9.84	117.48	281.88	950.94	1236.22	281.88	75.81	870.62	1155.30	75.81
	8—8	269.12		23.48	802.01	4.92		498.65	999.81	1299.75	498.65	37.90	919.49	1218.83	37.90

注:表中第 1 组、第 2 组内力组合中,8—8 截面组合的弯矩 M_{max} 之值,已按三级框架乘以增大系数 1.3。

表 3.33　B 轴柱柱端弯矩、轴力组合设计值计算表

楼层	截面	M_{Ek}/(kN·m)	N_{Ek}(右、左震)/kN	M_{Gk}/(kN·m)	N_{Gk}/kN	M_{Qk}/(kN·m)	N_{Qk}/kN	第 1 组组合(左震,大)		第 2 组组合(右震,小)		第 3 组组合(大)		第 4 组组合(小)	
								M_{max}/(kN·m)	$N_{相应小}$/kN	N_{max}/kN	$M_{相应大}$/(kN·m)	M_{max}/(kN·m)	$N_{相应小}$/kN	N_{max}/kN	$M_{相应大}$/(kN·m)
4	9—9	84.62	±26.49	57.34	144.73	7.19	12.11	189.22	116.35	230.46	49.07	85.33	156.84	206.31	85.33
	10—10	69.23		59.67	180.39	11.12		174.80	152.01	276.82	24.77	94.25	192.50	252.67	94.25
3	11—11	158.25	±100.35	55.97	406.34	14.24	63.55	287.74	307.66	700.00	142.64	94.12	469.89	623.57	94.12
	12—12	140.33		42.46	442.00	13.30		246.27	343.32	746.36	133.32	75.15	505.55	669.93	75.15
2	13—13	201.71	±210.65	43.29	603.75	13.66	114.94	327.38	387.38	1133.43	212.10	76.77	718.69	957.29	76.77
	14—14	201.71		62.71	639.41	15.65		353.92	423.04	1179.79	191.69	105.00	754.35	1003.64	105.00
1	15—15	256.32	±357.46	38.68	866.37	8.24	166.52	388.86	484.93	1699.22	290.42	62.64	1032.89	1376.06	62.64
	16—16	313.28		19.34	915.24	4.12		565.61	533.80	1762.75	501.62	31.32	1081.76	1439.59	31.32

注:1. 表中第 1 组、第 2 组内力组合中,16—16 截面组合的弯矩 M_{max} 之值,已按三级框架乘以增大系数 1.3。

2. 表中第 1 组内力组合中,$N_{相应小}$ 计算式中的 N_{Ek} 分项系数 γ_{Ek} 在此取 1.3,即 $N_{相应小}=1.3N_{Ek}+1.0(N_{Gk}+0.5N_{Qk})$。

表 3.34　C 轴柱柱端弯矩、轴力组合设计值计算表

楼层	截面	M_{Ek}/(kN·m)	N_{Ek}(左、右震)/kN	M_{Gk}/(kN·m)	N_{Gk}/kN	M_{Qk}/(kN·m)	N_{Qk}/kN	第 1 组组合(右震,大)		第 2 组组合(左震,小)		第 3 组组合(大)		第 4 组组合(小)	
								M_{max}/(kN·m)	$N_{相应小}$/kN	N_{max}/kN	$M_{相应大}$/(kN·m)	M_{max}/(kN·m)	$N_{相应小}$/kN	N_{max}/kN	$M_{相应大}$/(kN·m)
4	17—17	84.62	±26.49	57.34	144.73	7.19	12.11	189.22	116.35	230.46	49.07	85.33	156.84	206.31	85.33
	18—18	69.23		57.84	180.39	11.12		172.42	152.01	276.82	26.60	91.87	192.50	252.67	91.87
3	19—19	158.25	±100.35	62.10	404.57	14.24	63.55	295.71	305.89	697.70	136.51	102.09	468.12	621.27	102.09
	20—20	140.33		58.30	440.23	13.30		266.86	341.55	744.06	117.48	95.74	503.78	667.62	95.74
2	21—21	201.71	±210.65	59.13	675.54	13.66	114.94	347.97	459.17	1226.76	196.26	97.36	790.48	1050.61	97.36
	22—22	201.71		68.76	711.20	15.65		361.78	494.83	1273.12	185.64	112.86	826.14	1096.97	112.86
1	23—23	256.32	±357.46	37.25	936.28	8.24	166.52	387.00	554.84	1790.10	291.85	60.79	1102.8	1466.94	60.79
	24—24	313.28		18.63	985.15	4.12		564.41	603.71	1853.63	502.55	30.40	1151.67	1530.48	30.40

注:1. 表中第 1 组、第 2 组内力组合中,24—24 截面组合的弯矩 M_{max} 之值,已按三级框架乘以增大系数 1.3。

2. 表中第 1 组内力组合中,$N_{相应小}$ 计算式中的 N_{Ek} 分项系数 γ_{Ek} 在此取 1.3,即 $N_{相应小} = 1.3N_{Ek} + 1.0(N_{Gk} + 0.5N_{Qk})$。

表 3.35　D 轴柱柱端弯矩、轴力组合设计值计算表

楼层	截面	M_{Ek}/(kN·m)	N_{Ek}(左震)/kN	M_{Gk}/(kN·m)	N_{Gk}/kN	M_{Qk}/(kN·m)	N_{Qk}/kN	第 1 组组合(左震,大)		第 2 组组合(左震,小)		第 3 组组合(大)		第 4 组组合(小)	
								M_{max}/(kN·m)	$N_{相应小}$/kN	N_{max}/kN	$M_{相应大}$/(kN·m)	M_{max}/(kN·m)	$N_{相应小}$/kN	N_{max}/kN	$M_{相应大}$/(kN·m)
4	25—25	56.73	11.29	77.27	134.16	8.83	9.06	179.94	149.98	194.97	179.94	113.70	143.22	188.00	113.70
	26—26	34.18		72.92	169.82	13.88		148.25	185.64	241.33	148.25	115.62	178.88	234.36	115.62
3	27—27	97.04	38.99	74.43	357.87	17.92	45.23	234.56	419.48	545.32	234.56	123.64	403.10	533.08	123.64
	28—28	79.40		73.04	393.53	16.35		208.80	455.14	591.68	208.80	119.48	438.76	579.43	119.48
2	29—29	123.94	81.39	75.62	581.36	16.92	81.45	270.43	703.48	914.52	270.43	123.69	662.81	877.94	123.69
	30—30	114.40		89.31	617.02	19.95		277.79	739.14	960.88	277.79	146.03	698.47	924.30	146.03
1	31—31	164.95	139.06	43.78	804.13	9.84	117.48	277.75	1001.93	1302.51	277.75	71.67	921.61	1221.59	71.67
	32—32	269.12		21.89	853.00	4.92		495.96	1050.80	1366.04	495.96	35.84	970.48	1285.12	35.84

注:表中第 1 组、第 2 组内力组合中,32—32 截面组合的弯矩 M_{max} 之值,已按三级框架乘以增大系数 1.3。

2. 柱剪力的不利组合

抗震设计时,柱剪力组合的设计值应按式(2.50)计算。但在计算时应注意:若柱的 M^b、M^t 采用支座中心处弯矩而非柱端部截面处弯矩,则柱的高度应相应取其计算高度而非净高。式中:查表 2.15 得知,$\gamma_{RE} = 0.85$;三级框架取 $\eta_{vc} = 1.2$;M^t、M^b 之值分别为表 3.32、表 3.33、

表 3.34、表 3.35 中计算所得各柱上、下端弯矩组合设计值(应采用数值较大的第 1 组组合弯矩值)。持久设计状况(无地震作用)时,V_{Gk}、V_{Qk} 之值分别为表 3.15、表 3.22 中各柱剪力值。A、B、C、D 轴各柱剪力组合设计值的计算过程详见表 3.36。

表 3.36　柱剪力组合设计值计算表

柱	楼层	H/m	M^t/(kN·m)	M^b/(kN·m)	$V=\eta_{vc}\dfrac{(M^b+M^t)}{H}$/kN	$\gamma_{RE}V$/kN	V_{Gk}/kN	V_{Qk}/kN	$V=1.3V_{Gk}+1.5V_{Qk}$/kN
A 轴	4	3.9	179.94	153.45	102.58	<u>87.19</u>	39.54	5.82	60.13
	3	3.9	224.46	174.99	122.91	<u>104.47</u>	29.15	8.79	51.08
	2	3.9	236.61	268.14	155.31	<u>132.01</u>	33.72	9.45	58.01
	1	5.3	281.88	498.65	176.72	<u>150.21</u>	13.29	2.78	21.45
B 轴	4	3.9	189.22	174.80	112.01	<u>95.21</u>	30.00	4.69	46.04
	3	3.9	287.74	246.27	164.31	<u>139.66</u>	25.24	7.06	43.40
	2	3.9	327.38	353.92	209.63	<u>178.19</u>	27.18	7.52	46.61
	1	5.3	388.86	565.61	216.11	<u>183.69</u>	10.95	2.33	17.73
C 轴	4	3.9	189.22	172.42	111.27	<u>94.58</u>	29.53	4.69	45.42
	3	3.9	295.71	266.86	173.10	<u>147.14</u>	30.87	7.06	50.72
	2	3.9	347.97	361.78	218.38	<u>185.62</u>	32.79	7.52	53.91
	1	5.3	387.00	564.41	215.41	<u>183.10</u>	10.54	2.33	17.20
D 轴	4	3.9	179.94	148.25	100.98	<u>85.83</u>	38.51	5.82	58.79
	3	3.9	234.56	208.80	136.42	<u>115.96</u>	37.81	8.79	62.34
	2	3.9	270.43	277.79	168.68	<u>143.38</u>	42.29	9.45	69.15
	1	5.3	277.75	495.96	175.18	<u>148.90</u>	12.39	2.78	20.28

3.7.3　构件端部控制截面处弯矩和剪力计算

1. 梁端部控制截面处弯矩和剪力计算

上述各跨梁的内力组合计算表中所求得的梁弯矩、剪力组合值,凡内力较大者即为其最不利内力。但梁端弯矩 M、剪力 V 均为其支座中心处内力,应进而求出梁支座边缘控制截面处弯矩 M'、剪力 V' 之值。梁端部控制截面处剪力的计算方法是:若最不利内力为持久状况(无地震)的作用组合,应按式(2.51)计算;若最不利内力为地震状况作用组合,应按式(2.52)计算。

公式中 V 之值分别为表 3.29、表 3.30、表 3.31 中计算所得各梁端剪力组合设计值。梁端部控制截面处弯矩均应按式(2.53)计算,公式中 M 的值分别为表 3.23、表 3.24、表 3.25 中计算所得各梁端负弯矩组合设计值。AB 跨梁、BC 跨梁、CD 跨梁端部控制截面处剪力设计值 V' 和弯矩设计值 M' 的计算过程详见表 3.37、表 3.38、表 3.39,各表中考虑承载力抗震调整系数时,对 V' 取 $\gamma_{RE}=0.85$,对 M' 取 $\gamma_{RE}=0.75$,且各表中对于明显可判断为非最不利的剪力 V、弯矩 M,则省略其 V'、M' 的计算。

表 3.37 AB 跨梁端部控制截面处剪力、弯矩设计值计算表(h_c = 600 mm)

楼层	组合状况	均布荷载/(kN·m^{-1})	V_A/kN	$V_{B左}$/kN	V'_A ($\gamma_{RE}V'_A$)/kN	$V'_{B左}$ ($\gamma_{RE}V'_{B左}$)/kN	M_A/(kN·m)	$M_{B左}$/(kN·m)	M'_A ($\gamma_{RE}M'_A$)/(kN·m)	$M'_{B左}$ ($\gamma_{RE}M'_{B左}$)/(kN·m)
4	无震	1.3×20.44＋1.5×1.78＝29.24	105.42	110.76	96.65	101.99	84.07	105.45	—	74.40
	地震	1.3×(20.44＋0.5×1.78)＝27.73	123.30	123.21	114.98 (97.73)	114.89 (97.66)	152.17	143.09	117.68 (88.26)	108.62 (81.47)
3	无震	1.3×32.32＋1.5×7.12＝52.70	192.73	197.29	176.92	181.48	173.45	191.77	—	—
	地震	1.3×(32.32＋0.5×7.12)＝46.64	216.73	217.58	202.74 (172.33)	203.59 (173.05)	323.68	286.91	262.86 (197.15)	225.83 (169.37)
2	无震	1.3×19.34＋1.5×7.12＝35.82	132.14	133.27	121.39	122.52	130.03	134.52	—	—
	地震	1.3×(19.34＋0.5×7.12)＝29.77	172.72	173.44	163.79 (139.22)	164.51 (139.83)	373.07	288.24	323.93 (242.95)	238.89 (179.17)
1	无震	1.3×32.32＋1.5×7.12＝52.70	191.37	198.65	175.56	182.84	157.07	186.26	—	—
	地震	1.3×(32.32＋0.5×7.12)＝46.64	254.83	261.46	240.84 (204.71)	247.47 (210.35)	501.16	400.85	428.91 (321.68)	326.61 (244.96)

表 3.38 BC 跨梁端部控制截面处剪力、弯矩设计值计算表(h_c = 600 mm)

楼层	组合状况	均布荷载/(kN·m^{-1})	$V_{B右}$/kN	$V_{C左}$/kN	$V'_{B右}$ ($\gamma_{RE}V'_{B右}$)/kN	$V'_{C左}$ ($\gamma_{RE}V'_{C左}$)/kN	$M_{B右}$/(kN·m)	$M_{C左}$/(kN·m)	$M'_{B右}$ ($\gamma_{RE}M'_{B右}$)/(kN·m)	$M'_{C左}$ ($\gamma_{RE}M'_{C左}$)/(kN·m)
4	无震	1.3×11.08＋1.5×0.84＝14.47	19.53	19.53	—	—	42.34	42.34	—	—
	地震	1.3×(11.08＋0.5×0.84)＝14.95	75.43	75.43	70.95 (60.31)	70.95 (60.31)	107.18	107.18	85.90 (64.43)	85.90 (64.43)
3	无震	1.3×10.55＋1.5×4.22＝20.05	26.00	24.13	—	—	52.35	49.83	—	—
	地震	1.3×(10.55＋0.5×4.22)＝16.46	169.73	167.84	164.79 (140.07)	162.90 (138.47)	224.45	221.93	175.01 (131.26)	173.06 (129.80)
2	无震	1.3×10.55＋1.5×4.22＝20.05	12.91	37.22	—	—	21.99	54.80	—	—
	地震	1.3×(10.55＋0.5×4.22)＝16.46	228.85	253.35	223.91 (190.32)	248.41 (211.15)	284.30	317.11	217.13 (162.85)	242.59 (181.94)
1	无震	1.3×10.55＋1.5×4.22＝18.57	26.05	24.08	—	—	62.15	59.48	—	—
	地震	1.3×(10.55＋0.5×4.22)＝16.46	317.59	315.60	312.65 (265.75)	310.66 (264.06)	414.34	411.68	320.55 (240.41)	318.48 (238.86)

表 3.39　CD 跨梁端部控制截面处剪力、弯矩设计值计算表($h_c=600$ mm)

楼层	组合状况	均布荷载/(kN·m^{-1})	$V_{C右}$/kN	V_D/kN	$V'_{C右}$($\gamma_{RE}V'_{C右}$)/kN	V'_D($\gamma_{RE}V'_D$)/kN	$M_{C右}$/(kN·m)	M_D/(kN·m)	$M'_{C右}$($\gamma_{RE}M'_{C右}$)/(kN·m)	M'_D($\gamma_{RE}M'_D$)/(kN·m)
4	无震	1.3×20.44＋1.5×1.78＝29.24	110.76	105.42	101.99	96.65	105.45	84.07	74.85	—
	地震	1.3×(20.44＋0.5×1.78)＝27.73	123.21	123.30	114.89 (97.66)	114.98 (97.73)	143.09	152.17	108.62 (81.47)	117.68 (88.26)
3	无震	1.3×32.32＋1.5×7.12＝52.70	197.04	192.98	181.23	177.17	193.36	177.06	—	—
	地震	1.3×(32.32＋0.5×7.12)＝46.64	217.39	217.22	203.40 (172.89)	203.23 (172.75)	288.51	327.29	227.49 (170.62)	266.32 (199.74)
2	无震	1.3×32.32＋1.5×7.12＝52.70	197.23	192.78	181.42	176.97	197.72	179.97	—	—
	地震	1.3×(32.32＋0.5×7.12)＝46.64	238.71	234.65	224.72 (191.01)	220.66 (187.56)	351.44	423.02	284.02 (213.02)	356.82 (267.62)
1	无震	1.3×32.32＋1.5×7.12＝52.70	198.36	191.65	—	—	188.01	161.14	—	—
	地震	1.3×(32.32＋0.5×7.12)＝46.64	261.23	255.19	247.24 (210.15)	241.20 (205.02)	402.61	505.22	328.44 (246.33)	432.86 (324.65)

2. 柱端部控制截面处弯矩计算

框架柱端部支座边缘控制截面处弯矩 M' 的计算方法，与梁的计算方法类似。计算式为：$M'=M-V\cdot\dfrac{h_b}{2}$。式中：$h_b$ 为梁截面高度；M 之值分别为表 3.32、表 3.33、表 3.34、表 3.35 中计算所得各柱端弯矩组合设计值；V 为与 M 相应的柱剪力组合设计值，即表 3.36 中计算所得各柱剪力组合设计值，在采用考虑地震作用的组合时，不应乘以柱剪力增大系数 η_{vc}。A、B、C、D 轴各层柱各端部控制截面处弯矩设计值 M' 的计算过程详见表 3.40。

表 3.40　柱端部控制截面处弯矩设计值计算表(均取 $h_b=750$ mm)

柱	楼层	截面	第 1 组合(地震状况-大)			第 2 组合(地震状况-小)			第 3 组合(持久状况-大)			第 4 组合(持久状况-小)		
			M_{max}/(kN·m)	相应 V/kN	M'_{max}/(kN·m)	$M_{相应大}$/(kN·m)	相应 V/kN	$M'_{相应大}$/(kN·m)	M_{max}/(kN·m)	相应 V/kN	M'_{max}/(kN·m)	$M_{相应大}$/(kN·m)	相应 V/kN	$M'_{相应大}$/(kN·m)
A 轴	4	1—1	179.94	85.48	147.89	179.94	85.48	147.89	113.70	60.13	91.15	113.70	60.13	91.15
		2—2	153.45		121.40	153.45		121.40	120.82		98.27	120.82		98.27
	3	3—3	224.46	102.43	186.05	224.46	102.43	186.05	113.54	51.07	94.39	113.54	51.07	94.39
		4—4	174.99		136.58	174.99		136.58	85.66		66.51	85.66		66.51

续表 3.40

柱	楼层	截面	第1组合(地震状况-大)			第2组合(地震状况-小)			第3组合(持久状况-大)			第4组合(持久状况-小)		
			M_{max}/(kN·m)	相应V/kN	M'_{max}/(kN·m)	$M_{相应大}$/(kN·m)	相应V/kN	$M'_{相应大}$/(kN·m)	M_{max}/(kN·m)	相应V/kN	M'_{max}/(kN·m)	$M_{相应大}$/(kN·m)	相应V/kN	$M'_{相应大}$/(kN·m)
A轴	2	5—5	236.61	129.43	188.07	236.61	129.43	188.07	89.87	58.01	68.12	89.87	58.01	68.12
		6—6	268.14		219.60	268.14		219.60	136.38		114.63	136.38		114.63
	1	7—7	281.88	147.27	226.65	281.88	147.27	226.65	75.81	21.45	67.77	75.81	21.45	67.77
		8—8	498.65		443.42	498.65		443.42	37.90		29.86	37.90		29.86
B轴	4	9—9	189.22	93.34	154.22	49.07	18.93	41.97	85.33	46.05	68.06	85.33	46.05	68.06
		10—10	174.80		139.80	24.77		17.67	94.25		76.98	94.25		76.98
	3	11—11	287.74	136.93	236.39	142.64	70.76	116.11	94.12	43.40	77.85	94.12	43.40	77.85
		12—12	246.27		194.92	133.32		106.79	75.15		58.88	75.15		58.88
	2	13—13	327.38	174.69	261.87	212.10	103.54	173.27	76.77	46.61	59.29	76.77	46.61	59.29
		14—14	353.92		288.41	191.69		152.86	105.00		87.52	105.00		87.52
	1	15—15	388.86	180.09	321.33	290.42	149.44	234.38	62.64	17.73	55.99	62.64	17.73	55.99
		16—16	565.61		498.08	501.62		445.58	31.32		24.67	31.32		24.67
C轴	4	17—17	189.22	92.73	154.45	49.07	19.40	41.80	85.33	45.42	68.30	85.33	45.42	68.30
		18—18	172.42		137.65	26.60		19.33	91.87		74.83	91.87		74.83
	3	19—19	295.71	144.25	241.62	136.51	65.13	112.09	102.09	50.72	83.07	102.09	50.72	83.07
		20—20	266.86		212.77	117.48		93.06	95.74		76.72	95.74		76.72
	2	21—21	347.97	181.98	279.73	196.26	97.92	159.54	97.36	53.91	77.14	97.36	53.91	77.14
		22—22	361.78		293.54	185.64		148.92	112.86		92.64	112.86		92.64
	1	23—23	387.00	179.51	319.68	291.85	149.89	235.64	60.79	17.20	54.34	60.79	17.20	54.34
		24—24	564.41		497.09	502.55		446.34	30.40		23.95	30.40		23.95
D轴	4	25—25	179.94	84.15	148.38	179.94	84.15	148.38	113.70	58.79	91.65	113.70	58.79	91.65
		26—26	148.25		116.69	148.25		116.69	115.62		93.57	115.62		93.57
	3	27—27	234.56	113.68	191.93	234.56	113.68	191.93	123.64	62.34	100.26	123.64	62.34	100.26
		28—28	208.80		166.17	208.80		166.17	119.48		96.10	119.48		96.10
	2	29—29	270.43	140.57	217.72	270.43	140.57	217.72	123.69	69.15	97.76	123.69	69.15	97.76
		30—30	277.79		225.08	277.79		225.08	146.03		120.10	146.03		120.10
	1	31—31	277.75	145.98	223.01	277.75	145.98	223.01	71.67	20.28	64.07	71.67	20.28	64.07
		32—32	495.96		441.22	495.96		441.22	35.84		28.24	35.84		28.24

3. 节点处柱端组合弯矩设计值验算和调整

进行抗震设计时，框架的梁柱节点处，除框架顶层和柱轴压比小于 0.15 者外，柱端组合的弯矩设计值尚应符合式(2.49) 的要求。

本算例中，令轴压比 $\mu_c{}^* = \dfrac{N}{f_c bh} = 0.15$，此时柱轴力 $N^* = 0.15 f_c bh = 0.15 \times 14.3 \times 600 \times 600 = 772200\ \text{N} = 772.20\ \text{kN}$。由表 3.32 至表 3.35 中的计算可知，各轴柱的 4 层、3 层各截面 N_{max}(及 N_{min}) $< N^*$，表明柱轴压比 $\mu_c < 0.15$，故不需验算调整；而 2 层、1 层各截面 N_{max}(或 N_{min}) $\geqslant N^*$，表明柱轴压比 $\mu_c \geqslant 0.15$，故需验算 3 层以下的梁柱节点，即需验算图 3.14 所示 2、3、7、8、12、13、17、18 这 8 个节点的柱端弯矩。

计算中：$\sum M_b$ 为节点左右梁端截面逆时针或顺时针方向组合的弯矩设计值之和，对于梁端负弯矩，应采用表 3.37、表 3.38、表 3.39 中计算所得有地震作用时梁端部控制截面处弯矩 M' 的值，对于梁端正弯矩，近似取表 3.23、表 3.24、表 3.25 中支座中心处正弯矩 M 值的0.9 倍作为其端部控制截面处弯矩 M' 的值；$\sum M_c$ 为表 3.40 中计算所得有地震作用时节点上下柱端部控制截面处弯矩设计值 M' 之和；三级框架取 $\eta_c = 1.3$。若 $\sum M_c$ 之值不符合式(2.49) 的要求，则应按该式进行调整，上下柱端所调整的弯矩值按其线刚度进行分配(本算例 2、3 层柱 $i_c = 8.31 \times 10^4\ \text{kN·m}$，1 层柱 $i_c = 6.11 \times 10^4\ \text{kN·m}$)。框架各节点处柱端组合弯矩设计值验算和调整的计算过程详见表 3.41。

表 3.41　节点处柱端组合弯矩设计值验算和调整计算表

柱	节点	截面	梁端弯矩				柱端弯矩(第 1 组内力组合)				柱端弯矩(第 2 组内力组合)			
			$M'_{b左梁}$/(kN·m)	$M'_{b右梁}$/(kN·m)	$\sum M_b$/(kN·m)	$\eta_c \sum M_b$/(kN·m)	M'_{cmax}/(kN·m)	$\sum M_c$/(kN·m)	ΔM_c/(kN·m)	调整后 M'_{cmax}/(kN·m)	M'_{cmax}/(kN·m)	$\sum M_c$/(kN·m)	ΔM_c/(kN·m)	调整后 M'_{cmax}/(kN·m)
A轴	3	4—4	—	323.93	323.93	421.11	136.58	324.65	96.46	184.86	136.58	324.65	96.46	184.86
		5—5					188.07			236.30	188.07			236.30
	2	6—6	—	428.91	428.91	557.58	219.60	446.25	111.33	283.73	219.60	446.25	111.33	283.73
		7—7					226.65			273.85	226.65			273.85
B轴	8	12—12	238.8	228.97	467.77	608.10	194.92	456.79	151.31	270.58	133.32	345.42	262.68	264.66
		13—13	75.30	217.13	292.43		261.87			337.53	212.10			343.44
	7	14—14	326.61	281.38	607.99	790.39	288.41	609.74	180.65	392.46	191.69	482.11	308.28	369.26
		15—15	89.69	320.55	410.24		321.33			397.93	290.42			421.13
C轴	13	20—20	242.59	27.90	270.49	634.89	212.77	492.50	142.39	283.97	117.48	313.74	321.15	278.06
		21—21	204.36	284.02	488.38		279.73			350.93	196.26			356.84
	12	22—22	318.48	88.37	406.85	795.35	293.54	613.22	182.13	398.45	185.64	477.49	317.86	368.73
		23—23	283.37	328.44	611.81		319.68			396.90	291.85			426.62

续表 3.41

柱	节点	截面	梁端弯矩				柱端弯矩（第1组内力组合）				柱端弯矩（第2组内力组合）			
			$M'_{b左梁}$/(kN·m)	$M'_{b右梁}$/(kN·m)	$\sum M_b$/(kN·m)	$\eta_c\sum M_b$/(kN·m)	M'_{cmax}/(kN·m)	$\sum M_c$/(kN·m)	ΔM_c/(kN·m)	调整后M'_{cmax}/(kN·m)	M'_{cmax}/(kN·m)	$\sum M_c$/(kN·m)	ΔM_c/(kN·m)	调整后M'_{cmax}/(kN·m)
D轴	18	28—28	356.82	—	356.82	463.87	166.17	383.89	79.98	206.16	166.17	383.89	79.98	206.16
		29—29					217.72			257.71	217.72			257.71
	17	30—30	432.86	—	432.86	562.72	225.08	448.09	114.63	291.11	225.08	448.09	114.63	291.11
		31—31					223.01			271.61	223.01			271.61

注：表中 B 轴、C 轴柱各节点的梁端弯矩 $M'_{b左梁}$、$M'_{b右梁}$、$\sum M_b$ 之数值，上一行为逆时针方向弯矩，下一行为顺时针方向弯矩，而 $\eta_c\sum M_b$ 为取两者的较大值乘以系数 η_c 后的弯矩。

为了进一步分析框架柱的内力，现将表 3.40 中不需调整的各柱端部控制截面处弯矩设计值 M'，和表 3.41 中调整后的各柱端部控制截面处弯矩设计值 M'，以及表 3.32 至表 3.35 计算所得各轴柱端轴力组合设计值，归纳在一起，以便于直观地进行比较。

对于第 1 组、第 2 组内力组合计算时 γ_{RE} 的取值，查表 2.15 得知，与柱的轴压比 μ_c 是否小于 0.15 有关。前文已判定：各轴柱 4 层、3 层各截面的 $\mu_c < 0.15$，取 $\gamma_{RE}=0.75$；各轴柱 2 层、1 层各截面的 $\mu_c \geqslant 0.15$，取 $\gamma_{RE}=0.80$。A、B、C、D 轴各层柱各端部控制截面处弯矩、轴力设计值一览表详见表 3.42。

表 3.42　柱端部控制截面处弯矩、轴力设计值一览表

柱	楼层	截面	第1内力组合				第2内力组合				第3内力组合		第4内力组合	
			M'_{max}/(kN·m)	N_{min}/kN	$\gamma_{RE}M'_{max}$/(kN·m)	$\gamma_{RE}N_{min}$/kN	N_{max}/kN	M'_{max}/(kN·m)	$\gamma_{RE}N_{max}$/kN	$\gamma_{RE}M'_{max}$/(kN·m)	M'_{max}/(kN·m)	$N_{相应小}$/kN	N_{max}/kN	$M'_{相应大}$/(kN·m)
A轴	4	1—1	147.89	149.98	110.92	112.49	194.97	147.89	146.23	110.92	91.15	143.22	188.00	91.15
		2—2	121.40	185.64	91.05	139.23	241.33	121.40	181.00	91.05	98.27	178.88	234.36	98.27
	3	3—3	186.05	419.27	139.54	321.95	545.05	186.05	408.79	139.54	94.39	402.89	532.81	94.39
		4—4	184.86	454.93	138.65	341.20	591.41	184.86	443.56	138.65	66.51	438.55	579.16	66.51
	2	5—5	236.30	652.73	189.04	522.18	848.55	236.30	678.84	189.04	68.12	612.06	811.97	68.12
		6—6	283.73	688.39	226.98	550.71	894.91	283.73	715.93	226.98	114.63	647.72	858.33	114.63
	1	7—7	273.85	950.94	219.08	760.75	1236.22	273.85	988.98	219.08	67.77	870.62	1155.30	67.77
		8—8	443.42	999.81	354.74	799.85	1299.75	443.42	1039.80	354.74	29.86	919.49	1218.83	29.86
B轴	4	9—9	154.22	116.35	115.67	87.26	230.46	41.97	172.85	31.48	68.06	156.84	206.31	68.06
		10—10	139.80	152.01	104.85	114.01	276.82	17.67	207.62	13.25	76.98	192.50	252.67	76.98

续表 3.42

柱	楼层	截面	第1内力组合				第2内力组合				第3内力组合		第4内力组合	
			M'_{max}/(kN·m)	N_{min}/kN	$\gamma_{RE}M'_{max}$/(kN·m)	$\gamma_{RE}N_{min}$/kN	N_{max}/kN	M'_{max}/(kN·m)	$\gamma_{RE}N_{max}$/kN	$\gamma_{RE}M'_{max}$/(kN·m)	M'_{max}/(kN·m)	$N_{相应小}$/kN	N_{max}/kN	$M'_{相应大}$/(kN·m)
B轴	3	11—11	236.39	307.66	177.29	230.75	700.00	116.11	525.00	87.08	77.85	469.89	623.57	77.85
		12—12	270.58	343.32	202.94	257.49	746.36	264.66	559.77	198.50	58.88	505.55	669.93	58.88
	2	13—13	337.53	387.38	270.02	309.90	1133.43	343.44	906.74	274.75	59.29	718.69	957.29	59.29
		14—14	392.46	423.04	313.97	338.43	1179.79	369.26	943.83	295.41	87.52	754.35	1003.94	87.52
	1	15—15	397.93	484.93	318.34	387.94	1699.22	421.13	1359.38	336.90	55.99	1032.89	1376.06	55.99
		16—16	498.08	533.80	398.46	427.04	1762.75	445.58	1410.20	356.46	24.67	1081.76	1439.59	24.67
C轴	4	17—17	154.45	116.35	115.84	87.26	230.46	41.80	172.85	31.35	68.29	156.84	206.31	68.30
		18—18	137.65	152.01	102.24	114.01	276.82	19.33	207.62	14.50	74.83	192.50	252.67	74.83
	3	19—19	241.62	305.89	181.22	229.42	697.70	112.09	523.28	84.07	83.07	468.12	621.27	83.07
		20—20	283.97	341.55	212.98	256.16	744.06	278.06	558.05	208.55	76.72	503.78	667.62	76.72
	2	21—21	350.93	459.17	280.74	367.34	1226.76	356.84	981.41	285.47	77.14	790.48	1050.61	77.14
		22—22	398.45	494.83	318.76	395.86	1273.12	368.73	1018.50	294.98	92.64	826.14	1096.97	92.64
	1	23—23	396.90	554.84	317.52	443.87	1790.10	426.62	1432.08	341.30	54.34	1102.8	1466.94	54.34
		24—24	497.09	603.71	397.67	482.97	1853.63	446.34	1482.90	357.07	23.95	1151.67	1530.48	23.95
D轴	4	25—25	148.38	149.98	111.29	112.49	194.97	148.38	146.23	111.29	91.65	143.22	188.00	91.65
		26—26	116.69	185.64	87.52	139.23	241.33	116.69	181.00	87.52	93.57	178.88	234.36	93.57
	3	27—27	191.93	419.48	143.95	314.61	545.32	191.93	408.99	121.45	100.26	403.10	533.08	100.26
		28—28	206.16	455.14	154.62	341.26	591.68	206.16	443.76	154.62	96.10	438.76	579.43	96.10
	2	29—29	257.71	703.48	206.17	562.78	914.52	257.71	731.62	206.17	97.76	662.81	877.94	97.76
		30—30	291.11	739.14	232.89	591.31	960.88	291.11	768.70	232.89	120.10	698.47	924.30	120.10
	1	31—31	271.61	1001.93	217.29	801.54	1302.51	271.61	1042.01	217.29	64.07	921.61	1221.59	64.07
		32—32	441.22	1050.80	352.98	840.64	1366.04	441.22	1092.83	352.98	28.24	970.48	1285.12	28.24

3.8　框架梁、柱和节点的抗震设计

3.8.1　框架梁设计

1. 梁的正截面受弯承载力计算

抗震设计时，框架梁的正截面受弯承载力计算，不仅应符合《混凝土结构设计规范》中规

定的各项计算和构造要求，还应符合第2章2.8.2节第1条(1)所述的各项设计要求。

本工程为三跨框架梁，每跨梁共有5处截面的弯矩为最不利内力。即：梁左端、右端顶面的负弯矩，应按矩形截面梁设计；梁左端、右端底面的正弯矩和梁跨中截面的正弯矩，应按T形截面梁设计。

(1) T形截面梁计算类型的判定

① AB、CD跨梁

a. 受压区翼缘计算宽度 b'_f 的确定

按梁计算跨度 l_0 考虑：$b'_f = \frac{l_0}{3} = \frac{8000}{3} = 2667\ \text{mm}$；

按梁净距 s_n 考虑：$b'_f = b + s_n = 300 + (4000 - 300) = 4000\ \text{mm}$；

按翼缘高度 h'_f 考虑：因 $\frac{h'_f}{h_0} = \frac{120}{750 - 40} = 0.17 > 0.1$，故不考虑此项。

取前两项中的较小值，所以 $b'_f = 2667\ \text{mm}$。

b. 判定T形截面计算类型

界限弯矩：$M^* = \alpha_1 f_c b'_f h'_f \left(h_0 - \frac{h'_f}{2}\right) = 1.0 \times 14.3 \times 2667 \times 120 \times \left(710 - \frac{120}{2}\right) = 2974.77\ \text{kN} \cdot \text{m}$。

因AB、CD跨各层梁各截面的正弯矩 $M < M^*$，故各层梁均按第一类T形截面计算。

② BC跨梁

a. 受压区翼缘计算宽度 b'_f 的确定

按梁计算跨度 l_0 考虑：$b'_f = \frac{l_0}{3} = \frac{2700}{3} = 900\ \text{mm}$；

按梁净距 s_n 考虑：$b'_f = b + s_n = 300 + (4000 - 300) = 4000\ \text{mm}$；

按翼缘高度 h'_f 考虑：因 $\frac{h'_f}{h_0} = \frac{120}{600 - 40} = 0.21 > 0.1$，故不考虑此项。

取前两项中的较小值，所以 $b'_f = 900\ \text{mm}$。

b. 判定T形截面计算类型

界限弯矩：$M^* = \alpha_1 f_c b'_f h'_f \left(h_0 - \frac{h'_f}{2}\right) = 1.0 \times 14.3 \times 900 \times 120 \times \left(560 - \frac{120}{2}\right) = 772.20\ \text{kN} \cdot \text{m}$。

因BC跨各层梁各截面的正弯矩 $M < M^*$，故各层梁均按第一类T形截面计算。

(2) 梁受弯承载力计算及纵向钢筋配置

由以上计算得知，各层各跨梁在正弯矩作用下，均为第一类T形截面，应按式(2.56a)、式(2.56b)进行受弯承载力计算。为了简化设计，每跨梁底部钢筋沿梁全长通长配置，故仅需取梁左端、右端底面的正弯矩和跨中弯矩这三者中的最大值进行计算。各层各跨梁在负弯矩作用下(应取表3.37至表3.39中所求得梁支座边缘控制截面处弯矩 M' 之值)，均按单筋矩形截面梁设计，计算公式与式(2.56a)、式(2.56b)相似，仅以截面宽度 b 代替公式中的 b'_f 即可。各层框架梁受弯承载力计算过程及纵向钢筋配置情况详见表3.43、表3.44、表3.45、表3.46(说明：各表中各跨梁跨中顶部所配置的钢筋，是考虑了构造措施要求和承担少量负弯矩，且便于施工而配置的沿梁全长的钢筋)。

表 3.43 四层梁受弯承载力计算及纵向钢筋配置表

表中计算参数	$\alpha_1=1.0,\xi_b=0.518;f_c=14.3\ \mathrm{N/mm^2},f_y=360\ \mathrm{N/mm^2}$;正弯矩时 $h_0=h-40$ mm,负弯矩时 $h_0=h-60$ mm														
截面	AB 跨梁					BC 跨梁					CD 跨梁				
	A 顶面	A 底面	跨中	$B_左$底面	$B_左$顶面	$B_右$顶面	$B_右$底面	跨中	$C_左$底面	$C_左$顶面	$C_右$顶面	$C_右$底面	跨中	D 底面	D 顶面
$M/(\mathrm{kN\cdot m})$	88.26	5.67	131.41	0	81.47	64.43	21.76	0	21.76	64.43	81.47	0	131.41	5.67	88.26
计算方法	单筋矩形	第一类 T 形			单筋矩形	单筋矩形	第一类 T 形			单筋矩形	单筋矩形	第一类 T 形			单筋矩形
b 或 b_f'/mm	300	2667			300	300	900			300	300	2667			300
h_0/mm	690	710			690	540	560			540	690	710			690
x/mm	30	—	5	—	28	29	3	—	—	29	28	—	5	—	30
$\xi=\frac{x}{h_0}$	0.043 <0.35	—	0.007 <ξ_b	—	0.041 <0.35	0.054 <0.35	0.005 <ξ_b	—	—	0.054 <0.35	0.041 <0.35	—	0.007 <ξ_b	—	0.043 <0.35
计算 $A_s/\mathrm{mm^2}$	358	—	530	—	334	346	107	—	—	346	334	—	530	—	358
选配钢筋 顶部	4Φ14	—	2Φ14	—	4Φ14		—	2Φ14	—	4Φ14		—	2Φ14	—	4Φ14
选配钢筋 底部	—	4Φ14			—	—	4Φ14			—	—	4Φ14			—
实配 $A_s/\mathrm{mm^2}$	615	615			615		615			615		615			615
$\rho=\frac{A_s}{bh_0}$	0.30% >0.25% <2.5%	—	0.29% >0.20%	—	0.30% >0.25% <2.5%	0.38% >0.25% <2.5%	—	0.37% >0.20%	—	0.38% >0.25% <2.5%	0.30% >0.25% <2.5%	—	0.29% >0.20%	—	0.30% >0.25% <2.5%

表 3.44　三层梁受弯承载力计算及纵向钢筋配置表

表中计算参数	$\alpha_1=1.0, \xi_b=0.518; f_c=14.3\ \mathrm{N/mm^2}, f_y=360\ \mathrm{N/mm^2}$；正弯矩时 $h_0=h-40$ mm，负弯矩时 $h_0=h-60$ mm														
截面	AB 跨梁					BC 跨梁					CD 跨梁				
	A 顶面	A 底面	跨中	$B_左$底面	$B_左$顶面	$B_右$顶面	$B_右$底面	跨中	$C_左$底面	$C_左$顶面	$C_右$顶面	$C_右$底面	跨中	D 底面	D 顶面
M/(kN·m)	197.15	29.03	224.19	0	169.37	131.26	94.30	0	95.72	129.80	170.62	0	221.36	27.00	199.74
计算方法	单筋矩形	第一类 T 形			单筋矩形	单筋矩形	第一类 T 形			单筋矩形	单筋矩形	第一类 T 形			单筋矩形
b 或 b_f'/mm	300	2667			300	300	900			300	300	2667			300
h_0/mm	690	710			690	540	560			540	690	710			690
x/mm	70	—	8	—	60	60	—	—	13	59	60	—	8	—	71
$\xi=\frac{x}{h_0}$	0.101 <0.35	—	0.011 $<\xi_b$	—	0.087 <0.35	0.111 <0.35	—	—	0.023 $<\xi_b$	0.109 <0.35	0.087 <0.35	—	0.011 $<\xi_b$	—	0.103 <0.35
计算 A_s/mm²	834	—	848	—	715	715	—	—	465	703	715	—	848	—	846
选配钢筋 顶部	4Φ18	—	2Φ18	—	4Φ18		—	2Φ18	—	4Φ18		—	2Φ18	—	4Φ18
选配钢筋 底部	—	4Φ18			—	—	4Φ18			—	—	4Φ18			—
实配 A_s/mm²	1017	1017			1017		1017			1017		1017			1017
$\rho=\frac{A_s}{bh_0}$	0.49% $>0.25\%$ $<2.5\%$	—	0.48% $>0.20\%$	—	0.49% $>0.25\%$ $<2.5\%$	0.63% $>0.25\%$ $<2.5\%$	—	0.61% $>0.20\%$	—	0.63% $>0.25\%$ $<2.5\%$	0.49% $>0.25\%$ $<2.5\%$	—	0.48% $>0.20\%$	—	0.49% $>0.25\%$ $<2.5\%$

表 3.45 二层梁受弯承载力计算及纵向钢筋配置表

表中计算参数	$\alpha_1=1.0, \xi_b=0.518; f_c=14.3\ \text{N/mm}^2, f_y=360\ \text{N/mm}^2$；正弯矩时 $h_0=h-40$ mm，负弯矩时 $h_0=h-60$ mm														
截面	AB 跨梁					BC 跨梁					CD 跨梁				
	A 顶面	A 底面	跨中	$B_左$底面	$B_左$顶面	$B_右$顶面	$B_右$底面	跨中	$C_左$底面	$C_左$顶面	$C_右$顶面	$C_右$底面	跨中	D 底面	D 顶面
$M/(\text{kN}\cdot\text{m})$	242.95	117.27	143.74	56.48	179.17	162.85	171.73	0	153.27	181.94	213.02	20.93	217.45	89.17	267.62
计算方法	单筋矩形	第一类 T 形			单筋矩形	单筋矩形	第一类 T 形			单筋矩形	单筋矩形	第一类 T 形			单筋矩形
b 或 b_f'/mm	300	2667			300	300	900			300	300	2667			300
h_0/mm	690	710			690	540	560			540	690	710			690
x/mm	88	—	5	—	63	76	24	—	—	85	76	—	8	—	97
$\xi=\frac{x}{h_0}$	0.128 <0.35	—	0.007 $<\xi_b$	—	0.091 <0.35	0.141 <0.35	0.043 $<\xi_b$	—	—	0.157 <0.35	0.110 <0.35	—	0.010 $<\xi_b$	—	0.141 <0.35
计算 A_s/mm²	1049	—	530		751	906	858	—	—	1013	906	—	848	—	1156
选配钢筋 顶部	2Φ20+ 2Φ18	—	2Φ20	—	2Φ20+2Φ18		—	2Φ20	—	2Φ20+2Φ18		—	2Φ20	—	2Φ20+ 2Φ18
选配钢筋 底部	—	4Φ18			—	—	4Φ18			—	—	4Φ18			—
实配 A_s/mm²	1137	1017			1137		1017			1137		1017			1137
$\rho=\frac{A_s}{bh_0}$	0.55% >0.25% <2.5%	—	0.48% >0.20%	—	0.55% >0.25% <2.5%	0.70% >0.25% <2.5%	—	0.61% >0.2	—	0.70% >0.25% <2.5%	0.55% >0.25% <2.5%	—	0.48% >0.20%	—	0.55% >0.25% <2.5%

表 3.46　一层梁受弯承载力计算及纵向钢筋配置表

表中计算参数	$\alpha_1=1.0$，$\xi_b=0.518$；$f_c=14.3\ \mathrm{N/mm^2}$，$f_y=360\ \mathrm{N/mm^2}$；正弯矩时 $h_0=h-40$ mm，负弯矩时 $h_0=h-60$ mm														
截面	AB 跨梁					BC 跨梁					CD 跨梁				
	A 顶面	A 底面	跨中	$B_左$底面	$B_左$顶面	$B_右$顶面	$B_右$底面	跨中	$C_左$底面	$C_左$顶面	$C_右$顶面	$C_右$底面	跨中	D 底面	D 顶面
M/(kN·m)	321.68	167.51	<u>236.02</u>	67.26	244.96	240.41	211.03	0	<u>212.53</u>	238.86	246.33	66.28	<u>232.87</u>	165.22	324.65
计算方法	单筋矩形	第一类 T 形			单筋矩形	单筋矩形	第一类 T 形			单筋矩形	单筋矩形	第一类 T 形			单筋矩形
b 或 b_f'/mm	300	2667			300	300	900			300	300	2667			300
h_0/mm	690	710			690	540	560			540	690	710			690
x/mm	119	—	9	—	88	116	—	—	30	115	89	—	9	—	120
$\xi=\frac{x}{h_0}$	0.172 <0.35	—	0.013 $<\xi_b$	—	0.128 <0.35	0.215 <0.35	—	—	0.054 $<\xi_b$	0.213 <0.35	0.129 <0.35	—	0.013 $<\xi_b$	—	0.174 <0.35
计算 A_s/mm²	1418	—	953	—	1049	1382	—	—	1073	1370	1061	—	953	—	1430
选配钢筋 顶部	3Φ20+2Φ18	—	2Φ20	—	3Φ20+2Φ18		—	2Φ20	—	3Φ20+2Φ18		—	2Φ20	—	3Φ20+2Φ18
选配钢筋 底部	—	4Φ18			—	—	4Φ20			—	—	4Φ18			—
实配 A_s/mm²	1451	1017			1451		1256			1451		1017			1451
$\rho=\frac{A_s}{bh_0}$	0.70% $>0.25\%$ $<2.5\%$	—	0.48% $>0.20\%$	—	0.70% $>0.25\%$ $<2.5\%$	0.90% $>0.25\%$ $<2.5\%$	—	0.75% $>0.20\%$	—	0.90% $>0.25\%$ $<2.5\%$	0.70% $>0.25\%$ $<2.5\%$	—	0.48% $>0.20\%$	—	0.70% $>0.25\%$ $<2.5\%$

由表 3.43 至表 3.46 的计算可知：各层各跨梁纵向钢筋的配置均符合有关规范的计算和构造要求。

2. 梁的斜截面受剪承载力计算

(1) 梁受剪承载力计算及箍筋配置

在进行框架梁的斜截面受剪承载力计算时，首先需验算梁的受剪截面是否符合要求，即对梁的剪压比进行限制。梁的剪力可取其左右两端剪力组合设计值中的较大值(应取表3.37至表3.39中所求得的梁支座边缘控制截面处的剪力 V' 的值)。若最不利剪力为持久状况作用组合，则应按式(2.62)验算梁的受剪截面，并按式(2.66)计算梁受剪承载力；若最不利剪力为地震状况作用组合，则应按式(2.64)验算梁的受剪截面，并按式(2.67)计算梁受剪承载力。AB、BC、CD跨梁受剪截面验算、受剪承载力计算过程及箍筋配置情况详见表3.47至表3.49。

表3.47 AB跨梁受剪承载力计算及箍筋配置表

表中计算参数		$\beta_c=1.0$；$f_c=14.3\ \mathrm{N/mm^2}$，$f_t=1.43\ \mathrm{N/mm^2}$，$f_{yv}=270\ \mathrm{N/mm^2}$；$b=300\ \mathrm{mm}$，$h_0=710\ \mathrm{mm}$			
楼层	V/kN	0.25(或0.20)$\beta_c f_c bh_0$/kN	选配箍筋	$s=\dfrac{f_{yv}nA_{sv1}h_0}{V-0.7(或0.42)f_t bh_0}$/mm	选用间距/mm
4	101.99(持久状况)	761.48	双肢Φ8	负值	200
3	181.48(持久状况)	761.48	双肢Φ8	负值	200
2	139.83(地震状况)	609.18	双肢Φ8	1620	200
1	210.35(地震状况)	609.18	双肢Φ8	234	200

表3.48 BC跨梁受剪承载力计算及箍筋配置表

表中计算参数		$\beta_c=1.0$；$f_c=14.3\ \mathrm{N/mm^2}$，$f_t=1.43\ \mathrm{N/mm^2}$，$f_{yv}=270\ \mathrm{N/mm^2}$；$b=300\ \mathrm{mm}$，$h_0=560\ \mathrm{mm}$			
楼层	V/kN	0.25(或0.20)$\beta_c f_c bh_0$/kN	选配箍筋	$s=\dfrac{f_{yv}nA_{sv1}h_0}{V-0.7(或0.42)f_t bh_0}$/mm	选用间距/mm
4	60.31(持久状况)	480.48	双肢Φ8	负值	200
3	140.07(持久状况)	480.48	双肢Φ8	388	200
2	211.15(地震状况)	480.48	双肢Φ8	138	125
1	265.75(地震状况)	480.48	双肢Φ10	144	125

表 3.49　CD 跨梁受剪承载力计算及箍筋配置表

表中计算参数		$\beta_c = 1.0$；$f_c = 14.3\ \text{N/mm}^2$，$f_t = 1.43\ \text{N/mm}^2$，$f_{yv} = 270\ \text{N/mm}^2$；$b = 300\ \text{mm}$，$h_0 = 710\ \text{mm}$			
楼层	V/kN	0.25(或 0.20)$\beta_c f_c b h_0$/kN	选配箍筋	$s = \dfrac{f_{yv} n A_{sv1} h_0}{V - 0.7(\text{或 }0.42) f_t b h_0}$/mm	选用间距/mm
4	101.99(持久状况)	761.48	双肢Φ8	负值	200
3	181.23(持久状况)	761.48	双肢Φ8	负值	200
2	191.01(地震状况)	609.18	双肢Φ8	305	200
1	210.15(地震状况)	609.18	双肢Φ8	235	200

由表 3.47 至表 3.49 的计算可知：AB、BC、CD 跨梁的受剪截面均符合要求。

(2) 框架梁箍筋的抗震构造措施

抗震设计时梁箍筋的配置尚应符合各项抗震构造措施。依据第 2 章 2.8.2 节第 2 条(3) 所述，对于三级框架的要求是：梁端箍筋应加密，箍筋加密区的长度、箍筋最大间距和最小直径应按表 2.19 中相应规定采用；加密区长度内的箍筋肢距不宜大于 250 mm；沿梁全长箍筋的面积配筋率 ρ_{sv} 应符合式(2.70) 的规定。

① AB、CD 跨梁箍筋的抗震构造措施

a. AB、CD 跨梁端加密区箍筋配置：取加密区长度为 1150 mm；取箍筋间距 $s = 100$ mm；取箍筋直径和肢距为双肢Φ8，即与表 3.47、表 3.49 中非加密区所选配箍筋的直径和肢距相同。则该加密区箍筋配置符合表 2.19 中的要求，且基本符合对箍筋肢距的要求。

b. 箍筋的面积配筋率验算：面积配筋率 $\rho_{sv} = \dfrac{A_{sv}}{bs} = 2 \times \dfrac{50.3}{300 \times 200} = 0.17\% > \dfrac{0.26 f_t}{f_{yv}} = 0.26 \times \dfrac{1.43}{270} = 0.14\%$，故符合要求。

② BC 跨梁箍筋的抗震构造措施

a. BC 跨梁端加密区箍筋配置：取加密区长度为 900 mm；取箍筋间距 $s = 100$ mm；取箍筋直径和肢距与表 3.48 中非加密区所选配箍筋的直径和肢距相同。则该加密区箍筋配置符合表 2.19 中的要求，且基本符合对箍筋肢距的要求。

b. 箍筋的面积配筋率验算：面积配筋率(取该跨各层梁中的较小值)$\rho_{sv} = \dfrac{A_{sv}}{bs} = 2 \times \dfrac{50.3}{300 \times 200} = 0.17\% > \dfrac{0.26 f_t}{f_{yv}} = 0.26 \times \dfrac{1.43}{270} = 0.14\%$，故符合要求。

3.8.2　框架柱设计

1. 柱的正截面受压承载力计算

抗震设计时，框架柱的正截面受压承载力计算，不仅应符合《混凝土结构设计规范》中规定的各项计算和构造要求，还应符合第 2 章 2.8.3 节第 1 条(1) 所述的各项设计要求。

(1) 柱轴压比验算

柱的轴压比 μ_c 应按式(2.72) 计算，三级框架柱的轴压比限值为 0.85。因本工程框架各层柱的截面尺寸和混凝土强度等级均相同，故可仅验算轴压比最大的底层柱下端截面。根据表3.42所示的内力组合设计值，现取各轴柱底层下端截面中，第2组内力组合的 N_{max} 值与第4组内力组合的 N 值两者的较大值进行验算。各轴柱轴压比验算的计算过程详见表3.50。

表3.50　柱轴压比计算表

表中计算参数	$f_c = 14.3\ \mathrm{N/mm^2}$, $b = 600$ mm, $h = 600$ mm						
A轴柱		B轴柱		C轴柱		D轴柱	
N/kN	$\mu_c = \frac{N}{f_c bh}$	N/kN	$\mu_c = \frac{N}{f_c bh}$	N/kN	$\mu_c = \frac{N}{f_c bh}$	N/kN	$\mu_c = \frac{N}{f_c bh}$
1299.75	0.25	1762.75	0.34	1853.63	0.36	1366.04	0.27

由表3.50的验算可知：各柱的轴压比之值均符合规范规定的限值要求。

(2) 对称配筋柱最不利内力的选取

为选取柱的最不利内力，需计算柱大、小偏心受压破坏的界限轴力。本算例中，界限轴力 $N_b = \alpha_1 f_c b \xi_b h_0 = 1.0 \times 14.3 \times 600 \times 0.518 \times (600 - 40) = 2488886\ \mathrm{N} = 2488.89\ \mathrm{kN}$。

若内力设计值 $N \leqslant N_b$，即 $x \leqslant \xi_b h_0$，则为大偏心受压情况，应取 M 最大、相应 N 较小者为最不利内力；

若内力设计值 $N > N_b$，即 $x > \xi_b h_0$，则为小偏心受压情况，应取 N 最大，相应 M 较大者为最不利内力。

由表3.42中所列内力组合设计值可知：本算例各轴柱各截面的轴力均为 $N < N_b$，即均为大偏心受压情况。比较各层柱上、下端截面的4组内力组合设计值，共8种情况下的内力，对A、B、C、D轴柱最不利内力的选取结果见表3.51。

表3.51　柱最不利内力一览表

楼层	A轴柱		B轴柱		C轴柱		D轴柱	
	M/(kN·m)	N/kN	M/(kN·m)	N/kN	M/(kN·m)	N/kN	M/(kN·m)	N/kN
4	110.92	112.49	115.67	87.26	115.84	87.26	111.29	112.49
3	139.54	321.95	202.94	257.49	212.98	256.16	143.95	314.61
							154.62	341.26
2	226.98	550.71	313.97	338.43	318.76	395.86	232.89	591.31
1	354.74	799.85	398.46	427.04	397.67	482.97	352.98	840.64

(3) 柱受压承载力计算及纵向钢筋配置

偏心受压柱的正截面承载力计算，是依据作用于柱的一组内力 M 和 N 之值进行，但因柱破坏形态的不同而使计算有所不同，这取决于混凝土受压区高度 x 的值。对称配筋时，应先按式(2.73)计算 x 之值。若 $2a' \leqslant x \leqslant \xi_b h_0$，可判定柱为大偏心受压，则应按式(2.74)至式(2.76)计算；若 $x < 2a'$，可判定柱为大偏心受压，但应按式(2.77)、式(2.78)计算；若 $x > \xi_b h_0$，可判定柱为小偏心受压，则应按式(2.79)、式(2.80)计算。因此，计算中需对所求得的 x 之值进行比较和判别。A、B、C、D轴各柱的受压承载力计算过程详见表3.52。

表 3.52　柱受压承载力计算表

表中计算参数	$\alpha_1=1.0$，$\xi_b=0.518$，$\beta_1=0.8$；$f_c=14.3\ N/mm^2$，$f_y=f'_y=360\ N/mm^2$；$b=600\ mm$，$h=600\ mm$，$a=a'=40\ mm$									
柱	楼层	M/(kN·m)	N/kN	$e_0=\frac{M}{N}$/mm	e_a/mm	$e_i=e_0+e_a$/mm	$x=\frac{N}{\alpha_1 f_c b}$/mm	判别	$e(e')$/mm	$A_s=A'_s$/mm²
A轴	4	110.92	112.49	986	20	1006	13	$x<2a'$	(746)	448
	3	139.54	321.95	433	20	453	38	$x<2a'$	(193)	332
	2	226.98	550.71	412	20	432	64	$x<2a'$	(172)	506
	1	354.74	799.85	444	20	464	93	$2a'\leqslant x\leqslant\xi_b h_0$	724	905
B轴	4	115.67	87.26	1326	20	1346	10	$x<2a'$	(1086)	506
	3	202.94	257.49	788	20	808	30	$x<2a'$	(548)	754
	2	313.97	338.43	928	20	948	39	$x<2a'$	(688)	1243
	1	398.46	427.04	933	20	953	50	$x<2a'$	(693)	1581
C轴	4	115.84	87.26	1328	20	1348	10	$x<2a'$	(1086)	506
	3	212.98	256.16	831	20	851	30	$x<2a'$	(591)	809
	2	318.76	395.86	805	20	825	46	$x<2a'$	(565)	1195
	1	397.67	482.97	823	20	843	56	$x<2a'$	(583)	1504
D轴	4	111.29	112.49	989	20	1009	13	$x<2a'$	(749)	450
	3	143.95	314.61	458	20	478	37	$x<2a'$	(218)	366
		154.62	341.26	453	20	473	40	$x<2a'$	(212)	386
	2	232.89	591.31	394	20	414	69	$x<2a'$	(154)	486
	1	352.98	840.64	420	20	440	98	$2a'\leqslant x\leqslant\xi_b h_0$	700	848

在根据表 3.52 的计算结果选配柱的纵向钢筋时，还应考虑以下各项抗震构造措施要求：纵向钢筋间距不宜大于 200 mm；柱每一侧纵向受力钢筋的配筋率 $\rho=\frac{A_s}{bh}\geqslant 0.2\%$；柱全部纵向钢筋（包括垂直于柱偏心方向设置的纵向构造钢筋）的总配筋率，三级框架应为 $0.75\%\leqslant\rho_{总}=\frac{A_{s总}}{bh}\leqslant 5\%$。A、B、C、D 轴各柱的纵向钢筋配置情况详见表 3.53。

表 3.53　柱纵向钢筋配置表

柱	楼层	计算 $A_s=A'_s$/mm²	每侧选配钢筋	实配 $A_s=A'_s$/mm²	每侧 $\rho=\frac{A_s}{bh}$	垂直向每侧钢筋	$A_{s总}$/mm²	全部 $\rho_{总}=\frac{A_{s总}}{bh}$
A轴	4	418	4Φ18	1017	0.28%	2Φ18	3054	0.85%
	3	306	4Φ18	1017	0.28%	2Φ18	3054	0.85%
	2	478	4Φ18	1017	0.28%	2Φ18	3054	0.85%
	1	855	4Φ18	1017	0.28%	2Φ18	3054	0.85%

续表 3.53

柱	楼层	计算 $A_s = A'_s$/mm^2	每侧选配钢筋	实配 $A_s = A'_s$/mm^2	每侧 $\rho = \frac{A_s}{bh}$	垂直向每侧钢筋	$A_{s总}$/mm^2	全部 $\rho_{总} = \frac{A_{s总}}{bh}$
B轴	4	506	4Φ18	1017	0.28%	2Φ18	3054	0.85%
	3	754	4Φ18	1017	0.28%	2Φ18	3054	0.85%
	2	1243	4Φ20	1256	0.35%	2Φ20	3770	1.05%
	1	1581	5Φ20	1570	0.44%	3Φ20	5024	1.40%
C轴	4	506	4Φ18	1017	0.28%	2Φ18	3054	0.85%
	3	809	4Φ18	1017	0.28%	2Φ18	3054	0.85%
	2	1195	4Φ20	1256	0.35%	2Φ20	3770	1.05%
	1	1504	5Φ20	1570	0.44%	3Φ20	5024	1.40%
D轴	4	450	4Φ18	1017	0.28%	2Φ18	3054	0.85%
	3	386	4Φ18	1017	0.28%	2Φ18	3054	0.85%
	2	486	4Φ18	1017	0.28%	2Φ18	3054	0.85%
	1	848	4Φ18	1017	0.28%	2Φ18	3054	0.85%

由表 3.53 的计算可知：各轴各层柱纵向钢筋的配置均符合有关规范的构造要求。

2. 柱的斜截面受剪承载力计算

(1) 柱受剪承载力计算及箍筋配置

在进行框架柱的斜截面受剪承载力计算时，首先需验算柱的受剪截面是否符合要求，即对柱的剪压比进行限制。由表 3.36 所求得柱剪力组合设计值的计算结果可知：各柱最不利剪力均为地震作用组合，故应按式(2.64) 验算柱的受剪截面，并按式(2.88) 计算柱的受剪承载力。式中：柱的剪跨比 $\lambda = \frac{H_n}{2h_0}$，$H_n$ 为柱净高。A、B、C、D 轴各柱的受剪截面验算、受剪承载力计算过程及箍筋配置情况详见表 3.54。

表 3.54　柱受剪承载力计算及箍筋配置表

表中计算参数	$\beta_c = 1.0$；$f_c = 14.3$ N/mm^2，$f_t = 1.43$ N/mm^2，$f_{yv} = 270$ N/mm^2；$b = 600$ mm，$h_0 = 560$ mm，4～2 层 $H_n = 3.15$ m，第 1 层 $H_n = 4.55$ m						
柱	楼层	V/kN	相应 N/kN	$0.20\beta_c f_c bh_0$/kN	$\lambda = H_n/(2h_0)$，$1.0 \leqslant \lambda \leqslant 3.0$	选配箍筋	$s = \frac{f_{yv} nA_{sv1} h_0}{V - \frac{1.05}{\lambda+1} f_t bh_0 - 0.056N}$/mm	选用间距/mm
A轴	4	87.19	149.98	960.96	2.81	双肢Φ8	负值	200
	3	104.47	419.27		2.81	双肢Φ8	负值	200
	2	132.01	652.73		2.81	双肢Φ8	负值	200
	1	150.21	950.94		3.0	双肢Φ8	负值	200

续表 3.54

表中计算参数	$\beta_c=1.0$；$f_c=14.3\ \mathrm{N/mm^2}$，$f_t=1.43\ \mathrm{N/mm^2}$，$f_{yv}=270\ \mathrm{N/mm^2}$；$b=600$ mm，$h_0=560$ mm，4～2层 $H_n=3.15$ m，第1层 $H_n=4.55$ m							
柱	楼层	V/kN	相应 N/kN	$0.20\beta_c f_c bh_0$/kN	$\lambda=H_n/(2h_0)$，$1.0\leqslant\lambda\leqslant3.0$	选配箍筋	$s=\dfrac{f_{yv}nA_{sv1}h_0}{V-\dfrac{1.05}{\lambda+1}f_tbh_0-0.056N}$/mm	选用间距/mm
B轴	4	95.21	116.35	960.96	2.81	双肢Φ8	负值	200
	3	139.66	307.66		2.81	双肢Φ8	负值	200
	2	178.19	387.38		2.81	双肢Φ8	632	200
	1	183.69	484.93		3.0	双肢Φ8	631	200
C轴	4	94.58	116.35	960.96	2.81	双肢Φ8	负值	200
	3	147.14	305.89		2.81	双肢Φ8	负值	200
	2	185.62	459.17		2.81	双肢Φ8	550	200
	1	183.10	554.84		3.0	双肢Φ8	776	200
D轴	4	85.83	149.98	960.96	2.81	双肢Φ8	负值	200
	3	115.96	419.48		2.81	双肢Φ8	负值	200
	2	143.38	703.48		2.81	双肢Φ8	负值	200
	1	148.90	1001.93		3.0	双肢Φ8	负值	200

由表 3.54 的计算可知：A、B、C、D 轴各柱的受剪截面均符合要求。

(2) 框架柱箍筋的抗震构造措施

抗震设计时柱箍筋的配置尚应符合各项抗震构造措施。依据第 2 章 2.8.3 节第 2 条(3) 所述，对于三级框架的要求是：柱箍筋在规定的范围内应加密；加密区的箍筋间距和直径应按表 2.20 中相应规定采用；加密区内的箍筋肢距不宜大于 250 mm，且至少每隔一根纵向钢筋宜在两个方向有箍筋或拉筋约束；柱箍筋加密区的体积配箍率 ρ_v 应按式(2.91) 计算，并符合式(2.90) 和 $\rho_v\geqslant0.4\%$ 的要求；柱箍筋非加密区的体积配箍率不宜小于加密区的 50%。

① 各轴柱的箍筋加密范围：底层柱的上端取为 800 mm，下端取为 1600 mm；其余各层柱的上、下端均取为 600 mm。则该箍筋加密区的范围符合规范的相关要求。

② 各轴柱加密区箍筋配置：取箍筋间距 $s=100$ mm；取箍筋直径 $d=8$ mm，即与表 3.54 中非加密区所选配箍筋直径相同；箍筋形状则采用两个方向均为四肢箍的井字形复合箍，如图 2.34 所示。则该加密区箍筋配置符合规范的相关要求。

③ 柱箍筋加密区体积配箍率验算。

$$\text{体积配箍率：}\rho_v=\frac{A_{sv1}l_k}{b_{cor}h_{cor}s}=\frac{50.3\times[600-(20+4)\times2]\times4\times2}{[600-(20+8)\times2]^2\times100}=0.75\%$$

由表 3.50 得知，柱的最大轴压比 $\mu_c=0.34$；查表 2.21 得，箍筋最小配箍特征值 $\lambda_v=0.064$。混凝土抗压强度设计值应按 C35 取值，即 $f_c=16.7\ \mathrm{N/mm^2}$，$f_{yv}=270\ \mathrm{N/mm^2}$。将各数值代入式(2.90) 可求得：

$$\rho_v = 0.75\% > \lambda_v \frac{f_c}{f_{yv}} = 0.064 \times \frac{16.7}{270} = 0.40\%$$

且 $\rho_v > 0.4\%$，故符合要求。

④ 各轴柱非加密区箍筋配置：取非加密区箍筋间距 $s = 200$ mm，取箍筋直径 $d = 8$ mm，即仍采用表 3.54 柱受剪承载力计算的结果，而箍筋形状改为采用两个方向均为四肢箍的井字形复合箍。则该非加密区箍筋配置符合其体积配箍率不宜小于加密区 50% 的要求。

3.8.3　框架节点设计

1. 框架梁柱节点核芯区截面抗震验算

抗震设计时，一、二、三级框架的节点核芯区应进行抗震验算。经分析，本工程的不利节点是：受剪力最大的C轴柱首层顶部节点（即图 3.14 中节点 12），其次为C轴柱二层顶部节点（即图 3.14 中节点 13），因此选择这两个节点进行核芯区截面抗震验算。

（1）节点核芯区组合的剪力设计值计算

节点核芯区组合的剪力设计值应按式(2.92)计算。

① C 轴柱二层顶部节点（节点 13）

其中，$\eta_{jb} = 1.2$；$h_b = \frac{750 + 600}{2} = 675$ mm，$h_{b0} = 675 - 40 = 635$ mm，$a' = 60$ mm，$\sum M_b = M_{b左梁} + M_{b右梁} = 204.36 + 284.02 = 488.38$ kN·m；$H_c = 0.47 \times 3900 + 0.5 \times 3900 = 3783$ mm。各数值代入式(2.92)可求得：

$$V_j = \frac{\eta_{jb}\sum M_b}{h_{b0} - a'}\left(1 - \frac{h_{b0} - a'}{H_c - h_b}\right) = \frac{1.2 \times 488.38 \times 10^3}{635 - 60} \times \left(1 - \frac{635 - 60}{3783 - 675}\right) = 830.66 \text{ kN}$$

② C 轴柱首层顶部节点（节点 12）

其中，$\eta_{jb} = 1.2$；$h_b = \frac{750 + 600}{2} = 675$ mm，$h_{b0} = 675 - 40 = 635$ mm，$a' = 60$ mm，$\sum M_b = M_{b左梁} + M_{b右梁} = 283.37 + 328.44 = 611.81$ kN·m；$H_c = (1 - 0.55) \times 5300 + 0.5 \times 3900 = 4335$ mm。各数值代入式(2.92)可求得：

$$V_j = \frac{\eta_{jb}\sum M_b}{h_{b0} - a'}\left(1 - \frac{h_{b0} - a'}{H_c - h_b}\right) = \frac{1.2 \times 611.81 \times 10^3}{635 - 60} \times \left(1 - \frac{635 - 60}{4335 - 675}\right) = 1076.23 \text{ kN}$$

（2）节点核芯区剪压比的控制

为控制节点核芯区的剪压比，即控制节点的最小截面尺寸，其组合的剪力设计值应符合式(2.93)的要求。其中：$\gamma_{RE} = 0.85$，$\eta_j = 1.0$；核芯区截面有效验算宽度取 $b_j = b_c = 600$ mm，$h_j = 600$ mm；$f_c = 14.3$ N/mm^2。将各数值代入式(2.93)可求得：

$$0.3\eta_j f_c b_j h_j = 0.3 \times 1.0 \times 14.3 \times 600 \times 600 = 1544400 \text{ N} = 1544.4 \text{ kN}$$

① C 轴柱二层顶部节点（节点 13）

$\gamma_{RE} V_j = 0.85 \times 830.66 = 706.06 \text{ kN} < 0.3\eta_j f_c b_j h_j = 1544.4$ kN，故符合要求。

② C 轴柱首层顶部节点（节点 12）

$\gamma_{RE} V_j = 0.85 \times 1076.23 = 914.80 \text{ kN} < 0.3\eta_j f_c b_j h_j = 1544.4$ kN，故符合要求。

（3）节点核芯区截面受剪承载力验算

框架各节点核芯区的箍筋配置，均与柱箍筋加密区的相同。即：取箍筋间距 $s = 100$ mm，

取箍筋直径 $d=8\ \mathrm{mm}$，箍筋形状为两个方向均为四肢箍的井字形复合箍。

节点核芯区截面抗震受剪承载力应按式(2.97)验算。

① 二层顶部节点(节点13)

其中：$\eta_j=1.0$；相应的组合轴力 $N=341.55\ \mathrm{kN}(N<0.5f_cA_c=0.5\times14.3\times600\times600=2574000\ \mathrm{N}=2574\ \mathrm{kN})$；箍筋总截面面积 $A_{svj}=4\times50.3=201.2\ \mathrm{mm^2}$；$f_t=1.43\ \mathrm{N/mm^2}$，$f_{yv}=270\ \mathrm{N/mm^2}$。将各数值代入式(2.97)可求得：

$$1.1\eta_jf_tb_jh_j+0.05\eta_jN\frac{b_j}{b_c}+f_{yv}A_{svj}\frac{h_{b0}-a'}{s}$$

$$=1.1\times1.0\times1.43\times600\times600+0.05\times1.0\times341.55\times10^3\times\frac{600}{600}+$$

$$270\times201.2\times\frac{635-60}{100}$$

$$=895720\ \mathrm{N}=895.72\ \mathrm{kN}>\gamma_{RE}V_j=705.91\ \mathrm{kN}$$

故符合要求。

② 首层顶部节点(节点12)

式中：$\eta_j=1.0$；相应的组合轴力 $N=494.83\ \mathrm{kN}(N<0.5f_cA_c=0.5\times14.3\times600\times600=2574000\ \mathrm{N}=2574\ \mathrm{kN})$；箍筋总截面面积 $A_{svj}=4\times50.3=201.2\ \mathrm{mm^2}$；$f_t=1.43\ \mathrm{N/mm^2}$，$f_{yv}=270\ \mathrm{N/mm^2}$。将各数值代入式(2.97)可求得：

$$1.1\eta_jf_tb_jh_j+0.05\eta_jN\frac{b_j}{b_c}+f_{yv}A_{svj}\frac{h_{b0}-a'}{s}$$

$$=1.1\times1.0\times1.43\times600\times600+0.05\times1.0\times494.83\times10^3\times\frac{600}{600}+$$

$$270\times201.2\times\frac{635-60}{100}$$

$$=903384\ \mathrm{N}=903.38\ \mathrm{kN}<\gamma_{RE}V_j=915.00\ \mathrm{kN}$$

故不符合要求。若将此节点箍筋直径改为 $d=10\ \mathrm{mm}$，则 $A_{svj}=4\times78.5=314\ \mathrm{mm^2}$，箍筋间距和形状不变，重新验算得：

$$1.1\eta_jf_tb_jh_j+0.05\eta_jN\frac{b_j}{b_c}+f_{yv}A_{svj}\frac{h_{b0}-a'}{s}$$

$$=1.1\times1.0\times1.43\times600\times600+0.05\times1.0\times494.83\times10^3\times\frac{600}{600}+$$

$$270\times314\times\frac{635-60}{100}$$

$$=1078506\ \mathrm{N}=1078.51\ \mathrm{kN}>\gamma_{RE}V_j=915.00\ \mathrm{kN}$$

则符合要求。

为方便施工，现将B轴柱和C轴柱首层节点及其以下柱的箍筋直径统一改为 $d=10\ \mathrm{mm}$，而加密区、非加密区箍筋的间距和形状仍如前述不变。

2. 节点核芯区箍筋的抗震构造措施

节点核芯区箍筋的配置尚应符合抗震构造措施。依据第2章2.8.4节第3条所述，对于三级框架的要求是：框架节点核芯区箍筋的最大间距和最小直径宜按柱箍筋加密区的要求采用；核芯区的配箍特征值宜取 $\lambda_v=0.08$，且体积配箍率 ρ_v 不宜小于0.4%。核芯区箍筋的体积配箍率应按式(2.90)验算。

① B、C 轴柱首层顶部节点：

$$\rho_v = \frac{A_{sv1} l_k}{b_{cor} h_{cor} s} = \frac{78.5 \times [600-(20+5)\times 2]\times 4\times 2}{[600-(20+10)\times 2]^2 \times 100} = 1.18\%$$

$\rho_v = 1.18\% > \lambda_v \dfrac{f_c}{f_{yv}} = 0.08 \times \dfrac{16.7}{270} = 0.49\%$，且 $\rho_v > 0.4\%$，故符合要求。

② 其他节点：

$$\rho_v = \frac{A_{sv1} l_k}{b_{cor} h_{cor} s} = \frac{50.3 \times [600-(20+4)\times 2]\times 4\times 2}{[600-(20+8)\times 2]^2 \times 100} = 0.75\%$$

$\rho_v = 0.75\% > \lambda_v \dfrac{f_c}{f_{yv}} = 0.08 \times \dfrac{16.7}{270} = 0.49\%$，且 $\rho_v > 0.4\%$，故符合要求。

3.9　框架结构竖向截面详图的绘制

根据前文计算，本工程第 ④ 轴横向框架结构的竖向截面详图，如图 3.23 所示。

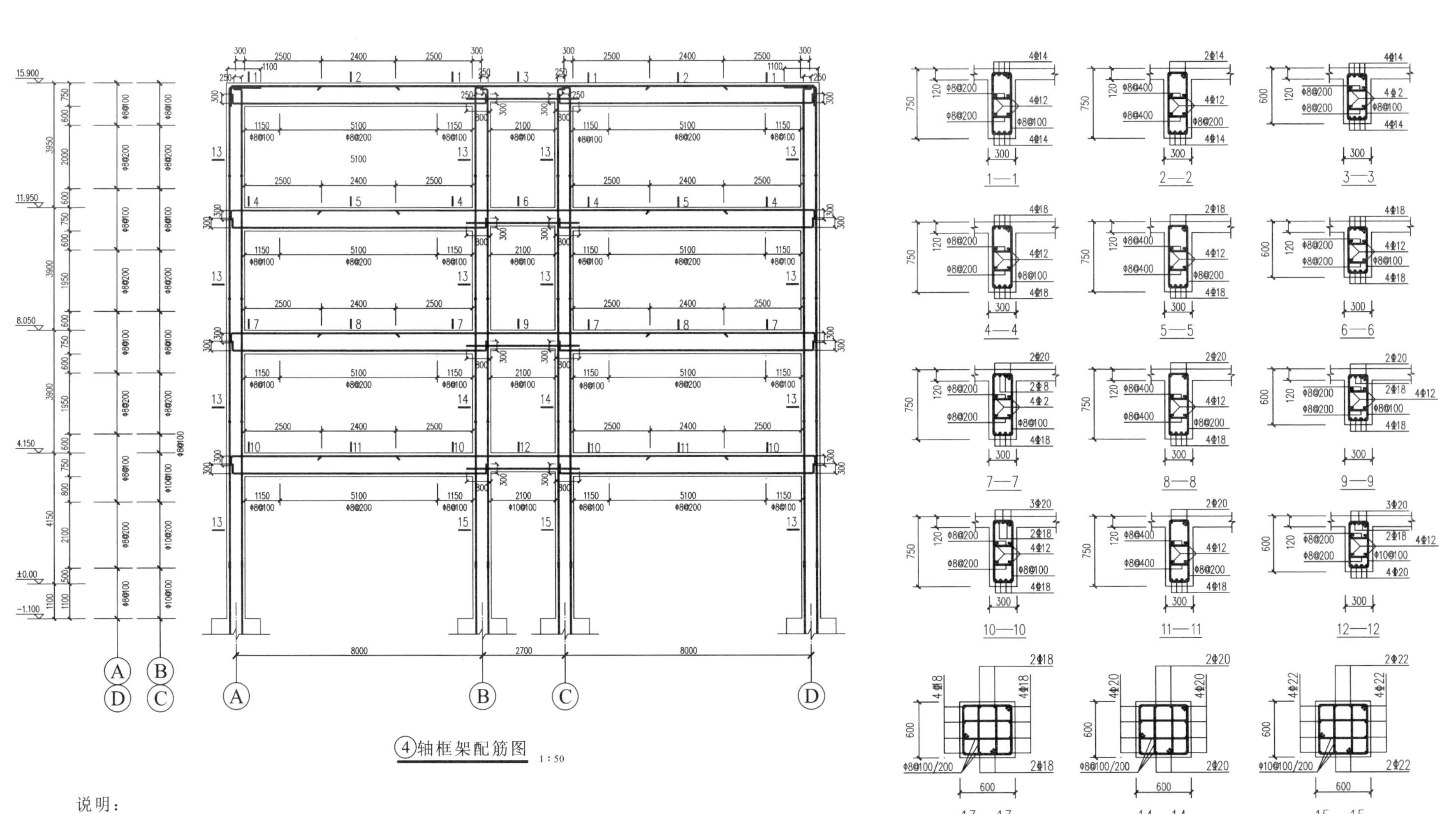

说明：

1.框架柱、梁及混凝土强度等级为C30。
2.框架梁、柱的纵筋为HRB400（Φ），箍筋为HPB300(φ)；板钢筋为HPB300(φ)。
3.框架梁、柱钢筋保护层厚度为20 mm，板钢筋保护层厚度为15 mm。

图3.23 ④轴框架竖向截面详图

4 混凝土剪力墙结构设计

采用钢筋混凝土墙体承受水平荷载的结构体系，称为剪力墙结构体系，在抗震设防地区，因其主要用于承受水平地震作用，故也称为抗震墙结构。剪力墙结构体系的抗侧移刚度大，结构的水平位移小，在地震作用下墙体的连梁具有很好的耗能性能，所以房屋的高度可很大；但是其结构自重大，建筑平面布置不灵活，难以获得较大的建筑空间。目前，剪力墙结构多用于高层住宅、旅馆等建筑。

4.1 结构方案选择

4.1.1 一般规定

1. 房屋最大适用高度和高宽比限值

根据我国现行行业标准《高层建筑混凝土结构技术规程》(JGJ 3—2010) 中的规定，剪力墙结构房屋适用的最大高度见表 4.1 和表 4.2，结构的高宽比限值见表 4.3。

表 4.1 A 级高度钢筋混凝土剪力墙结构最大适用高度

单位：m

结构形式	非抗震设计	抗震设防烈度				
		6 度	7 度	8 度		9 度
				0.20g	0.30g	
全部落地剪力墙	150	140	120	100	80	60
部分框支剪力墙	130	120	100	80	50	不应采用

注：① 部分框支剪力墙结构指地面以上有部分框支剪力墙的剪力墙结构；
② 甲类建筑，6、7、8 度时宜按本地区抗震设防烈度提高 1 度后符合本表的要求，9 度时应专门研究；
③ 9 度抗震设防时，当房屋高度超过本表数值时，结构设计应有可靠依据，并采取有效的加强措施。

表 4.2 B 级高度钢筋混凝土剪力墙结构最大适用高度

单位：m

结构形式	非抗震设计	抗震设防烈度			
		6 度	7 度	8 度	
				0.20g	0.30g
全部落地剪力墙	180	170	150	130	110
部分框支剪力墙	150	140	120	100	80

注：① 部分框支剪力墙结构指地面以上有部分框支剪力墙的剪力墙结构；
② 甲类建筑，6、7 度时宜按本地区抗震设防烈度提高 1 度后符合本表的要求，8 度时应专门研究；
③ 当房屋高度超过本表数值时，结构设计应有可靠依据，并采取有效的加强措施。

表 4.3　钢筋混凝土高层建筑结构适用的最大高宽比

结构体系	非抗震设计	抗震设计		
		6 度、7 度	8 度	9 度
剪力墙结构	7	6	5	4

需要注意的是，在复杂体型的高层建筑中，很难确定如何计算高宽比。一般情况下，可按所考虑方向的最小投影宽度计算高宽比，但对突出建筑物平面很小的局部结构（如楼梯间、电梯间等），一般不应包含在计算宽度内；对不宜采用最小投影宽度计算高宽比的情况，应由设计人员根据实际情况确定合理的计算方法；对带有裙房的高层建筑，当裙房的面积和刚度相对于其上部塔楼的面积和刚度均较大时，计算高宽比时的房屋高度和宽度可按裙房以上塔楼部分考虑。

2. 剪力墙结构的抗震等级

抗震设计时，钢筋混凝土剪力墙结构应根据设防类别、烈度、结构类型和房屋高度采用不同的抗震等级，并应符合相应的计算和构造措施要求。抗震等级的高低，体现了对结构抗震性能要求的严格程度。A 级高度、B 级高度丙类建筑结构的抗震等级应分别按表 4.4、表 4.5 确定。当设防烈度为 9 度时，A 级高度乙类建筑的抗震等级应按特一级采用，甲类建筑应采取更有效的抗震措施。

表 4.4　A 级高度的丙类建筑剪力墙结构抗震等级

结构类型		烈度						
		6 度		7 度		8 度		9 度
剪力墙结构	高度 /m	≤ 80	> 80	≤ 80	> 80	≤ 80	> 80	≤ 60
	剪力墙	四	三	三	二	二	一	一
部分框支剪力墙结构	非底部加强部位的剪力墙	四	三	三	二	二		
	底部加强部位的剪力墙	三	二	二	一	一		
	框支框架	二		二	一	一		

注：接近或等于高度分界时，应结合房屋不规则程度及场地、地基条件适当确定抗震等级。

表 4.5　B 级高度的丙类建筑剪力墙结构抗震等级

结构类型		烈度		
		6 度	7 度	8 度
剪力墙结构	剪力墙	二	一	一
部分框支剪力墙结构	非底部加强部位的剪力墙	二	一	一
	底部加强部位的剪力墙	一	一	特一
	框支框架	一	特一	特一

抗震设计时，剪力墙底部加强部位的范围，应符合下列规定：

① 底部加强部位的高度，应从地下室顶板算起；

② 底部加强部位的高度可取底部两层高度和墙体总高度的$\frac{1}{10}$二者中的较大值，部分框支剪力墙结构底部加强部位的高度应符合《高层建筑混凝土结构技术规程》(JGJ 3—2010) 第10.2.2 条的规定；

③ 当结构计算嵌固端位于地下一层底板或以下时，底部加强部位宜延伸到计算嵌固端。

各抗震设防类别的剪力墙结构，其抗震措施应符合下列要求：

① 甲类、乙类建筑：应按本地区抗震设防烈度提高 1 度的要求加强其抗震措施，但抗震设防烈度为 9 度时应按比 9 度更高的要求采取抗震措施；当建筑场地为 Ⅰ 类时，应允许仍按本地区抗震设防烈度的要求采取抗震构造措施。

② 丙类建筑：应按本地区抗震设防烈度确定其抗震措施；当建筑场地为 Ⅰ 类时，除 6 度外，应允许按本地区抗震设防烈度降低 1 度的要求采取抗震构造措施。

③ 当建筑场地为 Ⅲ、Ⅳ 类时，对设计基本地震加速度为 $0.15g$ 和 $0.30g$ 的地区，宜分别按抗震设防烈度 8 度($0.20g$) 和 9 度($0.40g$) 时各类建筑的要求采取抗震构造措施。

④ 抗震设计的高层建筑，当地下室顶层作为上部结构的嵌固端时，地下一层相关范围的抗震等级应按上部结构采用，地下一层以下抗震构造措施的抗震等级可逐层降低一级，但不应低于四级；地下室中超出上部主楼相关范围且无上部结构的部分，其抗震等级可根据具体情况采用三级或四级。

⑤ 抗震设计时，与主楼连为整体的裙房的抗震等级，除应按裙房本身确定外，相关范围不应低于主楼的抗震等级；主楼结构在裙房顶板上、下各一层应适当加强抗震构造措施。

3. 水平承重结构的选择

剪力墙结构房屋的楼盖结构应满足下列基本要求：

① 房屋高度超过 50 m 时，宜采用现浇楼盖结构。

② 房屋高度不超过 50 m 时，8、9 度抗震设计时宜采用现浇楼盖结构；6、7 度抗震设计时可采用装配整体式楼盖，且应符合现行行业标准《装配式混凝土结构技术规程》(JGJ 1—2014) 的相关规定。

③ 房屋的顶层、结构转换层、大底盘多塔楼结构的底盘顶层、平面复杂或开洞过大的楼层、作为上部结构嵌固部位的地下室楼层，应采用现浇楼盖结构。一般楼层现浇楼板厚度不应小于 80 mm，当板内预埋暗管时不宜小于 100 mm；顶层楼板厚度不宜小于 120 mm，宜双层双向配筋；转换层楼板应符合《高层建筑混凝土结构技术规程》的规定；普通地下室顶板厚度不宜小于 160 mm；作为上部结构嵌固部位的地下室楼层的顶楼盖应采用梁板结构，楼板厚度不宜小于 180 mm，应采用双层双向配筋，且每层每个方向的配筋率不宜小于 0.25%。

④ 现浇预应力混凝土楼板厚度可按跨度的$\frac{1}{50}\sim\frac{1}{45}$采用，且不宜小于 150 mm。

4. 剪力墙结构基础的选型

基础是建筑结构的重要组成部分，它将上部结构传来的巨大荷载传递给地基。剪力墙结构基础形式选择的适当与否，不仅关系到结构的安全，而且对房屋的造价、施工难易程度等都有重大影响。因此，在确定基础形式时，应对上部结构和地基勘测资料进行认真研究，对多个基础方案进行比较,在保证建筑物不致发生过量沉降或倾斜,并满足正常使用要求的前提下,还应注意与相邻建筑物及地下设施的相互影响,确保结构的安全。

常用剪力墙结构的基础形式及其适用范围如下:

① 交叉梁基础:适用于层数不多、土质一般的剪力墙结构。

② 筏形基础:适用于层数不多、土质较差,或层数较多、土质较好的剪力墙结构。

③ 箱形基础:适用于层数较多、土质较差的剪力墙结构。

④ 桩基础:适用于土质较差、地基持力层较深的剪力墙结构。

⑤ 复合基础:适用于层数较多、土质较差的剪力墙结构。

5. 剪力墙厚度及材料强度的选定

剪力墙的厚度和混凝土强度等级一般根据结构的刚度和承载力要求确定,对于有抗震设防要求的剪力墙,其在底部加强部位的厚度宜适当增大。剪力墙底部加强部位的高度可取墙肢总高度的$\frac{1}{10}$和底部二层高度两者中的较大值。

剪力墙的截面厚度及尺寸应满足下列最低要求,同时应符合《高层建筑混凝土结构技术规程》附录 D 的墙体稳定验算要求。

① 按一级、二级抗震等级设计的剪力墙的截面厚度,底部加强部位不宜小于层高或剪力墙无支长度的$\frac{1}{16}$,且不应小于 200 mm;其他部位不宜小于层高或剪力墙无支长度的$\frac{1}{20}$,且不应小于 160 mm。当为无端柱或翼墙的一字形独立剪力墙时,底部加强部位截面厚度不宜小于层高的$\frac{1}{12}$,且不应小于 220 mm;其他部位不宜小于层高的$\frac{1}{16}$,且不应小于 180 mm。墙肢的支承来自于楼板和与该墙肢垂直相交的墙肢,当墙肢层高大于墙肢的支承距离时,可由支承长度决定墙肢的最小厚度,同样能达到提供足够的出平面外刚度的目的。

② 按三级、四级抗震等级设计的剪力墙截面厚度,底部加强部位不宜小于层高或剪力墙无支长度的$\frac{1}{20}$,且不应小于 160 mm;其他部位不宜小于层高或剪力墙无支长度的$\frac{1}{25}$,且不应小于 140 mm。一字形独立剪力墙的底部加强部位截面厚度不宜小于层高的$\frac{1}{16}$,且不应小于 180 mm;其他部位不宜小于层高的$\frac{1}{20}$。

③ 非抗震设计的剪力墙,其截面厚度不宜小于层高或剪力墙无支长度的$\frac{1}{25}$,且不应小于 160 mm。

④ 剪力墙井筒中,分隔电梯井或管道井的墙肢截面厚度可适当减小,但不宜小于 160 mm。

⑤ 抗震等级为一、二级剪力墙的洞口连梁,跨高比不宜大于 5,且梁截面高度不宜小于 400 mm。

对墙肢最小厚度及多排配筋的要求,主要是使墙肢有较大的出平面外刚度和出平面外抗弯承载力。

剪力墙结构的混凝土强度等级，不应低于C20；带有筒体和短肢剪力墙的剪力墙结构的混凝土强度等级，不应低于C25。

4.1.2　结构布置

1. 墙体承重方案

(1) 小开间横墙承重

该方案是每开间设置一道钢筋混凝土承重横墙，间距为2.7～3.9 m，横墙上搁置预制空心板。这种方案适用于住宅、旅馆等在使用上要求小开间的建筑。其优点是：可一次完成所有墙体的施工，省去砌筑隔墙的工作量；采用短向楼板，可节约钢筋等。但此种方案的横墙数量多，墙体的承载能力未被充分利用；建筑平面布置不灵活；结构自重及侧向刚度大，自振周期短，水平地震作用较大。

(2) 大开间横墙承重

该方案是每两开间设置一道钢筋混凝土承重横墙，间距一般为6～8 m。楼盖多采用现浇钢筋混凝土梁式板或无黏结预应力混凝土平板。其优点是：建筑平面布置灵活，使用空间大；结构自重较轻，基础费用相对较少；横墙配筋率适当，结构延性增加。但这种方案的楼盖跨度大，楼盖材料增多。

(3) 大间距纵、横墙承重

该方案仍是每两开间设置一道钢筋混凝土承重横墙，间距为8 m左右。楼盖或采用钢筋混凝土双向板，或在每两道横墙之间布置一根进深梁，梁支承于纵墙上，形成纵、横墙混合承重结构。

从使用功能、结构受力性能、技术经济指标等方面来看，大开间剪力墙(间距为6.0～7.2 m)的方案比小开间剪力墙(间距为3.0～3.9 m)的方案优越。以高层住宅为例，小开间剪力墙的墙截面面积占楼面面积的8%～10%，而大开间剪力墙可降至6%～7%，减少了材料用量，而且增大了建筑使用面积。

2. 剪力墙的平面和竖向布置

① 剪力墙平面布置宜简单、规则，宜沿两个主轴方向或其他方向双向布置，且宜拉通对齐。两个方向剪力墙的侧向刚度不宜相差过大，且宜分别连接在一起，避免仅单向有墙的结构布置。当剪力墙双向布置且相互连接时，纵墙(横墙)可以作为横墙(纵墙)的翼缘，从而提高其承载力和刚度。

② 剪力墙宜自下向上连续布置，不宜突然中断，避免结构刚度突变。

③ 剪力墙的门窗洞口宜上下对齐、成列布置，形成明确的墙肢和连梁；宜避免造成墙肢宽度悬殊的洞口设置。抗震设计时，一、二、三级抗震等级剪力墙的底部加强部位不宜采用上下洞口不对齐的错洞墙，如图4.1(a)所示，全高均不宜采用洞口局部重叠的叠合错洞墙，如图4.1(b)所示。当必须采用错洞墙时，洞口错开距离不宜小于2 m。为避免剪力墙墙肢的刚度不均匀、墙肢过弱，要求

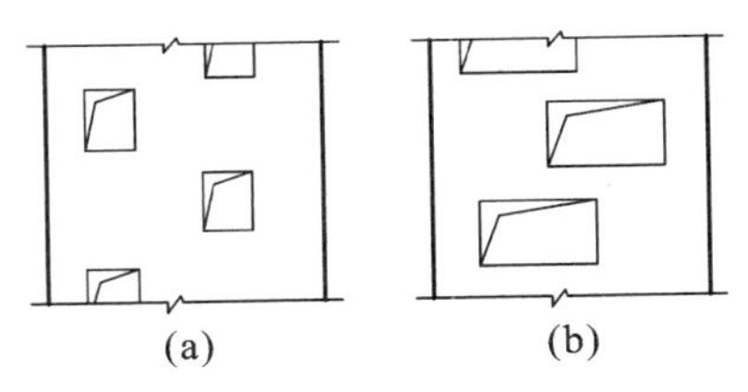

图4.1　错洞墙与叠合错洞墙示意

(a) 错洞墙；(b) 叠合错洞墙

墙肢截面高度与厚度之比不宜小于 4。

④ 为了避免剪力墙发生脆性破坏，剪力墙不宜过长，较长的剪力墙宜开设洞口，将其分成长度较均匀的若干墙段，墙段之间宜采用跨高比不小于 6 的连梁连接，每个独立墙段的高度与墙段长度之比不宜小于 3，墙段长度不宜大于 8 m。

⑤ 跨高比小于 5 的连梁应按《高层建筑混凝土结构技术规程》中的有关规定设计，跨高比不小于 5 的连梁宜按框架梁设计。

⑥ 楼面梁不宜支承在剪力墙或核心筒的连梁上。

⑦ 当剪力墙或核心筒墙肢与其平面外相交的楼面梁刚接时，可沿楼面梁轴线方向设置与梁相连的剪力墙、扶壁柱或在墙内设置暗柱，并应符合下列规定：

a. 设置沿楼面梁轴线方向与梁相连的剪力墙时，墙的厚度不宜小于梁的截面宽度。

b. 设置扶壁柱时，其截面宽度不应小于梁宽，其截面高度可计入墙厚。

c. 墙内设置暗柱时，暗柱的截面高度可取墙的厚度，暗柱的截面宽度可取梁的宽度加 2 倍墙厚。

d. 应通过计算确定暗柱或扶壁柱的纵向钢筋（或型钢），纵向钢筋的总配筋率不宜小于表 4.6 的规定。

表 4.6　暗柱、扶壁柱纵向钢筋的总配筋率

设计状况	抗震设计				非抗震设计
	一级	二级	三级	四级	
配筋率/%	0.9	0.7	0.6	0.5	0.5

注：采用 400 MPa、335 MPa 级钢筋时，表中数值宜分别增加 0.05 和 0.10。

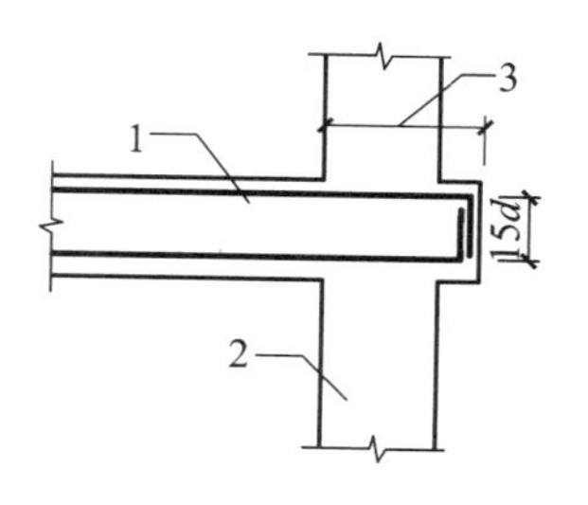

图 4.2　楼面梁伸出墙面形成梁头

1— 楼面梁；2— 剪力墙；
3— 楼面梁钢筋锚固水平投影长度

e. 楼面梁的水平钢筋应伸入剪力墙或扶壁柱，伸入长度应符合钢筋锚固要求。钢筋锚固段的水平投影长度，非抗震设计时不宜小于 $0.4l_{ab}$，抗震设计时不宜小于 $0.4l_{abE}$；当锚固段的水平投影长度不满足要求时，可将楼面梁伸出墙面形成梁头，梁的纵筋伸入梁头后弯折锚固，如图 4.2 所示，也可采取其他可靠的锚固措施。

f. 暗柱或扶壁柱应设置箍筋。箍筋直径，一、二、三级时不应小于 8 mm，四级及非抗震设计时不应小于 6 mm，且均不应小于纵向钢筋直径的 $\frac{1}{4}$；箍筋间距，一、二、三级时不应大于 150 mm，四级及非抗震设计时不应大于 200 mm。

⑧ 当墙肢的截面高度与厚度之比不大于 4 时，宜按框架柱进行截面设计。

⑨ 抗震设计时，高层建筑结构不应全部采用短肢剪力墙；B 级高度高层建筑以及抗震设防烈度为 9 度的 A 级高度高层建筑，不宜布置短肢剪力墙，不应采用具有较多短肢剪力墙的剪力墙结构。当采用具有较多短肢剪力墙的剪力墙结构时，应符合下列规定：

a. 在规定的水平地震作用下，短肢剪力墙所承担的底部倾覆力矩不宜大于结构底部总地震倾覆力矩的50%。

b. 房屋适用高度应比表4.1规定的剪力墙结构的最大适用高度适当降低，7度、8度(0.20g)和8度(0.30g)时分别不应大于100 m、80 m和60 m。

短肢剪力墙是指截面厚度不大于300 mm、各肢截面高度与厚度之比的最大值大于4但不大于8的剪力墙。具有较多短肢剪力墙的剪力墙结构是指在规定的水平地震作用下，短肢剪力墙所承担的底部倾覆力矩不小于结构底部总地震倾覆力矩的30%的剪力墙结构。

4.2　剪力墙结构分析

4.2.1　剪力墙的分类、受力特点及分类界限

1. 剪力墙的分类及受力特点

(1) 按墙肢截面长度与宽度之比分类

矩形截面墙肢尺寸如图4.3所示，常见异形柱截面形式(柱宽即为墙厚)如图4.4所示。

① 当$\frac{h_w}{b_w} > 8$时，按普通剪力墙计算；

② 当$4 < \frac{h_w}{b_w} \leqslant 8$时，按短肢剪力墙计算；

③ 当$3 < \frac{h_w}{b_w} \leqslant 4$时，按超短肢剪力墙计算；

④ 当$\frac{h_w}{b_w} \leqslant 3$时，按柱形墙肢计算。

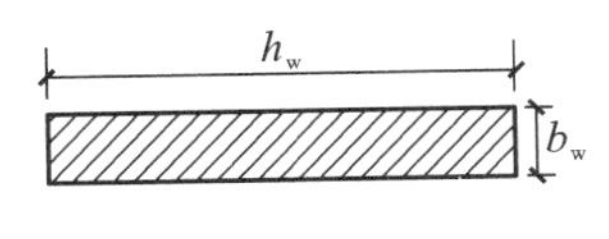

图4.3　墙肢截面示意

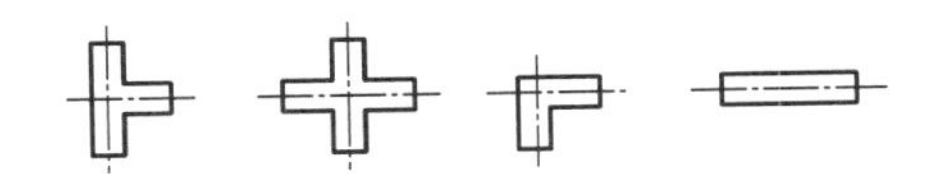

图4.4　常见异形柱截面形式

(2) 按墙面开洞情况分类

① 整截面剪力墙(又称整体墙)。不开洞的墙，或开洞面积不大于15%，且洞口间净距及洞口至墙边距离大于洞口长边尺寸时，可以忽略洞口的影响，此类墙称为整截面剪力墙，如图4.5所示。其受力特点是：墙肢如同一个整体的悬臂墙，在墙肢的整个高度上，弯矩图既无突变，也无反弯点；剪力墙的变形以弯曲型为主。

② 整体小开口剪力墙。当剪力墙的开洞面积大于15%但仍较小，或洞口间净距及洞口至墙边净距不大于洞口长边尺寸时，称为整体小开口剪力墙，如图4.6所示。其受力特点是：洞口对墙的受力变形有一定影响，墙肢的弯矩图在连梁处发生突变，但在整个墙肢高度上没有或仅仅在个别楼层中才出现反弯点；整个剪力墙的变形仍以弯曲型为主。

③ 双肢及多肢剪力墙(又称连肢墙)。当剪力墙的开洞面积较大、洞口成列布置时，称为双肢或多肢剪力墙，如图4.7所示。其受力特点与整体小开口剪力墙的受力特点相似。

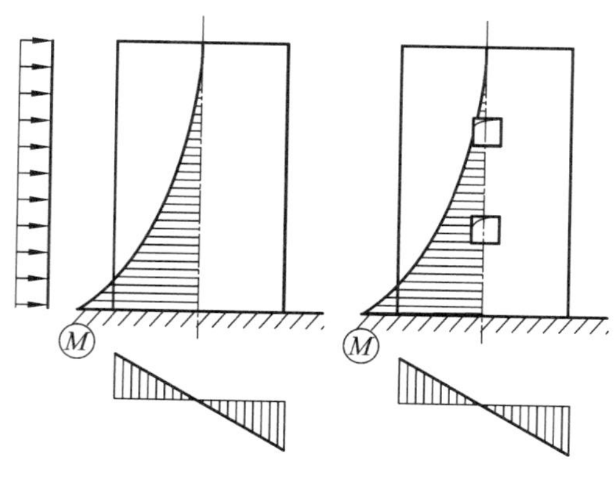

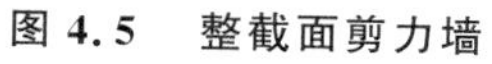

图 4.5　整截面剪力墙

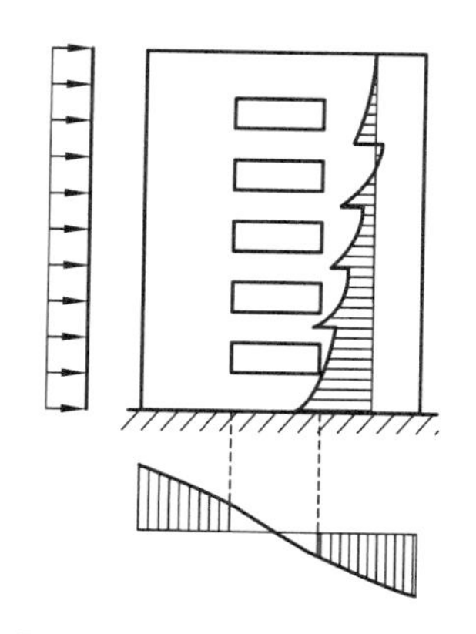

图 4.6　整体小开口剪力墙

④ 壁式框架。当剪力墙的洞口尺寸大、连梁线刚度大于或接近墙肢线刚度时，称为壁式框架，如图 4.8 所示。其受力特点是：墙肢的弯矩图在楼层处有突变，而且在大多数楼层中都出现反弯点；整个剪力墙的变形以剪切型为主，与框架的受力相似。

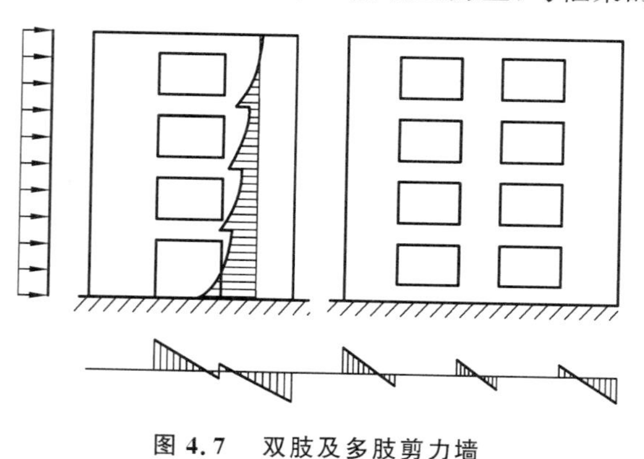

图 4.7　双肢及多肢剪力墙

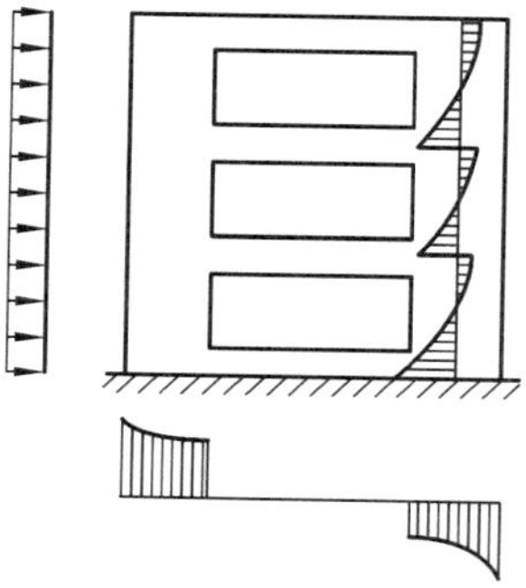

图 4.8　壁式框架

2. 剪力墙类型的判别方法

整体小开口墙、连肢墙和壁式框架的分类界限，可根据整体性系数、墙肢惯性矩的比值以及楼层层数确定。

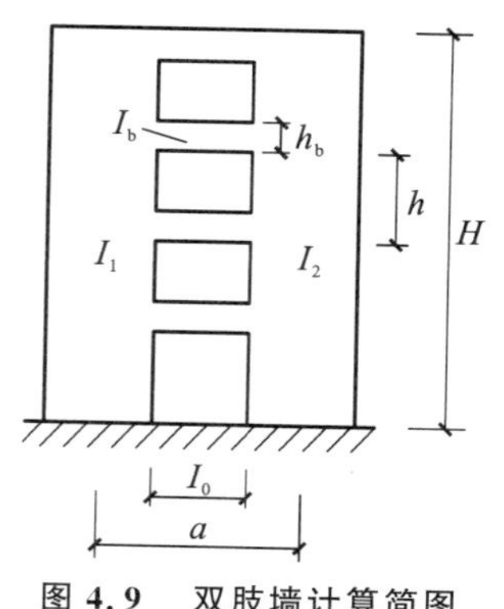

图 4.9　双肢墙计算简图

(1) 整体性系数 α

整体性系数，也称连梁与墙肢刚度比，是表示连梁与墙肢刚度相对大小的一个系数。双肢墙和多肢墙的整体性系数 α，分别按式(4.1) 和式(4.2) 计算，图 4.9 为双肢墙计算简图。

双肢墙

$$\alpha = H\sqrt{\frac{12I_b a^2}{h(I_1 + I_2)l_b^3} \cdot \frac{I}{I_n}} \tag{4.1}$$

多肢墙

$$\alpha = H\sqrt{\frac{12}{Th\sum_{j=1}^{m} I_j}\sum_{j=1}^{m}\frac{I_{bj}a_j^2}{l_{bj}^3}} \tag{4.2}$$

式中　T—— 考虑墙肢轴向变形的影响系数，$T = \sum_{i=1}^{m+1} \frac{A_i y_i}{I}$，当墙肢数为 3 ～ 4 肢时取 0.8，5 ～7 肢时取 0.85，8 肢以上取 0.9；

I—— 剪力墙对组合截面形心的惯性矩；

a, a_j—— 双肢墙洞口、多肢墙第 j 列洞口两侧墙肢轴线间的距离；

I_n—— 扣除墙肢惯性矩后剪力墙的惯性矩，I_n 按式(4.3) 计算；

I_1, I_2—— 墙肢 1、墙肢 2 的截面惯性矩；

I_b—— 双肢墙连梁的折算惯性矩，$I_b = \dfrac{I_{b0}}{1 + \dfrac{30\mu I_{b0}}{A_b l_b^2}}$；

I_j—— 第 j 列墙肢的截面惯性矩；

I_{bj}—— 第 j 列连梁的折算惯性矩，$I_{bj} = \dfrac{I_{bj0}}{1 + \dfrac{30\mu I_{bj0}}{A_{bj} l_{bj}^2}}$；

A_b, A_{bj}—— 双肢墙连梁和多肢墙第 j 列连梁的截面面积；

I_{b0}, I_{bj0}—— 双肢墙连梁和多肢墙第 j 列连梁的截面惯性矩(刚度不折减时)；

l_b, l_{bj}—— 双肢墙连梁计算跨度和多肢墙第 j 列连梁的计算跨度，取洞口宽度加上梁高的一半；

h—— 层高；

H—— 剪力墙的总高度；

μ—— 截面剪应力分布不均匀系数，矩形截面 $\mu = 1.2$，I 形截面取 $\mu = \dfrac{\text{截面全面积}}{\text{腹板截面面积}}$，T 形截面 μ 按表 4.7 取值。

表 4.7　T 形截面剪应力分布不均匀系数 μ

$\frac{h_w}{t}$	$\frac{b_f}{t}$					
	2	4	6	8	10	12
2	1.384	1.496	1.521	1.511	1.483	1.445
4	1.441	1.876	2.287	2.682	3.061	3.424
6	1.362	1.097	2.033	2.367	2.698	3.026
8	1.313	1.572	1.838	2.105	2.374	2.641
10	1.283	1.489	1.707	1.927	2.148	2.370
12	1.264	1.432	1.614	1.800	1.988	2.178
15	1.245	1.374	1.519	1.669	1.820	1.973
20	1.228	1.317	1.422	1.534	1.648	1.763
30	1.214	1.264	1.328	1.399	1.473	1.549
40	1.208	1.240	1.284	1.334	1.387	1.442

注：b_f 为翼缘有效宽度；t 为腹板厚度；h_w 为剪力墙截面高度。

整体性系数 α 越大，说明连梁的相对刚度越大，剪力墙的整体性越好，从而使剪力墙的侧向刚度增大，侧移减小；同时，墙肢的整体弯矩占总抵抗弯矩的比例加大，局部弯矩所占比例减小。

(2) 墙肢惯性矩比值$\frac{I_n}{I}$

虽然整体性系数 α 越大，说明剪力墙的整体性越好，但这样的剪力墙可能是整体小开口墙，也可能是壁式框架。因为后者梁的线刚度大于柱的线刚度，其 α 值很大，结构整体性也较好，但它的受力特点与框架相同。因此，除应根据 α 值进行剪力墙分类判别外，还应判别沿高度方向墙肢弯矩图是否会出现反弯点。

墙肢是否会出现反弯点，与墙肢惯性矩的比值$\frac{I_n}{I}$、整体性系数 α 和楼层层数 n 等多种因素有关。I_n 可按式(4.3)计算：

$$I_n = I - \sum_{j=1}^{m+1} I_j \tag{4.3}$$

$\frac{I_n}{I}$ 值反映了剪力墙截面削弱的程度。$\frac{I_n}{I}$ 值大，说明截面削弱较多，洞口较宽，墙肢相对较弱；当$\frac{I_n}{I}$ 增大到某一值时，墙肢表现出框架的受力特点，即沿高度方向出现反弯点。因此，通常将$\frac{I_n}{I}$ 与其限值 ζ 的关系式作为剪力墙分类的第二个判别式。

系数 ζ 的数值，根据整体性系数 α 及楼层层数 n 按表 4.8 取用。

表 4.8　系数 ζ 的数值

α	层数 n 对应的 ζ 值					
	8	10	12	16	20	≥30
10	0.886	0.948	0.975	1.000	1.000	1.000
12	0.866	0.924	0.950	0.994	1.000	1.000
14	0.853	0.908	0.934	0.978	1.000	1.000
16	0.844	0.896	0.923	0.964	0.988	1.000
18	0.836	0.888	0.914	0.952	0.978	1.000
20	0.831	0.880	0.906	0.945	0.970	1.000
22	0.827	0.875	0.901	0.940	0.965	1.000
24	0.824	0.871	0.897	0.936	0.960	0.989
26	0.822	0.867	0.894	0.932	0.955	0.986
28	0.820	0.864	0.890	0.929	0.952	0.982
≥30	0.818	0.861	0.887	0.926	0.950	0.979

(3) 剪力墙分类的判别

① 当剪力墙无洞口，或虽有洞口但洞口面积与墙面面积之比不大于 15%，且洞口间净距及洞口边至墙边距离大于洞口长边尺寸时，按整截面剪力墙计算。

② 当 $\alpha<1$ 时，可不考虑连梁的约束作用，各墙肢分别按独立的悬臂墙计算。

③ 当 $1\leqslant\alpha<10$ 时，按连肢剪力墙计算。

④ 当 $\alpha\geqslant10$，且 $\dfrac{I_n}{I}\leqslant\zeta$ 时，按整体小开口剪力墙计算。

⑤ 当 $\alpha\geqslant10$，且 $\dfrac{I_n}{I}>\zeta$ 时，按壁式框架计算。

4.2.2　剪力墙的有效翼缘宽度

(1) 计算剪力墙的内力与位移时，可以考虑纵、横墙的共同工作，如图 4.10 所示。其有效翼缘宽度 b_f 之值可按表 4.9 计算，取表中最小值。

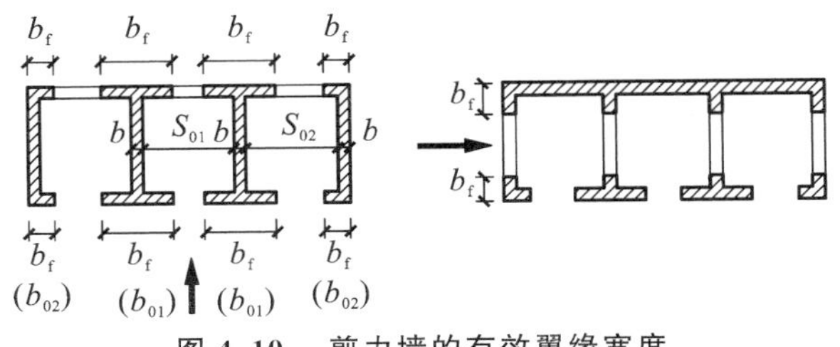

图 4.10　剪力墙的有效翼缘宽度

表 4.9　剪力墙有效翼缘宽度计算

考虑方式	截面形式	
	T 形或 I 形	L 形或[形
按剪力墙间距	$b+\dfrac{S_{01}}{2}+\dfrac{S_{02}}{2}$	$b+\dfrac{S_{02}}{2}$
按翼缘厚度	$b+12h_f$	$b+6h_f$
按总高度	$\dfrac{H}{10}$	$\dfrac{H}{20}$
按门窗洞口	b_{01}	b_{02}

(2) 在双十字形和井字形平面的建筑中，当核心墙各墙段轴线的错开距离 a 不大于实体连接墙厚度的 8 倍，且不大于 2.5 m 时，如图 4.11(a) 所示，整体墙可以作为整体平面剪力墙考虑，但计算所得的内力应乘以增大系数 1.2，等效刚度应乘以折减系数 0.80。

(3) 当折线形剪力墙各墙段的总转角不大于 15° 时，如图 4.11(b) 所示，可作为平面剪力墙考虑。

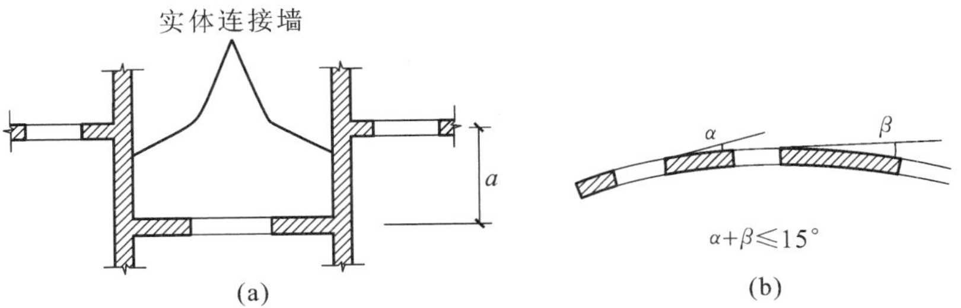

图 4.11　井字形墙和折线形墙示意图

(a) 井字形墙；(b) 折线形墙

4.3　剪力墙结构在竖向荷载作用下的内力计算方法

作用在剪力墙结构上的竖向荷载，若通过楼板直接传递到墙上，可以认为竖向荷载在两个方向的墙内均匀分布；竖向荷载若通过楼面梁传递到墙上，梁端剪力作用于墙身，在梁底截面以上为集中荷载（应验算墙体局部受压承载力），在梁底截面以下可按 45° 扩散角均匀扩散至墙身，对下层墙身的作用则可按均布荷载考虑。一片剪力墙所承受的竖向荷载应包括该剪力墙平面计算单元范围内的竖向荷载及剪力墙的自重。因此，根据楼（屋）盖结构布置及平面尺寸的不同，作用在剪力墙上的竖向荷载可能为均布荷载、梯形分布荷载、三角形分布荷载或集中荷载。

1. 整截面剪力墙的内力计算

对于整截面剪力墙，计算截面的轴力为该截面以上全部竖向荷载之总和。

2. 整体小开口剪力墙的内力计算

对于整体小开口剪力墙，每层传给各墙肢的竖向荷载应按图 4.12 所示范围进行分配及计算，j 列墙肢的轴力应为该墙肢计算截面以上全部竖向荷载之总和。

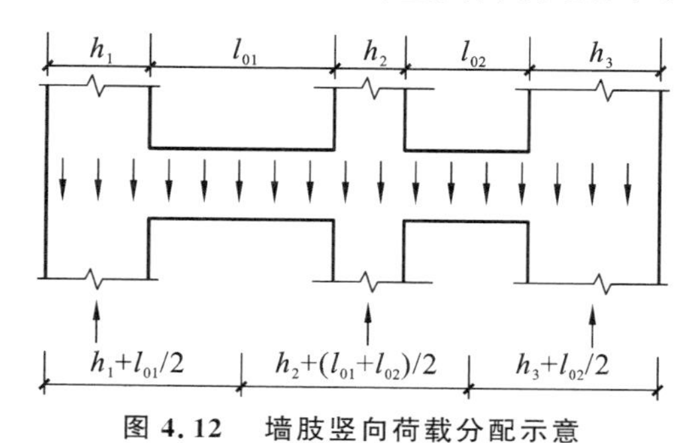

图 4.12　墙肢竖向荷载分配示意

3. 连肢墙的内力计算

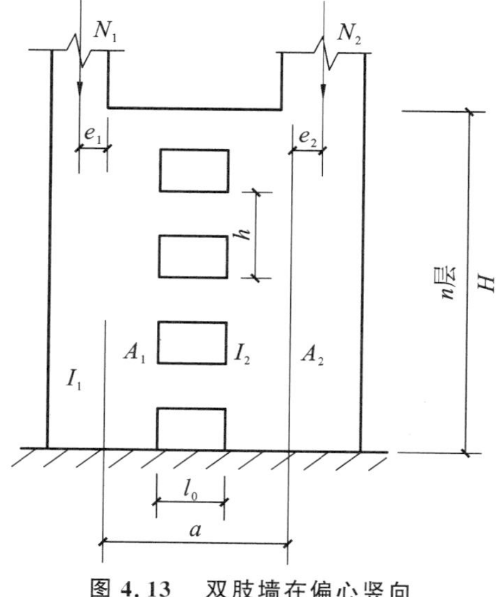

图 4.13　双肢墙在偏心竖向荷载作用下的计算简图

（1）连肢墙在无偏心竖向荷载作用下

连肢墙在无偏心竖向荷载作用下，墙肢轴力的计算方法与整体小开口墙相同，但应计算竖向荷载在连梁中产生的弯矩和剪力，此时可近似按两端固定的梁计算连梁的弯矩和剪力。

（2）双肢墙在偏心竖向荷载作用下

双肢墙在偏心竖向荷载作用下的内力，按下列公式计算，公式中引入沿其高度 z 的无量纲参数 ξ，$\xi=\dfrac{z}{H}$，图 4.13 为双肢墙在偏心竖向荷载作用下的计算简图。

① 墙肢内力：

$$M_j=\frac{IH}{(I_1+I_2)h}[(1-\xi)(p_1e_1+p_2e_2-k_0S\eta_1)] \tag{4.4}$$

$$N_j = \frac{H}{h}[-p_j(1-\xi) \pm k_0 \eta_1] \quad (j=1,2) \tag{4.5}$$

$$k_0 = \frac{S}{I}\left[p_2\left(-e_2 + \frac{I_1+I_2}{aA_2}\right) - p_1\left(e_1 + \frac{I_1+I_2}{aA_1}\right)\right] \tag{4.6}$$

式中　M_j, N_j—— 第 j 肢墙的弯矩、轴力；

I—— 双肢墙的组合截面惯性矩；

p_1, p_2—— 在墙肢 1、墙肢 2 上每层作用的平均竖向荷载，$p_1 = \frac{N_1}{n}$，$p_2 = \frac{N_2}{n}$；

e_1, e_2——p_1、p_2 的偏心矩；

A_1, A_2—— 墙肢 1、墙肢 2 的截面面积；

a—— 两墙肢轴线间距离；

H—— 双肢墙总高度；

h—— 双肢墙层高；

S—— 双肢墙对组合截面形心的面积矩，$S = \frac{aA_1A_2}{A_1+A_2}$；

η_1—— 系数，偏心竖向荷载作用下的 η_1 值可由图 4.14 查得。

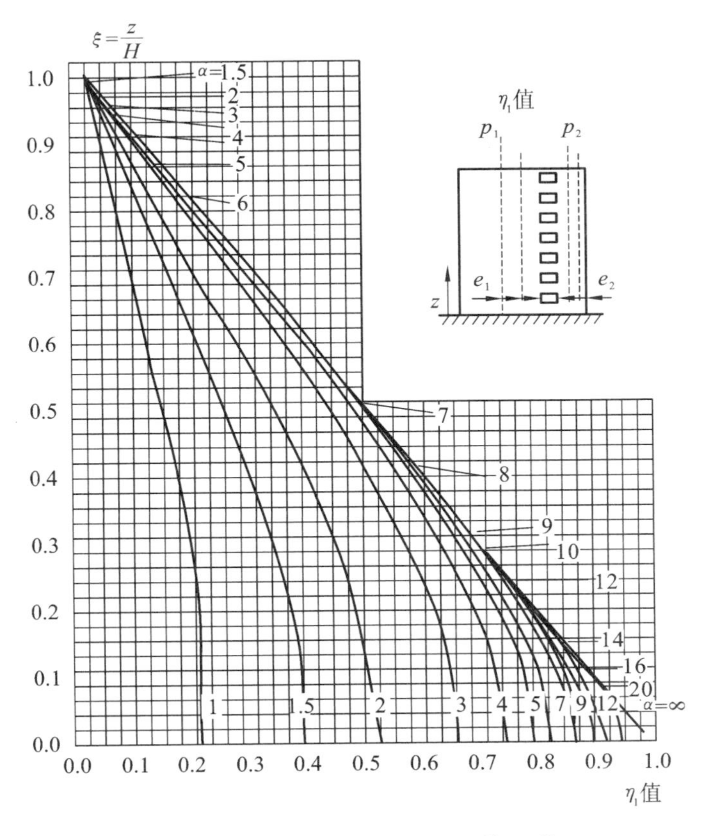

图 4.14　偏心竖向荷载作用下的 η_1 值

② 连梁内力：

$$V_b = k_0 \eta_2 \tag{4.7}$$

$$M_b = V_b \frac{l_0}{2} = k_0 \eta_2 \frac{l_0}{2} \tag{4.8}$$

式中　M_b, V_b—— 连梁的弯矩、剪力；

l_0—— 连梁的净跨度；

η_2—— 系数，偏心竖向荷载作用下的 η_2 值可由图 4.15 查得。

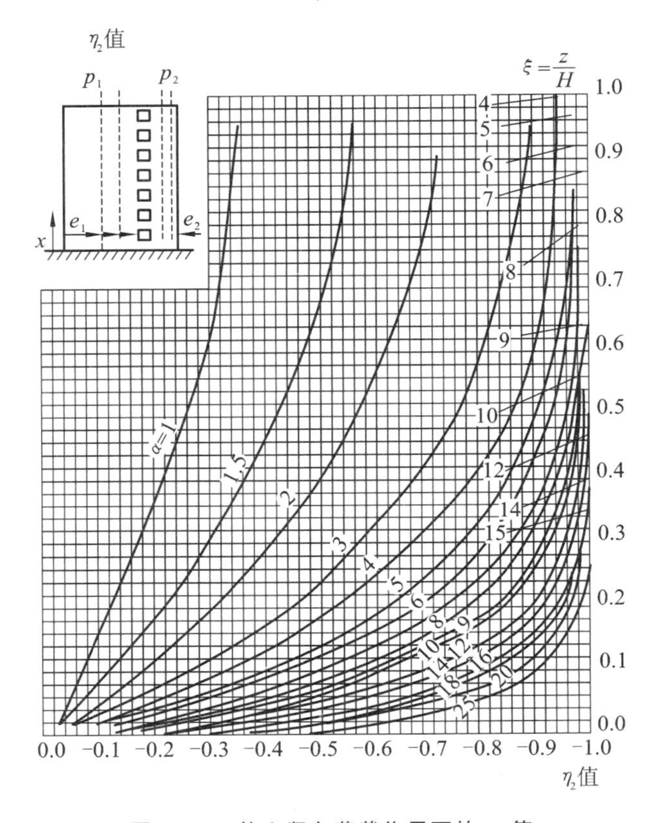

图 4.15　偏心竖向荷载作用下的 η_2 值

(3) 多肢墙在偏心竖向荷载作用下

多肢墙在偏心竖向荷载作用下，其端部墙肢的内力可与相邻墙肢近似按双肢墙计算；中部墙肢的内力可分别与相邻左右墙肢按双肢墙计算，近似取两次计算结果的平均值。

4. 壁式框架的内力计算

壁式框架在竖向荷载作用下，其壁梁和壁柱的内力计算方法与框架结构在竖向荷载作用下的内力计算方法相同，可采用力矩分配法或分层法，但应根据杆件刚域的长度确定刚域长度系数，进而对梁、柱杆件的线刚度及柱的抗侧刚度进行修正。

4.4 剪力墙结构在水平荷载作用下的内力与位移计算方法

4.4.1 整截面剪力墙

1. 应力计算

当剪力墙洞口面积与墙面面积之比不大于15%，且洞口间净距及洞口至墙边距离大于洞口长边尺寸时，可作为整截面悬臂构件，根据平截面假定按式(4.9)、式(4.10)计算截面应力分布，如图4.16所示。

$$\sigma = \frac{My}{I} \tag{4.9}$$

$$\tau = \frac{VS}{Ib} \tag{4.10}$$

式中　σ,τ,M,V——截面的正应力、剪应力、弯矩、剪力；

I,S,b,y——截面的惯性矩、面积矩、截面宽度、截面形心到所计算正应力点的距离。

2. 顶点位移计算

计算剪力墙顶点位移时，需考虑洞口对截面面积及刚度的影响，如图4.17所示。

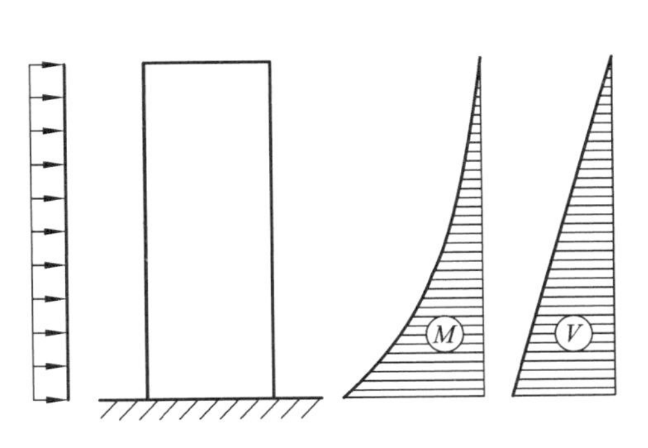

图4.16　整截面剪力墙的内力分布

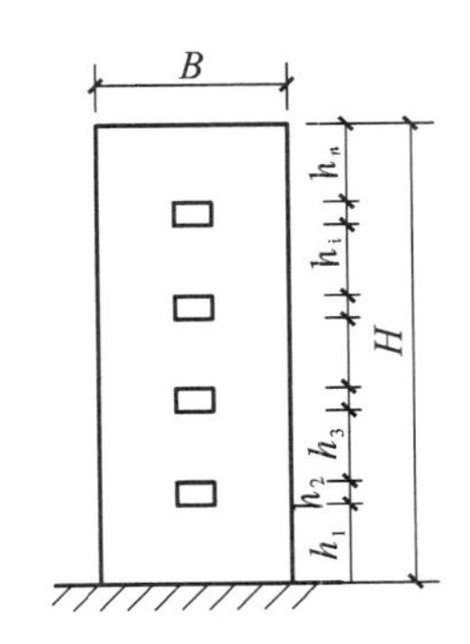

图4.17　有洞口剪力墙

(1) 折算截面面积

小洞口整截面剪力墙的折算截面面积 A_q 按下式计算：

$$A_q = \left(1 - 1.25\sqrt{\frac{A_{0p}}{A_0}}\right)A \tag{4.11}$$

式中　A——墙截面毛面积；

A_{0p}——墙立面洞口总面积；

A_0——墙立面总面积。

(2) 等效惯性矩

等效惯性矩 I_q 取有洞口截面与无洞口截面的惯性矩按高度的加权平均值，按下式计算：

$$I_q = \frac{\sum I_i h_i}{\sum h_i} \tag{4.12}$$

式中　I_i—— 剪力墙沿竖向各段的惯性矩，有洞口时应扣除洞口的影响；

h_i—— 各段相应的高度。

(3) 等效刚度

当剪力墙的高宽比$\left(\dfrac{H}{h_w}\right)$小于或等于 4 时，应考虑剪切变形的影响。在水平均布荷载、倒三角形分布荷载和顶点集中荷载作用下，为简化计算，整截面剪力墙的等效刚度 E_cI_{eq} 可近似按下式计算：

$$E_cI_{eq}=\frac{E_cI_w}{1+\dfrac{9\mu I_w}{A_wH^2}} \tag{4.13}$$

式中　E_c—— 混凝土弹性模量，当各层 E_c 不同时，按各层高度取加权平均值；

A_w，I_w—— 无洞口剪力墙的截面面积、惯性矩，对有洞口整截面墙，应取 A_q、I_q。

(4) 顶点位移

整截面剪力墙的顶点位移 u 可按下式计算：

$$u=\begin{cases}\dfrac{V_0H^3}{8E_cI_{eq}} & \text{(均布荷载)}\\ \dfrac{11}{60}\dfrac{V_0H^3}{E_cI_{eq}} & \text{(倒三角形分布荷载)}\\ \dfrac{V_0H^3}{3E_cI_{eq}} & \text{(顶点集中荷载)}\end{cases} \tag{4.14}$$

式中　V_0—— 底部截面总剪力。

4.4.2　整体小开口剪力墙

1. 内力计算

(1) 墙肢截面内力

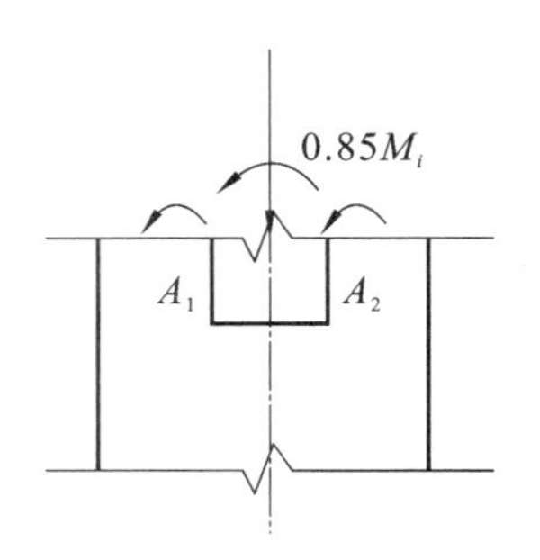

图 4.18　小开口墙的受力情况

整体小开口剪力墙墙肢截面的正应力可以看作是由两部分弯曲应力组成，其中一部分是作为整体悬臂墙作用产生的正应力，另一部分是作为独立悬臂墙作用产生的正应力。局部弯矩不超过整体弯矩的 15%，如图 4.18 所示。

① 整体小开口墙的内力可按下列公式计算：

墙肢弯矩

$$M_{wij}=0.85M_{wi}\frac{I_j}{I}+0.15M_{wi}\frac{I_j}{\sum I_j} \tag{4.15}$$

墙肢轴力

$$N_{wij}=0.85M_{wi}\frac{A_jy_j}{I} \tag{4.16}$$

墙肢剪力

$$V_{wij}=\frac{V_{wi}}{2}\left(\frac{A_j}{\sum A_j}+\frac{I_j}{\sum I_j}\right) \tag{4.17}$$

式中　M_{wi}，V_{wi}—— 按整体悬臂墙计算所得的第 i 层的总弯矩、总剪力；

I_j, A_j—— 第 j 列墙肢的截面惯性矩、截面面积；

y_j—— 第 j 列墙肢截面形心至组合截面形心的距离；

I—— 组合截面惯性矩。

② 当剪力墙多数墙肢基本均匀，且符合整体小开口墙的条件时，若有个别细小墙肢，仍可按整体小开口墙计算内力，但小墙肢端部宜考虑附加局部弯曲的影响。其弯矩可按下列公式计算：

$$M_{wij} = M_{wij0} + \Delta M_{ij} \tag{4.18}$$

$$\Delta M_{ij} = V_{wij} \frac{h_0}{2} \tag{4.19}$$

式中 M_{wij0}—— 按整体小开口墙计算的墙肢弯矩；

ΔM_{ij}—— 由于小墙肢局部弯曲增加的弯矩；

h_0—— 小墙肢洞口的高度。

(2) 连梁内力

连梁的剪力可由上、下墙肢的轴力按式(4.20)计算，连梁的弯矩按式(4.21)计算。

连梁剪力

$$V_{bij} = N_{wij} - N_{w(i-1)j} \tag{4.20}$$

连梁弯矩

$$M_{bij} = \frac{1}{2} l_{bj0} V_{bij} \tag{4.21}$$

2. 顶点位移计算

(1) 等效刚度

考虑到开洞后墙体刚度的减小，整体小开口墙的等效刚度 $E_c I_{eq}$ 可近似按下式计算：

$$E_c I_{eq} = \frac{0.8 E_c I_q}{1 + \frac{9\mu I_q}{A_q H^2}} \tag{4.22}$$

(2) 顶点位移

整体小开口墙的顶点位移 u 仍可按式(4.14)计算。

4.4.3 连肢墙

当剪力墙由成列洞口划分为若干墙肢，且各墙肢和连梁的刚度比较均匀时，可按连肢墙连续化的方法进行内力和位移计算。

1. 等效刚度

连肢墙的等效刚度 $E_c I_{eq}$ 可按下列公式计算：

$$E_c I_{eq} = \begin{cases} E_c \dfrac{\sum I_j}{[1 + \tau(\psi_a - 1) + 4\gamma^2]} & \text{(均布荷载)} \\ E_c \dfrac{\sum I_j}{[1 + \tau(\psi_a - 1) + 3.64\gamma^2]} & \text{(倒三角形分布荷载)} \\ E_c \dfrac{\sum I_j}{[1 + \tau(\psi_a - 1) + 3\gamma^2]} & \text{(顶点集中荷载)} \end{cases} \tag{4.23}$$

$$\psi_a=\begin{cases}\dfrac{8}{\alpha^2}\left(\dfrac{1}{2}+\dfrac{1}{\alpha^2}-\dfrac{1}{\alpha^2\mathrm{ch}\alpha}-\dfrac{\mathrm{sh}\alpha}{\alpha\,\mathrm{ch}\alpha}\right) & \text{(均布荷载)}\\ \dfrac{60}{11}\dfrac{1}{\alpha^2}\left(\dfrac{2}{3}+\dfrac{2\mathrm{sh}\alpha}{\alpha^3\mathrm{ch}\alpha}-\dfrac{2}{\alpha^2\mathrm{ch}\alpha}-\dfrac{\mathrm{sh}\alpha}{\alpha\,\mathrm{ch}\alpha}\right) & \text{(倒三角形分布荷载)}\\ \dfrac{3}{\alpha^2}\left(1-\dfrac{\mathrm{sh}\alpha}{\alpha\,\mathrm{ch}\alpha}\right) & \text{(顶点集中荷载)}\end{cases}\tag{4.24}$$

其中：

$$\gamma^2=\frac{2.5\mu\sum_{j=1}^{m+1}I_j}{H^2\sum_{j=1}^{m+1}A_j}\tag{4.25}$$

$$\tau=\frac{\alpha_1^2}{\alpha^2}\tag{4.26}$$

$$\alpha_1^2=\frac{6H^2\sum_{j=1}^{m}D_j}{h\sum_{j=1}^{m+1}I_j}\tag{4.27}$$

$$D_j=\frac{2I_b\,a_j^2}{l_{bj}^3}\tag{4.28}$$

式中　γ—— 墙肢剪切变形影响系数；

τ—— 墙肢轴向变形影响系数；

α—— 整体性系数，按式(4.1)或式(4.2)计算；

α_1—— 不考虑墙肢轴向变形时剪力墙的整体性系数；

D_j—— 第 j 列连梁的刚度系数。

2. 内力计算

(1) 连梁约束弯矩

首先，需按下列公式计算第 i 层连梁的总约束弯矩 $m_i(\xi)$ 和第 i 层第 j 列连梁的约束弯矩 $m_{ij}(\xi)$：

$$m_i(\xi)=\Phi(\xi)\tau V_0h\tag{4.29}$$

$$m_{ij}(\xi)=\eta_j m_i(\xi)\tag{4.30}$$

$$\Phi(\xi)=\begin{cases}-\dfrac{\mathrm{ch}\alpha(1-\xi)}{\mathrm{ch}\alpha}+\dfrac{\mathrm{sh}\alpha}{\alpha\,\mathrm{ch}\alpha}+(1-\xi) & \text{(均布荷载)}\\ \left(\dfrac{2}{\alpha^2}-1\right)\left[\dfrac{\mathrm{ch}\alpha(1-\xi)}{\mathrm{ch}\alpha}-1\right]+\dfrac{2}{\alpha}\dfrac{\mathrm{sh}\alpha\xi}{\mathrm{ch}\alpha}-\xi^2 & \text{(倒三角形分布荷载)}\\ \dfrac{\mathrm{sh}\alpha}{\mathrm{ch}\alpha}\cdot\mathrm{sh}\alpha\xi-\mathrm{ch}\alpha\xi+1 & \text{(顶点集中荷载)}\end{cases}\tag{4.31}$$

其中：

$$\eta_j=\frac{D_j\varphi_j}{\sum_{j=1}^{m}D_j\varphi_j}\tag{4.32}$$

$$\varphi_j=\frac{1}{1+\frac{\alpha}{4}}\left[1+1.5\alpha\frac{r_j}{B}\left(1-\frac{r_j}{B}\right)\right]\tag{4.33}$$

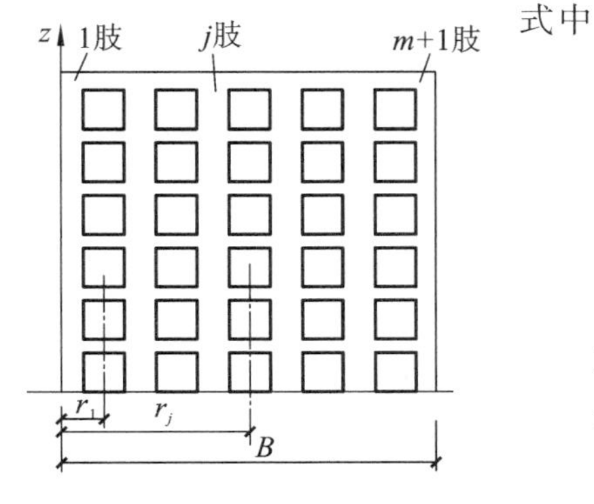

图 4.19　连梁位置示意

式中　η_j—— 第 j 列连梁约束弯矩分配系数；

D_j—— 第 j 列连梁的刚度系数；

r_j—— 第 j 列连梁跨度中点到墙边的距离，如图 4.19 所示；

B—— 多肢墙的总宽度。

(2) 连梁内力

第 i 层第 j 列连梁的剪力和梁端弯矩可按下列公式计算：

连梁剪力

$$V_{bij}=\frac{m_{ij}(\xi)}{a_j} \tag{4.34}$$

连梁弯矩

$$M_{bij}=V_{bij}\frac{l_{bj0}}{2} \tag{4.35}$$

(3) 墙肢截面内力

各墙肢的内力可按下列公式计算：

墙肢弯矩

$$M_{wij}=-\frac{I_j}{\sum I_j}\left[M_p(\xi)-\sum_i^n M_i(\xi)\right] \tag{4.36}$$

墙肢剪力

$$V_{wij}=\frac{I_j}{\sum I_j}V_p(\xi) \tag{4.37}$$

墙肢轴力

$$\left.\begin{aligned}N_{wi1}&=\sum_i^n V_{bi1}\\N_{wij}&=\sum_i^n\left[V_{bij}-V_{bi(j-1)}\right]\\N_{wi(m+1)}&=\sum_i^n V_{bim}\end{aligned}\right\} \tag{4.38}$$

式中　$M_p(\xi)$，$V_p(\xi)$—— 第 i 层由外荷载所产生的弯矩、剪力。

各式中第 j 列墙肢的截面惯性矩 I_j，当混凝土剪切模量 $G=0.4E_c$ 时，应按下式计算考虑剪切变形后的折算惯性矩 I'_j：

$$I'_j=\frac{I_j}{1+\dfrac{30\mu I_j}{A_jH^2}} \tag{4.39}$$

式中　A_j—— 第 j 列墙肢的截面面积；

H—— 层高。

3. 顶点位移

连肢墙的顶点位移 u 仍可按式(4.14)计算。

4.4.4 壁式框架

壁式框架在水平荷载作用下的受力状态类似于框架结构，故壁式框架的侧移刚度可采用第 2 章 2.5 节中所述 D 值法进行计算，但应考虑带刚域杆件的刚域对 D 值的影响。

1. 计算简图

壁式框架的轴线取壁梁和壁柱的形心线，如图 4.20 所示。在梁与柱相交的节点区，梁、柱的弯曲刚度可视为无限大而形成刚域，梁和柱的刚域长度可按式(4.40) 分别计算。当计算的刚域长度小于零时，可不考虑刚域的影响。

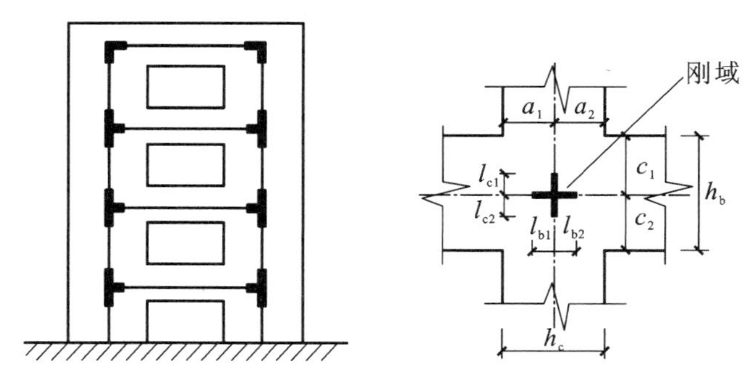

图 4.20 壁式框架示意

$$\left.\begin{aligned} l_{b1} &= a_1 - 0.25\,h_b \qquad & l_{b2} &= a_2 - 0.25\,h_b \\ l_{c1} &= c_1 - 0.25\,h_c \qquad & l_{c2} &= c_2 - 0.25\,h_c \end{aligned}\right\} \tag{4.40}$$

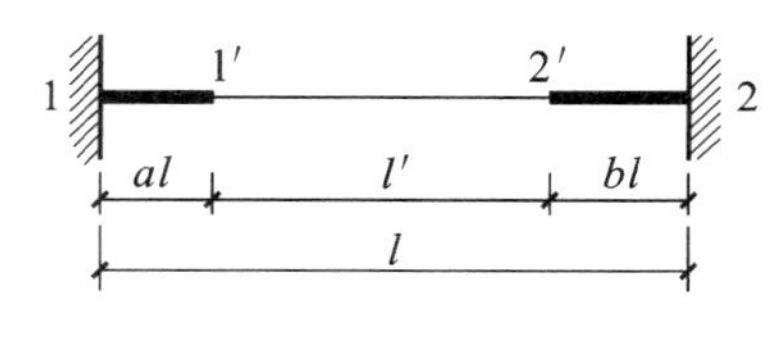

图 4.21 带刚域杆件示意

2. 带刚域杆件的刚度系数和 D 值的修正

带刚域杆件(图 4.21) 考虑剪切变形后的杆端转动刚度系数可按下式计算：

$$S_{12} = \frac{6EI_0}{l}\,\frac{1+a-b}{(1-a-b)^3(1+\beta)} \tag{4.41}$$

$$S_{21} = \frac{6EI_0}{l}\,\frac{1-a+b}{(1-a-b)^3(1+\beta)} \tag{4.42}$$

则杆件的约束弯矩为：

$$S = S_{12} + S_{21} = \frac{12EI_0}{l}\,\frac{1}{(1-a-b)^3(1+\beta)} \tag{4.43}$$

其中：

$$\beta = \frac{30\mu I_0}{Al_0^2} \tag{4.44}$$

式中 a,b—— 刚域长度系数；

β—— 考虑杆件剪切变形影响的系数，当取混凝土剪切模量 $G = 0.4E_c$ 时可按式(4.44) 计算；

E—— 杆件的弹性模量；

l_0—— 杆件中段的长度；

A,I_0—— 杆件中段的截面面积、惯性矩。

为简化计算，可将带刚域杆件用一个具有相同长度 l 的等截面受弯构件代替，使两者具有相同的转动刚度，此时可按下式求得带刚域杆件的等效刚度：

$$EI = EI_0 \eta_v \left(\frac{l}{l_0}\right)^3 \tag{4.45}$$

其中：

$$\eta_v = \frac{1}{1+\beta} \tag{4.46}$$

式中　η_v—— 考虑剪切变形后杆件的刚度折减系数。

将带刚域杆件转换为具有等效刚度的等截面杆件后，可按 D 值法计算带刚域柱的侧移刚度，即：

$$D = \alpha_c K_c \frac{12}{h^2} \tag{4.47}$$

式中　K_c—— 考虑刚域和剪切变形影响后柱的线刚度，$K_c = \dfrac{EI}{h}$；

EI—— 带刚域柱的等效刚度，按式(4.45)计算；

h—— 层高；

α_c—— 柱侧移刚度修正系数，由梁柱线刚度比 $\overline{K}$ 按第2章框架结构设计中表2.9中公式计算，计算时梁柱均取其等效刚度，即表2.9中梁的线刚度 i_1、i_2、i_3 和 i_4 应分别用 K_1、K_2、K_3 和 K_4 来代替，K_1、K_2、K_3 和 K_4 分别为上、下层带刚域梁按等效刚度计算的线刚度。

梁柱线刚度比 $\overline{K}$ 应按下式计算：

$$\overline{K} = \frac{K_1 + K_2 + K_3 + K_4}{2\,i_c}\left(\frac{h'}{h}\right)^2 \tag{4.48}$$

其中：

$$i_c = \frac{EI_0}{h} \tag{4.49}$$

式中　h'—— 柱中段的高度，$h' = (1-a-b)h$；

i_c—— 不考虑刚域及剪切变形影响时柱的线刚度。

3. 带刚域柱的反弯点高度比

带刚域柱的反弯点高度比(图4.22)应按下式确定：

$$y = a + \frac{h'}{h} y_n + y_1 + y_2 + y_3 \tag{4.50}$$

y_n—— 标准反弯点高度比，按第2章框架结构设计中2.5节的相关表格查得，但梁柱线刚度比 $\overline{K}$ 应按式(4.48)确定；

y_1—— 上、下层梁线刚度不同时反弯点高度比的修正值，按第2章框架结构设计中2.5节的相关内容计算，但梁柱线刚度比 $\overline{K}$ 应按式(4.48)确定；

y_2,y_3—— 上层、下层层高与本层高度不同时反弯点高度比的修正值，按第2章框架结构设计中2.5节

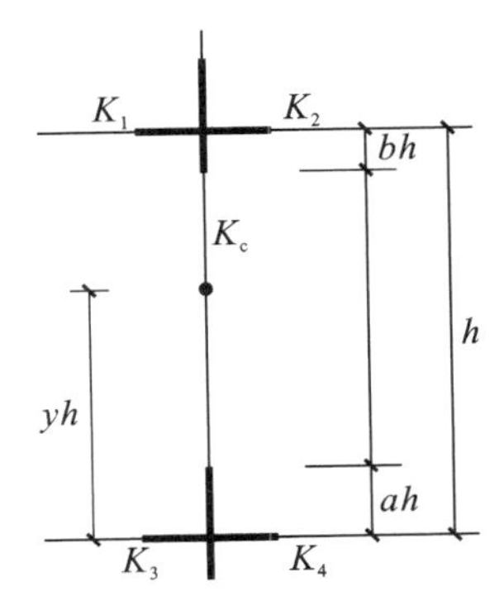

图4.22　带刚域柱的反弯点高度示意

的相关内容计算,但梁柱线刚度比 $\overline{K}$ 应按式(4.48)确定。

4. 内力和位移计算

壁式框架在水平荷载作用下内力和位移计算,除应考虑带刚域杆件的刚域影响外,其他步骤与一般框架结构的计算步骤完全相同,详见本书第2章中所述。

4.4.5 剪力墙结构平面协同工作分析

1. 基本假定

剪力墙结构是空间结构体系,在水平荷载作用下为简化计算,作如下假定:

(1) 楼盖在自身平面内的刚度为无限大。

(2) 各片剪力墙在其自身平面内的刚度较大,可忽略其平面外的刚度。

根据上述假定,可对纵、横两个方向的剪力墙分别进行计算,把空间剪力墙结构简化为平面结构。即:将空间结构沿两个正交主轴方向划分为若干个平面剪力墙,每个方向的水平荷载由该方向的剪力墙承担,垂直于该水平荷载方向的各片剪力墙不参加工作。在每个方向上,水平荷载在各片剪力墙中所产生的内力按楼盖水平位移线性分布的条件进行分配。若结构无扭转,则内力可按各片剪力墙的刚度进行分配。

2. 剪力墙结构平面协同工作分析

如前所述,剪力墙结构分为整截面墙、整体小开口墙、连肢墙和壁式框架,在剪力墙结构房屋中可能包含其中各种结构,因而在进行平面协同工作分析时应予以区分。为此,可将剪力墙结构分为两大类:第一类包括整截面墙、整体小开口墙和连肢墙;第二类为壁式框架。

当结构单元内只有第一类剪力墙时,各片剪力墙的协同工作计算简图如图4.23(a)所示,可按下述方法进行剪力墙结构的内力和位移计算。

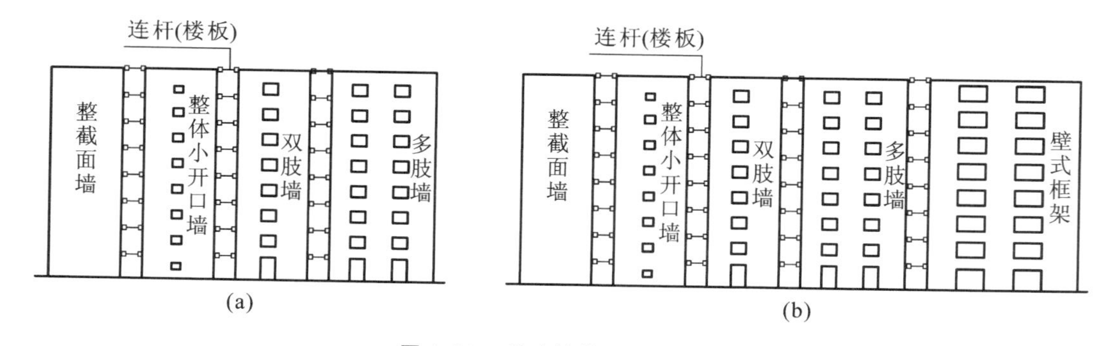

图 4.23 剪力墙协同工作简图

(1) 将结构单元内沿水平荷载作用方向的 m 片剪力墙合并为一竖向悬臂墙,其总刚度为 m 片剪力墙的等效刚度之和,即 $E_c I_{eq} = \sum_{j=1}^{m} E_c I_{eq(j)}$。

(2) 计算水平荷载作用下竖向悬臂墙各楼层的总剪力 V_i 和总弯矩 M_i,并将它们分配到各片剪力墙上。第 i 层第 j 片剪力墙分配到的剪力 V_{ij} 和弯矩 M_{ij},可按下式计算:

$$V_{ij} = \frac{E_c I_{eq(j)}}{E_c I_{eq}} V_i \tag{4.51}$$

$$M_{ij}=\frac{E_cI_{eq(j)}}{E_cI_{eq}}M_i \tag{4.52}$$

式中　$E_cI_{eq(j)}$——第 j 片剪力墙的等效刚度。

(3) 根据各片剪力墙的内力，再进行每片剪力墙中各墙肢的内力分配。对整体小开口墙，按式(4.15)至式(4.17)和式(4.20)、式(4.21)计算每个墙肢和连梁的内力。对于连肢墙，应将由式(4.51)所得到的沿高度分布的剪力图，按剪力图面积相等原则，简化为与剪力图相对应的荷载(如均布荷载、倒三角形分布荷载或顶点集中荷载)，或简化为与剪力图相对应荷载的某种组合，然后再按式(4.34)至式(4.38)计算各连梁和墙肢的内力。

(4) 按竖向悬臂墙计算水平荷载作用下各楼层标高处$\left(\xi=\dfrac{z}{H}\right)$的侧移 $u(\xi)$，计算式如下：

$$u(\xi)=\begin{cases}\dfrac{qH^4}{24E_cI_w}(6\xi^2-4\xi^3+\xi^4)+\dfrac{\mu qH^2}{G_cA_w}(2\xi-\xi^2) & \text{(均布荷载)}\\[2ex] \dfrac{q_{max}H^4}{120E_cI_w}(20\xi^2-10\xi^3+\xi^5)+\dfrac{\mu q_{max}H^2}{6G_cA_w}(3\xi-\xi^2) & \text{(倒三角形分布荷载)}\\[2ex] \dfrac{PH^4}{6E_cI_w}(3\xi^2-\xi^3)+\dfrac{\mu PH}{G_cA_w} & \text{(顶点集中荷载)}\end{cases} \tag{4.53}$$

式中　q——剪力墙承受的均布荷载；

q_{max}——剪力墙承受的倒三角形荷载；

P——剪力墙承受的顶点集中荷载；

E_cI_w，G_cA_w——剪力墙截面弯曲刚度、剪切刚度，当沿剪力墙高度各层的数值不同时，可取其沿高度各层数值的加权平均值。

当结构单元内同时有第一、第二类墙体，即既有整截面墙、整体小开口墙和连肢墙，又有壁式框架时，各片剪力墙的协同工作计算简图如图4.23(b)所示。此时先将沿水平荷载作用方向的所有第一类剪力墙合并为总剪力墙，将所有壁式框架合并为总框架，然后按照框架-剪力墙铰接体系结构的分析方法，求解水平荷载作用下剪力墙结构的内力和位移，详见第5章5.3节中所述。

4.5　剪力墙结构房屋设计要点及步骤

4.5.1　结构布置及计算简图

进行剪力墙结构房屋设计时，首先应进行剪力墙结构布置。剪力墙结构墙体承重方案的选择，剪力墙平面和竖向布置的具体要求，剪力墙截面厚度和混凝土强度等级的确定等，详见本章4.1节中所述。

在进行结构布置时，判断剪力墙结构刚度是否合理，可根据结构基本自振周期来考虑，宜使剪力墙结构的基本自振周期控制在$(0.05\sim0.06)n$(n为建筑物层数)。当周期过短、地震作用过大时，宜进行调整。调整结构刚度有以下几种方法：

① 适当减小剪力墙的厚度。

② 降低连梁高度。

③ 增大门窗洞口宽度。

④ 对较长的墙肢设置施工洞，将其分为两个墙肢，以避免墙肢吸收过多的地震剪力而不能提供相应的抗剪承载力。一般当墙肢长度超过 8 m 时，应以施工洞口划分为小墙肢。墙肢设置的施工洞分开后，如果建筑上不需要，可采用砌体墙填充。

在水平荷载作用下，剪力墙结构平面协同工作分析简图与结构体系内包含的剪力墙类别有关，详见 4.4.5 所述。剪力墙结构房屋一般设有地下室，当地下室顶板作为上部结构的嵌固部位时，地下一层与首层侧向刚度之比不宜小于 2。

4.5.2 竖向荷载及水平荷载计算

1. 竖向荷载计算

剪力墙结构中的竖向荷载包括由楼面、屋面传来的自重荷载和可变荷载，墙体及门窗自重等。楼面及屋面荷载的计算方法与框架结构房屋相同，详见第 2 章 2.3 节中所述。墙体自重包括承重的钢筋混凝土墙体和轻质隔墙的重量，应分别按各自的墙高、墙厚、门窗尺寸以及材料容重标准值计算，墙两侧装饰层的重量亦应计入墙体自重内。

2. 风荷载计算

垂直于建筑物表面上的风荷载标准值 w_k 的计算，与第 2 章中式(2.4) 相同。即：

$$w_k = \beta_z \mu_s \mu_z w_0$$

式中基本风压 w_0 应按照《建筑结构荷载规范》(GB 50009—2012) 中的规定采用，对于高度大于 60 m 的建筑物，其基本风压应乘以 1.1 的增大系数。

将由上式计算所得风荷载标准值 w_k 乘以房屋各层受风面宽度，可求得沿房屋高度的分布风荷载(kN/m)，如图 4.24(a) 所示；然后按静力等效原理将其换算为作用于各楼层标高处的集中荷载 F_i(kN)，如图 4.24(b) 所示。为便于利用现有公式计算剪力墙的内力与位移，可将作用于各楼层标高处的风荷载折算为倒三角形分布荷载[图 4.24(c)] 与均布荷载[图 4.24(d)] 的叠加。根据折算前后结构底部弯矩和底部剪力分别相等的条件可得：

$$q_{\max}\frac{H^2}{3} + q\frac{H^2}{2} = M_0 \tag{4.54}$$

$$\left(\frac{q_{\max}}{2} + q\right)H = V_0 \tag{4.55}$$

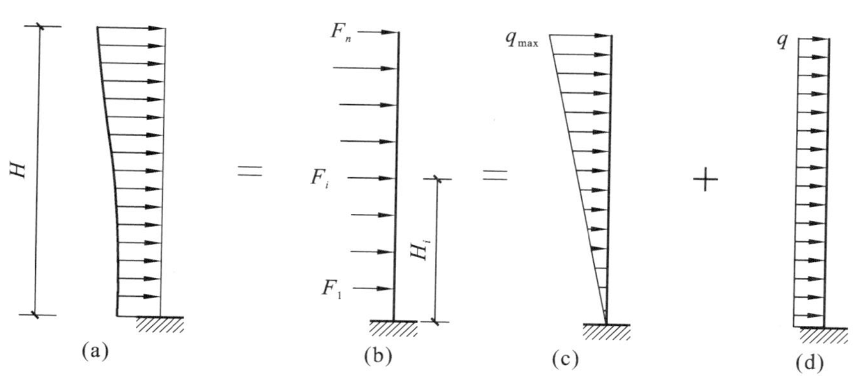

图 4.24 风荷载折算示意

联立求解上述方程组，则得：

$$\left.\begin{aligned} q_{\max} &= \frac{12M_0}{H^2} - \frac{6V_0}{H} \\ q &= \frac{4V_0}{H} - \frac{6M_0}{H^2} \end{aligned}\right\} \tag{4.56}$$

式中 M_0，V_0——图 4.24(b) 中风荷载所产生的底部弯矩和底部剪力，即 $M_0 = \sum_{i=1}^{n} F_i H_i$，$V_0 = \sum_{i=1}^{n} F_i$。

3. 水平地震作用计算

(1) 重力荷载代表值计算

剪力墙结构房屋的抗震计算单元、动力计算简图和重力荷载代表值计算等，均与框架结构房屋的计算相同。

(2) 剪力墙刚度计算

计算剪力墙的刚度时，应先按 4.2.1 所述方法判别剪力墙的类别。对于整截面墙，按式(4.13) 计算其等效刚度，当各层剪力墙的厚度或混凝土强度等级不同时，式中 E_c、A_w、I_w 应沿高度取加权平均值。同样，对于整体小开口墙，按式(4.22) 计算其等效刚度时，式中 E_c、A_q、I_q 也应沿高度取加权平均值，但只考虑带洞部分墙体，不计无洞部分墙体的作用。对于连肢墙，为简化计算，其等效刚度统一按倒三角形分布荷载的相应公式，即式(4.23) 中的第二式计算。

结构单元内所有整截面墙、整体小开口墙及连肢墙的等效刚度之和为总剪力墙的等效刚度，即：

$$E_c I_{eq} = \sum_{j=1}^{m} E_c I_{eq(j)} \tag{4.57}$$

式中 $E_c I_{eq(j)}$——某一片剪力墙的等效刚度。

对于壁式框架，按式(4.47) 计算出第 i 层第 j 柱的侧移刚度 D_{ij} 后，各壁式框架侧移刚度之和为总框架第 i 层的侧移刚度 D_i，即 $D_i = \sum D_{ij}$。

(3) 结构基本自振周期计算

对于质量和刚度沿高度分布比较均匀的剪力墙结构，其基本自振周期 T_1 可按下式计算：

$$T_1 = 1.7\psi_T \sqrt{u_T} \tag{4.58}$$

式中 ψ_T——考虑非承重墙刚度对结构自振周期影响的折减系数，可取 0.8 ~ 1.0；

u_T——假想的结构顶点水平位移，即假想把集中在各层楼面处的重力荷载代表值作为水平荷载作用而算得的结构顶点水平位移，m。

当结构单元内只有整截面墙、整体小开口墙和连肢墙时，式(4.58) 中的结构顶点假想位移 u_T 可按下式计算：

$$u_T = \frac{qH^4}{E_c I_{eq}} \tag{4.59}$$

$$q = \frac{\sum G_i}{H} \tag{4.60}$$

式中 G_i——集中在各层楼面处的重力荷载代表值；

H—— 主体结构的计算高度。

当结构单元内既有整截面墙、整体小开口墙和连肢墙，又有壁式框架时，式(4.58)中的 u_T 应按现行有关规范的规定计算。

(4) 地震作用计算

当剪力墙结构房屋的高度不超过 40 m、质量和刚度沿高度分布比较均匀时，其水平地震作用可采用底部剪力法计算。若房屋的高度超过 40 m，不能完全满足底部剪力法的适用条件时，考虑到毕业设计以手算为主，仍可近似采用底部剪力法计算，但应通过电算对手算的结果进行校核。

对于主体结构屋面以上有凸出间的剪力墙结构房屋，凸出间宜作为单独质点考虑。结构的水平地震作用仍可按底部剪力法计算，凸出间的附加水平地震作用应加在主体结构的顶部，如图 4.25 所示。

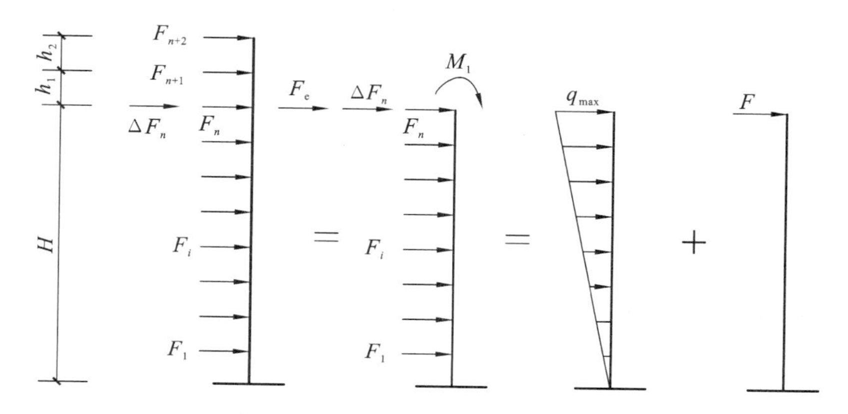

图 4.25　水平地震作用计算示意图

进行剪力墙结构内力与位移计算时，应将沿房屋高度实际分布的水平地震作用转化为水平分布荷载。可先将凸出间的水平地震作用折算为作用于主体结构顶部的集中力 F_e 和集中力矩 M_1，即：

$$\left.\begin{aligned} F_e &= F_{n+1} + F_{n+2} \\ M_1 &= F_{n+1} h_1 + F_{n+2}(h_1 + h_2) \end{aligned}\right\} \tag{4.61}$$

再按照结构底部弯矩和底部剪力分别相等的条件，将原水平地震作用折算为倒三角形分布荷载和顶点集中荷载之和(图 4.25)，即：

$$\left.\begin{aligned} q_{max}\frac{H^2}{3} + FH &= (F_e + \Delta F_n)H + M_0 + M_1 \\ q_{max}\frac{H}{2} + F &= F_e + \Delta F_n + V_0 \end{aligned}\right\} \tag{4.62}$$

求解上述方程组可得：

$$\left.\begin{aligned} q_{max} &= \frac{6(V_0 H - M_0 - M_1)}{H^2} \\ F &= \frac{3(M_0 + M_1)}{H} + (F_e + \Delta F_n) - 2V_0 \end{aligned}\right\} \tag{4.63}$$

式中，M_0、V_0 为折算前主体结构由水平地震作用产生的底部弯矩和底部剪力，按下式计算：

$$M_0 = \sum_{i=1}^{n} F_i H_i \quad , \quad V_0 = \sum_{i=1}^{n} F_i \tag{4.64}$$

式中　F_{n+1},F_{n+2}——凸出间的水平地震作用；

h_1,h_2——凸出间的层高；

H——主体结构的计算高度；

H_i——质点 i 的计算高度；

F_i——质点 i 的水平地震作用标准值；

ΔF_n——顶部附加水平地震作用。

当房屋顶部无凸出房间时,令式(4.63)中 $F_e = 0$,$M_1 = 0$,即可得到相应的计算式。

4.5.3　水平荷载作用下剪力墙结构内力与位移计算

1. 位移计算及验算

在风荷载及多遇水平地震作用下,剪力墙结构应处于弹性状态并具有足够的刚度,避免产生过大的位移而影响结构的承载力、稳定性和使用条件。

位移验算一般宜在结构内力计算之前进行,以减少因构件刚度不合适而进行的重复计算。应分别进行风荷载和多遇水平地震作用下的位移计算。当结构单元内只有第一类剪力墙时,可按式(4.53)计算各楼层标高处的侧移。计算风荷载产生的侧移时,应取倒三角形分布荷载与均布荷载所产生的侧移之和(图4.24),相应的荷载值 $q_{\max}$ 和 q 按式(4.56)计算;计算水平地震作用产生的侧移时,应取倒三角形分布荷载与顶点集中荷载所产生的侧移之和(图4.25),相应的荷载值 $q_{\max}$ 和 F 按式(4.63)计算。

对于一般高层建筑结构,层间位移可按楼层的水平位移差计算,故第 i 层的层间弹性位移 Δu_e 可表示为:

$$\Delta u_e = u_i - u_{i-1} \tag{4.65}$$

式中　u_i,u_{i-1}——第 i 层、$i-1$ 层标高处的侧移。

多遇水平地震作用标准值产生的剪力墙结构房屋最大层间弹性位移 Δu_e 应符合下式要求:

$$\Delta u_e \leqslant [\theta_e]h \tag{4.66}$$

式中　$[\theta_e]$——弹性层间位移角限值,剪力墙结构为 $\frac{1}{1000}$;

h——计算楼层层高。

当不满足式(4.66)的要求时,应调整构件截面尺寸或混凝土强度等级,并重新进行验算,直至满足要求为止。

2. 内力计算

应分别进行风荷载和水平地震作用下剪力墙结构的内力计算。

当结构单元内仅有第一类剪力墙时,应按竖向悬臂墙计算风荷载或水平地震作用下各楼层的总剪力 V_i 和总弯矩 M_i,并按式(4.51)和式(4.52)将总剪力 V_i 和总弯矩 M_i 分配给每片剪力墙。对于整体小开口墙和连肢墙,还应计算每个墙肢以及连梁的内力。

当结构单元内同时有第一、二类剪力墙时,应按框架-剪力墙铰接体系结构的分析方法计算结构内力。

4.5.4　竖向荷载作用下剪力墙结构内力计算

计算竖向荷载作用下剪力墙结构内力时，一般取平面计算简图进行分析，不考虑结构单元内各片剪力墙之间的协同工作。各片剪力墙承受的竖向荷载由屋、楼盖传来的荷载和墙体自重两部分组成，其中屋、楼盖传来的荷载包括自重荷载和可变荷载，均可近似按其受荷面积进行分配，如图 4.26(a) 所示。当为装配式楼盖时，各层楼盖传给剪力墙的为均布荷载。当为现浇楼盖时，各层楼盖传给剪力墙的可能为三角形或梯形分布荷载以及集中荷载。剪力墙自重按均布荷载计算，如图 4.26(b) 所示。

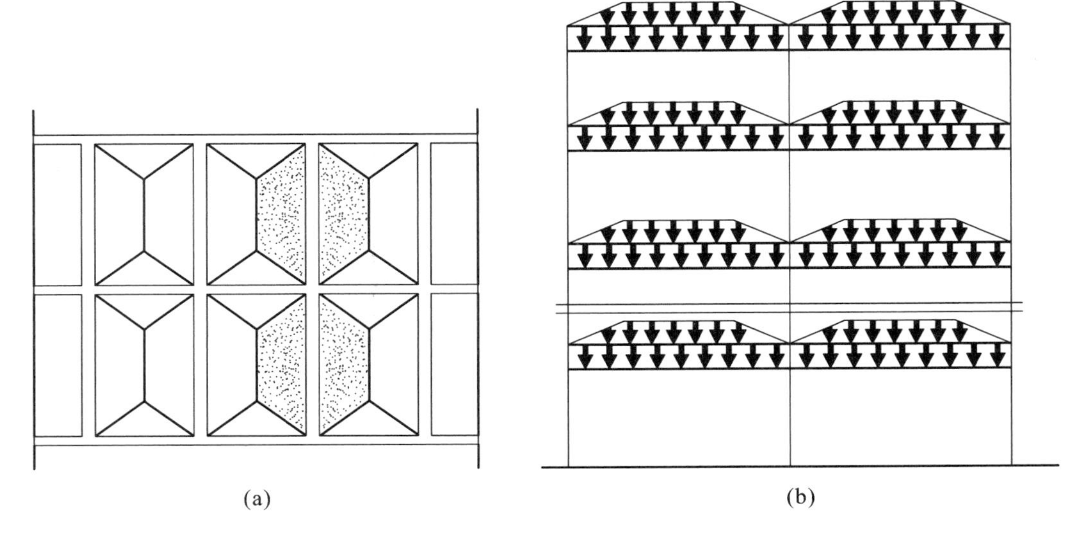

图 4.26　剪力墙的竖向荷载作用

竖向荷载作用下剪力墙的内力计算，不考虑结构的连续性，可近似认为各片剪力墙只承受轴向力，弯矩和剪力等于零。各墙肢承受的轴向力以洞口中线作为荷载分界线，计算墙体自重时应扣除门洞部分的重量。

4.5.5　内力组合

剪力墙结构房屋的抗震等级，应根据抗震设防烈度、房屋高度等因素按表 4.4、表 4.5 确定。

1. 剪力墙墙肢的内力组合

(1) 剪力墙的弯矩和轴力设计值

在竖向荷载和水平荷载的共同作用下，剪力墙为偏心受力构件，与柱的受力状态相似，故其弯矩和轴力设计值的组合方法与框架柱的方法相同，详见第 2 章 2.7 节中相关内容。

(2) 剪力墙的剪力设计值

由于竖向荷载在剪力墙截面产生的剪力可近似认为等于零，故只考虑由水平荷载所产生的剪力，即剪力组合值为：

抗震设计时

$$V = 1.3V_{Ek} \tag{4.67}$$

非抗震设计时

$$V = 1.4V_{wk} \tag{4.68}$$

式中　V—— 剪力墙组合的剪力设计值；

V_{Ek}，V_{wk}—— 水平地震作用、风荷载在剪力墙中产生的剪力标准值。

(3) 剪力墙内力设计值的调整

对于有抗震设防要求的剪力墙，其在底部加强部位的墙体厚度宜适当增大。剪力墙的弯矩和剪力设计值应按下列方法调整：

① 抗震设计的双肢剪力墙，其墙肢不宜出现小偏心受拉；当任一墙肢为大偏心受拉时，另一墙肢的弯矩设计值和剪力设计值应乘以增大系数 1.25。

② 一级抗震等级剪力墙的底部加强部位以上部位，墙肢的组合弯矩设计值和组合剪力设计值应乘以增大系数，弯矩增大系数可取为 1.2，剪力增大系数可取为 1.3。

③ 底部加强部位剪力墙截面的弯矩设计值，应按墙肢底截面组合的弯矩计算值采用。底部加强部位的剪力设计值，一、二、三级抗震等级时应按式(4.69) 调整，9 度一级剪力墙应按式(4.70) 调整，二、三级的其他部位及四级时可不调整。

$$V = \eta_{vw} V_w \tag{4.69}$$

$$V = 1.1 \frac{M_{wua}}{M_w} V_w \tag{4.70}$$

式中　M_{wua}—— 剪力墙正截面抗震受弯承载力，应综合考虑承载力抗震调整系数 γ_{RE}、采用实配纵筋面积、材料强度标准值和组合的轴力设计值等进行计算；

M_w，V_w—— 底部加强部位剪力墙底截面考虑地震作用组合的弯矩计算值、剪力计算值；

η_{vw}—— 剪力增大系数，一级取 1.6，二级取 1.4，三级取 1.2。

2. 连梁的内力组合

剪力墙中连梁主要承受水平荷载产生的内力，一般取梁端部截面为控制截面。因此，连梁的内力组合可参照框架梁，进行梁端部截面的弯矩和剪力组合设计值计算，详见第 2 章 2.7 节中相关内容。

4.5.6　剪力墙截面设计及构造要求

1. 剪力墙墙肢的承载力计算

(1) 一般要求

① 剪力墙的厚度及混凝土强度等级应满足本章 4.1.1 所述要求。剪力墙墙肢的截面应符合下列要求。

a. 无地震作用组合：

$$V \leqslant 0.25\beta_c f_c b_w h_w \tag{4.71}$$

b. 有地震作用组合：

剪跨比大于 2 时

$$V \leqslant \frac{1}{\gamma_{RE}}(0.20\beta_c f_c b_w h_w) \tag{4.72}$$

剪跨比不大于 2 时

$$V \leqslant \frac{1}{\gamma_{RE}}(0.15\beta_c f_c b_w h_w) \tag{4.73}$$

式中　V—— 剪力墙墙肢截面的剪力设计值；

β_c—— 混凝土强度影响系数，当混凝土强度等级不大于C50时取1.0，当混凝土强度等级为C80时取0.8，当混凝土强度等级在C50和C80之间时可按线性内插法取值；

f_c—— 混凝土轴心抗压强度设计值；

b_w, h_w—— 剪力墙截面的厚度、高度。

② 剪力墙是片状构件，受力性能不如柱，其轴压比限值应比柱的更加严格。在重力荷载代表值作用下，一、二、三级抗震等级剪力墙墙肢的轴压比 $\frac{N}{f_c A_w}$ 不宜超过表 4.10 的限值。

表 4.10　剪力墙墙肢轴压比限值

抗震等级或烈度	一级(9 度)	一级(6、7、8 度)	二、三级
轴压比限值	0.4	0.5	0.6

注：墙肢轴压比是指重力荷载代表值作用下墙肢承受的轴压力设计值与墙肢的全截面面积和混凝土轴心抗压强度设计值乘积的比值。

③ 在重力荷载代表值作用下，一、二、三级抗震等级剪力墙底层墙肢底截面的轴压比 $\frac{N}{f_c A_w}$ 大于表 4.11 的规定值时，应在底部加强部位及相邻的上一层设置约束边缘构件；在以上其他部位的剪力墙应设置构造边缘构件。

表 4.11　剪力墙可不设约束边缘构件的最大平均轴压比

抗震等级或烈度	一级(9 度)	一级(6、7、8 度)	二、三级
轴压比	0.1	0.2	0.3

④ 当剪力墙的墙肢长度不大于墙厚的 3 倍时，应按柱(或异形柱)的要求进行设计，箍筋应沿全高加密。

(2) 剪力墙墙肢的正截面承载力计算

① 矩形、T 形、I 形偏心受压剪力墙墙肢的正截面受压承载力，可按下列公式计算。

a. 无地震作用组合：

$$N \leqslant A'_s f'_y - A_s \sigma_s - N_{sw} + N_c \tag{4.74}$$

$$N\left(e_0 + h_{w0} - \frac{h_w}{2}\right) \leqslant A'_s f'_y (h_{w0} - a'_s) - M_{sw} + M_c \tag{4.75}$$

当 $x > h'_f$ 时：

$$N_c = \alpha_1 f_c [b_w x + (b'_f - b_w) h'_f] \tag{4.76}$$

$$M_c = \alpha_1 f_c \left[b_w x \left(h_{w0} - \frac{x}{2} \right) + (b'_f - b_w) h'_f \left(h_{w0} - \frac{h'_f}{2} \right) \right] \tag{4.77}$$

当 $x \leqslant h'_f$ 时：

$$N_c = \alpha_1 f_c b'_f x \tag{4.78}$$

$$M_c = \alpha_1 f_c b'_f x\left(h_{w0} - \frac{x}{2}\right) \tag{4.79}$$

当 $x \leqslant \xi_b h_{w0}$ 时：

$$\sigma_s = f_y \tag{4.80}$$

$$N_{sw} = (h_{w0} - 1.5x) b_w f_{yw} \rho_w \tag{4.81}$$

$$M_{sw} = \frac{1}{2}(h_{w0} - 1.5x)^2 b_w f_{yw} \rho_w \tag{4.82}$$

当 $x > \xi_b h_{w0}$ 时：

$$\sigma_s = \frac{f_y}{\xi_b - 0.8}\left(\frac{x}{h_{w0}} - \beta_1\right) \tag{4.83}$$

$$\left.\begin{aligned} N_{sw} &= 0 \\ M_{sw} &= 0 \end{aligned}\right\} \tag{4.84}$$

$$\xi_b = \frac{\beta_1}{1 + \dfrac{f_y}{0.0033 E_s}} \tag{4.85}$$

式中　f_y, f'_y, f_{yw}——剪力墙端部受拉钢筋、受压钢筋、墙体竖向分布钢筋强度设计值；

α_1, β_1——截面受压区混凝土矩形应力图的应力系数、高度系数，当混凝土强度等级不超过C50时，α_1 取1.0，β_1 取0.8，当混凝土强度等级为C80时，α_1 取0.94，β_1 取0.74，其间按线性内插法取值；

f_c——混凝土轴心抗压强度设计值；

σ_s——受拉边或受压较小边普通钢筋 A_s 中的应力；

N——轴向压力设计值；

N_c——受压区混凝土承担的压力；

M_c——受压区混凝土承担的弯矩；

N_{sw}——沿截面腹部均匀配置的纵向普通钢筋所承担的轴向压力，当 ξ 大于 β_1 时，取为 β_1 进行计算；

M_{sw}——沿截面腹部均匀配置的纵向普通钢筋所承担的轴向压力对 A_s 重心的力矩，当 ξ 大于 β_1 时，取为 β_1 进行计算；

A_s——受拉边或受压较小边普通钢筋截面面积；

A'_s——受压较大边普通钢筋截面面积；

h'_f, b'_f——T形或I形截面受压区翼缘的厚度、有效宽度；

b_w, h_w——剪力墙腹板截面的厚度、高度；

h_{w0}——剪力墙截面有效高度，$h_{w0} = h_w - a'_s$；

x——混凝土受压区高度；

ξ_b——界限相对受压区高度；

a_s, a'_s——剪力墙受拉区、受压区端部钢筋合力点到受拉区、受压区边缘的距离，可取 $a_s = a'_s = b_w$；

ρ_w——剪力墙竖向分布钢筋配筋率；

E_s——钢筋的弹性模量；

e_0—— 偏心距，$e_0 = \dfrac{M}{N}$。

b. 有地震作用组合时，式(4.74)和式(4.75)右端均应除以承载力抗震调整系数 γ_{RE}，γ_{RE} 取 0.85。

② 矩形截面偏心受拉剪力墙的正截面受拉承载力，可按下列公式计算。

a. 无地震作用组合时：

$$N \leqslant \frac{1}{\dfrac{1}{N_{0u}} + \dfrac{e_0}{M_{wu}}} \tag{4.86}$$

b. 有地震作用组合时：

$$N \leqslant \frac{1}{\gamma_{RE}}\left(\frac{1}{\dfrac{1}{N_{0u}} + \dfrac{e_0}{M_{wu}}}\right) \tag{4.87}$$

N_{0u} 和 M_{wu} 可分别按下列公式计算：

$$N_{0u} = 2A_s f_y + A_{sw} f_{yw} \tag{4.88}$$

$$M_{wu} = A_s f_y (h_{w0} - a'_s) + A_{sw} f_{yw} \frac{h_{w0} - a'_s}{2} \tag{4.89}$$

式中　A_{sw}—— 剪力墙腹板竖向分布钢筋的全部截面面积；

N—— 轴向拉力设计值；

N_{0u}—— 剪力墙轴向受拉承载力设计值；

M_{wu}—— 按通过轴向拉力作用点的弯矩平面计算的正截面受弯承载力设计值。

其余符号含义同前。

(3) 剪力墙墙肢的斜截面受剪承载力计算

① 剪力墙在偏心受压时的斜截面受剪承载力，可按下列公式计算。

a. 无地震作用组合时：

$$V \leqslant \frac{1}{\lambda - 0.5}\left(0.5 f_t b_w h_{w0} + 0.13N \frac{A_w}{A}\right) + f_{yv} \frac{A_{sh}}{s} h_{w0} \tag{4.90}$$

b. 有地震作用组合时：

$$V \leqslant \frac{1}{\gamma_{RE}}\left[\frac{1}{\lambda - 0.5}\left(0.4 f_t b_w h_{w0} + 0.1N \frac{A_w}{A}\right) + 0.8 f_{yv} \frac{A_{sh}}{s} h_{w0}\right] \tag{4.91}$$

式中　N—— 剪力墙截面轴向压力设计值，当 N 大于 $0.2 f_c b_w h_w$ 时，应取 $0.2 f_c b_w h_w$，抗震设计时应考虑地震作用组合；

A—— 剪力墙全截面面积；

A_w——T 形或 I 形截面剪力墙腹板的面积，矩形截面时应取 A；

λ—— 计算截面处的剪跨比，$\lambda = \dfrac{M}{V h_{w0}}$，此处应按墙端截面组合的弯矩设计值 M 和对应截面组合的剪力设计值 V 以及截面有效高度 h_{w0} 确定，并取上、下端截面计算结果的较大值，计算中，λ 小于 1.5 时应取 1.5，λ 大于 2.2 时应取 2.2；

s—— 剪力墙水平分布钢筋间距；

f_t—— 混凝土抗拉强度设计值；

f_{yv}—— 水平分布钢筋强度设计值；

A_{sh}—— 同一截面剪力墙水平分布钢筋的全部截面面积。

② 剪力墙在偏心受拉时的斜截面受剪承载力，可按下列公式计算。

a. 无地震作用组合时：

$$V \leqslant \frac{1}{\lambda - 0.5}\left(0.5 f_t b_w h_{w0} - 0.13 N \frac{A_w}{A}\right) + f_{yv} \frac{A_{sh}}{s} h_{w0} \tag{4.92}$$

当公式右边计算值小于 $f_{yv} \frac{A_{sh}}{s} h_{w0}$ 时，应取等于 $f_{yv} \frac{A_{sh}}{s} h_{w0}$。

b. 有地震作用组合时：

$$V \leqslant \frac{1}{\gamma_{RE}}\left[\frac{1}{\lambda - 0.5}\left(0.4 f_t b_w h_{w0} - 0.1 N \frac{A_w}{A}\right) + 0.8 f_{yv} \frac{A_{sh}}{s} h_{w0}\right] \tag{4.93}$$

当公式右边计算值小于$\frac{1}{\gamma_{RE}}\left(0.8 f_{yv} \frac{A_{sh}}{s} h_{w0}\right)$时，应取等于$\frac{1}{\gamma_{RE}}\left(0.8 f_{yv} \frac{A_{sh}}{s} h_{w0}\right)$。

③ 按一级抗震等级设计的剪力墙，其水平施工缝处的受剪承载力，应符合下式要求：

$$V_w \leqslant \frac{1}{\gamma_{RE}}(0.6 f_y A_s + 0.8 N) \tag{4.94}$$

式中　V_w—— 剪力墙水平施工缝处组合的剪力设计值；

N—— 水平施工缝处考虑地震作用组合的轴向力设计值，压力取正值，拉力取负值；

f_y—— 竖向钢筋抗拉强度设计值；

A_s—— 水平施工缝处剪力墙腹板内竖向分布钢筋、附加竖向插筋和边缘构件（不包括边缘构件以外的两侧翼墙）中竖向钢筋的总面积。

2. 剪力墙墙肢的构造要求

(1) 为了保证剪力墙能够有效地抵抗平面外的各种作用，高层剪力墙结构的竖向和水平分布钢筋不应采用单排配筋。当剪力墙截面厚度 b_w 不大于 400 mm 时，可采用双排配筋；当 b_w 为 400 ～ 700 mm 时，宜采用三排配筋；当 b_w 大于 700 mm 时，宜采用四排配筋。各排分布钢筋之间拉筋的间距不应大于 600 mm，直径不宜小于 6 mm；在底部加强部位，拉筋间距尚应适当加密。

(2) 为了防止剪力墙发生脆性破坏和产生明显的温度裂缝，其竖向和水平分布钢筋的配筋应满足表 4.12 的要求。剪力墙的加强区是墙体受力不利和受温度影响较大的部位，主要包括剪力墙结构的顶层、剪力墙的底部以及其他可能出现塑性铰的区域，其高度不应小于墙截面高度，不应小于底层或其他所在层的层高，也不应小于剪力墙总高度的$\frac{1}{12}$。

表 4.12　剪力墙分布钢筋的配筋要求

设计类别		配筋要求		
		最小配筋率 /%	最大间距 /mm	最小直径 /mm
抗震设计	一、二、三级	0.25	300	8
	四级	0.20	300	8
非抗震设计		0.20	300	8
加强区		0.25	200	8

注：① 框支结构落地剪力墙底部加强部位墙肢的竖向及水平分布钢筋的配筋率不应小于0.30%，钢筋间距不应大于200 mm；

② 竖向、水平分布钢筋的直径不宜大于墙肢厚度的$\frac{1}{10}$。

（3）为了提高剪力墙的延性，保证墙体的稳定性及改善剪力墙的抗震性能，应设置剪力墙的边缘构件，包括构造边缘构件和约束边缘构件。边缘构件可以是端柱、暗柱和翼墙，暗柱是指与墙体厚度相同的柱，翼墙是指包括部分翼缘及腹板的T形柱。

① 当按构造要求设置剪力墙构造边缘构件时，暗柱、翼墙和端柱的范围宜按图4.27中阴影部分采用（T形翼墙可扩大到每侧一倍墙厚的翼缘部分），其最小配筋应满足表4.13的规定，并符合以下要求：

a. 非抗震设计的剪力墙，墙肢端部应配置不少于4Φ12的竖向钢筋，沿竖向钢筋应配置不少于Φ6@250的箍筋或拉筋。

b. 抗震设计的剪力墙应按所列构造要求设置竖向钢筋及箍筋或拉筋，其中竖向钢筋的无支长度不大于300 mm。

c. 箍筋、拉筋沿水平方向的肢距不宜大于300 mm，不应大于竖向钢筋间距的2倍。

d. 当端柱承受集中荷载时，其竖向钢筋、箍筋直径和间距应满足框架柱的相应要求。

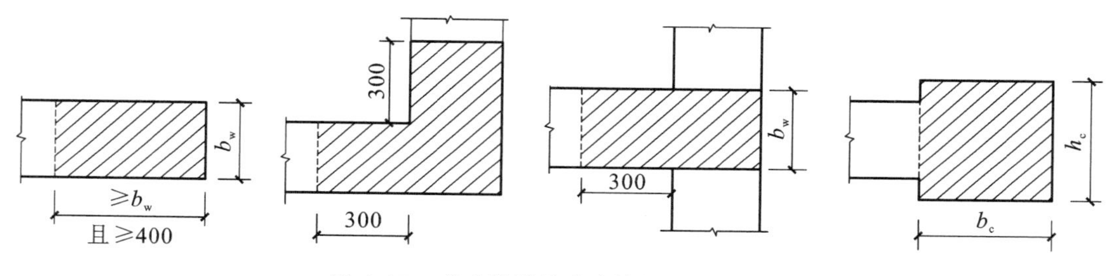

图4.27　剪力墙的构造边缘构件配筋范围

表4.13　剪力墙构造边缘构件的最小配筋要求

抗震等级	底部加强部位			其他部位		
	竖向钢筋最小量（取较大值）	箍筋		竖向钢筋最小量（取较大值）	拉筋	
		最小直径/mm	沿竖向最大间距/mm		最小直径/mm	沿竖向最大间距/mm
一级	$0.010A_c$，6Φ16	8	100	$0.008A_c$，6Φ14	8	150
二级	$0.008A_c$，6Φ14	8	150	$0.006A_c$，6Φ12	8	200
三级	$0.006A_c$，6Φ12	6	150	$0.005A_c$，4Φ12	6	200
四级	$0.005A_c$，4Φ12	6	200	$0.004A_c$，4Φ12	6	250

注：① A_c为构造边缘构件的截面面积，即图4.27中剪力墙截面的阴影部分；

② 其他部位的转角处宜采用箍筋。

② 一、二、三级抗震等级剪力墙的底层，当墙肢底截面的轴压比大于表4.11的规定值时，应在底部加强部位及相邻的上一层设置约束边缘构件，如图4.28所示。约束边缘构件应符合

下列要求：

a. 约束边缘构件沿墙肢的长度 l_c 和箍筋配箍特征值 λ_v 应符合表 4.14 的要求。配箍特征值 λ_v 与体积配箍率 ρ_v 的关系如下：

$$\rho_v = \lambda_v \frac{f_c}{f_{yv}} \tag{4.95}$$

式中　ρ_v——箍筋体积配箍率，可计入箍筋、拉筋以及符合构造要求的水平分布钢筋，计入的水平分布钢筋的体积配箍率不应大于总体积配箍率的 30%；

λ_v——约束边缘构件配箍特征值；

f_c——混凝土轴心抗压强度设计值，混凝土强度等级低于 C35 时，应取 C35 的混凝土轴心抗压强度设计值；

f_{yv}——箍筋、拉筋或水平分布钢筋的抗拉强度设计值。

表 4.14　约束边缘构件沿墙肢的长度 l_c 及其配箍特征值 λ_v

项目	一级(9 度)		一级(6、7、8 度)		二、三级	
	$\mu_N \leqslant 0.2$	$\mu_N > 0.2$	$\mu_N \leqslant 0.3$	$\mu_N > 0.3$	$\mu_N \leqslant 0.4$	$\mu_N > 0.4$
l_c(暗柱)	$0.20h_w$	$0.25h_w$	$0.15h_w$	$0.20h_w$	$0.15h_w$	$0.20h_w$
l_c(翼墙或端柱)	$0.15h_w$	$0.20h_w$	$0.10h_w$	$0.15h_w$	$0.10h_w$	$0.15h_w$
λ_v	0.12	0.20	0.12	0.20	0.12	0.20

注：① μ_N 为墙肢在重力荷载代表值作用下的轴压比，h_w 为墙肢的长度。

② 剪力墙的翼墙长度小于翼墙厚度的 3 倍或端柱截面边长小于 2 倍墙厚时，按无翼墙、无端柱查表。

③ l_c 为约束边缘构件沿墙肢的长度(图 4.28)。对暗柱不应小于墙厚和 400 mm 的较大值；有翼墙或端柱时，不应小于翼墙厚度或端柱沿墙肢方向截面高度加 300 mm。

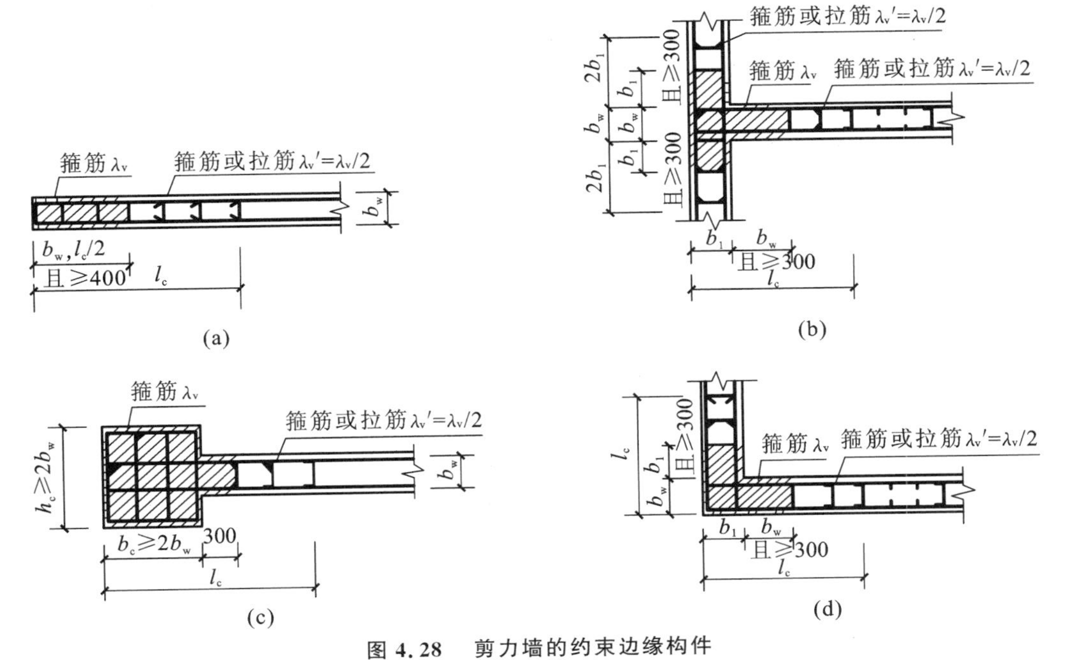

图 4.28　剪力墙的约束边缘构件

(a) 暗柱；(b) 有翼墙；(c) 有端柱；(d) 转角墙(L 形墙)

b. 剪力墙约束边缘构件在设置箍筋范围内(即图 4.28 中阴影部分)的竖向钢筋配筋率，一、二、三级抗震等级时分别不应小于 1.2%、1.0% 和 1.0%，并分别不应少于 8Φ16、6Φ16、6Φ14 的钢筋。

c. 约束边缘构件内箍筋或拉筋竖向的间距，一级不宜大于 100 mm，二、三级不宜大于 150 mm；箍筋、拉筋沿水平方向的肢距不宜大于 300 mm，不应大于竖向钢筋间距的 2 倍。

(4) 剪力墙的钢筋锚固和连接应符合下列规定。

① 非抗震设计时，剪力墙纵向钢筋的最小锚固长度应取 l_a；抗震设计时，剪力墙纵向钢筋的最小锚固长度应取 l_{aE}。

② 剪力墙竖向及水平分布钢筋采用搭接连接时，如图 4.29 所示，一级、二级抗震等级剪力墙的底部加强部位，接头位置应错开，同一截面连接的钢筋数量不宜超过总数量的 50%，错开净距不宜小于500 mm；其他情况剪力墙的钢筋可在同一截面连接。分布钢筋的搭接长度，非抗震设计时不应小于 $1.2l_a$，抗震设计时不应小于 $1.2l_{aE}$。

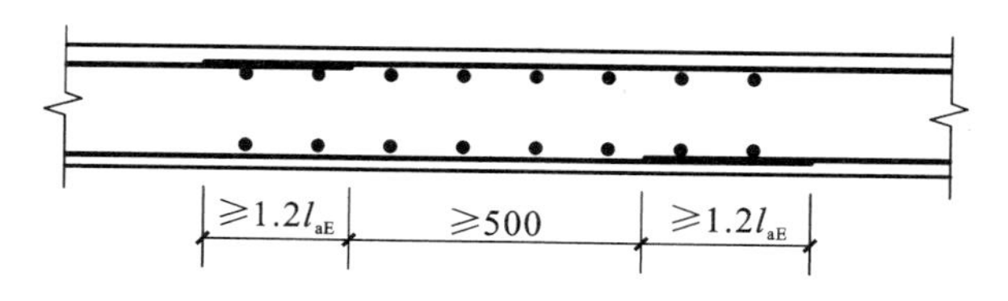

图 4.29　墙内水平分布钢筋的搭接连接

(注：非抗震设计时图中 l_{aE} 取 l_a)

③ 剪力墙竖向分布钢筋采用其他连接方式时，一级抗震等级剪力墙的所有部位和二级抗震等级剪力墙的加强部位，接头位置应错开，同一截面连接的钢筋数量不宜超过总数量的 50%；其他情况剪力墙的钢筋可在同一截面连接。

④ 暗柱及端柱内纵向钢筋连接和锚固要求与框架柱相同。

4.5.7　连梁截面设计及构造要求

1. 连梁的正截面受弯承载力计算

连梁的正截面受弯承载力可按一般受弯构件的要求计算。由于连梁通常都采用对称配筋($A_s = A'_s$)，故无地震作用组合时，连梁的正截面受弯承载力可按下式计算：

$$M_b \leqslant f_y A_s (h_{b0} - a'_s) \tag{4.96}$$

式中　A_s—— 纵向受力钢筋截面面积；

h_{b0}—— 连梁截面的有效高度；

a'_s—— 受压区纵向钢筋合力点至受压边缘的距离。

有地震作用组合时，仍按式(4.96) 计算，但其右端应除以承载力抗震调整系数 γ_{RE}，γ_{RE} 取 0.75。

2. 连梁剪力设计值的确定

为了实现连梁的强剪弱弯，推迟剪切破坏、提高其延性，连梁两端截面的剪力设计值应按下列规定确定。

(1) 非抗震设计以及四级剪力墙的连梁，应分别取考虑水平风荷载、水平地震作用组合的剪力设计值。

(2) 一、二、三级剪力墙的连梁，其梁端截面组合的剪力设计值应按式(4.97)确定，9度时一级剪力墙的连梁应按式(4.98)确定。

$$V_b = \eta_{vb}\frac{M_b^l + M_b^r}{l_n} + V_{Gb} \tag{4.97}$$

$$V_b = 1.1\frac{M_{bua}^l + M_{bua}^r}{l_n} + V_{Gb} \tag{4.98}$$

式中　M_b^l, M_b^r—— 连梁左、右端截面顺时针或逆时针方向的弯矩设计值；

M_{bua}^l, M_{bua}^r—— 连梁左、右端截面顺时针或逆时针方向实配的抗震受弯承载力所对应的弯矩值，应按实配钢筋面积(计入受压钢筋)和材料强度标准值并考虑承载力抗震调整系数计算；

l_n—— 连梁的净跨；

V_{Gb}—— 在重力荷载代表值作用下按简支梁计算的梁端截面剪力设计值；

η_{vb}—— 连梁剪力增大系数，一级取1.3，二级取1.2，三级取1.1。

3. 连梁斜截面受剪承载力计算

(1) 为了不使斜裂缝过早出现或混凝土过早破坏，连梁截面尺寸不应太小，应符合下列要求。

① 无地震作用组合：

$$V_b \leqslant 0.25\beta_c f_c b_b h_{b0} \tag{4.99}$$

② 有地震作用组合：

跨高比大于2.5时

$$V_b \leqslant \frac{1}{\gamma_{RE}}(0.20\beta_c f_c b_b h_{b0}) \tag{4.100}$$

跨高比不大于2.5时

$$V_b \leqslant \frac{1}{\gamma_{RE}}(0.15\beta_c f_c b_b h_{b0}) \tag{4.101}$$

式中　b_b, h_{b0}—— 连梁截面的宽度、有效高度。

(2) 连梁的斜截面受剪承载力，应按下列公式计算。

① 无地震作用组合：

$$V_b \leqslant 0.7 f_t b_b h_{b0} + f_{yv}\frac{A_{sv}}{s}h_{b0} \tag{4.102}$$

② 有地震作用组合：

跨高比大于2.5时

$$V_b \leqslant \frac{1}{\gamma_{RE}}(0.42 f_t b_b h_{b0} + f_{yv}\frac{A_{sv}}{s}h_{b0}) \tag{4.103}$$

跨高比不大于2.5时

$$V_b \leqslant \frac{1}{\gamma_{RE}}(0.38 f_t b_b h_{b0} + 0.9 f_{yv}\frac{A_{sv}}{s}h_{b0}) \tag{4.104}$$

4. 连梁内力或刚度的调整

当剪力墙的连梁不满足式(4.99)至式(4.101)的要求时,可采取下列措施。

(1)减小连梁截面高度以减小其刚度。当连梁名义剪应力超过限值时,若加大截面高度,连梁会吸收更多剪力,将更为不利,因而减小连梁截面高度或加大截面宽度是有效措施,但后者一般较难实现。

(2)抗震设计时剪力墙连梁的弯矩可进行塑性调幅,以降低其剪力设计值。连梁塑性调幅可采用两种方法,一是按照《高层建筑混凝土结构技术规程》(JGJ 3—2010)中规定的方法,在内力计算前就将连梁刚度进行折减;二是在内力计算之后,将连梁弯矩和剪力组合值乘以折减系数。两种方法的效果都是减小连梁内力和减少配筋。因此,在内力计算时已经降低了刚度的连梁,其弯矩值不宜再调幅,或限制再调幅范围。当剪力墙中部分连梁降低弯矩设计值后,其余部位连梁和墙肢的弯矩设计值宜视调幅连梁数量的多少而相应适当增大。

无论采用哪种方法,连梁调幅后的弯矩、剪力设计值不应低于使用状况下的实际值,也不宜低于比设防烈度低1度的地震作用组合所得的弯矩、剪力设计值,其目的是避免在正常使用条件下或较小的地震作用下连梁上出现裂缝。因此在一般情况下,宜控制调幅后的弯矩不小于调幅前按刚度不折减计算的弯矩(完全弹性)的$\frac{4}{5}$(6～7度时)和$\frac{1}{2}$(8～9度),并不小于风荷载作用下的连梁弯矩。

(3)当连梁破坏对承受竖向荷载无明显影响时,可按独立墙肢的计算简图进行第二次在多遇地震作用下的结构内力分析,墙肢截面应按两次计算所得的较大值进行配筋计算。

当第(1)、(2)条的措施不能解决问题时,允许采用第(3)条的方法处理。即假定连梁在罕遇地震作用下剪切破坏,不再能约束墙肢,因此可考虑连梁不参与工作,而按独立墙肢进行第二次结构内力分析,这就是剪力墙的第二道防线。此时,剪力墙的刚度降低,侧移允许增大,这种情况往往应增大墙肢的内力及增多配筋,以保证墙肢的安全。

5. 连梁的构造要求

连梁的配筋构造应符合下列要求,如图4.30所示。

(1)连梁顶面、底面纵向水平钢筋伸入墙肢的锚固长度,抗震设计时不应小于l_{aE};非抗震设计时不应小于l_a,且均不应小于600 mm。

(2)抗震设计时,沿连梁全长箍筋的构造应符合框架梁的梁端箍筋加密区的箍筋构造要求;非抗震设计时,沿连梁全长的箍筋直径不应小于6 mm,间距不应大于150 mm。

(3)顶层连梁纵向水平钢筋伸入墙肢的长度范围内应配置构造箍筋,箍筋间距不宜大于150 mm,直径应与该连梁的箍筋直径相同。

(4)连梁高度范围内的墙肢水平分布钢筋应在连梁内拉通,作为连梁的腰筋。当连梁截面高度大于700 mm时,其两侧面腰筋的直径不应小于8 mm,间距不应大于200 mm;跨高比不大于2.5的连梁,梁两侧腰筋的总面积配筋率不应小于0.3%。

(5)由于布置管道的需要,有时需在连梁上开洞,设计中需对削弱的连梁采取加强措施。连梁开洞应符合下列要求:穿过连梁的管道宜预埋套管,洞口上、下的截面有效高度不宜小于梁高的$\frac{1}{3}$,且不宜小于200 mm;被洞口削弱的截面应进行承载力验算,洞口处应配置补强纵向钢筋和箍筋,可在连梁两侧各配置 2Φ14 的补强纵向钢筋,如图 4.31 所示。

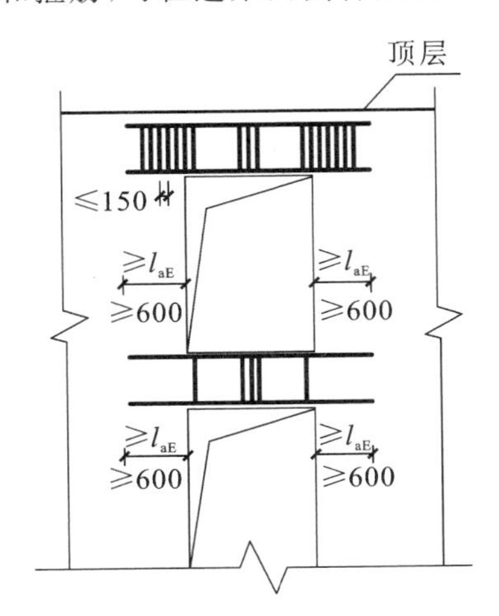

图 4.30 连梁配筋构造示意

(注:非抗震设计图中 l_{aE} 取 l_a)

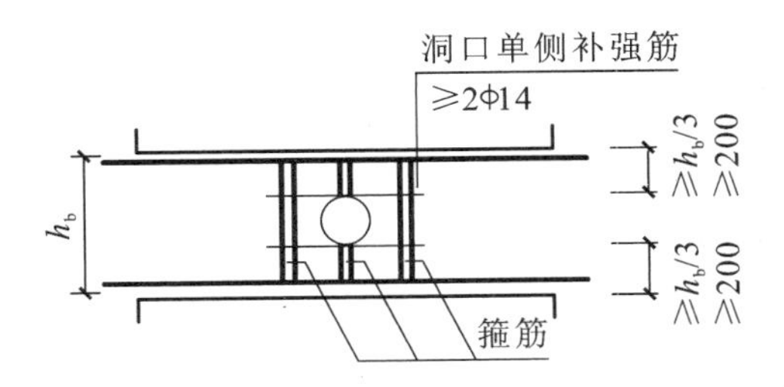

图 4.31 连梁洞口补强配筋示意

5 混凝土框架-剪力墙结构设计

框架-剪力墙结构体系是将框架和剪力墙这两种结构组合在一起所形成的结构体系。其受力特点是：竖向荷载由框架和剪力墙等竖向承重单体共同承担，水平荷载则主要由剪力墙这一具有较大侧向刚度的单体来承担。这种结构体系综合了框架和剪力墙结构的优点，并在一定程度上规避了两者的缺点。它既具有框架结构开间较大、平面布置灵活的特点，又具有剪力墙较大的刚度和较强的抗震能力，使得建筑功能要求和结构设计要求能够更好地相互协调，因而在实际工程中应用较为广泛。

框架-剪力墙结构体系常用于建造高层办公楼、教学楼等需要有较大空间的房屋，亦可用于建造高层住宅、宾馆等建筑。

5.1 结构方案选择

5.1.1 一般规定

1. *房屋最大适用高度和高宽比限值*

根据我国现行行业标准《高层建筑混凝土结构技术规程》(JGJ 3—2010) 中的规定，框架-剪力墙结构房屋的最大适用高度见表 5.1 和表 5.2，建筑结构的高宽比限值同剪力墙结构体系，详见第 4 章中表 4.3。

表 5.1 A 级高度钢筋混凝土框架-剪力墙结构的最大适用高度

单位：m

结构形式	非抗震设计	抗震设防烈度				
		6 度	7 度	8 度		9 度
				0.20g	0.30g	
框架-剪力墙	150	130	120	100	80	50

注：① 表中框架不含异形柱框架；

② 甲类建筑，6、7、8 度时宜按本地区抗震设防烈度提高 1 度后符合本表的要求，9 度时应专门研究；

③ 9 度抗震设防的结构，当房屋高度超过本表数值时，结构设计应有可靠依据，并采取有效的加强措施。

表 5.2 B 级高度钢筋混凝土框架-剪力墙结构的最大适用高度

单位：m

结构形式	非抗震设计	抗震设防烈度			
		6 度	7 度	8 度	
				0.20g	0.30g
框架-剪力墙	170	160	140	120	100

注：① 甲类建筑，6、7 度时宜按本地区抗震设防烈度提高 1 度后符合本表的要求，8 度时应专门研究；

② 当房屋高度超过本表数值时，结构设计应有可靠依据，并采取有效的加强措施。

2．框架-剪力墙结构的抗震等级

抗震设计的框架-剪力墙结构，应根据抗震设防类别、烈度和房屋高度采用不同的抗震等级，并应符合相应的计算和构造措施要求。A 级高度、B 级高度丙类建筑结构的抗震等级应分别按表 5.3、表 5.4 确定。当本地区的设防烈度为 9 度时，A 级高度乙类建筑的抗震等级应按特一级采用，甲类建筑应采取更有效的抗震措施。

表 5.3　A 级高度丙类建筑的框架-剪力墙结构抗震等级

结构类型		烈度						
		6 度		7 度		8 度		9 度
框架-剪力墙结构	高度/m	≤60	>60	≤60	>60	≤60	>60	≤50
	框架	四	三	三	二	二	一	一
	剪力墙	三		二		一		一

注：接近或等于高度分界时，应结合房屋不规则程度及场地、地基条件适当确定抗震等级。

表 5.4　B 级高度丙类建筑的框架-剪力墙结构抗震等级

结构类型		烈度		
		6 度	7 度	8 度
框架-剪力墙结构	框架	二	一	一
	剪力墙	二	一	特一

各抗震设防类别的框架-剪力墙结构，其抗震措施应符合的要求，与剪力墙结构体系应符合的要求相同，详见第 4 章 4.1.1 第 2 条所述。

3．水平承重结构的选择

框架-剪力墙结构房屋的楼盖结构应满足的要求，与剪力墙结构体系应符合的要求相同，详见第 4 章 4.1.1 第 3 条所述。

4．框架-剪力墙结构基础的选型

框架-剪力墙结构基础的选型，与剪力墙结构体系的选型相同，详见第 4 章 4.1.1 第 4 条所述。

5.1.2　结构布置和设计原则

1．结构布置

框架-剪力墙结构房屋中，其框架和剪力墙的布置除应分别符合第 2 章 2.1.2 和第 4 章 4.1.2 所述的有关要求之外，结构的总体布置尚应符合下述规定。

(1) 框架-剪力墙结构应设计成双向抗侧力体系。抗震设计时，结构两主轴方向均应布置剪力墙。

(2) 框架-剪力墙结构中，主体结构构件之间除个别节点外不应采用铰接；梁与柱或柱与剪力墙的中心线宜重合；框架梁、柱中心线之间有偏离时，偏心距不宜大于柱截面在该方向宽度的 $\frac{1}{4}$。

(3) 框架-剪力墙结构中剪力墙的布置宜符合下列规定：

① 剪力墙宜均匀布置在建筑物的周边附近、楼梯间、电梯间、平面形状变化处以及永久荷载较大的部位。平面形状凹凸较大时，宜在凸出部分的端部附近布置剪力墙。

② 为防止楼板在自身平面内变形过大，保证水平力在框架与剪力墙之间的合理分配，横向剪力墙的间距宜满足表 5.5 的要求。当这些剪力墙之间的楼盖有较大开洞时，剪力墙的间距应适当减小。

表 5.5　剪力墙的间距

单位：m

楼盖形式	非抗震设计（取较小值）	抗震设防烈度		
		6 度，7 度（取较小值）	8 度（取较小值）	9 度（取较小值）
现　浇	≤5.0B，60	≤4.0B，50	≤3.0B，40	≤2.0B，30
装配整体	≤3.5B，50	≤3.0B，40	≤2.5B，30	—

注：① 表中 B 为剪力墙之间的楼盖宽度，m；

② 装配整体式楼盖指装配式楼盖上设有配筋现浇层；

③ 现浇层厚度大于 60 mm 的叠合板可作为现浇板考虑；

④ 当房屋端部未布置剪力墙时，第一片剪力墙与房屋端部的距离，不宜大于表中剪力墙间距的 $\frac{1}{2}$。

③ 纵向剪力墙宜布置在结构单元的中间区段内；房屋纵向较长时，不宜集中布置在房屋的两尽端，否则宜留置施工后浇带，以减少温度、收缩应力的影响。

④ 纵、横向剪力墙宜组成 L 形、T 形和[形等形式，以使纵墙（横墙）可以作为横墙（纵墙）的翼缘，从而提高承载力和刚度。

⑤ 为了保证剪力墙具有足够的延性，不致发生脆性剪切破坏，每道剪力墙不宜过长。当剪力墙的墙肢截面高度大于 8 m 时，可用门窗洞口或施工洞形成连肢墙。

⑥ 剪力墙的布置不宜过分集中，单片剪力墙底部承担的水平剪力不应超过结构底部总水平剪力的 30%。

⑦ 剪力墙宜贯通建筑物的全高，其厚度逐渐减小，宜避免刚度突变；剪力墙开洞时，洞口宜上下对齐。

⑧ 楼梯、电梯间等竖井造成连续楼层开洞时，宜在洞边设置剪力墙，且宜尽量与靠近的抗侧力结构结合布置，不宜孤立布置在单片抗侧力结构或柱网以外的部分。

⑨ 抗震设计时，剪力墙的布置宜使结构两个主轴方向的侧向刚度接近。

2. 结构设计原则

抗震设计的框架-剪力墙结构，应根据在规定的水平力作用下结构底层框架部分承受的地震倾覆力矩与结构总地震倾覆力矩的比值，确定相应的设计方法，并应符合下列规定：

(1) 当框架部分承受的地震倾覆力矩不大于结构总地震倾覆力矩的 10% 时，按剪力墙结构进行设计，其中的框架部分应按框架-剪力墙结构的框架进行设计；

(2) 当框架部分承受的地震倾覆力矩大于结构总地震倾覆力矩的 10% 但不大于 50% 时，按框架-剪力墙结构进行设计；

(3) 当框架部分承受的地震倾覆力矩大于结构总地震倾覆力矩的 50% 但不大于 80% 时，

按框架-剪力墙结构进行设计，其最大适用高度可比框架结构的最大适用高度适当增加，框架部分的抗震等级和轴压比限值宜按框架结构的规定采用；

(4) 当框架部分承受的地震倾覆力矩大于结构总地震倾覆力矩的80%时，按框架-剪力墙结构进行设计，但其最大适用高度宜按框架结构的最大适用高度采用，框架部分的抗震等级和轴压比限值应按框架结构的规定采用。

5.1.3 梁、柱截面尺寸及剪力墙数量的初步确定

1. 梁、柱截面尺寸

在框架-剪力墙结构中，框架梁的截面尺寸一般根据工程经验确定，框架柱的截面尺寸可根据轴压比控制来确定，详见第2章2.1.3所述。

应当注意的是：框架-剪力墙结构中，框架部分的抗震等级一般应按框架-剪力墙结构房屋确定，即按表5.3或表5.4的规定采用，进而按表5.6确定柱的轴压比限值；如本章5.1.2第2条所述，当框架部分承受的地震倾覆力矩大于结构总地震倾覆力矩的50%时，其框架部分的抗震等级应按框架结构的抗震等级采用，即按第2章中表2.2的规定采用，轴压比限值应按表5.6中的框架结构轴压比限值确定。

表5.6 柱轴压比限值

结构类型	抗震等级			
	一	二	三	四
框架结构	0.65	0.75	0.85	0.90
框架-剪力墙结构	0.75	0.85	0.90	0.95

2. 剪力墙数量

框架梁、柱的截面尺寸确定以后，在充分发挥框架抗侧移能力的前提下，应按层间弹性位移角限值确定剪力墙的数量。在初步设计阶段，可根据房屋底层全部剪力墙截面面积 A_w 和全部柱截面面积 A_c 之和与楼面面积 A_f 的比值，或者采用全部剪力墙截面面积 A_w 与楼面面积 A_f 的比值，来粗估剪力墙的数量，使$\frac{A_w + A_c}{A_f}$或$\frac{A_w}{A_f}$的限值大致如表5.7所列。层数多、高度大的框架-剪力墙结构体系，宜取表中的上限值。

表5.7 底层结构截面面积与楼面面积之比的限值

设计条件	$\frac{A_w + A_c}{A_f}$	$\frac{A_w}{A_f}$
7度，Ⅱ类场地	3%～5%	2%～3%
8度，Ⅱ类场地	4%～6%	3%～4%

设计方法是：首先按前述的剪力墙结构布置要求，进行剪力墙布置，应注意对于带边框的剪力墙，其墙体的厚度不应小于160 mm且不应小于层高的$\frac{1}{20}$，混凝土强度等级宜与边框柱相同；然后按已布置的剪力墙计算实际剪力墙的总截面面积 A_w，并使其满足表5.7的要求。

5.2 框架-剪力墙结构在竖向荷载作用下的内力计算方法

框架-剪力墙结构在竖向荷载作用下，可假定各竖向承重结构之间为简支联系，将楼（屋）盖的竖向荷载按简支梁、板分配给其支承的框架和剪力墙，再将各榀框架和各片剪力墙按平面结构进行内力计算。其中：框架结构在竖向荷载作用下的内力按第 2 章中所述方法计算；剪力墙结构在竖向荷载作用下的内力按第 4 章中所述方法计算。

在初步设计阶段，框架-剪力墙结构中楼（屋）盖单位面积的竖向总荷载可按 12 ～ 14 kN/m^2 进行估算。

5.3 框架-剪力墙结构在水平荷载作用下的内力与位移计算方法

5.3.1 框架与剪力墙的协同工作分析

在水平荷载作用下，框架-剪力墙结构中的框架和剪力墙，是变形特点不同的两种结构。当通过平面内刚度很大的楼盖将两者组合在一起时，框架与剪力墙在楼盖处的变形必须协调一致，即框架与剪力墙之间存在着协同工作的问题。

框架与剪力墙之间协同工作的状况可通过图 5.1 来说明。在水平荷载作用下，单纯剪力墙结构的变形曲线如图 5.1(a) 中虚线所示，以弯曲变形为主；单纯框架结构的变形曲线如图 5.1(b) 中虚线所示，以剪切变形为主。但是，在框架-剪力墙结构中，框架与剪力墙是相互连接在一起的一个整体结构，两者相互影响，故其变形曲线介于弯曲型与剪切型之间。图 5.1(c) 较好地反映了三种侧移曲线及其相互的关系。由该图可见：在结构的下部，剪力墙的侧移比框架小，剪力墙将框架向内拉，框架将墙向外拉，因而框架-剪力墙的侧移比单纯框架的侧移小，比单纯剪力墙的侧移大；而在结构的上部，剪力墙的侧移比框架的大，框架将剪力墙向内推，墙将框架向外推，因而框架-剪力墙的侧移比单纯框架的侧移大，比单纯剪力墙的侧移小。框架与剪力墙之间的这种协同工作是非常有利的，不但使框架-剪力墙结构的总体侧移大大减小，而且使框架和剪力墙中的内力分布更趋于合理。

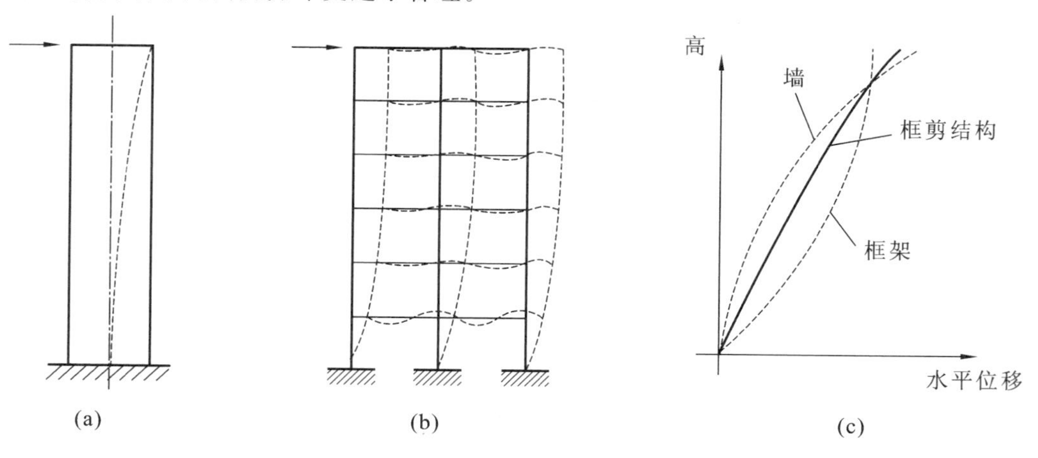

图 5.1 框架、剪力墙和框架-剪力墙结构的侧移曲线

(a) 剪力墙结构侧移曲线；(b) 框架结构侧移曲线；(c) 框架-剪力墙结构侧移曲线

5.3.2　基本假定与计算简图

1. 基本假定

在进行框架-剪力墙结构分析时，一般采用如下基本假定：

(1) 将结构单元内所有框架合并为总框架，所有连梁合并为总连梁，所有剪力墙合并为总剪力墙。总框架、总连梁和总剪力墙的刚度分别为各单个结构构件刚度的总和。

(2) 作用于结构上的风荷载及水平地震作用由总框架(包括连梁)和总剪力墙共同承担。由结构的空间协同工作分析，可求出在风荷载及水平地震作用下总框架(包括连梁)和总剪力墙上分别产生的内力的大小。计算时假定楼盖在自身平面内的刚度为无限大。

(3) 将总框架上的风荷载及水平地震作用所产生的内力按刚度比分配给每一榀框架，将总剪力墙上的风荷载及水平地震作用所产生的内力按刚度比分配给每一片剪力墙。

(4) 将每榀框架和每片剪力墙在重力荷载和风荷载及地震作用下产生的内力进行组合(60 m以下的高层建筑风荷载不与地震作用一起参加和重力荷载内力的组合)，然后进行构件截面设计。

2. 计算简图

框架-剪力墙结构，根据连梁相对刚度的大小，即连梁对剪力墙约束作用的大小，可分为铰接体系和刚接体系两种。一般情况下，剪力墙与框架之间主要采用连梁连接，其转动约束作用较大，按刚接体系计算，如图 5.2(a) 所示；若剪力墙与框架之间主要采用楼板连接，其转动约束作用较小，按铰接体系计算，如图 5.2(b) 所示。计算时连梁的刚度可以折减，但折减系数不小于 0.55(计算自振周期时不折减)。若连梁的截面尺寸小、刚度小，对墙和框架的约束作用都很弱，也可以按铰接体系计算。

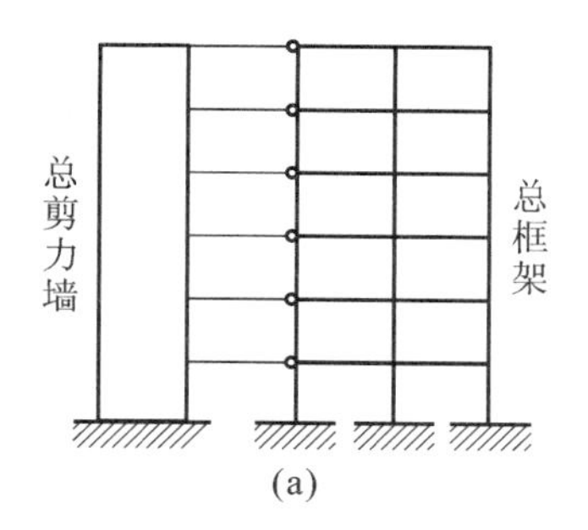

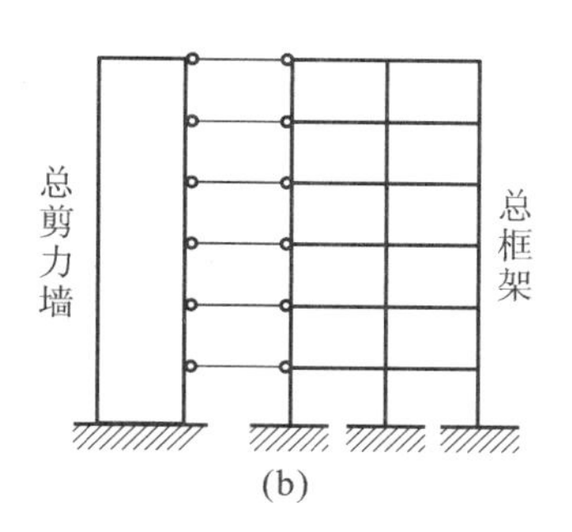

图 5.2　框架-剪力墙结构计算简图

(a) 刚接体系(连梁体系)；(b) 铰接体系(楼板体系)

5.3.3　基本计算参数

1. 总框架的剪切刚度 C_f

框架柱的侧移刚度是使框架柱两端产生单位相对侧移所需施加的水平剪力，如图 5.3(a) 所示，第 i 层第 j 根柱的抗侧刚度用符号 D_{ij} 表示，同层各柱抗侧刚度的总和用符号 D 表示，即 $D = \sum D_{ij}$。总框架各层的剪切刚度 C_{fi} 是使总框架在楼层间产生单位剪切变形($\phi = 1$) 所需施加的水平剪力，如图 5.3(b) 所示。则 C_{fi} 与 D 有如下关系：

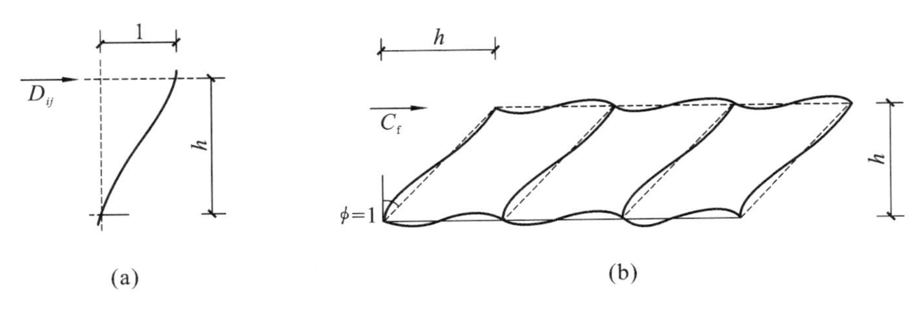

图 5.3　框架的剪切刚度

$$C_{fi} = Dh = h\sum D_{ij} \tag{5.1}$$

式中　h—— 框架的层高。

当各层框架的剪切刚度 C_{fi} 不同时，总框架的剪切刚度 C_f，可近似地以各层的 C_{fi} 按其高度 h 取加权平均值计算，即：

$$C_f = \frac{C_{f1}h_1 + C_{f2}h_2 + \cdots + C_{fn}h_n}{h_1 + h_2 + \cdots + h_n} \tag{5.2}$$

2. 总连梁的约束刚度 C_b

在框架-剪力墙刚接体系中，连梁伸入墙内的那部分刚度很大，故连梁应作为带刚域的梁进行分析。因此，剪力墙之间的连梁视为两端带刚域的梁，如图 5.4(a) 所示；剪力墙与框架之间的连梁视为一端带刚域的梁，如图 5.4(b) 所示。

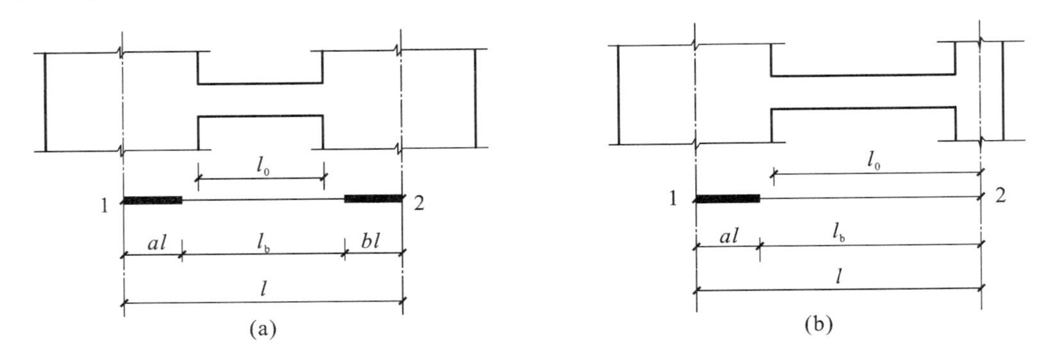

图 5.4　连梁的计算简图

(a) 剪力墙之间的连梁；(b) 剪力墙与框架之间的连梁

在水平荷载作用下，根据刚性楼盖的假定，同层框架与剪力墙的水平位移相同，同时假定同层所有节点的转角 θ 也相同，则可得到两端带刚域连梁的杆端转动刚度为：

$$\left.\begin{aligned} S_{12} &= \frac{6EI_0}{l}\frac{1+a-b}{(1-a-b)^3(1+\beta)} \\ S_{21} &= \frac{6EI_0}{l}\frac{1-a+b}{(1-a-b)^3(1+\beta)} \end{aligned}\right\} \tag{5.3}$$

令上式中 $b=0$，则可得到一端带刚域连梁的杆端转动刚度为：

$$\left.\begin{aligned} S_{12} &= \frac{6EI_0}{l}\frac{1+a}{(1-a)^3(1+\beta)} \\ S_{21} &= \frac{6EI_0}{l}\frac{1-a}{(1-a)^3(1+\beta)} \end{aligned}\right\} \tag{5.4}$$

式中各符号含义与第 4 章 4.4.4 所述相同。

当采用连续化方法计算框架-剪力墙结构的内力时，应将 S_{12} 和 S_{21} 转化为沿层高的线约束刚度 C_{12} 和 C_{21}。其值为：

$$C_{12} = \frac{S_{12}}{h}, C_{21} = \frac{S_{21}}{h} \tag{5.5}$$

单位高度上连梁两端线约束刚度之和为：

$$C_{\mathrm{b}} = C_{12} + C_{21}$$

当同一层内有 s 根刚接连梁时，总连梁的线约束刚度为：

$$C_{\mathrm{b}i} = \sum_{j=1}^{s} (C_{12} + C_{21})_j \tag{5.6}$$

上式适用于两端与墙连接的连梁；对一端与墙、另一端与柱连接的连梁，应令与柱连接端的 C_{21} 为零。

当各层连梁的线约束刚度 $C_{\mathrm{b}i}$ 不同时，总连梁的约束刚度 C_{b} 可近似地以各层的 $C_{\mathrm{b}i}$ 按其高度 h 取加权平均值计算，即：

$$C_{\mathrm{b}} = \frac{C_{\mathrm{b}1}h_1 + C_{\mathrm{b}2}h_2 + \cdots + C_{\mathrm{b}n}h_n}{h_1 + h_2 + \cdots + h_n} \tag{5.7}$$

3. 总剪力墙的弯曲刚度 $E_{\mathrm{c}}I_{\mathrm{eq}}$

计算剪力墙的弯曲刚度时，先按第 4 章 4.2.1 所述方法判别剪力墙的类别。对整截面剪力墙，应按式(4.13) 计算其等效刚度，当各层剪力墙的厚度或混凝土强度等级不同时，式中 E_{c}、I_{w}、A_{w}、μ 应沿高度取加权平均值。对整体小开口剪力墙，应按式(4.22) 计算其等效刚度，同样，当各层剪力墙的厚度或混凝土强度等级不同时，式中 E_{c}、I_{q}、A_{q}、μ 也应沿高度取加权平均值，但只考虑带洞部分的墙体，不计无洞部分墙体的作用。对连肢墙，可按式(4.23) 计算其等效刚度。

总剪力墙的等效弯曲刚度为结构单元内所有剪力墙等效刚度之和，即：

$$E_{\mathrm{c}}I_{\mathrm{eq}} = \sum (E_{\mathrm{c}}I_{\mathrm{eq}})_j \tag{5.8}$$

5.3.4 框架-剪力墙铰接体系的内力与侧移计算

水平荷载作用下，框架-剪力墙结构铰接体系的计算简图如图 5.5(a) 所示。当采用连续化方法计算时，把连杆作为栅片，则在任意高度 z 处、任意水平荷载 $q(z)$ 的作用下，总框架与总剪力墙之间存在连续的相互作用力 $q_{\mathrm{f}}(z)$，如图 5.5(b) 所示。

若以总剪力墙为隔离体，引入沿其高度 z 的无量纲参数 $\xi = \dfrac{z}{H}$，并采用图 5.5(c) 所示的正负号规定，对于常见的三种荷载，通过分析计算，可得到结构内力和侧移的计算公式。计算时，需首先按下式确定框架-剪力墙铰接体系的刚度特征值 λ：

$$\lambda = H\sqrt{\frac{C_{\mathrm{f}}}{E_{\mathrm{c}}I_{\mathrm{eq}}}} \tag{5.9}$$

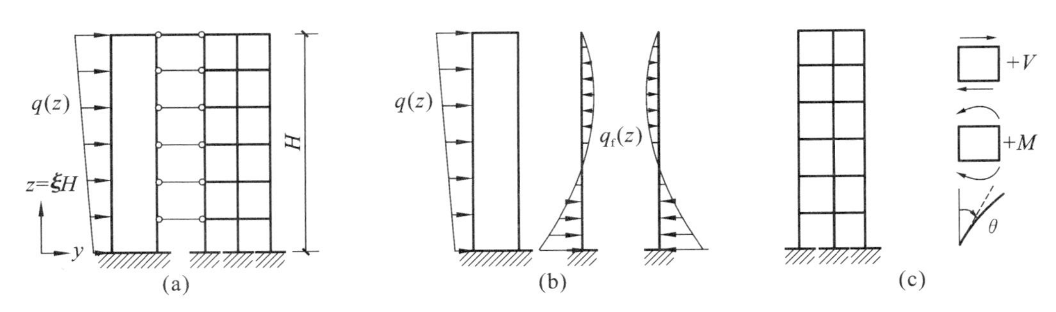

图 5.5　框架-剪力墙铰接体系协同工作计算简图

1. 均布荷载作用下的内力与侧移计算

当均布荷载作用时，$q(z)=q$，框架-剪力墙结构任意截面的侧移 y 和转角 θ，以及总剪力墙的弯矩 M_w、剪力 V_w、总框架的剪力 V_f，可按下列公式计算：

$$y=\frac{qH^4}{E_cI_{eq}}\cdot\frac{1}{\lambda^4}\left[\left(\frac{\lambda\mathrm{sh}\lambda+1}{\mathrm{ch}\lambda}\right)(\mathrm{ch}\lambda\xi-1)-\lambda\mathrm{sh}\lambda\xi+\lambda^2\left(\xi-\frac{\xi^2}{2}\right)\right]\tag{5.10}$$

$$\theta=\frac{qH^3}{E_cI_{eq}}\cdot\frac{1}{\lambda^2}\left[\left(\frac{\lambda\mathrm{sh}\lambda+1}{\lambda\mathrm{ch}\lambda}\right)\mathrm{sh}\lambda\xi-\mathrm{ch}\lambda\xi-\xi+1\right]\tag{5.11}$$

$$M_w=-\frac{qH^2}{\lambda^2}\left[1+\lambda\mathrm{sh}\lambda\xi-\left(\frac{\lambda\mathrm{sh}\lambda+1}{\mathrm{ch}\lambda}\right)\mathrm{ch}\lambda\xi\right]\tag{5.12}$$

$$V_w=qH\left[\mathrm{ch}\lambda\xi-\left(\frac{\lambda\mathrm{sh}\lambda+1}{\lambda\mathrm{ch}\lambda}\right)\mathrm{sh}\lambda\xi\right]\tag{5.13}$$

$$V_f=qH\left[\left(\frac{\lambda\mathrm{sh}\lambda+1}{\lambda\mathrm{ch}\lambda}\right)\mathrm{sh}\lambda\xi-\mathrm{ch}\lambda\xi-\xi+1\right]\tag{5.14}$$

2. 倒三角形分布荷载作用下的内力与侧移计算

倒三角形分布荷载作用时，$q(z)=q\cdot\frac{z}{H}=q\xi$，框架-剪力墙结构任意截面的侧移 y 和转角 θ，以及总剪力墙的弯矩 M_w、剪力 V_w、总框架的剪力 V_f，可按下列公式计算：

$$y=\frac{qH^4}{E_cI_{eq}}\cdot\frac{1}{\lambda^2}\left[\left(\frac{1}{\lambda^2}+\frac{\mathrm{sh}\lambda}{2\lambda}-\frac{\mathrm{sh}\lambda}{\lambda^3}\right)\left(\frac{\mathrm{ch}\lambda\xi-1}{\mathrm{ch}\lambda}\right)+\left(\frac{1}{2}-\frac{1}{\lambda^2}\right)\left(\xi-\frac{\mathrm{sh}\lambda\xi}{\lambda}\right)-\frac{\xi^3}{6}\right]\tag{5.15}$$

$$\theta=\frac{qH^3}{E_cI_{eq}}\cdot\frac{1}{\lambda^2}\left[\left(\frac{1}{\lambda}+\frac{\mathrm{sh}\lambda}{2}-\frac{\mathrm{sh}\lambda}{\lambda^2}\right)\frac{\mathrm{sh}\lambda\xi}{\mathrm{ch}\lambda}+\left(\frac{1}{2}-\frac{1}{\lambda^2}\right)(1-\mathrm{ch}\lambda\xi)-\frac{\xi^2}{2}\right]\tag{5.16}$$

$$M_w=\frac{qH^2}{\lambda^2}\left[\left(1+\frac{\lambda\mathrm{sh}\lambda}{2}-\frac{\mathrm{sh}\lambda}{\lambda}\right)\frac{\mathrm{ch}\lambda\xi}{\mathrm{ch}\lambda}-\left(\frac{\lambda}{2}-\frac{1}{\lambda}\right)\mathrm{sh}\lambda\xi-\xi\right]\tag{5.17}$$

$$V_w=\frac{qH}{\lambda^2}\left[\left(\lambda+\frac{\lambda^2\mathrm{sh}\lambda}{2}-\mathrm{sh}\lambda\right)\frac{\mathrm{sh}\lambda\xi}{\mathrm{ch}\lambda}-\left(\frac{\lambda^2}{2}-1\right)\mathrm{ch}\lambda\xi-1\right]\tag{5.18}$$

$$V_f=qH\left[\left(\frac{1}{\lambda}+\frac{\mathrm{sh}\lambda}{2}-\frac{\mathrm{sh}\lambda}{\lambda^2}\right)\frac{\mathrm{sh}\lambda\xi}{\mathrm{ch}\lambda}+\left(\frac{1}{2}-\frac{1}{\lambda^2}\right)(1-\mathrm{ch}\lambda\xi)-\frac{\xi^2}{2}\right]\tag{5.19}$$

3. 顶点集中荷载作用下的内力与侧移计算

顶点集中荷载作用时，$q(z)=0$，框架-剪力墙结构任意截面的侧移 y 和转角 θ，以及总剪力墙的弯矩 M_w、剪力 V_w、总框架的剪力 V_f，可按下列公式计算：

$$y=\frac{PH^3}{E_cI_{eq}}\cdot\frac{1}{\lambda^3}\left[(\mathrm{ch}\lambda\xi-1)\mathrm{th}\lambda-\mathrm{sh}\lambda\xi+\lambda\xi\right]\tag{5.20}$$

$$\theta = \frac{PH^2}{E_c I_{eq}} \cdot \frac{1}{\lambda^2}(\text{th}\lambda\text{sh}\lambda\xi - \text{ch}\lambda\xi + 1) \tag{5.21}$$

$$M_w = -\frac{PH}{\lambda}(\text{sh}\lambda\xi - \text{th}\lambda\text{ch}\lambda\xi) \tag{5.22}$$

$$V_w = P(\text{ch}\lambda\xi - \text{th}\lambda\text{sh}\lambda\xi) \tag{5.23}$$

$$V_f = P(\text{th}\lambda\text{sh}\lambda\xi - \text{ch}\lambda\xi + 1) \tag{5.24}$$

5.3.5　框架-剪力墙刚接体系的内力与侧移计算

水平荷载作用下，当剪力墙之间、剪力墙与框架之间有连梁，并考虑连梁对剪力墙转动的约束作用时，框架-剪力墙结构可按刚接体系计算，如图 5.6(a) 所示。将框架-剪力墙结构沿连梁的反弯点切开，可显示出连梁的轴力和剪力，如图 5.6(b) 所示。连梁的轴力体现了总框架与总剪力墙之间相互作用的水平力 $q_f(z)$；连梁的剪力则体现了两者之间相互作用的竖向力。将总连梁沿高度连续化后，连梁的剪力就转化为沿高度的连续分布剪力 $v(z)$。将连续分布剪力向剪力墙轴线简化，则剪力墙将产生分布轴力 v 和线约束弯矩 m，如图 5.6(c) 所示。

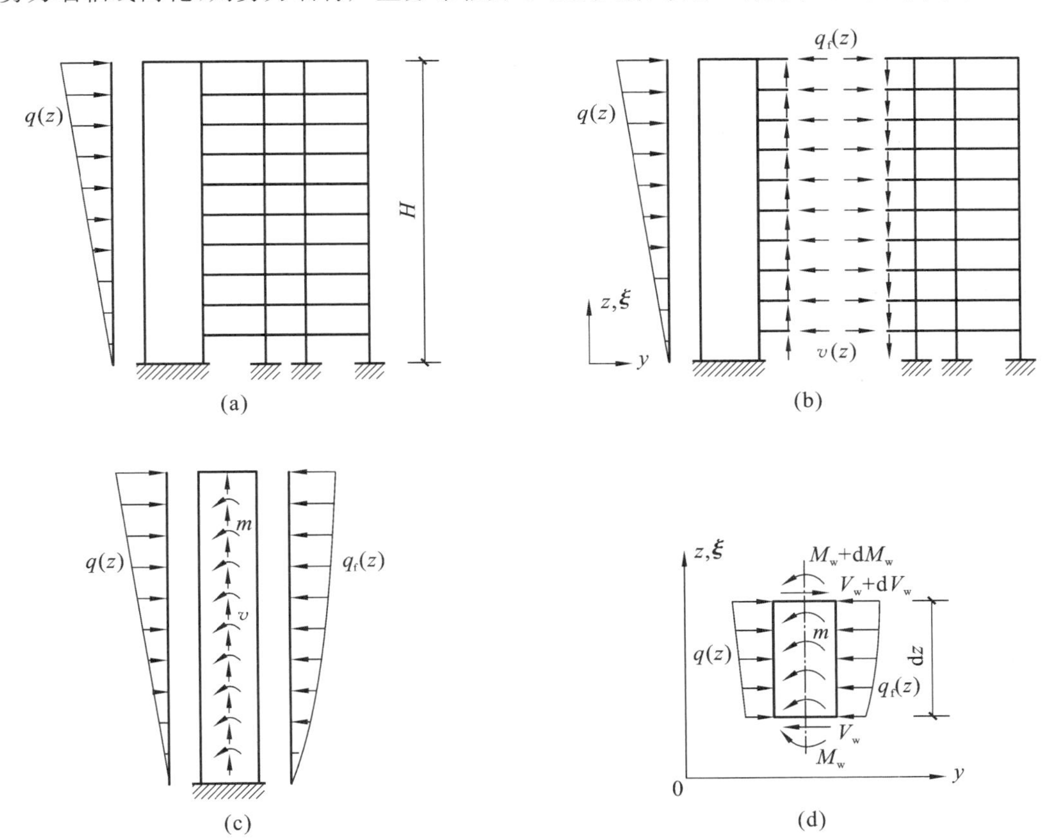

图 5.6　框架-剪力墙刚接体系协同工作计算简图

在框架-剪力墙结构任意高度 z 处，存在下列平衡关系：

$$q(z) = q_w(z) + q_f(z) \tag{5.25}$$

式中，$q(z)$、$q_w(z)$ 和 $q_f(z)$ 分别为结构 z 高度处的任意水平荷载、总剪力墙承受的荷载和总框架承受的荷载。

从图5.6(c)所示的总剪力墙的受力图中截取高度为dz的微段，并在两个横截面中引入截面内力，如图5.6(d)所示(图中未画分布轴力)，通过一系列分析计算，可得到结构内力和侧移的计算公式。但框架-剪力墙刚接体系的刚度特征值λ，应按下式计算：

$$\lambda = H\sqrt{\frac{C_f + C_b}{E_c I_{eq}}} \tag{5.26}$$

将刚接体系的刚度特征值计算式(5.26)，与铰接体系的刚度特征值计算式(5.9)相比，可以看出：前者仅在根号内分子项多了一项 C_b，C_b 反映了连梁对剪力墙的约束作用。

对于常见的三种荷载，框架-剪力墙刚接体系与铰接体系相比较，其结构内力和侧移的计算有下列异同点。

① 结构任意截面的侧移 y、转角 θ 以及总剪力墙的弯矩 M_w，刚接体系与铰接体系的计算公式相同。即对于均布荷载、倒三角形分布荷载和顶点集中荷载，可分别按式(5.10)至式(5.12)、式(5.15)至式(5.17)、式(5.20)至式(5.22)计算，但各式中的结构刚度特征值λ应按式(5.26)计算。

② 总剪力墙的剪力 V_w 计算不同，对刚接体系，$V_w = V'_w + m$。其中：总剪力墙的名义剪力 V'_w 与铰接体系中总剪力墙剪力的计算公式相同，即对于均布荷载、倒三角形分布荷载和顶点集中荷载，可分别按式(5.13)、式(5.18)、式(5.23)计算，但各式中的结构刚度特征值λ应按式(5.26)计算；此外，对于刚接体系还应计算总连梁的线约束弯矩 m，m 的值可按式(5.27)计算。

③ 总框架的剪力 V_f 计算也不同，对刚接体系，$V_f = V'_f - m$。其中：总框架的名义剪力 V'_f 与铰接体系中总框架剪力的计算公式相同，即对于均布荷载、倒三角形分布荷载和顶点集中荷载，可分别按式(5.14)、式(5.19)、式(5.24)计算，但各式中的结构刚度特征值λ应按式(5.26)计算；此外，对于刚接体系还应计算总连梁的线约束弯矩 m。通常可直接按下式计算总框架的剪力：

$$\left.\begin{aligned} m &= \frac{C_b}{C_b + C_f} V'_f \\ V_f &= \frac{C_f}{C_b + C_f} V'_f \end{aligned}\right\} \tag{5.27}$$

需要说明的是：在进行结构抗震设计时，式(5.27)中的总连梁的约束刚度 C_b 应乘以刚度折减系数 η，η 取值详见式(5.28)。

5.4　框架-剪力墙结构房屋设计要点及步骤

5.4.1　结构布置及计算简图

进行框架-剪力墙结构房屋设计时，其抗震等级的确定、结构总体布置原则、水平承重结构的选择、剪力墙数量的确定方法及布置原则等，详见本章5.1节所述；结构中框架部分的布置原则，包括柱网布置、结构承重方案选择和层高的确定等，详见第2章2.1节所述。

在结构方案确定之后，水平荷载作用下框架-剪力墙结构协同工作的计算简图可按5.3.2

所述方法确定。若框架与剪力墙之间布置有连梁，一般宜采用图 5.2(a) 所示的刚接体系的计算简图。

5.4.2　竖向荷载及水平荷载计算

1. 竖向荷载计算

框架-剪力墙结构中的竖向荷载包括由楼面、屋面传来的自重荷载和可变荷载，框架梁柱自重、墙体及门窗自重等。其中：楼面及屋面荷载、框架梁柱自重的计算方法与框架结构房屋的相同，详见第 2 章 2.3 节所述。墙体自重包括抗侧力的钢筋混凝土剪力墙和轻质填充墙的重量，应分别按各自的墙高、墙厚、门窗尺寸及材料容重标准值计算，墙两侧装饰层的重量亦应计入墙体自重内。

2. 风荷载计算

垂直于建筑物表面上的风荷载标准值应按第 2 章式(2.4) 计算。对于特别重要和有特殊要求的高层框架-剪力墙结构房屋，其基本风压值应乘以 1.1 的增大系数。

作用于框架-剪力墙结构房屋上的风荷载计算方法与第 4 章 4.5.2 所述相同。即：如图4.24所示，首先应求出整个结构单元上的沿房屋高度的分布风荷载，然后将其折算为倒三角形分布荷载与均布荷载的叠加，并按式(4.56) 确定倒三角形分布荷载的峰值 q_{max} 和均布荷载 q 的值。

3. 水平地震作用计算

(1) 重力荷载代表值计算

框架-剪力墙结构房屋的抗震计算单元、水平地震作用计算简图和重力荷载代表值的计算等，与框架结构房屋的相同，详见第 2 章 2.4.2 所述。

(2) 结构刚度计算

① 总框架的剪切刚度 C_f。首先按第 2 章 2.4.3 所述方法计算框架梁、柱的线刚度 i_b、i_c 及柱的抗侧刚度 D_{ij}，再按式(5.1) 计算总框架各层的剪切刚度 C_{fi}，并按式(5.2) 计算总框架的剪切刚度 C_f。

② 总连梁的约束刚度 C_b。首先按式(5.4) 计算各连梁的杆端转动刚度 S_{ij}；再按式(5.5) 将其转化为沿层高的线约束刚度 C_{bij}，并按式(5.6) 计算第 i 层总连梁的线约束刚度 C_{bi}；最后按式(5.7) 确定进行框架-剪力墙协同工作计算时所采用的总连梁的约束刚度 C_b。

③ 总剪力墙的等效弯曲刚度 E_cI_{eq}。总剪力墙的等效弯曲刚度按式(5.8) 计算，其中每片剪力墙等效刚度的计算方法详见 5.3.3 第 3 条所述。

④ 结构刚度特征值 λ。在计算出总框架的剪切刚度 C_f、总连梁的约束刚度 C_b 和总剪力墙的等效弯曲刚度 E_cI_{eq} 之后，即可确定结构的刚度特征值 λ。若框架-剪力墙结构按铰接体系考虑，应按式(5.9) 计算 λ 之值；若框架-剪力墙结构按刚接体系考虑，应按式(5.26) 计算 λ 之值，但在进行抗震设计时，总连梁的约束刚度应乘以折减系数，即 λ 之值应按下式计算：

$$\lambda = H\sqrt{\frac{C_f + \eta C_b}{E_c I_{eq}}} \tag{5.28}$$

式中　η——连梁的刚度折减系数，当设防烈度为 6 度时 η 不宜小于 0.7，7、8、9 度时 η 不宜小于 0.5。

(3) 结构基本自振周期计算

框架-剪力墙结构房屋的基本自振周期 T_1 可按式(4.58)计算,式中 Ψ_T 之值可取 0.7～0.8。

对于主体结构屋面以上局部带有凸出间的房屋,式中的 u_T 应取主体结构顶点位移。此时应按图 4.25 所示方法,将凸出间的重力荷载折算到主体结构顶层,且 u_T 应按下式计算:

$$u_T = u_q + u_{Ge} \tag{5.29}$$

$$u_q = \frac{qH^4}{E_c I_{eq}} \cdot \frac{1}{\lambda^4}\left[\left(\frac{\lambda \mathrm{sh}\lambda + 1}{\mathrm{ch}\lambda}\right)(\mathrm{ch}\lambda - 1) - \lambda \mathrm{sh}\lambda + \frac{\lambda^2}{2}\right] \tag{5.30}$$

$$u_{Ge} = \frac{G_e H^3}{E_c I_{eq}} \cdot \frac{1}{\lambda^3}(\lambda - \mathrm{th}\lambda) \tag{5.31}$$

式中 u_q,u_{Ge}——假想均布荷载、顶点集中荷载作用下框架-剪力墙结构顶点的水平位移;

q——假想均布荷载值,$q = \sum \frac{G_i}{H}$,G_i 为集中在各层楼面处的重力荷载代表值。

(4) 地震作用计算

当框架-剪力墙结构房屋的高度不超过 40 m、质量和刚度沿高度分布比较均匀时,其水平地震作用可采用底部剪力法计算。若房屋的高度超过 40 m,不能完全满足底部剪力法的适用条件,考虑到毕业设计以手算为主,仍可近似采用底部剪力法计算,但应通过电算对手算的结果进行校核。底部剪力法计算水平地震作用的方法详见第 2 章 2.4 节所述。

对于主体结构屋面以上局部有凸出间的框架-剪力墙结构房屋,凸出间宜作为单独质点考虑,其水平地震作用仍可按底部剪力法计算,其中凸出间的附加水平地震作用应加在主体结构的顶部,如图 4.25 所示。然后按图 4.25 所示方法,将作用于各层的水平地震作用折算为倒三角形分布荷载和顶点集中荷载,并按式(4.63)确定倒三角形分布荷载的峰值 q_{max} 和顶点集中荷载 F 的值。

5.4.3 水平荷载作用下框架-剪力墙结构内力与位移计算

1. 位移计算及验算

在风荷载和多遇水平地震作用下,框架-剪力墙结构应处于弹性状态并且有足够的刚度,不应产生过大的位移而影响结构的承载力、稳定性和使用条件,故一般宜在结构内力计算之前进行位移验算。

如本章 5.4.2 所述:计算风荷载产生的侧移时,应取倒三角形分布荷载与均布荷载所产生的侧移之和;计算水平地震作用产生的侧移时,应取倒三角形分布荷载与顶点集中荷载所产生的侧移之和。而框架-剪力墙结构在均布荷载、倒三角形分布荷载及顶点集中荷载作用下的侧移,应分别按式(5.10)、式(5.15)和式(5.20)计算。式中的结构刚度特征值 λ:当按铰接体系分析时应按式(5.9)计算;按刚接体系分析时,若为风荷载作用应按式(5.26)计算,若为水平地震作用应按式(5.28)计算。

框架-剪力墙结构房屋的层间位移应满足式(4.66)的要求,其中,弹性层间位移角限值 $[\theta_e]$ 应取为 $\frac{1}{800}$。若不满足应调整构件截面尺寸或混凝土强度等级,并重新验算直至满足要求为止。

2. 总框架、总连梁及总剪力墙内力计算

(1) 总框架剪力、总连梁约束弯矩

在均布荷载、倒三角形分布荷载、顶点集中荷载作用下，对于铰接体系，总框架剪力 V_f 应分别按式(5.14)、式(5.19)、式(5.24) 计算；对于刚接体系，则按上述公式计算所得的值是名义剪力 V'_f，应再按式(5.27) 计算总框架的剪力 V_f 和总连梁的线约束弯矩 m。

(2) 总剪力墙的弯矩、剪力

在均布荷载、倒三角形分布荷载、顶点集中荷载作用下，对铰接体系和刚接体系，总剪力墙弯矩 M_w 均应分别按式(5.12)、式(5.17)、式(5.22) 计算。总剪力墙的剪力 V_w：对于铰接体系，应分别按式(5.13)、式(5.18)、式(5.23) 计算；对于刚接体系，则按上述公式计算所得的值是名义剪力 V'_w，应再将其与上面所计算出的总连梁的线约束弯矩 m 相加，即得总剪力墙的剪力 V_w。

3. 构件内力计算

(1) 框架梁、柱内力计算

在进行框架与剪力墙协同工作分析时，假定楼板为绝对刚性，但实际上楼板有一定的变形，框架与剪力墙的变形并不能完全协调。所以，框架实际承担的剪力比计算值要大。此外，在地震作用过程中，剪力墙开裂后框架承担的剪力比例将增加；而剪力墙屈服后，框架承担的剪力比例将更为增大。因此，抗震设计时，按前述方法求得的总框架各层剪力 V_f 的值应按下述方法进行调整。

① 对 $V_f \geqslant 0.2V_0$ 的楼层，其框架总剪力不必调整。其中，V_f 为对应于地震作用标准值且未经调整的各层(或某一段内各层) 框架承担的地震总剪力。V_0 的值：对框架柱数量从下至上基本不变的结构，应取对应于地震作用标准值的结构底层总剪力；对框架柱数量从下至上分段有规律变化的结构，应取每段底层结构对应于地震作用标准值的总剪力。

② 对 $V_f < 0.2V_0$ 的楼层，其框架总剪力应按 $0.2V_0$ 和 $1.5V_{fmax}$ 二者中的较小值采用。其中，V_f、V_0 的取值同上。V_{fmax} 的值：对框架柱数量从下至上基本不变的结构，应取对应于地震作用标准值且未经调整的各层框架承担的地震总剪力中的最大值；对框架柱数量从下至上分段有规律变化的结构，应取每段中对应于地震作用标准值且未经调整的各层框架承担的地震总剪力中的最大值。

③ 各层框架所承担的地震总剪力按上述第②款的方法调整后，应按调整前、后总剪力的比值调整每根框架柱和与之相连的框架梁的剪力及端部弯矩标准值，框架柱的轴力标准值可不予调整。

框架各层柱、梁的各项内力可采用 D 值法计算，详见第 2 章 2.5 节所述。

(2) 连梁内力计算

按式(5.27) 所求得的是总连梁的线约束弯矩 $m(z)$，将其乘以层高 h，即可得到该层所有与剪力墙刚接的梁端弯矩 M_{ij} 之和，即：

$$\sum M_{ij} = m(z)h$$

式中　z—— 从结构底部至所计算楼层的高度。

将 $m(z)h$ 再按下式分配给各梁端：

$$M_{ij} = \frac{S_{ij}}{\sum S_{ij}} m(z)h \tag{5.32}$$

式中，S_{ij} 应按式(5.3)或式(5.4)计算。按上式求得的连梁弯矩是在剪力墙形心轴处的弯矩，进行连梁截面配筋计算时，应取其非刚域段的弯矩，即取连梁端部截面处的弯矩，如图5.7所示。

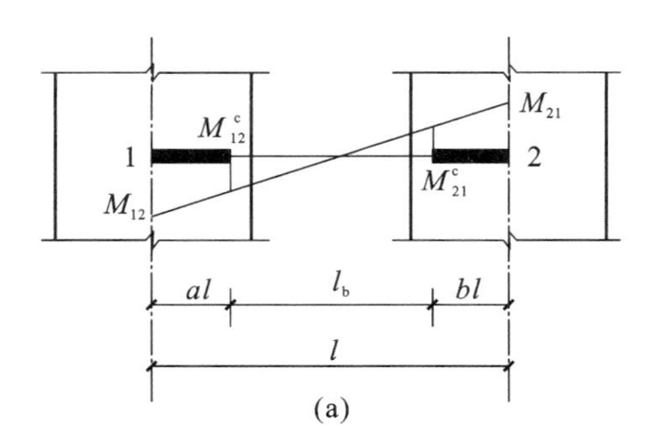

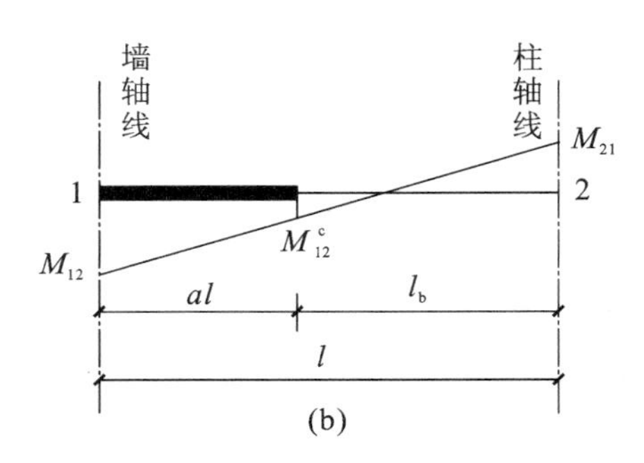

图5.7　连梁梁端弯矩计算示意图

① 对于两片剪力墙之间的连梁，由图5.7(a)所示梁的平衡条件可得：

$$\left.\begin{aligned} M_{12}^{c} &= M_{12} - a(M_{12} + M_{21}) \\ M_{21}^{c} &= M_{21} - b(M_{12} + M_{21}) \end{aligned}\right\} \tag{5.33}$$

式中，M_{12} 和 M_{21} 应按式(5.32)计算。

② 对于剪力墙与框架柱之间的连梁，由图5.7(b)所示梁的平衡条件可得：

$$M_{12}^{c} = M_{12} - a(M_{12} + M_{21}) \tag{5.34}$$

式中，M_{12} 应按式(5.32)计算。假定连梁两端转角相等，则：

$$M_{12} = S_{12}\theta$$

$$M_{21} = S_{21}\theta = \frac{S_{21}}{S_{12}}M_{12}$$

将式(5.4)代入上式，可得：

$$M_{21} = \frac{1-a}{1+a}M_{12} \tag{5.35}$$

即式(5.34)中的 M_{21} 应按式(5.35)计算。

③ 对于图5.7所示的两种情况，连梁的剪力均可按下式计算：

$$V_{b} = \frac{M_{12} + M_{21}}{l} \tag{5.36}$$

(3) 各片剪力墙内力计算

① 由总剪力墙的弯矩 M_{w}，则第 i 层第 j 片剪力墙的弯矩 M_{wij} 可按下式计算：

$$M_{wij} = \frac{(E_{c}I_{eq})_{ij}}{\sum_{j}(E_{c}I_{eq})_{ij}}M_{wi} \tag{5.37}$$

式中　M_{wi}——第 i 层总剪力墙的弯矩。

② 由总剪力墙的剪力 V_{w}，则第 i 层第 j 片剪力墙的剪力 V_{wij} 可按下式计算：

$$V_{wij} = \frac{(E_{c}I_{eq})_{ij}}{\sum_{j}(E_{c}I_{eq})_{ij}}(V_{wi} - m_{i}) + m_{ij} \tag{5.38}$$

式中　V_{wi}——第 i 层总剪力墙的剪力；

m_{i}，m_{ij}——第 i 层总连梁、第 i 层与第 j 片剪力墙刚接的连梁端的线约束弯矩。

当框架-剪力墙结构按铰接体系分析时，可令式(5.38)中的线约束弯矩 m 等于零，即可得到相应的墙肢剪力。

③ 第 i 层第 j 片剪力墙的轴力可按下式计算：

$$N_{wij} = \sum_{k=i}^{n} V_{bkj} \tag{5.39}$$

式中 V_{bkj} —— 第 k 层与第 j 片剪力墙刚接的连梁剪力。

5.4.4 竖向荷载作用下框架-剪力墙结构内力计算

在竖向荷载作用下，进行框架-剪力墙结构的内力计算时，不考虑结构单元内框架与剪力墙之间的协同工作，亦不考虑各片剪力墙之间的协同工作，各榀框架和各片剪力墙，均承担各自负荷范围内的竖向荷载，包括屋、楼盖传来的自重荷载和可变荷载，以及框架梁柱自重、墙体及门窗自重等。

5.4.5 内力组合

框架-剪力墙结构中，框架梁、柱的内力组合及调整等与框架结构的相同，详见第 2 章 2.7 节所述；剪力墙墙肢的内力组合及调整等与剪力墙结构的相同，连梁的内力组合及调整与剪力墙结构中连梁的内力组合及调整相同，详见第 4 章 4.5.5 所述。进行内力调整时，框架-剪力墙结构中框架部分与剪力墙部分的抗震等级应按表 5.3 或表 5.4 确定。

5.4.6 截面设计及构造要求

框架-剪力墙结构中，框架梁、柱的截面设计及构造要求与框架结构的要求相同，详见第 2 章 2.8 节所述；剪力墙、连梁的截面设计及构造要求与剪力墙结构的要求相同，详见第 4 章 4.5.6 节、4.5.7 节所述。除此之外，框架-剪力墙的截面设计及构造，还应符合下述规定。

① 框架-剪力墙结构中，剪力墙的竖向、水平分布钢筋的配筋率，抗震设计时均不应小于 0.25%，非抗震设计时均不应小于 0.20%，并应至少双排布置。各排分布筋之间应设置拉筋，拉筋的直径不应小于 6 mm、间距不应大于 600 mm。

② 带边框剪力墙的构造应符合下列规定：

a. 带边框剪力墙的截面厚度，抗震设计时，一、二级剪力墙的底部加强部位不应小于 200 mm；其他情况下不应小于 160 mm；应符合《高层建筑混凝土结构技术规程》(JGJ 3—2010) 附录 D 墙体稳定计算要求。

b. 剪力墙的水平钢筋应全部锚入边框柱内，锚固长度不应小于 l_a（非抗震设计）或 l_{aE}（抗震设计）。

c. 与剪力墙重合的框架梁可保留，亦可做成宽度与墙厚相同的暗梁，暗梁截面高度可取墙厚的 2 倍或与该榀框架梁截面等高，暗梁的配筋可按构造配置且应符合一般框架梁相应抗震等级的最小配筋要求。

d. 剪力墙截面宜按工字形设计，其端部的纵向受力钢筋应配置在边框柱截面内。

e. 边框柱截面宜与该榀框架其他柱的截面相同，边框柱应符合一般框架柱构造配筋规定；剪力墙底部加强部位边框柱的箍筋宜沿全高加密；当带边框剪力墙上的洞口紧邻边框柱时，边框柱的箍筋宜沿全高加密。

6　基于PKPM混凝土框架结构电算实例

PKPM是中国建筑科学研究院建筑工程软件研究所研发的工程管理软件。早期PKPM软件只有两个模块：排架框架设计（PK）模块、平面辅助设计（PMCAD）模块，它们合称为PKPM。随着PKPM的快速发展，功能日益强大，现已经成为面向建筑工程全生命周期的，集建筑、结构、设备、节能、概预算、施工技术、施工管理、企业信息化于一体的大型建筑工程软件系统。

PKPM在国内设计行业占有绝对优势，市场占有率达90%以上，现已成为国内应用最为普遍的CAD系统。它紧跟行业需求和规范，不断推陈出新，开发出对行业产生巨大影响的软件产品，使国产自主知识产权的软件十几年来一直占据我国结构设计行业应用的主导地位，推动了我国建筑行业的快速发展，显著提高了设计的效率和质量。本章以第3章的框架工程实例为例，初步介绍在本科毕业设计中运用PKPM软件进行工程结构分析与设计计算的方法与步骤，包括PKPM功能简介、建模、计算与结果呈现等内容。

6.1　PKPM功能简介

6.1.1　PKPM模块

PKPM软件分结构、砌体、钢结构、鉴定加固、预应力、工具和工业、用户手册、改进说明、联系我们等九大模块。九大模块下又有各自的子模块。其中，在结构子模块下，分为：①SATWE核心的集成设计；②PMSAP核心的集成设计；③SPAS＋PMSAP的集成设计；④PK二维设计；⑤数据转换；⑥TCAD、拼图和工具。

本章围绕本科毕业设计的需求，主要介绍SATWE核心的集成设计及简单PMSAP功能运用。

6.1.2　SATWE功能简介

SATWE是多、高层结构分析与设计的空间组合结构有限元分析软件。SATWE的核心功能是解决剪力墙和楼板的模型化问题，尽可能地减小其模型化误差，使多、高层结构的简化分析模型尽可能地合理，更好地反映结构的实际受力状态。

SATWE采用空间杆单元模拟梁、柱及支撑等杆件，采用在壳元基础上凝聚而成的墙元模拟剪力墙。墙元是专用于模拟多、高层结构中剪力墙的，对于尺寸较大或带洞口的剪力墙，按照子结构的基本思想，由程序自动进行细分，然后通过静力原理将由于墙元的细分而增加的内部自由度消去，从而保证墙元的精度和有限的出口自由度。这种墙元对剪力墙的洞口（仅考虑矩形洞）的大小及空间位置无限制，具有较好的适用性，能较好地模拟工程中剪力墙的实际受力状态。对于楼板，SATWE给出了四种简化假定，即楼板整体平面内无限刚、分块无限刚、分块无限刚带、弹性连接板带和弹性楼板。在应用中，可根据工程实际情况和分析精度要求，选用其中的一种或几种简化假定。

SATWE适用于多层和高层钢筋混凝土框架、框架-剪力墙、剪力墙结构，以及高层钢结构或钢-混凝土混合结构。SATWE考虑了多、高层建筑中多塔、错层、转换层及楼板局部开大洞等特殊结构形式。

SATWE可完成建筑结构在永久荷载、可变荷载、风荷载、地震作用下的内力分析、动力时程分析及荷载作用效应组合计算，可进行可变荷载不利布置计算、底层框架结构空间计算、吊车荷载计算，并可将上部结构和地下室作为一个整体进行分析，对钢筋混凝土结构可完成截面配筋计算，对钢构件可做截面验算。

SATWE在Windows环境下运行，可动态管理计算机内存资源，机器内存越大，SATWE效率越高。用SATWE分析规模大、层数多的高层或超高层结构时，其在解题能力和速度方面的优越性更突出。

SATWE所需的几何信息和荷载信息全部从PMCAD建立的建筑模型中自动提取生成，并具有墙元和弹性楼板单元自动划分、多塔、错层信息自动生成功能，大大简化了设计者的操作。

SATWE完成计算后，可经全楼归并接力PK绘制梁、柱施工图，接力JLQ绘制剪力墙施工图，并可为各类基础设计软件提供荷载。

6.1.3 PMSAP功能简介

1. PMSAP分析设计功能简介

PMSAP是一个线弹性组合结构有限元分析程序，它适用于广泛的结构形式和相当大的结构规模。该程序能对结构做线弹性范围内的静力分析、固有振动分析、时程响应分析和地震反应谱分析，并依据规范对混凝土构件、钢构件进行配筋设计或验算。除了程序结构上的通用性，PMSAP也着重考虑了结构分析在建筑领域中的特殊性，对于多、高层建筑中的剪力墙、楼板、厚板转换层等关键构件提出了基于壳元子结构的高精度分析方法，并可做施工模拟分析、温度应力分析、预应力分析、可变荷载不利布置分析等。与一般通用与专用程序不同，PMSAP提出了“二次位移假定”概念并加以实现，使结构分析的速度与精度得到兼顾，这也是PMSAP区别于其他程序的一个突出特点

2. PMSAP分析设计的特点

(1) 分析上具有通用性，可以处理任意结构形式；

(2) 基于广义协调技术的新型高精度剪力墙单元；

(3) 对厚板转换层及板柱体系的全楼整体分析与设计；

(4) 对斜楼板和普通楼板的全楼整体分析与设计；

(5) 梁、柱、墙、楼板之间的协调细分功能；

(6) 梁、柱、墙、楼板的温度应力分析；

(7) 针对斜交抗侧力结构的多方向地震作用分析；

(8) 考虑楼层偶然质量偏心的地震作用分析；

(9) 适用于任意复杂结构的 P-Δ 效应分析；

(10) 对永久荷载可根据设计指定的施工次序进行施工模拟计算；

(11) 提供竖向地震的振型分解反应谱分析；

(12) 整体刚性、分块刚性、完全弹性等多种楼板假定方式；

(13) 针对侧刚和总刚模型的快速广义特征值算法；

(14) 三维与平面相结合的图形前、后处理；

(15) 与梁柱墙施工图、钢结构、基础及非线性模块的全面接口。

6.2 基于工程实例的 PKPM 电算的建模输入与计算

以本书第3章混凝土框架结构工程实例为例，介绍PKPM系列CAD软件在框架结构计算中的具体应用，即用 PKPM 软件中 SATWE 进行结构建模计算的方法与步骤。

6.2.1 轴网的输入

(1) 首先在电脑硬盘上新建文件夹，并命名。比如，E:\在家办公\工程项目\框架实例，这样方便查找。在之后所有计算形成的图形文件都将存储在这里面。

(2) 点击 PKPM 图标，打开 PKPM，在其界面上选“结构”，选取前面建立的文件目录，选择“结构建模”。这就进入了 PKPM 人机交互输入的界面。

(3) 轴线输入。轴线输入的界面如图 6.1 所示，可以选择正交轴网。

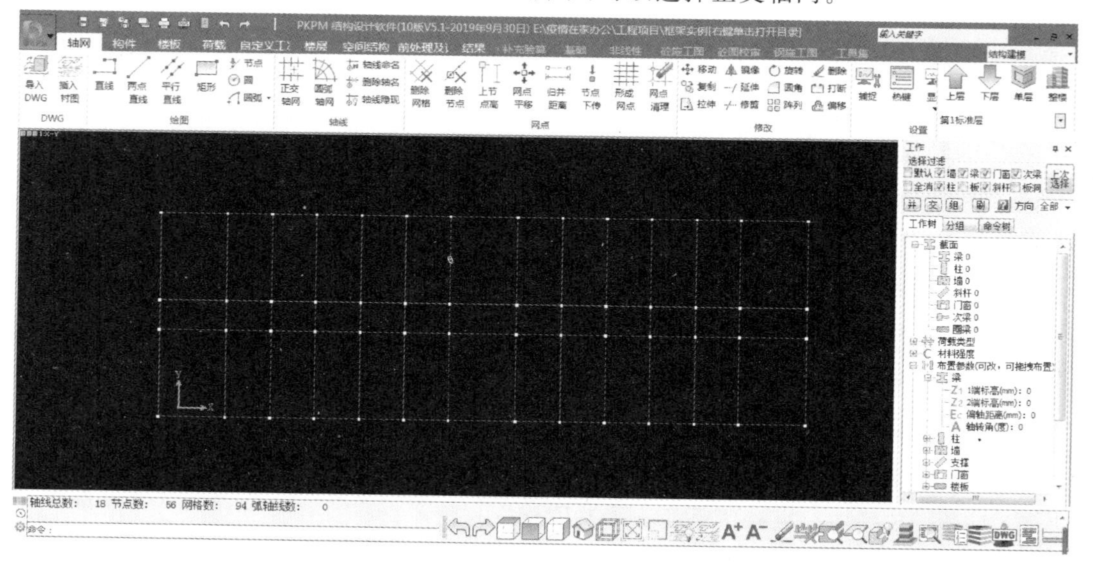

图 6.1　轴线输入

6.2.2 楼层定义

(1) 在楼层定义中，涉及的构件包括柱、梁、墙。点击“构件”，然后再点击“柱”，如图6.2所示，出现“柱布置”，点击“增加”按钮，可以输入柱的尺寸、柱的布置参数，在轴线相交的节点上布置柱。点击“本层信息”可以定义柱的强度等级、钢筋等级。

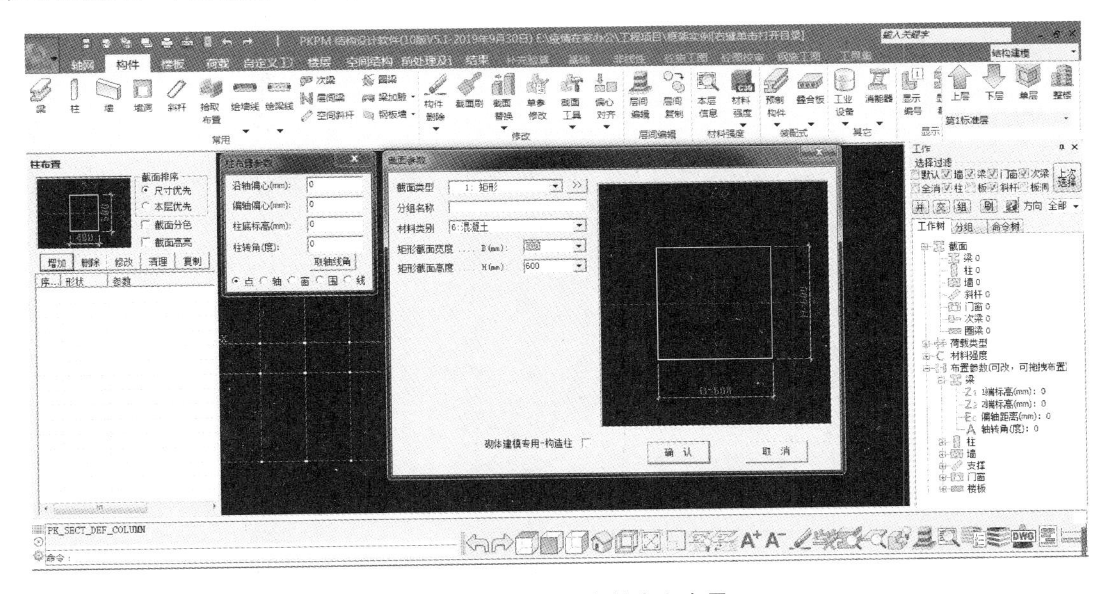

图6.2 楼层定义中柱定义布置

(2) 点击“构件”，然后再点击“梁”，如图6.3所示，出现“梁布置”，点击“增加”按钮，输入梁的尺寸、梁的布置参数，在轴线上布置梁。点击“本层信息”可以定义梁的强度等级、钢筋等级。

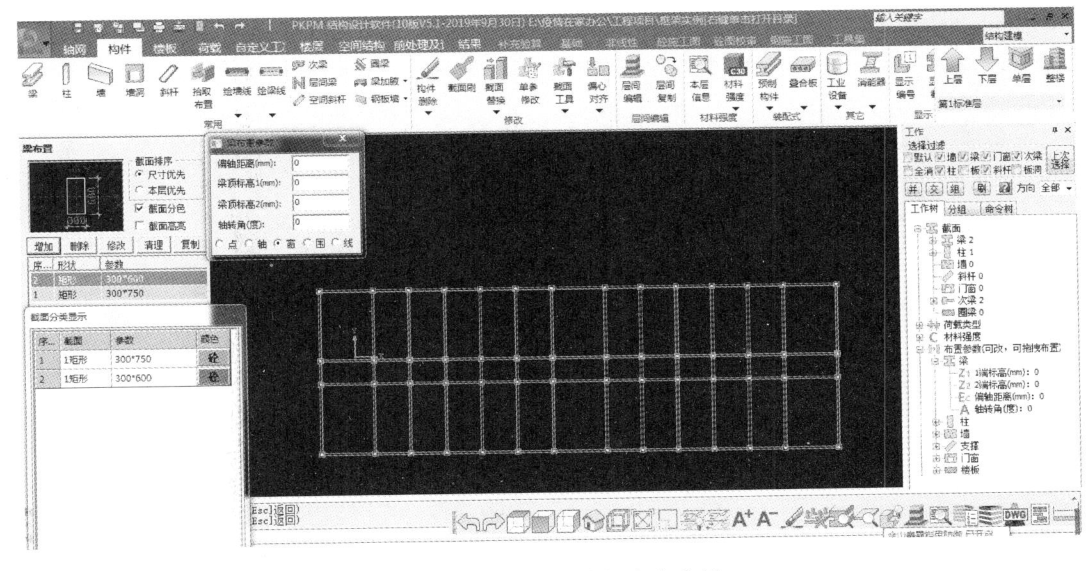

图6.3 楼层定义中梁定义布置

(3) 点击“楼板”,然后再点击“生成楼板”,生成楼板的默认楼板厚度为 100 mm,点击“修改楼板”,可根据板的短跨跨度以及是单向板还是双向板,来确定板的厚度。楼梯间的板厚按 0 mm 计算。如果是相邻的楼板板顶标高不一致,可以点击“错层”,输入相对的高差,正值表示下沉,如建筑图中含有卫生间的楼板;负值表示楼板上抬。梁、板、柱都定义好了,如图 6.4 所示。

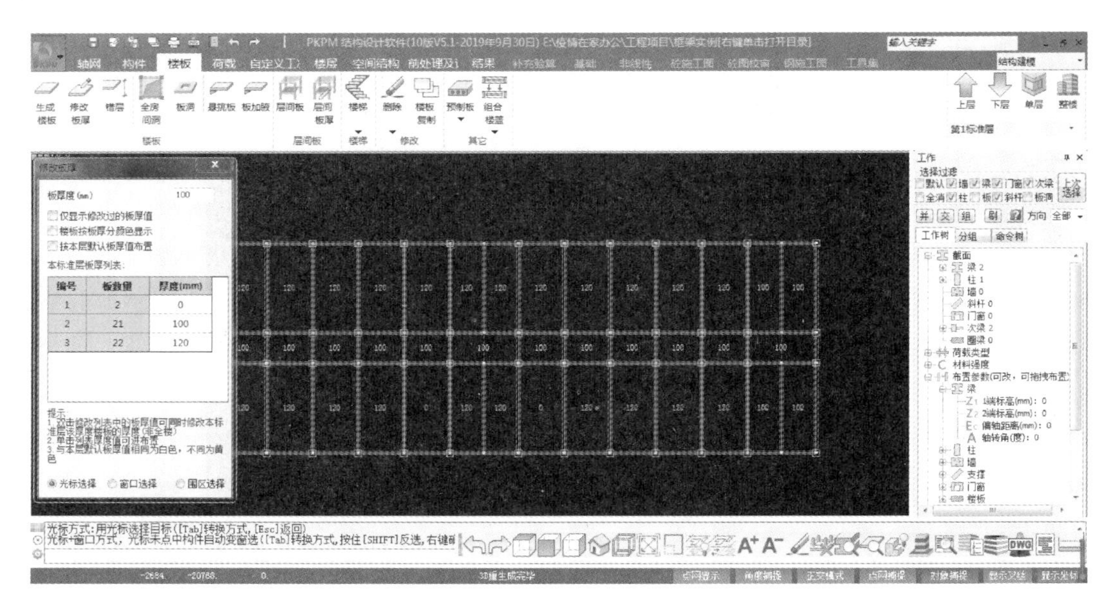

图 6.4　楼板定义及生成

(4) 在楼板布置的界面,可将楼梯布置好,如图 6.5 所示。

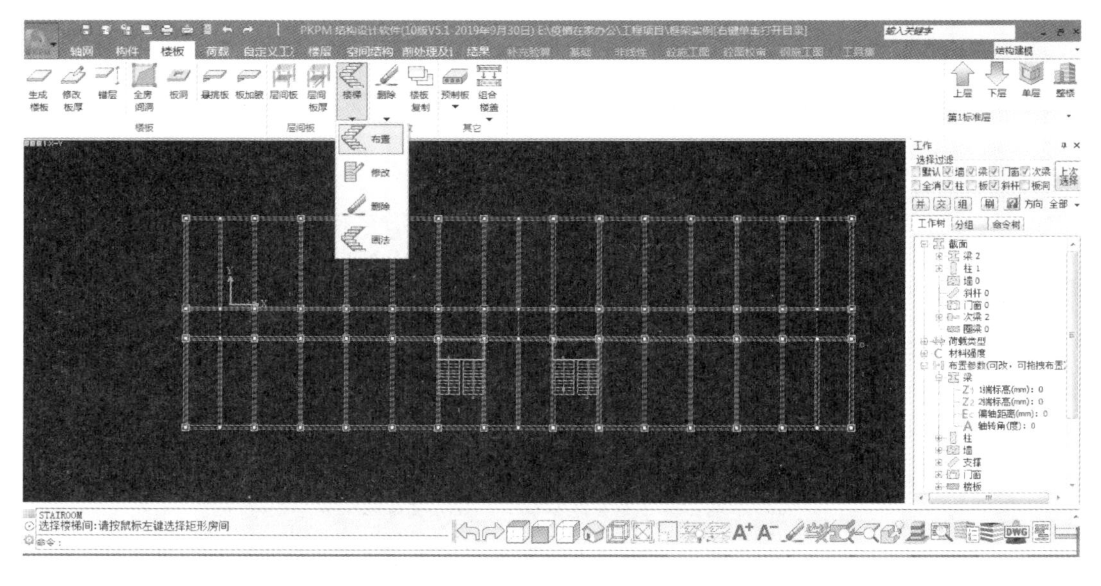

图 6.5　楼梯布置

布置时，注意以下几点：

① 布置楼梯时应在本层信息中输入楼层组装时使用的真实高度，这样程序能自动计算出合理的踏步高度与数量，便于建模。楼梯计算所需要的数据（如梯梁、梯柱等的几何位置）是在楼层组装之后形成的。

② 原模型楼梯间用户布置的楼面永久荷载（恒载）数值，应不包含楼梯板、起始平台板、休息平台的自重。楼面活荷载数值按实际用途查《建筑结构荷载规范》（GB 50009—2012）输入。

③ 原楼梯间布置的楼面恒载、活载，将自动按梁上均布线荷载导算到每一块梯板、起始平台板、休息平台上，由于支撑休息平台的层间梁为间接受力，故不再增加梁间荷载。

（5）板荷载布置

点击“荷载”按钮，下面就会出现一整行的关于荷载的恒、活设置，点击“板”，依据房间功能的不同选取板的不同活荷载，比如走廊活荷载是 2.5 kN/m²，一般的资料室活荷载是 2.5 kN/m²，一般办公楼活荷载是 2.0 kN/m²，阅览室活荷载是 2.5 kN/m²，楼梯间活荷载是 3.5 kN/m²，书库活荷载是 5.0 kN/m²。这些活荷载的取值依据为《建筑结构荷载规范》（GB 50009—2012），板上恒荷载可以直接计算板上的建筑构造做法荷载，计算瓷砖楼面、大理石楼面、木地板楼面做法荷载。如图 6.6 所示，图中板上的数字：走廊 1.35(2.5)，其中 1.35 是减去板自重之后的装修荷载，是恒载值，括号内 2.5 是活载值。点取这些值，就能直接进行修改。

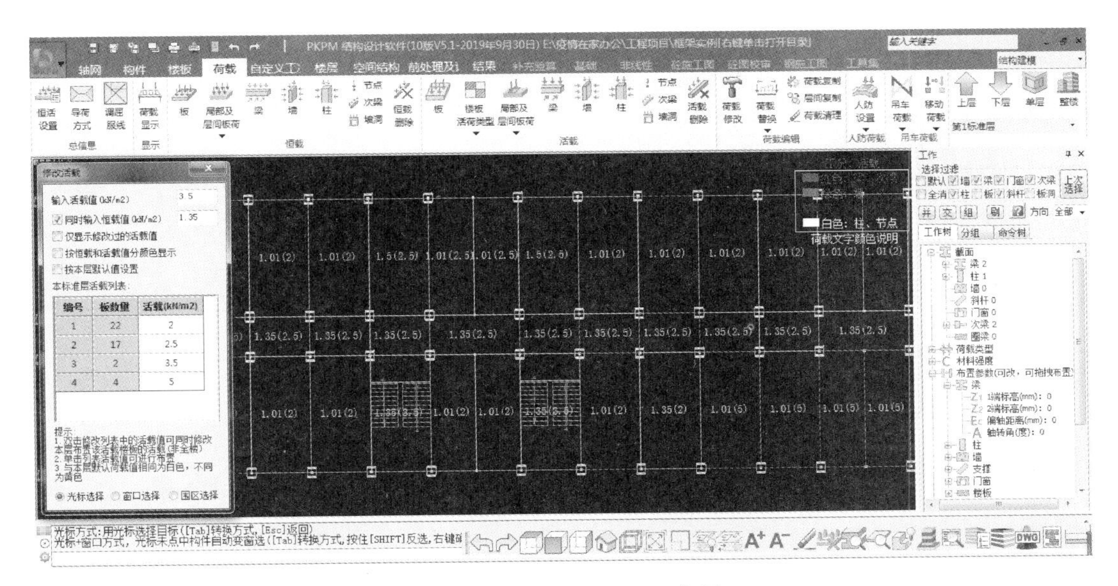

图 6.6　楼板荷载定义及布置

（6）梁荷载布置

点击“荷载”按钮，会出现一整行的关于荷载的恒、活设置，点击恒载下的“梁”，梁恒载指的是梁上砌块填充墙的线荷载（梁的自重软件会自动导入计算）。根据填充墙的材质、墙的厚度、墙的高度（层高减去梁高），以及填充墙的砂浆面层荷载，计算梁上线荷载。当遇见门窗洞口时，可以根据门窗大小占梁上填充墙的面积大小进行折算。如图 6.7 所示，根据计算，分别输入外框架梁上线荷载，内框架梁上线荷载（有门洞口和无门洞口）。

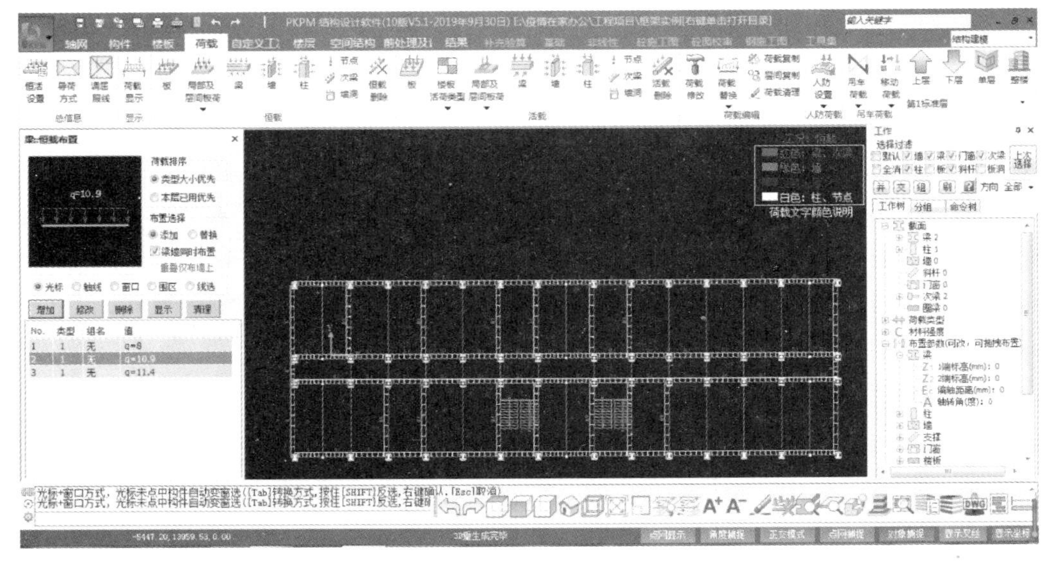

图 6.7　梁荷载的定义及布置

6.2.3　楼层组装

1. 增加标准层

在梁、板、柱荷载定义与布置完成之后，一个标准层就布置完成了。点击“楼层”，点击标准层“增加”(图 6.8)，可以按照全部复制、局部复制或者只复制网格三种方式中的一种，增加新的标准层，在新的标准层上按照建筑功能的要求修改梁、板、柱的截面定义与布置；修改梁、板、柱的荷载。每新增加一个标准层，都要进行以上操作，直到完成所有标准层的定义，结构的标准层是根据建筑图中建筑平面功能定义的，建筑图中房间功能改变、房间布局改变，即意味着结构荷载可能改变，就要设置新的标准层。每个标准层都是独立的，如果各个标准层需要修改的地方相同，也可以一起关联修改。

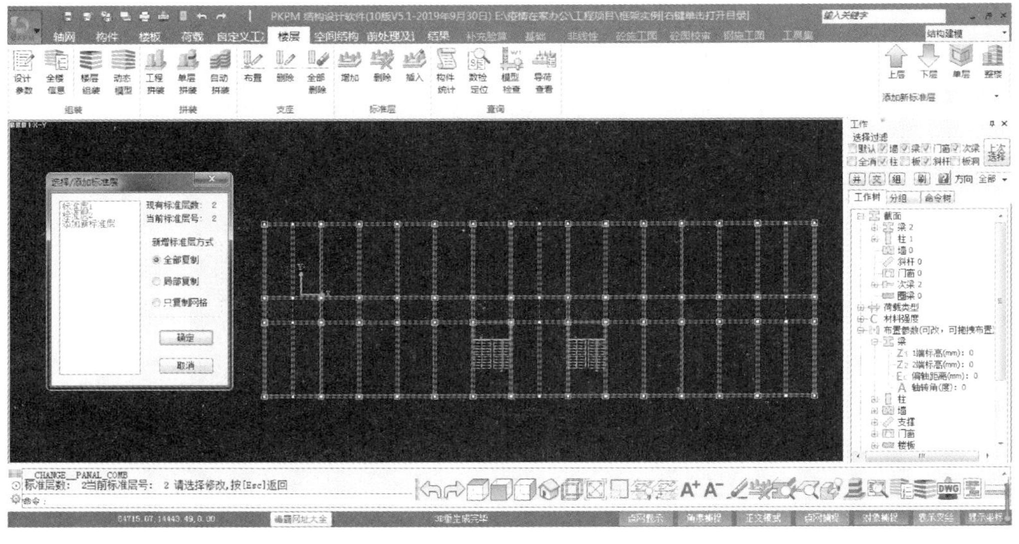

图 6.8　标准层

2. 设计参数

设计参数包括总信息、材料信息、地震信息、风荷载信息及钢筋信息(图 6.9、图 6.10),每一项都需要打开并进行设置。需要注意的是,与基础相连构件的最大底标高是指框架柱的基础顶面的标高,它是个负值。在材料信息中,混凝土的容重和钢材的容重都取自荷载规范。在地震信息中,应根据地质报告以及《建筑抗震设计规范》确定抗震分组、地震烈度、场地类别;根据设防类别、地震烈度、结构类型和房屋高度确定抗震等级。

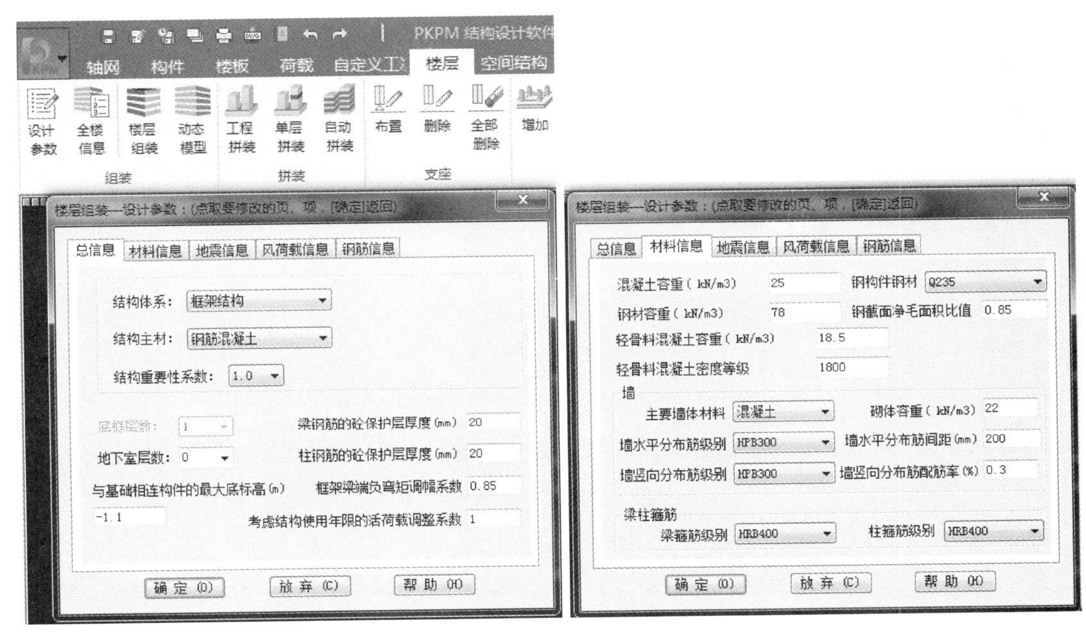

图 6.9 设计总信息、材料信息

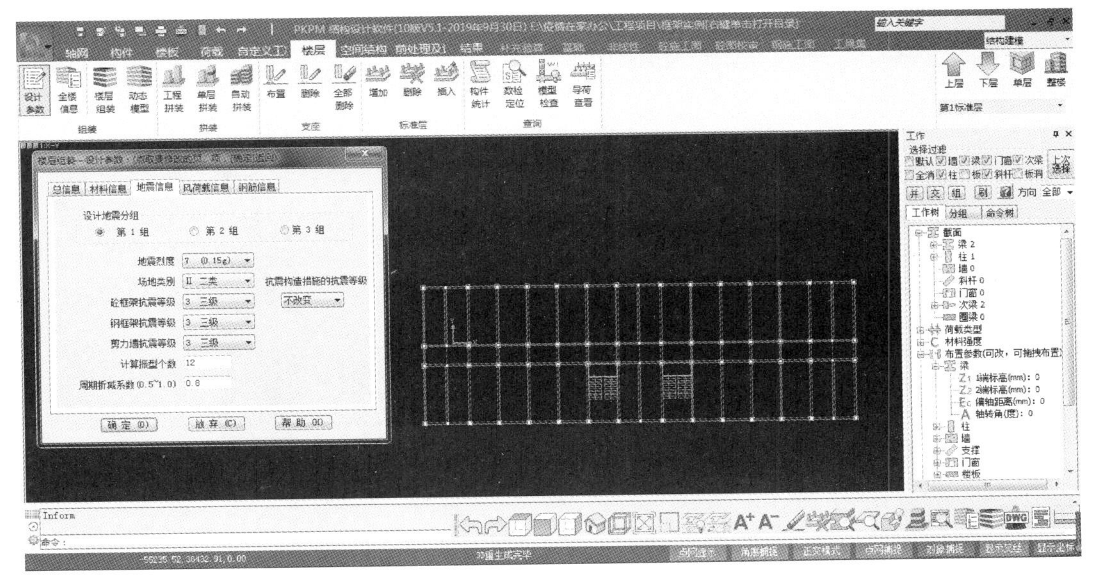

图 6.10 地震信息

3. 全楼信息

在“楼层”界面下，点击“组装”模块上的“全楼信息”，就会显示全楼各标准层信息（图6.11）。如果发现信息有误，可以通过选择界面下右侧的“第一标准层”下拉菜单，选取要改的标准层，然后点击“构件”按钮，选择“本层信息”→“构件材料”进行修改。

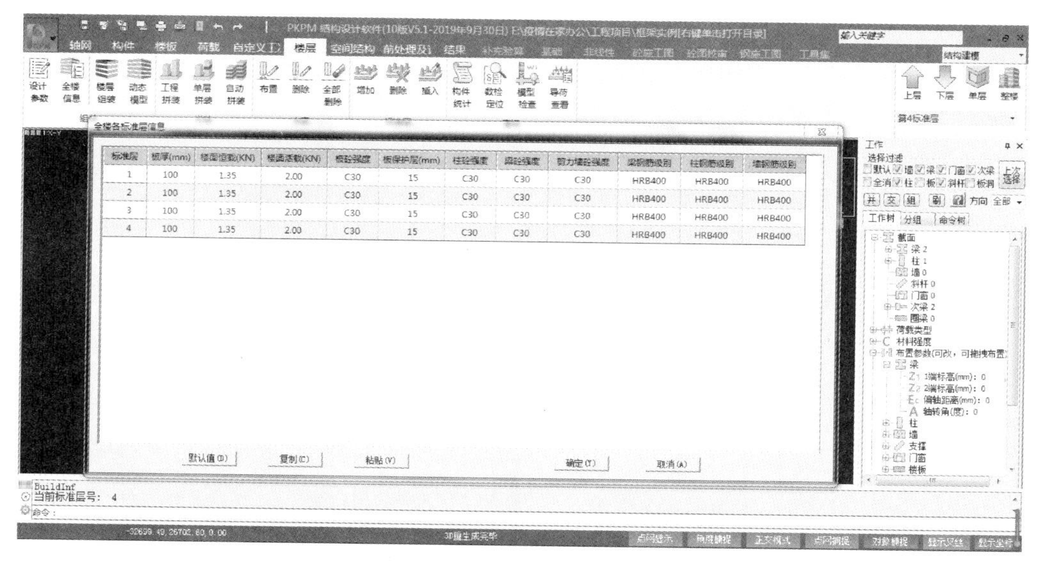

图 6.11　全楼信息

4. 楼层组装

在“楼层”界面下，点击“组装”模块上的“楼层组装”，会显示楼层组装信息。选择“第一标准层”，首层层高 5300 mm（建筑首层高度 4200 mm + 室内地面到基础顶面的高度），点击“增加”按钮，就会在右侧出现组装的结果。其他层也一样处理。这样整个楼就组装到一起了，如图6.12所示。

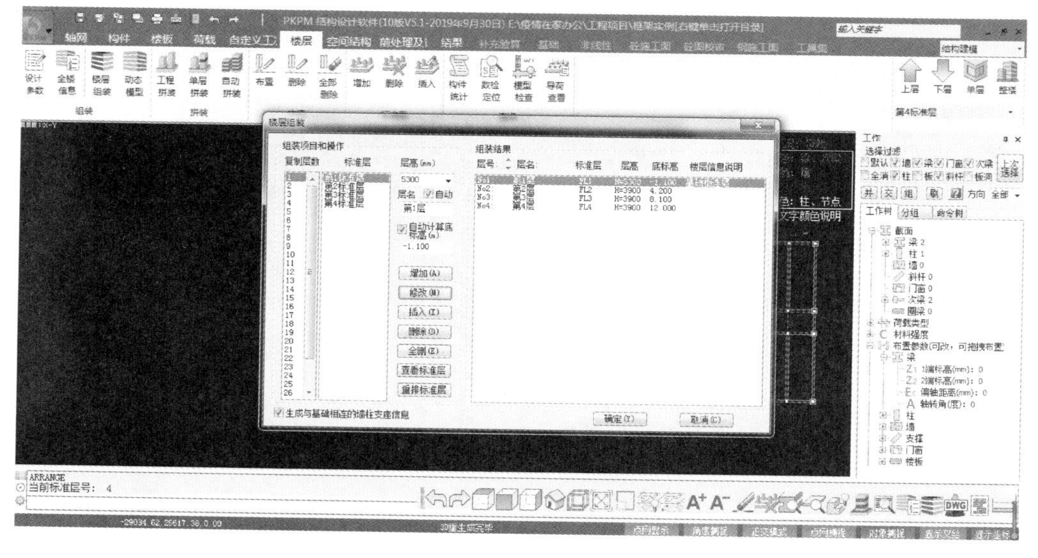

图 6.12　楼层组装

5. 动态模型

在“楼层”界面下，点击“组装”模块上的“动态模型”，会显示如图 6.13 所示的立体三维模型。调节角度就能看到每根柱子、每根梁的位置及大小，即可对全楼构件进行检查。

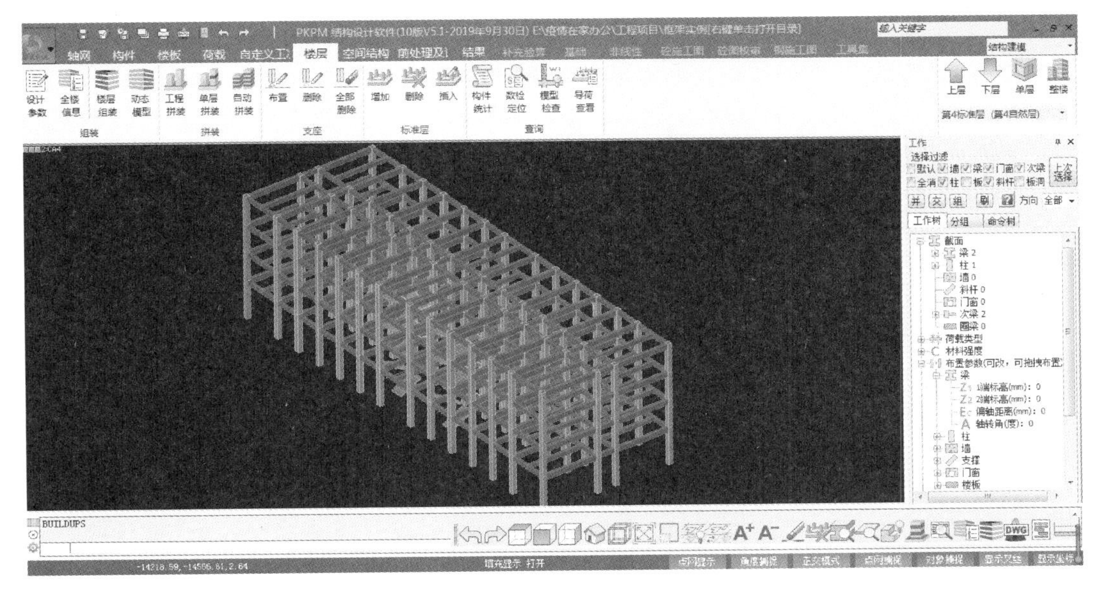

图 6.13 动态模型

6.2.4 前处理及分析补充定义(SATWE)

1. 总信息

总信息是整体建筑物结构计算时所涉及的信息，如图 6.14 所示。

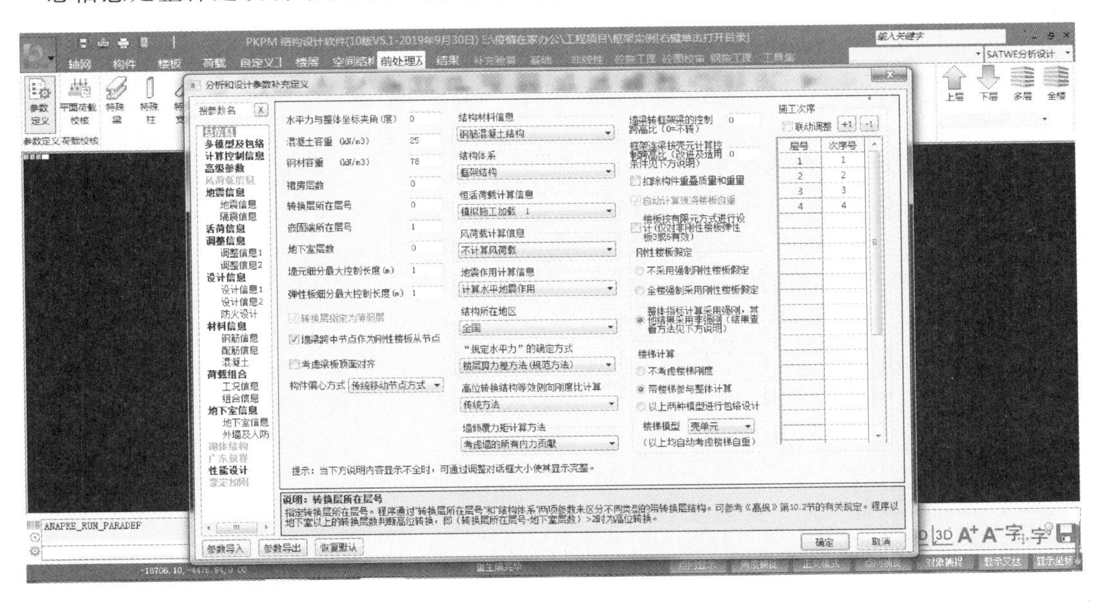

图 6.14 总信息

(1) 水平力与整体坐标夹角

地震作用和风荷载的方向缺省是沿着结构建模的整体坐标系 X 轴和 Y 轴方向成对作用的。当设计认为该方向不能控制结构的最大受力状态时,可改变水平力的作用方向。通过改变"水平力与整体坐标夹角",也就是填入新的水平力方向 X_n 与整体坐标系 X 轴之间的夹角 ARF,逆时针方向为正,单位为度。程序缺省为 0°。

改变 ARF 后,程序并不直接改变水平力的作用方向,而是将结构反向旋转相同的角度,以间接改变水平力的作用方向,即填入 30° 时,SATWE 中将结构平面顺时针旋转 30°,此时水平力的作用方向将仍然沿整体坐标系的 X 轴和 Y 轴方向,即 0° 和 90° 方向。改变结构平面布置转角后,必须重新执行"生成数据"菜单,以自动生成新的模型几何数据和风荷载信息。

此参数将同时影响地震作用和风荷载作用的方向,因此建议须改变风荷载作用方向时才采用该参数。此时如果新的结构主轴方向与整体坐标系方向不一致,可将主轴方向角度作为"斜交抗侧力附加地震方向"填入,以考虑沿结构主轴方向的地震作用。当不改变风荷载方向,只需考虑其他角度的地震作用时,则无须改变"水平力与整体坐标夹角",只增加附加地震作用方向即可。

符合一般规则的,"水平力与整体坐标夹角"填 0。

(2) 混凝土、钢材容重(单位 kN/m^3)

混凝土容重和钢材容重用于求梁、柱、墙自重,一般情况下混凝土容重为 25 kN/m^3、26.5 kN/m^3,钢材容重为 78.0 kN/m^3,即程序的缺省值。如果要考虑梁、柱、墙上的抹灰、装修层等荷载时,可以采用加大容重的方法近似考虑,以避免烦琐的荷载传导计算,可以取混凝土容重为 26.5kN/m^3;若采用轻质混凝土等,也可修改容重值。该参数在 PMCAD 和 SATWE 中同时存在,其数值是联动的。

(3) 裙房层数

《建筑抗震设计规范》(GB 50011—2010)(2016 年版)(以下简称《抗规》)条文说明指出:有裙房时,加强部位的高度也可以延伸至裙房以上一层。SATWE 在确定剪力墙底部加强部位高度时,总是将裙房以上一层作为加强区高度判定的一个条件。程序不能自动识别裙房层数,需要人工指定。裙房层数应从结构最底层起算(包括地下室)。例如,地下室 2 层,地上裙房 3 层时,裙房层数应填入 5。裙房层数仅用作底部加强区高度的判断,规范针对裙房的其他相关规定,程序并未考虑。

(4) 转换层所在层号

《高层建筑混凝土结构技术规程》(JGJ 3—2010)(以下简称《高规》)10.2 条明确规定了两种带转换层结构:带托墙转换层的剪力墙结构(即部分框支剪力墙结构)和带托柱转换层的筒体结构。这两种带转换层结构的设计有其相同之处,也有其各自的特殊性。《高规》对这两种带转换层结构的设计要求作出了规定,一部分是两种结构同时适用的,另一部分是仅针对部分框支剪力墙结构的设计规定。为适应不同类型转换层结构的设计需要,程序通过"转换层所在层号"和"结构体系"两项参数来区分不同类型的带转换层结构。

① 当设计者填写了"转换层所在层号",程序即判断该结构为带转换层结构,自动执行《高规》10.2 条针对两种结构的通用设计规定。例如,根据《高规》10.2.2 条判断底部加强区高度,根据 10.2.3 条输出刚度比等。

② 当设计者同时选择了"部分框支剪力墙结构",程序在上述基础上还将自动执行《高规》10.2 条专门针对部分框支剪力墙结构的设计规定,包括:根据 10.2.6 条对高位转换时框支柱和剪力墙底部加强部位抗震等级自动提高一级;根据《高规》10.2.16 条输出框支框架的地震倾覆力矩;根据 10.2.17 条对框支柱的地震内力进行调整;根据 10.2.18 条对剪力墙底部加强部位的组合内力进行放大;根据 10.2.19 条控制剪力墙底部加强部位分布钢筋的最小配筋率等。

③ 当设计者填写了“转换层所在层号”但选择了其他结构类型，程序将不执行上述仅针对部分框支剪力墙结构的设计规定。对于水平转换构件和转换柱的设计要求，与“转换层所在层号”及“结构体系”两项参数均无关，只取决于在“特殊构件补充定义”中对构件属性的指定。当指定了相关属性，程序将自动执行相应的调整。例如，根据 10.2.4 条对水平转换构件的地震内力进行放大，根据 10.2.7 条和 10.2.10 条执行转换梁、柱的设计要求等。对于仅有个别结构构件进行转换的结构，如剪力墙结构或框架-剪力墙结构中存在的个别墙或柱在底部进行转换的结构，可参照水平转换构件和转换柱的设计要求进行构件设计，此时只需对这部分构件指定其特殊构件属性即可，不需要填写“转换层所在层号”，程序将仅执行对于转换构件的设计规定。

程序不能自动识别转换层，需要人工指定。“转换层所在层号”应从结构最底层起算（包括地下室）。例如，地下室 2 层，转换层位于地上 2 层时，转换层所在层号应填入 4。而程序在做高位转换层判断时，是以地下室顶板起算转换层层号的，即以转换层所在层号 − 地下室层数进行判断，大于或等于 3 层时为高位转换。

在本工程中，裙房层数和转换层所在层号都不涉及，都是默认值 0。

(5) 地下室层数

地下室层数是指与上部结构同时进行内力分析的地下室部分的层数。地下室层数影响风荷载和地震作用计算、内力调整、底部加强区的判断等多项内容，是一项重要参数。比如在实际工程中，有地下室的，先按无地下室计算，看看地下室的侧向刚度是不是大于或等于上一层的 2 倍，如果满足，且同时又满足规范规定地下室顶板的板厚、配筋要求以及是否开大洞的具体要求，就可以认为地下室层数为 1 层。

本工程没有地下室，此项为 0。

(6) 嵌固端所在层号

此处嵌固端不同于结构的力学嵌固端，它不影响结构的力学分析模型，而是与计算调整相关的一项参数。对于无地下室结构，嵌固端一定位于首层底部，此时嵌固端所在层号为 1，即结构首层。对于带地下室结构，当地下室顶板具有足够的刚度和承载力，并满足规范的相应要求时，可以作为上部结构的嵌固端，此时嵌固端所在楼层为地上一层，即（地下室层数 + 1），这也是程序缺省的“嵌固端所在层号”。如果修改了地下室层数，应注意确认嵌固端所在层号是否需相应修改。嵌固端位置的确定应参照《抗规》和《高规》的相关规定，其中应特别注意楼层侧向刚度比的要求。如地下室顶板不能满足作为嵌固端的要求，则嵌固端位置要相应下移至满足规范要求的楼层。程序缺省的“嵌固端所在层号”总是为地上一层，并未判断是否满足规范要求，设计者应特别注意自行判断并确定实际的嵌固端位置。

例如，建筑物有地下室一层，就可以地下室层数填“1”，嵌固端所在层号为“2”，表示本建筑在地下室顶板嵌固，地下室层的侧向刚度是地上一层的 2 倍。如果地下室层数填“1”，嵌固端所在层号填“1”，则表示建筑在地下室底板嵌固（即在基础底板嵌固）。

本工程无地下室，嵌固所在层号填“1”。

(7) 墙元细分最大控制长度

本项是墙元细分时需要的一个重要参数。对于尺寸较大的剪力墙，在作墙元细分形成一系列小壳元时，为确保分析精度，通常取 1 m。

在本工程中，结构体系是框架结构，不涉及剪力墙。

(8) 弹性板细分最大控制长度

跟墙元一样可以取 1 m。

(9) 结构材料信息

本工程选择钢筋混凝土结构。

(10) 结构体系

本工程选用混凝土框架结构。

(11) 永久(恒)、可变(活) 荷载计算信息

竖向荷载计算控制参数包括5种选项:不计算恒、活荷载,一次性加载,模拟施工加载1,模拟施工加载2,模拟施工加载3。对于实际工程,必须考虑恒、活荷载的,不允许选择“不计算恒、活荷载”项;程序中LDLT求解器不支持“模拟施工加载3”选项;“一次性加载”只形成一次整体刚度矩阵,适用于小型结构和钢结构;“模拟施工加载1”适用于大多数结构,是整体刚度分层加载模型,本层加载对上部结构没有影响,总体刚度矩阵由构件单元刚度矩阵形成,是程序的默认算法;“模拟施工加载2”,是逐层加载模型,人为10倍放大竖向构件(墙柱) 刚度,为了均匀传递基础荷载,由于放大刚度证据不足,现已经不建议采用。

本工程采用“模拟施工加载1”。

(12) 风荷载计算

通常情况下,大部分工程采用SATWE缺省的“计算水平风荷载”即可,如须考虑更细致的风荷载,则可通过“特殊风荷载”实现。

本工程为地震区的多层混凝土框架结构,依据规范不计算风荷载。

(13) 地震计算信息

程序提供了5种选项供用户选择。

① 不计算地震作用。对于不进行抗震设防的地区或者抗震设防烈度为6度时的部分结构,根据《抗规》3.1.2条,可以不进行地震作用计算,此时可选择“不计算地震作用”。《抗规》5.1.6条规定:6度时的部分建筑,应允许不进行截面抗震验算,但应符合有关的抗震措施要求。因此这类结构在选择“不计算地震作用”时,仍然要在“地震信息”页中指定抗震等级,以满足抗震构造措施的要求。此时“地震信息”页除抗震等级相关参数外其余项会变灰。

② 计算水平地震作用。计算 X、Y 两个方向的地震作用。

③ 计算水平和规范简化方法竖向地震。按《抗规》5.3.1条规定的简化方法计算竖向地震。

④ 计算水平和反应谱方法竖向地震。《高规》4.3.14条规定:跨度大于24 m的楼盖结构、跨度大于12 m的转换结构和连体结构、悬挑长度大于5 m的悬挑结构,结构竖向地震作用效应标准值宜采用时程分析方法或振型分解反应谱方法进行计算。PKPM 2010版程序提供了按竖向振型分解反应谱方法计算竖向地震的选项。采用振型分解反应谱法计算竖向地震作用时,程序输出每个振型的竖向地震作用,以及楼层的地震反应力和竖向作用力,并输出竖向地震作用系数和有效质量系数,与水平地震作用均类似。

⑤ 计算水平和等效静力法竖向地震:按《抗规》5.3.2条、5.3.3条及《高规》4.3.15条要求,增加了“等效静力法”计算竖向地震作用效应,并且可以针对构件在结构中的不同位置指定不同的竖向地震效应系数。使得高烈度区的大跨度、长悬臂等结构的竖向地震效应计算更加合理。

本工程依据规范选择“计算水平地震作用”。

(14) 结构所在地区

结构所在地区选择“全国”。

(15)“规定水平力”的确定方式

选择“楼层剪力差方法(规范方法)”。

(16) 刚性楼板假定

“强制刚性楼板假定”和“刚性楼板假定”是两个相关但不等同的概念,应注意区分。

“刚性楼板假定”是指楼板平面内刚度无限大,平面外刚度为零的假定。每块刚性楼板有3个公共的自由度,从属于同一刚性板的每个节点只有3个独立的自由度 ,这样能大大减少结

构的自由度，提高分析效率。SATWE 自动搜索全楼楼板，对于符合条件的楼板，自动判断为刚性楼板，并采用刚性楼板假定，无须设计者干预。对于某些工程，采用刚性楼板假定可能误差较大，为提高分析精度，可在“设计模型前处理”→“弹性板”菜单将这部分楼板定义为适合的弹性板，这样同一楼层内可能既有多个刚性板块，又有弹性板，还可能存在独立的弹性节点。对于刚性楼板，程序将自动执行刚性楼板假定，弹性板或独立节点则采用相应的计算原则。

“强制刚性楼板假定”则不区分刚性板、弹性板或独立的弹性节点，只要位于该层楼面标高处的所有节点，在计算时都将强制从属同一刚性板。“强制刚性楼板假定”可能改变结构的真实模型，因此其适用范围受到限制，通常仅在计算位移比、周期比、刚度比等指标时建议选择。在进行结构内力分析和配筋计算时，仍要遵循结构的真实模型，以便获得正确的分析和设计结果。

SATWE 在进行强制刚性楼板假定时，位于楼面标高处的所有节点强制从属于同一刚性板，不在楼面标高处的楼板，则不进行强制。对于多塔结构，各塔分别执行“强制刚性楼板假定”，塔与塔之间互不关联。

(17) 整体指标计算采用强制刚性楼板假定，其他指标采用非强制刚性楼板假定

设计过程中，对于楼层位移比、周期比、刚度比等整体指标通常需要采用强制刚性楼板假定进行计算，而内力、配筋等结果则必须采用非强制刚性楼板假定的模型结果，因此，设计人员往往需要对这两种模型分别进行计算，为提高设计效率，减少用户操作，软件 V3.1 版新增第二节分析与设计参数补充定义了“整体指标计算采用强刚，其他指标采用非强刚”参数。

勾选此项，程序自动对强制刚性楼板假定和非强制刚性楼板假定两种模型分别进行计算，并对计算结果进行整合，并可以在文本结果中同时查看到两种计算模型的位移比、周期比及刚度比这三项整体指标，其余设计结果则全部取自非强制刚性楼板假定模型。

本工程勾选了此项参数。

(18) 楼梯计算

设计人员可在 SATWE 中选择是否在整体计算时考虑楼梯的作用。若在整体计算时考虑楼梯，程序会自动将梯梁、梯柱、梯板加入模型中。依据规范要求，本工程勾选了此项，结构整体计算需要考虑楼梯的作用。

2. 地震信息

计算水平地震作用，有关地震信息，如图 6.15 所示。

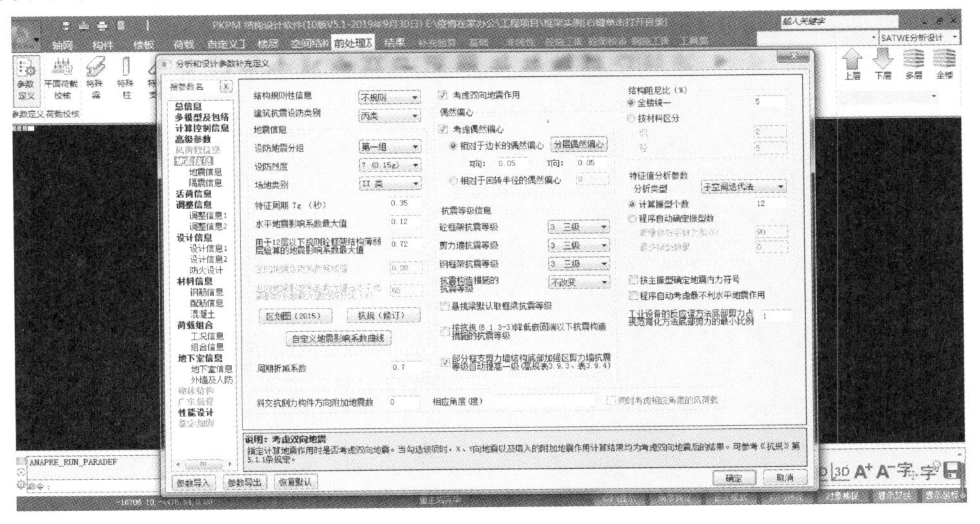

图 6.15　前处理的地震信息

(1) 结构规则性信息

此仅为设计标识,该参数在程序内部不起作用。

(2) 建筑抗震设防类别

该参数暂不起作用,仅为设计标识。

(3) 设防地震分组、设防烈度、场地类别、特征周期、水平地震影响系数最大值、用于12层以下规则混凝土框架薄弱层验算的地震影响系数最大值

这几个参数是计算水平地震作用的最主要参数。根据建筑物所在的省、市、区县城镇地理位置,依据《建筑抗震设计规范》(GB 50011—2010)(2016年版)确定设防烈度、设计地震分组,根据《工程地质勘察报告》确定场地类别,进而依据抗震规范确定特征周期、水平地震影响系数最大值、用于12层以下规则混凝土框架薄弱层验算的地震影响系数最大值。

(4) 周期折减系数

周期折减系数取0.7。

(5) 考虑偶然偏心,X、Y向相对偶然偏心值

当设计者勾选了"考虑偶然偏心"后,程序允许用户修改X和Y向的相对偶然偏心值,缺省值为0.05。设计者可点击"指定偶然偏心"按钮,分层分塔填写相对偶然偏心值。本工程勾选考虑偶然偏心。

(6) 考虑双向地震作用

此处选择是否考虑双向地震作用。考虑双向地震时,程序在WNL*.OUT文件中输出的地震工况的内力是已经进行了双向地震组合的结果,地震作用下的所有调整都将在此基础上进行。

本工程是考虑双向地震作用。

(7) 特征值分析方法

PKPM V3.1以前版本默认采用子空间迭代方法进行特征值求解,V3.1版本引入"多重里兹向量法"。多重里兹向量法适用于大体量结构,如大规模的多塔结构、大跨结构,以及竖向地震作用计算等,多重里兹向量法可以采用相对精确特征值算法,以较少的振型数满足有效质量系数要求,使得大型结构的动态响应问题的计算效率得以大幅提高。

本工程选用子空间迭代方法。

(8) 计算振型个数

多层可以直接取楼层数的3倍。在计算地震作用时,振型个数的选取应遵循《抗规》5.2.2条条文说明的规定:"振型个数一般可以取振型参与质量达到总质量的90%所需的振型数。"

当仅计算水平地震作用或者用规范方法计算竖向地震作用时,振型数应至少取3。为了使每阶振型都尽可能地得到两个平动振型和一个扭转振型,振型数最好为3的倍数。振型数的多少与结构层数及结构形式有关,当结构层数较多或结构层刚度突变较大时,振型数也应相应增加,如顶部有小塔楼、转换层等结构形式。选择振型分解反应谱法计算竖向地震作用时,为了满足竖向振动的有效质量系数,一般应适当增加振型数。

本工程振型数取12。

(9) 结构的阻尼比(%)

SATWE V3.1以前的版本只能近似地对全楼指定唯一阻尼比,地震效应计算具有一定近似性。SATWE V3.1版本采用《抗规》10.2.8条条文说明提供的"振型阻尼比法"计算结构各振型阻尼比,可进一步提高混合结构的地震效应计算精度。设计者如果采用新的阻尼比计算方法,只需要选择"按材料区分",并对不同材料指定阻尼比(程序默认钢材为0.02,混凝土为0.05),程序即可自动计算各振型阻尼比,并相应计算地震作用。程序在WZQ.OUT文件以及计算书中均输出了各振型的阻尼比。

本工程是钢筋混凝土结构，结构的阻尼比取 5%。

(10) 抗震等级信息

抗震等级根据建筑物抗震设防烈度、结构形式、层数、建筑结构高度等按《抗规》来确定。

本工程框架抗震等级为三级。

(11) 悬挑梁默认取框架梁抗震等级

2015 年 6 月 30 日发布的 PKPM V2.2 版本增加了该参数。当不勾选此参数时，程序默认按次梁选取悬挑梁抗震等级；如果勾选该参数，悬挑梁的抗震等级默认同主框架梁的抗震等级。程序默认不勾选该参数。如果工程中不涉及悬挑梁，可以不用勾选。

(12) 斜交抗侧力构件方向附加地震数，相应角度

《抗规》5.1.1 条规定：有斜交抗侧力构件的结构，当交角大于 15° 时，应分别计算各抗侧力构件方向的水平地震作用。设计可在此处指定附加地震方向。附加地震数可在 0 ～ 5 之间取值，在"相应角度"输入框填入各角度值。该角度是与整体坐标系 X 轴正方向的夹角，单位为度(°)，逆时针方向为正，各角度之间以逗号或空格隔开。当用户在"总信息"页修改了"水平力与整体坐标夹角"时，应按新的结构布置角度确定附加地震的方向。例如，假定结构主轴方向与整体坐标轴 X、Y 方向一致时，水平力夹角填入 30° 时，结构平面布置顺时针旋转 30°，此时主轴 X 方向在整体坐标系下为 －30°，作为"斜交抗侧力构件附加地震力方向"输入时，应填入 －30°。每个角度代表一组地震，例如，填入附加地震数 1，角度 30° 时，SATWE 将新增 EX1 和 EY1 两个方向的地震，分别沿 30° 和 120° 两个方向。当不需要考虑附加地震时，将附加地震方向数填 0 即可。

(13) 程序自动考虑最不利水平地震作用

当勾选"自动考虑最不利水平地震作用"时，程序将自动完成最不利水平地震作用方向的地震效应计算，一次完成计算。

3. 可变(活)荷载信息

(1) 柱、墙、基础设计时活荷载的折减

《建筑结构荷载规范》(GB 50009—2012)5.1.2 条规定：梁、墙、柱及基础设计时，可对楼面活荷载进行折减。为了避免活荷载在 PMCAD 和 SATWE 中出现重复折减的情况，建议设计者使用 SATWE 进行结构计算时，不要在 PMCAD 中进行活荷载折减，而是在 SATWE 中，在对梁、柱、墙及基础进行设计时，统一进行活荷载折减。此处指定的"传给基础的活荷载"是否折减仅用于 SATWE 设计结果的文本及图形输出，在接力 JCCAD 时，SATWE 传递的内力为没有折减的标准内力，由设计者在 JCCAD 中另行指定折减信息。

(2) 柱、墙、基础活荷载折减系数

软件分 6 档给出了"计算截面以上的层数"和相应的折减系数，这些参数是根据荷载规范给出的隐含值，设计者可以修改。有关柱、墙、基础活荷载折减的内容查看荷载规范相应内容。

(3) 梁楼面活荷载折减设置

设计者可以根据实际情况选择不折减或者相应的折减方式。

(4) 梁活荷不利布置最高层号

关于梁活荷不利布置的技术细节可查看荷载规范相应内容。若将此参数填 0，表示不考虑梁活荷不利布置作用；若填入大于零的数 NL，则表示从 1 ～ NL 各层考虑梁活荷不利布置，而 NL ＋ 1 层及以上则不考虑活荷不利布置，若 NL 等于结构的层数 Nst，则表示对全楼所有楼层都考虑活荷的不利布置。

(5) 考虑结构使用年限的活荷载调整系数

《高规》5.6.1 条规定：持久设计状况和短暂设计状况下，当荷载与荷载效应按线性关系考

虑时，荷载基本组合的效应设计值计算式中的 γ_L 为考虑设计使用年限的可变荷载调整系数，设计使用年限为50年时取1.0，设计使用年限为100年时取1.1。这是《高规》新增的内容，新版SATWE相应增加了该系数，缺省值为1.0。在荷载效应组合时活荷载组合系数将乘以考虑使用年限的活荷载调整系数。

4. 调整信息

(1) 梁端负弯矩调幅系数

在竖向荷载作用下，钢筋混凝土框架梁设计允许考虑混凝土的塑性变形内力重分布，适当减小支座负弯矩，相应增大跨中正弯矩。梁端负弯矩调幅系数可在0.8～1.0范围内取值。此处指定的是全楼混凝土梁的调幅系数，设计者也可以在"设计模型前处理"→"特殊梁"中修改单根梁的调幅系数。

本工程选用梁的调幅系数为0.85。

(2) 梁活荷载内力放大系数

该参数用于考虑活荷载不利布置对梁内力的影响。在活荷载信息里已经考虑了活荷载不利布置，此处则应填1。

(3) 梁扭矩折减系数

对于现浇楼板结构，可以考虑楼板对梁抗扭的作用而对梁的扭矩进行折减。折减系数可在0.4～1.0范围内取值。系统默认为0.4。程序缺省对弧梁及不与楼板相连的梁不进行扭矩折减。

对于结构转换层的边框梁扭矩折减系数不宜小于0.6。

(4) 地震作用连梁刚度折减系数

多、高层混凝土结构设计中允许连梁开裂，开裂后连梁的刚度有所降低，程序中通过连梁刚度折减系数来反映开裂后的连梁刚度。为避免连梁开裂过大，此系数不宜取值过小，不宜小于0.5，一般取0.7。它的依据是《高规》5.2.1条规定"高层建筑结构地震作用效应计算时，可对剪力墙连梁刚度予以折减，折减系数不宜小于0.5"。指定该折减系数后，程序在计算时只在集成地震作用计算刚度矩阵时进行折减，竖向荷载和风荷载计算时连梁刚度不予折减。

本工程是框架结构，不涉及此参数。

(5) 中梁刚度放大系数

对于现浇楼盖和装配整体式楼盖，宜考虑楼板作为翼缘对梁刚度和承载力的影响。SATWE可采用"梁刚度放大系数"对梁刚度进行放大，近似考虑楼板对梁刚度的贡献。刚度增大系数BK一般可在1.0～2.0范围内取值，程序缺省值为1.0，即不放大。在手算中，近似取中梁放大系数为2.0。

此处有4个选项：① 梁刚度放大系数按《抗规》规范采用；② 采用中梁放大系数BK；③ 混凝土矩形梁转T形；④ 梁刚度放大按主梁计算。

采用①和③程序自动根据梁的周围楼板情况，确定梁的刚度放大情况，每个梁都将不同。采用②就是和手算一样，给所有中梁放大系数一个指定的值。采用④指在主梁被次梁打断的情况下，主梁按一整根梁来计算刚度，可以和①②同时勾选。

中梁刚度，无论是指定某个值，还是让程序自行判断放大多少，都会对周期和位移有利。但可能会加大梁的配筋。所以，一般在计算周期和位移时，勾选此项。在计算配筋时，不勾选此项。

(6) 托墙梁刚度放大系数

实际工程中若有"转换大梁上面托剪力墙"的情况，当设计用梁单元模拟转换大梁，用壳元模式的墙单元模拟剪力墙时，墙与梁之间实际的协调关系在计算模型中就不能得到充分体现，存在近似性。实际的协调关系是剪力墙的下边缘与转换大梁的上表面变形协调，而计算模型则是剪力墙的下边缘与转换大梁的中性轴变形协调，这样造成转换大梁的上表面在荷载作用下将会与剪力墙脱开，失去本应存在的变形协调性，与实际情况相比，计算模型的刚度偏柔了，软件提供托墙梁刚度放大系数正是基于此原因。当考虑托墙梁刚度放大时，转换层附近的超筋情况（若有）通常可以缓解。但是为了使设计保持一定的富裕度，建议不考虑或少考虑托墙梁刚度放大。

应用该功能时，用户只需指定托墙梁刚度放大系数，托墙梁段的搜索由软件自动完成。这里所说的“托墙梁段”在概念上不同于规范中的“转换梁”，“托墙梁段”特指转换梁与剪力墙“墙柱”部分直接相接、共同工作的部分，比如转换梁上托开门洞或窗洞的剪力墙，对洞口下的梁段，程序就不判断为“托墙梁段”，不作刚度放大。

本工程不涉及此参数。

（7）按《抗规》5.2.5 条调整各楼层地震内力，自定义调整系数

《抗规》5.2.5 条规定：抗震验算时，结构任一楼层的水平地震的剪力系数不应小于规范规定的楼层最小地震剪力系数值。设计勾选该项，程序将自动进行调整。

本工程勾选此项。

5. 材料信息、荷载组合、地下室信息

（1）材料信息

材料信息应同 PM 中的材料信息保持一致。

（2）荷载组合

选择程序默认值。

（3）地下室信息

在前面总信息里地下室层数填“0”，则地下室信息一栏为灰色。若不填“0”，则应根据界面提示，输入相关的信息。具体也可参阅 PKPM 用户手册，手册对每一项参数都有详细的说明。

6. 计算结果

当参数全部输入完成后，点击计算，计算完毕就会生成计算结果。下面选取了其中几个图形文件结果。图 6.16 为振型动态图，图 6.17 为楼层位移包络图，图 6.18 为一层 X 向地震作用下构件的弯矩图，图 6.19 为一层框架梁弯矩包络图，图 6.20 为一层柱轴压比简图。

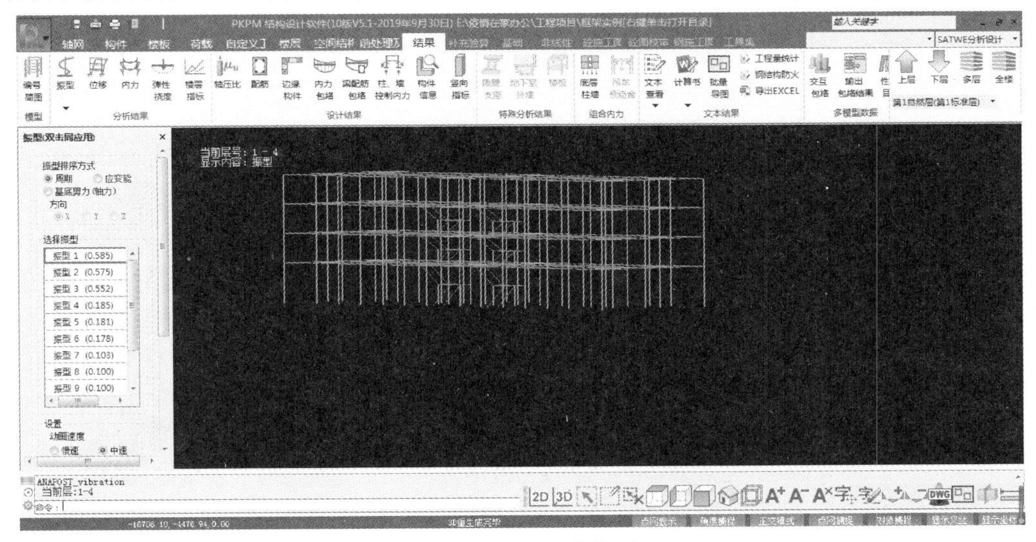

图 6.16　振型动态图

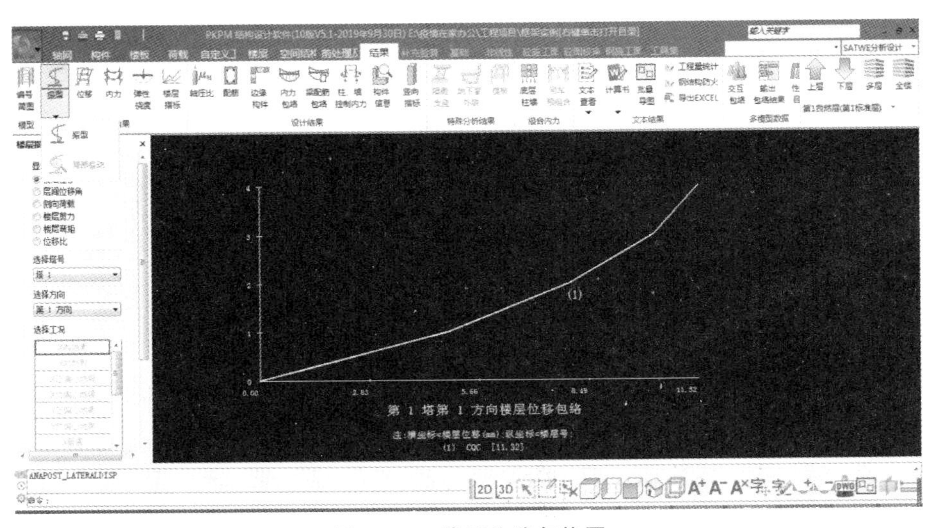

图 6.17 楼层位移包络图

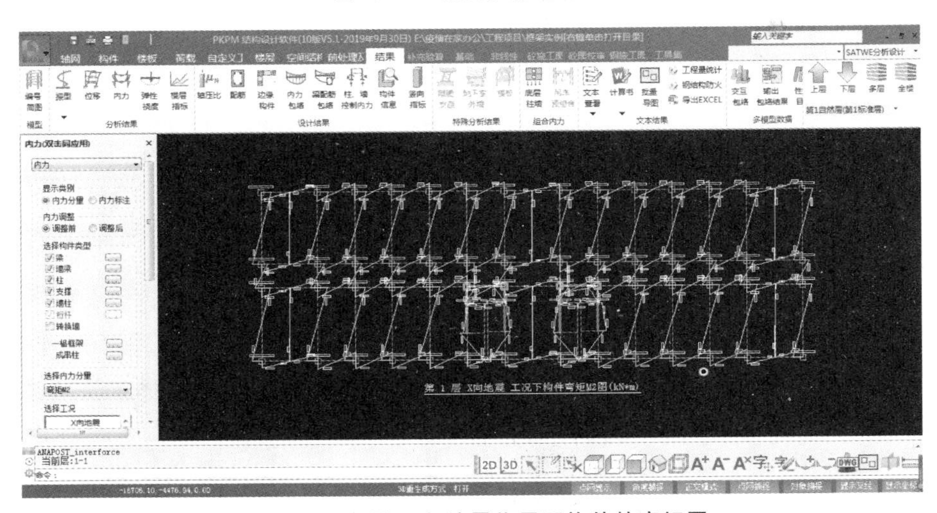

图 6.18 一层 X 向地震作用下构件的弯矩图

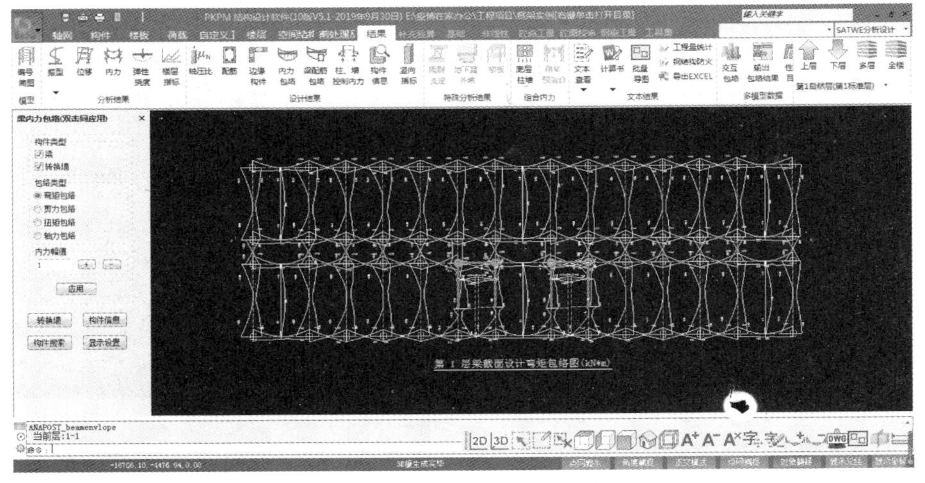

图 6.19 一层框架梁弯矩包络图

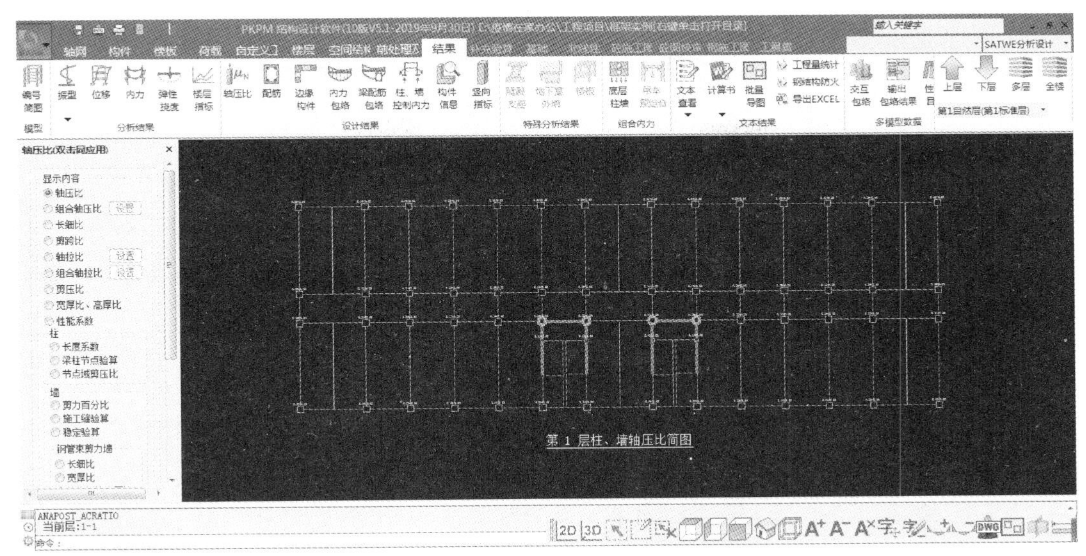

图 6.20　一层柱轴压比简图

6.3　框架实例电算计算书及结构施工图

框架实例PKPM电算计算结果可以以计算书及结构配筋图的形式呈现。电算计算书包括计算依据、计算软件信息、结构模型概况、工况和荷载组合、立面规则性判断、抗震分析及调整、计算指标汇总和结构计算的结果(梁、板、柱的内力计算及配筋)。下面是一些计算结果的展现。结构施工图包括结构布置图,相应的基础、各层梁、板配筋图,楼梯配筋图,墙柱配筋图等。

6.3.1　本工程的计算周期及振型

本工程电算的12个振型结果,如表6.1所示。1～8振型周期简图,如图6.21所示。

表 6.1　结构周期及振型方向

振型号	周期 /s	方向角 /(°)	类型	扭振成分 /%	X侧振成分 /%	Y侧振成分 /%	总侧振成分 /%	阻尼比 /%
1	0.5854	0.90	X	15	85	0	85	5.00
2	0.5751	168.50	T	85	15	1	16	5.00
3	0.5523	89.05	Y	1	0	99	99	5.00
4	0.1851	178.00	X	1	99	0	99	5.00
5	0.1812	72.19	T	97	1	2	3	5.00
6	0.1783	88.37	Y	3	0	97	97	5.00
7	0.1031	179.88	X	1	99	0	99	5.00
8	0.1004	89.99	Y	7	0	93	93	5.00
9	0.1002	89.09	T	93	0	7	7	5.00

续表 6.1

振型号	周期 /s	方向角 /(°)	类型	扭振成分 /%	X 侧振成分 /%	Y 侧振成分 /%	总侧振成分 /%	阻尼比 /%
10	0.0715	1.71	X	1	99	0	99	5.00
11	0.0707	92.43	Y	13	0	87	87	5.00
12	0.0699	85.63	T	89	0	11	11	5.00

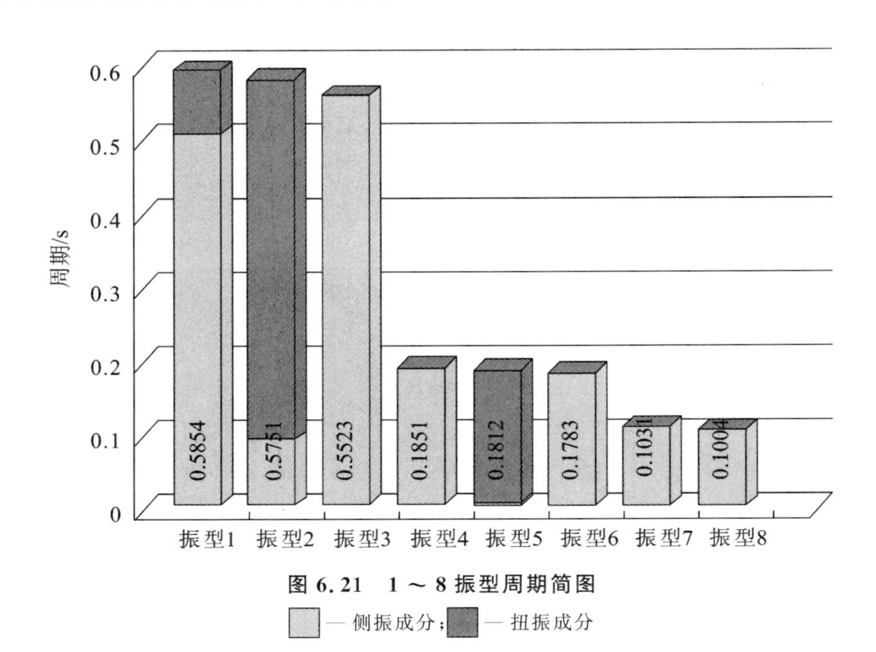

图 6.21 1 ～ 8 振型周期简图

— 侧振成分； — 扭振成分

6.3.2 指标汇总

指标汇总具体信息，如表 6.2 所示

表 6.2 指标汇总

指标项		汇总信息
总质量 /t		5354.60
质量比		1.00 < [1.5](1 层 1 塔)
最小刚度比 1	X 向	1.00 ⩾ [1.00](4 层 1 塔)
	Y 向	1.00 ⩾ [1.00](1 层 1 塔)
最小楼层受剪承载力比值	X 向	1.00 > [0.80](4 层 1 塔)
	Y 向	1.00 > [0.80](4 层 1 塔)
最小刚度比 1(强刚)	X 向	1.00 ⩾ [1.00](4 层 1 塔)
	Y 向	1.00 ⩾ [1.00](1 层 1 塔)

续表 6.2

指标项		汇总信息
结构自振周期 /s		T1 = 0.5854(X)
		T3 = 0.5523(Y)
		T2 = 0.5751(T)
有效质量系数	X 向	99.83% > [90%]
	Y 向	99.84% > [90%]
最小剪重比	X 向	9.57% > [2.40%](1 层 1 塔)
	Y 向	10.16% > [2.40%](1 层 1 塔)
结构自振周期[强刚]/s		T1 = 0.5854(X)
		T3 = 0.5522(Y)
		T2 = 0.5750(T)
最大层间位移角	X 向	1/1094 < [1/550](1 层 1 塔)
	Y 向	1/1104 < [1/550](1 层 1 塔)
最大位移比	X 向	1.03 < [1.50](1 层 1 塔)
	Y 向	1.29 < [1.50](3 层 1 塔)
最大层间位移比	X 向	1.03 < [1.50](1 层 1 塔)
	Y 向	1.29 < [1.50](2 层 1 塔)
最大层间位移角(强刚)	X 向	1/1094 < [1/550](1 层 1 塔)
	Y 向	1/1105 < [1/550](1 层 1 塔)
最大位移比(强刚)	X 向	1.03 < [1.50](1 层 1 塔)
	Y 向	1.29 < [1.50](3 层 1 塔)
最大层间位移比(强刚)	X 向	1.03 < [1.50](1 层 1 塔)
	Y 向	1.29 < [1.50](2 层 1 塔)
刚重比	X 向	79.60 > [10](1 层 1 塔)
	Y 向	85.76 > [10](1 层 1 塔)

6.3.3 结构施工图

根据计算结果绘制的结构施工图，包括各层框架柱平法施工图，如图 6.22 至图 6.23 所示；各层梁平法施工图，如图 6.24 至图 6.27 所示；各楼层板平法施工图，如图 6.28 至图 6.30 所示。

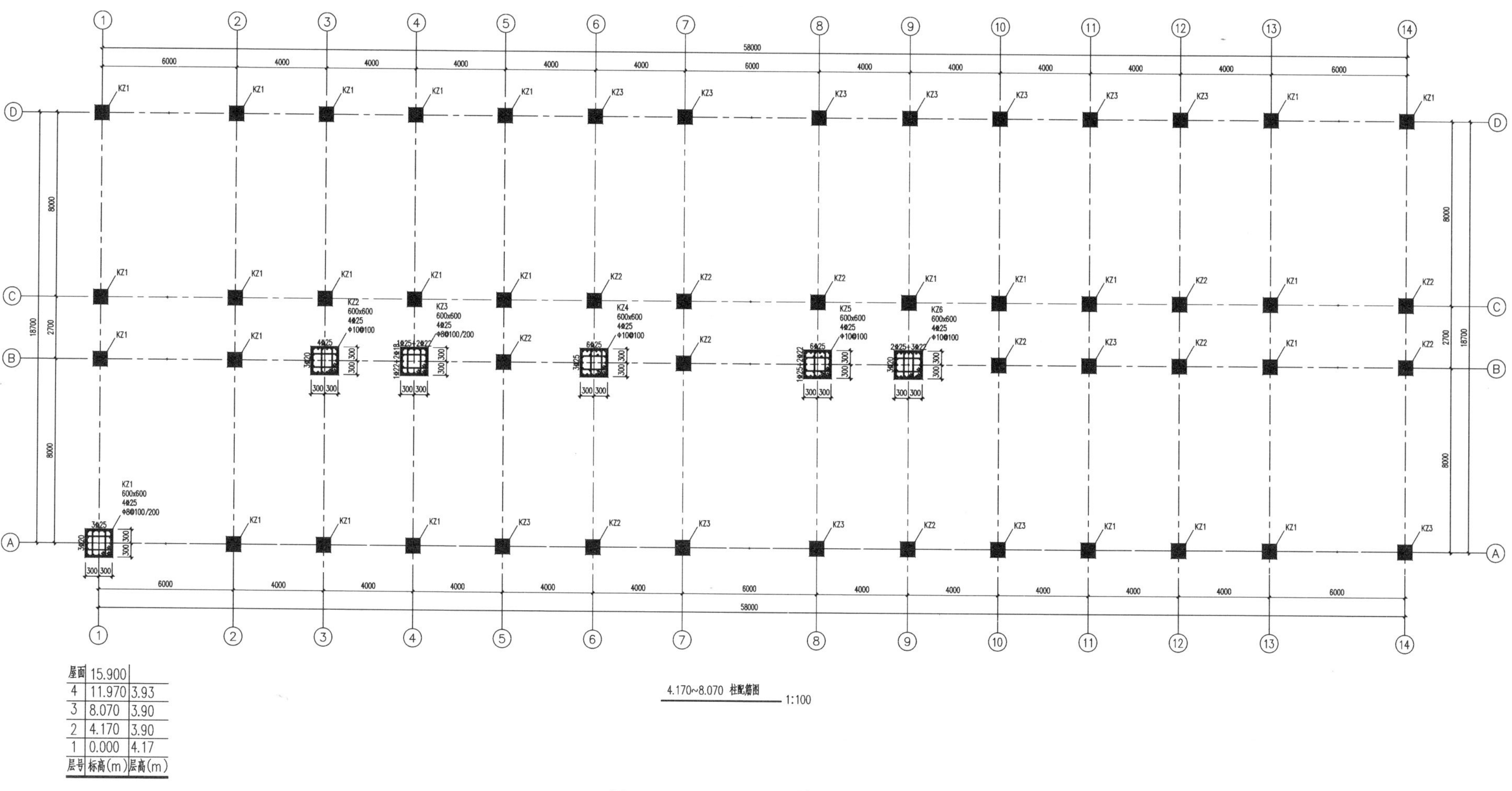

屋面	15.900	
4	11.970	3.93
3	8.070	3.90
2	4.170	3.90
1	0.000	4.17
层号	标高(m)	层高(m)

图 6.22　4.170～8.070 柱平法施工图

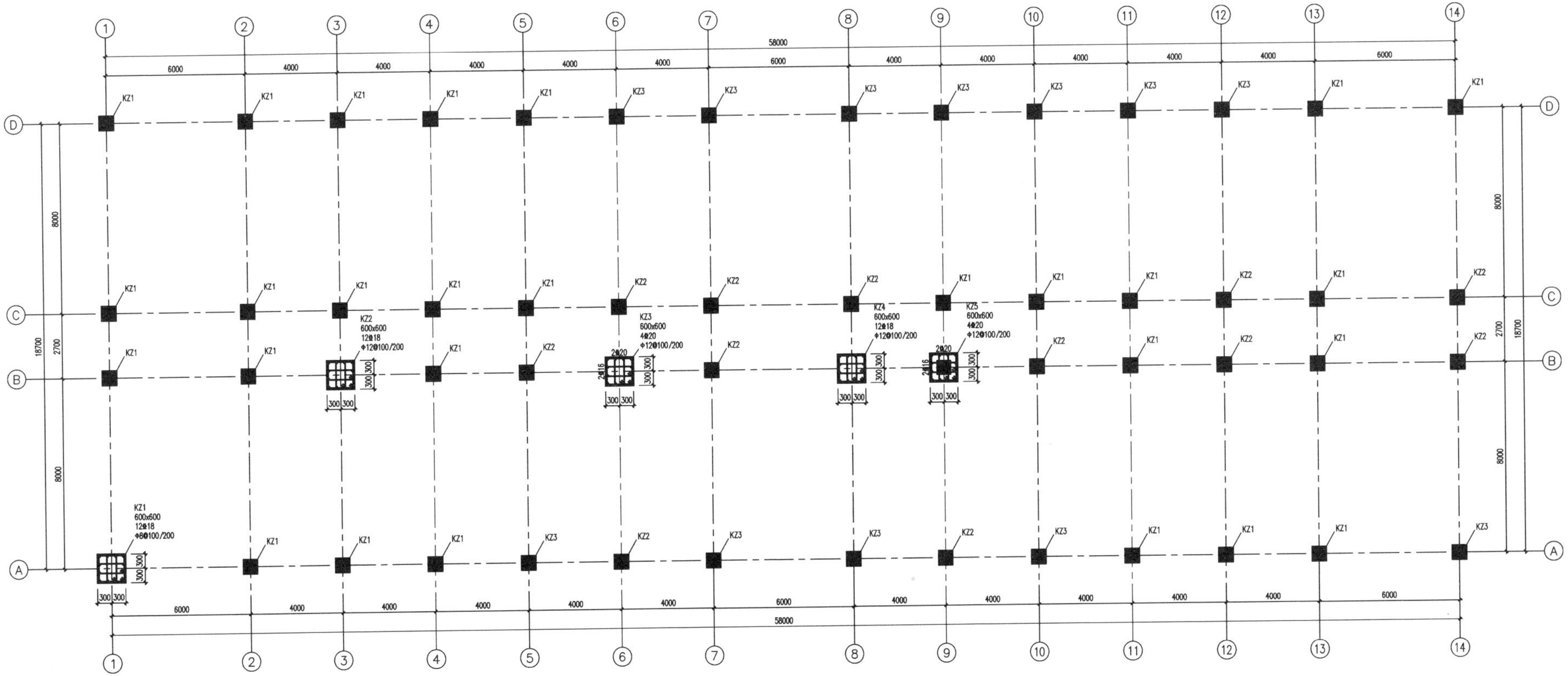

11.970~15.900框架柱配筋图 1:100

屋面	15.900	
4	11.970	3.93
3	8.070	3.90
2	4.170	3.90
1	0.000	4.17
层号	标高(m)	层高(m)

图 6.23 11.970~15.900柱平法施工图

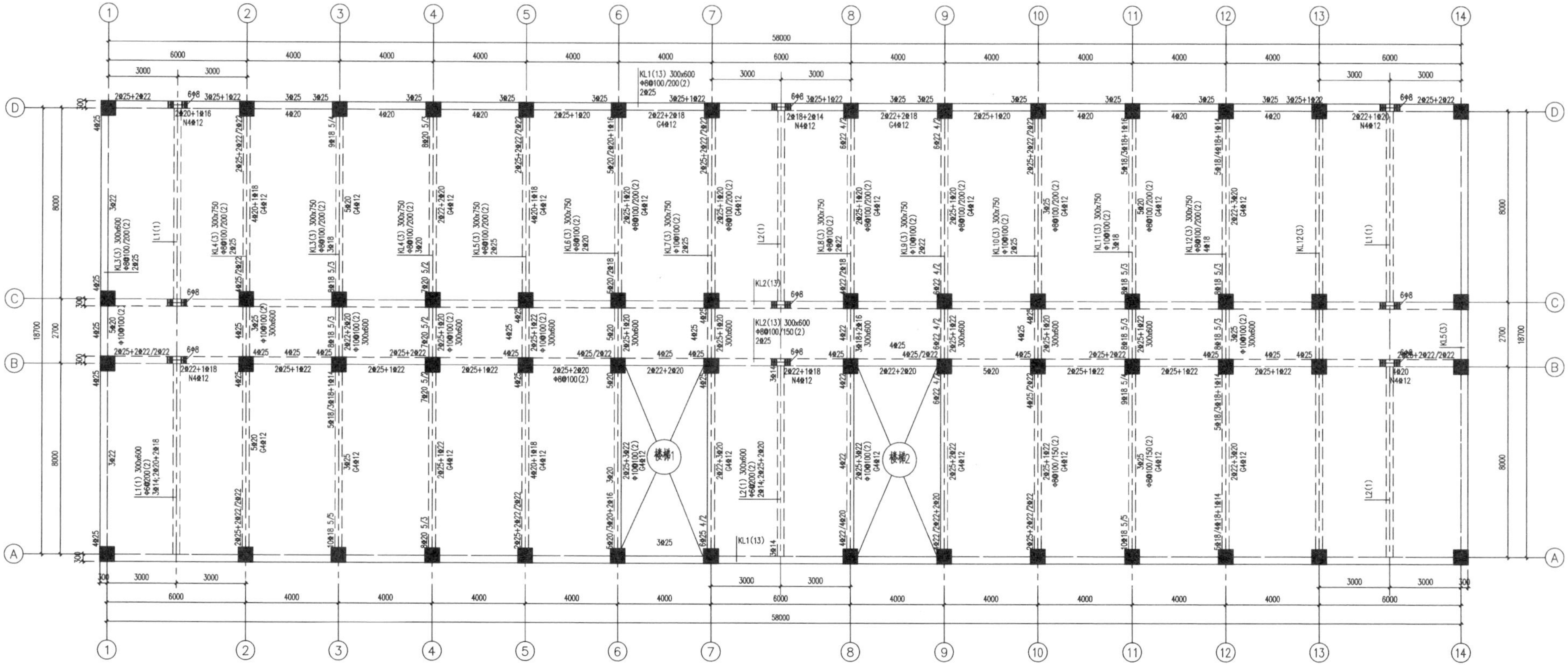

4.170梁配筋图 1:100

层号	标高(m)	层高(m)
屋面	15.900	
4	11.970	3.93
3	8.070	3.90
2	4.170	3.90
1	0.000	4.17

说明：

1. 梁顶标高为4.170 m。
2. 梁的混凝土强度为C30。
3. 梁的纵筋为HRB400级（Φ），梁的箍筋为HPB300级（φ）。
4. 楼梯柱位置未在本图中显示。

图 6.24　4.170梁平法施工图

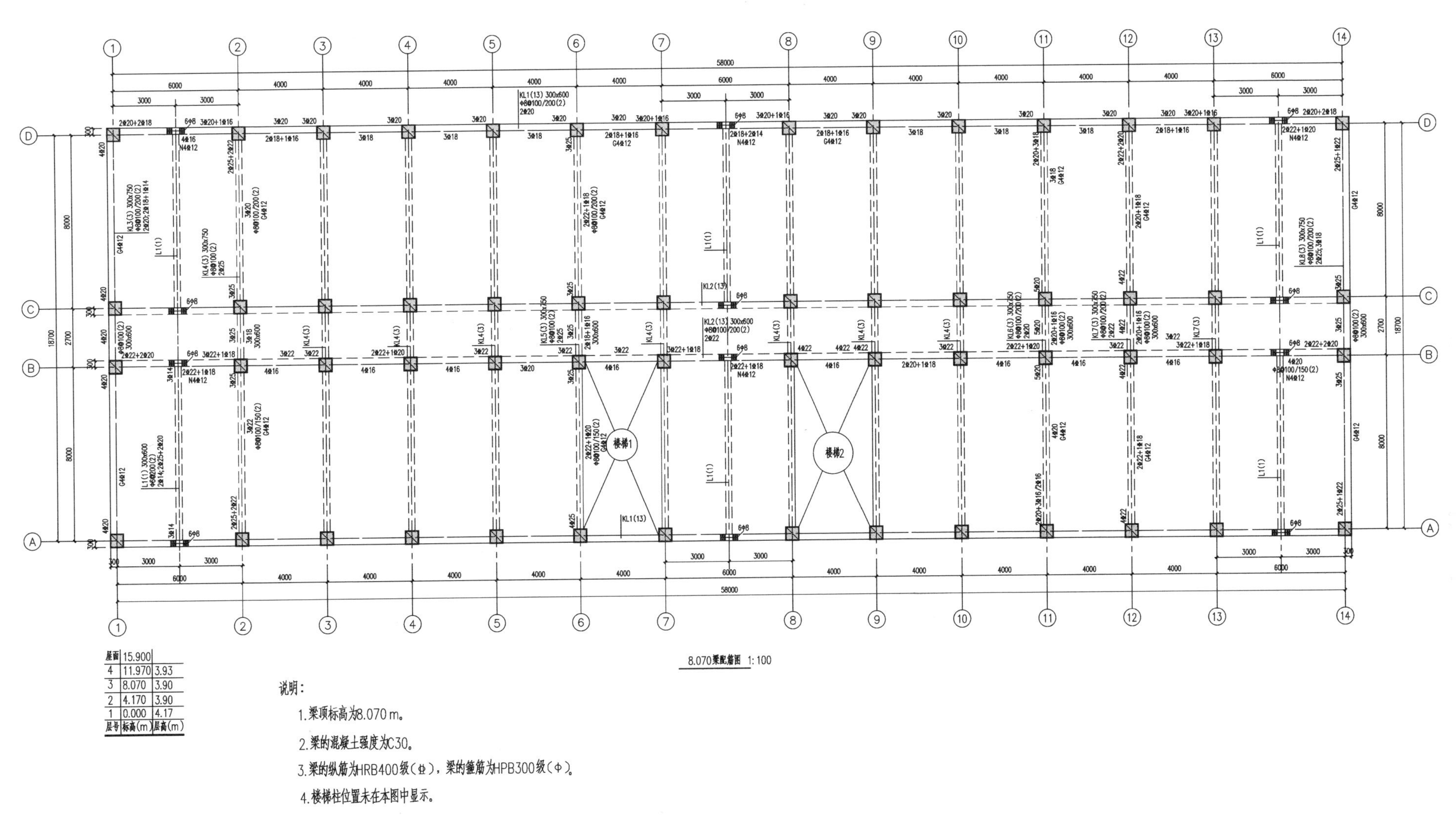

图 6.25　8.070 梁平法施工图

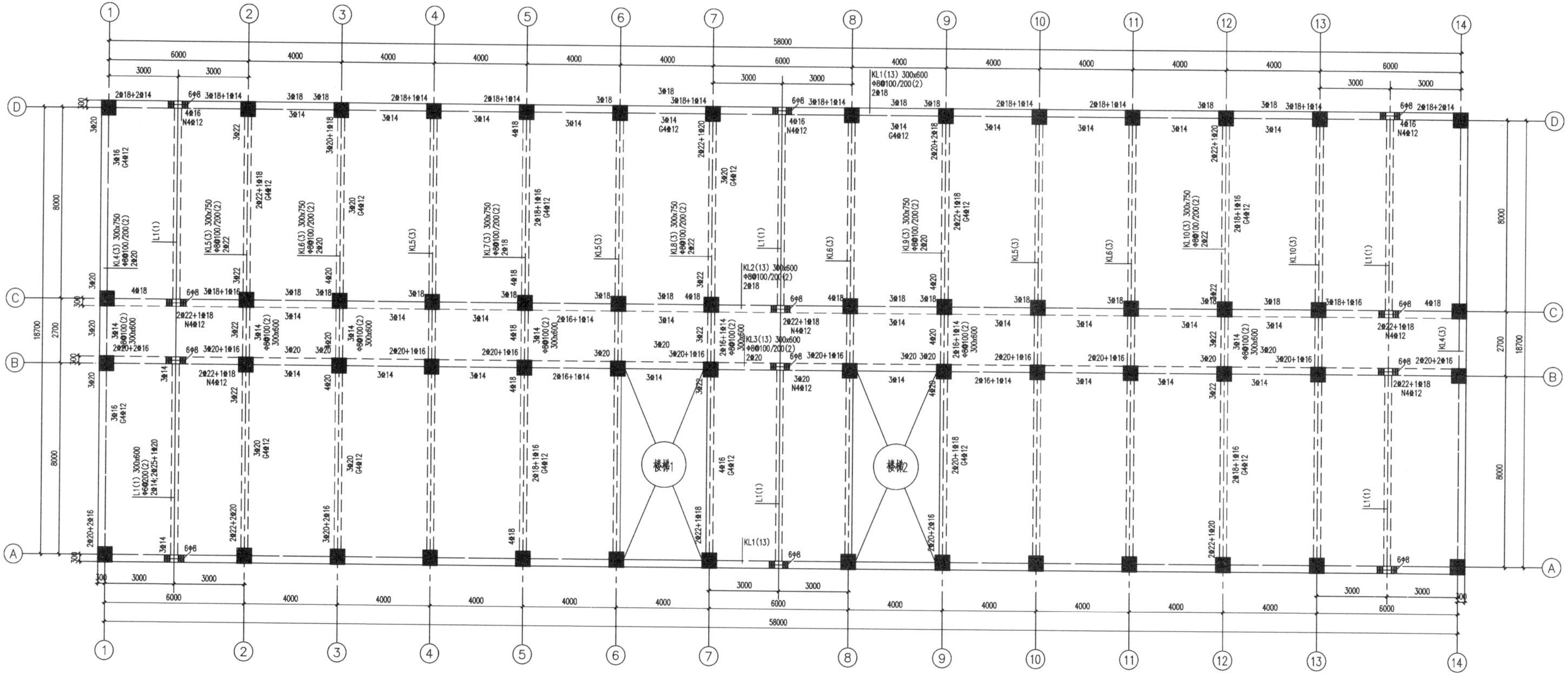

层面	15.900	
4	11.970	3.93
3	8.070	3.90
2	4.170	3.90
1	0.000	4.17
层号	标高(m)	层高(m)

说明：

1. 梁顶标高为11.970 m。
2. 梁的混凝土强度为C30。
3. 梁的纵筋为HRB400级（⌀），梁的箍筋为HPB300级（ϕ）。
4. 楼梯柱位置未在本图中显示。

11.970梁配筋图 1:100

图 6.26　11.970 梁平法施工图

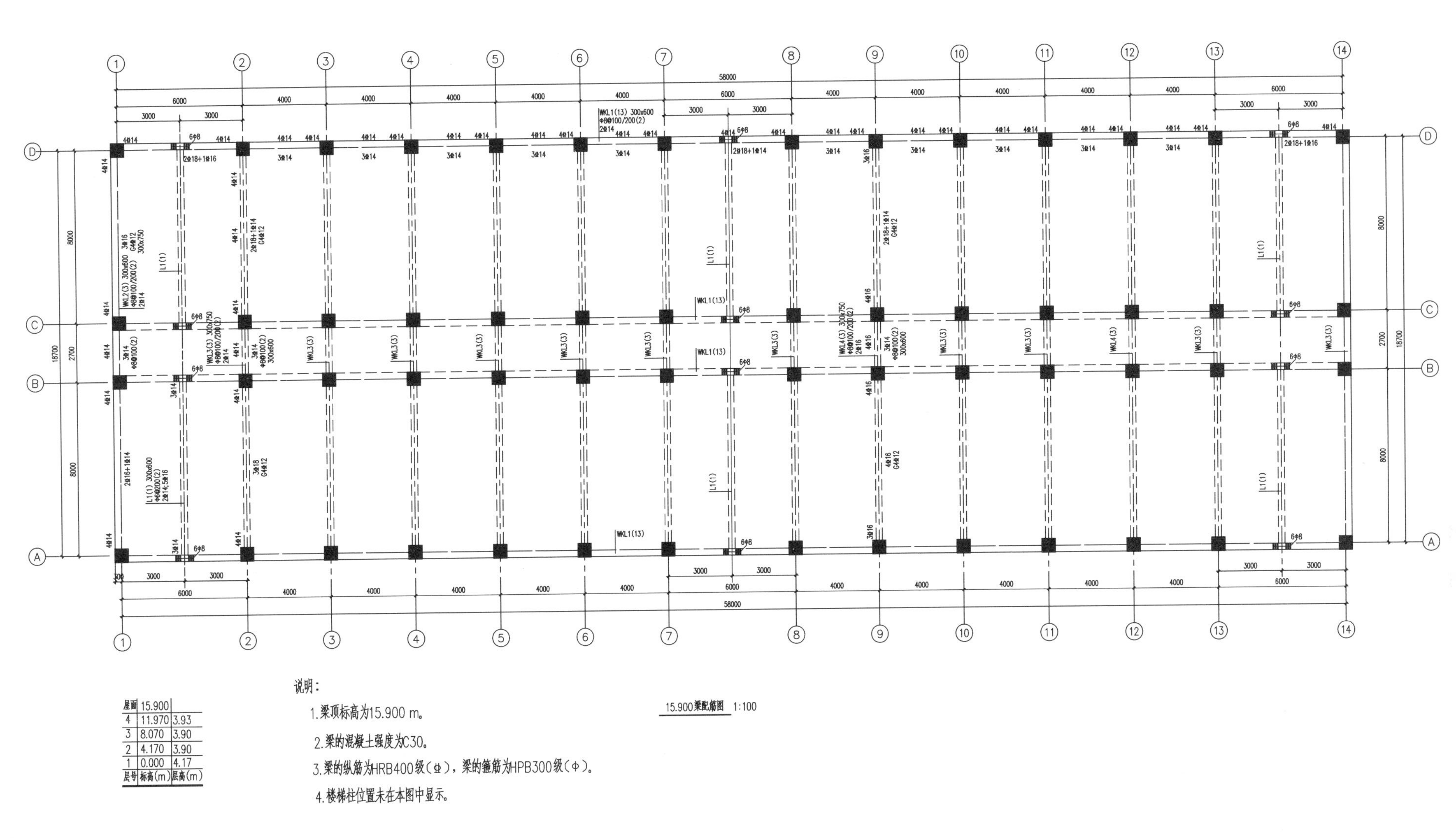

层面	15.900	
4	11.970	3.93
3	8.070	3.90
2	4.170	3.90
1	0.000	4.17
层号	标高(m)	层高(m)

图 6.27　15.900 梁平法施工图

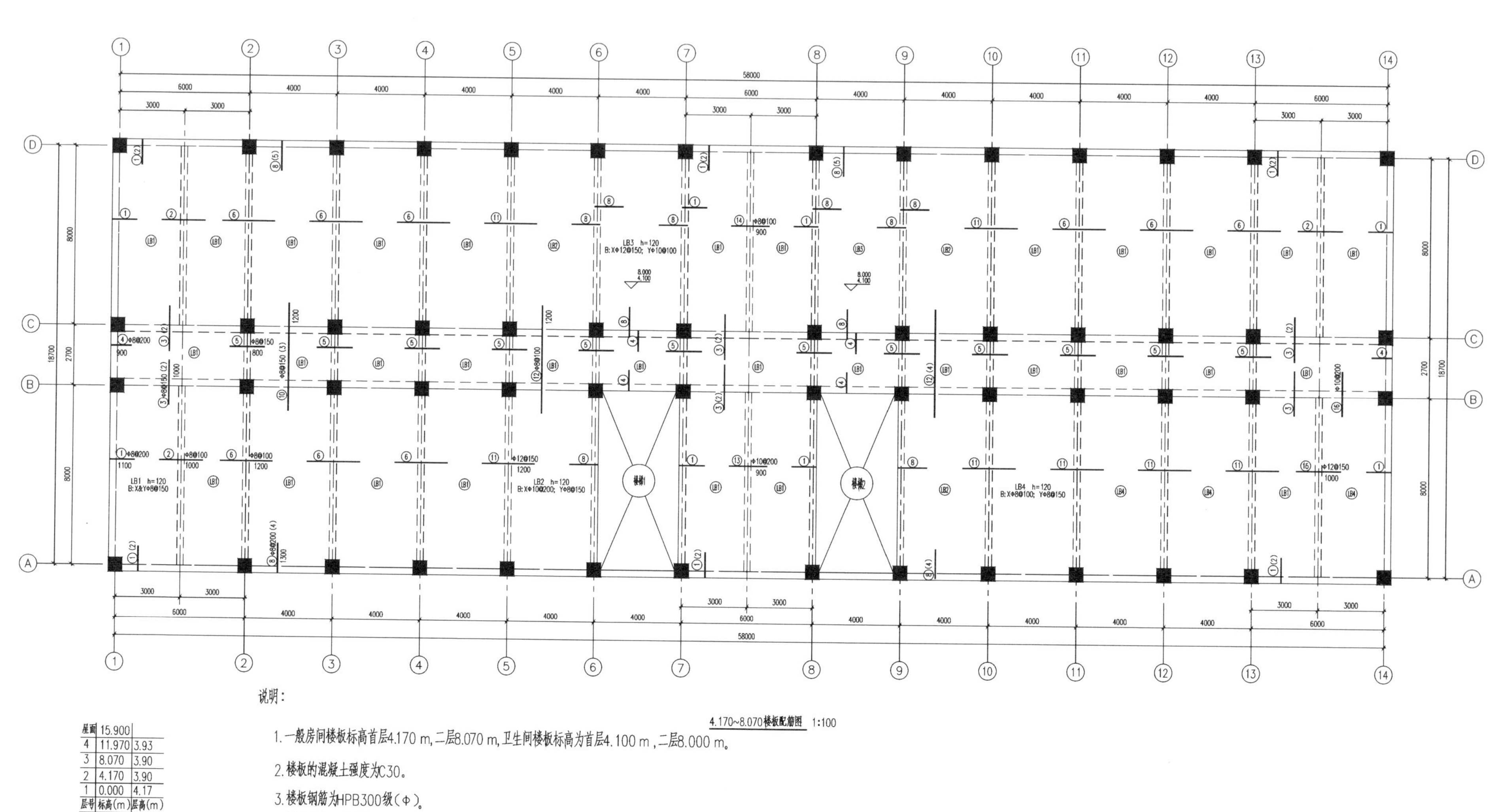

图 6.28 4.170～8.070 板平法施工图

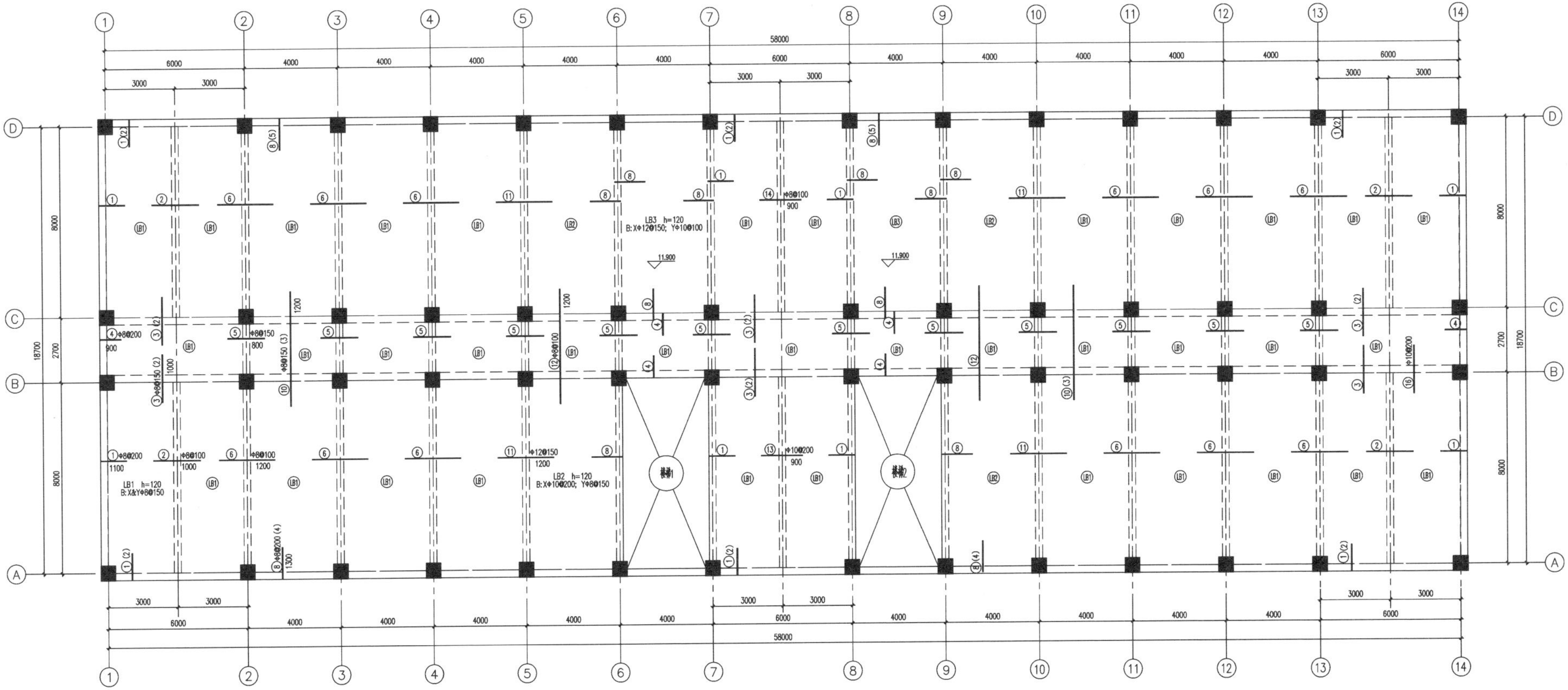
58000
18700
LB1 h=120
B:X&Y⌀8@150
LB2 h=120
B:X⌀10@200; Y⌀8@150
LB3 h=120
B:X⌀12@150; Y⌀10@100
11.900
楼梯1
楼梯2

屋面	15.900	
4	11.970	3.93
3	8.070	3.90
2	4.170	3.90
1	0.000	4.17
层号	标高(m)	层高(m)

说明：

1. 一般房间楼板标高11.970 m，卫生间楼板标高为11.900 m。
2. 楼板的混凝土强度为C30。
3. 楼板钢筋为HPB300级(Φ)。
4. 图中未表示的分布钢筋为Φ6@200。

11.970楼板配筋图 1:100

图 6.29　11.970 板平法施工图

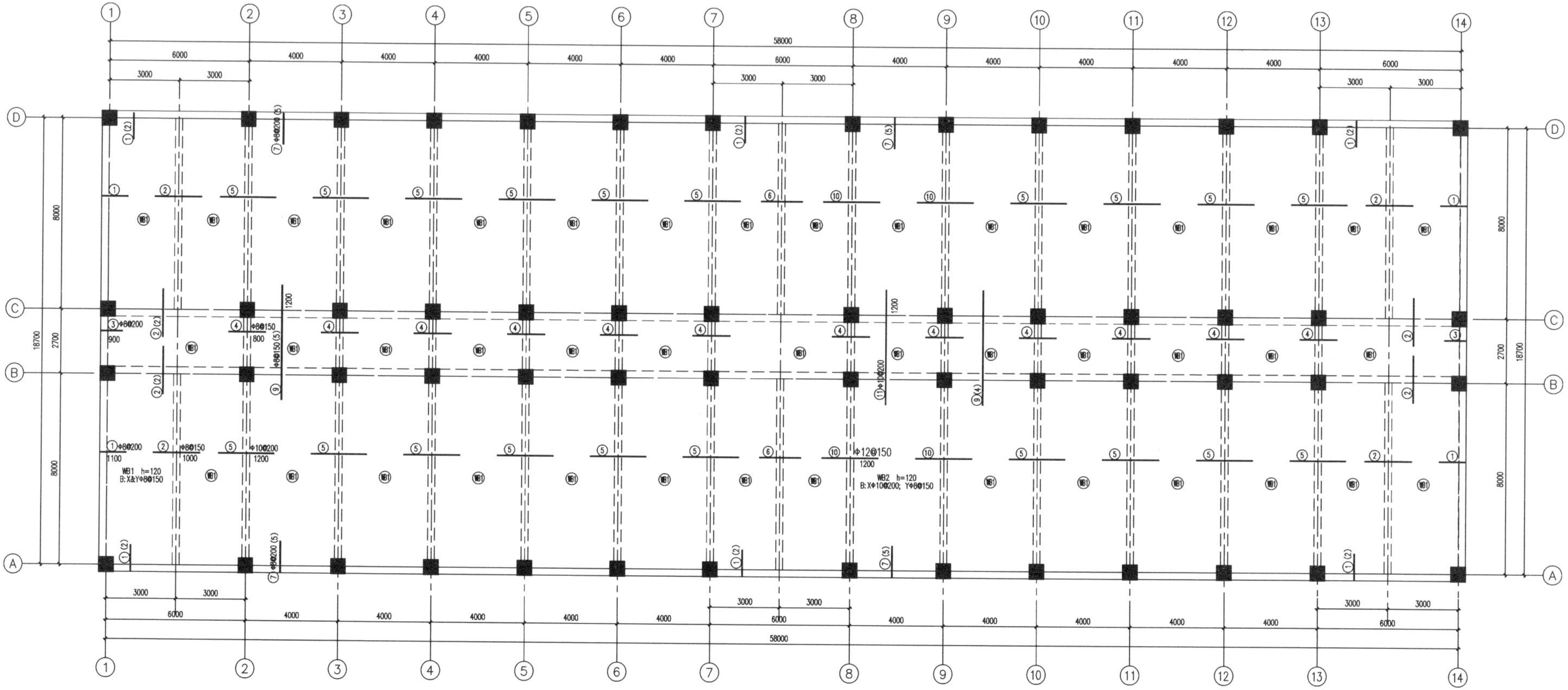

屋面	15.900	
4	11.970	3.93
3	8.070	3.90
2	4.170	3.90
1	0.000	4.17
层号	标高(m)	层高(m)

说明：

1. 一般房间楼板标高15.900 m。
2. 楼板的混凝土强度为C30。
3. 楼板钢筋为HPB300级(Φ)。
4. 图中未表示的分布钢筋为Φ6@200。

15.900楼板配筋图 1:100

图 6.30　15.900 板平法施工图

7　混凝土结构工程施工组织设计

单位工程施工组织设计的编制，随着工程的规模、结构复杂程度、工期与质量要求、建设地点的自然条件、施工单位的技术与设备力量等不同，其编制内容与深度有所不同。作为毕业设计的一部分，单位工程施工组织设计主要应包括以下五方面内容：工程概况、施工方案选择、施工计划编制、施工平面图设计、施工技术与组织措施制定。考虑到土木工程专业建筑工程方向的学生，毕业设计的课题大多为钢筋混凝土框架结构或剪力墙结构工程，故本章仅介绍与这两种建筑结构工程有关的施工组织设计的主要内容。

7.1　工程概况

7.1.1　工程建设概况

工程建设概况主要介绍以下内容。

(1) 拟建工程概况：工程名称、建筑用途、建设地点、建设规模、工程投资额等。

(2) 参建单位概况：建设单位、设计单位、监理单位、施工单位等。

7.1.2　工程设计概况

1. 建筑设计概况

建筑设计概况的介绍可绘制平面、剖面简图，一般需说明以下内容。

(1) 拟建工程的总建筑面积、占地面积。

(2) 拟建建筑物的平面形状、平面组合；建筑物(或建筑物的各单元体)的总长度、宽度、层数、层高、总高度等。

(3) 主要工程做法：① 围护结构墙体、隔墙的材料及其厚度；② 屋面保温隔热及防水的做法；③ 室外装饰做法的简单描述；④ 室内楼地面、墙面、顶棚等装饰的做法，可分别对主要房间、卫生间、走廊及楼梯间等进行简单描述。

2. 结构设计概况

结构设计概况的介绍中，一般需说明以下内容。

(1) 基础类型与埋置深度，桩基础的类型、桩直径与桩的长度。

(2) 主体结构类型，抗震设防烈度及结构抗震等级。

(3) 主要构件的形状与尺寸。如：柱截面尺寸、剪力墙厚度、梁跨度与截面尺寸、板形式及厚度等。

(4) 主要材料的强度等级。如：钢筋、混凝土等材料的强度等级。

7.1.3　施工条件介绍

施工条件的介绍中，一般需说明以下内容。

(1) 工程的工期要求：开工日期，竣工日期，合同总工期。

(2) 建设地点特征：拟建工程的地理位置，地形，工程地质条件，地下水位的深度与水质，土壤冻结时间与冻结深度等。

(3) 施工场地情况：施工场地的“三通一平”(水通、电通、道路通和场地平整)情况，场地大小，场地内的地上、地下原有各种管线的位置，现场周边的环境情况等。

(4) 气候情况：当地月平均最高气温、月平均最低气温，冬期施工时间；年平均降水量，雨季施工时间；主导风向与风力，基本雪压等。

(5) 物资供应情况：当地交通运输条件，预制构件的生产及供应情况，预拌混凝土、预拌砂浆或干拌砂浆的供应情况，施工机械及机具的供应和落实情况。

(6) 劳动力供应情况：土方与基础、主体结构、装饰工程等各施工阶段劳动力的落实情况，劳动力的组织形式和内部承包方式等。

(7) 本工程施工特点：简要说明该单位工程的施工难点和施工中的关键问题，以便在选择施工方案、配备技术和设备力量，以及进行施工组织等方面采取相应的措施。

7.2　施工方案选择

施工方案的选择是单位工程施工组织设计的核心内容，是施工组织设计中具有决策性的重要环节，应在拟定的几个可行的施工方案中，经过分析、比较，选择最优的施工方案，并将其作为编制施工计划和设计施工平面图的依据。在毕业设计中，通常可按以下方法编写施工方案的内容。

7.2.1　施工总部署

1. 确定施工程序

在单位工程中通常遵循的施工程序为：先地下后地上，先主体后围护，先结构后装饰，先土建后设备。这种施工程序只是一般原则，针对不同的工程，需结合工程的具体结构特征、施工条件和建设要求等，合理确定其施工程序。

对于现浇混凝土结构工程，一般可划分为五个分部工程：① 土方与基础工程；② 主体结构工程；③ 围护结构工程；④ 屋面工程；⑤ 装饰工程。其总的施工程序一般为：① → ② → ③ 与 ④ →⑤，其中 ③ 与 ④ 两分部工程可视工程进展的具体情况，同时或穿插进行。

2. 划分施工段及确定施工流向

(1) 划分施工段

工程施工中，常采用流水施工的组织方式，即将拟建工程在各施工层平面上划分为若干施工段，组织各专业施工队的工人依次、连续地在各施工段上进行作业，以便缩短工期和组织资源的均衡供应。

划分施工段时，施工段的数目应适当，其分界位置应合理。施工段划分的原则是：

① 同一专业工作队在各施工段上的劳动量应大致相等，其相差幅度不宜大于 15%。

② 为保证结构的整体性，施工段分界线应尽可能设置在结构变形缝处。若必须留设在墙体中部，应设在门窗洞口处，以减少对结构的影响。

③ 为充分发挥工人(或机械)的生产能力,施工段不仅要满足专业工种对工作面的要求,而且要使施工段所能容纳的劳动力人数(或机械台数)满足劳动优化组合的要求。

④ 对于多层建筑物,既要在平面上划分施工段,又要在竖向上划分施工层。上下各施工层的分界线和段数应一致,以保证专业工作队在施工段和施工层之间,能开展有节奏、均衡和连续的流水施工。

(2) 确定施工起点和流向

确定施工起点和流向,就是确定单位工程在平面或空间上开始施工的部位和进展方向。施工流向是对时间和空间的充分利用,合理的施工流向,不仅是对施工进度的合理安排,也是对工程质量和安全的有效保证。不同的分部、分项工程因其施工特点不同,施工流向不尽相同,应分别进行安排。

对于前述现浇混凝土结构工程的五个分部工程,如何考虑划分施工段和确定施工流向,将在后文各分部工程的施工方案中分别进行介绍。

3. 选择垂直运输机械

目前,在主体结构工程施工阶段,混凝土垂直运输多采用输送泵,其他材料的垂直运输则多采用塔式起重机;若框架结构的柱子混凝土单独浇筑,也可采用塔式起重机,并配备相应的混凝土料斗。在围护结构和装饰工程施工阶段,对于多层建筑和层数不多的小高层建筑,垂直运输设备通常采用井架或龙门架,并配备相应的卷扬机;对于高层建筑,垂直运输设备则多采用施工电梯。

(1) 塔式起重机的选择

① 选择塔式起重机的类型。塔式起重机的类型应根据拟建建筑物的平面形状、尺寸及高度来选择。对于多层建筑,若其形状为条形且长度较大,可选择轨道式塔式起重机;其他情况,可选择固定式或附着式塔式起重机。

② 选择塔式起重机的型号。选择塔式起重机的型号时,首先应确定施工所需要的起重参数,包括起重幅度、起重高度和起重量。

a. 起重幅度(即起重半径)R。应根据建筑物的平面形状及尺寸确定所需要的起重幅度,尽量使其服务范围能覆盖整个建筑物。

b. 起重高度 H。应根据建筑物的高度、所起吊部件的高度及施工方法等因素,确定所需要的起重高度,并应考虑一定的安全距离。例如:混凝土浇筑采用料斗时(需首先选择配用料斗的形状和容积),起吊部件高度为料斗的高度;剪力墙结构施工采用整片墙高度的大模板时,起吊部件高度为大模板的高度。

c. 起重量 G。应根据所起吊重物、容器等的重量确定所需要的起重量。例如:混凝土浇筑采用料斗时,起重量 $G =$ 料斗自身重量 $G_1 +$ 根据料斗容积计算的湿混凝土重量 G_2;剪力墙结构施工采用钢制或木制大模板时,起重量 G 为单块大模板的最大重量。

根据计算所确定的这三项起重参数,选择适宜型号的塔式起重机,应使所选塔式起重机的各项参数均能满足施工要求。

(2) 井架或龙门架或施工电梯的选择

井架的稳定性好、运输量大,型钢井架的提升重量为 1 ~ 1.5 t,提升高度可达 40 m。龙门架装拆方便，但由于立杆的刚度和稳定性稍差，搭设高度不宜过大，其提升重量一般为 0.6 ～ 1.2 t，提升高度一般为 20 ～ 30 m，常用于多层建筑施工中。建筑施工电梯是人、货两用垂直运输设备，载重量 1.0 ～ 3.2 t，可乘载 12 ～ 15 人，由于它附着在建筑物外墙或其他结构部位，故稳定性很好，并可随主体结构的施工逐步向上接高，架设高度可达 150 m，广泛应用于高层建筑施工中。

每部井架、龙门架、施工电梯的服务范围一般为沿建筑物 50 ～ 60 m 的长度。

应根据拟建建筑物的高度、平面形状和尺寸，以及围护结构和装饰工程施工阶段材料运输量的多少，选择井架或龙门架及其数量，并选择相应卷扬机的型号和数量，或者选择施工电梯的型号和数量。

7.2.2　土方与基础工程施工方案

1. 划分施工段及确定施工流向

在土方与基础工程施工阶段，一般情况下，基坑挖土和混凝土垫层不分段施工，其他工程可按施工段划分原则进行分段施工。需要注意的是，每段基础混凝土浇筑的工程量应尽量满足一个台班的施工产量，一般宜取 500 ～ 800 m^2 的基础水平面积为一个施工段。

施工流向的确定应以方便施工为原则。土方开挖时，为了便于土方的外运，施工起点一般宜选在距离道路较远的部位，按照由远而近的流向进行基坑挖土。基础工程，应按照先深处部位后浅处部位的顺序和方向施工。在施工方案中应绘制简图说明施工段的划分情况及其施工流向。

2. 确定施工顺序

(1) 框架结构工程

对于框架结构，其土方与基础工程中通常的施工顺序为：桩基础施工 → 基坑降、排水 → 基坑挖土 → 处理桩头 → 基础垫层施工 → 基础绑扎钢筋 → 基础支设模板 → 基础浇筑混凝土 → 基础拆模板 → 框架柱地下部分施工 → 填充墙基础及地圈梁施工 → 基坑回填及房心填土。

(2) 剪力墙结构工程

剪力墙结构的基础一般为箱形基础，即为地下室结构。其土方与基础工程中通常的施工顺序为：桩基础施工 → 基坑降、排水 → 基坑挖土 → 处理桩头 → 基础垫层施工 → 基础底板找平层、防水层、保护层施工 → 基础底板绑扎钢筋、支设模板 → 基础底板浇筑混凝土 → 基础底板拆模板 → 地下室墙体、柱、梁板施工 → 地下室外墙墙体找平层、防水层、保护层施工 → 基坑回填土。

其中，地下室墙体、柱、梁板具体的施工顺序与上部主体结构的施工顺序相同，详见后文所述。

3. 确定施工方法和施工机械

(1) 桩基础施工

① 根据桩的类型选择相应的桩施工机械和数量。② 桩施工的顺序，可绘制平面示意图。③ 针对桩的类型说明其施工方法及施工要点。④ 桩施工的质量控制。

(2) 基坑降、排水

① 根据基坑面积、深度、地质条件、地下水情况等因素选择降、排水方式。② 进行排水沟与

集水井的布置或井点的布置,并绘制出平面及剖面示意图。③ 选择抽水设备的类型和数量。

(3) 基坑挖土

① 基坑挖土的方式。对于条形基础和独立基础(一般均有基础梁相连),应根据基础埋深和平面尺寸、土质情况等确定是采用大面积开挖还是条形开挖。② 根据土质、挖土深度和土方量的多少等因素选择挖土机械的类型、型号和数量,并选择相应的运土机械型号和数量。③ 根据所选择的挖土机械,确定挖土方向和挖土路线,应绘制出相应的平面示意图。④ 基坑边坡的设置或支护方式,挖土时为基础施工所需留设的工作面宽度,应绘制基坑剖面示意图。⑤ 挖掘土的处理方式。应根据土质、挖土量的多少确定是将挖掘土在基坑(槽)边堆置或在现场集中堆置以用于回填,还是弃土外运。⑥ 挖土时应注意的问题。

(4) 处理桩头

① 剔凿桩头的方法。② 剔凿桩头所选择的施工机具。③ 剔凿桩头时应注意的问题。

(5) 基础垫层施工

① 支设垫层侧模板的材料及支模方法。② 垫层混凝土的供应和运输方式,浇筑方法,养护方式等。

(6) 基础绑扎钢筋

① 如何保证基础钢筋位置的正确。如:底板钢筋水平位置的控制;底部混凝土保护层的控制;基础底板为双层钢筋网时,上层钢筋网位置的控制等。② 基础水平钢筋接长的方式。③ 桩头甩筋的处理要求。④ 上部框架柱或剪力墙墙体的钢筋伸入基础插筋的固定方式。⑤ 基础钢筋绑扎的施工要点。

(7) 基础支设模板

① 支设基础底板和基础梁模板的材料及支模方法,应绘制模板构造示意图。② 基础模板支设施工要点。③ 基础模板拆除施工要点。

(8) 基础浇筑混凝土

① 基础混凝土的供应方式和运输方式。② 混凝土的浇筑方向和施工缝的留设位置。③ 混凝土振捣设备的选择。④ 基础混凝土浇筑的施工要点。⑤ 混凝土的养护方式。

若基础为大体积混凝土,施工方案中除上述内容之外,还需确定以下内容:① 大体积混凝土的浇筑方案。大体积混凝土的浇筑方案通常有全面分层、分段分层、斜面分层三种,应根据基础平面和厚度尺寸的大小选定其中一种。② 大体积混凝土的裂缝控制措施。

(9) 填充墙基础及地圈梁施工(针对框架结构工程)

需说明填充墙基础及地圈梁施工要点。

(10) 地下结构找平层、防水层、保护层施工(针对剪力墙结构工程)

① 确定地下结构防水层(通常采用防水卷材或有机防水涂料)的具体施工顺序,即采用外防外贴法还是外防内贴法。② 基础底板找平层、防水层、保护层的施工要点。③ 地下室外墙墙体找平层、防水层、保护层的施工要点。

(11) 地下室墙体、柱、梁板施工(针对剪力墙结构工程)

地下室墙体、柱、梁板的施工方法与上部主体结构的相同,详见后文所述。

(12) 基坑回填及房心填土

① 填方土料的来源和运土机械的选择。② 填土压实机械的选择。③ 填土压实时应注意的问题。

7.2.3　主体结构工程施工方案

1. 划分施工段及确定施工流向

在主体结构工程施工阶段，应根据主体结构工程的综合程序考虑施工段的划分，每段混凝土浇筑的工程量宜满足一个台班的施工产量，一般各施工段的水平面积宜不小于 400 m^2。施工流向的确定应以方便施工为原则。然后绘制简图说明施工段的划分情况及其施工流向。

2. 确定施工顺序

（1）框架结构工程

框架结构主体工程通常的施工顺序有以下三种。

① 一次支模一次浇筑混凝土：绑扎柱钢筋 → 安装柱、梁板模板 → 绑扎梁板钢筋 → 浇筑柱、梁板混凝土 → 拆除柱、梁板模板。当层高较低时（一般层高 $\leqslant$ 4 m），常采用此种施工顺序。

② 一次支模两次浇筑混凝土：绑扎柱钢筋 → 安装柱、梁板模板 → 浇筑柱混凝土 → 绑扎梁板钢筋 → 浇筑梁板混凝土 → 拆除柱、梁板模板。当层高较高（一般层高 $>$ 4 m）或梁板钢筋较密集时，常采用此种施工顺序。

③ 两次支模两次浇筑混凝土：绑扎柱钢筋 → 安装柱模板 → 浇筑柱混凝土 → 拆除柱模板 → 安装梁板模板 → 绑扎梁板钢筋 → 浇筑梁板混凝土 → 拆除梁板模板。当层高更高或模板安装工作量较大时，常采用此种施工顺序。

三种施工顺序，各有其优缺点，应根据工程的具体情况，分析比较后选择其中一种。在编制施工进度计划时即按照选定的施工顺序进行安排。

（2）剪力墙结构工程

剪力墙结构主体工程通常的施工顺序有以下两种。

① 一次支模一次浇筑混凝土：绑扎墙体钢筋 → 安装墙体、梁板模板 → 绑扎梁板钢筋 → 浇筑墙体、梁板混凝土 → 拆除墙体、梁板模板。当墙体采用散装模板支设时，常采用此种施工顺序。

② 两次支模两次浇筑混凝土：绑扎墙体钢筋 → 安装墙体模板 → 浇筑墙体混凝土 → 拆除墙体模板 → 安装梁板模板 → 绑扎梁板钢筋 → 浇筑梁板混凝土 → 拆除梁板模板。当墙体采用整片墙尺寸的大模板时，因模板的安装、拆除均需使用塔式起重机，故应采用此种施工顺序。

3. 确定施工方法和施工机械

（1）模板工程

① 模板的配置。a. 模板材料的选择。b. 模板的构造。框架结构应分别绘制出柱、梁、板模板及其支撑系统的构造示意图，剪力墙结构应分别绘制出墙体、梁板模板及其支撑系统的构造示意图（墙体采用钢制大模板时，因模板在现场外制作，可不绘制其构造图）。

② 模板的安装。a. 模板安装前的准备工作。b. 模板安装施工。应分别说明框架柱模板或剪力墙墙体模板、梁模板、板模板安装工艺及施工要点。c. 模板安装的质量要求。

③ 模板的拆除。a. 模板拆除时对混凝土强度的要求。b. 模板拆除的顺序。c. 模板拆除时应注意的问题。

（2）钢筋工程

① 钢筋的连接。a. 框架柱或剪力墙墙体竖向钢筋的接长方式，连接中应注意的问题。b. 梁

钢筋的接长方式，连接中应注意的问题。c. 板钢筋的接长方式，连接中应注意的问题。

② 钢筋的安装。a. 钢筋安装前的准备工作。b. 钢筋绑扎施工。应分别说明框架柱或剪力墙墙体、梁、板钢筋的绑扎方法和施工要点。

③ 钢筋隐蔽工程验收的内容。

(3) 混凝土工程

① 混凝土供应。a. 采用预拌混凝土时施工中应注意的问题。b. 现场制备混凝土时搅拌机械的选择，混凝土制备中应注意的问题。

② 混凝土运输。应说明混凝土水平和垂直运输方式。若采用泵送混凝土，需说明泵送施工中应注意的问题。

③ 混凝土浇筑前的准备工作。

④ 混凝土的浇筑与振捣。应分别说明框架柱或剪力墙墙体、梁、板混凝土的浇筑方法，振捣设备的选择，浇筑与振捣的施工要点和应注意的问题。

⑤ 混凝土施工缝。a. 施工缝的留设原则。b. 框架柱或剪力墙墙体水平施工缝的具体留设位置，墙体、梁与板竖向施工缝的具体留设位置。c. 施工缝的接缝要求。

⑥ 混凝土的养护方式及要求。

7.2.4　围护结构工程施工方案

1. 划分施工段及确定施工流向

围护结构工程一般不分段施工，只按结构层分层施工。其施工流向一般有两种：从上至下，即从顶层向首层施工；从下至上，即从首层向顶层施工。分析比较两种流向的优缺点，选择其中一种。

2. 确定施工顺序

围护结构工程每层的施工顺序一般为：绑扎构造柱钢筋 → 砌筑填充墙墙体和墙体中圈、过梁施工 → 安装构造柱模板并浇筑混凝土。

3. 确定施工方法和施工机械

(1) 填充墙砌筑

① 砌筑砂浆的供应。② 砌体的材料运输设备和工具。③ 填充墙砌筑的施工要点。

(2) 构造柱施工

① 构造柱钢筋安装的要求。② 构造柱混凝土的浇筑方法和施工要点。

(3) 脚手架搭设

应说明围护结构工程施工时外脚手架、里脚手架的材料及搭设形式。

7.2.5　屋面工程施工方案

1. 划分施工段及确定施工流向

屋面工程中：若有变形缝，应按变形缝分段施工；若无变形缝，则不得分段施工。应按先高跨后低跨、先远后近的流向施工。

2. 确定施工顺序

屋面工程根据其构造做法不同，施工顺序有所不同。构造较简单的一般施工顺序为：屋面保温层、找坡层施工 → 屋面找平层施工 → 屋面防水层施工。

3. 确定施工方法

(1) 屋面保温层、找坡层施工

应说明屋面保温层、找坡层的铺设方法,施工要点。

(2) 屋面找平层施工

应说明屋面找平层的铺设、抹压方法,施工要点,养护要求。

(3) 屋面防水层施工

屋面防水层通常的做法有:卷材防水层、涂膜防水层,或者二者兼而有之。

① 卷材防水层施工。应说明卷材防水层的铺贴顺序、铺贴方向、搭接缝的要求,卷材与基层的粘贴形式和粘贴方法等施工要点,卷材保护层的施工要点。

② 涂膜防水层施工。应说明涂布防水涂料的顺序,施工要点;铺设胎体增强材料时搭接缝的要求,施工要点。

7.2.6 装饰工程施工方案

1. 划分施工段及确定施工流向

装饰工程一般不分段施工,只按结构层分层施工。其总体施工流向:室外装饰一般从上至下;室内装饰可以从上至下,或从下至上,高层建筑还可以从中至下再从上至中。分析比较各种流向的优缺点,根据工程具体情况选择其中一种。

2. 确定施工顺序

(1) 室内外装饰工程的施工顺序

室内、室外装饰工程的施工顺序可以有三种:

① 先室外、后室内。这种顺序采用较多,有利于室内装饰的成品保护,也可尽早拆除外脚手架。

② 先室内楼地面、后室外墙面。当楼地面装饰为现浇水磨石面层时,因水磨石施工中会有水分渗出墙体而污染外墙面,故应采用此种顺序。

③ 室内、室外同时施工。当装饰工程量较大,可由两个施工班组在室内、室外同时施工,但每层仍安排先室外、后室内的顺序。

在确定施工顺序时,应根据工程的具体情况,以及已确定的装饰工程施工流向,分析比较后选择其中一种施工顺序。在编制施工进度计划时即按照选定的施工顺序进行安排。

(2) 室内各部位装饰工程的施工顺序

室内顶棚、墙面、楼地面的装饰工程施工顺序可以有多种。若顶棚装饰为抹灰,施工顺序通常为:顶棚 → 墙面 → 楼地面,若顶棚装饰为吊顶,施工顺序可以是:墙面 → 顶棚 → 楼地面,也可以是:墙面 → 楼地面 → 顶棚;若楼地面为现浇水磨石面层,其施工顺序又有所不同。

各种施工顺序各有其优缺点,应根据工程的具体情况,分析比较后选择其中一种。在编制施工进度计划时即按照选定的施工顺序进行安排。

(3) 门窗口安装与装饰工程的施工顺序

门窗口安装与装饰工程的施工顺序通常为:安装门窗框 → 墙面、楼地面装饰施工 → 安装门窗扇，但门口和窗口的安装也可分别采用不同的施工顺序。

应根据工程的具体情况，确定其施工顺序。在编制施工进度计划时即按照选定的施工顺序进行安排。

3. 确定施工方法

（1）室外墙面装饰工程

室外墙面装饰的做法很多。例如：外墙面抹灰并涂饰涂料，外墙面粘贴饰面砖，外墙面安装饰面板，以及安装建筑幕墙等。应根据工程的具体情况，选择适宜的施工方法，并说明其施工要点。

（2）内墙面装饰工程

① 内墙面抹灰施工要点。② 内墙面贴面砖施工要点。③ 轻质隔墙安装施工要点。

（3）楼地面装饰工程

① 首层地面垫层的施工要点。② 楼地面面层施工。楼地面面层的做法很多，如整体面层、板块面层、木地板面层等，各种面层又因材料不同而有多种做法。应根据工程的具体情况，选择适宜的施工方法，并说明其施工要点。③ 楼地面防水工程的施工要点。

（4）顶棚装饰工程

① 顶棚抹灰的施工要点。② 顶棚满刮腻子的施工要点。③ 吊顶棚的施工要点。

（5）门窗安装

① 应根据工程的具体情况，说明门窗框与墙体的固定方法，门窗框安装施工要点。② 门窗扇安装施工要点。③ 门窗玻璃安装施工要点。

（6）涂饰工程

涂饰工程按其材料分为油漆涂饰和涂料涂饰，按其施工部位分为室外墙面涂饰、室内墙面涂饰和顶棚涂饰。应根据工程的具体情况，选择适宜的施工方法，并说明其施工要点。

7.3　施工计划编制

7.3.1　施工进度计划

施工进度计划是施工组织设计的重要内容。进度计划是根据规定的工期，在选定的施工方案基础上，对各分部分项工程的开始和结束时间做出合理的、具体的安排。

单位工程施工进度计划一般采用横道图表示，其表示形式如表7.1所示。

表7.1　单位工程施工进度计划表

序号	分部分项工程名称	工程量		时间定额	劳动量		需用机械		工作班次	每班人数或机械台数	施工天数	施工进度							
												×月						×月	
		单位	数量		工种	数量，工日	名称	数量，台班				5	10	15	20	25	30	5	…
1																			
2																			
…																			

1. 确定分部分项工程项目

确定进度计划表中的分部分项工程，即确定施工过程，项目名称可参考施工定额中的项目名称。毕业设计中，单位工程的分部分项工程一般可划分为 40 ～ 50 项。确定具体项目时应注意以下几点。

① 应适当缩减分项工程的数目，进行必要的合并，通常可采取以下方法。

a. 在同一时间内、由同一专业小组进行的各分项工程应合并。例如：土方工程中，基坑挖土与处理桩头可合并；基础工程中，独立基础或条形基础与基础梁的施工可合并（支模板、绑钢筋、浇混凝土、拆模板的各工序均分别进行合并）；主体工程中，梁板与楼梯的施工可合并（合并方法同上）。

b. 由同一专业小组连续进行的相近工作可合并。例如：基坑回填及房心填土可合并；楼地面装饰工程中，找平层、面层、踢脚板的施工可合并。

c. 某些次要的、基本不占用工期的分项工程，应合并到主导分项工程中，以突出重点。例如：基础垫层模板的安装、拆除均可合并至混凝土浇筑中，或称作“混凝土垫层施工”；围护结构工程中，圈梁、构造柱的施工可合并至填充墙砌筑中。

② 分部分项工程项目的划分应与所选定的施工方案相一致。施工方案的不同，会影响工程项目的名称、数量及施工顺序。例如：框架结构主体工程采用一次支模一次浇筑混凝土的方案时为 5 个分项工程，采用一次支模两次浇筑混凝土的方案时为 6 个分项工程，采用两次支模两次浇筑混凝土的方案时为 8 个分项工程；而且三种方案中各分项工程的名称、施工顺序都有所不同。因此，工程项目应按施工方案所确定的合理顺序列出。

③ 对于由专业分包单位施工的项目，可按与土建施工相配合的进度日期列出，但要明确对其施工进度的相关要求。例如：室外装饰工程中，石材饰面板的安装和建筑幕墙的施工，目前大多由专业装饰施工队分包施工，在进度计划表中亦应安排其施工进度。

④ 各分部分项工程项目在进度计划表上填写时，应尽量按施工顺序的先后从上至下排列，以使计划表更加直观，便于其应用。

2. 计算工程量

分部分项工程项目确定后，应根据施工图设计文件和已确定的施工方案，分别计算各分项工程的工程量。计算中应注意以下问题。

① 各分项工程的工程量计量单位及其数量，均应按照现行施工定额手册中规定的计量单位及工程量计算规则进行计算。

② 计算工程量时所依据的方案应与所确定的施工方案相一致，并满足安全技术要求。例如：计算基坑开挖土方量时，应根据所设置的边坡坡度或设置支撑的情况，以及为基础施工所需留设的工作面宽度等具体方案进行计算。

③ 对于进行分层、分段流水施工的分项工程，亦应分层、分段计算其相应的工程量，以便于进度计划的编制。

3. 计算劳动量和机械台班量

对计算所得的各分项工程的工程量，应根据现行施工定额手册，当以人工作业为主时计算所需的劳动量即工日数量，当以机械作业为主时（如：机械挖土、桩基础施工、泵送混凝土等）

计算所需的机械台班量。计算公式如下：

$$P = QH \tag{7.1}$$

式中　P—— 完成某分项工程所需的劳动量 / 机械台班量，工日 / 台班；

Q—— 某分项工程的工程量，m^3、m^2、m、t 等；

H—— 某分项工程的时间定额，工日或台班 /m^3、m^2、m、t 等。

对于进度计划表中已合并了定额中几个不同类型分项工程的综合施工过程，其劳动量或机械台班量的计算方法如下：

$$P = Q_1H_1 + Q_2H_2 + \cdots + Q_nH_n = \sum_{i=1}^{n} Q_iH_i \tag{7.2}$$

式中　P—— 含义同前；

$Q_1, Q_2, \cdots, Q_n$—— 按定额计算的各不同类型分项工程的工程量；

$H_1, H_2, \cdots, H_n$—— 定额中各不同类型分项工程的时间定额；

n—— 进度计划表中的某一个工程项目所包含的定额中不同类型分项工程的数目。

4. 确定各分部分项工程的施工天数

首先应根据合理的施工组织拟定各分部分项工程的施工人数或机械台数，并安排合理的工作班次，再计算所需的施工天数。其计算公式如下：

$$t = \frac{P}{RN} \tag{7.3}$$

式中　t—— 完成某分项工程的施工天数，d；

P—— 含义同前；

R—— 每工作班可配备在该分项工程上的施工人数或机械台数；

N—— 每天的工作班次，$N = 1 \sim 3$。

按式(7.3)所计算的施工天数一般并非整数，可根据计划工期的要求和具体分项工程的性质将其取整。例如：若计划工期较紧迫，当 $t = n.1$ d 或 $t = n.2$ d 时，可取整为 n d；当 $t \geqslant n.3$ d 时，宜取整为 $(n+1)$ d；若计划工期较充裕，也可当 $t \geqslant n.1$ d 时，即取整为 $(n+1)$ d。

5. 安排施工进度计划

各分部分项工程的施工天数确定后，即可在进度计划表的右半部分安排进度计划。在安排施工进度计划时应注意以下几点。

① 应按照已确定的施工方案安排各分项工程之间的先后施工顺序。例如：室内外装饰工程的施工顺序；室内装饰工程中顶棚、墙面、楼地面之间的施工顺序等。

② 应合理安排各工种的组织顺序及进场时间，使从事主导分项工程作业的工种尽量连续施工，或尽量缩短其间断时间。例如：在主体结构工程施工阶段，安装模板一般为主导分项工程；在装饰工程施工阶段，顶棚、墙面抹灰和楼地面装饰通常为主导分项工程。

③ 应考虑必需的技术间歇。例如：浇筑混凝土与拆除模板之间的技术间歇，屋面找平层与防水层施工之间的技术间歇，顶棚、墙面抹灰与涂饰工程之间的技术间歇等。同时在满足工艺要求的前提下，各分部分项工程应最大限度地合理搭接施工。例如：混凝土结构施工时，绑扎钢筋与安装模板之间的搭接施工；室内装饰施工时，吊顶棚与墙面抹灰之间的搭接施工等。

④ 应使劳动力的安排及其他各种资源需要量的供应尽量均衡，避免出现高峰和低谷。

⑤ 进度计划表中还应包括一些其他项目。例如：施工准备，搭拆脚手架，立、拆垂直运输设施，零星收尾等。最终，应使所编制的施工进度计划的总工期（包括施工准备和零星收尾的时间），满足合同工期的要求，否则应进行调整。

需要说明的是，为使施工进度计划简明、清晰，也可以将表 7.1 分成两部分来编制。第一部分是单位工程劳动量和机械台班量计算表，在此表中完成上述第 1、2、3 条所述的内容安排和计算，详见第 8 章表 8.3。第二部分则是施工进度计划表，在此表中完成上述第 4、5 条所述的计算和安排，详见表 8.4。

7.3.2　资源需要量计划

在单位工程施工进度计划已安排确定的基础上，应编制相应的资源需要量计划。

1. 劳动力需要量计划

劳动力需要量计划，是根据施工进度计划表的安排，将各分部分项工程所需要的主要工种劳动量进行汇总而编制的，如表 7.2 所示。在工程实践中，该计划可为进行劳动力的调配、衡量劳动力消耗指标和安排工人生活福利设施提供依据。

表 7.2　单位工程劳动力需要量计划表

序号	工种名称	需要总劳动量（工日）	需要时间及劳动量（工日）											
			×月						×月					
			5	10	15	20	25	30	5	10	15	20	25	30
1														
2														
…														

2. 主要材料需要量计划

主要材料需要量计划，是根据施工进度计划表中各分项工程的工程量，按其材料消耗定额计算各主要材料需要量，并按分项工程的施工时间进行汇总而编制的，如表 7.3 所示。在工程实践中，该计划可为落实各种材料的供应、组织材料运输、进行材料储备并确定材料仓库或堆场的面积提供依据。

表 7.3　单位工程主要材料需要量计划表

序号	材料名称	规格	需要量		供应时间	备注
			单位	数量		
1						
2						
…						

3. 构件和半成品需要量计划

构件和半成品需要量计划，是根据设计施工图中构件和半成品的数量，以及施工进度计划表中的施工时间而编制的，如表 7.4 所示。在工程实践中，该计划可为落实构件和半成品的加工订货、组织其运输，并确定其仓库或堆场面积提供依据。

表 7.4　单位工程构件和半成品需要量计划表

序号	品名	图号、型号	规格	需要量		使用部位	加工单位	供应时间	备注
				单位	数量				
1									
2									
…									

4. 施工机械需要量计划

施工机械需要量计划，也是根据施工进度计划的安排，将各分部分项工程所需要的主要施工机械进行汇总而编制的，如表 7.5 所示。在工程实践中，该计划可为确定各种施工机械的类型、数量、进场时间，并落实机械的来源和组织机械进场提供依据。

表 7.5　单位工程施工机械需要量计划

序号	机械名称	类型、型号	需要量		机械来源	使用起止时间	备注
			单位	数量			
1							
2							
…							

7.4　施工平面图设计

施工平面图设计是单位工程施工组织设计的重要组成部分，是对该单位工程的施工现场所进行的平面规划和空间布置。合理的施工平面布置不但可保障施工的顺利进行，而且对施工进度、工程质量、安全生产、工程成本、文明施工和环境保护都会产生有利的影响。

7.4.1　单位工程施工平面图设计内容

单位工程施工平面图设计的内容较多，在毕业设计中，主要应包括以下几个方面内容。

① 总平面图上已建和拟建的地上和地下建筑物、构筑物、道路等的位置及尺寸。

② 垂直运输设施的位置。

③ 各种材料、构件、半成品以及施工机具等的仓库和堆场的布置。

④ 为施工服务的临时设施的布置，包括生产性设施（如各种加工棚、搅拌棚等）和生活性设施（如办公用房、宿舍等）。

⑤ 场内施工运输道路布置及其与场外交通的连接。

⑥ 临时给水、排水管线和供电线路等的布置。

⑦ 一切安全生产、环境保护及消防设施的布置。

7.4.2　单位工程施工平面图设计原则

在设计单位工程施工平面图时，应遵循以下原则。

① 在满足施工要求的条件下，平面布置应紧凑合理，尽可能减少施工用地。

② 各种材料、构件、半成品宜尽量布置在使用地点附近或在垂直运输机械的服务范围之内，科学规划施工运输道路，最大限度地缩短现场内部运距，尽量避免二次搬运。

③ 尽可能减少临时设施，充分利用已有建筑物、原有设施为施工服务，临时建筑物和施工设施宜采用装配式结构以减少搬迁损失，从而降低临时设施费用。

④ 各种临时设施的布置都应满足安全生产、有利生产、方便生活、环境保护和消防安全等要求，生产区、办公区、生活区宜相对独立布置。

7.4.3　单位工程施工平面图设计步骤和方法

(1) 确定垂直运输设施的位置

垂直运输设施的位置，直接影响到材料堆场、仓库、搅拌棚的位置，以及施工道路等的布置，它是施工平面图设计的核心内容，必须首先考虑。应根据施工方案中已选定的塔式起重机类型和数量、井架或龙门架和卷扬机或施工电梯的数量，布置这些垂直运输设施的具体位置。布置要求是：应能充分发挥机械的能力，保证施工安全，便于组织流水施工，并使地面与楼面上的水平运输距离最短。

(2) 确定搅拌棚、材料和构件堆场、仓库、加工棚的位置

确定搅拌棚、材料和构件堆场、仓库、加工棚的位置时，一般应考虑以下几点要求：① 当采用塔式起重机进行垂直运输时，材料和构件的堆场，以及搅拌机出料口的位置，应布置在塔式起重机的服务范围内；当采用井架或龙门架或施工电梯进行垂直运输时，应布置在这些设施附近。② 所有搅拌用材料，如砂、石、水泥、干拌砂浆等，都应布置在搅拌机后台附近。③ 同时布置多种材料的堆场时，对数量多、重量重、先期使用的材料，尽可能布置在垂直运输设施或使用地点附近；而对于数量少、重量轻、后期使用的材料，则可布置得稍远一些。④ 各种加工棚的位置，除应考虑加工品使用地点外，还应考虑所加工材料和其成品有一定的堆放场地。例如：钢筋加工棚的近旁应布置钢筋原材料堆场和钢筋加工品堆场，并使钢筋加工品堆场在塔式起重机的服务范围内。

(3) 布置现场运输道路

现场运输道路除需满足材料、构件等物品的运输要求外，尚应满足消防要求。施工临时道路应尽可能利用永久性道路。布置道路时，应保证运输车辆行驶畅通，故道路宜围绕建筑物环形布置。单行道路宽度不小于3.5 m，双行道路宽度不小于5.5 m，一般为5.5～6.0 m，消防车通道宽度不小于3.5 m。

(4) 确定各类非生产性临时设施的位置

非生产性临时设施包括现场办公室、宿舍、警卫室、食堂、厕所、浴室等。应尽量减少非生产性临时设施的数量，必须设置的临时设施应考虑使用方便，而又不影响施工，并应符合消防、劳动保护的要求。办公室的位置宜靠近施工场所，且宜靠近现场入口处；警卫室布置在入口处；生活区宜与生产区分开布置，且应位于较安全的上风向一侧。

(5) 布置施工用临时水电管网

① 临时给水管网。施工现场用水包括生产、生活、消防用水三大类，一般由建设单位的干

管或自行布置的干管接入施工现场。现场内布置时应力求给水管网的总长度最短，并应按消防要求设置室外消防栓。消防栓应沿道路布置，距道路不大于 2 m；距建筑物外墙不应小于 5 m，也不应大于 25 m；消防栓的间距不应超过 120 m，其周围 3 m 以内不准堆放施工材料。

② 临时排水管网。为了排除施工现场的地面水和地下水，应结合现场地形在建筑物周围设置排水沟。道路侧旁也宜设置排水沟，以利雨季排水。

③ 临时供电线路。为施工供电的变压器应设在现场边缘高压线接入处。现场供电线路应尽量设在道路一侧，不得影响场内运输和施工机械的运转；在塔式起重机臂杆长度范围以内应改用地下电缆，电缆线路距建筑物的水平距离应大于 1.5 m；低压架空线路与施工建筑物的水平距离不应小于 10 m，跨越建筑物或临时设施时，垂直距离不小于 2.5 m。

7.4.4　单位工程施工平面图设计说明

单位工程施工平面图的设计，除了应按比例绘制平面布置图之外，还应有相应的设计说明。在毕业设计说明书中，施工平面图设计说明主要包括以下内容。

① 露天堆场。对于露天堆放的各种材料和构件，应根据主要材料需要量计划及构件和半成品需要量计划，计算或估算其占地面积。若平面布置图中不便标注其占地面积，应在设计说明书中加以说明。

② 仓库和加工棚。应说明各种仓库和加工棚的数量、面积及所采用的搭设材料。

③ 办公和生活用房。应说明各种办公和生活用房的数量、面积及所采用的搭设材料。其中，工人宿舍和生活福利设施的数量、面积，应根据劳动力需要量计划进行估算。

④ 施工用水的来源和管道的选择，施工用电的来源和导线的选择。

⑤ 现场临时道路的结构。

⑥ 施工现场周围围挡的做法。

7.5　施工技术措施制定

施工措施应包括技术与组织措施，是指在技术上、组织上对保证工程质量、保证安全施工，进行季节性施工、文明施工和环境保护等方面所采取的方法与措施。考虑到毕业设计的特点，本书仅介绍在混凝土结构工程施工中所应采取的有关技术措施的主要内容。

7.5.1　质量保证措施

1. 施工材料质量控制

施工材料（包括原材料、成品、半成品、构配件）的质量控制主要体现在以下四个环节：材料的采购、材料进场的试验检验、材料的储存和保管、材料的使用。

针对工程所用的主要材料，如钢筋、水泥、预拌混凝土、石子、砂、砌块、饰面板（砖）等，就以上四个环节说明对材料质量控制所应采取的措施。

2. 工程施工质量保证措施

① 土方与基础工程的质量保证措施，主要包括土方工程、预制桩工程、混凝土灌注桩工程，以及基础钢筋混凝土工程等施工的质量保证措施。

② 主体结构工程的质量保证措施，主要包括模板工程、钢筋工程、混凝土工程、预应力混

凝土工程等施工的质量保证措施。

③ 围护结构工程的质量保证措施，主要指砌体工程施工的质量保证措施。

④ 防水工程的质量保证措施，包括地下防水工程、屋面防水工程、室内防水工程等施工的质量保证措施。

⑤ 装饰工程的质量保证措施，主要包括抹灰工程、饰面板（砖）工程、楼地面工程、吊顶工程、轻质隔墙工程等施工的质量保证措施，以及成品保护措施。

7.5.2　安全施工措施

安全施工措施，是指对施工中可能发生的安全问题提出预防措施，它涉及施工中的各个环节。一般情况下，安全施工技术措施主要应包括以下几个方面内容。

① 基坑（槽）施工安全技术措施。

② 现浇混凝土工程施工安全技术措施。

③ 装饰工程施工安全技术措施。

④ 脚手架搭设安全技术措施。

⑤ 高处作业、临边作业、洞口作业的安全技术措施。

⑥ 建筑机具安全控制要点。

毕业设计中，应根据施工组织设计的深度和广度，编写其中全部或部分内容。对于某些危险性较大的分部分项工程，尚应单独编制专项施工方案。

7.5.3　冬期、雨季施工措施

1. 冬期施工措施

冬期施工措施是指，根据工程所在地区的气温、降雪量以及拟建工程的特点、现场施工条件等因素，在保温、防冻、改善操作环境等方面，制定相应的施工措施，并安排好物资的供应和储备。可针对某些分部分项工程，如土方工程、钢筋工程、混凝土工程、砌体结构工程等，提出具体的冬期施工措施。

2. 雨季施工措施

雨季施工措施是指，根据工程所在地区的雨季时期、降雨量以及拟建工程的特点、雨季施工部位等，制定出工程、材料和设备的防淋、防潮、防泡、防淹等各种措施，并制定出防止因雨季而拖延工期的措施，如改变施工顺序、合理安排施工内容等。

7.5.4　文明施工和环境保护措施

建筑工程施工对环境的常见影响主要有：施工作业产生的噪声排放，施工作业产生的粉尘排放，施工作业产生的有毒、有害废弃物排放，生产、生活产生的污水排放，城区施工现场夜间照明造成的光污染，现场渣土、建筑垃圾、生活垃圾、原材料等运输过程中产生的遗撒等。

环境保护措施是指，根据工程施工中可能产生的对环境有影响的具体情况，采取切实可行的措施进行控制，以减少其不利影响，提高环境保护效益。

文明施工措施是指，针对抓好工程项目的文化建设，规范场容，保持作业环境整洁卫生，创造文明有序的安全生产条件等目标，采取有效的措施，实现现场的科学管理、文明有序的施工。

8 框架结构工程施工组织设计编制实例

8.1 框架结构工程施工图实例

8.1.1 建筑设计说明及施工图

1. 建筑设计概况

本工程为某中学男生宿舍楼。建设地点在华北地区某市某县。建筑面积为 3572.80 m^2。建筑层数为地上 4 层，层高均为 3.9 m，总高度为 17.20 m。

建筑设计施工图详见图 8.1 至图 8.10。图注尺寸标高以 m 为单位，其余尺寸均以 mm 为单位。各层标高为完成面标高，屋面标高为结构面标高。室内设计标高 ±0.000 相当于大沽高程 +4.300 m。

2. 框架间填充墙体

① ±0.000 以下基础墙体采用 MU10 烧结页岩标准砖，M7.5 水泥砂浆砌筑。外墙 360 mm 厚，轴线外侧 200 mm、内侧 160 mm；内墙 240 mm 厚，轴线居中。

② ±0.000 以上墙体采用 MU5 加气混凝土砌块，M5 混合砂浆砌筑。外墙 300 mm 厚，内墙 200 mm 厚，墙体位置详见建筑施工图。

③ 墙身防潮层采用钢筋混凝土地圈梁，详见结构施工图(见后文图 8.12)。

3. 工程做法

① 室内、室外工程做法详见表 8.1。

表 8.1　工程做法表

<table>
<tr><th>房间名称</th><th>地面</th><th>楼面</th><th>踢脚</th><th>内墙面</th><th>顶棚</th></tr>
<tr><td>楼梯间</td><td rowspan="2">地砖地面：
① 12 厚陶瓷地砖；
② 20 厚 1∶3 干硬性水泥砂浆结合层，表面撒水泥粉；
③ 素水泥浆一道，内掺建筑胶；
④ 80 厚 C15 混凝土垫层；
⑤ 素土夯实</td><td>花岗岩楼梯面：
① 20 厚花岗岩；
② 30 厚 1∶3 干硬性水泥砂浆结合层；
③ 现浇钢筋混凝土楼梯</td><td rowspan="2">地砖踢脚：
① 陶瓷地砖踢脚，高 120；
② 水泥砂浆结合层；
③ 墙体</td><td rowspan="2">乳胶漆墙面：
① 刷白色乳胶漆；
② 5 厚 1∶0.5∶2.5 水泥石灰砂浆抹面；
③ 12 厚 1∶0.5∶4 水泥石灰砂浆打底扫毛；
④ 刷墙体界面处理剂一道；
⑤ 加气混凝土砌块墙体</td><td>乳胶漆楼梯底面：
① 刷白色乳胶漆；
② 10 厚 1∶0.5∶2.5 水泥石灰砂浆抹灰；
③ 现浇钢筋混凝土楼梯</td></tr>
<tr><td>走廊、
一般房间</td><td>地砖楼面：
① 12 厚陶瓷地砖；
② 20 厚 1∶3 干硬性水泥砂浆结合层，表面撒水泥粉；
③ 18 厚 1∶3 水泥砂浆找平层；
④ 现浇钢筋混凝土板</td><td>乳胶漆顶棚：
① 刷白色乳胶漆；
② 满刮腻子两遍；
③ 素水泥浆一道，内掺 108 胶；
④ 现浇钢筋混凝土板</td></tr>
<tr><td>卫生间、
盥洗室</td><td>防滑地砖地面：
① 10 厚防滑地砖；
② 20 厚 1∶3 干硬性水泥砂浆结合层，表面撒水泥粉；
③ 聚氨酯防水涂料，四周沿墙上翻 150 mm 高；
④ 50 厚 C15 细石混凝土找坡层，最薄处 30 厚；
⑤ 素水泥浆一道，内掺建筑胶；
⑥ 80 厚 C15 混凝土垫层；
⑦ 素土夯实</td><td>防滑地砖楼面：
① 10 厚防滑地砖；
② 20 厚 1∶3 干硬性水泥砂浆结合层，表面撒水泥粉；
③ 聚氨酯防水涂料，四周沿墙上翻 150 mm 高；
④ 50 厚 C15 细石混凝土找坡层，最薄处 30 厚；
⑤ 现浇钢筋混凝土板</td><td>—</td><td>陶瓷砖墙面：
① 陶瓷墙砖；
② 5 厚 1∶1 水泥砂浆结合层，内掺建筑胶；
③ 15 厚 2∶1∶8 水泥石灰砂浆打底扫毛；
④ 刷墙体界面处理剂一道；
⑤ 加气混凝土砌块墙体</td><td>铝合金龙骨吊顶：
① 铝合金天棚龙骨，中距 500；
② 铝塑板天棚面层，底面距楼地面 3.30 m</td></tr>
<tr><td rowspan="2">室外工程</td><th>屋面</th><th>外墙面</th><th colspan="2">台阶、坡道</th><th>散水</th></tr>
<tr><td>卷材防水屋面：
① 浅色涂料保护层；
② 3+3 厚改性沥青防水卷材两道，泛水高 300；
③ 20 厚 1∶3 水泥砂浆找平层；
④ 1∶6 水泥焦渣找坡，$i=2\%$，最薄处 30 厚；
⑤ 80 厚挤塑聚苯板保温层</td><td>涂料外墙面：
① 外墙涂料两遍；
② 10 厚 1∶2 水泥砂浆抹面；
③ 15 厚 2∶1∶6 水泥石灰砂浆打底扫毛；
④ 刷墙体界面处理剂一道；
⑤ 加气混凝土砌块墙体</td><td colspan="2">花岗岩台阶、坡道：
① 20 厚花岗岩；
② 30 厚 1∶3 干硬性水泥砂浆结合层；
③ 100 厚 C15 混凝土；
④ 150 厚 3∶7 灰土；
⑤ 素土夯实</td><td>混凝土散水：
① 60 厚 C15 混凝土，上撒 1∶1 水泥砂子，压实赶光；
② 150 厚 3∶7 灰土，宽出面层 300；
③ 素土夯实，向外找 5%坡度</td></tr>
</table>

② 室内墙面、柱面和门洞口的阳角处，均采用1∶2水泥砂浆做暗护角，高2.1 m，每侧宽50 mm。

③ 卫生间、盥洗室楼地面完成面应比同层楼地面低20 mm，并向地漏处找1%的坡度。卫生间、盥洗室四周墙底部(除门洞口外)，应先浇筑C20混凝土坎台，坎台高度150 mm，宽度同墙厚。

4. 门窗

① 门窗表见表8.2。门窗框宽度均为90 mm，居中立樘。

表8.2　门窗表

类别	门窗编号	洞口尺寸/mm		门窗数量					材质
		宽	高	一层	二层	三层	四层	合计	
门	M-1	1500	2200	2	—	—	—	2	塑钢玻璃门
	M-2	1000	2400	29	30	30	30	119	普通木门
窗	C-1	1800	2350	25	26	26	26	103	塑钢窗
	C-2	1500	2350	4	4	4	4	16	
	C-3	1500	1800	2	2	2	2	8	
	C-4	600	550	4	8	8	4	24	

② 除C-4窗外，其余窗口室内窗台板均采用大理石板，宽200 mm，长度同洞口宽度。

5. 其他

① 本工程建筑设计耐火等级为二级。

② 屋面防水等级为Ⅲ级，防水层合理使用年限为10年。

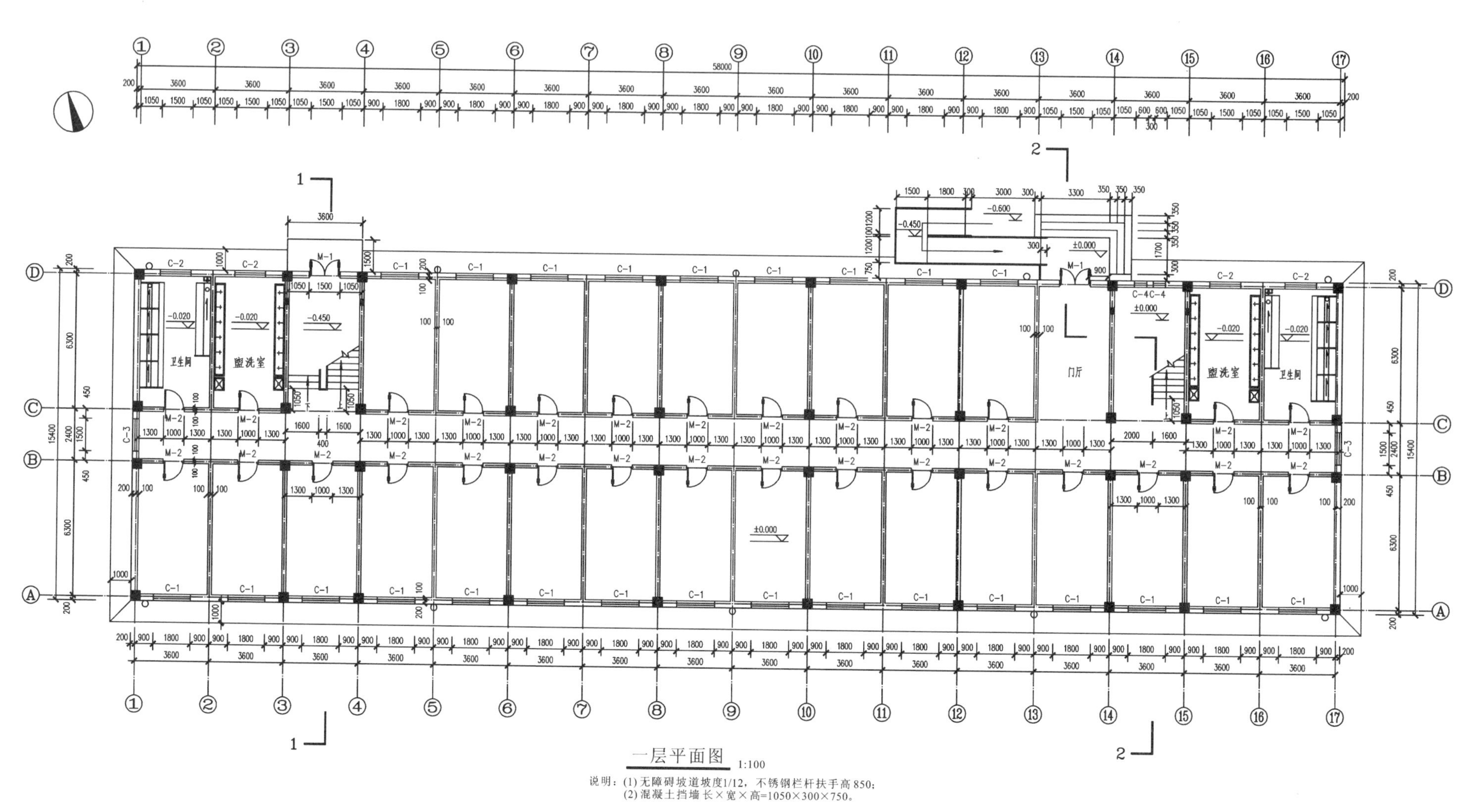
卫生间
盥洗室
门厅
一层平面图 1:100
说明：(1)无障碍坡道坡度1/12，不锈钢栏杆扶手高850；
(2)混凝土挡墙 长×宽×高=1050×300×750。

图8.1 一层平面图

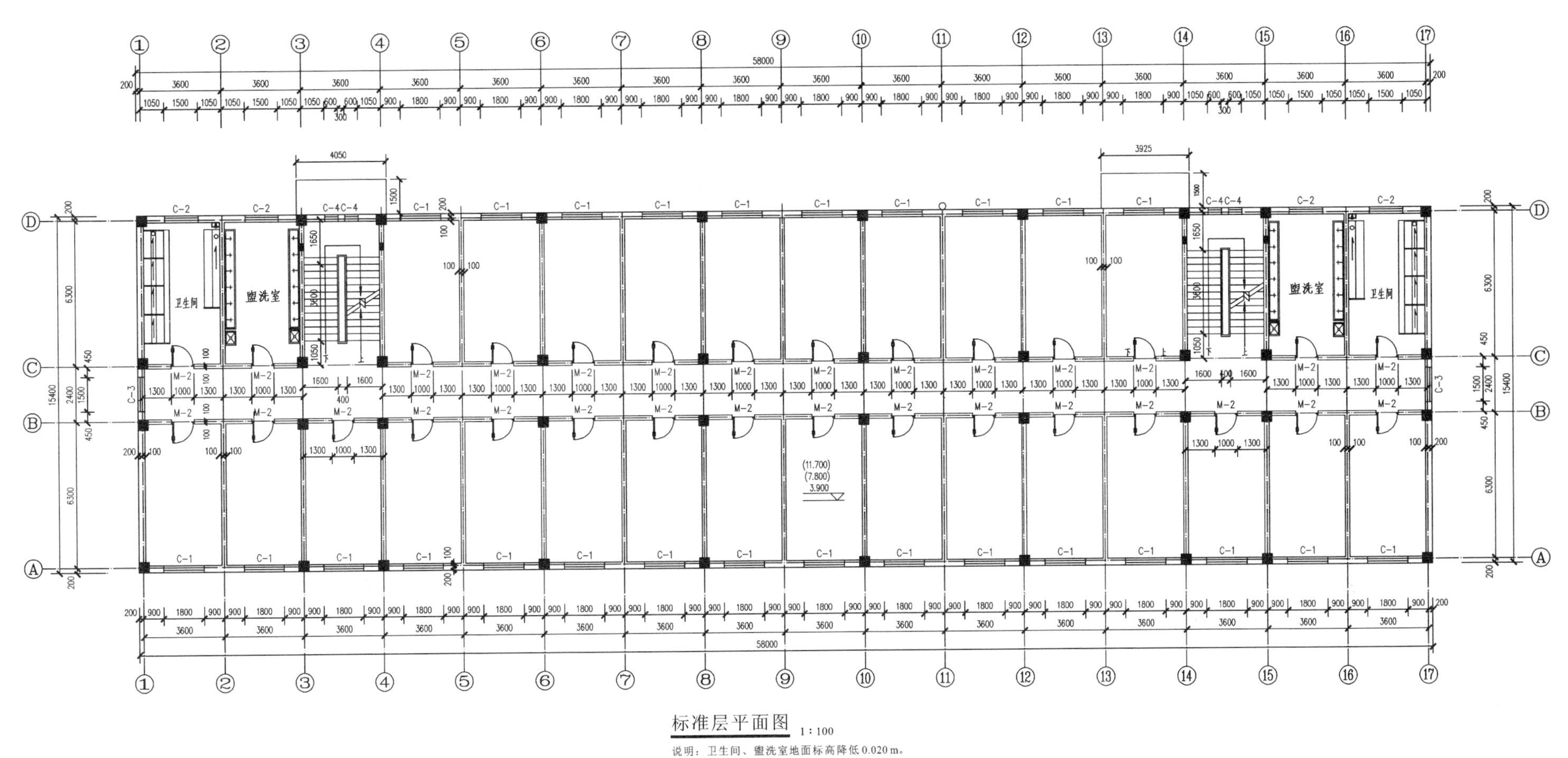

图8.2 标准层平面图

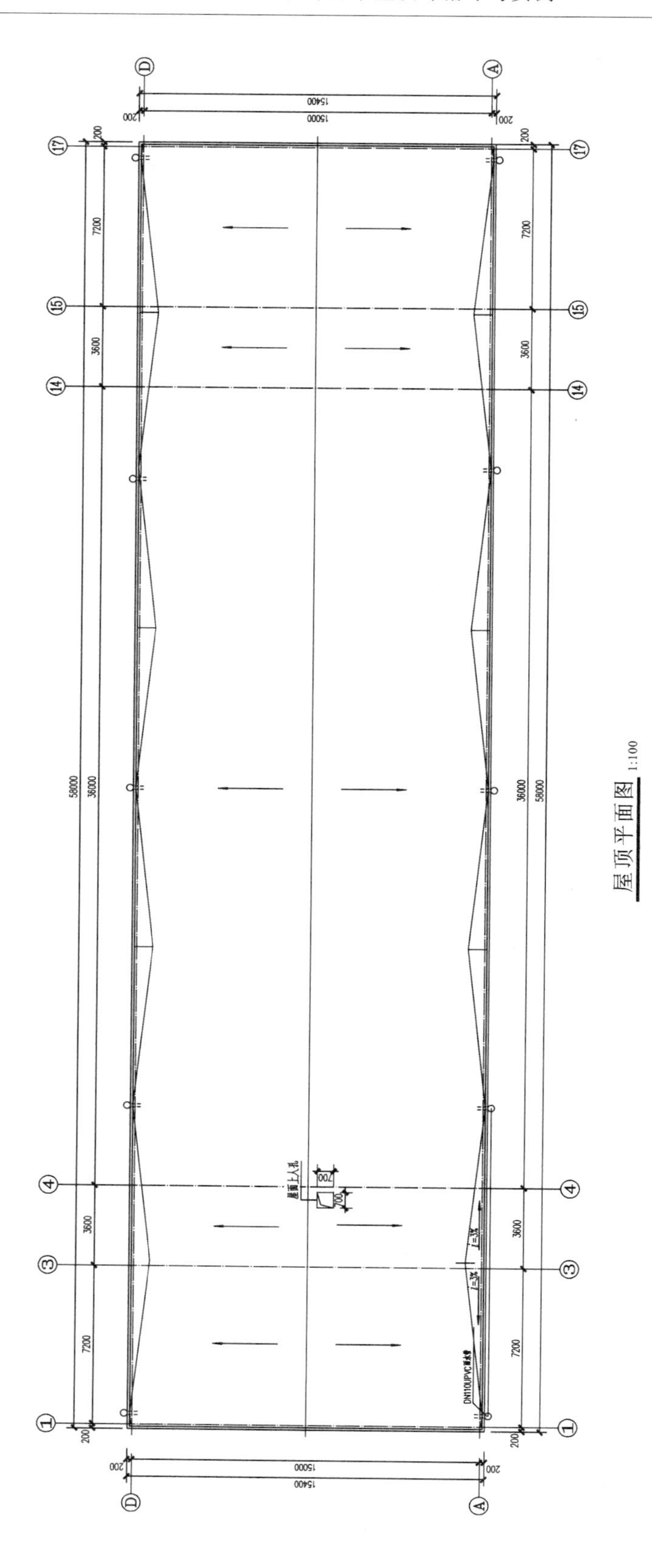
屋顶平面图 1:100
15400
15000
200
7200
3600
36000
58000
屋面上人孔
700
i=3%
DN110UPVC雨水管
A
D
1
3
4
14
15
17

图8.3　屋顶平面图

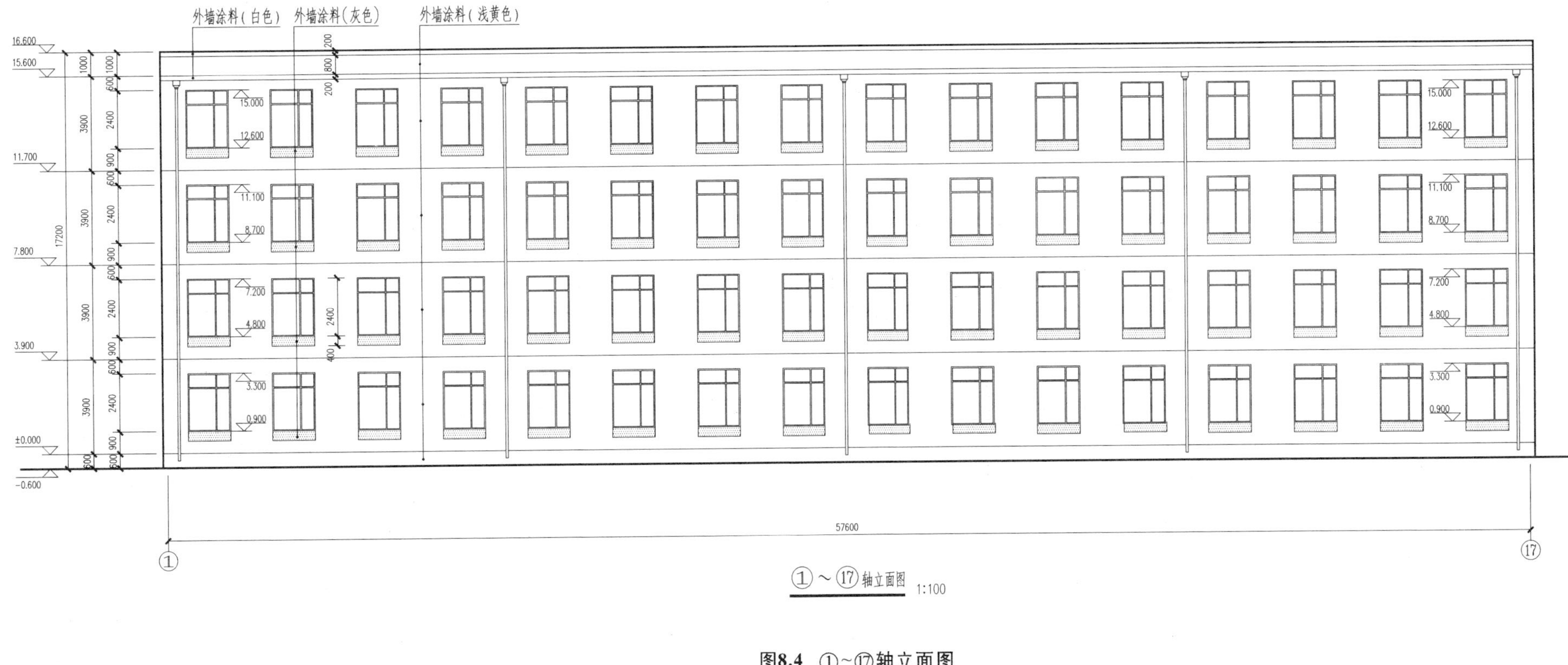
外墙涂料（白色）
外墙涂料（灰色）
外墙涂料（浅黄色）
16.600
15.600
11.700
7.800
3.900
±0.000
-0.600
15.000
12.600
11.100
8.700
7.200
4.800
3.300
0.900
1000
3900
17200
600
2400
900
200
800
400
57600
①
⑰
①～⑰轴立面图 1:100

图8.4 ①～⑰轴立面图

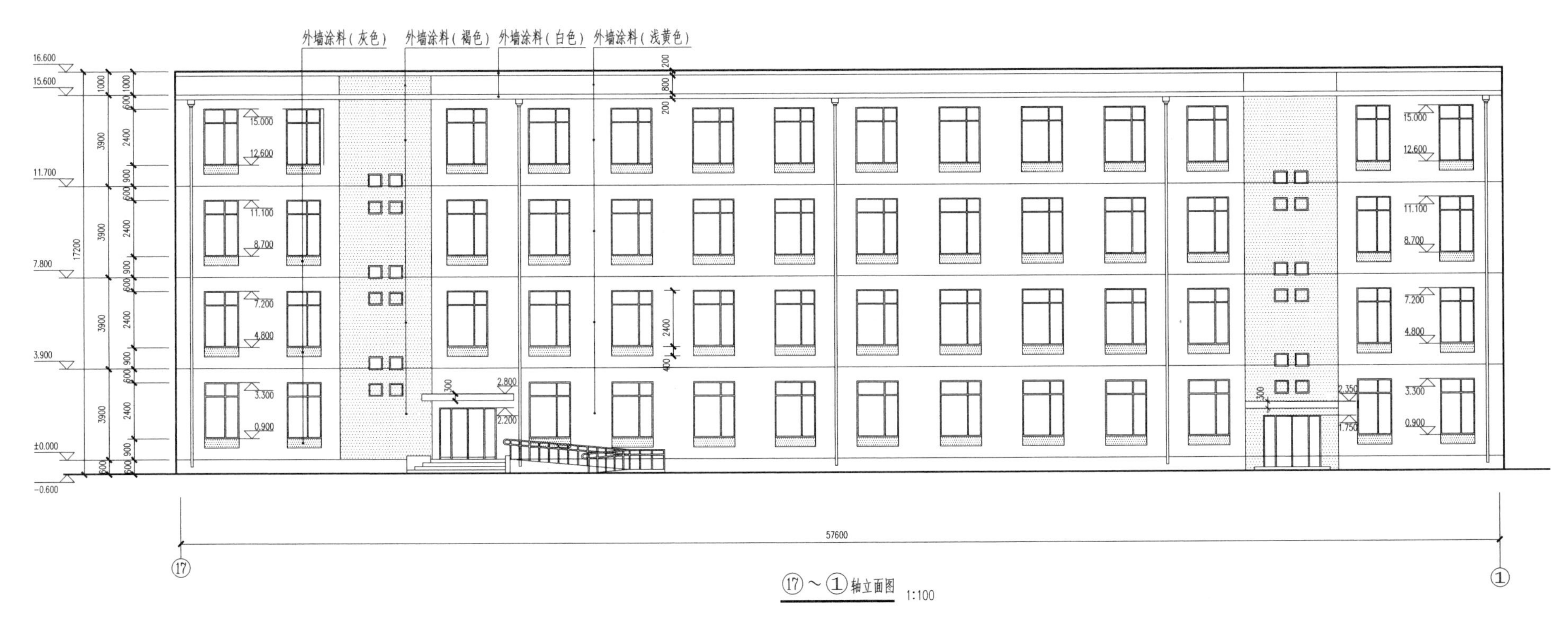
外墙涂料（灰色）
外墙涂料（褐色）
外墙涂料（白色）
外墙涂料（浅黄色）
16.600
15.600
11.700
7.800
3.900
±0.000
-0.600
17200
15.000
12.600
11.100
8.700
7.200
4.800
3.300
0.900
2.800
2.200
2.350
1.750
57600
⑰～①轴立面图 1:100

图8.5 ⑰~①轴立面图

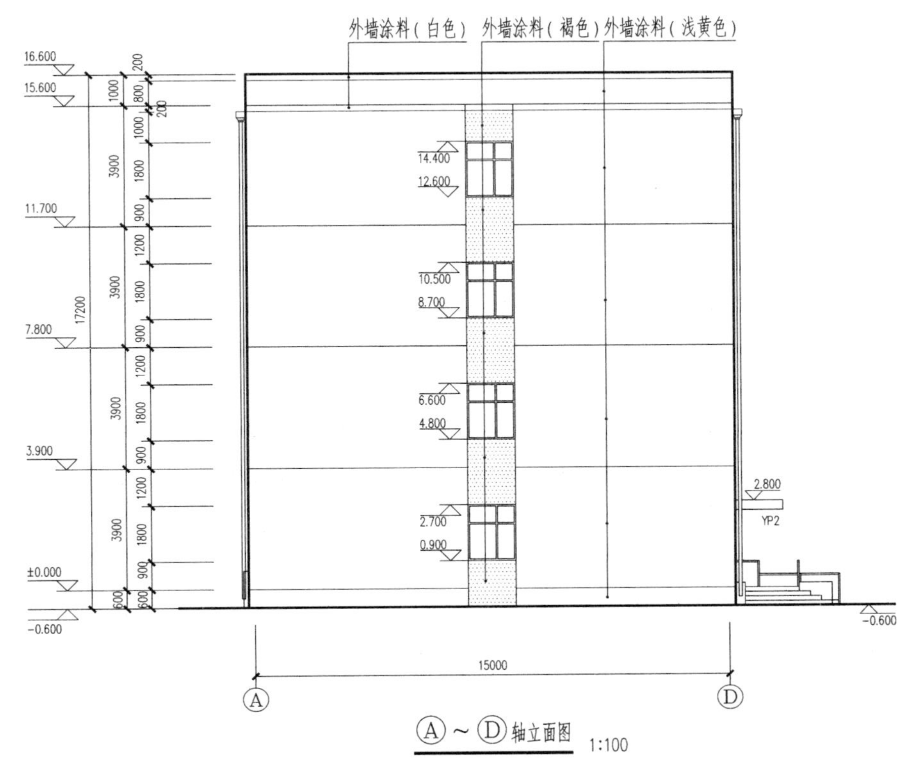

图 8.6　Ⓐ～Ⓓ轴立面图

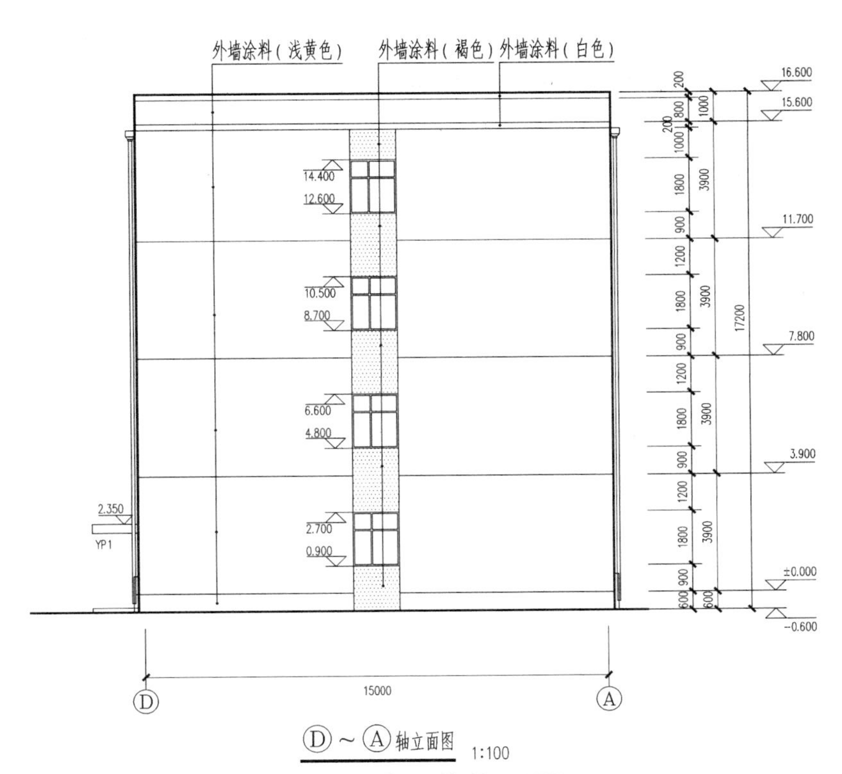

图 8.7　Ⓓ～Ⓐ轴立面图

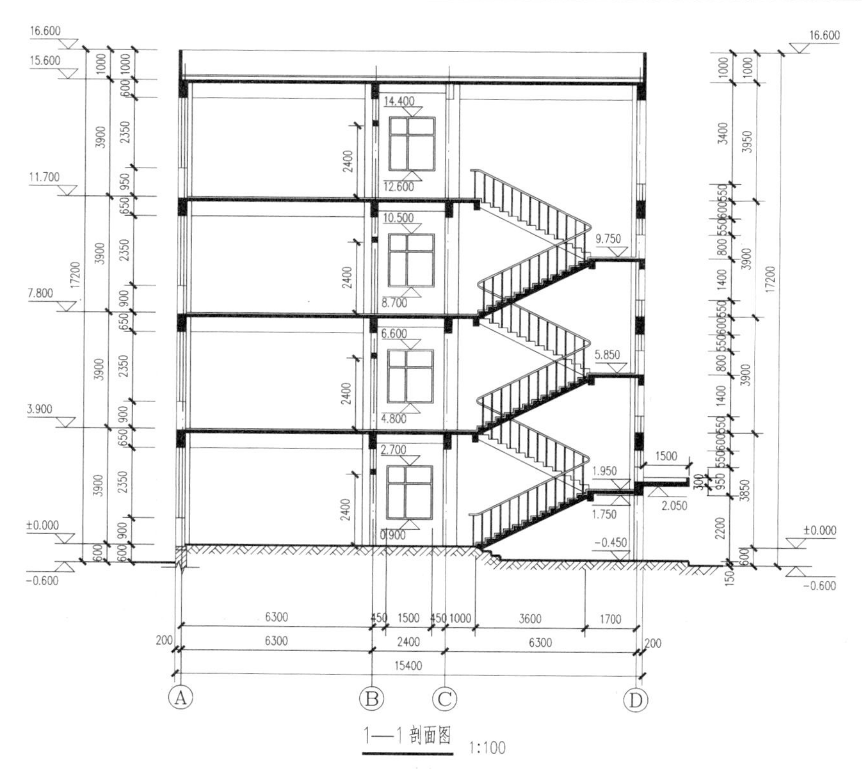

图 8.8　1—1 剖面图

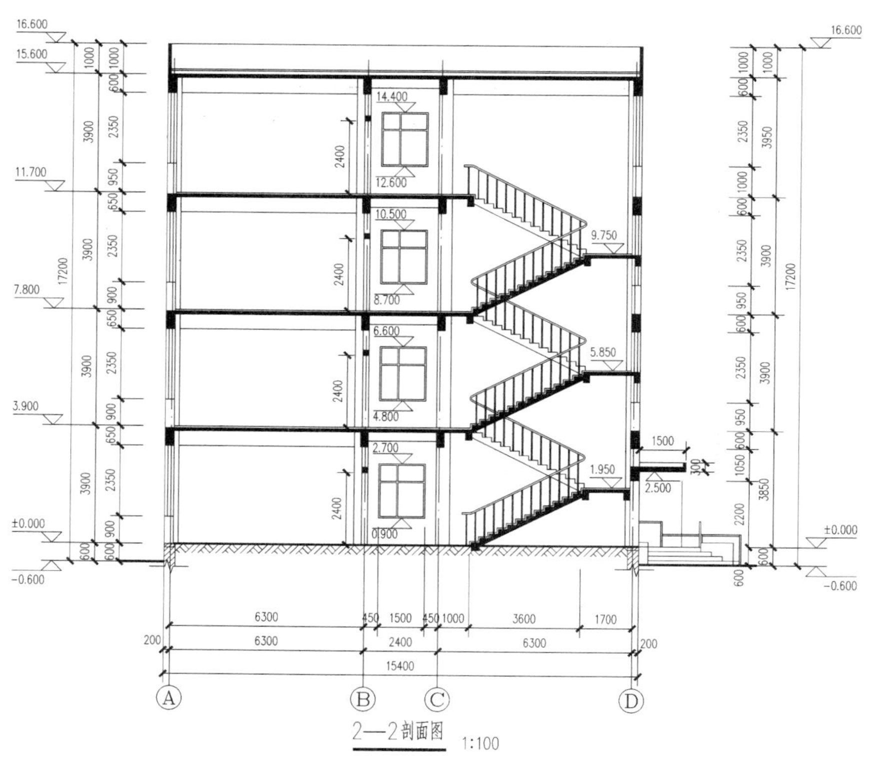

图 8.9　2—2 剖面图

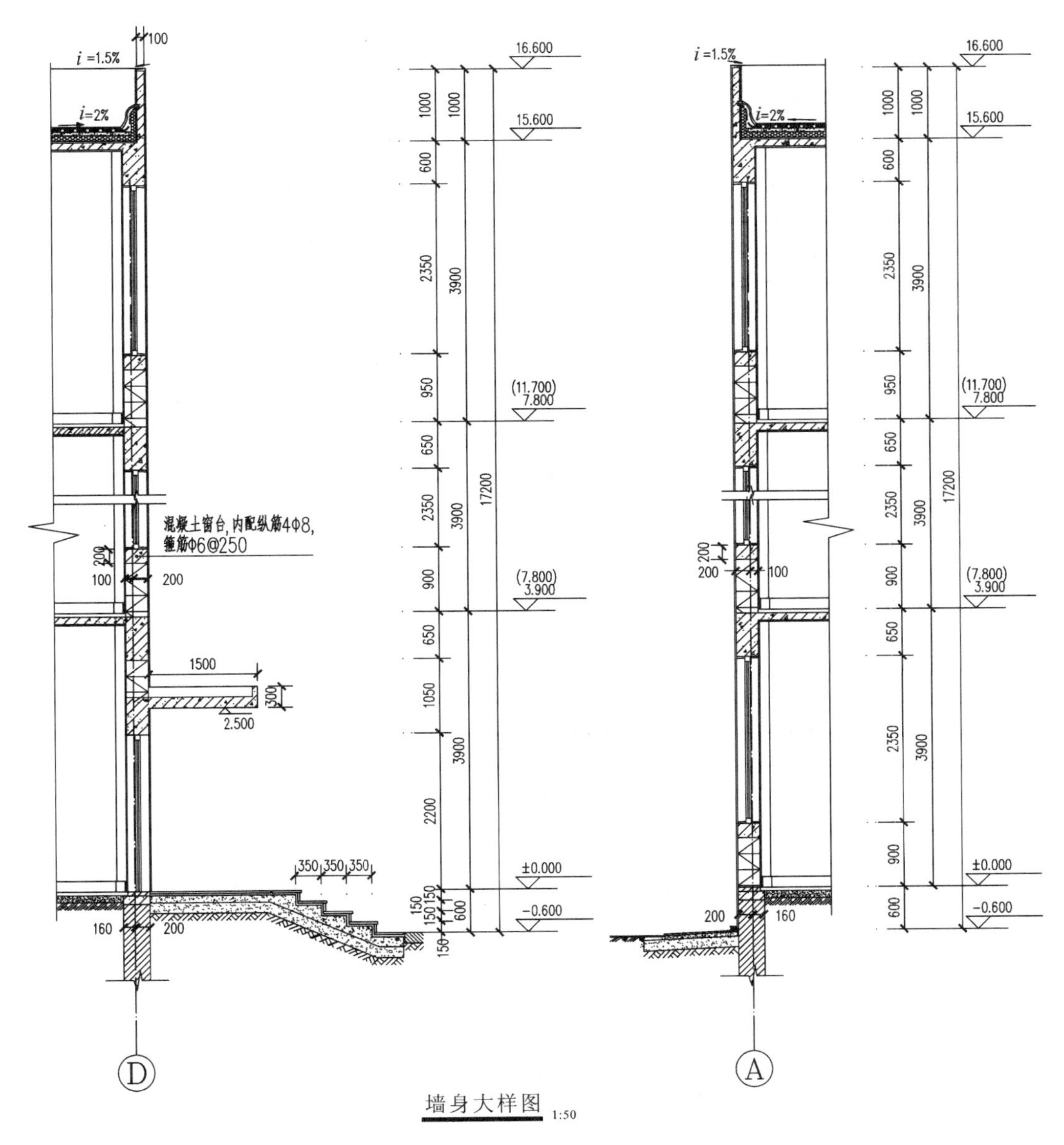

图 8.10 墙身大样图

8.1.2 结构设计说明及施工图

1. 结构设计概况

本工程设计使用年限为50年,建筑结构安全等级为二级,建筑物重要性类别为丙类。主体结构类型为现浇钢筋混凝土框架结构;基础类型为柱下独立基础,基础持力层为一般黏性土,承载力特征值为150 kPa。混凝土环境类别:地上部分为一类,地下部分为二a类。

本建筑抗震设防类别为乙类,抗震设防烈度为7度,设计地震分组为第二组,设计基本地震加速度值为0.15g。结构抗震等级为三级,并按二级采用抗震构造措施。建筑场地类别为Ⅱ类。

结构设计施工图详见图8.11至图8.18。图注尺寸标高以m为单位,其余尺寸均以mm为单位。

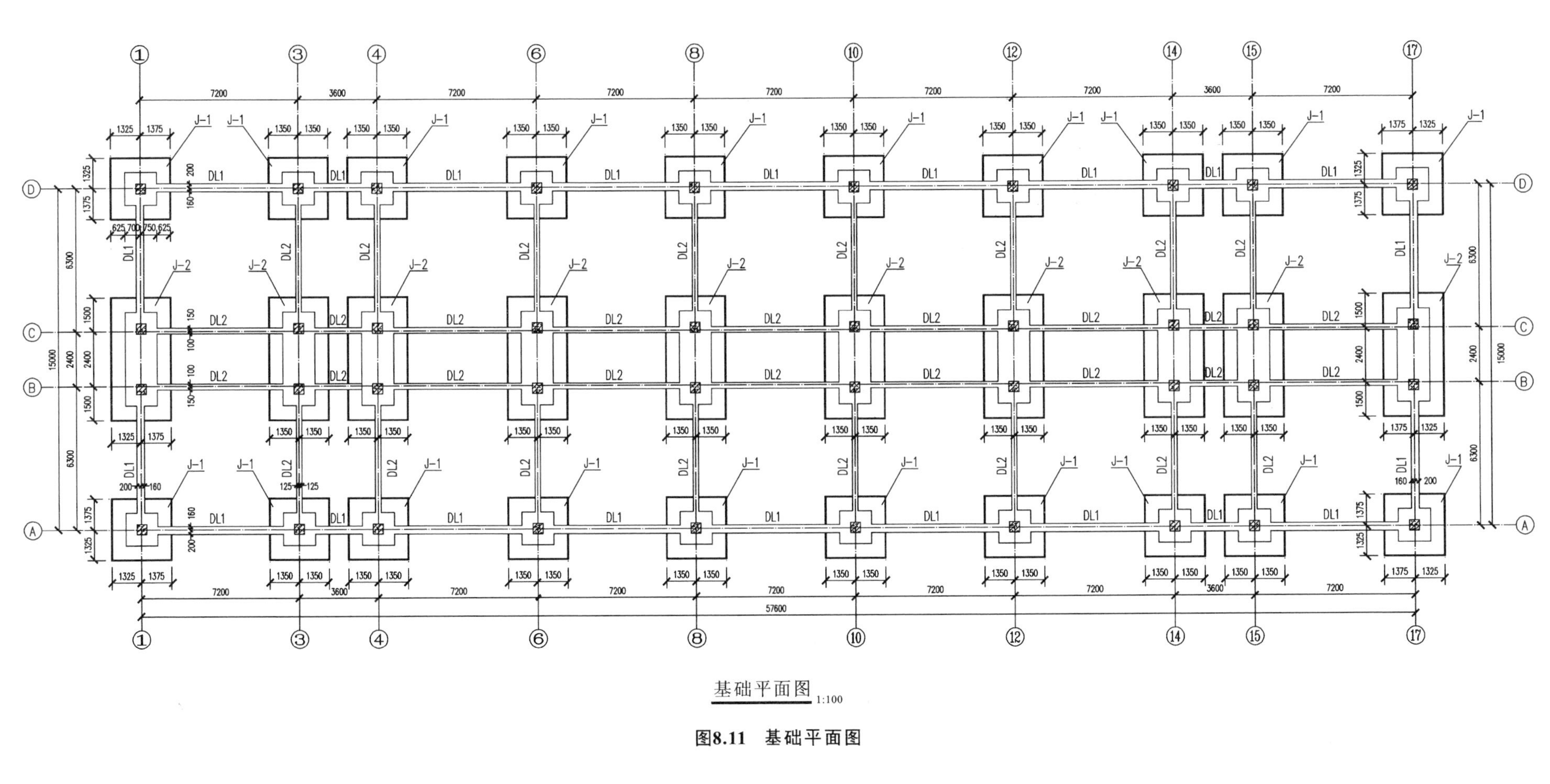

①
③
④
⑥
⑧
⑩
⑫
⑭
⑮
⑰
Ⓐ
Ⓑ
Ⓒ
Ⓓ
7200
3600
57600
15000
6300
2400
1500
1350
1325
1375
625 700 750 625
200
160
150
100
125
J-1
J-2
DL1
DL2
基础平面图 1:100

图8.11 基础平面图

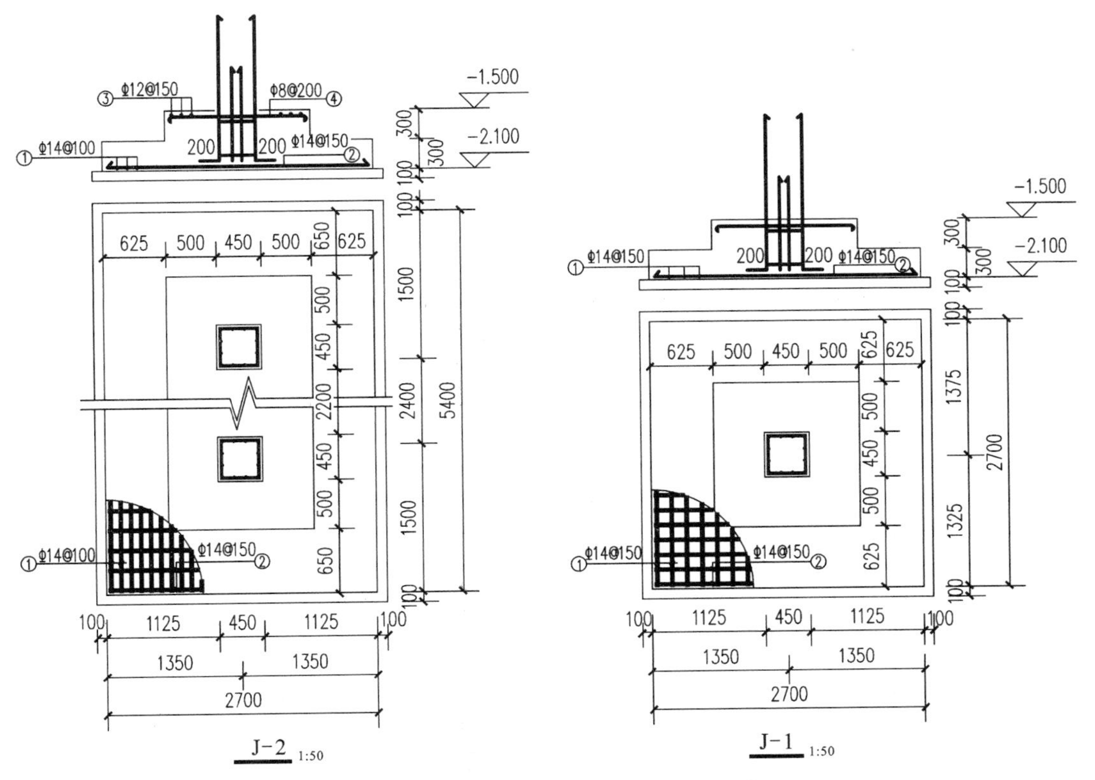

说明：基础内柱子插筋均同上部柱钢筋。

(a)

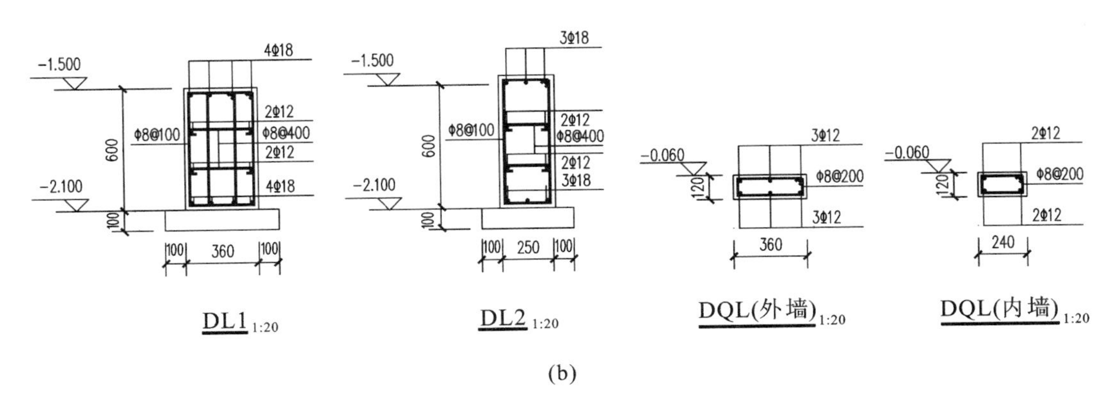

(b)

图 8.12　基础详图

(a)J-1、J-2 详图；(b) 地梁、地圈梁详图

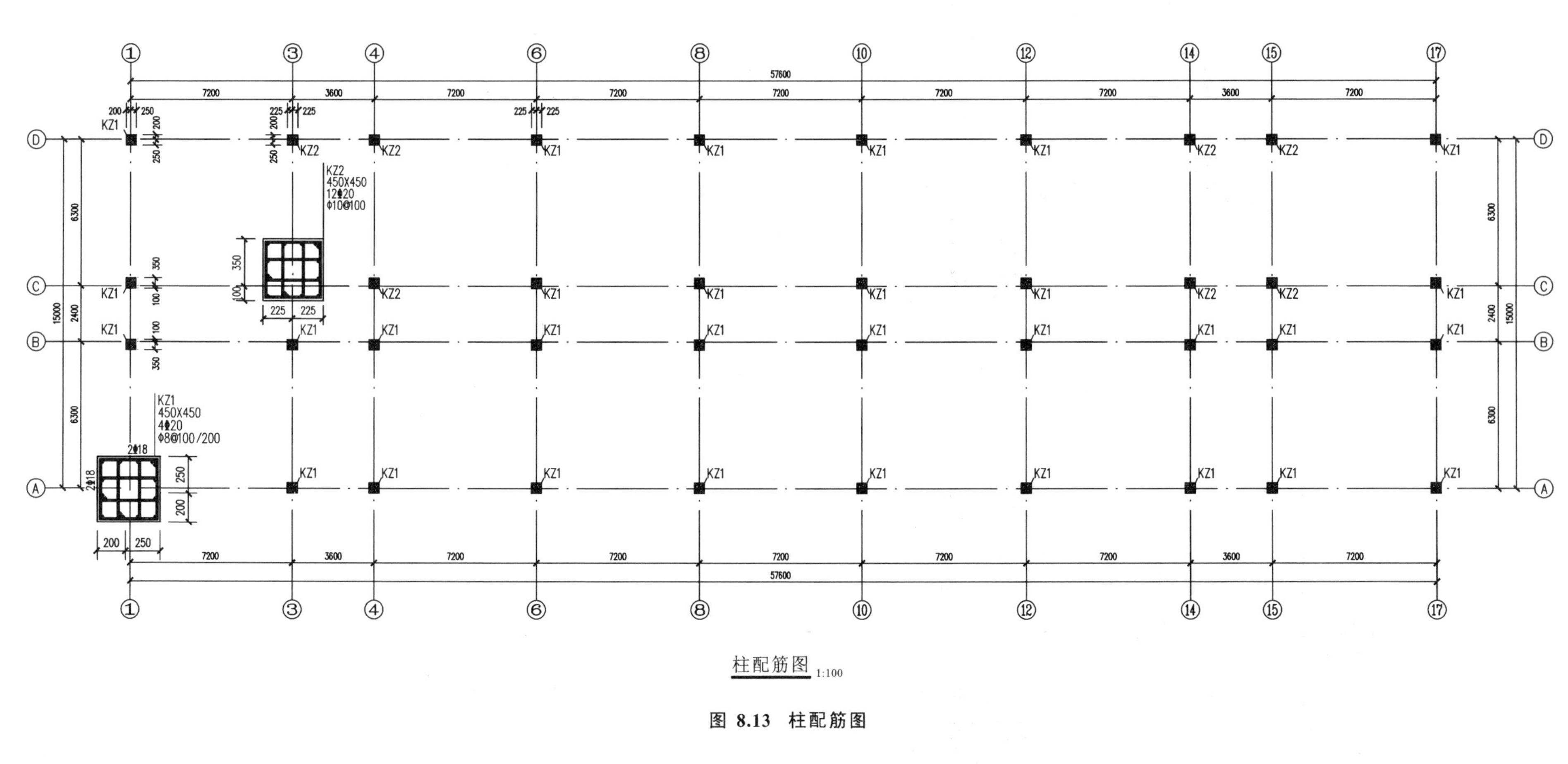

KZ1
450X450
4⏀20
⏀8@100/200
2⏀18
KZ2
450X450
12⏀20
⏀10@100
57600
15000
柱配筋图 1:100

图 8.13 柱配筋图

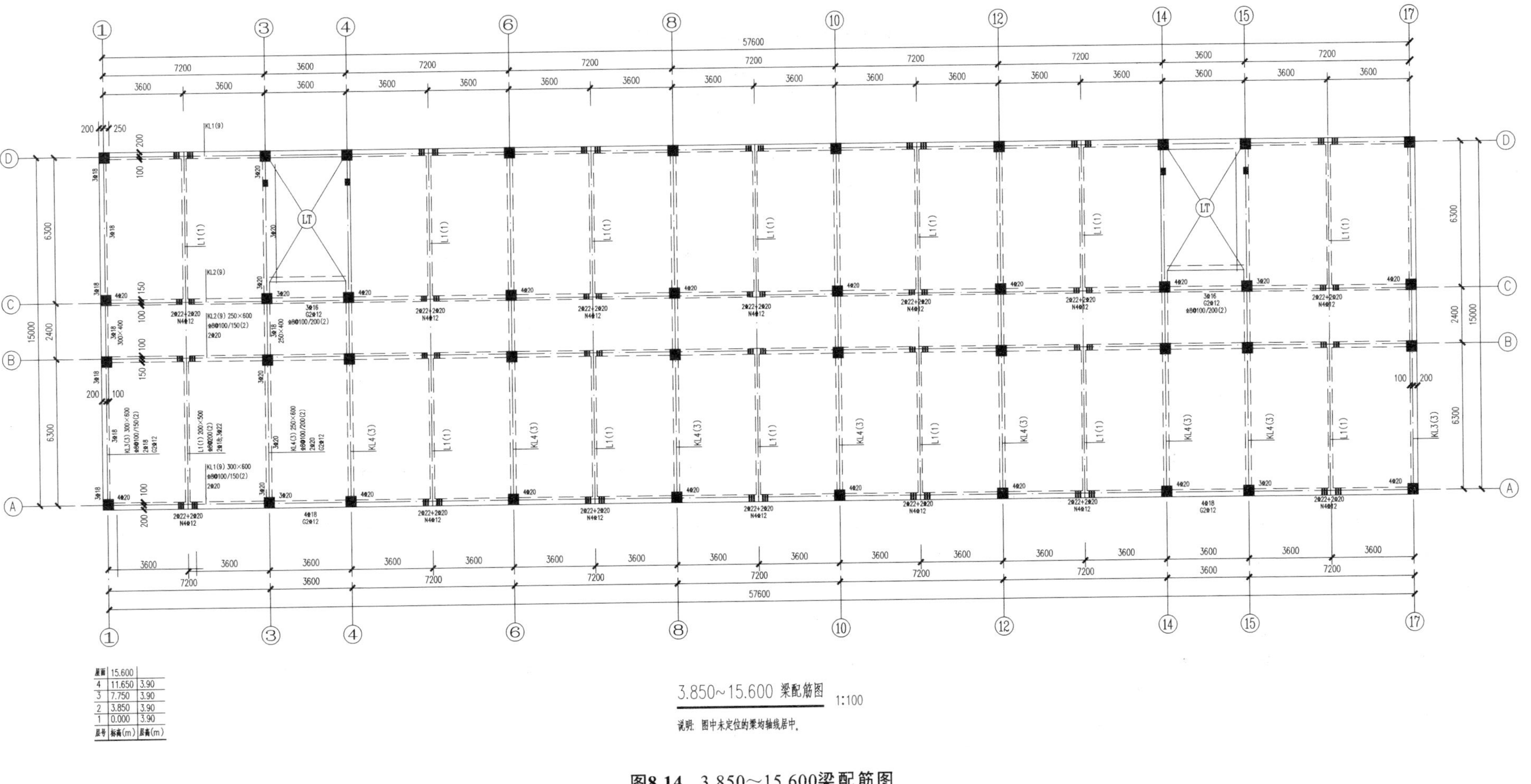

层号	标高(m)	层高(m)
屋面	15.600	
4	11.650	3.90
3	7.750	3.90
2	3.850	3.90
1	0.000	3.90

图8.14　3.850~15.600梁配筋图

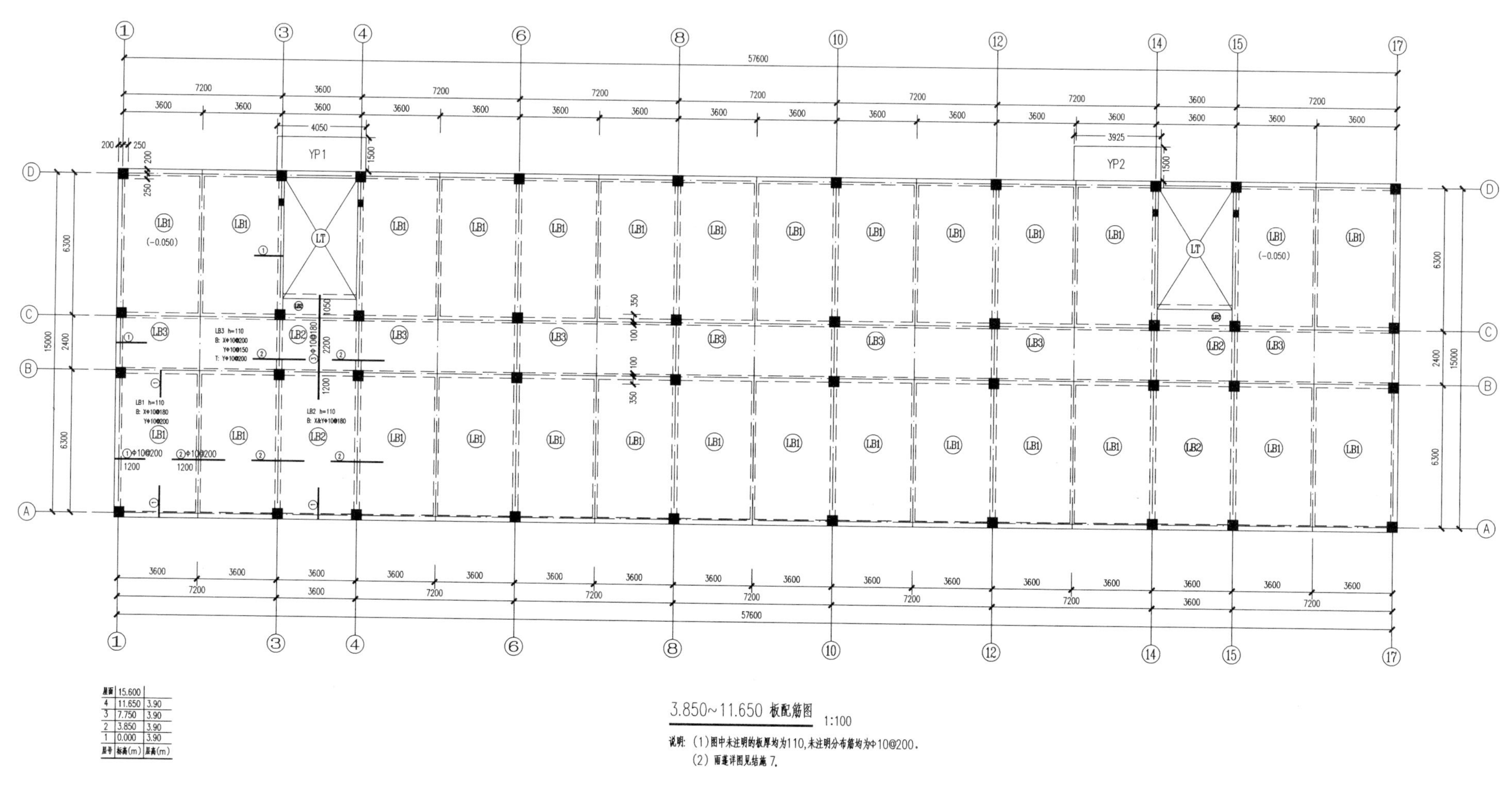

图8.15　3.850～11.650板配筋图

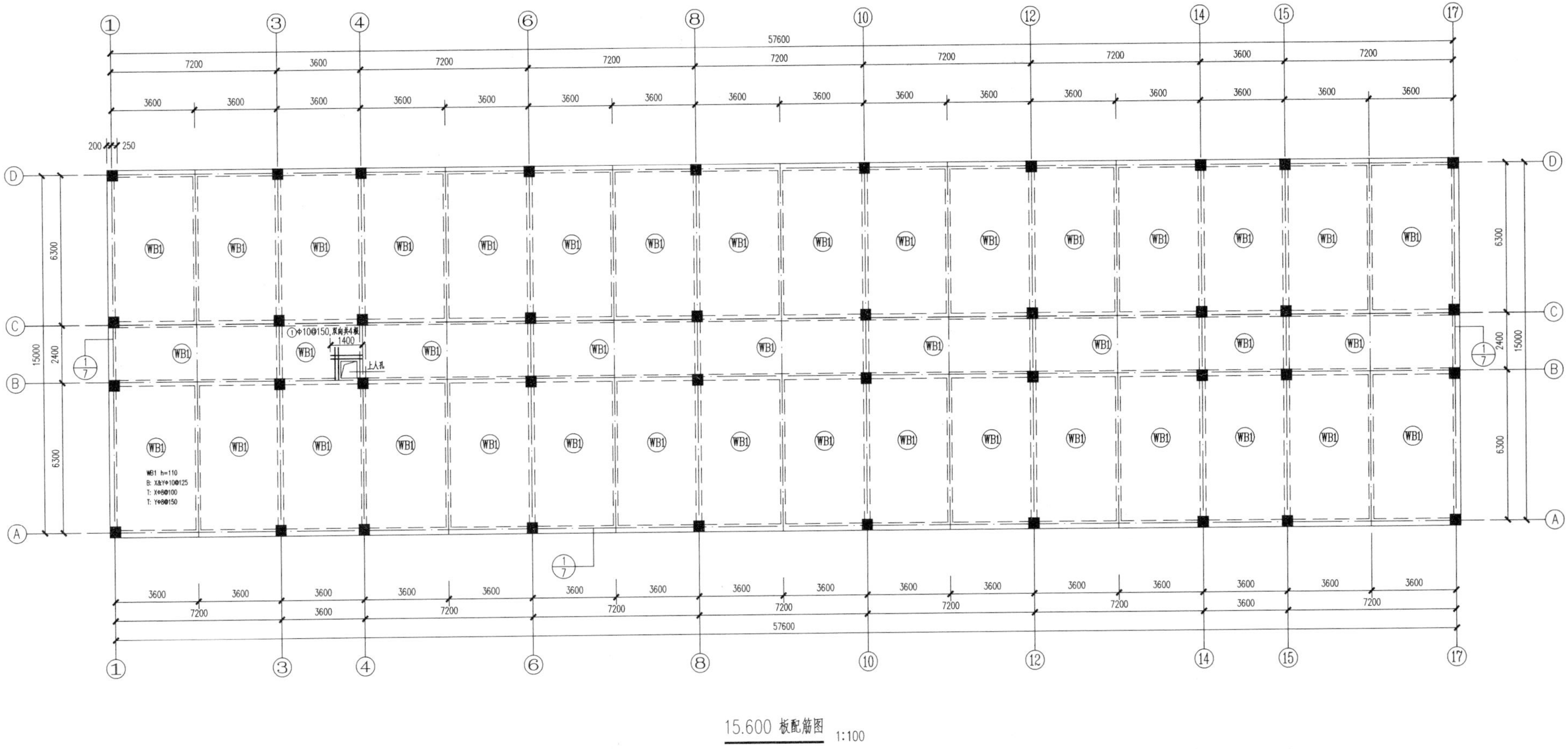

15.600 板配筋图 1:100

WB1 h=110
B: X&Y⌀10@125
T: X⌀8@100
T: Y⌀8@150

①⌀10@150,双向共4根

上人孔

图8.16 15.600板配筋图

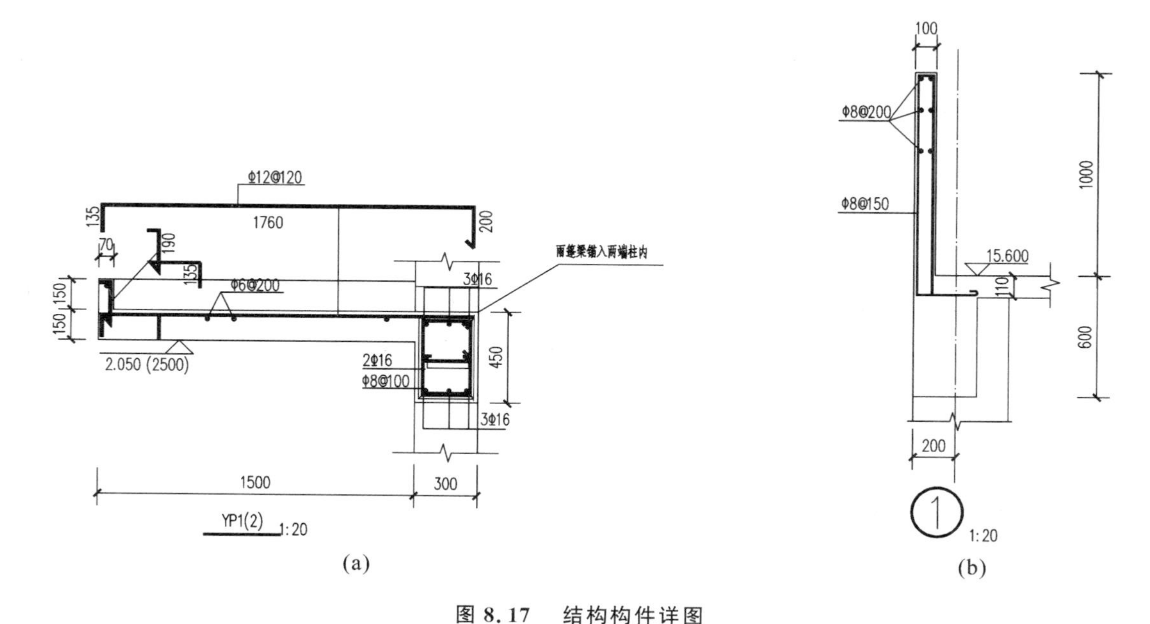

(a)　　(b)

图 8.17　结构构件详图

(a) 雨篷结构详图;(b) 女儿墙结构详图

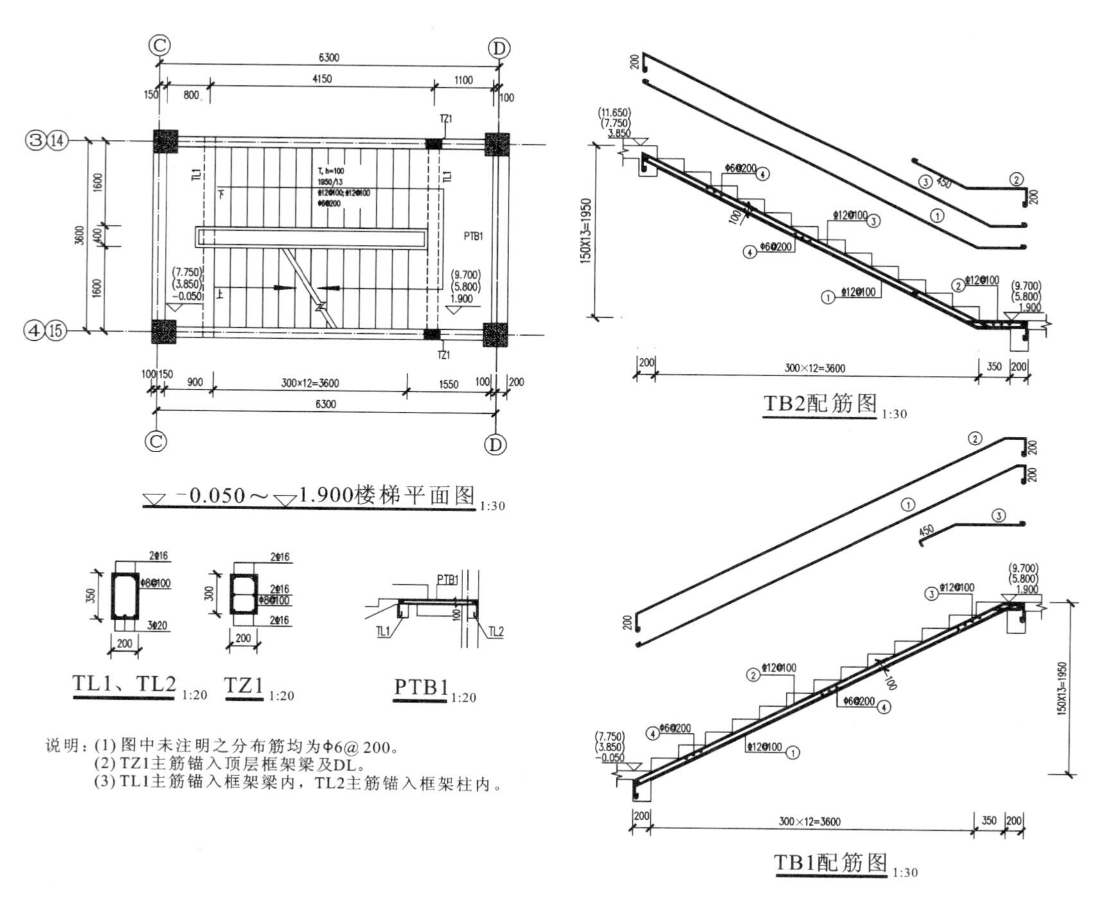

说明:(1) 图中未注明之分布筋均为Φ6@200。
(2) TZ1主筋锚入顶层框架梁及DL。
(3) TL1主筋锚入框架梁内,TL2主筋锚入框架柱内。

图 8.18　楼梯结构详图

2. 主要结构材料

① 钢筋:图中Φ——HPB300 级,Φ——HRB335 级,Φ——HRB400 级。

② 混凝土强度等级:基础垫层为 C15;地圈梁、过梁、雨篷、构造柱为 C20;其余构件均为 C30。

③ 混凝土保护层厚度:基础 40 mm,柱、梁 20 mm,板 15 mm。

④ 混凝土允许最大水灰比 0.60,最小水泥用量 250 kg/m^3。

3. 框架结构施工要求

(1) 一般要求

框架结构施工时应参照国家建筑标准设计图集《混凝土结构施工图平面整体表示方法制图规则和构造详图》(16G101—1),框架构造措施均按照建筑标准设计图集《建筑物抗震构造详图》(16G329—1) 中的二级抗震等级的构造要求。

(2) 柱

① 框架柱基础内预留插筋,同底层柱的纵筋。② 柱纵向钢筋接头采用焊接连接。

(3) 梁

① 框架梁的纵向钢筋可采用绑扎搭接连接,在搭接接头长度范围内箍筋间距取为 100 mm。② 框架梁的腰筋锚入柱内长度一般应为 $20d$,但抗扭钢筋锚入柱内长度应 $\geqslant l_{aE}$。③ 主、次梁相交时,次梁上部、下部钢筋分别置于主梁上部、下部钢筋的上面。

(4) 板

① 板底部钢筋伸入梁内的锚固长度 $\geqslant 15d$,且 $\geqslant$ 150 mm;边跨板上部钢筋伸入支座的锚固长度为梁宽度减去保护层厚度,且 $\geqslant$ 250 mm。② 板的钢筋放置:下部钢筋,短跨方向钢筋置于长跨方向钢筋之下;上部钢筋,短跨方向钢筋置于长跨方向钢筋之上。

(5) 其他

所有柱、梁的箍筋和拉结筋,末端均应做成 135° 弯钩,弯钩端部平直段长度 $\geqslant 10d$。

4. 砌体填充墙

(1) 门窗过梁

① 过梁尺寸:高度 h = 宽度 b = 墙厚,长度 $= l_o + 2a$(l_o = 洞口跨度,a = 250 mm),详见图 8.19。② 过梁纵筋(图 8.19 中 ①、② 号钢筋):洞口跨度不大于 1200 mm 时,为 2Φ12;洞口跨度大于 1200 mm 时,为 2Φ14。

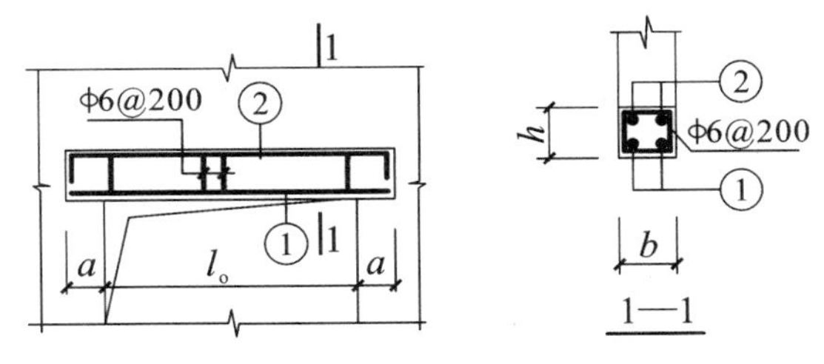

图 8.19　钢筋混凝土过梁

(2) 构造柱

① 构造柱设置:在纵横墙交接处和墙体转角处,如无框架柱,均应设置构造柱;沿墙体长度每小于 4 m 的位置,应设置构造柱。② 构造柱截面尺寸:宽度 = 墙厚度,沿墙内长度 = 200 mm。③ 构造柱钢筋:纵筋为 4Φ12,箍筋为Φ6@200;在框架梁对应于构造柱的位置,均应预埋与构造柱纵筋相同的短筋,埋入与伸出长度为 500 mm,以便与构造柱纵筋搭接。

8.2　工程概况(施工组织设计中)

8.2.1　工程建设概况

本工程为某中学男生宿舍楼,建设地点在华北地区某市某县。该宿舍楼是以学生住宿生活为单一功能的建筑体，建筑面积为 3572.80 m^2。

本工程由该县教育局投资建设，某建筑设计研究院设计，某建筑工程公司负责施工，某监理公司负责项目监理工作。

8.2.2 工程设计概况

1. 建筑设计概况

① 该宿舍楼工程总建筑面积 3572.80 m^2，占地面积 1066.79 m^2。

② 建筑物造型为直线型，建筑物的总长度 54.00 m，总宽度 15.40 m，层高均为 3.9 m，共 4 层，总高度为 17.20 m。

③ 主要工程做法如下：

a. 围护结构墙体：±0.000 以下墙体基础为烧结页岩标准砖砌体，外墙厚 360 mm，内墙厚 240 mm；±0.000 以上墙体为加气混凝土砌块砌体，外墙厚 300 mm，内墙厚 200 mm；墙身防潮层为钢筋混凝土地圈梁。

b. 屋面保温采用 80 mm 厚挤塑聚苯板，其上采用水泥焦渣找坡；防水采用两道改性沥青防水卷材。

c. 外墙面装饰为水泥砂浆抹灰，表面涂刷彩色涂料。

d. 室内装饰做法。ⓐ 楼地面：卫生间、盥洗室为防滑地砖面层；其余一般房间及门厅、走廊、楼梯间均为陶瓷地砖面层；楼梯为花岗岩面层。ⓑ 内墙面：卫生间、盥洗室为陶瓷砖墙面；其余一般房间及门厅、走廊、楼梯间均为水泥石灰混合砂浆抹灰，白色乳胶漆饰面。ⓒ 顶棚：卫生间、盥洗室为铝合金龙骨、铝塑板面层吊顶棚；其余一般房间及门厅、走廊、楼梯间均为满刮腻子两遍，白色乳胶漆饰面；楼梯底面为水泥石灰混合砂浆抹灰，白色乳胶漆饰面。

2. 结构设计概况

① 基础采用柱下独立基础，各独立基础之间均有基础梁相连，基础及基础梁埋深均为 −2.10 m。

② 主体结构为现浇钢筋混凝土框架结构。抗震设防烈度为 7 度（第二组，设计基本地震加速度值为 0.15g），结构抗震等级为三级，并按二级采用抗震构造措施。

③ 主要结构构件。a. 框架柱截面尺寸为 450 mm×450 mm。b. 横向框架为对称三跨，其两边跨梁的跨度为 6.30 m，截面尺寸为 300 mm×600 mm 或 250 mm×600 mm，中跨梁的跨度为 2.40 m，截面尺寸为 300 mm×400 mm 或 250 mm×400 mm。纵向框架梁的跨度主要为 7.20 m，截面尺寸为 300 mm×600 mm 或 250 mm×600 mm。c. 现浇板的厚度均为 110 mm。

④ 主要材料。a. 混凝土强度等级：基础垫层为 C15；柱、梁、板、楼梯等主要结构构件均为 C30；地圈梁、过梁、雨篷、构造柱为 C20。b. 钢筋强度等级：框架柱、梁的纵筋为 HRB400 级；独立基础和基础梁纵筋、板和楼梯钢筋以及其余构件纵筋为 HRB400 级，各类构件的箍筋均为 HPB300 级钢筋。

8.2.3 施工条件介绍

1. 工期目标

本宿舍楼工程计划于某年 3 月 1 日开工，同年 11 月 30 日竣工，计划总工期 275 d（日历天数）。

2. 建设地点特征

① 本拟建宿舍楼工程位于中学校园内，其北侧为沿校外道路的待建围墙，南侧为待建操场，东侧为待建食堂，西侧为沿校外道路的待建围墙。② 校园内地形平坦，场地土质为一般黏性土。③ 地下水位稳定标高在大沽高程 +2.500 m 左右，即水位埋深为 −1.800 m 左右；地下水对混凝土及混凝土中钢筋均无腐蚀性。④ 场地标准冻土深度为 0.65 m。

3. 施工场地情况

① 本工程施工场地已完成场地平整。② 建设单位已先期在学校内建成了配电房，采用 TN-S 三相五线制接零保护系统供电，施工单位可根据现场布置将施工用电线路接至各用电地点。③ 现场给水由建设单位将自来水入水口接至施工现场，施工单位可根据现场布置将施工用水管道接至各用水点。④ 现场排水可经地面临时排水沟排至沉淀池，再经沉淀池排至市政污水管网。⑤ 由于拟建工程位于中学校园内，施工场地开阔，便于进行现场平面布置，且学校周围交通线路通畅，这些都给工程的材料运输、工期、安全、消防等带来便利。

4. 气候情况

① 本地区气候属暖温带大陆性季风气候，四季分明。冬季寒冷，多雾少雪，冬期施工时间一般为 11 月中旬至次年 3 月初，主导风向为西北风。春季干燥少雨，多大风天。② 主要气象参数：月平均最高气温为 29.4 ℃，月平均最低气温为 −7.3 ℃；年平均降水量为 602.9 mm，一日最大降水量为 191.5 mm；雨季施工时间一般为 6 月中旬至 8 月中旬。③ 基本风压为 0.5 kN/m^2，基本雪压为 0.4 kN/m^2。

5. 物资供应情况

① 门窗等预制构件的生产、加工均已落实，可按照施工进度要求进场。② 预拌混凝土已就近选择了混凝土生产单位，干拌砌筑砂浆和干拌抹灰砂浆已选择了生产单位和供应商，均可按施工进度及时供应。③ 中小型施工机械和机具为本建筑工程公司自有设备，大型施工机械采用租赁方式，均能够按照施工进度要求进场。

6. 劳动力供应情况

土方与基础工程、主体结构工程、围护结构工程、屋面工程、装饰工程等各施工阶段的劳动力均已落实，均为本建筑工程公司长期稳定的专业施工队伍，可按照施工进度要求及时进场施工。

7. 本工程施工特点

本工程属多层建筑，应特别做好安全防护措施，防止高空坠物伤人。而且框架梁的跨度较大，应选择适用的模板及其支撑系统，以确保框架结构混凝土的施工质量和施工安全。施工中最大限度地降低施工噪声，减少环境污染，保证施工期间现场附近的工作和居住人员能处于正常的工作、生活环境，是本工程施工管理的重点。

8.3 施工方案选择

8.3.1 施工总部署

1. 确定施工程序

本工程为钢筋混凝土多层框架结构，可划分为五个分部工程。其施工程序为：土方与基础

工程 → 主体结构工程 → 屋面工程 → 围护结构工程 → 装饰工程。其中，围护结构工程也可与屋面工程同时施工或先于其开始施工。

2. 选择垂直运输机械

(1) 塔式起重机的选择

① 选择塔式起重机的类型。本工程为四层建筑物，其高度不大，平面形状为条形但长度亦不是很大，故选择一台固定式塔式起重机，作为主体结构施工阶段的垂直运输机械。

② 选择塔式起重机的型号

a. 起重幅度 R。起重机安装在建筑物长边正中距建筑物约 5 m 的位置，根据本建筑物的长度(54 m)和宽度(15.4 m)尺寸，计算所需起重机的最大起重幅度 $R=\sqrt{(15.4+5)^2+\left(\frac{54}{2}\right)^2}=34$ m，即可满足服务范围覆盖整个建筑物的要求。

b. 起重高度 H。本工程主体结构施工阶段，柱混凝土采用塔式起重机吊运料斗进行浇筑。现选择容积为 0.6 m^3 的卧式料斗，料斗起吊时的直立高度约为 2 m。根据建筑物的高度(17.2 m)和料斗高度，并考虑一定的安全距离，确定所需的起重高度约为 25 m。

c. 起重量 G。浇筑柱混凝土时，估算起重量 $G=$ 料斗自身重量(0.2 t) + 湿混凝土重量(2.5 $t/m^3 \times 0.6\ m^3$) = 1.7 t。其余垂直运输材料主要为钢筋、散装模板、脚手架材料等，对起重量并无确切要求。但施工中必须控制所运输材料的重量不超过所选起重机的起重量，以确保施工安全。

根据以上施工所需要的起重参数，选择 TC5015 型号塔式起重机。该起重机为水平臂架、小车变幅、上回转自升式多用途塔式起重机。其最大工作幅度为 50 m，独立式起升高度为 40.5 m(附着式起升高度可达 141 m 以上)，额定起重力矩为 800 kN · m，则起重幅度为 34 m 时起重量约为 $\frac{800}{34}=23.5$ kN(约 2.35 t)，完全满足施工要求。

(2) 龙门架的选择

本工程在围护结构和装饰工程施工阶段，采用龙门架作为垂直运输机械。现选用型号为 MSS-100 龙门架，其架设高度可达 100 m，最大提升重量为 1.5 t，各种安全措施齐全，除扶墙架、主安全装置和辅助安全装置外，还有手动安全装置和机电联锁装置，可确保施工安全。计划设置 2 个龙门架和 2 台相应的卷扬机，具体安装位置详见施工平面图。

8.3.2 土方与基础工程施工方案

1. 划分施工段及确定施工流向

本工程在土方与基础工程施工阶段，因各分项工程的工程量均不是很大，故不采取分段施工。

土方开挖时，其施工起点及挖土机的行走路线详见后文所述。混凝土垫层和基础混凝土浇筑，从 ① 轴开始，沿着向 ⑰ 轴的方向进行施工。

2. 确定施工顺序

本工程土方与基础工程施工顺序为：基坑挖土，同时进行基坑排水 → 基础和基础梁垫层支设模板、浇筑混凝土 → 基础和基础梁绑扎钢筋、支设模板 → 基础和基础梁浇筑混凝土 → 基础和基础梁拆模板 → 框架柱地下部分施工 → 砌筑填充墙基础 → 地圈梁施工 → 基坑及房心回填土。

3．确定施工方法和施工机械

（1）基坑降、排水

① 排水方式。本工程基础埋深较浅，基坑涌水量较小且土质为一般黏性土，故采用明排水法进行基坑排水。

② 排水沟与集水井布置。排水沟设置在基坑底四周；沟宽为 0.3 m，沟深为 0.3 ～ 0.5 m，并向集水井方向保持 1‰ ～ 2‰ 的纵向坡度；排水沟上口距独立基础垫层外边为 0.3 m。集水井共设置 6 个，其中 4 个分别设置在基坑的四角，另 2 个分别设置在基坑两个长边的中部，使各集水井的间距不大于 30 m；集水井采用钢筋笼外包滤布制成，其直径为 0.6 m；集水井底应低于排水沟底 0.5 m 以上，并铺设碎石滤水层。排水沟、集水井的平面布置及剖面示意如图 8.20 所示。

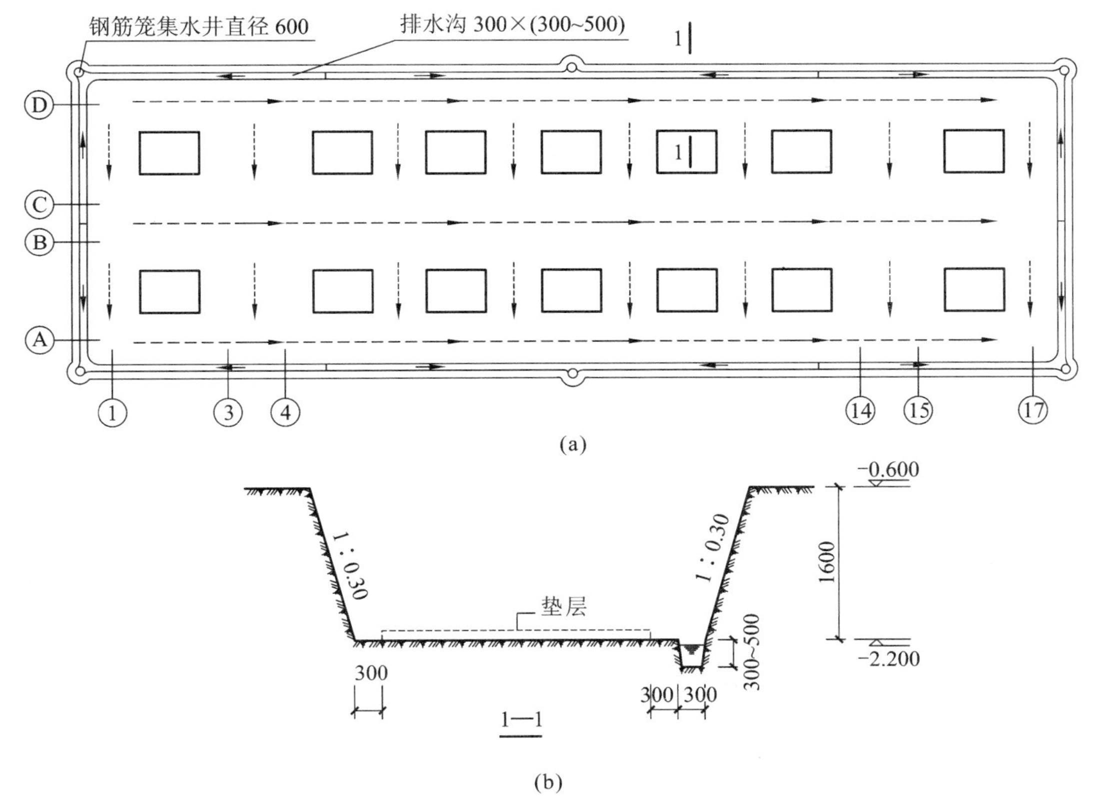

图 8.20 排水沟、集水井布置和挖土方向、路线示意图（单位：标高为 m，其余为 mm）

（a）排水沟、集水井布置和挖土方向、路线平面图；（b）排水沟及基坑边坡（1—1 剖面）示意图

③ 抽水设备的选择。抽水设备选用潜水泵，每个集水井一台，共 6 台潜水泵。

（2）基坑挖土

① 基坑挖土方式。本工程为独立基础，并有基础梁将各基础连接成条形；挖土深度不大，为室外地坪以下 1.60 m；土质较好，为一般黏性土。综合考虑各因素，现采用条形开挖方式。即：外墙纵向为 2 道基槽，横向为 2 道基槽；内墙纵向为 1 道基槽，横向为 6 道基槽，其中 ③、④ 轴和 ⑭、⑮ 轴的基槽均合并开挖；基础梁处基槽与独立基础处的基槽宽度相同。

② 基坑边坡的设置。挖土时为基础施工所留设的工作面宽度取独立基础垫层外每边各300 mm,外墙外侧尚需设300 mm宽排水沟;基槽采用放坡开挖,边坡系数取为1∶0.30。基槽剖面示意图如图8.20(b)所示。

③ 挖土机械的选择。本工程土方量不大,并考虑开挖深度、土质等因素,现选用1台斗容量为0.6 m^3 的反铲挖土机进行土方挖掘。同时配备2台自卸汽车进行现场内土方运输。

④ 挖土方向和挖土路线。挖土机采取沟端开挖的方式,根据拟建工程在施工现场的平面位置,挖土方向和挖土路线为:各纵向基槽沿着从①轴向⑰轴的方向挖掘,各横向基槽沿着从Ⓓ轴向Ⓐ轴的方向挖掘。挖土方向和挖土路线如图8.20(a)中虚线所示。

⑤ 挖掘土的处理方式。本工程土质较好,可用于基槽和房心土的回填。为保证边坡安全和基础施工的方便,挖掘土不在基槽边堆置,而采用自卸汽车将土方运至现场适当场地进行临时集中堆置。

⑥ 挖土时应注意问题。a. 基坑开挖时不得扰动地基土而破坏土体结构,降低其承载力,故采用反铲挖土机挖土时,应在基底标高以上保留0.3 m厚度的土层不挖,由人工挖掘修整。b. 土方开挖应连续进行,并尽快完成。施工时基坑周围的地面上应进行防水、排水处理,严防雨水等地面水浸入基坑周边土体和流入基坑,以避免塌方或地基土遭到破坏。c. 基坑开挖中,应对平面控制桩、水准点、基坑平面位置、水平标高、边坡坡度等经常复测检查,并及时修整。挖至设计标高后再进行统一修坡清底,检查坑底尺寸和标高。d. 基坑挖完后应进行验槽,包括观察法和钎探法验槽,并作好记录。

(3) 基础和基础梁垫层施工

① 垫层模板的支设。基础和基础梁的垫层厚度均为100 mm,垫层侧模板可采用50 mm×100 mm的方木支设,方木外侧采用较粗短钢筋打入土中作为支撑。

② 垫层混凝土施工。a. 垫层混凝土供应,采用预拌混凝土。b. 垫层混凝土输送,采用移动式混凝土泵车。c. 为保证混凝土垫层顶面的标高,浇筑前在基底插入Φ12短钢筋作为标高控制桩,其间距为1.5 m。d. 混凝土振捣采用平板振动器,并用木抹搓平,铁抹压光。e. 混凝土养护采用覆盖保湿养护,混凝土浇筑后应及时用塑料薄膜覆盖垫层表面,且须待混凝土强度达到1.2 MPa后才能上人。

(4) 基础和基础梁钢筋绑扎

① 钢筋绑扎顺序:独立基础下部钢筋绑扎→基础梁钢筋绑扎→柱插筋绑扎→独立基础上部钢筋绑扎。

② 钢筋绑扎施工要点:a. 为保证钢筋位置准确无误,基础钢筋绑扎前应在混凝土垫层上准确弹放出钢筋位置的墨线。b. 独立基础的下部钢筋,应主筋在下分布筋在上,且均应位于基础梁钢筋的下面;而独立基础的上部钢筋,应主筋在上分布筋在下。c. 基础钢筋网绑扎时,四周两行钢筋交叉点应每点扎牢,中间部分交叉点可交错间隔绑扎,但必须保证钢筋不产生移位。d. 基础钢筋的混凝土保护层厚度应满足设计要求,其厚度不应小于40 mm。应根据保护层厚度在钢筋下面安放好垫块,垫块的间距一般为1～1.5 m。e. 对独立基础的上部钢筋,钢筋网下面应设置钢筋撑脚,每隔1 m左右放置一个,以固定钢筋位置。f. 框架柱伸入基础内的插筋,必须位置准确,牢固固定,以免造成柱筋轴线偏移或倾斜。

(5) 基础和基础梁模板施工

① 模板构造。独立基础和基础梁模板,均采用18 mm厚多层木胶合板,并采用50 mm×

100 mm 方木作背楞，Φ48×3.5 建筑钢管作竖楞、横楞及斜撑，竖楞间距为 900 mm 左右。独立基础模板构造如图 8.21 所示。

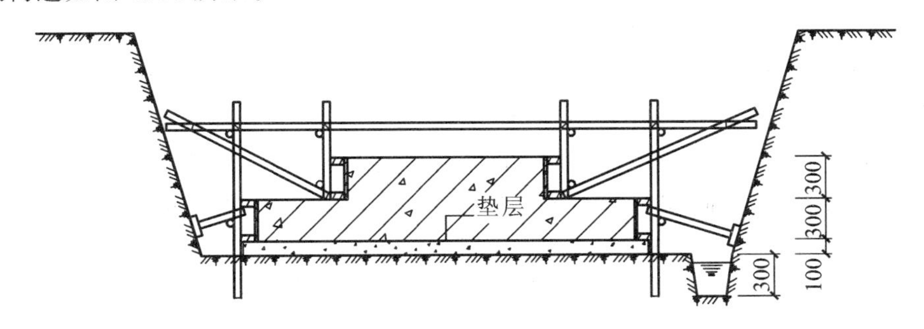

图 8.21　基础模板构造示意图（单位：mm）

② 模板支设施工要点。a. 先在垫层上弹出模板边线，再把侧模板对准边线垂直竖立，对于矩形基础，可先用钉子将直角处相邻两块侧模板固定。阶形基础的上层模板可架设在下层模板上。b. 模板基本成型后，再用钢管、扣件、斜撑等将模板加固，模板下部可用短钢管撑在基坑侧壁上加以固定，以防止浇筑混凝土时模板变形。

③ 模板拆除。a. 拆模时间：按照规范规定，基础侧模板拆除时，混凝土强度应能保证其表面及棱角不受损伤。在常温下，一般混凝土浇筑后第二天即可拆模。b. 拆模顺序：先拆除固定模板上口的钢管，再拆除固定模板下口的钢管，然后拆除模板。

（6）基础和基础梁混凝土施工

① 混凝土供应和运输。基础混凝土施工特点是：施工条件差，工程较分散，工程量较大，对质量要求严格。因此基础和基础梁全部采用预拌混凝土。由于本工程平面尺寸不大，混凝土输送采用移动式混凝土泵车。

② 施工前的准备工作。a. 模板。模板应全部安装完毕；检查复核基础轴线、标高，在模板上标注混凝土浇筑高度；模板内的木屑、泥土、垃圾等应清理干净。b. 钢筋。钢筋应全部绑扎完毕；应进行钢筋隐蔽工程检查验收，并做好验收记录；钢筋上的油污应除净，经检查合格。c. 混凝土。与预拌混凝土供应厂家取得联系，落实好混凝土的质量要求、供应时间、地点、数量等；准备好混凝土试模。d. 垫层。混凝土垫层表面应洒水湿润，但表面不得有积水。

③ 混凝土振捣设备。混凝土振捣设备采用插入式振动棒。振捣机械设备应经检修、试运转，若情况良好，可满足连续浇筑的要求。

④ 混凝土浇筑施工要点。a. 基础混凝土的浇筑从 ① 轴开始，沿着向 ⑰ 轴的方向缓缓移动，且混凝土连续浇筑一次完成，不留设施工缝。b. 浇筑台阶式基础时，应按台阶分层一次浇筑完毕；每层混凝土的浇筑顺序是先边角后中间，务必使混凝土充满模板，防止垂直交角处可能出现的吊脚现象。c. 应特别注意基础内框架柱插筋位置准确，防止其移位和倾斜，可采用对称浇筑混凝土的方法，并在操作中注意避免碰撞钢筋。d. 用插入式振动棒将混凝土振实后，必须做好面层的抹平和压光工作。即混凝土初凝前，应完成表面抹平、搓压均匀等工作；待混凝土开始凝结，即用铁抹子分遍抹压面层，并将面层的凹坑、砂眼和脚印压平；在混凝土终凝前，需将抹痕抹平压光。

⑤ 混凝土的养护。混凝土浇筑完毕后，宜在 12 h 内开始养护。养护方式采用洒水养护，可

用草帘、麻袋加以覆盖并经常洒水使混凝土表面保持湿润。常温条件下养护时间不宜少于 7 d。

(7) 填充墙基础施工

本工程 ±0.000 以下填充墙基础为烧结页岩标准砖砌体，外墙厚 360 mm，内墙厚 240 mm。砖基础主要施工程序为：抄平 → 放线 → 立皮数杆 → 砌筑。其施工要点如下：

① 抄平。砖基础砌筑前，应进行抄平，即在混凝土基础表面上定出砌体的标高。表面若局部不平，应用水泥砂浆找平；高差超过 20 mm 时，则应用细石混凝土找平。

② 放线。砖基础砌筑前应将砌筑部位清理干净并放线。砖基础的定位轴线可依据设在建筑物周围的轴线控制桩进行引测，然后放出各道砌体的轴线、边线、门洞及其他洞口等位置线。

③ 立皮数杆。对于填充墙基础，应在各框架柱之间均设立皮数杆。砖基础皮数杆上除标明砌筑皮数之外，尚应标明地圈梁、门洞口、管道洞口等的高度。

④ 砌筑。a. 常温下砌筑烧结页岩砖时，应提前 1 ～ 2 d 浇水湿润，以免砖吸走砂浆中过多的水分而影响其黏结力，并可除去砖表面的粉尘。b. 砌筑时首先应确定组砌方式，砖基础一般采用一顺一丁的组砌方式，且 240 mm 厚砖基础的最上一皮砖，应整砖丁砌。c. 应充分保证砖基础的砌筑质量，即做到横平竖直，砂浆饱满，水平灰缝的砂浆饱满度不得低于 80%，竖向灰缝不得出现透明缝、瞎缝和假缝。

(8) 基坑回填及房心填土施工

① 填方土料。本工程的填方土料采用的是基坑挖出的并在现场临时堆置的原土。因土方堆置区距基坑不远且土方量不大，运土机械采用机动翻斗车，将填土运至基坑边，再用小推车运土至各道基槽。

② 填土压实机械。填土压实机械以蛙式夯实机为主，并用柴油打夯机进行边角部位的夯实。

③ 回填前的准备工作。a. 首先应进行地面以下工程的隐蔽工程质量检查验收，填写好验收记录并签证认可。b. 清除基底上的垃圾、木屑等杂物，排除积水和淤泥。c. 做好水平高程的测设，基坑边上每隔 3 m 打入水平木桩，基础墙上做好水平标记，以控制回填土标高。d. 检查土料含水量是否在控制范围内，一般以“手握成团，落地开花”为宜。若含水量过大，应采用翻松、晾干等措施；若土料过干，则应预先洒水湿润。

④ 填土压实时应注意的问题。a. 填土应从最低处开始，按整个宽度分层铺填土料、分层夯实。每层铺土厚度为 200 ～ 250 mm。b. 基坑回填土时，应在基础的相对两侧或四周同时进行回填与夯实，以免挤压基础引起开裂。c. 当天填土，应在当天压实，以免填土干燥或被雨水、施工用水浸泡。d. 填土施工结束后，应检查标高、压实质量等，检验标准应符合有关规定。

8.3.3　主体结构工程施工方案

1. 划分施工段及确定施工流向

本工程主体结构施工时采用流水施工组织方式，划分为 2 个施工段。施工段分界线位于第⑧轴与第⑩轴之间纵向框架梁跨度中间的$\frac{1}{3}$范围内，左侧为第 Ⅰ 段，右侧为第 Ⅱ 段，且第⑨轴的次梁 L1 在第 Ⅰ 段内。此种划分可使 2 个施工段的劳动量大致相等，且对结构整体性的影响较小。施工流向为从第 Ⅰ 段至第 Ⅱ 段，按顺序依次施工。施工段划分示意如图 8.22 所示。

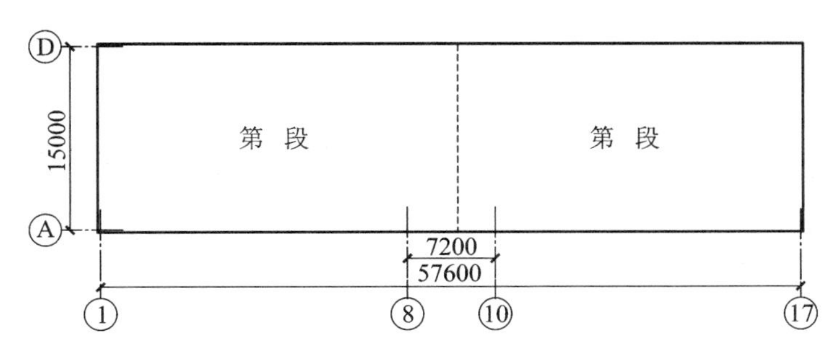

图 8.22　主体结构工程施工段划分示意图(单位：mm)

2. 确定施工顺序

框架结构主体工程通常的施工顺序有三种：① 一次支模一次浇筑混凝土；② 一次支模两次浇筑混凝土；③ 两次支模两次浇筑混凝土。三种施工顺序，各有其优缺点。

本工程由于层高较低，且每个施工段模板支设的工作量不是很大，因此决定采用一次支模两次浇筑混凝土的方案。其具体的施工顺序是：绑扎柱钢筋 → 安装柱、梁板模板 → 浇筑柱混凝土 → 绑扎梁板钢筋 → 浇筑梁板混凝土 → 拆除柱、梁板模板。

此种施工顺序的优点较多：其一，浇筑柱混凝土时，梁板模板可作为操作平台，方便施工；其二，柱混凝土浇筑高度相对降低，且柱、梁节点处尚无密集的钢筋，有利于保证柱混凝土的浇筑质量；其三，浇筑梁板混凝土时，柱混凝土早已硬化且具有一定强度，梁板模板支架体系的稳定性较好，有利于安全施工；其四，施工工序相对较少，且混凝土每次浇筑量不是很大，便于组织施工。

3. 确定施工方法和施工机械

(1) 模板工程

① 模板的构造

本工程柱、梁、板模板均采用 18 mm 厚多层木胶合板，胶合板表面应做防护处理，在每次使用前应满刷脱模剂。

a. 柱模板构造。柱模板宽度、高度按设计尺寸制作，四面设立并交错会合，用铁钉钉牢。模板外侧采用 50 mm × 100 mm 方木或同规格方钢管作为竖楞，竖楞每边不少于三根，间距不大于 300 mm。竖楞外侧采用Φ48 × 3.5 建筑钢管作为柱箍，最下一道柱箍距离结构面约 200 mm，其上在柱下部$\frac{1}{2}$区域内柱箍的间距为 500 mm，柱上部$\frac{1}{2}$区域内柱箍的间距为 800 mm。

b. 梁模板构造。梁的底模板和侧面模板均按设计尺寸制作，并采用 50 mm × 100 mm 方木作为底楞和侧楞。梁宽度为 200 mm 及以上时底楞不少于三根；水平侧楞每边不少于三根，间距不大于 300 mm。梁侧面模板可采用钢管竖楞或工具式夹具夹紧，梁高为 600 mm 及以上时，两侧模板之间应设置贯通内部的拉杆。模板支撑系统采用Φ48 × 3.5 钢管支架搭设，支架立杆顶端宜插入可调顶托。

c. 板模板构造。板模板采用木胶合板组合而成。模板下采用 50 mm × 100 mm 的方木或同规格方钢管作为底楞，间距为 200 ～ 300 mm。板模板支撑系统亦采用钢管支架搭设，支架立杆顶端宜插入可调顶托。

梁模板和板模板及支架构造如图 8.23 所示。

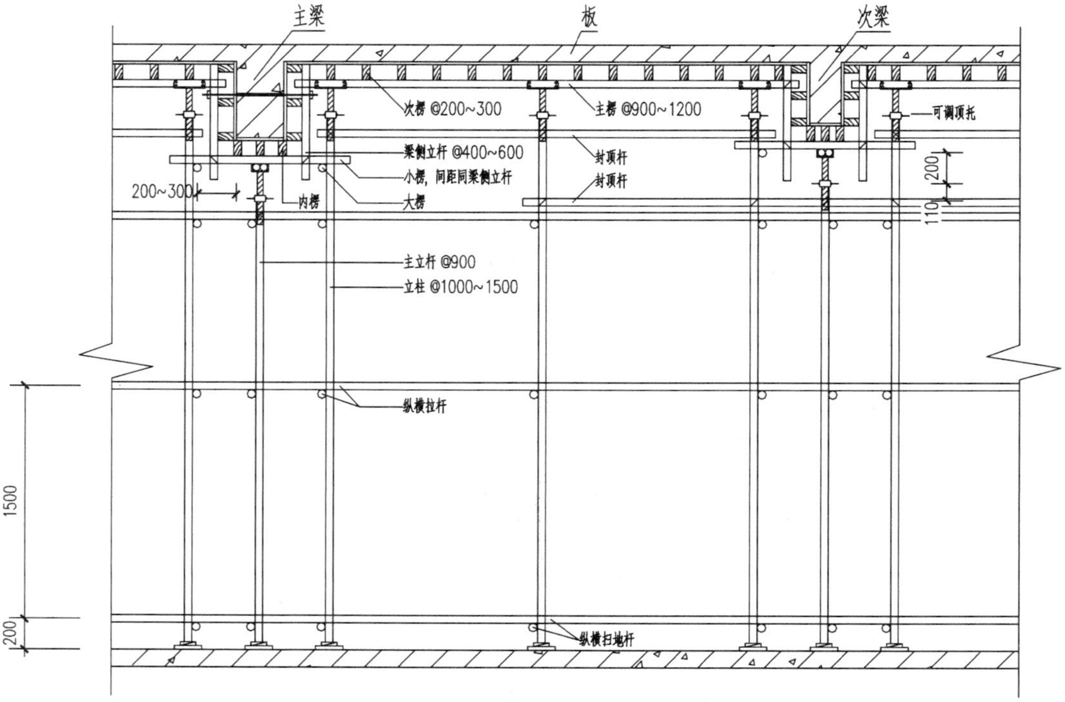

图 8.23　梁模板和板模板及支架构造示意图(单位：mm)

② 模板的安装

a. 柱模板安装

柱模板安装的顺序是：柱轴线定位 → 柱模板拼装就位 → 安装柱箍并加固 → 检查并校正 → 设置柱模板支撑 → 浇筑柱混凝土 → 二次检查并校正。柱模板安装的施工要点如下：

ⓐ 柱模板安装前，应沿模板外侧用小方木钉成方盘状，并将木方盘用电锤在底板上钻孔固定，以固定柱模板位置，确保柱底模板不产生移位。ⓑ 柱模板底部应留有清理孔，便于清理施工时落入的杂物。ⓒ 各柱模板支设完成后，必须沿纵、横两个方向拉通长线校正其位置，并用线坠校正各柱的垂直度，随即用斜撑顶住进行固定。ⓓ 待柱混凝土浇筑结束后，应重新拉通线及吊线坠检查柱模板安装是否满足规范要求，一旦发现其偏差超过要求，应在柱混凝土初凝前用木楔或千斤顶校正。

b. 梁模板安装

梁模板安装的顺序是：搭设满堂模板支撑架 → 安装梁底模板 → 调整梁底模板标高并起拱 → 安装梁侧模板 → 设置侧模支撑 → 检查并校正。梁模板安装的施工要点如下：

ⓐ 搭设梁模板支撑架时应注意：在土层上搭设支架立柱时，土层应坚实并设置垫板；在楼板上搭设支架时，下层楼板应具有承受上层荷载的承载能力；上、下楼层梁模板支架的立柱宜对准，并设置底座或垫板。ⓑ 安装梁底模板时，应按设计标高调整支架顶托的标高，并拉线找直。对跨度不小于 4 m 的梁，梁底模板中部应按设计要求起拱；设计无具体要求时，起拱高度宜为梁跨度的 1‰ ～ 3‰。ⓒ 梁侧面模板可采用工具式夹具或钢管竖楞夹紧，间距一般为 400 ～

600 mm。当梁高在 600 mm 以上时，两侧模板之间应设置穿通内部的拉杆，并宜设置斜撑以抵抗混凝土侧压力。ⓓ 梁模板安装完毕后，应检查梁模板的轴线位置、标高、截面尺寸和梁上口平直度等，并将模板内杂物清理干净。

c. 板模板安装

板模板安装的顺序是：搭设满堂模板支撑架 → 铺设模板底楞 → 调整板底标高并起拱 → 铺设板模板 → 检查并校正。板模板安装的施工要点如下：

ⓐ 搭设板模板支撑架的要求与梁模板相同，支架立柱底部应铺设通长垫板。ⓑ 铺设模板下底楞时，应按设计标高调整支架顶托的标高。对跨度不小于 4 m 的板，模板中部亦应起拱，起拱要求与梁底模板相同。ⓒ 铺设板模板时，为保证混凝土板底表面的整体平整度，必须将胶合板按同一方向对缝平铺，且拼缝严密。ⓓ 模板铺设完毕后，应将密封胶带铺贴于板缝上，以防止浇筑混凝土时漏浆，影响混凝土的密实度及外观质量。ⓔ 板模板安装完毕后，应使用水准仪检查模板标高，进行校正和用靠尺找平，并将模板上杂物清理干净。

③ 模板的拆除

a. 模板拆除时间。非承重侧模应以能保证混凝土表面及棱角不受损坏时（大于 1.2 MPa），方可拆除；梁与板底模板拆除时，其混凝土强度应达到《混凝土结构工程施工规范》（GB 50666—2011）中的有关要求，混凝土强度则依据每层、每段梁板的同条件养护试件的抗压强度试验报告确定。

b. 模板拆除的顺序。模板拆除时一般应遵循的原则是：先支的后拆，后支的先拆；先拆非承重模板，后拆承重模板；从上而下进行拆除。

c. 模板拆除时应注意的问题。ⓐ 模板拆除时，可从房间一端开始，且操作人员应站在安全位置，以免发生安全事故；待该片（段）模板全部拆除后，方可将模板、支架杆件等运出。ⓑ 模板拆除时不要用力过猛，严禁用大锤和撬棍硬砸、硬撬，以避免混凝土表面或模板受到损坏。ⓒ 模板拆除时不应对楼层形成过大冲击荷载。拆下的模板和支架杆件、扣件等配件不得抛掷，应在楼板上分散堆放并及时清运。ⓓ 拆下的模板应按指定地点分类堆放，同时清理表面、修复变形和受损部位，并涂刷脱模剂待用。ⓔ 一般情况下，若上层楼板尚未浇筑混凝土，下一层楼板模板的支架立柱不得拆除；再下一层楼板模板的支架立柱，仅可拆除一部分，跨度不小于 4 m 的梁下均应保留支架立柱，其间距不得大于 3 m。ⓕ 在拆除模板过程中，若发现混凝土有影响结构质量和安全的问题，应暂停拆除，经检查和妥善处理后，方可继续拆除。

（2）钢筋工程

① 钢筋的连接

a. 柱钢筋连接。框架柱竖向钢筋的连接采用电渣压力焊方式，其接头位置、数量、接头区域箍筋配置等构造要求详见《建筑物抗震构造详图》（11G329—1）中相关内容。施工中应保证焊接质量，若出现较严重的质量问题，如接头咬边、未熔合、焊包不匀、夹渣、偏心和倾斜等，应分析原因，采取措施及时纠正。

b. 梁钢筋连接。横向框架梁的纵向钢筋在加工制作时，可采用闪光对焊的方式，将其接长至设计要求长度。纵向框架梁的纵向钢筋在安装时，采用绑扎搭接的连接方式，其接头位置、搭接长度、接头面积百分率等构造要求详见《建筑物抗震构造详图》（11G329—1）中相关内容。

c. 板钢筋连接。板的钢筋在安装时，采用绑扎搭接的连接方式，其接头位置、搭接长度、接头面积百分率等构造要求详见《建筑物抗震构造详图》（11G329—1）中相关内容。

② 钢筋的安装

a. 钢筋安装前的准备工作。ⓐ 核对钢筋的品种、级别、直径、形状、尺寸及数量是否与设计相符，如有错漏，应纠正增补。ⓑ 准备好绑扎钢筋用的铁丝，还应准备好控制混凝土保护层需用的垫块或塑料卡。ⓒ 为保证钢筋位置准确，绑扎前应画出钢筋的位置线，柱和梁的箍筋应在纵筋上画线，板的钢筋可在模板上画线。

b. 柱钢筋绑扎施工要点。ⓐ 柱子箍筋的弯钩叠合处应交错布置在柱四角纵向钢筋上。ⓑ 箍筋应与纵筋垂直；箍筋转角与纵筋的交叉点应全数绑扎牢固，箍筋平直部分与纵筋的相交点可交错间隔绑扎；绑扎时各相邻绑扎点的绑扣应互成八字形，以防钢筋骨架歪斜。ⓒ 框架节点处梁的纵向受力钢筋，应放在柱竖向钢筋的内侧。ⓓ 柱钢筋绑扎完后，应将保护层垫块或塑料卡固定于柱纵向钢筋上，间距一般为 1 m，以确保纵筋保护层厚度正确。

c. 梁钢筋绑扎施工要点。ⓐ 当梁的高度较低时，梁的钢筋可架在梁顶模板上绑扎，然后再下落就位；当梁的高度较高时，梁的钢筋宜在梁底模板上绑扎，然后再安装梁两侧或一侧模板。ⓑ 箍筋的弯钩叠合处应交错布置在梁上部两角的纵向钢筋上。ⓒ 箍筋应与纵筋垂直，箍筋与纵筋的交叉点应全数绑扎牢固，绑扎时各相邻绑扎点的绑扣应互成八字形。ⓓ 梁纵向受力钢筋为双层排列时，两排钢筋之间的净距不应小于 25 mm，且不小于纵筋的直径，可用相同直径的短钢筋垫于两排纵筋之间，以控制其净距。框架节点处钢筋穿插十分稠密时，应特别注意梁顶面纵筋之间至少保持 30 mm 的净距，以利于混凝土的浇筑。ⓔ 次梁与主梁交叉处的上部纵向钢筋、次梁钢筋应放在主梁钢筋之上。ⓕ 梁钢筋绑扎完后，应将保护层垫块或塑料卡安放于梁纵向钢筋底部，以确保纵筋保护层厚度正确。

d. 板钢筋绑扎施工要点。ⓐ 板采用双层钢筋网时，下部钢筋网边缘部分的两排钢筋相交点应全部绑扎，中间交叉点可交错间隔绑扎，但必须保证钢筋不产生移位；板上部钢筋网的交叉点应全数绑扎；绑扎时应注意相邻绑扎点的绑扣应成八字形。ⓑ 板钢筋绑扎时，应防止水电管线影响钢筋的位置。ⓒ 板钢筋绑扎完后，应在板的下部钢筋底部安放好保护层垫块；上部钢筋网下应设置钢筋或混凝土撑脚，每隔 1 m 交错放置一个，以保证钢筋位置准确。

③ 钢筋隐蔽工程验收

钢筋工程施工完毕后，施工单位应先进行质量自检，合格后立即通知监理、质检部门进行隐蔽工程质量检查验收，填写好验收记录并签证认可。钢筋隐蔽工程检查验收的主要内容如下：

a. 钢筋的品种、级别、规格、数量、间距、位置等是否正确。

b. 钢筋的连接方式、接头位置、接头数量、接头面积百分率、搭接接头长度等是否符合规范要求。

c. 钢筋绑扎是否牢固，有无松动、变形现象；钢筋表面是否有油渍、漆污、铁锈等污染现象。

d. 混凝土保护层垫块或塑料卡、板上层钢筋网的钢筋或混凝土撑脚是否安放齐全、位置正确。

(3) 混凝土工程

① 混凝土供应

本工程主体结构混凝土全部采用预拌混凝土，由某大型混凝土生产公司供应。为此应提前签订好预拌混凝土供货合同，签订时由技术部门提供具体供应时间、地点、数量、混凝土强度等级、坍落度要求等资料。

② 混凝土运输

本工程柱混凝土采用塔式起重机吊运料斗进行运输。梁板混凝土采用移动式泵车将混凝土输送至浇筑处。根据本工程每层每段混凝土的浇筑量，使用一台泵车即可满足混凝土连续浇筑的需要。泵送混凝土施工中应注意以下问题：

a. 预拌混凝土运至施工现场后，应检查每车混凝土的品种、强度等级、出厂时间、坍落度等。若坍落度有较大损失而不能满足泵送要求，应加水泥浆进行搅拌。

b. 在泵送混凝土前，应先用适量的与混凝土内成分相同的水泥砂浆湿润输送泵和输送管。

c. 输送混凝土应先慢后快，逐步加速，应在系统运转顺利后再按正常速度输送。

d. 混凝土泵送浇筑应连续进行，当混凝土不能及时供应时，应采取间歇泵送方式。

e. 混凝土泵送完毕后，应将混凝土泵和输送管道清洗干净。

③ 混凝土浇筑前准备工作

a. 模板的检查工作已完成，模板的位置、标高、尺寸准确，符合设计要求。由于泵送混凝土对模板的冲击力较大，必须保证模板及支架的强度、刚度、稳定性等满足要求。模板拼缝严密，符合规范要求。

b. 钢筋的隐蔽工程检查验收工作已完成，钢筋表面的污渍应清除干净。预埋件、管线、预留孔洞的位置、数量及固定情况已检查完成，符合设计要求。

c. 模板内的杂物应清除干净，模板上的缝隙、孔洞及柱模板底部的清理孔应封闭堵严。木模板应洒水湿润，但洒水后不得留有积水。

d. 浇筑混凝土用脚手架、走道及工作平台等，搭设应安全稳固，能够满足浇筑作业的需要。

e. 对混凝土供应、水电供应、机具准备、运输道路畅通、劳动力组织等工作，均应安排就绪，并向操作人员做好安全技术交底。

④ 混凝土浇筑与振捣

a. 柱混凝土浇捣要点。ⓐ 浇筑柱混凝土之前，应先在其底部浇入 50 ～ 100 mm 厚与混凝土内砂浆成分相同的水泥砂浆，以避免构件底部因砂浆含量较少而出现蜂窝、麻面、露石等质量缺陷。ⓑ 浇筑每排柱子的顺序，应从中间开始同时向两端推进，不宜从一端推向另一端，以免浇筑混凝土后模板因吸水膨胀而产生横向推力，致使最后的柱弯曲变形。ⓒ 柱混凝土应沿其高度分层浇筑，采用插入式振动棒分层振捣密实，分层高度约为 0.5 m，每层振捣时应插入到下层尚未初凝的混凝土中 50 ～ 100 mm。

b. 梁、板混凝土浇捣要点。ⓐ 梁与板的混凝土同时浇筑，应从施工段的中部开始，同时向四周推进，不宜从一端推向另一端。ⓑ 浇筑时先将梁的混凝土分层浇筑成阶梯形，当达到板底位置时再与板的混凝土一起浇筑，随着阶梯形不断延伸，梁板的浇筑连续向前推进。ⓒ 梁的混凝土采用插入式振动棒振捣密实，插点要均匀排列，逐点移动，插点间距一般为 300 ～ 400 mm。ⓓ 当浇筑梁与柱交叉、主次梁交叉处的混凝土时，由于此处钢筋较密集，振动棒端部可改用片式并辅以人工捣固，以切实保证混凝土的密实度。ⓔ 板的混凝土采用平板振动器振捣密实，振动器沿着垂直于浇筑的方向平拉慢移，顺序前进，移动间距应使振动器的平板覆盖已振实部分混凝土的边缘，并应覆盖振捣平面的边角，以防漏振。

c. 板混凝土标高的控制。ⓐ 板四周外侧模板的上口应与板的设计标高相平。ⓑ 板中间部位应设置标高控制点，采用短钢筋加小铁板焊接在板的钢筋上，小铁板顶面用水准仪按设计标高测平，标高控制点按 3 m×3 m 方格网设置。

⑤ 混凝土施工缝

a. 施工缝的留设位置。施工缝宜留设在结构受剪力较小且便于施工的位置。结合本工程施工段的划分位置和施工顺序，施工缝的具体留设位置是：ⓐ 柱最下端的水平施工缝留设在基础顶面；各层柱均在主梁底面以下 0 ～ 50 mm 处和楼层结构顶面处各留设一道施工缝；此外，首层柱还需在其中部±0.000 高度处增设一道施工缝。ⓑ 梁与板的竖向施工缝留设在第 ⑧ 轴与第 ⑩ 轴之间纵向框架梁跨度中间的$\frac{1}{3}$范围内，且在第 ⑨ 轴次梁的右侧，如图 8.22 所示的施工段分界处。ⓒ 楼梯梯段的施工缝留设在梯段板跨度端部的$\frac{1}{3}$范围内。

b. 施工缝的接缝要求。ⓐ 在施工缝处继续浇筑混凝土时，原已硬化混凝土的抗压强度不应小于 1.2 MPa。ⓑ 清除结合面处的水泥浮浆、松动石子、软弱混凝土层，并将混凝土表面凿毛呈粗糙面。ⓒ 结合面处应洒水湿润，但不得留有积水，然后涂抹一层与混凝土内成分相同的水泥砂浆，柱水平施工缝的水泥砂浆接浆层厚度不应大于 30 mm。ⓓ 从施工缝处继续浇筑混凝土时，需仔细振捣密实，使新旧混凝土结合紧密，尽量减小施工缝对结构整体性带来的不利影响。

⑥ 混凝土养护

本工程采取保湿养护的方式：梁、板混凝土在浇筑完毕终凝后，一般在 4 ～ 6 h 且在 12 h 之内，用草帘覆盖表面，并经常洒水使其保持湿润；柱混凝土采取延缓拆模的方式（与梁、板混凝土同时拆模），以保持其表面的湿润状态。养护时间不应少于 7 d。

8.3.4 围护结构工程施工方案

1. 划分施工段及确定施工流向

本工程围护结构不分段施工，只按结构层分层施工。其施工流向采取从下至上的方向，但宜从第二层开始向顶层顺序施工，然后施工首层围护结构。这种安排，既可以较早开始围护结构施工，以缩短总工期；又可以充分利用首层框架结构宽敞的空间，作为某些材料、构件的临时存放或加工场所，以节约施工场地和临时设施。

2. 确定施工顺序

本工程围护结构工程每层的施工顺序为：绑扎构造柱钢筋 → 砌筑填充墙砌体 → 安装构造柱模板并浇筑混凝土。

3. 确定施工方法和施工机械

(1) 填充墙砌体施工

① 墙体材料。本工程填充墙为加气混凝土砌块砌体。砌筑砂浆采用专业生产厂家生产的砌块专用干拌砂浆，现场可根据需用量随时拌制随时使用。

② 材料运输设备和工具。砌筑填充墙所需的砌块、砌筑砂浆等材料的垂直运输，使用龙门架和卷扬机；材料在地面和楼面的水平运输，使用双轮手推车。

③ 施工前准备。a. 加气混凝土砌块在运输、装卸过程中，严禁抛掷和倾倒。进场后应按品种、规格分别整齐堆放于干燥场所，堆置高度不宜超过 2 m。砌块堆垛应设有标志，并应苫盖防止雨淋。b. 砌块砌筑前应检查其生产龄期，施工时所用砌块的产品龄期不应少于 28 d，且含水率应小于 30%。c. 按照砌块每皮的高度制作皮数杆，并竖立于每片墙的两端；在砌筑位置放出墙身边线、门窗口位置线。d. 为使填充墙砌体与主体结构有可靠的连接，砌筑前应按设计要求预先设置墙体拉结钢筋，拉结钢筋可采用化学植筋的方式埋置于框架柱中，并应注意拉结钢筋的位置要与砌块的皮数相符合。

④ 填充墙砌筑施工要点。a. 砌块墙的底部应先砌筑烧结普通砖或多孔砖，或浇筑混凝土坎台，坎台高度不宜小于 150 mm。b. 填充墙砌筑时应错缝搭砌，加气混凝土砌块的搭砌长度应不小于砌块长度的$\frac{1}{3}$；竖向通缝应不大于 2 皮块体。c. 加气混凝土砌块不得与其他块体混砌，但因安装门窗的需要，在门窗洞口两侧的上、中、下部，可采用烧结普通砖局部嵌砌。d. 切割砌块时应使用手提式机具或相应的机械设备，不得用瓦刀任意砍劈。e. 砌体的水平灰缝厚度及竖向灰缝宽度不得超过 15 mm，且水平及竖向灰缝的砂浆饱满度均不得低于 80%。f. 墙体与构造柱的连接处应砌成马牙槎。马牙槎的凹凸尺寸不宜小于 60 mm，高度不应超过 300 mm。马牙槎从每层柱脚开始，应先退后进，对称砌筑。g. 填充墙砌至接近梁、板底时，应留有一定空隙，待填充墙砌筑完并应至少间隔 14 d 后，再将其补砌挤紧。通常可采用斜砌烧结普通砖的方法来挤紧，以保证砌体与梁、板底的紧密结合。

（2）构造柱施工

① 钢筋安装施工要点。a. 填充墙中的构造柱应与主体结构有可靠连接。可将构造柱钢筋绑扎成钢筋骨架，再与上、下层框架梁中预先埋置的插筋搭接连接，插筋埋入和伸出的长度应符合设计要求，搭接区段内箍筋的间距应加密。b. 构造柱与墙体的马牙槎连接处，应沿墙高每隔 500 mm 左右设置 2 根直径为 6 mm 的水平拉结钢筋，拉结钢筋每边伸入墙内不应小于 600 mm。c. 填充墙砌筑完后，应对构造柱钢筋进行整修，以确保钢筋位置正确。

② 混凝土浇筑施工要点。a. 构造柱的混凝土运输可采用龙门架和双轮手推车，宜先将混凝土卸在铁板上，再用铁锹灌入模内。b. 浇筑混凝土前，必须将砌体留槎部位和模板浇水湿润，将模板内的杂物清理干净，并在柱底注入适量与构造柱混凝土成分相同的去石水泥砂浆。c. 浇筑构造柱的混凝土坍落度一般以 50 ～ 70 mm 为宜。浇筑时应分层浇筑并采用插入式振动棒分层捣实，但应避免振动棒直接触碰钢筋和墙体，严禁通过墙体传振，以免墙体变形和灰缝开裂。

（3）脚手架搭设

本工程围护结构工程施工时所需的外脚手架，可利用主体框架结构施工时已搭设的脚手架。里脚手架可采用扣件式或碗扣式钢管脚手架搭设。

8.3.5 屋面工程施工方案

1. 划分施工段及确定施工流向

本工程因设计无变形缝，故屋面工程不分段施工。其施工流向应根据运输屋面工程材料时所采用的垂直运输机械的位置，按先远后近的流向施工。

2. 确定施工顺序

根据本工程屋面的构造做法，其施工顺序为：屋面保温层施工 → 屋面找坡层施工 → 屋面找平层施工 → 屋面卷材防水层施工。

3. 确定施工方法

(1) 屋面保温层施工

本工程屋面保温层为挤塑聚苯板。其施工要点如下：

① 应严格按照有关标准选择保温材料，密度不应过大，不符合规范要求的材料不得使用。保温材料进场后应加强保管，严格控制其含水率。若含水率过高，一方面材料的保温隔热性能会降低，另一方面水分不易排出，铺贴卷材防水层后易产生鼓泡，影响防水层的质量和使用寿命。

② 铺设保温层之前，应将屋面基层清扫干净。

③ 铺设保温板时应拉线找平，板块应紧密铺贴、铺平、垫稳。保温板若有缺棱掉角，可用同类材料的碎块嵌补，并用同类材料的粉屑加适量水泥嵌填缝隙。

④ 在已铺设完的保温板上行走或用手推车运输材料时，应在其上铺脚手板，以免挤压保温层。

⑤ 保温层如需留设排气槽，应在砂浆找平层分格缝排气道处留设，不得遗漏。

(2) 屋面找坡层施工

本工程屋面找坡层为水泥焦渣。其施工要点如下：

① 找坡层铺设前，应先根据其厚度和设计排水坡度拉线找坡，最薄处应符合设计要求。

② 铺设顺序由一端退着向另一端进行，用平板振动器振捣或木抹子拍实。应防止铺设时材料移动堆积，造成找坡不匀；还应防止水泥焦渣压实时挤压下面的保温层，影响保温隔热效果。

③ 找坡层表面应抹平，做成粗糙面，以利于与上部找平层的结合。

(3) 屋面找平层施工

本工程屋面找平层为水泥砂浆。其施工程序为：清理基层 → 贴灰饼、抹标筋 → 铺抹找平层 → 抹平、压实 → 留设分格缝 → 养护。施工要点如下：

① 清理基层。将屋面结构层、找坡层上面的松散杂物清除干净，凸出表面的砂浆、灰渣等硬物应剔平扫净。

② 贴灰饼、抹标筋。根据找平层厚度和设计排水坡度拉线贴灰饼。而后顺流水方向将灰饼连成标筋，标筋间距为 1.5 m 左右。在排水沟、水落口处应找出泛水。

③ 铺抹找平层。找平层砂浆的稠度应控制在 70 mm 左右。摊铺砂浆后，用木杠沿两边标筋将砂浆刮平，并用木抹子搓揉、压实。在基层与凸出屋面结构（如女儿墙、伸出屋面管道等）的交接处，以及基层的转角处（如排水沟、水落口等），找平层均应做成圆弧形，且应整齐平顺。

④ 抹平、压实。水泥砂浆铺抹后，需用铁抹子压实三遍成活。第一遍在砂浆稍干水泥初凝前，提浆拉平，使砂浆均匀密实；当砂浆开始凝结，人踩上去有脚印但不至下陷时，压第二遍，将表面抹压平整、密实，并把死坑、死角、砂眼抹平；当水泥开始终凝时，进行第三遍压实，将抹纹压平，略呈毛面，使砂浆找平层更加密实。切忌在水泥终凝后压光。

⑤ 留设分格缝。为避免找平层开裂，找平层应留设分格缝。缝宽为 5 ～ 20 mm，纵横缝间距均不宜大于 6 m。当利用分格缝兼作排气屋面的排气道时，缝宽应适当加宽，并应与保温层

连通。找平层硬化后，分格缝内需嵌填密封材料或缝口上空铺宽度不小于 100 mm 的卷材条。

⑥ 养护。水泥砂浆找平层终凝后，常温下在 24 h 后应覆盖草帘、洒水养护。养护时间一般不少于 7 d。找平层干燥后，无起砂、起皮现象，即可进行防水层施工。

(4) 屋面卷材防水层施工

本工程屋面防水层为改性沥青卷材。其施工程序为：喷涂基层处理剂 → 特殊部位附加层增强处理 → 定位、弹线、试铺 → 铺贴卷材 → 收头处理、节点密封 → 清理、检查、修整 → 保护层施工。施工要点如下：

① 喷涂基层处理剂。喷涂基层处理剂前应首先检查找平层的质量和干燥程度，并清扫干净，符合要求后才可施工。在大面积喷涂前，应先用毛刷对屋面节点、周边、转角等处进行涂刷。基层处理剂喷涂应厚薄均匀，不得有空白、麻点或气泡。待其干燥后应及时铺贴卷材。

② 卷材铺贴顺序。卷材防水层施工时，应先对屋面一些特殊部位和排水比较集中的部位进行细部构造处理，如在屋面平面与立面交接处，以及水落口、伸出屋面管道根部等部位，增贴卷材附加层。然后由屋面最低标高处向上进行大面积铺贴，并按先远后近的顺序进行铺贴。

③ 卷材铺贴方向。卷材宜平行于屋脊铺贴，以保证卷材长边接缝顺流水方向；上下层卷材不得相互垂直铺贴。

④ 卷材搭接缝。平行于屋脊的搭接缝应顺流水方向，搭接缝宽度应符合有关规范的规定。同一层相邻两幅卷材短边搭接缝应错开，且不应小于500 mm；上下层卷材长边搭接缝应错开，且不应小于幅宽的$\frac{1}{3}$。

⑤ 卷材与基层的粘贴方法。本工程卷材与基层的粘贴形式为满粘法。粘贴方法为热熔法，即采用火焰加热器将热熔型卷材底面的热熔胶熔化后，立即在基层上直接滚铺粘贴卷材，并辊压使其粘贴平整、牢固。

⑥ 卷材保护层施工。卷材铺设完毕应进行淋水试验，经检验合格后，应立即进行保护层施工，本工程采用浅色涂料保护层，其材料用量应根据产品说明书的规定使用。施工时涂料应多遍涂刷；涂层应与卷材黏结牢固，厚薄应均匀，不得漏涂；涂层表面应平整，不得流淌和堆积。

8.3.6　装饰工程施工方案

1. 划分施工段及确定施工流向

本工程的装饰工程不分段施工，只按结构层分层施工。

其总体施工流向：室外装饰按常规采取从上至下的方向；室内装饰可以从上至下，也可以从下至上。

从上至下进行室内装饰施工的优点是：① 装饰工程开始施工时，主体结构及围护结构均已施工完毕，避免了各工种之间的立体交叉作业，有利于安全施工，也有利于劳动力的组织。② 此时建筑结构的沉降变形已基本完成，有利于保证装饰工程的质量。③ 由于施工作业队伍相对较少，作业种类相对较少，有利于装饰工程的成品保护。虽然此种施工流向会使施工工期略长，但只要在工期允许的条件下，应优先考虑。经分析比较，本工程室内装饰决定采取从上至下的施工流向。

2. 确定施工顺序

(1) 室内、室外装饰工程的施工顺序

室内、室外装饰工程的施工顺序可以有三种：① 先室外、后室内，这种顺序采用较多。② 先室内楼地面、后室外墙面，这种顺序仅适用于楼地面装饰为现浇水磨石面层时。③ 室内、室外同时施工，这种顺序常用于装饰工程量较大时，可由两个施工班组在室内、室外同时施工。

本工程装饰工作量不是很大，决定采用先室外、后室内的施工顺序。其优点是：有利于室内装饰的成品保护，也可尽早拆除外脚手架。

(2) 室内各部位装饰及门窗口安装的施工顺序

本工程室内装饰的主要工程做法是：墙面为砂浆抹灰，乳胶漆饰面；楼地面为陶瓷地砖面层；顶棚为满刮腻子，乳胶漆饰面。窗为塑钢窗，门主要为木门。装饰工程采取的施工顺序是：安装门窗框 → 外墙面抹灰 → 内墙面抹灰 → 楼地面贴地砖 → 顶棚满刮腻子 → 顶棚、内墙面刷乳胶漆 → 安装门窗扇。

卫生间、盥洗室内装饰的工程做法是：墙面为陶瓷砖墙面；楼地面为防滑地砖面层(有防水层)；顶棚为铝合金龙骨及铝塑板面层吊顶。其装饰工程的施工顺序是：安装门窗框 → 外墙面抹灰 → 内墙面贴面砖 → 楼地面防水层施工 → 楼地面贴地砖 → 吊顶棚施工 → 安装门窗扇。

3. *确定施工方法*

(1) 墙面装饰工程

① 外墙面抹灰

本工程外墙面抹灰为水泥石灰砂浆打底，水泥砂浆抹面。其施工程序为：基层处理 → 找规矩、抹灰饼、抹标筋 → 抹底层灰 → 嵌分隔条 → 抹面层灰 → 养护。施工要点如下：

a. 基层处理。抹灰前应将砌体灰缝不饱满处、缺棱掉角和凹凸不平处用砂浆填塞、修整，剔除凸出灰缝的砂浆，并将门窗口与墙体间缝隙用密封材料嵌填密实。然后洒水湿润，再涂刷墙体界面处理剂。

b. 找规矩、抹灰饼、抹标筋。为了控制抹灰层的厚度和平整度，在抹灰前应找好规矩。首先须在墙面上放出横竖准线，竖向准线可从顶层用大线坠吊垂直，并用绷紧的铁丝找规矩，横向放线可依据楼层标高线作为水平基准线进行交圈控制。然后抹好灰饼作为墙面抹灰的标志，抹灰饼时应注意横竖交圈。每层抹灰前将灰饼之间连成标筋，以保证墙面抹灰垂直与平整。

c. 抹底层灰。在标筋之间从上往下进行墙面的大面积抹底层灰，抹灰层与基层之间必须黏结牢固。

d. 嵌分隔条。大面积外墙面抹灰应进行分格，以防止砂浆收缩，造成开裂。分格时应根据设计要求弹分格线，并粘贴木分格条。分格缝的宽度和深度应均匀。

e. 抹面层灰。分格条粘好后待底层灰七八成干时可开始抹面层灰。底层灰上应洒水湿润，并先刮一层薄的素水泥浆，随即抹面层灰与分格条齐平，并压实、压光。然后将分格条起出。

f. 养护。水泥砂浆抹灰层，在常温下应于 24 h 后洒水湿润养护。

② 内墙面抹灰

本工程内墙面抹灰为水泥石灰砂浆打底和抹面。其施工程序为：基层处理 → 找规矩、抹灰饼、抹标筋 → 抹护角 → 抹底层灰 → 抹面层灰并压光 → 养护。施工要点如下：

a. 基层处理。内墙面抹灰前的基层处理与外墙面基本相同。除此之外，对于两种不同的基层材料(砌块与混凝土结构) 交接处，应先铺钉一层金属网进行加强，加强网与基体的搭接宽度每侧不应小于 100 mm，以免抹灰层因基层温度变化胀缩不一而产生裂缝。

b. 找规矩、抹灰饼、抹标筋。内墙面找规矩应在墙面上弹出各准线，横线找平、竖线吊直。抹灰饼宜采用水泥砂浆，上下两排，并找好灰饼的垂直度与平整度。当灰饼砂浆达到七八成干时，即可用与抹灰层相同的砂浆将灰饼之间连成标筋。

c. 抹护角。对于易受碰撞的室内墙面、柱面和门洞口的阳角，应按设计要求抹护角。设计无要求时，应采用 1：2 水泥砂浆抹暗护角，其高度不应低于 2 m，每侧宽度不应小于 50 mm。

d. 抹底层灰。在标筋之间进行墙面的大面积抹底层灰。底层砂浆凝固前，可在层面上每隔一定距离交叉画出斜痕，以增强与面层的黏结。

e. 抹面层灰并压光。抹面层灰时应注意接槎平整，表面压光不得少于两遍。

f. 养护。混合砂浆抹灰层在凝结前应防止快干、水冲、撞击、振动和受冻，在凝结后应采取措施防止沾污和损坏。

③ 内墙面贴面砖

本工程卫生间、盥洗室内墙面为陶瓷砖墙面。其施工程序为：基层处理 → 抹底层砂浆 → 选砖和浸砖 → 放线、预排、贴标志块 → 粘贴饰面砖 → 勾缝、清洁面层。施工要点如下：

a. 基层处理。陶瓷砖墙面的基层处理与抹灰墙面相同，基层表面应干净、平整而粗糙。

b. 抹底层砂浆。底层砂浆应分两次涂抹，刮平、压实后用木抹子搓成毛面。底层砂浆抹完后一般需洒水养护 1 ～ 2 d 方可粘贴面砖。

c. 选砖和浸砖。铺贴的面砖应进行挑选，即挑选颜色和规格一致、形状平整方正、无缺陷的面砖。饰面砖应在清水中浸泡 2 h 以上，然后取出阴干备用。

d. 放线、预排、贴标志块。铺贴面砖前应进行放线定位和预排，内墙面砖的接缝宽度一般为 1 ～ 1.5 mm。非整砖应排在次要部位或墙的阴角处，每片墙面不宜多于两排非整砖，非整砖的宽度不宜小于原砖尺寸的$\frac{1}{4}$。预排后用废面砖按黏结层厚度用混合砂浆粘贴标志块，其间距一般为 1.5 m 左右，以控制饰面砖的平整度。

e. 粘贴饰面砖。粘贴面砖的水泥砂浆中应掺建筑胶。粘贴面砖时，先洒水湿润墙面，再根据已弹好的水平线，在最下面一层面砖的底部安放好垫尺板作为依据，由下往上逐层粘贴。面砖应与基层黏结密实牢固，砖面平整，砖缝横平竖直。应随时进行检查、修整，并将砖缝中挤出的浆液擦净。

f. 勾缝、清洁面层。面砖粘贴完毕后应进行质量检查。然后将接缝处用勾缝胶或水泥浆擦嵌密实，应保证砖缝深浅一致、表面平整。全部工作完成后随即将砖表面清理干净，并做好成品保护。

(2) 楼地面装饰工程

① 首层地面垫层施工

本工程首层地面垫层为 C15 混凝土。混凝土供应采用预拌混凝土。混凝土水平运输，采用移动式混凝土泵车，将混凝土从房间窗洞处向室内输送。其施工要点如下：

a. 浇筑混凝土垫层前，应清除基土层表面上的杂物，并洒水湿润，但表面不得有积水。

b. 混凝土铺设后应采用平板振动器振捣密实，然后用木抹子将垫层表面搓平。

c. 混凝土浇筑完毕后应进行养护，宜在 12 h 内覆盖草帘并洒水湿润。待混凝土强度达到 1.2 MPa 以后，方可在其上进行面层铺设等施工。

② 楼地面防水层施工

本工程卫生间、盥洗室的楼地面防水层为聚氨酯防水涂料，涂料下面为细石混凝土找坡层。其施工程序为：管件根部防水 → 细石混凝土找坡层施工 → 细部附加层施工 → 涂布聚氨酯涂料防水层 → 第一次蓄水试验 → 饰面层施工 → 第二次蓄水试验、工程质量验收。施工要点如下：

a. 管件根部防水。穿过楼地面的管件（如管道、套管、地漏等）必须安装牢固。管件定位后，应将管件与周围楼板间的缝隙用微膨胀水泥砂浆堵严；缝隙大于 20 mm 时，可用微膨胀细石混凝土浇筑严实。水泥砂浆或混凝土在管件根部处应留有凹槽，槽深 10 mm、宽 20 mm，凹槽内嵌填密封膏，并向上刮涂 30 ～ 50 mm 的高度。

b. 细石混凝土找坡层施工。找坡层施工前应将基层清理干净并洒水湿润。然后由四周向地漏方向呈放射状抹标筋，并找好坡度，其坡度以 1% ～ 2% 为宜。铺设细石混凝土时，应在基层上涂刷一遍素水泥浆，随涂刷随铺设细石混凝土。找坡层应坚实、无空鼓，表面平整、光滑。在管道根部的周围应使找坡层略高于地面，在地漏的周围应做成略低于地面的凹坑，在所有转角处的找坡层均应做成半径不小于 10 mm 的均匀一致的平滑小圆角。

c. 细部附加层施工。在地面与墙面交接处、穿过楼板的管道根部和地漏等易发生渗漏的部位，必须先进行附加增强处理，可增设胎体增强材料并增加涂布防水涂料。地面与墙面交接处及管道根部，附加层宽度和上返高度均不应小于 250 mm，地漏口周边和下返地漏口的附加层尺寸均不应小于 40 mm。

d. 涂布聚氨酯涂料防水层。防水层施工前找坡层应基本干燥，并应将其表面的尘土、杂物彻底清扫干净。涂布涂料时应多遍涂刷，一般以 3 ～ 4 遍为宜，每一遍涂层的厚薄应均匀，涂料的总厚度以不小于 1.5 mm 为合格。施工时，应待前一遍的涂料干燥成膜后，再涂布后一遍涂料，且各遍涂层的涂布方向应相互垂直。在最后一道涂膜固化前可在表面撒少许干净的粗砂，以增强涂膜与其上饰面层之间的黏结。

e. 第一次蓄水试验。防水层施工完毕且阴干后应进行 24 h 蓄水试验，蓄水高度应达到找坡最高点水位 20 ～ 30 mm 以上，确认防水层无渗漏后方可进行其上饰面层的施工。

f. 饰面层施工。铺贴饰面层时砂浆应充填密实，不得有空鼓和高低不平现象，并应注意房间内的排水坡度，在地漏周边 50 mm 范围内排水坡度可适当增大。

g. 第二次蓄水试验。在房间内的设备与饰面层施工完毕后，还应进行第二次 24 h 蓄水试验，达到最终无渗漏和排水畅通为合格，此后方可正式进行工程质量验收。

③ 楼地面铺贴地砖

本工程的楼地面主要为陶瓷地砖面层，铺设在首层混凝土地面垫层或楼层水泥砂浆找平层上；卫生间、盥洗室的楼地面为防滑地砖面层，铺设在聚氨酯涂料防水层上。两种地面砖的施工程序均为：基层清理 → 弹定位控制线 → 准备地面砖 → 铺贴地面砖 → 勾缝或压缝 → 养护。其施工要点如下：

a. 基层清理。地面砖施工前应清除基层上的砂浆、浮灰、油污等，并洒水湿润（防水层上不必洒水）。

b. 弹定位控制线。在基层上，应根据房间尺寸并按照排砖方案图，弹出纵横定位控制线。

弹线应从门口开始，以保证进口处为整砖，非整砖置于阴角处。

c. 准备地面砖。在铺贴地砖前，应对砖的规格尺寸、外观质量、色泽等进行预选。地砖应在清水中浸泡湿润，然后取出阴干备用。

d. 铺贴地面砖。铺贴地面砖时应根据排砖控制线，首先在房间的四角对角铺贴标准块，拉线找平，使其高度一致；再根据标准块铺贴房间两侧的基准行；然后根据基准行由里向外逐行挂线铺贴地面砖。粘贴地面砖的结合层宜采用干硬性水泥砂浆，并在地砖背面满涂 2 ～ 3 mm 厚的水泥膏，将地砖铺贴在结合层上。然后用橡皮槌轻击表面使其粘贴紧密、坚实，缝隙均匀且与相邻板块高度齐平。

e. 勾缝或压缝。地面砖铺贴后 24 h 内，应采用素水泥浆进行勾缝或压缝工作。勾缝深度以比砖表面凹进 2 ～ 3 mm 为宜。待缝隙内的水泥凝结后，应将面层清理干净。

f. 养护。地砖面层铺设后，表面应覆盖并洒水湿润养护，养护时间不应少于 7 d。待水泥砂浆结合层的抗压强度达到设计要求后，方可正常使用。

(3) 顶棚装饰工程

本工程卫生间、盥洗室的顶棚装饰为铝合金天棚龙骨，铝塑板天棚面层。其施工程序为：弹线 → 固定吊挂杆件 → 固定龙骨 → 安装饰面板。施工要点如下：

① 弹线。吊顶棚施工前，应使用水准仪在房间每个墙面上测出水平点并弹出顶棚标高控制线。同时需按照吊顶平面图，在混凝土顶板上弹出主龙骨位置线。

② 固定吊挂杆件。通过金属膨胀螺栓将钢吊挂杆固定于混凝土顶板。吊杆的间距不应大于 1.2 m，吊杆距主龙骨端部不得大于 300 mm。

③ 固定龙骨。铝合金龙骨由主龙骨、次龙骨、横撑龙骨组成。a. 主龙骨通过吊挂件与吊杆连接固定。主龙骨宜沿平行于房间的长方向安装，间距不应大于 1.2 m，同时拉线调整主龙骨的高度，中间起拱高度一般为房间短跨的 $\frac{1}{300} \sim \frac{1}{200}$。b. 次龙骨通过连接件吊挂于主龙骨上，并使其紧贴主龙骨固定。次龙骨的间距应按饰面板的尺寸和接缝要求准确确定。c. 横撑龙骨（可由次龙骨材料截取）与次龙骨连接。横撑龙骨的间距应按饰面板尺寸确定。组装好的横撑龙骨与次龙骨底面应齐平。d. 四周墙边的边龙骨安装可用射钉固定在墙上，射钉间距应不大于吊顶次龙骨的间距。e. 一般轻型灯具可固定在次龙骨或横撑龙骨上。

④ 安装饰面板。将饰面板连接固定在龙骨上。安装时应对称于顶棚的中心线，并由中心向四个方向推进，不可由一边推向另一边安装，以免龙骨变形。

(4) 门窗安装

本工程的外门为塑钢玻璃门，内门为木门，窗全部为塑钢窗。门窗安装的施工要点如下：

① 施工前准备

结构施工完毕后，应检查门窗洞口的尺寸、标高和防腐木砖的位置。对相同标高的同一排门窗，应拉通长水平线检查门窗洞口位置；外墙窗口应使用经纬仪或用大线坠吊垂线，从上向下校核窗洞口的位置。各门窗的上下、左右应在同一条直线上，对上下、左右不符线的结构边角应进行处理。然后按设计要求在门窗洞口的相应位置弹出门窗框安装位置线。

② 木门安装

a. 木门框安装。木门框安装应在墙面抹灰和楼地面面层施工前完成。安装时，先用木楔将门框临时固定在洞口内已弹出的安装位置线上，并用垂直检测尺校正门框的正、侧面垂直度。然后用铁钉将门框固定在墙内预埋的防腐木砖上，每块木砖要钉两处以上；门的上横框则用木楔楔紧。

b. 木门扇安装。木门扇安装时，先量出门框内的净尺寸，考虑留缝宽度，确定门扇的高、宽尺寸。然后刨去门扇的多余部分，并刨光、刨平直；若门扇高、宽尺寸过小，可在下边或装合页的一边用胶和铁钉绑钉刨光的木条。而后将门扇放入框内试装并检查四周的缝隙。试装合格后，剔出合页槽，用螺钉固定合页将门扇与边框相连接。

③ 塑钢门窗安装

a. 门窗框固定方法。塑钢门窗框是通过框四周的镀锌连接件固定于洞口内。固定镀锌连接件的方法是：对钢筋混凝土结构体，可采用塑料膨胀螺钉固定，也可将其焊接在预埋铁件上；对加气混凝土砌块墙体，可在连接位置处先钻出直径为 20 mm、深度为 80 mm 的孔洞，清理干净后打入直径 22 mm、长度 80 mm、表面刷胶的圆木楔，将其黏结固定于墙体内，再将镀锌连接件固定在圆木楔上。

b. 门窗安装要点。ⓐ 塑钢门窗安装时，先在门窗框连接固定点的位置安装镀锌连接件。ⓑ 门窗框放入洞口后，用木楔将门窗框四角临时固定，并用垂直检测尺校正门窗框的正、侧面垂直度，然后将镀锌连接件与洞口四周固定。ⓒ 塑钢门窗框四周与墙体间的缝隙内，应采用闭孔弹性材料（如发泡塑料）嵌填饱满。ⓓ 墙面装饰工程完成后，缝隙表面应采用密封胶密封。

④ 门窗玻璃安装要点

a. 门窗玻璃宜集中裁割，边缘不得有缺口和斜曲等缺陷。

b. 安装前，应将门窗裁口内的污垢清除干净，疏通排水孔，接缝处的玻璃、金属或塑料表面必须清洁、干燥。

c. 安装塑钢门窗的玻璃时，玻璃边缘不得与框、扇及其连接件直接接触，所留间隙应符合规定，并用嵌条或橡胶垫片固定。

d. 玻璃镶嵌入框、扇内后，必须用密封条或密封胶将缝隙封填饱满。

（5）涂饰工程

① 室内墙面、顶棚涂饰乳胶漆

本工程的内墙面涂饰是在抹灰面上涂饰乳胶漆；顶棚涂饰是在混凝土板底满刮腻子两遍，再涂饰乳胶漆。两者的施工程序基本相同，均为：基层处理 → 刮腻子 → 涂饰乳胶漆。其施工要点如下：

a. 基层处理。墙体抹灰表面的灰尘、浮砂、疙瘩等要清除干净。顶棚混凝土板底的灰渣应清理干净，凸出处应剔平，黏附的脱模剂可用碱水洗刷后，再用清水洗刷干净。

b. 刮腻子。刮腻子的目的是使表面平整、光滑、无裂缝，腻子材料应采用专用腻子粉调制而成。ⓐ 对于墙面：应将抹灰表面的气孔、麻面、裂缝及凹凸不平之处嵌平；待腻子干燥后用砂纸磨平、磨光，并把浮尘扫净；若还有坑洼不平处，可再补刮腻子。ⓑ 对于顶棚：应按设计要求先满刮一遍腻子，将表面找平；待其干燥后，用砂纸将腻子残渣、斑迹等打磨平整；然后再满刮第二遍腻子，使表面进一步平整；腻子彻底干透后，用砂纸打平、磨光，清扫干净。

c. 涂饰乳胶漆。涂饰乳胶漆前应先用布将表面粉尘擦净。涂饰的方法以使用喷涂机采用喷涂法为主，对于边角部位则可使用滚筒采用滚涂法，或使用刷子采用刷涂法施工。涂饰的顺序为先上后下、自左向右，且应先涂饰顶棚再涂饰内墙面。乳胶漆的涂饰通常为两遍成活：第一遍乳胶漆干燥后需复补腻子，复补腻子干透后用砂纸磨光，并清扫干净；涂刷第二遍乳胶漆，待漆膜干燥后，需用细砂纸将墙面小疙瘩打磨掉，打磨光滑后再用布擦干净。

② 外墙面涂饰涂料

本工程的外墙面涂饰为在水泥砂浆抹面上涂饰两遍涂料。其施工程序为：基层处理 → 刮

腻子 → 弹分色线 → 涂饰涂料。施工要点如下。

a. 基层处理。对基层处理的要求是：ⓐ 基层应先进行养护，常温下砂浆抹面需养护 7 d 以上方可涂饰涂料，否则会出现粉化或色泽不均匀等现象。ⓑ 基层上的孔洞和墙面分格缝的不齐整之处，应提前进行修补，修补材料可采用掺有108胶的素水泥膏。ⓒ 基层要求平整，但又不宜太光滑，太光滑的表面对涂料黏结性能有影响，太粗糙的表面则会增加涂料的消耗量。

b. 刮腻子。腻子材料应选用与涂料配套的产品。外墙面的普通涂装，应满刮一遍腻子并用砂纸磨平。

c. 弹分色线。应按设计要求在墙面上弹出涂料分色线。先涂刷浅色涂料，后涂刷深色涂料。

d. 涂饰涂料。在涂饰涂料前，宜先刷一道与涂料体系相适应的稀释乳液，稀释乳液渗透力强，可使基层坚实、黏结性能好并节省涂料。外墙面涂饰的方法目前多采用滚涂法。涂饰的顺序一般应由上而下、分段分步进行。第一遍可涂饰遮盖力较强的涂料，涂料的稠度以盖底、不流淌、不显涂痕为宜。第一遍涂料干燥后个别缺陷之处要复补腻子并用砂纸磨平。然后涂刷第二遍涂料，以涂膜饱满、厚度均匀、色泽一致为合格。

8.4　施工计划编制

8.4.1　施工进度计划

1. 确定分部分项工程项目、计算劳动量和机械台班量

分项工程的劳动量和机械台班量应按第7章式(7.1)计算，即：$P = QH$。本实例中，各分项工程的项目名称、各分项工程的工程量 Q、时间定额 H，均参照现行施工定额计算确定。各分部分项工程项目的具体划分、各分项工程的工程量 Q、劳动量和机械台班量的计算，详见表 8.3。

表 8.3　劳动量和机械台班量计算表

<table>
<tr><th rowspan="3">序号</th><th rowspan="3" colspan="3">分部分项工程名称</th><th colspan="3">工程量 Q</th><th rowspan="3">时间定额 H</th><th colspan="2">劳动量 P
/[工日(台班)]</th></tr>
<tr><th rowspan="2">单位</th><th rowspan="2">Ⅰ段</th><th rowspan="2">Ⅱ段</th><th colspan="2"></th></tr>
<tr><th>Ⅰ段</th><th>Ⅱ段</th></tr>
<tr><td>1</td><td rowspan="7">土方与基础工程</td><td colspan="2">施工准备工作</td><td>项</td><td colspan="2">—</td><td>—</td><td colspan="2">60</td></tr>
<tr><td>2</td><td colspan="2">挖土机挖土
自卸汽车运土</td><td>m³</td><td colspan="2">1839.94</td><td>18.12 工日
(3.02 台班)/1000 m³</td><td colspan="2">33.34
(5.56)</td></tr>
<tr><td>3</td><td colspan="2">槽底钎探</td><td>m²</td><td colspan="2">990.66</td><td>5.78 工日/100 m²</td><td colspan="2">57.26</td></tr>
<tr><td>4</td><td colspan="2">混凝土基础垫层(综合)</td><td>m³</td><td colspan="2">42.46</td><td>2.008 工日/m³</td><td colspan="2">85.26</td></tr>
<tr><td rowspan="3">5</td><td rowspan="3">绑基础钢筋</td><td>独立基础</td><td>m³</td><td colspan="2">118.15</td><td>0.051 工日/m³</td><td colspan="2">6.03</td></tr>
<tr><td>基础梁</td><td>m³</td><td colspan="2">41.72</td><td>1.584 工日/m³</td><td colspan="2">66.08</td></tr>
<tr><td>合计</td><td>—</td><td colspan="2">—</td><td>—</td><td colspan="2">72.11</td></tr>
</table>

续表 8.3

序号	分部分项工程名称				工程量 Q			时间定额 H	劳动量 P /[工日(台班)]	
					单位	Ⅰ段	Ⅱ段		Ⅰ段	Ⅱ段
6	土方与基础工程	支基础模板	独立基础		m^3	118.15		0.466×0.7 工日/m^3	38.54	
			基础梁		m^3	41.72		2.735×0.7 工日/m^3	79.87	
			合计		—	—		—	118.41	
7		浇基础混凝土	独立基础		m^3	118.15		0.01 台班/m^3	(1.60)	
			基础梁		m^3	41.72				
			合计		m^3	159.87				
8		拆基础模板	独立基础		m^3	118.15		0.466×0.3 工日/m^3	16.52	
			基础梁		m^3	41.72		2.735×0.3 工日/m^3	34.23	
			合计		—	—		—	50.75	
9		柱地下部分施工(综合)			m^3	12.51		7.248 工日/m^3	90.67	
10		砌砖基础			m^3	132.40		1.179 工日/m^3	156.10	
11		地圈梁(综合)			m^3	11.98		5.023 工日/m^3	60.18	
12		填土	基础回填土		m^3	1539.66		0.220 工日/m^3	338.73	
			室内填土		m^3	379.86		0.438 工日/m^3	166.38	
			合计		—	—		—	505.10	
13	主体结构工程	绑柱钢筋	一～四层		m^3	16.19	16.19	1.584 工日/m^3	25.64	25.64
14		支柱、梁板、楼梯模板	一～三层	柱	m^3	16.19	16.19	3.813×0.7 工日/m^3	43.21	43.21
				梁板	m^3	73.44	72.50	3.459×0.7 工日/m^3	177.82	175.54
				楼梯	m^2	18.19	18.19	1.063×0.7 工日/m^2	13.54	13.54
				合计	—	—	—	—	234.57	232.29
			四层	柱	m^3	16.19	16.19	3.813×0.7 工日/m^3	43.21	43.21
				梁板	m^3	75.36	74.47	3.459×0.7 工日/m^3	182.47	180.31
				合计	—	—	—	—	225.68	223.52
15		浇柱混凝土	一～四层		m^3	13.76	13.76	1.851 工日/m^3	25.47	25.47
16		绑梁板、楼梯钢筋	一～三层	梁板	m^3	73.44	72.50	0.859 工日/m^3	63.08	62.28
				楼梯	m^2	18.19	18.19	0.154 工日/m^2	2.80	2.80
				合计	—	—	—	—	65.88	65.08
			四层	梁板	m^3	75.36	74.47	0.859 工日/m^3	64.73	63.97

续表 8.3

序号	分部分项工程名称				工程量 Q			时间定额 H	劳动量 P /[工日(台班)]	
					单位	Ⅰ段	Ⅱ段		Ⅰ段	Ⅱ段
17	主体结构工程	浇柱头、梁板、楼梯混凝土	一～三层	柱头	m^3	2.43	2.43	0.01 台班/m^3	(0.80)	(0.79)
				梁板	m^3	73.44	72.50			
				楼梯	m^3	4.49	4.49			
				合计	m^3	80.36	79.42			
			四层	柱头	m^3	2.43	2.43	0.01 台班/m^3	(0.78)	(0.77)
				梁板	m^3	75.36	74.47			
				合计	m^3	77.79	76.90			
18		拆柱、梁板、楼梯模板	一～三层	柱	m^3	16.19	16.19	3.813×0.3 工日/m^3	18.52	18.52
				梁板	m^3	73.44	72.50	3.459×0.3 工日/m^3	76.21	75.23
				楼梯	m^2	18.19	18.19	1.063×0.3 工日/m^2	5.80	5.80
				合计	—	—	—	—	100.53	99.55
			四层	柱	m^3	16.19	16.19	3.813×0.3 工日/m^3	18.52	18.52
				梁板	m^3	75.36	74.47	3.459×0.3 工日/m^3	78.20	77.28
				合计	—	—	—	—	96.72	95.80
19		混凝土女儿墙(综合)			m^3	14.64		11.445 工日/m^3	167.55	
20	围护结构工程	加气混凝土砌块墙			m^3	988.56		1.325 工日/m^3	1309.84	
21		墙体内混凝土	构造柱(综合)		m^3	57.32		4.878 工日/m^3	279.61	
			过梁、雨篷(综合)		m^3	12.47		6.964 工日/m^3	86.84	
			合计		—	—		—	366.45	
22	屋面工程	屋面聚苯板保温层			m^3	70.28		0.492 工日/m^3	34.58	
23		屋面水泥焦渣找坡层			m^3	93.13		1.146 工日/m^3	106.73	
24		屋面水泥砂浆找平层			m^2	922.36		6.20 工日/100 m^2	57.19	
25		屋面改性沥青防水层			m^2	922.36		5.19 工日/100 m^2	47.87	
26	装饰工程	地面混凝土垫层			m^3	63.36		0.01 台班/m^3	(0.63)	
27		外墙面、雨篷抹灰			m^2	2023.73		18.50 工日/100 m^2	374.39	
28		室内抹灰	内墙面抹灰		m^2	8609.87		18.016 工日/100 m^2	1551.15	
			楼梯底面抹灰		m^2	130.25		25.12 工日/100 m^2	32.72	
			合计		—	—		—	1583.87	

续表 8.3

序号	分部分项工程名称			单位	工程量 Q Ⅰ段	工程量 Q Ⅱ段	时间定额 H	劳动量 P /[工日(台班)] Ⅰ段	劳动量 P /[工日(台班)] Ⅱ段
29	装饰工程	陶瓷砖楼地面	水泥砂浆找平层	m^2	2015.94		6.20 工日/100 m^2	124.99	
			陶瓷地砖面层	m^2	2739.60		25.37 工日/100 m^2	695.04	
			陶瓷地砖踢脚线	m^2	287.59		42.80 工日/100 m^2	123.09	
			合计	—	—		—	943.12	
30		外墙面、雨篷涂料		m^2	2023.73		6.58 工日/100 m^2	133.16	
31		天棚满刮腻子		m^2	2793.23		6.59 工日/100 m^2	184.07	
32		卫生间、盥洗室陶瓷砖墙面		m^2	970.31		44.48 工日/100 m^2	431.59	
33		卫生间、盥洗室楼地面	细石混凝土找坡层	m^2	331.84		8.63 工日/100 m^2	28.64	
			涂膜防水层	m^2	377.44		27.24 工日/100 m^2	102.81	
			防滑地砖面层	m^2	332.56		28.57 工日/100 m^2	95.01	
			合计	—	—		—	226.46	
34		卫生间、盥洗室吊顶棚		m^2	331.84		30.00 工日/100 m^2	99.55	
35		花岗岩楼梯面层		m^2	109.14		65.90 工日/100 m^2	71.92	
36		塑钢窗安装		m^2	521.61		72.00 工日/100 m^2	375.56	
37		大理石窗台板安装		m^2	44.28		67.00 工日/100 m^2	29.67	
38		门安装	塑钢门	m^2	6.60		65.00 工日/100 m^2	4.29	
			木门	m^2	285.60		24.52 工日/100 m^2	70.03	
			合计	—	—		—	74.32	
39		天棚、内墙面乳胶漆		m^2	11533.35		11.20 工日/100 m^2	1921.74	
40		木门油漆		m^2	285.60		25.00 工日/100 m^2	71.40	
41		室外灰土垫层		m^3	32.94		0.906 工日/m^3	29.84	
42		室外混凝土及模板	台阶	m^2	18.35		88.29 工日/100 m^2	16.20	
			坡道	m^3	4.39		2.228 工日/m^3	9.78	
			散水	m^2	142.85		21.96 工日/100 m^2	31.37	
			合计	—	—		—	57.35	
43		室外花岗岩面层	台阶	m^2	9.56		56.00 工日/100 m^2	5.35	
			平台、坡道	m^2	21.63		25.30 工日/100 m^2	5.47	
			合计	—	—		—	10.83	

续表 8.3

<table>
<tr><td rowspan="3">序号</td><td rowspan="3" colspan="2">分部分项工程名称</td><td colspan="3">工程量 Q</td><td rowspan="3">时间定额 H</td><td colspan="2">劳动量 P
/[工日(台班)]</td></tr>
<tr><td rowspan="2">单位</td><td rowspan="2">Ⅰ 段</td><td rowspan="2">Ⅱ 段</td><td colspan="2"></td></tr>
<tr><td>Ⅰ 段</td><td>Ⅱ 段</td></tr>
<tr><td>44</td><td rowspan="4">其他</td><td>支、拆脚手架</td><td>项</td><td colspan="2">—</td><td>—</td><td colspan="2">—</td></tr>
<tr><td>45</td><td>支、拆垂直运输机械</td><td>项</td><td colspan="2">—</td><td>—</td><td colspan="2">—</td></tr>
<tr><td>46</td><td>零星收尾</td><td>项</td><td colspan="2">—</td><td>—</td><td colspan="2">100</td></tr>
<tr><td>47</td><td>水暖电</td><td>项</td><td colspan="2">—</td><td>—</td><td colspan="2">—</td></tr>
</table>

2. 确定各分部分项工程的施工天数、安排施工进度计划

本实例中各分部分项工程的施工天数、施工进度计划的具体安排，详见表 8.4。

8.4.2 资源需要量计划

1. 劳动力需要量计划

本实例工程的劳动力需要量计划，详见表 8.5。

表 8.5 劳动力需要量计划表

<table>
<tr><td>序号</td><td>工种名称</td><td>需要人数</td><td>施工起止时间</td></tr>
<tr><td>1</td><td>混凝土工</td><td>20</td><td>3 月 1 日 ～ 10 月 22 日</td></tr>
<tr><td>2</td><td>木工</td><td>30</td><td>3 月 8 日 ～ 10 月 25 日</td></tr>
<tr><td>3</td><td>钢筋工</td><td>25</td><td>3 月 9 日 ～ 7 月 14 日</td></tr>
<tr><td rowspan="2">4</td><td rowspan="2">瓦工</td><td>30</td><td>3 月 22 日 ～ 3 月 26 日</td></tr>
<tr><td>40</td><td>6 月 10 日 ～ 7 月 12 日</td></tr>
<tr><td>5</td><td>抹灰工</td><td>40</td><td>7 月 15 日 ～ 10 月 24 日</td></tr>
<tr><td rowspan="2">6</td><td rowspan="2">油工</td><td>35</td><td>7 月 30 日 ～ 8 月 3 日</td></tr>
<tr><td>35</td><td>9 月 21 日 ～ 11 月 4 日</td></tr>
</table>

2. 主要材料需要量计划

本实例工程的主要材料需要量计划，详见表 8.6。

表 8.6 主要材料需要量计划表

<table>
<tr><td rowspan="2">序号</td><td rowspan="2">材料名称</td><td rowspan="2">规　格</td><td colspan="2">需要量</td><td rowspan="2">供应时间</td><td rowspan="2">备注</td></tr>
<tr><td>单位</td><td>数量</td></tr>
<tr><td rowspan="3">1</td><td rowspan="3">钢筋</td><td>圆钢筋：$D10$ 以内</td><td rowspan="3">t</td><td>67.883</td><td rowspan="3">3 月 6 日 ～ 7 月 11 日</td><td rowspan="3">根据进度安排进场</td></tr>
<tr><td>肋纹钢筋：$D20$ 以内</td><td>89.661</td></tr>
<tr><td>肋纹钢筋：$D20$ 以外</td><td>19.650</td></tr>
</table>

续表 8.6

序号	材料名称	规　格	需要量		供应时间	备注
			单位	数量		
2	预拌混凝土	C15	m^3	57.84	3 月 8 日 ～ 10 月 22 日	根据进度及时进场
		C20		70.39		
		C30		944.70		
3	水泥	—	t	132.872	3 月 8 日 ～ 10 月 22 日	根据进度安排进场
4	白水泥	—	kg	526	9 月 5 日	一次全部进场
5	砂子	—	t	455.73	3 月 8 日 ～ 10 月 22 日	分三批进场
6	碴石	19 ～ 25 mm	t	67.73	3 月 8 日	一次全部进场
7	页岩标砖	240 mm × 115 mm × 53 mm	千块	69.33	3 月 22 日	一次全部进场
8	加气混凝土砌块	300 mm × 600 mm ×（200 ～ 300）mm	m^3	1010.31	6 月 10 日 ～ 7 月 12 日	分两批进场
9	干拌砌筑砂浆	M7.5	t	58.124	3 月 22 日	一次全部进场
		M5.0		132.368	6 月 10 日 ～ 7 月 12 日	分三批进场
10	干拌抹灰砂浆	M5.0	t	281.204	7 月 15 日 ～ 9 月 4 日	根据进度安排进场
		M20		108.049		
11	陶瓷墙面砖	200 mm × 250 mm	m^2	1004.27	9 月 29 日	一次全部进场
12	陶瓷地面砖	300 mm × 300 mm	m^2	340.87	9 月 5 日	一次全部进场
		500 mm × 500 mm		2808.09		
13	陶瓷地砖	—	m^2	295.46	9 月 5 日	一次全部进场
14	花岗岩板	—	m^2	194.99	10 月 16 日	一次全部进场
15	大理石板	—	m^2	45.17	10 月 22 日	一次全部进场

注：表中材料供应时间为材料的使用或开始使用时间，材料进场时间应根据运输情况提前安排。

3. 构件需要量计划

本实例工程的构件需要量计划，详见表 8.7。

表 8.7　构件需要量计划表

序号	品　名	规格 /mm	需用量		供应时间	备注
			单位	数量		
1	塑钢玻璃门	1500 × 2000	樘	2	7 月 15 日	一次全部进场
2	普通木门	1000 × 2400	樘	119	7 月 15 日	一次全部进场
3	塑钢窗	1800 × 2350	樘	103	7 月 15 日	一次全部进场

续表 8.7

序号	品名	规格 /mm	需用量		供应时间	备注
			单位	数量		
4	塑钢窗	1500×2350	樘	16	7月15日	一次全部进场
5	塑钢窗	1500×1800	樘	8	7月15日	一次全部进场
6	塑钢窗	600×550	樘	24	7月15日	一次全部进场

4. 施工机械需要量计划

本实例工程的施工机械需要量计划，详见表 8.8。

表 8.8 施工机械需要量计划表

序号	机械名称	类型、型号	需要量		机械来源	使用起止时间	备注
			单位	数量			
1	塔吊	TC5015	台	1	租赁	4月15日～7月15日	
2	龙门架	MSS-100	台	2	自有	6月7日～11月4日	
3	卷扬机	JZ2	台	2	自有	6月7日～11月4日	
4	反铲挖土机	斗容量 0.6 m^3	台	1	租赁	3月1日～3月3日	
5	运土汽车	自卸式	辆	2	租赁	3月1日～3月3日	
6	混凝土汽车泵	SY5190T HB25	台	1	租赁	3月8日～6月19日	按照进度及时进场
7	自落式混凝土搅拌机	JZC350	台	1	自有	3月8日～10月22日	
8	砂浆搅拌机	HJ-200	台	1	自有	3月22日～10月24日	
9	钢筋切断机	GJ5-40	台	1	自有	3月6日～7月14日	
10	钢筋弯曲机	GW-40	台	1	自有	3月6日～7月14日	
11	电渣压力焊机	—	套	4	自有	4月10日～6月4日	
12	闪光对焊机	UN2-100	台	1	自有	3月6日～7月14日	
13	电焊机	BS9-500	台	2	自有	3月6日～7月14日	
14	插入式振动棒	HZ-50	台	8	自有	3月16日～10月22日	
15	平板振动器	PZ-50	台	4	自有	3月8日～10月22日	
16	木工加工设备	—	套	1	自有	3月8日～10月22日	
17	潜水泵	QY-25	台	6	自有	3月1日～4月8日	
18	蛙式夯实机	HW20	台	4	自有	3月29日～4月8日	

8.5 施工平面图设计

根据本章 8.3 节已确定的施工方案，以及该拟建建筑物在施工现场中的平面位置，本工程施工平面图的设计和说明如下。

1. 垂直运输设施的布置

本工程的垂直运输机械采用一台固定式塔式起重机和2个龙门架。由于该拟建建筑物的南侧场地宽阔，故垂直运输机械均设置在建筑物的南侧。塔式起重机布置在建筑物正中距建筑物5 m的位置。2个龙门架分别布置在距建筑物两端$\frac{1}{4}$长度的位置，可使楼面上的水平运输距离最短；与龙门架相应的卷扬机位置距龙门架的水平距离应大于20 m。

2. 搅拌棚、材料堆场、仓库、加工棚的布置

各类材料堆场的面积，搅拌棚、仓库、加工棚的面积和所采用的搭设材料详见表8.9。

表8.9　材料堆场、搅拌棚、仓库、加工棚设置一览表

序号	场地用途	面积/m^2	备注	序号	场地用途	面积/m^2	备注
1	砌块堆场	30	分两处堆放并苫盖	8	脚手管堆场	30	露天堆放
2	碴石堆场	30	露天堆放	9	搅拌棚	40	钢管搭设
3	砂子堆场	60	露天堆放	10	干拌砂浆棚	30	钢管搭设
4	钢筋原材料堆场	45	露天堆放	11	水泥库	30	砖砌临建
5	钢筋半成品堆场	60	露天堆放	12	钢筋加工棚	60	钢管搭设
6	模板原材料堆场	20	露天堆放	13	木工棚	20	钢管搭设
7	模板半成品堆场	50	露天堆放				

(1) 砌块分两处堆放并用苫布苫盖，其堆场位置分别在2个龙门架附近，可缩短砌块的水平运距。

(2) 搅拌棚设置在塔式起重机的南侧，棚内安置一台混凝土搅拌机和一台砂浆搅拌机。搅拌机出料口的位置正对塔式起重机并在其服务范围内，而且与2个龙门架的距离也较近，方便了混凝土和砂浆的垂直运输。

(3) 碴石堆场、砂子堆场、干拌砂浆棚(用于存储袋装干拌砂浆)、水泥库，这些搅拌用材料的堆场或仓库，均布置在搅拌棚后台附近，且材料堆放场地全部使用混凝土进行硬化处理。

(4) 钢筋原材料和钢筋半成品堆场均布置在钢筋加工棚附近，形成钢筋加工区；模板原材料和模板半成品堆场均布置在木工棚附近，形成模板加工区；且钢筋半成品堆场、模板半成品堆场和脚手管堆场均位于塔式起重机的服务范围内，可方便地对这些材料进行垂直运输。

3. 现场临时道路的设计

(1) 现场主干道

运输材料的主干道位于现场中部，贯通东西方向，并设在碴石堆场、砂子堆场、干拌砂浆棚、水泥库和钢筋原材料堆场、模板原材料堆场的近旁，充分满足了这些进场材料的运输要求。主干道为6 m宽的双行道路，与场外道路相连接，并设置大门和门卫室，作为材料和人员的出入口。

(2) 现场其他道路

在建筑物的北侧和东西两侧围绕建筑物布置一条道路，其与主干道相连接，形成环形通道。该道路为3.5 m宽的单行道路，作为混凝土搅拌运输车和混凝土汽车泵的运行通道，以方便混凝土的浇筑，并作为运输砌块的道路。此外，在办公区也设置一条与主干道相连接的道路，

此道路亦为3.5 m宽的单行道路，位于临时停车场附近，以方便各类车辆的进出。

(3) 临时道路结构

现场内所有道路全部使用混凝土进行硬化处理。路边均设置排水沟，沟上铺设排水箅子。场内地面水由路面顺坡流入排水沟，经沉淀处理后，汇入市政排水管道。

(4) 临时道路宽度

临时道路的宽度均能满足消防通道的要求。

4. 现场办公和生活设施的布置

(1) 办公区

办公室采用两层活动式板房，其标准开间为3.64 m，进深为5.46 m，共8个开间。首层设置项目部综合办公室一间(为3开间)，项目经理室、监理办公室、甲方办公室各一间，小型工具和材料库房一间(为2开间)。二层设置会议室一间(为3开间)，造价室、资料室各一间，项目部员工休息室三间。此外，在办公室附近设置男、女厕所各一间，亦采用标准尺寸的活动式板房。

(2) 生活区

① 工人宿舍。工人宿舍采用两层活动式板房，标准开间为3.64 m，进深为5.46 m，共6个开间。

② 生活设施。生活设施采用单层活动式板房，标准开间为3.64 m，进深为5.46 m，共6个开间。其中设置厨房一间(为2开间)，男厕所、男盥洗室、女厕所、女盥洗室各一间。

5. 现场临时水电管网的布置

(1) 临时供电线路

建设单位已先期在学校内建成了配电房，采用“三级配电、二级漏电保护”，可按三相五线制供电，并采用TN-S接地系统，做到“一机一闸一漏一保险”。施工用电可按规定接至各用电地点，具体供电线路布置详见施工平面布置图。

(2) 临时给水管网

本工程施工用水的接口由建设单位提供。现场共布置两条给水管网：一条为生产和生活用水，可根据需要将用水管道接至各用水点；另一条为消防给水管网。两条给水管网的具体布置详见施工平面图。

(3) 临时排水系统

排水系统主要考虑污水和雨水排放。现场设置临时污水管网，厕所污水须经化粪池再排入污水管网，临时污水管网接入市政污水管道。雨水流入临时道路旁的排水沟内，经沉淀处理后，排入市政排水管道。

6. 现场文明施工形象布置

(1) 封闭管理

① 围挡。在现场的北面和西面，即沿场外道路的两面，用砖砌筑高度为2.5 m的围墙，做到坚固、稳定。围墙外面抹灰、刷白，并写上施工企业标志和其他标语。在现场的南面和东面，即沿学校内部的两面，用1.8 m高的彩色压型钢板作为围挡。

② 出入口。在施工现场出入口设置钢制大门，门高度为2.5 m，宽度为6.0 m。大门内设置洗车台，出入现场的车辆需冲洗后方可驶入城市道路。

③ 门卫室。大门边设门卫室，由专职保安人员担任警卫，24 h执勤巡逻，并建立人员、材料出入登记档案。

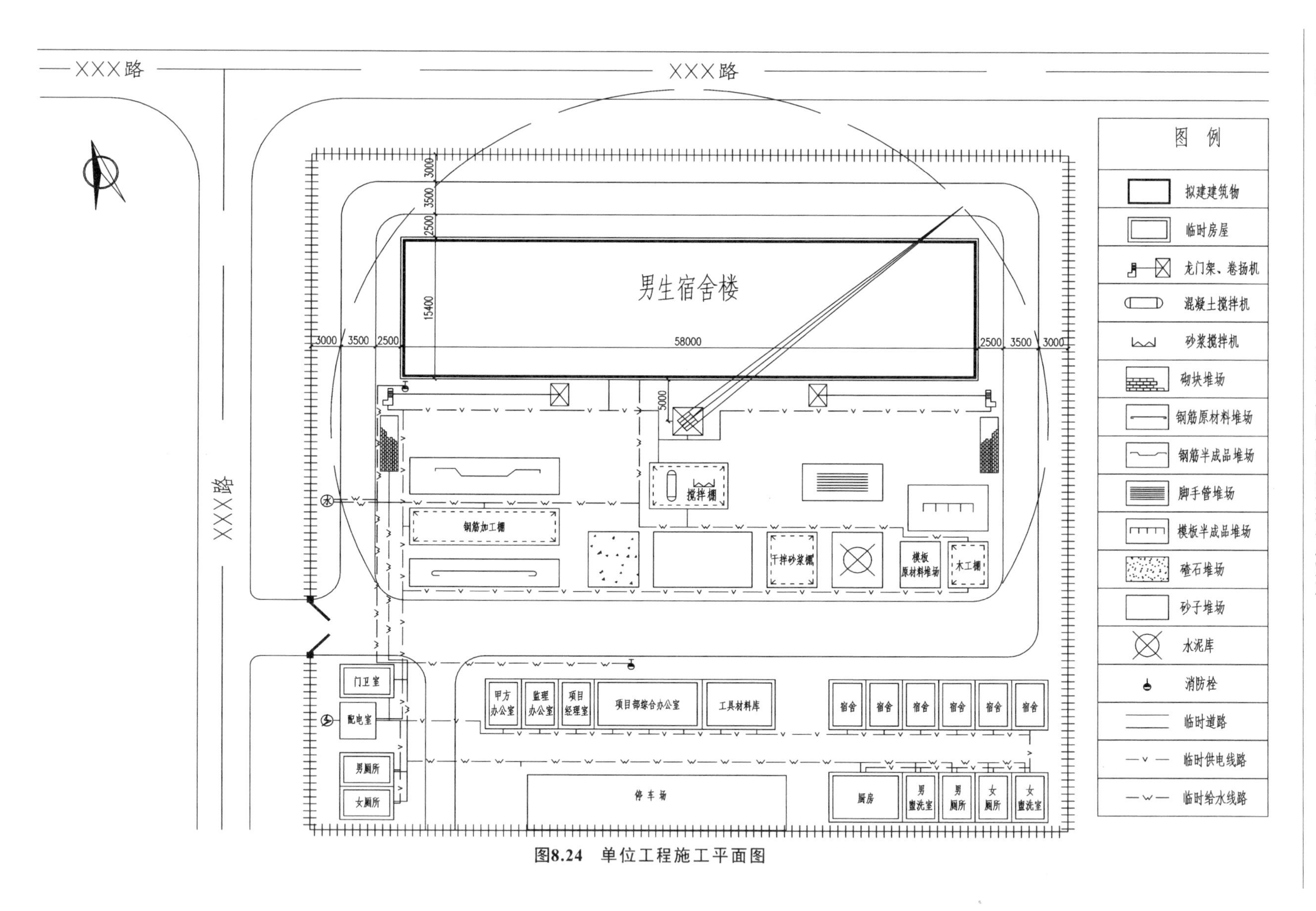

图8.24　单位工程施工平面图

(2) 施工现场标牌

① 大门内明显处应设置工程概况牌、施工现场平面图,以及安全生产、消防保卫、文明施工、环境保护以及管理人员名单和监督电话等制度牌。

② 在大门外设置一块活动警示牌,内容为"施工带来不便,感谢你的协助";大门内也设置一块活动警示牌,内容为"进入施工现场,请戴好安全帽"。

根据以上施工平面图的设计,绘制本实例单位工程施工平面图,如图 8.24 所示。

8.6　施工技术措施制定

8.6.1　质量保证措施

1. 施工材料的质量控制措施

材料(包括原材料、成品、半成品、构配件)是工程施工的物质条件,材料质量是施工质量的决定因素之一。对于材料的质量控制,应重点抓好材料采购、进场材料检验、材料的储存和保管等各个环节,对主要结构性材料的质量控制尤为重要。

(1) 钢筋原材料质量控制

钢筋进场验收的主要工作:① 应检查钢筋的质量证明文件。② 应按国家现行有关标准的规定抽样检查钢筋的屈服强度、抗拉强度、伸长率、弯曲性能及单位长度重量偏差。③ 检查钢筋的外观质量,钢筋的表面或每捆(盘)均应有标志,且应标明其批号。④ 当钢筋在运输、加工过程中,发现脆断、焊接性能不良或力学性能不正常等现象时,应停止使用该批钢筋,并应根据国家标准对该批钢筋进行化学成分检验或其他专项检验。

(2) 水泥原材料质量控制

① 水泥进场验收的主要工作:a. 应检查水泥的质量证明文件。b. 对进场水泥的品种、强度等级、包装或散装仓号、出厂日期等进行检查。对袋装水泥的实际重量进行抽查。c. 按照产品标准和施工规范要求,对进场水泥的强度、安定性及凝结时间进行抽样复验,抽样方法及检验结果必须符合国家有关标准的规定。d. 当对水泥质量有怀疑或水泥出厂超过三个月(快硬硅酸盐水泥超过一个月)时,应进行复验,并按复验结果使用。

② 水泥的保管应符合以下要求:a. 散装水泥应按品种、强度等级采用散装罐分开储存。b. 袋装水泥应按品种、强度等级、批次在水泥库中分开码垛堆放,并应当用标牌加以明晰、齐全地标识。水泥库应采取防雨、防潮措施。c. 使用水泥时应按先进场先使用的顺序,并应防止混掺使用。

(3) 预拌混凝土质量控制

预拌混凝土的质量控制要求:① 对进场的预拌混凝土,应检查供方提供的混凝土配合比通知单、混凝土抗压强度报告、混凝土质量合格证和混凝土运输单,以及供需双方在合同中约定的其他技术资料。② 混凝土进场后,施工单位应于 15 min 内在浇筑地点制作试块。试块的数量要求是:每层、每施工段、同一配合比、不超过 100 m^3 的混凝土制作标准养护试块一组,作为评定结构混凝土强度的依据;并应按需要制作同条件养护试块,作为拆模时检查混凝土强度的依据。③ 预拌混凝土的坍落度检查,亦应在交接验收前完成。其坍落度应符合合同技术要求,检测结果不应超过规定的允许偏差值。④ 当发现预拌混凝土质量不合格时,不得验收和使用。

当混凝土坍落度不适宜泵送或浇筑时，应经工地技术负责人批准，采取适当的技术处理措施，并应作好处理记录，未经批准不得擅自加水搅拌。

2. 土方与基础工程质量保证措施

（1）土方工程质量保证措施

① 基坑定位放线的质量控制。按设计总平面图复核建筑物的定位桩，并按设计基础平面图对所放的基坑、槽的灰线进行轴线、方位和几何尺寸的复核。

② 基坑开挖的质量控制。a. 检查基坑的位置、平面尺寸、标高、放坡坡度和稳定情况。b. 在接近设计坑底标高或边坡边界时应预留 200 ～ 300 mm 厚的土层，进行人工开挖和修整，边挖边修坡，以保证不致扰动土体和标高符合设计要求。c. 做好地面截水和坑内排水，使地下水位保持在开挖面 500 mm 以下。

③ 土方回填的质量控制。a. 土方回填前应严格控制土料的质量，并控制其含水量。b. 回填中应控制每层铺土的厚度和夯实遍数。c. 填土施工结束后，应检查标高、压实质量等，检验标准应符合有关规定。

（2）基础钢筋工程质量保证措施

① 钢筋加工前应仔细核对钢筋的品种、级别、规格，严格按配料单分类加工制作。加工好的钢筋半成品应分别摆放并系好料牌，作为钢筋安装的依据，避免发生混淆错乱。

② 钢筋绑扎完后，应对钢筋进行一次全面、细致的检查。当发现有错漏或间距不符、安装绑扎不牢等问题时应及时修整，钢筋上的泥土、污物等应清除干净。然后会同有关部门进行隐蔽工程质量验收，填写好验收记录并签证认可。

③ 在混凝土浇筑全过程中，应安排专人负责对钢筋的看护和修理。

（3）基础模板工程质量保证措施

① 基础混凝土垫层的表面要平整，其标高应准确，才能为基础放线、正确支模提供必要的条件。

② 必须正确放线。尤其应在仔细校核基础的轴线后，再弹放模板的边线。

③ 基础支模时，应注意预埋管的留设，保证其位置与标高正确。

（4）基础混凝土工程质量保证措施

① 应严格控制基础混凝土的水灰比，防止随意加大坍落度。

② 混凝土浇筑应分层均匀进行，振捣密实，尤其是浇筑台阶式基础时应采取合理的操作方法，防止上层台阶与下口混凝土脱空。

③ 混凝土浇筑过程中应保证钢筋、模板的位置正确，防止踩踏钢筋和碰坏模板支撑。应特别注意基础内框架柱插筋位置准确，若发现柱子钢筋出现偏移应及时纠正。

④ 混凝土浇筑后应及时进行养护，但应防止地基被水浸泡，以免造成不均匀沉陷。

3. 主体结构工程质量保证措施

（1）模板工程质量保证措施

① 保证模板材料质量的措施：a. 模板材料进场时应进行检查，主要检查模板的平整度、接缝情况、加工精度等。b. 模板在制作、运输和安装过程中均须注意保护板面不受损坏；拆除模板时，严禁硬砸乱撬，严禁抛掷，以防止损坏模板和混凝土。c. 模板每次使用后亦应检查，对变形、翘曲超出规范的模板不得再使用；模板表面的混凝土残渣、垃圾应清除干净，重新涂刷脱模

剂，以备再用。

② 防止模板漏浆的措施：a. 柱模板支设前，先弹出柱边线，边线外侧 50 mm 范围内用水泥砂浆找平，并在柱模板底部垫泡沫塑料条。b. 现浇板模板的接缝处嵌填腻子，然后铺贴密封胶带。c. 构造柱模板与砌体接触处先粘贴泡沫塑料条，再安装模板，防止漏浆。

③ 防止模板胀模、移位的措施：a. 模板支设前对构件的轴线、标高、几何尺寸必须测放正确，标注清楚。b. 模板需经过认真的设计计算，模板的背楞、对拉螺栓、柱箍、支撑等可适当加密。c. 模板及支撑系统应连接成整体，柱模板应加设斜撑和剪刀撑，梁、板模板应加强支撑系统的整体连接。

④ 对跨度不小于 4 m 的梁和板，底模的中部均应适当起拱，起拱高度宜为跨度的 1‰ ～ 3‰，以确保构件的几何尺寸。

⑤ 所有预埋件及预留孔洞，在安装前应按图纸认真核对，确认无误后准确固定在设计位置上，必要时可用电焊或套框等方法将其固定。对小型洞孔，套框内可满填软质材料以防漏浆。浇筑混凝土时，应沿其周围分层均匀浇筑，严禁碰击和振动预埋件和模板，以免其歪斜、移位、变形。

⑥ 在柱、板模板的底部均应考虑留设垃圾清理孔，以便将垃圾冲洗排出，浇筑混凝土前再封闭。

⑦ 模板安装完毕后，应由专业人员对模板的轴线、标高、截面尺寸等进行复核，对支撑系统、扣件螺栓、拉结螺栓等进行全面检查，看其是否安装牢固。所有模板及支撑系统在验收后，不得任意改动。在浇筑混凝土过程中，应指定专人负责观察、检查模板，如发现异常现象，应及时修整加固。

(2) 钢筋工程质量保证措施

① 钢筋保护层的控制：钢筋保护层设置宜采用专用塑料卡，采用砂浆垫块时，应使用铁丝与主筋扎牢。塑料卡或垫块严格按 0.7 ～ 1.0 m 的间距摆放，以确保钢筋保护层厚度满足要求。

② 柱钢筋定位措施：柱钢筋除在下部用塑料卡或垫块控制保护层厚度之外，其上部与模板间应有加固措施，可采用定位卡套在柱筋顶端，并将柱筋用绑扣固定于定位卡上，定位卡则与模板固定，以使钢筋间距和轴线位置准确。

③ 板钢筋定位措施：a. 楼板上所有电气管线必须在板的底层钢筋网绑扎后再安装，且不得任意切割和移动钢筋，b. 板的上层钢筋网下面必须设置钢筋或混凝土撑脚，确保板钢筋位置正确。c. 由于板的钢筋直径较细，浇筑混凝土时钢筋容易移位、变形，为此必须架设脚手板进行作业，禁止踩踏板的钢筋。

④ 钢筋的成品保护措施。在浇筑混凝土过程中，应指定专人负责观察检查钢筋，如发现有松动、移位现象，应及时进行修整，尤其应注意板上层钢筋网是否被踩下，必须确保其位置正确。

(3) 混凝土工程质量保证措施

① 混凝土泵送质量保证措施：a. 采用泵送的混凝土必须具有良好的可泵性，混凝土入泵时的坍落度误差应符合规范要求。b. 混凝土的供应必须保证泵送作业能连续进行，泵送间歇时间不得超过 1 h。c. 当混凝土供应不足或运转不正常时，可放慢泵送速度。但慢速泵送时间不得超过混凝土从运输到浇筑完毕的允许延续时间。d. 为防止混凝土堵管，喂料斗旁应安排专人将大石块及杂物及时拣出。

② 混凝土浇捣质量保证措施：a. 浇筑混凝土前，应将模板内的杂物清除干净，模板上的缝

隙、孔洞应封闭堵严。木模板应洒水湿润。b. 混凝土必须振捣密实，尤其在钢筋密集部位应加强振捣，但也应注意适度、均匀，防止过度振捣而使混凝土分层离析。c. 混凝土在浇捣过程中，要避免碰撞钢筋、模板、预埋件和管线等，不得移动钢筋、预埋件的位置，保证钢筋位置和保护层厚度正确。

③ 保证板的平整度和防止干缩裂缝的措施：板的混凝土振捣密实后，应分三次抹压成活。第一次采用 5 m 长铝合金直尺刮平混凝土，并拉线检查，以控制板的平整度；第二次在混凝土初凝前，采用木抹子抹压、搓平，将面层小凹坑、气泡、砂眼和脚印压平，使面层充分密实并与底部紧密结合；第三次在混凝土初凝后、终凝前，采用铁抹子抹压，并收浆成细毛面，以防止板的混凝土表面因水分蒸发硬化而产生裂缝。整个抹压要控制在混凝土终凝前完成。

④ 防止混凝土结构裂缝的措施：a. 混凝土结构的外观质量主要由模板质量来决定。在模板工程中应注意模板构造要合理，防止模板变形而导致混凝土出现裂缝。b. 严格控制模板的拆除时间，不允许过早拆模。在拆模过程中，若发现混凝土有影响结构质量和安全的问题，应暂停拆除，经检查和妥善处理后再行拆除。c. 已拆除的梁、板模板，应按规定保留支架立柱；已拆除模板和支架的结构，应在混凝土达到设计强度后，才允许承受全部设计荷载，若施工荷载大于设计荷载，应经研究加设临时支撑。d. 注重混凝土的早期养护，在气温高、湿度低、风速大的环境下要尽早洒水养护，并适当延长养护时间，以减少混凝土的收缩裂缝。

4. 砌块砌体工程质量保证措施

① 为保证砌块材料的质量，同一工程宜一次采购，集中供货能保证砌块的强度、外形尺寸、龄期基本一致。砌筑砂浆宜采用专业生产厂家生产的砌块专用预拌砂浆，采用干拌砂浆时，现场应采用机械搅拌，随拌随用。

② 根据现场气候情况，如砌块较干燥，应提前 12 h 在表面适当洒水，但砌块的含水率要小于 15%；砌筑时，为使砂浆中的水分不致被砌块很快吸干，可用喷壶洒湿砌筑面，以利于砂浆的黏结。

③ 砌块的上下皮竖缝应相互错开不小于砌块长度的$\frac{1}{3}$，且不小于 150 mm。如不能满足此要求，应在水平灰缝中设置 2 根直径 6 mm 的钢筋或直径 4 mm 的钢筋网片，加筋长度不小于 700 mm。

④ 为使砌块填充墙与主体结构有可靠的连接，框架柱中应预埋拉结钢筋。相邻拉结钢筋间距应小于或等于 500 mm，且每道拉结筋为 2 根直径 6 mm 钢筋（带弯钩），伸出柱面长度不少于 700 mm，且不少于 1/5 砌块墙长度。拉结钢筋的设置位置应准确，砌筑时平直压在水平灰缝砂浆中，不得弯曲打折。

⑤ 砌块墙砌筑中应严格控制灰缝厚度和砂浆饱满度，尤其是竖向灰缝的砂浆饱满度，可用内外夹板临时夹住砌块再向缝内灌浆。应按规定进行质量检查，发现偏差，及时返工。

5. 装饰工程质量保证措施

影响装饰工程质量的因素主要有：装饰材料质量，装饰基层质量，装饰施工质量，成品保护水平。为此，应在这几个方面采取相应的质量保证措施。

（1）保证装饰材料质量措施

① 抹灰砂浆宜采用专业生产厂家生产的预拌砂浆，采用干拌砂浆时，现场应采用机械搅

拌，随拌随用。② 饰面墙砖和地砖的品种、规格、色泽必须符合设计要求，使用前应先选砖，剔除不合格的面砖后，按色泽分别堆放。铺贴时将同样色泽的面砖用在同一房间或同一面墙上。

（2）保证装饰基层质量措施

① 装饰施工前，墙面、楼地面等基层应修补平整，彻底清理干净，并洒水湿润。② 混凝土柱、梁及砌块墙面应涂刷界面处理剂，不得有遗漏之处，以保证饰面层与基层的黏结性能。③ 砌块墙与混凝土结构交接处，应先铺钉一层金属网进行加强，避免饰面层在交接处开裂。

（3）保证装饰施工质量措施

① 各类饰面层施工前，都必须找好规矩。首先按设计要求正确弹放好水平和竖向准线，然后抹灰饼、抹标筋或贴标志块，这是保证饰面层平整度和垂直度的关键工序。② 抹灰施工应分层抹压，每层抹灰厚度不超过 7 ～ 9 mm，以保证抹灰层与基层和各抹灰层之间黏结牢固。③ 铺贴墙面、地面砖之前，均应将饰面砖在清水中浸泡湿润，再取出阴干备用，以免饰面砖过多吸收结合层砂浆中的水分而影响其黏结力。④ 铺贴墙面、地面砖时，可用橡皮槌轻击表面使其粘贴紧密、坚实，不得有空鼓现象；并应保证砖面平整，砖缝横平竖直，应随时进行检查、修整。⑤ 砂浆抹灰和铺贴饰面砖完成后，均应注意养护，防止抹灰砂浆或粘贴饰面砖的砂浆失水快干，以利于砂浆的正常硬化。

（4）加强成品保护措施

装饰工程的某些分项工程完成后，如果下道工序对已完成成品未加以注意，或未采取妥善措施加以保护，就会造成既有成品的损伤或破坏，影响装饰工程质量。为此，应采取以下成品保护措施。

① 合理安排施工顺序。例如，装饰工程施工顺序采取先室外、后室内的顺序，施工流向采取自上而下的流向，均有利于室内装饰工程的成品保护；门窗扇的安装安排在墙面、地面装饰工程完成后进行，每完成一间房间的装饰，安装一间门窗扇；楼梯饰面层施工，应在楼层其他装饰工程完成后，再自上而下进行，完成一层便封闭一层。

② 对成品直接进行保护。有效的成品保护措施主要有“护、包、盖、封”四种，以防止成品可能发生的损伤和污染。

a. “护”就是事先保护。例如，门框安装完毕后，在小推车的车轴高度处钉好木板或铁板防护条，以免运输材料时损坏门框。又如，台阶饰面层完成后，其上应搭设架空脚手板，以免踩踏。

b. “包”就是进行包裹。例如，塑钢门窗进场后用塑料布包裹或不拆除原有的包裹物，待安装门窗扇时再拆去包裹物。

c. “盖”就是表面覆盖。例如，楼地面装饰工程完成并达到上人强度后，在进行后续工作时，可在其上覆盖苫布加以保护。

d. “封”就是局部封闭。例如，室内装饰工程和门窗安装全部完成后，应立即锁门。又如，每部楼梯饰面层施工完成后，应将该部楼梯口暂时封闭，待达到上人强度并采取保护措施后再行开放。

8.6.2　冬期、雨季施工措施

1. 冬期施工措施

（1）钢筋工程冬期施工措施

① 各类钢筋的焊接，应尽量安排在加工棚内进行，棚内设置临时取暖装置。

② 雨天、雪天不宜在室外进行钢筋焊接施工，必须施焊时，应采取有效遮蔽措施。

③ 负温天气下钢筋必须在室外施焊时，应采用负温焊接参数；且焊后未冷却的接头应避免接触冰雪。

④ 当环境温度低于 −20 ℃ 时，不宜在室外进行钢筋焊接施工。

(2) 混凝土工程冬期施工措施

① 混凝土供应。预先通知混凝土供应厂家，预拌混凝土应按冬期施工的配合比拌制，必要时可掺加防冻剂等外加剂；混凝土搅拌运输车应加设保温设施。

② 混凝土浇筑。a. 混凝土的浇筑工作应尽量避开当日最低气温。b. 混凝土浇筑前，应清除模板和钢筋上的冰雪，以减少热量损失。c. 混凝土浇筑应做好充分的施工准备，采用快浇灌、快振捣和快抹平的快速施工法。d. 在施工缝处继续浇筑混凝土时，除应按正常情况进行接缝操作之外，尚应设法使施工缝处原有混凝土的温度高于 2 ℃，以利于新旧混凝土的结合。

③ 混凝土保温养护。a. 混凝土浇筑完毕后，在梁板表面迅速覆盖一层塑料薄膜并加盖二至三层阻燃草帘(规格 50 mm 厚)，应特别注意边缘部位的保温。b. 柱模板背楞间填塞 50 mm 厚的聚苯保温板，柱顶部位则用塑料薄膜和草帘进行包裹，应特别注意加强柱四角部位的保温，必要时可在柱模板外再包裹一层草帘被。c. 在施工层及下一层范围内，框架结构外围采用彩条布封闭挡风，必要时可在施工层内设置临时取暖装置。d. 混凝土内需留设测温点，指派专人进行测温，以控制混凝土的内外温差，避免过大温度应力使混凝土产生裂缝。

2. 雨季施工措施

(1) 雨季施工部署

① 合理安排施工计划，室外装饰工程尽量安排在雨季之前完成。雨季期间也应合理安排施工项目，做到晴天抓紧室外作业，雨天进行室内作业，尽量缩短雨天室外作业的时间和减小作业面。

② 做好施工现场的排水工作。现场的道路、设施必须做到排水畅通，尽量达到雨停水干，尤其要防止地面水流入基坑。

③ 提前准备好雨季所需的各类物资，如塑料布、苫布、油毡等防雨材料和水泵、抽水软管等排水设备。

④ 雨季施工前应对所有脚手架进行全面检查。外脚手架立杆底座必须设置垫木或混凝土垫块，并设置扫地杆，脚手架应与主体结构拉接牢固。外脚手架外侧须设排水沟，并保证排水通畅，避免积水。雨天应停止在外脚手架上作业。大雨后要对外脚手架进行全面检查并认真清扫，确认无沉降和松动后方可使用。

(2) 材料的储存与堆放

① 各类原材料和半成品，对于能进入仓库或楼层内存放的，尽量入室储存，且应垫高码放和保持良好的通风干燥环境。

② 制作模板所用的多层木胶合板和方木要堆放整齐，底部用方木垫高，且须用防雨材料覆盖，防止其受雨淋而变形，影响周转次数和混凝土成型质量。

③ 钢筋堆放时，应放置于地势较高处，同时钢筋下部垫方木等材料，高度不低于 200 mm。对于加工成型的钢筋，应尽量放置于钢筋加工棚内的避雨处，防止钢筋被雨水腐蚀而生锈。若遇到较长时间的连续阴雨天，应对钢筋进行覆盖。

④ 砌块堆放时，应在底部用方木垫起，上部用防雨材料覆盖，以控制砌块的含水率。

⑤ 各种惧雨怕潮的装饰和保温材料，应按物资保管规定入库和覆盖防潮布存放，避免材

料变质失效。

⑥ 各库房和材料堆垛周围应有畅通的排水沟，以防积水。

8.6.3 安全施工措施

要保证安全施工，施工单位首先必须建立起安全生产岗位责任制，并按有关规定制定出相应的安全生产规程，做好施工前的安全技术交底工作和经常性的安全检查工作。安全施工措施包括多方面内容，本实例仅简单介绍高处作业、临边作业、洞口作业的安全技术措施。

1. 高处作业的基本安全要求

① 高处作业前应认真检查所用的安全设施是否牢固、可靠，脚手架、平台、梯子、防护栏、挡脚板、安全网等应符合安全要求。危险部位应悬挂安全警示标志，夜间施工应有足够的照明并设红灯示警。凡有坠落可能的任何物料，都应先行撤除或加以固定。

② 高处作业人员必须着装整齐，严禁穿易滑鞋、高跟鞋，戴好安全帽并扣好帽带，按规定系好安全带及安全扣。

③ 高处作业时，所有物料应堆放平稳，不可放置在临边或洞口附近，并不得妨碍通行。作业完毕后应随手将工具放入工具袋。各类手持机具使用前应检查，确保安全牢靠。所用工具、材料严禁抛掷。

④ 施工人员应从规定的通道上下，不得攀爬脚手架或栏杆，不得跨越阳台。

⑤ 进行悬空作业时，应有牢靠的立足点并正确系挂安全带。进行攀登作业时，攀登用具结构必须牢固可靠，使用必须正确。现场应视具体情况配置必要的防护栏、网或其他安全设施。

⑥ 进行高处拆除作业时，对拆卸下的物料、建筑垃圾等应及时清理和运走，不得向下抛掷和在走道上任意乱放，保持作业走道畅通。拆除作业要围设禁区，在有人员监护的条件下进行。

⑦ 在雨雪天作业时应采取防滑措施，在六级及六级以上强风和雷电、暴雨、大雾等恶劣气候条件下，不得进行露天高处作业。

2. 临边作业的安全防范措施

① 临边是指基坑周边，尚未安装栏杆或栏板的阳台周边，雨篷与挑檐周边，无外脚手架防护的楼层与屋面周边，龙门架、施工电梯或外脚手架等通向建筑物的通道的两侧边以及斜道的两侧边，料台与挑出平台周边等处。

② 临边处必须设置防护栏杆。防护栏杆由上、下两道横杆和立柱组成：上杆离地面高度为1.2 m，下杆离地面高度为0.6 m，底部设0.2 m高黄黑相间的挡脚板；栏杆立柱的间距不应大于2 m。

③ 楼梯口和梯段边，必须设置临时护栏，或用正式工程的楼梯扶手代替临时防护栏杆。

④ 现场大的坑、槽、陡坡等处，除需设置防护设施与安全警示标志之外，夜间还应设红灯示警。

⑤ 无外脚手架防护的高度超过3.2 m的楼层周边，除设置防护栏杆外，还必须在外围架设一道安全平网。

⑥ 各种垂直运输接料平台，除两侧设置防护栏杆外，平台口还应设置安全门或活动防护栏杆。

⑦ 外脚手架必须封挂密目安全立网，立网设置在外排立杆的里侧。临边外侧靠近街道时，

除设置防护栏杆、封挂立网之外，立面还应采取硬物封闭措施，防止施工中落物伤人。

3. 洞口作业的安全防范措施

① 各种楼板与墙的洞口(水平孔洞短边尺寸大于2.5 cm，竖向孔洞高度大于75 cm时)，按其大小和性质应分别设置牢固的盖板、防护栏杆、安全网或其他防坠落的安全防护设施。

② 电梯井口必须设置防护栏杆或固定栅门，电梯井内还应每隔两层(不大于10 m)设置一道安全平网。

③ 下边缘至楼板或底面低于0.8 m的窗台等竖向洞口，如外侧边落差大于2 m，应设置1.2 m高的临时护栏。

④ 在建工程的地面入口处和现场施工人员流动密集的通道上方，应设置防护棚，防止落物伤人。

8.6.4　文明施工和环境保护措施

现场文明施工管理和环境保护的主要工作有：规范场容，保持作业环境整洁卫生；创造文明有序安全生产的条件；减少对环境的不利影响等。它涉及很多方面的内容，本实例仅简单介绍文明施工和环境保护的主要措施。

① 施工现场必须实施封闭管理，即场地周围必须采用封闭围挡，围挡要坚固、整洁、美观。现场出入口应有企业标识，大门内明显处应设置工程概况牌、施工现场平面图，以及安全生产、消防保卫、文明施工、环境保护以及管理人员名单和监督电话等制度牌。

② 施工现场的主要机械设备、各项临时设施、施工临时道路等的布置，均应符合施工平面图的要求，临时设施所用建筑材料应符合环保和消防要求。

③ 进入现场的各类材料应及时入库或按施工平面图中所确定的位置存放，材料存放时应分门别类、码垛整齐、标识清晰。

④ 施工现场的主要道路必须进行硬化处理；裸露的场地应采取硬化、覆盖或绿化措施。

⑤ 驶出现场的各类车辆，必须在现场出入口的车辆冲洗处冲洗干净后，方可驶入城市道路。

⑥ 土方作业应采取防止扬尘的措施，现场集中堆放土方时应进行覆盖。施工中所使用的水泥和其他易飞扬的细颗粒建筑材料应封闭存放或采取覆盖措施。混凝土和砂浆搅拌棚应采取封闭、降尘措施。

⑦ 施工中产生的建筑垃圾每天都须及时清理，做到工完场清。各楼层的建筑垃圾清运，必须采用相应的容器或管道运输，严禁凌空抛掷。垃圾应运至现场专设的临时垃圾堆场，且堆置的建筑垃圾应及时清运出现场。现场内的生活垃圾必须收集在专用垃圾桶内，并及时清运出现场。

⑧ 现场的生产、生活污水，必须经沉淀、过滤处理后，再通过临时排水管道或暗沟，排入城市污水管网。

⑨ 除有符合规定的装置外，施工现场内严禁焚烧各类废弃物，禁止将有毒有害废弃物作为土方回填。

⑩ 尽量避免或减少施工过程中的光污染。夜间室外照明灯应加设灯罩，投光方向集中在施工范围。电焊作业应采取遮挡措施，避免电焊弧光外泄。

⑪ 应尽量降低施工中所产生的各种噪声，陈旧、噪声大的施工机械应淘汰。

9 工程量清单计价

目前,工程量清单计价是我国在建设工程发承包及实施阶段的计价活动中大力倡导并深入推行的一种计价模式。《建设工程工程量清单计价规范》(GB 50500—2013)明确指出:使用国有资金投资的建设工程发承包,必须采用工程量清单计价;非国有资金投资的建设工程,宜采用工程量清单计价。而工程量计算是工程量清单计价的前提。

9.1 清单工程量计算的主要内容

房屋建筑与装饰工程采用工程量清单计价,必须按照国家标准《房屋建筑与装饰工程工程量计算规范》(GB 50854—2013)规定的工程量计算规则进行计算。本节将介绍在毕业设计中一些常用项目的工程量计算方法。

9.1.1 土石方工程工程量计算

1. 土方工程

(1) 平整场地(010101001)

平整场地项目适用于建筑物场地厚度不超过±300 mm的挖、填、运、找平。

工程量计算:以“m^2”为计量单位,工程量按设计图示尺寸以建筑物首层建筑面积计算。

项目特征描述:土壤类别,弃土运距,取土运距。其中土壤的分类应按表9.1确定。

工作内容:土方挖填,场地找平,运输。

表9.1 土壤分类表

土壤分类	土壤名称	开挖方法
一、二类土	粉土、砂土(粉砂、细砂、中砂、粗砂、砾砂)、粉质黏土、弱中盐渍土、软土(淤泥质土、泥炭、泥炭质土)、软塑红黏土、冲填土	用锹,少许用镐、条锄开挖。机械能全部直接铲挖满载者
三类土	黏土、碎石土(圆砾、角砾)混合土、可塑红黏土、硬塑红黏土、强盐渍土、素填土、压实填土	主要用镐、条锄,少许用锹开挖。机械需部分刨松方能铲挖满载者或可直接铲挖但不能满载者
四类土	碎石土(卵石、碎石、漂石、块石)、坚硬红黏土、超盐渍土、杂填土	全部用镐、条锄挖掘,少许用撬棍挖掘。机械须普遍刨松方能铲挖满载者

(2) 挖一般土方(010101002)

挖一般土方项目适用于建筑物场地厚度超过±300 mm的竖向布置挖土或山坡切土以及沟槽、基坑范围以外的挖土。

工程量计算:以“m^3”为计量单位,工程量按设计图示尺寸以体积计算。计算式为:V = 挖土平均厚度 × 挖土平面面积,其中挖土平均厚度应按自然地面测量标高至设计地坪标高间的平均厚度确定。

项目特征描述:土壤类别、挖土深度、弃土运距。

工作内容:排地表水、土方开挖、围护(挡土板)及拆除、基底钎探、运输。

挖土方如需截桩头时,应按桩基工程相关项目列项。桩间挖土不扣除桩的体积,并在项目特征中加以描述。土方体积应按挖掘前的天然密实体积计算,如需按天然密实体积折算时,应按表 9.2 的系数计算。

表 9.2　土方体积折算系数表

天然密实度体积	虚方体积	夯实后体积	松填体积
0.77	1.00	0.67	0.83
1.00	1.30	0.87	1.08
1.15	1.50	1.00	1.25
0.92	1.20	0.80	1.00

(3) 挖沟槽土方(010101003),挖基坑土方(010101004)

挖沟槽土方项目适用于底宽小于或等于 7 m 且底长大于 3 倍底宽的基础土方开挖,挖基坑土方项目适用于底长小于或等于 3 倍底宽且底面积小于或等于 150 m^2 的基础土方开挖,超出上述范围则为一般土方。

工程量计算:以“m^3”为计量单位,工程量按设计图示尺寸以基础垫层底面积乘以挖土深度计算。开挖深度应按基础垫层底表面标高至交付施工场地标高确定,无交付施工场地标高时,应按自然地面标高确定。

项目特征描述:土壤类别、挖土深度、弃土运距。

工作内容:排地表水、土方开挖、围护(挡土板)及拆除、基底钎探、运输。

2. 回填

(1) 回填方(010103001)

工程量计算:以“m^3”为计量单位,工程量按设计图示尺寸以体积计算。① 场地回填:回填面积乘以平均回填厚度。② 室内回填:主墙间面积乘以回填厚度,不扣除间隔墙。③ 基础回填:按挖方清单项目工程量减去自然地坪以下埋设的基础体积(包括基础垫层及其他构筑物)。

项目特征描述:密实度要求,填方材料品种,填方粒径要求,填方来源、运距。并需注意以下问题:① 填方密实度要求,在无特殊要求情况下,可描述为满足设计和规范的要求。② 填方材料品种可以不描述,但应注明由投标人根据设计要求验方后方可填入,并符合相关工程的质量规范要求。③ 填方粒径要求,在无特殊要求情况下,可以不描述。④ 如需买土回填,应在项目特征填方来源中描述,并注明买土方数量。

工作内容:运输、回填、压实。

(2) 余土弃置(010103002)

工程量计算:以“m^3”为计量单位,按挖方清单项目工程量减去利用回填方体积(正数)计算。

项目特征描述：废弃料品种、运距。

工作内容：余方点装料运输至弃置点。

9.1.2　桩基工程工程量计算

1. 打桩

(1) 预制钢筋混凝土方桩(010301001)

工程量计算：① 以“m”为计量单位，工程量按设计图示尺寸以桩长(包括桩尖)计算。② 以“m^3”为计量单位，工程量按设计图示尺寸以桩截面面积乘以桩长(包括桩尖)以体积计算。③ 以“根”为计量单位，工程量按设计图示数量计算。

项目特征描述：地层情况，送桩深度、桩长，桩截面，桩倾斜度，沉桩方法，接桩方式，混凝土强度等级。其中：桩截面、混凝土强度等级等可直接用标准图代号或设计桩型进行描述。

工作内容：工作平台搭拆，桩机竖拆、移位，沉桩，接桩，送桩。

(2) 预制钢筋混凝土管桩(010301002)

工程量计算：同预制钢筋混凝土方桩(010301001)。

项目特征描述：地层情况，送桩深度、桩长，桩外径、壁厚，桩倾斜度，沉桩方法，桩尖类型，混凝土强度等级，填充材料种类，防护材料种类。其中：桩截面、桩尖类型、混凝土强度等级等可直接用标准图代号或设计桩型进行描述。

工作内容：工作平台搭拆，桩机竖拆、移位，沉桩，接桩，送桩，桩尖制作安装，填充材料、刷防护材料。

预制混凝土方(管)桩项目以成品桩考虑，应包括成品桩购置费，若采用现场预制，应包括现场预制桩的所有费用。打试验桩和打斜桩应按相应项目单独列项，并应在项目特征中注明试验桩或斜桩(斜率)。预制钢筋混凝土管桩桩顶与承台的连接构造按混凝土及钢筋混凝土工程中相关项目列项。

(3) 截(凿)桩头(010301004)

工程量计算：① 以“m^3”为计量单位，工程量按设计桩截面面积乘以桩头长度以体积计算。② 以“根”为计量单位，工程量按设计图示数量计算。

项目特征描述：桩类型，桩头截面、高度，混凝土强度等级，有无钢筋。

工作内容：截(切割)桩头，凿平，废料外运。

2. 灌注桩

混凝土灌注桩中钢筋笼的制作、安装，按混凝土与钢筋混凝土工程中相关项目编码列项。

(1) 泥浆护壁成孔灌注桩(010302001)

工程量计算：① 以“m”为计量单位，工程量按设计图示尺寸以桩长(包括桩尖)计算。② 以“m^3”为计量单位，工程量按不同截面在桩上范围内以体积计算。③ 以“根”为计量单位，工程量按设计图示数量计算。

项目特征描述：地层情况，空桩长度、桩长，桩径，成孔方法，护筒类型、长度，混凝土种类、强度等级。

工作内容：护筒埋设，成孔、固壁，混凝土制作、运输、灌注、养护，土方、废泥浆外运，打桩场地硬化。

(2) 沉管灌注桩(010302002)

工程量计算:同泥浆护壁成孔灌注桩(010302001)。

项目特征描述:地层情况,空桩长度、桩长,复打长度,桩径,沉管方法,桩尖类型,混凝土种类、强度等级。

工作内容:打(沉)拔钢管,桩尖制作、安装,混凝土制作、运输、灌注、养护。

(3) 干作业成孔灌注桩(010302003)

工程量计算:同泥浆护壁成孔灌注桩(010302001)。

项目特征描述:地层情况,空桩长度、桩长,桩径,扩孔直径、高度,成孔方法,混凝土种类、强度等级。

工作内容:成孔、扩孔,混凝土制作、运输、灌注、振捣、养护。

(4) 钻孔压浆桩(010302006)

工程量计算:① 以"m"为计量单位,工程量按设计图示尺寸以桩长计算。② 以"根"为计量单位,工程量按设计图示数量计算。

项目特征描述:地层情况,空钻长度、桩长,钻孔直径,水泥强度等级。

工作内容:钻孔、下注浆管、投放骨料、浆液制作、运输、压浆。

9.1.3 砌筑工程工程量计算

在砌筑工程中,若施工图设计标注做法见标准图集,应在项目特征描述中注明采用标准图集的编码、页号及节点大样的方式。

砌体计算厚度:采用标准砖时,标准砖尺寸以 240 mm×115 mm×53 mm 为准,计算中当墙厚为$\frac{1}{2}$砖厚时(通常图注尺寸为 120 mm),计算厚度取 115 mm;当墙厚为$\frac{3}{4}$砖厚时(通常图注尺寸为 180 mm),计算厚度取 180 mm;当墙厚为 1 砖厚时(通常图注尺寸为 240 mm),计算厚度取 240 mm;当墙厚为 1 砖半厚时(通常图注尺寸为 360 mm 或 370 mm),计算厚度取 365 mm。采用非标准砖、多孔砖、空心砖、各类砌块时,砌体厚度按块体实际规格或设计图示厚度计算。

基础与墙身的划分:基础与墙身使用同一种材料时,以设计室内地坪为界(有地下室者,以地下室室内地坪为界);基础与墙身使用不同材料,不同材料界面高度位于设计室内地坪高度小于或等于±300 mm 时,以不同材料变化处为界,高度大于±300 mm 时,以设计室内地坪为界。

砌体内钢筋加固:应按混凝土及钢筋混凝土中相关项目编码列项。

1. 砖砌体

(1) 砖基础(010401001)

工程量计算:以"m^3"为计量单位,工程量按设计图示尺寸以体积计算。

① 计算中应增、减的体积:a. 包括附墙垛基础宽出部分体积;b. 扣除地梁(圈梁)、构造柱所占体积;c. 不扣除基础大放脚 T 形接头处的重叠部分及嵌入基础内的钢筋、铁件、管道、基础砂浆防潮层和单个面积小于或等于 0.3 m^2 的孔洞所占体积;d. 靠墙暖气沟的挑檐不增加。

② 基础长度:外墙按外墙中心线长计算,内墙按内墙净长计算。

③ 砖基础大放脚增加截面面积,一层等高大放脚为 0.01575 m^2;二层等高大放脚为 0.04725 m^2;三层等高大放脚为 0.09450 m^2。

项目特征描述:砖品种、规格、强度等级,基础类型,砂浆强度等级,防潮层材料种类。

工作内容:砂浆制作、运输,砌砖,防潮层铺设,材料运输。

(2) 实心砖墙(010401003),多孔砖墙(010401004),空心砖墙(010401005)

工程量计算:以"m^3"为计量单位,工程量按设计图示尺寸以体积计算。

① 计算中应增、减的体积:a. 扣除门窗、洞口、嵌入墙内的钢筋混凝土柱、梁、圈梁、挑梁、过梁及凹进墙内的壁龛、管槽、暖气槽、消火栓箱所占体积;b. 不扣除梁头、板头、木砖、门窗走头、砖墙内加固钢筋、铁件、钢管等,以及单个面积小于或等于0.3 m^2 的孔洞所占体积;c. 凸出墙面的腰线、挑檐、压顶、窗台线、门窗套的体积亦不增加;d. 凸出墙面的砖垛并入墙体体积内计算。

② 墙长度:外墙按外墙中心线长计算,内墙按内墙净长计算。

③ 墙高度:a. 外墙:斜(坡)屋面无檐口天棚者算至屋面板底,有钢筋混凝土楼板隔层者算至板顶,平屋顶算至钢筋混凝土板底;b. 内墙:有钢筋混凝土楼板隔层者算至楼板顶,有框架梁时算至梁底;c. 女儿墙:从屋面板上表面算至女儿墙顶面(如有混凝土压顶,算至压顶下表面);d. 内、外山墙:按其平均高度计算。

④ 框架间墙:不分内外墙按墙体净尺寸以体积计算。

项目特征描述:砖品种、规格、强度等级,墙体类型,砂浆强度等级、配合比。

工作内容:砂浆制作、运输,砌砖,刮缝,砖压顶砌筑,材料运输。

(3) 零星砌砖(0104010012)

零星砌砖项目适用于台阶、台阶挡墙、梯带、锅台、炉灶、蹲台、池槽、池槽腿、砖胎膜、花台、花池、楼梯栏板、阳台栏板、地垄墙、面积小于或等于0.3 m^2 的孔洞填塞等。

工程量计算:① 以"个"为计量单位,工程量按设计图示数量计算(如砖砌锅台与炉灶)。② 以"m^2"为计量单位,工程量按设计图示尺寸以水平投影面积计算(如砖砌台阶)。③ 以"m"为计量单位,工程量按设计图示尺寸以长度计算(如小便槽、地垄墙)。④ 以"m^3"为计量单位,工程量按设计图示尺寸以截面面积乘以长度计算。

项目特征描述:零星砌砖名称、部位,砖品种、规格、强度等级,砂浆强度等级、配合比。

工作内容:砂浆制作、运输,砌砖,刮缝,材料运输。

2. 砌块墙(010402001)

工程量计算:同实心砖墙(010401003)。

项目特征描述:砌块品种、规格、强度等级,墙体类型,砂浆强度等级。

工作内容:砂浆制作、运输,砌砖、砌块,勾缝,材料运输。

3. 垫层(010404001)

垫层项目适用于除混凝土垫层以外没有包括垫层要求的清单项目,混凝土垫层应按混凝土及钢筋混凝土工程中相关项目编码列项。

工程量计算:以"m^3"为计量单位,工程量按设计图示尺寸以体积计算。

项目特征描述:垫层材料种类、配合比、厚度。

工作内容:垫层材料的拌制,垫层铺设,材料运输。

9.1.4　混凝土及钢筋混凝土工程工程量计算

现浇或预制混凝土和钢筋混凝土构件,在计算工程量时不扣除构件内钢筋、螺栓、预埋铁件、张拉孔道所占体积,但应扣除劲性骨架的型钢所占体积。预制混凝土构件或预制钢筋混凝土构件，若施工图设计标注做法见标准图集，项目特征注明标准图集的编码、页号及节点大样即可。

1. 现浇混凝土基础

现浇混凝土基础包括垫层，带形基础，独立基础，满堂基础，桩承台基础，设备基础(010501001 ～ 010501006)。其中：无肋带形基础、有肋带形基础应分别编码列项，并注明肋高；箱式满堂基础及框架式设备基础中柱、梁、墙、板按现浇混凝土柱、梁、墙、板分别编码列项；箱式满堂基础底板按满堂基础项目列项；框架式设备基础的基础部分按设备基础列项。

工程量计算：以“m^3”为计量单位，工程量按设计图示尺寸以体积计算。不扣除伸入承台基础的桩头所占体积。

项目特征描述：混凝土种类，混凝土强度等级，设备基础还包括灌浆材料及其强度等级。若为毛石混凝土基础，项目特征应描述毛石所占比例。

工作内容：模板及支撑制作、安装、拆除、堆放、运输及清理模板内杂物、刷隔离剂等，混凝土制作、运输、浇筑、振捣、养护。

2. 现浇混凝土柱

现浇混凝土柱包括矩形柱，构造柱，异形柱(010502001 ～ 010502003)。

工程量计算：以“m^3”为计量单位，工程量按设计图示尺寸以体积计算。

① 柱高：a. 有梁板的柱高，应自柱基上表面(或楼板上表面) 至上一层楼板上表面之间的高度计算；b. 无梁板的柱高，应自柱基上表面(或楼板上表面) 至柱帽下表面之间的高度计算；c. 框架柱的柱高，应自柱基上表面至柱顶高度计算。

② 构造柱按全高计算，嵌接墙体部分(马牙槎) 并入柱身体积内。

③ 依附柱上的牛腿，并入柱身体积计算。

项目特征描述：混凝土种类，混凝土强度等级，异形柱还包括柱形状。

工作内容：模板及支架(撑) 制作、安装、拆除、堆放、运输及清理模板内杂物、刷隔离剂等，混凝土制作、运输、浇筑、振捣、养护。

3. 现浇混凝土梁

现浇混凝土梁包括基础梁，矩形梁，异形梁，圈梁，过梁，弧形、拱形梁(010503001 ～ 010503006)。

工程量计算：以“m^3”为计量单位，工程量按设计图示尺寸以体积计算。① 伸入墙内的梁头、梁垫并入梁体积内。② 梁长：梁与柱连接时，梁长算至柱侧面；主梁与次梁连接时，次梁长算至主梁侧面。

项目特征描述：混凝土种类，混凝土强度等级。

工作内容：模板及支架(撑) 制作、安装、拆除、堆放、运输及清理模板内杂物、刷隔离剂等，混凝土制作、运输、浇筑、振捣、养护。

4. 现浇混凝土墙

现浇混凝土墙包括直形墙，弧形墙，短肢剪力墙(010504001 ～ 010504003)。其中：短肢剪力墙是指截面厚度不大于 300 mm、各肢截面高度与厚度之比的最大值大于 4 但不大于 8 的剪力墙；各肢截面高度与厚度之比的最大值不大于 4 的剪力墙按柱项目编码列项。

工程量计算：以“m^3”为计量单位，工程量按设计图示尺寸以体积计算。扣除门窗洞口及单个面积大于 0.3 m^2 的孔洞所占体积，墙垛及凸出墙面部分并入墙体体积内计算。

项目特征描述：混凝土种类，混凝土强度等级。

工作内容：模板及支架(撑)制作、安装、拆除、堆放、运输及清理模板内杂物、刷隔离剂等，混凝土制作、运输、浇筑、振捣、养护。

5. 现浇混凝土板

(1) 有梁板(010505001)，无梁板(010505002)，平板(010505003)，栏板(010505006)

工程量计算：以“m^3”为计量单位，工程量按设计图示尺寸以体积计算。不扣除单个面积小于或等于 0.3 m^2 的柱、垛以及孔洞所占体积。其中：① 压型钢板混凝土楼板扣除构件内压型钢板所占体积。② 有梁板(包括主、次梁与板)按梁、板体积之和计算，无梁板按板和柱帽体积之和计算。③ 各类板伸入墙内的板头并入板体积内。

项目特征描述：混凝土种类，混凝土强度等级。

工作内容：模板及支架(撑)制作、安装、拆除、堆放、运输及清理模板内杂物、刷隔离剂等，混凝土制作、运输、浇筑、振捣、养护。

(2) 天沟(檐沟)、挑檐板(010505007)，雨篷、悬挑板、阳台板(010505008)

现浇天沟、挑檐板、雨篷、阳台，与屋面、楼面板连接时，以外墙外边线为分界线；与圈梁(包括其他梁)连接时，以梁外边线为分界线。外边线以外为天沟、挑檐、雨篷或阳台。

工程量计算：① 天沟(檐沟)、挑檐板，以“m^3”为计量单位，工程量按设计图示尺寸以体积计算。② 雨篷、悬挑板、阳台板，以“m^3”为计量单位，工程量按设计图示尺寸以墙外部分体积计算，包括伸出墙外的牛腿和雨篷反挑檐的体积。

项目特征描述：混凝土种类，混凝土强度等级。

工作内容：模板及支架(撑)制作、安装、拆除、堆放、运输及清理模板内杂物、刷隔离剂等，混凝土制作、运输、浇筑、振捣、养护。

(3) 空心板(010505009)

工程量计算：以“m^3”为计量单位，工程量按设计图示尺寸以体积计算。空心板(GBF 高强薄壁蜂巢芯板等)应扣除空心部分体积。

项目特征描述：混凝土种类，混凝土强度等级。

工作内容：模板及支架(撑)制作、安装、拆除、堆放、运输及清理模板内杂物、刷隔离剂等，混凝土制作、运输、浇筑、振捣、养护。

(4) 其他板(010505010)

工程量计算：以“m^3”为计量单位，工程量按设计图示尺寸以体积计算。

项目特征描述：混凝土种类，混凝土强度等级。

工作内容：模板及支架(撑)制作、安装、拆除、堆放、运输及清理模板内杂物、刷隔离剂等，混凝土制作、运输、浇筑、振捣、养护。

6. 现浇混凝土楼梯

现浇混凝土楼梯包括直形楼梯(010506001)，弧形楼梯(010506002)。

工程量计算：① 以“m^2”为计量单位，工程量按设计图示尺寸以水平投影面积计算，不扣除宽度小于或等于 500 mm 的楼梯井，伸入墙内部分不计算。其水平投影面积包括休息平台、平台梁、斜梁、与楼板连接的梯梁。当楼梯与现浇楼板无梯梁连接时，以楼梯的最后一个踏步边缘加 300 mm 为界。② 以“m^3”为计量单位，工程量按设计图示尺寸以体积计算。

项目特征描述：混凝土种类，混凝土强度等级。

工作内容：模板及支架(撑)制作、安装、拆除、堆放、运输及清理模板内杂物、刷隔离剂等，混凝土制作、运输、浇筑、振捣、养护。

7. 现浇混凝土其他构件

(1) 散水、坡道(010507001)，室外地坪(010507002)

工程量计算：以“m^2”为计量单位，工程量按设计图示尺寸以水平投影面积计算。不扣除单个面积小于或等于 0.3 m^2 的孔洞所占面积。

项目特征描述：① 散水、坡道，描述垫层材料种类、厚度，面层厚度，混凝土种类，混凝土强度等级，变形缝填塞材料种类。② 室外地坪，描述地坪厚度，混凝土强度等级。

工作内容：地基夯实，铺设垫层，模板及支撑制作、安装、拆除、堆放、运输及清理模板内杂物、刷隔离剂等，混凝土制作、运输、浇筑、振捣、养护，变形缝填塞。

(2) 台阶(010507004)

工程量计算：① 以“m^2”为计量单位，工程量按设计图示尺寸以水平投影面积计算。② 以“m^3”为计量单位，工程量按设计图示尺寸以体积计算。③ 架空式混凝土台阶，按现浇楼梯计算。

项目特征描述：踏步高、宽，混凝土种类，混凝土强度等级。

工作内容：模板及支架(撑)制作、安装、拆除、堆放、运输及清理模板内杂物、刷隔离剂等，混凝土制作、运输、浇筑、振捣、养护。

(3) 扶手、压顶(010507005)

工程量计算：① 以“m”为计量单位，工程量按设计图示尺寸以中心线长度计算。② 以“m^3”为计量单位，工程量按设计图示尺寸以体积计算。

项目特征描述：断面尺寸，混凝土种类，混凝土强度等级。

工作内容：模板及支架(撑)制作、安装、拆除、堆放、运输及清理模板内杂物、刷隔离剂等，混凝土制作、运输、浇筑、振捣、养护。

(4) 其他构件(010507007)

其他构件项目适用于现浇混凝土小型池槽、垫块、门框等。

工程量计算：以“m^3”为计量单位，工程量按设计图示尺寸以体积计算。

项目特征描述：构件类型，构件规格，部位，混凝土种类，混凝土强度等级。

工作内容：模板及支架(撑)制作、安装、拆除、堆放、运输及清理模板内杂物、刷隔离剂等，混凝土制作、运输、浇筑、振捣、养护。

8. 后浇带(010508001)

工程量计算：以“m^3”为计量单位，工程量按设计图示尺寸以体积计算。

项目特征描述：混凝土种类，混凝土强度等级。

工作内容：模板及支架(撑)制作、安装、拆除、堆放、运输及清理模板内杂物、刷隔离剂等，混凝土制作、运输、浇筑、振捣、养护及混凝土交接面、钢筋等的清理。

9. 钢筋工程

(1) 现浇混凝土钢筋,预制构件钢筋,钢筋网片,钢筋笼(010515001 ～ 010515004)

工程量计算:以"t"为计量单位,工程量按设计图示尺寸以钢筋(网)长度(面积)乘以单位理论质量计算。现浇构件中伸出构件的锚固钢筋应并入钢筋工程量内。除设计(包括规范规定)标明的搭接外,其他施工搭接不计算工程量,在综合单价中综合考虑。

项目特征描述:钢筋种类、规格。

工作内容:钢筋(网、笼)制作、运输,钢筋(网、笼)安装,焊接(绑扎)。

(2) 支撑钢筋(铁马)(010515009)

工程量计算:以"t"为计量单位,工程量按钢筋长度乘以单位理论质量计算。

项目特征描述:钢筋种类、规格。

工作内容:钢筋制作、焊接、安装。

钢筋工程量计算中,钢筋单位理论质量和钢筋长度的计算方法如下。

不同直径钢筋的单位理论质量可按表 9.3 查取。

表 9.3 钢筋每米长度理论质量表

直径 /mm	理论质量 /(kg/m)	截面面积 /mm²	直径 /mm	理论质量 /(kg/m)	截面面积 /mm²
4	0.099	12.6	18	1.998	254.5
5	0.154	19.6	20	2.466	314.2
6	0.222	28.3	22	2.984	380.1
6.5	0.260	33.2	25	3.853	490.9
8	0.395	50.3	28	4.834	615.8
10	0.617	78.5	30	5.549	706.9
12	0.888	113.1	32	6.313	804.2
14	1.208	153.9	36	7.990	1017.9
16	1.578	201.1	40	9.865	1256.6

钢筋长度可按下列公式计算:

纵向钢筋长度 = 钢筋外包尺寸之和 − 钢筋弯曲调整值 + 钢筋末端弯钩增加长度

其中:钢筋的外包尺寸应按构件的外形尺寸、混凝土保护层厚度和钢筋的锚固长度计算。

箍筋长度 = 箍筋周长 + 箍筋调整值

① 混凝土保护层厚度。混凝土保护层的最小厚度,可依据第 2 章中表 2.4 确定。

② 钢筋锚固长度。受拉钢筋的锚固长度应区分非抗震设计与抗震设计(l_a、l_{aE}),由基本锚固长度(l_{ab}、l_{abE})乘以锚固长度修正系数(ξ_a)而得,即:

非抗震设计时 $l_a = \xi_a l_{ab}$

抗震设计时 $l_{aE} = \xi_a l_{abE}$

a. 锚固长度修正系数 ξ_a:一般情况下,$\xi_a = 1.0$;带肋钢筋的直径大于 25 mm 时,$\xi_a = 1.1$。

b. 纵向受拉钢筋的基本锚固长度:非抗震设计时 l_{ab} 和抗震设计时 l_{abE} 数值(四级抗震等级时 $l_{abE} = l_{ab}$),可按表 9.4 确定,表中 d 为锚固钢筋的直径。

表 9.4　纵向受拉钢筋的基本锚固长度 l_{ab}、l_{abE}

抗震等级	钢筋级别	混凝土强度等级								
		C20	C25	C30	C35	C40	C45	C50	C55	≥C60
一、二级 (l_{abE})	HPB300	45d	39d	35d	32d	29d	28d	26d	25d	24d
	HRB335	44d	38d	33d	31d	29d	26d	25d	24d	24d
	HRB400	—	46d	40d	37d	33d	32d	31d	30d	29d
	HRB500	—	55d	49d	45d	41d	39d	37d	36d	35d
三级 (l_{abE})	HPB300	41d	36d	32d	29d	26d	25d	24d	23d	22d
	HRB335	40d	35d	31d	28d	26d	24d	23d	22d	22d
	HRB400	—	42d	37d	34d	30d	29d	28d	27d	26d
	HRB500	—	50d	45d	41d	38d	36d	34d	33d	32d
四级 (l_{abE}) 非抗震 (l_{ab})	HPB300	39d	34d	30d	28d	25d	24d	23d	22d	21d
	HRB335	38d	33d	29d	27d	25d	23d	22d	21d	21d
	HRB400	—	40d	35d	32d	29d	28d	27d	26d	25d
	HRB500	—	48d	43d	39d	36d	34d	32d	31d	30d

混凝土结构中纵向受压钢筋的锚固长度应不小于受拉锚固长度的$\frac{7}{10}$。

③ 钢筋弯曲调整值。钢筋中间部分弯曲成各种角度的圆弧形状时，其弯曲调整值，根据理论推算并结合实际工程经验可按表 9.5 确定，表中 d 为钢筋直径。

表 9.5　钢筋弯曲调整值

钢筋弯曲角度	30°	45°	60°	90°
热轧光面钢筋弯曲调整值	0.30d	0.54d	0.90d	1.75d
热轧带肋钢筋弯曲调整值	0.30d	0.54d	0.90d	2.08d

④ 钢筋末端弯钩增加长度。钢筋末端弯钩的形式有直弯钩(90°)、斜弯钩(135°)及半圆弯钩(180°)。各种形式弯钩增加长度的计算值分别是：直弯钩为 3.5d，斜弯钩为 4.9d，半圆弯钩为 6.25d，d 为钢筋直径。光面钢筋末端应做半圆弯钩，在工程实践中，半圆弯钩的弯钩增加长度也常采用经验数据，见表 9.6。

表 9.6　半圆弯钩增加长度参考值　　单位：mm

钢筋直径 d	≤6	8～10	12～18	20～28	32～36
弯钩增加长度	40	6d	5.5d	5d	4.5d

⑤ 箍筋计算

a. 计算箍筋长度时，箍筋调整值为箍筋的弯钩增加长度与弯曲调整值两项相减之值。实际工程中，对 135° 斜弯钩的箍筋长度可参考表 9.7 确定，表中 d 为箍筋直径。

表 9.7 箍筋长度计算

箍筋种类	箍筋长度
热轧光面钢筋	有抗震要求:箍筋内皮周长 $+27d$ 无抗震要求:箍筋内皮周长 $+17d$
热轧带肋钢筋	有抗震要求:箍筋内皮周长 $+28d$ 无抗震要求:箍筋内皮周长 $+18d$

b. 箍筋根数,应按下式计算:

$$箍筋根数 = \frac{箍筋分布长度}{箍筋间距} + 1$$

式中:箍筋分布长度一般为构件长度减去两端混凝土保护层厚度(有箍筋加密区时应分段计算),箍筋根数应取整数。

(3) 钢筋机械连接(010516003)

工程量计算:以“个”为计量单位,工程量按机械连接的数量计算。

项目特征描述:连接方式,螺纹套筒种类、规格。

工作内容:钢筋套丝,套筒连接。

9.1.5 门窗工程工程量计算

1. 木门

(1) 木质门,木质门带套,木质连窗门,木质防火门(010801001 ~ 010801004)

工程量计算:① 以“樘”为计量单位,工程量按设计图示数量计算。② 以“m^2”为计量单位,工程量按设计图示洞口尺寸以面积计算。其中:木质门带套按洞口尺寸的面积计算,不包括门套的面积,但门套应计算在综合单价中。

项目特征描述:门代号及洞口尺寸,镶嵌玻璃品种、厚度。其中:以“樘”计量时,必须描述洞口尺寸;以“m^2”计量时,可不描述洞口尺寸。

工作内容:门安装,玻璃安装,五金安装。

(2) 木门框(010801005)

工程量计算:① 以“樘”为计量单位,工程量按设计图示数量计算。② 以“m”为计量单位,工程量按设计图示尺寸以框中心线长度计算。

项目特征描述:门代号及洞口尺寸,框截面尺寸,防护材料种类。

工作内容:木门框制作、安装,运输,刷防护材料。

(3) 门锁安装(010801006)

工程量计算:以“个(套)”为计量单位,工程量按设计图示数量计算。

项目特征描述:锁品种,锁规格。

工作内容:锁安装。

2. 金属门、金属卷帘(闸)门

(1) 金属(塑钢)门,彩板门,钢质防火门,防盗门(010802001 ~ 010802004)

工程量计算:① 以“樘”为计量单位,工程量按设计图示数量计算。② 以“m^2”为计量单位,工程量按设计图示洞口尺寸以面积计算(无设计图示洞口尺寸时,按门框、扇外围尺寸以面积计算)。

项目特征描述:门代号及洞口尺寸,门框或扇外围尺寸。其中:以“樘”计量时,必须描述洞口尺寸,没有洞口尺寸时必须描述门框或扇外围尺寸;以“m^2”计量时,可不描述洞口尺寸及门框或扇的外围尺寸。金属(塑钢)门还应描述门框、扇材质,玻璃品种、厚度;钢质防火门、防盗门还应描述门框、扇材质。

工作内容:门安装,五金安装;除防盗门外还包括玻璃安装。

(2) 金属卷帘(闸)门(010803001),防火卷帘(闸)门(010803002)

工程量计算:① 以“樘”为计量单位,工程量按设计图示数量计算。② 以“m^2”为计量单位,工程量按设计图示洞口尺寸以面积计算。

项目特征描述:门代号,洞口尺寸,门材质,启动装置品种、规格。其中:以“樘”计量时,必须描述洞口尺寸,以“m^2”计量时,可不描述洞口尺寸。

工作内容:门运输、安装,启动装置、活动小门、五金安装。

3. 其他门

其他门包括电子感应门,旋转门,电子对讲门,电动伸缩门,全玻自由门,镜面不锈钢饰面门,复合材料门(010805001 ~ 010805007)。

工程量计算:① 以“樘”为计量单位,工程量按设计图示数量计算。② 以“m^2”为计量单位,工程量按设计图示洞口尺寸以面积计算(无设计图示洞口尺寸时,按门框、扇外围尺寸以面积计算)。

项目特征描述:应根据各种门各自的特征描述。

工作内容:门安装,启动装置、五金、电子配件安装。

4. 金属窗

金属窗包括金属(塑钢、断桥)窗,金属防火窗,金属百叶窗,金属纱窗,金属格栅窗,金属(塑钢、断桥)橱窗,金属(塑钢、断桥)飘(凸)窗,彩板窗,复合材料窗(010807001 ~ 010807009)。

工程量计算:① 以“樘”为计量单位,工程量按设计图示数量计算。② 以“m^2”为计量单位。其中:金属(塑钢、断桥)窗、金属防火窗、金属百叶窗、金属格栅窗工程量按设计图示洞口尺寸以面积计算(无设计图示洞口尺寸时,按窗框外围尺寸以面积计算);金属纱窗工程量按设计图示框外围尺寸以面积计算;金属(塑钢、断桥)橱窗、金属(塑钢、断桥)飘(凸)窗工程量按设计图示框外围尺寸以展开面积计算;彩板窗、复合材料窗工程量按设计图示洞口尺寸或框外围尺寸以面积计算。

项目特征描述:应根据各种金属窗各自的特征描述。

工作内容:窗制作、运输、安装,五金、玻璃安装,刷防护材料。

5. 门窗套、窗台板

(1) 门窗套

门窗套包括木门窗套,木筒子板,饰面夹板筒子板,金属门窗套,石材门窗套,门窗木贴脸,成品木门窗套(010808001 ~ 010808007)。其中,木门窗套适用于单独门窗套的制作、安装。

工程量计算:① 以“樘”为计量单位,工程量按设计图示数量计算。② 以“m^2”为计量单位,工程量按设计图示尺寸以展开面积计算(不包括门窗贴脸)。③ 以“m”为计量单位,工程量按设计图示尺寸以中心线长度计算。

项目特征描述：应根据各种门窗套各自的特征描述。

工作内容：清理基层，立筋制作、安装，基层板安装或抹灰，面层铺贴，线条安装，板安装，刷防护材料。

（2）窗台板

窗台板包括木窗台板，铝塑窗台板，金属窗台板，石材窗台板（010809001 ～ 010809004）。

工程量计算：以“m^2”为计量单位，工程量按设计图示尺寸以展开面积计算。

项目特征描述：基层材料种类，窗台面板材质、规格、颜色，黏结层厚度、砂浆配合比，防护材料种类。

工作内容：基层清理，基层制作、安装或抹找平层，窗台板制作、安装，刷防护材料。

9.1.6 屋面及防水工程工程量计算

1. 瓦、型材及其他屋面

（1）瓦屋面（010901001）

工程量计算：以“m^2”为计量单位，工程量按设计图示尺寸以斜面积计算。不扣除房上烟囱、风帽底座、风道、小气窗、斜沟等所占面积，小气窗的出檐部分不增加面积。其中：屋面的斜面积可根据其水平投影面积和屋面坡度的大小计算确定。

项目特征描述：瓦品种、规格，黏结层砂浆的配合比。

工作内容：砂浆制作、运输、摊铺、养护，安瓦、做瓦脊。

（2）型材屋面（010901002）

工程量计算：同瓦屋面（010901001）。

项目特征描述：型材品种、规格，金属檩条材料品种、规格，接缝、嵌缝材料种类。

工作内容：檩条制作、运输、安装，屋面型材安装，接缝、嵌缝。

（3）阳光板屋面（010901003），玻璃钢屋面（010901004）

工程量计算：以“m^2”为计量单位，工程量按设计图示尺寸以斜面积计算。不扣除单个面积小于或等于 0.3 m^2 孔洞所占面积。

项目特征描述：阳光板品种、规格或玻璃钢品种、规格及固定方式，骨架材料品种、规格，接缝、嵌缝材料种类，油漆品种、刷漆遍数。

工作内容：骨架制作、运输、安装，刷防护材料、油漆，阳光板安装或玻璃钢制作、安装，接缝、嵌缝。

2. 屋面防水及其他

屋面找平层，应按“楼地面装饰工程”中“平面砂浆找平层”项目编码列项；屋面保温找坡层，应按“保温、隔热工程”中“保温隔热屋面”项目编码列项。

（1）屋面卷材防水（010902001）

工程量计算：以“m^2”为计量单位，工程量按设计图示尺寸以面积计算。① 斜屋面（不包括平屋顶找坡）按斜面积计算，平屋顶按水平投影面积计算。② 不扣除房上烟囱、风帽底座、风道、屋面小气窗和斜沟所占面积。③ 屋面的女儿墙、伸缩缝和天窗等处的弯起部分，并入屋面工程量内。

项目特征描述：卷材品种、规格、厚度，防水层数，防水层做法。

工作内容：基层处理，刷底油，铺防水卷材，接缝。

(2) 屋面涂膜防水(010902002)

工程量计算：同屋面卷材防水(010902001)。

项目特征描述：防水膜品种，涂膜厚度、遍数，增强材料种类。

工作内容：基层处理，刷基层处理剂，铺布，喷涂防水层。

(3) 屋面排水管(010902004)

工程量计算：以“m”为计量单位，工程量按设计图示尺寸以长度计算。如设计未标注尺寸，以檐口至设计室外散水上表面垂直距离计算。

项目特征描述：排水管品种、规格，雨水斗、山墙出水口品种、规格，接缝、嵌缝材料种类，油漆品种、刷漆遍数。

工作内容：排水管及配件安装、固定，雨水斗、山墙出水口、雨水箅子安装，接缝、嵌缝，刷漆。

(4) 屋面天沟、檐沟(010902007)

工程量计算：以“m^2”为计量单位，工程量按设计图示尺寸以展开面积计算。

项目特征描述：材料品种、规格，接缝、嵌缝材料种类。

工作内容：天沟材料铺设，天沟配件安装，接缝、嵌缝，刷防护材料。

3. 墙面防水

墙面找平层，应按“墙、柱面装饰与隔断、幕墙工程”中“立面砂浆找平层”项目编码列项。

(1) 墙面卷材防水(010903001)

工程量计算：以“m^2”为计量单位，工程量按设计图示尺寸以面积计算。

项目特征描述：卷材品种、规格、厚度，防水层数，防水层做法。

工作内容：基层处理，刷黏结剂，铺防水卷材，接缝、嵌缝。

(2) 墙面涂膜防水(010903002)

工程量计算：以“m^2”为计量单位，工程量按设计图示尺寸以面积计算。

项目特征描述：防水膜品种，涂膜厚度、遍数，增强材料种类。

工作内容：基层处理，刷基层处理剂，铺布，喷涂防水层。

4. 楼(地)面防水

楼(地)面防水找平层，应按“楼地面装饰工程”中“平面砂浆找平层”项目编码列项。

(1) 楼(地)面卷材防水(010904001)

工程量计算：以“m^2”为计量单位，工程量按设计图示尺寸以面积计算。① 楼(地)面防水，按主墙间净空面积计算，扣除凸出地面的构筑物、设备基础等所占面积，不扣除间壁墙及单个面积小于或等于0.3 m^2 的柱、垛、烟囱和孔洞所占面积。② 楼(地)面防水反边高度小于或等于300 mm，算作楼(地)面防水；反边高度大于300 mm，按墙面防水计算。

项目特征描述：卷材品种、规格、厚度，防水层数，防水层做法，反边高度。

工作内容：基层处理，刷黏结剂，铺防水卷材，接缝、嵌缝。

(2) 楼(地)面涂膜防水(010904002)

工程量计算：同楼(地)面卷材防水(010904001)。

项目特征描述：防水膜品种，涂膜厚度、遍数，增强材料种类，反边高度。

工作内容：基层处理，刷基层处理剂，铺布，喷涂防水层。

5. 变形缝

变形缝包括：屋面变形缝（010902008），墙面变形缝（010903004），楼（地）面变形缝（010904004）。

工程量计算：以"m"为计量单位，工程量按设计图示尺寸以长度计算。墙面变形缝若做双面，工程量乘以系数2。

项目特征描述：嵌缝材料种类，止水带材料种类，盖缝材料，防护材料种类。

工作内容：清缝，填塞防水材料，止水带安装，盖缝制作、安装，刷防护材料。

9.1.7　保温、隔热工程工程量计算

1. 保温隔热屋面（011001001）

工程量计算：以"m^2"为计量单位，工程量按设计图示尺寸以面积计算。扣除单个面积大于0.3 m^2的孔洞所占面积。

项目特征描述：保温隔热材料品种、规格、厚度，隔气层材料品种、厚度，黏结材料种类、做法，防护材料种类、做法。

工作内容：基层清理，刷黏结材料，铺粘保温层，铺、刷（喷）防护材料。

2. 保温隔热天棚（011001002）

工程量计算：以"m^2"为计量单位，工程量按设计图示尺寸以面积计算。扣除单个面积大于0.3 m^2的柱、垛、孔洞所占面积。① 与天棚相连的梁按展开面积计算，并入天棚工程量内。② 柱帽保温隔热应并入天棚工程量内。

项目特征描述：保温隔热面层材料品种、规格、性能，保温隔热材料品种、规格、厚度，黏结材料种类、做法，防护材料种类、做法。

工作内容：基层清理，刷黏结材料，铺粘保温层，铺、刷（喷）防护材料。

3. 保温隔热墙面（011001003）

工程量计算：以"m^2"为计量单位，工程量按设计图示尺寸以面积计算。扣除门窗洞口以及单个面积大于0.3 m^2的梁头、孔洞所占面积；门窗洞口侧壁以及与墙相连的柱，并入保温墙体工程量内。

项目特征描述：保温隔热部位，保温隔热方式（指内保温、外保温或夹心保温），踢脚线、勒脚线保温做法，龙骨材料品种、规格，保温隔热面层材料品种、规格、性能，保温隔热材料品种、规格及厚度，增强网及抗裂防水砂浆种类，黏结材料种类及做法，防护材料种类及做法。

工作内容：基层清理，刷界面剂，安装龙骨，填贴保温材料，保温板安装，粘贴面层，铺设增强格网，抹抗裂、防水砂浆面层，嵌缝，铺、刷（喷）防护材料。

4. 保温柱、梁（011001004）

保温柱、梁适用于不与墙、天棚相连的独立柱、梁。

工程量计算：以"m^2"为计量单位，工程量按设计图示尺寸以面积计算。① 柱按设计图示柱断面保温层尺寸以中心线展开长度乘以保温层高度以面积计算，扣除单个面积大于0.3 m^2的

梁头所占面积。② 梁按设计图示梁断面保温层尺寸以中心线展开长度乘以保温层长度以面积计算。

项目特征描述：同保温隔热墙面(011001003)。

工作内容：同保温隔热墙面(011001003)。

5. 保温隔热楼地面(011001005)

工程量计算：以“m^2”为计量单位，工程量按设计图示尺寸以面积计算。扣除单个面积大于0.3 m^2 的柱、垛、孔洞等所占面积；门洞、空圈、暖气包槽、壁龛的开口部分不增加面积。

项目特征描述：保温隔热部位，保温隔热材料品种、规格、厚度，隔气层材料品种、厚度，黏结材料种类、做法，防护材料种类、做法。

工作内容：基层清理，刷黏结材料，铺粘保温层，铺、刷(喷)防护材料。

9.1.8　楼地面装饰工程工程量计算

1. 整体面层及找平层

(1) 水泥砂浆楼地面(011101001)

工程量计算：以“m^2”为计量单位，工程量按设计图示尺寸以面积计算。① 扣除凸出地面的构筑物、设备基础、室内铁道、地沟等所占面积；② 不扣除间壁墙(指厚度小于或等于 120 mm 的墙)和单个面积小于或等于 0.3 m^2 的柱、垛、附墙烟囱及孔洞所占面积；③ 门洞、空圈、暖气包槽、壁龛的开口部分不增加面积。

项目特征描述：找平层厚度、砂浆配合比，素水泥浆遍数，面层厚度、砂浆配合比，面层做法要求。

工作内容：基层清理，抹找平层，抹面层，材料运输。

(2) 现浇水磨石楼地面(011101002)

工程量计算：同水泥砂浆楼地面(011101001)。

项目特征描述：找平层厚度、砂浆配合比，面层厚度、水泥石子浆配合比，嵌条材料种类、规格，石子种类、规格、颜色，颜料种类、颜色，图案要求，磨光、酸洗、打蜡要求。

工作内容：基层清理，抹找平层，面层铺设，嵌缝条安装，磨光、酸洗、打蜡，材料运输。

(3) 细石混凝土楼地面(011101003)

工程量计算：同水泥砂浆楼地面(011101001)。

项目特征描述：找平层厚度、砂浆配合比，面层厚度、混凝土强度等级。

工作内容：基层清理，抹找平层，面层铺设，材料运输。

(4) 自流平楼地面(011101005)

工程量计算：同水泥砂浆楼地面(011101001)。

项目特征描述：找平层砂浆配合比、厚度，界面剂材料种类，中层漆材料种类、厚度，面漆材料种类、厚度，面层材料种类。

工作内容：基层清理，抹找平层，涂界面剂，涂刷中层漆，打磨、吸尘，镘自流平面漆(浆)，拌和自流平浆料，铺面层。

(5) 平面砂浆找平层(011101006)

平面砂浆找平层只适用于仅做找平层的平面抹灰。楼地面混凝土垫层另按“现浇混凝土基础”中“垫层”项目编码列项；除混凝土外的其他材料垫层应按“砌筑工程”中“垫层”项目编码列项。

工程量计算：以“m^2”为计量单位，工程量按设计图示尺寸以面积计算。

项目特征描述：找平层厚度、砂浆配合比。

工作内容：基层清理，抹找平层，材料运输。

2. 块料面层

块料面层包括：石材楼地面，碎石材楼地面，块料楼地面(011102001 ～ 011102003)。

工程量计算：以“m^2”为计量单位，工程量按设计图示尺寸以面积计算。门洞、空圈、暖气包槽、壁龛的开口部分并入相应的工程量内。

项目特征描述：找平层厚度、砂浆配合比，结合层厚度、砂浆配合比，面层材料品种、规格、颜色(碎石材项目可不描述此项)，嵌缝材料种类，防护层材料种类，酸洗、打蜡要求。

工作内容：基层清理，抹找平层，面层铺设、磨边，嵌缝，刷防护材料，酸洗、打蜡，材料运输。

3. 其他材料面层

(1) 楼地面地毯(011104001)

工程量计算：同石材楼地面(011102001)。

项目特征描述：面层材料品种、规格、颜色，防护材料种类，黏结材料种类，压线条种类。

工作内容：基层清理，铺贴面层，刷防护材料，装钉压条，材料运输。

(2) 竹、木(复合)地板(011104002)，金属复合地板(011104003)

工程量计算：同石材楼地面(011102001)。

项目特征描述：龙骨材料种类、规格、铺设间距，基层材料种类、规格，面层材料品种、规格、颜色，防护材料种类。

工作内容：基层清理，龙骨铺设，基层铺设，面层铺贴，刷防护材料，材料运输。

(3) 防静电活动地板(011104004)

工程量计算：同石材楼地面(011102001)。

项目特征描述：支架高度、材料种类，面层材料品种、规格、颜色，防护材料种类。

工作内容：基层清理，固定支架安装，活动面层安装，刷防护材料，材料运输。

4. 踢脚线

(1) 水泥砂浆踢脚线(011105001)

工程量计算：① 以“m^2”为计量单位，按设计图示尺寸以长度乘高度，以面积计算。② 以“m”为计量单位，按设计图示尺寸以长度计算。

项目特征描述：踢脚线高度，底层厚度、砂浆配合比，面层厚度、砂浆配合比。

工作内容：基层清理，底层和面层抹灰，材料运输。

(2) 石材踢脚线(011105002)，块料踢脚线(011105003)

工程量计算：同水泥砂浆踢脚线(011105001)。

项目特征描述：踢脚线高度，粘贴层厚度、材料种类，面层材料品种、规格、颜色，防护材料种类。

工作内容：基层清理，底层抹灰，面层铺贴、磨边，擦缝，磨光、酸洗、打蜡，刷防护材料，材料运输。

(3) 木质踢脚线，金属踢脚线，防静电踢脚线(011105005 ～ 011105007)

工程量计算：同水泥砂浆踢脚线(011105001)。

项目特征描述：踢脚线高度，基层材料种类、规格，面层材料品种、规格、颜色。

工作内容：清理基层，基层铺贴，面层铺贴，材料运输。

5. 楼梯面层

(1) 石材楼梯面层，块料楼梯面层，碎拼块料面层(011106001 ～ 011106003)

工程量计算：以"m^2"为计量单位，工程量按设计图示尺寸以楼梯(包括踏步、休息平台及宽度小于或等于 500 mm 的楼梯井)水平投影面积计算。楼梯与楼地面相连时，算至梯口梁外侧边沿；无梯口梁者，算至最上一层踏步边沿加 300 mm。

项目特征描述：找平层厚度、砂浆配合比，黏结层厚度、材料种类，面层材料品种、规格、颜色，防滑条材料种类、规格，勾缝材料种类，防护材料种类，酸洗、打蜡要求。

工作内容：基层清理，抹找平层，面层铺贴、磨边，贴嵌防滑条，勾缝，刷防护材料，酸洗、打蜡，材料运输。

(2) 水泥砂浆楼梯面层(011106004)

工程量计算：同石材楼梯面层(011106001)。

项目特征描述：找平层厚度、砂浆配合比，面层厚度、砂浆配合比，防滑条材料种类、规格。

工作内容：基层清理，抹找平层，抹面层，抹防滑条，材料运输。

(3) 地毯楼梯面层(011106006)

工程量计算：同石材楼梯面层(011106001)。

项目特征描述：基层种类，面层材料品种、规格、颜色，防护材料种类，黏结材料种类，固定配件材料种类、规格。

工作内容：基层清理，铺贴面层，固定配件安装，刷防护材料，材料运输。

(4) 木板楼梯面层(011106007)

工程量计算：同石材楼梯面层(011106001)。

项目特征描述：基层材料种类、规格，面层材料品种、规格、颜色，黏结材料种类，防护材料种类。

工作内容：基层清理，基层铺贴，面层铺贴，刷防护材料，材料运输。

6. 台阶装饰

(1) 石材台阶面，块料台阶面，拼碎块料台阶面(011107001 ～ 011107003)

工程量计算：以"m^2"为计量单位，工程量按设计图示尺寸以台阶(包括最上层踏步边沿加 300 mm)水平投影面积计算。

项目特征描述：找平层厚度、砂浆配合比，黏结材料种类，面层材料品种、规格、颜色，勾缝材料种类，防滑条材料种类、规格，防护材料种类。

工作内容：基层清理，抹找平层，面层铺贴，贴嵌防滑条，勾缝，刷防护材料，材料运输。

(2) 水泥砂浆台阶面(011107004)

工程量计算：同石材台阶面(011107001)。

项目特征描述：找平层厚度、砂浆配合比，面层厚度、砂浆配合比，防滑条材料种类。

工作内容：清理基层，抹找平层，抹面层，抹防滑条，材料运输。

7. 零星装饰项目

楼梯、台阶侧面装饰，面积不大于 0.5 m^2 少量分散的楼地面装饰，应按零星装饰项目编码列项。

(1) 石材零星项目，碎拼石材零星项目，块料零星项目(011108001 ～ 011108003)

工程量计算：以"m^2"为计量单位，工程量按设计图示尺寸以面积计算。

项目特征描述：工程部位，找平层厚度、砂浆配合比，结合层厚度、材料种类，面层材料品种、规格、颜色，勾缝材料种类，防护材料种类，酸洗、打蜡要求。

工作内容：清理基层，抹找平层，面层铺贴、磨边，勾缝，刷防护材料，酸洗、打蜡，材料运输。

(2) 水泥砂浆零星项目(011108004)

工程量计算：以"m^2"为计量单位，工程量按设计图示尺寸以面积计算。

项目特征描述：工程部位，找平层厚度、砂浆配合比，面层厚度、砂浆配合比。

工作内容：清理基层，抹找平层，抹面层，材料运输。

9.1.9 墙、柱面装饰与隔断、幕墙工程工程量计算

1. 一般抹灰

墙面、柱(梁)面以及零星项目抹石灰砂浆、水泥砂浆、混合砂浆、聚合物水泥砂浆、石膏灰浆等，均按一般抹灰编码列项。

(1) 墙面一般抹灰(011201001)

工程量计算：以"m^2"为计量单位，工程量按设计图示尺寸以面积计算。

① 计算中应增减面积：a. 扣除墙裙、门窗洞口及单个面积大于 0.3 m^2 的孔洞所占面积；b. 不扣除踢脚线、挂镜线和墙与构件交接处的面积；c. 门窗洞口和孔洞的侧壁及顶面不增加面积；d. 附墙柱、梁、垛、烟囱侧壁并入相应的墙面面积内。

② 外墙抹灰面积按外墙垂直投影面积计算。飘窗凸出外墙面增加的抹灰并入外墙工程量内。

③ 外墙裙抹灰面积按其长度乘以高度计算。

④ 内墙抹灰面积按主墙间的净长乘以高度计算。a. 无墙裙的，高度按室内楼地面至天棚底面计算；b. 有墙裙的，高度按墙裙顶至天棚底面计算；c. 有吊顶天棚的，高度算至天棚底面(内墙面抹至吊顶以上部分在综合单价中考虑)。

⑤ 内墙裙抹灰面积按内墙净长乘以高度计算。

项目特征描述：墙体类型，底层厚度、砂浆配合比，面层厚度、砂浆配合比，分格缝宽度。

工作内容：基层清理，砂浆制作、运输，底层抹灰，抹面层，勾分格缝。

(2) 柱、梁面一般抹灰(011202001)

工程量计算：以"m^2"为计量单位计算。① 柱面抹灰，按设计图示尺寸以柱断面周长乘以高度，以面积计算。② 梁面抹灰，按设计图示尺寸以梁断面周长乘以长度，以面积计算。

项目特征描述：柱(梁)体类型，其余同墙面一般抹灰(011201001)。

工作内容：同墙面一般抹灰(011201001)。

(3) 零星项目一般抹灰(011203001)

工程量计算：以"m^2"为计量单位，工程量按设计图示尺寸以面积计算。

项目特征描述:基层类型、部位,其余同墙面一般抹灰(011201001)。

工作内容:同墙面一般抹灰(011201001)。

2. 砂浆找平层

砂浆找平层包括立面砂浆找平层(011201004),柱、梁面砂浆找平层(011202003),零星项目砂浆找平层(011203003)。砂浆找平层项目适用于仅做找平层的抹灰。

工程量计算:① 立面砂浆找平层,同墙面一般抹灰(011201001);② 柱、梁面砂浆找平层,同柱、梁面一般抹灰(011202001);③ 零星项目砂浆找平层,同零星项目一般抹灰(011203001)。

项目特征描述:基层类型,或柱(梁)体类型,或基层类型、部位,找平层厚度、砂浆配合比。

工作内容:基层清理,砂浆制作、运输,抹灰找平。

3. 块料面层

(1) 镶贴块料面层

① 墙面块料面层包括石材墙面,碎拼石材墙面,块料墙面(011204001 ~ 011204003)。② 柱(梁)面镶贴块料包括石材柱面,块料柱面,碎拼块料柱面,石材梁面,块料梁面(011205001 ~ 011205005)。③ 镶贴零星块料包括石材零星项目,块料零星项目,碎拼块料零星项目(011206001 ~ 011206003)。墙、柱面面积小于或等于 0.5 m^2 的少量分散的镶贴块料面层按零星项目执行。

工程量计算:以“m^2”为计量单位,工程量按设计图示尺寸以镶贴表面积计算。

项目特征描述:墙体类型,或柱截面类型和尺寸,或基层类型、部位,安装方式(砂浆或黏结剂粘贴、挂贴、干挂等),面层材料品种、规格、颜色(碎拼项目可不描述规格、颜色),缝宽、嵌缝材料种类,防护材料种类,磨光、酸洗、打蜡要求。

工作内容:基层清理,砂浆制作、运输,粘贴层铺贴,面层安装,嵌缝,刷防护材料,磨光、酸洗、打蜡。

(2) 干挂石材钢骨架(011204004)

工程量计算:以“t”为计量单位,工程量按设计图示尺寸以质量计算。

项目特征描述:骨架种类、规格,防锈漆品种、遍数。

工作内容:骨架制作、运输、安装,刷漆。

4. 墙、柱(梁)饰面

墙、柱(梁)饰面包括墙面装饰板(011207001),柱(梁)面装饰(011208001)等。

工程量计算:以“m^2”为计量单位计算。① 墙面装饰板,工程量按设计图示尺寸以墙净长乘以净高以面积计算。扣除门窗洞口及单个面积大于 0.3 m^2 的孔洞所占面积;② 柱(梁)面装饰,工程量按设计图示尺寸以饰面外围面积计算。柱帽、柱墩并入相应柱饰面工程量内。

项目特征描述:龙骨材料种类、规格、中距,隔离层材料种类、规格,基层材料种类、规格,面层材料品种、规格、颜色,压条材料种类、规格。

工作内容:基层清理,龙骨制作、运输、安装,钉隔离层,基层铺钉,面层铺贴。

5. 幕墙工程

(1) 带骨架幕墙(011209001)

幕墙钢骨架按“块料面层”中“干挂石材钢骨架”项目编码列项。

工程量计算:以“m^2”为计量单位,工程量按设计图示尺寸以框外围面积计算。与幕墙同种材质的窗所占面积不扣除。

项目特征描述:骨架材料种类、规格、中距,面层材料品种、规格、颜色,面层固定方式,隔离带、框边封闭材料品种、规格,嵌缝、塞口材料种类。

工作内容:骨架制作、运输、安装,面层安装,隔离带、框边封闭,嵌缝、塞口,清洗。

(2) 全玻(无框玻璃)幕墙(011209002)

工程量计算:以“m^2”为计量单位,工程量按设计图示尺寸以面积计算。带肋全玻幕墙按展开面积计算。

项目特征描述:玻璃品种、规格、颜色,黏结塞口材料种类,固定方式。

工作内容:幕墙安装,嵌缝、塞口,清洗。

6. 隔断

(1) 木隔断,金属隔断,玻璃隔断,塑料隔断(011210001 ~ 011210004),其他隔断(011210006)

工程量计算:以“m^2”为计量单位,工程量按设计图示框外围尺寸以面积计算。不扣除单个面积小于或等于 0.3 m^2 的孔洞所占面积;浴厕门的材质与隔断相同时,门的面积并入隔断面积内。

项目特征描述:骨架、边框材料种类、规格,隔板材料或玻璃品种、规格、颜色,嵌缝、塞口材料品种。木隔断还应描述压条材料种类。

工作内容:骨架及边框制作、运输、安装,隔板或玻璃制作、运输、安装,嵌缝、塞口。木隔断还包括装钉压条。

(2) 成品隔断(011210005)

工程量计算:① 以“m^2”为计量单位,工程量按设计图示框外围尺寸以面积计算。② 以“间”为计量单位,工程量按设计间的数量计算。

项目特征描述:隔断材料品种、规格、颜色,配件品种、规格。

工作内容:隔断运输、安装,嵌缝、塞口。

9.1.10 天棚工程工程量计算

1. 天棚抹灰(011301001)

工程量计算:以“m^2”为计量单位,工程量按设计图示尺寸以水平投影面积计算。① 不扣除间壁墙、垛、柱、附墙烟囱、检查口和管道所占的面积。② 带梁天棚的梁两侧抹灰面积并入天棚面积内。③ 板式楼梯底面抹灰按斜面积计算,锯齿形楼梯底板抹灰按展开面积计算。

项目特征描述:基层类型,抹灰厚度、材料种类,砂浆配合比。

工作内容:基层清理,底层抹灰,抹面层。

2. 天棚吊顶

(1) 吊顶天棚(011302001)

工程量计算:以“m^2”为计量单位,工程量按设计图示尺寸以水平投影面积计算。① 天棚面中的灯槽及跌级、锯齿形等面积不展开计算。② 不扣除间壁墙、检查口、附墙烟囱、柱垛和管道所占面积,扣除单个面积大于 0.3 m^2 的孔洞、独立柱及与天棚相连的窗帘盒所占的面积。

项目特征描述:吊顶形式,吊杆规格、高度,龙骨材料种类、规格、中距,基层材料种类、规格，面层材料品种、规格，压条材料种类、规格，嵌缝材料种类，防护材料种类。

工作内容：基层清理、吊杆安装，龙骨安装，基层板铺贴，面层铺贴，嵌缝，刷防护材料。

(2) 格栅吊顶(011302002)

工程量计算：以“m^2”为计量单位，工程量按设计图示尺寸以水平投影面积计算。

项目特征描述：龙骨材料种类、规格、中距，基层材料种类、规格，面层材料品种、规格，防护材料种类。

工作内容：基层清理，龙骨安装，基层板铺贴，面层铺贴，刷防护材料。

3. 采光天棚(011303001)

工程量计算：以“m^2”为计量单位，工程量按设计图示尺寸以框外围展开面积计算。采光天棚骨架应单独按金属结构工程中相关项目编码列项。

项目特征描述：骨架类型，固定类型、固定材料品种、规格，面层材料品种、规格，嵌缝、塞口材料种类。

工作内容：基层清理，面层制作、安装，嵌缝、塞口，清洗。

4. 天棚其他装饰

(1) 灯带(槽)(011304001)

工程量计算：以“m^2”为计量单位，工程量按设计图示尺寸以框外围面积计算。

项目特征描述：灯带形式、尺寸，格栅片材料品种、规格，安装固定方式。

工作内容：安装、固定。

(2) 送风口、回风口(011304002)

工程量计算：以“个”为计量单位，工程量按设计图示数量计算。

项目特征描述：风口材料品种、规格，安装固定方式，防护材料种类。

工作内容：安装、固定，刷防护材料。

9.1.11 油漆、涂料及其他装饰工程工程量计算

1. 木门油漆(011401001)，金属门油漆(011401002)

工程量计算：① 以“樘”为计量单位，工程量按设计图示数量计算。② 以“m^2”为计量单位，工程量按设计图示洞口尺寸以面积计算。

项目特征描述：门类型，门代号及洞口尺寸，腻子种类，刮腻子遍数，防护材料种类，油漆品种、刷漆遍数。其中：以“m^2”计量，项目特征可不必描述洞口尺寸。

工作内容：金属门除锈、基层清理，刮腻子，刷防护材料、油漆。

2. 抹灰面油漆

(1) 抹灰面油漆(011406001)

工程量计算：以“m^2”为计量单位，工程量按设计图示尺寸以面积计算。

项目特征描述：基层类型，腻子种类，刮腻子遍数，防护材料种类，油漆品种、刷漆遍数，部位。

工作内容：基层清理，刮腻子，刷防护材料、油漆。

(2) 满刮腻子(011406003)

工程量计算:以"m^2"为计量单位,工程量按设计图示尺寸以面积计算。

项目特征描述:基层类型,腻子种类,刮腻子遍数。

工作内容:基层清理,刮腻子。

3. 墙面喷刷涂料(011407001),天棚喷刷涂料(011407002)

工程量计算:以"m^2"为计量单位,工程量按设计图示尺寸以面积计算。

项目特征描述:基层类型,喷刷涂料部位,腻子种类,刮腻子要求,涂料品种、喷刷遍数。

工作内容:基层清理,刮腻子,刷、喷涂料。

4. 扶手、栏杆、栏板装饰

扶手、栏杆、栏板装饰包括金属扶手、栏杆、栏板,硬木扶手、栏杆、栏板,塑料扶手、栏杆、栏板,GRC扶手、栏杆,金属靠墙扶手,硬木靠墙扶手,塑料靠墙扶手,玻璃栏板(011503001～011503008)。

工程量计算:以"m"为计量单位,工程量按设计图示尺寸以扶手中心线长度(包括弯头长度)计算。

项目特征描述:应根据各种扶手、栏杆、栏板装饰各自的特征描述。

工作内容:制作、运输、安装、刷防护材料。

9.1.12 措施项目计算

1. 脚手架工程

(1) 综合脚手架(011701001)

综合脚手架适用于能够按《建筑工程建筑面积计算规范》计算建筑面积的脚手架,不适用于房屋加层、构筑物及附属工程脚手架。使用综合脚手架时,不再使用外脚手架、里脚手架等单项脚手架。

工程量计算:以"m^2"为计量单位,工程量按建筑面积计算。同一建筑物有不同檐高时,分别计算建筑面积,分别编码列项。

项目特征描述:建筑结构形式,檐口高度。

工作内容:场内、场外材料搬运,搭、拆脚手架、斜道、上料平台,安全网的铺设,选择附墙点与主体连接,测试电动装置、安全锁等,拆除脚手架后材料的堆放。

(2) 外脚手架(011701002),里脚手架(011701003),满堂脚手架(011701006)

工程量计算:以"m^2"为计量单位计算。① 外脚手架、里脚手架,工程量按所服务对象的垂直投影面积计算。② 满堂脚手架,工程量按搭设的水平投影面积计算。

项目特征描述:搭设方式,搭设高度,脚手架材质。

工作内容:场内、场外材料搬运,搭、拆脚手架、斜道、上料平台,安全网的铺设,拆除脚手架后材料的堆放。

(3) 悬空脚手架(011701004),挑脚手架(011701005)

工程量计算:① 悬空脚手架,以"m^2"为计量单位,工程量按搭设的水平投影面积计算。② 挑脚手架以"m"为计量单位,工程量按搭设长度乘以搭设层数以总长度计算。

项目特征描述：搭设方式，悬挑高度，脚手架材质。

工作内容：同外脚手架(011701002)。

(4) 整体提升架(011701007)

工程量计算：以"m^2"为计量单位，工程量按所服务对象的垂直投影面积计算。整体提升架已包括2 m高的防护架体设施。

项目特征描述：搭设方式及启动装置，搭设高度。

工作内容：同综合脚手架(011701001)。

(5) 外装饰吊篮(011701008)

工程量计算：以"m^2"为计量单位，工程量按所服务对象的垂直投影面积计算。

项目特征描述：升降方式及启动装置，搭设高度及吊篮型号。

工作内容：场内、场外材料搬运，吊篮的安装，测试电动装置、安全锁、平衡控制器等，吊篮的拆卸。

2. 混凝土模板及支架(撑)

(1) 一般现浇混凝土构件

一般现浇混凝土构件，包括基础，矩形柱，构造柱，异形柱，基础梁，矩形梁，异形梁，圈梁，过梁，弧形、拱形梁，直形墙，弧形墙，短肢剪力墙、电梯井壁，有梁板，无梁板，平板，拱板，薄壳板，空心板，其他板，栏板，天沟、檐沟(011702001 ~ 011702022)，其他现浇构件(011702025)，散水(011702029)，后浇带(011702030)等。

工程量计算：以"m^2"为计量单位，工程量按模板与现浇混凝土构件的接触面积计算。其中：

① 现浇钢筋混凝土墙、板中单孔面积小于或等于0.3 m^2的孔洞不予扣除，洞侧壁模板亦不增加；单孔面积大于0.3 m^2时应予扣除，洞侧壁模板面积并入墙、板工程量内计算。

② 现浇框架分别按梁、板、柱有关规定计算；附墙柱、暗梁、暗柱并入墙模板工程量内计算。

③ 柱、梁、墙、板相互连接的重叠部分，均不计算模板面积。

④ 构造柱按设计图示外露部分计算模板面积。

项目特征描述：① 基础描述基础类型；② 各种柱描述柱截面形状；③ 各种梁描述梁截面形状，支撑高度；④ 各种墙描述墙截面形状；⑤ 各种板描述构件类型，支撑高度；⑥ 其他现浇构件描述构件类型；⑦ 后浇带描述后浇带部位；⑧ 采用清水模板时，应在项目特征中注明。

工作内容：模板制作，模板安装、拆除、整理堆放及场内外运输，清理模板黏结物及模板内杂物、刷隔离剂等。

(2) 雨篷、悬挑板、阳台板(011702023)

工程量计算：以"m^2"为计量单位，工程量按设计图示外挑部分尺寸的水平投影面积计算，挑出墙外的悬臂梁及板边不另计算。

项目特征描述：构件类型、板厚度。

工作内容：同基础(011702001)。

(3) 楼梯(011702024)

工程量计算:以“m^2”为计量单位,工程量按设计图示尺寸以楼梯(包括休息平台、平台梁、斜梁和与楼层板的连接梁)的水平投影面积计算。不扣除宽度小于或等于500 mm的楼梯井所占面积,楼梯踏步、踏步板、平台梁等侧面模板不另计算,伸入墙内部分亦不增加。

项目特征描述:楼梯类型。

工作内容:同基础(011702001)。

(4) 台阶(011702027)

工程量计算:以“m^2”为计量单位,工程量按设计图示尺寸以台阶水平投影面积计算。台阶端头两侧不另计算模板面积。架空式混凝土台阶按现浇楼梯计算。

项目特征描述:台阶踏步宽。

工作内容:同基础(011702001)。

3. 垂直运输(011703001)

工程量计算:① 以“m^2”为计量单位,工程量按建筑面积计算。② 以“天”为计量单位,工程量按施工工期的日历天数计算。说明:同一建筑物有不同檐高时,分别计算建筑面积,分别编码列项。

项目特征描述:建筑物建筑类型及结构形式,地下室建筑面积,檐口高度、层数。

工作内容:垂直运输机械的固定装置、基础制作、安装,行走式垂直运输机械轨道的铺设、拆除、摊销。

4. 超高施工增加(011704001)

单层建筑物檐口高度超过20 m,多层建筑物超过6层(不包括地下室层数),可计取超高施工增加。

工程量计算:以“m^2”为计量单位,工程量按建筑物超高部分的建筑面积计算。说明:同一建筑物有不同檐高时,分别计算建筑面积,分别编码列项。

项目特征描述:建筑物建筑类型及结构形式,檐口高度、层数,单层建筑物檐口高度超过20 m、多层建筑物超过6层部分的建筑面积。

工作内容:建筑物超高引起的人工工效降低以及由人工工效降低引起的机械降效,高层施工用水加压水泵的安装、拆除及工作台班,通信联络设备的使用及摊销。

5. 大型机械设备进出场及安拆(011705001)

工程量计算:以“台次”为计量单位,工程量按使用机械设备的数量计算。

项目特征描述:机械设备名称,机械设备规格型号。

工作内容:安拆费包括施工机械、设备在现场进行安装、拆卸所需人工、材料、机械和试运转费用,以及机械辅助设施的折旧、搭设、拆除等费用;进出场费包括施工机械、设备整体或分体自停放地点运至施工现场或由一施工地点运至另一施工地点所发生的运输、装卸、辅助材料等费用。

6. 施工排水、降水

(1) 成井(011706001)

工程量计算:以“m”为计量单位,工程量按设计图示尺寸以钻孔深度计算。

项目特征描述:成井方式,地层情况,成井直径,井(滤)管类型、直径。

工作内容:准备钻孔机械、埋设护筒、钻机就位,泥浆制作、固壁,成孔、出渣、清孔等;对接上下井管(滤管),焊接,安放,下滤料,洗井,连接试抽等。

(2) 排水、降水(011706002)

工程量计算:以“昼夜”为计量单位,工程量按排、降水的日历天数计算。

项目特征描述:机械规格型号,降排水水管规格。

工作内容:管道安装、拆除、场内搬运,抽水、值班、降水设备维修等。

7. 安全文明施工及其他措施项目

(1) 安全文明施工(011707001)

安全文明施工费是指工程施工期间按照国家现行的环境保护、建筑施工安全、施工现场环境与卫生标准和有关规定,购置和更新施工安全防护用具及设施、改善安全生产条件和作业环境所需要的费用。

工作内容及包含范围:① 环境保护;② 文明施工;③ 安全施工;④ 临时设施。

(2) 夜间施工(011707002)

工作内容及包含范围:① 夜间固定照明灯具和临时可移动照明灯具的设置、拆除。② 夜间施工时,施工现场交通标志、安全标牌、警示灯等的设置、移动、拆除。③ 夜间照明设备的照明用电、施工人员夜班补助、夜间施工劳动效率降低等。

(3) 非夜间施工照明(011707003)

工作内容及包含范围:为保证工程施工正常进行,在地下室等特殊施工部位施工时所采用的照明设备的安拆、维护及照明用电等。

(4) 二次搬运(011707004)

工作内容及包含范围:由于施工现场条件限制而发生的材料、成品、半成品等一次运输不能到达堆放地点,必须进行的二次或多次搬运。

(5) 冬雨季施工(011707005)

工作内容及包含范围:① 冬雨(风)季施工时增加的临时设施(防寒保温、防雨、防风设施)的搭设、拆除。② 冬雨(风)季施工时,对砌体、混凝土等采用的特殊加温、保温和养护措施。③ 冬雨(风)季施工时,施工现场的防滑处理,对影响施工的雨雪的清除。④ 冬雨(风)季施工时增加的临时设施,施工人员的劳动保护用品购置,冬雨(风)季施工劳动效率降低等。

(6) 地上、地下设施、建筑物的临时保护设施(011707006)

工作内容及包含范围:在工程施工过程中,对已建成的地上、地下设施和建筑物进行的遮盖、封闭、隔离等必要保护措施。

(7) 已完工程及设备保护(011707007)

工作内容及包含范围:对已完工程及设备采取的覆盖、包裹、封闭、隔离等必要保护措施。

9.1.13 清单工程量计算实例

本章框架结构工程造价编制实例所采用的施工图与第 8 章相同，详见第 8.1 节框架结构工程施工图实例中的具体内容。

本框架结构工程实例的清单工程量计算，其计算项目的划分、项目编码以及计算方法均按照国家标准《房屋建筑与装饰工程工程量计算规范》(GB 50854—2013) 的规定进行。

1. 土方工程工程量计算

(1) 平整场地(010101001001)

平整场地工程量：同首层建筑面积，$S = 58.00 \times 15.40 = 893.20\ m^2$。

(2) 挖沟槽土方(010101003001)

① 挖土深度：$H = -0.60 - (-2.10 - 0.10) = 1.60\ m$

② DL1 垫层面积

Ⓐ、Ⓓ 轴：净长 $L = 57.60 - (1.375 + 0.10) \times 2 - (2.70 + 0.10 \times 2) \times 8 = 31.45\ m$

①、⑰ 轴：净长 $L = 15.00 - (1.375 + 0.10) \times 2 - (5.4 + 0.10 \times 2) = 6.45\ m$

面积 $S_1 = B\sum L = (0.36 + 0.10 \times 2) \times (2 \times 31.45 + 2 \times 6.45) = 42.448\ m^2$

③ DL2 垫层面积

Ⓑ、Ⓒ 轴：净长同 Ⓐ、Ⓓ 轴，$L = 31.45\ m$

其余横轴：净长同 ①、⑰ 轴，$L = 6.45\ m$；$n = 8$

面积 $S_2 = B\sum L = (0.25 + 0.10 \times 2) \times (2 \times 31.45 + 8 \times 6.45) = 51.525\ m^2$

④ 挖沟槽土方工程量：$V = H\sum S_i = 1.60 \times (42.448 + 51.525) = 150.36\ m^3$

(3) 挖基坑土方(010101004001)

① 挖土深度：$H = -0.60 - (-2.10 - 0.10) = 1.60\ m$

② J-1 垫层：$n = 20$，面积 $S_3 = nS = 20 \times (2.70 + 0.10 \times 2) \times (2.70 + 0.10 \times 2) = 168.20\ m^2$

③ J-2 垫层：$n = 10$，面积 $S_4 = nS = 10 \times (2.70 + 0.10 \times 2) \times (5.40 + 0.10 \times 2) = 162.40\ m^2$

④ 挖基坑土方工程量：$V = H\sum S_i = 1.60 \times (168.20 + 162.40) = 528.96\ m^3$

(4) 基础回填(010103001001)

① 挖土体积：$V_{挖} = 150.36 + 528.96 = 679.32\ m^3$

② 室外地坪以下埋设物体积：与施工图预算计算相同，基础垫层体积 $V_{埋1} = 42.46\ m^3$，独立基础体积 $V_{埋2} = 118.15\ m^3$，基础梁体积 $V_{埋3} = 41.72\ m^3$，室外地坪以下砖基础体积 $V_{埋4} = 90.440\ m^3$，室外地坪以下柱体积 $V_{埋5} = 7.506\ m^3$。

③ 基础回填工程量：$V = V_{挖} - \sum V_{埋i} = 679.32 - (42.46 + 118.15 + 41.72 + 90.440 + 7.506) = 379.04\ m^3$

(5) 室内回填(010103001002)

① 卫生间、盥洗室回填土

回填土厚度：$h = -0.02 - (-0.60) - (0.01 + 0.02 + 0.05 + 0.08) = 0.42\ m$

室内净面积：$S = (3.60 - 0.10 \times 2) \times (6.30 - 0.10 \times 2) = 20.74\ m^2$；$n = 4$

体积：$V_1 = nSh = 4 \times 20.74 \times 0.42 = 34.843\ m^3$

② 走廊和其余房间回填土

回填土厚度：$h = 0.00 - (-0.60) - (0.012 + 0.02 + 0.08) = 0.488\ m$

走廊净面积：$S = (58.00 - 0.30 \times 2) \times (2.40 - 0.10 \times 2) = 126.28\ m^2$

其余房间室内净面积：$S = (3.60 - 0.10 \times 2) \times (6.30 - 0.10 \times 2) = 20.74\ m^2$；$n = 28$

体积 $V_2 = h \sum S = 0.488 \times (126.28 + 28 \times 20.74) = 345.016\ m^3$

③ 室内回填土工程量：$V = \sum V_i = 34.843 + 345.016 = 379.86\ m^3$

说明：土方与基础分部工程中钢筋混凝土构件的钢筋工程量，将在主体与围护结构分部工程中一并进行计算。

2. *砌筑工程工程量计算*

(1) 砖基础(010401001001)

砖基础高度为独立基础或基础梁顶至地圈梁底。

① 外墙砖基础

计算厚度：$B = 0.365\ m$，高 $H = (-0.06 - 0.12) - (-1.50) = 1.32\ m$

Ⓐ、Ⓓ 轴：长 $L = 57.60 + 0.20 \times 2 - 0.45 \times 10 = 53.50\ m$

①、⑰ 轴：长 $L = 15.00 + 0.20 \times 2 - 0.45 \times 4 = 13.60\ m$

扣除 ③ ~ ④ 轴间 M-1 洞口(−0.18 以下部分)体积：$V_{扣} = 1.50 \times 0.365 \times 0.45 = 0.246\ m^3$

体积：$V_1 = BH \sum L - V_{扣} = 0.365 \times 1.32 \times (2 \times 53.50 + 2 \times 13.60) - 0.246 = 64.412\ m^3$

② 内墙砖基础

计算厚度：$B = 0.24\ m$，高 $H = -0.06 - 0.12 - (-1.50) = 1.32\ m$

Ⓑ、Ⓒ 轴：长度同 Ⓐ、Ⓓ 轴，$L = 53.50\ m$

其余横轴：长度同 ①、⑰ 轴，$L = 13.60\ m$，$n = 8$

须扣除梯柱：梯柱截面长 $L = 0.30\ m$，$n = 4$

体积：$V_2 = BH \sum L = 0.24 \times 1.32 \times (2 \times 53.50 + 8 \times 13.60 - 4 \times 0.30) = 67.985\ m^3$

③ 砖基础工程量：$V = \sum V_i = 64.412 + 67.985 = 132.40\ m^3$

(2) 砌块墙(加气混凝土砌块)(010402001001)

① 一层砌块墙体(墙高为地圈梁顶至一层梁底)

a. 外墙墙体：墙厚 $B = 0.30\ m$

Ⓐ、Ⓓ 轴：长 $L = 58.00 - 0.45 \times 10 = 53.50\ m$，高 $H = (3.85 - 0.60) - (-0.06) = 3.31\ m$

①、⑰ 轴的 Ⓐ ~ Ⓑ、Ⓒ ~ Ⓓ 轴之间：长 $L = 2 \times (6.30 + 0.20 + 0.10 - 0.45 \times 2) = 11.40\ m$，高 $H = (3.85 - 0.60) - (-0.06) = 3.31\ m$

①、⑰ 轴的 Ⓑ ~ Ⓒ 轴之间：长 $L = 2.40 - 0.1 - 0.10 = 2.20\ m$，高 $H = (3.85 - 0.40) - (-0.06) = 3.51\ m$

门窗洞口：2 樘 M-1(其中 1 樘有部分在砖基础中)、25 樘 C-1、4 樘 C-2、2 樘 C-3、4 樘 C-4，则 $S_{门窗} = 1.50 \times 2.20 + 1.5 \times (2.20 - 0.45) + 25 \times 1.80 \times 2.35 + 4 \times 1.50 \times 2.35 + 2 \times$

$1.50\times1.80+4\times0.60\times0.55=132.495\ \text{m}^2$

体积：$V_1=[\sum(LH)-S_{门窗}]B=[(2\times53.50\times3.31+2\times11.40\times3.31+2\times2.20\times3.51)-132.495]\times0.30=93.776\ \text{m}^3$

b. 内墙墙体：墙厚 $B=0.20$ m

Ⓑ 轴：长 $L=58.00-0.45\times10=53.50$ m，高 $H=(3.85-0.60)-(-0.06)=3.31$ m

Ⓒ 轴：长 $L=58.00-0.45\times10-(3.60-0.45)\times2-(3.60-\frac{0.45}{2}-0.10)=43.925$ m，高 $H=3.31$ m

框架柱间内横墙：长 $L=6.30+0.20+0.10-0.45\times2=5.70$ m，高 $H=(3.85-0.60)-(-0.06)=3.31$ m，$n=16$

其余内横墙：长 $L=6.30-0.10\times2=6.10$ m，高 $H=(3.85-0.50)-(-0.06)=3.41$ m，$n=14$

门窗洞口：29 樘 M-2，$S_{门窗}=29\times1.0\times2.4=69.60\ \text{m}^2$；

体积：$V_2=[\sum(LH)-S_{门窗}]B=[(53.50\times3.31+43.925\times3.31+16\times5.70\times3.31+14\times6.10\times3.41)-69.60]\times0.20=169.193\ \text{m}^3$

c. 扣除墙内混凝土体积：楼梯柱 $V=nSH=4\times(0.20\times0.30)\times(3.85-0.60+0.06)=0.794\ \text{m}^3$，过梁 $V=2.967\ \text{m}^3$，构造柱 $V=14.285\ \text{m}^3$，$V_{扣}=0.794+2.967+14.285=18.046\ \text{m}^3$

d. 一层砌块墙体工程量：$V=V_1+V_2-V_{扣}=93.776+169.193-18.046=244.923\ \text{m}^3$

② 二、三层砌块墙体（墙高为下层梁顶至本层梁底）

a. 外墙墙体：墙厚 $B=0.30$ m

Ⓐ、Ⓓ 轴：长与一层相同，$L=53.50$ m，高 $H=(7.75-0.60)-3.85=(11.65-0.60)-7.75=3.30$ m

①、⑰ 轴的 Ⓐ ～ Ⓑ、Ⓒ ～ Ⓓ 轴之间：长与一层相同，$L=11.40$ m，高 $H=(7.75-0.60)-3.85=(11.65-0.60)-7.75=3.30$ m

①、⑰ 轴的 Ⓑ ～ Ⓒ 轴之间：长与一层相同，$L=2.20$ m，高 $H=(7.75-0.40)-3.85=(11.65-0.40)-7.75=3.50$ m

门窗洞口：26 樘 C-1、4 樘 C-2、2 樘 C-3、8 樘 C-4，则 $S_{门窗}=26\times1.80\times2.35+4\times1.50\times2.35+2\times1.50\times1.80+8\times0.60\times0.55=132.12\ \text{m}^2$

体积：$V_1=[\sum(LH)-S_{门窗}]B=[(2\times53.50\times3.30+2\times11.4\times3.30+2\times2.20\times3.50)-132.12]\times0.30=93.486\ \text{m}^3$

b. 内墙墙体：墙厚 $B=0.20$ m

Ⓑ 轴：长 $L=58.00-0.45\times10=53.50$ m，高 $H=(7.75-0.60)-3.85=(11.65-0.60)-7.75=3.30$ m

Ⓒ 轴：长 $L=58.00-0.45\times10-(3.60-0.45)\times2=47.20$ m，高 $H=3.30$ m

框架柱间内横墙：长 $L=6.30+0.20+0.10-0.45\times2=5.70$ m，高 $H=(7.75-0.60)-3.85=(11.65-0.60)-7.75=3.30$ m，$n=16$

其余内横墙：长 $L=6.30-0.10\times2=6.10$ m，高 $H=(7.75-0.50)-3.85=(11.65-

0.50) − 7.75 = 3.40 m，$n = 14$

门窗洞口：30 樘 M-2，$S_{门窗} = 30 \times 1.0 \times 2.4 = 72.00\ m^2$

体积：$V_2 = [\sum(LH) - S_{门窗}]B = [(53.50 \times 3.30 + 47.20 \times 3.30 + 16 \times 5.70 \times 3.30 + 14 \times 6.10 \times 3.40) - 72.00] \times 0.20 = 170.326\ m^3$

c. 扣除墙内混凝土体积：楼梯柱 $V = 0.792\ m^3$，过梁 $V = 2.52\ m^3$，构造柱 $V = 14.274\ m^3$，$V_{扣} = 0.792 + 2.52 + 14.274 = 17.586\ m^3$

d. 二、三层砌块墙体工程量：$V = V_1 + V_2 - V_{扣} = 93.486 + 170.326 - 17.586 = 246.226\ m^3$

③ 四层砌块墙体（墙高为三层梁顶至四层梁底）

a. 外墙墙体：墙厚 $B = 0.30$ m

Ⓐ、Ⓓ 轴：长与二、三层相同，$L = 53.50$ m，高 $H = (15.60 - 0.60) - 11.65 = 3.35$ m

①、⑰ 轴的 Ⓐ ～ Ⓑ、Ⓒ ～ Ⓓ 轴之间：长与一层相同，$L = 11.40$ m，高 $H = (15.60 - 0.60) - 11.65 = 3.35$ m

①、⑰ 轴的 Ⓑ ～ Ⓒ 轴之间：长与一层相同，$L = 2.20$ m，高 $H = (15.60 - 0.40) - 11.65 = 3.55$ m

门窗洞口：26 樘 C-1、4 樘 C-2、2 樘 C-3、4 樘 C-4，则 $S_{门窗} = 26 \times 1.80 \times 2.35 + 4 \times 1.50 \times 2.35 + 2 \times 1.50 \times 1.80 + 4 \times 0.60 \times 0.55 = 130.80\ m^2$

体积：$V_1 = [\sum(LH) - S_{门窗}]B = [(2 \times 53.50 \times 3.35 + 2 \times 11.4 \times 3.35 + 2 \times 2.20 \times 3.55) - 130.80] \times 0.30 = 95.895\ m^3$

b. 内墙墙体：墙厚 $B = 0.20$ m

Ⓑ 轴：长 $L = 58.00 - 0.45 \times 10 = 53.50$ m，高 $H = (15.60 - 0.60) - 11.65 = 3.35$ m

Ⓒ 轴：长 $L = 58.00 - 0.45 \times 10 - (3.60 - 0.45) \times 2 = 47.20$ m，高 $H = 3.35$ m

框架柱间内横墙：长 $L = 6.30 + 0.20 + 0.10 - 0.45 \times 2 = 5.70$ m，高 $H = (15.60 - 0.60) - 11.65 = 3.35$ m，$n = 16$

其余内横墙：长 $L = 6.30 - 0.10 \times 2 = 6.10$ m，高 $H = (15.60 - 0.50) - 11.65 = 3.45$ m，$n = 14$

门窗洞口：30 樘 M-2，$S_{门窗} = 30 \times 1.0 \times 2.4 = 72.00\ m^2$

体积：$V_2 = [\sum(LH) - S_{门窗}]B = [(53.50 \times 3.35 + 47.20 \times 3.35 + 16 \times 5.70 \times 3.35 + 14 \times 6.10 \times 3.45) - 72.00] \times 0.20 = 173.099\ m^3$

c. 扣除墙内混凝土体积：楼梯柱 $V = 0.804\ m^3$，过梁 $V = 2.52\ m^3$，构造柱 $V = 14.489\ m^3$，$V_{扣} = 0.804 + 2.52 + 14.489 = 17.813\ m^3$。

d. 四层砌块墙体工程量：$V = V_1 + V_2 - V_{扣} = 95.895 + 173.099 - 17.813 = 251.181\ m^3$

④ 砌块墙体总工程量：$V = 244.923 + 246.226 \times 2 + 251.181 = 988.56\ m^3$

(3) 垫层（台阶灰土垫层）(010404001001)

水平投影面积：$S = 18.35\ m^2$，坡度系数：$\alpha = \dfrac{\sqrt{0.35^2 + 0.15^2}}{0.35} = 1.088$，厚度：$h = 0.15$ m

体积：$V_1 = \alpha S h = 1.088 \times 18.35 \times 0.15 = 2.995\ m^3$

3. 混凝土及钢筋混凝土工程(现浇)工程量计算

(1) 基础垫层(010501001001)

① J-1 垫层:$n = 20$,体积 $V_1 = nSh = 20 \times (2.70 + 0.10 \times 2) \times (2.70 + 0.10 \times 2) \times 0.10 = 16.82\ \text{m}^3$

② J-2 垫层:$n = 10$,体积 $V_2 = nSh = 10 \times (2.70 + 0.10 \times 2) \times (5.40 + 0.10 \times 2) \times 0.10 = 16.24\ \text{m}^3$

③ DL1 垫层

Ⓐ、Ⓓ 轴:净长 $L = 57.60 - (1.375 + 0.10) \times 2 - (2.70 + 0.10 \times 2) \times 8 = 31.45\ \text{m}$

①、⑰ 轴:净长 $L = 15.00 - (1.375 + 0.10) \times 2 - (5.4 + 0.10 \times 2) = 6.45\ \text{m}$

体积 $V_3 = Bh \sum L = (0.36 + 0.10 \times 2) \times 0.10 \times (2 \times 31.45 + 2 \times 6.45) = 4.245\ \text{m}^3$

④ DL2 垫层

Ⓑ、Ⓓ 轴:净长同 Ⓐ、Ⓓ 轴,$L = 31.45\ \text{m}$

其余横轴:净长同 ①、⑰ 轴,$L = 6.45\ \text{m}$,$n = 8$

体积:$V_4 = Bh \sum L = (0.25 + 0.10 \times 2) \times 0.10 \times (2 \times 31.45 + 8 \times 6.45) = 5.153\ \text{m}^3$

⑤ 基础垫层工程量:$V = \sum V_i = 16.82 + 16.24 + 4.245 + 5.153 = 42.46\ \text{m}^3$

(2) 独立基础(010501003001)

① J-1:$n = 20$,体积 $V_1 = 20 \times [2.70 \times 2.70 \times 0.30 + (2.70 - 0.625 \times 2) \times (2.70 - 0.625 \times 2) \times 0.30] = 56.355\ \text{m}^3$

② J-2:$n = 10$,体积 $V_2 = 10 \times [2.70 \times 5.4 \times 0.30 + (2.70 - 0.625 \times 2) \times (5.4 - 0.625 \times 2) \times 0.30] = 61.793\ \text{m}^3$

③ 独立基础工程量:$V = \sum V_i = 56.355 + 61.793 = 118.15\ \text{m}^3$

(3) 基础梁(010503001001)

① DL1

Ⓐ、Ⓓ 轴:净长 $L = 57.60 - 1.375 \times 2 - 2.70 \times 8 = 33.25\ \text{m}$,伸入基础内长 $l = 18 \times 0.625 = 11.25\ \text{m}$

①、⑰ 轴:净长 $L = 15.00 - 1.375 \times 2 - 5.4 = 6.85\ \text{m}$,伸入基础内长 $l = 2 \times 0.625 + 2 \times 0.65 = 2.55\ \text{m}$

体积:$V_1 = S \sum L + S_{梁头} \sum l = 0.36 \times 0.60 \times (2 \times 33.25 + 2 \times 6.85) + 0.36 \times 0.30 \times (2 \times 11.25 + 2 \times 2.55) = 20.304\ \text{m}^3$

② DL2

Ⓑ、Ⓒ 轴:同 Ⓐ、Ⓓ 轴,净长 $L = 33.25\ \text{m}$,伸入基础内长 $l = 11.25\ \text{m}$

其余横轴:同 ①、⑰ 轴,净长 $L = 6.85\ \text{m}$,伸入基础内长 $l = 2.55\ \text{m}$,$n = 8$

体积:$V_2 = S \sum L + S_{梁头} \sum l = 0.25 \times 0.60 \times (2 \times 33.25 + 8 \times 6.85) + 0.25 \times 0.30 \times (2 \times 11.25 + 8 \times 2.55) = 21.413\ \text{m}^3$

③ 基础梁工程量:$V = \sum V_i = 20.304 + 21.413 = 41.72\ \text{m}^3$

(4)(地)圈梁(010503004001)

① 外墙地圈梁

长度同外墙砖基础,$L = 2\times53.50 + 2\times13.60 = 134.20$ m;宽 $B = 0.36$ m,高 $H = 0.12$ m

体积:$V_1 = LBH = 134.20\times0.36\times0.12 = 5.797\ \mathrm{m}^3$

② 内墙地圈梁

长度同内墙砖基础,$L = 2\times53.50 + 8\times13.60 - 4\times0.30 = 214.60$ m;宽 $B = 0.24$ m,高 $H = 0.12$ m

体积:$V_2 = LBH = 214.60\times0.24\times0.12 = 6.180\ \mathrm{m}^3$

③ 地圈梁工程量:$V = \sum V_i = 5.797 + 6.180 = 11.98\ \mathrm{m}^3$

(5) 矩形柱(框架柱)(010502001001)

① 框架柱地下部分

柱高:基础顶至 ±0.00,$H = 0.00 - (-1.50) = 1.50$ m

工程量:$n = 4\times10 = 40$,体积 $V_1 = nSH = 40\times(0.45\times0.45)\times1.50 = 12.15\ \mathrm{m}^3$

② 一层框架柱

柱高:±0.00 至一层梁顶,$H = 3.85 - 0.00 = 3.85$ m

工程量:$n = 40$,体积 $V_2 = nSH = 40\times(0.45\times0.45)\times3.85 = 31.185\ \mathrm{m}^3$

③ 二、三层框架柱

柱高:下层梁顶至本层梁顶,$H = 7.75 - 3.85 = 11.65 - 7.75 = 3.90$ m

工程量:$n = 40$,体积 $V_3 = nSH = 40\times(0.45\times0.45)\times3.90 = 31.59\ \mathrm{m}^3$

④ 四层框架柱

柱高:三层梁顶至四层梁顶,$H = 15.60 - 11.65 = 3.95$ m

工程量:$n = 40$,体积 $V_4 = nSH = 40\times(0.45\times0.45)\times3.95 = 31.995\ \mathrm{m}^3$

⑤ 框架柱总工程量:$V = \sum V_i = 12.15 + 31.185 + 31.59\times2 + 31.995 = 138.51\ \mathrm{m}^3$

(6) 矩形柱(楼梯柱)(010502001002)

① 楼梯柱地下部分

柱高:基础梁顶至 ±0.00,$H = 0.00 - (-1.50) = 1.50$ m

工程量:$n = 4$,体积 $V_1 = nSH = 4\times(0.20\times0.30)\times1.50 = 0.36\ \mathrm{m}^3$

② 一层楼梯柱

柱高:±0.00 至一层梁底(KL2),$H = (3.85 - 0.60) - 0.00 = 3.25$ m

工程量:$n = 4$,体积 $V_2 = nSH = 4\times(0.20\times0.30)\times3.25 = 0.78\ \mathrm{m}^3$

③ 二、三层楼梯柱

柱高:下层梁顶至本层梁底(KL2),$H = (7.75 - 0.60) - 3.85 = (11.65 - 0.60) - 7.75 = 3.30$ m

工程量:$n = 4$,体积 $V_3 = nSH = 4\times(0.20\times0.30)\times3.30 = 0.792\ \mathrm{m}^3$

④ 四层楼梯柱

柱高:三层梁顶至四层梁底(KL2),$H = (15.60 - 0.60) - 11.65 = 3.35$ m

工程量：$n=4$，体积 $V_4=nSH=4\times(0.20\times0.30)\times3.35=0.804\ \text{m}^3$

⑤ 楼梯柱总工程量：$V=\sum V_i=0.36+0.78+0.792\times2+0.804=3.53\ \text{m}^3$

(7) 有梁板(010505001001)

① 各层梁体积

因各层梁尺寸均相同，仅计算一层梁的体积，且梁高均算至板底。

a. KL1

$n=2$

净长：$L=57.6+0.20\times2-0.45\times10=53.50\ \text{m}$，宽：$B=0.30\ \text{m}$，高：$H=0.60-0.11=0.49\ \text{m}$

体积：$V_1=nLBH=2\times53.50\times0.30\times0.49=15.729\ \text{m}^3$

b. KL2

$n=2$

净长：$L=57.6+0.20\times2-0.45\times10=53.50\ \text{m}$，宽：$B=0.25\ \text{m}$，高：$H=0.60-0.11=0.49\ \text{m}$

体积：$V_2=nLBH=2\times53.50\times0.25\times0.49=13.108\ \text{m}^3$

c. KL3

$n=2$

净长：$l_1=(6.30+0.20+0.10-0.45\times2)\times2=11.40\ \text{m}$，宽：$B_1=0.30\ \text{m}$，高：$H_1=0.60-0.11=0.49\ \text{m}$

净长：$l_2=2.40-0.10\times2=2.20\ \text{m}$，宽：$B_2=0.30\ \text{m}$，高：$H_2=0.40-0.11=0.29\ \text{m}$

体积：$V_3=n\sum l_i B_i H_i=2\times(11.40\times0.30\times0.49+2.20\times0.30\times0.29)=3.734\ \text{m}^3$

d. KL4

$n=8$

净长：$l_1=(6.30+0.20+0.10-0.45\times2)\times2=11.40\ \text{m}$，宽：$B_1=0.25\ \text{m}$，高：$H_1=0.60-0.11=0.49\ \text{m}$

净长：$l_2=2.40-0.10\times2=2.20\ \text{m}$，宽：$B_2=0.25\ \text{m}$，高：$H_2=0.40-0.11=0.29\ \text{m}$

体积：$V_4=n\sum l_i B_i H_i=8\times(11.40\times0.25\times0.49+2.20\times0.25\times0.29)=12.448\ \text{m}^3$

e. L1

$n=7\times2=14$

净长：$L=6.3-0.10-0.15=6.05\ \text{m}$，宽：$B=0.20\ \text{m}$，高：$H=0.50-0.11=0.39\ \text{m}$

体积：$V_5=nLBH=14\times6.05\times0.20\times0.39=6.607\ \text{m}^3$

f. 每层梁总体积

$V_{梁}=\sum V_i=15.729+13.108+3.734+12.448+6.607=51.626\ \text{m}^3$

② 各层板体积

a. 一、二、三层楼板

板面积：须扣除楼梯面积，$S=(57.60+0.20\times2)\times(15.00+0.20\times2)-(3.60-0.125\times$

2) × (6.30 − 0.10 − 0.85) × 2 = 857.355 m²；板厚 $h = 0.11$ m

板体积：$V_{板1} = Sh = 857.355 \times 0.11 = 94.309$ m³

b. 四层屋面板

板面积：须扣除上人孔面积，$S = (57.60 + 0.20 \times 2) \times (15.00 + 0.20 \times 2) - 0.70 \times 0.70 = 892.71$ m²；板厚 $h = 0.11$ m

板体积：$V_{板2} = Sh = 892.71 \times 0.11 = 98.198$ m³

③ 有梁板工程量

一、二、三层有梁板工程量：$V = V_{梁} + V_{板1} = 51.626 + 94.309 = 145.935$ m³

四层有梁板工程量：$V = V_{梁} + V_{板2} = 51.626 + 98.198 = 149.824$ m³

有梁板总工程量：$V = 145.935 \times 3 + 149.824 = 587.63$ m³

(8) 栏板(女儿墙)(010505006001)

女儿墙中心线长：$L = \left(57.60 + 0.20 \times 2 - \dfrac{0.10}{2} \times 2\right) \times 2 + \left(15.00 + 0.20 \times 2 - \dfrac{0.10}{2} \times 2\right) \times 2 = 146.40$ m

厚：$B = 0.10$ m，高：$H = 1.00$ m

女儿墙工程量：$V = LBH = 146.40 \times 0.10 \times 1.00 = 14.64$ m³

(9) 直形楼梯(010506001001)

每层楼梯工程量(水平投影面积)：$S_{每层} = (3.60 - 0.10 \times 2) \times (6.30 - 0.10 - 0.85) \times 2 = 36.38$ m²

楼梯总工程量：$n = 3$，$S = nS_{每层} = 3 \times 36.38 = 109.14$ m²

(10) 构造柱(010502002001)

构造柱截面尺寸：宽度 = 墙厚度，沿墙内长度 = 200 mm；嵌入墙内马牙槎长为 100 mm，即每面马牙槎按平均长 50 mm 计算。

① 一层构造柱(柱高为地圈梁顶至一层梁底)

a. 外墙 Ⓐ 轴与 Ⓓ 轴构造柱

高：$H = (3.85 - 0.60) - (-0.06) = 3.31$ m

三面马牙槎，截面面积：$S = (0.20 + 0.05 \times 2) \times 0.30 + 0.20 \times 0.05 = 0.10$ m²，$n = 14$

体积：$V_1 = nSH = 14 \times 0.10 \times 3.31 = 4.634$ m³

b. 外墙 ① 轴与 ⑰ 轴构造柱

高：$H = (3.85 - 0.60) - (-0.06) = 3.31$ m

两面马牙槎，截面面积：$S = (0.20 + 0.05 \times 2) \times 0.30 = 0.09$ m²，$n = 4$

体积：$V_2 = nSH = 4 \times 0.09 \times 3.31 = 1.192$ m³

c. 内墙 Ⓑ 轴与 Ⓒ 轴构造柱

高：$H = (3.85 - 0.60) - (-0.06) = 3.31$ m

三面马牙槎，截面面积：$S = (0.20 + 0.05 \times 2) \times 0.20 + 0.20 \times 0.05 = 0.07$ m²，$n = 13$

两面马牙槎，截面面积：$S = (0.20 + 0.05) \times 0.20 + 0.20 \times 0.05 = 0.06$ m²，$n = 1$

体积：$V_3 = H\sum(nS) = 3.31 \times (13 \times 0.07 + 1 \times 0.06) = 3.211$ m³

d. 各内横墙构造柱

两面马牙槎，截面面积：$S = (0.20 + 0.05 \times 2) \times 0.20 = 0.06$ m²

KL4 下，高 $H = (3.85 - 0.60) - (-0.06) = 3.31\ \text{m}, n = 12$（有梯柱者不再设构造柱）

L1 下，高 $H = (3.85 - 0.50) - (-0.06) = 3.41\ \text{m}, n = 14$

体积：$V_4 = S\sum(nH) = 0.06 \times (12 \times 3.31 + 14 \times 3.41) = 5.248\ \text{m}^3$

e. 一层构造柱工程量

$V = \sum V_i = 4.634 + 1.192 + 3.211 + 5.248 = 14.285\ \text{m}^3$

② 二、三层构造柱（柱高为下层梁顶至本层梁底）

a. 外墙 Ⓐ 轴与 Ⓓ 轴构造柱

高：$H = (7.75 - 0.60) - 3.85 = (11.65 - 0.60) - 7.75 = 3.30\ \text{m}$，其余与一层相同

体积：$V_1 = nSH = 14 \times 0.10 \times 3.30 = 4.62\ \text{m}^3$

b. 外墙 ① 轴与 ⑰ 轴构造柱

高：$H = (7.75 - 0.60) - 3.85 = (11.65 - 0.60) - 7.75 = 3.30\ \text{m}$，其余与一层相同

体积：$V_2 = nSH = 4 \times 0.09 \times 3.30 = 1.188\ \text{m}^3$

c. 内墙 Ⓑ 轴与 Ⓒ 轴构造柱

高：$H = (7.75 - 0.60) - 3.85 = (11.65 - 0.60) - 7.75 = 3.30\ \text{m}$

三面马牙槎，截面面积：$S = (0.20 + 0.05 \times 2) \times 0.20 + 0.20 \times 0.05 = 0.07\ \text{m}^2, n = 14$

体积：$V_3 = nSH = 14 \times 0.07 \times 3.30 = 3.234\ \text{m}^3$

d. 各内横墙构造柱

截面面积与一层相同，$S = 0.06\ \text{m}^2$

KL4 下，高：$H = (7.75 - 0.60) - 3.85 = (11.65 - 0.60) - 7.75 = 3.30\ \text{m}, n = 12$（有梯柱者不再设构造柱）

L1 下，高：$H = (7.75 - 0.50) - 3.85 = (11.65 - 0.50) - 7.75 = 3.40\ \text{m}, n = 14$

体积：$V_4 = S\sum(nH) = 0.06 \times (12 \times 3.30 + 14 \times 3.40) = 5.232\ \text{m}^3$

e. 二、三层构造柱工程量

$V = \sum V_i = 4.62 + 1.188 + 3.234 + 5.232 = 14.274\ \text{m}^3$

③ 四层构造柱（柱高为三层梁顶至四层梁底）

a. 外墙 Ⓐ 轴与 Ⓓ 轴构造柱

高：$H = (15.60 - 0.60) - 11.65 = 3.35\ \text{m}$，其余与二、三层相同

体积：$V_1 = nSH = 14 \times 0.10 \times 3.35 = 4.69\ \text{m}^3$

b. 外墙 ① 轴与 ⑰ 轴构造柱

高：$H = (15.60 - 0.60) - 11.65 = 3.35\ \text{m}$，其余与二、三层相同

体积：$V_2 = nSH = 4 \times 0.09 \times 3.35 = 1.206\ \text{m}^3$

c. 内墙 Ⓑ 轴与 Ⓒ 轴构造柱

高：$H = (15.60 - 0.60) - 11.65 = 3.35\ \text{m}$，其余与二、三层相同

体积：$V_3 = nSH = 14 \times 0.07 \times 3.35 = 3.283\ \text{m}^3$

d. 各内横墙构造柱

截面面积与二、三层相同，$S = 0.06\ \text{m}^2$

KL4 下，高：$H = (15.60 - 0.60) - 11.65 = 3.35\ \text{m}, n = 12$（有梯柱者不再设构造柱）

L1 下，高：$H = (15.60 - 0.50) - 11.65 = 3.45\ \text{m}, n = 14$

体积：$V_4 = S\sum(nH) = 0.06 \times (12 \times 3.35 + 14 \times 3.45) = 5.31\ \text{m}^3$

e. 四层构造柱工程量

$V = \sum V_i = 4.69 + 1.206 + 3.283 + 5.31 = 14.489\ \text{m}^3$

④ 构造柱总工程量

$V = 14.285 + 14.274 \times 2 + 14.489 = 57.32\ \text{m}^3$

(11) 过梁(010503005001)

① 一层过梁

a. 外墙 M-1 雨篷梁

③～④ 轴间梁长：$l = 3.6 - 0.45 = 3.15\ \text{m}$，⑬～⑭ 轴间梁长：$l = 3.6 - \frac{0.45}{2} - 0.10 = 3.275\ \text{m}$，宽：$b = 0.30\ \text{m}$，高：$h = 0.45\ \text{m}$

体积：$V_1 = \sum lbh = (3.15 + 3.275) \times 0.30 \times 0.45 = 0.867\ \text{m}^3$

b. 外墙 C-3 过梁

长：$l = 1.50 + 0.25 \times 2 = 2.00\ \text{m}$，宽 b = 高 $h = 0.30\ \text{m}$，$n = 2$

体积：$V_2 = nlbh = 2 \times 2.00 \times 0.30 \times 0.30 = 0.36\ \text{m}^3$

c. 内墙 M-2 过梁

长：$l = 1.00 + 0.25 \times 2 = 1.50\ \text{m}$，宽 b = 高 $h = 0.20\ \text{m}$，$n = 29$

体积：$V_3 = nlbh = 29 \times 1.50 \times 0.20 \times 0.20 = 1.74\ \text{m}^3$

d. 一层过梁工程量

$V = \sum V_i = 0.867 + 0.36 + 1.74 = 2.967\ \text{m}^3$

② 二、三、四层过梁

a. 外墙 C-3 过梁

与一层相同，体积 $V_1 = 0.36\ \text{m}^3$

b. 外墙 C-4(两窗共设) 过梁

长：$l = 1.50 + 0.25 \times 2 = 2.00\ \text{m}$，宽 b = 高 $h = 0.30\ \text{m}$，$n = 2$

体积：$V_2 = nlbh = 2 \times 2.00 \times 0.30 \times 0.30 = 0.36\ \text{m}^3$

c. 内墙 M-2 过梁

长：$l = 1.00 + 0.25 \times 2 = 1.50\ \text{m}$，宽 b = 高 $h = 0.20\ \text{m}$，$n = 30$

体积：$V_3 = nlbh = 30 \times 1.50 \times 0.20 \times 0.20 = 1.80\ \text{m}^3$

d. 二、三、四层过梁工程量

$V = \sum V_i = 0.36 + 0.36 + 1.80 = 2.52\ \text{m}^3$

③ 过梁总工程量

$V = 2.967 + 2.52 \times 3 = 10.53\ \text{m}^3$

(12) 雨篷(010505008001)

① ③～④ 轴间雨篷

长：$L = 4.05\ \text{m}$，宽：$B = 1.50\ \text{m}$，厚：$h = 0.15\ \text{m}$；反挑檐宽：$b = 0.07\ \text{m}$，高：$h = 0.15\ \text{m}$

雨篷板体积：$V_1 = LBh = 4.05 \times 1.50 \times 0.15 = 0.911\ \text{m}^3$

雨篷反挑檐体积：$V_2 = lbh = (1.50 \times 2 + 4.05 - 0.07 \times 2) \times 0.07 \times 0.15 = 0.073\ \text{m}^3$

雨篷体积：$V = V_1 + V_2 = 0.911 + 0.073 = 0.984\ \text{m}^3$

② ⑬ ～ ⑭ 轴间雨篷

长：$L = 3.925$ m，宽：$B = 1.50$ m，厚：$h = 0.15$ m；反挑檐宽：$b = 0.07$ m，高：$h = 0.15$ m

雨篷板体积：$V_1 = LBh = 3.925 \times 1.50 \times 0.15 = 0.883\ \text{m}^3$

雨篷反挑檐体积：$V_2 = lbh = (1.50 \times 2 + 3.925 - 0.07 \times 2) \times 0.07 \times 0.15 = 0.071\ \text{m}^3$

雨篷体积：$V = V_1 + V_2 = 0.883 + 0.071 = 0.954\ \text{m}^3$

③ 雨篷工程量

$V = 0.984 + 0.954 = 1.94\ \text{m}^3$

(13) 地面垫层(010501001002)

混凝土垫层厚度：$h = 0.08$ m

门厅、楼梯间净面积：$n = 3, S_1 = 3 \times (3.60 - 0.10 \times 2) \times (6.30 - 0.10 + 0.10) = 64.26\ \text{m}^2$

走廊净面积：$S_2 = (58.00 - 0.30 \times 2) \times (2.40 - 0.10 \times 2) = 126.28\ \text{m}^2$

卫生间、盥洗室净面积：$n = 4, S_3 = 4 \times (3.60 - 0.10 \times 2) \times (6.30 - 0.10 \times 2) = 82.96\ \text{m}^2$

一般房间净面积：$n = 25, S_4 = 25 \times (3.60 - 0.10 \times 2) \times (6.30 - 0.10 \times 2) = 518.50\ \text{m}^2$

地面垫层工程量：$V = h\sum S_i = 0.08 \times (64.26 + 126.28 + 82.96 + 518.50) = 63.36\ \text{m}^3$

(14) 散水(010507001001)

散水总长：须扣除台阶长度，$L = 58.00 \times 2 + (15.40 + 1.00 \times 2) \times 2 - 3.60 - (3.30 + 0.35 \times 3) = 142.85$ m；散水宽：$B = 1.00$ m

散水工程量：$S = LB = 142.85 \times 1.00 = 142.85\ \text{m}^2$

(15) 坡道(010507001002)

-0.60 至 -0.45 斜坡段，水平投影面积：$S_1 = 1.80 \times 1.20 = 2.16\ \text{m}^2$

-0.45 平台段，水平投影面积：$S_2 = 1.50 \times (1.20 + 0.10 + 1.20) = 3.75\ \text{m}^2$

-0.45 至 ± 0.00 斜坡段，水平投影面积：$S_3 = (1.80 + 0.30 + 3.00 + 0.30) \times 1.20 = 6.48\ \text{m}^2$

坡道工程量：$S = \sum S_i = 2.16 + 3.75 + 6.48 = 12.39\ \text{m}^2$

(16) 台阶(010507004001)

③ ～ ④ 轴间台阶水平投影面积：$S_1 = 3.60 \times 1.50 = 5.40\ \text{m}^2$

⑬ ～ ⑭ 轴间台阶水平投影面积：$S_2 = (3.30 + 0.35 \times 3) \times (0.30 + 1.70 + 0.35 \times 3) - 0.30 \times 0.35 \times 3 = 12.953\ \text{m}^2$

台阶工程量：$S = \sum S_i = 5.40 + 12.953 = 18.35\ \text{m}^2$

(17) 现浇混凝土钢筋(010515001)

现浇混凝土中钢筋工程量，应依据设计施工图进行详细计算。实际工程中，目前均采用相应的计算机软件来完成。在毕业设计中，宜以手算方式进行练习，以掌握其基本计算方法。现仅以第 8 章图 8.14 中框架梁 KL4 为例，介绍钢筋工程量的计算方法。

根据图 8.14 中框架梁 KL4 的平法施工图，可绘制出其纵向、横向剖面详图，如图 9.1 所示。

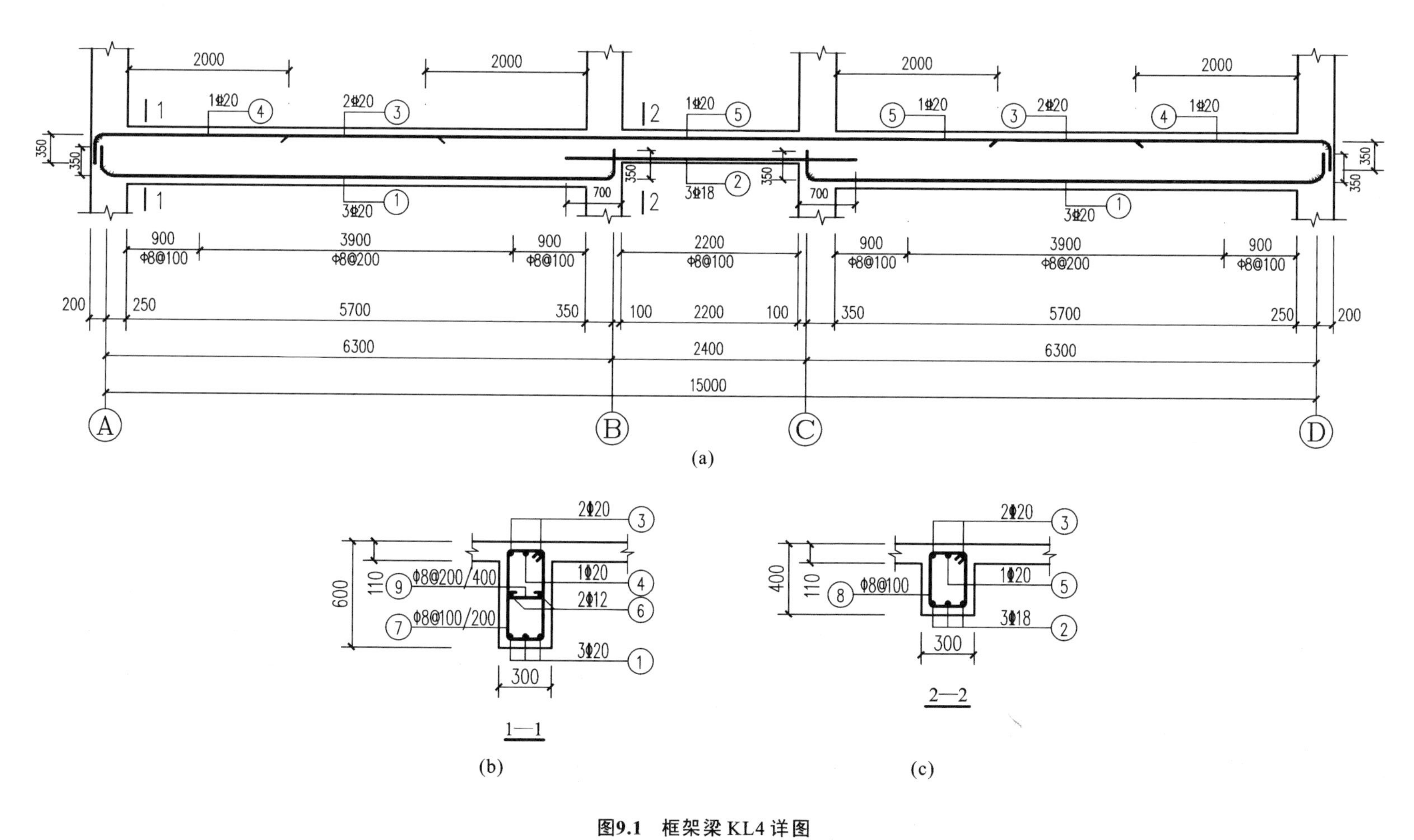

图9.1　框架梁 KL4 详图

(a) KL4纵向剖面图；(b)1—1剖面图；(c) 2—2剖面图

① 纵向钢筋质量计算

钢筋质量应以钢筋长度乘以单位理论质量计算；纵向钢筋长度 L = 钢筋外包尺寸之和 l_1 − 钢筋弯曲调整值 l_2 + 钢筋末端弯钩增加长度 l_3。

本示例中：计算钢筋外包尺寸 l_1 时，梁的混凝土保护层厚度为 20 mm；钢筋弯曲调整值 l_2 可从表 9.5 中查得；因梁纵向钢筋均为肋纹钢筋，故钢筋末端不必做弯钩，即 $l_3 = 0$。纵向钢筋质量计算式为 $G = nLg$，式中单位理论质量 g 可从表 9.3 中查得。具体计算过程详见表 9.8。

表 9.8 KL4 纵向钢筋质量计算表

钢筋编号	钢号、直径 d/mm	外包尺寸之和 l_1/mm	弯曲调整值 l_2/mm	钢筋长度 L/mm	根数 n	单位质量 g/(kg/m)	钢筋质量 G/kg
1	Φ20	$6300+200+100-20\times2+350\times2=7260$	$2\times2.08d=83$	7177	6	2.466	106.191
2	Φ18	$2400-100\times2+700\times2=3600$	—	3600	3	1.998	21.578
3	Φ20	$15000+200\times2-20\times2+350\times2=16060$	$2\times2.08d=83$	15977	2	2.466	78.799
4	Φ20	$200+250+2000-20+350=2780$	$2.08d=42$	2738	2	2.466	13.504
5	Φ20	$2400+350\times2+2000\times2=7100$	—	7100	1	2.466	17.509
6	Φ12	$6300-250-350+2\times20d=6180$	—	6180	4	0.888	21.951
合计钢筋质量（直径 20 mm 以内肋纹钢筋）							260

② 箍筋、拉筋质量计算

由表 9.7 得知：热轧光面钢筋有抗震要求时，箍筋长度 = 内皮周长 + $27d$。

a. 7 号钢筋(φ8@100/200)

箍筋长度：$L=[(300-20\times2-8\times2)+(600-20\times2-8\times2)]\times2+27\times8=1792$ mm；单位质量 $g=0.395$ kg/m

加密区箍筋数量：$\dfrac{900-50}{100}+1=9.5$，取 10，小计 $n_1=10\times2\times2=40$

非加密区箍筋数量：$\dfrac{3900}{200}-1=18.5$，取 19，小计 $n_2=19\times2=38$

箍筋质量：$G_1=\sum nLg=(40+38)\times1.792\times0.395=55.212$ kg

b. 8 号钢筋(φ8@100)

箍筋长度：$L=[(300-20\times2-8\times2)+(400-20\times2-8\times2)]\times2+27\times8=1392$ mm；单位质量 $g=0.395$ kg/m

箍筋数量：$\dfrac{2200-50\times2}{100}+1=22$，取 $n=22$

箍筋质量：$G_2=nLg=22\times1.392\times0.395=12.096$ kg

c. 9 号钢筋(Φ8@200/400)

拉筋长度:$L=$ 钢筋外包尺寸 l_1+ 弯钩增加长度 $l_3(6.25d)=(300-20\times2)+2\times6.25\times8=360$ mm

拉筋数量:$n=\dfrac{7\text{号箍筋数量}}{2}=\dfrac{40+38}{2}=39$

拉筋质量:$G_3=nLg=39\times0.36\times0.395=5.546$ kg

③ KL4 钢筋工程量

直径 10 mm 以内圆钢筋 $G=\sum G_i=55.212+12.096+5.546=73$ kg $=0.073$ t

直径 20 mm 以内肋纹钢筋 $G=260$ kg $=0.260$ t

各构件钢筋质量估算见表 9.9。

表 9.9　现浇混凝土构件钢筋质量估算表

序号	构件名称	单位体积、面积内钢筋含量			构件工程量/m³	构件内钢筋质量		
		D10 以内圆钢筋/(t·m⁻³)	D20 以内肋纹钢筋/(t·m⁻³)	D20 以外肋纹钢筋/(t·m⁻³)		D10 以内圆钢筋/t	D20 以内肋纹钢筋/t	D20 以外肋纹钢筋/t
1	独立基础	0.010	0.039	—	118.15	1.1815	4.6079	—
2	基础梁	0.059	0.081	—	41.72	2.4615	3.3793	—
3	地圈梁	0.054	0.067	—	11.98	0.6469	0.8027	—
4	框架柱	0.033	0.180	—	138.51	4.5708	24.9318	—
5	有梁板	0.092	0.075	0.032	587.63	54.0620	44.0723	18.8042
6	楼梯	0.004	0.011	—	109.14	0.4366	1.2005	—
7	楼梯柱	0.017	0.140	—	3.53	0.0600	0.4942	—
8	女儿墙	0.093	—	—	14.64	1.3615	—	—
9	过梁	0.019	0.058	—	10.53	0.2000	0.6107	—
10	雨篷	0.087	0.102	—	1.94	0.1688	0.1979	—
11	构造柱	0.022	0.096	—	57.32	1.2610	5.5027	—
合计钢筋工程量						66.411	85.800	18.804

(010515001001) 直径 10 mm 以内光面钢筋工程量:$G=66.411$ t

(010515001002) 直径 20 mm 以内肋纹钢筋工程量:$G=85.800$ t

(010515001003) 直径 20 mm 以外肋纹钢筋工程量:$G=18.804$ t

4. 门窗工程工程量计算

(1) 木质门(010801001001)

木质门(M-2) 工程量:119 樘,$S=119\times1.00\times2.40=285.60$ m²

(2) 塑钢门(010802001001)

塑钢门(M-1) 工程量:2 樘,$S=2\times1.50\times2.20=6.60$ m²

(3) 塑钢窗(010807001)

(010807001001)C-1 工程量:103 樘,$S = 103 \times 1.80 \times 2.35 = 435.69\ m^2$

(010807001002)C-2 工程量:16 樘,$S = 16 \times 1.50 \times 2.35 = 56.40\ m^2$

(010807001003)C-3 工程量:8 樘,$S = 8 \times 1.50 \times 1.80 = 21.60\ m^2$

(010807001004)C-4 工程量:24 樘,$S = 24 \times 0.60 \times 0.55 = 7.92\ m^2$

(4) 石材窗台板(010809004001)

窗台板总长度:103 樘 C-1、16 樘 C-2、8 樘 C-3,$L = 103 \times 1.80 + 16 \times 1.50 + 8 \times 1.50 = 221.40\ m$

窗台板宽度:$B = 0.20\ m$

窗台板工程量:$S = LB = 221.40 \times 0.20 = 44.28\ m^2$

5. 屋面及防水工程工程量计算

(1) 屋面卷材防水(010902001001)

屋面面积:$S_1 = (58.00 - 0.10 \times 2) \times (15.40 - 0.10 \times 2) = 878.56\ m^2$

四周上弯面积:上弯长度 $L = (58.00 - 0.10 \times 2) \times 2 + (15.40 - 0.10 \times 2) \times 2 = 146.00\ m$,上弯高度 $H = 0.30\ m$,上弯面积 $S_2 = LH = 146.00 \times 0.30 = 43.80\ m^2$

屋面卷材防水工程量:$S = S_1 + S_2 = 878.56 + 43.80 = 922.36\ m^2$

(2) 平面砂浆找平层(屋面)(011101006001)

砂浆找平层(屋面)工程量:与屋面卷材防水工程量相同,$S = 922.36\ m^2$

(3) 屋面排水管(010902004001)

排水管长度:按屋顶至室外散水上表面距离计算,$l = 15.60 - (-0.6) = 16.20\ m$,$n = 10$

屋面排水管工程量:$L = nl = 10 \times 16.20 = 162.00\ m$

(4) 楼(地)面涂膜防水(010904002001)

每间卫生间、盥洗室净面积:$S_{净} = (3.60 - 0.10 \times 2) \times (6.30 - 0.10 \times 2) = 20.74\ m^2$

每间防水上弯面积:上弯长度 $L = (3.60 - 0.10 \times 2 + 6.30 - 0.10 \times 2) \times 2 = 19.00\ m$,上弯高度 $H = 0.15\ m$,上弯面积 $S_{弯} = LH = 19.00 \times 0.15 = 2.85\ m^2$

涂膜防水工程量:$n = 4 \times 4 = 16$,$S = n(S_{净} + S_{弯}) = 16 \times (20.74 + 2.85) = 377.44\ m^2$

6. 保温、隔热工程工程量计算

(1) 保温隔热屋面(聚苯板)(011001001001)

屋面面积:$S_{屋面} = (58.00 - 0.10 \times 2) \times (15.40 - 0.10 \times 2) = 878.56\ m^2$;扣除上人孔面积:$S_{扣} = 0.70 \times 0.70 = 0.49\ m^2$

聚苯板保温屋面工程量:$S = S_{屋面} - S_{扣} = 878.56 - 0.49 = 878.07\ m^2$

(2) 保温隔热屋面(水泥焦渣找坡)(011001001002)

水泥焦渣保温屋面工程量:与聚苯板保温工程量相同,$S = 878.07\ m^2$

7. 楼地面装饰工程工程量计算

(1) 块料楼地面(防滑地砖)(011102003001)

每层卫生间、盥洗室净面积:$S_{净} = 82.96\ m^2$

每层增门口面积:$n = 2 \times 2 = 4$,$S_{增} = 4 \times \left(1.00 \times \dfrac{0.20}{2}\right) = 0.40\ m^2$

每层扣柱垛面积：$S_{扣}=2\times\left[(0.45-0.30)\times(0.45-0.30)+(0.45-0.30)\times(0.45-0.20)+\left(\frac{0.45}{2}-0.10\right)\times(0.45-0.30)+\left(\frac{0.45}{2}-0.10\right)\times(0.45-0.20)\right]=0.22\ \text{m}^2$

防滑地砖面层工程量：$n=4$，$S=n(S_{净}+S_{增}-S_{扣})=4\times(82.96+0.40-0.22)=332.56\ \text{m}^2$

(2) 块料楼地面(陶瓷地砖)(011102003002)

① 一层陶瓷地砖面层

a. 净面积

门厅、楼梯间净面积$S=64.26\ \text{m}^2$，走廊净面积$S=126.28\ \text{m}^2$，一般房间净面积$S=518.50\ \text{m}^2$；合计 $S_{净}=64.26+126.28+518.50=709.04\ \text{m}^2$

b. 增门口面积

M-1 处，$n=2$，$S=2\times1.50\times\frac{0.30}{2}=0.45\ \text{m}^2$；走廊单侧 $n=4$，$S=4\times1.00\times\frac{0.20}{2}=0.40\ \text{m}^2$；房间 $n=25$，$S=25\times1.00\times0.20=5.00\ \text{m}^2$；合计 $S_{增}=0.45+0.40+5.00=5.85\ \text{m}^2$

c. 扣室内台阶面积

$S_{扣1}=(1.6-0.1)\times0.3\times3=1.35\ \text{m}^2$

d. 扣柱垛面积

Ⓓ 轴柱垛：$n=14$，$S=14\times\left(\frac{0.45}{2}-0.10\right)\times(0.45-0.30)=0.2625\ \text{m}^2$

Ⓐ 轴柱垛：$n_1=2$，$S_1=2\times(0.45-0.30)\times(0.45-0.30)=0.045\ \text{m}^2$；$n_2=16$，$S_2=16\times\left(\frac{0.45}{2}-0.10\right)\times(0.45-0.30)=0.30\ \text{m}^2$；小计 $S=S_1+S_2=0.045+0.30=0.345\ \text{m}^2$

Ⓒ 轴柱垛：$n_1=9$，$S_1=9\times\left(\frac{0.45}{2}-0.10\right)\times(0.45-0.20)=0.2813\ \text{m}^2$；$n_2=5$，$S_2=5\times\left(\frac{0.45}{2}-0.10\right)\times0.45=0.2813\ \text{m}^2$；小计 $S=S_1+S_2=0.2813+0.2813=0.5626\ \text{m}^2$

Ⓑ 轴柱垛：$n_1=2$，$S_1=2\times(0.45-0.30)\times(0.45-0.20)=0.075\ \text{m}^2$；$n_2=16$，$S_2=16\times\left(\frac{0.45}{2}-0.10\right)\times(0.45-0.20)=0.50\ \text{m}^2$；小计 $S=S_1+S_2=0.075+0.50=0.575\ \text{m}^2$

合计 $S_{扣2}=0.2625+0.345+0.5626+0.575=1.745\ \text{m}^2$

e. 一层陶瓷地砖面层工程量

$S=S_{净}+S_{增}-\sum S_{扣}=709.04+5.85-(1.35+1.745)=711.795\ \text{m}^2$

② 二、三、四层陶瓷地砖面层

a. 净面积

楼梯间净面积(梯口梁外侧楼面)$S=6.46\ \text{m}^2$，走廊净面积$S=126.28\ \text{m}^2$，一般房间净面积 $S=539.24\ \text{m}^2$；合计 $S_{净}=6.46+126.28+539.24=671.98\ \text{m}^2$

b. 增门口面积

走廊单侧 $n=4$，$S=4\times1.00\times\frac{0.20}{2}=0.40\ \text{m}^2$；房间 $n=26$，$S=26\times1.00\times0.20=5.20\ \text{m}^2$；合计 $S_{增}=0.40+5.20=5.60\ \text{m}^2$

c. 扣柱垛面积

Ⓓ 轴柱垛：$n = 10, S = 10 \times \left(\frac{0.45}{2} - 0.10\right) \times (0.45 - 0.30) = 0.1875\ \text{m}^2$

Ⓐ 轴柱垛：与一层相同，$S = 0.345\ \text{m}^2$

Ⓒ 轴柱垛：$n_1 = 10, S_1 = 10 \times \left(\frac{0.45}{2} - 0.10\right) \times (0.45 - 0.20) = 0.3125\ \text{m}^2$；$n_2 = 4, S_2 = 4 \times \left(\frac{0.45}{2} - 0.10\right) \times 0.45 = 0.225\ \text{m}^2$；小计 $S = S_1 + S_2 = 0.3125 + 0.225 = 0.5375\ \text{m}^2$

Ⓑ 轴柱垛：与一层相同，$S = 0.575\ \text{m}^2$

合计 $S_{扣} = 0.1875 + 0.345 + 0.5375 + 0.575 = 1.645\ \text{m}^2$

d. 二、三、四层陶瓷地砖面层工程量

$S = S_{净} + S_{增} - S_{扣} = 671.98 + 5.60 - 1.645 = 675.935\ \text{m}^2$

③ 陶瓷地砖面层总工程量

$S = 711.795 + 675.935 \times 3 = 2739.60\ \text{m}^2$

(3) 石材楼地面(台阶平台、坡道，花岗岩)(011102001001)

③～④ 轴间台阶平台面积：$S_1 = (3.60 - 0.30 \times 2) \times (1.50 - 0.30) + 1.5 \times \frac{0.30}{2} = 3.825\ \text{m}^2$

⑬～⑭ 轴间台阶平台面积：$S_2 = (3.30 - 0.30) \times (1.70 + 0.30 - 0.30) + 0.30 \times 0.30 + 1.5 \times \frac{0.30}{2} = 5.415\ \text{m}^2$

坡道面积：$S_3 = 1.80 \times 1.20 + 1.50 \times (1.20 + 0.10 + 1.20) + (1.80 + 0.30 + 3.00 + 0.30) \times 1.20 = 12.39\ \text{m}^2$

花岗岩地面面层工程量：$S = \sum S_i = 3.825 + 5.415 + 12.39 = 21.63\ \text{m}^2$

(4) 块料踢脚线(陶瓷地砖)(011105003001)

踢脚线高：$H = 0.12\ \text{m}$

① 一层陶瓷地砖踢脚线

a. 门厅、楼梯间踢脚线(不包括楼梯部分)

③～④ 轴楼梯间：长 $L = \left[(3.60 - 0.10 \times 2) + \left(\frac{0.45}{2} - 0.10\right) \times 2 + (6.30 - 0.10 + 0.10) \times 2\right]$(墙、柱面) $+ \left(-1.50 + 2 \times \frac{0.30}{2}\right)$(门洞) $+ (0.30 \times 3 \times 1.15 - 0.30 \times 3)$(室内台阶) $- 0.20$(地 TL1) $= 14.985\ \text{m}$

⑬～⑭ 轴楼梯间：长 $L = \left[(3.60 - 0.10 \times 2) + \left(\frac{0.45}{2} - 0.10\right) \times 2 + (6.30 - 0.10 + 0.10) \times 2\right]$(墙、柱面) $- 0.20$(地 TL1) $= 16.05\ \text{m}$

门厅：长 $L = \left[(3.60 - 0.10 \times 2) + \left(\frac{0.45}{2} - 0.10\right) + (6.30 - 0.10 + 0.10) \times 2\right]$(墙、柱面) $+ \left(-1.50 + 2 \times \frac{0.30}{2}\right)$(门洞) $= 14.925\ \text{m}$

小计 $L_1 = 14.985 + 16.05 + 14.925 = 45.96$ m

b. 走廊踢脚线

长 $L_2 = \left[(58.00 - 0.30 \times 2 + 2.40 - 0.10 \times 2) \times 2 - (3.60 - 0.45) \times 2 - \left(3.60 - \frac{0.45}{2} - 0.10\right)\right]$(墙、柱面) $+ 29 \times \left(-1.00 + 2 \times \frac{0.20}{2}\right)$(门洞) $= 86.425$ m

c. 一般房间踢脚线

$n = 25$，长 $L_3 = 25 \times \left[(3.60 - 0.10 \times 2 + 6.30 - 0.10 \times 2) \times 2 + \left(-1.00 + 2 \times \frac{0.20}{2}\right)\right] = 455.00$ m

d. 一层踢脚线工程量

$S = H \sum L_i = 0.12 \times (45.96 + 86.425 + 455.00) = 70.486\ \text{m}^2$

② 二、三、四层陶瓷地砖踢脚线

a. 楼梯间踢脚线(不包括楼梯部分)

长 $L_1 = 2 \times \left[(1.05 + 0.10) \times 2 + \left(\frac{0.45}{2} - 0.10\right) \times 2\right] = 5.10$ m

b. 走廊踢脚线

长 $L_2 = [(58.00 - 0.30 \times 2 + 2.40 - 0.10 \times 2) \times 2 - (3.60 - 0.45) \times 2]$(墙、柱面) $+ 30 \times \left(-1.00 + 2 \times \frac{0.20}{2}\right)$(门洞) $= 95.20$ m

c. 一般房间踢脚线

$n = 26$，长 $L_3 = 26 \times \left[(3.60 - 0.10 \times 2 + 6.30 - 0.10 \times 2) \times 2 + \left(-1.00 + 2 \times \frac{0.20}{2}\right)\right] = 473.20$ m

d. 二、三、四层踢脚线工程量

$S = H \sum L_i = 0.12 \times (5.10 + 95.20 + 473.20) = 68.82\ \text{m}^2$

③ 楼梯陶瓷地砖踢脚线

每层每部楼梯踢脚线，长 $L = 3.60 \times 1.15 \times 2 + (1.65 - 0.10) \times 2 + (3.60 - 0.10 \times 2) = 14.78$ m，$n = 2 \times 3 = 6$

楼梯踢脚线工程量：$S = nLH = 6 \times 14.78 \times 0.12 = 10.64\ \text{m}^2$

④ 陶瓷地砖踢脚线总工程量

$S = 70.486 + 68.82 \times 3 + 10.64 = 287.59\ \text{m}^2$

(5) 石材楼梯面层(花岗岩)(011106001001)

每层楼梯面层工程量(水平投影面积)：$S_{每层} = (3.60 - 0.10 \times 2) \times (6.30 - 0.10 - 0.85) \times 2 = 36.38\ \text{m}^2$

楼梯面层总工程量：$n = 3$，$S = nS_{每层} = 3 \times 36.38 = 109.14\ \text{m}^2$

(6) 石材台阶面层(花岗岩)(011107001001)

③～④轴间台阶计算面积：$S_1 = 3.60 \times 0.30 + (1.50 - 0.30) \times 0.30 \times 2 = 1.80\ \text{m}^2$

⑬～⑭轴间台阶计算面积：$S_2 = (3.30 + 0.35 \times 3) \times (0.35 \times 3 + 0.3) + (0.35 \times 3 + 0.30) \times (1.70 - 0.30) = 7.763\ \text{m}^2$

花岗岩台阶面层工程量：$S = \sum S_i = 1.80 + 7.763 = 9.56\ \text{m}^2$

(7) 块料台阶面层(陶瓷地砖)(011107002001)

陶瓷地砖台阶工程量：$S = (1.6 - 0.1) \times 0.3 \times 3 = 1.35\ \text{m}^2$

8. 墙面装饰工程工程量计算

(1) 墙面一般抹灰(内墙面)(011201001001)

① 一层内墙面抹灰

抹灰高度：$H = 3.85 - 0.11 = 3.74\ \text{m}$

a. 门厅抹灰

墙面长：$L = (3.60 - 0.10 \times 2) + (6.30 - 0.10 + 0.1) \times 2 + \left(\dfrac{0.45}{2} - 0.1\right) = 16.125\ \text{m}$

扣除面积：1 樘 M-1，$S_{扣} = 1.50 \times 2.20 = 3.30\ \text{m}^2$

增梁底展开面积：$S_{增} = lb = (6.30 + 0.20 + 0.10 - 0.45 \times 2) \times \left(\dfrac{0.25}{2} - 0.10\right) = 0.1425\ \text{m}^2$

抹灰面积：$S_1 = LH - S_{扣} + S_{增} = 16.125 \times 3.74 - 3.30 + 0.1425 = 57.15\ \text{m}^2$

b. 楼梯间抹灰

墙面长：$n = 2, L = 2 \times \left[(3.60 - 0.10 \times 2) + (6.30 - 0.10 + 0.10) \times 2 + \left(\dfrac{0.45}{2} - 0.10\right) \times 2\right] = 32.50\ \text{m}$

扣除面积：1 樘 M-1，4 樘 C-4，$S_{扣} = 1.50 \times 2.20 + 4 \times 0.60 \times 0.55 = 4.62\ \text{m}^2$

增梁底展开面积：$S_{增1} = nlb = 4 \times (6.30 + 0.20 + 0.10 - 0.45 \times 2) \times \left(\dfrac{0.25}{2} - 0.10\right) = 0.57\ \text{m}^2$

增 ③ ~ ④ 轴楼梯间 ±0.00 以下墙面面积：$S_{增2} = LH_{增} = [(3.60 - 0.10 \times 2) + (6.30 - 0.10 - 1.05) \times 2] \times 0.45 = 6.165\ \text{m}^2$

抹灰面积：$S_2 = LH - S_{扣} + \sum S_{增} = 32.50 \times 3.74 - 4.62 + (0.57 + 6.165) = 123.665\ \text{m}^2$

c. 走廊抹灰

墙面长：$L = (58.00 - 0.30 \times 2 + 2.40 - 0.10 \times 2) \times 2 - 2 \times (3.60 - 0.45) - \left(3.60 - \dfrac{0.45}{2} - 0.10\right) = 109.625\ \text{m}$

扣除面积：29 樘 M-2、2 樘 C-3，$S_{扣} = 29 \times 1.00 \times 2.40 + 2 \times 1.50 \times 1.80 = 75.00\ \text{m}^2$

抹灰面积：$S_3 = LH - S_{扣} = 109.625 \times 3.74 - 75.00 = 334.998\ \text{m}^2$

d. 一般房间抹灰

每间墙面长：$L = (3.60 - 0.10 \times 2 + 6.30 - 0.10 \times 2) \times 2 = 19.00\ \text{m}, n = 25$

每间扣除面积：1 樘 M-2、1 樘 C-1，$S_{扣} = 1 \times 1.00 \times 2.40 + 1 \times 1.80 \times 2.35 = 6.63\ \text{m}^2$

增梁底展开面积：Ⓒ 轴 $S_{增1} = lb = (9 \times 3.60 - 4 \times 0.45 - 4 \times 0.20 - 0.10) \times (0.25 - 0.20) = 1.485\ \text{m}^2$，Ⓑ 轴 $S_{增2} = lb = (58.00 - 10 \times 0.45 - 7 \times 0.20) \times (0.25 - 0.20) = 2.605\ \text{m}^2$，各横轴 $S_{增3} = nlb = 25 \times (6.30 + 0.20 + 0.10 - 0.45 \times 2) \times \left(\dfrac{0.25}{2} - 0.10\right) = 3.5625\ \text{m}^2$，小计 $S_{增} = \sum S_{增i} = 1.485 + 2.605 + 3.5625 = 7.6525\ \text{m}^2$

抹灰面积：$S_4 = n(LH - S_{扣}) + S_{增} = 25 \times (19.00 \times 3.74 - 6.63) + 7.6525 = 1618.403\ m^2$

e. 一层抹灰工程量

$S = \sum S_i = 57.15 + 123.665 + 334.998 + 1618.403 = 2134.216\ m^2$

② 二、三层内墙面抹灰

抹灰高度：$H = 3.85 - 0.11 = 3.74\ m$

a. 楼梯间抹灰

墙面长：$n = 2, L = 2 \times \left[(3.60 - 0.10 \times 2) + (6.30 - 0.10 + 0.10) \times 2 + \left(\frac{0.45}{2} - 0.10\right) \times 2\right] = 32.50\ m$

扣除面积：8 樘 C-4，$S_{扣} = 8 \times 0.60 \times 0.55 = 2.64\ m^2$

增梁底展开面积：$S_{增} = nlb = 4 \times (6.30 + 0.20 + 0.10 - 0.45 \times 2) \times \left(\frac{0.25}{2} - 0.10\right) = 0.57\ m^2$

抹灰面积：$S_1 = LH - S_{扣} + S_{增} = 32.50 \times 3.74 - 2.64 + 0.57 = 119.48\ m^2$

b. 走廊抹灰

墙面长：$L = (58.00 - 0.30 \times 2 + 2.40 - 0.10 \times 2) \times 2 - 2 \times (3.60 - 0.45) = 112.90\ m$

扣除面积：30 樘 M-2、2 樘 C-3，$S_{扣} = 30 \times 1.00 \times 2.40 + 2 \times 1.50 \times 1.80 = 77.40\ m^2$

抹灰面积：$S_2 = LH - S_{扣} = 112.90 \times 3.74 - 77.40 = 344.846\ m^2$

c. 一般房间抹灰

每间墙面长与一层相同，$L = 19.00\ m$；每间扣除面积与一层相同，$S_{扣} = 6.63\ m^2$，$n = 26$

增梁底展开面积：Ⓒ 轴 $S_{增1} = lb = (10 \times 3.60 - 5 \times 0.45 - 5 \times 0.20) \times (0.25 - 0.20) = 1.6375\ m^2$，Ⓑ 轴与一层相同，$S_{增2} = 2.605\ m^2$，各横轴 $S_{增3} = nlb = 26 \times (6.30 + 0.20 + 0.10 - 0.45 \times 2) \times \left(\frac{0.25}{2} - 0.10\right) = 3.705\ m^2$，小计 $S_{增} = \sum S_{增i} = 1.6375 + 2.605 + 3.705 = 7.9475\ m^2$

抹灰面积：$S_3 = n(LH - S_{扣}) + S_{增} = 26 \times (19.00 \times 3.74 - 6.63) + 7.9475 = 1683.128\ m^2$

d. 二、三层抹灰工程量

$S = \sum S_i = 119.48 + 344.846 + 1683.128 = 2147.454\ m^2$

③ 四层内墙面抹灰

抹灰高度：$H = 3.90 - 0.11 = 3.79\ m$

a. 楼梯间抹灰

墙面长与二、三层相同，$L = 32.50\ m$

扣除面积：4 樘 C-4，$S_{扣} = 4 \times 0.60 \times 0.55 = 1.32\ m^2$

增梁底展开面积与二、三层相同，$S_{增} = 0.57\ m^2$

抹灰面积：$S_1 = LH - S_{扣} + S_{增} = 32.50 \times 3.79 - 1.32 + 0.57 = 122.425\ m^2$

b. 走廊抹灰

除抹灰高度外，其余均与二、三层相同。

抹灰面积：$S_2 = LH - S_{扣} = 112.90 \times 3.79 - 77.40 = 350.491\ m^2$

c. 一般房间抹灰

除抹灰高度外，其余均与二、三层相同。

抹灰面积：$S_3 = n(LH - S_{扣}) + S_{增} = 26 \times (19.00 \times 3.79 - 6.63) + 7.9475 = 1707.828\ m^2$

d. 四层抹灰工程量

$\sum S_i = 122.425 + 350.491 + 1707.828 = 2180.744\ \mathrm{m^2}$

④ 内墙面一般抹灰总工程量

$S = 2134.216 + 2147.454 \times 2 + 2180.744 = 8609.87\ \mathrm{m^2}$

(2) 墙面一般抹灰(外墙面)(011201001002)

抹灰高度:$H = 17.20\ \mathrm{m}$

墙面长:$L = (58.00 + 15.40) \times 2 = 146.80\ \mathrm{m}$

扣门窗口面积:2 樘 M-1、103 樘 C-1、16 樘 C-2、8 樘 C-3、24 樘 C-4,$S_{扣1} = 2 \times 1.50 \times 2.20 + 103 \times 1.80 \times 2.35 + 16 \times 1.50 \times 2.35 + 8 \times 1.50 \times 1.80 + 24 \times 0.60 \times 0.55 = 528.21\ \mathrm{m^2}$

扣台阶所占面积:$S_{扣2} = 3.60 \times 0.15 + (3.30 + 0.35 \times 3) \times 0.60 = 3.15\ \mathrm{m^2}$

外墙面抹灰工程量:$S = LH - \sum S_{扣} = 146.80 \times 17.20 - (528.21 + 3.15) = 1993.60\ \mathrm{m^2}$

(3) 零星项目一般抹灰(雨篷)(011203001001)

雨篷一般抹灰工程量:

① ③~④轴间雨篷:展开面积 $S = 4.05 \times 1.50 \times 2 + 0.30 \times (1.50 \times 2 + 4.05) + 0.15 \times [(1.50 - 0.07) \times 2 + (4.05 - 0.07 \times 2)] = 15.281\ \mathrm{m^2}$

② ⑬~⑭轴间雨篷:展开面积 $S = 3.925 \times 1.50 \times 2 + 0.30 \times (1.50 \times 2 + 3.925) + 0.15 \times [(1.50 - 0.07) \times 2 + (3.925 - 0.07 \times 2)] = 14.849\ \mathrm{m^2}$

雨篷抹灰工程量:$S = 15.281 + 14.849 = 30.13\ \mathrm{m^2}$

(4) 块料墙面(陶瓷砖)(011204003001)

陶瓷砖墙面总工程量:吊顶底距楼地面高 3.30 m,贴陶瓷砖墙面高度 $H = 3.30 + 0.10 = 3.40\ \mathrm{m}$

① 每层卫生间和盥洗室

每间墙面长 $L = (3.60 - 0.10 \times 2 + 6.30 - 0.10 \times 2) \times 2 = 19.00\ \mathrm{m}$,$n = 4$

每间扣除面积:1 樘 M-2、1 樘 C-2,$S_{扣} = 1 \times 1.00 \times 2.40 + 1 \times 1.50 \times 2.35 = 5.925\ \mathrm{m^2}$

每间增洞口侧壁、顶面面积:$S_{洞增} = (2.40 \times 2 + 1.00) \times \dfrac{0.20}{2} + (1.50 \times 2 + 2.35 \times 2) \times \dfrac{0.30}{2} = 1.735\ \mathrm{m^2}$

每层增梁底展开面积:Ⓒ轴 $S_{增1} = nlb = 2 \times \left(2 \times 3.60 + 0.20 - 0.45 - \dfrac{0.45}{2} - 0.20\right) \times (0.25 - 0.20) = 0.6525\ \mathrm{m^2}$,各横轴 $S_{增2} = nlb = 2 \times (6.30 + 0.20 + 0.10 - 0.45 \times 2) \times \left(\dfrac{0.25}{2} - 0.10\right) = 0.285\ \mathrm{m^2}$,小计 $S_{梁增} = \sum S_{增i} = 0.6525 + 0.285 = 0.9375\ \mathrm{m^2}$

每层陶瓷砖墙面工程量:$S = n(LH - S_{扣} + S_{洞增}) + S_{梁增} = 4 \times (19.00 \times 3.40 - 5.925 + 1.735) + 0.9375 = 242.578\ \mathrm{m^2}$

② 陶瓷砖墙面总工程量

$S = 242.578 \times 4 = 970.31\ \mathrm{m^2}$

9. 天棚工程工程量计算

(1) 天棚抹灰(楼梯底面)(011301001001)

每部楼梯斜向梯段板:$n = 3$,板底面积 $S_1 = 3 \times (1.60 - 0.10) \times [(3.60 + 0.35) \times 1.15 +$

$(3.60\times 1.15+0.35)] = 40.646\ m^2$

每部楼梯休息平台：$n=3$，板底面积 $S_2 = 3\times(3.60-0.10\times 2)\times(1.10-0.10) = 10.20\ m^2$

每部楼梯楼梯梁：$n=6$，展开面积 $S_3 = 6\times(3.60-0.10\times 2)\times(0.35-0.10+0.20+0.35-0.10) = 14.28\ m^2$

每部楼梯底面抹灰工程量：$S = \sum S_i = 40.646+10.20+14.28 = 65.126\ m^2$

楼梯底面抹灰总工程量：$S = 65.126\times 2 = 130.25\ m^2$

(2) 吊顶天棚(011302001001)

卫生间和盥洗室天棚面层工程量：$n = 4\times 4 = 16$，$S = 16\times(3.60-0.10\times 2)\times(6.30-0.10\times 2) = 331.84\ m^2$

10. 油漆、涂料工程工程量计算

(1) 木门油漆(011401001001)

木门油漆工程量：与木门安装相同，$S = 285.60\ m^2$

(2) 抹灰面油漆(内墙面、天棚、楼梯底面，乳胶漆)(011406001001)

内墙面乳胶漆工程量：与内墙面抹灰相同，$S = 8609.87\ m^2$

天棚乳胶漆工程量：与天棚刮腻子相同，$S = 2793.23\ m^2$

楼梯底面乳胶漆工程量：与楼梯底面抹灰相同，$S = 130.25\ m^2$

乳胶漆总工程量：$S = 8609.87+2793.23+130.25 = 11533.35\ m^2$

(3) 满刮腻子(011406003001)

① 一层天棚刮腻子

a. 门厅天棚

净空面积 $S_{净} = (3.60-0.10\times 2)\times(6.30-0.10+0.10) = 21.42\ m^2$；增梁两侧面积 $S_{增} = 2lh = 2\times\left(3.60-0.10-\frac{0.45}{2}\right)\times(0.60-0.11) = 3.2095\ m^2$；小计 $S_1 = S_{净}+S_{增} = 21.42+3.2095 = 24.6295\ m^2$

b. 楼梯间天棚

净空面积(梯口梁以外)$S_{净} = (3.60-0.10\times 2)\times(0.85+0.10) = 3.23\ m^2$；增梁两侧面积 $S_{增} = 2lh = 2\times(3.60-0.45)\times(0.60-0.11) = 3.087\ m^2$，$n=2$；小计 $S_2 = n(S_{净}+S_{增}) = 2\times(3.23+3.087) = 12.634\ m^2$

c. 走廊天棚

净空面积 $S_{净} = (58.00-0.30\times 2)\times(2.40-0.10\times 2) = 126.28\ m^2$；增梁两侧面积 $S_{增} = 2nlh = 2\times 8\times(2.40-0.10\times 2)\times(0.40-0.11) = 10.208\ m^2$；小计$S_3 = S_{净}+S_{增} = 126.28+10.208 = 136.488\ m^2$

d. 一般房间天棚面积

$n=25$，$S_4 = 25\times(3.60-0.10\times 2)\times(6.30-0.10\times 2) = 518.50\ m^2$

e. 一层天棚刮腻子工程量

$S = \sum S_i = 24.6295+12.634+136.488+518.50 = 692.252\ m^2$

② 二、三层天棚刮腻子

a. 楼梯间天棚面积

与一层相同，$S_1 = 12.634\ m^2$

b. 走廊天棚面积

与一层相同，$S_2 = 136.488\ m^2$

c. 一般房间天棚面积

$n = 26$，$S_3 = 26 \times (3.60 - 0.10 \times 2) \times (6.30 - 0.10 \times 2) = 539.24\ m^2$

d. 二、三层天棚刮腻子工程量

$S = \sum S_i = 12.634 + 136.488 + 539.24 = 688.362\ m^2$

③ 四层天棚刮腻子

a. 楼梯间天棚

净空面积 $S_净 = (3.60 - 0.10 \times 2) \times (6.30 - 0.10 + 0.10) = 21.42\ m^2$；增梁两侧面积 $S_增 = 2lh = 2 \times (3.60 - 0.45) \times (0.60 - 0.11) = 3.087\ m^2$，$n = 2$；小计 $S_1 = n(S_净 + S_增) = 2 \times (21.42 + 3.087) = 49.014\ m^2$

b. 走廊天棚面积

与二、三层相同，$S_2 = 136.488\ m^2$

c. 一般房间天棚面积

与二、三层相同，$S_3 = 539.24\ m^2$

d. 扣除上人孔面积

$S_扣 = 0.70 \times 0.70 = 0.49\ m^2$

e. 四层天棚刮腻子工程量

$S = \sum S_i = 49.014 + 136.488 + 539.24 - 0.49 = 724.252\ m^2$

④ 天棚刮腻子总工程量

$S = 692.252 + 688.362 \times 2 + 724.252 = 2793.23\ m^2$

(4) 墙面喷刷涂料(外墙面、雨篷，涂料)(011407001001)

外墙面涂料工程量：与外墙面抹灰相同，$S = 1993.60\ m^2$

雨篷涂料工程量：与雨篷抹灰相同，$S = 30.13\ m^2$

涂料工程量：$S = 1993.60 + 30.13 = 2023.73\ m^2$

11. 其他装饰工程工程量计算

金属扶手、栏杆(011503001001)工程量：

① 室内台阶栏杆工程量

$L = 0.30 \times 3 \times 1.15 + 0.40 = 1.435\ m$

② 楼梯栏杆

一至四层楼梯栏杆：$n = 2 \times 3 = 6$，长 $L_1 = 6 \times (3.60 \times 1.15 \times 2 + 0.40 \times 2) = 54.48\ m$

四层楼面水平栏杆：$n = 2$，长 $L_2 = 2 \times (1.60 - 0.10) = 3.00\ m$

楼梯栏杆工程量：$L = \sum L_i = 54.48 + 3.00 = 57.48\ m$

③ 室外坡道栏杆

-0.60 至 -0.45 段栏杆长(近似按水平投影计算)：$L_1 = (0.30 + 1.80) \times 2 = 4.20\ m$

-0.45 平台段栏杆长：$L_2 = 1.50 \times 2 + (1.20 + 0.10 + 1.20) = 5.50\ m$

-0.45 至 ± 0.00 段栏杆长(近似按水平投影计算)：$L_3 = (1.80 + 0.30 + 3.00 + 0.30 + 0.30) \times 2 = 11.40\ m$

坡道栏杆工程量：$L = \sum L_i = 4.20 + 5.50 + 11.40 = 21.10\ m$

④ 栏杆总工程量

$L = 1.435 + 57.48 + 21.10 = 80.02$ m

12. 措施项目工程量计算

(1) 施工排水、降水措施项目工程量计算

① 排水井(011706001001) 工程量

依据第 8 章 8.3.2 所确定的施工方案,排水井成井工程量 $l = 6 \times 2.5 = 15$ m。

② 排水降水(011706002001) 工程量

依据第 8 章 8.4.1 所安排的施工进度计划,估算抽水机工作天数为 25 d,则排水降水工程量 $n = 25$ 昼夜。

(2) 脚手架措施项目工程量计算

综合脚手架(011701001001) 工程量:与建筑面积相同,$S = 3572.80\ \mathrm{m}^2$

(3) 混凝土模板及支架措施项目工程量计算

现浇混凝土模板及支架措施项目工程量按模板与现浇混凝土构件的接触面积计算(本例从略)。

(4) 大型机械设备进出场及安拆措施项目工程量计算

依据第 8 章 8.3 节所确定的施工方案,施工中所采用的大型机械及其有关的措施费计算如下。

① 履带式挖土机进出场费工程量

$n = 1$ 台次。

② 塔式起重机进出场费工程量

$n = 1$ 台次。

③ 塔式起重机固定式基础工程量

$n = 1$ 座。

④ 塔式起重机安拆费工程量

$n = 1$ 台次。

(5) 建筑物垂直运输措施项目工程量计算

建筑物垂直运输措施项目(011703001001) 工程量,可按建筑面积计算,即 $S = 3572.80\ \mathrm{m}^2$。

(6) 地上、地下设施、建筑物的临时保护设施措施项目工程量计算

① 楼地面装饰成品保护工程量

防滑地砖面积 $S_1 = 332.56\ \mathrm{m}^2$,陶瓷地砖面积 $S_2 = 2739.60\ \mathrm{m}^2$,花岗岩地面面积 $S_3 = 21.63\ \mathrm{m}^2$

楼地面装饰成品保护工程量:$S = \sum S_i = 332.56 + 2739.60 + 21.63 = 3093.79\ \mathrm{m}^2$

② 楼梯、台阶装饰成品保护工程量

楼梯面积 $S_1 = 109.14\ \mathrm{m}^2$,室内台阶面积 $S_2 = 1.35\ \mathrm{m}^2$,室外台阶面积 $S_3 = 9.56\ \mathrm{m}^2$

楼梯、台阶装饰成品保护工程量:$S = \sum S_i = 109.14 + 1.35 + 9.56 = 120.05\ \mathrm{m}^2$

③ 内墙面成品保护工程量

内墙面抹灰面积 $S_1 = 8609.87\ \mathrm{m}^2$,陶瓷砖墙面面积 $S_2 = n(LH - S_{扣}) = 4 \times 4 \times (19.00 \times 3.40 - 5.925) = 938.80\ \mathrm{m}^2$

内墙面成品保护工程量:$S = \sum S_i = 8609.87 + 938.80 = 9548.67\ \mathrm{m}^2$

9.2　工程量清单计价的编制

9.2.1　工程量清单计价的基本程序

工程量清单计价的过程可以分为两个阶段：首先，招标人在完成清单工程量的计算之后，应编制相应的招标工程量清单；然后，将此作为清单计价的基础，来计算和确定工程各阶段的造价。

应用工程量清单确定工程造价的过程又可划分为发承包阶段和施工阶段。在发承包阶段：招标人依据国家、地区或行业定额资料，工程造价信息、资料和指标，建设项目特点等，编制出招标控制价；投标人则依据企业定额，工程造价信息、资料和指标，建设项目特点，国家、地区或行业定额资料等，编制出投标报价；发承包双方据此签订工程合同。在施工阶段：发承包人依据合同约定，建设项目实施情况，相关法律法规等，进行工程计量及合同价款调整，最终进行工程结算。

考虑到毕业设计的特点，本书仅介绍工程量清单编制和招标控制价编制的主要内容和方法。

9.2.2　工程量清单的编制

根据《建设工程工程量清单计价规范》(GB 50500—2013) 的规定：招标工程量清单应以单位(项) 工程为单位编制，应由分部分项工程项目清单、措施项目清单、其他项目清单、规费和税金项目清单组成。

1. 分部分项工程项目清单的编制

编制分部分项工程项目清单，必须载明项目编码、项目名称、项目特征、计量单位和工程量，这五个要件缺一不可。表 9.10 为分部分项工程量清单与计价表的标准格式，表中的前六项内容由招标人负责填写，即成为招标工程量清单，后三项金额部分在编制招标控制价或投标报价时填写。

表 9.10　分部分项工程和单价措施项目清单与计价表

工程名称：　　　　标段：　　　　第　页　共　页

序号	项目编码	项目名称	项目特征描述	计量单位	工程量	金额(元)		
						综合单价	合价	其中：暂估价
1								
2								
⋮								

注：为计取规费等的使用，可在表中增设“其中：定额人工费”。

2. 措施项目清单的编制

措施项目划分为两类：一类是可以计算工程量的项目，就以“量” 计价，称为“单价措施项目”;另一类是不能计算工程量的项目,就以“项”计价,称为“总价措施项目”。

编制单价措施项目清单,应载明项目编码、项目名称、项目特征、计量单位和工程量这五个要件,即采用分部分项工程量清单的方式编制,故单价措施项目清单与计价表的格式如表9.10所示。

编制总价措施项目清单时,应载明项目编码、项目名称等。总价措施项目清单与计价表的格式如表 9.11 所示。

表 9.11　总价措施项目清单与计价表

工程名称:　　　　标段:　　　　第　页　共　页

序号	项目编码	项目名称	计算基础	费率 /%	金额 /元	调整后的费率/%	调整后的金额/元	备注
1	011707001	安全文明施工费						
2	011707002	夜间施工增加费						
3	011707003	非夜间施工照明费						
4	011707004	二次搬运费						
5	011707005	冬雨季施工增加费						
6	011707006	地上、地下设施、建筑物的临时保护设施费						
7	011707007	已完工程及设备保护费						
合　计								

在编制措施项目清单时,因工程情况不同,若出现规范中未列的措施项目,可根据工程具体情况对措施项目清单作补充。同时还应注意以下几点:① 参考拟建工程的施工组织设计,以确定安全文明施工、二次搬运等项目。② 参阅施工技术方案和施工计划的安排情况,以确定夜间施工,冬雨季施工,脚手架、混凝土模板及支架(撑)、垂直运输、大型机械设备进出场及安拆,施工降排水等项目。③ 应确定设计文件中一些不足以写进技术方案,但是要通过一定的技术措施才能实现的内容。

3. 其他项目清单的编制

编制其他项目清单时,应按下列内容列项:① 暂列金额:是用于工程合同签订时尚未确定或者不可预见的、招标人暂定并包括在合同中的一笔款项。② 暂估价:是指在招标阶段直至签订合同时,招标人在工程量清单中提供的用于支付必然发生但暂时不能确定价格的材料、工程设备的单价以及专业工程的金额。③ 计日工:是为了解决现场发生的零星工作的计价而设立的。④ 总承包服务费:是为了解决招标人在法律、法规允许的条件下进行专业工程发包以及自行供应材料、工程设备,并需要总承包人对发包的专业工程提供协调和配合服务,对招标人供应的材料、工程设备提供收、发和保管服务以及进行施工现场管理时,发生并向总承包人支付的费用。

除以上内容外,出现未包含的项目,也可以根据工程的具体情况进行补充。其他项目清单与计价汇总表的格式见表 9.12。

表 9.12 其他项目清单与计价汇总表

工程名称： 标段： 第 页 共 页

序号	项目名称	金额／元	结算金额／元	备 注
1	暂列金额			
2	暂估价			
2.1	材料(工程设备)暂估价／结算价			
2.2	专业工程暂估价／结算价			
3	计日工			
4	总承包服务费			
合 计				

注：材料(工程设备)暂估单价计入清单项目综合单价，此处不汇总。

对于其他项目清单，在毕业设计中，可根据工程的具体情况和毕业设计的深度及要求，估算并填写表中的各项或其中几项。

4. 规费、税金项目清单的编制

规费是由省级政府或省级有关权力部门规定施工企业必须缴纳的，应计入建筑安装工程造价的费用。规费项目清单应按照下列内容列项：① 社会保险费，包括养老保险费、失业保险费、医疗保险费、工伤保险费、生育保险费；② 住房公积金；③ 工程排污费。编制规费项目清单时，出现以上规定未列的项目，应根据省级政府或省级有关权力部门的规定列项。

根据我国税法规定，应计入建筑安装工程造价的税种包括下列内容：① 营业税；② 城市维护建设税；③ 教育费附加；④ 地方教育附加。编制税金项目清单时，应包括上述内容。若国家税法发生变化，税务部门依据职权增加了税种，出现以上规定未列的项目，应根据税务部门的规定列项。

规费、税金项目计价表的格式见表 9.13。

表 9.13 规费、税金项目计价表

工程名称： 标段： 第 页 共 页

序号	项目名称	计算基础	计算基数	计算费率／%	金额／元
1	规费	定额人工费			
1.1	社会保障费	定额人工费			
(1)	养老保险费	定额人工费			
(2)	失业保险费	定额人工费			
(3)	医疗保险费	定额人工费			
(4)	工伤保险费	定额人工费			
(5)	生育保险费	定额人工费			
1.2	住房公积金	定额人工费			
1.3	工程排污费	按工程所在地环境保护部门收费标准，按实计入			

续表 9.13

序号	项目名称	计算基础	计算基数	计算费率/%	金额/元
⋮					
2	税金	分部分项工程费＋措施项目费＋其他项目费＋规费－按规定不计税的工程设备金额			
合　计					

9.2.3　建筑安装工程造价组成

采用工程量清单计价，单位工程的建筑安装工程造价由分部分项工程费、措施项目费、其他项目费、规费和税金组成。其中：分部分项工程费、措施项目费、其他项目费应采用综合单价，即单价中应包括完成一个规定清单项目所需的人工费、材料费、机械费、企业管理费和利润，以及一定范围内的风险费用。所以工程量清单计价下的建筑安装工程造价组成（按造价形成划分）如图 9.2 所示。

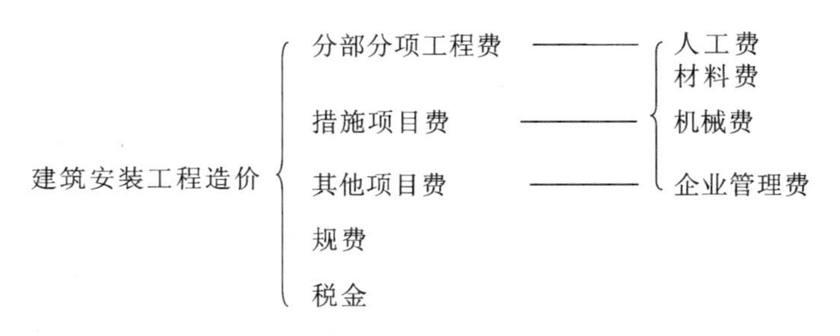

图 9.2　建筑安装工程造价组成

9.2.4　招标控制价的编制

招标控制价，是招标人根据国家或省级、行业建设主管部门颁发的有关计价依据和办法，以及拟定的招标文件和招标工程量清单，结合工程具体情况编制的招标工程的最高投标限价。

招标控制价的计价特点是：① 使用的计价标准、计价政策应是国家或省级、行业建设主管部门颁发的计价定额和相关政策规定。② 采用的各种人工、材料、机械台班单价，应是工程造价管理机构近期通过工程造价信息发布的单价，工程造价信息未发布单价的某些材料，其价格应通过市场调查确定。③ 国家或省级、行业建设主管部门对工程造价计价中费用或费用标准有规定的，应按规定执行。

招标控制价的编制内容，包括分部分项工程和单价措施项目计价表，总价措施项目计价表，其他项目计价表，规费、税金项目计价表。其编制方法分述如下。

1. 分部分项工程和单价措施项目计价表的编制

（1）编制要求

在编制分部分项工程和单价措施项目计价表时，应注意以下几点：

① 分部分项工程和措施项目中的单价项目，应根据拟定的招标文件和招标工程量清单项

目中的特征描述及有关要求，确定综合单价计算。

② 工程量应采用招标文件中提供的分部分项工程和单价措施项目清单中的数量。

③ 招标文件中提供了暂估单价的材料，应按暂估的单价计入综合单价。

④ 为使招标控制价与投标报价所包含的内容一致，综合单价中应包括招标文件中划分的应由投标人承担的风险内容及其范围（幅度）产生的风险费用。

分部分项工程和单价措施项目计价表的格式如表 9.10 所示。

(2) 综合单价的确定

由上述编制要求可看出，确定综合单价是在编制分部分项工程和单价措施项目计价表过程中最主要的内容，可按下述步骤和方法计算。

① 确定计算基础

计算基础主要包括人工、材料、机械台班消耗量指标及其单价。这两方面指标均可依据国家、地区、行业定额来确定，但应注意工程造价管理机构所发布的人工、材料、机械台班单价信息，并按此信息对各单价进行相应的调整。

② 分析每一清单项目的工作内容

招标工程量清单中已对项目特征进行了准确、详细的描述，应根据这些描述确定完成各清单项目实际所发生的工作内容。

③ 计算各工作内容的工程数量及清单的单位含量

工程量清单中的有些项目比预算定额的项目更综合，其工作内容中包括了定额的多个项目；有些项目的工程量计算规则也与预算定额的计算规则不同。当某清单项目的工作内容、计算规则与所选定额项目的工作内容、工程量计算规则不同时，则需首先按定额的工程量计算规则计算每一项工作内容的工程数量，再计算每一计量单位的清单项目所分摊的工作内容的工程数量，即清单单位含量。

$$\text{清单单位含量} = \frac{\text{某工作内容的定额工程量}}{\text{清单工程量}}$$

④ 计算清单项目的人工、材料、机械费用。

将每一项工作内容的清单单位含量，乘以计算基础中已确定的人工、材料、机械台班消耗量指标及其单价，便可分别计算出各工作内容的人工费、材料费和机械费。将各项工作内容的人工费、材料费和机械费相加，即可得到该清单项目每一计量单位所包含的总人工费、材料费、机械费。

对于在其他项目清单中提供了暂估单价的材料，应根据该暂估价计算材料费。

⑤ 计算综合单价

在已计算出每一计量单位清单项目的人工费、材料费、机械费的基础上，企业管理费和利润通常可按这三项费用之和计取一定的费率来计算。即：

$$\text{企业管理费} = (\text{人工费} + \text{材料费} + \text{机械费}) \times \text{企业管理费费率}(\%)$$

$$\text{利润} = (\text{人工费} + \text{材料费} + \text{机械费} + \text{企业管理费}) \times \text{利润率}(\%)$$

将以上五项费用汇总之后，并考虑合理的风险费用，即可得到该分部分项工程或单价措施项目清单中的综合单价。

以上综合单价的计算过程，可通过编制综合单价分析表来表明。

2. 总价措施项目计价表的编制

在编制总价措施项目计价表时，应注意以下几点：

① 总价措施项目的内容，应根据拟定的招标文件中措施项目清单所列内容和常规施工方案确定。

② 措施项目费应采用综合单价计价，通常采用费率法按有关规定综合取定。采用费率法时需确定某项费用的计算基数及其费率，其结果应包括除规费、税金以外的全部费用。

③ 措施项目费中的安全文明施工费必须按国家或省级、行业建设主管部门的规定计算。

总价措施项目计价表的格式如表 9.11 所示。

3. 其他项目计价表的编制

① 暂列金额。暂列金额可根据工程特点、工期长短，按有关计价规定进行估算，一般以分部分项工程费的 10% ～ 15% 为参考。

② 暂估价。暂估价中的材料单价应按照工程造价管理机构发布的工程造价信息中的材料单价计算，工程造价信息未发布的材料单价，其单价参考市场价格估算。暂估价中的专业工程暂估价应区分不同专业，按有关计价规定估算。

③ 计日工。计日工应按招标工程量清单中列出的项目，根据工程特点和有关计价依据确定综合单价计算。其中：计日工中的人工和施工机械台班单价应按省级、行业建设主管部门或其授权的工程造价管理机构公布的单价计算；材料单价应按工程造价管理机构发布的工程造价信息或参考市场价格确定。

④ 总承包服务费。总承包服务费应根据招标工程量清单列出的内容和要求估算。在计算时可参考以下标准：a. 招标人仅要求对分包的专业工程进行总承包管理和协调时，按分包的专业工程估算造价的 1.5% 计算。b. 招标人要求对分包的专业工程进行总承包管理和协调，并同时要求提供配合服务时，根据招标文件中列出的配合服务内容和提出的要求，按分包的专业工程估算造价的 3% ～ 5% 计算。c. 招标人自行供应材料的，按招标人供应材料价值的 1% 计算。

其他项目计价表的格式如表 9.12 所示。

4. 规费、税金项目计价表的编制

规费和税金必须按国家或省级、行业建设主管部门的规定计算。

规费、税金项目计价表的格式如表 9.13 所示。

5. 招标控制价汇总表的编制

招标人的招标控制总价应当与组成工程量清单计价的分部分项工程费、措施项目费、其他项目费、规费和税金的合计金额相一致。单位工程招标控制价汇总表的格式如表 9.14 所示。

表 9.14　单位工程招标控制价汇总表

工程名称：　　　　标段：　　　　第　页　共　页

序号	汇总内容	金额 / 元	其中：暂估价 / 元
1	分部分项工程费	(1)	
1.1			
1.2			

续表 9.14

序号	汇总内容	金额/元	其中:暂估价/元
⋮			
2	措施项目	(2)	—
2.1	其中:安全文明施工费		—
3	其他项目费	(3)	—
3.1	其中:暂列金额		—
3.2	其中:专业工程暂估价		—
3.3	其中:计日工		—
3.4	其中:总承包服务费		—
4	规费	(4)	—
5	税金	(5)	—
招标控制报价合计 = (1)+(2)+(3)+(4)+(5)			

9.2.5 工程量清单计价实例

在上述清单工程量计算的基础上,可进行清单计价的计算。现仅以土方工程为例,说明其计算方法。本实例计算中:土方工程的施工,依据第 8 章 8.3.2 所确定的施工方案;各项目的单价,参照 ×× 市现行建筑工程预算基价(即预算定额)确定。

1. 分部分项工程清单与计价表示例

本工程土方工程包括平整场地、挖沟槽土方、挖基坑土方、基础回填、室内回填这 5 个分项工程项目。其中:平整场地、室内回填的工作内容、工程量计算规则与预算定额相同,可依据预算定额方便地确定其综合单价;挖沟槽土方、挖基坑土方和基础回填的工作内容和工程量计算规则与预算定额不同,需通过单价分析计算确定其综合单价。土方工程的工程量清单与计价表详见表 9.15。

表 9.15 分部分项工程清单与计价表(土方工程)

工程名称:某中学男生宿舍楼

序号	项目编码	项目名称	项目特征描述	计量单位	工程量	金额/元		
						综合单价	合价	其中:暂估价
1	010101001001	平整场地	土壤类别:二类土 弃土运距:50 m 取土运距:50 m	m^2	893.20	6.2682	5598.76	—

续表 9.15

序号	项目编码	项目名称	项目特征描述	计量单位	工程量	金额/元		
						综合单价	合价	其中：暂估价
2	010101003001	挖沟槽土方	土壤类别：二类土 挖土深度：1.60 m 弃土运距：150 m	m^3	150.36	57.43	39013.69	—
3	010101004001	挖基坑土方	土壤类别：二类土 挖土深度：1.60 m 弃土运距：150 m	m^3	528.96			—
4	010103001001	基础回填	土质：满足规范及设计要求 密实度：满足规范及设计要求 粒径：满足规范及设计要求 夯填(碾压)：夯填 填方来源：原土回填 运输距离：150 m	m^3	379.04	171.72	65088.75	—
5	010103001002	室内回填	土质：满足规范及设计要求 密实度：满足规范及设计要求 粒径：满足规范及设计要求 夯填(碾压)：夯填 填方来源：原土回填 运输距离：150 m	m^3	379.86	40.567	15409.78	—

2. 工程量清单综合单价分析表示例

本工程挖土方清单项目包括挖沟槽土方、挖基坑土方两项，将其工作内容与相应的预算定额相比较得知：这两项均对应于预算定额中的挖土机挖土和槽底钎探项目，故清单中挖沟槽土方、挖基坑土方的综合单价可合并计算。依据××市现行建筑工程预算基价的分项工程工程量计算规则，相应的预算工程量为：

(1) 机械挖基槽土方工程量

说明：机械挖基槽土方的方式详见第8章8.3.2相关内容。即采用条形开挖，外墙纵向为2道基槽，横向为2道基槽；内墙纵向为1道基槽，横向为6道基槽，其中③、④轴和⑭、⑮轴的基槽均合并开挖；基础梁处基槽与独立基础处的基槽宽度相同；施工工作面宽度取为独立基础垫层每边各留300 mm，外墙基槽外侧尚需设300 mm宽排水沟；放坡系数取为1∶0.30，即$K=0.3$。

挖土深度：$H=-0.60-(-2.10-0.10)=1.60$ m

① 外墙挖基槽

槽长(中心线长):$L = \left[57.60 + \left(1.325 + 0.10 + 0.30 + 0.30 - \frac{3.80}{2}\right) \times 2 + 15.00 + \left(1.325 + 0.10 + 0.30 + 0.30 - \frac{3.80}{2}\right) \times 2\right] \times 2 = 146.20$ m

槽底宽:$B = 1.325 + 1.375 + 0.10 \times 2 + 0.30 \times 2 + 0.30 = 3.80$ m

挖基槽体积:$V_1 = L(B + KH)H = 146.20 \times (3.80 + 0.3 \times 1.60) \times 1.60 = 1001.178$ m³

② 内纵墙 Ⓑ 与 Ⓒ 轴(J-2) 挖基槽

槽长(槽底净长):$L = 57.60 - (1.375 + 0.10 + 0.30) \times 2 = 54.05$ m

槽底宽:$B = 5.40 + 0.10 \times 2 + 0.30 \times 2 = 6.20$ m

挖基槽体积:$V_2 = L(B + KH)H = 54.05 \times (6.20 + 0.3 \times 1.60) \times 1.60 = 577.686$ m³

③ 内横墙 ③ 与 ④ 轴、⑭ 与 ⑮ 轴(两个 J-1 联合) 挖基槽

槽长(槽底净长):$L = 6.30 - 1.375 - 1.50 - 0.10 \times 2 - 0.30 \times 2 = 2.625$ m

槽底宽:$B = 3.60 + 1.35 \times 2 + 0.10 \times 2 + 0.30 \times 2 = 7.10$ m

挖基槽体积:$n = 4$,$V_3 = nL(B + KH)H = 4 \times 2.625 \times (7.10 + 0.3 \times 1.60) \times 1.60 = 127.344$ m³

④ 其余内横墙(J-1) 挖基槽

槽长(槽底净长):$L = 2.625$ m

槽底宽:$B = 2.7 + 0.10 \times 2 + 0.30 \times 2 = 3.50$ m

挖基槽体积:$n = 8$,$V_4 = nL(B + KH)H = 8 \times 2.625 \times (3.50 + 0.3 \times 1.60) \times 1.60 = 133.728$ m³

⑤ 挖基槽工程量

$V = \sum V_i = 1001.178 + 577.686 + 127.344 + 133.728 = 1839.94$ m³

(2) 槽底钎探工程量

① 外墙基槽

长 $L = (57.60 - 0.025 \times 2 + 15.00 - 0.025 \times 2) \times 2 = 145.00$ m,底宽 $B = 1.325 + 1.375 + 0.10 \times 2 + 0.30 \times 2 = 3.50$ m,底面积 $S_1 = LB = 145.00 \times 3.50 = 507.50$ m²

② 内纵墙 Ⓑ 与 Ⓒ 轴基槽

长 $L = 54.05$ m,底宽 $B = 6.20$ m,底面积 $S_2 = LB = 54.05 \times 6.20 = 335.11$ m²

③ 内横墙 ③ 与 ④ 轴、⑭ 与 ⑮ 轴基槽

长 $L = 2.625$ m,底宽 $B = 7.10$ m,$n = 4$,底面积 $S_3 = nLB = 4 \times 2.625 \times 7.10 = 74.55$ m²

④ 其余内横墙基槽

长 $L = 2.625$ m,底宽 $B = 3.50$ m,$n = 8$,底面积 $S_4 = nLB = 8 \times 2.625 \times 3.50 = 73.50$ m²

⑤ 槽底钎探工程量

$S = \sum S_i = 507.50 + 335.11 + 74.55 + 73.50 = 990.66$ m²

挖土机挖土 1839.94 m³,槽底钎探 990.66 m²。各项目的人工费、材料费、机械费、管理费

的单价均按定额中单价，利润按人工费、材料费、机械费、管理费之和的7%计取。挖土方清单工程量的综合单价分析计算见表9.16。

表9.16　工程量清单综合单价分析表(挖土方)

工程名称：某中学男生宿舍楼

项目编码	010101003001 010101004001	项目名称	挖沟槽土方 挖基坑土方	计量单位	m^3	工程量	150.36＋528.96＝679.32 m^3						
清单综合单价组成明细													
定额编号	定额项目,名称	定额单位	数量	单价/元					合价/元				
				人工费	材料费	机械费	管理费	利润	人工费	材料费	机械费	管理费	利润
1-23	挖土机挖土,自卸汽车运土	1000 m^3	1.83994	1256.75	68.93	14992.79	1187.58	1225.42	2312.34	126.83	27585.83	2185.08	2254.70
1-11	槽底钎探	100 m^2	9.9066	400.88	0.00	0.00	28.26	30.04	3971.36	0.00	0.00	279.96	297.59
人工单价		小计							6283.70	126.83	27585.83	2465.04	2552.29
70.00元/工日		未计价材料费							0.00				
清单项目综合单价									(6283.70＋126.83＋27585.83＋2465.04＋2552.29)/679.32＝57.43				

10　工程量清单应用软件计价编制实例

自20世纪60年代起,工业发达国家已经开始利用计算机作估价工作,主要应用范围包括已完工程数据的利用、价格管理、造价估计和造价控制等方面。如英国的建筑成本信息服务部(Building Cost Information Service,BCIS)、物业服务社(Property Services Agency,PSA)应用的计算机,加拿大的成本与工期综合管理软件(CT4)等。

我国各省市的造价管理机关,为配合地方定额的使用,在不同时期也编制了相应的工程计价软件,但仅限于本地区使用。

20世纪90年代,国内一些软件开发公司,如武汉海文公司、海口神机公司、北京广联达公司等,开始开发工程计价软件。软件的功能逐渐由地区性、单一性向通用性、综合性发展,以适应不同地区、不同专业的计价要求。

2020年,住房和城乡建设部办公厅印发《工程造价改革工作方案》(建办标〔2020〕38号)对工程造价数据库、造价指标指数及大数据使用等提出了指导性要求。计价改革的不断深化,需要计算机辅助计价及相应软件的技术支持,正确、高效地使用计价软件已成为相应从业人员的必备技能。

GBQ4.0是广联达推出的融计价、招标管理、投标管理于一体的全新计价软件,旨在帮助工程造价人员解决电子招投标环境下的工程计价、招投标业务问题,使计价更高效、招标更便捷、投标更安全。本章以广联达计价软件GBQ4.0为例介绍其在招标控制价编制中的具体应用。

1. 软件构成及应用流程

GBQ4.0包含三个模块,招标管理模块、投标管理模块、清单计价模块。招标管理模块和投标管理模块是站在整个项目的角度进行招投标工程造价管理。清单计价模块用于编辑单位工程的工程量清单或投标报价,是核心模块。在招标管理模块和投标管理模块中可以直接进入清单计价模块,软件使用流程如图10.1所示。

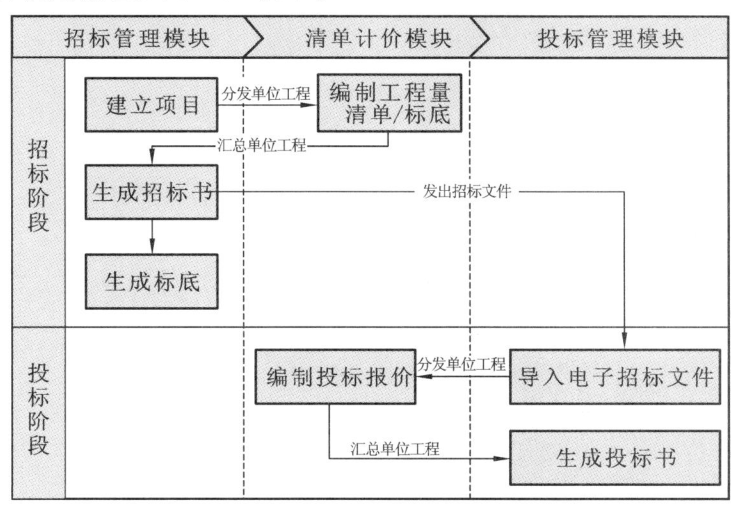

图10.1　GBQ4.0软件应用流程

2. 操作流程

以招投标过程中的工程造价管理为例,软件操作流程如下。

(1) 招标方的主要工作

① 新建招标项目:包括新建招标项目工程、建立项目结构。

② 编制单位工程分部分项工程量清单:包括输入清单项、输入清单工程量、编辑清单名称、分部整理。

③ 编制措施项目清单。

④ 编制其他项目清单。

⑤ 编制甲供材料、设备表。

⑥ 查看工程量清单报表。

⑦ 生成电子标书:包括招标书自检、生成电子招标书、打印报表、刻录及导出电子标书。

(2) 投标人编制工程量清单

① 新建投标项目。

② 编制单位工程分部分项工程量清单计价:包括套定额子目、输入子目工程量、子目换算、设置单价构成。

③ 编制措施项目清单计价:包括计算公式组价、定额组价、实物量组价三种方式。

④ 编制其他项目清单计价。

⑤ 人材机汇总:包括调整人材机价格,设置甲供材料、设备。

⑥ 查看单位工程费用汇总:包括调整计价程序、工程造价调整。

⑦ 查看报表。

⑧ 汇总项目总价:包括查看项目总价、调整项目总价。

⑨ 生成电子标书:包括符合性检查、投标书自检、生成电子投标书、打印报表、刻录及导出电子标书。

10.1　软件使用方法

10.1.1　分部分项清单组价

1. 套定额组价

通常有内容指引、直接输入、查询输入和补充子目四种方式。

(1) 内容指引

选择平整场地清单,点击"内容指引",选择 1-1 子目,如图 10.2 所示。

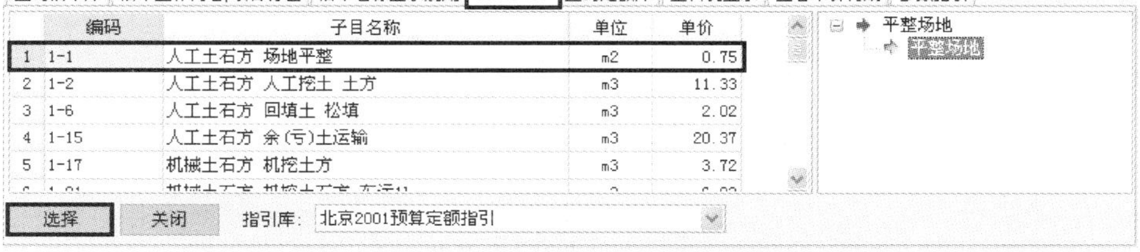

查询清单库 | 清单工作内容/项目特征 | 清单名称显示规则 | 内容指引 | 查询定额库 | 工料机显示 | 查看单价构成 | 参数指引

	编码	子目名称	单位	单价
1	1-1	人工土石方 场地平整	m2	0.75
2	1-2	人工土石方 人工挖土 土方	m3	11.33
3	1-6	人工土石方 回填土 松填	m3	2.02
4	1-15	人工土石方 余(亏)土运输	m3	20.37
5	1-17	机械土石方 机挖土方	m3	3.72

平整场地

选择　关闭　指引库: 北京2001预算定额指引

图 10.2　套定额组价(内容指引)

点击“选择”，软件即可输入定额子目，输入子目工程量，如图 10.3 所示。

	编码	类别	名称	项目特征	规格型号	单位	工程量表达式	工程量
			整个项目					
B1	A.1	部	土石方工程					
1	010101001001	项	平整场地 1.土壤类别:　一类土、二类土 2.弃土运距:　5km 3.取土运距:　5km			m2	4211	4211
	1-1	定	人工土石方 场地平整			m2	5895.4	5895.4

图 10.3　内容指引(子目工程量)

(2) 直接输入

选择填充墙清单，点击“插入”→“插入子目”，如图 10.4 所示。

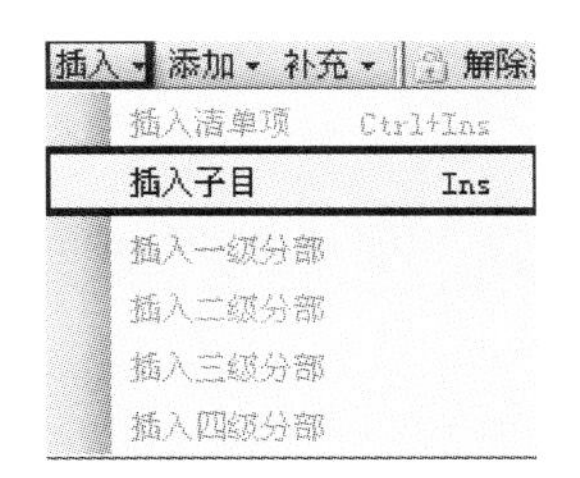

图 10.4　套定额组价(直接输入)

在空行的编码列输入 4-42，工程量为 1832.16 m^3，如图 10.5 所示。

	编码	类别	名称	项目特征	规格型号	单位	工程量表达式	工程量
3	010302004001	项	填充墙 1.砖品种、规格、强度等级:　陶粒空心砖墙，强度小于等于8km/m3 2.墙体厚度:　200mm 3.砂浆强度等级:　混合M5.0			m3	1832.16	1832.16
	4-42	定	砌块 陶粒空心砌块 框架间墙 厚度(mm) 190			m3	QDL	1832.16

图 10.5　直接输入(子目工程量)

(3) 查询输入

选中 010401003001 满堂基础清单，点击“查询定额库”，选择垫层、基础章节，选中 5-1 子目，点击“选择子目”，输入工程量为 385.434。用相同的方式输入 5-4 子目，如图 10.6 所示。

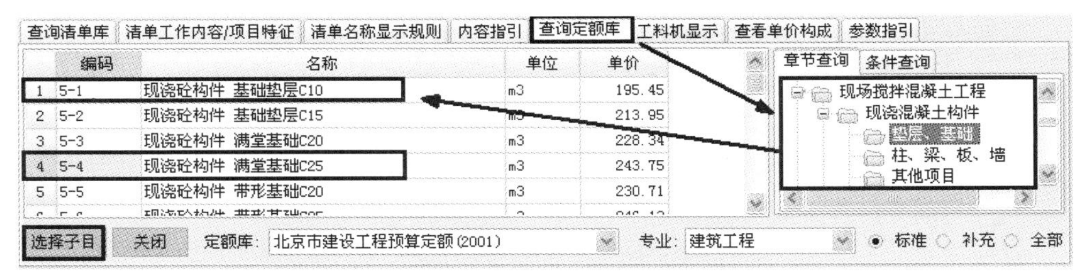

图 10.6　套定额组价(查询输入)

输入结果如图 10.7 所示。

	编码	类别	名称	项目特征	规格型号	单位	工程量表达式	工程量
B1	A.4	部	混凝土及钢筋混凝土工程					
5	010401003001	项	满堂基础 1.C10混凝土(中砂)垫层，100mm厚 2.C30混凝土 3.石子粒径0.5cm~3.2cm			m3	1958.12	1958.12
	5-1	定	现浇砼构件 基础垫层C10			m3	385.434	385.434
	5-4	定	现浇砼构件 满堂基础C25			m3	QDL	1958.12

图 10.7　查询输入(子目工程量)

(4) 补充子目

选中挖基础土方清单,点击"补充" → "子目",如图 10.8 所示。

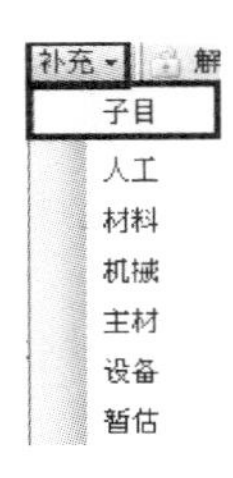

图 10.8　套定额组价(补充子目)

在弹出的对话框中输入编码、专业章节、名称、单位、单价等信息。点击"确定",即可补充子目,如图 10.9 所示。

补充子目

编码: 补子目1　　专业章节: …

名称: 打地藕井

单位: m3　　子目工程量表达式: 497

单价: 0 元

人工费: 60 元　　材料费: 0 元

机械费: 0 元　　主材费: 0 元

设备费: 0 元

编辑子目组成　　存档以方便下次使用　　确定　　取消

图 10.9　补充子目

2. 输入子目工程量

输入定额子目的工程量,如图 10.10 所示。

	编码	类别	名称	项目特征	规格型号	单位	工程量表达式	工程量
			整个项目					
B1	A.1	部	土石方工程					
1	010101001001	项	平整场地 1.土壤类别: 一类土、二类土 2.弃土运距: 5km 3.取土运距: 5km			m2	4211	4211
	1-1	定	人工土石方 场地平整			m2	5895.4	5895.4
2	010101003001	项	挖基础土方 1.土壤类别: 一类土、二类土 2.挖土深度: 1.5km 3.弃土运距: 5km			m3	7176	7176
	1-17	定	机械土石方 机挖土方			m3	QDL	7176
	1-57	定	打钎拍底			m2	4211	4211
	补子目1	补	打地藕井			m3	497	497
B1	A.3	部	砌筑工程					
3	010302004001	项	填充墙 1.砖品种、规格、强度等级: 陶粒空心砖墙,强度小于等于8km/m3 2.墙体厚度: 200mm 3.砂浆强度等级: 混合M5.0			m3	1832.16	1832.16
	4-42	定	砌块 陶粒空心砌块 框架间墙 厚度(mm) 190			m3	QDL	1832.16
4	010306002001	项	砖地沟、明沟 1.沟截面尺寸: 2080*1500 2.垫层材料种类、厚度: 混凝土,200mm厚 3.混凝土强度等级: c10 4.砂浆强度等级、配合比: 水泥M7.5			m	4.2	4.2
	5-1	定	现浇砼构件 基础垫层C10			m3	1.83	1.83
	4-32	定	砌砖 砖砌沟道			m3	1.953	1.953

(a)

B1	A.4	部	混凝土及钢筋混凝土工程			
5	010401003001	项	满堂基础 1.C10混凝土（中砂）垫层，100mm厚 2.C30混凝土 3.石子粒径0.5cm~3.2cm	m3	1958.12	1958.12
	5-1	定	现浇砼构件 基础垫层C10	m3	385.434	385.434
	5-4	定	现浇砼构件 满堂基础C25	m3	QDL	1958.12
6	010402001001	项	矩形柱 1.c35混凝土 2.石子粒径0.5cm~3.2cm	m3	1110.24	1110.24
	5-17	定	现浇砼构件 柱 C30	m3	QDL	1110.24
7	010403002001	项	矩形梁 1.c30混凝土 2.石子粒径0.5cm~3.2cm	m3	1848.64	1848.64
	5-24	定	现浇砼构件 梁 C30	m3	QDL	1848.64
8	010405001001	项	有梁板 1.板厚120mm 2.c30混凝土 3.石子粒径0.5cm~3.2cm	m3	2172.15	2172.15
	5-29	定	现浇砼构件 板 C30	m3	QDL	2172.15
9	010407002001	项	散水、坡道 1.灰土3：7垫层，厚300mm 2.c15混凝土 3.石子粒径0.5cm~3.2cm	m2	415	415
	1-1	定	垫层 灰土3:7	m3	124.5	124.5
	1-7	定	垫层 现场搅拌 混凝土	m3	24.9	24.9
10	B-1	补项	截水沟盖板 1.材质：铸铁 2.规格：50mm厚，300mm宽	m	35.3	35.3

（b）

图 10.10 定额子目工程量

3. 换算

(1) 系数换算

选中挖基础土方清单下的1-17子目，点击子目编码列，使其处于编辑状态，在子目编码后面输入“*1.1”，如图10.11(a)所示，软件就会把这条子目的单价乘以1.1的系数，如图10.11(b)所示。

	编码	类别	名称	综合单价	综合合价
2	010101003001	项	挖基础土方 1.土壤类别： 一类土、二类土 2.挖土深度： 1.5km 3.弃土运距： 5km	9.13	65516.88
	1-17 *1.1	定	机械土石方 机挖土方	3.84	27555.84
	1-57	定	打钎拍底	1.42	5979.62
	补子目1	补	打地藕井	64.2	31907.4

（a）

	编码	类别	名称	综合单价	综合合价
2	010101003001	项	挖基础土方 1.土壤类别： 一类土、二类土 2.挖土深度： 1.5km 3.弃土运距： 5km	9.5	68172
	1-17 *1.1	换	机械土石方 机挖土方 子目乘以系数1.1	4.22	30282.72
	1-57	定	打钎拍底	1.42	5979.62
	补子目1	补	打地藕井	64.2	31907.4

（b）

图 10.11 系数换算

(2) 标准换算

选中散水、坡道清单下的1-7子目，在左侧功能区点击“标准换算”，在右下角属性窗口的标准换算界面选择“C15 普通混凝土”，如图 10.12(a) 所示。

点击“应用换算”，则软件会把子目换算为 C15 普通混凝土，如图 10.12(b) 所示。

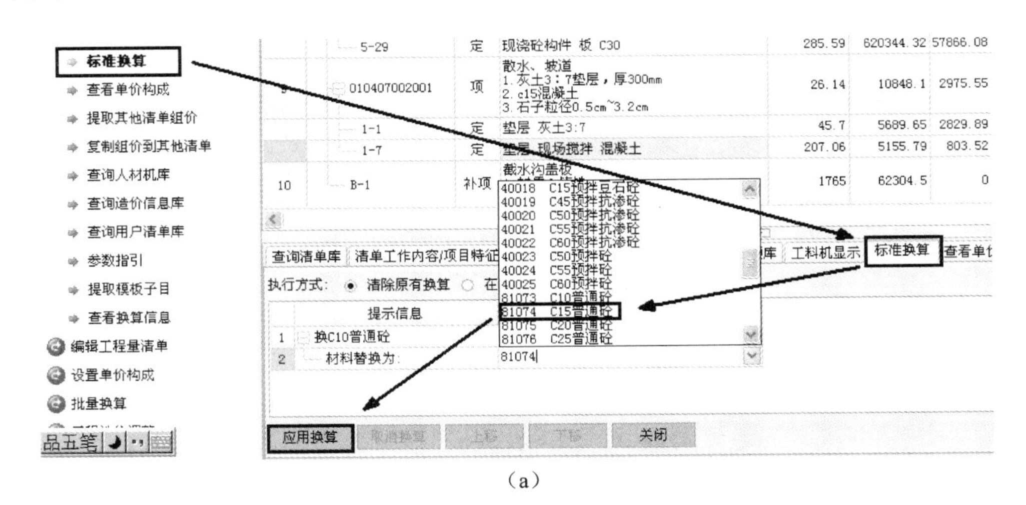

(a)

9		010407002001	项	散水、坡道 1.灰土3：7垫层，厚300mm 2.c15混凝土 3.石子粒径0.5cm~3.2cm	27.3	11329.5
		1-1	定	垫层 灰土3:7	45.7	5689.65
		1-7 H81073 81	换	垫层 现场搅拌 混凝土 换C10普通砼为【C15普通砼】	226.39	5637.11

(b)

图 10.12　标准换算

在实际工作中，大部分换算都可以通过标准换算来完成。

4. 设置单价构成(清单综合单价)

在左侧功能区点击“设置单价构成”→“单价构成管理”，如图 10.13 所示。

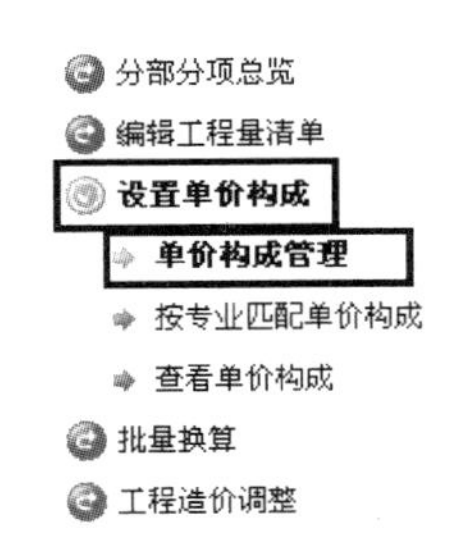

图 10.13　单价构成管理

例如，在“管理取费文件”界面输入现场经费的费率 5.4% 及企业管理费的费率 6.74%，如图 10.14 所示。软件会按照设置后的费率重新计算清单的综合单价。

如果工程中有多个专业，并且每个专业都要按照本专业的标准取费，可以利用“按专业匹配单价构成”功能快速设置。

点击“设置单价构成”→“按专业匹配单价构成”，如图 10.15 所示。

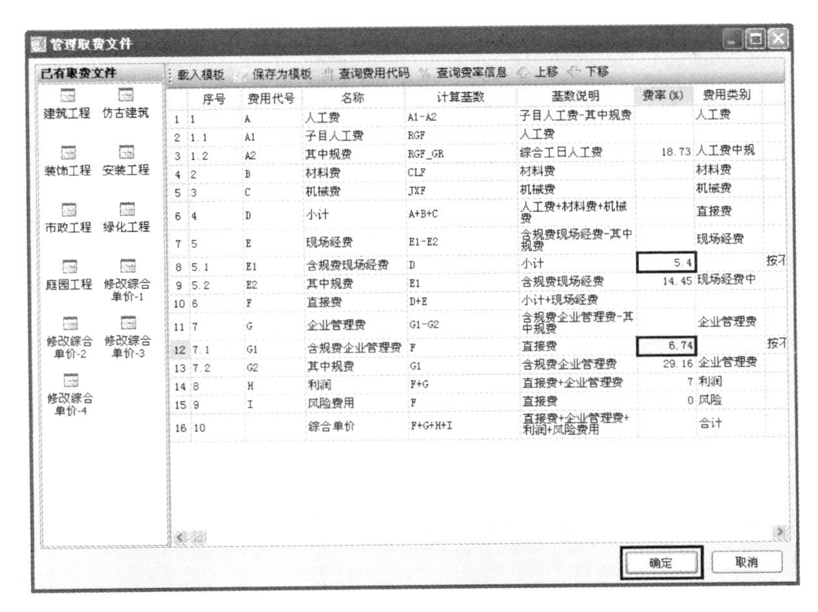

	序号	费用代号	名称	计算基数	基数说明	费率(%)	费用类别	
1	1	A	人工费	A1-A2	子目人工费-其中规费		人工费	
2	1.1	A1	子目人工费	RGF	人工费			
3	1.2	A2	其中规费	RGF_GR	综合工日人工费	18.73	人工费中规	
4	2	B	材料费	CLF	材料费		材料费	
5	3	C	机械费	JXF	机械费		机械费	
6	4	D	小计	A+B+C	人工费+材料费+机械费		直接费	
7	5	E	现场经费	E1-E2	含规费现场经费-其中规费		现场经费	
8	5.1	E1	含规费现场经费	D	小计	5.4		按不
9	5.2	E2	其中规费	E1	含规费现场经费	14.45	现场经费中	
10	6	F	直接费	D+E	小计+现场经费			
11	7	G	企业管理费	G1-G2	含规费企业管理费-其中规费		企业管理费	
12	7.1	G1	含规费企业管理费	F	直接费	6.74		按不
13	7.2	G2	其中规费	G1	含规费企业管理费	29.16	企业管理费	
14	8	H	利润	F+G	直接费+企业管理费	7	利润	
15	9	I	风险费用	F	直接费	0	风险	
16	10		综合单价	F+G+H+I	直接费+企业管理费+利润+风险费用		合计	

图 10.14　管理取费

分部分项总览

编辑工程量清单

设置单价构成

单价构成管理

按专业匹配单价构成

查看单价构成

批量换算

工程造价调整

图 10.15　单价构成管理(多专业)

在"按专业匹配单价构成"界面点击"按取费专业自动匹配单价构成文件",如图 10.16 所示。

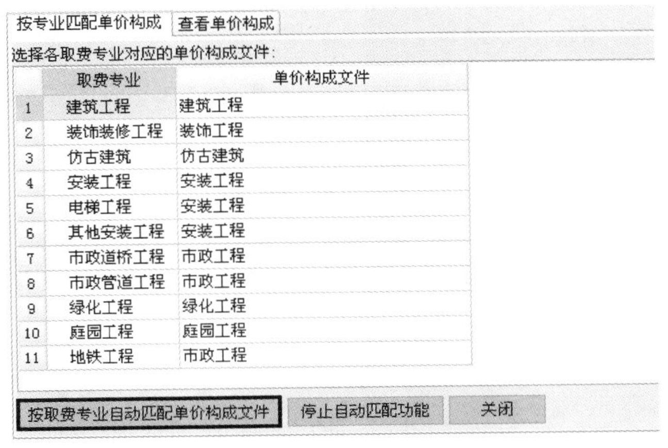

	取费专业	单价构成文件
1	建筑工程	建筑工程
2	装饰装修工程	装饰工程
3	仿古建筑	仿古建筑
4	安装工程	安装工程
5	电梯工程	安装工程
6	其他安装工程	安装工程
7	市政道桥工程	市政工程
8	市政管道工程	市政工程
9	绿化工程	绿化工程
10	庭园工程	庭园工程
11	地铁工程	市政工程

图 10.16　管理取费(多专业)

10.1.2 措施项目清单组价

措施项目清单组价方式包括计算公式计价方式、定额计价方式、实物量计价方式。

1. 组价方式切换

点击“组价内容”，如图 10.17 所示。

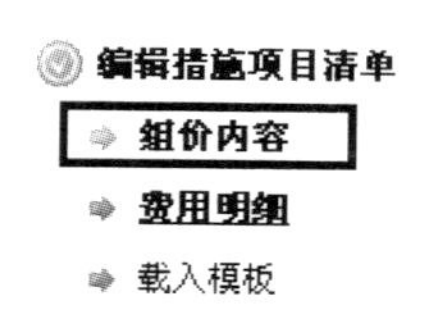

图 10.17 组价内容

选择“高层建筑超高费”措施项，在“组价内容”界面，点击“当前的计价方式”下拉框，选择“定额计价方式”，如图 10.18(a) 所示。

通过以上方式就可把“高层建筑超高费”措施项的计价方式由计算公式计价方式修改为定额计价方式，如图 10.18(b) 所示。

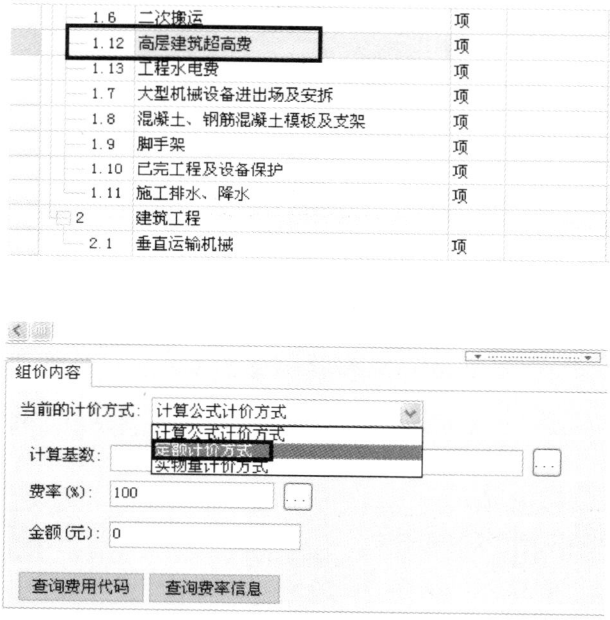

1.6	二次搬运	项
1.12	高层建筑超高费	项
1.13	工程水电费	项
1.7	大型机械设备进出场及安拆	项
1.8	混凝土、钢筋混凝土模板及支架	项
1.9	脚手架	项
1.10	已完工程及设备保护	项
1.11	施工排水、降水	项
2	建筑工程	
2.1	垂直运输机械	项

组价内容
当前的计价方式：计算公式计价方式
计算公式计价方式
定额计价方式
实物量计价方式
计算基数：
费率(%)：100
金额(元)：0
查询费用代码 查询费率信息

(a)

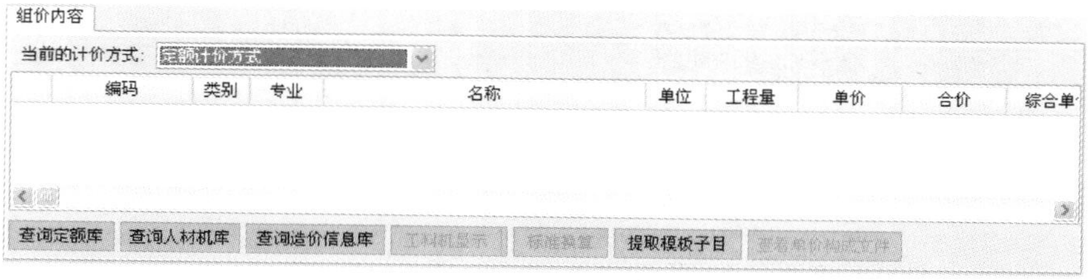

组价内容
当前的计价方式：定额计价方式

编码	类别	专业	名称	单位	工程量	单价	合价	综合单

查询定额库 查询人材机库 查询造价信息库 工料机显示 标准换算 提取模板子目 查看单价构成文件

(b)

图 10.18 定额计价方式

2. 计算公式计价方式

(1) 直接输入

选中文明施工项，点击“组价内容”，在“组价内容”界面“计算基数”中输入费用 7500，如图 10.19(a) 所示。

以同样的方式设置安全施工费用，如图 10.19(b) 所示。

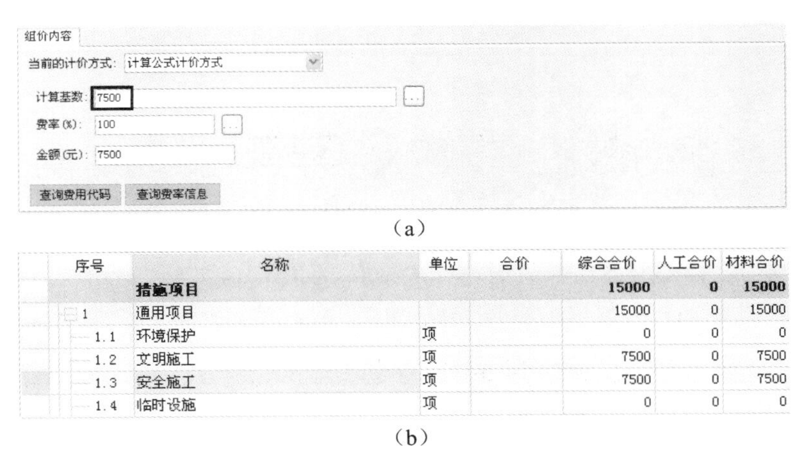

(a)

序号	名称	单位	合价	综合合价	人工合价	材料合价
	措施项目			15000	0	15000
1	通用项目			15000	0	15000
1.1	环境保护	项		0	0	0
1.2	文明施工	项		7500	0	7500
1.3	安全施工	项		7500	0	7500
1.4	临时设施	项		0	0	0

(b)

图 10.19　直接输入

(2) 按取费基数输入

选择临时设施措施项，在“组价内容”界面点击“计算基数”后面的按钮[...]，在弹出的“费用代码查询”界面选择“分部分项合计”，然后点击“选择”，如图 10.20(a) 所示。

输入费率 1.5%，软件会计算出临时设施的费用，如图 10.20(b) 所示。

费用代码查询

费用代码
- 分部分项代码
- 人材机代码

	费用代码	费用名称	费用金额
1	FBFXHJ	分部分项合计	2868076.86
2	ZJF	分部分项直接费	2443700.8
3	RGF	分部分项人工费	320167.88
4	CLF	分部分项材料费	1948366.82
5	JXF	分部分项机械费	175166.1
6	SBF	分部分项设备费	0
7	ZCF	分部分项主材费	0
8	GR	分部分项工日合计	10070.6483

(a)

组价内容
当前的计价方式：计算公式计价方式
计算基数：FBFXHJ
费率(%)：1.5
金额(元)：43021.15
查询费用代码　查询费率信息

(b)

图 10.20　取费基数输入

3. 定额计价方式

(1) 混凝土模板

选择混凝土模板措施项,点击“组价内容”→“提取模板子目”,如图 10.21 所示。

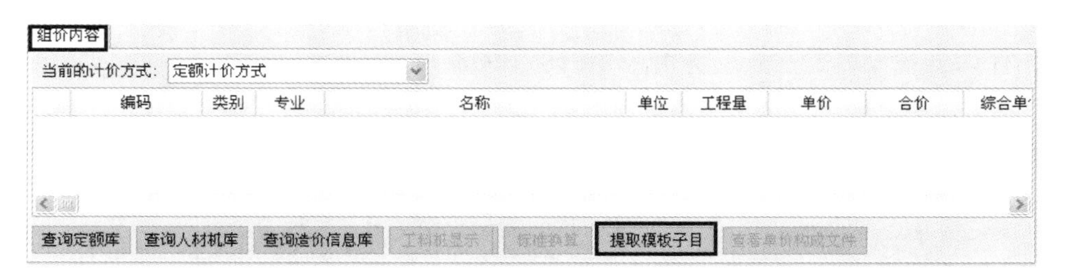

图 10.21　定额计价(混凝土模板)

在模板类别列选择相应的模板类型,点击“提取”,如图 10.22(a) 所示。

在“组价内容”界面查看提取的模板子目,如图 10.22(b) 所示。

提取模板子目

	混凝土子目				模板子目				
	编码	名称	单位	工程量	编码	模板类别	系数	单位	工程量
1	010306002001	砖地沟、明沟 1. 沟截面尺寸: 2080*1500 2. 垫层材料种类、厚度: 混凝土,200mm厚 3. 混凝土强度等级: c10 4. 砂浆强度等级、配合比: 水泥M7.5		4.2000					
2	5-1	现浇砼构件 基础垫层C10	m3	1.8300	7-1	混凝土基础垫层模板	1.3800	m2	2.5254
3	010401003001	满堂基础 1. C10混凝土(中砂)垫层,100mm厚 2. C30混凝土 3. 石子粒径0.5cm~3.2cm		1958.1200					
4	5-1	现浇砼构件 基础垫层C10	m3	385.4340	7-1	混凝土基础垫层模板	1.3800	m2	531.898
5	5-4	现浇砼构件 满堂基础C25 砼调整为抗渗砼C30	m3	1958.120	7-7	有梁式模板	1.2900	m2	2525.97
6	010402001001	矩形柱 1. c35混凝土 2. 石子粒径0.5cm~3.2cm		1110.2400					
7	5-17	现浇砼构件 柱 C30	m3	1110.240	7-11	矩形柱普通模板	10.5300	m2	11690.8
8	010403002001	矩形梁 1. c30混凝土 2. 石子粒径0.5cm~3.2cm		1848.6400					
9	5-24	现浇砼构件 梁 C30	m3	1848.640	7-28	矩形单梁、连续梁普通模板	9.6100	m2	17765.4
10	010405001001	有梁板 1. 板厚120mm 2. c30混凝土 3. 石子粒径0.5cm~3.2cm		2172.1500					
11	5-29	现浇砼构件 板 C30	m3	2172.150	7-41	有梁板普通模板	6.9000	m2	14987.8

提取　关闭

(a)

组价内容

当前的计价方式: 定额计价方式

编码	类别	专业	名称	单位	工程量	单价	合价	综合单价
7-1	定	土建	现浇砼模板 基础垫层	m2	2.5254	12.42	31.37	13.64
7-1	定	土建	现浇砼模板 基础垫层	m2	531.8989	12.42	6606.18	13.64
7-7	定	土建	现浇砼模板 满堂基础	m2	2525.9748	13.89	35085.79	14.78
7-11	定	土建	现浇砼模板 矩形柱 普通模板	m2	11690.8272	24.23	283268.74	25.58
7-28	定	土建	现浇砼模板 矩形梁 普通模板	m2	17765.4304	26.94	478600.69	28.04
7-41	定	土建	现浇砼模板 有梁板 普通模板	m2	14987.835	28.32	424455.49	30.15

查询定额库　查询人材机库　查询造价信息库　工料机显示　标准换算　提取模板子目　查看单价构成文件

(b)

图 10.22　混凝土模板提取

（2）直接套定额

以计算脚手架价格为例。选择脚手架措施项，点击“组价内容”，在页面上点击鼠标右键，点击“插入”，在编码列输入 15-7 子目。软件会读取建筑面积信息，工程量自动输入为 3600 m^2，如图 10.23 所示。

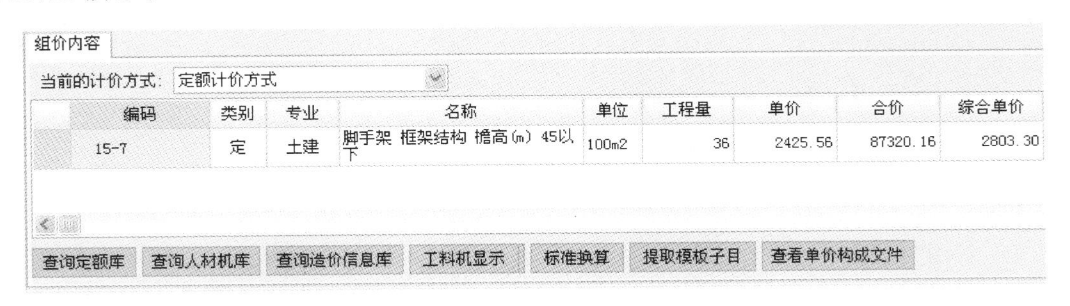

编码	类别	专业	名称	单位	工程量	单价	合价	综合单价
15-7	定	土建	脚手架 框架结构 檐高(m) 45以下	100m2	36	2425.56	87320.16	2803.30

图 10.23　直接套用定额

4. 实物量计价方式

以计算环境保护费用为例。选中环境保护项，将“当前计价方式”修改为“实物量计价方式”，如图 10.24 所示。

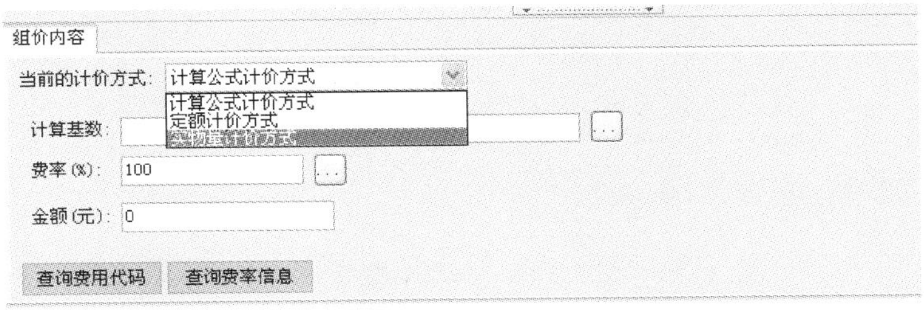

图 10.24　实物量计价方式

点击“载入模板”，如图 10.25 所示。

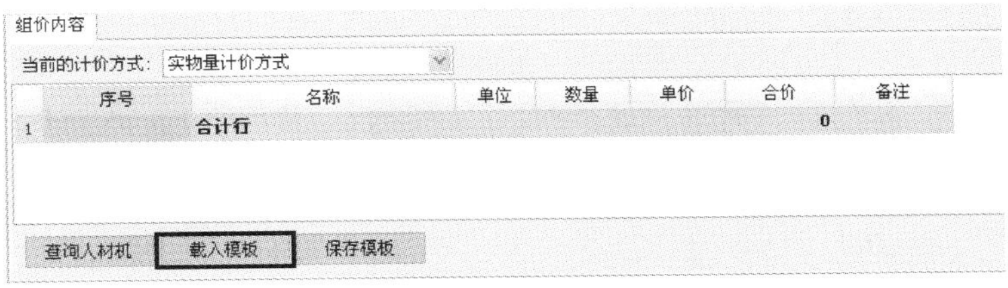

图 10.25　载入模板

选择“环境保护措施项目模板.SWB”，点击“打开”，如图 10.26 所示。

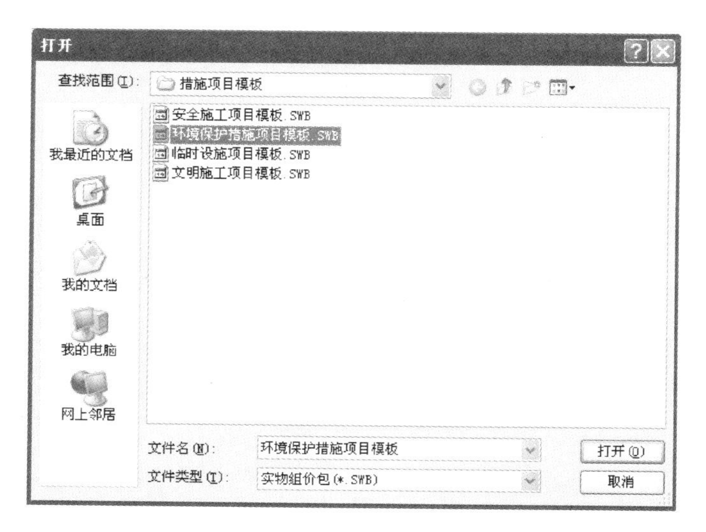

图 10.26　选择模板

根据工程填写实际发生的项目即可，如图 10.27 所示。

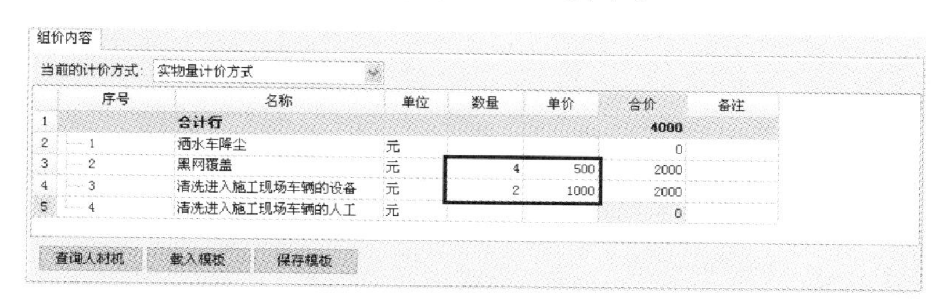
组价内容

当前的计价方式：实物量计价方式

	序号	名称	单位	数量	单价	合价	备注
1		合计行				4000	
2	1	洒水车降尘	元			0	
3	2	黑网覆盖	元	4	500	2000	
4	3	清洗进入施工现场车辆的设备	元	2	1000	2000	
5	4	清洗进入施工现场车辆的人工	元			0	

查询人材机　载入模板　保存模板

图 10.27　填写数量单价

10.1.3　其他项目清单

其他项目清单包括招标人部分的预留金及材料购置费；投标人部分的总承包服务费及零星工作费，如图 10.28 所示。

	序号	名称	计算基数	费率(%)	金额	费用类别	不可竞争费	备注
1		其他项目			100000	普通		
2	1	招标人部分			100000	招标人部分		
3	1.1	预留金	100000	100	100000	普通费用	□	
4	1.2	材料购置费	0	100	0	普通费用	□	
5	2	投标人部分			0	投标人部分		
6	2.1	总承包服务费	0	100	0	普通费用	□	
7	2.2	零星工作费	0	100	0	普通费用	□	

图 10.28　其他项目清单

10.1.4　人材机汇总

1. 载入造价信息

在人材机汇总界面，选择材料表，点击“载入造价信息”，如图 10.29 所示。

调整人材机
载入造价信息
载入用户市场价
分类表相关操作:
新建人材机分类表
管理人材机分类表

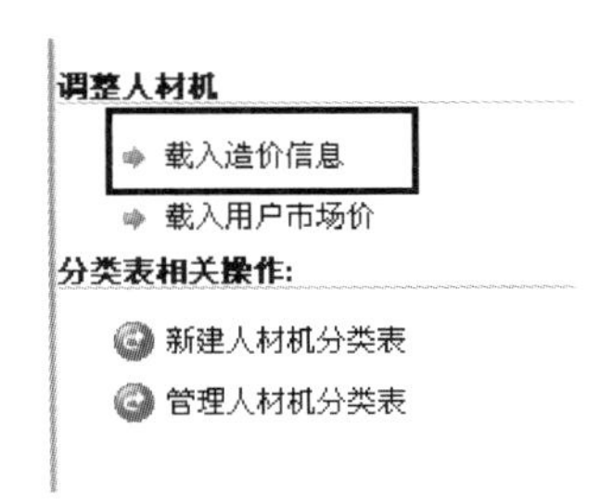

图 10.29 载入造价信息

在"载入造价信息"界面,点击"信息价"右侧下拉选项,选择"北京 2007 年 10 期工程造价信息",点击"确定",如图 10.30 所示。

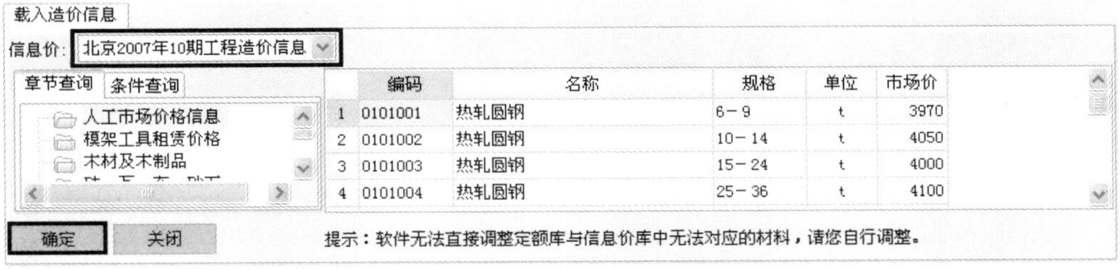

载入造价信息
信息价: 北京2007年10期工程造价信息
章节查询
条件查询
人工市场价格信息
模架工具租赁价格
木材及木制品
编码 名称 规格 单位 市场价
1 0101001 热轧圆钢 6－9 t 3970
2 0101002 热轧圆钢 10－14 t 4050
3 0101003 热轧圆钢 15－24 t 4000
4 0101004 热轧圆钢 25－36 t 4100
确定
关闭
提示:软件无法直接调整定额库与信息价库中无法对应的材料,请您自行调整。

图 10.30 造价信息操作

软件会按照信息价文件的价格修改材料市场价,如图 10.31 所示。

	编码	类别	名称	规格型号	单位	数量	预算价	市场价	价差	供货方式	甲供
1	02001	材	水泥	综合	kg	3119118.72	0.366	0.366	0	自行采购	
2	04001	材	红机砖		块	1053.8388	0.177	0.177	0	自行采购	
3	04023	材	石灰		kg	34444.61	0.097	0.14	0.043	自行采购	
4	04025	材	砂子		kg	5388347.05	0.036	0.049	0.013	自行采购	
5	04026	材	石子	综合	kg	8974999.42	0.032	0.042	0.01	自行采购	
6	04037	材	陶粒混凝土空心		m3	1579.3219	120	120	0	自行采购	
7	04048	材	白灰		kg	28418.37	0.097	0.14	0.043	自行采购	
8	11298	材	抗渗剂		kg	83474.6556	1.1	1.1	0	自行采购	
9	81004	浆	1:2水泥砂浆	1:2	m3	34.4174	251.02	269.76	18.74	自行采购	
10	81067	浆	M5混合砂浆	M5	m3	344.4461	142.33	167.43	25.1	自行采购	
11	81070	浆	M7.5水泥砂浆	M7.5	m3	0.4453	159	180.2	21.2	自行采购	
12	81073	砼	C10普通砼	C10	m3	393.073	148.81	171.23	22.42	自行采购	
13	81074	砼	C15普通砼	C15	m3	25.149	166.7	188.47	21.77	自行采购	
14	81077	砼	C30普通砼	C30	m3	5175.7985	214.14	233.88	19.74	自行采购	
15	81116	砼	C30抗渗砼	C30	m3	1987.4918	246.12	266.48	20.36	自行采购	
16	84004	材	其他材料费		元	119583.815	1	1	0	自行采购	
17	84006	材	水费		t	4528.8	3.2	5.6	2.4	自行采购	
18	84007	材	电费		度	48423.6	0.54	0.67	0.13	自行采购	
19	84015	材	脚手架租赁费		元	74999.16	1	1	0	自行采购	
20	84017	材	材料费		元	72634.3091	1	1	0	自行采购	
21	84018	材	模板租赁费		元	158499.863	1	1	0	自行采购	

图 10.31 造价信息修改完成

2. 直接修改材料价格

将红机砖材料的市场价格直接修改为 0.23 元 / 块，将陶粒混凝土空心砌块的市场价格直接修改为 145 元 /m^3，如图 10.32 所示。

1	02001	材	水泥	综合	kg	3119118.72	0.366	0.34	-0.026	自行采购
2	04001	材	红机砖		块	1053.8388	0.177	0.23	0.053	自行采购
3	04023	材	石灰		kg	34444.61	0.097	0.14	0.043	自行采购
4	04025	材	砂子		kg	5388347.05	0.036	0.049	0.013	自行采购
5	04026	材	石子	综合	kg	8974999.42	0.032	0.042	0.01	自行采购
6	04037	材	陶粒混凝土空心		m3	1579.3219	120	145	25	自行采购
7	04048	材	白灰		kg	28418.37	0.097	0.14	0.043	自行采购

图 10.32　直接修改材料价格

3. 设置甲供材料

设置甲供材料有两种方式，逐条设置或批量设置。

(1) 逐条设置

选中水泥材料，单击供货方式单元格，在下拉选项中选择“完全甲供”，如图 10.33 所示。

	编码	类别	名称	规格型号	单位	数量	预算价	市场价	价差	供货方式
1	02001	材	水泥	综合	kg	3119118.72	0.366	0.34	-0.026	完全甲供

图 10.33　甲供材料(逐条设置)

(2) 批量设置

通过拉选的方式选择其他材料，如图 10.34 所示。

	编码	类别	名称	规格型号	单位	数量	预算价	市场价	价差	供货方式
1	02001	材	水泥	综合	kg	3119118.72	0.366	0.34	-0.026	完全甲供
2	04001	材	红机砖		块	1053.8388	0.177	0.23	0.053	自行采购
3	04023	材	石灰		kg	34444.61	0.097	0.14	0.043	自行采购
4	04025	材	砂子		kg	5388347.05	0.036	0.049	0.013	自行采购

图 10.34　甲供材料批量选择

点击“批量修改”，在弹出的界面中点击“设置值”下拉选项，选择“完全甲供”，点击“确定”，如图 10.35 所示。设置结果如图 10.36 所示。

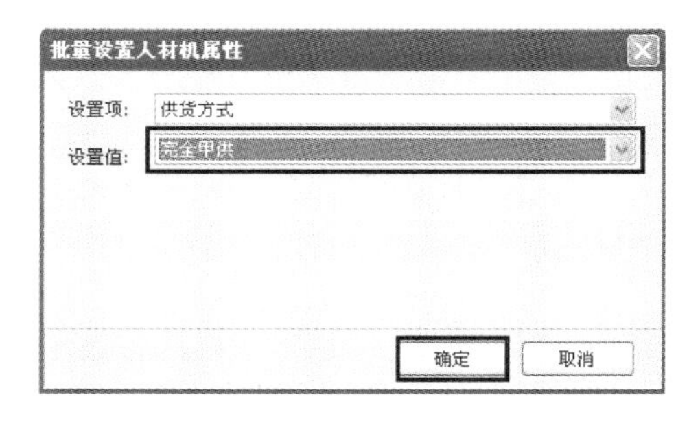

图 10.35　甲供材料批量设置

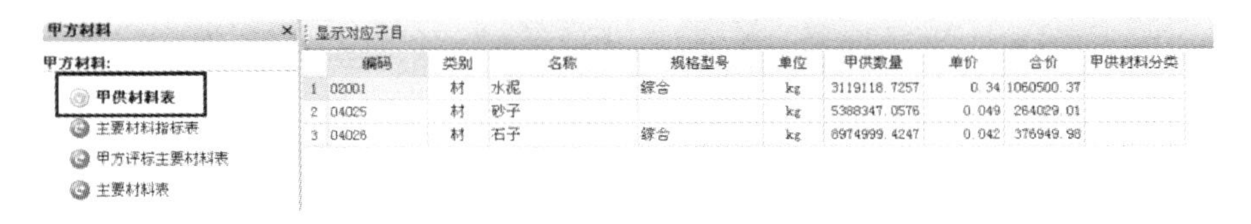

	编码	类别	名称	规格型号	单位	数量	预算价	市场价	价差	供货方式
1	02001	材	水泥	综合	kg	3119118.72	0.366	0.34	-0.026	完全甲供
2	04001	材	红机砖		块	1053.8388	0.177	0.23	0.053	自行采购
3	04023	材	石灰		kg	34444.61	0.097	0.14	0.043	自行采购
4	04025	材	砂子		kg	5388347.05	0.036	0.049	0.013	完全甲供
5	04026	材	石子	综合	kg	8974999.42	0.032	0.042	0.01	完全甲供
6	04037	材	陶粒混凝土空心		m3	1579.3219	120	145	25	自行采购
7	04048	材	白灰		kg	28418.37	0.097	0.14	0.043	自行采购

图 10.36　甲供材料设置结果

点击导航栏“甲方材料”，点击“甲供材料表”，查看设置结果，如图 10.37 所示。

甲方材料 ×

甲方材料:
- 甲供材料表
- 主要材料指标表
- 甲方评标主要材料表
- 主要材料表

显示对应子目

	编码	类别	名称	规格型号	单位	甲供数量	单价	合价	甲供材料分类
1	02001	材	水泥	综合	kg	3119118.7257	0.34	1060500.37	
2	04025	材	砂子		kg	5388347.0576	0.049	264029.01	
3	04026	材	石子	综合	kg	8974999.4247	0.042	376949.98	

图 10.37　甲供材料查看

4. 新建人材机表

新建“常用材料表”。在人材机汇总界面，点击“新建人材机分类表”，如图 10.38 所示。

图 10.38　新建人材机分类表

在“新建人材机分类表”界面，在“分类表类别”中选择“自定义类别”，如图 10.39 所示。

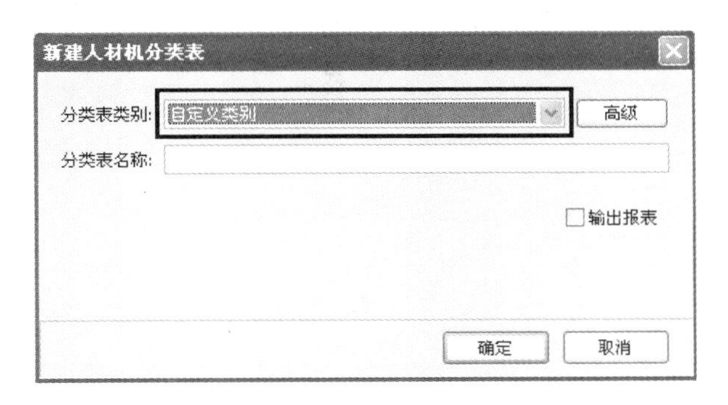

图 10.39　人材机分类表类别、名称选择

软件会自动弹出“人材机分类表设置”对话框，在“人材机类别”中选择“材料费”，点击“下一步”，如图 10.40 所示。

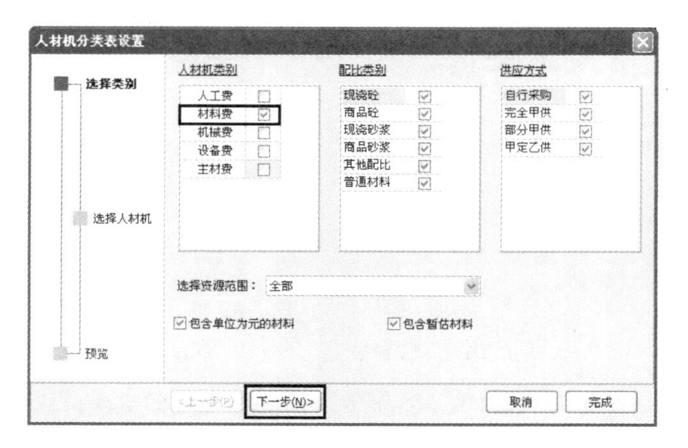

图 10.40　材料费

选择“选定人材机”，勾选需要的项，点击“下一步”，如图 10.41 所示。

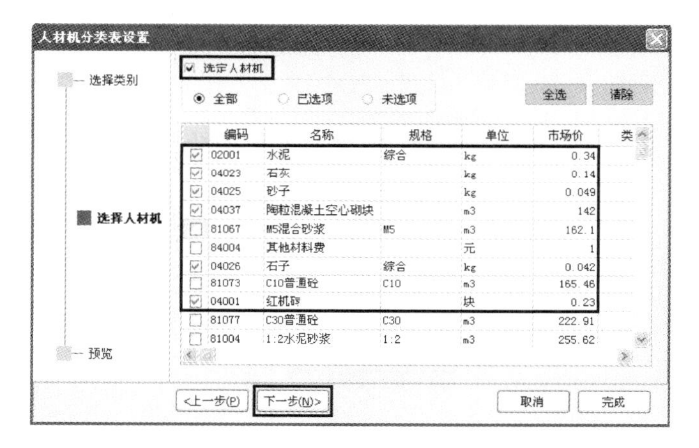

图 10.41　材料项

预览人材机列表，点击“完成”，如图 10.42 所示。

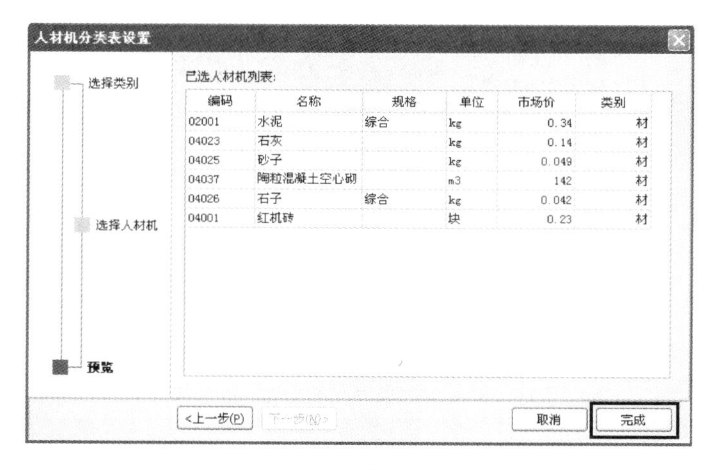

图 10.42　预览人材机列表

回到“新建人材机分类表”界面，输入分类表名称为“常用材料表”，勾选“输出报表”，这样在报表界面就会生成一张新的报表为“常用材料表”，点击“确定”，如图10.43所示。

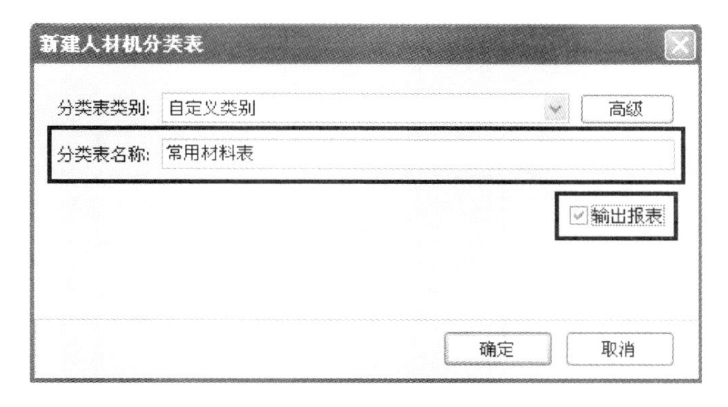

图10.43　输出报表

回到人材机汇总界面，就会出现新建的“常用材料表”，选中后右方显示表的内容，其他操作同已有表，如图10.44所示。

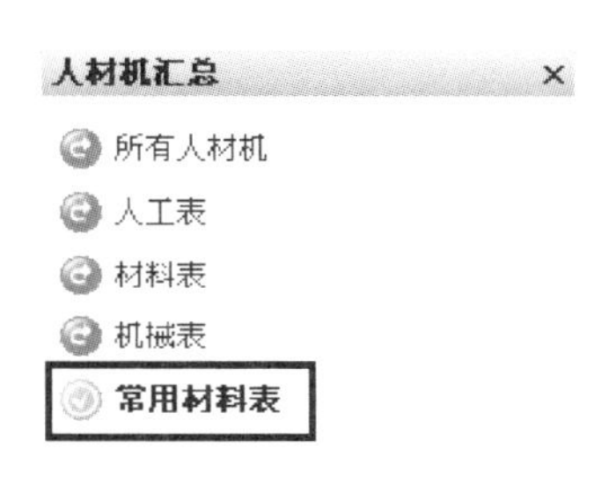

图10.44　新建人材机表输出

5. 甲供材料

(1) 甲供材料表

在甲方材料这个界面中点击“甲供材料表”可以看见我们在人材机汇总时设置的甲供材料。

(2) 甲方评标材料表

① 点击“从文件导入”，在属性窗口中点击“从Excel文件中导入评标材料，请选择…”。

② 在弹出的对话框中选择Excel表格，如图10.45所示。

③ 点击“列识别”，分别识别“甲方材料号”“材料名称”“规格型号”“单位”等，如图10.45所示。

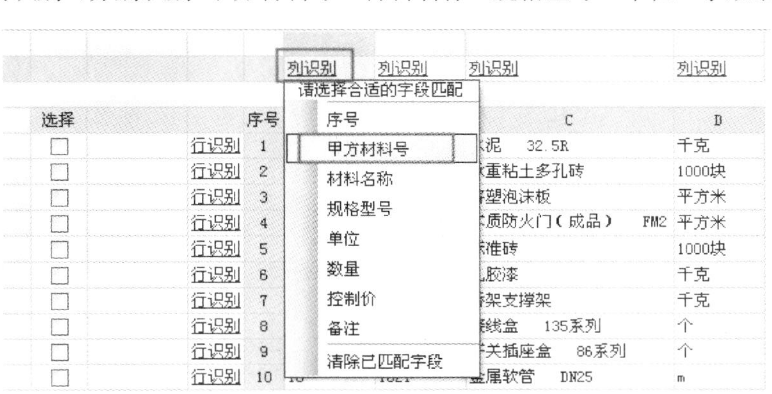

图10.45　列识别

④ 识别好列后，点击“行识别”，软件会自动识别行。

⑤ 点击“导入”完成甲方评标材料导入。

6. 主要材料表

(1) 点击“主要材料表”到“主要材料表设置”界面。

(2) 点击“自动设置主要材料”,如图 10.46 所示。

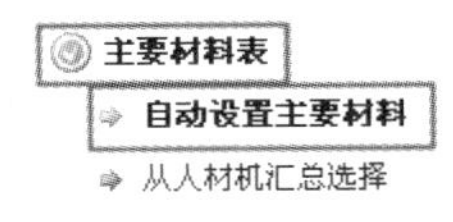

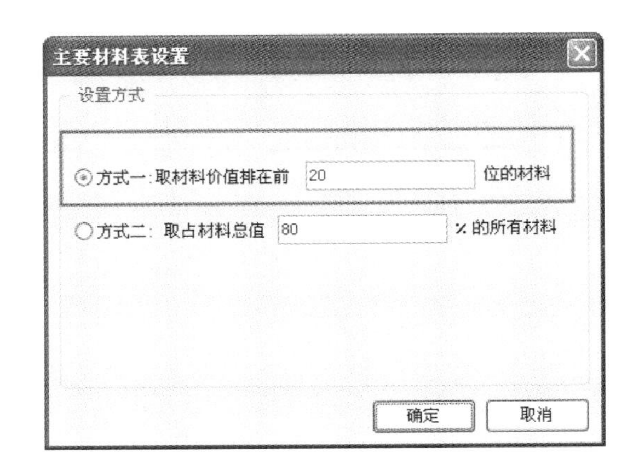

图 10.46　主要材料表

(3) 选择“方式一:取材料价值排在前 20 位的材料”为主要材料。

10.1.5　费用汇总

1. 查看费用

点击“费用汇总”,如图 10.47 所示。

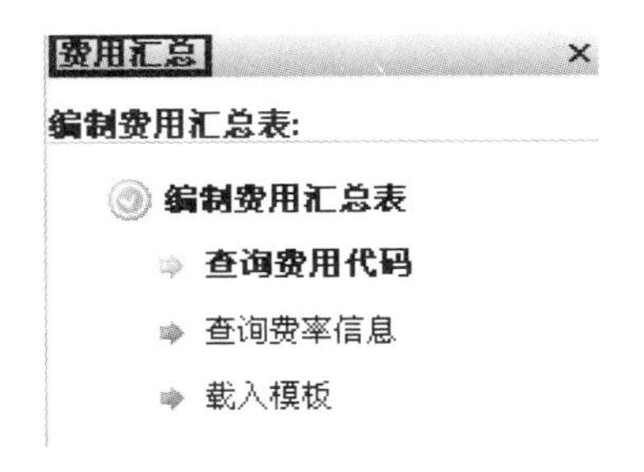

图 10.47　费用汇总

查看及核实费用汇总表,如图 10.48 所示。

	序号	费用代号	名称	计算基数	基数说明	费率(%)	金额	费用类别
1	一	A	分部分项工程量清单计价合计	FBFXHJ	分部分项合计	100	3,004,388.	分部分项合计
2	二	B	措施项目清单计价合计	CSXMHJ	措施项目合计	100	1,200,037.	措施项目合计
3	三	C	其他项目清单计价合计	QTXMHJ	其他项目合计	100	100,000.00	其他项目合计
4	四	D	规费	D1+D2+D3+D4	列入规费的人工费部分+列入规费的现场经费部分+列入规费的企业管理费部分+其他	100	239,501.33	规费
5	1	D1	列入规费的人工费部分	GF_RGF	人工费中规费	100	140,870.25	
6	2	D2	列入规费的现场经费部分	GF_XCJF	现场经费中规费	100	27,147.67	
7	3	D3	列入规费的企业管理费部分	GF_QYGLF	企业管理费中规费	100	71,483.41	
8	4	D4	其他			100	0.00	
9	五	E	税金	A+B+C+D	分部分项工程量清单计价合计+措施项目清单计价合计+其他项目清单计价合计+规费	3.4	154,493.54	税金
10		F	含税工程造价	A+B+C+D+E	分部分项工程量清单计价合计+措施项目清单计价合计+其他项目清单计价合计+规费+税金	100	4,698,421.12	合计

图 10.48　查看及核实费用汇总表

2. 工程造价调整

如果工程造价与预想的造价有差距，可以通过工程造价调整的方式快速调整。

回到分部分项界面，点击“工程造价调整”→“调整人材机单价”，如图 10.49 所示。

在“调整人材机单价”界面，输入材料的调整系数为 0.9，然后点击“预览”，如图 10.50 所示。

分部分项总览
编辑工程量清单
设置单价构成
批量换算
工程造价调整
调整子目工程量
调整人材机单价
调整人材机含量

图 10.49 工程造价调整

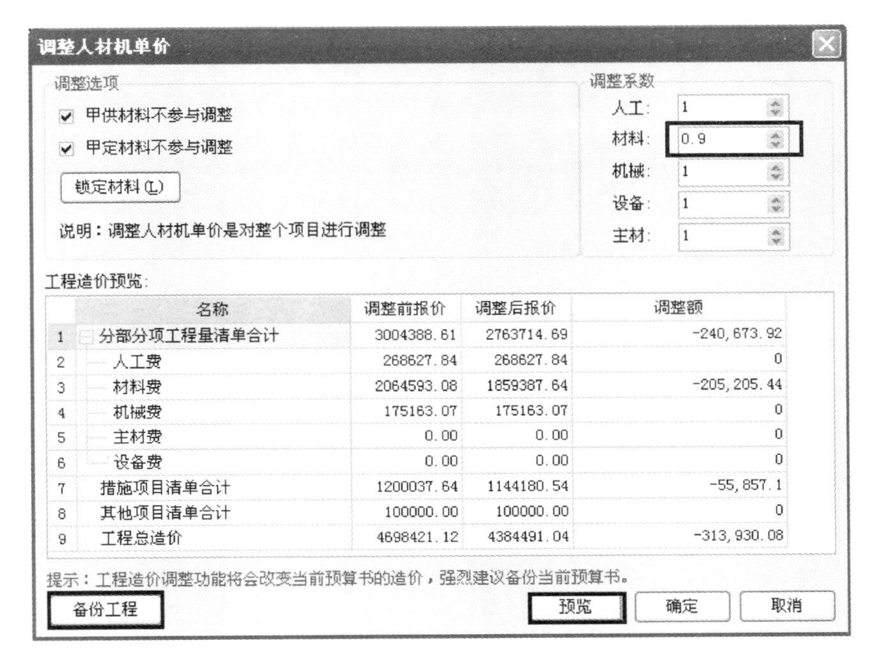

图 10.50 材料费调整

注意备份原工程，点击“确定”后，工程造价将会进行调整，软件会重新计算工程造价，如图 10.51 所示。

	序号	费用代号	名称	计算基数	基数说明	费率(%)	金额	费用类别
1	一	A	分部分项工程量清单计价合计	FBFXHJ	分部分项合计	100	2,763,714.	分部分项合计
2	二	B	措施项目清单计价合计	CSXMHJ	措施项目合计	100	1,144,180.	措施项目合计
3	三	C	其他项目清单计价合计	QTXMHJ	其他项目合计	100	100,000.00	其他项目合计
4	四	D	规费	D1+D2+D3+D4	列入规费的人工费部分+列入规费的现场经费部分+列入规费的企业管理费部分+其他	100	232,424.92	规费
5	1	D1	列入规费的人工费部分	GF_RGF	人工费中规费	100	140,870.25	
6	2	D2	列入规费的现场经费部分	GF_XCJF	现场经费中规费	100	25,197.44	
7	3	D3	列入规费的企业管理费部分	GF_QYGLF	企业管理费中规费	100	66,357.23	
8	4	D4	其他			100	0.00	
9	五	E	税金	A+B+C+D	分部分项工程量清单计价合计+措施项目清单计价合计+其他项目清单计价合计+规费	3.4	144,170.89	税金
10		F	含税工程造价	A+B+C+D+E	分部分项工程量清单计价合计+措施项目清单计价合计+其他项目清单计价合计+规费+税金	100	4,384,491.04	合计

图 10.51 调整后造价

10.2　软件计价编制过程

10.2.1　项目结构

项目结构包括建设项目、单项工程、单位工程三级。

1. 建设项目

点击“文件”→“新建项目/标段”→“清单计价、招标”；

计价模式：清单计价；

计价主体：招标；

“地区标准”→“天津16清单”；

“计税方式”→“增值税(一般计税方法)”

“项目名称”→“某大学扩建项目”；

“项目编号”→“TJBXG-20200804168”；

“建设单位”→“某大学”；

“招标代理”→“某招标投标公司”。

点击“确定”，如图10.52所示。

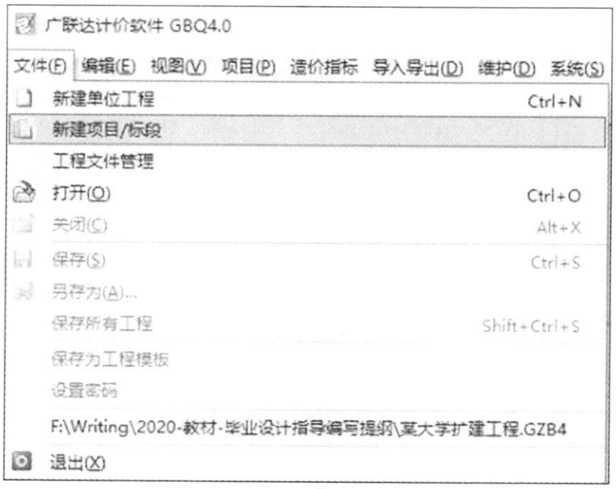

(a)

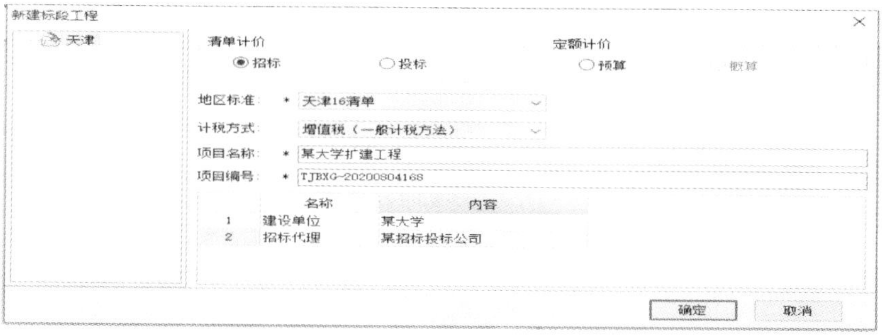

(b)

图10.52　建设项目

(a)新建项目/标段；(b)项目/标段信息

2. 单项工程

在建设项目下新建单项工程。

单击鼠标右键“新建单项工程”→“办公楼”→“确定”，如图 10.53 所示。

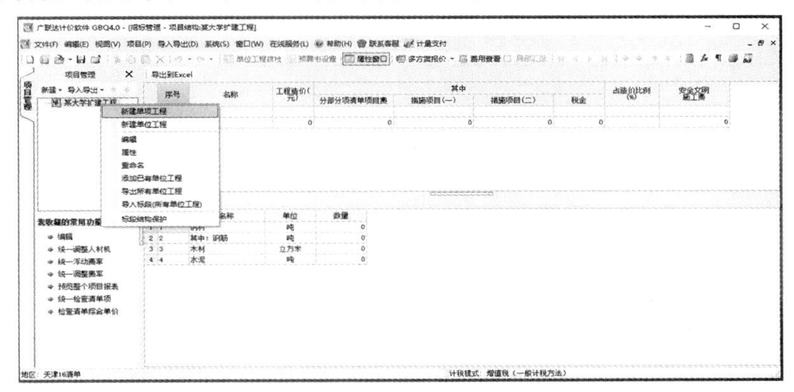

(a)

(b)

(c)

图 10.53 单项工程

(a) 新建单项工程；(b) 新建单项工程名称；(c) 新建单项工程完成

如有多个单项工程，则重复以上步骤完成建设项目中全部单项工程的建立。

3. 单位工程

建筑工程不同类别利润率见表 10.1，其工程类别划分见表 10.2。其中，三类工程利润率 7.5%、施工装配费费率 2.0%。

表 10.1　建筑工程利润率

工程类别	一类	二类	三类	四类
利润率	12.0%	10.0%	7.5%	4.5%
其中：施工装配费费率（取费基数与利润相同）	3.0%	3.0%	2.0%	2.0%

表 10.2　建筑工程类别划分标准

项目				一类	二类	三类	四类
单层厂房		跨度	m	> 27	> 21	> 12	≤ 12
		面积	m^2	> 4000	> 2000	> 800	≤ 800
		檐高	m	> 30	> 20	> 12	≤ 12
多层厂房		主梁跨度	m	≥ 12	> 6	≤ 6	—
		面积	m^2	> 8000	> 5000	> 3000	≤ 3000
		檐高	m	> 36	> 24	> 12	≤ 12
住宅		层数	层	> 24	> 15	> 6	≤ 6
		面积	m^2	> 12000	> 8000	> 3000	≤ 3000
		檐高	m	> 67	> 42	> 17	≤ 17
公共建筑		层数	层	> 20	> 13	> 5	≤ 5
		面积	m^2	> 12000	> 8000	> 3000	≤ 3000
		檐高	m	> 67	> 42	> 17	≤ 17
构筑物	烟囱	高度	m	> 75	> 50	≤ 50	—
	水塔	高度	m	> 75	> 50	≤ 50	—
	筒仓	高度	m	> 30	> 20	≤ 20	—
	贮池	容积	m^3	> 2000	> 1000	> 500	≤ 500
独立地下车库		层数	层	> 2	2	1	1
		面积	m^2	> 10000	> 5000	> 2000	≤ 2000

注：1. 以上各项工程分类标准均按单位工程划分。

2. 工业建筑、民用建筑凡符合标准表中两个条件方可执行本类标准（构筑物除外）

3. 凡建筑物带地下室者，应按自然层计算层数。

4. 工业建筑项目及住宅小区的道路、下水道、花坛等按四类标准执行。

5. 凡政府投资的行政性用房以及政府投资的非营利的工程，最高按三类执行。

6. 凡施工单位自行制作兼打桩工程，桩长小于 20 m 打桩工程按三类工程计取利润，桩长大于 20 m 的打桩工程按二类计取利润。

在相应单项工程下建立单位工程。

(1) 建筑工程

单击鼠标右键“新建单位工程”。

在“清单库”下拉菜单中选择“2016年天津建设工程工程量清单计价指引”；

在“清单专业”下拉菜单中选择“建筑工程”；

在“定额库”下拉菜单中选择“天津市建筑工程预算基价(2016)”；

在“定额专业”下拉菜单中选择“建筑工程”；

“计税方式”为“增值税(简易计税方法)”；

“工程名称”为“建筑工程”；

“工程类别”为“三类工程”；

“规费计取基数”为“人工费合计 *0.929 (2019年一季度)”；点击“确定”，如图10.54所示。

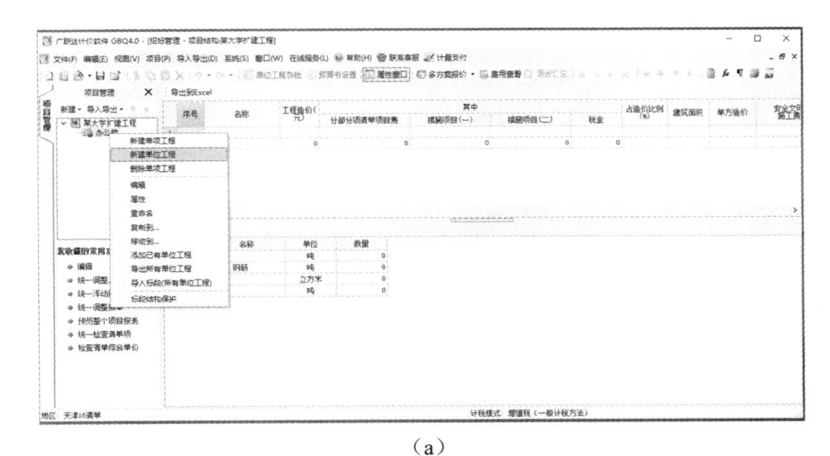

(a)

新建单位工程

计价方式：

清单计价　定额计价(工料机法)　定额计价(仿清单法/综合单价法)

按向导新建　按模板新建

清单库：2016年天津市建设工程工程量清单计价　清单专业：建筑工程

定额库：天津市建筑工程预算基价(2016)　定额专业：建筑工程

计税方式：增值税(简易计税方法)

工程名称：建筑工程

	名称	内容
1	工程类别	三类工程
2	规费计取基数	人工费合计*0.929 (2019年一季度)

确定　取消

(b)

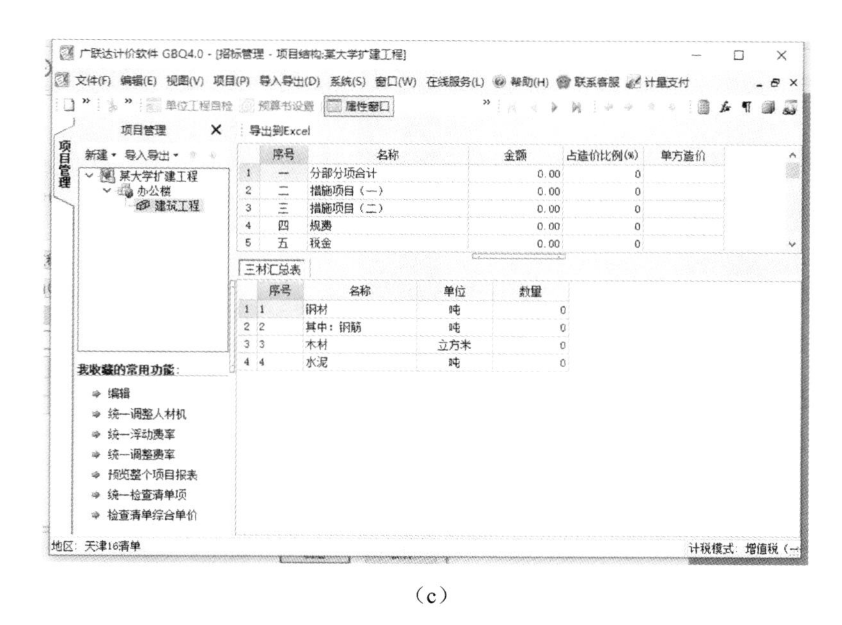

(c)

图 10.54　新建单位工程(建筑工程)

(2) 装饰装修工程

装饰装修工程类别划分见表 10.3。其中，三类利润率为 24%。

表 10.3　装饰装修工程利润率

工程类别		一类	二类	三类	四类
划分标准	分部分项工程费合计	2000 万元以外	1000 万元以外	50 万元以外	50 万元以内
	每平方米建筑面积分部分项工程费合计	1200 元以外	600 元以外	200 元以外	200 元以内
利润率		35%	29%	24%	20%

注：1. 工程类别应按单位工程划分。

2. 各类建筑物的类别划分需同时具备表中两个条件。

3. 全部使用政府投资或政府投资为主的非营利建设工程，最高按三类执行。

单击鼠标右键“新建单位工程”：

在“清单库”下拉菜单中选择“2016 年天津建设工程工程量清单计价指引”；

在“清单专业”下拉菜单中选择“装饰装修工程”；

在“定额库”下拉菜单中选择“天津市装饰装修工程预算基价(2016)”；

在“定额专业”下拉菜单中选择“装饰工程”；

“计税方式”为“增值税(简易计税方法)”；

“工程名称”为“装饰装修工程”；

“工程类别”为“三类工程”；

“规费计取基数”为“人工费合计 *0.929 (2019 年一季度)”；点击“确定”，如图 10.55 所示。

图 10.55　新建单位工程(装饰装修工程)

重复以上操作，直至完成全部单位工程的建立。建立各专业单位工程时，应特别注意与专业相关信息的变化。至此，项目结构已经建立。

双击项目管理界面的某单项工程或单位工程，程序会进入相应的清单计价编辑界面；在编辑界面点击“返回项目管理”，可返回项目管理界面，如图 10.56 所示。

为保证安全有效操作，建议在编辑界面做如下设置。

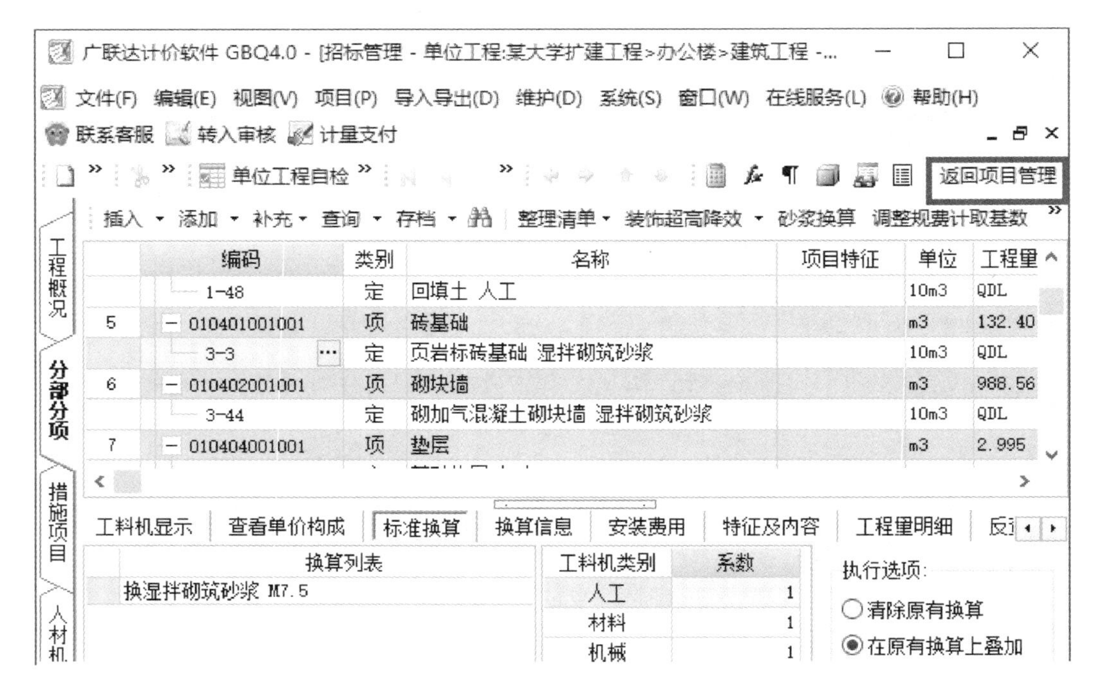

图 10.56 返回项目管理

(1)“系统”→“系统选项”→“其他”→“工程文件管理”→勾选“定时提醒保存”→选择间隔时间“5 分钟”。

(2)“属性窗口”→ 确保“标准换算”为当前状态。

(3)除输入汉字外,将输入法切换为西文半角状态。

10.2.2 建筑工程

建筑工程清单计价编辑界面包括工程概况、分部分项、措施项目、人材机汇总、费用汇总和报表 6 个部分,其相应具体的操作如下。

1. 工程概况

工程概况包括工程信息、工程特征、指标信息、编制说明,如图 10.57(a)所示。其中,“工程特征”中的“建筑面积”必须填写[图 10.57(b)];“指标信息”软件自动填写[图 10.57(c)];“编制说明”手动单独编写。

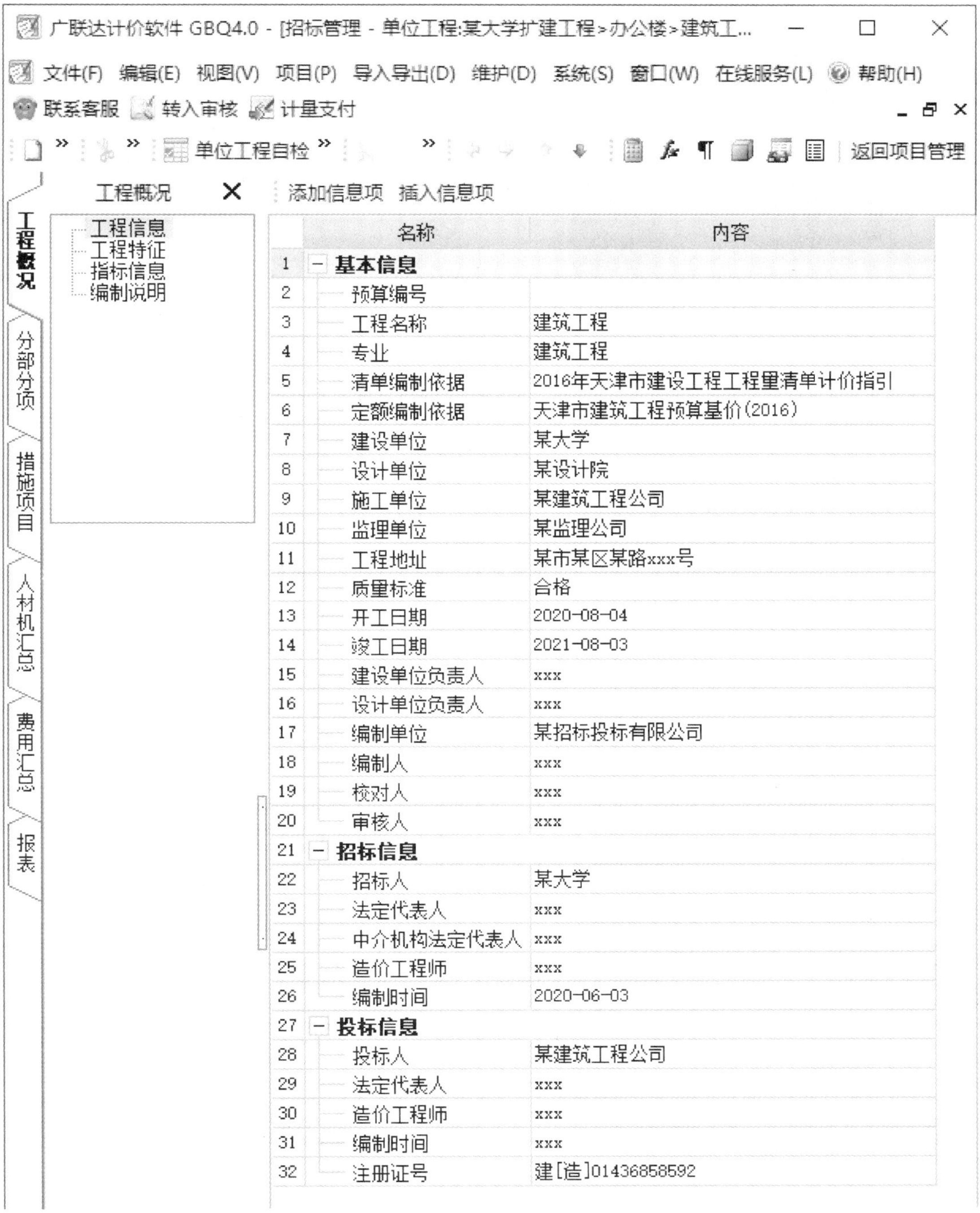

广联达计价软件 GBQ4.0 - [招标管理 - 单位工程:某大学扩建工程>办公楼>建筑工...

文件(F) 编辑(E) 视图(V) 项目(P) 导入导出(D) 维护(D) 系统(S) 窗口(W) 在线服务(L) 帮助(H)

联系客服 转入审核 计量支付

单位工程自检 返回项目管理

工程概况 添加信息项 插入信息项

工程概况 分部分项 措施项目 人材机汇总 费用汇总 报表

工程信息
工程特征
指标信息
编制说明

	名称	内容
1	**基本信息**	
2	预算编号	
3	工程名称	建筑工程
4	专业	建筑工程
5	清单编制依据	2016年天津市建设工程工程量清单计价指引
6	定额编制依据	天津市建筑工程预算基价(2016)
7	建设单位	某大学
8	设计单位	某设计院
9	施工单位	某建筑工程公司
10	监理单位	某监理公司
11	工程地址	某市某区某路xxx号
12	质量标准	合格
13	开工日期	2020-08-04
14	竣工日期	2021-08-03
15	建设单位负责人	xxx
16	设计单位负责人	xxx
17	编制单位	某招标投标有限公司
18	编制人	xxx
19	校对人	xxx
20	审核人	xxx
21	**招标信息**	
22	招标人	某大学
23	法定代表人	xxx
24	中介机构法定代表人	xxx
25	造价工程师	xxx
26	编制时间	2020-06-03
27	**投标信息**	
28	投标人	某建筑工程公司
29	法定代表人	xxx
30	造价工程师	xxx
31	编制时间	xxx
32	注册证号	建[造]01436858592

(a)

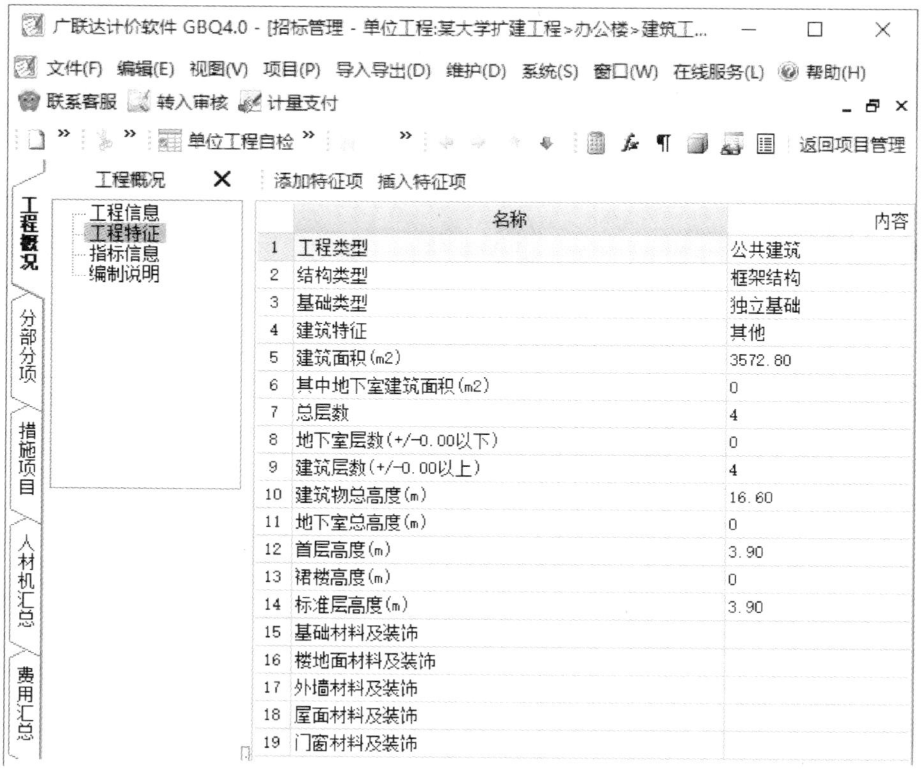

广联达计价软件 GBQ4.0 - [招标管理 - 单位工程:某大学扩建工程>办公楼>建筑工...

文件(F) 编辑(E) 视图(V) 项目(P) 导入导出(D) 维护(D) 系统(S) 窗口(W) 在线服务(L) 帮助(H)

联系客服 转入审核 计量支付

单位工程自检 返回项目管理

工程概况 添加特征项 插入特征项

工程概况 分部分项 措施项目 人材机汇总 费用汇总

工程信息
工程特征
指标信息
编制说明

	名称	内容
1	工程类型	公共建筑
2	结构类型	框架结构
3	基础类型	独立基础
4	建筑特征	其他
5	建筑面积(m2)	3572.80
6	其中地下室建筑面积(m2)	0
7	总层数	4
8	地下室层数(+/-0.00以下)	0
9	建筑层数(+/-0.00以上)	4
10	建筑物总高度(m)	16.60
11	地下室总高度(m)	0
12	首层高度(m)	3.90
13	裙楼高度(m)	0
14	标准层高度(m)	3.90
15	基础材料及装饰	
16	楼地面材料及装饰	
17	外墙材料及装饰	
18	屋面材料及装饰	
19	门窗材料及装饰	

(b)

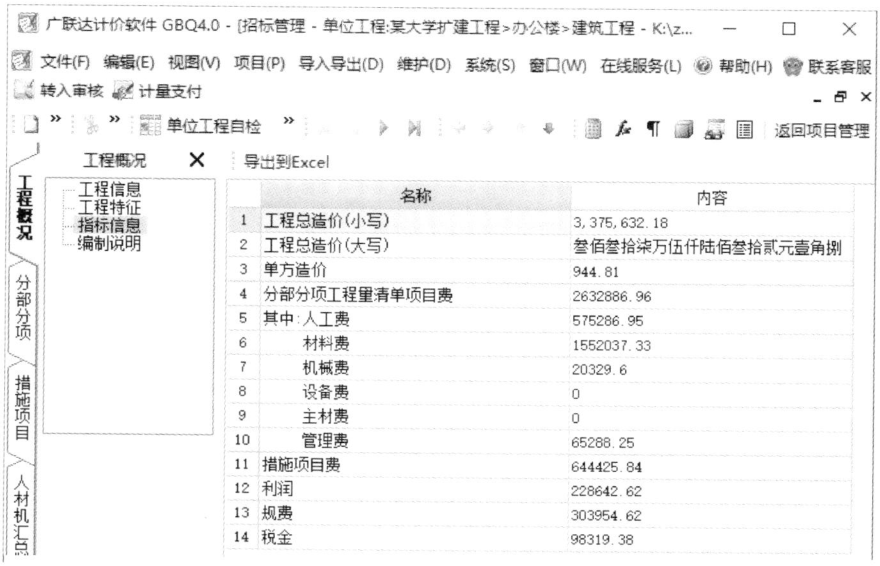

广联达计价软件 GBQ4.0 - [招标管理 - 单位工程:某大学扩建工程>办公楼>建筑工程 - K:\z...

文件(F) 编辑(E) 视图(V) 项目(P) 导入导出(D) 维护(D) 系统(S) 窗口(W) 在线服务(L) 帮助(H) 联系客服

转入审核 计量支付

单位工程自检 返回项目管理

工程概况 导出到Excel

工程概况 分部分项 措施项目 人材机汇总

工程信息
工程特征
指标信息
编制说明

	名称	内容
1	工程总造价(小写)	3,375,632.18
2	工程总造价(大写)	叁佰叁拾柒万伍仟陆佰叁拾贰元壹角捌
3	单方造价	944.81
4	分部分项工程量清单项目费	2632886.96
5	其中:人工费	575286.95
6	材料费	1552037.33
7	机械费	20329.6
8	设备费	0
9	主材费	0
10	管理费	65288.25
11	措施项目费	644425.84
12	利润	228642.62
13	规费	303954.62
14	税金	98319.38

(c)

图 10.57　工程概况(建筑工程)

(a) 工程信息;(b) 工程特征;(c) 指标信息

2. 分部分项

(1) 清单项目及组价定额子目

双击清单"编码"栏 → 在"清单指引""章节查询"中选择清单项目 → 勾选参与清单项目组价的定额子目 → 点击"插入清单",如图 10.58 所示。

图 10.58 清单项目及组价定额子目

(2) 工程量

输入清单项目工程量、定额子目工程量。

系统默认定额工程量等于清单工程量(QDL),计算规则不同时应单独输入。定额子目的换算可使用"标准换算"或手动完成。

重复上述步骤,完成建筑工程"分部分项",见图 10.59。

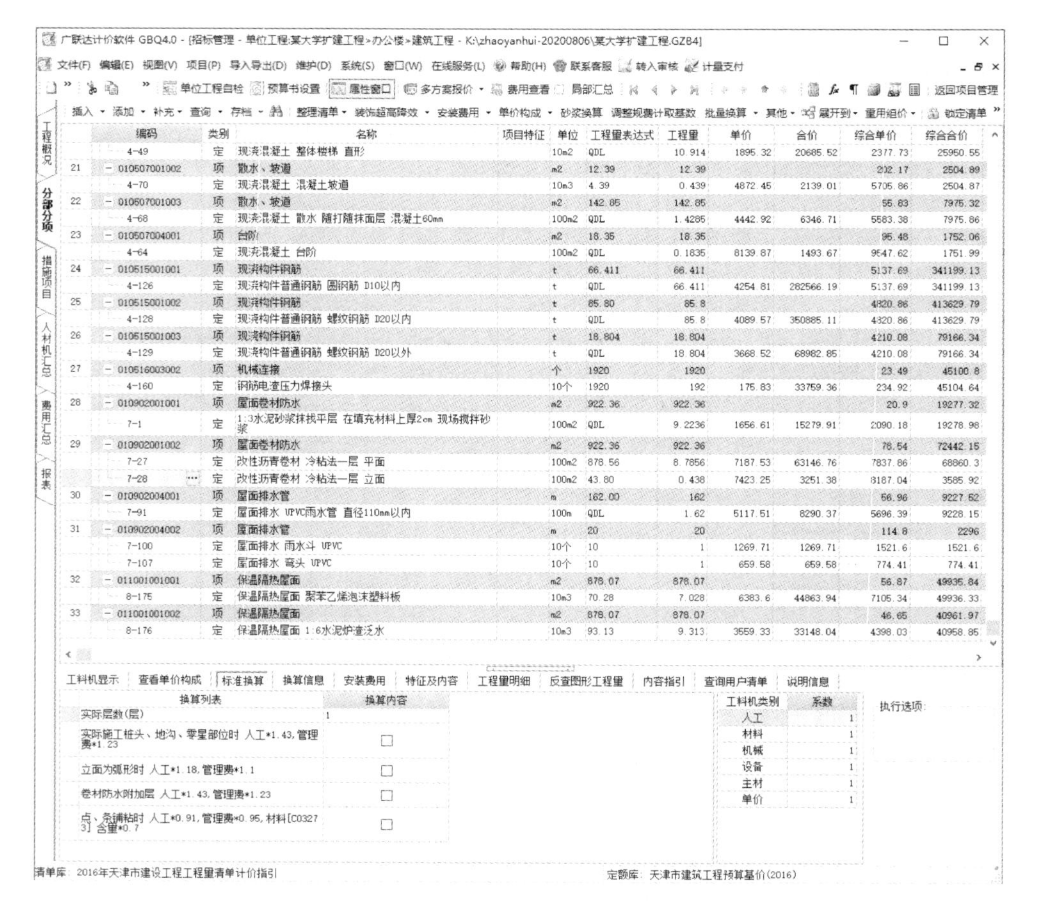

	编码	类别	名称	项目特征	单位	工程量表达式	工程量	单价	合价	综合单价	综合合价
	4-49	定	现浇混凝土 整体楼梯 直形		10m2	QDL	10.914	1895.32	20685.52	2377.73	25950.55
21	− 010507001002	项	散水、坡道		m2	12.39	12.39			202.17	2504.89
	4-70	定	现浇混凝土 混凝土坡道		10m3	4.39	0.439	4872.45	2139.01	5705.86	2504.87
22	− 010507001003	项	散水、坡道		m2	142.85	142.85			55.83	7975.32
	4-68	定	现浇混凝土 散水 随打随抹面层 混凝土60mm		100m2	QDL	1.4285	4442.92	6346.71	5583.38	7975.86
23	− 010507004001	项	台阶		m2	18.35	18.35			95.48	1752.06
	4-64	定	现浇混凝土 台阶		100m2	QDL	0.1835	8139.87	1493.67	9547.62	1751.99
24	− 010515001001	项	现浇构件钢筋		t	66.411	66.411			5137.69	341199.13
	4-126	定	现浇构件普通钢筋 圆钢筋 D10以内		t	QDL	66.411	4254.81	282566.19	5137.69	341199.13
25	− 010515001002	项	现浇构件钢筋		t	85.80	85.8			4820.86	413629.79
	4-128	定	现浇构件普通钢筋 螺纹钢筋 D20以内		t	QDL	85.8	4089.57	350885.11	4820.86	413629.79
26	− 010515001003	项	现浇构件钢筋		t	18.804	18.804			4210.08	79166.34
	4-129	定	现浇构件普通钢筋 螺纹钢筋 D20以外		t	QDL	18.804	3668.52	68982.85	4210.08	79166.34
27	− 010516003002	项	机械连接		个	1920	1920			23.49	45100.8
	4-160	定	钢筋电渣压力焊接头		10个	1920	192	175.83	33759.36	234.92	45104.64
28	− 010902001001	项	屋面卷材防水		m2	922.36	922.36			20.9	19277.32
	7-1	定	1:3水泥砂浆抹找平层 在填充材料上厚2cm 现场搅拌砂浆		100m2	QDL	9.2236	1656.61	15279.91	2090.18	19278.98
29	− 010902001002	项	屋面卷材防水		m2	922.36	922.36			78.54	72442.15
	7-27	定	改性沥青卷材 冷粘法一层 平面		100m2	878.56	8.7856	7187.53	63146.76	7837.86	68860.3
	7-28	定	改性沥青卷材 冷粘法一层 立面		100m2	43.80	0.438	7423.25	3251.38	8187.04	3585.92
30	− 010902004001	项	屋面排水管		m	162.00	162			56.96	9227.52
	7-91	定	屋面排水 UPVC雨水管 直径110mm以内		100m	QDL	1.62	5117.51	8290.37	5696.39	9228.15
31	− 010902004002	项	屋面排水管		m	20	20			114.8	2296
	7-100	定	屋面排水 雨水斗 UPVC		10个	10	1	1269.71	1269.71	1521.6	1521.6
	7-107	定	屋面排水 弯头 UPVC		10个	10	1	659.58	659.58	774.41	774.41
32	− 011001001001	项	保温隔热屋面		m2	878.07	878.07			56.87	49935.84
	8-175	定	保温隔热屋面 聚苯乙烯泡沫塑料板		10m3	70.28	7.028	6383.6	44863.94	7105.34	49936.33
33	− 011001001002	项	保温隔热屋面		m2	878.07	878.07			46.65	40961.97
	8-176	定	保温隔热屋面 1:6水泥炉渣泛水		10m3	93.13	9.313	3559.33	33148.04	4398.03	40958.85

图 10.59 “分部分项”完成

3. 措施项目

(1) 措施项目清单(一)

一般按基数费率方式计算。措施项目清单(一)如图 10.60 所示。

	序号	类别	名称	单位	项目特征	组价方式	计算基数	费率(%)	工程量	单价	合价	综合单价
	−		**措施项目**								**531815.64**	
	− 1		措施项目清单（一）计价合计								128140.69	
1	011707001001		安全文明施工	项		计算公式组	AQWMCSF		1	101154.5	101154.5	115886.87
2	011707002001		夜间施工	项		计算公式组			1	0	0	0
3	011707003001		非夜间施工照明	项		计算公式组	0*0.8*18.46		1	0	0	0
4	011707004001		二次搬运	项		计算公式组价	CLF+ZCF+SBF+JSCS_CLF	0	1	0	0	0
5	011707005001		冬雨季施工	项		计算公式组价	RGF+CLF+JXF+ZCF+SBF+JSCS_RGF+JSCS_CLF+JSCS_JXF	0.97	1	24464.12	24464.12	32779.68
6	011707006001		地上、地下设施、建筑物的临时保护设施	项		计算公式组			1	0	0	0
7	011707301001		竣工验收存档资料编制	项		计算公式组价	RGF+CLF+JXF+ZCF+SBF+JSCS_RGF+JSCS_CLF+JSCS_JXF	0.1	1	2522.07	2522.07	2711.23
8	011707302001		建筑垃圾运输费	项		计算公式组			1	0	0	0
9	011707303001		危险性较大的分部分项工程措施	项		计算公式组			1	0	0	0
	+ 2		措施项目清单（二）计价合计								403674.95	

图 10.60 措施项目清单(一)

(2) 措施项目清单(二)

按分部分项方式组价。操作方法同前述"分部分项"内容。

模板子目工程量可通过"提取模板项目"将"分部分项"混凝土子目中的模板工程量关联导入,导入后应进行模板类别选择及计算系数输入。

"提取模板项目"操作方法见图 10.61,完成后的措施项目清单(二)如图 10.62 所示。

图 10.61　"提取模板项目"操作方法

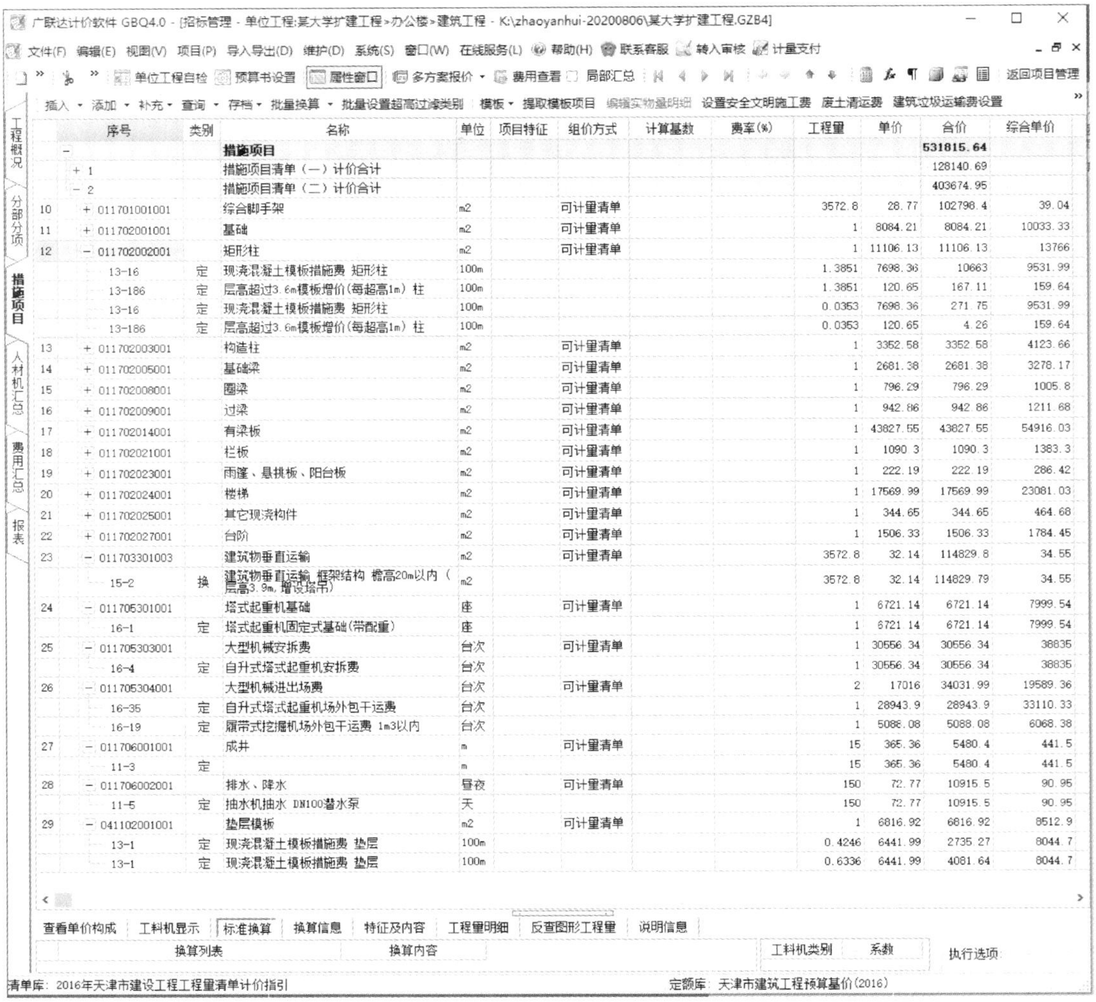

广联达计价软件 GBQ4.0 - [招标管理 - 单位工程:某大学扩建工程>办公楼>建筑工程 - K:\zhaoyanhui-20200806\某大学扩建工程.GZB4]

	序号	类别	名称	单位	项目特征	组价方式	计算基数	费率(%)	工程量	单价	合价	综合单价
	−		**措施项目**								**531815.64**	
	+ 1		措施项目清单（一）计价合计								128140.69	
	− 2		措施项目清单（二）计价合计								403674.95	
10	+ 011701001001		综合脚手架	m2		可计量清单			3572.8	28.77	102798.4	39.04
11	+ 011702001001		基础	m2		可计量清单			1	8084.21	8084.21	10033.33
12	− 011702002001		矩形柱	m2		可计量清单			1	11106.13	11106.13	13766
	13-16	定	现浇混凝土模板措施费 矩形柱	100m					1.3851	7698.36	10663	9531.99
	13-186	定	层高超过3.6m模板增价(每超高1m) 柱	100m					1.3851	120.65	167.11	159.64
	13-16	定	现浇混凝土模板措施费 矩形柱	100m					0.0353	7698.36	271.75	9531.99
	13-186	定	层高超过3.6m模板增价(每超高1m) 柱	100m					0.0353	120.65	4.26	159.64
13	+ 011702003001		构造柱	m2		可计量清单			1	3352.58	3352.58	4123.66
14	+ 011702005001		基础梁	m2		可计量清单			1	2681.38	2681.38	3278.17
15	+ 011702008001		圈梁	m2		可计量清单			1	796.29	796.29	1005.8
16	+ 011702009001		过梁	m2		可计量清单			1	942.86	942.86	1211.68
17	+ 011702014001		有梁板	m2		可计量清单			1	43827.55	43827.55	54916.03
18	+ 011702021001		栏板	m2		可计量清单			1	1090.3	1090.3	1383.3
19	+ 011702023001		雨篷、悬挑板、阳台板	m2		可计量清单			1	222.19	222.19	286.42
20	+ 011702024001		楼梯	m2		可计量清单			1	17569.99	17569.99	23081.03
21	+ 011702025001		其它现浇构件	m2		可计量清单			1	344.65	344.65	464.68
22	+ 011702027001		台阶	m2		可计量清单			1	1506.33	1506.33	1784.45
23	− 011703301003		建筑物垂直运输	m2		可计量清单			3572.8	32.14	114829.8	34.55
	15-2	换	建筑物垂直运输 框架结构 檐高20m以内（层高3.9m，增设塔吊）	m2					3572.8	32.14	114829.79	34.55
24	− 011705301001		塔式起重机基础	座		可计量清单			1	6721.14	6721.14	7999.54
	16-1	定	塔式起重机固定式基础(带配重)	座					1	6721.14	6721.14	7999.54
25	− 011705303001		大型机械安拆费	台次		可计量清单			1	30556.34	30556.34	38835
	16-4	定	自升式塔式起重机安拆费	台次					1	30556.34	30556.34	38835
26	− 011705304001		大型机械进出场费	台次		可计量清单			2	17016	34031.99	19589.36
	16-35	定	自升式塔式起重机场外包干运费	台次					1	28943.9	28943.9	33110.33
	16-19	定	履带式挖掘机场外包干运费 1m3以内	台次					1	5088.08	5088.08	6068.38
27	− 011706001001		成井	m		可计量清单			15	365.36	5480.4	441.5
	11-3	定		m					15	365.36	5480.4	441.5
28	− 011706002001		排水、降水	昼夜		可计量清单			150	72.77	10915.5	90.95
	11-5	定	抽水机抽水 DN100潜水泵	天					150	72.77	10915.5	90.95
29	− 041102001001		垫层模板	m2		可计量清单			1	6816.92	6816.92	8512.9
	13-1	定	现浇混凝土模板措施费 垫层	100m					0.4246	6441.99	2735.27	8044.7
	13-1	定	现浇混凝土模板措施费 垫层	100m					0.6336	6441.99	4081.64	8044.7

清单库：2016年天津市建设工程工程量清单计价指引　　定额库：天津市建筑工程预算基价(2016)

图 10.62　措施项目清单(二)

因采用提取方式导入模板子目工程量，此时，子目工程量默认等于清单工程量(QDL)的方式无效，应手动输入清单工程量，也可保留默认为 1 的清单工程量而将其计量单位改为“项”。

4. 人材机汇总

人材机汇总界面主要用于市场价调整。可通过“载价”导入市场价文件或手动修改方式进行市场价调整，如图 10.63 所示。

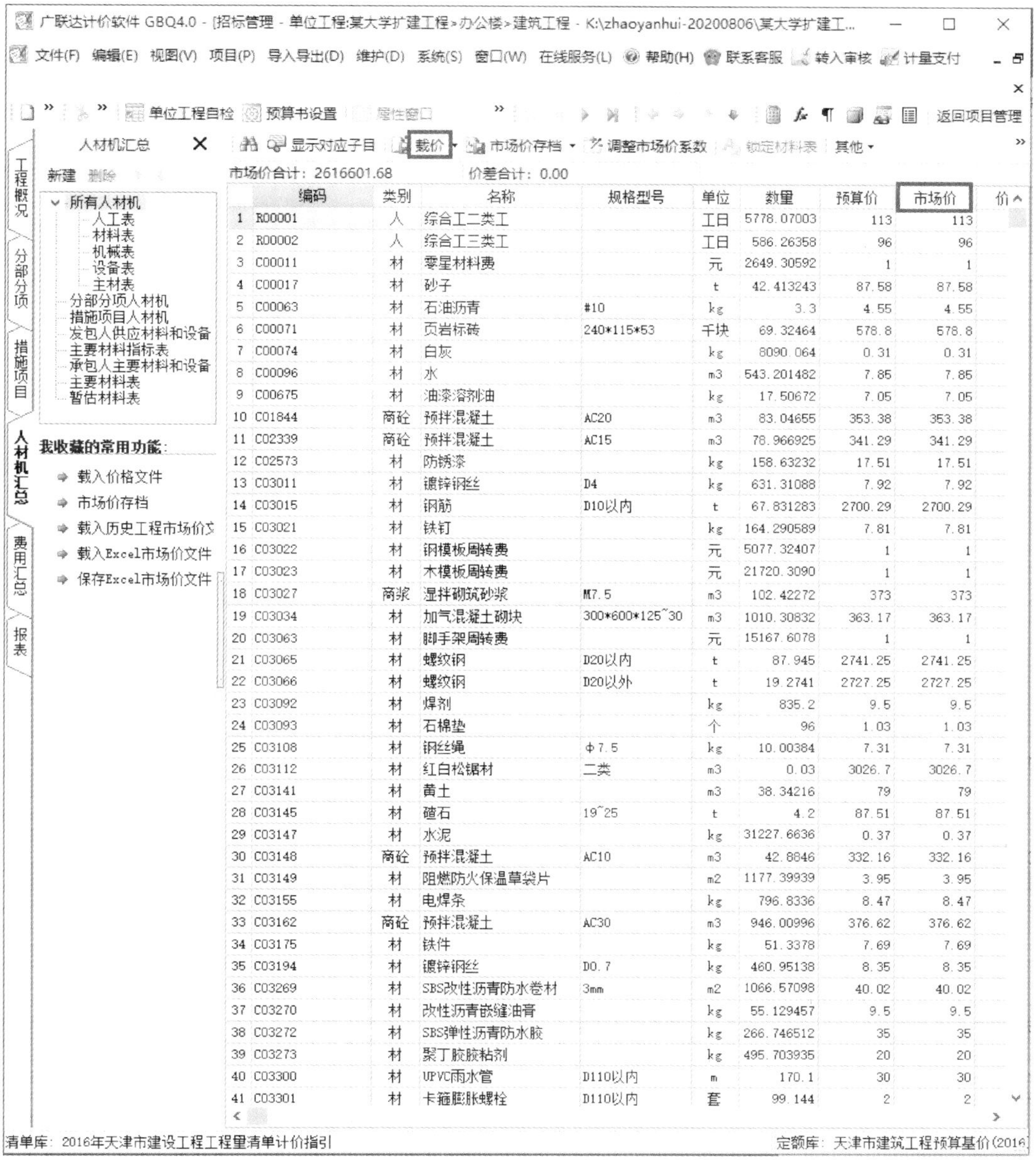

广联达计价软件 GBQ4.0 - [招标管理 - 单位工程:某大学扩建工程>办公楼>建筑工程 - K:\zhaoyanhui-20200806\某大学扩建工...

文件(F) 编辑(E) 视图(V) 项目(P) 导入导出(D) 维护(D) 系统(S) 窗口(W) 在线服务(L) 帮助(H) 联系客服 转入审核 计量支付

单位工程自检 预算书设置 属性窗口 返回项目管理

人材机汇总　显示对应子目　载价　市场价存档　调整市场价系数　锁定材料表　其他

新建 删除

- 所有人材机
  - 人工表
  - 材料表
  - 机械表
  - 设备表
  - 主材表
- 分部分项人材机
- 措施项目人材机
- 发包人供应材料和设备
- 主要材料指标表
- 承包人主要材料和设备
- 主要材料表
- 暂估材料表

我收藏的常用功能：
- 载入价格文件
- 市场价存档
- 载入历史工程市场价文
- 载入Excel市场价文件
- 保存Excel市场价文件

工程概况 | 分部分项 | 措施项目 | 人材机汇总 | 费用汇总 | 报表

市场价合计：2616601.68　　价差合计：0.00

	编码	类别	名称	规格型号	单位	数量	预算价	市场价
1	R00001	人	综合工二类工		工日	5778.07003	113	113
2	R00002	人	综合工三类工		工日	586.26358	96	96
3	C00011	材	零星材料费		元	2649.30592	1	1
4	C00017	材	砂子		t	42.413243	87.58	87.58
5	C00063	材	石油沥青	#10	kg	3.3	4.55	4.55
6	C00071	材	页岩标砖	240*115*53	千块	69.32464	578.8	578.8
7	C00074	材	白灰		kg	8090.064	0.31	0.31
8	C00096	材	水		m3	543.201482	7.85	7.85
9	C00675	材	油漆溶剂油		kg	17.50672	7.05	7.05
10	C01844	商砼	预拌混凝土	AC20	m3	83.04655	353.38	353.38
11	C02339	商砼	预拌混凝土	AC15	m3	78.966925	341.29	341.29
12	C02573	材	防锈漆		kg	158.63232	17.51	17.51
13	C03011	材	镀锌钢丝	D4	kg	631.31088	7.92	7.92
14	C03015	材	钢筋	D10以内	t	67.831283	2700.29	2700.29
15	C03021	材	铁钉		kg	164.290589	7.81	7.81
16	C03022	材	钢模板周转费		元	5077.32407	1	1
17	C03023	材	木模板周转费		元	21720.3090	1	1
18	C03027	商浆	湿拌砌筑砂浆	M7.5	m3	102.42272	373	373
19	C03034	材	加气混凝土砌块	300*600*125~30	m3	1010.30832	363.17	363.17
20	C03063	材	脚手架周转费		元	15167.6078	1	1
21	C03065	材	螺纹钢	D20以内	t	87.945	2741.25	2741.25
22	C03066	材	螺纹钢	D20以外	t	19.2741	2727.25	2727.25
23	C03092	材	焊剂		kg	835.2	9.5	9.5
24	C03093	材	石棉垫		个	96	1.03	1.03
25	C03108	材	钢丝绳	Φ7.5	kg	10.00384	7.31	7.31
26	C03112	材	红白松锯材	二类	m3	0.03	3026.7	3026.7
27	C03141	材	黄土		m3	38.34216	79	79
28	C03145	材	碴石	19~25	t	4.2	87.51	87.51
29	C03147	材	水泥		kg	31227.6636	0.37	0.37
30	C03148	商砼	预拌混凝土	AC10	m3	42.8846	332.16	332.16
31	C03149	材	阻燃防火保温草袋片		m2	1177.39939	3.95	3.95
32	C03155	材	电焊条		kg	796.8336	8.47	8.47
33	C03162	商砼	预拌混凝土	AC30	m3	946.00996	376.62	376.62
34	C03175	材	铁件		kg	51.3378	7.69	7.69
35	C03194	材	镀锌钢丝	D0.7	kg	460.95138	8.35	8.35
36	C03269	材	SBS改性沥青防水卷材	3mm	m2	1066.57098	40.02	40.02
37	C03270	材	改性沥青嵌缝油膏		kg	55.129457	9.5	9.5
38	C03272	材	SBS弹性沥青防水胶		kg	266.746512	35	35
39	C03273	材	聚丁胶胶粘剂		kg	495.703935	20	20
40	C03300	材	UPVC雨水管	D110以内	m	170.1	30	30
41	C03301	材	卡箍膨胀螺栓	D110以内	套	99.144	2	2

清单库：2016年天津市建设工程工程量清单计价指引　　定额库：天津市建筑工程预算基价(2016

图 10.63　导入市场价

5. 费用汇总

依据规定的取费方法及相应费率、税率由软件自动计算费用。费用汇总如图 10.64 所示。

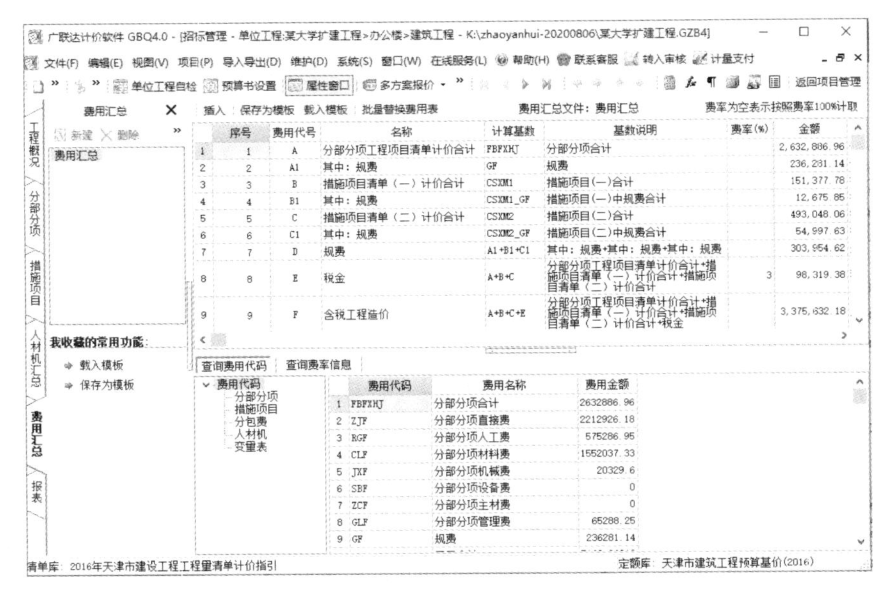

图 10.64　费用汇总(建筑工程)

6. 报表

如需要单位工程报表，可在此界面选择报表类型、种类，进行预览、导出或打印。单位工程(建筑工程)报表如图 10.65 所示。

项目全部报表宜在项目管理界面统一处理。

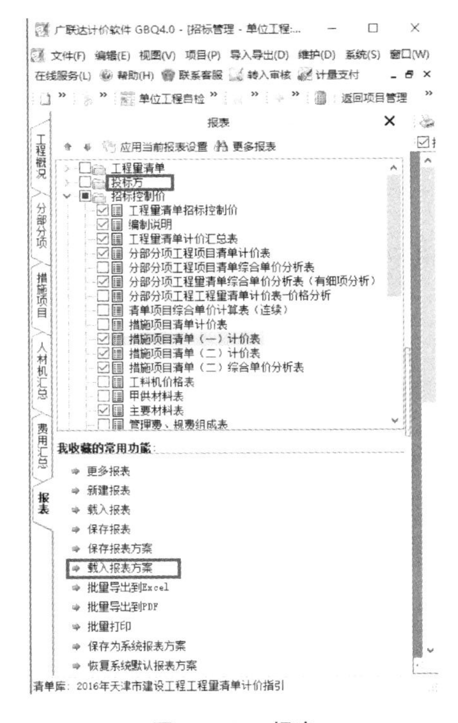

图 10.65　报表

10.2.3 装饰装修工程

通过“返回项目管理”退出当前单位工程，返回管理界面并切换到“装饰装修工程”单位工程。

装饰装修工程清单计价也包括工程概况、分部分项、措施项目、人材机汇总、费用汇总和报表6个部分。其操作方法与建筑工程清单计价方法相同。以下仅列出相应的操作结果。

1. 工程概况

工程概况内容如图10.66所示。

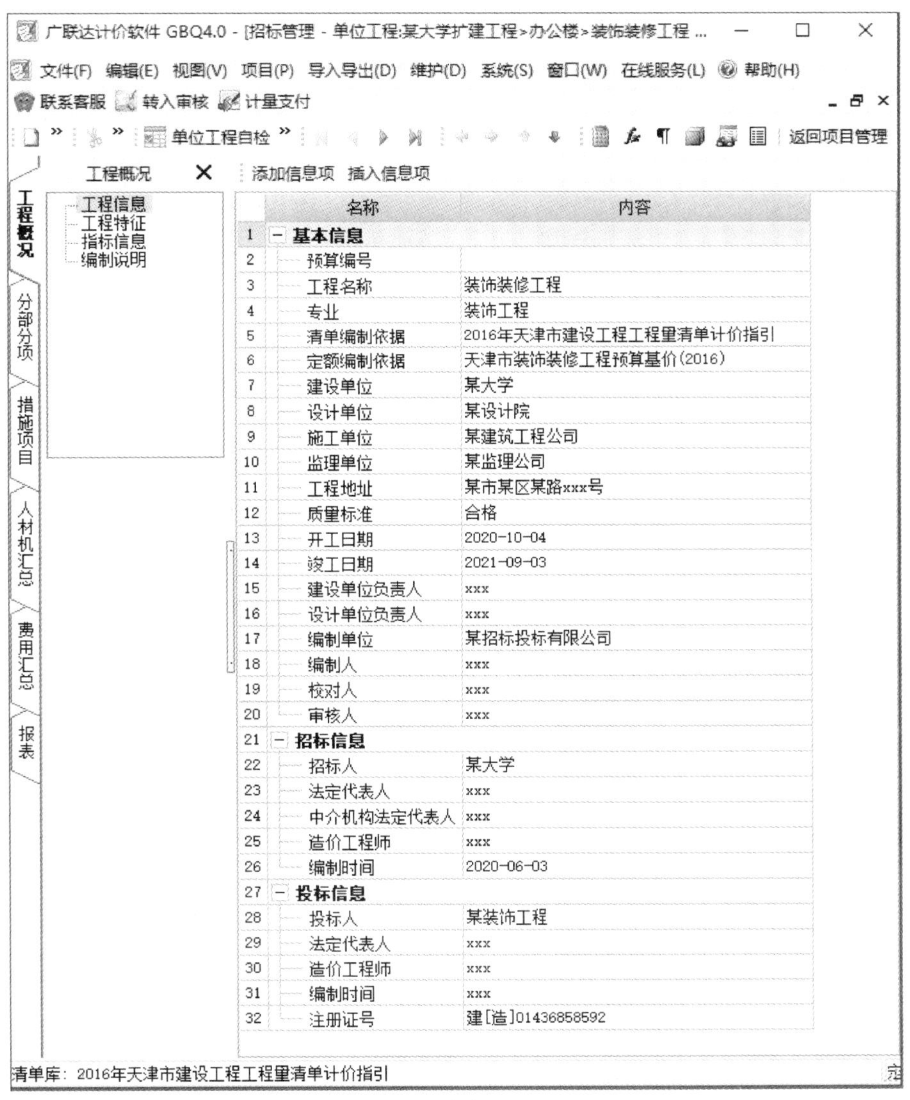

	名称	内容
1	基本信息	
2	预算编号	
3	工程名称	装饰装修工程
4	专业	装饰工程
5	清单编制依据	2016年天津市建设工程工程量清单计价指引
6	定额编制依据	天津市装饰装修工程预算基价(2016)
7	建设单位	某大学
8	设计单位	某设计院
9	施工单位	某建筑工程公司
10	监理单位	某监理公司
11	工程地址	某市某区某路xxx号
12	质量标准	合格
13	开工日期	2020-10-04
14	竣工日期	2021-09-03
15	建设单位负责人	xxx
16	设计单位负责人	xxx
17	编制单位	某招标投标有限公司
18	编制人	xxx
19	校对人	xxx
20	审核人	xxx
21	招标信息	
22	招标人	某大学
23	法定代表人	xxx
24	中介机构法定代表人	xxx
25	造价工程师	xxx
26	编制时间	2020-06-03
27	投标信息	
28	投标人	某装饰工程
29	法定代表人	xxx
30	造价工程师	xxx
31	编制时间	xxx
32	注册证号	建[造]01436858592

(a)

广联达计价软件 GBQ4.0 - [招标管理 - 单位工程:某大学扩建工程>办公楼>装饰装修工程 - ...

文件(F) 编辑(E) 视图(V) 项目(P) 导入导出(D) 维护(D) 系统(S) 窗口(W) 在线服务(L) 帮助(H) 联系客服

转入审核 计量支付

单位工程自检　返回项目管理

工程概况　添加特征项 插入特征项

工程信息
工程特征
指标信息
编制说明

工程概况 分部分项 措施项目 人材机汇总 费用汇总

	名称	内容
1	工程类型	公共建筑
2	结构类型	框架结构
3	基础类型	独立基础
4	建筑特征	其他
5	建筑面积(m2)	3572.80
6	其中地下室建筑面积(m2)	0
7	总层数	4
8	地下室层数(+/-0.00以下)	0
9	建筑层数(+/-0.00以上)	4
10	建筑物总高度(m)	16.60
11	地下室总高度(m)	0
12	首层高度(m)	3.90
13	裙楼高度(m)	0
14	标准层高度(m)	3.90
15	基础材料及装饰	
16	楼地面材料及装饰	
17	外墙材料及装饰	
18	屋面材料及装饰	
19	门窗材料及装饰	

清单库: 2016年天津市建设工程工程量清单计价指引

(b)

广联达计价软件 GBQ4.0 - [招标管理 - 单位工程:某大学扩建工程>办公楼>装饰装修工程 - ...

文件(F) 编辑(E) 视图(V) 项目(P) 导入导出(D) 维护(D) 系统(S) 窗口(W) 在线服务(L) 帮助(H) 联系客服

转入审核 计量支付

单位工程自检　返回项目管理

工程概况　导出到Excel

工程信息
工程特征
指标信息
编制说明

	名称	内容
1	工程总造价(小写)	3,228,657.26
2	工程总造价(大写)	叁佰贰拾贰万捌仟陆佰伍拾柒元贰角陆
3	单方造价	903.68
4	分部分项工程量清单项目费	2598908.28
5	其中:人工费	770902.25
6	材料费	1224921.07
7	机械费	24207.53
8	设备费	0
9	主材费	0
10	管理费	77225
11	措施项目费	535710.42
12	利润	229548.35
13	规费	392851.86
14	税金	94038.56

清单库: 2016年天津市建设工程工程量清单计价指引

(c)

图 10.66　工程概况(装饰装修工程)

(a) 工程信息;(b) 工程特征;(c) 指标信息

2. 分部分项

分部分项相关内容如图 10.67 所示。

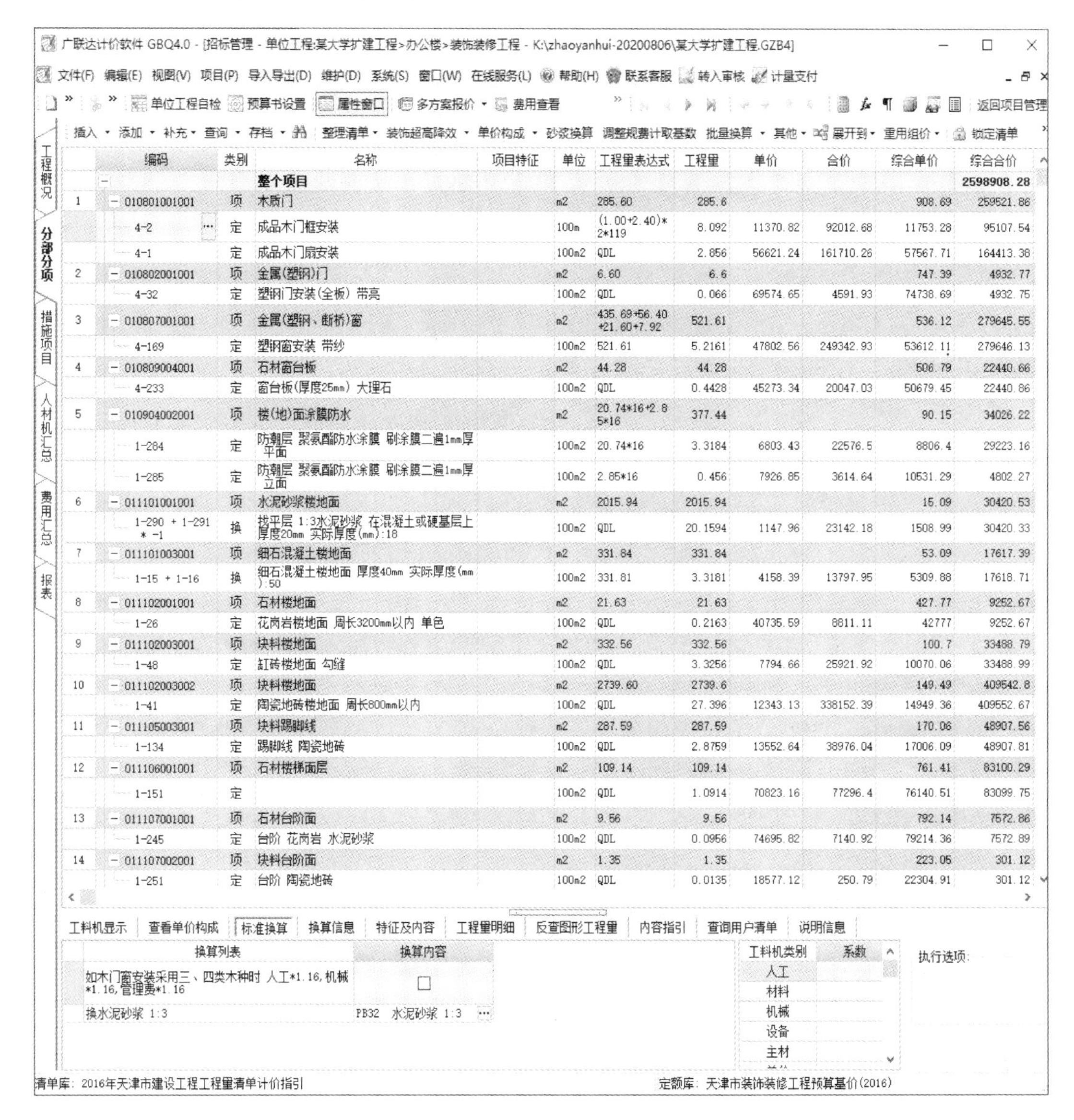

	编码	类别	名称	项目特征	单位	工程量表达式	工程量	单价	合价	综合单价	综合合价
			整个项目								2598908.28
1	010801001001	项	木质门		m2	285.60	285.6			908.69	259521.86
	4-2	定	成品木门框安装		100m	(1.00+2.40)*2*119	8.092	11370.82	92012.68	11753.28	95107.54
	4-1	定	成品木门扇安装		100m2	QDL	2.856	56621.24	161710.26	57567.71	164413.38
2	010802001001	项	金属(塑钢)门		m2	6.60	6.6			747.39	4932.77
	4-32	定	塑钢门安装(全板) 带亮		100m2	QDL	0.066	69574.65	4591.93	74738.69	4932.75
3	010807001001	项	金属(塑钢、断桥)窗		m2	435.69+56.40+21.60+7.92	521.61			536.12	279645.55
	4-169	定	塑钢窗安装 带纱		100m2	521.61	5.2161	47802.56	249342.93	53612.11	279646.13
4	010809004001	项	石材窗台板		m2	44.28	44.28			506.79	22440.66
	4-233	定	窗台板(厚度25mm) 大理石		100m2	QDL	0.4428	45273.34	20047.03	50679.45	22440.86
5	010904002001	项	楼(地)面涂膜防水		m2	20.74*16+2.85*16	377.44			90.15	34026.22
	1-284	定	防潮层 聚氨酯防水涂膜 刷涂膜二遍1mm厚 平面		100m2	20.74*16	3.3184	6803.43	22576.5	8806.4	29223.16
	1-285	定	防潮层 聚氨酯防水涂膜 刷涂膜二遍1mm厚 立面		100m2	2.85*16	0.456	7926.85	3614.64	10531.29	4802.27
6	011101001001	项	水泥砂浆楼地面		m2	2015.94	2015.94			15.09	30420.53
	1-290 + 1-291 * -1	换	找平层 1:3水泥砂浆 在混凝土或硬基层上 厚度20mm 实际厚度(mm):18		100m2	QDL	20.1594	1147.96	23142.18	1508.99	30420.33
7	011101003001	项	细石混凝土楼地面		m2	331.84	331.84			53.09	17617.39
	1-15 + 1-16	换	细石混凝土楼地面 厚度40mm 实际厚度(mm):50		100m2	331.81	3.3181	4158.39	13797.95	5309.88	17618.71
8	011102001001	项	石材楼地面		m2	21.63	21.63			427.77	9252.67
	1-26	定	花岗岩楼地面 周长3200mm以内 单色		100m2	QDL	0.2163	40735.59	8811.11	42777	9252.67
9	011102003001	项	块料楼地面		m2	332.56	332.56			100.7	33488.79
	1-48	定	缸砖楼地面 勾缝		100m2	QDL	3.3256	7794.66	25921.92	10070.06	33488.99
10	011102003002	项	块料楼地面		m2	2739.60	2739.6			149.49	409542.8
	1-41	定	陶瓷地砖楼地面 周长800mm以内		100m2	QDL	27.396	12343.13	338152.39	14949.36	409552.67
11	011105003001	项	块料踢脚线		m2	287.59	287.59			170.06	48907.56
	1-134	定	踢脚线 陶瓷地砖		100m2	QDL	2.8759	13552.64	38976.04	17006.09	48907.81
12	011106001001	项	石材楼梯面层		m2	109.14	109.14			761.41	83100.29
	1-151	定			100m2	QDL	1.0914	70823.16	77296.4	76140.51	83099.75
13	011107001001	项	石材台阶面		m2	9.56	9.56			792.14	7572.86
	1-245	定	台阶 花岗岩 水泥砂浆		100m2	QDL	0.0956	74695.82	7140.92	79214.36	7572.89
14	011107002001	项	块料台阶面		m2	1.35	1.35			223.05	301.12
	1-251	定	台阶 陶瓷地砖		100m2	QDL	0.0135	18577.12	250.79	22304.91	301.12

图 10.67　分部分项

3. 措施项目

措施项目相关内容如图 10.68 所示。

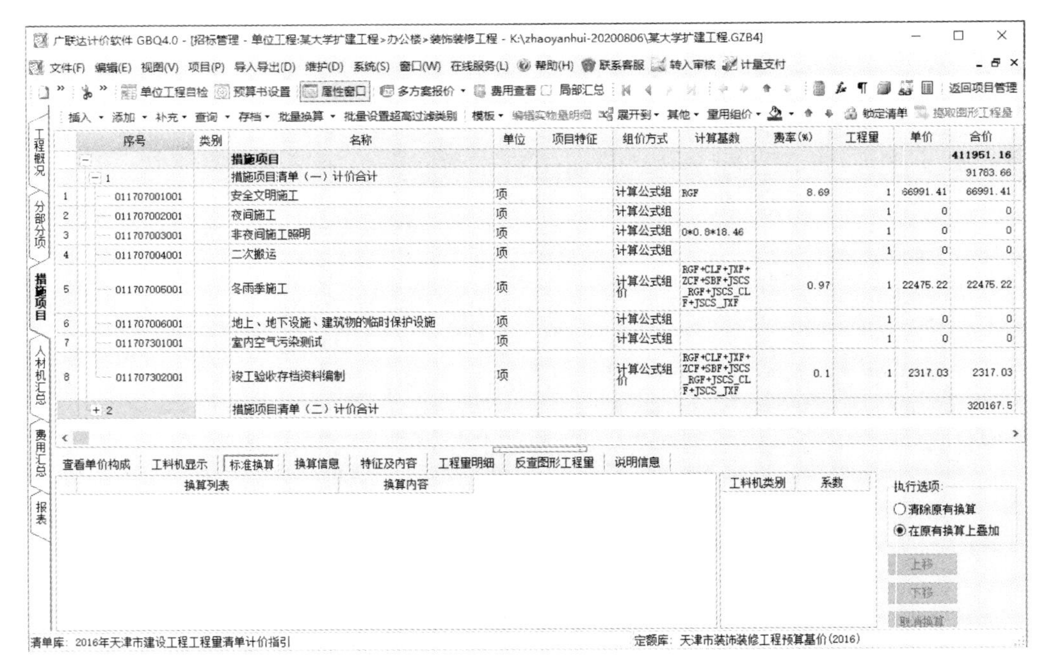

	序号	类别	名称	单位	项目特征	组价方式	计算基数	费率(%)	工程量	单价	合价
	−		措施项目								411951.16
	− 1		措施项目清单（一）计价合计								91783.66
1	011707001001		安全文明施工	项		计算公式组	RGF	8.69	1	66991.41	66991.41
2	011707002001		夜间施工	项		计算公式组			1	0	0
3	011707003001		非夜间施工照明	项		计算公式组	0*0.8*18.46		1	0	0
4	011707004001		二次搬运	项		计算公式组			1	0	0
5	011707005001		冬雨季施工	项		计算公式组价	RGF+CLF+JXF+ZCF+SBF+JSCS_RGF+JSCS_CLF+JSCS_JXF	0.97	1	22475.22	22475.22
6	011707006001		地上、地下设施、建筑物的临时保护设施	项		计算公式组			1	0	0
7	011707301001		室内空气污染测试	项		计算公式组			1	0	0
8	011707302001		竣工验收存档资料编制	项		计算公式组价	RGF+CLF+JXF+ZCF+SBF+JSCS_RGF+JSCS_CLF+JSCS_JXF	0.1	1	2317.03	2317.03
	+ 2		措施项目清单（二）计价合计								320167.5

(a)

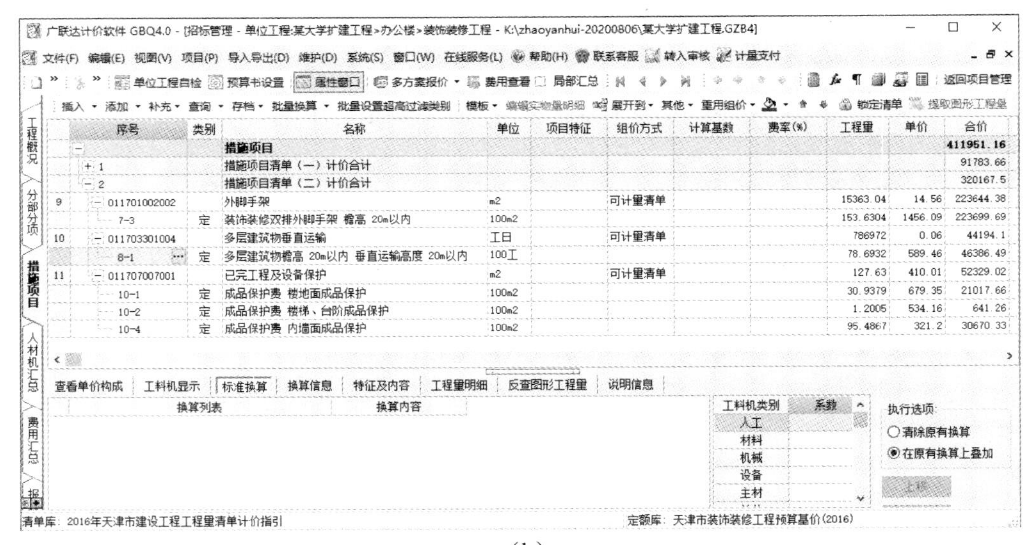

	序号	类别	名称	单位	项目特征	组价方式	计算基数	费率(%)	工程量	单价	合价
	−		措施项目								411951.16
	+ 1		措施项目清单（一）计价合计								91783.66
	− 2		措施项目清单（二）计价合计								320167.5
9	− 011701002002		外脚手架	m2		可计量清单			15363.04	14.56	223644.38
	7-3	定	装饰装修双排外脚手架 檐高 20m以内	100m2					153.6304	1456.09	223699.69
10	− 011703301004		多层建筑物垂直运输	工日		可计量清单			786972	0.06	44194.1
	8-1	定	多层建筑物檐高 20m以内 垂直运输高度 20m以内	100工					78.6932	589.46	46386.49
11	− 011707007001		已完工程及设备保护	m2		可计量清单			127.63	410.01	52329.02
	10-1	定	成品保护费 楼地面成品保护	100m2					30.9379	679.35	21017.66
	10-2	定	成品保护费 楼梯、台阶成品保护	100m2					1.2005	534.16	641.26
	10-4	定	成品保护费 内墙面成品保护	100m2					95.4867	321.2	30670.33

(b)

图 10.68　措施项目

(a) 措施项目(一)；(b) 措施项目(二)

4. 人材机汇总

人材机汇总相关内容如图 10.69 所示。

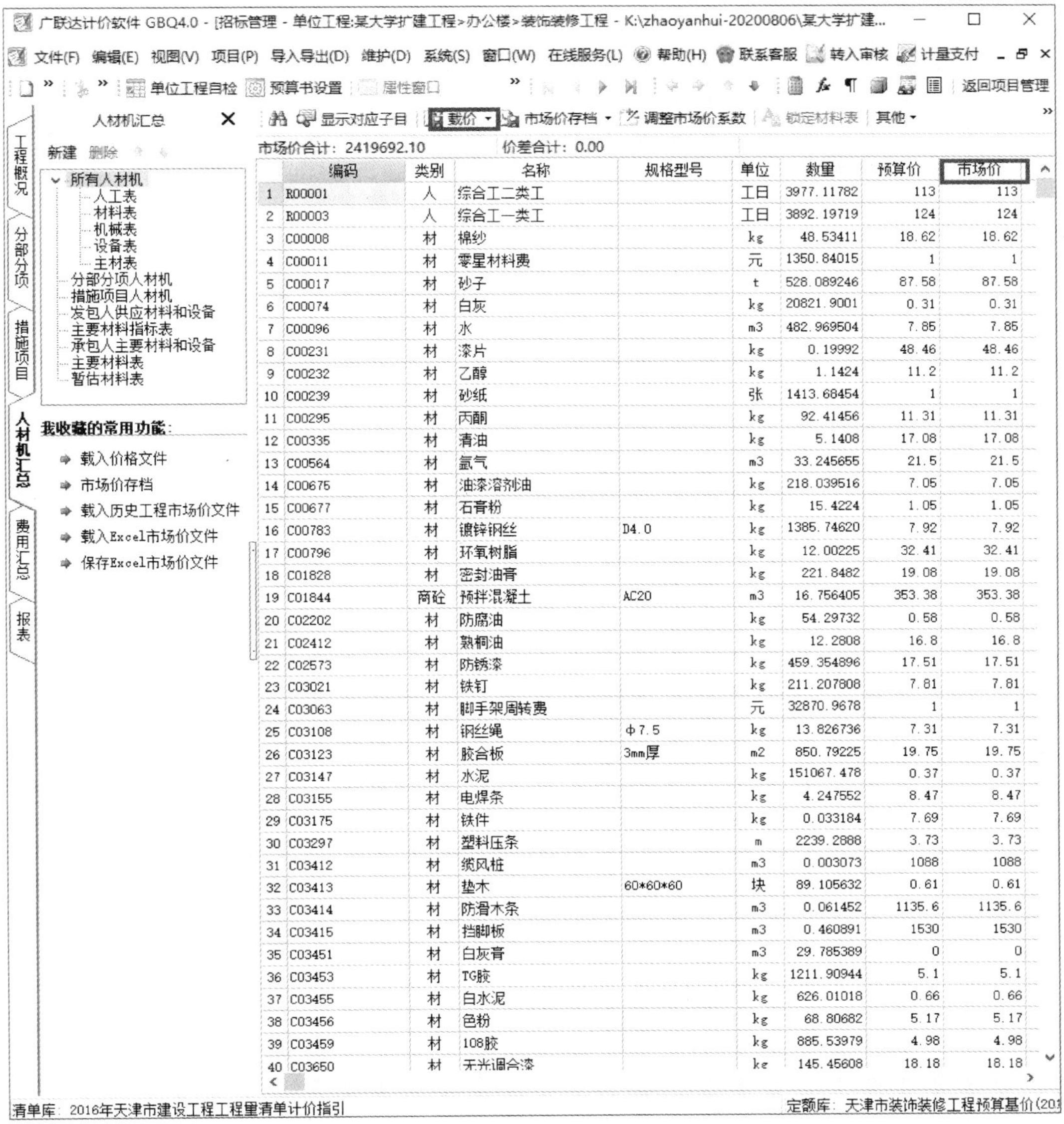

广联达计价软件 GBQ4.0 - [招标管理 - 单位工程:某大学扩建工程>办公楼>装饰装修工程 - K:\zhaoyanhui-20200806\某大学扩建...

文件(F) 编辑(E) 视图(V) 项目(P) 导入导出(D) 维护(D) 系统(S) 窗口(W) 在线服务(L) 帮助(H) 联系客服 转入审核 计量支付

单位工程自检 预算书设置 属性窗口 返回项目管理

人材机汇总

新建 删除

所有人材机
- 人工表
- 材料表
- 机械表
- 设备表
- 主材表

分部分项人材机
措施项目人材机
发包人供应材料和设备
主要材料指标表
承包人主要材料和设备
主要材料表
暂估材料表

我收藏的常用功能:
- 载入价格文件
- 市场价存档
- 载入历史工程市场价文件
- 载入Excel市场价文件
- 保存Excel市场价文件

工程概况 分部分项 措施项目 人材机汇总 费用汇总 报表

显示对应子目 载价 市场价存档 调整市场价系数 锁定材料表 其他

市场价合计：2419692.10 价差合计：0.00

	编码	类别	名称	规格型号	单位	数量	预算价	市场价
1	R00001	人	综合工二类工		工日	3977.11782	113	113
2	R00003	人	综合工一类工		工日	3892.19719	124	124
3	C00008	材	棉纱		kg	48.53411	18.62	18.62
4	C00011	材	零星材料费		元	1350.84015	1	1
5	C00017	材	砂子		t	528.089246	87.58	87.58
6	C00074	材	白灰		kg	20821.9001	0.31	0.31
7	C00096	材	水		m3	482.969504	7.85	7.85
8	C00231	材	漆片		kg	0.19992	48.46	48.46
9	C00232	材	乙醇		kg	1.1424	11.2	11.2
10	C00239	材	砂纸		张	1413.68454	1	1
11	C00295	材	丙酮		kg	92.41456	11.31	11.31
12	C00335	材	清油		kg	5.1408	17.08	17.08
13	C00564	材	氩气		m3	33.245655	21.5	21.5
14	C00675	材	油漆溶剂油		kg	218.039516	7.05	7.05
15	C00677	材	石膏粉		kg	15.4224	1.05	1.05
16	C00783	材	镀锌钢丝	D4.0	kg	1385.74620	7.92	7.92
17	C00796	材	环氧树脂		kg	12.00225	32.41	32.41
18	C01828	材	密封油膏		kg	221.8482	19.08	19.08
19	C01844	商砼	预拌混凝土	AC20	m3	16.756405	353.38	353.38
20	C02202	材	防腐油		kg	54.29732	0.58	0.58
21	C02412	材	熟桐油		kg	12.2808	16.8	16.8
22	C02573	材	防锈漆		kg	459.354896	17.51	17.51
23	C03021	材	铁钉		kg	211.207808	7.81	7.81
24	C03063	材	脚手架周转费		元	32870.9678	1	1
25	C03108	材	钢丝绳	φ7.5	kg	13.826736	7.31	7.31
26	C03123	材	胶合板	3mm厚	m2	850.79225	19.75	19.75
27	C03147	材	水泥		kg	151067.478	0.37	0.37
28	C03155	材	电焊条		kg	4.247552	8.47	8.47
29	C03175	材	铁件		kg	0.033184	7.69	7.69
30	C03297	材	塑料压条		m	2239.2888	3.73	3.73
31	C03412	材	缆风桩		m3	0.003073	1088	1088
32	C03413	材	垫木	60*60*60	块	89.105632	0.61	0.61
33	C03414	材	防滑木条		m3	0.061452	1135.6	1135.6
34	C03415	材	挡脚板		m3	0.460891	1530	1530
35	C03451	材	白灰膏		m3	29.785389	0	0
36	C03453	材	TG胶		kg	1211.90944	5.1	5.1
37	C03455	材	白水泥		kg	626.01018	0.66	0.66
38	C03456	材	色粉		kg	68.80682	5.17	5.17
39	C03459	材	108胶		kg	885.53979	4.98	4.98
40	C03650	材	无光调合漆		kg	145.45608	18.18	18.18

清单库：2016年天津市建设工程工程量清单计价指引　　定额库：天津市装饰装修工程预算基价(20

图 10.69　人材机汇总(装饰装修工程)

5. 费用汇总

费用汇总内容如图 10.70 所示。

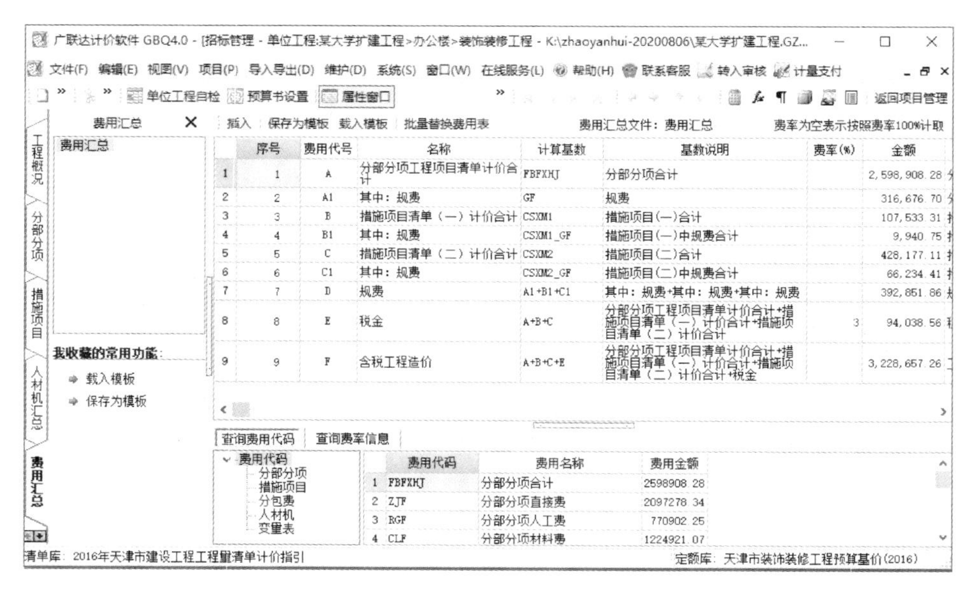

图 10.70　装饰装修工程费用汇总

6. 报表

报表内容如图 10.71 所示。

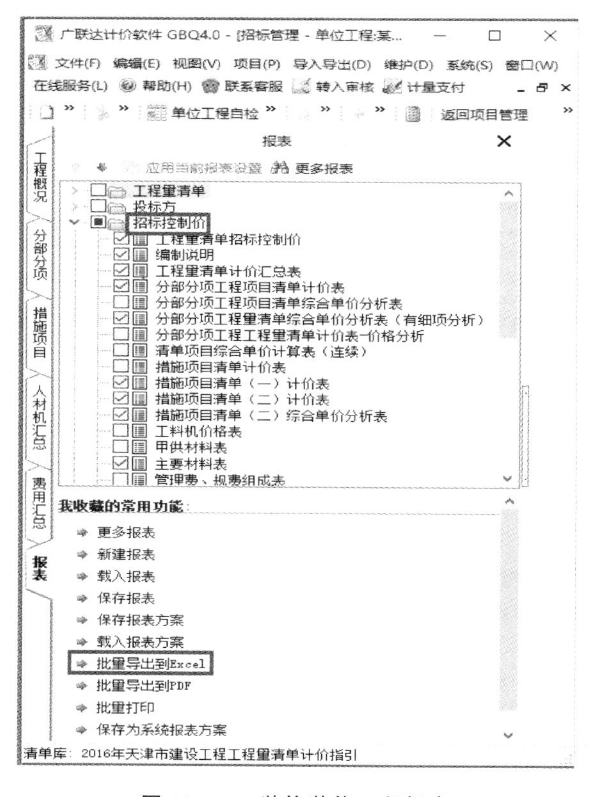

图 10.71　装饰装修工程报表

10.2.4　检查及调整

1. 数据及清单项目检查

(1) 单位工程编辑界面

执行"单位工程自检"以检查是否正常录入数据。检查无误后返回项目管理界面。

(2) 项目管理界面

执行"统一检查清单项"以检查项目中是否存在重复的编码或单位不统一的清单等错误。

2. 费率、利润率调整

有些专业工程在初期因无法确定工程类别(如装饰装修工程)而无法确定利润率,或者在计价编制过程中有利润率及管理费率调整的要求,此时,应在报表输出前完成费率、利润率调整。可在单位工程编辑界面或项目管理界面调整,具体操作如下。

(1) 单位工程编辑界面

点击"单价构成"→"费率切换",输入调整后的工程类别,软件将根据新的工程类别自动调整到相应的管理费率和利润率,如图 10.72 所示。

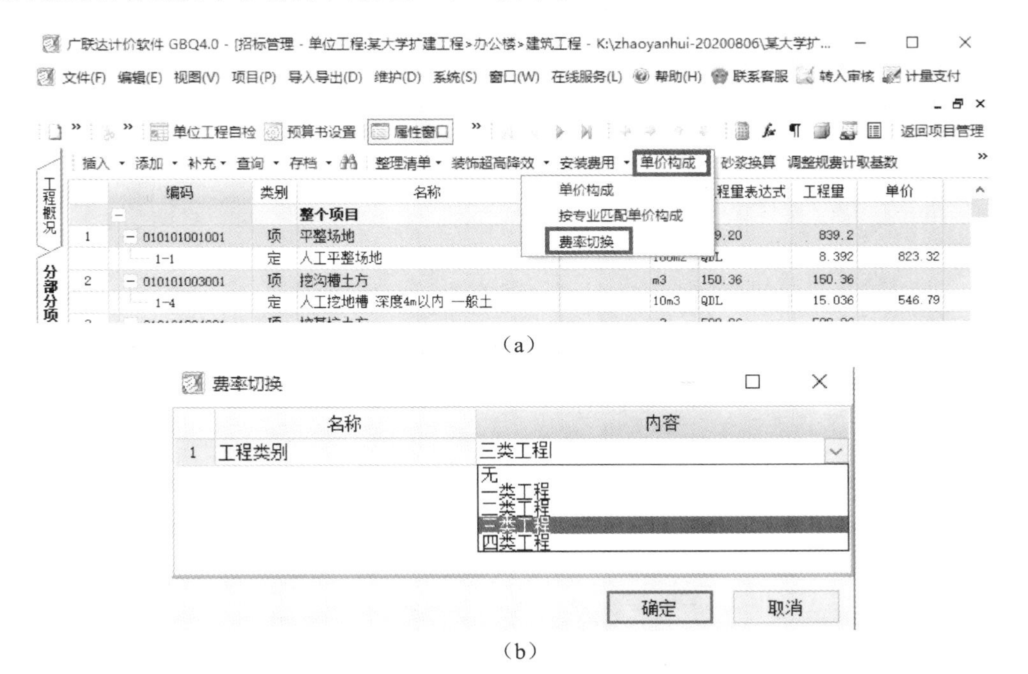

图 10.72　单位工程编辑界面调整费率

(a) 费率切换;(b) 工程类别选择

(2) 项目管理界面

点击"统一调整费率",输入各专业调整后的管理费费率及利润费率,如图 10.73 所示。

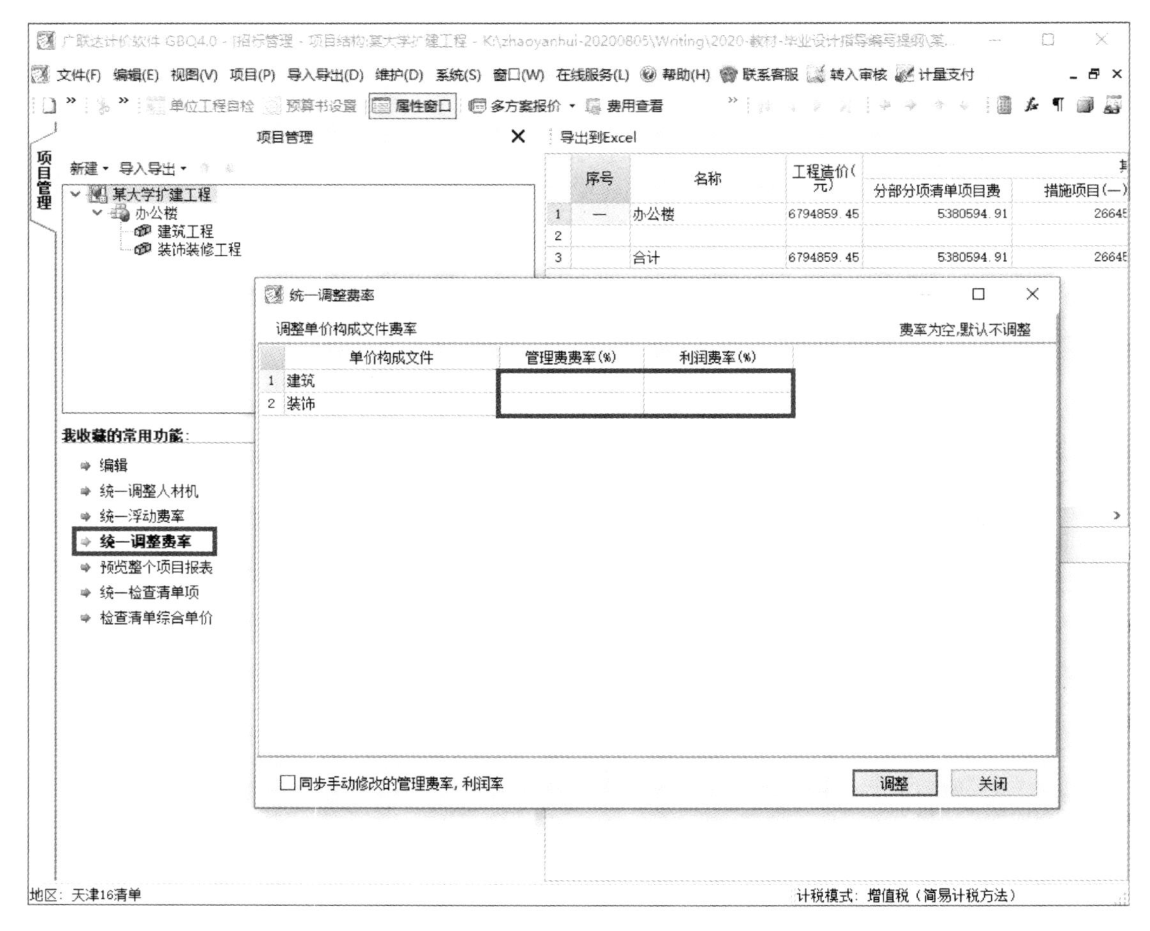

图 10.73　项目管理界面调整费率

10.2.5　报表

在项目管理界面，可以浏览建设项目、单项工程、单位工程的综合造价信息，相关内容如图10.74所示，这也是报表及输出操作的最后一步。

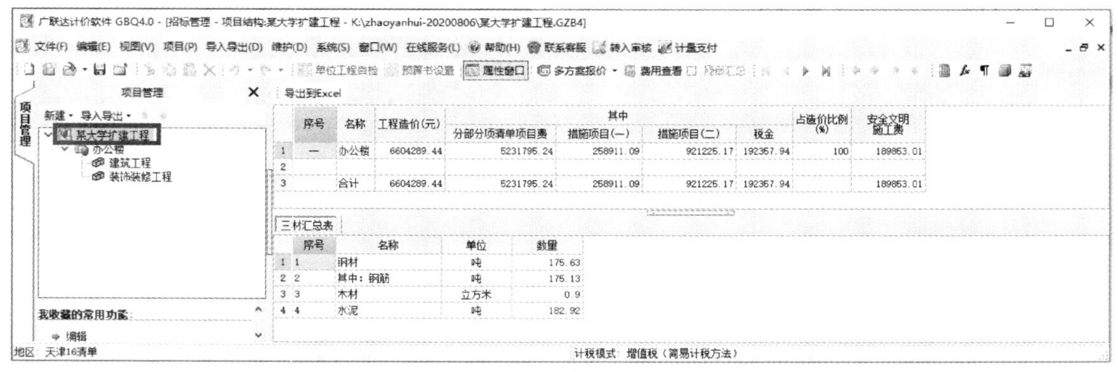

(a)

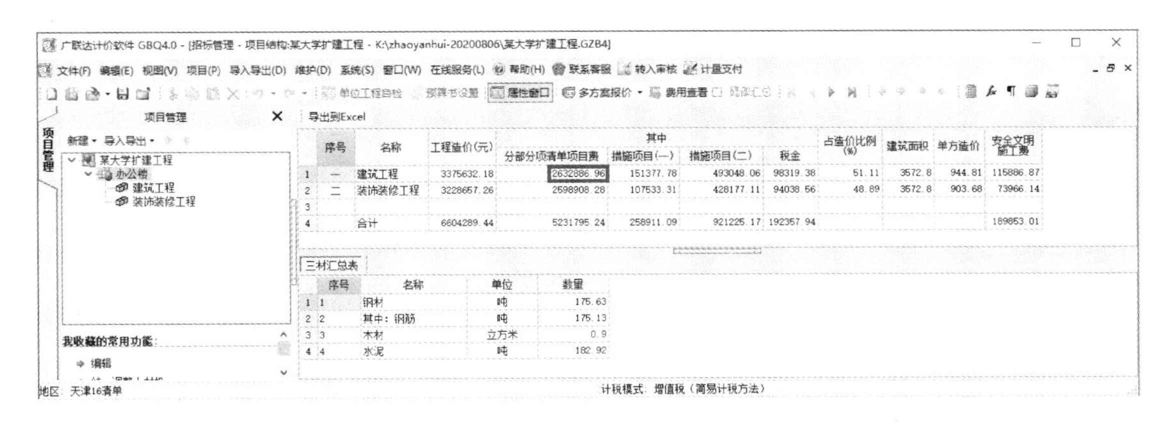

	序号	名称	工程造价(元)	其中：分部分项清单项目费	其中：措施项目(一)	其中：措施项目(二)	其中：税金	占造价比例(%)	建筑面积	单方造价	安全文明施工费
1	一	建筑工程	3375632.18	2632886.96	151377.78	493048.06	98319.38	51.11	3572.8	944.81	115886.87
2	二	装饰装修工程	3228657.26	2598908.28	107533.31	428177.11	94038.56	48.89	3572.8	903.68	73966.14
3											
4		合计	6604289.44	5231795.24	258911.09	921225.17	192357.94				189853.01

	序号	名称	单位	数量
1	1	钢材	吨	175.63
2	2	其中：钢筋	吨	175.13
3	3	木材	立方米	0.9
4	4	水泥	吨	182.92

（b）

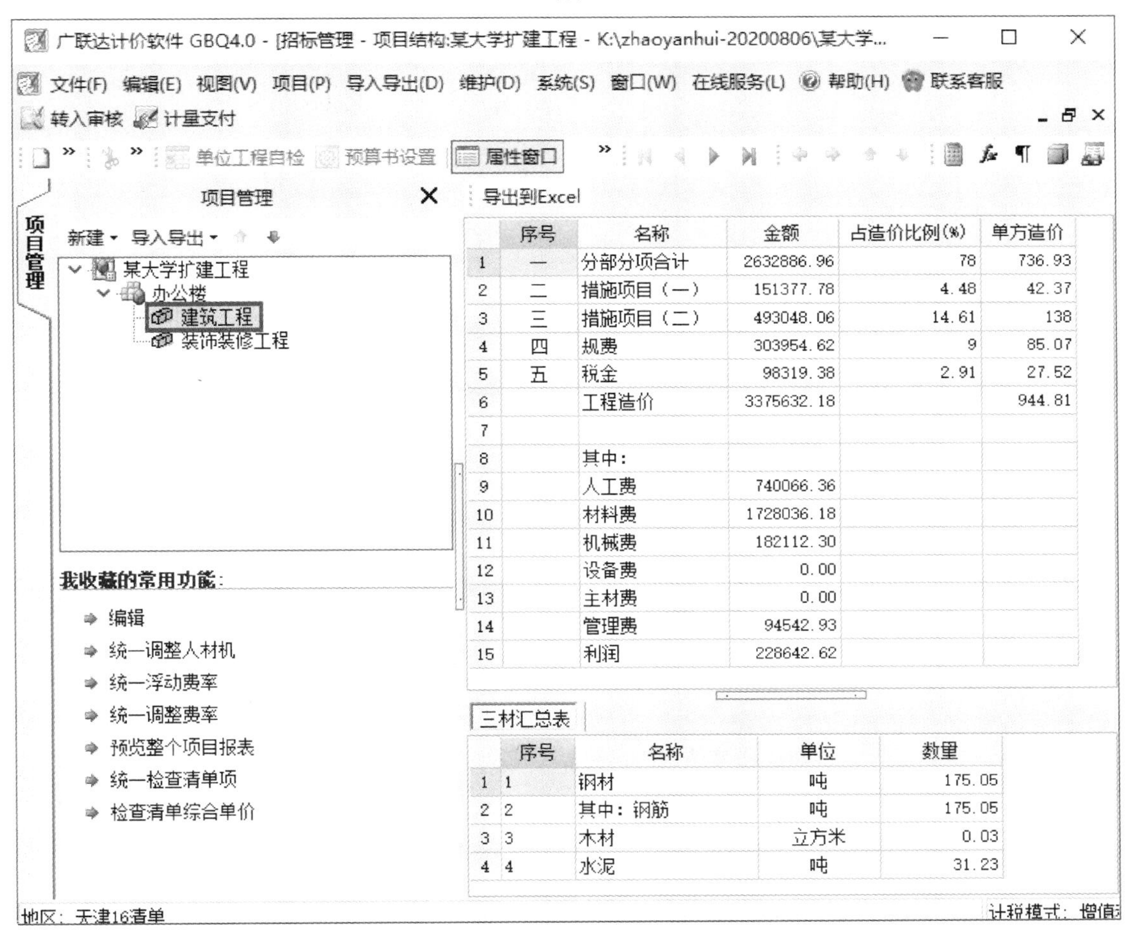

	序号	名称	金额	占造价比例(%)	单方造价
1	一	分部分项合计	2632886.96	78	736.93
2	二	措施项目（一）	151377.78	4.48	42.37
3	三	措施项目（二）	493048.06	14.61	138
4	四	规费	303954.62	9	85.07
5	五	税金	98319.38	2.91	27.52
6		工程造价	3375632.18		944.81
7					
8		其中：			
9		人工费	740066.36		
10		材料费	1728036.18		
11		机械费	182112.30		
12		设备费	0.00		
13		主材费	0.00		
14		管理费	94542.93		
15		利润	228642.62		

	序号	名称	单位	数量
1	1	钢材	吨	175.05
2	2	其中：钢筋	吨	175.05
3	3	木材	立方米	0.03
4	4	水泥	吨	31.23

（c）

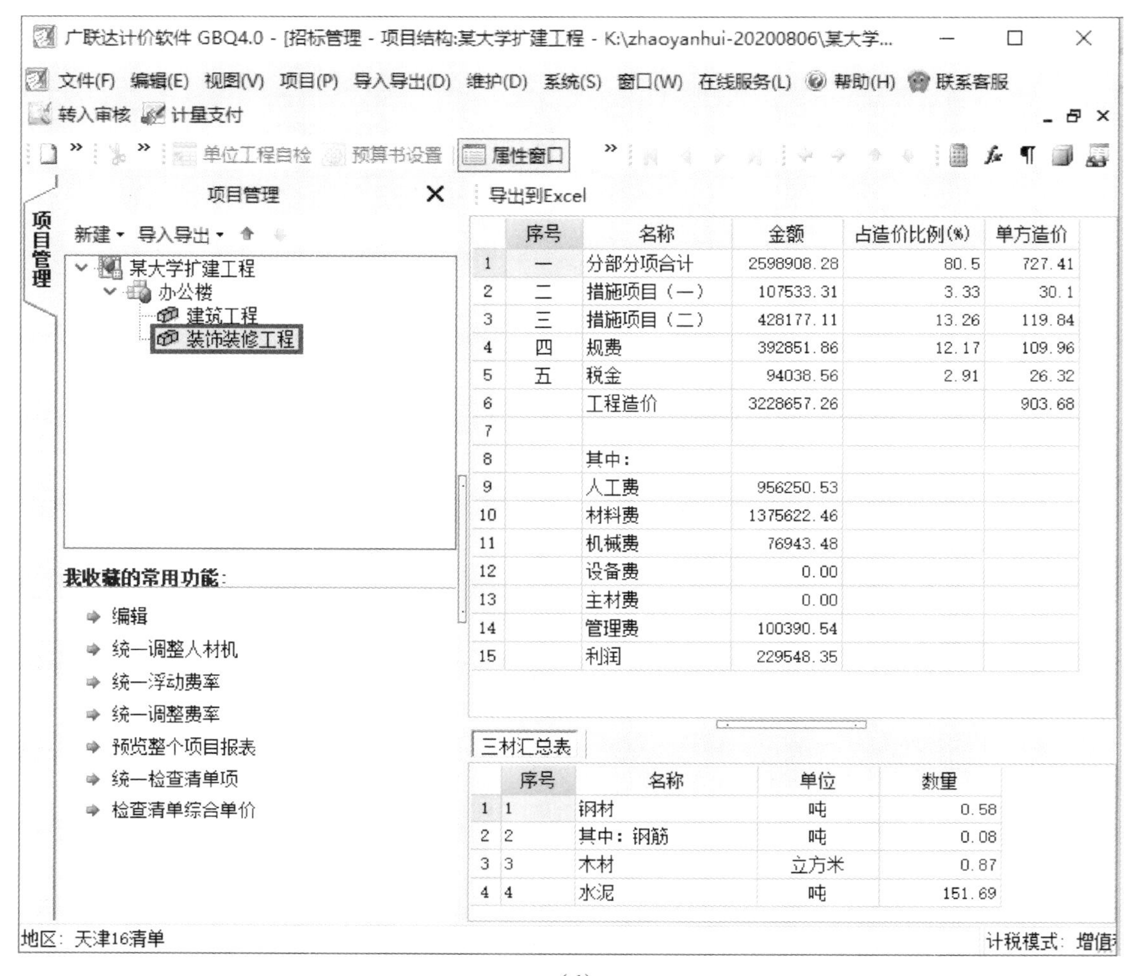

	序号	名称	金额	占造价比例(%)	单方造价
1	一	分部分项合计	2598908.28	80.5	727.41
2	二	措施项目（一）	107533.31	3.33	30.1
3	三	措施项目（二）	428177.11	13.26	119.84
4	四	规费	392851.86	12.17	109.96
5	五	税金	94038.56	2.91	26.32
6		工程造价	3228657.26		903.68
7					
8		其中：			
9		人工费	956250.53		
10		材料费	1375622.46		
11		机械费	76943.48		
12		设备费	0.00		
13		主材费	0.00		
14		管理费	100390.54		
15		利润	229548.35		

	序号	名称	单位	数量
1	1	钢材	吨	0.58
2	2	其中：钢筋	吨	0.08
3	3	木材	立方米	0.87
4	4	水泥	吨	151.69

(d)

图 10.74　措施项目

(a) 建设项目；(b) 单项工程；(c) 单位工程(建筑工程)；(d) 单位工程(装饰装修工程)

在项目管理界面点击“预览整个项目报表”→ 在报表分类中选择“招标控制价报表”→“批量导出到 Excel”→ 选择报表。

报表的组织形式与项目结构层次相同，包括建设项目、单项工程、单位工程三个部分。完成第一个专业的报表选择后，对于其他专业的同名报表，可点击“选择同名报表”快速完成选择；“确定”→ 指定磁盘和目录，输出报表。报表应至少包括以下内容：

(1) 工程项目

① 工程量清单招标控制价；

② 编制说明；

③ 工程量清单总价汇总表(单项＋单位)。

(2) 单位工程(建筑工程)

① 工程量清单计价汇总表；

② 分部分项工程项目清单计价表；

③ 分部分项工程量清单综合单价分析表(有细项分析)；

④ 措施项目清单(一) 计价表；
⑤ 措施项目清单(二) 计价表；
⑥ 措施项目清单(二) 综合单价分析表；
⑦ 主要材料表。
(3) 单位工程(装饰装修工程)
① 工程量清单计价汇总表；
② 分部分项工程项目清单计价表；
③ 分部分项工程量清单综合单价分析表(有细项分析)；
④ 措施项目清单(一) 计价表；
⑤ 措施项目清单(二) 计价表；
⑥ 措施项目清单(二) 综合单价分析表；
⑦ 主要材料表。
报表选择过程如图 10.75 所示。

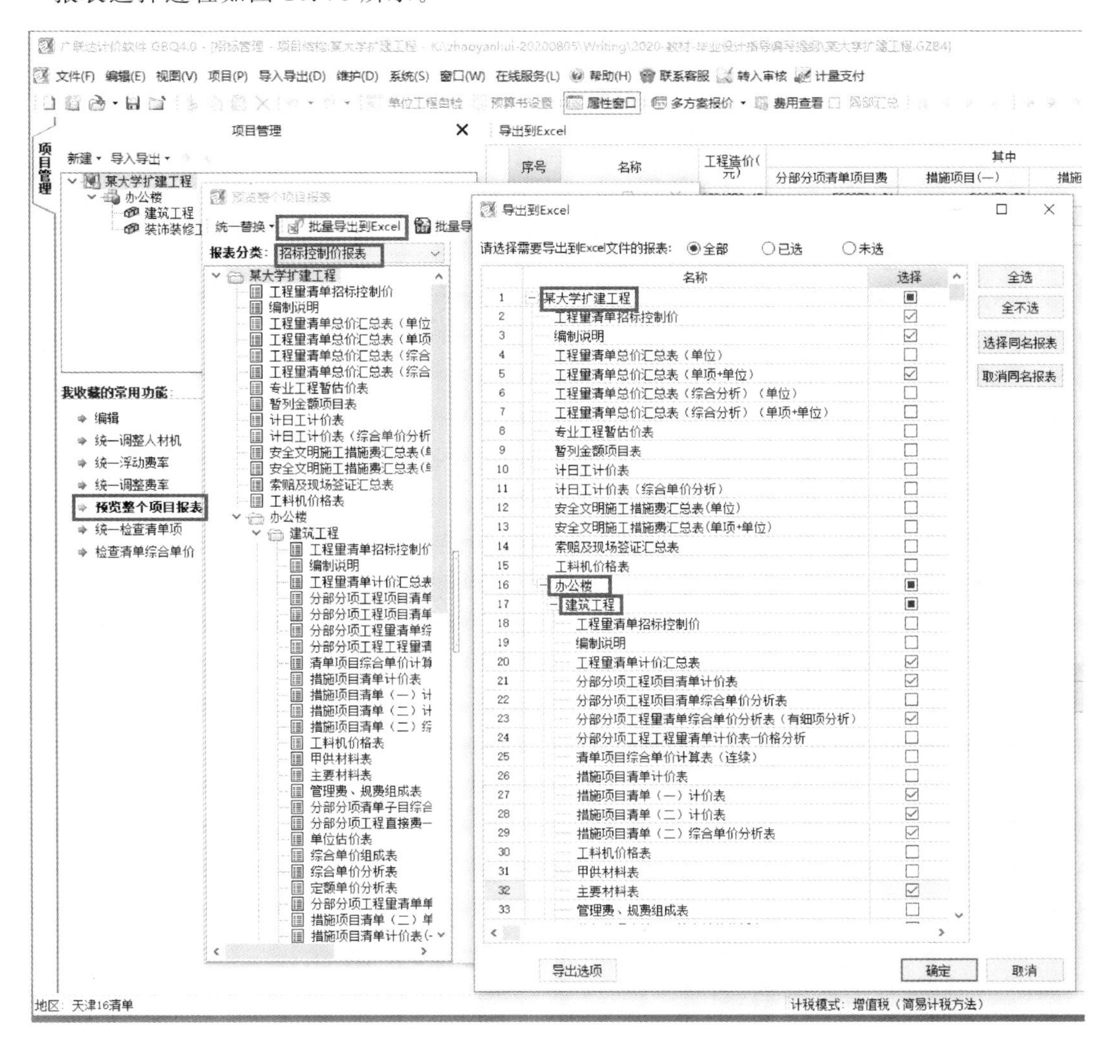

图 10.75　项目报表

10.3　软件计价结果

10.3.1　工程量清单招标控制价

工程量清单招标控制价

工程项目名称：　　某大学扩建工程

招标控制价：　　陆佰陆拾万肆仟贰佰捌拾玖元肆角肆分

6604289.44

招标人：

法定代表人：

编制单位：

法定代表人：

编制：

审核：

编制时间：________年________月________日

10.3.2　编制说明

编制说明

1）编制依据

（1）建设工程工程量清单计价规范（GB 50500—2013）。

（2）房屋建筑与装饰工程工程量计算规范（GB 50854—2013）。

（3）某市建筑工程工程量清单计价指引（DBD 29—901—2016）。

（4）某市装饰装修工程工程量清单计价指引（DBD 29—902—2016）。

（5）某市建设工程计价办法（DBD 29—001—2016）。

（6）某市建设管理委员会，某市建筑工程预算基价（DBD 29—101—2016）、装饰装修工程预算基价（DBD 29—201—2016），国家、省、市其他有关工程量清单编制的政府指导性文件。

2）工程概况

本工程为某大学扩建工程，建筑面积 3572.80 m^2，地上四层，层高均为 3.9 m，总高 17.20 m（檐高）。钢筋混凝土框架结构、柱下独立基础。

3）工程发包范围

建筑工程、装饰装修工程，属于不同施工企业。

4）图纸

办公楼建筑施工图、结构施工图。

装饰装修做法，按变更文件执行。

5）调价截止日期

2019 年第一季度。

6）计价软件

广联达计价软件 GBQ4.0，版本号 4.105.27.6007。

7) 其他

(1) 混凝土除特殊说明外均采用预拌混凝土。

(2) 改性沥青卷材防水,采用冷粘法施工。

(3) 砂浆除特殊说明外均采用湿拌砂浆。

(4) 门、窗及其构配件由甲方提供,现场仅负责安装。

(5) 卫生间、盥洗室楼面、地面防滑地砖均采用缸砖。

10.3.3　工程量清单总价汇总表

工程量清单总价汇总表

工程项目名称:某大学扩建工程　　　　金额单位:元

序号	专业工程	分部分项工程项目清单计价合计	措施项目清单(一)计价合计	措施项目清单(二)计价合计	含税总计
	办公楼	5231795.24	258911.09	921225.17	6604289.44
1	建筑工程	2632886.96	151377.78	493048.06	3375632.18
2	装饰装修工程	2598908.28	107533.31	428177.11	3228657.26
A 各专业工程工程量清单计价汇总					6604289.44
B 总承包服务费:专业工程价款×相应费率×(1+征收率或税率)					
C 专业工程暂估(结算)价合计					
D 暂列金额项目合计					
E 计日工计价合计					
F 索赔及现场签证合计					
投标(招标控制/结算)总价(A+B+C+D+E+F):					6604289.44

注:1. 索赔及现场签证合计仅结算时填列,暂列金额项目合计结算时不填列。

2. 仅结算总价中包括计日工计价合计。

10.3.4　工程量清单计价汇总表(建筑工程)

工程量清单计价汇总表

专业工程名称:建筑工程　　　　金额单位:元

序号	费用项目名称	计算公式	金额
1	分部分项工程项目清单计价合计	$\sum$(工程量×综合单价)	2632886.96
2	其中:规费	$\sum$(工程量×综合单价中规费)	236281.14
3	措施项目清单(一)计价合计	$\sum$ 措施项目(一)金额	151377.78
4	其中:规费	$\sum$ 措施项目(一)金额中规费	12675.85
5	措施项目清单(二)计价合计	$\sum$(工程量×综合单价)	493048.06
6	其中:规费	$\sum$(工程量×综合单价中规费)	54997.63

续表

专业工程名称:建筑工程　金额单位:元

序号	费用项目名称	计算公式	金额
7	规费	(2)+(4)+(6)	303954.62
8	税金	[(1)+(3)+(5)]×征收率或税率	98319.38
含税总计[结转至工程量清单总价汇总表]		(1)+(3)+(5)+(8)	3375632.18

10.3.5　分部分项工程项目清单计价表(建筑工程)

分部分项工程项目清单计价表

专业工程名称:建筑工程　金额单位:元

序号	项目编码	项目名称	项目特征	计量单位	工程量	金额		
						综合单价	合价	其中:规费
1	010101001001	平整场地		m^2	839.20	12.19	10229.85	2609.91
2	010101003001	挖沟槽土方		m^3	150.36	80.99	12177.66	3106.44
3	010101004001	挖基坑土方		m^3	528.96	20.94	11076.42	1729.70
4	010103001001	回填方		m^3	758.90	36.13	27419.06	6579.66
5	010401001001	砖基础		m^3	132.40	653.11	86471.76	7379.98
6	010402001001	砌块墙		m^3	988.56	720.46	712217.94	69466.11
7	010404001001	垫层		m^3	3.00	3601.78	10805.34	1176.69
8	010501001001	垫层		m^3	42.46	595.91	25302.34	2187.96
9	010501001002	垫层		m^3	63.36	606.03	38398.06	3264.94
10	010501003001	独立基础		m^3	118.15	523.92	61901.15	2944.30
11	010502001001	矩形柱		m^3	138.51	689.53	95506.80	9122.27
12	010502001002	矩形柱		m^3	3.53	689.53	2434.04	232.49
13	010502002001	构造柱		m^3	57.32	865.21	49593.84	6618.74
14	010503001001	基础梁		m^3	41.72	607.94	25363.26	1878.23
15	010503004001	圈梁		m^3	11.98	789.48	9457.97	1148.64
16	010503005001	过梁		m^3	10.53	834.71	8789.50	1107.86
17	010505001001	有梁板		m^3	587.63	546.65	321227.94	17100.03
18	010505006001	栏板		m^3	14.64	793.78	11620.94	1335.75
19	010505008001	雨篷、悬挑板、阳台板		m^3	1.94	759.66	1473.74	169.27
20	010506001001	直形楼梯		m^2	109.14	237.77	25950.22	3454.28

续表

专业工程名称：建筑工程　　　　金额单位：元

序号	项目编码	项目名称	项目特征	计量单位	工程量	金额		
						综合单价	合价	其中：规费
21	010507001002	散水、坡道		m^2	12.39	202.17	2504.89	191.05
22	010507001003	散水、坡道		m^2	142.85	55.83	7975.32	1072.80
23	010507004001	台阶		m^2	18.35	95.48	1752.06	136.16
24	010515001001	现浇构件钢筋		t	66.41	5137.69	341199.13	34828.58
25	010515001002	现浇构件钢筋		t	85.80	4820.86	413629.79	33886.71
26	010515001003	现浇构件钢筋		t	18.80	4210.08	79166.34	4660.20
27	010516003002	机械连接		个	1920.00	23.49	45100.80	8198.40
28	010902001001	屋面卷材防水		m^2	922.36	20.90	19277.32	2656.40
29	010902001002	屋面卷材防水		m^2	922.36	78.54	72442.15	996.15
30	010902004001	屋面排水管		m	162.00	56.96	9227.52	293.22
31	010902004002	屋面排水管		m	20.00	114.80	2296.00	206.60
32	011001001001	保温隔热屋面		m^2	878.07	56.87	49935.84	1589.31
33	011001001002	保温隔热屋面		m^2	878.07	46.65	40961.97	4952.31
本页小计							2632886.96	236281.14
本表合计（结转至工程量清单计价汇总表）							2632886.96	236281.14

10.3.6 分部分项工程量清单综合单价分析表(有细项分析,建筑工程)

分部分项工程量清单综合单价分析表

专业工程名称:建筑工程　　　　金额单位:元

序号	项目编码	项目名称	计量单位	工程量	合计		其中					
							人工费	材料费	机械费	管理费	规费	利润
1	010101001001	平整场地	m^2	839.2	综合单价	12.19	7.57			0.66	3.11	0.85
					综合合价	10229.85	6356.44			553.87	2609.91	713.32
	1-1	人工平整场地	100 m^2	8.392	单价	1219.49	757.44			65.88	311.09	85.08
					合价	10233.96	6356.44			552.86	2610.67	713.99
2	010101003001	挖沟槽土方	m^3	150.36	综合单价	80.99	50.30			4.38	20.66	5.65
					综合合价	12177.66	7563.71			658.58	3106.44	849.53
	1-4	人工挖地槽 深度4 m以内 一般土	10 m^3	15.036	单价	809.89	503.04			43.75	206.60	56.50
					合价	12177.51	7563.71			657.83	3106.44	849.53
3	010101004001	挖基坑土方	m^3	528.96	综合单价	20.94	7.97		6.91	1.33	3.27	1.46
					综合合价	11076.42	4214.75		3654.06	703.52	1729.70	772.28
	1-23	小型挖土机挖装槽坑土方 一般土	10 m^3	52.896	单价	209.39	79.68		69.08	13.29	32.73	14.61
					合价	11075.89	4214.75		3654.06	702.99	1731.29	772.81
4	010103001001	回填方	m^3	758.9	综合单价	36.13	21.12		1.81	2.00	8.67	2.52
					综合合价	27419.06	16027.97		1373.61	1517.80	6579.66	1912.43
	1-48	回填土 人工	10 m^3	75.89	单价	361.28	211.20		18.10	20.03	86.74	25.21
					合价	27417.54	16027.97		1373.61	1520.08	6582.70	1913.19
5	010401001001	砖基础	m^3	132.4	综合单价	653.11	135.71	399.73		16.37	55.74	45.57
					综合合价	86471.76	17968.40	52923.72		2167.39	7379.98	6033.47
	3-3	页岩标砖基础 湿拌砌筑砂浆	10 m^3	13.24	单价	6531.14	1357.13	3997.26		163.70	557.39	455.66
					合价	86472.29	17968.40	52923.72		2167.39	7379.84	6032.94
6	010402001001	砌块墙	m^3	988.56	综合单价	720.46	171.08	408.21		20.64	70.27	50.27
					综合合价	712217.9	169124.82	403541.07		20403.88	69466.11	49694.91
	3-44	砌加气混凝土砌块墙 湿拌砌筑砂浆	10 m^3	98.856	单价	7204.59	1710.82	4082.11		206.36	702.65	502.65
					合价	712217	169124.82	403541.07		20399.92	69461.17	49689.97
7	010404001001	垫层	m^3	3	综合单价	3601.78	955.00	1902.19	16.50	84.58	392.23	251.29
					综合合价	10805.34	2864.99	5706.56	49.51	253.74	1176.69	753.87
	1-62	基础垫层 灰土3∶7	10 m^3	3.294	单价	3280.31	869.76	1732.41	15.03	77.03	357.22	228.86
					合价	10805.34	2864.99	5706.56	49.51	253.74	1176.68	753.86

续表

专业工程名称:建筑工程　　　　金额单位:元

序号	项目编码	项目名称	计量单位	工程量	合计		其中					
							人工费	材料费	机械费	管理费	规费	利润
8	010501001001	垫层	m^3	42.46	综合单价	595.91	125.47	364.28	1.96	11.09	51.53	41.57
					综合合价	25302.34	5327.54	15467.33	83.09	470.88	2187.96	1765.06
	1-71	混凝土垫层 厚度 10 cm 以内	10 m^3	4.246	单价	5959.1	1254.72	3642.8	19.57	110.93	515.33	415.75
					合价	25302.34	5327.54	15467.33	83.09	471.01	2188.09	1765.27
9	010501001002	垫层	m^3	63.36	综合单价	606.03	125.47	373.7	1.96	11.09	51.53	42.28
					综合合价	38398.06	7949.91	23677.32	124	702.66	3264.94	2678.86
	1-71 换	混凝土垫层 厚度 10 cm 以内 换为【预拌混凝土 AC15】	10 m^3	6.336	单价	6060.31	1254.72	3736.95	19.57	110.93	515.33	422.81
					合价	38398.12	7949.91	23677.32	124	702.85	3265.13	2678.92
10	010501003001	独立基础	m^3	118.15	综合单价	523.92	60.68	392.52	0.54	8.71	24.92	36.55
					综合合价	61901.15	7169.46	46375.88	63.33	1029.09	2944.3	4318.38
	4-5	现浇混凝土 独立基础 混凝土	10 m^3	11.815	单价	5239.17	606.81	3925.17	5.36	87.09	249.22	365.52
					合价	61900.79	7169.46	46375.88	63.33	1028.97	2944.53	4318.62
11	010502001001	矩形柱	m^3	138.51	综合单价	689.53	160.35	391.43	0.87	22.92	65.86	48.11
					综合合价	95506.8	22209.66	54216.97	120.5	3174.65	9122.27	6663.72
	4-20	现浇混凝土 矩形柱	10 m^3	13.851	单价	6895.31	1603.47	3914.3	8.7	229.21	658.56	481.07
					合价	95506.94	22209.66	54216.97	120.5	3174.79	9121.71	6663.3
12	010502001002	矩形柱	m^3	3.53	综合单价	689.53	160.35	391.43	0.87	22.92	65.86	48.11
					综合合价	2434.04	566.02	1381.75	3.07	80.91	232.49	169.83
	4-20	现浇混凝土 矩形柱	10 m^3	0.353	单价	6895.31	1603.47	3914.3	8.7	229.21	658.56	481.07
					合价	2434.04	566.02	1381.75	3.07	80.91	232.47	169.82
13	010502002001	构造柱	m^3	57.32	综合单价	865.21	281.14	367.28	0.87	40.08	115.47	60.36
					综合合价	49593.84	16115.17	21052.55	49.87	2297.39	6618.74	3459.84
	4-21 换	现浇混凝土 构造柱 换为【预拌混凝土 AC20】	10 m^3	5.732	单价	8652.06	2811.44	3672.81	8.7	400.79	1154.69	603.63
					合价	49593.61	16115.17	21052.55	49.87	2297.33	6618.68	3460.01

续表

专业工程名称:建筑工程　　　　金额单位:元

序号	项目编码	项目名称	计量单位	工程量	合计		其中					
							人工费	材料费	机械费	管理费	规费	利润
14	010503001001	基础梁	m^3	41.72	综合单价	607.94	109.61	394.31	0.87	15.72	45.02	42.41
					综合合价	25363.26	4572.93	16450.53	36.30	655.84	1878.23	1769.35
	4-24	现浇混凝土 基础梁、地圈梁、基础加筋带	10 m^3	4.172	单价	6079.35	1096.10	3943.08	8.70	157.15	450.18	424.14
					合价	25363.05	4572.93	16450.53	36.30	655.63	1878.15	1769.51
15	010503004001	圈梁	m^3	11.98	综合单价	789.48	233.46	370.88	0.87	33.31	95.88	55.08
					综合合价	9457.97	2796.83	4443.18	10.42	399.05	1148.64	659.86
	4-28 换	现浇混凝土 圈梁 换为【预拌混凝土 AC20】	10 m^3	1.198	单价	7894.81	2334.58	3708.83	8.70	333.06	958.84	550.80
					合价	9457.98	2796.83	4443.18	10.42	399.01	1148.69	659.86
16	010503005001	过梁	m^3	10.53	综合单价	834.71	256.17	377.69	0.87	36.53	105.21	58.23
					综合合价	8789.50	2697.48	3977.03	9.16	384.66	1107.86	613.16
	4-29 换	现浇混凝土 过梁 换为【预拌混凝土 AC20】	10 m^3	1.053	单价	8347.06	2561.71	3776.86	8.70	365.32	1052.12	582.35
					合价	8789.45	2697.48	3977.03	9.16	384.68	1107.88	613.21
17	010505001001	有梁板	m^3	587.63	综合单价	546.65	70.85	397.47	0.88	10.21	29.10	38.14
					综合合价	321227.90	41634.17	233565.30	515.35	5999.70	17100.03	22412.21
	4-37	现浇混凝土 有梁板	10 m^3	58.763	单价	5466.46	708.51	3974.70	8.77	102.11	290.99	381.38
					合价	321225.60	41634.17	233565.30	515.35	6000.29	17099.45	22411.03
18	010505006001	栏板	m^3	14.64	综合单价	793.78	222.16	393.34	0.09	31.57	91.24	55.38
					综合合价	11620.94	3252.39	5758.56	1.32	462.18	1335.75	810.76
	4-55	现浇混凝土 栏板(女儿墙)	10 m^3	1.464	单价	7937.85	2221.58	3933.44	0.90	315.70	912.43	553.80
					合价	11621.01	3252.39	5758.56	1.32	462.18	1335.80	810.76
19	010505008001	雨篷、悬挑板、阳台板	m^3	1.94	综合单价	759.66	212.44	375.78	0.87	30.32	87.25	53.00
					综合合价	1473.74	412.13	729.02	1.69	58.82	169.27	102.82
	4-54 换	现浇混凝土 雨篷、阳台板 换为【预拌混凝土 AC20】	10 m^3	0.194	单价	7596.63	2124.40	3757.82	8.70	303.20	872.51	530.00
					合价	1473.75	412.13	729.02	1.69	58.82	169.27	102.82
20	010506001001	直形楼梯	m^2	109.14	综合单价	237.77	77.07	101.12	0.34	11.00	31.65	16.59
					综合合价	25950.22	8410.98	11036.46	37.22	1200.54	3454.28	1810.63
	4-49	现浇混凝土 整体楼梯 直形	10 m^2	10.914	单价	2377.73	770.66	1011.22	3.41	110.03	316.52	165.89
					合价	25950.55	8410.98	11036.46	37.22	1200.87	3454.50	1810.52

续表

专业工程名称:建筑工程　　　　金额单位:元

序号	项目编码	项目名称	计量单位	工程量	合计		其中					
							人工费	材料费	机械费	管理费	规费	利润
21	010507001002	散水、坡道	m^2	12.39	综合单价	202.17	37.56	129.75		5.33	15.42	14.10
					综合合价	2504.89	465.31	1607.60		66.04	191.05	174.70
	4-70	现浇混凝土 混凝土坡道	10 m^2	0.439	单价	5705.86	1059.94	3661.96		150.55	435.33	398.08
					合价	2504.87	465.31	1607.60		66.09	191.11	174.76
22	010507001003	散水、坡道	m^2	142.85	综合单价	55.83	18.28	22.98	0.49	2.68	7.51	3.90
					综合合价	7975.32	2611.78	3282.52	69.73	382.84	1072.80	557.12
	4-68	现浇混凝土 散水 随打随抹面层 混凝土 60 mm	100 m^2	1.4285	单价	5583.38	1828.34	2297.88	48.81	267.89	750.92	389.54
					合价	7975.86	2611.78	3282.52	69.73	382.68	1072.69	556.46
23	010507004001	台阶	m^2	18.35	综合单价	95.48	18.06	59.90	0.75	2.69	7.42	6.66
					综合合价	1752.06	331.35	1099.15	13.78	49.36	136.16	122.21
	4-64	现浇混凝土 台阶	100 m^2	0.1835	单价	9547.62	1805.74	5989.94	75.09	269.10	741.64	666.11
					合价	1751.99	331.35	1099.15	13.78	49.38	136.09	122.23
24	010515001001	现浇构件钢筋	t	66.411	综合单价	5137.69	1276.90	2849.82	28.17	99.92	524.44	358.44
					综合合价	341199.10	84800.21	189259.40	1870.80	6635.79	34828.58	23804.36
	4-126	现浇构件普通钢筋 圆钢筋 D10 以内	t	66.411	单价	5137.69	1276.90	2849.82	28.17	99.92	524.44	358.44
					合价	341199.10	84800.21	189259.40	1870.80	6635.79	34828.58	23804.36
25	010515001002	现浇构件钢筋	t	85.8	综合单价	4820.86	961.63	2947.68	85.98	94.28	394.95	336.34
					综合合价	413629.80	82507.85	252910.94	7377.08	8089.22	33886.71	28857.97
	4-128	现浇构件普通钢筋 螺纹钢筋 D20 以内	t	85.8	单价	4820.86	961.63	2947.68	85.98	94.28	394.95	336.34
					合价	413629.80	82507.85	252910.94	7377.08	8089.22	33886.71	28857.97
26	010515001003	现浇构件钢筋	t	18.804	综合单价	4210.08	603.42	2933.47	68.27	63.36	247.83	293.73
					综合合价	79166.34	11346.71	55160.97	1283.75	1191.42	4660.20	5523.30
	4-129	现浇构件普通钢筋 螺纹钢筋 D20 以外	t	18.804	单价	4210.08	603.42	2933.47	68.27	63.36	247.83	293.73
					合价	79166.34	11346.71	55160.97	1283.75	1191.42	4660.20	5523.30
27	010516003002	机械连接	个	1920	综合单价	23.49	10.40	4.41	1.57	1.21	4.27	1.64
					综合合价	45100.80	19960.32	8471.04	3010.56	2323.20	8198.40	3148.80
	4-160	钢筋电渣压力焊接头	10 个	192	单价	234.92	103.96	44.12	15.68	12.07	42.70	16.39
					合价	45104.64	19960.32	8471.04	3010.56	2317.44	8198.40	3146.88

续表

专业工程名称：建筑工程　　　　　　　　　　　　　　　　　　　　金额单位：元

序号		项目名称	计量单位	工程量	合计		其中					
							人工费	材料费	机械费	管理费	规费	利润
28	010902001001	屋面卷材防水	m^2	922.36	综合单价	20.90	7.01	8.30	0.62	0.65	2.88	1.46
					综合合价	19277.32	6462.05	7651.07	571.40	599.53	2656.40	1346.65
	7-1	1∶3 水泥砂浆抹找平层 在填充材料上 2 cm 厚现场搅拌砂浆	100 m^2	9.2236	单价	2090.18	700.60	829.51	61.95	64.55	287.740	145.83
					合价	19278.98	6462.05	7651.07	571.40	595.38	2654.00	1345.08
29	010902001002	屋面卷材防水	m^2	922.36	综合单价	78.54	2.62	69.14		0.23	1.08	5.48
					综合合价	72442.15	2419.28	63769.66		212.14	996.15	5054.53
	7-27	改性沥青卷材 冷粘法一层 平面	100 m^2	8.7856	单价	7837.86	251.99	6913.75		21.79	103.50	546.83
					合价	68860.30	2213.88	60741.44		191.44	909.31	4804.23
	7-28	改性沥青卷材 冷粘法一层 立面	100 m^2	0.438	单价	8187.04	468.95	6913.75		40.55	192.60	571.19
					合价	3585.92	205.40	3028.22		17.76	84.36	250.18
30	010902004001	屋面排水管	m	162	综合单价	56.96	4.42	46.37		0.38	1.81	3.97
					综合合价	9227.52	715.76	7512.72		61.56	293.22	643.14
	7-91	屋面排水 UPVC 雨水管 直径 110 mm 以内	100 m	1.62	单价	5696.39	441.83	4637.48		38.20	181.46	397.42
					合价	9228.15	715.76	7512.72		61.88	293.97	643.82
31	010902004002	屋面排水管	个	20	综合单价	114.8	25.14	69.15		2.17	10.33	8.01
					综合合价	2296.00	502.85	1382.96		43.40	206.60	160.20
	7-100	屋面排水 雨水斗 UPVC	10 个	1	单价	1521.60	354.82	884.21		30.68	145.73	106.16
					合价	1521.60	354.82	884.21		30.68	145.73	106.16
	7-107	屋面排水 弯头 UPVC	10 个	1	单价	774.41	148.03	498.75		12.80	60.80	54.03
					合价	774.41	148.03	498.75		12.80	60.80	54.03
32	011001001001	保温隔热屋面	m^2	878.07	综合单价	56.87	4.40	46.01		0.68	1.81	3.97
					综合合价	49935.84	3867.58	40399.47		597.09	1589.31	3485.94
	8-175	保温隔热屋面 聚苯乙烯泡沫塑料板	10 m^2	7.028	单价	7105.34	550.31	5748.36		84.93	226.02	495.72
					合价	49936.33	3867.58	40399.47		596.89	1588.47	3483.92
33	011001001002	保温隔热屋面	m^2	878.07	综合单价	46.65	13.73	21.90		2.12	5.64	3.25
					综合合价	40961.97	12060.15	19226.60		1861.51	4952.31	2853.73
	8-176	保温隔热屋面 1∶6 水泥炉渣泛水	10 m^2	9.313	单价	4398.03	1294.98	2064.49		199.86	531.86	306.84
					合价	40958.85	12060.15	19226.60		1861.30	4953.21	2857.60

10.3.7 措施项目清单(一)计价表(建筑工程)

措施项目清单(一)计价表

专业工程名称:建筑工程　　　　金额单位:元

序号	项目编码	项目名称	计算基础	金额	其中:规费
1	011707001001	安全文明施工	AQWMCSF	115886.87	6647.24
2	011707002001	夜间施工			
3	011707003001	非夜间施工照明	0×0.8×18.46		
4	011707004001	二次搬运	CLF+ZCF+SBF+JSCS_CLF		
5	011707005001	冬雨季施工	RGF+CLF+JXF+ZCF+SBF+JSCS_RGF+JSCS_CLF+JSCS_JXF	32779.68	6028.61
6	011707006001	地上、地下设施、建筑物的临时保护设施			
7	011707301001	竣工验收存档资料编制	RGF+CLF+JXF+ZCF+SBF+JSCS_RGF+JSCS_CLF+JSCS_JXF	2711.23	
8	011707302001	建筑垃圾运输费			
9	011707303001	危险性较大的分部分项工程措施			
本页小计				151377.78	12675.85
本表合计[结转至工程量清单计价汇总表]				151377.78	12675.85

10.3.8　措施项目清单(二)计价表(建筑工程)

措施项目清单(二)计价表

专业工程名称:建筑工程　　　　金额单位:元

序号	项目编号	项目名称	项目特征	计量单位	工程量	金额		
						综合单价	合价	其中:规费
1	011701001001	综合脚手架		m^2	3572.80	39.04	139482.11	26974.64
	12-9	多层建筑综合脚手架 框架结构 檐高 20 m 以内		100 m^2	35.7280	3904.35	139494.62	26978.21
2	011702001001	基础		m^2(项)	1	10033.33	10033.33	1249.12
	13-7	现浇混凝土模板措施费 独立基础 钢筋混凝土		100 m^2	1.1815	8492.03	10033.33	1249.12
3	011702002001	矩形柱		m^2(项)	1	13766.00	13766.00	1699.45
	13-16	现浇混凝土模板措施费 矩形柱		100 m^2	1.3851	9531.99	13202.76	1618.64
	13-186	层高超过 3.6 m 模板增价(每超高 1 m) 柱		100 m^2	1.3851	159.64	221.12	38.58
	13-16	现浇混凝土模板措施费 矩形柱		100 m^2	0.0353	9531.99	336.48	41.25
	13-186	层高超过 3.6 m 模板增价(每超高 1 m) 柱		100 m^2	0.0353	159.64	5.64	0.98
4	011702003001	构造柱		m^2(项)	1	4123.66	4123.66	483.36
	13-17	现浇混凝土模板措施费 构造柱		100 m^2	0.5732	7034.45	4032.15	467.40
	13-186	层高超过 3.6 m 模板增价(每超高 1 m) 柱		100 m^2	0.5732	159.64	91.51	15.96
5	011702005001	基础梁		m^2(项)	1	3278.17	3278.17	368.08
	13-20	现浇混凝土模板措施费 基础梁、地圈梁、基础加筋带		100 m^2	0.4172	7857.54	3278.17	368.08
6	011702008001	圈梁		m^2(项)	1	1005.8	1005.80	139.34
	13-25	现浇混凝土模板措施费 圈梁 直形		100 m^2	0.1198	7650.37	916.51	123.38
	13-187	层高超过 3.6 m 模板增价(每超高 1 m) 梁		100 m^2	0.1198	745.30	89.29	15.96
7	011702009001	过梁		m^2(项)	1	1211.68	1211.68	184.29
	13-27	现浇混凝土模板措施费 过梁		100 m^2	0.1053	10761.67	1133.20	170.26
	13-187	层高超过 3.6 m 模板增价(每超高 1 m) 梁		100 m^2	0.1053	745.3	78.48	14.03
8	011702014001	有梁板		m^2(项)	1	54916.03	54916.03	7257.11
	13-36	现浇混凝土模板措施费 有梁板		100 m^2	5.8763	8609.09	50589.60	6458.05
	13-189	层高超过 3.6 m 模板增价(每超高 1 m) 板		100 m^2	5.8763	736.25	4326.43	799.06
9	011702021001	栏板		m^2(项)	1	1383.30	1383.30	196.50
	13-53	现浇混凝土模板措施费 栏板		100 m^2	0.1464	9448.78	1383.30	196.50
10	011702023001	雨篷、悬挑板、阳台板		m^2(项)	1	286.42	286.42	44.24
	13-51	现浇混凝土模板措施费 雨篷		100 m^2	0.0194	14764.16	286.42	44.24
本页小计							229486.50	38596.13

续表

专业工程名称：建筑工程　　　　金额单位：元

序号	项目编号	项目名称	项目特征	计量单位	工程量	金额		
						综合单价	合价	其中：规费
11	011702024001	楼梯		m^2(项)	1	23081.03	23081.03	3900.73
	13-46	现浇混凝土模板措施费 楼梯直形		100 m^2	1.0914	21148.09	23081.03	3900.73
12	011702025001	其他现浇构件		m^2(项)	1	464.68	464.68	87.61
	13-62	现浇混凝土模板措施费 坡道		10 m^2	0.439	1058.50	464.68	87.61
13	011702027001	台阶		m^2(项)	1	1784.45	1784.45	153.63
	13-61	现浇混凝土模板措施费 台阶		100 m^2	0.1835	9724.55	1784.45	153.63
14	011703301003	建筑物垂直运输		m^2	3572.8	34.55	123440.24	
	15-2 换	建筑物垂直运输 框架结构 檐高 20 m 以内（层高 3.9 m，增设塔吊）		m^2	3572.8	34.55	123440.24	
15	011705301001	塔式起重机基础		座	1	7999.54	7999.54	720.29
	16-1	塔式起重机固定式基础(带配重)		座	1	7999.54	7999.54	720.29
16	011705303001	大型机械安拆费		台次	1	38835.00	38835	5569.24
	16-4	自升式塔式起重机安拆费		台次	1	38835.00	38835	5569.24
17	011705304001	大型机械进出场费		台次	2	19589.36	39178.72	2413.34
	16-35	自升式塔式起重机场外包干运费		台次	1	33110.33	33110.33	1856.41
	16-19	履带式挖掘机场外包干运费 1 m^3 以内		台次	1	6068.38	6068.38	556.92
18	011706001001	成井		m	15	441.50	6622.50	680.10
	11-3	排水井 大口井 直径 50 cm 以内		m	15	441.50	6622.50	680.10
19	011706002001	排水、降水		昼夜	150	90.95	13642.50	1774.50
	11-5	抽水机抽水 *DN*100 潜水泵		天	150	90.95	13642.50	1774.50
20	041102001001	垫层模板		m^2	1	8512.90	8512.90	1102.06
	13-1	现浇混凝土模板措施费 垫层		100 m^2	0.4246	8044.70	3415.78	442.20
	13-1	现浇混凝土模板措施费 垫层		100 m^2	0.6336	8044.70	5097.12	659.86
本页小计							263561.56	16401.50
本表合计[结转至工程量清单计价汇总表]							493048.06	54997.63

10.3.9 措施项目清单(二)综合单价分析表(建筑工程)

措施项目清单(二)综合单价分析表

专业工程名称:建筑工程　　　　金额单位:元

序号	项目编码	项目名称	计量单位	综合单价	其中					
					人工费	材料费	机械费	管理费	规费	利润
1	011701001001	综合脚手架	m^2	39.04	18.39	6.99	0.68	2.71	7.55	2.72
2	011702001001	基础	m^2	10033.33	3041.35	4231.53	249.79	561.54	1249.12	700.00
3	011702002001	矩形柱	m^2	13766	4137.82	5731.09	463.08	774.14	1699.45	960.42
4	011702003001	构造柱	m^2	4123.66	1176.90	1764.09	186.87	224.72	483.36	287.71
5	011702005001	基础梁	m^2	3278.17	896.20	1503.51	112.96	168.71	368.08	228.71
6	011702008001	圈梁	m^2	1005.80	339.24	366.23	28.16	62.66	139.34	70.17
7	011702009001	过梁	m^2	1211.68	448.71	373.43	37.80	82.92	184.29	84.54
8	011702014001	有梁板	m^2	54916.03	17669.62	20346.27	2465.76	3345.90	7257.11	3831.35
9	011702021001	栏板	m^2	1383.30	478.43	502.35	22.56	86.96	196.50	96.51
10	011702023001	雨篷、悬挑板、阳台板	m^2	286.42	107.72	92.58	2.52	19.37	44.24	19.98
11	011702024001	楼梯	m^2	23081.03	9497.50	6109.90	252.43	1710.16	3900.73	1610.31
12	011702025001	其他现浇构件	m^2	464.68	213.31	82.79	9.80	38.75	87.61	32.42
13	011702027001	台阶	m^2	1784.45	374.07	1029.83	33.16	69.27	153.63	124.5
14	011703301003	建筑物垂直运输	m^2	34.55			30.62	1.52		2.41
15	011705301001	塔式起重机基础	座	7999.54	1753.76	4616.19	75.66	275.53	720.29	558.11
16	011705303001	大型机械安拆费	台次	38835	13560.00	423.92	13606.11	2966.31	5569.24	2709.42
17	011705304001	大型机械进出场费	台次	19589.36	2938.00	274.94	12544.27	1258.79	1206.67	1366.70
18	011706001001	成井	m	441.50	110.40	169.21	74.81	10.94	45.34	30.80
19	011706002001	排水、降水	昼夜	90.95	28.80		40.09	3.88	11.83	6.35
20	041102001001	垫层模板	m^2	8512.90	2683.30	3474.66	167.85	491.11	1102.06	593.92

10.3.10 主要材料表(建筑工程)

主要材料表

专业工程名称:建筑工程　　金额单位:元

序号	名称及规格	单位	材料量	市场价	合计
1	页岩标砖 240×115×53	千块	69.32464	578.8	40125.10
2	预拌混凝土 AC20	m^3	83.04655	353.38	29346.99
3	预拌混凝土 AC15	m^3	78.96693	341.29	26950.62
4	钢筋 D10 以内	t	67.83128	2700.29	183164.14
5	木模板周转费	元	21720.31	1	21720.31
6	湿拌砌筑砂浆 M7.5	m^3	102.42272	373	38203.67
7	加气混凝土砌块 300×600×(125～300)	m^3	1010.30832	363.17	366913.67
8	脚手架周转费	元	15167.61	1	15167.61
9	螺纹钢 D20 以内	t	87.94500	2741.25	241079.23
10	螺纹钢 D20 以外	t	19.27410	2727.25	52565.29
11	水泥	kg	31227.66363	0.37	11554.24
12	预拌混凝土 AC10	m^3	42.88460	332.16	14244.55
13	预拌混凝土 AC30	m^3	946.00996	376.62	356286.27
14	SBS 改性沥青防水卷材 3 mm	m^2	1066.5710	40.02	42684.17
15	SBS 弹性沥青防水胶	kg	266.75	35	9336.13
16	聚丁胶胶粘剂	kg	495.70	20	9914.08
17	炉渣	m^3	98.81093	117.31	11591.51
18	聚苯乙烯泡沫塑料板	m^3	70.98280	448.33	31823.72
19	胶合板模板周转费	元	15899.43	1	15899.43
20	材料采管费	元	33426.58	1	33426.58
合计					1551997.31

装饰装修专业相应表格亦采用相同的方法输出打印,篇幅所限,在此不列入。

一般计算机的软件、硬件条件均能满足其运行环境要求。安装时，清单库应选择现行清单计价规范及计算规范，定额库应选择相应地区及版本。安装文件至少包括以下5项。

(1) 广联达计价软件 GBQ4.0；

(2) 广联达计价软件 GBQ4.0 服务端；

(3) GBQ4.0 定额库；

(4) GBQ4.0 清单库；

(5) 报表。

安装文件选择如图10.76所示。

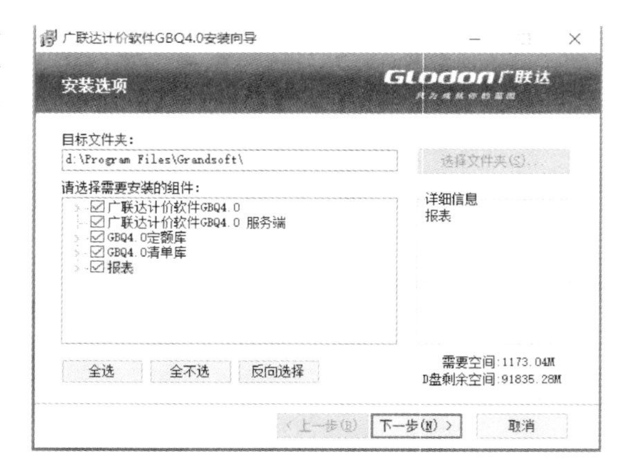

图 10.76　安装文件

11 BIM 技术工程应用

近年来，建筑信息化逐渐兴起，并主导未来建筑技术发展的主要方向。随着建筑信息化技术的快速发展，它已逐渐深入工程设计、施工及现场管理的方方面面，在给工程技术及管理人员的工作带来极大方便的同时，也对他们提出了更大的挑战。本章就当前应用较广泛的 BIM 技术，针对其在工程设计、施工及管理过程中的应用进行初步介绍，主要包括 BIM 技术概况、BIM 技术中的 Revit 软件的建模、Lumion 软件在场地布局效果图中的渲染应用，以及 Revit 在造价计算中工程量的统计等相关内容。

11.1 BIM 技术概论

建筑信息模型(Building Information Modeling，简称 BIM)是一种将现代信息技术与数字模型有机融合的工具，也是一种融指导设计、施工、造价计算等于一体的管理方法。BIM 技术能以三维形式展示整个建筑的信息化模型，给人以视觉冲击。BIM 融合了建筑材料、面积、质量、混凝土强度、钢筋数量等全方位的数字化模型，涉及设计、施工等建筑工程的各个阶段，在项目的建造与运行维护过程中，实现多重数据的传递和共享，使相关的技术管理人员能够高效地运用和管控各种建筑信息，为工程项目的建设单位、设计单位、施工单位的协同运营提供基础，也为建筑的全生命周期提供数字化和信息化的管理，最终极大地提高了数据的传递效率，如图 11.1 所示。BIM 技术在缩短工期、节约成本、提高工作效率等方面发挥着重要作用。

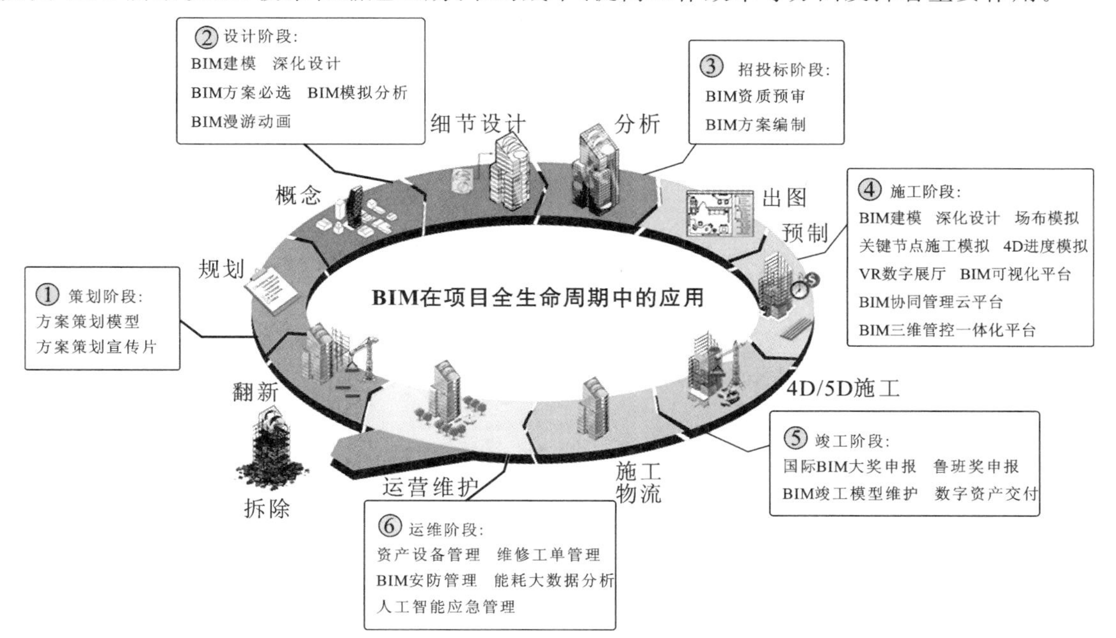

图 11.1　建筑全生命周期信息协同示意图

11.2　BIM 建模设计

BIM 技术主要依附于 Revit 软件进行建模，建模的详细过程不再赘述，可以参考相关的软件使用书籍。本章以某小学教学楼工程为例，其工程建筑平面图如图 11.2 所示，主要就 BIM 在工程设计建模中的应用加以说明和描述。

11.2.1　创建建筑标高和轴网

新建项目，创建标高与轴网。标高用于反映建筑构件在高度方向上的定位情况，轴网用于反映建筑构件在平面方向上的定位情况。以前述某小学教学楼为例，对建筑项目模型进行创建。

(1) 创建建筑项目文件。打开 Revit 软件，在首页选择"项目 → 新建"，弹出"新建项目"对话框，在"浏览"中找到"建筑样板"并打开，即完成了新项目的创建，如图 11.3 所示。

(2) 在工作面板的左侧找到项目浏览器，以其中"南立面"视图为例，选择"项目浏览器 → 立面 → 南"，双击"南"切换至对应立面视图中。

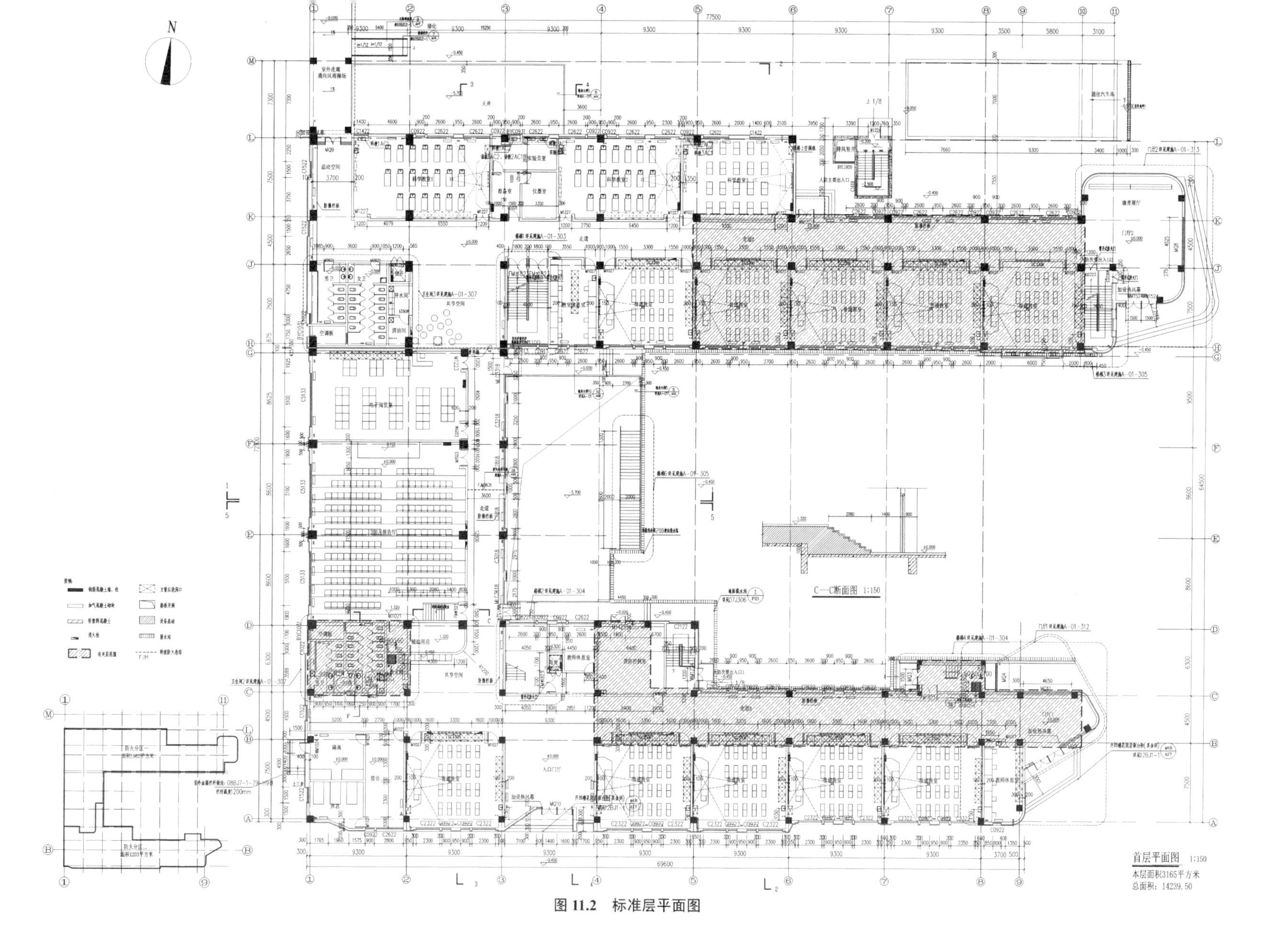

图 11.2　标准层平面图

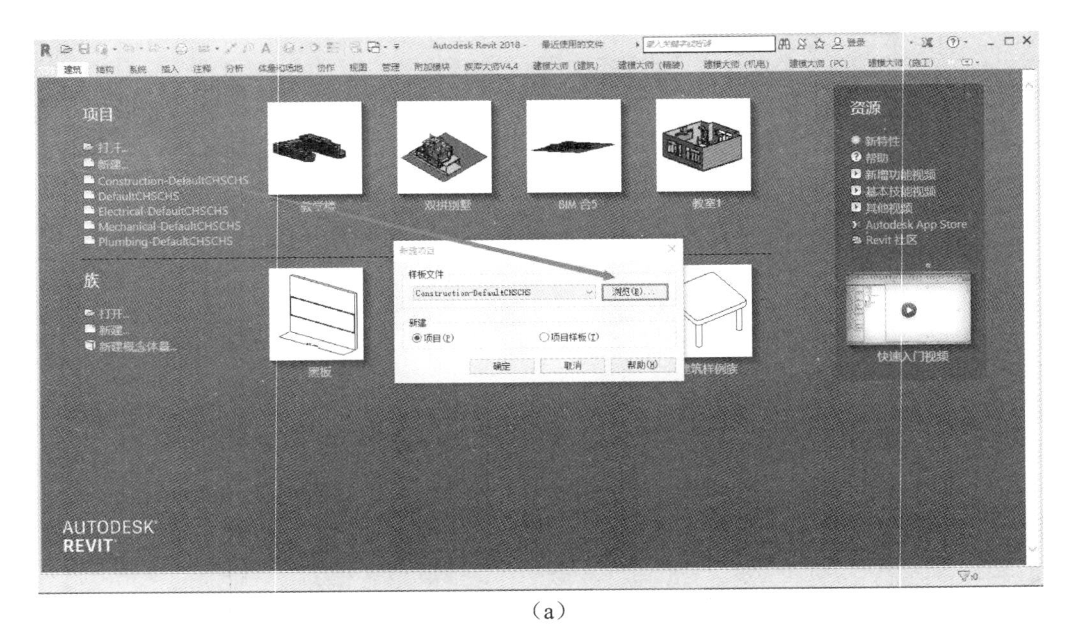

(a)

(b)

图 11.3　新建项目

(a) 新建样板；(b) 打开样板

(3) 在视图中适当放大标高右侧标高位置，单击鼠标左键选中“标高 1”的文字部分，进入文本编辑状态，将“标高 1”改为“F1”后按“Enter”键，会弹出“是否希望重命名相应视图”对话框，选择“是”；选中此标高，在属性栏中将此标高“正负零标高”改为“下标头”，同样用此方法修改“标高 2”的内容，如图 11.4 所示。

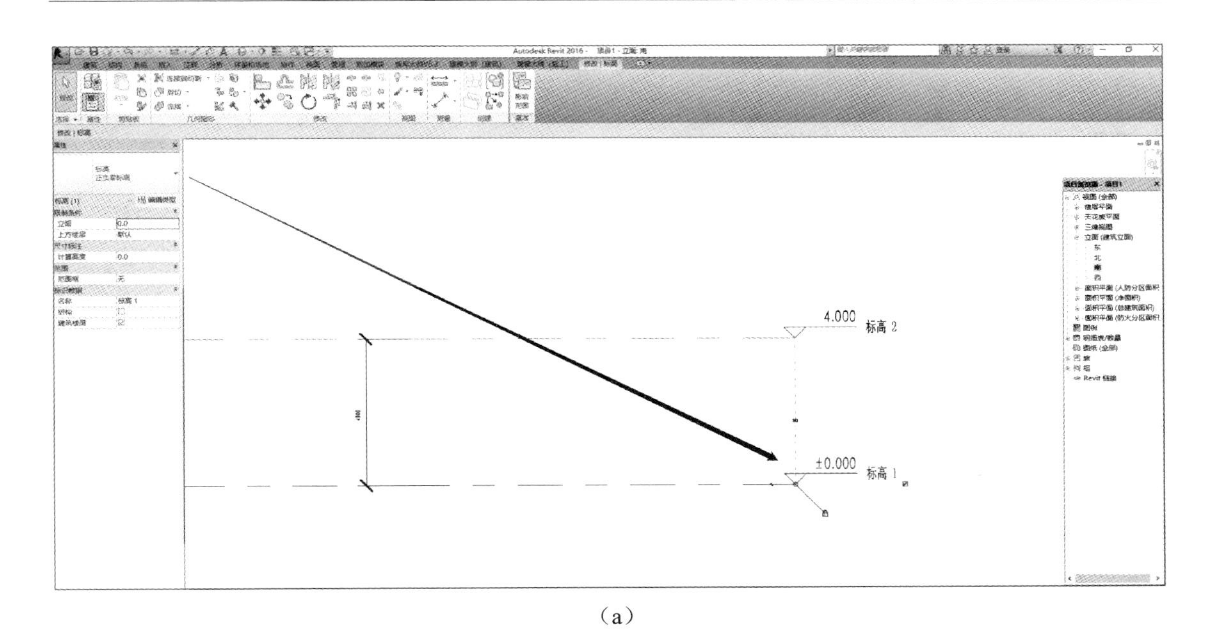

(a)

图 11.4　立面图标高设定

(4) 移动鼠标至“标高 2”标高值位置，单击标高值，进入标高值文本编辑状态，修改数字为所需值，按“Enter”键确定；或者选中“标高 1”，在界面的上部修改栏中找到“　”复制命令，选择“多个”，将鼠标移动至所需添加标高的方向，输入相应的数字即可得到所需标高，如图 11.5 所示。

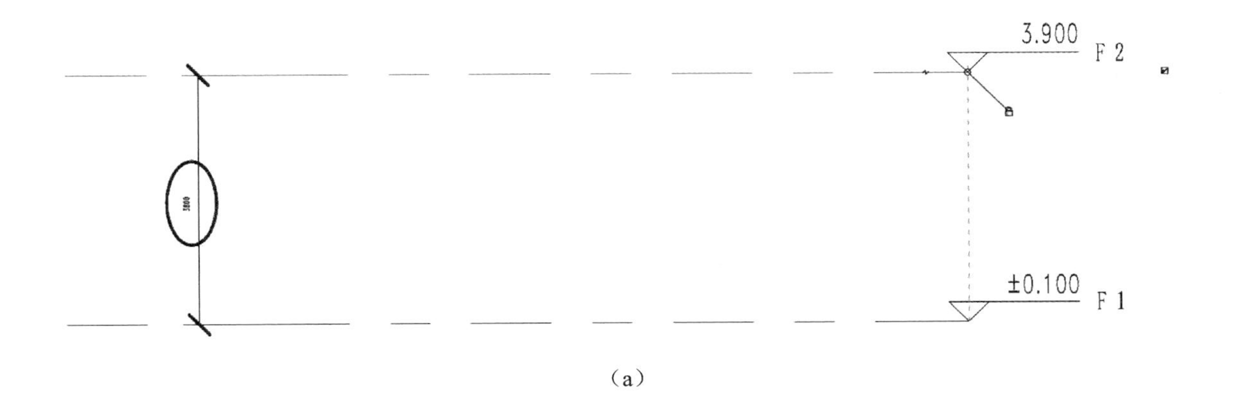

(a)

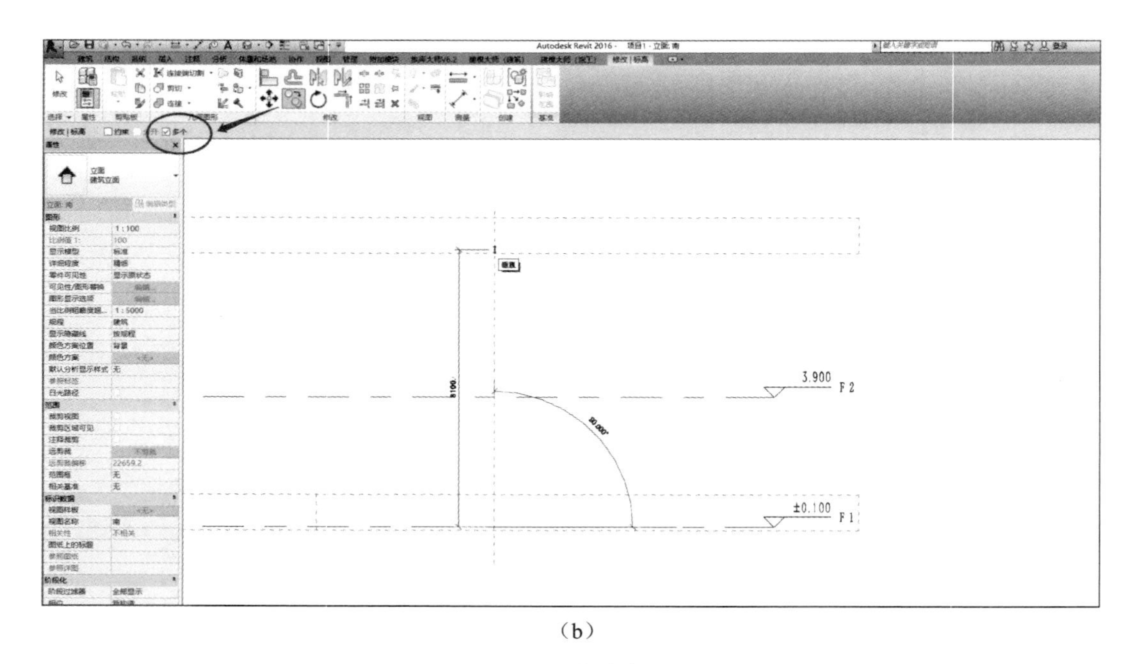

(b)

图 11.5　标高复制

(5) 开始绘制轴网。在项目浏览器中找到“楼层平面”，打开 F1，进入到一层平面图，在“建筑”中找到轴网，进入轴网绘制界面。先绘制出一条轴线，长度根据需求确定。之后可通过复制命令进行轴网的绘制（注意：先勾选“多个”选项，再进行复制可连续进行多个轴网的复制），点击标头可修改数字或字母，如图 11.6 所示。

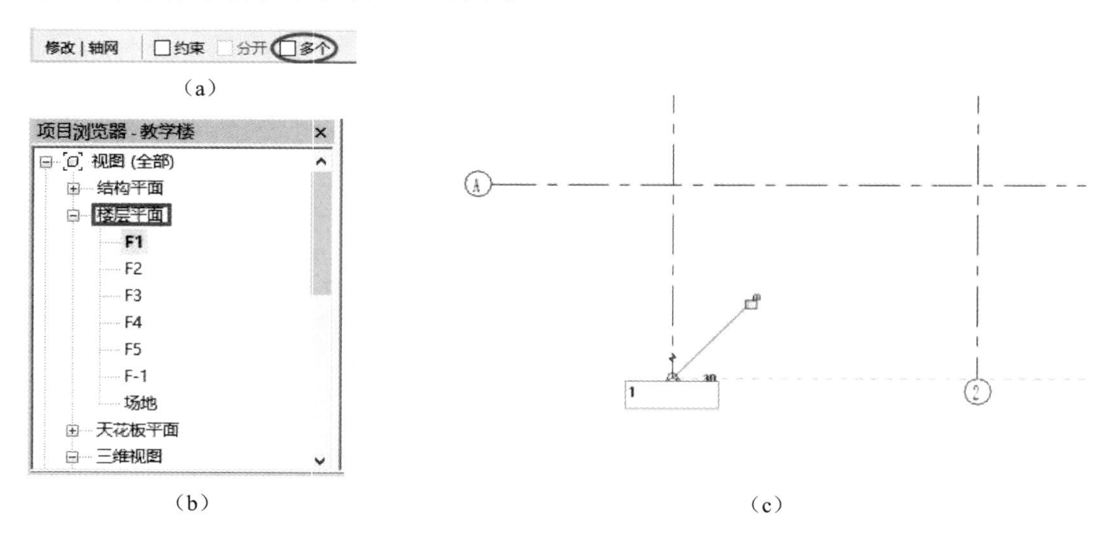

(a)　　(b)　　(c)

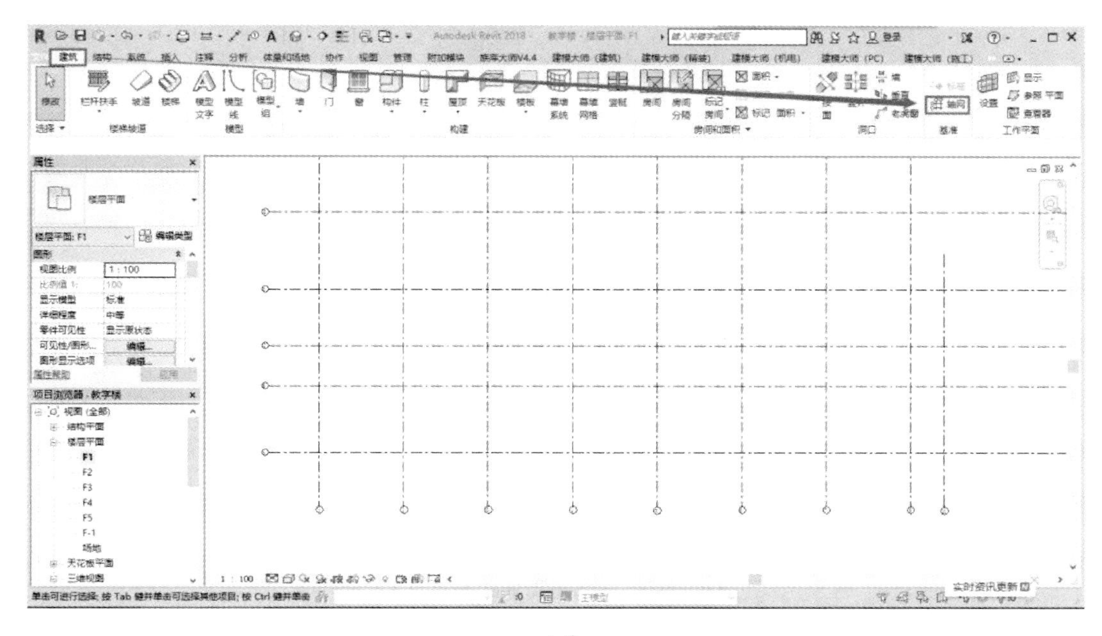

（d）

图 11.6　绘制轴网

（a）勾选多个；（b）楼层平面；（c）轴线编号；（d）轴网复制

11.2.2　创建墙体及门窗

（1）在楼层平面 F1 中打开视图。在“建筑”选项中找到“墙”，点击进入墙的绘制界面，滑动鼠标在轴网上可自动锁定目标，单击开始进入墙体绘制。墙体的设置可在“编辑类型”中修改，在“编辑类型”中找到“编辑”，墙的厚度、材质等均可进行修改，如图 11.7 所示。

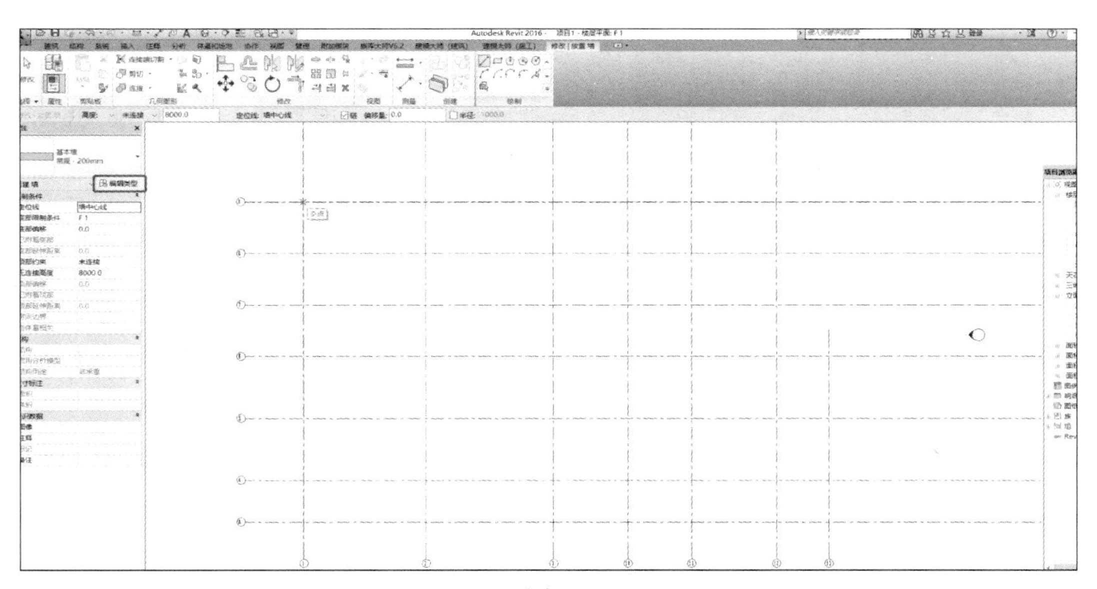

（a）

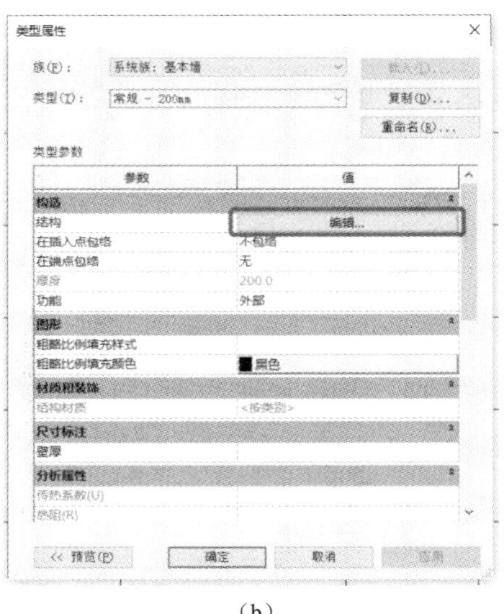

(b)

图 11.7　编辑墙体类型

(a) 编辑类型；(b) 类型属性

(2) 单击“墙”命令后，可在“绘制”中利用各种不同的墙体命令进行绘制。例如，“拾取线”命令，可直接选中所画轴线生成墙体；“线”命令，可沿所选方向绘制墙体，可通过修改轴线上部的数字绘制所需长度的墙体；其他各种命令，包括“矩形”“起点—终点—半径弧”都在实际操作中常用，如图 11.8 所示。

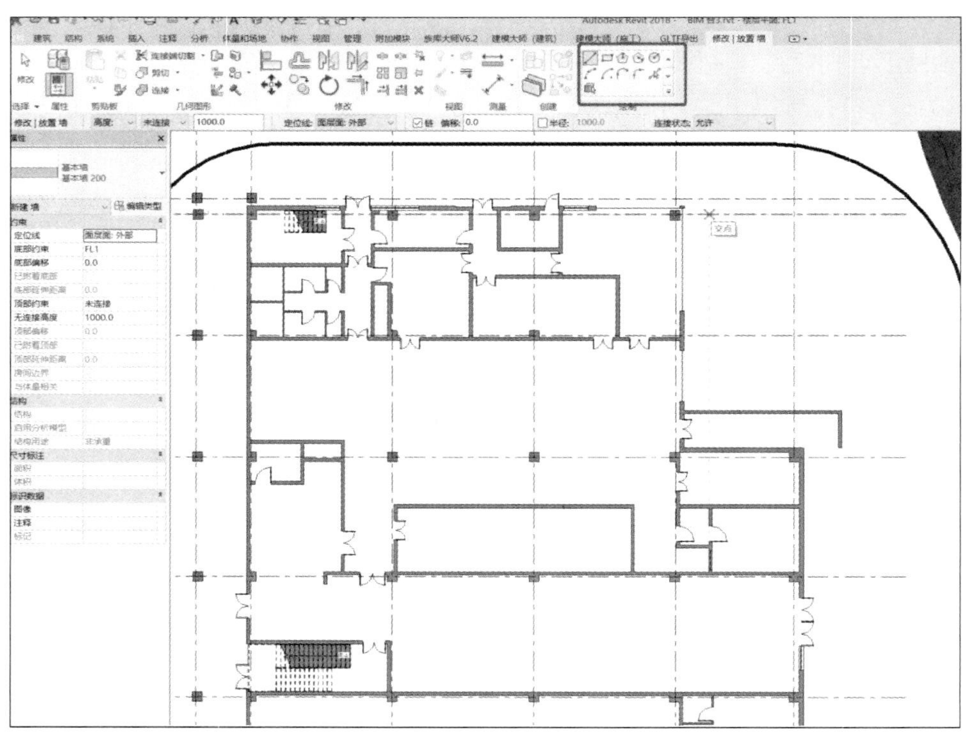

(a)

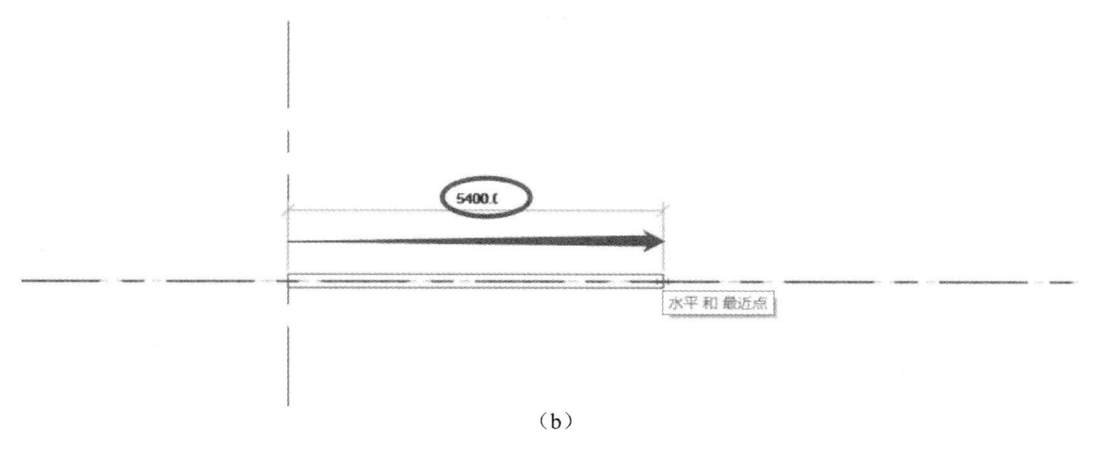

(b)

图 11.8 绘制墙体

(a) 墙体绘制;(b) 墙体长度设定

(3)F1 楼层的墙体绘制完成之后进行门窗的绘制。打开" 窗 "命令进行窗的绘制。可在属性栏中选择窗的样式,同样可在"编辑类型"中修改窗的尺寸大小和材质[图 11.9(a)]。修改完成后单击所需窗类型,用鼠标将其拖动至墙体上即可绘制窗。可通过修改窗距左右边参照物的距离数据来调整窗的位置。

(4) 绘制门的操作与窗类似。在"建筑"中找到" 门 ",点击进入门的绘制界面。可先在"编辑类型"中修改门的各项参数。选定门的类型后,滑动鼠标至墙体处会自动生成门,通过修改门距上下参照物的距离调整门的位置[图 11.9(b)]。

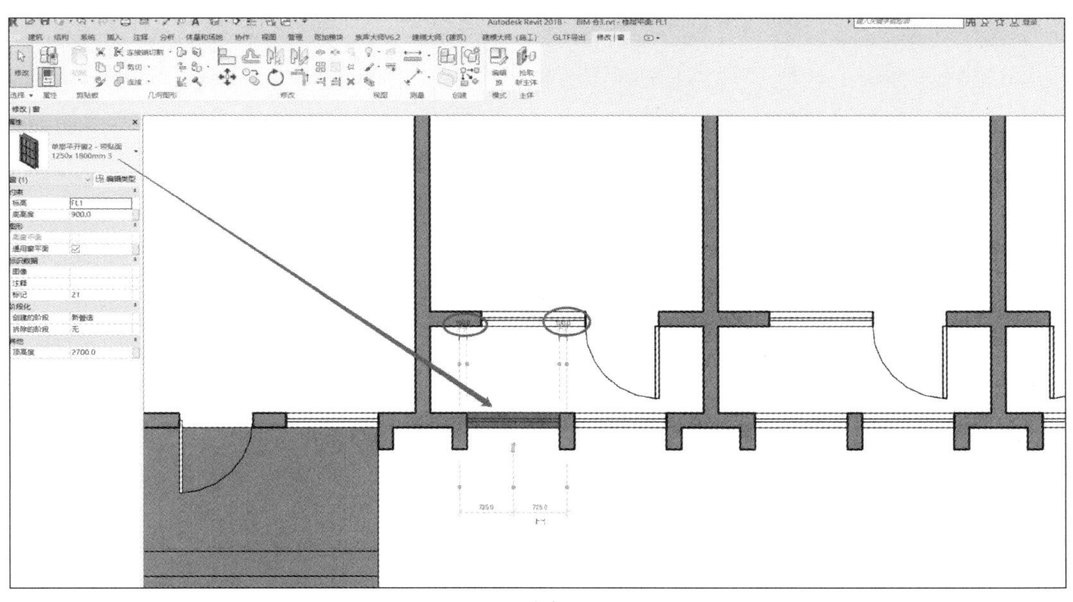

(a)

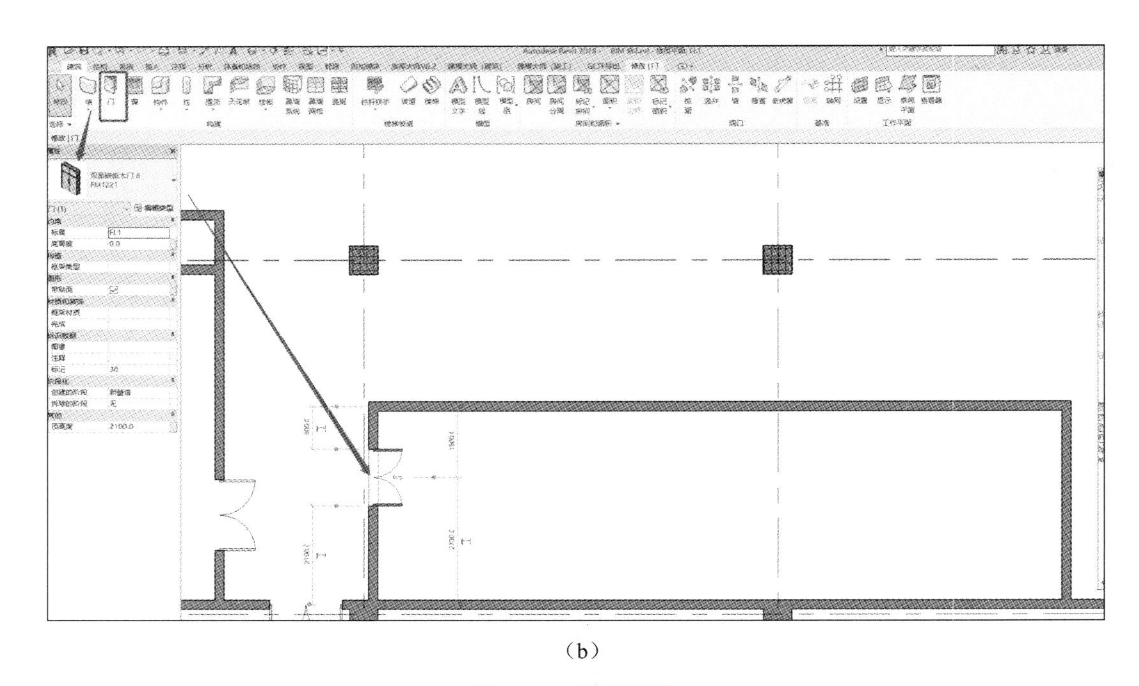

(b)

图 11.9　绘制门窗

(a) 绘制窗；(b) 绘制门

11.2.3　创建楼板和楼梯

1. 楼板绘制

(1)F1 楼层的墙体、窗和门绘制结束后，接下来进行楼板的绘制。在“建筑”中找到“楼板”命令，单击打开楼板的绘制界面。首先需要编辑边界，在“绘制”框中有多种绘制边界的命令。在建模中常用“拾取墙”“拾取线”的命令，将鼠标滑动到已经画好的墙或者轴网上，按住“Tab”键可快速锁定边界，再利用“ ”对齐命令，将超过墙或轴线的线连接起来，如图 11.10 所示。

(2) 边界绘制完成后，点击勾号表示楼板创建完成。点击鼠标左键框选该层平面内容(墙、门、窗、楼板)将其复制到“剪切板”中，再单击 F2 楼层平面，选择“粘贴”中的“与选定的标高对齐”，再选定“F2”，点击“确定”，即可将 F1 楼层的设置复制到 F2 楼层中去。再对 F2 楼层平面的墙、门、窗、楼板进行修改，如图 11.11 所示。

(3) 重复上述过程进行多个楼层的复制，从三维视图“ ”中查看整体绘制结果，无问题后进行楼梯的绘制。

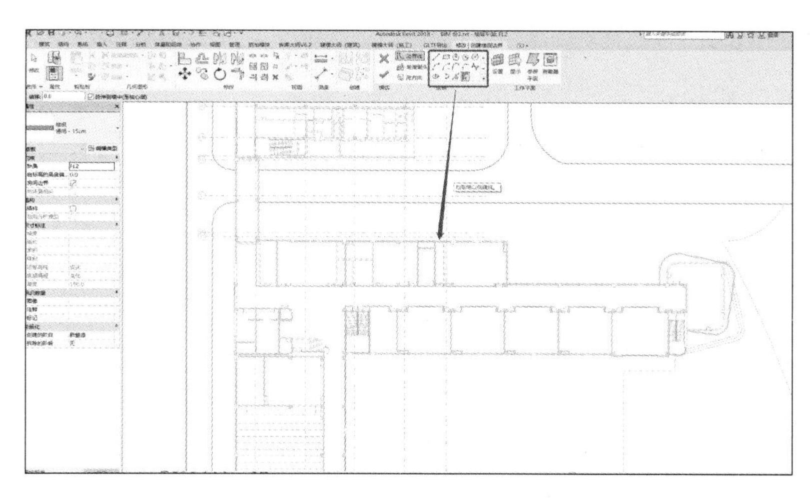

图 11.10 绘制楼板

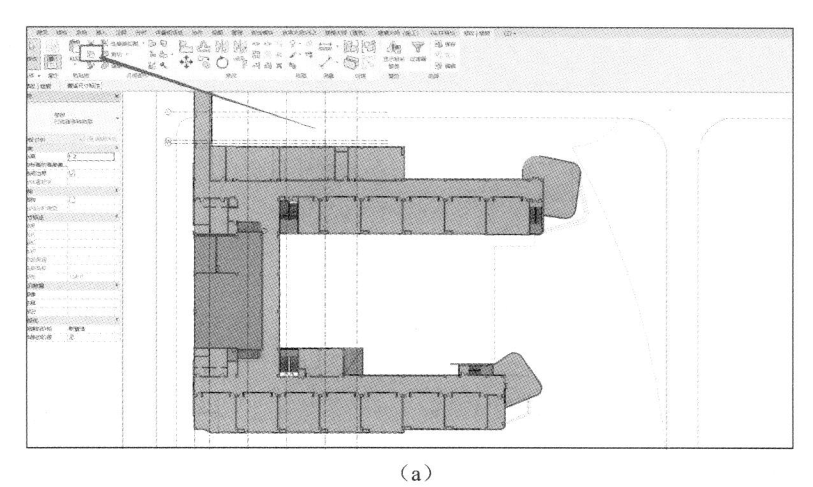

(a)

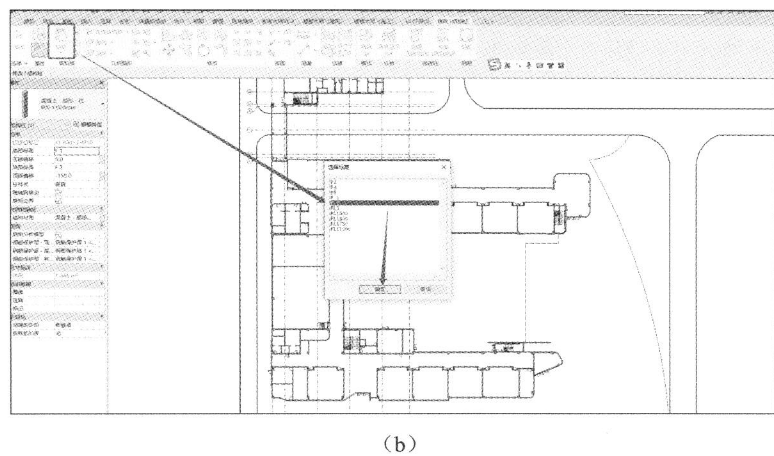

(b)

图 11.11 复制构件

(a) 选中构件；(b) 复制到指定楼层

2. 楼梯绘制

在"建筑"选项中找到"楼梯",点击进入楼梯绘制界面,在"构件"中选择直梯,即可在版面上进行楼梯的绘制,在左侧的"属性"栏中先点击"编辑类型"进入楼梯数据编辑界面,可对楼梯的各项数据进行调整,如图 11.12 所示。

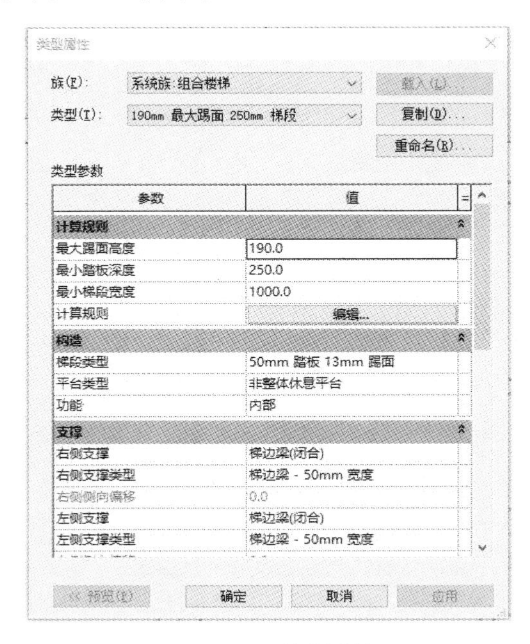

图 11.12　编辑属性

绘制楼梯的具体步骤:可先用快捷键"rp"或者找到"参照平面"绘制出楼梯的位置线,将楼梯位置确定好,如图 11.13(a) 所示。绘制好位置线后,再绘制楼梯,选择"直跑"楼梯,沿提前做好的线路绘制楼梯和平台。画完初始的楼梯再找到"栏杆扶手",可沿"踏板"或"梯边梁"添加栏杆扶手[图 11.13(b)],栏杆扶手的形式也可编辑修改,如图 11.13(c) 所示。

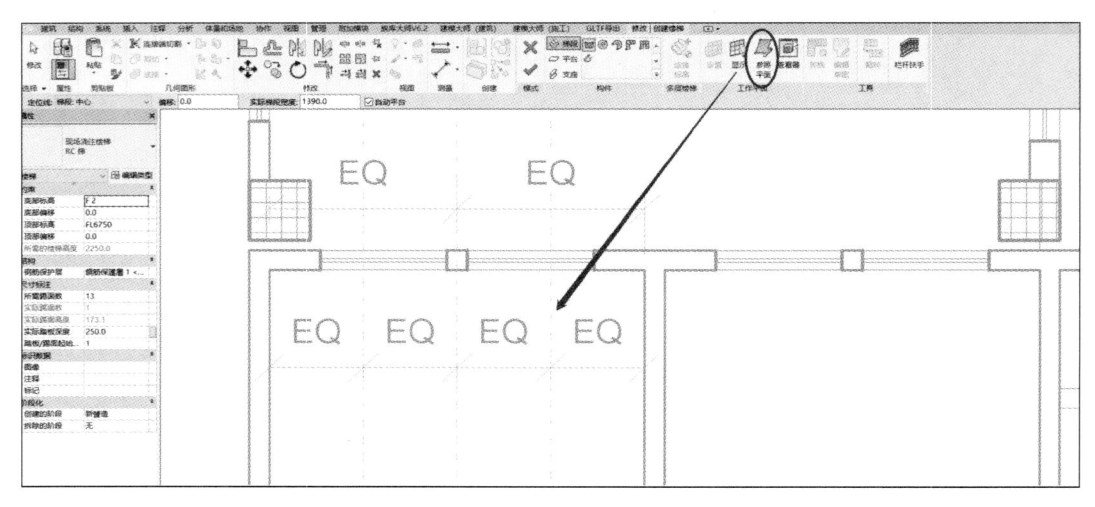

(a)

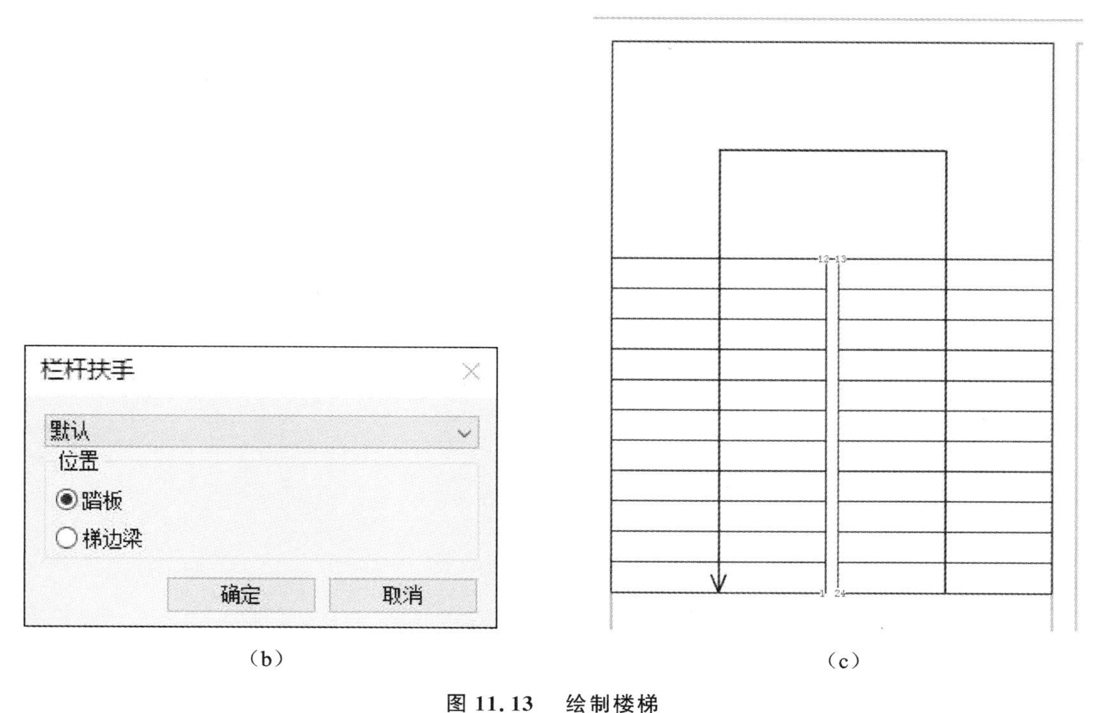

(b)　　　　　　　　(c)

图 11.13　绘制楼梯

(a) 确定楼梯位置;(b) 选择栏杆扶手的位置;(c) 楼梯样式

11.2.4　创建屋顶

绘制完教学楼的主体和各部分之后,最后绘制教学楼的屋顶。在"建筑"中找到"屋顶",绘制过程同楼板的绘制类似,也是需要先绘制好屋面的迹线,再根据需要创建不同种类的屋顶。在"编辑类型"中也可修改屋顶的材料及其他属性,如图11.14所示。

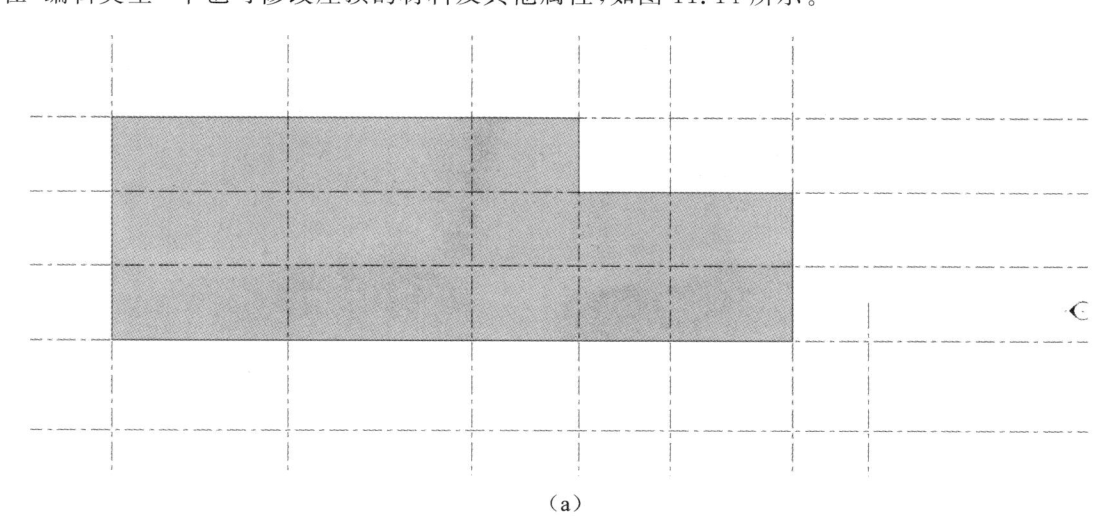

(a)

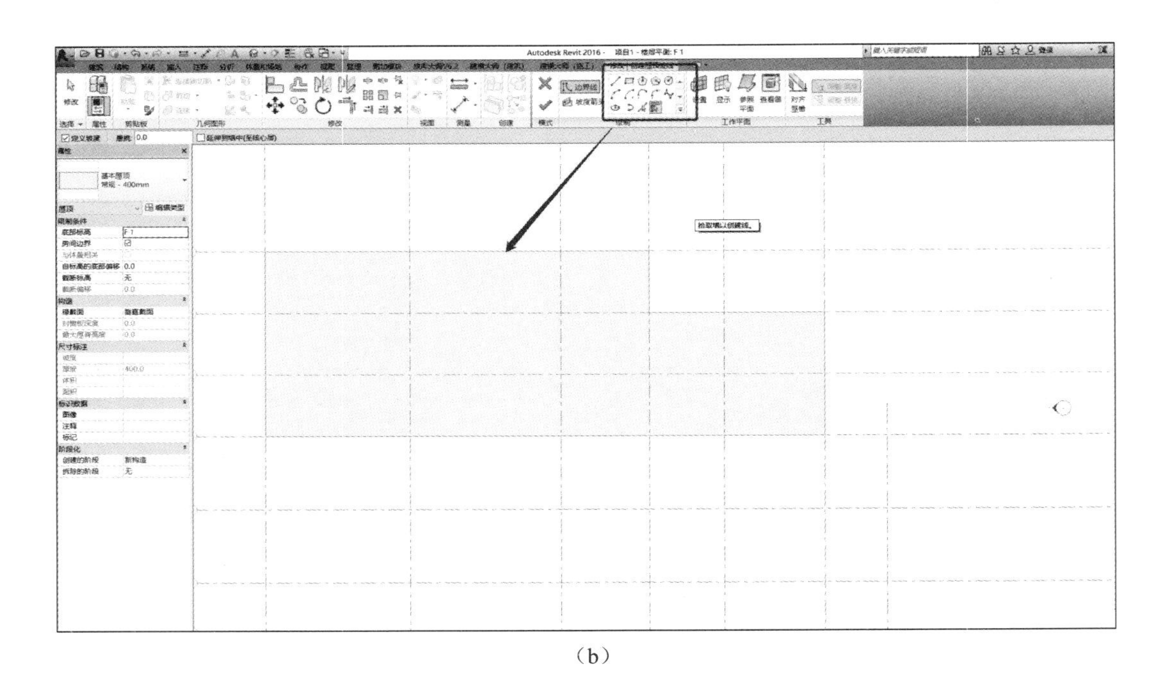

（b）

图 11.14　创建屋顶

（a）绘制屋顶区域；（b）完成屋顶绘制

最后得到的完成效果图，进入三维视图中查看，如图 11.15 所示。

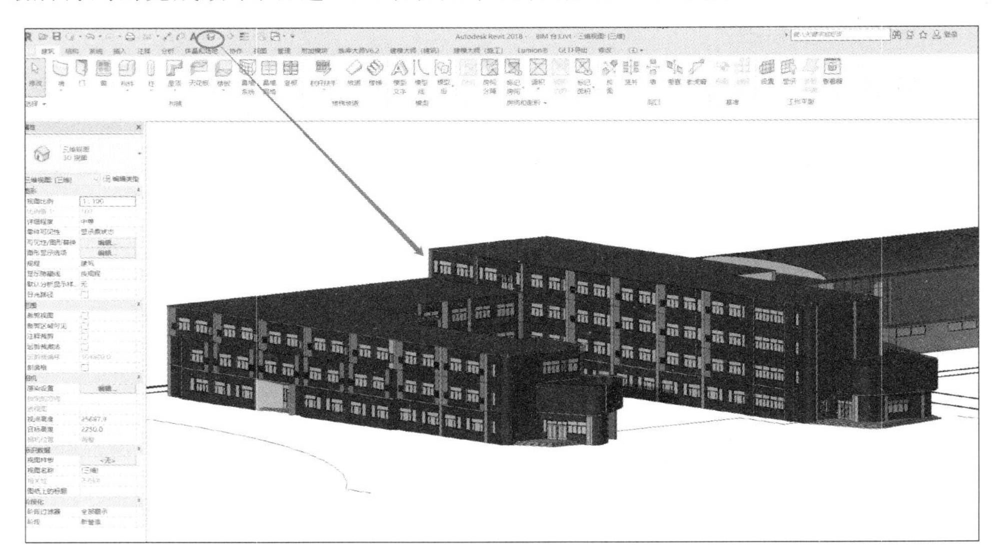

图 11.15　三维效果

11.3　模型效果渲染与漫游

对于三维模型来说，Revit 软件的渲染效果并不出众，这里使用 Lumion 软件对已经使用 Revit 软件绘制完毕的三维模型进行渲染。在使用 Lumion 软件渲染之前，需要先下载 Revit to

Lumion bridge 插件，用于 Revit 三维模型的导出。

1. 修改模型构件材质

对于需要修改的模型构件，以门为例来说明其操作方法。首先，在"建筑"选项中找到"门"，点击进入"门"的绘制界面。然后，再在左侧"属性"一栏中单击"编制类型"命令，对门的材质进行修改。同理，对窗、楼板、墙身、屋顶、楼梯、台阶、栏杆等模型构件依次进行材质修改。修改后的材料在 Lumion 软件中可以进行再次修改，同一种材料会被一起选中。若不进行材质修改，Lumion 软件会将其默认为一种不透光的灰色材质，如图 11.16 所示。

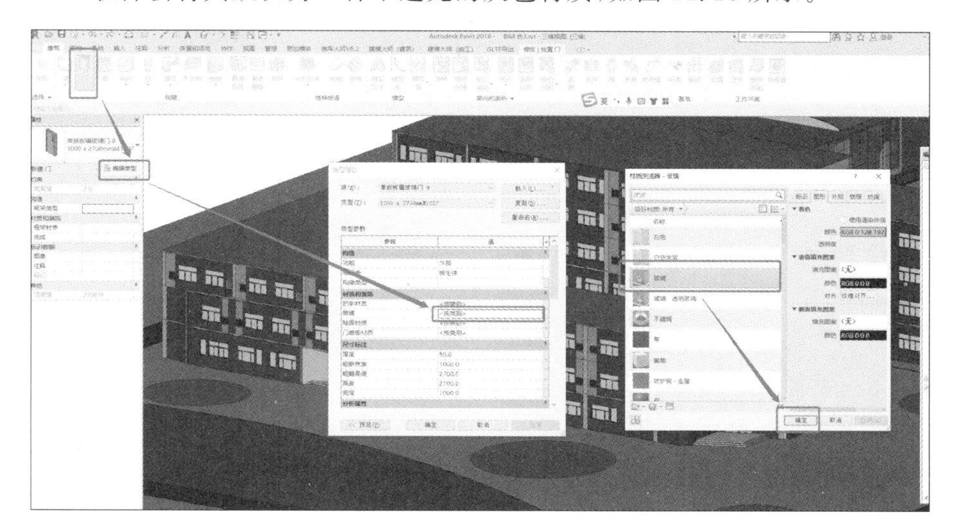

图 11.16　修改模型材质

2. 导出为 DAE 格式文件

在"Lumion®"选项中找到"Export"，点击进入"Export to Lumion"界面，调整表面光滑度（此处默认为正常），单击"Export"导出模型，如图 11.17(a) 所示。

选择文件保存路径，更改文件名，单击"保存"，如图 11.17(b) 所示。

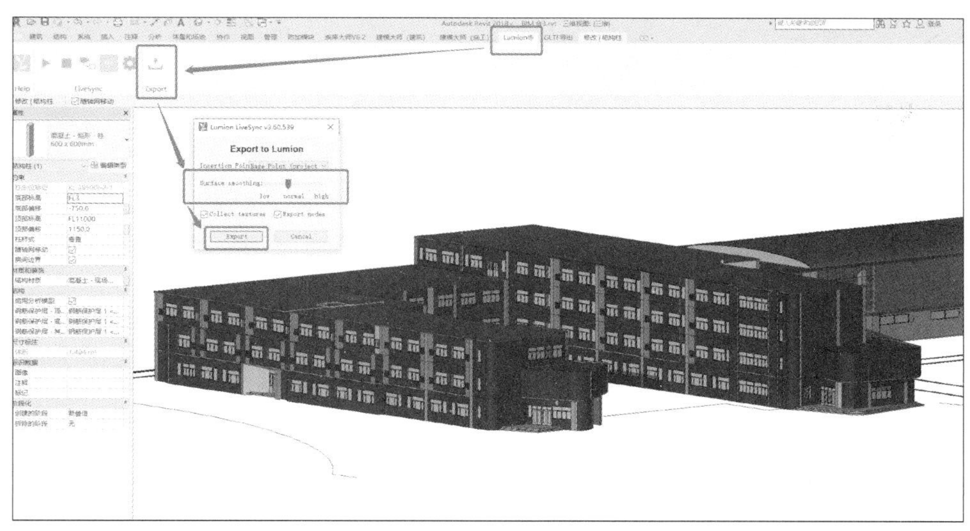

(a)

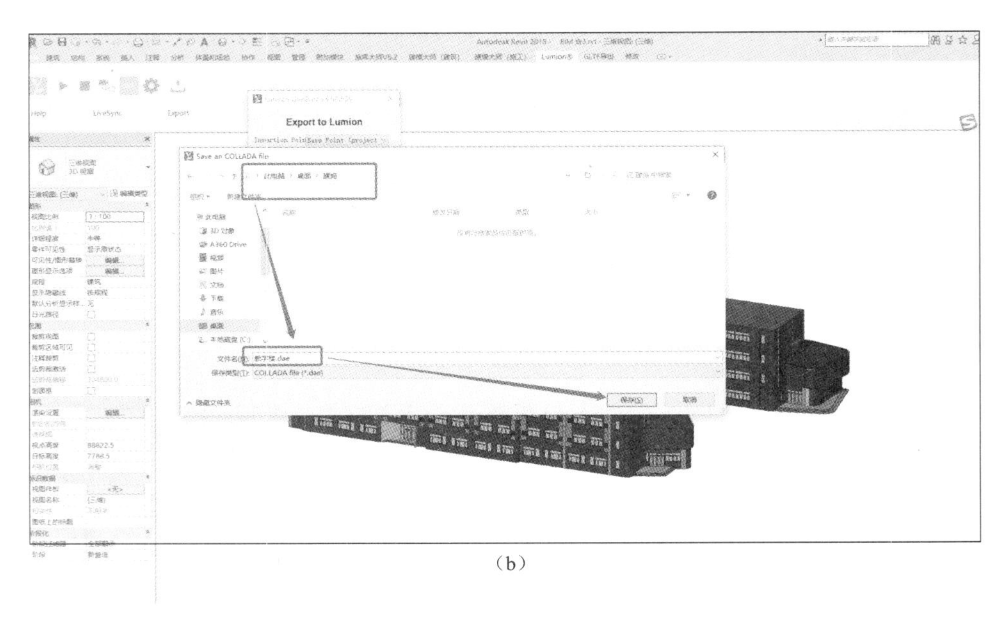

(b)

图 11.17　导出为 DAE 格式文件

(a) 导出模型；(b) 保存文件

3. 打开 Lumion 导入 DAE 文件

进入 Lumion 主界面，选择一个场景进入。以草地为例，进入场景后，找到“导入”选项，单击“导入新模型”，单击场地空位即可导入模型，如图 11.18 所示。选择“ ”竖向移动命令，模型形心出现一个黑圈白点的圆，通过鼠标点击圆圈上下拖动可调整模型整体位置。

在 Lumion 场景中通过鼠标右键和键盘“Q、E、W、A、S、D”可任意调整视野镜头的方向和位置。

(a)

(b)

图 11.18　导入 DAE 文件

(a) 进入初始场景；(b) 导入建筑

4. 再次修改模型构件材质

由于 Revit 软件渲染效果不佳，故导入模型的材质的效果也并不理想，需要在 Lumion 软件中对构件材质进行再次修改。例如，以修改窗户玻璃为例。首先，在左侧选项卡单击“材质”命令，移动鼠标至需要修改的材质上，单击进行修改，如图 11.19 所示。

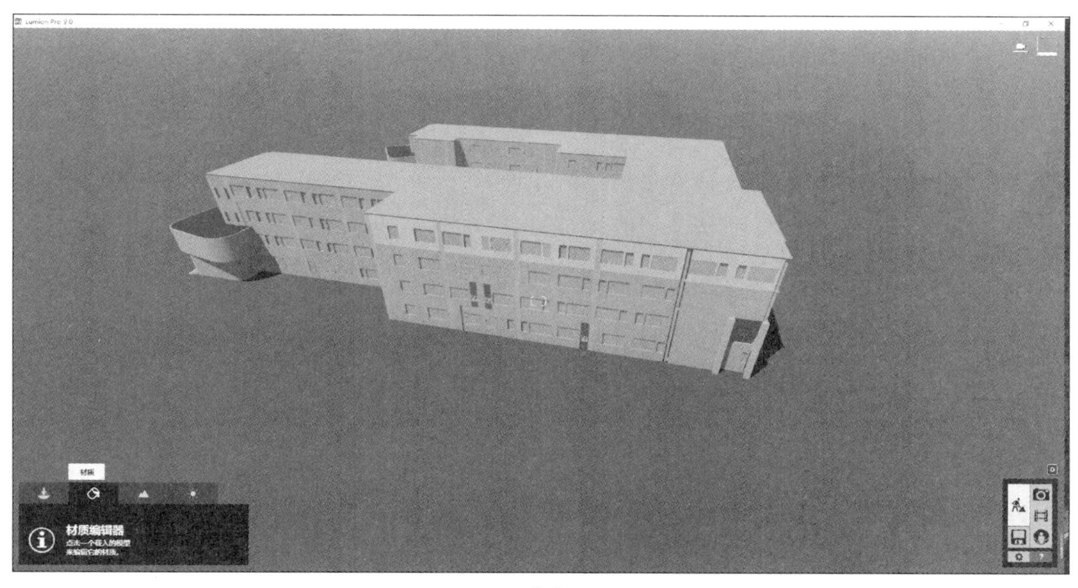

(a)

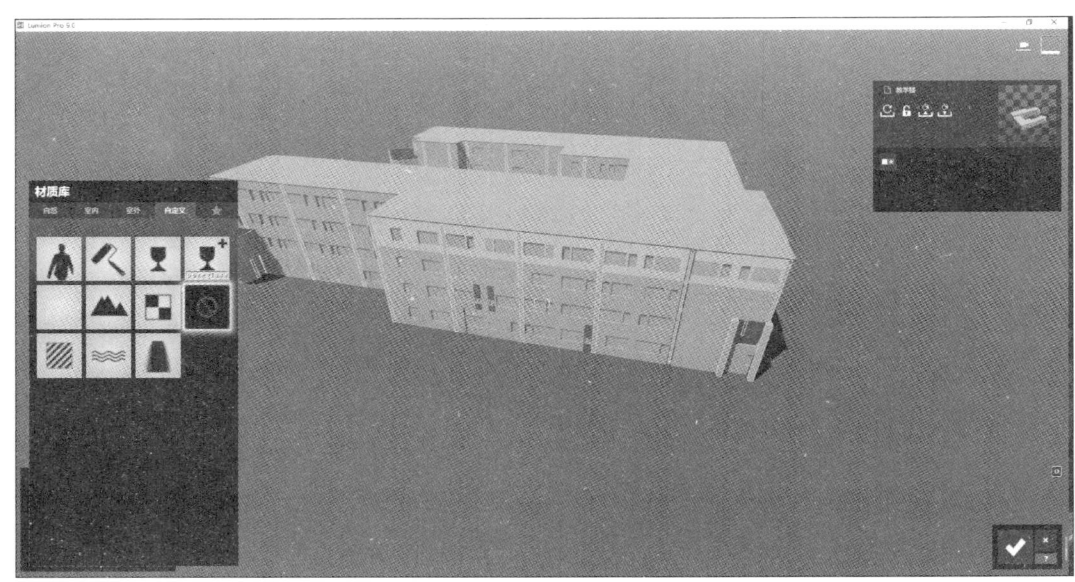

(b)

图 11.19　修改模型构件材质

(a) 修改玻璃材质；(b) 修改后的玻璃效果

选择玻璃材质进行修改后可以对玻璃进行细部参数调整，调整完成后单击确定按钮“✔”。同理，对门、墙、楼板、屋顶、楼梯、台阶等模型构件依次进行材质和颜色修改，如图 10.20(a) 所示。经过修改最后得到的完成效果图，调高视角查看，如图 11.20(b) 所示。

(a)

（b）

图 11.20 最终效果展示

（a）修改其他构件材质；（b）修改后的效果

11.4 建筑施工场地布置

BIM 具有良好的可视性，利用 BIM 软件对施工现场建立三维模型以进行模拟布置，对指导现场施工操作具有重要意义。其操作方法是，首先打开已完成楼板和柱的建筑物的 Revit 图，进入 Revit 绘图界面；然后在其中依次添加脚手架、垂直运输机械、办公区域、临时住宅区域、现场施工临时设施及道路等。

1. 绘制进场路线

场地临时进场路面利用楼板工具绘制。打开“场地”平面图，选择 命令，选择“楼板：建筑”，进入楼板绘制界面，选择“编辑类型”修改楼板材质、厚度等参数。然后在“属性”工具栏修改楼板的标高和偏移，确定路面的位置。最后通过“绘制”工具完成路面绘制，点击 ✔ 确定，如图 11.21 所示.

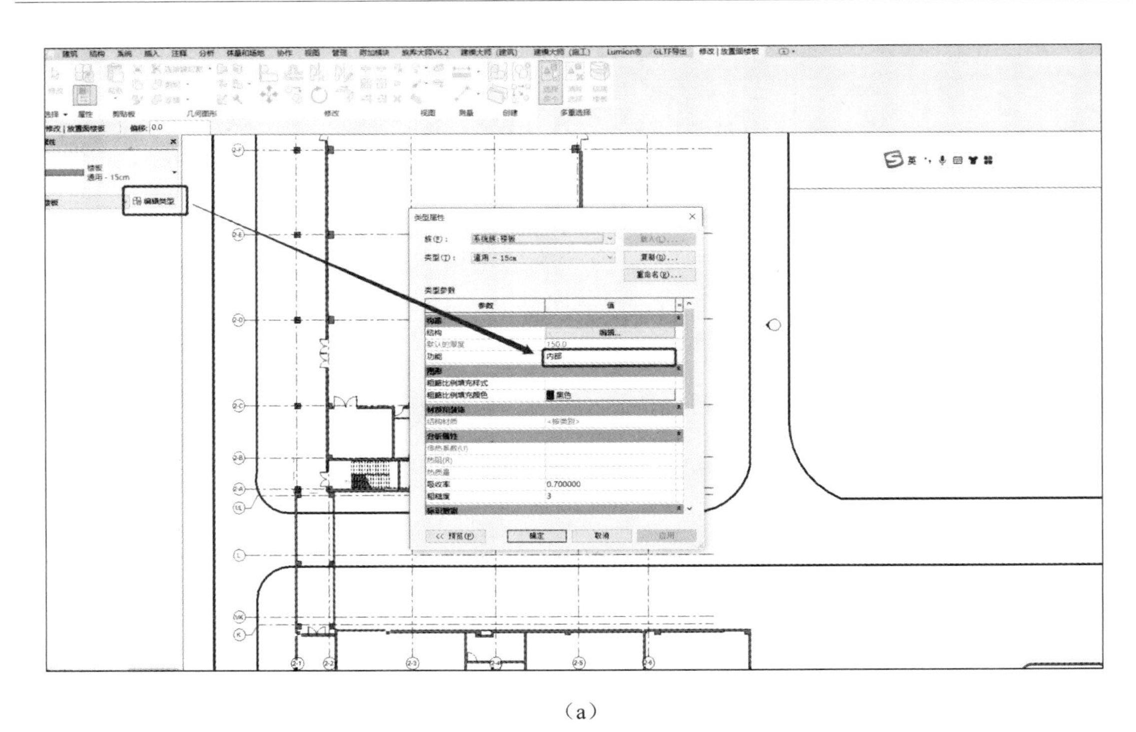

(a)

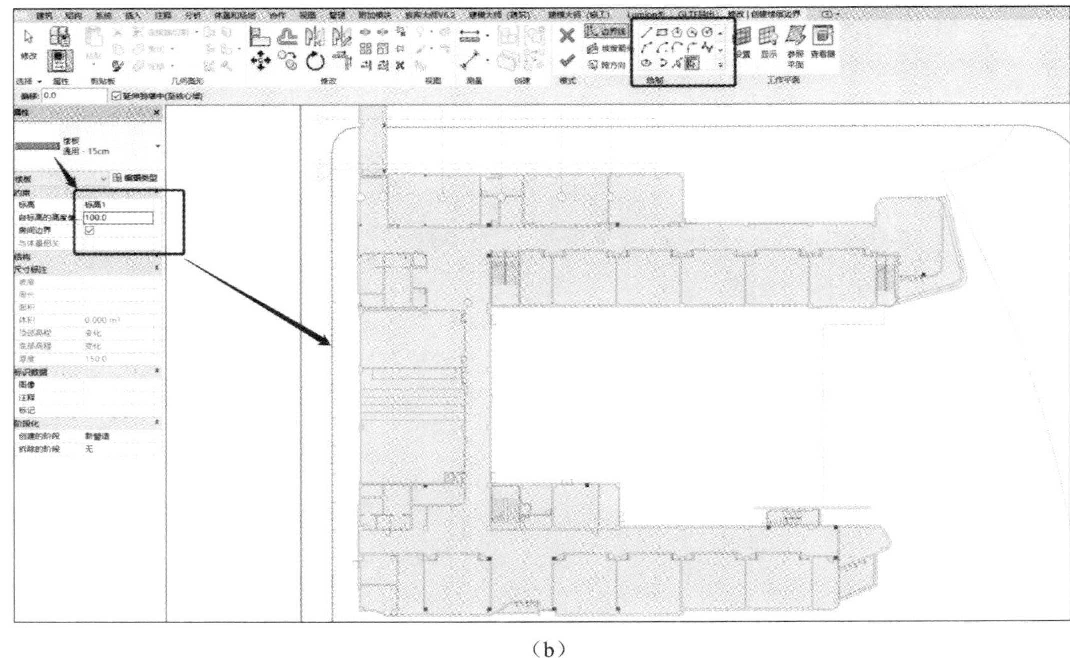

(b)

图 11.21　绘制进场路线

(a) 确定板面属性;(b) 绘制入场线路

2. 添加办公区域和临舍区域

办公区域和临时住宅区域应根据现场实际情况布置在施工现场周围恰当位置,以围墙隔开，划分为两个区域，如图 11.22 所示。然后在工具选项卡中找到“族库大师”，依次在适当位置插入办公楼、会议室、宿舍住宅、门卫室、绿化、停车位、安全演示等建筑物和设施，并完善整体布局。

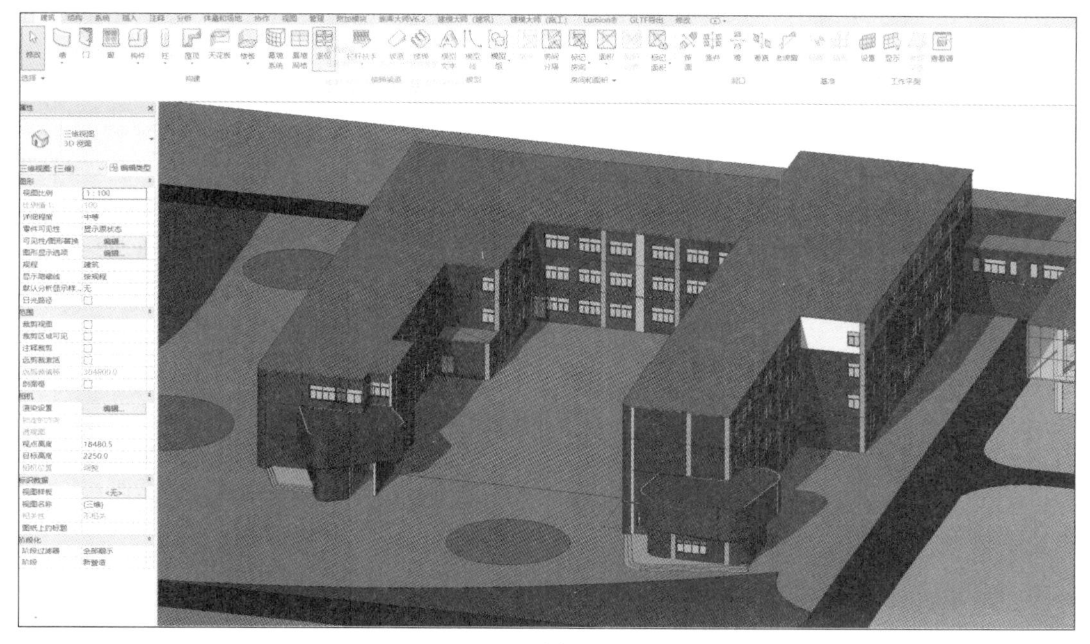

(a)

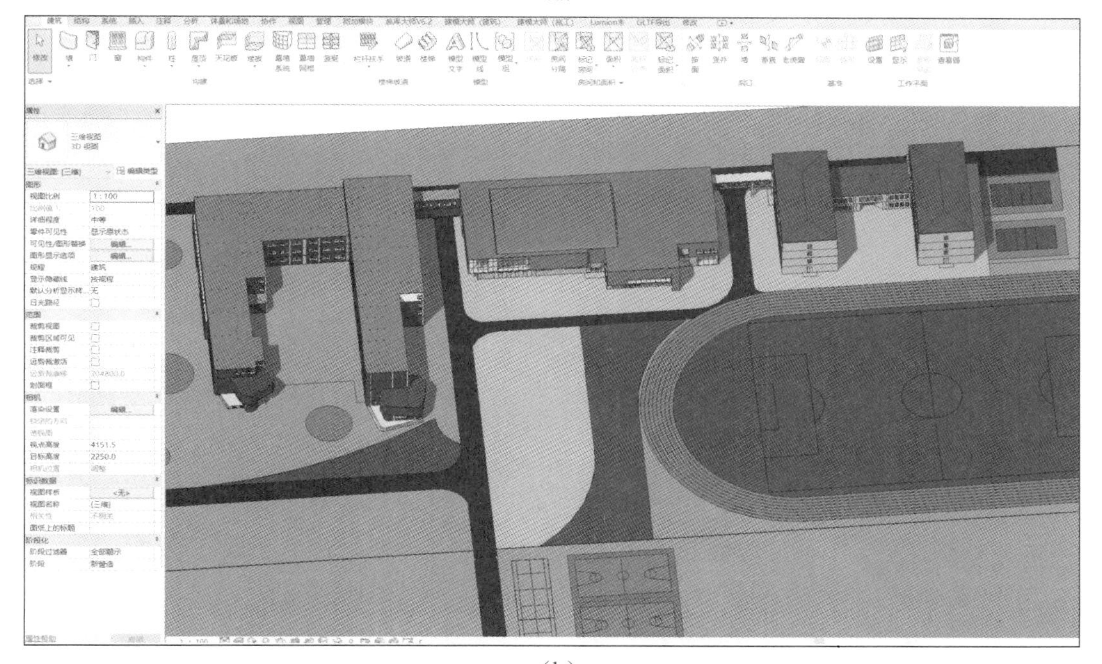

(b)

图 11.22　布局办公区域及临舍区域

(a) 添加办公区域；(b) 添加临舍

3. 添加脚手架与塔吊等附属设施

在“族库大师”中寻得脚手架与塔吊、钢筋加工间、木工加工间等临时设施，依次布局，进一步完善场地，如图 11.23 所示。

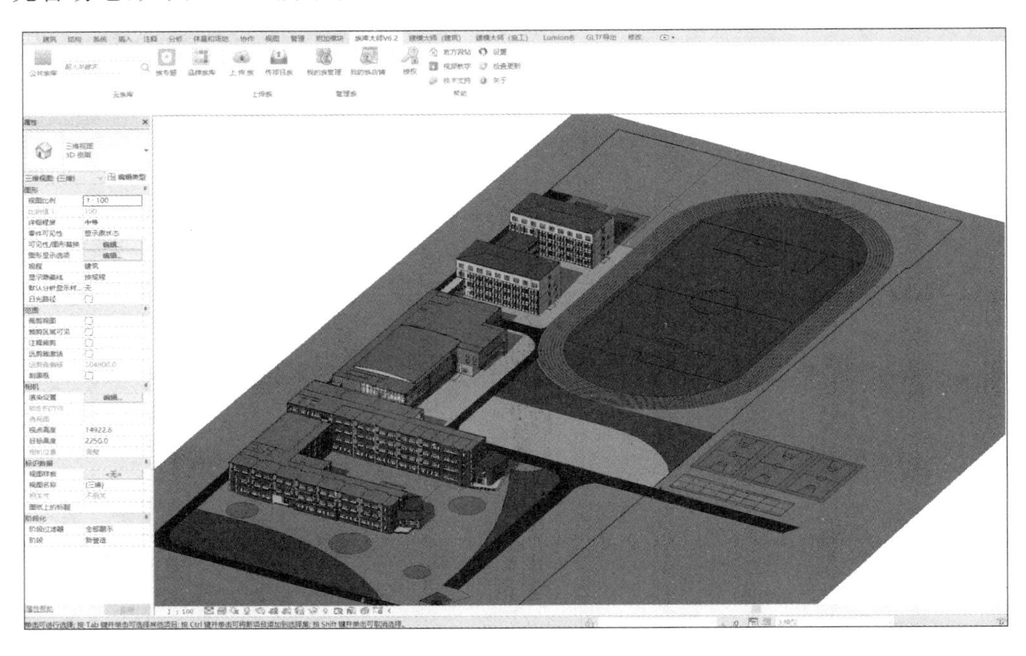

图 11.23　添加脚手架及塔吊等附属设施

4. 导出为 DAE 文件

在“Lumion®”选项找到“Export”，点击进入“Export to Lumion”界面，调整表面光滑度（此处默认为正常），单击“Export”导出模型，如图 11.24 所示。

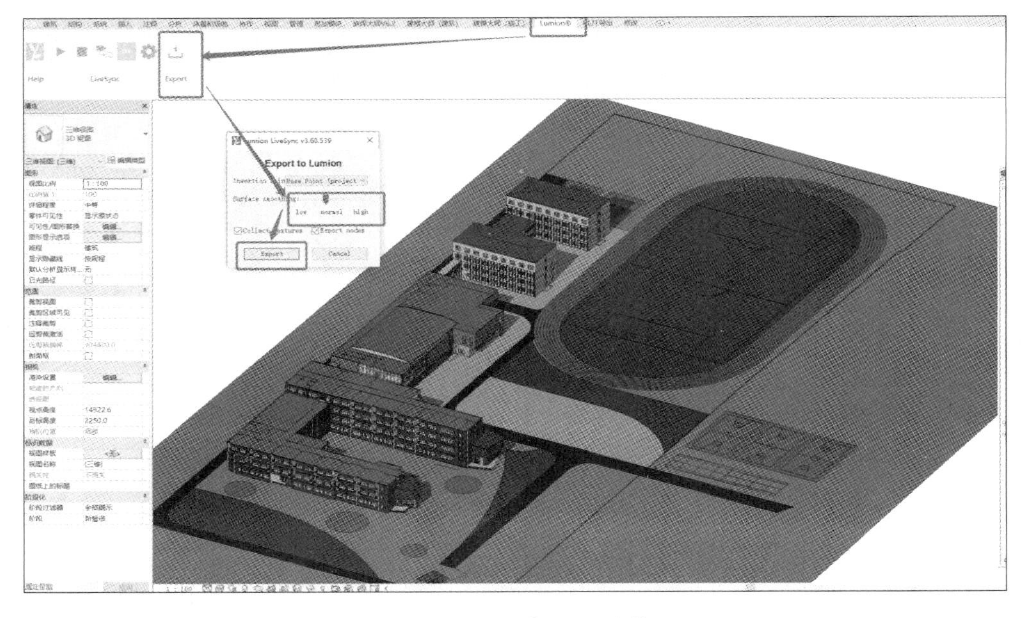

图 11.24　导出 DAE 文件

5. 打开 Lumion 导入 DAE 文件

进入 Lumion 主界面，选择一个场景进入。导入方式如前所述，在此不再赘述。选择“ ”竖向移动命令，模型形心出现一个黑圈白点的圆，通过鼠标点击圆圈上下拖动可调整模型整体位置。在 Lumion 场景界面中添加人物、树木、绿化等要素，使整体效果更加贴近现实场景。经过设计渲染后的场地布置效果如图 11.25 所示。

图 11.25　场地布置效果

11.5　BIM 技术在造价计算中的应用

项目成本管理是项目管理中的重点和难点，加强项目成本管理，不仅能够提高经济效益，同时对施工工艺的优化也具有重要意义。成本管理，并不是单纯的控制经济成本，而是通过合理的技术措施，对设计、施工中的某些工艺进行优化和调整的过程，以降低能源消耗、控制资源浪费，进而达到经济效益最大化的目的。所有的经济成本控制都是在对整体结构的安全、质量保证的前提下进行的。

BIM 技术在造价计算中的应用范围很广，涉及混凝土、钢筋、门窗、管道、防水卷材等众多方面，而且针对这些项目的工程量、使用部位等都需要进行统计、确定。传统的手算工程量比较繁杂，基于 BIM 的工程量统计等工作，具有信息处理快、集成度高、计量准确等优点。

BIM 技术在造价计算中的具体操作方法为：打开模型后，在左端“项目浏览器”里点击“明细表 / 数据”，弹出对话框，点击“新建明细表 / 数量 …”，弹出“新建明细表”对话框，可以针对建筑、结构、机械、电气和管道 5 种类别进行筛分，通过勾选相应的类别，可以快速定位选择不同类别下的构件，如建筑类别下的窗，结构类别下的钢筋等，如图 11.26 所示。

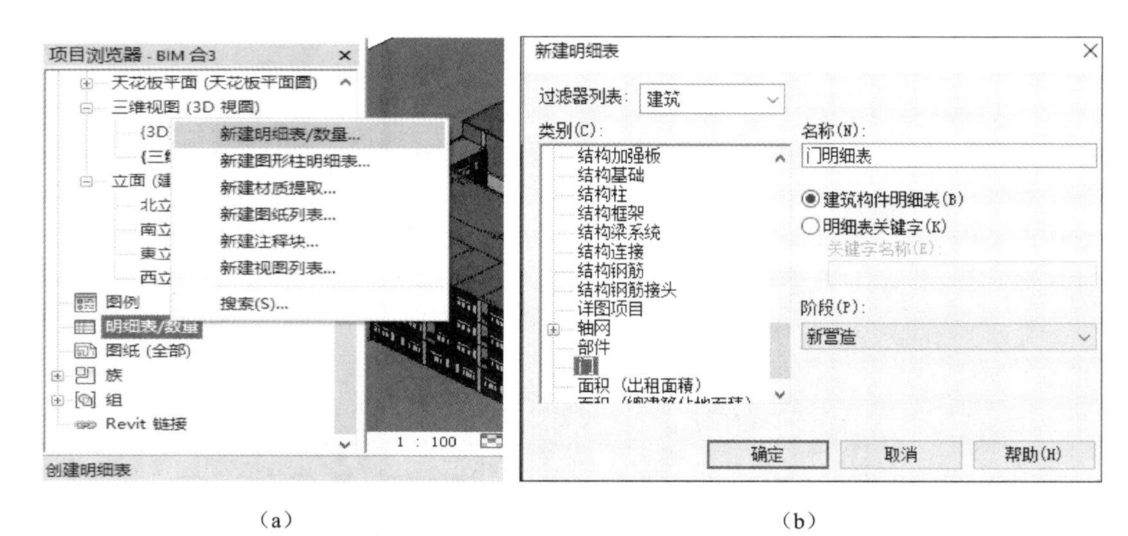

(a)　　(b)

图 11.26　新建明细表

(a) 项目浏览器;(b) 选择明细表内容

在弹出来的“明细表属性”里,字段内可以设置厚度、宽度、类型等信息,通过绿色的箭头添加进来,红色的箭头移除出去,把想要的“族”的单元属性罗列出来,如图 11.27 所示。

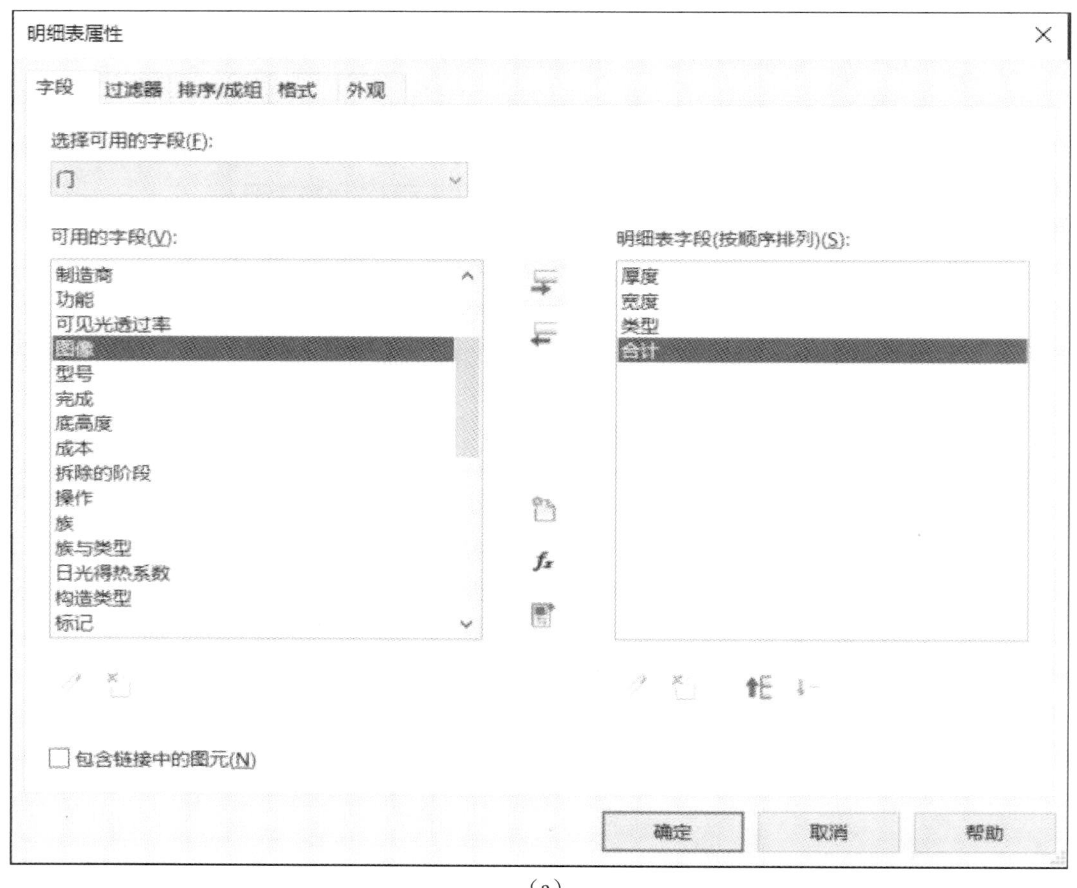

(a)

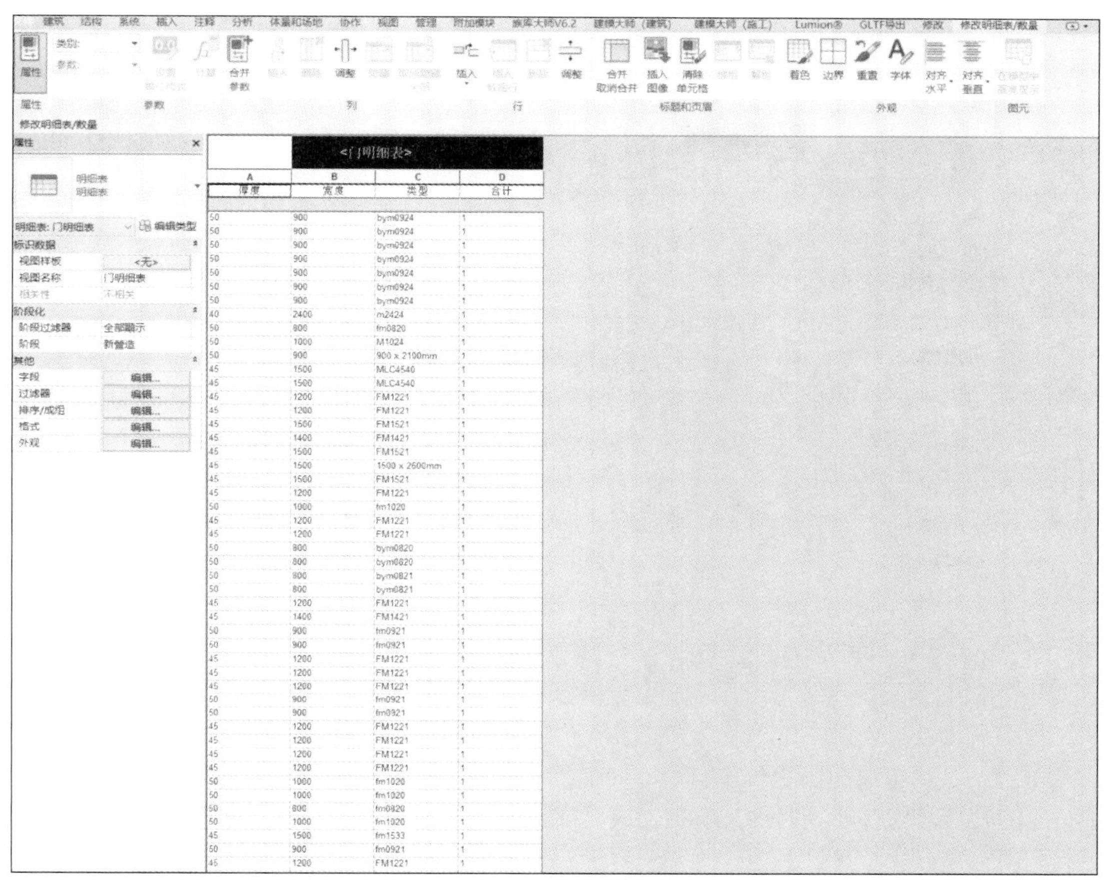

	<门明细表>		
A	B	C	D
厚度	宽度	类型	合计
50	900	bym0924	1
50	900	bym0924	1
50	900	bym0924	1
50	900	bym0924	1
50	900	bym0924	1
50	900	bym0924	1
50	900	bym0924	1
40	2400	m2424	1
50	800	fm0820	1
50	1000	M1024	1
50	900	900 x 2100mm	1
45	1500	MLC4540	1
45	1500	MLC4540	1
45	1200	FM1221	1
45	1200	FM1221	1
45	1500	FM1521	1
45	1400	FM1421	1
45	1500	FM1521	1
45	1500	1500 x 2600mm	1
45	1500	FM1521	1
45	1200	FM1221	1
50	1000	fm1020	1
45	1200	FM1221	1
45	1200	FM1221	1
50	800	bym0820	1
50	800	bym0820	1
50	800	bym0821	1
50	800	bym0821	1
45	1200	FM1221	1
45	1400	FM1421	1
50	900	fm0921	1
60	900	fm0921	1
45	1200	FM1221	1
45	1200	FM1221	1
45	1200	FM1221	1
50	900	fm0921	1
50	900	fm0921	1
45	1200	FM1221	1
45	1200	FM1221	1
45	1200	FM1221	1
45	1200	FM1221	1
50	1000	fm1020	1
50	1000	fm1020	1
50	800	fm0820	1
50	1000	fm1020	1
45	1500	fm1533	1
50	900	fm0921	1
45	1200	FM1221	1

(b)

图 11.27 明细表

(a) 明细表具体参数;(b) 罗列出明细表

点击“应用程序菜单”→“导出”→“报告”→“明细表”选项,可以将所有类型的明细表导成文本文件,支持 Excel 和记事本等表格形式,如图 11.28 所示。

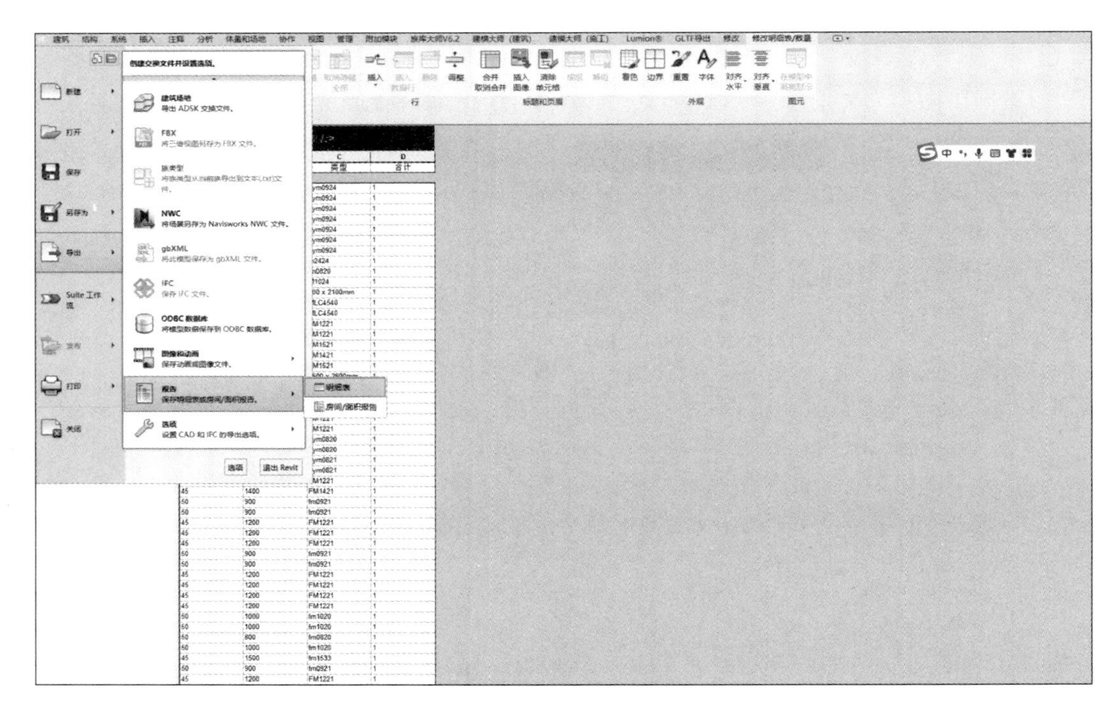

图 11.28　导出来的工程量表格

工程量数据可以作为定额子目工程量、清单项目工程量计算的基础，为后期造价计算做好准备，也为后续进行成本分析、项目管理提供决策依据。

参考文献

[1] 中华人民共和国住房和城乡建设部，国家市场监督管理总局．工程结构通用规范（GB 55001—2021）[S]．北京：中国建筑工业出版社，2021.

[2] 中华人民共和国住房和城乡建设部，中华人民共和国国家质量监督检验检疫总局．混凝土结构通用规范（GB 55008—2021）[S]．北京：中国建筑工业出版社，2022.

[3] 中华人民共和国住房和城乡建设部，国家市场监督管理总局．建筑结构可靠性设计统一标准（GB 50068—2018）[S]．北京：中国建筑工业出版社，2019.

[4] 中华人民共和国住房和城乡建设部，中华人民共和国国家市场监督管理总局．民用建筑设计统一标准（GB 50352—2019）[S]．北京：中国建筑工业出版社，2019.

[5] 中华人民共和国住房和城乡建设部．办公建筑设计标准（JGJ/T 67—2019）[S]．北京：中国建筑工业出版社，2020.

[6] 中华人民共和国住房和城乡建设部．旅馆建筑设计规范（JGJ 62—2014）[S]．北京：中国建筑工业出版社，2015.

[7] 中华人民共和国住房和城乡建设部，中华人民共和国国家质量监督检验检疫总局．中小学校设计规范（GB 50099—2011）[S]．北京：中国建筑工业出版社，2012.

[8] 中华人民共和国住房和城乡建设部，中华人民共和国国家质量监督检验检疫总局．建筑设计防火规范（GB 50016—2014）[S]．2018年版．北京：中国计划出版社，2018.

[9] 中华人民共和国住房和城乡建设部，中华人民共和国国家质量监督检验检疫总局．建筑制图标准（GB/T 50104—2010）[S]．北京：中国计划出版社，2011.

[10] 中国建筑标准设计研究院．J909、G120工程做法（2008年建筑结构合订本）[S]．北京：中国计划出版社，2008.

[11] 中华人民共和国住房和城乡建设部，中华人民共和国国家质量监督检验检疫总局．建筑结构制图标准（GB/T 50105—2010）[S]．北京：中国建筑工业出版社，2010.

[12] 中华人民共和国住房和城乡建设部，中华人民共和国国家质量监督检验检疫总局．建筑结构荷载规范（GB 50009—2012）[S]．北京：中国建筑工业出版社，2012.

[13] 中华人民共和国住房和城乡建设部，中华人民共和国国家质量监督检验检疫总局．混凝土结构设计规范（GB 50010—2010）[S]．2015年版．北京：中国建筑工业出版社，2016

[14] 中华人民共和国住房和城乡建设部，中华人民共和国国家质量监督检验检疫总局．建筑工程抗震设防分类标准（GB 50223—2008）[S]．北京：中国建筑工业出版社，2008.

[15] 中华人民共和国住房和城乡建设部，中华人民共和国国家质量监督检验检疫总局．建筑抗震设计规范（GB 50011—2010）[S]．2016年版．北京：中国建筑工业出版社，2016.

[16] 中华人民共和国住房和城乡建设部．高层建筑混凝土结构技术规程（JGJ 3—2010）[S]．北京：中国建筑工业出版社，2011.

[17] 中国建筑标准设计研究院．建筑物抗震构造详图（多层和高层钢筋混凝土房屋）（20G329—1）[S]．北京：中国计划出版社，2020.

[18] 中国建筑标准设计研究院. 混凝土结构施工图平面整体表示方法制图规则和构造详图(现浇混凝土框架、剪力墙、梁、板)(22G101—1)[S]. 北京:中国计划出版社,2022.

[19] 中华人民共和国住房和城乡建设部,中华人民共和国国家质量监督检验检疫总局. 建筑地基基础设计规范(GB 50007—2011)[S]. 北京:中国建筑工业出版社,2012.

[20] 天津市建设工程技术研究所. 天津市建筑标准设计图集(2012 年版)[S]. 北京:中国建材工业出版社,2012.

[21] 中华人民共和国住房和城乡建设部,中华人民共和国国家质量监督检验检疫总局. 混凝土结构工程施工规范(GB 50666—2011)[S]. 北京:中国建筑工业出版社,2012.

[22] 建筑施工手册(第五版)编委会. 建筑施工手册[M]. 5 版. 北京:中国建筑工业出版社,2013.

[23] 中华人民共和国住房和城乡建设部,中华人民共和国国家质量监督检验检疫总局. 建设工程工程量清单计价规范(GB 50500—2013)[S]. 北京:中国计划出版社,2013.

[24] 中华人民共和国住房和城乡建设部,中华人民共和国国家质量监督检验检疫总局. 房屋建筑与装饰工程工程量计算规范(GB 50854—2013)[S]. 北京:中国计划出版社,2013.

[25] 中华人民共和国住房和城乡建设部,中华人民共和国国家质量监督检验检疫总局. 建筑工程建筑面积计算规范(GB/T 50353—2013)[S]. 北京:中国计划出版社,2013.

[26] 中华人民共和国人力资源和社会保障部,中华人民共和国住房和城乡建设部. 建设工程劳动定额 —— 建筑工程、装饰工程[S]. 北京:中国计划出版社,2009.

[27] 天津市住房和城乡建设委员会,天津市建筑市场服务中心. 天津市建设工程计价办法(DBD 29—001—2020)[S]. 北京:中国计划出版社,2020.

[28] 天津市住房和城乡建设委员会,天津市建筑市场服务中心. 天津市装饰装修工程预算基价(DBD 29—201—2020)[S]. 北京:中国计划出版社,2020.

[29] 天津市城乡建设委员会,天津市建筑市场服务中心. 天津市建筑工程预算基价(DBD 29—101—2020)[S]. 北京:中国计划出版社,2016.

[30] 天津市建筑市场服务中心. 天津市建筑工程预算基价(上册)(DBD 29—101—2020)[S] 北京:中国计划出版社,2020.

[31] 天津市城乡建设委员会. 天津市建筑工程工程量清单计价指引(DBD 29—901—2016)[S]. 北京:中国建筑工业出版社,2016.

[32] 天津市城乡建设委员会. 天津市装饰装修工程工程量清单计价指引(DBD 29—902—2016)[S]. 北京:中国建筑工业出版社,2016.

[33] 吴东云. 土木工程专业毕业设计指导与实例[M]. 武汉:武汉理工大学出版社,2018.

[34] 李必瑜,王雪松. 房屋建筑学[M]. 4 版. 武汉:武汉理工大学出版社,2012.

[35] 张仲先. 土木工程专业毕业设计指南 —— 混凝土多层框架结构设计[M]. 北京:中国建筑工业出版社,2013.

[36] 沈蒲生. 建筑工程毕业设计指南[M]. 北京:高等教育出版社,2007.

[37] 包世华,张铜生. 高层建筑结构设计和计算(上册)[M]. 2 版. 北京:清华大学出版社,2013.

[38] 沈蒲生. 高层建筑结构设计[M]. 3 版. 北京:中国建筑工业出版社,2017.

[39] 张仲先,王海波. 高层建筑结构设计[M]. 北京:北京大学出版社,2006.

[40] 梁兴文,史庆轩.土木工程专业毕业设计指导:房屋建筑工程卷[M].北京:中国建筑工业出版社,2014.

[41] 钱稼茹,赵作周,纪晓东,等.高层建筑结构设计[M].3版.北京:中国建筑工业出版社,2018.

[42] 朱炳寅.高层建筑混凝土结构技术规程应用与分析(JGJ 3—2010)[M].北京:中国建筑工业出版社,2013.

[43] 汪新.高层建筑框架-剪力墙结构设计[M].修订本.北京:中国城市出版社,2014.

[44] 李久林.智慧建造关键技术与工程应用[M].北京:中国建筑工业出版社,2017.

[45] 张治国.BIM实操技术[M].北京:机械工业出版社,2019.

[46] 刘占省,赵雪锋.BIM基本理论[M].北京:机械工业出版社,2018.

[47] 全国造价工程师执业资格考试培训教材编审委员会.建设工程计价[M].7版.北京:中国计划出版社,2017.

[48] 吴贤国.建筑工程概预算[M].2版.北京:中国建筑工业出版社,2007.

[49] 赵爱民.房屋建筑与装饰工程工程量清单计价[M].上海:上海交通大学出版社,2014.

[50] 赵延辉.建筑工程概预算与招标投标[M].南京:江苏科学技术出版社,2014.

[51] 陈英.建筑工程概预算[M].2版.武汉:武汉理工大学出版社,2005.

[52] 周俐俐,多层钢筋混凝土框架结构设计实例详解——手算与PKPM应用[M].北京:水利水电出版社,2008.

[53] 陈萌,于秋波.土木工程专业毕业设计指南——手算与电算实例详解[M].武汉:武汉理工大学出版社,2015.

[54] 厉见芬,周军文,李青松.建筑结构设计软件(PKPM)应用[M].2版.北京:中国建筑工业出版社,2021.